L. D. LANDAU · E. M. LIFSCHITZ

LEHRBUCH DER THEORETISCHEN PHYSIK

BAND IV a

LEHRBUCH DER THEORETISCHEN PHYSIK

von

L. D. LANDAU† · E. M. LIFSCHITZ

In deutscher Sprache herausgegeben

von

Prof. Dr. PAUL ZIESCHE
Im Auftrag der Sektion Physik
der Technischen Universität Dresden

Band IV a

RELATIVISTISCHE QUANTENTHEORIE

AKADEMIE-VERLAG · BERLIN

1975

RELATIVISTISCHE QUANTENTHEORIE

von

W. B. BERESTETZKI · E. M. LIFSCHITZ
L. P. PITAJEWSKI

In deutscher Sprache herausgegeben

von

Prof. Dr. ADOLF KÜHNEL
Karl-Marx-Universität Leipzig

3. Auflage

Mit 17 Abbildungen

AKADEMIE-VERLAG · BERLIN

1975

В. Б. Берестецкий, Е. М. Лифшиц, Л. П. Питаевский
Релятивистская Квантовая Теория, Часть I

Erschienen im Verlag Nauka, Hauptredaktion Fismatlit
Moskau

Übersetzt aus dem Russischen:
Prof. Dr. ADOLF KÜHNEL, Leipzig

Erschienen im Akademie-Verlag, 108 Berlin, Leipziger Straße 3–4

Lizenznummer: 202 · 100/535/77
Gesamtherstellung: VEB Druckerei „Thomas Müntzer“, 582 Bad Langensalza
Bestellnummer: 761 313 8 (5436/IVa) · LSV 1114
Printed in GDR
DDR 32,– M

VORWORT ZUR DEUTSCHEN AUSGABE

Der vierte Band dieses Lehrbuches befaßt sich mit der relativistischen Quantenmechanik, deren Entwicklung gegenwärtig noch bei weitem nicht abgeschlossen ist. Der Teilband IVa enthält die weitgehend gesicherten Ergebnisse auf diesem Gebiet. Viele dieser Ergebnisse sind im vorliegenden Buch erstmalig in deutscher Sprache zugänglich.

Die Art des zu vermittelnden Stoffes bedingt eine etwas anspruchsvollere Darstellung als in den anderen Bänden dieses Lehrbuches. Mitunter müssen recht formale Abschnitte vorbereitend für die physikalische Anwendung eingestreut werden. Andererseits sind oft längere Zwischenrechnungen, die die Darstellung unnötig schwerfällig werden ließen, im Text nicht wiedergegeben, und der interessierte Leser wird entweder zur zitierten Originalliteratur greifen oder diese Rechnungen selbst auszuführen haben.

Gegenüber der russischen Ausgabe sind von den Verfassern einige Verbesserungen vorgenommen worden, insbesondere ist § 93 neu formuliert worden. Eine darüber hinausgehende Überarbeitung war den Autoren noch nicht möglich. Selbstverständlich wurden bekanntgewordene Fehler der vorangegangenen Auflage beseitigt. Eine bisher nur im Teil IVb enthaltene Ergänzung zu § 82 wurde in den vorliegenden Band aufgenommen. Am Schluß sind auch einige Korrekturen zu Teil IVb angegeben.

Herrn Prof. E. M. Lifschitz sei an dieser Stelle für sein freundliches Entgegenkommen und seine liebenswürdige Unterstützung bei der Vorbereitung der deutschen Ausgabe herzlich gedankt.

Dresden und Leipzig, 1974

P. Ziesche A. Kühnel

VORWORT ZUR RUSSISCHEN AUSGABE

Nach dem allgemeinen Plan dieses Lehrbuches ist der vorliegende Band der relativistischen Quantentheorie im weitesten Sinne dieses Wortes gewidmet; der Theorie aller Erscheinungen, bei denen die Endlichkeit der Lichtgeschwindigkeit eine Rolle spielt; dazu gehört auch die gesamte Strahlungstheorie.

Bekanntlich ist dieser Teil der theoretischen Physik gegenwärtig bei weitem noch nicht vollkommen ergründet; das gilt auch für die physikalischen Prinzipien der relativistischen Quantentheorie. Diese Feststellung bezieht sich insbesondere auf die Theorie der starken und der schwachen Wechselwirkungen. Aber selbst die Quantenelektrodynamik ist in ihrer logischen Struktur noch immer unbefriedigend, ungeachtet der in den letzten 20 Jahren erreichten blendenden Erfolge auf diesem Gebiet.

Bei der Stoffauswahl für dieses Buch haben wir uns auf diejenigen Ergebnisse beschränkt, die mit einem vernünftigen Maß an Sicherheit als genügend zuverlässig angesehen werden können. Bei einer solchen Auffassung beschäftigt sich natürlich der größte Teil des Buches mit der Quantenelektrodynamik. Wir haben uns bemüht, die Dinge von einem realistischen Standpunkt aus darzustellen und die in der Theorie angenommenen physikalischen Voraussetzungen hervorzuheben, ohne auf deren Begründung einzugehen. Eine solche Begründung hätte boim gegenwärtigen Stand der Theorie sowieso rein formalen Charakter.

Bei der Behandlung konkreter Anwendungen der Theorie haben wir uns nicht das Ziel gesteckt, die ungeheure Vielfalt der zugehörigen Effekte zu erfassen; wir haben uns auf die wesentlichen Effekte beschränkt und zusätzlich einige Hinweise auf Originalarbeiten gegeben. die eingehendere Untersuchungen enthalten. Die hier erforderlichen Rechnungen sind normalerweise sehr umfangreich. Wir haben daher häufig einige Zwischenformeln weggelassen. Immer haben wir uns aber bemüht, alle verwendeten nichttrivialen methodischen Gesichtspunkte anzugeben.

Gegenüber den anderen Bänden dieses Lehrbuches setzt dieses Buch ein höheres Niveau des Lesers voraus. Wir sind davon ausgegangen, daß ein Leser, der beim Studium der theoretischen Physik die Quantenfeldtheorie erreicht hat, keine überflüssigen Erläuterungen des Stoffes mehr benötigt.

Die Aufteilung des Buches in zwei Teile ist nicht von prinzipieller Natur, sie hängt lediglich mit dem großen Stoffumfang zusammen. Der zweite Teil enthält die Strahlungskorrekturen in der Quantenelektrodynamik, die Theorie der schwachen Wechselwirkungen und einige Probleme aus der Theorie der starken Wechselwirkungen.

Dieses Buch ist ohne direkte Beteiligung unseres Lehrers L. D. LANDAU geschrieben worden. Wir sind aber immer bemüht gewesen, uns von demselben Geist und von demselben Verhältnis zur theoretischen Physik leiten zu lassen, das er uns gelehrt hat und das er auch in den anderen Bänden dieses Lehrbuches eingenommen hat. Wir haben uns häufig selbst gefragt, wie sich wohl DAU zu dieser oder jener Frage verhalten würde, und wir haben uns bemüht, so zu antworten, wie es uns die jahrelange Gemeinsamkeit mit ihm eingegeben hat.

Wir danken W. N. BAIER für die große Hilfe bei der Zusammenstellung von § 59 und 94 sowie W. I. RITUS für die große Hilfe beim Schreiben von § 98. Auch sind wir B. E. MEIEROWITSCH für die Hilfe bei einigen Berechnungen zu Dank verpflichtet. Ferner möchten wir A. S. KOMPANEJEZ für die Überlassung seiner Nachschrift der Vorlesung über Quantenelektrodynamik, die L. D. LANDAU 1959/60 an der Moskauer Universität gehalten hat, unseren Dank aussprechen.

Dieses Buch ist das Ergebnis einer Gemeinschaftsarbeit; sein Inhalt wurde von allen Verfassern gemeinsam erörtert. Im einzelnen wurde die Arbeit folgendermaßen verteilt: Die Kapitel I und V wurden von E. M. LIFSCHITZ geschrieben, die Kapitel II, III und VII stammen von W. B. BERESTEZKI und E. M. LIFSCHITZ, die Kapitel IV, VI und IX von E. M. LIFSCHITZ und L. P. PITAJEWSKI, und die Kapitel VIII und X wurden von allen drei Autoren gemeinsam verfaßt.

Juni 1967

W. B. BERESTEZKI
E. M. LIFSCHITZ
L. P. PITAJEWSKI

INHALTSVERZEICHNIS

INHALTSVERZEICHNIS DES BANDES IVb

EINIGE BEZEICHNUNGEN

Vierdimensionale Bezeichnungen

Vierdimensionale Tensorindizes werden mit griechischen Buchstaben $\lambda, \mu, \nu, \ldots$ bezeichnet und nehmen die Werte 0, 1, 2, 3 an.

Es wird die 4-Metrik mit der Signatur $(+---)$ verwendet. Der metrische Tensor ist $g_{\mu\nu}$ $(g_{00} = 1,\ g_{11} = g_{22} = g_{33} = -1)$.

Die Komponenten eines 4-Vektors werden in folgender Weise angegeben: $a^\mu \equiv (a^0, \boldsymbol{a})$.

Zur Vereinfachung der Schreibweise von Formeln wird der Index der Komponenten von 4-Vektoren häufig weggelassen.[1]) Skalarprodukte von 4-Vektoren werden dabei einfach als $(a\,b)$ oder $a\,b$ geschrieben: $a\,b = a_\mu b^\mu = a_0 b_0 - \boldsymbol{a}\,\boldsymbol{b}$.

Der vierdimensionale Ortsvektor ist $x^\mu = (t, \boldsymbol{r})$, das vierdimensionale Volumenelement ist d^4x.

Der Operator für die Differentiation nach dem 4-Koordinaten ist $\partial^\mu = \partial/\partial x^\mu$.

Der antisymmetrische 4-Einheitstensor ist $e^{\pi\mu\nu\varrho}$ mit $e^{0123} = -e_{0123} = +1$.

Die vierdimensionale δ-Funktion ist $\delta^{(4)}(a) = \delta(a_0)\,\delta(\boldsymbol{a})$.

Dreidimensionale Bezeichnungen

Für die dreidimensionalen Tensorindizes werden lateinische Buchstaben verwendet: $i, k, l, \ldots$; sie nehmen die Werte x, y, z an.

Dreidimensionale Vektoren werden als halbfett-kursive Buchstaben gesetzt oder griechische Buchstaben mit Pfeil.

Das dreidimensionale Volumenelement ist d^3x.

Operatoren

Operatoren werden gewöhnlich steil gesetzt.

ψ-Operatoren werden mit halbfetten Buchstaben $\boldsymbol{\psi}$ bezeichnet.

Die Kommutatoren oder Antikommutatoren zweier Operatoren sind $\{\mathrm{f}, \mathrm{g}\}_\pm = \mathrm{f\,g} \pm \mathrm{g\,f}$.

Der transponierte Operator ist $\tilde{\mathrm{f}}$.

---

[1]) Diese Schreibweise ist in der heutigen Literatur weit verbreitet. Dieser Kompromiß zwischen den Vorräten an Buchstaben und den Erfordernissen der Physik erfordert natürlich vom Leser besondere Aufmerksamkeit.

Der adjungierte (hermitesch konjugierte) Operator ist f^+.
Der Operator für die Ladungskonjugation ist C.[1])
Der Operator einer räumlichen Spiegelung ist P.[1])
Der Operator für die Zeitumkehr ist T.[2])

Matrixelemente

Das Matrixelement des Operators F für den Übergang aus dem Anfangszustand i in den Endzustand f ist F_{fi} oder $\langle f |\mathrm{F}| i\rangle$.

Die Bezeichnung $|i\rangle$ wird als abstraktes Symbol für einen Zustand unabhängig von der konkreten Darstellung der zugehörigen Wellenfunktion verwendet, $\langle f|$ ist das Symbol für den Endzustand („konjugiert komplexen" Zustand).[3])

Dementsprechend werden mit $\langle s|r\rangle$ die Koeffizienten in der Entwicklung eines Systems von Zuständen mit den Quantenzahlen r nach Zuständen mit den Quantenzahlen s bezeichnet: $|r\rangle = \sum_s |s\rangle \langle s|r\rangle$.

Die reduzierten Matrixelemente der sphärischen Tensoren sind $\langle f ||F|| i\rangle$.

DIRAC-Gleichung

Die DIRAC-Matrizen sind γ^μ mit $(\gamma^0)^2 = 1$, $(\gamma^1)^2 = (\gamma^2)^2 = (\gamma^3)^2 = -1$; ferner treten die Matrizen $\vec{\alpha} = \gamma^0 \vec{\gamma}$ und $\beta = \gamma^0$ auf. Ausdrücke in Spinor- und in Standarddarstellung sind (21,3), (21,16), (21,20) (S. 80, 83).

$\gamma^5 = -i\gamma^0\gamma^1\gamma^2\gamma^3$, $(\gamma^5)^2 = 1$ (s. (22,18) auf S. 88).

$\sigma^{\mu\nu} = 1/2\,(\gamma^\mu\gamma^\nu - \gamma^\nu\gamma^\mu)$ (s. (28,2) auf S. 107).

Das Produkt eines 4-Vektors mit den DIRAC-Matrizen ist $\hat{a} = (a\gamma) = a_\mu \gamma^\mu$.

DIRACsche Konjugation: $\overline{\psi} = \psi^* \gamma^0$.

Die PAULI-Matrizen $\vec{\sigma} = (\sigma_x, \sigma_y, \sigma_z)$ sind auf S. 79 definiert.

Die Indizes von 4-Spinoren werden mit $\alpha, \beta, \ldots$ und $\dot{\alpha}, \dot{\beta}, \ldots$ bezeichnet und nehmen die Werte 1, 2 und $\dot{1}, \dot{2}$ an.

Die Bispinorindizes $i, k, l, \ldots$ nehmen die Werte 1, 2, 3, 4 an.

FOURIER-Entwicklung

Die dreidimensionale Entwicklung ist

$$f(\boldsymbol{r}) = \int f(\boldsymbol{k})\, e^{i\boldsymbol{k}\boldsymbol{r}} \frac{d^3k}{(2\pi)^3}, \qquad f(\boldsymbol{k}) = \int f(\boldsymbol{r})\, e^{-i\boldsymbol{k}\boldsymbol{r}}\, d^3x\,.$$

Entsprechendes gilt für den vierdimensionalen Fall.

---

[1]) Von den englischen Worten charge (Ladung) bzw. parity (Parität).

[2]) Auch für das Symbol des zeitgeordneten Produkts wird der Buchstabe T verwendet.

[3]) Bezeichnung nach DIRAC.

Maßeinheiten

Wenn nicht besonders darauf hingewiesen wird, werden die relativistischen Einheiten $\hbar = 1$ und $c = 1$ verwendet. In diesen Einheiten ist das Quadrat der Elementarladung $e^2 = 1/137$.

Die atomaren Maßeinheiten sind: $e = 1$, $\hbar = 1$, $m = 1$. In diesen Einheiten ist $c = 137$. Atomare Längen-, Zeit- und Energieeinheit sind $\hbar^2/m\,e^2$, $\hbar^3/m\,e^4$ bzw. $m\,e^4/\hbar^2$ (die Größe $\mathrm{Ry} = m\,e^4/2\,\hbar$ wird als Rydberg bezeichnet).

Die normalen Einheiten werden dem absoluten (Gaussschen) Maßsystem entnommen.

Konstanten

Lichtgeschwindigkeit $c = 2{,}997925 \cdot 10^{10}$ cm/s.
Elementarladung $e = 4{,}803 \cdot 10^{-10}$ cgs-Einheiten.
Elektronenmasse $m = 9{,}110 \cdot 10^{-28}$ g.
Plancksches Wirkungsquantum $\hbar = 1{,}055 \cdot 10^{-27}$ erg · s.
Feinstrukturkonstante $\alpha = e^2/\hbar\,c$; $1/\alpha = 137{,}04$.
Bohrscher Radius $\hbar^2/m\,e^2 = 5{,}292 \cdot 10^{-9}$ cm.
Klassischer Elektronenradius $r_e = e^2/m\,c^2 = 2{,}818 \cdot 10^{-13}$ cm.
Compton-Wellenlänge eines Elektrons $\hbar/m\,c = 3{,}862 \cdot 10^{-11}$ cm.
Ruhenergie eines Elektrons $m\,c^2 = 0{,}5110 \cdot 10^6$ eV.
Atomare Energieeinheit $m\,e^4/\hbar^2 = 4{,}360 \cdot 10^{-11}$ erg $= 27{,}21$ eV.
Bohrsches Magneton $e\,\hbar/2\,m\,c = 9{,}274 \cdot 10^{-21}$ erg/Gauß.
Protonenmasse $m_p = 1{,}673 \cdot 10^{-24}$ g.
Compton-Wellenlänge eines Protons $\hbar/m_p\,c = 2{,}103 \cdot 10^{-14}$ cm.
Kernmagneton $e\,\hbar/2\,m_p\,c = 5{,}051 \cdot 10^{-24}$ erg/Gauß.

Hinweise auf andere Bände dieses Lehrbuches sind mit Ziffern versehen: I (Mechanik, 1967), II (Feldtheorie, 1970), III (Quantenmechanik, 1967).

EINLEITUNG

§ 1. Unschärferelationen im relativistischen Bereich

Die gesamte in Band III dieses Lehrbuches behandelte Quantenmechanik ist nichtrelativistisch; sie kann nicht auf Erscheinungen angewandt werden, bei denen Bewegungen mit Geschwindigkeiten, die gegenüber der Lichtgeschwindigkeit nicht klein sind, vorkommen. Auf den ersten Blick könnte man erwarten, daß der Übergang zu einer relativistischen Theorie durch eine mehr oder weniger direkte Verallgemeinerung des Apparates der nichtrelativistischen Quantenmechanik möglich wäre. Eine sorgfältige Betrachtung zeigt dagegen, daß der Aufbau einer logisch geschlossenen relativistischen Theorie die Einbeziehung neuer physikalischer Prinzipien erfordert.

Wir wollen an einige physikalische Vorstellungen erinnern, die der nichtrelativistischen Quantenmechanik zugrunde liegen (III, § 1). Wir haben gesehen, daß in der nichtrelativistischen Quantenmechanik der Begriff der Messung eine fundamentale Rolle spielt. Unter einem Meßprozeß versteht man die Wechselwirkung eines quantenmechanischen Systems mit einem „klassischen Objekt" („Gerät"); durch diese Wechselwirkung nimmt das quantenmechanische System bestimmte Werte gewisser dynamischer Veränderlicher (Koordinaten, Geschwindigkeiten u. ä.) an. Wir haben auch gesehen, daß die Quantenmechanik die Möglichkeiten der gleichzeitigen Existenz verschiedener dynamischer Veränderlicher eines Elektrons[1]) stark einschränkt. Die Unschärfen Δq und Δp, die bei einer gleichzeitigen Messung von Ort und Impuls unvermeidlich sind, erfüllen die Beziehung $\Delta q\, \Delta p \sim \hbar$;[2]) je genauer man eine dieser Größen mißt, desto weniger genau kann die andere gleichzeitig gemessen werden.

Es ist aber wesentlich, daß jede dynamische Veränderliche eines Elektrons für sich allein beliebig genau gemessen werden kann; die Messung kann in einem beliebig kleinen Zeitintervall erfolgen. Dieser Sachverhalt spielt für die ganze nichtrelativistische Quantenmechanik eine fundamentale Rolle. Nur auf Grund dessen kann man den Begriff der Wellenfunktion einführen, der für den Apparat in dieser Theorie grundlegend ist. Tatsächlich hat die Wellenfunktion $\psi(q)$ folgende physikalische Bedeutung: Das Betragsquadrat der Wellenfunktion gibt die Wahrscheinlichkeit an, mit der man bei einer Messung zu einem bestimmten Zeitpunkt das Elektron an dem betreffenden Ort vorfindet. Eine

---

[1]) Wie in III, § 1 sprechen wir der Kürze halber von einem Elektron, denken dabei aber an ein beliebiges quantenmechanisches System.

[2]) In diesem Paragraphen verwenden wir normale Einheiten.

notwendige Voraussetzung, den Begriff einer solchen Wellenfunktion einführen zu können, ist offensichtlich die prinzipielle Möglichkeit, den Ort beliebig genau und schnell messen zu können; anderenfalls würde dieser Begriff gegenstandslos und würde seinen physikalischen Sinn verlieren.

Die Existenz einer Grenzgeschwindigkeit (der Lichtgeschwindigkeit c) führt zu neuen prinzipiellen Einschränkungen der Möglichkeiten, verschiedene physikalische Größen zu messen (L. D. LANDAU, R. PEIERLS, 1930).

In III, § 44 haben wir die Beziehung

$$(v' - v)\, \Delta p\, \Delta t \sim \hbar \tag{1,1}$$

abgeleitet, die die Unschärfe Δp in der Impulsmessung an einem Elektron mit der Dauer Δt des Meßprozesses verknüpft; v und v' sind die Geschwindigkeiten des Elektrons vor und nach der Messung. Aus dieser Beziehung folgt: Man kann eine genügend genaue Impulsmessung in einer relativ kurzen Zeit (d. h. kleines Δp bei kleinem Δt) nur auf Kosten einer recht großen Geschwindigkeitsänderung während des Meßprozesses erreichen. In der nichtrelativistischen Theorie äußerte sich dieser Sachverhalt darin, daß eine Impulsmessung nicht nach kurzen Zeitintervallen reproduziert werden kann; in keiner Weise wird davon aber die prinzipielle Möglichkeit einer beliebig genauen Impulsmessung berührt, da die Differenz $v' - v$ immer beliebig groß gemacht werden konnte.

Die Existenz einer Grenzgeschwindigkeit ändert die Sachlage grundlegend. Die Differenz $v' - v$ kann wie die Geschwindigkeiten selbst jetzt nicht größer als c (genauer $2c$) sein. Ersetzen wir in (1,1) $v' - v$ durch c, dann erhalten wir die Beziehung

$$\Delta p\, \Delta t \sim \frac{\hbar}{c}. \tag{1,2}$$

Diese Beziehung bestimmt die beste, prinzipiell erreichbare Genauigkeit einer Impulsmessung bei gegebener Meßdauer Δt. In einer relativistischen Theorie ist es also prinzipiell unmöglich, den Impuls beliebig genau und beliebig schnell zu messen. Eine genaue Impulsmessung ($\Delta p \to 0$) ist nur im Grenzfall einer unendlich langen Meßzeit möglich.

Auch die Meßbarkeit des Ortes erfährt eine tiefgreifende Abänderung: In einer relativistischen Theorie ist der Ort nur bis zu einer gewissen Genauigkeit meßbar, eine bestimmte untere Grenze der Ortsunschärfe kann nicht unterschritten werden. Der Begriff der Lokalisierung eines Elektrons wird in seinem physikalischen Sinn weiter eingeschränkt.

Im mathematischen Formalismus der Theorie äußert sich diese Situation so, daß eine genaue Ortsmessung mit der Positivität der Energie eines freien Teilchens unvereinbar ist. Wie wir später noch sehen werden, enthält das vollständige System der Eigenfunktion einer relativistischen Wellengleichung für ein freies Teilchen (neben Lösungen mit der „richtigen“ Zeitabhängigkeit) auch Lösungen mit einer „negativen Frequenz“. Diese Funktionen gehen im allgemeinen auch in die Entwicklung des Wellenpaketes ein, das einem in einem kleinen Raumgebiet lokalisierten Elektron entspricht.

Die Wellenfunktionen mit „negativer Frequenz" hängen, wie noch gezeigt wird, mit der Existenz von Antiteilchen — Positronen — zusammen. Das Auftreten dieser Funktionen in der Entwicklung eines Wellenpaketes ist der Ausdruck dafür, daß bei einer Ortsmessung für ein Elektron im allgemeinen unvermeidlich Elektron–Positron-Paare gebildet werden. Die durch den Prozeß selbst hervorgerufene, unkontrollierbare Erzeugung neuer Teilchen nimmt der Ortsmessung offensichtlich ihren Sinn.

Im Ruhsystem des Elektrons ist der minimale Fehler bei einer Ortsmessung

$$\Delta q \sim \frac{\hbar}{m c}. \tag{1,3}$$

Diesem Wert (dem einzigen, der aus Dimensionsbetrachtungen heraus möglich ist) entspricht die Impulsunschärfe $\Delta p \sim m c$, die ihrerseits der kleinsten Schwellenenergie für die Paarerzeugung entspricht.

In einem Bezugssystem, in dem sich das Elektron mit der Energie ε bewegt, haben wir statt (1,3)

$$\Delta q \sim \frac{\hbar c}{\varepsilon}. \tag{1,4}$$

Im ultrarelativistischen Grenzfall besteht zwischen Energie und Impuls die Beziehung $\varepsilon \approx c p$, und es ist dann speziell

$$\Delta q \sim \frac{\hbar}{p}, \tag{1,5}$$

d. h., der Fehler Δq stimmt mit der DE-BROGLIE-Wellenlänge des Teilchens überein.

Für Photonen liegt immer der ultrarelativistische Fall vor, so daß der Ausdruck (1,5) gilt. Es hat demnach nur dann einen Sinn, von den Koordinaten eines Photons zu sprechen, wenn die charakteristischen Abmessungen des Problems groß gegenüber der Wellenlänge sind. Dann handelt es sich aber gerade um den „klassischen" Grenzfall, der der geometrischen Optik entspricht und in dem man von der Lichtausbreitung entlang bestimmter Bahnen — Strahlen — sprechen kann. Im quantenmechanischen Fall dagegen, wenn man die Wellenlänge nicht als klein ansehen kann, wird der Begriff der Koordinaten eines Photons gegenstandslos. Wir werden später (§ 4) sehen, daß sich die Unmöglichkeit der Messung von Photonenkoordinaten im mathematischen Formalismus der Theorie folgendermaßen äußert: Es ist unmöglich, aus der Wellenfunktion eines Photons eine Größe zu bilden, die die Rolle der Wahrscheinlichkeitsdichte spielen könnte und alle notwendigen Forderungen der relativistischen Invarianz erfüllt.

Aus den obigen Feststellungen wird klar, daß in einer konsequenten relativistischen Quantenmechanik die Koordinaten eines Teilchens als dynamische Veränderliche überhaupt nicht vorkommen dürfen, da sie ihrer Natur nach einen ganz bestimmten Sinn haben müssen. Auch der Impuls eines Teilchens kann in seinem früheren Sinn nicht beibehalten werden. Da zu einer genauen

Impulsmessung eine genügend lange Zeit erforderlich ist, kann seine Änderung im Verlaufe eines Prozesses nicht verfolgt werden.

Erinnern wir uns an das, was am Anfang dieses Paragraphen gesagt worden ist, so gelangen wir zu dem Schluß, daß der gesamte Apparat der nichtrelativistischen Quantenmechanik für den Übergang zum relativistischen Bereich inadäquat ist. Die in ihrem früheren Sinn aufgefaßten Wellenfunktionen $\psi(q)$ als Träger einer unbeobachtbaren Information können in einer konsequenten relativistischen Theorie nicht vorkommen.

Der Impuls kann in einer konsequenten Theorie nur in den Anwendungen auf freie Teilchen enthalten sein; denn für diese bleibt der Impuls erhalten und kann daher mit beliebiger Genauigkeit gemessen werden. Man könnte daher denken, daß eine künftige Theorie von der Betrachtung des zeitlichen Ablaufs von Wechselwirkungsprozessen zwischen Teilchen ganz abgeht. Die Theorie zeigt, daß es bei diesen Prozessen keine genau definierten Charakteristika gibt (auch nicht in den Grenzen der üblichen quantenmechanischen Genauigkeit), so daß die Beschreibung des zeitlichen Ablaufs eines Prozesses genauso illusorisch wird wie eine klassische Bahnkurve in der nichtrelativistischen Quantenmechanik. Die einzigen beobachtbaren Größen werden die Charakteristika (Impulse, Polarisationen) freier Teilchen sein — der Teilchen, die miteinander in Wechselwirkung treten, und der Teilchen, die infolge des Prozesses entstehen (L. Landau, R. Peierls, 1930).

Die charakteristische Problemstellung in der relativistischen Quantentheorie verlangt die Bestimmung der Wahrscheinlichkeitsamplituden für Übergänge zwischen gegebenen Anfangs- und Endzuständen (d. h. für $t \to \mp \infty$) von Teilchensystemen. Die Gesamtheit dieser Amplituden zwischen allen möglichen Zuständen bildet die *Streumatrix* oder *S-Matrix*. Diese Matrix ist der Träger der gesamten, physikalisch sinnvollen und beobachtbaren Information über die Wechselwirkungsprozesse zwischen Teilchen (W. Heisenberg, 1938).

In einer solchen Theorie müssen die Begriffe „elementares“ und „zusammengesetztes“ Teilchen ihren früheren Sinn verlieren — die Frage, was woraus besteht, wird hinfällig. Diese Frage kann nicht gestellt werden, ohne den Wechselwirkungsprozeß zwischen den Teilchen zu betrachten; die Abkehr von einer solchen Betrachtung macht die Frage gegenstandslos. Alle Teilchen, die im Anfangs- oder Endzustand bei irgendeinem physikalischen Stoßprozeß vorkommen, müssen in der Theorie gleichberechtigt auftreten. In diesem Sinne ist der Unterschied zwischen Teilchen, die man normalerweise als „zusammengesetzt“ oder als „elementar“ bezeichnet, rein quantitativer Natur und bezieht sich auf die Größe des Massendefektes beim Zerfall in diese oder jene „Bestandteile“. Die Behauptung, daß ein Deuteron zusammengesetzt ist (mit einer relativ kleinen Bindungsenergie bezüglich des Zerfalls in ein Proton und ein Neutron), unterscheidet sich nur quantitativ von der Behauptung, daß ein Neutron aus einem Proton und einem π-Meson „besteht“.

Gegenwärtig gibt es noch keine vollständige, logisch abgeschlossene relativistische Quantentheorie. Wir werden sehen, daß die vorhandene Theorie neue physikalische Aspekte in die Art der Beschreibung von Teilchenzuständen hineinbringt; diese neue Beschreibung erhält gewisse Züge der Feldtheorie (s. § 10). Sie wird aber weitgehend nach dem Vorbild und mit Hilfe der Begriffe der üblichen Quantenmechanik aufgebaut. Dieser Aufbau der Theorie führte auf dem Gebiet der Quantenelektrodynamik zum Erfolg. Das Fehlen einer vollständigen logischen Abgeschlossenheit äußert sich in dieser Theorie im Auftreten divergenter Ausdrücke bei der direkten Anwendung des mathematischen Apparates; zur Beseitigung dieser Divergenzen existieren aber eindeutige Verfahren. Trotzdem haben diese Verfahren weitgehend den Charakter halbempirischer Rezepte, und unsere Überzeugung von der Richtigkeit der auf diesem Wege erhaltenen Ergebnisse beruht letzten Endes auf ihrer hervorragenden Übereinstimmung mit dem Experiment, aber nicht auf der inneren Konsistenz und der logischen Klarheit der Grundprinzipien der Theorie.

Ganz anders ist die Sachlage in der Theorie der Erscheinungen, die mit den sogenannten starken Wechselwirkungen der Teilchen (den Kernkräften) zusammenhängen. Hier haben die Versuche zur Schaffung einer Theorie, aufbauend auf denselben Methoden, zu keinerlei bedeutenden realen physikalischen Ergebnissen geführt. Die Schaffung einer vollständigen Theorie, die auch die starken Wechselwirkungen umfaßt, erfordert wahrscheinlich, prinzipiell neue physikalische Vorstellungen heranzuziehen.

KAPITEL I

DAS PHOTON

§ 2. Quantisierung des freien elektromagnetischen Feldes

Unser Ziel ist, das elektromagnetische Feld als quantentheoretisches Objekt zu behandeln. Es ist dabei zweckmäßig, von derjenigen klassischen Beschreibung des Feldes auszugehen, bei der das Feld durch einen zwar unendlichen, aber diskreten Satz von Veränderlichen charakterisiert wird; diese Beschreibung erlaubt unmittelbar, den üblichen Apparat der Quantenmechanik anzuwenden. Dagegen ist die Darstellung des Feldes durch die in allen Raumpunkten vorgegebenen Potentiale ihrer Natur nach eine Beschreibung mit Hilfe einer stetigen Menge von Veränderlichen.

$\boldsymbol{A}(\boldsymbol{r}, t)$ sei das Vektorpotential eines freien elektromagnetischen Feldes, das die „Transversalitätsbedingung"

$$\operatorname{div} \boldsymbol{A} = 0 \tag{2,1}$$

erfüllt. Dabei ist das skalare Potential $\Phi = 0$, und die Felder $\boldsymbol{E}$ und $\boldsymbol{H}$ werden gegeben als

$$\boldsymbol{E} = -\dot{\boldsymbol{A}}, \qquad \boldsymbol{H} = \operatorname{rot} \boldsymbol{A}. \tag{2,2}$$

Die MAXWELLschen Gleichungen reduzieren sich auf die Wellengleichung für $\boldsymbol{A}$:

$$\Delta \boldsymbol{A} - \frac{\partial^2 \boldsymbol{A}}{\partial t^2} = 0. \tag{2,3}$$

Bekanntlich (s. II, § 52) geht man in der klassischen Elektrodynamik zu einer Beschreibung mit Hilfe eines diskreten Satzes von Veränderlichen über, indem man das Feld in einem großen, aber endlichen Volumen V betrachtet.[1]) Wir erinnern daran, wie man dabei vorgeht, lassen aber die Einzelheiten der Rechnungen weg.

Ein Feld in einem endlichen Volumen kann nach fortschreitenden ebenen Wellen entwickelt werden, und das Potential wird durch eine Reihe der Gestalt

$$\boldsymbol{A} = \sum_{\boldsymbol{k}} (\boldsymbol{a}_{\boldsymbol{k}}\, e^{i \boldsymbol{k} \boldsymbol{r}} + \boldsymbol{a}_{\boldsymbol{k}}^{*}\, e^{-i \boldsymbol{k} \boldsymbol{r}}) \tag{2,4}$$

dargestellt, wobei die Koeffizienten $\boldsymbol{a}_{\boldsymbol{k}}$ nach dem Gesetz

$$\boldsymbol{a}_{\boldsymbol{k}} \propto e^{-i \omega t}, \qquad \omega = |\boldsymbol{k}| \tag{2,5}$$

von der Zeit abhängen. Infolge der Bedingung (2,1) stehen die komplexen Vektoren $\boldsymbol{a}_{\boldsymbol{k}}$ senkrecht auf den zugehörigen Wellenzahlvektoren: $\boldsymbol{a}_{\boldsymbol{k}} \boldsymbol{k} = 0$.

---

[1]) Um die Formeln nicht unnötig aufzublähen, werden wir $V = 1$ setzen.

Die Summation in (2,4) erfolgt über einen unendlichen diskreten Satz von Wellenzahlvektoren (seiner drei Komponenten k_x, k_y, k_z). Der Übergang zur Integration über eine stetige Verteilung kann mit Hilfe des Ausdrucks

$$\frac{d^3k}{(2\pi)^3}$$

für die Zahl der möglichen $\boldsymbol{k}$-Werte pro Volumeneinheit des $\boldsymbol{k}$-Raumes $d^3k = dk_x\, dk_y\, dk_z$ vorgenommen werden.

Durch die Vorgabe der Vektoren $\boldsymbol{a}_{\boldsymbol{k}}$ ist das Feld in dem betrachteten Volumen vollständig bestimmt. Man kann also diese Größen als diskreten Satz klassischer „Feldvariablen" ansehen. Um zur Quantentheorie überzugehen, muß man diese Variablen zuerst noch so transformieren, daß die Feldgleichung eine Gestalt erhält, die den kanonischen Gleichungen (HAMILTONschen Gleichungen) der klassischen Mechanik analog ist. Die kanonischen Feldvariablen werden folgendermaßen definiert:

$$\left.\begin{aligned} \boldsymbol{Q}_{\boldsymbol{k}} &= \frac{1}{\sqrt{4\pi}}\,(\boldsymbol{a}_{\boldsymbol{k}} + \boldsymbol{a}^*_{\boldsymbol{k}})\,, \\ \boldsymbol{P}_{\boldsymbol{k}} &= \frac{-i\omega}{\sqrt{4\pi}}\,(\boldsymbol{a}_{\boldsymbol{k}} - \boldsymbol{a}^*_{\boldsymbol{k}}) = \dot{\boldsymbol{Q}}_{\boldsymbol{k}} \end{aligned}\right\} \tag{2,6}$$

(sie sind offensichtlich reell). Das Vektorpotential lautet in diesen kanonischen Variablen

$$\boldsymbol{A} = \sqrt{4\pi}\sum_{\boldsymbol{k}}\left(\boldsymbol{Q}_{\boldsymbol{k}}\cos\boldsymbol{k}\boldsymbol{r} - \frac{1}{\omega}\boldsymbol{P}_{\boldsymbol{k}}\sin\boldsymbol{k}\boldsymbol{r}\right). \tag{2,7}$$

Zur Bestimmung der HAMILTON-Funktion H ist die Gesamtenergie des Feldes

$$\frac{1}{8\pi}\int(\boldsymbol{E}^2 + \boldsymbol{H}^2)\, d^3x$$

auszurechnen und durch die Größen $\boldsymbol{Q}_{\boldsymbol{k}}$ und $\boldsymbol{P}_{\boldsymbol{k}}$ auszudrücken. Wir verwenden für $\boldsymbol{A}$ die Entwicklung (2,7), rechnen nach (2,2) $\boldsymbol{E}$ und $\boldsymbol{H}$ aus, integrieren und erhalten

$$H = \frac{1}{2}\sum_{\boldsymbol{k}}(\boldsymbol{P}^2_{\boldsymbol{k}} + \omega^2\boldsymbol{Q}^2_{\boldsymbol{k}})\,.$$

Jeder Vektor $\boldsymbol{P}_{\boldsymbol{k}}$ und $\boldsymbol{Q}_{\boldsymbol{k}}$ steht senkrecht auf dem Wellenzahlvektor $\boldsymbol{k}$, d. h. jeder Vektor hat zwei unabhängige Komponenten. Die Richtung dieser Vektoren bestimmt die Polarisationsrichtung der betreffenden Welle. Wir bezeichnen die beiden Komponenten der Vektoren $\boldsymbol{Q}_{\boldsymbol{k}}$ und $\boldsymbol{P}_{\boldsymbol{k}}$ (in der Ebene senkrecht zu $\boldsymbol{k}$) mit $Q_{\boldsymbol{k}\alpha}$ bzw. $P_{\boldsymbol{k}\alpha}$ ($\alpha = 1, 2$) und schreiben die HAMILTON-Funktion in der Gestalt

$$H = \sum_{\boldsymbol{k}\alpha}\frac{1}{2}\,(P^2_{\boldsymbol{k}\alpha} + \omega^2 Q^2_{\boldsymbol{k}\alpha})\,. \tag{2,8}$$

Die HAMILTON-Funktion zerfällt also in eine Summe voneinander unabhängiger Terme; jeder einzelne Summand enthält nur je ein Paar $Q_{\boldsymbol{k}\alpha}$ und $P_{\boldsymbol{k}\alpha}$.

Jeder dieser Summanden entspricht einer fortschreitenden Welle mit einem bestimmten Wellenzahlvektor und einer bestimmten Polarisation und hat die Gestalt der HAMILTON-Funktion eines eindimensionalen harmonischen Oszillators. Man bezeichnet daher die erhaltene Entwicklung als Entwicklung des Feldes nach *Oszillatoren.*

Wir kommen jetzt zur Quantisierung des freien elektromagnetischen Feldes. Die dargestellte Art der klassischen Beschreibung des Feldes läßt den Weg für den Übergang zur Quantentheorie bereits erkennen. Wir müssen die kanonischen Variablen — die verallgemeinerten Koordinaten $Q_{\boldsymbol{k}\alpha}$ und die verallgemeinerten Impulse $P_{\boldsymbol{k}\alpha}$ — jetzt als Operatoren mit der Vertauschungsregel

$$\mathrm{P}_{\boldsymbol{k}\alpha}\mathrm{Q}_{\boldsymbol{k}\alpha} - \mathrm{Q}_{\boldsymbol{k}\alpha}\mathrm{P}_{\boldsymbol{k}\alpha} = -i \tag{2,9}$$

auffassen (alle Operatoren mit verschiedenen $\boldsymbol{k}\alpha$ sind miteinander vertauschbar). Mit diesen Größen werden auch das Potential **A** und (nach (2,2)) die Feldstärken **E** und **H** zu Operatoren.

Um den HAMILTON-Operator für das Feld auszurechnen, ist das Integral

$$\mathrm{H} = \frac{1}{8\pi}\int (\mathbf{E}^2 + \mathbf{H}^2)\, d^3x \tag{2,10}$$

zu berechnen, in dem **E** und **H** durch die Operatoren $\mathrm{P}_{\boldsymbol{k}\alpha}$ und $\mathrm{Q}_{\boldsymbol{k}\alpha}$ auszudrücken sind. Die Nichtvertauschbarkeit der letzteren wirkt sich dabei faktisch aber nicht aus, weil die Produkte $\mathrm{Q}_{\boldsymbol{k}\alpha}\mathrm{P}_{\boldsymbol{k}\alpha}$ mit dem Faktor $\cos \boldsymbol{k}\boldsymbol{r} \sin \boldsymbol{k}\boldsymbol{r}$ behaftet sind, der bei der Integration über das ganze Volumen verschwindet. Wir erhalten deshalb für den HAMILTON-Operator den Ausdruck

$$\mathrm{H} = \sum_{\boldsymbol{k}\alpha} \frac{1}{2}\,(\mathrm{P}^2_{\boldsymbol{k}\alpha} + \omega^2\,\mathrm{Q}^2_{\boldsymbol{k}\alpha})\,, \tag{2,11}$$

der mit der entsprechenden klassischen HAMILTON-Funktion genau übereinstimmt, was auch zu erwarten war.

Die Bestimmung der Eigenwerte dieses HAMILTON-Operators erfordert keine besonderen Rechnungen, da sie auf das bekannte Problem der Energieniveaus linearer Oszillatoren zurückgeführt werden kann (s. III, § 23). Wir können daher sofort die Energieniveaus des Feldes aufschreiben:

$$E = \sum_{\boldsymbol{k}\alpha}\left(N_{\boldsymbol{k}\alpha} + \frac{1}{2}\right)\omega \tag{2,12}$$

mit ganzen Zahlen $N_{\boldsymbol{k}\alpha}$.

Wir werden diese Formel im folgenden Paragraphen diskutieren. Jetzt wollen wir die Matrixelemente für die Größen $Q_{\boldsymbol{k}\alpha}$ aufschreiben; das kann unmittelbar mit Hilfe der bekannten Formeln für die Matrixelemente der Koordinaten eines Oszillators geschehen (s. III, § 23). Die von Null verschiedenen Matrixelemente sind

$$\langle N_{\boldsymbol{k}\alpha}|Q_{\boldsymbol{k}\alpha}|\,N_{\boldsymbol{k}\alpha}-1\rangle = \langle N_{\boldsymbol{k}\alpha}-1\,|Q_{\boldsymbol{k}\alpha}|\,N_{\boldsymbol{k}\alpha}\rangle = \sqrt{\frac{N_{\boldsymbol{k}\alpha}}{2\omega}}\,. \tag{2,13}$$

Die Matrixelemente der Größen $P_{k\alpha} = \dot{Q}_{k\alpha}$ unterscheiden sich von den Matrixelementen für $Q_{k\alpha}$ nur um den Faktor $\pm i\omega$.

Für die weiteren Rechnungen ist es jedoch zweckmäßiger, anstelle der Größe $Q_{k\alpha}$ und $P_{k\alpha}$ die Linearkombinationen $\omega Q_{k\alpha} \pm i P_{k\alpha}$ zu verwenden; diese haben nur für die Übergänge $N_{k\alpha} \to N_{k\alpha} \pm 1$ von Null verschiedene Matrixelemente. Dementsprechend führen wir die folgenden Operatoren ein:

$$\mathrm{c}_{k\alpha} = \frac{1}{\sqrt{2\omega}} (\omega \mathrm{Q}_{k\alpha} + i \mathrm{P}_{k\alpha}), \qquad \mathrm{c}_{k\alpha}^{+} = \frac{1}{\sqrt{2\omega}} (\omega \mathrm{Q}_{k\alpha} - i P_{k\alpha}) \tag{2,14}$$

(die klassischen Größen $c_{k\alpha}$ und $c_{k\alpha}^{*}$ stimmen bis auf den Faktor $\sqrt{2\pi/\omega}$ mit den Koeffizienten $a_{k\alpha}$ und $a_{k\alpha}^{*}$ in der Entwicklung (2,4) überein). Die Matrixelemente dieser Operatoren sind

$$\langle N_{k\alpha} - 1 |\mathrm{c}_{k\alpha}| N_{k\alpha}\rangle = \langle N_{k\alpha} |\mathrm{c}_{k\alpha}^{+}| N_{k\alpha} - 1\rangle = \sqrt{N_{k\alpha}}\,. \tag{2,15}$$

Die Vertauschungsregel für $\mathrm{c}_{k\alpha}$ und $\mathrm{c}_{k\alpha}^{+}$ ergibt sich aus der Definition (2,4) und der Regel (2,9):

$$\mathrm{c}_{k\alpha}\, \mathrm{c}_{k\alpha}^{+} - \mathrm{c}_{k\alpha}^{+}\, \mathrm{c}_{k\alpha} = 1\,. \tag{2,16}$$

Für das Vektorpotential ziehen wir die Entwicklung in der Gestalt (2,14) heran mit Operatoren als Koeffizienten. Wir schreiben sie in der Form

$$\mathbf{A} = \sum_{k\alpha} (\mathrm{c}_{k\alpha} \boldsymbol{A}_{k\alpha} + \mathrm{c}_{k\alpha}^{+} \boldsymbol{A}_{k\alpha}^{*}) \tag{2,17}$$

mit

$$\boldsymbol{A}_{k\alpha} = \sqrt{4\pi}\, \frac{\boldsymbol{e}^{(\alpha)}}{\sqrt{2\omega}}\, e^{i\boldsymbol{k}\boldsymbol{r}}\,. \tag{2,18}$$

Wir haben die Bezeichnung $\boldsymbol{e}^{(\alpha)}$ für die Einheitsvektoren in Richtung der Polarisation der Oszillatoren eingeführt; die Vektoren $\boldsymbol{e}^{(\alpha)}$ stehen senkrecht auf dem Wellenzahlvektor $\boldsymbol{k}$, zu jedem $\boldsymbol{k}$ gibt es zwei unabhängige Polarisationen.

Analog schreiben wir für die Feldoperatoren **E** und **H**

$$\left.\begin{aligned} \mathbf{E} &= \sum_{k\alpha} (\mathrm{c}_{k\alpha} \boldsymbol{E}_{k\alpha} + \mathrm{c}_{k\alpha}^{+} \boldsymbol{E}_{k\alpha}^{*})\,, \\ \mathbf{H} &= \sum_{k\alpha} (\mathrm{c}_{k\alpha} \boldsymbol{H}_{k\alpha} + \mathrm{c}_{k\alpha}^{+} \boldsymbol{H}_{k\alpha}^{*}) \end{aligned}\right\} \tag{2,19}$$

mit

$$\boldsymbol{E}_{k\alpha} = i\omega \boldsymbol{A}_{k\alpha}\,, \quad \boldsymbol{H}_{k\alpha} = [\boldsymbol{n} \boldsymbol{E}_{k\alpha}]\,, \qquad (\boldsymbol{n} = \boldsymbol{k}/\omega)\,. \tag{2,20}$$

Die Vektoren $\boldsymbol{A}_{k\alpha}$ sind in folgendem Sinne orthogonal zueinander:

$$\int \boldsymbol{A}_{k\alpha} \boldsymbol{A}_{k'\alpha'}^{*}\, d^3x = \frac{2\pi}{\omega}\, \delta_{\alpha\alpha'}\, \delta_{kk'}\,. \tag{2,21}$$

Wenn sich $\boldsymbol{A}_{k\alpha}$ und $\boldsymbol{A}_{k'\alpha'}^{*}$ in den Wellenzahlvektoren unterscheiden, dann enthält ihr Produkt den Faktor $e^{i(\boldsymbol{k}-\boldsymbol{k}')\boldsymbol{r}}$, der bei der Integration über das Volumen Null ergibt; wenn sie sich in den Polarisationen unterscheiden, ist $\boldsymbol{e}^{(\alpha)}\, \boldsymbol{e}^{(\alpha')*} = 0$, weil die beiden unabhängigen Polarisationsrichtungen senkrecht aufeinander stehen. Ähnliche Beziehungen gelten auch für die Vektoren $\boldsymbol{E}_{\boldsymbol{k}\alpha}$ und $\boldsymbol{H}_{\boldsymbol{k}\alpha}$. Ihre Normierung schreibt man zweckmäßig in der Form

$$\frac{1}{4\pi}\int (\boldsymbol{E}_{\boldsymbol{k}\alpha}\boldsymbol{E}^*_{\boldsymbol{k}'\alpha'} + \boldsymbol{H}_{\boldsymbol{k}\alpha}\boldsymbol{H}^*_{\boldsymbol{k}'\alpha'})\, d^3x = \omega\, \delta_{\boldsymbol{k}\boldsymbol{k}'}\, \delta_{\alpha\alpha'}\,. \tag{2,22}$$

Wir setzen die Operatoren (2,19) in (2,10) ein, integrieren, beachten dabei (2,22) und bekommen für den HAMILTON-Operator des Feldes mit den Operatoren $c_{\boldsymbol{k}\alpha}$ und $c^+_{\boldsymbol{k}\alpha}$:

$$\begin{aligned} \mathrm{H} &= \sum_{\boldsymbol{k}\alpha} \frac{1}{2}(c_{\boldsymbol{k}\alpha}c^+_{\boldsymbol{k}\alpha} + c^+_{\boldsymbol{k}\alpha}c_{\boldsymbol{k}\alpha})\frac{1}{4\pi}\int (|\boldsymbol{E}_{\boldsymbol{k}\alpha}|^2 + |\boldsymbol{H}_{\boldsymbol{k}\alpha}|^2)\, d^3x = \\ &= \sum_{\boldsymbol{k}\alpha} \frac{1}{2}\,\omega\,(c_{\boldsymbol{k}\alpha}c^+_{\boldsymbol{k}\alpha} + c^+_{\boldsymbol{k}\alpha}c_{\boldsymbol{k}\alpha})\,. \end{aligned} \tag{2,23}$$

Dieser Operator ist in der betrachteten Darstellung (Matrixelemente der Operatoren c und c^+ aus (2,15)) diagonal, und seine Eigenwerte stimmen natürlich mit (2,12) überein.

In der klassischen Theorie wird der Impuls des Feldes durch das Integral

$$\boldsymbol{P} = \frac{1}{4\pi}\int [\boldsymbol{E}\,\boldsymbol{H}]\, d^3x$$

gegeben. Beim Übergang zur Quantentheorie ersetzen wir $\boldsymbol{E}$ und $\boldsymbol{H}$ durch die Operatoren (2,19) und finden ohne große Mühe

$$\mathbf{P} = \sum_{\boldsymbol{k}\alpha} \frac{1}{2}(\mathrm{P}^2_{\boldsymbol{k}\alpha} + \omega^2\,\mathrm{Q}^2_{\boldsymbol{k}\alpha})\,\boldsymbol{n} \tag{2,24}$$

in Übereinstimmung mit der bekannten klassischen Beziehung zwischen Energie und Impuls ebener Wellen. Die Eigenwerte dieses Operators sind

$$\boldsymbol{P} = \sum_{\boldsymbol{k}\alpha} \boldsymbol{k}\left(N_{\boldsymbol{k}\alpha} + \frac{1}{2}\right). \tag{2,25}$$

Die mit den Matrixelementen (2,15) realisierte Darstellung der Operatoren ist die „Besetzungszahldarstellung", sie entspricht der Beschreibung eines Zustandes des Systems (des Feldes) durch die Angabe der Quantenzahlen $N_{\boldsymbol{k}\alpha}$ (*Besetzungszahlen*). In dieser Darstellung wirken die Feldoperatoren (2,19) (und damit auch der HAMILTON-Operator (2,11)) auf eine Wellenfunktion des Systems, die eine Funktion der Besetzungszahlen $N_{\boldsymbol{k}\alpha}$ ist; wir bezeichnen sie mit $\Phi(N_{\boldsymbol{k}\alpha}, t)$. Die Feldoperatoren (2,19) hängen nicht explizit von der Zeit ab. Das entspricht dem in der nichtrelativistischen Quantenmechanik üblichen SCHRÖDINGER-Bild für die Operatoren. Der Zustand $\Phi(N_{\boldsymbol{k}\alpha}, t)$ des Systems ist dabei zeitabhängig. Diese Zeitabhängigkeit wird durch die SCHRÖDINGER-Gleichung bestimmt:

$$i\,\frac{\partial\Phi}{\partial t} = \mathrm{H}\,\Phi\,.$$

Eine solche Beschreibung des Feldes ist in ihrem Wesen relativistisch invariant, weil sie auf den invarianten MAXWELLschen Gleichungen basiert. Diese Invarianz ist aber nicht explizit zu sehen — vor allem deshalb nicht, weil räumliche Koordinaten und Zeit in dieser Beschreibung äußerst unsymmetrisch enthalten sind.

In der relativistischen Theorie ist es zweckmäßig, einer Beschreibung auch äußerlich eine invariante Gestalt zu geben. Zu diesem Zweck muß man das sogenannte HEISENBERG-Bild verwenden, in dem die explizite Zeitabhängigkeit auf die Operatoren selbst übertragen wird (s. III, § 13). Zeit und Koordinaten gehen dann in die Ausdrücke für die Feldoperatoren gleichberechtigt ein, und ein Zustand des Systems Φ hängt allein von den Besetzungszahlen ab.

Der Übergang zum HEISENBERG-Bild erfolgt für den Operator **A** einfach, indem man in jedem Summanden in (2,17) die Faktoren $e^{i\boldsymbol{k}\boldsymbol{r}}$ durch $e^{i(\boldsymbol{k}\boldsymbol{r}-\omega t)}$ ersetzt, d. h., man hat unter $\boldsymbol{A}_{\boldsymbol{k}\alpha}$ die zeitabhängigen Funktionen

$$\boldsymbol{A}_{\boldsymbol{k}\alpha} = \sqrt{4\pi}\,\frac{\boldsymbol{e}^{(\alpha)}}{\sqrt{2\,\omega}}\,e^{-i(\omega t-\boldsymbol{k}\boldsymbol{r})} \tag{2,26}$$

zu verstehen. Man kann sich davon leicht überzeugen, indem man daran denkt, daß das Matrixelement eines HEISENBERG-Operators für den Übergang $i \to f$ den Faktor $\exp\{-i\,(E_i - E_f)\,t\}$ enthalten muß, wenn E_i und E_f die Energien von Anfangs- bzw. Endzustand sind (s. III, § 13). Für einen Übergang unter Verkleinerung oder Vergrößerung von $N_{\boldsymbol{k}}$ um 1 ist dieser Faktor einfach $e^{-i\omega t}$ bzw. $e^{i\omega t}$.

Im folgenden (sowohl bei der Behandlung des elektromagnetischen Feldes als auch der Felder von Teilchen) werden wir für die Operatoren immer das HEISENBERG-Bild zugrunde legen.

§ 3. Photonen

Wir wollen jetzt die erhaltenen Formeln für die Feldquantisierung diskutieren.

Vor allem weist die Formel (2,12) für die Feldenergie folgende Schwierigkeit auf. Zum niedrigsten Energieniveau des Feldes gehören die Werte Null für die Quantenzahlen $N_{\boldsymbol{k}\alpha}$ aller Oszillatoren (dieser Zustand wird als *Vakuumzustand des elektromagnetischen Feldes* bezeichnet). Aber bereits in diesem Zustand hat jeder Oszillator die von Null verschiedene „Nullpunktsenergie“ $\omega/2$. Bei der Summation über die unendlich vielen Oszillatoren erhalten wir ein unendliches Ergebnis. Wir stoßen auf diese Weise auf eine der „Divergenzen“, die die vorhandene Theorie enthält, weil sie nicht vollständig und nicht logisch abgeschlossen ist.

Solange es sich um die Eigenwerte der Feldenergie handelt, können wir diese Schwierigkeit beseitigen, indem wir einfach die Energie der Nullpunktschwingungen subtrahieren, d. h., indem wir für Feldenergie und -impuls schreiben[1])

$$E = \sum_{\boldsymbol{k}\alpha} N_{\boldsymbol{k}\alpha}\,\omega\,, \qquad \boldsymbol{P} = \sum_{\boldsymbol{k}\alpha} N_{\boldsymbol{k}\alpha}\,\boldsymbol{k}\,. \tag{3,1}$$

---

[1]) Diese Subtraktion kann man formal widerspruchsfrei durchführen, indem man unter den Operatorprodukten in (2,10) die „Normalprodukte“ versteht, d. h. Produkte, in denen die Operatoren c^+ immer links von den Operatoren c stehen. Die Formel (2,23) erhält dann die Gestalt $H = \sum_{\boldsymbol{k}\alpha} \omega\, c^+_{\boldsymbol{k}\alpha} c_{\boldsymbol{k}\alpha}$.

Anhand dieser Formeln kann man den für die ganze Quantenelektrodynamik grundlegenden Begriff der *Lichtquanten* oder *Photonen* einführen.[1]) Wir können nämlich das freie elektromagnetische Feld als eine Gesamtheit von Teilchen ansehen, von denen jedes die Energie ω $(= \hbar\,\omega)$ und den Impuls $\boldsymbol{k}$ $(= \boldsymbol{n}\,\hbar\,\omega/c)$ hat. Die Beziehung zwischen Energie und Impuls eines Photons ist so, wie sie in der relativistischen Mechanik für Teilchen mit der Ruhmasse Null, die sich mit Lichtgeschwindigkeit bewegen, sein muß. Die Besetzungszahlen erhalten den Sinn von Photonenzahlen zu gegebenen Impulsen $\boldsymbol{k}$ und Polarisationen $\boldsymbol{e}^{(\alpha)}$. Die Eigenschaft der Polarisation eines Photons ist dem Begriff des Spins anderer Teilchen analog (spezifische Besonderheiten des Photons in dieser Hinsicht werden später in § 6 behandelt).

Der ganze im vorigen Paragraphen entwickelte mathematische Formalismus entspricht völlig der Vorstellung des elektromagnetischen Feldes als einer Gesamtheit von Photonen; es handelt sich dabei um den Apparat der sogenannten zweiten Quantisierung in Anwendung auf ein Photonensystem.[2]) Bei dieser Methode (s. III, § 64) spielen die Besetzungszahlen der Zustände die Rolle der unabhängigen Veränderlichen, und die Operatoren wirken auf Funktionen dieser Besetzungszahlen. Dabei spielen die „Vernichtungs“- und „Erzeugungs“-Operatoren eine wesentliche Rolle; diese Operatoren verkleinern bzw. vergrößern die Besetzungszahlen um 1. Solche Operatoren sind gerade $c_{\boldsymbol{k}\alpha}$ und $c^{+}_{\boldsymbol{k}\alpha}$; der Operator $c_{\boldsymbol{k}\alpha}$ vernichtet ein Photon im Zustand $\boldsymbol{k}\alpha$, $c^{+}_{\boldsymbol{k}\alpha}$ orzeugt ein Photon in diesem Zustand.

Die Vertauschungsregel (2,16) entspricht Teilchen, die der Bose-Statistik gehorchen. Die Photonen sind also Bosonen, wie es auch von vornherein zu erwarten ist: Die zulässige Photonenzahl in einem beliebigen Zustand muß beliebig sein (wir werden noch in § 5 auf die Bedeutung dieses Sachverhaltes zurückkommen).

Die ebenen Wellen $\mathbf{A}_{\boldsymbol{k}\alpha}$ (2,26), die im Operator $\mathbf{A}$ (2,17) als Faktoren der Vernichtungsoperatoren für die Photonen auftreten, kann man als Wellenfunktionen der Photonen mit bestimmten Impulsen $\boldsymbol{k}$ und Polarisationen $\boldsymbol{e}^{(\alpha)}$ ansehen. Dieser Standpunkt entspricht der Entwicklung des ψ-Operators in eine Reihe nach den Wellenfunktionen der stationären Zustände eines Teilchens in der nichtrelativistischen Methode der zweiten Quantisierung (anders als dort sind aber in der Entwicklung (2,17) sowohl Vernichtungs- als auch Erzeugungsoperatoren von Teilchen enthalten; wir werden die Bedeutung dieses Unterschiedes später klären, s. § 12).

Die Wellenfunktion (2,26) ist nach der Vorschrift

$$\int \frac{1}{4\pi}\left(|\boldsymbol{E}_{\boldsymbol{k}\alpha}|^2 + |\boldsymbol{H}_{\boldsymbol{k}\alpha}|^2\right) d^3x = \omega \tag{3,2}$$

---

[1]) Die Vorstellung von Photonen ist erstmalig von Einstein eingeführt worden (A. Einstein, 1905).

[2]) Die Methode der zweiten Quantisierung in Anwendung auf die Strahlungstheorie ist zuerst von Dirac entwickelt worden (P. A. M. Dirac, 1927).

normiert. Das ist die Normierung „auf ein Photon im Volumen $V = 1$“. Tatsächlich ist das Integral auf der linken Seite der Gleichung der quantenmechanische Mittelwert der Photonenenergie im Zustand mit der betreffenden Wellenfunktion (diese Interpretation ist an der Darstellung des HAMILTON-Operators in der ersten Zeile von (2,23) sofort abzulesen).[1])

Die MAXWELLschen Gleichungen übernehmen die Rolle der „SCHRÖDINGER-Gleichung“ für ein Photon. In unserem Fall bedeutet das (für ein Potential $\boldsymbol{A}(\boldsymbol{r}, t)$, das die Bedingung (2,1) erfüllt) die Wellengleichung

$$\frac{\partial^2 \boldsymbol{A}}{\partial t^2} - \Delta \boldsymbol{A} = 0 .$$

Die „Wellenfunktion“ eines Photons ist im allgemeinen Fall beliebiger stationärer Zustände eine komplexe Lösung dieser Gleichung, die über den Faktor $e^{-i\omega t}$ von der Zeit abhängt.

Wir wollen noch einmal betonen, daß man die Wellenfunktion eines Photons keinesfalls als Wahrscheinlichkeitsamplitude einer räumlichen Lokalisierung des Photons auffassen darf — im Gegensatz zur Interpretation der Wellenfunktion in der nichtrelativistischen Quantenmechanik. Das hängt damit zusammen, daß (wie in § 1 erläutert wurde) der Begriff der Koordinaten eines Photons überhaupt keinen physikalischen Sinn hat. Mit dem mathematischen Aspekt dieses Sachverhaltes werden wir uns noch am Ende des folgenden Paragraphen beschäftigen.

Die Komponenten der räumlichen FOURIER-Entwicklung der Funktion $\boldsymbol{A}(\boldsymbol{r}, t)$ bilden die Wellenfunktion eines Photons in der Impulsdarstellung, wir bezeichnen sie mit $\boldsymbol{A}(\boldsymbol{k}, t) = \boldsymbol{A}(\boldsymbol{k})\, e^{-i\omega t}$. Für einen Zustand mit einem bestimmten Impuls $\boldsymbol{k}$ und bestimmter Polarisation $\boldsymbol{e}^{(\alpha)}$ ist die Wellenfunktion in der Impulsdarstellung einfach der Faktor der Exponentialfunktion in (2,26):

$$\boldsymbol{A}_{\boldsymbol{k}\alpha}(\boldsymbol{k}', \alpha') = \sqrt{4\pi}\, \frac{\boldsymbol{e}^{(\alpha)}}{\sqrt{2\omega}}\, \delta_{\boldsymbol{k}'\boldsymbol{k}}\, \delta_{\alpha'\alpha} . \tag{3,3}$$

Im Zusammenhang mit der Meßbarkeit des Impulses eines freien Teilchens hat die Wellenfunktion in der Impulsdarstellung einen tieferen physikalischen Sinn als die Funktion in der Ortsdarstellung: Sie erlaubt, die Wahrscheinlichkeiten $w_{\boldsymbol{k}\alpha}$ für die verschiedenen Werte von Impuls und Polarisation eines Photons in einem gegebenen Zustand zu berechnen. Nach den allgemeinen Regeln der Quantenmechanik wird $w_{\boldsymbol{k}\alpha}$ durch das Betragsquadrat der Entwicklungskoeffizienten der Funktion $\boldsymbol{A}(\boldsymbol{k}')$ nach den Wellenfunktionen der Zustände mit bestimmten $\boldsymbol{k}$ und $\boldsymbol{e}^{(\alpha)}$ gegeben:

$$w_{\boldsymbol{k}\alpha} \sim \Big|\sum_{\boldsymbol{k}'\alpha'} \boldsymbol{A}^*_{\boldsymbol{k}\alpha}(\boldsymbol{k}', \alpha')\, \boldsymbol{A}(\boldsymbol{k}')\Big|^2$$

---

[1]) Wir machen darauf aufmerksam, daß der Koeffizient $1/4\pi$ im Integral (3,2) doppelt so groß ist wie der übliche Koeffizient $1/8\pi$ in (2,10). Dieser Unterschied hängt letzten Endes damit zusammen, daß die Vektoren $\boldsymbol{E}_{\boldsymbol{k}\alpha}$ und $\boldsymbol{H}_{\boldsymbol{k}\alpha}$ komplex sind, während die Feldoperatoren $\mathbf{E}$ und $\mathbf{H}$ reell sind.

(der Proportionalitätsfaktor hängt von der Art der Normierung der Funktionen ab). Wir setzen hier (3,3) ein und erhalten

$$w_{\boldsymbol{k}\alpha} \propto |\boldsymbol{e}^{(\alpha)} \boldsymbol{A}(\boldsymbol{k})|^2 . \tag{3,4}$$

Nach der Summation über die beiden Polarisationen finden wir als Wahrscheinlichkeit, daß das Photon den Impuls $\boldsymbol{k}$ hat:

$$w_{\boldsymbol{k}} \propto |\boldsymbol{A}(\boldsymbol{k})|^2 . \tag{3,5}$$

§ 4. Eichvarianz

Bekanntlich ist die Wahl der Potentiale für ein Feld in der klassischen Elektrodynamik nicht eindeutig: Die Komponenten des 4-Potentials A_μ können einer beliebigen *Eichtransformation* der Gestalt

$$A_\mu \to A_\mu + \partial_\mu \chi \tag{4,1}$$

unterworfen werden, wobei χ eine beliebige Funktion von Ort und Zeit ist (s. II, § 18).

Beschränkt man sich für eine ebene Welle auf Transformationen, die die Gestalt des Potentials nicht verändern (seine Proportionalität zum Faktor $\exp(-i k_\mu x^\mu)$), dann tritt die fehlende Eindeutigkeit folgendermaßen in Erscheinung: Man kann zur Amplitude der Welle einen beliebigen 4-Vektor parallel zum 4-Vektor k^μ addieren.

Die Nichteindeutigkeit des Potentials bleibt natürlich auch in der Quantentheorie erhalten, — sie bezieht sich auf die Feldoperatoren oder auf die Wellenfunktionen der Photonen. Um die Wahl der Potentiale nicht vorwegzunehmen, muß man statt (2,17) eine analoge Entwicklung für den Operator des 4-Potentials aufschreiben:

$$\mathrm{A}^\mu = \sum_{\boldsymbol{k}\alpha} (\mathrm{c}_{\boldsymbol{k}\alpha} A^\mu_{\boldsymbol{k}\alpha} + \mathrm{c}^+_{\boldsymbol{k}\alpha} A^{\mu *}_{\boldsymbol{k}\alpha}) , \tag{4,2}$$

wobei die Wellenfunktionen $A^\mu_{k\alpha}$ 4-Vektoren der Gestalt sind:

$$A^\mu_k = \sqrt{4\pi} \frac{e^\mu}{\sqrt{2\omega}} e^{-i k_\nu x^\nu} \qquad e_\mu e^{\mu *} = -1 ,$$

oder in kürzerer Schreibweise unter Weglassen der vierdimensionalen Vektorindizes

$$A_k = \sqrt{4\pi} \frac{e}{\sqrt{2\omega}} e^{-ikx} , \qquad e e^* = -1 . \tag{4,3}$$

Hier ist der 4-Impuls $k^\mu = (\omega, \boldsymbol{k})$, so daß $k x = \omega t - \boldsymbol{k r}$ ist; e ist der 4-Einheitsvektor der Polarisation.[1])

[1]) Der Ausdruck (4,3) hat keine vollständig relativistisch kovariante (4-Vektor-) Gestalt; das hängt mit der nicht invarianten Natur der angenommenen Normierung auf das endliche Volumen $V = 1$ zusammen. Dieser Sachverhalt hat jedoch keine prinzipielle Bedeutung und wird von den Vorteilen ausgeglichen, die diese Normierung mit sich bringt. Wir werden später sehen, daß auf Grund dieser Normierung reale physikalische Größen einfach und automatisch in der erforderlichen invarianten Form erhalten werden können.

Beschränkt man sich auf Eichtransformationen, die die Abhängigkeit der Funktion (4,3) von Ort und Zeit nicht verändern, dann reduzieren sich die Eichtransformationen auf die Substitution

$$e_\mu \to e_\mu + \chi\, k_\mu \tag{4,4}$$

mit einer beliebigen Funktion $\chi = \chi(k^\mu)$. Die transversale Polarisation bedeutet, daß immer eine solche Eichung möglich ist, bei der 4-Vektor e die Gestalt

$$e^\mu = (0, \boldsymbol{e})\,, \qquad \boldsymbol{e}\,\boldsymbol{k} = 0 \tag{4,5}$$

hat (diese Eichung werden wir als *dreidimensional transversal* bezeichnen). In invarianter vierdimensionaler Form wird aus dieser Forderung die Bedingung der *vierdimensionalen Transversalität*

$$e\,k = 0\,. \tag{4,6}$$

Wir machen darauf aufmerksam, daß diese Bedingung (wie auch die Normierungsvorschrift $e\,e^* = -1$) durch eine Transformation (4,4) nicht verletzt wird, weil $k^2 = 0$ ist. Andererseits bedeutet das Verschwinden des 4-Impulses eines Teilchens, daß dessen Masse Null ist. Hierin äußert sich der Zusammenhang zwischen Eichinvarianz und der Masse Null des Photons (andere Aspekte dieses Zusammenhanges werden in § 14 behandelt werden).

Bei einer Eichtransformation der Wellenfunktionen der Photonen, die an einem Prozeß beteiligt sind, dürfen sich keine meßbaren physikalischen Größen ändern. Diese Forderung nach *Eichinvarianz* spielt in der Quantenelektrodynamik eine noch größere Rolle als in der klassischen Theorie. Wir werden an vielen Beispielen sehen, daß sie hier neben der Forderung nach relativistischer Invarianz ein aussagekräftiges heuristisches Prinzip ist.

Die Eichinvarianz der Theorie ist wiederum mit dem Erhaltungssatz für die elektrische Ladung eng verknüpft; wir werden uns mit diesem Aspekt in § 43 beschäftigen.

Wir haben schon im vorangegangenen Paragraphen erwähnt, daß die ortsabhängige Wellenfunktion eines Photons nicht als Wahrscheinlichkeitsamplitude für eine räumliche Lokalisierung gedeutet werden kann. In mathematischer Hinsicht äußert sich dieser Sachverhalt so, daß es unmöglich ist, mit Hilfe der Wellenfunktion eine Größe zu bilden, die wenigstens in ihren formalen Eigenschaften die Rolle einer Wahrscheinlichkeitsdichte spielen könnte. Eine solche Größe müßte eine positiv definite Bilinearform aus der Wellenfunktion A_μ und der konjugiert komplexen Funktion sein. Außerdem müßte sie gewisse Forderungen der relativistischen Kovarianz genügen, — sie müßte die Zeitkomponente eines 4-Vektors sein (es geht darum, daß die Kontinuitätsgleichung für die Erhaltung der Teilchenzahl in vierdimensionaler Form als Verschwinden der Divergenz eines 4-Stromvektors geschrieben wird; die Zeitkomponente dieses Stromvektors ist dann die Wahrscheinlichkeitsdichte für die Lokalisierung des Teilchens, s. II, § 29). Auf Grund der Forderung nach Eichinvarianz kann der 4-Vektor A_μ andererseits in einem Strom nur als antisymmetrischer

Tensor $F_{\mu\nu} = \partial_\mu A_\nu - \partial_\nu A_\mu = -i(k_\mu A_\nu - k_\nu A_\mu)$ enthalten sein. Der 4-Stromvektor muß also bilinear aus $F_{\mu\nu}$ und $F^*_{\mu\nu}$ aufgebaut werden (und aus den Komponenten des 4-Vektors k_μ). Einen solchen 4-Vektor kann man aber überhaupt nicht bilden: Jeder Ausdruck, der die gestellten Bedingungen erfüllt (zum Beispiel $k^\lambda F^*_{\mu\nu} F^\nu_\lambda$), verschwindet infolge der Transversalitätsbedingung ($k^\lambda F_{\nu\lambda} = 0$), abgesehen davon, daß er nicht positiv definit ist (weil er ungerade Potenzen der Komponenten k_μ enthält).

§ 5. Das elektromagnetische Feld in der Quantentheorie

Die Beschreibung des Feldes als Gesamtheit von Photonen ist die einzige Beschreibung, die dem physikalischen Sinn des elektromagnetischen Feldes in der Quantentheorie völlig adäquat ist. Sie ersetzt die klassische Beschreibung mit Hilfe der Feldstärken. Letztere gehen in den mathematischen Apparat des Photonenbildes als Operatoren der zweiten Quantisierung ein.

Bekanntlich ähneln die Eigenschaften eines quantenmechanischen Systems den klassischen Eigenschaften in den Fällen, in denen die Quantenzahlen für die stationären Zustände eines Systems groß sind. Für ein freies elektromagnetisches Feld (in einem vorgegebenen Volumen) bedeutet das, daß die Quantenzahlen der Oszillatoren, d. h. die Photonenzahlen $N_{\boldsymbol{k}\alpha}$, groß sein müssen. In dieser Hinsicht ist es von großer Bedeutung, daß die Photonen der Bose-Statistik gehorchen. Im mathematischen Formalismus der Theorie zeigt sich der Zusammenhang der Bose-Statistik mit den Eigenschaften des klassischen Feldes in den Vertauschungsregeln für die Operatoren $\mathfrak{c}_{\boldsymbol{k}\alpha}$ und $\mathfrak{c}^+_{\boldsymbol{k}\alpha}$. Für große $N_{\boldsymbol{k}\alpha}$, wenn die Matrixelemente dieser Operatoren groß sind, kann man die 1 auf der rechten Seite der Vertauschungsregel (2,16) vernachlässigen, und es ergibt sich

$$\mathfrak{c}_{\boldsymbol{k}\alpha}\,\mathfrak{c}^+_{\boldsymbol{k}\alpha} \approx \mathfrak{c}^+_{\boldsymbol{k}\alpha}\,\mathfrak{c}_{\boldsymbol{k}\alpha}\,,$$

d. h., diese Operatoren gehen in miteinander vertauschbare klassische Größen $c_{\boldsymbol{k}\alpha}$ und $c^*_{\boldsymbol{k}\alpha}$ über, die die klassischen Feldstärken bestimmen.

Die Bedingung für das quasiklassische Verhalten des Feldes erfordert jedoch noch eine Verschärfung; denn wenn alle Zahlen $N_{\boldsymbol{k}\alpha}$ groß sind, dann ist die Feldenergie bei der Summation über alle Zustände $\boldsymbol{k}\alpha$ auf jeden Fall unendlich, so daß die Bedingung gegenstandslos wird.

In einer physikalisch sinnvollen Fragestellung nach den Bedingungen für quasiklassisches Verhalten wird man die über ein gewisses kleines Zeitintervall Δt gemittelten Werte des Feldes betrachten. Wir denken uns das klassische elektrische Feld $\boldsymbol{E}$ (oder das Magnetfeld $\boldsymbol{H}$) als Fourier-Integral bezüglich der Zeit dargestellt. Bei der Mittelung über das Zeitintervall Δt liefern nur diejenigen Fourier-Komponenten einen merklichen Beitrag zum Mittelwert $\overline{\boldsymbol{E}}$, deren Frequenzen die Bedingung $\omega\,\Delta t \lesssim 1$ erfüllen; anderenfalls wird der oszillierende Faktor $e^{-i\omega t}$ bei der Mittelung beinahe Null ergeben. Um die Bedingung für das quasiklassische Verhalten des gemittelten Feldes herauszufinden, braucht man daher nur die Quantenoszillatoren mit Frequenzen $\omega \lesssim 1/\Delta t$ zu betrachten. Es genügt zu fordern, daß die Quantenzahlen dieser Oszillatoren groß sind.

Die Zahl der Oszillatoren mit Frequenzen zwischen Null und $\omega \sim 1/\Delta t$ (bezogen auf das Volumen $V = 1$) ist größenordnungsmäßig[1])

$$\left(\frac{\omega}{c}\right)^3 \sim \frac{1}{(c\,\Delta t)^3}\,. \tag{5,1}$$

Die Gesamtenergie des Feldes pro Volumeneinheit ist $\sim \overline{E^2}$. Wir dividieren diese Größe durch die Zahl der Oszillatoren und durch die mittlere Energie eines einzelnen Photons ($\sim \hbar\,\omega$) und finden so die Größenordnung der Photonenzahlen

$$N_k \sim \frac{\overline{E^2}\,c^3}{\hbar\,\omega^4}\,.$$

Die Forderung, daß diese Zahl groß sein soll, ergibt die Ungleichung

$$|E| \gg \frac{\sqrt{\hbar\,c}}{(c\,\Delta t)^2}\,. \tag{5,2}$$

Das ist die gesuchte Bedingung, unter der man das (über Zeitintervalle Δt) gemittelte Feld klassisch behandeln kann. Wir sehen, daß das Feld hinreichend stark sein muß, — umso größer, je kleiner das Mittelungsintervall Δt ist. Für veränderliche Felder darf dieses Intervall selbstverständlich nicht größer als ein Zeitintervall sein, in dem sich das Feld merklich ändert. Genügend schwache veränderliche Felder können daher auf keinen Fall quasiklassisch sein. Nur im Fall statischer (zeitlich konstanter) Felder kann man $\Delta t \to \infty$ gehen lassen, so daß die rechte Seite der Ungleichung (5,2) verschwindet. Ein statisches Feld ist demnach immer klassisch.

Es ist schon gesagt worden, daß die klassischen Ausdrücke für das elektromagnetische Feld als Überlagerung ebener Wellen in der Quantentheorie als Operatorausdrücke anzusehen sind. Der physikalische Sinn dieser Operatoren ist jedoch sehr beschränkt. Ein physikalisch sinnvoller Feldoperator müßte für den Zustand des Photonenvakuums die Werte Null für das Feld ergeben. Dagegen ist der Mittelwert des Operators für das Feldquadrat $\mathbf{E}^2$ im Normalzustand bis auf einen Faktor gleich der Nullpunktsenergie des Feldes und somit unendlich (unter „Mittelwert“ verstehen wir den quantenmechanischen Mittelwert, d. h. das entsprechende Diagonalelement des Operators). Man kann das auch nicht mit irgendeiner formalen Subtraktion vermeiden (wie es für die Feldenergie möglich war), weil wir das in diesem Fall durch irgendeine vernünftige Abänderung der Operatoren $\mathbf{E}$ und $\mathbf{H}$ selbst (und nicht der Quadrate davon) tun müßten, was sich als unmöglich herausstellt. Im Gegensatz zu den üblichen quantenmechanischen Operatoren entsprechen den Feldoperatoren in der Quantenelektrodynamik keine physikalisch sinnvollen Größen.

---

[1]) In diesem Paragraphen verwenden wir normale Einheiten.

§ 6. Drehimpuls und Parität eines Photons

Wie jedes Teilchen hat auch das Photon einen bestimmten Drehimpuls. Um die Eigenschaften dieser Größe für ein Photon aufzufinden, erinnern wir zunächst daran, wie im mathematischen Apparat der Quantenmechanik die Eigenschaften der Wellenfunktion eines Teilchens mit dem Drehimpuls zusammenhängen.

Der Drehimpuls $\boldsymbol{j}$ eines Teilchens setzt sich aus dem Bahndrehimpuls $\boldsymbol{l}$ und dem Eigendrehimpuls, dem Spin $\boldsymbol{s}$, zusammen. Die Wellenfunktion eines Teilchens mit dem Spin $\boldsymbol{s}$ ist ein symmetrischer Spinor der Stufe $2s$, d. h., sie hat $2s + 1$ Komponenten, die sich bei Drehungen des Koordinatensystems nach einer bestimmten Vorschrift untereinander transformieren. Der Bahndrehimpuls hängt mit der Ortsabhängigkeit der Wellenfunktion zusammen: Zu Zuständen mit dem Bahndrehimpuls l gehören Wellenfunktionen, deren Komponenten (linear) durch Kugelfunktionen l-ter Ordnung ausgedrückt werden.

Um Spin- und Bahndrehimpuls konsequent unterscheiden zu können, ist es also erforderlich, daß „Spin"- und „Orts"-Eigenschaften der Wellenfunktionen unabhängig voneinander sind: Die Ortsabhängigkeit der Spinorkomponenten darf (zu einem gegebenen Zeitpunkt) nicht durch irgendwelche zusätzlichen Forderungen eingeschränkt werden.

In der Impulsdarstellung der Wellenfunktionen entspricht der Ortsabhängigkeit die Abhängigkeit vom Impuls $\boldsymbol{k}$. Die Wellenfunktion eines Photons ist (in dreidimensional-transversaler Eichung) ein Vektor $\boldsymbol{A}(\boldsymbol{k})$. Ein Vektor ist einem Spinor zweiter Stufe äquivalent, und in diesem Sinne kann man dem Photon den Spin 1 zuschreiben. Diese vektorielle Wellenfunktion unterliegt aber der Transversalitätsbedingung $\boldsymbol{k}\boldsymbol{A}(\boldsymbol{k}) = 0$; das ist eine zusätzliche Bedingung, die der Impulsabhängigkeit des Vektors $\boldsymbol{A}(\boldsymbol{k})$ auferlegt wird. Die Impulsabhängigkeit kann also nicht mehr für alle Vektorkomponenten gleichzeitig willkürlich vorgegeben werden; aus diesem Grunde können Bahndrehimpuls und Spin nicht mehr voneinander getrennt werden.

Für ein Photon ist auch die Definition des Spins als Drehimpuls des ruhenden Teilchens unbrauchbar, weil es für ein Photon, das sich mit Lichtgeschwindigkeit bewegt, überhaupt kein Ruhsystem gibt.

Man kann also nur vom Gesamtdrehimpuls eines Photons sprechen. Dabei ist von vornherein klar, daß der Gesamtdrehimpuls nur ganzzahlige Werte annehmen kann; denn unter den charakteristischen Größen für ein Photon kommen keine Spinoren ungerader Stufen vor.

Wie auch für jedes andere Teilchen wird der Zustand für ein Photon ferner durch seine Parität gekennzeichnet. Die Parität hängt mit dem Verhalten der Wellenfunktion bei einer Spiegelung des Koordinatensystems zusammen (s. III, § 30). In der Impulsdarstellung entspricht dem Vorzeichenwechsel der Koordinaten ein Vorzeichenwechsel aller Komponenten von $\boldsymbol{k}$. Die Anwendung des Spiegeloperators P auf eine skalare Funktion $\varphi(\boldsymbol{k})$ bewirkt lediglich diesen Vorzeichenwechsel: $\mathrm{P}\,\varphi(\boldsymbol{k}) = \varphi(-\boldsymbol{k})$. Wendet man aber P auf die Vektorfunktion

$\boldsymbol{A}(\boldsymbol{k})$ an, so hat man noch zu beachten, daß die Umkehr der Achsenrichtungen einen Vorzeichenwechsel bei allen Vektorkomponenten hervorruft, deshalb ist[1])

$$\mathrm{P}\,\boldsymbol{A}(\boldsymbol{k}) = -\boldsymbol{A}(-\boldsymbol{k})\,. \tag{6,1}$$

Obwohl die Zerlegung des Drehimpulses eines Photons in Bahndrehimpuls und Spin keinen physikalischen Sinn hat, ist es trotzdem zweckmäßig, den „Spin" s und den „Bahndrehimpuls" l formal als Hilfsgrößen einzuführen, mit denen man die Transformationseigenschaften der Wellenfunktion bei Drehungen angibt: Der Wert $s = 1$ entspricht dem Vektorcharakter der Wellenfunktion, und der Wert l ist die Ordnung der auftretenden Kugelfunktionen. Wir denken dabei an Wellenfunktionen für Zustände mit bestimmten Werten des Drehimpulses des Photons; für ein freies Teilchen sind diese Funktionen Kugelwellen. Die Zahl l bestimmt insbesondere die Parität eines Photonenzustandes:

$$P = (-1)^{l+1}\,. \tag{6,2}$$

In diesem Sinne kann man den Drehimpulsoperator $\mathfrak{j}$ als Summe $\mathfrak{s} + \mathfrak{l}$ darstellen. Der Drehimpulsoperator hängt bekanntlich mit dem Operator für eine infinitesimale Drehung des Koordinatensystems zusammen, in unserem Fall mit der Anwendung dieses Operators auf ein Vektorfeld. In der Summe $\mathfrak{s} + \mathfrak{l}$ wirkt der Operator $\mathfrak{s}$ auf den Vektorindex und transformiert die verschiedenen Vektorkomponenten untereinander. Der Operator $\mathfrak{l}$ wirkt auf diese Komponenten als Funktion des Impulses (oder der Koordinaten).

Wir wollen die Zahl der Zustände (mit gegebener Energie) zu einem gegebenen Wert j für den Drehimpuls eines Photons abzählen (dabei sehen wir von der trivialen $(2j + 1)$-fachen Entartung in den Richtungen des Drehimpulses ab).

Für unabhängige $\boldsymbol{l}$ und $\boldsymbol{s}$ könnten wir diese Zahl ermitteln, indem wir einfach die Zahl der Möglichkeiten bestimmen, nach den Regeln des Vektormodells die Drehimpulse $\boldsymbol{l}$ und $\boldsymbol{s}$ so zu addieren, daß sich der erforderliche Wert für j ergibt. Für ein Teilchen mit dem Spin $s = 1$ würden wir auf diese Weise (für einen festen, von Null verschiedenen Wert j) drei Zustände mit den folgenden l-Werten und Paritäten finden:

$$l = j\,, \quad P = (-1)^{l+1} = (-1)^{j+1}\,, \quad l = j \pm 1\,, \quad P = (-1)^{l+1} = (-1)^{j}\,.$$

Für $j = 0$ ergäbe sich nur ein Zustand (mit $l = 1$) mit der Parität $P = +1$.

Bei dieser Abzählung ist aber die Transversalitätsbedingung für den Vektor $\boldsymbol{A}$ nicht beachtet worden, alle drei Komponenten sind als unabhängig angesehen worden. Man muß deshalb von der erhaltenen Zahl der Zustände noch die Zahl der Zustände, die einem longitudinalen Vektor entsprechen, subtrahieren. Man kann einen solchen Vektor in der Gestalt $\boldsymbol{k}\,\varphi(\boldsymbol{k})$ schreiben. Daran ist zu erkennen,

---

[1]) Wir vereinbaren, die Parität nach der Wirkung des Spiegeloperators auf einen polaren Vektor wie zum Beispiel $\boldsymbol{A}$ (oder der zugehörige elektrische Vektor $\boldsymbol{E} = i\,\omega\,\boldsymbol{A}$) zu definieren. Die Anwendung des Spiegeloperators auf den axialen Vektor $\boldsymbol{H} = i[\boldsymbol{p}\,\boldsymbol{A}]$ unterscheidet sich im Vorzeichen, weil eine Spiegelung die Richtung dieses Vektors nicht ändert:

$$\mathrm{P}\,\boldsymbol{H}(\boldsymbol{k}) = \boldsymbol{H}(-\boldsymbol{k})\,.$$

daß ein solcher Vektor in seinen Transformationseigenschaften (bei Drehungen) einem Skalar φ äquivalent ist.[1]) Der überflüssige Zustand, der mit der Transversalitätsbedingung nicht vereinbar ist, entspricht somit dem Zustand eines Teilchens mit einer skalaren Wellenfunktion (Spinor nullter Stufe), d. h. mit dem „Spin 0".[2]) Der Drehimpuls j dieses Zustandes ist daher gleich der Ordnung der in φ enthaltenen Kugelfunktionen. Die Parität dieses Zustandes als Photonenzustand wird durch Anwendung des Spiegeloperators auf die Vektorfunktion $\boldsymbol{k}\,\varphi$ bestimmt:

$$\mathrm{P}\,(\boldsymbol{k}\,\varphi) = -\,(-\,\boldsymbol{k})\,\varphi(-\,\boldsymbol{k}) = (-\,1)^j\,\boldsymbol{k}\,\varphi(\boldsymbol{k})\,,$$

d. h., sie ist $(-\,1)^j$. Man muß also von den oben abgezählten Zuständen mit der Parität $(-\,1)^j$ (zwei für $j \neq 0$ und einer für $j = 0$) einen abziehen.

Wir gelangen somit endgültig zu dem Ergebnis, daß zu von Null verschiedenem Drehimpuls j eines Photons ein gerader und ein ungerader Zustand gehören. Für $j = 0$ erhalten wir überhaupt keine Zustände. Das bedeutet, daß ein Photon den Drehimpuls Null überhaupt nicht annehmen kann, j durchläuft nur die Werte 1, 2, 3, ... Es ist übrigens von vornherein einzusehen, daß der Wert $j = 0$ nicht vorkommen kann: Die Wellenfunktion für einen Zustand mit dem Drehimpuls Null muß kugelsymmetrisch sein, das ist aber für eine transversale Welle offensichtlich unmöglich.

Es gibt eine bestimmte Terminologie für die verschiedenen Zustände eines Photons. Ein Photon in einem Zustand mit dem Drehimpuls j und der Parität $(-\,1)^j$ wird als *elektrisches 2^j-Pol-Photon* (oder $E\,j$-Photon) und mit der Parität $(-\,1)^{j+1}$ als *magnetisches 2^j-Pol-Photon* (oder $M\,j$-Photon) bezeichnet. Einem elektrischen Dipol-Photon entspricht der ungerade Zustand mit $j = 1$, einem elektrischen Quadrupol-Photon der gerade Zustand mit $j = 2$, einem magnetischen Dipol-Photon der gerade Zustand mit $j = 1$.[3])

§ 7. Kugelwellen für Photonen

Nachdem wir die möglichen Werte für den Drehimpuls eines Photons bestimmt haben, müssen wir jetzt die zugehörigen Wellenfunktionen suchen.[4])

[1]) Wenn man vom Transformationsverhalten einer Größe bei Drehungen spricht, dann meint man tatsächlich die Transformationen in dem betreffenden Punkt, d. h. bei gegebenem $\boldsymbol{k}$. Bei einer solchen Transformation ändert sich $\boldsymbol{k}\,\varphi(\boldsymbol{k})$ überhaupt nicht, d. h. es verhält sich wie ein Skalar.

[2]) Wir unterstreichen noch einmal, daß es sich hier nicht um den Zustand irgendeines realen Teilchens handelt. Die durchgeführte Abzählung hat rein formalen Charakter und bedeutet aus mathematischer Sicht die Klassifizierung aller eineinander transformierten Größen nach den irreduziblen Darstellungen der Drehgruppe.

[3]) Diese Bezeichnungen entsprechen der Terminologie der klassischen Strahlungstheorie: Wir werden später (§ 46, 47) sehen, daß die Emission von elektrischen oder magnetischen Photonen durch die entsprechenden elektrischen und magnetischen Momente eines Ladungssystems bestimmt wird.

[4]) Dieses Problem ist erstmalig von Heitler behandelt worden (W. Heitler, 1936). Die hier dargestellte Form der Lösung stammt von W. B. Berestezki (1947).

Wir befassen uns zunächst mit dem formalen Problem, diejenigen Vektorfunktionen zu bestimmen, die Eigenfunktionen zu den Operatoren $\mathbf{j}^2$ und j_z sind. Dabei werden wir nicht vorwegnehmen, welche dieser Funktionen in die uns interessierenden Wellenfunktionen eines Photons eingehen werden, und wir werden die Transversalitätsbedingung nicht berücksichtigen.

Diese Funktionen suchen wir in der Impulsdarstellung. Der Ortsoperator ist in dieser Darstellung $\boldsymbol{r} = i\,\partial/\partial\boldsymbol{k}$ (s. III, (15,12)). Der Drehimpulsoperator ist

$$\mathrm{l} = [\mathrm{r}\,\boldsymbol{k}] = -i\left[\boldsymbol{k}\frac{\partial}{\partial\boldsymbol{k}}\right],$$

d. h., er unterscheidet sich vom Drehimpulsoperator in der Ortsdarstellung nur dadurch, daß der Buchstabe $\boldsymbol{r}$ durch $\boldsymbol{k}$ ersetzt ist. Die Lösung des gestellten Problems ist daher in beiden Darstellungen formal gleich.

Wir bezeichnen die gesuchten Eigenfunktionen mit $\boldsymbol{Y}_{jm}$ und nennen sie *Vektorkugelfunktionen* (auch *Kugelvektoren* oder *sphärische Vektoren*). Sie müssen die Gleichungen

$$\mathrm{j}^2\,\boldsymbol{Y}_{jm} = j\,(j+1)\,\boldsymbol{Y}_{jm}\,, \qquad \mathrm{j}_z\,\boldsymbol{Y}_{jm} = m\,\boldsymbol{Y}_{jm} \tag{7,1}$$

erfüllen (die z-Richtung ist eine vorgegebene Raumrichtung). Wir werden zeigen, daß eine beliebige Funktion der Gestalt $\boldsymbol{a}\;Y_{jm}$ diese Eigenschaft hat, wenn $\boldsymbol{a}$ ein beliebiger, mit Hilfe des Einheitsvektors $\boldsymbol{n} = \boldsymbol{k}/\omega$ gebildeter Vektor und Y_{jm} die üblichen (skalaren) Kugelfunktionen sind. Letztere definieren wir überall entsprechend III, § 28:

$$Y_{jm}(\boldsymbol{n}) = (-1)^{\frac{m+|m|}{2}}\, i^l \sqrt{\frac{(2\,l+1)\,(l-|m|)!}{4\,\pi\,(l+|m|)!}}\; P_l^{|m|}\,(\cos\theta)\, e^{i m\varphi} \tag{7,2}$$

(θ und φ sind die Polarwinkel zur Richtung von $\boldsymbol{n}$).[1])

Wir erinnern dazu an die Vertauschungsregel (III, (29,4))

$$\{\mathrm{l}_i, a_k\} = i\, e_{ikl}\, a_l\,.$$

Die rechte Seite dieser Gleichung kann in der Form $(-\,\mathrm{s}_i\, a_k)$ geschrieben werden, wenn s der Operator für den Spin 1 ist (die Wirkung dieses Operators auf eine Vektorfunktion wird gerade durch die Gleichung $\mathrm{s}_i\, a_k = -\,i\, e_{ikl}\, a_l$ bestimmt; s. III, § 58, Aufgabe 2). Deshalb haben wir

$$\mathrm{l}_i\, a_k - a_k\, \mathrm{l}_i = -\,\mathrm{s}_i\, a_k\,.$$

Unter Benutzung dieser Gleichung finden wir

$$\mathrm{j}_i\, a_k = (\mathrm{l}_i + \mathrm{s}_i)\, a_k = a_k\, \mathrm{l}_i\,,$$

folglich ist

$$\mathrm{j}^2(\boldsymbol{a}\;Y_{jm}) = \boldsymbol{a}\,\mathrm{l}^2\;Y_{jm}\,, \qquad \mathrm{j}_z\,(\boldsymbol{a}\;Y_{jm}) = \boldsymbol{a}\;\mathrm{l}_z\;Y_{jm}\,.$$

---

1) Um später darauf verweisen zu können, geben wir die Werte der Funktionen für $\theta = 0$ an ($\boldsymbol{n}$ in z-Richtung):

$$Y_{lm}(\boldsymbol{n}_z) = i^l \sqrt{\frac{2\,l+1}{4\,\pi}}\;\delta_{m0}\,. \tag{17,2a}$$

Die Kugelfunktion Y_{jm} ist eine Eigenfunktion der Operatoren j^2 und l_z zu den Eigenwerten $j(j+1)$ und m, so daß wir zu den Gleichungen (7,1) gelangen.

Es ergeben sich drei wesentlich verschiedene Arten von Vektorkugelfunktionen, wenn man als Vektor $\boldsymbol{a}$ einen der folgenden drei Vektoren wählt:[1])

$$\frac{\nabla_{\boldsymbol{n}}}{\sqrt{j(j+1)}}, \quad \frac{[\boldsymbol{n}\,\nabla_{\boldsymbol{n}}]}{\sqrt{j(j+1)}}, \quad \boldsymbol{n}. \tag{7,3}$$

Wir definieren die Vektorkugelfunktionen folgendermaßen:

$$\left.\begin{aligned} \boldsymbol{Y}_{jm}^{(e)} &= \frac{1}{\sqrt{j(j+1)}} \nabla_{\boldsymbol{n}} Y_{jm}, & P &= (-1)^j ; \\ \boldsymbol{Y}_{jm}^{(m)} &= [\boldsymbol{n}\,\boldsymbol{Y}_{jm}^{(e)}], & P &= (-1)^{j+1} ; \\ \boldsymbol{Y}_{jm}^{(l)} &= \boldsymbol{n}\, Y_{jm}, & P &= (-1)^j . \end{aligned}\right\} \tag{7,4}$$

Für den Vektor ist die Parität P angegeben worden. Die vektoriellen Kugelfunktionen der drei verschiedenen Arten sind orthogonal zueinander, $\boldsymbol{Y}_{jm}^{(l)}$ ist longitudinal, $\boldsymbol{Y}_{jm}^{(e)}$ und $\boldsymbol{Y}_{jm}^{(m)}$ sind transversal bezüglich $\boldsymbol{n}$.

Die Vektorkugelfunktionen können durch die skalaren Kugelfunktionen ausgedrückt werden. Dabei wird $\boldsymbol{Y}_{jm}^{(m)}$ durch Kugelfunktionen einer einzigen Ordnung $l = j$ dargestellt, $\boldsymbol{Y}_{jm}^{(e)}$ und $\boldsymbol{Y}_{jm}^{(l)}$ enthalten Kugelfunktionen der Ordnungen $l = j \pm 1$. Dieser Sachverhalt ist von vornherein zu erkennen: Man braucht nur die in (7,4) angegebenen Paritäten der Vektorkugelfunktionen mit der Parität $(-1)^{l+1}$ des Vektorfeldes zu vergleichen, dessen Parität durch die Ordnung der auftretenden Kugelfunktionen bestimmt wird.

Die Vektorkugelfunktionen der drei Arten sind orthogonal zueinander und nach der Vorschrift

$$\int \boldsymbol{Y}_{jm} \boldsymbol{Y}_{j'm'}^{*}\, do = \delta_{jj'}\, \delta_{mm'} \tag{7,5}$$

normiert. Für die Vektoren $\boldsymbol{Y}_{jm}^{(l)}$ ist das auf Grund der Normierungsvorschrift für die Kugelfunktionen Y_{jm} sofort zu sehen. Für die Vektoren $\boldsymbol{Y}_{jm}^{(e)}$ ist das Normierungsintegral

$$\frac{1}{j(j+1)} \int \nabla_{\boldsymbol{n}} Y_{jm} \nabla_{\boldsymbol{n}} Y_{j'm'}^{*}\, do = -\frac{1}{j(j+1)} \int Y_{j'm'}^{*} \Delta_{\boldsymbol{n}} Y_{jm}\, do ,$$

und infolge von $\Delta_{\boldsymbol{n}} Y_{jm} = -j(j+1) Y_{jm}$ gelangen wir zu (7,5). Auf dasselbe Integral führt auch die Normierung der Vektoren $\boldsymbol{Y}_{jm}^{(m)}$.

[1]) Der Operator $\nabla_{\boldsymbol{k}} = |\boldsymbol{k}|\, \nabla_{\boldsymbol{n}}$ wirkt auf Funktionen, die nur von der Richtung von $\boldsymbol{n}$ abhängen. Er hat (in Kugelkoordinaten) insgesamt zwei Komponenten:

$$\nabla_{\boldsymbol{n}} = \left(\frac{\partial}{\partial\theta}, \frac{1}{\sin\theta}\frac{\partial}{\partial\varphi}\right).$$

Der Operator, der im folgenden mit $\Delta_{\boldsymbol{n}}$ bezeichnet wird, ist der winkelabhängige Anteil des Laplace-Operators

$$\Delta_{\boldsymbol{n}} = \frac{1}{\sin\theta}\frac{\partial}{\partial\theta}\sin\theta\frac{\partial}{\partial\theta} + \frac{1}{\sin^2\theta}\frac{\partial^2}{\partial\varphi^2}.$$

Man kann auch ohne die obige direkte Verifizierung der Gleichungen (7,1), allein auf Grund allgemeiner Überlegungen über die Transformationseigenschaften der Funktionen, zu den Vektorkugelfunktionen (7,4) gelangen. Solche Überlegungen haben uns im vorangegangenen Paragraphen zu dem Schluß geführt, daß eine Vektorfunktion der Gestalt $\boldsymbol{n}\,\varphi$ zum Drehimpuls j gehört, wenn j die Ordnung der in φ enthaltenen Kugelfunktionen ist. Setzt man einfach $\varphi = Y_{jm}$, dann entspricht die Funktion $\boldsymbol{n}\,\varphi$ auch dem bestimmten Wert m für die Projektion des Drehimpulses. Wir kommen auf diese Weise sofort zu zu den Vektorkugelfunktionen $\boldsymbol{Y}_{jm}^{(l)}$. Die Überlegungen von § 6 über die Transformationseigenschaften bleiben aber unverändert gültig, wenn man den Faktor $\boldsymbol{n}$ im Produkt $\boldsymbol{n}\,\varphi$ durch den Vektor $\nabla_{\boldsymbol{n}}$ oder $[\boldsymbol{n}\,\nabla_{\boldsymbol{n}}]$ ersetzt; auf diese Weise erhalten wir die Vektorkugelfunktionen der beiden anderen Arten.

Wir wenden uns jetzt wieder den Wellenfunktionen eines Photons zu. Für ein elektrisches Photon $(E\,j)$ muß der Vektor $\boldsymbol{A}(\boldsymbol{k})$ die Parität $(-1)^j$ haben. Die Vektorkugelfunktionen $\boldsymbol{Y}_{jm}^{(e)}$ und $\boldsymbol{Y}_{jm}^{(l)}$ haben diese Parität, aber nur der erste Vektor erfüllt die Transversalitätsbedingung. Für ein magnetisches Photon $(M\,j)$ muß der Vektor $\boldsymbol{A}(\boldsymbol{k})$ die Parität $(-1)^{j+1}$ haben; nur die Vektorkugelfunktion $\boldsymbol{Y}_{jm}^{(m)}$ hat diese Parität. Die Wellenfunktionen eines Photons mit einem bestimmten Drehimpuls j und der Drehimpulsprojektion m (und der Energie ω) sind demnach

$$\boldsymbol{A}_{\omega jm}(\boldsymbol{k}) = \frac{4\pi^2}{\omega^{3/2}}\,\delta(|\boldsymbol{k}| - \omega)\,\boldsymbol{Y}_{jm}(\boldsymbol{n})\,. \tag{7,6}$$

Als $\boldsymbol{Y}_{jm}$ hat man $\boldsymbol{Y}_{jm}^{(e)}$ oder $\boldsymbol{Y}_{jm}^{(m)}$ für ein Photon vom elektrischen bzw. magnetischen Typ zu verwenden. Der feste Energiewert wird durch den Faktor $\delta\,(|\boldsymbol{k}| - \omega)$ berücksichtigt.

Die Funktionen (7,6) sind nach der Vorschrift

$$\frac{1}{(2\pi)^4}\int \omega\,\omega'\,\boldsymbol{A}^*_{\omega' j' m'}(\boldsymbol{k})\,\boldsymbol{A}_{\omega jm}(\boldsymbol{k})\,d^3k = \omega\,\delta\,(\omega' - \omega)\,\delta_{jj'}\,\delta_{mm'} \tag{7,7}$$

normiert. Für die Wellenfunktionen in der Ortsdarstellung ist die Vorschrift (7,7) der Bedingung[1])

$$\frac{1}{4\pi}\int \{\boldsymbol{E}^*_{\omega' j' m'}(\boldsymbol{r})\,\boldsymbol{E}_{\omega jm}(\boldsymbol{r}) + \boldsymbol{H}^*_{\omega' j' m'}(\boldsymbol{r})\,\boldsymbol{H}_{\omega jm}(\boldsymbol{r})\}\,d^3x = \omega\,\delta\,(\omega' - \omega)\,\delta_{jj'}\,\delta_{mm'} \tag{7,8}$$

äquivalent. Tatsächlich hat das Integral auf der linken Seite der Gleichung, in Potentialen ausgedrückt, die Gestalt

$$\frac{1}{2\pi}\int \boldsymbol{A}^*_{\omega' j' m'}(\boldsymbol{r})\,\boldsymbol{A}_{\omega jm}(\boldsymbol{r})\,\omega'\,\omega\,d^3x\,.$$

---

[1]) Diese Bedingung ist von derselben Art wie (2,22). Das Auftreten des Faktors $\delta\,(\omega' - \omega)$ auf der rechten Seite der Gleichung hängt damit zusammen, daß ein Feld (Kugelwelle) im ganzen unendlichen Raum betrachtet wird und nicht in einem endlichen Volumen $V = 1$.

Hier hat man einzusetzen:

$$\left.\begin{aligned} \boldsymbol{A}_{\omega j m}(\boldsymbol{r}) &= \int \boldsymbol{A}_{\omega j m}(\boldsymbol{k})\, e^{i \boldsymbol{k} \boldsymbol{r}} \frac{d^3k}{(2\pi)^3}, \\ \boldsymbol{A}^*_{\omega' j' m'}(\boldsymbol{r}) &= \int \boldsymbol{A}^*_{\omega' j' m'}(\boldsymbol{k}' \boldsymbol{r})\, e^{-i \boldsymbol{k}' \boldsymbol{r}} \frac{d^3k'}{(2\pi)^3}. \end{aligned}\right\} \tag{7,9}$$

Danach ergibt die Integration über d^3x die δ-Funktionen $(2\pi)^3\,\delta\,(\boldsymbol{k}' - \boldsymbol{k})$, die bei der Integration über d^3k verbraucht wird, und das Integral erhält die Gestalt (7,7).

Bisher haben wir immer die transversale Eichung der Potentiale mit dem skalaren Potential $\Phi = 0$ verwendet. Bei verschiedenen Anwendungsfällen kann es aber zweckmäßiger sein, andere Eichungen der Kugelwelle zu benutzen.

In der Impulsdarstellung sind folgende Transformationen der Potentiale zugelassen:

$$\boldsymbol{A} \to \boldsymbol{A} + \boldsymbol{n}\, f(\boldsymbol{k}), \qquad \Phi \to \Phi + f(\boldsymbol{k})$$

mit einer beliebigen Funktion $f(\boldsymbol{k})$. Wir wählen diese Funktion im vorliegenden Fall so, daß die neuen Potentiale durch dieselben Kugelfunktionen ausgedrückt werden und daß sie wie vorher eine bestimmte Parität haben. Für ein elektrisches Photon beschränken diese Bedingungen die Wahl der Potentiale auf die folgenden Funktionen:

$$\left.\begin{aligned} \boldsymbol{A}^{(e)}_{\omega j m}(\boldsymbol{k}) &= \frac{4\pi^2}{\omega^{3/2}}\,\delta\,(|\boldsymbol{k}| - \omega)\,(\boldsymbol{Y}^{(e)}_{jm} + C\,\boldsymbol{n}\,Y_{jm}), \\ \Phi^{(e)}_{\omega j m}(\boldsymbol{k}) &= \frac{4\pi^2}{\omega^{3/2}}\,\delta\,(|\boldsymbol{k}| - \omega)\,C\,Y_{jm} \end{aligned}\right\} \tag{7,10}$$

mit einer beliebigen Konstante C. Für ein magnetisches Photon würde ein solcher Zusatz zu $\boldsymbol{A}^{(m)}(\boldsymbol{k})$ zu einer unbestimmten Parität Anlaß geben, und daher ist unter den gleichen Bedingungen die Wahl (7,6) eindeutig.

Die Wahrscheinlichkeit dafür, ein Photon mit einem bestimmten Drehimpuls und bestimmter Parität, das sich in $\boldsymbol{n}$-Richtung im Raumwinkel do bewegt, festzustellen, ist nach (3,5) und (7,6)

$$w(\boldsymbol{n})\,do = |\boldsymbol{Y}^{(e)}_{jm}(\boldsymbol{n})|^2\,do\,. \tag{7,11}$$

Wir haben den Ausdruck für ein E-Photon aufgeschrieben. Wegen $|\boldsymbol{Y}^{(m)}_{jm}|^2 = |\boldsymbol{Y}^{(e)}_{jm}|^2$ ist die Wahrscheinlichkeitsverteilung $w(\boldsymbol{n})$ für die Photonen beider Arten gleich.

Das Betragsquadrat $|\boldsymbol{Y}^{(e)}_{jm}|^2$ hängt nicht vom Winkel φ ab (die Faktoren $e^{\pm i m \varphi}$ in den Kugelfunktionen heben sich weg). Die Wahrscheinlichkeitsverteilung $w(\boldsymbol{n})$ ist deshalb symmetrisch bezüglich der z-Achse. Da ferner jede Vektorkugelfunktion eine bestimmte Parität hat, sind ihre Betragsquadrate bei Spiegelungen gerade Funktionen, d. h., sie ändern sich nicht, wenn man $\theta \to \pi - \theta$ ersetzt. Die Funktion $w(\theta)$ wird demnach bei der Entwicklung nach Legendreschen Polynomen nur Polynome gerader Ordnungen enthalten. Zur Berechnung der Koeffizienten in dieser Entwicklung sind Integrale über Produkte dreier Kugelfunktionen auszurechnen, und anschließend ist über die Komponenten zu summieren. Beide Rechenschritte werden mit Hilfe der Formeln aus III, § 107—108 ausgeführt und ergeben folgendes Resultat:

$$w(\theta) = (-1)^{j+1} \frac{(2j+1)^{3/2}}{4\pi} \sum_{n=0}^{\infty} (4n+1) \begin{pmatrix} j & j & 2n \\ 0 & 0 & 0 \end{pmatrix} \begin{Bmatrix} j & j & 1 \\ j & j & 2n \end{Bmatrix} P_{2n}(\cos\theta) . \quad (7,12)$$

Schließlich geben wir noch die Komponenten der Vektorkugelfunktionen, ausgedrückt durch skalare Kugelfunktionen, an. Dazu benutzen wir die „sphärischen Komponenten" eines Vektors, wie sie in III, § 107 definiert sind; die Komponenten f_λ des Vektors $\boldsymbol{f}$ sind

$$f_0 = i f_z , \qquad f_{+1} = -\frac{i}{\sqrt{2}} (f_x + i f_y) , \qquad f_{-1} = \frac{i}{\sqrt{2}} (f_x - i f_y) . \quad (7,13)$$

Führt man die „Einheitsvektoren der zirkularen Polarisation"

$$\boldsymbol{e}^{(0)} = i \boldsymbol{e}^{(z)} , \qquad \boldsymbol{e}^{(+1)} = -\frac{i}{\sqrt{2}} (\boldsymbol{e}^{(x)} + i \boldsymbol{e}^{(y)}) , \qquad \boldsymbol{e}^{(-1)} = \frac{i}{\sqrt{2}} (\boldsymbol{e}^{(x)} - i \boldsymbol{e}^{(y)}) \quad (7,14)$$

ein ($\boldsymbol{e}^{(x,y,z)}$ sind die Einheitsvektoren in x-, y- bzw. z-Richtung), dann ist

$$\boldsymbol{f} = \sum_\lambda (-1)^{1-\lambda} f_{-\lambda} \boldsymbol{e}^{(\lambda)} , \qquad f_\lambda = (-1)^{1-\lambda} \boldsymbol{f} \boldsymbol{e}^{(-\lambda)*} = \boldsymbol{f} \boldsymbol{e}^{(\lambda)} . \quad (7,15)$$

Die sphärischen Komponenten der Vektorkugelfunktionen werden mit Hilfe der $3j$-Symbole folgendermaßen durch die Kugelfunktionen ausgedrückt:

$$\left.\begin{aligned}
(-1)^{j+m+\lambda+1} (\boldsymbol{Y}^{(e)}_{jm})_\lambda &= -\sqrt{j} \begin{pmatrix} j+1 & 1 & j \\ m+\lambda & -\lambda & -m \end{pmatrix} Y_{j+1,\, m+\lambda} \\
&\quad + \sqrt{j+1} \begin{pmatrix} j-1 & 1 & j \\ m+\lambda & -\lambda & -m \end{pmatrix} Y_{j-1,\, m+\lambda} , \\
(-1)^{j+m+\lambda+1} (\boldsymbol{Y}^{(m)}_{jm})_\lambda &= -\sqrt{2j+1} \begin{pmatrix} j & 1 & j \\ m+\lambda & -\lambda & -m \end{pmatrix} Y_{j,\, m+\lambda} , \\
(-1)^{j+m+\lambda+1} (\boldsymbol{Y}^{(l)}_{jm})_\lambda &= \sqrt{j+1} \begin{pmatrix} j+1 & 1 & j \\ m+\lambda & -\lambda & -m \end{pmatrix} Y_{j+1,\, m+\lambda} \\
&\quad + \sqrt{j} \begin{pmatrix} j-1 & 1 & j \\ m+\lambda & -\lambda & -m \end{pmatrix} Y_{j-1,\, m+\lambda} .
\end{aligned}\right\} \quad (7,16)$$

Diese Formeln werden in folgender Weise hergeleitet: Alle Vektorkugelfunktionen haben die Gestalt $\boldsymbol{Y}_{jm} = \boldsymbol{a}\, Y_{jm}$ mit einem der drei Vektoren (7,3) als $\boldsymbol{a}$. Daher ist

$$\boldsymbol{Y}_{jm} = \sum_{lm'} \langle l m' | \boldsymbol{a} | j m \rangle Y_{lm'} ,$$

und das Problem ist auf die Berechnung der Matrixelemente der Vektoren $\boldsymbol{a}$ mit den Eigenfunktionen des Bahndrehimpulses zurückgeführt. Nach III, (197,6) haben wir

$$\langle l\, m' \,|a_\lambda|\, j\, m\rangle = i\,(-1)^{j_{\max}-m'} \begin{pmatrix} l & 1 & j \\ -m' & \lambda & m \end{pmatrix} \langle l\,||\boldsymbol{a}||\,j\rangle\,,$$

wobei $j_{\max}$ die größere der beiden Zahlen l und j ist. Wir brauchen daher nur die von Null verschiedenen reduzierten Matrixelemente $\langle l\,||\boldsymbol{a}||\,j\rangle$ zu kennen. Für diese gelten die Formeln

$$\left.\begin{aligned} \langle l-1\,||\boldsymbol{n}||\,l\rangle &= \langle l\,||\boldsymbol{n}||\,l-1\rangle^* = i\sqrt{l}\,,\\ \langle l\,||\nabla_{\boldsymbol{n}}||\,l-1\rangle &= i\,(l-1)\sqrt{l}\,,\\ \langle l-1\,||\nabla_{\boldsymbol{n}}||\,l\rangle &= i\,(l+1)\sqrt{l}\,,\\ \langle l\,||[\boldsymbol{n}\,\nabla_{\boldsymbol{n}}]||\,l\rangle &= i\sqrt{l\,(l+1)\,(2\,l+1)}\,. \end{aligned}\right\} \tag{7,17}$$

§ 8. Polarisation eines Photons

Der Polarisationsvektor $\boldsymbol{e}$ spielt für das Photon die Rolle der „Spinfunktion" (mit denselben Einschränkungen, die in § 6 bezüglich des Begriffes des Photonenspins gemacht worden sind).

Die verschiedenen möglichen Polarisationen eines Photons unterscheiden sich nicht von den möglichen Polarisationsarten einer klassischen elektromagnetischen Welle (s. II, § 48).

Eine beliebige Polarisation $\boldsymbol{e}$ kann als Überlagerung zweier irgendwie gewählter, zueinander orthogonaler Polarisationen $\boldsymbol{e}^{(1)}$ und $\boldsymbol{e}^{(2)}$ dargestellt werden ($\boldsymbol{e}^{(1)}\boldsymbol{e}^{(2)*} = 0$). In der Zerlegung

$$\boldsymbol{e} = e_1\,\boldsymbol{e}^{(1)} + e_2\,\boldsymbol{e}^{(2)} \tag{8,1}$$

bestimmen die Betragsquadrate der Koeffizienten e_1 und e_2 die Wahrscheinlichkeiten, daß das Photon die Polarisation $\boldsymbol{e}^{(1)}$ oder $\boldsymbol{e}^{(2)}$ hat.

Als $\boldsymbol{e}^{(1)}$ und $\boldsymbol{e}^{(2)}$ kann man zwei aufeinander senkrechte lineare Polarisationen wählen. Man kann aber auch eine beliebige Polarisation in zwei zirkulare Polarisationen mit entgegengesetztem Drehsinn zerlegen. Die Vektoren für rechts- und linkszirkulare Polarisation bezeichnen wir mit $\boldsymbol{e}^{(+1)}$ bzw. $\boldsymbol{e}^{(-1)}$. In einem Koordinatensystem $\xi\,\eta\,\zeta$ mit der ζ-Achse in der Bewegungsrichtung des Photons $\boldsymbol{n} = \boldsymbol{k}/\omega$ sind

$$\boldsymbol{e}^{(+1)} = -\frac{i}{\sqrt{2}}\,(\boldsymbol{e}^{(\xi)} + i\,\boldsymbol{e}^{(\eta)})\,, \qquad \boldsymbol{e}^{(-1)} = \frac{i}{\sqrt{2}}\,(\boldsymbol{e}^{(\xi)} - i\,\boldsymbol{e}^{(\eta)})\,. \tag{8.2}$$

Die Möglichkeit, daß ein Photon (bei gegebenem Impuls) zwei verschiedene Polarisationen haben kann, bedeutet mit anderen Worten, daß jeder Impulseigenwert zweifach entartet ist. Dieser Sachverhalt hängt eng mit der Eigenschaft zusammen, daß die Photonenmasse Null ist.

Für ein frei bewegtes Teilchen mit von Null verschiedener Masse gibt es immer ein Ruhsystem. Gerade in diesem Bezugssystem zeigen sich die eigentlichen Symmetrieeigenschaften des Teilchens selbst. Dabei muß man die Symmetrie bezüglich aller möglichen Drehungen um ein Zentrum betrachten. Das Charakteristikum für die Symmetrieeigenschaften eines Teilchens bezüglich dieser Gruppe ist der Spin s, der die Vielfachheit der Entartung bestimmt (die Zahl $2s + 1$ der untereinander transformierten verschiedenen Wellenfunktionen). Insbesondere gehört zu einem Teilchen mit einer vektoriellen (dreikomponentigen) Wellenfunktion der Spin 1.

Für ein Teilchen mit der Masse Null gibt es kein Ruhsystem, — in einem beliebigen Bezugssystem bewegt es sich mit Lichtgeschwindigkeit. Für ein solches Teilchen existiert immer eine ausgezeichnete Raumrichtung — die Richtung des Impulsvektors $\boldsymbol{k}$ (ζ-Achse). In diesem Fall gibt es natürlich keine Symmetrie bezüglich der ganzen dreidimensionalen Drehgruppe, man kann nur von einer Axialsymmetrie um die ausgezeichnete Richtung sprechen.

Bei axialer Symmetrie wird nur die *Spiralität* (oder *Helizität*) eines Teilchens — die Projektion des Drehimpulses auf die ζ-Achse — erhalten; wir bezeichnen[1]) die Spiralität mit λ. Fordert man ferner Symmetrie bezüglich der Spiegelungen an Ebenen, die die ζ-Achse enthalten, dann werden die Zustände mit verschiedenen Vorzeichen von λ miteinander entartet sein; für $\lambda \neq 0$ werden wir folglich eine zweifache Entartung haben[2]). Ein Photonenzustand mit einem bestimmten Impuls entspricht einem dieser zweifach entarteten Zustände. Die „Spinfunktion" für diesen Zustand ist der Vektor $\boldsymbol{e}$ in der $\xi\eta$-Ebene. Die beiden Komponenten dieses Vektors transformieren sich bei allen Drehungen um die ζ-Achse und bei den Spiegelungen an Ebenen, die diese Achse enthalten, untereinander.

Die verschiedenen Polarisationen eines Photons stehen in einem ganz bestimmten Verhältnis zu den möglichen Werten für die Spiralität. Man kann die entsprechende Beziehung aus den Formeln III, (58,3) für den Zusammenhang der Komponenten der vektoriellen Wellenfunktion mit den Komponenten des dazu äquivalenten Spinors zweiter Stufe herleiten.[3]) Den Projektionen $\lambda = +1$ oder -1 entsprechen Vektoren $\boldsymbol{e}$, für die nur eine Komponente $e_\xi - i e_\eta$ bzw. $e_\xi + i e_\eta$ von Null verschieden ist, d. h. $\boldsymbol{e} = \boldsymbol{e}^{(+1)}$ bzw. $\boldsymbol{e}^{(-1)}$. Mit anderen Worten, die Werte $\lambda = +1$ und -1 gehören zu einem rechts- bzw. linkszirkular polarisierten Photon (in § 16 wird dieses Ergebnis durch

---

[1]) Im Unterschied zur Projektion m des Drehimpulses auf eine bestimmte Raumrichtung (z-Richtung), um die es im vorangegangenen Paragraphen ging.

[2]) Wir erinnern daran, daß man auf diese Weise die Elektronenterme eines zweiatomigen Moleküls klassifiziert (III, § 78).

[3]) Den Komponenten der Wellenfunktion als Wahrscheinlichkeitsamplituden für die verschiedenen Werte der Drehimpulsprojektion eines Teilchen (um die es hier geht) entsprechen die kontravarianten Spinorkomponenten.

direkte Berechnung der Eigenfunktionen des Operators für die Spinprojektion hergeleitet).

Die Projektion des Drehimpulses eines Photons auf die Bewegungsrichtung kann also nur zwei Werte ($\pm$ 1) haben; der Wert 0 ist unmöglich.

Ein Zustand eines Photons mit bestimmtem Impuls und bestimmter Polarisation ist ein reiner Zustand (im Sinne von III, § 14). Er wird durch eine Wellenfunktion beschrieben und entspricht einer vollständigen quantenmechanischen Beschreibung des Zustandes eines Teilchens (Photons). Es sind auch „gemischte" Photonenzustände möglich, die einer weniger vollständigen Beschreibung entsprechen und nicht durch eine Wellenfunktion, sondern nur durch eine Dichtematrix gekennzeichnet werden.

Wir wollen einen bezüglich der Polarisation gemischten Photonenzustand mit einem bestimmten Impuls $\boldsymbol{k}$ betrachten. In einem solchen Zustand (er wird als *teilweise polarisiert* bezeichnet) existiert eine „Ortsfunktion".[1])

Die Polarisationsmatrix (Dichtematrix) für ein Photon ist ein Tensor zweiter Stufe $\varrho_{\alpha\beta}$ in einer Ebene senkrecht zum Vektor $\boldsymbol{n}$ ($\xi\eta$-Ebene, die Indizes α und β nehmen nur zwei Werte an). Dieser Tensor ist hermitesch,

$$\varrho_{\alpha\beta} = \varrho^*_{\beta\alpha}\,, \tag{8,3}$$

und nach der Vorschrift

$$\varrho_{\alpha\alpha} \equiv \varrho_{11} + \varrho_{22} = 1 \tag{8,4}$$

normiert. Auf Grund von (8,3) sind die Diagonalelemente ϱ_{11} und ϱ_{22} reell, nach der Bedingung (8,4) wird eines durch das andere bestimmt. Die Komponente ϱ_{12} ist komplex, $\varrho_{21} = \varrho^*_{12}$. Insgesamt wird also diese Dichtematrix durch drei reelle Parameter bestimmt.

Bei bekannter Polarisationsmatrix kann man die Wahrscheinlichkeit einer beliebigen Polarisation $\boldsymbol{e}$ für ein Photon berechnen. Diese Wahrscheinlichkeit wird durch die „Projektion" des Tensors $\varrho_{\alpha\beta}$ auf die Richtung des Vektors $\boldsymbol{e}$ bestimmt, d. h. durch die Größe

$$\varrho_{\alpha\beta}\, e^*_\alpha\, e_\beta\,. \tag{8,5}$$

Die Komponenten ϱ_{11} und ϱ_{22} geben somit die Wahrscheinlichkeiten für die linearen Polarisationen in ξ- bzw. η-Richtung an. Die Projektion auf die Vektoren (8,2) ergibt die Wahrscheinlichkeiten für die beiden zirkularen Polarisationen:

$$\frac{1}{2}\,[1 \pm i\,(\varrho_{12} - \varrho_{21})]\,. \tag{8,6}$$

Die Eigenschaften des Tensors $\varrho_{\alpha\beta}$ bezüglich seiner Gestalt und seiner Natur stimmen mit den Eigenschaften des Tensors $J_{\alpha\beta}$ überein, der in der klassischen Theorie teilweise polarisiertes Licht beschreibt (s. II, § 50). Wir wollen hier einige dieser Eigenschaften ins Gedächtnis zurückrufen.

---

[1]) In der nichtrelativistischen Theorie haben wir in III, § 59 eine ähnliche Matrix für ein Elektron behandelt.

Für einen reinen Zustand mit einer bestimmten Polarisation $\boldsymbol{e}$ reduziert sich der Tensor $\varrho_{\alpha\beta}$ auf das Produkt der Komponenten von $\boldsymbol{e}$:

$$\varrho_{\alpha\beta} = e_\alpha e_\beta^* . \tag{8,7}$$

Dabei ist die Determinante $|\varrho_{\alpha\beta}| = 0$. Im entgegengesetzten Fall eines unpolarisierten Photons sind alle Polarisationsrichtungen gleich wahrscheinlich, d. h.

$$\varrho_{\alpha\beta} = \frac{1}{2}\delta_{\alpha\beta} \tag{8,8}$$

mit $|\varrho_{\alpha\beta}| = 1/4$.

Im allgemeinen beschreibt man die teilweise Polarisation zweckmäßig mit Hilfe der drei reellen STOKESschen Parameter ξ_1, ξ_2 und ξ_3.[1]) Mit diesen Parametern sieht die Dichtematrix folgendermaßen aus:

$$\varrho_{\alpha\beta} = \frac{1}{2}\begin{pmatrix} 1+\xi_3 & \xi_1 - i\,\xi_2 \\ \xi_1 + i\,\xi_2 & 1-\xi_3 \end{pmatrix}. \tag{8,9}$$

Alle drei Parameter nehmen Werte zwischen -1 und $+1$ an. Im unpolarisierten Zustand ist $\xi_1 = \xi_2 = \xi_3 = 0$, für ein vollständig polarisiertes Photon gilt $\xi_1^2 + \xi_2^2 + \xi_3^2 = 1$.

Der Parameter ξ_3 gibt die lineare Polarisation in ξ- oder η-Richtung an; die Wahrscheinlichkeit, daß das Photon in diesen Richtungen linear polarisiert ist, ist $(1+\xi_3)/2$ bzw. $(1-\xi_3)/2$. Die Werte $\xi_3 = +1$ oder -1 entsprechen daher der vollständigen Polarisation in diesen Richtungen.

Der Parameter ξ_1 beschreibt die lineare Polarisation in Richtungen, die mit der ξ-Achse die Winkel $\varphi = \pi/4$ bzw. $\varphi = -\pi/4$ bilden. Die Wahrscheinlichkeit, daß das Photon in diesen Richtungen linear polarisiert ist, ist $(1+\xi_1)/2$ bzw. $(1-\xi_1)/2$; man kann sich davon leicht überzeugen, indem man den Tensor $\varrho_{\alpha\beta}$ auf die Richtungen $\boldsymbol{e} = (1, \pm 1)/\sqrt{2}$ projiziert.

Schließlich ist der Parameter ξ_2 ein Maß für die zirkulare Polarisation. Nach (8,6) ist die Wahrscheinlichkeit, daß das Photon rechts- oder linkszirkular polarisiert ist, gleich $(1+\xi_2)/2$ bzw. $(1-\xi_2)/2$. Da die beiden Polarisationen den Spiralitäten $\lambda = \pm 1$ entsprechen, ist klar, daß ξ_2 im allgemeinen der Mittelwert der Spiralität eines Photons ist. Für einen reinen Zustand mit der Polarisation $\boldsymbol{e}$ ist

$$\xi_2 = i[\boldsymbol{e}\,\boldsymbol{e}^*]\,\boldsymbol{n} . \tag{8,10}$$

Wir erinnern daran (s. II, § 50), daß die Größen ξ_2 und $\sqrt{\xi_1^2 + \xi_3^2}$ gegenüber LORENTZ-Transformationen invariant sind.

Wir werden im folgenden noch auf die Frage stoßen, wie sich die STOKESschen Parameter bei einer Zeitumkehr verhalten. Es ist leicht zu sehen, daß sie bei einer solchen Transformation invariant sind. Diese Eigenschaft hängt offensichtlich nicht von der Art des Polarisationszustandes ab, und man kann sich am Fall eines reinen Zustandes von der Richtigkeit dieser Aussage über-

[1]) Man darf die Bezeichnung der Parameter nicht mit der Bezeichnung der ξ-Achse verwechseln!

zeugen. In der Quantenmechanik entspricht der Zeitumkehr der Übergang von der Wellenfunktion zur konjugiert komplexen Funktion (III, § 18). Für eine polarisierte Welle bedeutet das[1])

$$\boldsymbol{k} \rightarrow -\boldsymbol{k}\,, \qquad \boldsymbol{e} \rightarrow -\boldsymbol{e}^*\,. \tag{8,11}$$

Bei dieser Transformation bleibt der symmetrische Teil der Dichtematrix

$$\frac{1}{2}\,(e_\alpha\, e_\beta^* + e_\beta\, e_\alpha^*)$$

unverändert, somit ändern sich auch die Parameter ξ_1 und ξ_2 selbst nicht. Die Invarianz des Parameters ξ_2 bei derselben Transformation ist (8,10) zu entnehmen; sie ist auch aus dem Sinn von ξ_2 als Mittelwert der Spiralität evident. Tatsächlich ist die Spiralität die Projektion des Drehimpulses $\boldsymbol{j}$ auf die Richtung $\boldsymbol{n}$, d. h. das Produkt $\boldsymbol{j}\,\boldsymbol{n}$. Bei einer Zeitumkehr ändern beide Vektoren ihr Vorzeichen.

Bei späteren Rechnungen werden wir die Dichtematrix für ein Photon in vierdimensionaler Form benötigen, d. h. als 4-Tensor $\varrho_{\mu\nu}$. Für ein polarisiertes Photon, das durch den 4-Vektor e_μ beschrieben wird, wird dieser Tensor natürlicherweise als

$$\varrho_{\mu\nu} = e_\mu\, e_\nu^* \tag{8,12}$$

definiert. Wenn die dreidimensional transversale Eichung $e = (0, \boldsymbol{e})$ benutzt wird und eine der räumlichen Koordinatenachsen in $\boldsymbol{n}$-Richtung zeigt, dann stimmen die von Null verschiedenen Komponenten dieses 4-Tensors mit (8,7) überein.

Für ein unpolarisiertes Photon haben wir in dreidimensional transversaler Eichung den Tensor $\varrho_{\mu\nu}$ mit den Komponenten

$$\varrho_{ik} = \frac{1}{2}\,(\delta_{ik} - n_i\, n_k)\,, \qquad \varrho_{0i} = \varrho_{i0} = \varrho_{00} = 0 \tag{8,13}$$

(wenn eine Achse mit der $\boldsymbol{n}$-Richtung übereinstimmt, kommen wir zu (8,8) zurück). Die unmittelbare Verwendung des Tensors $\varrho_{\mu\nu}$ in dieser dreidimensionalen Gestalt wäre jedoch unbequem. Wir können aber eine Eichtransformation ausführen. Für die Dichtematrix ist das eine Transformation der Gestalt

$$\varrho_{\mu\nu} \rightarrow \varrho_{\mu\nu} + \chi_\mu\, k_\nu + \chi_\nu\, k_\mu \tag{8,14}$$

mit beliebigen Funktionen χ_μ. Wir setzen

$$\chi_0 = -\frac{1}{4\,\omega}\,, \qquad \chi_i = \frac{k_i}{4\,\boldsymbol{k}^2}$$

---

[1]) Die zusätzliche Vorzeichenänderung von $\boldsymbol{e}$ hängt damit zusammen, daß das Vektorpotential des elektromagnetischen Feldes bei einer Zeitumkehr sein Vorzeichen wechselt. Das skalare Potential ändert sein Vorzeichen nicht, deshalb bedeutet eine Zeitumkehr für den 4-Vektor e die Transformation

$$(e_0, \boldsymbol{e}) \rightarrow (e_0^*, -\boldsymbol{e}^*)\,. \tag{8,11a}$$

und erhalten statt (8,13) den einfachen vierdimensionalen Ausdruck

$$\varrho_{\mu\nu} = -\frac{1}{2} g_{\mu\nu} . \tag{8,15}$$

Die vierdimensionale Darstellung der Dichtematrix für ein teilweise polarisiertes Photon ist leicht zu erhalten, indem man zunächst den zweidimensionalen Tensor (8,9) in dreidimensionale Form bringt:

$$\varrho_{ik} = \frac{1}{2} (e_i^{(1)} e_k^{(1)} + e_i^{(2)} e_k^{(2)} + \frac{\xi_1}{2} (e_i^{(1)} e_k^{(2)} + e_i^{(2)} e_k^{(1)})$$
$$- \frac{i\,\xi_2}{2} (e_i^{(1)} e_k^{(2)} - e_i^{(2)} e_k^{(1)}) + \frac{\xi_3}{2} (e_i^{(1)} e_k^{(1)} - e_i^{(2)} e_k^{(2)}) .$$

$\boldsymbol{e}^{(1)}$ und $\boldsymbol{e}^{(2)}$ sind dabei die Einheitsvektoren in ξ- bzw. η-Richtung. Die erforderliche Verallgemeinerung wird erreicht, indem man diese 3-Vektoren durch die raumartigen reellen 4-Einheitsvektoren $e^{(1)}$ und $e^{(2)}$ ersetzt, die aufeinander und auf dem 4-Impuls k des Photons senkrecht stehen:

$$\left.\begin{aligned} e^{(1)2} = e^{(2)2} &= -1 , \\ e^{(1)} e^{(2)} &= 0 , \\ e^{(1)} k = e^{(2)} k &= 0 . \end{aligned}\right\} \tag{8,16}$$

In einem speziellen Bezugssystem sind $e^{(1)} = (0, \boldsymbol{e}^{(1)})$ und $e^{(2)} = (0, \boldsymbol{e}^{(2)})$. Auf diese Weise gewinnen wir die vierdimensionale Dichtematrix für ein Photon

$$\varrho_{\mu\nu} = \frac{1}{2} (e_\mu^{(1)} e_\nu^{(1)} + e_\mu^{(2)} e_\nu^{(2)}) + \frac{\xi_1}{2} (e_\mu^{(1)} e_\nu^{(2)} + e_\mu^{(2)} e_\nu^{(1)})$$
$$- \frac{i\,\xi_2}{2} (e_\mu^{(1)} e_\nu^{(2)} - e_\mu^{(2)} e_\nu^{(1)}) + \frac{\xi_3}{2} (e_\mu^{(1)} e_\nu^{(1)} - e_\mu^{(2)} e_\nu^{(2)}) . \tag{8,17}$$

Wie man die 4-Vektoren $e^{(1)}$ und $e^{(2)}$ tatsächlich wählen wird, hängt von den konkreten Bedingungen eines bestimmten Problems ab.

Man muß beachten, daß die Bedingungen (8,16) die Wahl von $e^{(1)}$ und $e^{(2)}$ nicht eindeutig bestimmen. Wenn irgendein 4-Vektor e_μ diese Bedingungen erfüllt, dann genügt ihnen auch ein beliebiger 4-Vektor der Gestalt $e_\mu + \chi\, k_\mu$ (weil $k^2 = 0$ ist). Diese Nichteindeutigkeit hängt damit zusammen, daß die Dichtematrix wegen der Eichtransformationen nicht eindeutig ist.

Der erste Summand in (8,17) entspricht einem unpolarisierten Zustand. Deshalb könnte man ihn nach (8,15) durch $-\frac{1}{2} g_{\mu\nu}$ ersetzen. Dieser Austausch wäre wieder einer gewissen Eichtransformation äquivalent.

Beim Umgang mit 4-Tensoren der Gestalt (8,17), die nach zwei unabhängigen 4-Vektoren zerlegt sind, ist folgendes formale Vorgehen angebracht. Man schreibt den Tensor (8,17) in der Form

$$\varrho_{\mu\nu} = \sum_{a,b=1}^{3} \varrho^{(ab)} e_\mu^{(a)} e_\nu^{(b)}$$

und stellt die Koeffizienten $\varrho^{(ab)}$ als zweireihige Matrix dar:

$$\varrho = \begin{pmatrix} \varrho^{(11)} & \varrho^{(12)} \\ \varrho^{(21)} & \varrho^{(22)} \end{pmatrix}.$$

Wie jede hermitesche zweireihige Matrix kann man diese nach vier unabhängigen zweireihigen Matrizen — den PAULI-Matrizen σ_x, σ_y, σ_z und der Einheitsmatrix 1 — entwickeln. Diese Zerlegung hat die Gestalt

$$\varrho = \frac{1}{2}(1 + \vec{\xi}\,\vec{\sigma}), \qquad \vec{\xi} = (\xi_1, \xi_2, \xi_3). \tag{8,18}$$

Davon kann man sich einfach durch direkten Vergleich mit (8,17) unter Verwendung der bekannten Ausdrücke für die PAULI-Matrizen (18,5) überzeugen (die Zusammenfassung der drei Größen ξ_1, ξ_2 und ξ_3 zu einem „Vektor" $\vec{\xi}$ hat natürlich rein formalen Charakter und dient nur zur Vereinfachung der Schreibweise).

Aufgabe

Man schreibe die Dichtematrix für ein Photon in der Darstellung auf, in der die Koordinaten-„Achsen" die „zirkularen" Einheitsvektoren (8,2) sind!

Lösung. Die Komponenten des Tensors $\varrho'_{\alpha\beta}$ in den neuen Achsen ($\alpha, \beta = \pm 1$) ergeben sich durch Projektion des Tensors (8,9) auf die Einheitsvektoren (8,2):

$$\varrho'_{11} = \varrho_{\alpha\beta}\, e_\alpha^{(+1)*} e_\beta^{(+1)}, \qquad \varrho'_{1-1} = \varrho_{\alpha\beta}\, e_\alpha^{(+1)*} e_\beta^{(-1)}, \ldots$$

$$\varrho' = \frac{1}{2}\begin{pmatrix} 1 + \xi_2 & -\xi_3 + i\,\xi_1 \\ -\xi_3 - i\,\xi_1 & 1 - \xi_2 \end{pmatrix}.$$

§ 9. Ein System aus zwei Photonen

Durch ähnliche Überlegungen wie in § 6 kann man die Zahl der möglichen Zustände auch für den komplizierteren Fall eines Systems aus zwei Photonen abzählen (L. LANDAU, 1948).

Wir werden die Photonen im Massenmittelpunktsystem betrachten; die Impulse der Photonen sind $\boldsymbol{k}_1 = -\boldsymbol{k}_2 = \boldsymbol{k}$.[1]) Man kann die Wellenfunktion für ein System zweier Photonen (in der Impulsdarstellung) als dreidimensionalen Tensor zweiter Stufe $A_{ik}(\boldsymbol{n})$ darstellen, $A_{ik}(\boldsymbol{n})$ wird als Bilinearform aus den Komponenten der vektoriellen Wellenfunktionen der beiden Photonen gebildet. Ein Tensorindex entspricht einem Photon ($\boldsymbol{n}$ ist der Einheitsvektor in $\boldsymbol{k}$-Richtung). Die Transversalität der einzelnen Photonen bedingt, daß der Tensor A_{ik} orthogonal zum Vektor $\boldsymbol{n}$ ist:

$$A_{il}\, n_l = 0, \qquad A_{lk}\, n_l = 0. \tag{9,1}$$

[1]) Ein solches Bezugssystem existiert immer bis auf den Fall zweier parallel zueinander gleichsinnig bewegter Photonen. Der Gesamtimpuls $\boldsymbol{k}_1 + \boldsymbol{k}_2$ und die Gesamtenergie $\omega_1 + \omega_2$ solcher Photonen sind durch dieselbe Beziehung miteinander verknüpft wie die entsprechenden Größen eines Photons, daher kann es auch kein Bezugssystem geben, in dem $\boldsymbol{k}_1 + \boldsymbol{k}_2 = 0$ wäre.

Vertauscht man die beiden Photonen miteinander, so werden die Tensorindizes von A_{ik} miteinander vertauscht, und $\boldsymbol{n}$ wechselt sein Vorzeichen. Da die Photonen der Bose-Statistik gehorchen, gilt

$$A_{ik}(-\boldsymbol{n}) = A_{ki}(\boldsymbol{n}) . \tag{9,2}$$

Der Tensor A_{ik} ist im allgemeinen nicht symmetrisch in seinen Indizes. Wir zerlegen ihn in einen symmetrischen (s_{ik}) und einen antisymmetrischen (a_{ik}) Anteil: $A_{ik} = s_{ik} + a_{ik}$. Die Beziehung (9,2) (und auch die Orthogonalitätsbedingungen (9,1)) muß offensichtlich für jeden einzelnen Anteil erfüllt sein, und wir erhalten

$$s_{ik}(-\boldsymbol{n}) = s_{ik}(\boldsymbol{n}) , \tag{9,3}$$

$$a_{ik}(-\boldsymbol{n}) = -a_{ik}(\boldsymbol{n}) . \tag{9,4}$$

Eine Spiegelung des Koordinatensystems ändert an sich das Vorzeichen der Komponenten eines Tensors zweiter Stufe nicht, sie ändert aber das Vorzeichen von $\boldsymbol{n}$. Deshalb ist aus (9,3) zu entnehmen, daß die Wellenfunktion s_{ik} bei einer Spiegelung symmetrisch ist, d. h., sie gehört zu geraden Zuständen des Photonensystems; die Wellenfunktion a_{ik} gehört zu ungeraden Zuständen.

Ein antisymmetrischer Tensor zweiter Stufe ist einem Axialvektor $\boldsymbol{a}$ äquivalent (dual). Die Vektorkomponenten werden gemäß $a_i = \frac{1}{2} e_{ikl} a_{kl}$ durch die Tensorkomponenten ausgedrückt, wobei e_{ikl} der antisymmetrische Einheitstensor ist (s. II, § 6). Die Orthogonalität des Tensors a_{kl} zum Vektor $\boldsymbol{n}$ bedeutet, daß die Vektoren $\boldsymbol{a}$ und $\boldsymbol{n}$ parallel sind.[1]) Man kann daher $\boldsymbol{a} = \boldsymbol{n}\,\varphi(\boldsymbol{n})$ mit einem Skalar φ schreiben. Nach (9,4) muß $\boldsymbol{a}(-\boldsymbol{n}) = -\boldsymbol{a}(\boldsymbol{n})$ sein, daher ist

$$\varphi(-\boldsymbol{n}) = \varphi(\boldsymbol{n}) .$$

Diese Gleichung besagt, daß der Skalar φ linear aus Kugelfunktionen nur gerader Ordnungen L (einschließlich der Ordnung Null) aufgebaut werden kann.

Wir sehen, daß der antisymmetrische Tensor a_{ik} in seinen Transformationseigenschaften (bei Drehungen) einem Skalar äquivalent ist (s. die Anmerkung 1 auf S. 20). Wir ordnen dem letzteren den „Spin“ 0 zu und finden, daß der Drehimpuls des Zustandes $J = L$ ist. Der Tensor a_{ik} entspricht also ungeraden Zuständen des Photonensystems mit geradzahligem Drehimpuls J.

Wir wenden uns jetzt dem symmetrischen Tensor s_{ik} zu. Da er bei einem Vorzeichenwechsel von $\boldsymbol{n}$ unverändert bleibt, gehört er zu geraden Zuständen des Photonensystems. Daraus folgt, daß alle Komponenten s_{ik} durch Kugelfunktionen gerader Ordnung L (einschließlich $L = 0$) ausgedrückt werden. Ein beliebiger symmetrischer Tensor zweiter Stufe s_{ik} kann bekanntlich auf einen Skalar (s_{ii}) und einen symmetrischen Tensor (s'_{ik}) mit der Spur Null ($s'_{ii} = 0$) zurückgeführt werden.

---

[1]) Wir haben $a_{ik} = e_{ikl}\, a_l$, und die Orthogonalitätsbedingung liefert

$$a_{ik}\, n_k = e_{ikl}\, a_l\, n_k = [\boldsymbol{n}\, \boldsymbol{a}]_i = 0 .$$

Dem Skalar s_{ii} wird der „Spin" 0 zugeordnet, und deshalb ist der Drehimpuls der zugehörigen Zustände $J = L$, d. h. geradzahlig. Dem Tensor s'_{ik} entspricht der „Spin" 2 (s. III, § 58). Addieren wir nach den Regeln des Vektormodells diesen „Spin" zum geradzahligen „Bahndrehimpuls" L, dann finden wir für gegebenes geradzahliges $J \neq 0$ drei mögliche Zustände (mit $L = J \pm 2$, J) und für ungerades $J \neq 1$ zwei Zustände (mit $L = J \pm 1$). Ausnahmen bilden $J = 0$ mit einem Zustand ($L = 2$) und $J = 1$ mit einem Zustand ($L = 2$).

Bei diesen Abzählungen ist noch nicht berücksichtigt worden, daß der Tensor s_{ik} senkrecht zum Vektor ist. Daher ist von der erhaltenen Zahl der Zustände noch die Zahl der Zustände abzuziehen, denen ein symmetrischer Tensor zweiter Stufe „parallel" zum Vektor $\boldsymbol{n}$ entspricht. Einen solchen Tensor (wir bezeichnen ihn mit s''_{ik}) kann man in der Gestalt

$$s''_{ik} = n_i b_k + n_k b_i$$

mit einem gewissen Vektor $\boldsymbol{b}$ darstellen. Entsprechend (9,3) muß dieser Vektor die Bedingung $\boldsymbol{b}(-\boldsymbol{n}) = -\boldsymbol{b}(\boldsymbol{n})$ erfüllen. Der für die „überflüssigen" Zustände verantwortliche Tensor s''_{ik} ist also einem ungeraden Vektor äquivalent. Dieser Vektor muß folglich durch Kugelfunktionen nur ungerader Ordnungen L ausgedrückt werden. Einem Vektor entspricht der „Spin" 1. Wir finden schließlich für jeden geradzahligen Drehimpuls $J \neq 0$ zwei mögliche Zustände (mit $L = J \pm 1$) und für jedes ungeradzahlige J einen Zustand (mit $L = J$). Ein Spezialfall ist $J = 0$ mit einem Zustand ($L = 1$).

Wir stellen die erhaltenen Ergebnisse in der folgenden Tabelle zusammen, die die Zahl der möglichen geraden und ungeraden Zustände eines Systems aus zwei Photonen (mit dem Gesamtimpuls Null) für die verschiedenen Werte des Gesamtdrehimpulses J angibt:

J	Gerade Zustände	Ungerade Zustände
0	1	1
1	—	—
$2k$	2	1
$2k+1$	1	—

(9,5)

(k ist eine positive ganze Zahl verschieden von Null). Wir sehen, daß es für ungerade J keine ungeraden Zustände gibt, der Wert $J = 1$ kann überhaupt nicht vorkommen.

Die Wellenfunktion A_{ik} eines Systems aus zwei Photonen bestimmt die Korrelation der Polarisationen. Die Wahrscheinlichkeit, daß beide Photonen gleichzeitig bestimmte Polarisationen haben, ist proportional zu

$$A_{ik}\, e^*_{1i}\, e^*_{2k}\,.$$

Mit anderen Worten, falls die Polarisation $\boldsymbol{e}_1$ eines Photons vorgegeben ist, dann ist die Polarisation $\boldsymbol{e}_2$ des anderen Photons proportional zu

$$e_{2k} \propto A_{ik}\, e^*_{1i}\,. \tag{9,6}$$

Für ungerade Zustände des Systems stimmt A_{ik} mit dem antisymmetrischen Tensor a_{ik} überein, dabei ist

$$\boldsymbol{e}_2 \boldsymbol{e}_1^* \propto a_{ik} e_{1i}^* e_{1k}^* = 0 ,$$

d. h., die Polarisationen der beiden Photonen stehen senkrecht aufeinander. Für lineare Polarisation bedeutet das, daß die Polarisationseinrichtungen senkrecht aufeinander stehen; zirkulare Polarisationen haben entgegengesetzten Drehsinn.

Der gerade Zustand mit $J = 0$ wird durch einen symmetrischen Tensor beschrieben, der sich auf einen Skalar reduziert:

$$s_{ik} = \text{const} \cdot (\delta_{ik} - n_i n_k) .$$

Wir erhalten daher aus (9,6) $\boldsymbol{e}_1 = \boldsymbol{e}_2^*$. Bei linearer Polarisation bedeutet das parallele Polarisationsrichtungen, bei zirkularer Polarisation wiederum entgegengesetzten Drehsinn. Der letztere Sachverhalt ist von vornherein klar: Für $J = 0$ muß die Summe der Drehimpulsprojektionen auf ein und dieselbe Richtung $\boldsymbol{k}$ in jedem Fall Null sein (die Projektionen auf die entgegengesetzten Richtungen $\boldsymbol{k}_1$ und $\boldsymbol{k}_2$, d. h. die Spiralitäten, sind dabei gleich).

KAPITEL II

BOSONEN

§ 10. Die Wellengleichung für Teilchen mit dem Spin 0

In Kapitel I haben wir gezeigt, auf welche Weise man ein freies elektromagnetisches Feld quantentheoretisch beschreiben kann. Dabei sind wir von den bekannten Eigenschaften des Feldes im klassischen Grenzfall ausgegangen, und wir haben uns auf die Vorstellungen der üblichen Quantenmechanik gestützt. Die so erhaltene Beschreibung des Feldes als Photonensystem enthält viele Züge, die auch auf die relativistische Beschreibung von Teilchen in der Quantentheorie übertragen werden können.

Das elektromagnetische Feld ist ein System mit unendlich vielen Freiheitsgraden. Es existiert kein Erhaltungssatz für die Teilchenzahl (Photonenzahl), und unter den möglichen Zuständen gibt es Zustände mit beliebigen Teilchenzahlen.[1] In einer relativistischen Theorie müssen auch Systeme beliebiger Teilchen im allgemeinen diese Eigenschaft haben. Die Erhaltung der Teilchenzahl in der nichtrelativistischen Theorie hängt mit dem Erhaltungssatz für die Masse zusammen: Die Summe der Teilchenmassen (Ruhmassen) ändert sich bei einer Wechselwirkung nicht; die Erhaltung der Gesamtmasse, sagen wir in einem Elektronensystem, bedeutet aber auch, daß die Teilchenzahl unveränderlich ist. In der relativistischen Mechanik gibt es keinen Erhaltungssatz für die Masse, es muß nur die Gesamtenergie eines Systems erhalten bleiben (die die Ruhenergien der Teilchen mit einschließt). Deshalb braucht die Teilchenzahl nicht mehr erhalten zu bleiben, und jede relativistische Theorie für Teilchen muß eine Theorie mit unendlich vielen Freiheitsgraden sein. Eine solche Theorie wird mit anderen Worten den Charakter einer Feldtheorie annehmen.

Der zur Beschreibung von Systemen mit veränderlicher Teilchenzahl adäquate mathematische Apparat ist der Apparat der zweiten Quantisierung (III, § 64, 65). Bei der quantentheoretischen Beschreibung des elektromagnetischen Feldes übernimmt das 4-Potential A die Rolle des Operators der zweiten Quantisierung. Es wird durch die (ortsabhängigen) Wellenfunktionen der einzelnen Teilchen (Photonen) und die Erzeugungs- und Vernichtungsoperatoren für die Photonen ausgedrückt. Bei der Beschreibung eines Systems von Teilchen spielt der Operator ψ für die quantisierte Wellenfunktion eine ähnliche Rolle. Um diesen Operator zu konstruieren, müssen wir zuerst die Gestalt der Wellenfunktion

---

[1]) Selbstverständlich ändert sich die Photonenzahl tatsächlich nur bei Wechselwirkungsprozessen.

für ein freies Teilchen und der Gleichung kennen, der diese Funktion zu genügen hat.

Es muß hervorgehoben werden, daß der Feldbegriff für freie Teilchen nur eine Hilfsgröße ist. Reale Teilchen stehen miteinander in Wechselwirkung, und die Aufgabe der Theorie besteht im Studium dieser Wechselwirkungen. Jede Wechselwirkung läßt sich aber auf einen Stoß zurückführen, vor und nach dem Stoß kann man ein System als eine Gesamtheit freier Teilchen ansehen. In § 1 ist gesagt worden, daß die freien Teilchen die einzig meßbaren Objekte sind. Wir benutzen daher die Felder für die freien Teilchen als Mittel zur Beschreibung der Anfangs- und Endzustände.

Wir beginnen die relativistische Beschreibung freier Teilchen mit dem Fall von Teilchen mit dem Spin 0. Da dieser Fall mathematisch relativ einfach ist, können die Grundideen und die charakteristischen Züge einer solchen Beschreibung deutlich herausgearbeitet werden.

Der Zustand eines freien Teilchens (ohne Spin) kann allein durch die Angabe seines Impulses $\boldsymbol{p}$ vollständig bestimmt werden. Dabei wird die Energie ε des Teilchens[1]) durch $\varepsilon^2 = \boldsymbol{p}^2 + m^2$ (m ist die Masse des Teilchens) gegeben, oder in vierdimensionaler Form

$$p^2 = m^2 . \tag{10,1}$$

Bekanntlich hängen die Erhaltungssätze für Impuls und Energie mit der Homogenität von Raum und Zeit zusammen, d. h. mit der Symmetrie bei einer beliebigen Parallelverschiebung des vierdimensionalen Koordinatensystems. In der quantentheoretischen Beschreibung verlangt diese Symmetrieforderung, daß die Wellenfunktion eines Teilchens mit einem bestimmten 4-Impuls bei einer derartigen Transformation der vierdimensionalen Koordinaten nur mit einem Phasenfaktor multipliziert werden darf (mit einem Faktor vom Betrag 1). Diese Forderung erfüllt nur eine Exponentialfunktion mit einem in den 4-Koordinaten linearen Exponenten. Mit anderen Worten, die Wellenfunktion für den Zustand eines freien Teilchens mit einem bestimmten 4-Impuls $p^\mu = (\varepsilon, \boldsymbol{p})$ muß eine ebene Welle sein:

$$\text{const} \cdot e^{-ipx} , \qquad p\,x = \varepsilon\, t - \boldsymbol{p}\,\boldsymbol{r} \tag{10,2}$$

(die Wahl des Vorzeichens im Exponenten ist in der relativistischen Theorie an sich offen; es ist in Korrespondenz zum nichtrelativistischen Fall gewählt worden).

Die Wellengleichung muß die Funktionen (10,2) als spezielle Lösungen für einen beliebigen 4-Vektor, der die Bedingung (10,1) erfüllt, haben. Sie muß dem Superpositionsprinzip entsprechend eine lineare Gleichung sein: Eine beliebige Linearkombination von Funktionen (10,2) beschreibt ebenfalls einen möglichen Zustand des Teilchens und muß daher auch eine Lösung sein. Schließ-

[1]) Wir bezeichnen die Energie eines einzelnen Teilchens mit ε, um sie von der Energie des Systems zu unterscheiden.

lich soll die Gleichung von möglichst niedriger Ordnung sein; eine höhere Ordnung würde überflüssige Lösungen mit sich bringen.

Der Spin ist der Drehimpuls eines Teilchens im Ruhsystem. Für ein Teilchen mit dem Spin s ist die Wellenfunktion im Ruhsystem ein dreidimensionaler Spinor der Stufe $2s$. Zur Beschreibung eines Teilchens in einem beliebigen Bezugssystem muß die Wellenfunktion durch vierdimensionale Größen ausgedrückt werden.

Ein Teilchen mit dem Spin 0 wird im Ruhsystem durch einen dreidimensionalen Skalar beschrieben. Dieser Skalar kann jedoch verschiedenen vierdimensionalen „Ursprungs" sein: Es kann sich um einen vierdimensionalen Skalar handeln, es kann aber auch die vierte Komponente eines (zeitartigen) 4-Vektors ψ_μ sein, für den im Ruhsystem nur die Komponente ψ_0 von Null verschieden ist.[1])

Der einzige Operator für ein freies Teilchen, der in die Wellengleichung eingehen kann, ist der Operator für den 4-Impuls p. Seine Komponenten sind die Operatoren für die Ableitung nach Ort und Zeit:

$$\mathrm{p}^\mu = i\,\partial^\mu = \left(i\frac{\partial}{\partial t}, \qquad -i\,\nabla\right). \tag{10,3}$$

Die Wellengleichung muß mit Hilfe des Operators p einen differentiellen Zusammenhang zwischen den Größen ψ und ψ_μ herstellen. Dieser Zusammenhang muß selbstverständlich durch relativistisch invariante Beziehungen gegeben werden. Solche Beziehungen sind

$$m\,\psi_\mu = \mathrm{p}_\mu\,\psi\,, \qquad \mathrm{p}^\mu\,\psi_\mu = m\,\psi\,, \tag{10,4}$$

wobei m eine für das Teilchen charakteristische dimensionsbehaftete Konstante ist.[2])

Wir setzen ψ_μ aus der ersten Gleichung in die zweite ein und erhalten

$$(\mathrm{p}^2 - m^2)\,\psi = 0 \tag{10,5}$$

(O. Klein, V. A. Fock, 1926). Explizit lautet diese Gleichung

$$-\,\partial_\mu\,\partial^\mu\psi \equiv \left(-\frac{\partial^2}{\partial t^2} + \Delta\right)\psi = m^2\,\psi \tag{10,6}$$

(Klein-Gordon-Gleichung). Setzen wir hier ψ als ebene Welle (10,2) an, so erhalten wir $p^2 = m^2$, woraus zu ersehen ist, daß m die Masse des Teilchens ist. Die Gestalt der Gleichung (10,5) ist natürlich von vornherein zu erwarten, weil p^2 der einzige skalare Operator ist, den man mit Hilfe von p bilden kann (aus diesem Grunde erfüllt auch jede einzelne Komponente einer Wellenfunktion für ein Teil-

---

[1]) Oder analog die Zeitkomponente eines 4-Tensors höherer Stufe; dieser Fall würde aber zu Gleichungen höherer Ordnung führen.

[2]) Die Konstante m ist in (10,4) so eingeführt worden, daß ψ_μ und ψ die gleiche Dimension haben. Die Einführung verschiedener Konstanten m_1 und m_2 in diese beiden Gleichungen wäre sinnlos, weil man sie immer durch Umdefinition von ψ oder ψ_μ gleich machen könnte.

chen mit beliebigem Spin dieselbe Gleichung, davon werden wir uns später noch öfter überzeugen).

Ein Teilchen mit dem Spin 0 wird also durch einen (vierdimensionalen) Skalar ψ beschrieben, der die Gleichung zweiter Ordnung (10,5) zu erfüllen hat. In den Gleichungen erster Ordnung (10,4) spielen die beiden Größen ψ und ψ_μ die Rolle der Wellenfunktion; der 4-Vektor ψ_μ wird dabei auf den 4-Gradienten des Skalars ψ zurückgeführt. Im Ruhsystem hängt die Wellenfunktion des Teilchens nicht vom Ort ab, daher verschwinden die räumlichen Komponenten des 4-Vektors ψ_μ, wie es sein muß.

Für die weitere Durchführung der zweiten Quantisierung ist es nützlich, Energie und Impuls eines Teilchens als räumliche Integrale über gewisse bilineare Kombinationen (aus ψ und ψ^*) darzustellen. Diese Bilinearkombinationen stellen dann in gewisser Weise Energie- und Impulsdichte dar. Mit anderen Worten, es ist der Energie–Impuls-Tensor $T_{\mu\nu}$ zur Gleichung (10,5) zu finden. Mit Hilfe dieses Tensors werden Energie- und Impulssatz in folgender Gleichung zusammengefaßt:

$$\partial_\mu T^\mu_\nu = 0\,. \tag{10,7}$$

Nach den allgemeinen Regeln der Feldtheorie (s. II, § 32) schreiben wir dazu das Variationsprinzip auf, aus dem die Gleichung (10,5) folgt. Dieses Prinzip verlangt, daß das „Wirkungsintegral"

$$S = \int L\, d^4x \tag{10,8}$$

über einen reellen 4-Skalar L ein Minimum sein soll; L ist die LAGRANGE-Dichte des Feldes.[1]) Mit Hilfe des Skalars ψ (und des Operators ∂^μ) kann man folgenden reellen bilinearen skalaren Ausdruck bilden:

$$L = \partial_\mu\psi^* \cdot \partial^\mu\psi - m^2\,\psi^*\,\psi\,, \tag{10,9}$$

wobei m ein Dimensionsfaktor ist. Wir betrachten ψ und ψ^* als unabhängige Veränderliche zur Beschreibung des Feldes (als „verallgemeinerte Koordinaten" q des Feldes) und erkennen einfach, daß die LAGRANGEschen Gleichungen

$$\frac{\partial}{\partial x^\mu}\frac{\partial L}{\partial q_{,\mu}} = \frac{\partial L}{\partial q} \tag{10,10}$$

($q_{,\mu} \equiv \partial_\mu q$) tatsächlich mit den Gleichungen (10,5) für ψ und ψ^* übereinstimmen, wenn m die Masse des Teilchens ist. Das Vorzeichen ist im Ausdruck (10,9) so gewählt worden, daß das Quadrat der Zeitableitung $|\partial\psi/\partial t|^2$ in L mit dem positiven Vorzeichen enthalten ist; anderenfalls könnte die Wirkung kein Minimum haben (vgl. II, § 27). Die Wahl eines gemeinsamen Zahlenfaktors in L ist beliebig (und wirkt sich nur auf den Normierungsfaktor in ψ aus, s. u.).

---

[1]) Der der zweiten Quantisierung entsprechende Operator L wird als LAGRANGE-Operator des Feldes bezeichnet. Zur Vereinfachung der Terminologie werden wir, wenn es vorteilhaft ist, den Terminus LAGRANGE-Dichte sowohl für die „quantisierte" als auch für die „nichtquantisierte" LAGRANGE-Dichte verwenden.

Der Energie–Impuls-Tensor wird jetzt nach der Formel

$$T_\mu^\nu = \sum q_{,\mu} \frac{\partial L}{\partial q_{,\nu}} - L\,\delta_\mu^\nu \tag{10,11}$$

berechnet (Summation über alle q). Wir setzen (10,9) ein und bekommen

$$T_{\mu\nu} = \partial_\mu\psi^* \cdot \partial_\nu\psi + \partial_\nu\psi^* \cdot \partial_\mu\psi - L\,g_{\mu\nu} \tag{10,12}$$

(wie es sein muß, sind diese Größen reell, wodurch die Realität von L gewährleistet ist). Insbesondere sind

$$T_{00} = 2\frac{\partial\psi^*}{\partial t}\frac{\partial\psi}{\partial t} - L = \frac{\partial\psi^*}{\partial t}\frac{\partial\psi}{\partial t} + \nabla\psi^* \cdot \nabla\psi + m^2\,\psi^*\,\psi, \tag{10,13}$$

$$T_{i0} = \frac{\partial\psi^*}{\partial t}\frac{\partial\psi}{\partial x_i} + \frac{\partial\psi^*}{\partial x^i}\frac{\partial\psi}{\partial t}\,. \tag{10,14}$$

Der 4-Impuls wird durch das Integral

$$P_\mu = \int T_{\mu 0}\,d^3x \tag{10,15}$$

gegeben, d. h., T_{00} und T_{0i} spielen die Rolle von Energie- und Impulsdichte. Die Größe T_{00} ist positiv definit.

Die Formel (10,13) kann man zur Normierung der Wellenfunktion verwenden. Eine ebene Welle, die „auf ein Teilchen im Volumen $V = 1$" normiert ist, hat die Gestalt

$$\psi_p = \frac{1}{\sqrt{2\,\varepsilon}}\,e^{-ipx}\,. \tag{10,16}$$

Tatsächlich ist für diese Funktion $T_{00} = \varepsilon$, so daß die Gesamtenergie im Volumen $V = 1$ gleich der Energie eines Teilchens ist.

Der Drehimpuls, dessen Erhaltung mit der Isotropie des Raumes zusammenhängt, kann ebenfalls als räumliches Integral geschrieben werden; wir werden aber später eine solche Darstellung des Drehimpulses nicht benötigen.

Außer den Erhaltungssätzen, die unittelbar mit der Symmetrie von Raum und Zeit zusammenhängen, lassen die Gleichungen (10,4) noch einen weiteren Erhaltungssatz zu. Tatsächlich kann man sich einfach davon überzeugen, daß auf Grund von (10,4) (und der entsprechenden Gleichung für ψ^*) die Gleichung

$$\partial_\mu j^\mu = 0 \tag{10,17}$$

mit

$$j_\mu = m\,(\psi^*\,\psi_\mu + \psi_\mu^*\,\psi) = i\,[\psi^*\,\partial_\mu\psi - (\partial_\mu\psi^*)\,\psi] \tag{10,18}$$

gilt. j^μ spielt demnach die Rolle des 4-Vektors für die Stromdichte. (10,17) ist die Kontinuitätsgleichung, aus der ein Erhaltungssatz für die Größe

$$Q = \int j_0\,d^3x \tag{10,19}$$

mit

$$j_0 = j^0 = i\left(\psi^*\frac{\delta\psi}{\delta t} - \frac{\delta\psi^*}{\delta t}\psi\right) \tag{10,20}$$

folgt.

Wir machen darauf aufmerksam, daß j_0 keine positiv definite Größe ist. Dieser Sachverhalt deutet bereits darauf hin, daß man j_0 im allgemeinen sicher nicht als Wahrscheinlichkeitsdichte für die räumliche Lokalisierung eines Teilchens interpretieren kann. Der Sinn des Erhaltungssatzes in Gleichung (10,17) wird im folgenden Paragraphen geklärt werden.

§ 11. Teilchen und Antiteilchen

Nach den allgemeinen Regeln für die Durchführung der zweiten Quantisierung müssen wir die Entwicklung einer beliebigen Wellenfunktion nach den Eigenfunktionen eines vollständigen Satzes möglicher Zustände eines freien Teilchen betrachten, zum Beispiel die Entwicklung nach ebenen Wellen ψ_p:

$$\psi = \sum_p a_p \psi_p \,, \qquad \psi^* = \sum_p a_p^* \psi_p^* \,.$$

Anschließend müssen die Koeffizienten a_p und a_p^* als Vernichtungs- und Erzeugungsoperatoren $\mathrm{a}_{\boldsymbol{p}}$ bzw. $\mathrm{a}_{\boldsymbol{p}}^+$ für die Teilchen in den betreffenden Zuständen aufgefaßt werden.[1])

Dabei stoßen wir jedoch sofort auf folgenden neuen (gegenüber der nichtrelativistischen Theorie) und ganz wesentlichen Sachverhalt. In einer ebenen Welle, die eine Lösung der Gleichung (10,5) ist, braucht die Energie (bei gegebenem Impuls $\boldsymbol{p}$) nur die Bedingung $\varepsilon^2 = \boldsymbol{p}^2 + m^2$ erfüllen, d. h., sie kann zwei Werte annehmen: $\pm\sqrt{\boldsymbol{p}^2 + m^2}$. Aber nur positive Werte von ε sind für ein freies Teilchen physikalisch sinnvoll. Außerdem ist es unzulässig, die negativen Werte einfach wegzulassen: Die allgemeine Lösung der Wellengleichung ist die Überlagerung aller unabhängigen speziellen Lösungen. Dieser Sachverhalt macht es erforderlich, die Interpretation der Entwicklungskoeffizienten von ψ und ψ^* bei der zweiten Quantisierung in gewisser Weise abzuändern.

Wir schreiben diese Entwicklung in der Gestalt

$$\psi = \sum_{\boldsymbol{p}} \frac{1}{\sqrt{2\varepsilon}} a_{\boldsymbol{p}}^{(+)} e^{i(\boldsymbol{p}\boldsymbol{r} - \varepsilon t)} + \sum_{\boldsymbol{p}} \frac{1}{\sqrt{2\varepsilon}} a_{\boldsymbol{p}}^{(-)} e^{i(\boldsymbol{p}\boldsymbol{r} + \varepsilon t)} \,. \tag{11,1}$$

In der ersten Summe stehen die nach (10,16) normierten ebenen Wellen mit positiven „Frequenzen", in der zweiten Summe diejenigen mit negativen „Frequenzen"; ε ist überall die positive Größe $\varepsilon = +\sqrt{\boldsymbol{p}^2 + m^2}$. Bei der zweiten Quantisierung ersetzen wir die Koeffizienten $a_{\boldsymbol{p}}^{(+)}$ in der ersten Summe in der üblichen Weise durch die Vernichtungsoperatoren $\mathrm{a}_{\boldsymbol{p}}$ für die Teilchen. Zur zweiten Summe bemerken wir, daß bei einer späteren Bildung von Matrix-

[1]) Wir versehen die ψ-Funktion mit dem Index des 4-Impulses p, weil wir später die Funktionen mit „negativer Frequenz" mit ψ_{-p} bezeichnen wollen. Die Operatoren a, a^+ versehen wir mit dem dreidimensionalen Impuls $\boldsymbol{p}$ als Index weil dieser den Zustand eines realen Teilchens vollständig festlegt.

elementen die Zeitabhängigkeit der einzelnen Summanden nicht einer Vernichtung, sondern einer Erzeugung von Teilchen entsprechen wird: Der Faktor $e^{i\varepsilon t} = (e^{-i\varepsilon t})^*$ entspricht einem zusätzlichen Teilchen mit der Energie ε im Endzustand (s. das Ende von § 2). Dementsprechend ersetzen wir die Koeffizienten $a_{\boldsymbol{p}}^{(-)}$ durch die Erzeugungsoperatoren $\mathrm{b}_{-\boldsymbol{p}}^{+}$ irgendwelcher anderen Teilchen. Wir ersetzen in der zweiten Summe von (11,1) auch die Summationsvariable $\boldsymbol{p}$ durch $-\boldsymbol{p}$ (damit der Exponentialfaktor die Gestalt $e^{-i(\boldsymbol{p}\boldsymbol{r}-\varepsilon t)}$ erhält) und bekommen die ψ-Operatoren in der Form

$$\psi = \sum_{\boldsymbol{p}} \frac{1}{\sqrt{2\,\varepsilon}} (\mathrm{a}_{\boldsymbol{p}}\, e^{-ipx} + \mathrm{b}_{\boldsymbol{p}}^{+}\, e^{ipx}), \qquad \psi^{+} = \sum_{\boldsymbol{p}} \frac{1}{\sqrt{2\,\varepsilon}} (\mathrm{a}_{\boldsymbol{p}}^{+}\, e^{ipx} + \mathrm{b}_{\boldsymbol{p}}\, e^{-ipx}). \tag{11,2}$$

Alle Operatoren $\mathrm{a}_{\boldsymbol{p}}$ und $\mathrm{b}_{\boldsymbol{p}}$ werden auf diese Weise mit Funktionen der „richtigen" Zeitabhängigkeit ($\propto e^{-i\varepsilon t}$) multipliziert, die Operatoren $\mathrm{a}_{\boldsymbol{p}}^{+}$ und $\mathrm{b}_{\boldsymbol{p}}^{+}$ werden mit den dazu konjugiert komplexen Funktionen multipliziert. Das erlaubt in Einklang mit den allgemeinen Regeln, die Operatoren $\mathrm{a}_{\boldsymbol{p}}$ und $\mathrm{b}_{\boldsymbol{p}}$ als Vernichtungsoperatoren und $\mathrm{a}_{\boldsymbol{p}}^{+}$ und $\mathrm{b}_{\boldsymbol{p}}^{+}$ als Erzeugungsoperatoren von Teilchen mit den Impulsen $\boldsymbol{p}$ und den Energien ε zu interpretieren.

Wir gelangen so zur Vorstellung von zwei Teilchensorten, die gemeinsam und gleichberechtigt vorkommen. Man spricht dabei von *Teilchen* und *Antiteilchen* (der Sinn der letzteren Bezeichnung wird später erklärt werden). Zu einer Sorte gehören im Apparat der zweiten Quantisierung die Operatoren $\mathrm{a}_{\boldsymbol{p}}$ und $\mathrm{a}_{\boldsymbol{p}}^{+}$, zur anderen $\mathrm{b}_{\boldsymbol{p}}$ und $\mathrm{b}_{\boldsymbol{p}}^{+}$. Beide Teilchensorten, deren Operatoren im gleichen ψ-Operator vorkommen, haben gleiche Massen.

Man kann auch von den direkten Forderungen nach relativistischer Invarianz ausgehen, um diese Ergebnisse herzuleiten.

Die LORENTZ-Transformationen sind aus mathematischer Sicht die Drehungen des vierdimensionalen Koordinatensystems, bei denen die Richtung der Zeitachse verändert wird (zusammen mit den rein räumlichen Drehungen, die die Zeitachse unverändert lassen, bilden sie eine Transformationsgruppe, die sogenannte LORENTZ-*Gruppe*[1])). Alle diese Transformationen haben die gemeinsame Eigenschaft, daß sie die t-Achse nicht aus dem Lichtkegel herausdrehen; dadurch wird ein physikalisches Prinzip zum Ausdruck gebracht — die Existenz einer Grenzgeschwindigkeit für Signale.

Aus rein mathematischer Sicht ist aber auch die gleichzeitige Änderung der Vorzeichen aller vier Koordinaten (*vierdimensionale Spiegelung*) eine Drehung: Die Determinante dieser Drehung ist $+1$ wie die Determinante jeder beliebigen anderen Drehung. Dabei wird die positive Zeitachse aus dem Vorwärtskegel in den Rückwärtskegel überführt. Dieser Sachverhalt bedeutet zwar, daß eine solche Transformation (als Transformation eines Bezugssystems) phy-

---

[1]) Die Menge aller dreidimensionalen (räumlichen) Drehungen bildet sich für eine Gruppe, die in der LORENTZ-Gruppe als Untergruppe enthalten ist. Die Menge der LORENTZ-Transformationen für sich ist keine Gruppe: Mehrere aufeinanderfolgende LORENTZ-Transformationen können eine rein räumliche Drehung ergeben.

sikalisch nicht realisierbar ist; aber in mathematischer Hinsicht reduziert sich der Unterschied darauf, daß (wegen der pseudoeuklidischen Metrik) eine solche Drehung nicht ausgeführt werden kann, ohne dabei komplexe Koordinatentransformationen zuzulassen.

Es ist natürlich vorauszusetzen, daß dieser Unterschied unwesentlich sein muß, wenn es sich um die vierdimensionale Invarianz handelt. Dann muß jeder Ausdruck, der gegenüber LORENTZ-Transformationen invariant ist, auch gegenüber einer 4-Spiegelung invariant sein. Die exakte Formulierung dieser Forderung in Anwendung auf einen skalaren ψ-Operator wird in § 13 gegeben werden. Wir können aber sofort feststellen, daß sie auf jeden Fall in den ψ-Operatoren das Auftreten von Termen mit beiden Vorzeichen von ε in den Exponenten nach sich ziehen wird, weil der Übergang $t \to -t$ gerade dieses Vorzeichen ändert.

Wir wenden uns jetzt wieder den Ausdrücken (11,2) zu und stellen die Vertauschungsregeln für die Operatoren $\mathrm{a}_{\boldsymbol{p}}$ und $\mathrm{a}_{\boldsymbol{p}}^{+}$ (sowie $\mathrm{b}_{\boldsymbol{p}}$ und $\mathrm{b}_{\boldsymbol{p}}^{+}$) auf. Für die Photonen haben wir das getan (für die Operatoren $\mathrm{c}_{\boldsymbol{p}}$ und $\mathrm{c}_{\boldsymbol{p}}^{+}$), indem wir von der Analogie zu Oszillatoren ausgegangen sind, d. h. im wesentlichen von den Eigenschaften des elektromagnetischen Feldes im klassischen Grenzfall. Hier gibt es keine solche Analogie. Bei der Aufstellung der Vertauschungsregeln für die Operatoren können wir uns nur von der Gestalt des HAMILTON-Operators in diesen Operatoren leiten lassen.

Der HAMILTON-Operator in dieser Gestalt ergibt sich (s. III, § 64), indem wir $\boldsymbol{\psi}$ und $\boldsymbol{\psi}^{+}$ statt ψ und ψ^{*} in das Integral $\int T_{00}\, d^3x$ einsetzen.[1]) Auf diese Weise finden wir

$$\mathrm{H} = \sum_{\boldsymbol{p}} \varepsilon\, (\mathrm{a}_{\boldsymbol{p}}^{+} \mathrm{a}_{\boldsymbol{p}} + \mathrm{b}_{\boldsymbol{p}} \mathrm{b}_{\boldsymbol{p}}^{+})\,. \tag{11,3}$$

Es ist leicht zu sehen, daß sich ein vernünftiges Resultat für die Eigenwerte dieses HAMILTON-Operators nur dann ergibt, wenn die Operatoren BOSE-Vertauschungsregeln erfüllen:

$$\{\mathrm{a}_{\boldsymbol{p}}, \mathrm{a}_{\boldsymbol{p}}^{+}\}_{-} = \{\mathrm{b}_{\boldsymbol{p}}, \mathrm{b}_{\boldsymbol{p}}^{+}\}_{-} = 1 \tag{11,4}$$

(alle anderen Operatoren sind miteinander vertauschbar; insbesondere sind alle Teilchenoperatoren $\mathrm{a}_{\boldsymbol{p}}$ und $\mathrm{a}_{\boldsymbol{p}}^{+}$ mit allen Antiteilchenoperatoren $\mathrm{b}_{\boldsymbol{p}}$ und $\mathrm{b}_{\boldsymbol{p}}^{+}$ vertauschbar). Tatsächlich ist in diesem Fall

$$\mathrm{H} = \sum_{\boldsymbol{p}} \varepsilon\, (\mathrm{a}_{\boldsymbol{p}}^{+} \mathrm{a}_{\boldsymbol{p}} + \mathrm{b}_{\boldsymbol{p}}^{+} \mathrm{b}_{\boldsymbol{p}} + 1)\,.$$

Die Eigenwerte der Produkte $\mathrm{a}_{\boldsymbol{p}}^{+} \mathrm{a}_{\boldsymbol{p}}$ und $\mathrm{b}_{\boldsymbol{p}}^{+} \mathrm{b}_{\boldsymbol{p}}$ sind die positiven ganzen Zahlen $N_{\boldsymbol{p}}$ und $\overline{N}_{\boldsymbol{p}}$, die Zahlen von Teilchen und Antiteilchen. Die unendliche additive Konstante $\sum \varepsilon$ („Vakuumenergie") kann wieder weggelassen werden:

$$E = \sum_{\boldsymbol{p}} \varepsilon\, (N_{\boldsymbol{p}} + \overline{N}_{\boldsymbol{p}}) \tag{11,5}$$

[1]) In der nichtrelativistischen Theorie wird dabei vorausgesetzt, den adjungierten Operator $\boldsymbol{\psi}^{+}$ links von $\boldsymbol{\psi}$ zu schreiben. Hier ist die Reihenfolge gleichgültig, da die Vertauschung von $\boldsymbol{\psi}$ und $\boldsymbol{\psi}^{+}$ nur zu einer Vertauschung der gleichberechtigten Operatoren a_p und b_p Anlaß geben würde. Wenn man aber einmal eine Reihenfolge gewählt hat, muß man immer die gleiche Regel beibehalten.

(vgl. Formel (3,1) und die Anmerkung dazu). Dieser Ausdruck ist positiv definit und entspricht der Vorstellung zweier real existierender Teilchensorten. Analog erhalten wir für den Gesamtimpuls des Systems

$$\boldsymbol{P} = \sum_{\boldsymbol{p}} \boldsymbol{p} \, (N_{\boldsymbol{p}} + \overline{N}_{\boldsymbol{p}}) \, . \tag{11,6}$$

Hätten wir statt (11,4) FERMI-Vertauschungsregeln angenommen (Antikommutatoren statt der Kommutatoren), dann hätten wir

$$\mathbf{H} = \sum_{\boldsymbol{p}} \varepsilon \, (\mathrm{a}_{\boldsymbol{p}}^{+} \, \mathrm{a}_{\boldsymbol{p}} - \mathrm{b}_{\boldsymbol{p}}^{+} \, \mathrm{b}_{\boldsymbol{p}} + 1)$$

erhalten und statt (11,5) den physikalisch sinnlosen Ausdruck $\sum \varepsilon \, (N_{\boldsymbol{p}} - \overline{N}_{\boldsymbol{p}})$, der nicht positiv definit ist und daher nicht die Energie eines Systems freier Teilchen darstellen kann.

Teilchen mit dem Spin 0 sind also Bosonen.

Nun sehen wir uns das Integral Q (10,19) an. Wir ersetzen in j^0 die Funktionen ψ und ψ^* durch die Operatoren $\boldsymbol{\psi}$ und $\boldsymbol{\psi}^+$, integrieren und bekommen

$$\mathrm{Q} = \sum_{\boldsymbol{p}} (\mathrm{a}_{\boldsymbol{p}}^{+} \, \mathrm{a}_{\boldsymbol{p}} - \mathrm{b}_{\boldsymbol{p}} \, \mathrm{b}_{\boldsymbol{p}}^{+}) = \sum_{\boldsymbol{p}} (\mathrm{a}_{\boldsymbol{p}}^{+} \, \mathrm{a}_{\boldsymbol{p}} - \mathrm{b}_{\boldsymbol{p}}^{+} \, \mathrm{b}_{\boldsymbol{p}} - 1) \, . \tag{11,7}$$

Die Eigenwerte dieses Operators (nach Subtraktion der unwesentlichen additiven Konstante $\sum 1$) sind:

$$Q = \sum_{\boldsymbol{p}} (N_{\boldsymbol{p}} - \overline{N}_{\boldsymbol{p}}) \, , \tag{11,8}$$

das sind die Differenzen zwischen den Gesamtzahlen von Teilchen und Antiteilchen.

Solange wir freie Teilchen betrachten und von jeder Wechselwirkung zwischen diesen absehen, bleibt der Sinn des Erhaltungssatzes für die Größe Q (wie übrigens auch der Sinn der Erhaltungssätze für Gesamtenergie und Gesamtimpuls (11,5–6)) weitgehend ungeklärt: Wird in Wirklichkeit nicht nur diese Summe, sondern auch jede einzelne Zahl $N_{\boldsymbol{p}}$ und $\overline{N}_{\boldsymbol{p}}$ für sich erhalten? Ob die Größe Q bei einer Wechselwirkung erhalten bleibt, hängt von der Art der Wechselwirkung ab. Wenn Q erhalten bleibt (d. h., wenn der Operator Q mit dem HAMILTON-Operator für die Wechselwirkung kommutiert), dann besagt der Ausdruck (11,8), welche Beschränkungen dieser Erhaltungssatz den möglichen Änderungen der Teilchenzahl auferlegt: Es können nur Paare „Teilchen + Antiteilchen" entstehen oder verschwinden.

Falls ein Teilchen eine elektrische Ladung hat, muß das zugehörige Antiteilchen die entgegengesetzte Ladung haben; denn wenn beide gleiche Ladungen hätten, würde die Erzeugung oder Vernichtung eines Paares einem streng gültigen Naturgesetz widersprechen — dem Erhaltungssatz für die elektrische Ladung. Wir werden später sehen (§ 23), wie diese entgegengesetzten Ladungen (bei der Wechselwirkung von Teilchen mit einem elektromagnetischen Feld) in der Theorie von selbst auftreten.

Man bezeichnet die Größe Q mitunter als *Ladung* des Feldes für die betreffenden Teilchen. Für elektrisch geladene Teilchen ist Q die gesamte elektrische Ladung des Systems (in Einheiten der Elementarladung e). Wir betonen aber, daß Teilchen und Antiteilchen elektrisch neutral sein können.

Wir haben auf diese Weise gesehen, wie die Art der relativistischen Verknüpfung von Energie und Impuls (die Zweideutigkeit der Wurzel der Gleichung $\varepsilon^2 = \boldsymbol{p}^2 + m^2$) zusammen mit den Forderungen nach relativistischer Invarianz in der Quantentheorie ein neues Prinzip zur Klassifizierung von Teilchen ergeben, — es können Paare verschiedener Teilchen (Teilchen-Antiteilchen) in dem oben beschriebenen Verhältnis zueinander existieren. Diese bemerkenswerte Voraussage ist erstmalig von Dirac 1930 (für Teilchen mit dem Spin 1/2) ausgesprochen worden, noch bevor das erste Antiteilchen — das Positron — tatsächlich entdeckt worden war.

§ 12. Streng neutrale Teilchen

Bei der zweiten Quantisierung der ψ-Funktion (11,1) sind die Koeffizienten $a_{\boldsymbol{p}}^{(+)}$ und $a_{\boldsymbol{p}}^{(-)}$ als Operatoren zu verschiedenen Teilchen aufgefaßt worden. Das ist aber nicht zwangsläufig; als Spezialfall können die in $\boldsymbol{\psi}$ enthaltenen Erzeugungs- und Vernichtungsoperatoren zu gleichen Teilchen gehören (wie es für Photonen der Fall war — vgl. (2,17)). Wir bezeichnen die betreffenden Operatoren in diesem Fall mit $c_{\boldsymbol{p}}$ und $c_{\boldsymbol{p}}^{+}$ und schreiben den ψ-Operator in der Gestalt

$$\boldsymbol{\psi} = \sum_{\boldsymbol{p}} \frac{1}{\sqrt{2\,\varepsilon}} \left(c_{\boldsymbol{p}}\, e^{-ipx} + c_{\boldsymbol{p}}^{+}\, e^{ipx}\right) . \qquad (12,1)$$

Das Feld zu diesem Operator entspricht einem System gleichartiger Teilchen; von diesen Teilchen kann man sagen, daß sie „mit ihren Antiteilchen übereinstimmen".

Der Operator (12,1) ist hermitesch ($\boldsymbol{\psi}^+ = \boldsymbol{\psi}$), das zugehörige Feld ist reell. Dieses Feld hat natürlich nur die halbe Zahl von „Freiheitsgraden" wie ein komplexes Feld, für das die Operatoren $\boldsymbol{\psi}$ und $\boldsymbol{\psi}^+$ nicht gleich sind.

Im Zusammenhang damit muß der Lagrange-Operator des Feldes, ausgedrückt durch den reellen Operator $\boldsymbol{\psi}$, einen (gegenüber (10,9)) zusätzlichen Faktor 1/2 enthalten[1]):

$$\mathrm{L} = \frac{1}{2} \left(\partial_\mu \boldsymbol{\psi} \cdot \partial^\mu \boldsymbol{\psi} - m^2\, \boldsymbol{\psi}^2\right) . \qquad (12,2)$$

Der zugehörige Energie–Impuls-Tensor ist

$$\mathrm{T}_{\mu\nu} = \partial_\mu \boldsymbol{\psi} \cdot \partial_\nu \boldsymbol{\psi} - \mathrm{L}\, g_{\mu\nu} , \qquad (12,3)$$

[1]) Ähnlich dem zusätzlichen Faktor 1/2 im Operator (2,10) für die Energiedichte des elektromagnetischen Feldes (das durch die reellen Operatoren **E** und **H** ausgedrückt wird) gegenüber der Energiedichte eines Photons (3,2), das durch eine komplexe Wellenfunktion dargestellt wird; vgl. die Anmerkung auf S. 13.

und der Operator für die Energiedichte ist

$$\mathrm{T}_{00} = \left(\frac{\partial \boldsymbol{\psi}}{\partial t}\right)^2 - \mathrm{L} = \frac{1}{2}\left[\left(\frac{\partial \boldsymbol{\psi}}{\partial t}\right)^2 + (\nabla \boldsymbol{\psi})^2 + m^2 \boldsymbol{\psi}^2\right]. \tag{12,4}$$

Wir setzen (12,1) in das Integral $\int \mathrm{T}_{00}\, d^3x$ ein und erhalten den HAMILTON-Operator des Feldes:

$$\mathbf{H} = \frac{1}{2} \sum_{\boldsymbol{p}} \varepsilon\, (\mathrm{c}_{\boldsymbol{p}}^+ \mathrm{c}_{\boldsymbol{p}} + \mathrm{c}_{\boldsymbol{p}} \mathrm{c}_{\boldsymbol{p}}^+) . \tag{12,5}$$

Hieran ist wiederum zu erkennen, daß mit BOSE-Vertauschungsregeln quantisiert werden muß:

$$\{\mathrm{c}_{\boldsymbol{p}}, \mathrm{c}_{\boldsymbol{p}}^+\}_- = 1 , \tag{12,6}$$

und die Energieeigenwerte (wieder nach Subtraktion einer additiven Konstante) sind

$$E = \sum_{\boldsymbol{p}} \varepsilon_{\boldsymbol{p}} N_{\boldsymbol{p}} . \tag{12,7}$$

Bei der Quantisierung mit FERMI-Vertauschungsregeln würden wir ein sinnloses Ergebnis bekommen — einen von $N_{\boldsymbol{p}}$ unabhängigen Wert E.

Die „Ladung“ Q des betrachteten Feldes ist Null. Das ist bereits daran zu erkennen, daß Q beim Übergang vom Teilchen zum Antiteilchen sein Vorzeichen wechselt, im vorliegenden Fall stimmen aber beide überein. Auf Grund dessen gibt es auch keinen 4-Vektor für die Stromdichte. Tatsächlich verschwindet der Ausdruck

$$\mathrm{j}_\mu = i\,[\boldsymbol{\psi}^+ \partial_\mu \boldsymbol{\psi} - (\partial_\mu \boldsymbol{\psi}^+)\, \boldsymbol{\psi}] \tag{12,8}$$

für den Operator des erhaltenen 4-Vektors j im Fall $\boldsymbol{\psi} = \boldsymbol{\psi}^+$ (der Vektor $\boldsymbol{\psi}\, \partial_\mu \boldsymbol{\psi}$ selbst bleibt nicht erhalten). Das bedeutet nun, daß es keinen besonderen Erhaltungssatz gibt, der die möglichen Änderungen der Teilchenzahl einschränken würde. Offensichtlich sind solche Teilchen auf jeden Fall elektrisch neutral.

Derartige Teilchen werden als *streng neutrale* Teilchen bezeichnet, im Unterschied zu elektrisch neutralen Teilchen, die ein Antiteilchen haben. Während letztere nur in Paaren vernichtet (in Photonen umgewandelt) werden können, können streng neutrale Teilchen auch einzeln vernichtet werden.

Der ψ-Operator (12,1) hat dieselbe Struktur wie die Operatoren (2,17) bis (2,20) für das elektromagnetische Feld. In diesem Sinne kann man sagen, daß die Photonen selbst streng neutrale Teilchen sind. Im Fall des elektromagnetischen Feldes ergab sich die Hermitezität der Operatoren aus der Realität der Feldstärken als (im klassischen Grenzfall) meßbare physikalische Größen. Im Fall der ψ-Operatoren für Teilchen gibt es keine solchen Zusammenhänge, weil ihnen überhaupt keine direkt meßbaren Größen entsprechen. An dieser Stelle ist es angebracht, erneut daran zu erinnern, daß die ψ-Operatoren in der vorliegenden Theorie wahrscheinlich „rudimentäre Begriffe“ sind, die in einer konsequenten Theorie verschwinden werden.

Das Fehlen eines erhaltenen 4-Stromvektors ist eine allgemeine Eigenschaft streng neutraler Teilchen und hängt nicht mit dem Spin 0 zusammen (sie trifft zum Beispiel auch für Photonen zu). Physikalisch bedeutet dies das Fehlen entsprechender Verbote für die Änderung der Teilchenzahl. Aus formaler Sicht besteht ein direkter Zusammenhang zwischen dem Fehlen eines erhaltenen Stromes und der Realität des Feldes — der Hermitezität des Operators ψ.

Der LAGRANGE-Operator eines komplexen Feldes

$$\mathrm{L} = \partial_\mu \psi^+ \cdot \partial^\mu \psi - m^2 \psi^+ \psi \qquad (12,9)$$

ist invariant bei der Multiplikation des ψ-Operators mit einem beliebigen Phasenfaktor, d. h. bei den Transformationen[1])

$$\psi \to e^{i\alpha} \psi , \qquad \psi^+ \to e^{-i\alpha} \psi^+ . \qquad (12,10)$$

Insbesondere bleibt der LAGRANGE-Operator unverändert bei der infinitesimalen Transformation

$$\psi \to \psi + i\,\partial\alpha \cdot \psi , \qquad \psi^+ \to \psi^+ - i\,\partial\alpha \cdot \psi^+ . \qquad (12,11)$$

Bei einer infinitesimalen Änderung der „verallgemeinerten Koordinaten" q erfährt die LAGRANGE-Funktion die Änderung

$$\partial \mathrm{L} = \Sigma \left(\frac{\partial \mathrm{L}}{\partial q}\, \delta q + \frac{\partial \mathrm{L}}{\partial q_{,\mu}}\, \delta q_{,\mu} \right) = \Sigma \left(\frac{\partial \mathrm{L}}{\partial q} - \frac{\partial}{\partial x^\mu} \frac{\partial \mathrm{L}}{\partial q_{,\mu}} \right) \delta q + \Sigma \frac{\partial}{\partial x^\mu} \left(\frac{\partial \mathrm{L}}{\partial q_{,\mu}}\, \delta q \right)$$

(Summation über alle q). Der erste Term verschwindet auf Grund der „Bewegungsgleichungen" (LAGRANGEschen Gleichungen). Verstehen wir unter den „Koordinaten" q die Operatoren ψ und ψ^+ und setzen wir $\delta\psi = i\,\delta\alpha \cdot \psi$, $\delta\psi^+ = -\,i\,\delta\alpha \cdot \psi^+$, so bekommen wir

$$\delta \mathrm{L} = i\,\delta\alpha \frac{\partial}{\partial x^\mu} \left(\psi \frac{\partial \mathrm{L}}{\partial \psi_{,\mu}} - \psi^+ \frac{\partial \mathrm{L}}{\partial \psi^+_{,\mu}} \right).$$

Die Forderung, daß der LAGRANGE-Operator unverändert bleiben soll ($\delta\mathrm{L} = 0$), ist somit der Kontinuitätsgleichung ($\partial^\mu \mathrm{j}_\mu = 0$) für den 4-Vektor

$$\mathrm{j}^\mu = i \left(\psi^+ \frac{\partial \mathrm{L}}{\partial \psi^+_{,\mu}} - \psi \frac{\partial \mathrm{L}}{\partial \psi_{,\mu}} \right) \qquad (12,12)$$

äquivalent. Für den LAGRANGE-Operator (12,9) ergibt diese Formel, wie man leicht sehen kann, den Strom (12,8).

Im mathematischen Formalismus der Theorie hängt also die Existenz eines erhaltenen Stromes mit der Invarianz des LAGRANGE-Operators bei den Transformationen (12,10) zusammen (W. PAULI, 1941). Der LAGRANGE-Operator des streng neutralen Feldes (12,2) weist diese Symmetrie nicht auf.

---

[1]) Die Gesamtheit dieser Transformationen wird als *Eichgruppe* bezeichnet.

§ 13. Die Transformationen C, P und T

Im Gegensatz zu einer 4-Spiegelung kann eine dreidimensionale (räumliche) Spiegelung nicht auf irgendwelche Drehungen des 4-Koordinatensystems zurückgeführt werden; denn die Determinante dieser Transformation ist nicht $+1$, sondern -1. Die Symmetrieeigenschaften von Teilchen bei einer Spiegelung (P) sind daher durch Überlegungen über die relativistische Invarianz nicht zu erfassen.[1])

Bei der Anwendung auf eine skalare Wellenfunktion bedeutet eine Spiegelung die Transformation

$$\mathrm{P}\,\psi(t, \boldsymbol{r}) = \pm\,\psi(t, -\boldsymbol{r})\,. \tag{13,1}$$

Die Vorzeichen $+$ oder $-$ auf der rechten Seite entsprechen einem Skalar bzw. einem Pseudoskalar.

Man muß also zwei Aspekte im Verhalten einer Wellenfunktion bei einer Spiegelung auseinanderhalten. Der eine Aspekt hängt mit der Ortsabhängigkeit der Wellenfunktion zusammen. In der nichtrelativistischen Quantenmechanik beschäftigt man sich nur mit diesem Aspekt und gelangt zum Begriff der Parität eines Zustandes (die wir jetzt als *Bahnparität* bezeichnen werden), die die Symmetrieeigenschaften bei der Bewegung eines Teilchens kennzeichnet. Für einen Zustand mit einer bestimmten Bahnparität ($+1$ oder -1) gilt

$$\psi(t, -\boldsymbol{r}) = \pm\,\psi(t, \boldsymbol{r})\,.$$

Der andere Aspekt ist das Verhalten der Wellenfunktion (bei einer Spiegelung der Koordinatenachsen) in einem festen Punkt (den man zweckmäßig als Koordinatenursprung wählt). Dieser Aspekt führt zum Begriff der *inneren Parität* eines Teilchens. Den inneren Paritäten $+1$ oder -1 entsprechen (für ein Teilchen mit dem Spin 0) die beiden Vorzeichen in der Definition (13,1). Die Gesamtparität eines Systems von Teilchen ist das Produkt aus innerer Parität und Bahnparität der Relativbewegung.

Die „inneren" Symmetrieeigenschaften der verschiedenen Teilchen treten selbstverständlich nur bei Prozessen in Erscheinung, bei denen Teilchen ineinander umgewandelt werden. Das Analogon zur inneren Parität ist in der nichtrelativistischen Quantenmechanik die Parität eines bestimmten gebundenen Zustandes eines komplizierten Systems (zum Beispiel eines Kernes). Vom Standpunkt der relativistischen Theorie, in der es keinen prinzipiellen Unterschied zwischen zusammengesetzten und elementaren Teilchen gibt, unterscheidet sich diese innere Parität nicht von der inneren Parität der Teilchen, die in der nichtrelativistischen Theorie als elementar angesehen werden. Im nichtrelativistischen Bereich, in dem die Elementarteilchen unveränderlich

---

[1]) Nimmt man zur Lorentz-Gruppe die räumliche Spiegelung hinzu, so erhält man die *volle* Lorentz-*Gruppe* (die Gruppe ohne die Spiegelung P wird in diesem Zusammenhang als *eigentliche* Lorentz-*Gruppe* bezeichnet). Die volle Gruppe enthält alle Transformationen, die die t-Achse nicht aus dem Lichtkegel herausführen.

sind, können deren innere Symmetrieeigenschaften nicht beobachtet werden, und es hätte keinen physikalischen Sinn, sich mit diesen zu befassen.

Im Apparat der zweiten Quantisierung wird die innere Parität durch das Verhalten der ψ-Operatoren bei einer Spiegelung bestimmt. Einem skalaren und einem pseudoskalaren Feld entsprechen die Transformationsgesetze

$$P\colon \boldsymbol{\psi}(t, \boldsymbol{r}) \to \pm\, \boldsymbol{\psi}(t, -\boldsymbol{r})\,. \tag{13,2}$$

Der eigentliche Sinn der Anwendung einer Spiegelung auf den ψ-Operator muß als bestimmte Transformation der Erzeugungs- und Vernichtungsoperatoren formuliert werden, so daß sich schließlich der Übergang (13,2) ergibt. Wie man leicht einsehen kann, sind diese Transformationen

$$P\colon \mathrm{a}_{\boldsymbol{p}} \to \pm\, \mathrm{a}_{-\boldsymbol{p}}\,, \qquad \mathrm{b}_{\boldsymbol{p}} \to \pm\, \mathrm{b}_{-\boldsymbol{p}} \tag{13,3}$$

(dasselbe gilt für die adjungierten Operatoren). Führt man diese Substitution im Operator

$$\boldsymbol{\psi}(t, \boldsymbol{r}) = \sum_{\boldsymbol{p}} \frac{1}{\sqrt{2\varepsilon}} \left(\mathrm{a}_{\boldsymbol{p}}\, e^{-i\omega t + i\boldsymbol{p}\boldsymbol{r}} + \mathrm{b}_{\boldsymbol{p}}^{+}\, e^{i\omega t - i\boldsymbol{p}\boldsymbol{r}}\right) \tag{13,4}$$

aus und benennt man dann die Summationsvariable um ($\boldsymbol{p} \to -\boldsymbol{p}$), so nimmt dieser Operator die Gestalt $\pm\, \boldsymbol{\psi}(t, -\boldsymbol{r})$ an. Bezeichnet man mit $\boldsymbol{\psi}^P(t, \boldsymbol{r})$ den Operator, in dem die Transformation (13,3) ausgeführt worden ist, dann erhält man die Gleichung

$$\boldsymbol{\psi}^P(t, \boldsymbol{r}) = \pm\, \boldsymbol{\psi}(t, -\boldsymbol{r})\,. \tag{13,5}$$

Die Transformation (13,3) zeigt ein ganz natürliches Verhalten: Eine Spiegelung ändert das Vorzeichen des polaren Vektors $\boldsymbol{p}$, so daß die Teilchen mit dem Impuls $\boldsymbol{p}$ durch die Teilchen mit dem Impuls $-\boldsymbol{p}$ ersetzt werden.

In (13,3) transformieren sich die Operatoren $\mathrm{a}_{\boldsymbol{p}}$ und $\mathrm{b}_{\boldsymbol{p}}$ entweder beide mit dem oberen oder beide mit dem unteren Vorzeichen. Im Apparat der zweiten Quantisierung ist das der Ausdruck dafür, daß die inneren Paritäten von Teilchen und Antiteilchen (mit Spin 0) gleich sind. Diese Gleichheit ist an sich unmittelbar evident, weil Teilchen und Antiteilchen (mit Spin 0) durch dieselben (skalaren oder pseudoskalaren) Wellenfunktionen beschrieben werden.

Der ψ-Operator (13,4) weist eine Symmetrie auch bei einer Transformation auf, die in der nichtrelativistischen Theorie kein Analogon hat; diese Transformation heißt *Ladungskonjugation* und wird mit dem Symbol C bezeichnet: Wenn man alle Operatoren $\mathrm{a}_{\boldsymbol{p}}$ und $\mathrm{b}_{\boldsymbol{p}}$ miteinander vertauscht

$$C\colon \mathrm{a}_{\boldsymbol{p}} \to \mathrm{b}_{\boldsymbol{p}}\,, \qquad \mathrm{b}_{\boldsymbol{p}} \to \mathrm{a}_{\boldsymbol{p}} \tag{13,6}$$

(d. h., man vertauscht Teilchen und Antiteilchen gegeneinander), dann geht $\boldsymbol{\psi}$ in den „ladungskonjugierten" Operator $\boldsymbol{\psi}^C$ über, und es gilt

$$\boldsymbol{\psi}^C(t, \boldsymbol{r}) = \boldsymbol{\psi}^+(t, \boldsymbol{r})\,. \tag{13,7}$$

Diese Gleichung ist der Ausdruck für die Symmetrie, derentwegen die Begriffe Teilchen und Antiteilchen in die Theorie eingeführt worden sind.

In der Definition der Ladungskonjugation ist eine unwesentliche formale Willkür enthalten. Das Wesen der Transformation ändert sich nicht, wenn man in die Definition (13,6) einen beliebigen Phasenfaktor aufnimmt:

$$\mathrm{a}_p \to e^{i\alpha}\,\mathrm{b}_p\,, \qquad \mathrm{b}_p \to e^{-i\alpha}\,\mathrm{a}_p\,.$$

Dann wäre

$$\psi \to e^{i\alpha}\,\psi^+\,, \qquad \psi^+ \to e^{-i\alpha}\,\psi\,,$$

und eine zweimalige Ausführung dieser Transformation ergibt wie vorher die Identität ($\psi \to \psi$). Alle diese Definitionen sind aber äquivalent zueinander. Da die Eigenschaften der ψ-Operatoren bei der Multiplikation mit einem Phasenfaktor unverändert bleiben (s. das Ende des vorigen Paragraphen), können wir einfach ψ in $\psi\, e^{i\alpha/2}$ umbenennen und kommen so zur Definition der Ladungskonjugation in der Form (13,6) und (13,7) zurück.

Die Ladungskonjugation ersetzt ein Teilchen durch das dazu nicht identische Antiteilchen, deshalb bringt sie im allgemeinen keine neuen Charakteristika für Teilchen oder Teilchensysteme hervor.

Eine Ausnahme sind in diesem Sinne Systeme aus gleich vielen Teilchen und Antiteilchen. Der Operator C überführt ein solches System in sich. Deswegen existieren in diesem Fall Eigenzustände von C mit den Eigenwerten $C = \pm 1$ (denn es ist $\mathrm{C}^2 = 1$). Zur Beschreibung der Ladungssymmetrie kann man dabei Teilchen und Antiteilchen als zwei verschiedene „Ladungszustände“ eines Teilchens ansehen; die beiden Zustände unterscheiden sich in der Ladungsquantenzahl $Q = \pm 1$. Die Wellenfunktion eines Systems wird als Produkt aus Bahn- und „Ladungs“-Funktionen dargestellt und muß bei der gleichzeitigen Vertauschung aller Veränderlichen (für Ort und Ladung) eines beliebigen Teilchenpaares symmetrisch sein. Die Symmetrie der „Ladungs“-Funktion bestimmt die *Ladungsparität* eines Systems (s. die Aufgabe).[1]

Wie in § 1 hervorgehoben worden ist, gibt es in der relativistischen Theorie keinen prinzipiellen Unterschied zwischen „zusammengesetzten“ und „elementaren“ Teilchen. Der Begriff der Ladungsparität, der sich in natürlicher Weise für „streng neutrale“ Systeme ergibt, muß daher auch für streng neutrale „elementare“ Teilchen sinnvoll sein. Im Apparat der zweiten Quantisierung wird dieser Begriff durch die Gleichung

$$\psi^C = \pm\,\psi \tag{13,8}$$

beschrieben; die Vorzeichen + und − entsprechen Teilchen mit gerader bzw. ungerader Ladungsparität.

---

[1]) Bei diesen Überlegungen denken wir an ein Teilchen mit dem Spin 0. Das beschriebene Verfahren kann unmittelbar auch auf andere Fälle verallgemeinert werden; s. die Aufgabe zu § 27.

In § 11 ist erwähnt worden, daß die relativistische Invarianz auch die Invarianz gegenüber einer 4-Spiegelung einschließt. Für den Operator eines (im Sinne von 4-Drehungen) skalaren Feldes muß daher für eine solche Transformation

$$\psi(t, \boldsymbol{r}) \rightarrow \psi\,(-\,t,\,-\,\boldsymbol{r})$$

immer mit dem Vorzeichen + auf der rechten Seite gelten. Die Umwandlung von $\psi(t, \boldsymbol{r})$ in $\psi\,(-\,t,\,-\,\boldsymbol{r})$ wird durch eine Transformation der Operatoren $a_{\boldsymbol{p}}$ und $b_{\boldsymbol{p}}$ erreicht, indem in (13,4) die Koeffizienten von e^{-ipx} und e^{ipx} vertauscht werden, d. h. durch die Substitution

$$a_{\boldsymbol{p}} \rightarrow b_{\boldsymbol{p}}^{+}\,, \qquad b_{\boldsymbol{p}} \rightarrow a_{\boldsymbol{p}}^{+}\,. \tag{13,9}$$

Beim Ersetzen der a-Operatoren durch die b-Operatoren werden Teilchen und Antiteilchen miteinander vertauscht. In einer relativistischen Theorie ergibt sich, wie wir sehen, ganz natürlich die Forderung nach Invarianz gegenüber einer Transformation, bei der gleichzeitig mit der räumlichen Spiegelung (P) und der Zeitumkehr (T) auch die Ladungskonjugation (C) ausgeführt wird; diese Aussage wird als *CPT-Theorem* bezeichnet.[1])

In diesem Zusammenhang ist es angebracht, folgendes hervorzuheben: Obwohl die hier und in § 11, 12 angestellten Überlegungen eine natürliche Weiterentwicklung der gewöhnlichen Quantenmechanik und der klassischen Relativitätstheorie sind, gehen die gewonnenen Ergebnisse sowohl in der Form (ψ-Operatoren, die gleichzeitige Erzeugungs- und Vernichtungsoperatoren für Teilchen enthalten) als auch im Wesen (Teilchen und Antiteilchen) über den Rahmen dieser Theorien hinaus. Diese Ergebnisse sind daher keine rein logische Notwendigkeit. Sie enthalten neue physikalische Prinzipien, für deren Richtigkeit allein die Erfahrung das Kriterium ist.

Mit der Bezeichnung $\psi^{CPT}(t, \boldsymbol{r})$ für den Operator (13,4), nach der Transformation (13,9) bekommen wir

$$\psi^{CPT}(t, \boldsymbol{r}) = \psi(-\,t,\,-\,\boldsymbol{r})\,. \tag{13,10}$$

Formulieren wir auf diese Weise die 4-Spiegelung als Transformation (13,9), so gewinnen wir damit auch die Formulierung der Zeitumkehr für den ψ-Operator: Zusammen mit der Transformation CP muß sie (13,9) ergeben.[2]) Unter Benutzung der Definitionen (13,3) und (13,6) finden wir daher

$$T\colon\; a_{\boldsymbol{p}} \rightarrow \pm\, a_{-\boldsymbol{p}}^{+}\,, \qquad b_{\boldsymbol{p}} \rightarrow \pm\, b_{-\boldsymbol{p}}^{+} \tag{13,11}$$

(die Vorzeichen ± entsprechen denselben Vorzeichen in (13,3)). Der Sinn dieser Transformation ist vollkommen klar: Die Zeitumkehr führt nicht nur die Bewegung mit dem Impuls $\boldsymbol{p}$ in die Bewegung mit dem Impuls $-\,\boldsymbol{p}$ über, sondern sie vertauscht auch Anfangs- und Endzustände in den Matrixelementen; deshalb werden die Vernichtungsoperatoren für Teilchen mit den Impulsen $\boldsymbol{p}$

[1]) Das *CPT*-Theorem ist von SCHWINGER (J. SCHWINGER, 1953), LÜDERS (G. LÜDERS, 1954) und PAULI (W. PAULI, 1955) formuliert worden.

[2]) Die Transformation C P wird als *kombinierte Spiegelung* bezeichnet.

durch die Erzeugungsoperatoren für Teilchen mit den Impulsen $-\boldsymbol{p}$ ersetzt. Wir führen in (13,4) die Substitution (13,11) aus, benennen die Summationsvariablen um ($\boldsymbol{p} \to -\boldsymbol{p}$) und finden[1])

$$\psi^T(t, \boldsymbol{r}) = \pm\, \psi^+(-t, \boldsymbol{r})\,. \tag{13,12}$$

Diese Gleichung ähnelt der üblichen Regel für die Zeitumkehr in der Quantenmechanik: Wenn ein Zustand durch die Wellenfunktion $\psi(t, \boldsymbol{r})$ beschrieben wird, dann wird der durch Zeitumkehr daraus hervorgehende Zustand durch die Funktion $\psi^*(-t, \boldsymbol{r})$ beschrieben. Der Übergang zur konjugiert komplexen Funktion wird dadurch verursacht, daß man die durch die Vorzeichenänderung von t verletzte „richtige" Zeitabhängigkeit wiederherstellen muß (E. P. Wigner, 1932).

Da die Transformation T (und damit auch CPT) Anfangs- und Endzustände vertauscht, haben die Begriffe Eigenzustände und Eigenwerte für diese Transformation keinen Sinn. Sie ergeben deshalb keine neuen Charakteristika für die Teilchen selbst. Die Folgerungen, die man aus ihnen für Streuprozesse ableiten kann, werden in § 70 besprochen werden.

Wir wollen sehen, wie sich der 4-Stromvektor j^μ (12,8) bei den Transformationen C, P und T ändert. Die Transformation (13,2) ergibt zusammen mit der Substitution $(\partial_0, \partial_i) \to (\partial_0, -\partial_i)$

$$P\colon\ (\mathrm{j}^0, \mathbf{j})_{t,\boldsymbol{r}} \to (\mathrm{j}^0, -\mathbf{j})_{t,-\boldsymbol{r}}\,, \tag{13,13}$$

wie es für einen echten 4-Vektor sein muß. Die Transformation (13,7) gäbe einfach

$$C\colon\ (\mathrm{j}^0, \mathbf{j})_{t,\boldsymbol{r}} \to (-\mathrm{j}^0, -\mathbf{j})_{t,\boldsymbol{r}}\,, \tag{13,14}$$

wenn die Operatoren ψ und ψ^+ vertauschbar wären. Die Nichtvertauschbarkeit dieser Operatoren resultiert jedoch allein aus der Nichtvertauschbarkeit von $\mathrm{a}_{\boldsymbol{p}}$ und $\mathrm{a}_{\boldsymbol{p}}^+$ (oder $\mathrm{b}_{\boldsymbol{p}}$ und $\mathrm{b}_{\boldsymbol{p}}^+$) mit gleichen $\boldsymbol{p}$. Auf Grund der Vertauschungsregeln (11,4) liefert die Vertauschung dieser Operatoren lediglich von den Besetzungszahlen unabhängige Terme, d. h. vom Zustand des Feldes unabhängige Terme. Wir lassen diese Terme (wie in (11,5) und (11,6)) als unwesentlich weg und gelangen wieder zur Regel (13,14), die einen einfachen Sinn hat: Die Ladungskonjugation ersetzt die Teilchen durch die Antiteilchen und ändert somit das Vorzeichen aller Komponenten des 4-Stromes.

Die Zeitumkehr vertauscht Anfangs- und Endzustände; bei der Anwendung auf ein Operatorprodukt vertauscht sie daher die Reihenfolge der Faktoren, zum Beispiel

$$(\psi^+\, \partial_\mu \psi)^T = (\partial_\mu \psi)^T\, (\psi^+)^T\,.$$

In unserem Fall ist dieser Umstand aber unwesentlich; denn infolge der Vertauschbarkeit der ψ-Operatoren (in obigem Sinne) wirkt sich die Rückkehr zur

---

[1]) Würde man die T-Operation unabhängig von den anderen Transformationen definieren, dann ergäbe sich dieselbe Willkür in der Wahl des Phasenfaktors wie für die C-Operation. Die Forderung nach CPT-Symmetrie läßt nur in einer Transformation, C oder T, eine freie Wahl des Phasenfaktors zu.

ursprünglichen Reihenfolge der Faktoren im Ergebnis nicht aus. Ferner denken wir daran, daß bei der Zeitumkehr $(\partial_0, \partial_i) \to (-\partial_0, \partial_i)$ übergeht, und finden als Transformationsvorschrift für den Strom

$$T\colon\ (\mathrm{j}^0, \mathbf{j})_{t,\,\mathbf{r}} \to (\mathrm{j}^0, -\mathbf{j})_{-t,\,\mathbf{r}}\,. \tag{13,15}$$

Der dreidimensionale Vektor $\mathbf{j}$ ändert sein Vorzeichen in Korrespondenz zur klassischen Bedeutung dieser Größe.

Schließlich haben wir bei der Transformation CPT

$$CPT\colon\ (\mathrm{j}^0, \mathbf{j})_{t,\,\mathbf{r}} \to (-\mathrm{j}^0, -\mathbf{j})_{-t,\,-\mathbf{r}} \tag{13,16}$$

in Übereinstimmung mit der Bedeutung dieser Operation als 4-Spiegelung. Da die 4-Spiegelung auf eine Drehung des 4-Koordinatensystems zurückzuführen ist, existieren bezüglich dieser Spiegelung keine zwei Arten (echte und Pseudo-) 4-Tensoren beliebiger Stufe, das wollen wir an dieser Stelle unterstreichen.

Bisher haben wir die Teilchen immer als frei angesehen. Die Quantenzahlen für die Parität erhalten aber erst bei der Behandlung von wechselwirkenden stehenden Teilchen einen realen Sinn. Dann bedingen sie bestimmte Auswahlregeln, die diese oder jene Prozesse verbieten oder erlauben. Einen solchen Sinn können aber nur erhaltene Größen haben — die Eigenwerte von Operatoren, die mit dem Hamilton-Operator für die wechselwirkenden Teilchen vertauschbar sind.

Auf Grund der relativistischen Invarianz muß jedenfalls der Operator für die CPT-Transformation mit dem Hamilton-Operator vertauschbar sein. Die Erfahrung lehrt, daß elektromagnetische starke Wechselwirkung gegenüber den Transformationen C und P für sich (und damit auch gegenüber T) invariant sind; die entsprechenden Quantenzahlen für die Parität bleiben bei diesen Wechselwirkungen erhalten. Bei schwachen Wechselwirkungen werden diese Erhaltungssätze verletzt.[1]

Wir greifen ein wenig vor und bemerken, daß der Operator für die Wechselwirkung geladener Teilchen mit einem elektromagnetischen Feld das Produkt aus den 4-Vektoren (Operatoren) A und j ist. Da die Ladungskonjugation das Vorzeichen von j ändert, folgt aus der Invarianz der elektromagnetischen Wechselwirkung gegenüber dieser Transformation, daß sie auch das Vorzeichen von A ändert. Die Photonen haben, mit anderen Worten, eine ungerade Ladungsparität.

Das angegebene Verhalten der Operatoren A entspricht den Eigenschaften des 4-Potentials in der klassischen Theorie. Tatsächlich folgt aus den Transformationen:

$$C\colon\ (\mathrm{A}_0, \mathbf{A}) \to (-\mathrm{A}_0,\ \mathbf{A})_{t,\,\mathbf{r}}\,,$$
$$P\colon\ (\mathrm{A}_0, \mathbf{A}) \to (\mathrm{A}_0, -\mathbf{A})_{t,\,-\mathbf{r}}\,,$$
$$CPT\colon\ (\mathrm{A}_0, \mathbf{A}) \to (-\mathrm{A}_0, -\mathbf{A})_{-t,\,-\mathbf{r}}$$

[1]) Die Idee von einer möglichen Nichterhaltung der Parität bei schwachen Wechselwirkungen ist zuerst von Lee und Yang ausgesprochen worden (T. D. Lee und C. N. Yang, 1956).

für die Zeitumkehr

$$T: \ (A_0, \mathbf{A}) \to (A_0, -\mathbf{A})_{-t,\mathbf{r}} .$$

Das entspricht der klassischen Transformationsvorschrift für die Potentiale des elektromagnetischen Feldes bei einer Zeitumkehr.

Aufgabe

Man bestimme Ladungsparität und Parität für ein System aus zwei Teilchen mit dem Spin 0 (Teilchen und Antiteilchen) und dem Bahndrehimpuls l der Relativbewegung!

Lösung. Die Vertauschung der Teilchenorte ist einer Spiegelung (am Massenmittelpunkt) äquivalent, und die Bahnfunktion wird daher mit $(-1)^l$ multipliziert; die Vertauschung der Ladungsvariablen ist der Ladungskonjugation äquivialent und multiplizert den „Ladungs"-Faktor in der Wellenfunktion mit dem gesuchten C. Aus der Bedingung $C(-1)^l = 1$ finden wir

$$C = (-1)^l .$$

Die Parität P des Systems ist das Produkt aus Bahnparität und innerer Parität der beiden Teilchen. Da die inneren Paritäten von Teilchen und Antiteilchen gleich sind, ist P in diesem Fall gleich der Bahnparität: $P = (-1)^l$.

§ 14. Die Wellengleichung für ein Teilchen mit dem Spin 1

Ein Teilchen mit dem Spin 1 wird in seinem Ruhsystem durch eine dreikomponentige Wellenfunktion beschrieben — durch einen dreidimensionalen Vektor (man nennt ein solches Teilchen häufig *Vektorteilchen*). Aus vierdimensionaler Sicht können diese drei Komponenten die drei räumlichen Komponenten eines (raumartigen) 4-Vektors ψ^μ oder eines antisymmetrischen 4-Tensors zweiter Stufe $\psi^{\mu\nu}$ sein, für die im Ruhsystem die zeitliche (ψ^0) und die räumlichen (ψ^{ik}) Komponenten verschwinden.[1])

Die Wellengleichung stellt einen differentiellen Zusammenhang zwischen den Größen ψ^μ und $\psi^{\mu\nu}$ her und wird durch Beziehungen gegeben, die wir in der Gestalt

$$i\,\psi_{\mu\nu} = \mathrm{p}_\mu \psi_\nu - \mathrm{p}_\nu \psi_\mu , \tag{14,1}$$

$$i\,m^2 \psi_\mu = \mathrm{p}^\nu \psi_{\mu\nu} \tag{14,2}$$

und $\mathrm{p} = i\,\partial$ schreiben (A. Proca, 1936). Wir wenden auf beide Seiten der Gleichung (14,2) den Operator p^μ an und erhalten (infolge der Antisymmetrie von $\psi^{\mu\nu}$)

$$\mathrm{p}^\mu \psi_\mu = 0 . \tag{14,3}$$

Man kann $\psi_{\mu\nu}$ aus (14,1—2) eliminieren, indem man die erste Gleichung in die zweite einsetzt. Unter Beachtung von (14,3) bekommen wir

$$(\mathrm{p}^2 - m^2)\,\psi_\mu = 0 . \tag{14.4}$$

1) Wir greifen ein wenig vor und bemerken, daß ein 4-Vektor ψ_μ und 4-Tensor $\psi^{\nu\mu}$ zusammen vierdimensionalen Spinoren zweiter Stufe $\xi^{\alpha\beta}, \eta_{\dot\alpha\dot\beta}$ und $\zeta^{\alpha\dot\beta}$ entsprechen, wobei $\xi^{\alpha\beta}$ und $\eta_{\dot\alpha\dot\beta}$ symmetrische Spinoren sind, die bei einer Spiegelung wechselseitig ineinander übergehen (§ 19).

Hieraus ist wiederum zu ersehen (vgl. § 10), daß m die Masse des Teilchens ist. Ein freies Teilchen mit dem Spin 1 kann also durch einen 4-Vektor ψ^μ beschrieben werden, dessen Komponenten die Gleichung zweiter Ordnung (14,4) und die Nebenbedingung (14,3) erfüllen. Durch die Nebenbedingung wird aus ψ^μ der Teil eliminiert, der dem Spin 0 entspricht.

Im Ruhsystem hängt ψ_μ nicht von den räumlichen Koordinaten ab, und es ist $\mathrm{p}^0 \psi_0 = 0$. Da gleichzeitig $\mathrm{p}^0 \psi_0 = m \psi_0$ gilt, sehen wir, daß im Ruhsystem $\psi_0 = 0$ ist, wie es sein muß. Zusammen mit ψ_0 verschwindet auch ψ_{ik}.

Ein Teilchen mit dem Spin 1 kann verschiedene innere Parität haben, je nachdem, ob ψ^μ ein echter oder ein Pseudovektor ist. Im ersten Fall ist

$$\mathrm{P}\, \psi^\mu = (\psi^0, -\psi^i)$$

und im zweiten

$$\mathrm{P}\, \psi^\mu = (-\psi^0, \psi^i)\,.$$

Die Gleichungen (14,1) und (14,2) können aus einem Variationsprinzip mit der Lagrange-Dichte

$$L = \frac{1}{2} \psi_{\mu\nu} \psi^{\mu\nu *} - \frac{1}{2} \psi^{\mu\nu *} (\partial_\mu \psi_\nu - \partial_\nu \psi_\mu) - \frac{1}{2} \psi^{\mu\nu} (\partial_\mu \psi_\nu^* - \partial_\nu \psi_\mu^*) + m^2 \psi_\mu \psi^{\mu *} \tag{14,5}$$

abgeleitet werden. Darin spielen ψ_μ, ψ_μ^*, $\psi_{\mu\nu}$ und $\psi_{\mu\nu}^*$ die Rolle der unabhängigen verallgemeinerten Koordinaten.[1])

Zur Berechnung des Energie–Impuls-Tensors ist die Formel (10,11) im vorliegenden Fall nicht ganz zweckmäßig, weil sie einen unsymmetrischen Tensor ergeben würde, der anschließend noch symmetrisiert werden müßte. Stattdessen kann man die Formel

$$\frac{1}{2} T_{\mu\nu} \sqrt{-g} = -\frac{\partial}{\partial x^\lambda} \frac{\partial \sqrt{-g}\, L}{\partial g^{\mu\nu}{}_{,\lambda}} + \frac{\partial \sqrt{-g}\, L}{\partial g^{\mu\nu}} \tag{14,6}$$

benutzen. Darin wird vorausgesetzt, daß L die Gestalt wie in beliebigen krummlinigen Koordinaten hat (s. II, § 94). Wenn L nur die Komponenten des metrischen Tensors selbst (aber keine Ableitungen davon) enthält, dann vereinfacht sich die Formel zu

$$T_{\mu\nu} = \frac{2}{\sqrt{-g}} \frac{\partial \sqrt{-g}\, L}{\partial g^{\mu\nu}} = 2 \frac{\partial L}{\partial g^{\mu\nu}} - g_{\mu\nu} L$$

(wir erinnern an $d \ln g = -g_{\mu\nu}\, dg^{\mu\nu}$).

In der Formel (14,6) wird nicht nach den Größen ψ_μ und $\psi_{\mu\nu}$ differenziert. Bei der Anwendung dieser Formel muß man diese Größen nicht unbedingt als unabhängig voneinander ansehen. Man kann sofort den Zusammenhang (14,1) benutzen und die Lagrange-Dichte (14,5) in die Form

$$L = -\frac{1}{2} \psi_{\mu\nu} \psi_{\lambda\varrho}^* g^{\mu\lambda} g^{\nu\varrho} + m^2 \psi_\mu \psi_\nu^* g^{\mu\nu} \tag{14,7}$$

---

[1]) Würden wir nur bezüglich ψ_μ variieren (und gleich $\psi_{\mu\nu}$ nach (14,1) durch ψ_μ ausgedrückt annehmen), dann müßte die Gleichung (14,3) unabhängig vom Variationsprinzip als Nebenbedingungen eingeführt werden.

bringen, dann ist

$$T_{\mu\nu} = -\psi_{\mu\lambda}\,\psi_\nu{}^{\lambda *} - \psi^*_{\mu\lambda}\,\psi_\nu{}^\lambda + m^2\,(\psi^*_\mu\,\psi_\nu + \psi^*_\nu\,\psi_\mu) + g_{\mu\nu}\left(\frac{1}{2}\,\psi_{\lambda\varrho}\,\psi^{\lambda\varrho *} - m^2\,\psi^*_\lambda\,\psi^\lambda\right). \tag{14,8}$$

Die Energiedichte wird durch den positiv definiten Ausdruck

$$T_{00} = \frac{1}{2}\,\psi_{ik}\,\psi^*_{ik} + \psi_{0i}\,\psi^*_{0i} + m^2\,(\psi_0\,\psi^*_0 + \psi_i\,\psi^*_i) \tag{14,9}$$

gegeben.

Der erhaltene 4-Vektor der Stromdichte ist

$$j^\mu = i\,(\psi^{\mu\nu *}\,\psi_\nu - \psi^{\mu\nu}\,\psi^*_\nu)\,. \tag{14,10}$$

Man kann ihn nach Formel (12,12) berechnen, indem man die LAGRANGE-Dichte (14,5) nach den Ableitungen $\partial_\mu\psi^\nu$ differenziert. Speziell ist

$$j^0 = i\,(\psi^{0k *}\,\psi_k - \psi^{0k}\,\psi^*_k) \tag{14,11}$$

keine positiv definite Größe.

Eine ebene Welle, die im Volumen $V = 1$ auf ein Teilchen normiert ist, ist

$$\psi_\mu = \frac{1}{\sqrt{2\,\varepsilon}}\,u_\mu\,e^{-ipx}\,, \qquad u_\mu\,u^{\mu *} = -1\,, \tag{14,12}$$

u_μ ist dabei der 4-Einheitsvektor für die Polarisation; er erfüllt (auf Grund von (14,13)) die vierdimensionale Transversalitätsbedingung

$$u_\mu\,p^\mu = 0\,. \tag{14,13}$$

Setzen wir die Funktion (14,12) in (14,9) und (14,11) ein, so erhalten wir tatsächlich

$$T_{00} = -2\,\varepsilon^2\,\psi_\mu\,\psi^{\mu *} = \varepsilon\,, \qquad j^0 = 1\,.$$

Anders als ein Photon hat ein Vektorteilchen mit von Null verschiedener Masse drei unabhängige Polarisationsrichtungen. Die zugehörigen Amplituden sind in (16,21) zu finden.

Die Polarisationsmatrix für teilweise polarisierte Vektorteilchen wird so definiert, daß sie für einen reinen Zustand gleich dem Produkt

$$\varrho_{\mu\nu} = u_\mu\,u^*_\nu$$

ist (analog zu (8,7) für Photonen). Nach (14,12) und (14,13) erfüllt sie die Bedingungen

$$p^\mu\,\varrho_{\mu\nu} = 0\,, \qquad \varrho^u_\mu = -1\,. \tag{14,14}$$

Für völlig unpolarisierte Teilchen muß $\varrho_{\mu\nu}$ die Gestalt $\varrho_{\mu\nu} = a\,g_{\mu\nu} + b\,p_\mu\,p_\nu$ haben. Wir berechnen die Koeffizienten a und b aus (14,14) und erhalten

$$\varrho_{\mu\nu} = -\frac{1}{3}\left(g_{\mu\nu} - \frac{p_\mu\,p_\nu}{m^2}\right). \tag{14,15}$$

Die Quantisierung eines Vektorfeldes erfolgt ganz analog wie im skalaren Fall, und wir brauchen nicht alle Überlegungen zu wiederholen. Da der Ausdruck (14,9) für T_{00} positiv definit und j^0 in (14,11) indefinit sind, muß die Quantisierung wie im skalaren Fall mit BOSE-Vertauschungsregeln vorgenommen werden.

Es besteht eine enge Verbindung zwischen den Eigenschaften des streng neutralen Vektorfeldes und des elektromagnetischen Feldes. Das neutrale Vektorfeld wird durch den reellen ψ-Operator

$$\boldsymbol{\psi}_\mu = \sum_{\boldsymbol{p}\,\alpha} \frac{1}{\sqrt{2\,\varepsilon}} \left(c_{\boldsymbol{p}\,\alpha}\, u_\mu^{(\alpha)}\, e^{-i\,p\,x} + c^+_{\boldsymbol{p}\,\alpha}\, u_\mu^{(\alpha)*}\, e^{i\,p\,x}\right) \tag{14,16}$$

beschrieben, wobei $c^+_{\boldsymbol{p}\,\alpha}$ und $c_{\boldsymbol{p}\,\alpha}$ BOSE-Operatoren für die Erzeugung und Vernichtung von Teilchen sind (der Index α unterscheidet die drei unabhängigen Polarisationen). Der LAGRANGE-Operator für dieses Feld ist

$$\mathrm{L} = \frac{1}{4}\, \boldsymbol{\psi}_{\mu\nu}\, \boldsymbol{\psi}^{\mu\nu} - \frac{1}{2}\, \boldsymbol{\psi}^{\mu\nu}\, (\partial_\mu \boldsymbol{\psi}_\nu - \partial_\nu \boldsymbol{\psi}_\mu) + \frac{1}{2}\, m^2\, \boldsymbol{\psi}_\mu\, \boldsymbol{\psi}^\mu\,. \tag{14,17}$$

Dem elektromagnetischen Feld entspricht der Fall $m = 0$. Dabei wird der 4-Vektor ψ^μ zum 4-Potential A^μ und der 4-Tensor $\psi^{\mu\nu}$ zum Feldstärketensor $F^{\mu\nu}$, der mit dem Potential über die Definition (14,1) zusammenhängt. Aus der Gleichung (14,2) wird $\partial^\nu \psi_{\mu\nu} = 0$, das entspricht dem zweiten Paar der MAXWELLschen Gleichungen. Daraus folgt nicht mehr die Bedingung (14,3), die auf diese Weise nicht mehr zwangsläufig ist. Da die Nebenbedingung fehlt, braucht man $\boldsymbol{\psi}_\mu$ und $\boldsymbol{\psi}_{\mu\nu}$ im LAGRANGE-Operator nicht mehr als unabhängige „Koordinaten" anzusehen, und der LAGRANGE-Operator (14,15) reduziert sich auf

$$\mathrm{L} = -\frac{1}{4}\, \boldsymbol{\psi}_{\mu\nu}\, \boldsymbol{\psi}^{\mu\nu} \tag{14,18}$$

in Korrespondenz zu dem bekannten klassischen Ausdruck für die LAGRANGE-Dichte des elektromagnetischen Feldes. Dieser LAGRANGE-Operator ist mit dem Tensor $\boldsymbol{\psi}_{\mu\nu}$ invariant gegenüber einer beliebigen Eichtransformation der „Potentiale" $\boldsymbol{\psi}_\mu$. Dieser Sachverhalt hängt offensichtlich mit der Masse Null zusammen; der LAGRANGE-Operator (14,15) hat diese Eigenschaft wegen des Termes $m^2\, \boldsymbol{\psi}_\mu\, \boldsymbol{\psi}^\mu$ nicht.

§ 15. Die Wellengleichung für Teilchen mit höheren ganzzahligen Spins

Die Wellengleichungen (14,3), (14,4) folgen unmittelbar aus der Vorgabe von Masse und Spin. Die praktische Verwendung der LAGRANGE-Dichte dient daher weniger der Herleitung dieser Gleichungen als vielmehr der Ableitung von Ausdrücken für Energie, Impuls und Ladung des Feldes.

Wie schon bemerkt wurde, kann man zu diesem Zweck statt (14,5) den Ausdruck (14,7) benutzen. (14,7) kann man weiter umformen. Unter Verwendung von (14,1) bringen wir (14,7) in die Gestalt

$$\begin{aligned} L &= -(\partial_\mu \psi_\nu^*)\,(\partial^\mu \psi^\nu) + (\partial_\nu \psi_\mu^*)\,(\partial^\mu \psi^\nu) + m^2\, \psi_\mu\, \psi^{\mu *} \\ &= -(\partial_\mu \psi_\nu^*)\,(\partial^\mu \psi^\nu) + m^2\, \psi_\mu^*\, \psi^\mu + \partial_\nu(\psi_\mu^*\, \partial^\mu \psi^\nu) - \psi_\mu^*\, \partial^\mu\, \partial_\nu \psi^\nu\,. \end{aligned}$$

Der letzte Summand verschwindet infolge von (14,3), der vorletzte ist eine totale Ableitung. Wir lassen diese weg und bekommen die LAGRANGE-Dichte

$$L' = -(\partial_\mu \psi_\nu^*)(\partial^\mu \psi^\nu) + m^2 \psi_\mu^* \psi^\mu . \tag{15,1}$$

Sie hat dieselbe Struktur wie die LAGRANGE-Dichte (10,9) für ein Teilchen mit dem Spin 0, nur ist der Skalar ψ durch den 4-Vektor ψ_μ ersetzt, und das gesamte Vorzeichen ist anders. Dieser Vorzeichenwechsel wird dadurch bedingt, daß ψ_μ ein raumartiger Vektor mit $\psi_\mu \psi^{\mu *} < 0$ ist, während für ein skalares Teilchen $\psi \psi^* > 0$ ist.

Wir berechnen den 4-Energie—Impuls-Tensor und den 4-Stromvektor aus der LAGRANGE-Dichte (15,1) und erhalten Ausdrücke derselben Gestalt wie (10,12) und (10,18) für ein skalares Feld:

$$T_{\mu\nu} = -\partial_\mu \psi^{\lambda *} \cdot \partial_\nu \psi_\lambda - \partial_\nu \psi^{\lambda *} \cdot \partial_\mu \psi_\lambda - L' g_{\mu\nu} , \tag{15,2}$$

$$j_\mu = -i[\psi_\lambda^* \partial_\mu \psi^\lambda - (\partial_\mu \psi_\lambda^*) \psi^\lambda] . \tag{15,3}$$

Sie unterscheiden sich von (14,8) und (14,10) ebenfalls nur um totale Ableitungen. Die lokalen Werte dieser Größen haben aber (wie schon früher betont worden ist) keinen tieferen physikalischen Sinn. Wesentlich sind nur die Volumenintegrale P_μ (10,15) und Q (10,19), die für die beiden möglichen Ausdrücke für $T_{\mu\nu}$ und j_μ übereinstimmen.

Diese Art der Beschreibung kann unmittelbar auf Teilchen mit beliebigem (ganzzahligem) Spin verallgemeinert werden. Die Wellenfunktion eines Teilchens mit dem Spin s ist ein irreduzibler 4-Tensor der Stufe s, d. h. ein in allen Indizes symmetrischer Tensor, der bei der Verjüngung über ein beliebiges Indexpaar verschwindet:

$$\psi_{..\mu.\nu..} = \psi_{..\nu.\mu..} , \qquad \psi_{..\mu.}{}^{\mu}{}_{..} = 0 . \tag{15,4}$$

Dieser Tensor muß die Nebenbedingung der 4-Transversalität erfüllen:

$$\mathrm{p}^\mu \psi_{..\mu..} = 0 , \tag{15,5}$$

und jede einzelne Komponente genügt der Gleichung zweiter Ordnung

$$(\mathrm{p}^2 - m^2) \psi \ldots = 0 . \tag{15,6}$$

Im Ruhsystem besagt die Forderung (15,5), daß alle Komponenten des 4-Tensors mit einer Null unter den Indizes verschwinden müssen. Mit anderen Worten, die Wellenfunktion reduziert sich im Ruhsystem (d. h. im nichtrelativistischen Grenzfall), wie es sein muß, auf einen irreduziblen 3-Tensor der Stufe s mit $2s + 1$ unabhängigen Komponenten.

LAGRANGE-Dichte, Energie—Impuls-Tensor und Stromdichtevektor unterscheiden sich für ein Feld von Teilchen mit dem Spin s von (15,1) bis (15,3) nur durch die Substitution ψ_λ durch $\psi_{\lambda\mu\ldots}$.

Eine normierte ebene Welle ist

$$\psi^{\mu\nu\ldots} = \frac{1}{\sqrt{2\varepsilon}} u^{\mu\nu\ldots} e^{-ipx} , \qquad u_{\mu\nu\ldots}^* u^{\mu\nu\ldots} = -1 , \tag{15,7}$$

wobei die Amplitude der Welle die Bedingungen

$$u^{\cdot\cdot\mu\cdot\cdot}\, p_\mu = 0 \tag{15,8}$$

erfüllt. Es gibt $2s + 1$ unabhängige Polarisationszustände.

Die Qunatisierung des Feldes geschieht in unmittelbar evidenter Verallgemeinerung der Fälle Spin 0 oder 1.

Das dargestellte Schema ist für das gesteckte Ziel — die Beschreibung des Feldes freier Teilchen — völlig ausreichend. Anders wird es, wenn man die Wechselwirkung von Teilchen mit dem elektromagnetischen Feld beschreiben möchte. Diese Wechselwirkung müßte in eine LAGRANGE-Dichte eingeführt werden, aus der alle Gleichungen ohne notwendige Nebenbedingungen abgeleitet werden könnten (s. die Anmerkung auf S. 127). Es zeigt sich aber faktisch, daß eine solche Beschreibung der Wechselwirkung nur für Elektronen brauchbar ist — für Teilchen mit dem Spin 1/2 (s. § 32). Für andere Spins könnte dieses Problem rein methodisches Interesse haben.

Für alle (ganz- und halbzahligen) Spins $s > 1$ ist es unmöglich, ein Variationsprinzip mit Hilfe einer einzigen (tensoriellen oder spinoriellen) Funktion zu formulieren, so daß die Stufe der betreffenden Funktion dem gegebenen Spin entspricht. Man muß zu diesem Zweck noch Tensoren oder Spinoren niedrigerer Stufe als Hilfsgrößen einführen. Die LAGRANGE-Dichte wird dabei so gewählt, daß die Hilfsgrößen auf Grund der aus dem Variationsprinzip folgenden Feldgleichungen für die freien Teilchen automatisch verschwinden.[1])

§ 16. Zustände eines Teilchens mit bestimmter Spiralität[2])

In der relativistischen Theorie bleiben Bahndrehimpuls $\boldsymbol{l}$ und Spin $\boldsymbol{s}$ eines bewegten Teilchens nicht einzeln erhalten. Es bleibt nur der Gesamtdrehimpuls $\boldsymbol{j} = \boldsymbol{l} + \boldsymbol{s}$ erhalten. Deshalb bleibt auch die Spinprojektion auf irgendeine vorgegebene Richtung (z-Achse) nicht erhalten, und diese Größe kann nicht zur Numerierung der Polarisationszustände (Spinzustände) eines bewegten Teilchens dienen.

Dagegen bleibt die Spinprojektion auf die Impulsrichtung erhalten. Wegen $\boldsymbol{j} = [\boldsymbol{r}\,\boldsymbol{p}]$ ist das Produkt $\boldsymbol{s}\,\boldsymbol{n}$ gleich dem erhaltenen Produkt $\boldsymbol{j}\,\boldsymbol{n}$ ($\boldsymbol{n} = \boldsymbol{p}/|\boldsymbol{p}|$). Diese Größe wird als *Spiralität* bezeichnet[3]) (wir haben schon in § 8 die Spiralität für ein Photon behandelt). Die Eigenwerte der Spiralität bezeichnen wir mit dem Buchstaben λ ($\lambda = -s, \ldots, +s$), die Zustände mit bestimmten λ-Werten werden wir Spiralzustände nennen.

---

[1]) S. M. FIERZ und W. PAULI, Proc. Roy. Soc. A **173** (1939) 211. Das in dieser Arbeit angegebene Programm ist für Teilchen mit den Spins 3/2 und 2 durchgeführt worden.

[2]) Der Inhalt dieses Paragraphen ist für Teilchen mit beliebigem (ganz- oder halbzahligem) Spin zutreffend.

[3]) In der englischen Literatur helicity.

$\psi_{p\lambda}$ sei die Wellenfunktion (ebene Welle) für einen Zustand des Teilchens mit bestimmten $\boldsymbol{p}$ und λ; $u^{(\lambda)}(\boldsymbol{p})$ sei die zugehörige Amplitude. Zur Vereinfachung der Bezeichnung werden wir die Indizes für die Komponenten dieser Funktion (für ganzzahligen Spin sind das 4-Tensorindizes) nicht aufschreiben.

Wir haben in den vorangegangenen Paragraphen gesehen, daß man zur relativistischen Beschreibung von Teilchen mit von Null verschiedenem (ganzzahligem) Spin eine Wellenfunktion mit mehr als $2s+1$ Komponenten einführen muß. Die Zahl der unabhängigen Komponenten bleibt dabei aber $2s+1$; die „überflüssigen" Komponenten werden durch Nebenbedingungen beseitigt, auf Grund derer diese Komponenten im Ruhsystem verschwinden (im folgenden Kapitel werden wir dasselbe für halbzahliges s sehen).

Nach den Transformationsformeln für den Drehimpuls (s. II, § 14) ist die Spiralität invariant gegenüber LORENTZ-Transformationen, die die Richtung von $\boldsymbol{p}$ nicht ändern, auf die der Drehimpuls projiziert wird. Bei diesen Transformationen behält die Zahl λ ihren Sinn als Quantenzahl, und man kann zur Untersuchung der Symmetrieeigenschaften von Zuständen mit bestimmter Spiralität ein Bezugssystem verwenden, in dem der Impuls $|\boldsymbol{p}| \ll m$ ist (im Grenzfall das Ruhsystem). $\psi_{p\lambda}$ reduziert sich dann auf die nichtrelativistische $(2s+1)$-komponentige Wellenfunktion. Wir bezeichnen deren Amplitude mit $w^{(\lambda)}(\boldsymbol{n})$, als Argument geben wir die Quantisierungsrichtung $\boldsymbol{n} = \boldsymbol{p}/|\boldsymbol{p}|$ für den Drehimpuls an. Die Amplitude $w^{(\lambda)}$ ist eine Eigenfunktion des Operators $\boldsymbol{n}\,\mathrm{s}$:

$$(\boldsymbol{n}\,\mathrm{s})\, w^{(\lambda)}(\boldsymbol{n}) = \lambda\, w^{(\lambda)}(\boldsymbol{n})\,. \tag{16,1}$$

In Spinordarstellung ist $w^{(\lambda)}$ ein kontravarianter symmetrischer Spinor der Stufe $2s$. Nach den Formeln III, (57,2) für die Zuordnung von Tensor- und Spinorkomponenten kann man letztere mit den entsprechenden Werten der Spinprojektion σ auf die feste z-Achse indizieren.[1])

In der Impulsdarstellung stimmen die Wellenfunktionen für die betrachteten Zustände im wesentlichen mit den Amplituden $u^{(\lambda)}(\boldsymbol{p})$ überein, es ist nämlich

$$\psi_{p\lambda}(\boldsymbol{k}) = u^{(\lambda)}(\boldsymbol{k})\, \delta^{(2)}(\vec{\nu} - \boldsymbol{n}) = u^{(\lambda)}(\boldsymbol{p})\, \delta^{(2)}(\vec{\nu} - \boldsymbol{n})\,. \tag{16,2}$$

Der Impuls wird als unabhängige Veränderliche mit $\boldsymbol{k}$ bezeichnet, um Verwechslungen mit den Eigenwerten $\boldsymbol{p}$ zu vermeiden; $\vec{\nu} = \boldsymbol{k}/|\boldsymbol{k}|$ im Unterschied

---

1) Die angestellten Überlegungen gelten (wie auch die Aufzählung der möglichen Werte für λ) für Teilchen mit von Null verschiedener Masse. Für Teilchen mit der Masse Null gibt es kein Ruhsystem, und die Spiralität hat nur die beiden Werte $\lambda = \pm s$. Das hängt mit dem schon in § 8 erwähnten Umstand zusammen, daß die Zustände solcher Teilchen nach ihrem Verhalten bezüglich der Gruppe axialer Symmetrie klassifiziert werden und dabei nur zweifach entartete Niveaus möglich sind. (Von den Eigenschaften der Wellengleichung her gesehen bedeutet das, daß das Gleichungssystem für ein Teilchen mit dem Spin s beim Grenzübergang $m \to 0$ in unabhängige Gleichungen für Teilchen mit der Masse Null und den Spins $s, s-1, \ldots$ zerfällt.) Für ein Photon ist $\lambda = \pm 1$, und die dreidimensionalen Vektoren $\boldsymbol{e}^{(\pm 1)}$ (8,2) spielen die Rolle der $w^{(\lambda)}$.

zu $\boldsymbol{n} = \boldsymbol{p}/|\boldsymbol{p}|$.[1]) Im nichtrelativistischen Grenzfall ist

$$\psi_{n\lambda}(\vec{\nu}) = w^{(\lambda)}(\vec{\nu})\, \delta^{(2)}\,(\vec{\nu} - \boldsymbol{n}) = w^{(\lambda)}(\boldsymbol{n})\, \delta^{(2)}\,(\vec{\nu} - \boldsymbol{n})\,. \tag{16,3}$$

Ausführlicher müßte man diesen Ausdruck in der Gestalt

$$\psi_{n\lambda}(\vec{\nu}, \sigma) = w_\sigma^{(\lambda)}(\vec{\nu})\, \delta^{(2)}\,(\vec{\nu} - \boldsymbol{n})$$

schreiben und auch die diskrete unabhängige Veränderliche σ explizit angeben.

Der Operator für die Spiralität $\mathfrak{s}\,\boldsymbol{n}$ kommutiert mit den Operatoren $\mathfrak{j}_z$ und $\mathfrak{j}^2$. Tatsächlich hängt der Drehimpulsoperator mit einer infinitesimalen Drehung des Koordinatensystems zusammen, aber das Skalarprodukt zweier Vektoren ist gegenüber einer beliebigen Drehung invariant. Deshalb existieren stationäre Zustände mit gleichzeitig bestimmten Werten für Drehimpuls j, Drehimpulsprojektion $j_z = m$ und Spiralität λ eines Teilchens. Wir werden diese Zustände als *sphärische Spiralzustände* bezeichnen.

Wir wollen die Wellenfunktionen zu diesen Zuständen in der Impulsdarstellung bestimmen. Dazu benutzen wir die Formeln aus § a des Anhangs.[2]) Neben dem raumfesten Koordinatensystem xyz (in dem die Funktionen $\psi_{jm\lambda}$ aufgeschrieben werden) führen wir noch ein „bewegtes" System $\xi\eta\zeta$ mit der ζ-Achse in $\vec{\nu}$-Richtung ein. Wir ersetzen in der Formel (a, 2) die Bezeichnung m' durch λ und schreiben

$$\psi_{jm\lambda}(\boldsymbol{k}) = \psi_{j\lambda}^{(0)}\, D_{\lambda m}^{(j)}(\vec{\nu})\,.$$

Die ζ-Achse stimmt mit der Quantisierungsrichtung für den Drehimpuls in der Funktion $\psi_{j\lambda}^{(0)}$ überein, daher ist diese Funktion gleich der Amplitude $u^{(\lambda)}$. Die normierte Wellenfunktion (s. u.) ist

$$\psi_{jm\lambda}(\boldsymbol{k}) = \sqrt{\frac{2j+1}{4\pi}}\, D_{\lambda m}^{(j)}(\vec{\nu})\, u^{(\lambda)}(\boldsymbol{k})\,. \tag{16,4}$$

Hier erhebt sich jedoch die Frage nach der Wahl der Phase, die mit folgender Nichteindeutigkeit zusammenhängt. Eine Drehung des Koordinatensystems $\xi\eta\zeta$ gegenüber dem xyz-System wird durch die drei Winkel α, β und γ festgelegt. Die $\vec{\nu}$-Richtung, von der allein die Wellenfunktion des Teilchens abhängt, wird nur durch die beiden Winkel $\alpha \equiv \varphi$ und $\beta \equiv \theta$ bestimmt. Daher muß man eine bestimmte Wahl des Winkels γ vereinbaren. Wir werden $\gamma = 0$ setzen, d. h., wir definieren $D_{\lambda m}^{(j)}(\vec{\nu})$ als

$$D_{\lambda m}^{(j)}(\vec{\nu}) = D_{\lambda m}^{(j)}(\varphi, \theta, 0) = e^{im\varphi}\, d_{\lambda m}^{(j)}(\theta)\,. \tag{16,5}$$

Die Funktionen (16,5) erfüllen infolge von (a, 14) die Orthonormierungsbedingungen:

$$\int D_{\lambda_1 m_1}^{(j_1)*}(\vec{\nu})\, D_{\lambda_2 m_2}^{(j_2)}(\vec{\nu})\, \frac{do_{\vec{\nu}}}{4\pi} = \frac{1}{2j+1}\, \delta_{j_1 j_2}\, \delta_{m_1 m_2} \tag{16,6}$$

---

[1]) Die Definition der δ-Funktion $\delta^{(2)}$ verlangt $\int \delta^{(2)}\,(\vec{\nu} - \boldsymbol{n})\, do_\nu = 1$. In (16,2) (und später im analogen Fall (16,4)) ist die δ-Funktion, die einen bestimmten Energiewert aussondert, weggelassen.

[2]) Die in § a abgeleiteten Formeln basieren allein auf den Symmetrieeigenschaften bei Drehungen. Sie sind daher sowohl für Funktionen in der Impulsdarstellung als auch für ortsabhängige Funktionen brauchbar.

($do_\nu = \sin\theta\, d\theta\, d\varphi$). Die Orthogonalität der Funktionen $\psi_{jm\lambda}$ bezüglich des Index λ wird durch den Faktor $u^{(\lambda)}$ gewährleistet. Die Funktionen $\psi_{jm\lambda}$ sind also, wie es sein muß, in allen Indizes $j\,m\,\lambda$ orthogonal, und bei der in (16,4) getroffenen Wahl des Vorfaktors sind sie nach der Vorschrift

$$\int |\psi_{jm\lambda}|^2\, do_{\vec{\nu}} = 1 \tag{16,7}$$

normiert. Dabei wird vorausgesetzt, daß die Amplituden $u^{(\lambda)}$ auf 1 normiert sind: $u^{(\lambda)}\, u^{(\lambda)*} = 1$.

Sehen wir uns das Verhalten der Wellenfunktionen für die Zustände mit bestimmter Spiralität bei einer räumlichen Spiegelung an. Das Produkt des polaren Vektors $\vec{\nu}$ mit dem Axialvektor $\boldsymbol{j}$ ist ein Pseudoskalar. Es ist deswegen sofort klar, daß ein Zustand mit der Spiralität λ durch eine Spiegelung in einen Zustand mit $-\lambda$ übergeführt wird; es sind nur die Phasenfaktoren in diesen Transformationen zu berechnen.

Bei einer Spiegelung haben wir $\vec{\nu} \to -\vec{\nu}$. Der Vektor $\vec{\nu}$ wird durch die beiden Winkel φ und θ festgelegt, und die Transformation $\vec{\nu} \to -\vec{\nu}$ erfolgt durch die Substitution $\varphi \to \varphi + \pi$, $\theta \to \pi - \theta$. Dadurch wird die neue ζ-Achse festgelegt, aber die Lage von ξ- und η-Achse hängt auch vom dritten Eulerschen Winkel γ ab und bleibt unbestimmt. Die Transformation der Winkel θ und $\dot{\varphi}$ allein erlaubt in diesem Sinne nicht, zwischen einer Spiegelung des Koordinatensystems und einer Drehung der ζ-Achse zu unterscheiden. Einer Spiegelung entpricht die folgende Transformation aller drei Eulerschen Winkel:

$$\alpha \equiv \varphi \to \varphi + \pi\,, \quad \beta \equiv \theta \to \pi - \theta\,, \quad \gamma \to \pi - \gamma\,. \tag{16,8}$$

$D^{(j)}_{\lambda m}(\vec{\nu})$ sei durch (16,5) (d. h. mit $\gamma = 0$) definiert, und der Übergang $\nu \to -\vec{\nu}$ werde als Ergebnis einer Spiegelung angesehen; in diesem Fall ist

$$D^{(j)}_{\lambda m}(-\vec{\nu}) = D^{(j)}_{\lambda m}(\varphi + \pi, \pi - \theta, \pi)\,. \tag{16,9}$$

Mit Hilfe der Formeln (a, 5), (a, 9) und (a, 11) finden wir daher

$$D^{(j)}_{\lambda m}(-\vec{\nu}) = e^{i\lambda\pi}\, d^{(j)}_{\lambda m}(\pi - \theta)\, e^{im(\varphi+\pi)}$$
$$= (-1)^{j-\lambda}\, e^{im\varphi}\, d^{(j)}_{-\lambda m}(\theta) = (-1)^{j-\lambda}\, D^{(j)}_{-\lambda m}(\varphi, \theta, 0)$$

oder

$$D^{(j)}_{\lambda m}(-\vec{\nu}) = (-1)^{j-\lambda}\, D^{(j)}_{-\lambda m}(\vec{\nu}) \tag{16,10}$$

($j - \lambda$ ist eine ganze Zahl).

Man kann eine ähnliche Formel für den Spinor $w^{(\lambda)}$ erhalten, weil die Komponenten $w^{(j)}_\sigma$ bis auf einen Faktor mit den Funktionen

$$w^{(\lambda)}_\sigma(\vec{\nu}) \propto D^{(s)}_{\lambda\sigma}(\vec{\nu})^* \tag{16,11}$$

übereinstimmen. Um das zu erkennen, wenden wir die Transformationsformel (a, 1) auf die Spineigenfunktionen an. Die ζ-Projektion des Spins habe den bestimmten Wert λ (d. h., wir ersetzen auf der rechten Site von (a, 1) $\psi^{jm'}$ durch $\delta_{m'\lambda}$). Auf diese Weise finden wir, daß die $D^{(s)}_{\lambda\sigma}(\vec{\nu})$ die Spinfunktionen zu bestimmten Werten (σ und λ) der Spinprojektionen auf z- und ζ-Achse sind.

Die Gesamtheit dieser Funktionen ($\sigma = -s, \ldots, +s$) bildet (nach den Formeln III, (58,1)) einen kovarianten Spinor der Stufe $2s$. Die Komponenten des kontravarianten Spinors (denen nach den Formeln III, (57,2) die Komponenten $w_\sigma^{(\lambda)}$ entsprechen) transformieren sich wie das konjugiert Komplexe der Komponenten eines kovarianten Spinors derselben Stufe.

Aus (16,10) und (16,11) bekommen wir

$$w^{(\lambda)}(-\vec{\nu}) = (-1)^{s-\lambda}\, w^{(-\lambda)}(\vec{\nu}) \tag{16,12}$$

($s - \lambda$ ist eine ganze Zahl). Eine Spiegelung bedeutet für $w^{(\lambda)}$ nicht nur den Übergang $\vec{\nu} \to -\vec{\nu}$, sondern auch die Multiplikation mit einem gemeinsamen Phasenfaktor („innere Parität" eines Teilchens), den wir mit η bezeichnen:

$$\mathrm{P}\, w^{(\lambda)}(\vec{\nu}) = \eta\, w^{(\lambda)}(-\vec{\nu}) = \eta(-1)^{s-\lambda}\, w^{(-\lambda)}(\vec{\nu})\,. \tag{16,13}$$

Für die relativistische Amplitude $u^{(\lambda)}(\boldsymbol{k})$ hat diese Transformation die Gestalt

$$\mathrm{P}\, u^{(\lambda)}(\boldsymbol{k}) = \eta\, \beta\, u^{(\lambda)}(-\boldsymbol{k}) = \eta(-1)^{s-\lambda}\, u^{(-\lambda)}(\boldsymbol{k})\,. \tag{16,14}$$

Die Matrix β ist bezüglich der Komponenten von $u^{(\lambda)}$, die in der Grenze $|\boldsymbol{p}| \to 0$ übrigbleiben, die Einheitsmatrix. Es ist wichtig, daß diese Matrix nicht von den Quantenzahlen des Zustandes abhängt, und in diesem Sinne ist der Unterschied zwischen (16,13) und (16,14) unwesentlich.[1])

Wir wenden (16,14) auf (16,2) an und erhalten das Transformationsgesetz für die Wellenfunktionen zu den Zuständen $|\boldsymbol{n}\,\lambda\rangle$:

$$\mathrm{P}\, \psi_{\boldsymbol{n}\lambda}(\vec{\nu}) = \eta(-1)^{s-\lambda}\, \psi_{-\boldsymbol{n}-\lambda}(\vec{\nu})\,. \tag{16,15}$$

Für die sphärischen Spiralzustände erhalten wir unter Verwendung von (16,10) und (16,12) die Transformationsvorschrift:

$$\mathrm{P}\, \psi_{jm\lambda}(\vec{\nu}) = \eta(-1)^{j-s}\, \psi_{jm-\lambda}(\vec{\nu})\,. \tag{16,16}$$

Die Zustände ψ_{jm0} transformieren sich nach (16,16) untereinander, d. h., sie haben eine bestimmte Parität. Im Fall $\lambda \neq 0$ haben nur Überlagerungen von Zuständen mit entgegengesetzten Spiralitäten eine bestimmte Parität:

$$\psi^{(\pm)}_{jm|\lambda|} = \frac{1}{\sqrt{2}}\,(\psi_{jm\lambda} \pm \psi_{jm-\lambda})\,. \tag{16,17}$$

Bei einer Spiegelung transformieren sie sich untereinander nach der Vorschrift

$$\mathrm{P}\, \psi^{(\pm)}_{jm|\lambda|}(\vec{\nu}) = \pm\,\eta(-1)^{j-s}\, \psi^{(\pm)}_{jm|\lambda|}(\vec{\nu})\,. \tag{16,18}$$

Wir weisen darauf hin, daß wir in diesem Paragraphen die Zustände eines freien Teilchens mit einem bestimmten Drehimpuls klassifiziert haben, indem wir uns nur auf erhaltene Größen gestützt haben und ohne den Begriff des Bahndrehimpulses heranzuziehen (der zum Beispiel in § 6, 7 zur Klassifizierung der Photonenzustände benutzt worden ist).

---

[1]) So sind für $s = 1$ die Amplituden $u^{(\lambda)}$ die 4-Vektoren (16,21). Dabei ist β die Einheitsmatrix in den 4-Vektorindizes: $\beta_{\mu\nu} = \delta_{\mu\nu}$. Für $s = 1/2$ ist (wie wir im folgenden Kapitel sehen werden) $u^{(\lambda)}$ ein Bispinor; dabei ist der Phasenfaktor $\eta = i$, und β ist die Dirac-Matrix γ^0 (s. (21,10)).

Als Beispiel betrachten wir den Fall Spin 1. Im Ruhsystem reduzieren sich die Amplituden $u^{(\lambda)}$ (4-Vektoren) auf die dreidimensionalen Vektoren $\boldsymbol{e}^{(\lambda)}$, die hier die Rolle der Amplituden $w^{(\lambda)}$ spielen. Die Anwendung des Operators für den Spin 1 auf die Vektorfunktion $\boldsymbol{e}$ wird durch die Formel

$$(\mathrm{s}_i \boldsymbol{e})_k = -i\, e_{ikl}\, e_l \tag{16,19}$$

bestimmt (III, § 58, Aufgabe 2). Die Gleichung (16,1) nimmt daher die Gestalt

$$i[\boldsymbol{n}\, \boldsymbol{e}^{(\lambda)}] = \lambda\, \boldsymbol{e}^{(\lambda)} \tag{16,20}$$

an. Die Lösungen dieser Gleichung (im Koordinatensystem $\xi\eta\zeta$ mit der ζ-Achse in $\boldsymbol{n}$-Richtung) sind die Einheitsvektoren der zirkularen Polarisation (7,14):[1])

$$\boldsymbol{e}^{(0)} = i(0, 0, 1)\,, \qquad \boldsymbol{e}^{(\pm 1)} = \mp \frac{i}{\sqrt{2}}(1, \pm i, 0)\,. \tag{16,21}$$

In dem Bezugssystem, in dem das Teilchen den Impuls $\boldsymbol{p}$ hat, sind die Amplituden für die Zustände mit bestimmten Spiralitäten die 4-Vektoren

$$u^{(0)\mu} = \left(\frac{|\boldsymbol{p}|}{m}, \frac{\varepsilon}{m}\boldsymbol{e}^{(0)}\right), \qquad u^{(\pm 1)\mu} = (0, \boldsymbol{e}^{(\pm 1)})\,. \tag{16,22}$$

Für einen polaren Vektor $\boldsymbol{e}$ ist $\eta = -1$. In diesem Fall haben die Funktionen (16,17) (die für $s = 1$ dreidimensionale Vektoren sind) folgende Paritäten:

$$\vec{\psi}^{(+)}_{j\,m|\lambda|}\colon \quad P = (-1)^j\,,$$
$$\vec{\psi}^{(-)}_{j\,m|\lambda|}\colon \quad P = (-1)^{j+1}\,,$$
$$\vec{\psi}_{j\,m\,0}\colon \quad P = (-1)^j\,.$$

Aus dem Vergleich mit der Definition der Vektorkugelfunktionen (7,4) sehen wir, daß diese Funktionen (bis auf Phasenfaktoren) identisch mit $\boldsymbol{Y}^{(e)}_{jm}, \boldsymbol{Y}^{(m)}_{jm}$ und $\boldsymbol{Y}^{(l)}_{jm}$ sind. Wir legen die Phasenfaktoren fest (sagen wir durch Vergleich der Werte für $\theta = 0$) und erhalten die folgenden Gleichungen:

$$\left.\begin{aligned}
\boldsymbol{Y}^{(e)}_{jm} &= i^{j-1}\sqrt{\frac{2j+1}{8\pi}}\left(\boldsymbol{e}^{(1)} D^{(j)}_{1m} + \boldsymbol{e}^{(-1)} D^{(j)}_{-1m}\right), \\
\boldsymbol{Y}^{(m)}_{jm} &= i^{j-1}\sqrt{\frac{2j+1}{8\pi}}\left(\boldsymbol{e}^{(1)\prime} D^{(j)}_{1m} + \boldsymbol{e}^{(-1)\prime} D^{(j)}_{-1m}\right), \\
\boldsymbol{Y}^{(l)}_{jm} &= i^{j-1}\sqrt{\frac{2j+1}{4\pi}}\,\boldsymbol{e}^{(0)} D^{(j)}_{0m}
\end{aligned}\right\} \tag{16,23}$$

(j ist eine ganze Zahl!); $\boldsymbol{e}^{(\lambda)\prime} = [\boldsymbol{n}\, \boldsymbol{e}^{(\lambda)}]$ sind die zirkularen Einheitsvektoren im $\xi'\eta'\zeta$-System, das gegenüber dem $\xi\eta\zeta$-System um 90° um die ζ-Achse gedreht ist.

---

[1]) Die Wahl der Phasenfaktoren wird durch die Forderung festgelegt, daß die mit den Eigenfunktionen (16,21) ausgerechneten Matrixelemente für die Spinoperatoren den allgemeinen Definitionen in III, § 27 und 107 entsprechen.

Die letzte Formel in (16,23) ist dem Ausdruck (a, 17) für $d^{(j)}_{0\,m}(\theta)$ äquivalent. Aus der ersten (oder der zweiten) Formel kann man einen einfachen Ausdruck für die Funktionen $d^{(j)}_{\pm 1\,m}$ erhalten:

$$i^{j-1}\sqrt{\frac{2j+1}{8\pi}}\,D^{(j)}_{\pm 1\,m} = \boldsymbol{Y}^{(e)}_{jm}\,\boldsymbol{e}^{(\pm 1)*} = \frac{1}{\sqrt{j\,1j+1)}}\,\boldsymbol{e}^{(\pm 1)*}\,\nabla\,Y_{jm}\;.$$

Das Skalarprodukt auf der rechten Seite der Gleichung rechnen wir im $\xi\eta\zeta$-System aus, dabei ist

$$\left(\frac{\partial}{\partial\xi}, \frac{\partial}{\partial\eta}\right) \to \left(\frac{\partial}{\partial\theta}, \frac{1}{\sin\theta}\,\frac{\partial}{\partial\varphi}\right).$$

Wir erinnern an die Definition (7,2) für die Funktionen Y_{jm} und die Definition (16,5) und bekommen das Ergebnis

$$d^{(j)}_{\pm 1\,m}(\theta) = (-1)^{m+1}\sqrt{\frac{(j-m)!}{(j+m)!\,j(j+1)}}\left(\pm\frac{\partial}{\partial\theta} + \frac{m}{\sin\theta}\right) P^m_j(\cos\theta)\,, \qquad m \geqq 0\,. \tag{16,24}$$

KAPITEL III

FERMIONEN

§ 17. 4-Spinoren

In der nichtrelativistischen Theorie wird ein Teilchen mit einem beliebigen Spin s durch eine $(2\,s+1)$-komponentige Größe — einen symmetrischen Spinor der Stufe $2\,s$ — beschrieben. Vom mathematischen Standpunkt aus sind das Größen, die irreduzible Darstellungen der räumlichen Drehgruppe realisieren. In der relativistischen Theorie ist diese Gruppe nur als Untergruppe in der größeren, vierdimensionalen Drehgruppe — der LORENTZ-Gruppe — enthalten. Auf Grund dessen muß man in der relativistischen Theorie vierdimensionale Spinoren (4-Spinoren) verwenden. 4-Spinoren sind Größen, die irreduzible Darstellungen der LORENTZ-Gruppe realisieren. In § 17—19 werden wir uns mit der LORENTZ-Gruppe beschäftigen; in § 17 und 18 wird nur die eigentliche LORENTZ-Gruppe behandelt ohne die räumliche Spiegelung, mit dieser werden wir uns in § 19 befassen.

Die Theorie der 4-Spinoren wird ähnlich aufgebaut wie die Theorie der dreidimensionalen Spinoren (B. L. VAN DER WAERDEN, 1929; G. E. UHLENBECK und O. LAPORTE, 1931)

Der Spinor ξ^α ist eine zweikomponentige Größe ($\alpha = 1, 2$). Als Komponenten der Wellenfunktion eines Teilchens mit dem Spin 1/2 gehören ξ^1 und ξ^2 zu den Eigenwerten $+1/2$ und $-1/2$ der z-Projektion des Spins. Bei jeder (eigentlichen) LORENTZ-Transformation transformieren sich die beiden Größen ξ^1 und ξ^2 untereinander:

$$\left.\begin{aligned} \xi^{1\prime} &= \alpha\,\xi^1 + \beta\,\xi^2\,, \\ \xi^{2\prime} &= \gamma\,\xi^1 + \delta\,\xi^2\,. \end{aligned}\right\} \tag{17,1}$$

Die Koeffizienten α, β, γ und δ sind bestimmte Funktionen der Drehwinkel des 4-Koordinaten-Systems und genügen der Bedingung

$$\alpha\,\delta - \beta\,\gamma = 1\,, \tag{17,2}$$

d. h., die Determinante der binären Transformation (17,1) ist 1, wie auch die Determinanten der Koordinatentransformationen aus der LORENTZ-Gruppe.

Infolge der Bedingung (17,2) ist die Bilinearform $\xi^1\,\Xi^2 - \xi^2\,\Xi^1$ (ξ^α und Ξ^α sind zwei Spinoren) gegenüber der Transformation (17,1) invariant (sie entspricht einem Teilchen mit dem Spin 0, das aus zwei Teilchen mit dem Spin 1/2 „zusammengesetzt" ist). Um diese invarianten Ausdrücke in geeigneter Weise schreiben zu können, werden neben den „kontravarianten" Spinorkomponenten ξ^α noch die „kovarianten" Komponenten ξ_α eingeführt. Der Übergang zwischen diesen Komponenten erfolgt mit Hilfe des „metrischen Spinors" $g_{\alpha\beta}$.[1])

$$\xi_\alpha = g_{\alpha\beta}\,\xi^\beta \tag{17,3}$$

mit

$$g_{\alpha\beta} = \begin{pmatrix} 0 & 1 \\ -1 & 0 \end{pmatrix}, \tag{17,4}$$

so daß

$$\xi_1 = \xi^2\,, \qquad \xi_2 = -\,\xi^1 \tag{17,5}$$

sind. Die Invariante $\xi^1\,\Xi^2 - \xi^2\,\Xi^1$ wird dann als Skalarprodukt $\xi^\alpha\,\Xi_\alpha$ geschrieben; dabei ist $\xi^\alpha\,\Xi_\alpha = -\,\xi_\alpha\,\Xi^\alpha$.

Die bisher aufgezählten Eigenschaften stimmen formal mit den Eigenschaften dreidimensionaler Spinoren überein. Ein Unterschied ergibt sich jedoch bei der Betrachtung der konjugiert komplexen Spinoren.

In der nichtrelativistischen Theorie muß die Summe

$$\psi^1\,\psi^{1*} + \psi^2\,\psi^{2*}\,, \tag{17,6}$$

die die Wahrscheinlichkeitsdichte für die räumliche Lokalisierung von Teilchen bestimmt, ein Skalar sein; dazu müssen sich die Komponenten $\psi^{\alpha*}$ wie kovariante Spinorkomponenten transformieren. Mit anderen Worten, die Transformation (17,1) muß unitär sein ($\alpha = \delta^*$, $\beta = -\,\gamma^*$). In der relativistischen Theorie ist die Teilchendichte kein Skalar, sie ist die Zeitkomponente eines 4-Vektors. Aus diesem Grunde entfällt die erwähnte Forderung, und den Transformationskoeffizienten werden jetzt keinerlei Nebenbedingungen (außer (17,2)) auferlegt. Die vier komplexen Größen α, β, γ und δ sind unter der einen Bedingung (17,2) $8 - 2 = 6$ reellen Parametern äquivalent, das entspricht der Zahl der Winkel zur Bestimmung einer Drehung des 4-Koordinaten-Systems (Drehungen in sechs Koordinatenebenen).

Die konjugiert komplexen binären Transformationen unterscheiden sich also wesentlich, so daß es in der relativistischen Theorie zwei Arten von Spinoren gibt. Um diese beiden Arten voneinander zu unterscheiden, sind spezielle Bezeichnungen üblich: Die Spinorindizes, die sich nach den zu (17,1) konjugiert komplexen Formeln transformieren, werden als Ziffern mit Punkten darüber geschrieben (*punktierte Indizes*). Laut Definition gilt also

$$\eta^{\dot\alpha} \sim \xi^{\alpha*}\,, \tag{17,7}$$

wenn das Zeichen $\sim$ die Worte „transformiert sich wie" bedeutet. Die Transformationsvorschrift für einen „punktierten" Spinor ist demnach

$$\eta^{\dot 1'} = \alpha^*\,\eta^{\dot 1} + \beta^*\,\eta^{\dot 2}\,, \qquad \eta^{\dot 2'} = \gamma^*\,\eta^{\dot 1} + \delta^*\,\eta^{\dot 2}\,. \tag{17,8}$$

Punktierte Indizes werden wie Indizes ohne Punkt hoch- und heruntergezogen:

$$\eta_{\dot 1} = \eta^{\dot 2}\,, \qquad \eta_{\dot 2} = -\,\eta^{\dot 1}\,. \tag{17,9}$$

---

[1]) Als Spinorindizes werden wir die ersten Buchstaben des griechischen Alphabets verwenden: $\alpha, \beta, \gamma, \ldots$.

Bei räumlichen Drehungen verhalten sich die 4-Spinoren wie 3-Spinoren. Für dreidimensionale Spinoren gilt, wie wir wissen, $\psi^*_\alpha \sim \psi^\alpha$. Auf Grund der Definition (17,7) verhält sich demzufolge ein 4-Spinor $\eta_{\dot\alpha}$ bei Drehungen wie ein kontravarianter 3-Spinor ψ^α. Als Komponenten der Wellenfunktion für ein Teilchen mit dem Spin 1/2 entsprechen daher die kovarianten Komponenten $\eta_{\dot 1}$ und $\eta_{\dot 2}$ den Eigenwerten 1/2 und $-1/2$ für die Spinprojektion.

Spinoren höherer Stufen werden definiert als Sätze von Größen, die sich wie Produkte aus Komponenten einiger Spinoren erster Stufe transformieren. Spinoren höherer Stufe können sowohl Indizes mit als auch ohne Punkt enthalten. Es gibt zum Beispiel drei Arten von Spinoren zweiter Stufe:

$$\xi^{\alpha\beta} \sim \xi^\alpha \Xi^\beta, \qquad \zeta^{\alpha\dot\beta} \sim \xi^\alpha \eta^{\dot\beta}, \qquad \eta^{\dot\alpha\dot\beta} \sim \eta^{\dot\alpha} H^{\dot\beta}.$$

Die Angabe der Gesamtstufe eines Spinors allein reicht in diesem Sinne zur eindeutigen Festlegung dieses Begriffs nicht aus. Wir werden daher, falls erforderlich, die Stufe eines Spinors als Zahlenpaar angeben: (k, l) — Zahl der Indizes ohne und Zahl der Indizes mit Punkt.

Die Transformationen (17,1) und (17,8) sind algebraisch unabhängig voneinander, deshalb braucht man die Reihenfolge der punktierten und der gewöhnlichen Indizes nicht anzugeben (in diesem Sinne sind zum Beispiel die Spinoren $\zeta^{\alpha\dot\beta}$ und $\zeta^{\dot\beta\alpha}$ gleich).

Eine Spinorgleichung muß auf beiden Seiten gleich viele gewöhnliche und punktierte Indizes enthalten, um invariant zu sein. Anderenfalls würde eine solche Gleichung beim Übergang zu einem anderen Bezugssystem verletzt. Dabei muß man daran denken, daß bei der Bildung des konjugiert Komplexen gewöhnliche und punktierte Indizes gegeneinander ausgetauscht werden. Deshalb ist $\eta^{\dot\alpha\dot\beta} = (\xi^{\alpha\beta})^*$ eine invariante Beziehung zwischen zwei Spinoren.

Spinoren oder Spinorprodukte können nur in gleichartigen Indizes verjüngt werden — in zwei punktierten oder in zwei gewöhnlichen. Die Summation über zwei verschiedenartige Indizes ist keine invariante Operation. Deshalb kann aus dem Spinor

$$\zeta^{\alpha_1\alpha_2\cdots\alpha_k\dot\beta_1\dot\beta_2\cdots\dot\beta_l}, \tag{17,10}$$

der in allen k gewöhnlichen und allen l punktierten Indizes symmetrisch ist, kein Spinor niedrigerer Stufe gebildet werden (wir erinnern daran, daß die Verjüngung in zwei Indizes, in denen ein Spinor symmetrisch ist, Null ergibt). Aus den Größen (17,10) können somit keine Linearkombinationen gebildet werden, die sich bei allen Transformationen untereinander transformieren und deren Anzahl kleiner ist als die Zahl der unabhängigen Komponenten in (17,10). Mit anderen Worten, symmetrische 4-Spinoren realisieren irreduzible Darstellungen der eigentlichen Lorentz-Gruppe. Jede irreduzible Darstellung wird durch ein Zahlenpaar (k, l) angegeben.

Da jeder Spinorindex zwei Werte annimmt, gibt es $k + 1$ wesentlich verschiedene Sätze von Zahlen $\alpha_1\alpha_2\cdots\alpha_k$ in (17,10) (die $0, 1, 2, \ldots, k$ Einsen und $k, k-1, \ldots, 0$ Zweien enthalten) und $l+1$ Zahlenreihen $\dot{\beta}_1 \dot{\beta}_2 \cdots \dot{\beta}_l$. Ein symmetrischer Spinor der Stufe (k, l) hat also insgesamt $(k+1)(l+1)$ unabhängige Komponenten. Diese Zahl ist auch die Dimension der von dem betreffenden Spinor realisierten Darstellung.

§ 18. Zusammenhang zwischen Spinoren und 4-Vektoren

Der Spinor $\zeta^{\alpha\dot{\beta}}$ mit einem punktierten und einem gewöhnlichen Index hat $2 \cdot 2 = 4$ unabhängige Komponenten, gerade soviel wie ein 4-Vektor. Es ist deshalb klar, daß beide dieselbe irreduzible Darstellung der eigentlichen Lorentz-Gruppe realisieren, und zwischen ihren Komponenten muß ein bestimmter Zusammenhang bestehen.

Um diesen Zusammenhang zu finden, befassen wir uns zunächst mit dem analogen Zusammenhang im dreidimensionalen Fall. Bei rein räumlichen Drehungen muß dann das Verhalten von 3- und 4-Spinoren gleich sein.

Für einen dreidimensionalen Spinor $\psi^{\alpha\beta}$ sind uns die Formeln für den gesuchten Zusammenhang bekannt (s. III, § 58), wir schreiben sie hier in der Form

$$a_x = \frac{1}{2}(\psi^{22} - \psi^{11}) = \frac{1}{2}(\psi^2{}_1 + \psi^1{}_2),$$

$$a_y = -\frac{i}{2}(\psi^{22} + \psi^{11}) = \frac{i}{2}(\psi^1{}_2 - \psi^2{}_1), \qquad a_z = \frac{1}{2}(\psi^{12} + \psi^{21}) = \frac{1}{2}(\psi^1{}_1 - \psi^2{}_2);$$

a_x, a_y und a_z sind die Komponenten eines dreidimensionalen Vektors $\boldsymbol{a}$. Beim Übergang zum vierdimensionalen Fall hat man die Komponenten $\psi^\alpha{}_\beta$ durch $\zeta^{\alpha\dot{\beta}}$ zu ersetzen und unter a_x, a_y und a_z die kontravarianten Komponenten a^1, a^2 und a^3 eines 4-Vektors zu verstehen. Der Ausdruck für die vierte Vektorkomponente, a^0, ist auf Grund des in § 17 festgestellten Sachverhaltes klar: Die Größe (17,6) muß sich wie a^0 transformieren. Demnach ist $a^0 \sim \zeta^{1\dot{1}} + \zeta^{2\dot{2}}$; der Proportionalitätsfaktor wird so bestimmt, daß der Skalar $\zeta_{\alpha\dot{\beta}}\,\zeta^{\alpha\dot{\beta}}$ mit dem Skalar $2\,a_\mu a^\mu = 2\,a^2$ übereinstimmt.

Auf diese Weise gelangen wir zu folgenden Formeln für den gesuchten Zusammenhang:

$$\left.\begin{aligned} a^1 &= \frac{1}{2}(\zeta^{1\dot{2}} + \zeta^{2\dot{1}}), & a^2 &= \frac{i}{2}(\zeta^{1\dot{2}} - \zeta^{2\dot{1}}), \\ a^3 &= \frac{1}{2}(\zeta^{1\dot{1}} - \zeta^{2\dot{2}}), & a^0 &= \frac{1}{2}(\zeta^{1\dot{1}} + \zeta^{2\dot{2}}). \end{aligned}\right\} \tag{18,1}$$

Die inversen Formeln sind:

$$\left.\begin{aligned} \zeta^{1\dot{1}} &= \zeta_{2\dot{2}} = a^3 + a^0, & \zeta^{2\dot{2}} &= \zeta_{1\dot{1}} = a^0 - a^3, \\ \zeta^{1\dot{2}} &= -\zeta_{2\dot{1}}\, a^1 - i\,a^2, & \zeta^{2\dot{1}} &= -\zeta_{1\dot{2}} = a^1 + i\,a^2, \end{aligned}\right\} \tag{18,2}$$

dabei ist

$$\zeta_{\alpha\dot{\beta}}\zeta^{\alpha\dot{\beta}} = 2\,a^2\,. \tag{18,3}$$

Ferner vermerken wir

$$\zeta_{\alpha\dot{\beta}}\zeta^{\gamma\dot{\beta}} = \delta_\alpha^\gamma\,a^2\,. \tag{18,4}$$

Die letzte Gleichung ergibt sich, weil der Spinor zweiter Stufe $\zeta_{\alpha\dot{\beta}}\,\zeta^{\dot{\beta}}{}_{\gamma}$ in den Indizes α und γ antisymmetrisch ist und deswegen dem metrischen Spinor proportional ist.

Der Zusammenhang zwischen dem Spinor $\zeta^{\alpha\dot{\beta}}$ und einem 4-Vektor ist ein Spezialfall der allgemeinen Regel: Jeder symmetrische Spinor der Stufe (k, k) ist einem symmetrischen irreduziblen (d. h. bei der Verjüngung in zwei beliebigen Indizes verschwindenden) 4-Tensor der Stufe k äquivalent.

Der Zusammenhang zwischen einem Spinor und einem 4-Vektor kann mit Hilfe der zweireihigen PAULI-Matrizen[1])

$$\sigma_x = \begin{pmatrix} 0 & 1 \\ 1 & 0 \end{pmatrix}, \quad \sigma_y = \begin{pmatrix} 0 & -i \\ i & 0 \end{pmatrix}, \quad \sigma_z = \begin{pmatrix} 1 & 0 \\ 0 & -1 \end{pmatrix} \tag{18,5}$$

in kompakter Form geschrieben werden. Wir bezeichnen die Matrix der Größen $\zeta^{\alpha\dot{\beta}}$ mit oberen Indizes (der erste hat keinen Punkt) symbolisch mit ζ. Die Formeln (18,2) können dann in der Form

$$\zeta = \boldsymbol{a}\,\vec{\sigma} + a^0 \tag{18,6}$$

geschrieben werden (unter dem zweiten Summanden hat man natürlich das Produkt von a^0 mit der Einheitsmatrix zu verstehen). Die inversen Formeln sind:

$$\boldsymbol{a} = \frac{1}{2}\,\mathrm{Sp}\,(\zeta\,\vec{\sigma})\,, \qquad a^0 = \frac{1}{2}\,\mathrm{Sp}\,\zeta\,. \tag{18,7}$$

Mit Hilfe der Formeln (18,6) und (18,7) kann man den Zusammenhang zwischen den Transformationsvorschriften für einen 4-Vektor und einen Spinor herstellen. Dás Transformationsgesetz für einen Spinor wird dabei durch die Parameter der Drehungen des 4-Koordinaten-Systems ausgedrückt.

Wir schreiben die Transformation des Spinors ξ^α in der Gestalt

$$\xi^{\alpha\prime} = (\mathrm{B}\,\xi)^\alpha\,, \qquad \mathrm{B} = \begin{pmatrix} \alpha & \beta \\ \gamma & \delta \end{pmatrix}. \tag{18,8}$$

Die zweireihige Matrix B wird von den Koeffizienten der binären Transformation gebildet. Die Transformation eines punktierten Spinors lautet dann:

$$\eta^{\dot{\beta}\prime} = (\mathrm{B}^*\,\eta)^{\dot{\beta}} = (\eta\,\mathrm{B}^+)^{\dot{\beta}}\,, \tag{18,9}$$

und die Transformation eines Spinors zweiter Stufe $\zeta^{\alpha\dot{\beta}} \sim \xi^\alpha\,\eta^{\dot{\beta}}$ schreiben wir symbolisch als $\zeta' = \mathrm{B}\,\zeta\,\mathrm{B}^+$.[2]) Für eine infinitesimale Transformation ist

[1]) In III haben wir die Matrizen $\mathbf{s} = \vec{\sigma}/2$ verwendet.

[2]) Für die kovarianten Komponenten gilt

$$\xi'_\alpha = (\tilde{\mathrm{B}}^{-1}\,\xi)_\alpha = (\xi\,\mathrm{B}^{-1})_\alpha\,, \qquad \eta'_{\dot{\alpha}} = (\eta\,\mathrm{B}^{*-1})_{\dot{\alpha}} \tag{18,8a}$$

(so daß das Produkt zweier Spinoren $\xi_\alpha\,\Xi^\alpha$ invariant bleibt).

$B = 1 + \lambda$ mit einer infinitesimalen Matrix λ. Bis zu kleinen Größen erster Ordnung haben wir

$$\zeta' = \zeta + (\lambda \zeta + \zeta \lambda^+) . \tag{18,10}$$

Wir betrachten zuerst eine LORENTZ-Transformation in ein mit der infinitesimalen Geschwindigkeit $\boldsymbol{\delta V}$ bewegtes Bezugssystem (ohne Richtungsänderung der räumlichen Achsen). Dabei transformiert sich der 4-Vektor $a^\mu = (a^0, \boldsymbol{a})$ gemäß

$$\boldsymbol{a}' = \boldsymbol{a} - a^0 \,\boldsymbol{\delta V} , \qquad a^{0\prime} = a^0 - \boldsymbol{a}\, \boldsymbol{\delta V} . \tag{18,11}$$

Jetzt benutzen wir die Formeln (18,7). Die Transformation von a^0 kann einerseits als

$$a^{0\prime} = a^0 - a\, \boldsymbol{\delta V} = a^0 - \frac{1}{2} \operatorname{Sp} (\zeta \,\vec{\sigma}\, \boldsymbol{\delta V})$$

und andererseits als

$$a^{0\prime} = \frac{1}{2} \operatorname{Sp} \zeta' = a^0 + \frac{1}{2} \operatorname{Sp} (\lambda \zeta + \zeta \lambda^+) = a^0 + \frac{1}{2} \operatorname{Sp} \zeta (\lambda + \lambda^+)$$

dargestellt werden. Diese beiden Ausdrücke müssen miteinander identisch sein (d. h. gleich für beliebiges ζ). Hieraus finden wir folgende Gleichung:

$$\lambda + \lambda^+ = - \vec{\sigma}\, \boldsymbol{\delta V} .$$

Durch Betrachtung der Transformation von $\boldsymbol{a}$ erhalten wir auf demselben Wege

$$\vec{\sigma} \lambda + \lambda^+ \vec{\sigma} = - \boldsymbol{\delta V} .$$

Diese Gleichungen haben als Gleichungen für λ die folgende Lösung:

$$\lambda = \lambda^+ = - \frac{1}{2} \vec{\sigma}\, \boldsymbol{\delta V} .$$

Einer infinitesimalen LORENTZ-Transformation des Spinors ξ^α entspricht also die Matrix

$$B = 1 - \frac{1}{2} (\vec{\sigma}\, \boldsymbol{n})\, \boldsymbol{\delta V} , \tag{18,12}$$

wobei $\boldsymbol{n}$ der Einheitsvektor in Richtung der Geschwindigkeit $\boldsymbol{\delta V}$ ist. Daraus kann man leicht die Transformation auch für eine endliche Geschwindigkeit $\boldsymbol{V}$ finden. Wir nutzen dazu den Umstand aus, daß eine LORENTZ-Transformation (geometrisch) die Drehung des 4-Koordinaten-Systems in der $\boldsymbol{tn}$-Ebene um den Winkel φ bedeutet; zwischen der Geschwindigkeit V und dem Winkel φ besteht die Beziehung $\operatorname{th} \varphi = V$.[1]) Zu einer infinitesimalen Transformation gehört der Winkel $\delta\varphi = \delta V$, und die Drehung um den endlichen Winkel φ wird durch $\varphi/\delta\varphi$-fache Drehung um $\delta\varphi$ erreicht. Wir erheben den Operator (18,12) in die Potenz $\varphi/\delta\varphi$, gehen zur Grenze $\delta\varphi \to 0$ über und bekommen

$$B = e^{-\frac{\varphi}{2} \boldsymbol{n} \vec{\sigma}} . \tag{18,13}$$

---

[1]) Wir erinnern daran, daß die Metrik in Ebenen, die die Zeitachse enthalten, pseudoeuklidisch ist.

Der mathematische Spin dieses Operators wird durch folgende Bemerkung klar: Auf Grund der Eigenschaften der PAULI-Matrizen sind alle geraden Potenzen von $\boldsymbol{n}\vec{\sigma}$ gleich 1, und alle ungeraden Potenzen sind $\boldsymbol{n}\vec{\sigma}$. Da die Entwicklungen von ch nur gerade und von sh nur ungerade Potenzen des Argumentes enthalten, ergibt sich endgültig

$$\mathrm{B} = \mathrm{ch}\frac{\varphi}{2} - \boldsymbol{n}\vec{\sigma}\,\mathrm{sh}\frac{\varphi}{2}, \qquad \mathrm{th}\,\varphi = V. \tag{18,14}$$

Die Matrizen B für die LORENTZ-Transformationen sind hermitesch: $\mathrm{B} = \mathrm{B}^+$.

Nun verfolgen wir eine infinitesimale Drehung des räumlichen Koordinatensystems. Dabei wird ein dreidimensionaler Vektor $\boldsymbol{a}$ gemäß

$$\boldsymbol{a}' = \boldsymbol{a} - [\overrightarrow{\delta\theta}\,\boldsymbol{a}] \tag{18,15}$$

transformiert, $\overrightarrow{\delta\theta}$ ist der Vektor für den infinitesimalen Drehwinkel. Die zugehörige Transformation eines Spinors kann ähnlich gefunden werden. Das ist aber nicht nötig, weil sich 4-Spinoren und 3-Spinoren bei räumlichen Drehungen gleich verhalten. Für die 3-Spinoren ist die Transformation bereits aus dem allgemeinen Zusammenhang zwischen dem Spinoroperator und dem Operator für eine infinitesimale Drehung bekannt:

$$\mathrm{B} = 1 + \frac{i}{2}\vec{\sigma}\,\overrightarrow{\delta\theta}. \tag{18,16}$$

Der Übergang zu endlichem Drehwinkel θ erfolgt wie der Übergang von (18,12) zu (18,14):

$$\mathrm{B} = \exp\left\{\frac{i\,\theta}{2}\boldsymbol{n}\vec{\sigma}\right\} = \cos\frac{\theta}{2} + i\,\boldsymbol{n}\vec{\sigma}\sin\frac{\theta}{2}, \tag{18,17}$$

$\boldsymbol{n}$ ist der Einheitsvektor in Richtung der Drehachse. Diese Matrix ist unitär ($\mathrm{B}^+ = \mathrm{B}^{-1}$), wie es für eine räumliche Drehung sein muß.

§ 19. Spiegelung von Spinoren

Bei der Besprechung der dreidimensionalen Theorie der Spinoren (in III) haben wir deren Verhalten bei einer räumlichen Spiegelung nicht untersucht, weil das in der nichtrelativistischen Theorie zu keinen neuen physikalischen Ergebnissen führen würde. Wir befassen uns aber jetzt mit diesem Problem, um die anschließende Behandlung der Eigenschaften von 4-Spinoren bei Spiegelungen vorzubereiten.

Eine Spiegelung ändert das Vorzeichen eines Axialvektors nicht; der Spinvektor ist ein Axialvektor. Deshalb ändert sich auch dessen Projektion s_z nicht. Bei einer Spiegelung kann also jede Spinorkomponente nur in sich selbst transformiert werden, d. h., es muß

$$\psi^\alpha \to P\,\psi^\alpha \tag{19,1}$$

gelten, wobei P ein konstanter Faktor ist. Im Fall von Spinoren kann man die Rückkehr zur ursprünglichen Lage verschieden auffassen: als Drehung um

0° oder um 360°. Für Spinoren sind diese beiden Definitionen nicht äquivalent, weil ψ^α bei einer Drehung um 360° sein Vorzeichen wechselt. Es sind also zwei Alternativen für eine Spiegelung möglich: einmal

$$P^2 = 1\,, \qquad P = \pm 1 \tag{19,2}$$

und zum anderen

$$P^2 = -1\,, \qquad P = \pm i\,. \tag{19,3}$$

Dabei ist wesentlich, daß der Begriff der Spiegelung für alle Spinoren in gleicher Weise definiert werden muß. Es ist unzulässig, daß sich verschiedene Spinoren bei einer Spiegelung verschieden verhalten (gemäß (19,2) oder (19,3)); denn dann könnte man nicht aus zwei beliebigen Spinoren einen Skalar (oder Pseudoskalar) bilden. Wenn sich der Spinor ψ^α gemäß (19,2) und φ^α gemäß (19,3) transformieren würden, dann müßte die Größe $\psi^\alpha \varphi_\alpha$ bei einer Spiegelung mit $\pm i$ multipliziert werden, damit sie invariant bleibt (oder nur ihr Vorzeichen ändert).

Es muß unterstrichen werden, daß es (bei einer beliebigen Definition der Spiegelung) keinen absoluten Sinn hat, ob man einem Spinor diese oder jene bestimmte Parität zuschreibt; denn die Spinoren wechseln bei einer Drehung um 2π ihr Vorzeichen, und eine solche Drehung kann man immer gleichzeitig mit einer Spiegelung ausführen. Absolute Bedeutung hat dagegen die „relative Parität" zweier Spinoren, die als Parität des Skalars $\psi^\alpha \varphi_\alpha$ definiert wird. Da bei einer Drehung um 2π alle Spinoren ihr Vorzeichen wechseln, wirkt sich die davon herrührende Unbestimmtheit auf die Parität des angegebenen Skalars nicht aus.

Wir kommen jetzt zu den vierdimensionalen Spinoren.

Da eine Spiegelung nur die Vorzeichen dreier (x, y, z) der vier Koordinaten (t, x, y, z) ändert, ist sie mit räumlichen Drehungen vertauschbar; sie kommutiert aber nicht mit Transformationen, die die Richtung der t-Achse umkehren. L sei die Lorentz-Transformation zu dem mit der Geschwindigkeit $\boldsymbol{V}$ bewegten Bezugssystem; es gilt dann $\mathrm{P\,L} = \mathrm{L'\,P}$, wenn L′ die Transformation zu dem mit $-\boldsymbol{V}$ bewegten Bezugssystem ist.

Daraus folgt, daß sich die Komponenten eines 4-Spinors ξ^α bei einer Spiegelung nicht untereinander transformieren können. Würde die Spiegelung des Spinors ξ^α wie oben durch die Transformation (19,1) realisiert werden (d. h. durch eine zur Einheitsmatrix proportionale Matrix), dann würde sie mit allen Lorentz-Transformationen kommutieren, was offensichtlich nicht sein darf (denn die Operationen L und L′ sind, auf ξ^α angewandt, bekanntlich nicht gleich).

Eine Spiegelung muß also die Spinorkomponenten ξ^α in andere Größen transformieren. Solche Größen können nur die Komponenten eines anderen Spinors $\eta^{\dot\alpha}$ sein, der ein anderes Transformationsverhalten zeigt als ξ^α. Da eine Spiegelung (wie schon oben bemerkt) die z-Projektion des Spins unverändert läßt, können die Komponenten ξ^1 und ξ^2 bei einer Spiegelung nur in die Komponenten $\eta_{\dot 1}$ und $\eta_{\dot 2}$ übergehen, denn diese entsprechen denselben

Werten $s_z = 1/2$ und $s_z = -1/2$. Versteht man unter einer Spiegelung eine Operation, die bei zweimaliger Anwendung 1 ergibt, so kann man ihre Wirkung durch die Formeln

$$\xi^\alpha \to \eta_{\dot\alpha}\,, \qquad \eta_{\dot\alpha} \to \xi^\alpha \tag{19,4}$$

ausdrücken (für die kovarianten Komponenten ξ_α und die kontravarianten $\eta^{\dot\alpha}$ haben diese Transformationen das entgegengesetzte Vorzeichen:

$$\xi_\alpha \to -\eta^{\dot\alpha}\,, \qquad \eta^{\dot\alpha} \to -\xi_\alpha\,, \tag{19,4a}$$

denn Hoch- und Herunterziehen eines Index erfolgt mit verschiedenen Vorzeichen; s. (17,5) und (17,9)).[1]) Nimmt man für eine Spiegelung $P^2 = -1$ an, dann ergeben sich die Formeln

$$\xi^\alpha \to i\,\eta_{\dot\alpha}\,, \qquad \eta_{\dot\alpha} \to i\,\xi^\alpha \tag{19,5}$$

oder

$$\xi_\alpha \to -i\,\eta^{\dot\alpha}\,, \qquad \eta^{\dot\alpha} \to -i\,\xi_\alpha\,. \tag{19,5a}$$

Es besteht folgender Unterschied im Wesen der beiden Definitionen für eine Spiegelung: Nach der zweiten Definition transformieren sich konjugiert komplexe Spinoren gleichartig. Für $\Xi_\alpha = \eta^*_{\dot\alpha}$, $H^{\dot\alpha} = \xi^{\alpha *}$ bekommen wir aus (19,5) $\Xi_\alpha \to -i\,H^{\dot\alpha}$, $H^{\dot\alpha} \to -i\,\Xi_\alpha$, d. h. dieselbe Regel wie für ξ_α und $\eta^{\dot\alpha}$. Mit der Definition (19,4) erhielten wir die Transformation $\Xi_\alpha \to H^{\dot\alpha}$, $H^{\dot\alpha} \to \Xi_\alpha$ mit anderen Vorzeichen als die Transformation der Spinoren ξ_α und $\eta^{\dot\alpha}$. Die möglichen physikalischen Aspekte dieses Unterschiedes werden wir in § 27 kennenlernen.

Im folgenden werden wir, um etwas Bestimmtes vor Augen zu haben, immer die Definition (19,5) zugrunde legen.

Hinsichtlich der Untergruppe der Drehungen transformieren sich die Spinoren ξ^α und $\eta_{\dot\alpha}$, wie wir wissen, gleichartig. Durch Bildung der Kombinationen

$$\xi^\alpha \pm \eta_{\dot\alpha} \tag{19,6}$$

bekämen wir Größen, die sich bei einer Spiegelung nach (19,1) mit $P = \pm i$ transformieren würden. Diese Kombinationen verhalten sich aber nicht bei allen Transformationen der LORENTZ-Gruppe wie Spinoren.

Bezieht man die Spiegelung in die Symmetriegruppe ein, dann muß man gleichzeitig Paare von Spinoren $(\xi^\alpha, \eta_{\dot\alpha})$ betrachten; ein solches Paar bezeichnet man als einen *Bispinor* (erster Stufe). Die vier Komponenten eines Bispinors realisieren eine irreduzible Darstellung der vollen LORENTZ-Gruppe.

Das Skalarprodukt zweier Bispinoren $(\xi^\alpha, \eta_{\dot\alpha})$ und $(\Xi^\alpha, H_{\dot\alpha})$ kann auf zwei verschiedene Arten gebildet werden. Die Größe

$$\xi^\alpha\,\Xi_\alpha + \eta_{\dot\alpha}\,H^{\dot\alpha} \tag{19,7}$$

---

[1]) Die Definition (19,4) ist natürlich in der bekannten Weise willkürlich wegen der Unabhängigkeit der Größen ξ^α und $\eta_{\dot\alpha}$. Führen wir zum Beispiel statt $\eta_{\dot\alpha}$ den neuen Spinor $\eta'_{\dot\alpha} = e^{i\delta}\,\eta_{\dot\alpha}$ ein, so erhalten wir statt (19,4) die äquivalente Definition:

$$\xi^\alpha \to e^{-i\delta}\,\eta'_{\dot\alpha}\,, \qquad \eta'_{\dot\alpha} \to e^{i\delta}\,\xi^\alpha\,.$$

ändert sich bei einer Spiegelung überhaupt nicht, d. h., sie ist ein Skalar. Die Größe

$$\xi^{\alpha} \Xi_{\alpha} - \eta_{\dot{\alpha}} H^{\dot{\alpha}} \tag{19,8}$$

bleibt bei Drehungen des 4-Koordinaten-Systems ebenfalls invariant, bei einer Spiegelung wechselt sie ihr Vorzeichen. Diese Größe ist mit anderen Worten ein Pseudoskalar.

Auch ein Spinor zweiter Stufe $\zeta^{\alpha\dot{\beta}}$ kann auf zwei Arten definiert werden. Definieren wir als Transformationsverhalten

$$\zeta^{\alpha\dot{\beta}} \sim \xi^{\alpha} H^{\dot{\beta}} + \Xi^{\alpha} \eta^{\dot{\beta}} , \tag{19,9}$$

dann erhalten wir Größen mit folgenden Transformationseigenschaften bei einer Spiegelung

$$\zeta^{\alpha\dot{\beta}} \rightarrow \zeta_{\dot{\alpha}\beta} . \tag{10,10}$$

Der diesem Spinor äquivalente 4-Vektor transformiert sich (nach den Formeln (18,1)) dabei so: $(a^0, \boldsymbol{a}) \rightarrow (a^0, -\boldsymbol{a})$, d. h., er ist ein echter 4-Vektor (der dreidimensionale Vektor $\boldsymbol{a}$ ist ein polarer Vektor).

Man kann aber $\zeta^{\alpha\dot{\beta}}$ auch gemäß

$$\zeta^{\alpha\dot{\beta}} \sim \xi^{\alpha} H^{\dot{\beta}} - \Xi^{\alpha} \eta^{\dot{\beta}} \tag{19,11}$$

definieren, dann gilt[1])

$$\zeta^{\alpha\dot{\beta}} \rightarrow - \zeta_{\dot{\alpha}\beta} . \tag{19,12}$$

Einem solchen Spinor entspricht ein 4-Vektor, für den eine Spiegelung die Transformation $(a^0, \boldsymbol{a}) \rightarrow (-a^0, \boldsymbol{a})$ bedeutet, d. h. ein Pseudovektor (der dreidimensionale Vektor $\boldsymbol{a}$ ist ein Axialvektor).

Symmetrische Spinoren zweiter Stufe mit gleichartigen Indizes werden durch die Transformationsvorschriften

$$\xi^{\alpha\beta} \sim \xi^{\alpha} \Xi^{\beta} + \xi^{\beta} \Xi^{\alpha} , \qquad \eta_{\dot{\alpha}\dot{\beta}} \sim \eta_{\dot{\alpha}} H_{\dot{\beta}} + \eta_{\dot{\beta}} H_{\dot{\alpha}} \tag{19,13}$$

definiert. Bei einer Spiegelung gehen sie ineinander über:

$$\xi^{\alpha\beta} \rightarrow - \eta_{\dot{\alpha}\dot{\beta}} . \tag{19,14}$$

Ein Paar $(\xi^{\alpha\beta}, \eta_{\dot{\alpha}\dot{\beta}})$ bildet einen Bispinor zweiter Stufe. Die Zahl seiner unabhängigen Komponenten ist $3 + 3 = 6$. Die gleiche Zahl unabhängiger Komponenten hat ein antisymmetrischer 4-Tensor zweiter Stufe $a^{\mu\nu}$. Zwischen diesen beiden Größen muß also ein bestimmter Zusammenhang bestehen (beide realisieren äquivalente, irreduzible Darstellungen der vollen Lorentz-Gruppe).

Bei Transformationen der eigentlichen Lorentz-Gruppe transformieren sich die $\xi^{\alpha\beta}$ und $\eta_{\dot{\alpha}\dot{\beta}}$ unabhängig voneinander; deshalb muß man aus den Komponenten des 4-Tensors $a^{\mu\nu}$ zwei Gruppen von Größen bilden können, die sich bei allen Drehungen des 4-Koordinaten-Systems jeweils nur innerhalb einer Gruppe transformieren. Diese Zerlegung geschieht folgendermaßen.

---

1) Die Transformationsvorschriften (19,10) und (19,12), die sich im Vorzeichen auf der rechten Seite unterscheiden, sind keineswegs äquivalent; denn auf beiden Seiten stehen die Komponenten des gleichen Spinors (s. die Fußnote auf S. 74).

Wir führen den dreidimensionalen polaren Vektor $\boldsymbol{p}$ und den dreidimensionalen Axialvektor $\boldsymbol{a}$ in folgender Beziehung zu den Komponenten des 4-Tensors $a^{\mu\nu}$ ein:

$$a^{\mu\nu} = \begin{pmatrix} 0 & p_x & p_y & p_z \\ -p_x & 0 & -a_z & a_y \\ -p_y & a_z & 0 & -a_x \\ -p_z & -a_y & a_x & 0 \end{pmatrix} \equiv (\boldsymbol{p}, \boldsymbol{a}) \tag{19,15}$$

($(\boldsymbol{p}, \boldsymbol{a})$ werden wir als Kurzbezeichnung zur Angabe der Komponenten eines solchen Tensors verwenden). Es ist $a_{\mu\nu} = (-\boldsymbol{p}, \boldsymbol{a})$ und von den beiden Größen

$$\boldsymbol{a}^2 - \boldsymbol{p}^2 = \frac{1}{2} a_{\mu\nu} a^{\mu\nu}, \qquad \boldsymbol{a}\,\boldsymbol{p} = \frac{1}{2} e^{\mu\nu\varrho\sigma} a^{\mu\nu} p^{\varrho\sigma}$$

ist die erste ein Skalar und die zweite ein Pseudoskalar. Bei eigentlichen LORENTZ-Transformationen sind beide in gleicher Weise invariant. Ferner sind auch die Quadrate der dreidimensionalen Vektoren $\boldsymbol{f}^{\pm} = \boldsymbol{p} \pm i\,\boldsymbol{a}$ invariant. Das bedeutet, daß jede Drehung im vierdimensionalen Raum für die Vektoren $\boldsymbol{f}^{\pm}$ einer „Drehung" im dreidimensionalen Raum um im allgemeinen komplexe Winkel äquivalent ist (den sechs Drehwinkeln im vierdimensionalen Raum entsprechen drei komplexe „Drehwinkel" des dreidimensionalen Systems). Eine räumliche Spiegelung ändert das Vorzeichen von $\boldsymbol{p}$ (aber nicht von $\boldsymbol{a}$) und vertauscht die Vektoren $\boldsymbol{f}^+$ und $-\boldsymbol{f}^-$ miteinander. Die Komponenten dieser beiden Vektoren bilden die beiden gesuchten Gruppen von Größen, die aus den Komponenten des Tensors $a^{\mu\nu}$ gebildet werden.

Nunmehr wird auch der Zusammenhang zwischen den Komponenten des 4-Tensors $a^{\mu\nu}$ und der Spinoren $\xi^{\alpha\beta}$ und $\eta_{\dot{\alpha}\dot{\beta}}$ offenbar. Da die räumlichen Drehungen als Untergruppe in der LORENTZ-Gruppe enthalten sind, müssen zwischen den Spinorkomponenten und den Komponenten eines dreidimensionalen Vektors dieselben Beziehungen wie für dreidimensionale Spinoren bestehen:

$$\left.\begin{aligned} f_x^+ &= \frac{1}{2}(\xi^{22} - \xi^{11}), & f_y^+ &= \frac{i}{2}(\xi^{22} + \xi^{11}), & f_z^+ &= \xi^{12}; \\ f_x^- &= \frac{1}{2}(\eta_{\dot{2}\dot{2}} - \eta_{\dot{1}\dot{1}}), & f_y^- &= \frac{i}{2}(\eta_{\dot{2}\dot{2}} + \eta_{\dot{1}\dot{1}}), & f_z^- &= \eta_{\dot{1}\dot{2}}. \end{aligned}\right\} \tag{19,16}$$

Aufgabe

Es ist der allgemeine Zusammenhang zwischen Spinoren gerader Stufen und 4-Tensoren herzustellen.

Lösung. Alle Spinoren mit geradzahligem $k + l$ realisieren eindeutige irreduzible Darstellungen der vollen LORENTZ-Gruppe und sind daher denjenigen 4-Tensoren äquivalent, die dieselben Darstellungen realisieren[1]).

[1]) Spinoren ungerader Stufe realisieren zweideutige Darstellungen der Gruppe: Eine räumliche Drehung um 360° ändert das Vorzeichen der Spinoren, so daß jedem Gruppenelement zwei Matrizen mit entgegengesetzten Vorzeichen entsprechen.

Ein Spinor der Stufe (k, k) transformiert sich bei einer Spiegelung gemäß

$$\zeta^{\alpha\beta\ldots\dot{\gamma}\dot{\delta}\ldots} \rightarrow \pm \zeta_{\dot{\alpha}\dot{\beta}\ldots\gamma\delta\ldots} \,. \tag{1}$$

Ein solcher Spinor ist einem symmetrischen irreduziblen 4-Tensor der Stufe k — einem echten oder einem Pseudotensor, je nach dem Vorzeichen in (1) — äquivalent.

Spinoren der Stufen (k, l) und (l, k), die einen Bispinor bilden, transformieren sich bei einer Spiegelung so:

$$\zeta^{\overbrace{\alpha\beta\ldots}^{k}\overbrace{\dot{\gamma}\dot{\delta}\ldots}^{l}} \rightarrow (-1)^{\frac{k-l}{2}} \chi_{\underbrace{\dot{\alpha}\dot{\beta}\ldots}_{k}\underbrace{\gamma\delta\ldots}_{l}} \,. \tag{2}$$

Für $l = k + 2$ ist ein Bispinor einem irreduziblen 4-Tensor $a_{[\mu\nu]\varrho\sigma\ldots}$ der Stufe $k+2$ äquivalent, der in den Indizes $[\mu\,\nu]$ antisymmetrisch und in allen anderen Indizes symmetrisch ist. Die Irreduzibilität dieses Tensors bedeutet, daß die Verjüngung in zwei beliebigen Indizes verschwindet und daß der in drei beliebigen Indizes duale Tensor verschwindet (d. h. $e^{\lambda\mu\nu\varrho}\, a_{[\mu\nu]\varrho\sigma\ldots} = 0$). Die letztere Bedingung hat zur Folge, daß die zyklische Summe in drei Indizes — μ, ν und einem (beliebigen) anderen — für diesen Tensor Null ist.

Für $l = k+4$ ist ein Bispinor dem irreduziblen 4-Tensor $a_{[\lambda\mu][\nu\varrho]\sigma\tau\ldots}$ der Stufe $k + 4$ mit folgenden Eigenschaften äquivalent: Er ist antismmetrisch in den Indexpaaren $[\lambda\,\mu]$, und $[\nu\,\varrho]$, symmetrisch in allen anderen Indizes, symmetrisch bei der Vertauschung der Indizes $[\lambda\,\mu]$ mit den Indizes $[\nu\,\varrho]$, er verschwindet bei der Verjüngung in zwei beliebigen Indizes und bei der Bildung des dualen Tensors in drei beliebigen Indizes.

Allgemein ist ein Bispinor für $l = k + 2\,n$ einem irreduziblen 4-Tensor der Stufe $k + 2\,n$ äquivalent, der in n Indexpaaren antisymmetrisch und in den restlichen k Indizes symmetrisch ist.[1])

§ 20. Die Dirac-Gleichung in Spinorschreibweise

Ein Teilchen mit dem Spin 1/2 wird in seinem Ruhsystem durch eine zweikomponentige Wellenfunktion beschrieben — durch einen dreidimensionalen Spinor. Vierdimensional kann diesem ein 4-Spinor mit einem gewöhnlichen oder einem punktierten Index entsprechen. Zur Beschreibung des Teilchens in einem beliebigen Bezugssystem werden beide 4-Spinoren benötigt, wir bezeichnen sie mit ξ^{α} und $\eta_{\dot{\alpha}}$.[2])

Der Operator für den 4-Impuls $\mathrm{p}_{\mu} = i\,\partial_{\mu}$ ist (wie schon in § 10 gesagt wurde) für ein freies Teilchen der einzige Operator, der in die Wellengleichung eingehen kann. In Spinorschreibweise entspricht diesem 4-Vektor der Spinor-

[1]) In mehreren (drei, vier usw.) Indizes antisymmetrische 4-Tensoren kommen in dieser Klassifizierung aus folgendem offensichtlichen Grund nicht vor: Ein antisymmetrischer Tensor dritter Stufe ist einem Pseudovektor äquivalent (dual), ein antisymmetrischer Tensor vierter Stufe reduziert sich auf einen Skalar (ist dem Einheitspseudotensor $e^{\lambda\mu\nu\varrho}$ proportional). Eine Antisymmetrie in noch mehr Indizes ist im vierdimensionalen Raum überhaupt unmöglich.

[2]) Ein dreidimensionaler Spinor erster Stufe kann auch aus 4-Spinoren höherer ungerader Stufen „hervorgehen", die im Ruhsystem in einem oder mehreren Indexpaaren antisymmetrisch werden. Solche Varianten würden jedoch zu Gleichungen höherer Ordnungen führen (s. die Fußnote [1]) auf S. 38).

operator $p_{\alpha\dot\beta}$ mit

$$\left.\begin{aligned} p^{1\dot1} &= p_{2\dot2} = p_z + p_0\,, & p^{2\dot2} &= p_{1\dot1} = p_0 - p_z\,,\\ p^{1\dot2} &= -\,p_{2\dot1} = p_x - i\,p_y\,, & p^{2\dot1} &= -\,p_{1\dot2} = p_x + i\,p_y\,.\end{aligned}\right\} \tag{20,1}$$

Die Wellengleichung stellt mit Hilfe des Operators $p_{\alpha\dot\beta}$ einen linearen differentiellen Zusammenhang zwischen den Spinorkomponenten her. Die Forderung nach relativistischer Invarianz läßt nur das folgende Gleichungssystem zu:

$$\left.\begin{aligned} p^{\alpha\dot\beta}\,\eta_{\dot\beta} &= m\,\xi^\alpha\,,\\ p_{\dot\beta\alpha}\,\xi^\alpha &= m\,\eta_{\dot\beta}\,,\end{aligned}\right\} \tag{20,2}$$

wobei m ein Dimensionsfaktor ist. Es hätte keinen Sinn, in diese beiden Gleichungen verschiedene Konstanten m_1 und m_2 einzuführen (oder das Vorzeichen von m zu ändern), weil durch eine Umdefinition von ξ^α und $\eta_{\dot\alpha}$ die Gleichungen immer wieder in die ursprüngliche Gestalt gebracht werden könnten.

Wir eliminieren aus den Gleichungen (20,2) einen der beiden Spinoren, indem wir $\eta_{\dot\beta}$ aus der zweiten Gleichung in die erste einsetzen:

$$p^{\alpha\dot\beta}\,\eta_{\dot\beta} = \frac{1}{m}\,p^{\alpha\dot\beta}\,p_{\gamma\dot\beta}\,\xi^\gamma = m\,\xi^\alpha\,.$$

Nach (18,4) ist aber $p^{\alpha\dot\beta}\,p_{\gamma\dot\beta} = p^2\,\delta^\alpha_\gamma$, und wir bekommen

$$(p^2 - m^2)\,\xi^\gamma = 0\,, \tag{20,3}$$

woraus zu ersehen ist, daß m die Masse des Teilchens ist.

Wir machen auf folgenden Sachverhalt aufmerksam: Man muß gleichzeitig zwei Spinoren (ξ^α und $\eta_{\dot\alpha}$) betrachten, weil die Masse in die Wellengleichung einzuführen ist. Mit nur einem Spinor kann man keine relativistisch invariante Gleichung aufstellen, die irgendeinen dimensionsbehafteten Parameter enthält. Die Wellengleichung wird automatisch invariant gegenüber einer räumlichen Spiegelung, wenn man die Transformation der Wellenfunktion folgendermaßen definiert:

$$P\colon \qquad \xi^\alpha \to i\,\eta_{\dot\alpha}\,, \qquad \eta_{\dot\alpha} \to i\,\xi^\alpha\,. \tag{20,4}$$

Bei dieser Substitution (und dem gleichzeitigen Übergang $p^{\dot\alpha\beta} \to p_{\alpha\dot\beta}$, der aus den Formeln (20,1) zu ersehen ist) geht eine Gleichung in (20,2) in die andere über. Zwei Spinoren, die bei einer Spiegelung ineinander übergehen, bilden eine vierkomponentige Größe — einen Bispinor.

Die durch das System (20,2) wiedergegebene relativistische Wellengleichung heißt Dirac-*Gleichung* (sie ist 1928 von Dirac aufgestellt worden). Für spätere Untersuchungen und Anwendungen dieser Gleichung sehen wir uns verschiedene Formeln derselben an.

$$\left.\begin{aligned} (p_0 + p\,\vec\sigma)\,\eta &= m\,\xi\,,\\ (p_0 - p\,\vec\sigma)\,\xi &= m\,\eta\,.\end{aligned}\right\} \tag{20,5}$$

Hier bedeuten die Symbole ξ und η zweikomponentige Größen — Spinoren:

$$\xi = \begin{pmatrix} \xi^1 \\ \xi^2 \end{pmatrix}, \qquad \eta = \begin{pmatrix} \eta_{\dot 1} \\ \eta_{\dot 2} \end{pmatrix} \tag{20,6}$$

(der erste mit oberen, der zweite mit unteren Indizes). Die Multiplikation der σ-Matrizen mit einer beliebigen zweikomponentigen Größe f erfolgt hier und später immer nach der üblichen Regel für die Matrizenmultiplikation

$$(\sigma f)_\alpha = \sigma_{\alpha\beta} f_\beta \,. \tag{20,7}$$

f wird als Spalte $\begin{pmatrix} f_1 \\ f_2 \end{pmatrix}$ geschrieben, weil jede Zeile von σ mit der Spalte f zu multiplizieren ist.

Um später darauf verweisen zu können, schreiben wir die PAULI-Matrizen noch einmal auf:

$$\sigma_x = \begin{pmatrix} 0 & 1 \\ 1 & 0 \end{pmatrix}, \qquad \sigma_y = \begin{pmatrix} 0 & -i \\ i & 0 \end{pmatrix}, \qquad \sigma_z = \begin{pmatrix} 1 & 0 \\ 0 & -1 \end{pmatrix} \tag{20,8}$$

und erinnern an ihre Grundeigenschaften:

$$\left.\begin{aligned} \sigma_i \sigma_k + \sigma_k \sigma_i &= 2\,\delta_{ik}\,, \\ \sigma_i \sigma_k &= i\, e_{ikl}\, \sigma_l + \delta_{ik} \end{aligned}\right\} \tag{20,9}$$

(s. III, § 55).

Wir wollen auch die Wellengleichung für die konjugiert komplexe Wellenfunktion aus den Spinoren

$$\xi^* = (\xi^{1*}, \xi^{2*})\,, \qquad \eta^* = (\eta^*_{\dot 1}, \eta^*_{\dot 2}) \tag{20,10}$$

aufschreiben. Da alle Operatoren p_μ den Faktor i enthalten, ist $\mathrm{p}^*_\mu = -\,\mathrm{p}_\mu$. Wir bilden das konjugiert Komplexe von beiden Seiten der Gleichungen (20,5) und beachten, daß wegen der Hermitezität der σ-Matrizen ($\sigma^* = \tilde\sigma$)

$$(\sigma f)^*_\alpha = \sigma^*_{\alpha\beta} f^*_\beta = f^*_\beta\, \sigma_{\beta\alpha} = (f^* \sigma)_\alpha$$

gilt. Es ergeben sich Gleichungen der Gestalt

$$\left.\begin{aligned} \eta^* (\mathrm{p}_0 + \mathbf{p}\,\vec\sigma) &= -\,m\,\xi^*\,, \\ \xi^* (\mathrm{p}_0 - \mathbf{p}\,\vec\sigma) &= -\,m\,\eta^*\,. \end{aligned}\right\} \tag{20,11}$$

Bei dieser Schreibweise ist zu bemerken, daß die Operatoren p^μ auf die Funktion links von ihnen wirken. Die Größen ξ^* und η^* werden entsprechend der Matrizenmultiplikation in diesen Gleichungen als Zeilen geschrieben. Eine Zeile f ist mit den Spalten der σ-Matrizen zu multiplizieren:

$$(f^* \sigma)_\alpha = f^*_\beta\, \sigma_{\beta\alpha}\,. \tag{20,12}$$

Bei einer Spiegelung transformieren sich ξ^* und η^* nach den zu (20,4) konjugiert komplexen Transformationen

$$P: \quad \xi^{\alpha *} \to -\,i\,\eta^*_{\dot\alpha}\,, \qquad \eta^*_{\dot\alpha} \to -\,i\,\xi^{\alpha *}\,. \tag{20,13}$$

§ 21. Symmetrische Form der DIRAC-Gleichung

Die Spinorschreibweise für die DIRAC-Gleichung ist insofern ganz natürlich, als sie unmittelbar deren relativistische Invarianz zum Ausdruck bringt. Bei Anwendungen können jedoch andere Darstellungen der Wellengleichung zweckmäßiger sein. Solche Darstellungen ergeben sich durch andere Wahl der vier unabhängigen Komponenten der Wellenfunktion.

Wir werden die vierkomponentige Wellenfunktion mit ψ bezeichnen (die Komponenten sind ψ_i, $i = 1, 2, 3, 4$). In Spinorschreibweise ist das ein Bispinor

$$\psi = \begin{pmatrix} \xi \\ \eta \end{pmatrix}. \tag{21,1}$$

Mit demselben Recht können wir aber beliebige, voneinander unabhängige Linearkombinationen der Spinorkomponenten von ξ und η als unabhängige Komponenten von ψ wählen.[1]) Wir wollen dabei die zulässigen linearen Transformationen nur durch die Unitaritätsforderung einschränken; solche Transformationen lassen die aus ψ und ψ^* gebildeten bilinearen Formen unverändert (§ 28).

Bei willkürlicher Wahl der Komponenten von ψ kann man die DIRAC-Gleichung allgemein in die Form

$$\mathrm{p}_\mu \gamma^\mu_{ik} \psi_k = m \psi_i$$

bringen, wobei die γ^μ ($\mu = 0, 1, 2, 3$) gewisse vierreihige Matrizen (DIRAC-*Matrizen*) sind. Wir werden diese Gleichung gewöhnlich in symbolischer Form schreiben und die Matrixindizes weglassen:

$$(\gamma \mathrm{p} - m) \psi = 0 \tag{21,2}$$

mit

$$\gamma \mathrm{p} \equiv \gamma^\mu \mathrm{p}_\mu = \mathrm{p}_0 \gamma^0 - \mathbf{p} \vec{\gamma} = i \gamma^0 \frac{\partial}{\partial t} + i \vec{\gamma} \nabla , \qquad \vec{\gamma} = (\gamma^1, \gamma^2, \gamma^3) .$$

Zur Spinorschreibweise der Gleichung mit den Komponenten (21,1) für ψ gehören die Matrizen[2])

$$\gamma^0 = \begin{pmatrix} 0 & 1 \\ 1 & 0 \end{pmatrix}, \quad \vec{\gamma} = \begin{pmatrix} 0 & -\vec{\sigma} \\ \vec{\sigma} & 0 \end{pmatrix}, \tag{21,3}$$

was man leicht erkennen kann, wenn man die Gleichungen (20,5) in der Gestalt

$$\begin{pmatrix} 0 & \mathrm{p}_0 - \mathbf{p}\vec{\sigma} \\ \mathrm{p}_0 - \mathbf{p}\vec{\sigma} & 0 \end{pmatrix} \begin{pmatrix} \xi \\ \eta \end{pmatrix} = m \begin{pmatrix} \xi \\ \eta \end{pmatrix}$$

schreibt und mit (21,2) vergleicht.

Im allgemeinen müssen die γ-Matrizen nur die Bedingungen erfüllen, die die Gleichung $\mathrm{p}^2 = m^2$ gewährleisten. Um diese Bedingungen zu finden, multipli-

[1]) Der Kürze halber werden wir die vierkomponentige Größe ψ auch dann als Bispinor bezeichnen, wenn wir nicht die Spinorschreibweise verwenden.

[2]) Hier und im folgenden benutzen wir eine Kurzschreibweise für vierreihige Matrizen: Jedes Symbol in den Ausdrücken (21,3) bedeutet eine zweireihige Matrix.

zieren wir die Gleichung (21,2) von links mit γ p und bekommen

$$(\gamma^\mu p_\mu)(\gamma^\nu p_\nu)\psi = m(p_\mu \gamma^\mu)\psi = m^2 \psi .$$

Da $p_\mu p_\nu$ ein symmetrischer Tensor ist (alle Operatoren p_μ sind miteinander vertauschbar), können wir diese Gleichung umformen in

$$\frac{1}{2} p_\mu p_\nu (\gamma^\mu \gamma^\nu + \gamma^\nu \gamma^\mu)\psi = m^2 \psi .$$

Es muß also

$$\gamma^\mu \gamma^\nu + \gamma^\nu \gamma^\mu = 2 g^{\mu\nu} \tag{21,4}$$

erfüllt sein. Alle Paare verschiedener γ^μ-Matrizen antikommutieren demzufolge und die Quadrate sind

$$(\gamma^1)^2 = (\gamma^2)^2 = (\gamma^3)^3 = -1 , \quad (\gamma^0)^2 = 1 . \tag{21,5}$$

Bei einer beliebigen unitären Transformation der Komponenten von ψ ($\psi' = U\psi$ mit einer unitären Matrix U) transformieren sich die γ-Matrizen gemäß

$$\gamma' = U \gamma U^{-1} = U \gamma U^+ \tag{21,6}$$

(so daß die Gleichung $(\gamma p - m)\psi = 0$ in $(\gamma' p - m)\psi' = 0$ übergeht). Die Vertauschungsregeln (21,4) bleiben dabei selbstverständlich unverändert.

Die Matrix γ^0 in (21,3) ist hermitesch, die Matrizen $\vec{\gamma}$ sind antihermitesch. Diese Eigenschaften bleiben bei einer beliebigen unitären Transformation (21,6) erhalten, und es gelten immer[1])

$$\vec{\gamma}^+ = -\vec{\gamma} , \quad \gamma^{0+} = \gamma^0 . \tag{21,7}$$

Wir wollen auch die Gleichung für die konjugiert komplexe Funktion ψ^* aufschreiben. Wir bilden das konjugiert Komplexe der Gleichung (21,2), beachten die Eigenschaften (21,7) und bekommen

$$(-p_0 \tilde{\gamma}_0 - \mathbf{p}\tilde{\vec{\gamma}} - m)\psi^* = 0 .$$

ψ^* vertauschen wir entsprechend $\tilde{\gamma}^\mu \psi^* = \psi^* \gamma^\mu$ und multiplizieren dann die ganze Gleichung von rechts mit γ^0. Ferner benutzen wir $\vec{\gamma}\gamma^0 = -\gamma^0 \vec{\gamma}$; führen wir noch den neuen Bispinor

$$\overline{\psi} = \psi^* \gamma^0 , \quad \psi^* = \overline{\psi}\gamma^0 \tag{21,8}$$

ein, so erhalten wir

$$\overline{\psi}(\gamma p + m) = 0 . \tag{21,9}$$

Wie schon in (20,11) soll der Operator p hier auf die links davon stehende Funktion angewandt werden. Die Funkiton $\overline{\psi}$ wird als DIRAC-*adjungierte* (oder relativistisch adjungierte) Funktion zu ψ bezeichnet. Der Faktor γ^0 in dieser Definition bewirkt folgendes: Er vertauscht (in der Spinorschreibweise) die Spinoren ξ^* und η^* so, daß in $\overline{\psi} = (\eta^*, \xi^*)$ der erste Spinor einen gewöhnlichen und der

---

1) Man kann diese Gleichungen in folgender Form zusammenfassen:

$$\gamma^{\lambda +} = \gamma^0 \gamma^\lambda \gamma^0 . \tag{21,7a}$$

zweite einen punktierten Index (wie in ψ) hat. Aus diesem Grunde ist $\overline{\psi}$ ein günstigerer „Partner“ (als ψ^*) für ψ, wenn diese beiden zum Beispiel zusammen in den verschiedenen bilinearen Kombinationen vorkommen (s. § 28).

Eine Spiegelung kann für die Wellenfunktion in der Gestalt

$$P:\quad \psi \to i\,\gamma^0\,\psi\,, \qquad \overline{\psi} \to -\,i\,\overline{\psi}\,\gamma^0 \tag{21,10}$$

geschrieben werden. In Spinorschreibweise für ψ vertauscht die Matrix γ^0, wie es bei einer Spiegelung sein muß, die Komponenten ξ und η. Im allgemeinen ist die Invarianz der Dirac-Gleichung gegenüber der Transformation (21,10) unmittelbar evident: Ersetzen wir in der Gleichung (21,2) $\mathbf{p} \to -\mathbf{p}$ und gleichzeitig $\psi \to i\,\gamma^0\,\psi$, so bekommen wir

$$(\mathrm{p}_0\,\gamma^0 + \mathbf{p}\,\vec{\gamma} - m)\,\gamma^0\,\psi = 0\,.$$

Diese Gleichung multiplizieren wir von links mit γ^0, beachten die Antikommutativität von γ^0 und $\vec{\gamma}$ und gelangen zur ursprünglichen Gleichung zurück.

Wir multiplizieren die Gleichung $(\gamma\,\mathrm{p} - m)\,\psi = 0$ von links mit $\overline{\psi}$, die Gleichung $\overline{\psi}\,(\gamma\,\mathrm{p} + m) = 0$ von rechts mit ψ, addieren beide und erhalten

$$\overline{\psi}\,\gamma^\mu\,(\mathrm{p}_\mu\,\psi) + (\mathrm{p}_\mu\,\overline{\psi})\,\gamma^\mu\,\psi = \mathrm{p}_\mu\,(\overline{\psi}\,\gamma^\mu\,\psi) = 0\,.$$

Die Klammern geben an, auf welche Funktionen der Operator p wirken soll. Die entstandene Gleichung hat die Gestalt einer Kontinuitätsgleichung $\partial_\mu\,j^\mu = 0$ so daß die Größe

$$j^\mu = \overline{\psi}\,\gamma^\mu\,\psi = (\psi^*\,\psi,\, \psi^*\,\gamma^0\,\vec{\gamma}\,\psi) \tag{21,11}$$

der 4-Vektor für die Stromdichte der Teilchen ist. Die Zeitkomponente $j^0 = \psi^*\,\psi$ ist positiv definit.

Die Dirac-Gleichung kann auch nach der Zeitableitung aufgelöst werden:

$$i\,\frac{\partial\psi}{\partial t} = \mathrm{H}\,\psi\,, \tag{21,12}$$

wobei H der Hamilton-Operator des Teilchens ist.[1]) Dazu müssen wir die Gleichung (21,2) von links mit γ^0 multiplizieren. Für den Hamilton-Operator ergibt sich

$$\mathrm{H} = \vec{\alpha}\,\mathbf{p} + \beta\,m \tag{21,13}$$

mit der allgemein üblichen Bezeichnung

$$\vec{\alpha} = \gamma^0\,\vec{\gamma}\,, \qquad \beta = \gamma^0 \tag{21,14}$$

für die hier vorkommenden Matrizen.

Wir bemerken

$$\alpha_i\,\alpha_k + \alpha_k\,\alpha_i = 2\,\delta_{ik}\,, \qquad \beta\,\vec{\alpha} + \beta\,\vec{\alpha} = 0\,, \qquad \beta^2 = 1\,, \tag{21,15}$$

[1]) Für Teilchen mit dem Spin 0 kann die Wellengleichung nicht in dieser Form dargestellt werden; denn die Gleichung (10,5) für den Skalar ψ ist in der Zeit von zweiter Ordnung, während das Gleichungssystem (10,4) erster Ordnung für die fünfkomponentige Größe (ψ, ψ_μ) nicht die Zeitableitungen aller Komponenten enthält.

d. h., alle Matrizen $\vec{\alpha}$ und β antikommutieren miteinander, und ihre Quadrate sind 1; sie sind alle hermitesch. In Spinorschreibweise sind

$$\vec{\alpha} = \begin{pmatrix} \vec{\sigma} & 0 \\ 0 & -\vec{\sigma} \end{pmatrix}, \quad \beta = \begin{pmatrix} 0 & 1 \\ 1 & 0 \end{pmatrix}. \tag{21,16}$$

Im Grenzfall kleiner Geschwindigkeiten muß ein Teilchen wie in der nichtrelativistischen Theorie durch einen zweikomponentigen Spinor beschrieben werden. Führen wir in den Gleichungen (20,5) den Grenzübergang $\boldsymbol{p} \to 0$, $\varepsilon \to m$ aus, so erhalten wir tatsächlich $\xi = \eta$, d. h., die beiden Spinoren, aus denen der Bispinor zusammengesetzt ist, werden einander gleich. Hier zeigt sich jedoch ein Nachteil der Spinorschreibweise für die DIRAC-Gleichung: Bei diesem Grenzübergang bleiben alle vier Komponenten von ψ von Null verschieden, während tatsächlich nur zwei davon voneinander unabhängig sind. Zweckmäßiger ist eine Darstellung für die Wellenfunktion ψ, bei der in diesem Grenzfall zwei Komponenten verschwinden.

Dementsprechend führen wir statt ξ und η die Linearkombinationen φ und χ ein:

$$\left.\begin{aligned} \psi &= \begin{pmatrix} \varphi \\ \chi \end{pmatrix}, \\ \varphi = \frac{1}{\sqrt{2}}(\xi + \eta)\,, &\quad \chi = \frac{1}{\sqrt{2}}(\xi - \eta)\,. \end{aligned}\right\} \tag{21,17}$$

Für ein ruhendes Teilchen ist dann $\chi = 0$. Diese Darstellung für ψ werden wir *Standarddarstellung* oder Standardschreibweise nennen. Bei einer Spiegelung transformieren sich φ und χ wie folgt:

$$P\colon \quad \varphi \to i\varphi\,, \qquad \chi \to -i\chi\,. \tag{21,18}$$

Die Gleichungen für φ und χ ergeben sich, indem wir die Gleichungen (20,5) addieren und subtrahieren:

$$\left.\begin{aligned} \mathfrak{p}_0\varphi - \mathfrak{p}\vec{\sigma}\chi &= m\varphi\,, \\ -\mathfrak{p}_0\chi + \mathfrak{p}\vec{\sigma}\varphi &= m\chi\,. \end{aligned}\right\} \tag{21,19}$$

Zur Standardschreibweise gehören demnach die Matrizen

$$\gamma^0 \equiv \beta = \begin{pmatrix} 1 & 0 \\ 0 & -1 \end{pmatrix}, \quad \vec{\gamma} = \begin{pmatrix} 0 & \vec{\sigma} \\ -\vec{\sigma} & 0 \end{pmatrix}, \quad \vec{\alpha} = \begin{pmatrix} 0 & \vec{\sigma} \\ \vec{\sigma} & 0 \end{pmatrix}. \tag{21,20}$$

In (21,17) werden die ersten und die zweiten Komponenten von ξ und η für sich addiert; deshalb gehören die Komponenten ψ_1 und ψ_3 in der Standardschreibweise wie auch in der Spinorschreibweise zum Eigenwert $+1/2$ für die Spinprojektion, ψ_2 und ψ_4 entsprechen der Projektion $-1/2$. In diesen beiden Schreibweisen ist also die Matrix $1/2\,\vec{\Sigma}$ mit

$$\vec{\Sigma} = \begin{pmatrix} \vec{\sigma} & 0 \\ 0 & \vec{\sigma} \end{pmatrix} \tag{21,21}$$

der dreidimensionale Spinoperator: Bei der Anwendung von $1/2 \sum_z$ auf einen Bispinor, der nur die Komponenten ψ_1, ψ_3 oder ψ_2, ψ_4 enthält, wird der Bispinor mit $+1/2$ oder mit $-1/2$ multipliziert. In einer beliebigen Darstellung kann diese Matrix in der Form

$$\vec{\Sigma} = -\vec{\alpha}\gamma^5 = -\frac{i}{2}[\vec{\alpha}\,\vec{\alpha}] \tag{21,22}$$

geschrieben werden (wegen der Definition von γ^5 s. u. (22,14)).

Aufgaben

1. Man bestimme die Formeln für die Transformation der Wellenfunktion bei einer infinitesimalen Lorentz-Transformation und bei einer infinitesimalen räumlichen Drehung!

Lösung. In der Spinorschreibweise haben wir bei einer infinitesimalen Lorentz-Transformation

$$\xi' = \left(1 - \frac{1}{2}\vec{\sigma}\,\delta\boldsymbol{V}\right)\xi, \quad \eta' = \left(1 + \frac{1}{2}\vec{\sigma}\,\delta\boldsymbol{V}\right)\eta$$

(s. (18,8), (18,8a), (18,10)). Diese beiden Formeln kann man zusammenfassen zu

$$\psi' = \left(1 - \frac{1}{2}\vec{\alpha}\,\delta\boldsymbol{V}\right)\psi. \tag{1}$$

Analog ist die Transformationsvorschrift bei einer infinitesimalen Drehung

$$\psi' = \left(1 + \frac{i}{2}\vec{\Sigma}\,\delta\vec{\theta}\right)\psi. \tag{2}$$

In dieser Gestalt gelten die Formeln für eine beliebige Schreibweise von ψ, wenn man unter $\vec{\alpha}$ und $\vec{\Sigma}$ die Matrizen in derselben Schreibweise versteht.

Man kann leicht verifizieren, daß die Matrizen $\vec{\alpha}$ und $\vec{\Sigma}$ die Komponenten eines antisymmetrischen „Matrix-4-Tensors"

$$\sigma^{\mu\nu} = \frac{1}{2}(\gamma^\mu\gamma^\nu - \gamma^\nu\gamma^\mu) = (\vec{\alpha}, i\,\vec{\Sigma})$$

bilden (die Angabe der Komponenten erfolgt nach der Vorschrift (19,15)). Weiter führen wir den infinitesimalen antisymmetrischen Tensor $\delta\varepsilon_{\mu\nu} = (\delta\boldsymbol{V}, \delta\vec{\theta})$ ein und bekommen

$$\sigma^{\mu\nu}\,\delta\varepsilon_{\mu\nu} = 2\,i\,\vec{\Sigma}\,\vec{\delta\theta} - 2\,\vec{\alpha}\,\delta\boldsymbol{V}.$$

Die beiden Formeln (1) und (2) können vereinigt werden zu

$$\psi' = \left(1 + \frac{1}{4}\sigma^{\mu\nu}\,\delta\varepsilon_{\mu\nu}\right)\psi. \tag{3}$$

2. Man schreibe die Dirac-Gleichung in einer Darstellung auf, in der sie keine imaginären Koeffizienten enthält (E. Majorana, 1937)!

Lösung. In der Standarddarstellung sind in der Gleichung

$$\left(\frac{\partial}{\partial t} + \alpha_x\frac{\partial}{\partial x} + \alpha_y\frac{\partial}{\partial y} + \alpha_z\frac{\partial}{\partial z} + i\,m\,\beta\right)\psi = 0$$

nur die Matrizen α_y und $i\,\beta$ imaginär. Man kann diese imaginären Faktoren durch eine Transformation $\psi' = U\,\psi$ beseitigen, bei der die imaginäre Matrix α_y mit der reellen Matrix β

vertauscht wird. Dazu hat man anzusetzen

$$U = \frac{1}{\sqrt{2}} (\alpha_y + \beta) = U^{-1} .$$

Dann gilt

$$\alpha_x' = U \alpha_x U = - \alpha_x , \qquad \alpha_y' = \beta , \qquad \alpha_z' = - \alpha_z , \qquad \beta' = \alpha_y ,$$

und die Dirac-Gleichung erhält die Gestalt

$$\left(\frac{\partial}{\partial t} - \alpha_x \frac{\partial}{\partial x} + \beta \frac{\partial}{\partial y} - \alpha_z \frac{\partial}{\partial z} + i\, m\, \alpha_y \right) \psi' = 0 ,$$

in der alle Koeffizienten reell sind.

§ 22. Die Algebra der Dirac-Matrizen

Bei Rechnungen im Zusammenhang mit der Dirac-Gleichung hat man häufig die γ-Matrizen zu verwenden, ohne auf ihre konkrete Gestalt in einer bestimmten Darstellung zurückzugreifen. Die Regeln für den Umgang mit diesen Matrizen werden allein durch die Vertauschungsregeln

$$\gamma^\mu \gamma^\nu + \gamma^\nu \gamma^\mu = 2\, g^{\mu\nu} \qquad (\mu, \nu = 0, 1, 2, 3) \tag{22,1}$$

bestimmt, die alle allgemeinen Eigenschaften festlegen.

In diesem Paragraphen werden wir eine Reihe von Formeln und Regeln für die Algebra der γ-Matrizen herleiten, die bei verschiedenen Rechnungen nützlich sein werden.

Das „Skalarprodukt" der γ-Matrizen mit sich selbst ist $g_{\mu\nu} \gamma^\mu \gamma^\nu = 4$. Um die Schreibweise zu vereinfachen, führen wir analog zu den kontravarianten Komponenten eines 4-Vektors die Bezeichnung $\gamma_\mu = g_{\mu\nu} \gamma^\nu$ ein; damit wird

$$\gamma_\mu \gamma^\mu = 4 . \tag{22,2}$$

Falls die Matrizen γ_μ und γ^μ durch einen oder mehrere Faktoren γ voneinander getrennt sind, dann kann man γ_μ und γ^μ durch eine oder mehrere Vertauschungen der Faktoren (mit Hilfe der Regel (22,1)) zusammenbringen und dann nach (22,2) die Summation (über μ) ausführen. Auf diese Weise ergeben sich folgende Formeln:

$$\left.\begin{aligned} \gamma_\mu \gamma^\nu \gamma^\mu &= - 2 \gamma^\nu , \\ \gamma_\mu \gamma^\lambda \gamma^\nu \gamma^\mu &= 4 g^{\lambda\nu} , \\ \gamma_\mu \gamma^\lambda \gamma^\nu \gamma^\varrho \gamma^\mu &= - 2 \gamma^\varrho \gamma^\nu \gamma^\lambda , \\ \gamma_\mu \gamma^\lambda \gamma^\nu \gamma^\varrho \gamma^\sigma \gamma^\mu &= 2 (\gamma^\sigma \gamma^\lambda \gamma^\nu \gamma^\varrho + \gamma^\varrho \gamma^\nu \gamma^\lambda \gamma^\sigma) . \end{aligned}\right\} \tag{22,3}$$

Normalerweise kommen die Faktoren $\gamma^\mu, \ldots$ in Kombinationen mit verschiedenen 4-Vektoren als „Skalarprodukte" mit diesen vor. Wir werden im folgenden häufig die Bezeichnung

$$\hat{a} = \gamma\, a = \gamma^\mu a_\mu \tag{22,4}$$

benutzen. Für diese Produkte erhalten die Formeln (22,1) die Gestalt

$$\hat{a}\,\hat{b} + \hat{b}\,\hat{a} = 2\,(a\,b)\,, \qquad \hat{a}\,\hat{a} = a^2\,, \tag{22,5}$$

und aus den Formeln (22,3) wird

$$\left.\begin{aligned} \gamma_\mu\,\hat{a}\,\gamma^\mu &= -\,2\,\hat{a}\,,\\ \gamma_\mu\,\hat{a}\,\hat{b}\,\gamma^\mu &= 4\,(a\,b)\,,\\ \gamma_\mu\,\hat{a}\,\hat{b}\,\hat{c}\,\gamma^\mu &= -\,2\,\hat{c}\,\hat{b}\,\hat{a}\,,\\ \gamma_\mu\,\hat{a}\,\hat{b}\,\hat{c}\,\hat{d}\,\gamma^\mu &= 2\,(\hat{d}\,\hat{a}\,\hat{b}\,\hat{c} + \hat{c}\,\hat{b}\,\hat{a}\,\hat{d})\,. \end{aligned}\right\} \tag{22,6}$$

Sehr häufig ist die Spur eines Produktes aus einigen γ-Matrizen zu bilden. Betrachten wir die Größe

$$T^{\mu_1\mu_2\cdots\mu_n} \equiv \frac{1}{4}\,\mathrm{Sp}\,(\gamma^{\mu_1}\,\gamma^{\mu_2}\,\ldots\,\gamma^{\mu_n})\,. \tag{22,7}$$

Auf Grund der bekannten Eigenschaften der Spur eines Matrizenproduktes ist dieser Tensor bei zyklischen Vertauschungen der Indizes $\mu_1, \mu_2, \ldots, \mu_n$ symmetrisch.

Da die γ-Matrizen in einem beliebigen Bezugssystem die gleiche Gestalt haben, hängen auch die Größen T nicht von der Wahl des Bezugssystems ab. Sie bilden daher einen Tensor, der allein durch den metrischen Tensor $g_{\mu\nu}$, der diese Eigenschaft hat, ausgedrückt werden kann.

Aus dem Tensor zweiter Stufe $g_{\mu\nu}$ können aber nur Tensoren gerader Stufe gebildet werden. Bereits hieraus folgt sofort, daß die Spur eines Produktes aus einer beliebigen ungeraden Anzahl von Faktoren γ gleich Null ist. Insbesondere ist die Spur jeder einzelnen γ-Matrix Null.[1])

$$\mathrm{Sp}\,\gamma^\mu = 0\,. \tag{22,8}$$

Die Spur der vierreihigen Einheitsmatrix (die man sich auf der rechten Seite der Vertauschungsregel (22,1) vorzustellen hat) ist 4. Die Spurbildung von beiden Seiten der Gleichung (22,1) ergibt deshalb

$$T^{\mu\nu} = g^{\mu\nu}\,. \tag{22,9}$$

Die Spur eines Produktes aus vier Matrizen ist

$$T^{\lambda\mu\nu\varrho} = g^{\lambda\mu}\,g^{\nu\varrho} - g^{\lambda\nu}\,g^{\mu\varrho} + g^{\lambda\varrho}\,g^{\mu\nu}\,. \tag{22,10}$$

Diese Formel ergibt sich, indem man zum Beispiel den Faktor γ^λ in der Spur $\mathrm{Sp}\,\gamma^\lambda\,\gamma^\mu\,\gamma^\nu\,\gamma^\varrho$ mit Hilfe der Vertauschungsregel (22,1) nach rechts bringt; nach jeder Vertauschung entsteht eines der in (22,10) vorkommenden Glieder

$$T^{\lambda\mu\nu\varrho} = 2\,g^{\lambda\mu}\,T^{\nu\varrho} - T^{\mu\lambda\nu\varrho} = 2\,g^{\lambda\mu}\,g^{\nu\varrho} - T^{\mu\lambda\nu\varrho}$$

usw. Nach allen Vertauschungen bleibt rechts $-\,T^{\mu\nu\varrho\lambda} = -\,T^{\lambda\mu\nu\varrho}$ übrig, das wir auf die linke Seite schaffen. Auf diese Weise wird auch die Berechnung

[1]) Die Spur einer Matrix ist invariant gegenüber der Transformation $\gamma = \mathrm{U}\,\gamma\,\mathrm{U}^{-1}$. Deshalb ist (22,8) auch aus den konkreten Ausdrücken für die Matrizen (21,3) abzulesen.

der Spur eines Produktes aus sechs γ-Matrizen auf Spuren von Produkten aus vier Faktoren zurückgeführt, usw. So ist

$$T^{\lambda\mu\nu\varrho\sigma\tau} = g^{\lambda\mu} T^{\nu\varrho\sigma\tau} - g^{\lambda\nu} T^{\mu\varrho\sigma\tau} + g^{\lambda\varrho} T^{\mu\nu\sigma\tau} - g^{\lambda\sigma} T^{\mu\nu\varrho\tau} + g^{\lambda\tau} T^{\mu\nu\varrho\sigma} . \quad (22,11)$$

Alle Spuren $T^{\lambda\mu\cdots}$ sind reell und nur dann von Null verschieden, wenn jede Matrix $\gamma^0, \gamma^1, \ldots$ in dem betreffenden Produkt in gerader Anzahl enthalten ist. Diese beiden Aussagen sind anhand der abgeleiteten Formeln unmittelbar evident. Weiterhin kann man nun leicht feststellen, daß eine Spur unverändert bleibt, wenn man die Reihenfolge alle Faktoren umkehrt:[1])

$$T^{\lambda\mu\cdots\varrho\sigma} = T^{\sigma\varrho\cdots\mu\lambda} . \quad (22,12)$$

Wie schon erwähnt wurde, kommen die Faktoren γ normalerweise in „Skalarprodukten" mit verschiedenen 4-Vektoren vor. In diesen Fällen besagen zum Beispiel die Formeln (22,9) und (22,10)

$$\left.\begin{aligned} \frac{1}{4} \operatorname{Sp} \hat{a}\,\hat{b} &= a\,b , \\ \frac{1}{4} \operatorname{Sp} \hat{a}\,\hat{b}\,\hat{c}\,\hat{d} &= (a\,b)\,(c\,d) - (a\,c)\,(b\,d) + (a\,d)\,(b\,c) . \end{aligned}\right\} \quad (22,13)$$

Das Produkt $\gamma^0\,\gamma^1\,\gamma^2\,\gamma^3$ spielt eine besondere Rolle. Für dieses Produkt ist die spezielle Bezeichnung

$$\gamma^5 = -\,i\,\gamma^0\,\gamma^1\,\gamma^2\,\gamma^3 \quad (22,14)$$

üblich. Offensichtlich gilt

$$\gamma^5\,\gamma^\mu + \gamma^\mu\,\gamma^5 = 0 , \qquad (\gamma^5)^2 = 1 , \quad (22,15)$$

d. h., die Matrix γ^5 antikommutiert mit allen γ^μ. Bezüglich der Matrizen $\vec{\alpha}$ und β gelten die Regeln

$$\vec{\alpha}\,\gamma^5 - \gamma^5\,\vec{\alpha} = 0 , \qquad \beta\,\gamma^5 + \gamma^5\,\beta = 0 \quad (22,16)$$

(die Vertauschbarkeit mit α folgt daraus, daß $\vec{\alpha} = \gamma^0\,\vec{\gamma}$ das Produkt zweier Matrizen γ^μ ist).

Die Matrix γ^5 ist hermitesch; tatsächlich ist

$$\gamma^{5+} = i\,\gamma^{3+}\,\gamma^{2+}\,\gamma^{1+}\,\gamma^{0+} = -\,i\,\gamma^3\,\gamma^2\,\gamma^1\,\gamma^0 .$$

Da die Anordnung 3210 durch eine gerade Anzahl von Vertauschungen in die Anordnung 0123 übergeführt werden kann, ist

$$\gamma^{5+} = \gamma^5 . \quad (22,17)$$

---

[1]) Da (für eine beliebige Matrix M) Sp M = Sp $\tilde{\mathrm{M}}$ ist, haben wir tatsächlich (wenn wir auch berücksichtigen, daß die Spur reell ist): $\operatorname{Sp}(\gamma^\lambda \ldots \gamma^\nu) = \operatorname{Sp}(\gamma^\lambda \ldots \gamma^\nu)^+ = \operatorname{Sp}(\gamma^{\nu+} \ldots \gamma^{\lambda+})$; alle γ-Matrizen sind entweder hermitesch oder antihermitesch ($\gamma^{\mu+} = \pm\,\gamma^\mu$), und jede Matrix kommt in dem Produkt mit geradzahliger Häufigkeit vor deshalb ist (22,12) unmittelbar evident.

Wir wollen die Gestalt dieser Matrix in zwei konkreten Darstellungen angeben:

$$\left.\begin{array}{ll}\text{Spinorschreibweise} & \gamma^5 = \begin{pmatrix} -1 & 0 \\ 0 & 1 \end{pmatrix}; \\ \text{Standardschreibweise} & \gamma^5 = \begin{pmatrix} 0 & -1 \\ -1 & 0 \end{pmatrix}. \end{array}\right\} \tag{22,18}$$

Die Spur der Matrix γ^5 ist Null:

$$\operatorname{Sp} \gamma^5 = 0 \tag{22,19}$$

(das ist auch direkt aus (22,18) zu ersehen). Auch die Spuren der Produkte $\gamma^5 \gamma^\mu \gamma^\nu$ verschwinden. Für die Produkte von γ^5 mit vier Faktoren γ^μ haben wir

$$\frac{1}{4} \operatorname{Sp} \gamma^5 \gamma^\lambda \gamma^\mu \gamma^\nu \gamma^\varrho = i\, e^{\lambda\mu\nu\varrho} . \tag{22,20}$$

Wir geben noch die Formel

$$\hat{N} = i \gamma^5 \hat{a} \hat{b} \hat{c} , \qquad N^\lambda = e^{\lambda\mu\nu\varrho} a_\mu b_\nu c_\varrho \tag{22,21}$$

für den Fall $a b = a c = b c = 0$ an. Sie ergibt sich aus der Definition (22,14) in der Schreibweise

$$e^{\lambda\mu\nu\varrho} \gamma_\lambda = i \gamma^5 \gamma^\mu \gamma^\nu \gamma^\varrho .$$

Aufgabe

Man berechne $\frac{1}{4} \operatorname{Sp} \gamma^5 \gamma^\lambda \gamma^\mu \gamma^\nu \gamma^\varrho \gamma^\sigma \gamma^\tau \equiv A^{\lambda\mu\nu\varrho\sigma\tau}$!

Lösung. Unter Verwendung der Vertauschungsregel (22,1) und der Formel (22,20) bringen wir die gesuchte Spur in die Gestalt

$$A^{\lambda\mu\nu\varrho\sigma\tau} = -2 i B^{\lambda\mu\nu\varrho\sigma\tau} + A^{\nu\mu\lambda\tau\sigma\varrho}$$

mit

$$B^{\lambda\mu\nu\varrho\sigma\tau} = e^{\lambda\mu\nu\varrho} g^{\sigma\tau} - e^{\lambda\mu\nu\sigma} g^{\varrho\tau} + e^{\lambda\mu\nu\tau} g^{\varrho\sigma} - e^{\nu\tau\sigma\varrho} g^{\lambda\mu} + e^{\mu\tau\sigma\varrho} g^{\lambda\nu} - e^{\lambda\tau\sigma\varrho} g^{\mu\nu} .$$

Wegen der Zyklizität und wegen (22 12) ist $A^{\nu\mu\lambda\tau\sigma\varrho} = A^{\lambda\mu\nu\varrho\sigma\tau}$, und es ist

$$A^{\lambda\mu\nu\varrho\sigma\tau} = -i B^{\lambda\mu\nu\varrho\sigma\tau} .$$

§ 23. Ebene Wellen

Der Zustand eines freien Teilchens mit einem bestimmten Impuls und einer bestimmten Energie wird durch eine ebene Welle beschrieben, die wir in der Form

$$\psi_p = \frac{1}{\sqrt{2 \varepsilon}} u_p e^{-i p x} \tag{23,1}$$

aufschreiben. Der Index p gibt den 4-Impuls an, die Amplitude u_p der Welle ist ein in bestimmter Weise normierter Bispinor.

Zur weiteren Durchführung der zweiten Quantisierung werden wir neben den Wellenfunktionen (23,1) auch Funktionen mit „negativer Frequenz“ benötigen; diese treten in der relativistischen Theorie, wie in § 11 erklärt worden ist, infolge der Doppeldeutigkeit der Wurzel $\pm\sqrt{\boldsymbol{p}^2 + m^2}$ auf. Wie auch in § 11, werden wir unter ε überall die positive Größe $\varepsilon = +\sqrt{\boldsymbol{p}^2 + m^2}$ verstehen, so daß die „negative Frequenz“ $-\varepsilon$ ist. Ändern wir auch das Vorzeichen von $\boldsymbol{p}$, so erhalten wir eine Funktion, die wir natürlicherweise mit ψ_{-p} bezeichnen werden:

$$\psi_{-p} = \frac{1}{\sqrt{2\varepsilon}} u_{-p}\, e^{ipx} . \tag{23,2}$$

Die Bedeutung dieser Funktion wird in § 26 erklärt werden. Im folgenden werden wir die Formeln für ψ_p und ψ_{-p} nebeneinander aufschreiben.

Die Komponenten der bispinoriellen Amplituden u_p und u_{-p} genügen den algebraischen Gleichungen

$$\left.\begin{aligned} (\hat{p} - m)\, u_p &= 0 , \\ (\hat{p} + m)\, u_{-p} &= 0 , \end{aligned}\right\} \tag{23,3}$$

die sich durch Einsetzen von (23,1) und (23,2) in die Dirac-Gleichung ergeben (dabei ist nur der Operator p durch $\pm p$ zu ersetzen).[1] Die Beziehung $p^2 = m^2$ ist dabei die Bedingung für die Konsistenz dieser Gleichungssysteme. Wir werden die bispinoriellen Amplituden immer nach den invarianten Vorschriften

$$\left.\begin{aligned} \bar{u}_p\, u_p &= 2\,m , \\ \bar{u}_{-p}\, u_{-p} &= -\,2\,m \end{aligned}\right\} \tag{23,4}$$

normieren (die Striche über den Buchstaben bedeuten wie überall die Dirac-Konjugation: $\bar{u} = u^* \gamma^0$). Wir multiplizieren die Gleichungen (23,3) von links mit $\bar{u}_{\pm p}$, erhalten $(\bar{u}_{\pm p}\, \gamma\, u_{\pm p})\, p = 2\,m^2 = 2\,p^2$ und ersehen daraus

$$\bar{u}_p\, \gamma\, u_p = \bar{u}_{-p}\, \gamma\, u_{-p} = 2\,p . \tag{23,5}$$

Man gelangt also von den Formeln für u_p zu den Formeln für u_{-p}, indem man das Vorzeichen von m ändert.

Der 4-Vektor für die Stromdichte ist

$$j = \bar{\psi}_{\pm p}\, \gamma\, \psi_{\pm p} = \frac{1}{2\,\varepsilon} \bar{u}_{\pm p}\, \gamma\, u_{\pm p} = \frac{p}{\varepsilon} , \tag{23,6}$$

d. h. $j^\mu = (1, \boldsymbol{v})$, wenn $\boldsymbol{v} = \boldsymbol{p}/\varepsilon$ die Teilchengeschwindigkeit ist. Demnach sind die Funktionen ψ_p „auf ein Teilchen im Volumen $V = 1$“ normiert.

Auf Grund der Gleichungen (23,3) sind die Komponenten der Amplituden für die Wellen durch gewisse Beziehungen miteinander verknüpft, deren konkrete Gestalt natürlich von der konkreten Darstellung für ψ abhängt. Wir wollen sie für die Standarddarstellung angeben.

---

[1]) Wir wollen auch die analogen Systeme angeben, die aus der Dirac-Gleichung (21,9) für die konjugiert komplexe Funktion folgen:

$$\bar{u}_p\, (\hat{p} - m) = 0 , \qquad \bar{u}_{-p}\, (\hat{p} + m) = 0 . \tag{23,3a}$$

Aus den Gleichungen (21,19) bekommen wir für eine ebene Welle

$$\left.\begin{aligned}(\varepsilon - m)\,\varphi - \boldsymbol{p}\,\vec{\sigma}\,\chi = 0\,,\\ (\varepsilon + m)\,\chi - \boldsymbol{p}\,\vec{\sigma}\,\varphi = 0\,,\end{aligned}\right\} \tag{23,7}$$

und aus diesen Gleichungen finden wir die Beziehung zwischen φ und χ in zwei äquivalenten Formen:

$$\varphi = \frac{\boldsymbol{p}\,\vec{\sigma}}{\varepsilon - m}\,\chi\,, \qquad \chi = \frac{\boldsymbol{p}\,\vec{\sigma}}{\varepsilon + m}\,\varphi \tag{23,8}$$

(die Äquivalenz dieser Formeln ist offensichtlich: multipliziert man die erste Formel von links mit $\boldsymbol{p}\,\vec{\sigma}/(\varepsilon + m)$ und beachtet dabei $(\boldsymbol{p}\,\vec{\sigma})^2 = \boldsymbol{p}^2$ sowie $\varepsilon^2 - m^2 = \boldsymbol{p}^2$, so erhält man die zweite). Den gemeinsamen Faktor in φ und χ wählen wir so, daß die Normierungsvorschrift (23,4) erfüllt wird. Als Ergebnis erhalten wir für $u_{\boldsymbol{p}}$ (und analog für $u_{-\boldsymbol{p}}$) die folgenden Ausdrücke:

$$u_{\boldsymbol{p}} = \begin{pmatrix} \sqrt{\varepsilon + m}\; w \\ \sqrt{\varepsilon - m}\,(\boldsymbol{n}\,\vec{\sigma})\; w \end{pmatrix}, \qquad u_{-\boldsymbol{p}} = \begin{pmatrix} \sqrt{\varepsilon - m}\,(\boldsymbol{n}\,\vec{\sigma})\; w' \\ \sqrt{\varepsilon + m}\; w' \end{pmatrix} \tag{23,9}$$

(die zweite Formel ergibt sich aus der ersten, indem man das Vorzeichen von m ändert und die Transformation $w \to (\boldsymbol{n}\,\vec{\sigma})\,w'$ ausführt). $\boldsymbol{n}$ ist hier der Einheitsvektor in $\boldsymbol{p}$-Richtung; w ist eine beliebige zweikomponentige Größe, die nur die Normierungsbedingung

$$w^*\,w = 1 \tag{23,10}$$

zu erfüllen hat. Für $\overline{u} = u^*\,\gamma^0$ (γ^0 aus (21,20)) haben wir

$$\left.\begin{aligned}\overline{u}_{\boldsymbol{p}} &= \left(\sqrt{\varepsilon + m}\; w^*\,, \qquad -\sqrt{\varepsilon - m}\; w^*(\boldsymbol{n}\,\vec{\sigma})\right),\\ \overline{u}_{-\boldsymbol{p}} &= \left(\sqrt{\varepsilon - m}\; w'^*\,(\boldsymbol{n}\,\vec{\sigma})\,, \qquad -\sqrt{\varepsilon + m}\; w'^*\right),\end{aligned}\right\} \tag{23,11}$$

und durch Multiplikation überzeugen wir uns, daß tatsächlich $\overline{u}_{\pm p}\,u_{\pm p} = \pm\,2\,m$ ist.

Im Ruhsystem, d. h. für $\varepsilon = m$, haben wir

$$u_{\boldsymbol{p}} = \sqrt{2\,m}\begin{pmatrix} w \\ 0 \end{pmatrix}, \qquad u_{-\boldsymbol{p}} = \sqrt{2\,m}\begin{pmatrix} 0 \\ w' \end{pmatrix}, \tag{23,12}$$

d. h., w ist derjenige dreidimensionale Spinor, der sich für beide Wellen in nichtrelativistischer Näherung als Amplitude ergibt. Für den Bispinor u_{-p} verschwinden im Ruhsystem nicht die letzten, sondern die ersten beiden Komponenten. Diese Eigenschaft der Lösungen der Dirac-Gleichung zu „negativen Frequenzen" ist von vornherein zu erkennen: Setzen wir in (23,7) $\boldsymbol{p} = 0$ und ersetzen wir ε durch $-m$, dann erhalten wir $\varphi = 0$.[1])

Die Amplitude einer ebenen Welle enthält eine willkürliche zweikomponentige Größe. Mit anderen Worten, zu einem bestimmten Impuls existieren zwei ver-

[1]) In der Spinordarstellung haben wir $\xi = -\eta$ statt der Beziehung $\xi = \eta$, die im Ruhsystem für die Lösungen mit „positiven Frequenzen" gilt.

schiedene unabhängige Zustände entsprechend den beiden möglichen Werten für die Spinprojektion. Dabei kann natürlich die Spinprojektion auf eine beliebige z-Achse keinen bestimmten Wert haben. Das ist sofort zu erkennen, weil der HAMILTON-Operator für ein Teilchen mit einem bestimmten $\boldsymbol{p}$ (d. h. die Matrix $\mathrm{H} = \vec{\alpha}\boldsymbol{p} + \beta m$) nicht mit der Matrix $\Sigma_z = -i\alpha_x\alpha_y$ kommutiert. Gemäß den allgemeinen Feststellungen von § 16 bleibt aber die Spiralität λ, die Spinprojektion auf die $\boldsymbol{p}$-Richtung, erhalten: Der HAMILTON-Operator kommutiert mit der Matrix $\boldsymbol{n}\vec{\Sigma}$.

Zu den Zuständen mit bestimmter Spiralität gehören ebene Wellen, für die der dreidimensionale Spinor $w = w^{(\lambda)}(\boldsymbol{n})$ eine Eigenfunktion des Operators $\boldsymbol{n}\vec{\sigma}$ ist:

$$\frac{1}{2}(\boldsymbol{n}\vec{\sigma})\, w^{(\lambda)} = \lambda\, w^{(\lambda)}\,. \tag{23,13}$$

Die explizite Gestalt dieser Operatoren ist

$$w^{(\lambda=1/2)} = \begin{pmatrix} e^{-i\varphi/2}\cos\frac{\theta}{2} \\ e^{i\varphi/2}\sin\frac{\theta}{2} \end{pmatrix}, \qquad w^{(\lambda=-1/2)} = \begin{pmatrix} -e^{-i\varphi/2}\sin\frac{\theta}{2} \\ e^{i\varphi/2}\cos\frac{\theta}{2} \end{pmatrix}, \tag{23,14}$$

wobei θ und φ Polarwinkel und Azimut der $\boldsymbol{n}$-Richtung bezüglich des festen Systems xyz sind.[1])

Eine andere mögliche Wahl der beiden unabhängigen Zustände eines freien Teilchens mit gegebenem $\boldsymbol{p}$ (die einfacher, aber auch weniger anschaulich ist) entspricht den beiden Werten der z-Projektion des Spins im Ruhsystem; wir bezeichnen diese mit σ. Die entsprechenden Spinoren sind

$$w^{(\sigma=1/2)} = \begin{pmatrix} 1 \\ 0 \end{pmatrix}, \qquad w^{(\sigma=-1/2)} = \begin{pmatrix} 0 \\ 1 \end{pmatrix}. \tag{23,15}$$

Als die beiden linear unabhängigen Lösungen mit „negativer Frequenz“ wählen wir ebene Wellen mit den dreidimensionalen Spinoren

$$w^{(\sigma)\prime} = -\sigma_y\, w^{(-\sigma)} = 2\,\sigma\, i\, w^{(\sigma)} \tag{23,16}$$

(der Sinn dieser Wahl wird in § 26 erläutert werden).

---

[1]) Die Lösung der Gleichungen (23,13) läßt die Multiplikation mit einem beliebigen Phasenfaktor zu; das hängt mit der Möglichkeit einer beliebigen Drehung um die $\boldsymbol{n}$-Richtung zusammen. Dieser Willkür entspricht die Freiheit in der Wahl des Winkels γ in der Transformation (a, 3) (zur Ableitung von (23,14) aus den Formeln (a, 3) muß man in den letzteren die gestrichenen Spinorkomponenten gleich $\begin{pmatrix} 1 \\ 0 \end{pmatrix}$ oder $\begin{pmatrix} 0 \\ 1 \end{pmatrix}$ setzen, das entspricht bestimmten Werten der Spinprojektion auf die ζ-Achse; die Winkel α, β und γ werden durch φ, θ und 0 ersetzt).

Aufgaben

1. Man berechne die Wellenfunktion (23,9) durch direkte LORENTZ-Transformation aus dem Ruhsystem!

Lösung. Die Transformationsformel zu einer endlichen Geschwindigkeit $\boldsymbol{V}$ des Bezugssystems K' gegenüber dem System K ergibt sich aus der Formel (1) der Aufgabe 1, § 21 genauso, wie sich (18,13) aus (18,12) ergibt:

$$\psi' = e^{-\frac{\varphi}{2}\vec{\nu}\vec{\alpha}}\psi = \left(\operatorname{ch}\frac{\varphi}{2} - \vec{\nu}\vec{\alpha}\operatorname{sh}\frac{\varphi}{2}\right)\psi,$$

wobei $\vec{\nu}$ der Einheitsvektor in $\boldsymbol{V}$-Richtung ist, $\operatorname{th}\varphi = |\boldsymbol{V}|$. Nach derselben Formel transformiert sich auch die bispinorielle Amplitude u. K sei das Ruhsystem des Teilchens, K' das System, in dem das Teilchen den Impuls $\boldsymbol{p}$ hat; dann ist $\boldsymbol{V} = -\boldsymbol{p}/\varepsilon$, und demnach

$$\operatorname{ch}\frac{\varphi}{2} = \sqrt{\frac{\varepsilon + m}{2m}}, \qquad \operatorname{sh}\frac{\varphi}{2} = \sqrt{\frac{\varepsilon - m}{2m}}.$$

Wir entnehmen u aus (23,12) und benutzen für $\vec{\alpha}$ die Standarddarstellung, auf diese Weise erhalten wir für u' den Ausdruck (23,9).

2. Im Ruhsystem bleibt der Spin eines freien Teilchens erhalten, und seine Wellenfunktion hat (in der Standarddarstellung) insgesamt zwei Komponenten zu den Werten $\pm 1/2$ für die Spinprojektion auf eine gegebene z-Achse. Es ist eine Darstellung zu finden, in der die Wellenfunktion (ebene Welle) in einem beliebigen Bezugssystem nur zwei Komponenten zu bestimmten Werten derselben physikalischen Größe — der Spinprojektion im Ruhsystem — hat (L. FOLDY und S. A. WOUTHYUSEN, 1950).

Lösung. Wir gehen von der Amplitude u_p in der Standarddarstellung (23,9) aus und setzen die gesuchte unitäre Transformation in der Gestalt $\mathrm{U} = e^{W\vec{\gamma}\boldsymbol{n}}$ an; $\boldsymbol{n}$ ist der Einheitsvektor in $\boldsymbol{p}$-Richtung, W ist eine reelle Größe (wegen $\vec{\gamma}^+ = -\vec{\gamma}$ ist dann automatisch $\mathrm{U}^+ = \mathrm{U}^{-1}$). Wir entwickeln in eine Reihe, beachten $(\vec{\gamma}\boldsymbol{n})^2 = -1$ und stellen U in der Form

$$\mathrm{U} = \cos W + \vec{\gamma}\boldsymbol{n}\sin W$$

dar. Aus der Bedingung, daß in der transformierten Amplitude $u_p' = \mathrm{U}\,u_p$ die letzten beiden Komponenten verschwinden sollen, finden wir $\operatorname{tg} W = |\boldsymbol{p}|/(m + \varepsilon)$ oder

$$W = \operatorname{arctg}\frac{|\boldsymbol{p}|}{m+\varepsilon} = \frac{1}{2}\operatorname{arctg}\frac{|\boldsymbol{p}|}{m}.$$

In der neuen Darstellung ist

$$u_p = \sqrt{2\varepsilon}\begin{pmatrix} w \\ 0 \end{pmatrix}.$$

Der HAMILTON-Operator des Teilchens erhält in der neuen Darstellung die Gestalt

$$\mathrm{H}' = \mathrm{U}\,(\vec{\alpha}\boldsymbol{p} + \beta m)\,\mathrm{U}^{-1} = \beta\varepsilon$$

(alle Matrizen β, $\vec{\alpha}$ und $\vec{\gamma}$ sind in der Standarddarstellung zu nehmen). Dieser HAMILTON-Operator kommutiert mit der Matrix

$$\vec{\Sigma} = -\vec{\alpha}\gamma^5 = \begin{pmatrix} \vec{\sigma} & 0 \\ 0 & \vec{\sigma} \end{pmatrix},$$

die in der neuen Darstellung der Operator für eine erhaltene physikalische Größe — den Spin im Ruhsystem — ist.

§ 24. Kugelwellen

Die Wellenfunktionen für die Zustände eines freien Teilchens (mit dem Spin 1/2) mit bestimmten Werten j für den Drehimpuls sind spinorielle Kugelwellen. Wir wollen deren Gestalt bestimmen und erinnern dazu zunächst an die analogen Formeln aus der nichtrelativistischen Theorie.

Die nichtrelativistische Wellenfunktion ist ein dreidimensionaler Spinor $\psi = \begin{pmatrix} \psi^1 \\ \psi^2 \end{pmatrix}$. Für einen Zustand mit bestimmten Werten für die Energie ε (und damit auch für den Betrag des Impulses p[1]), den Bahndrehimpuls l, den Gesamtdrehimpuls j und dessen Projektion m hat die Wellenfunktion die Gestalt

$$\psi = R_{p\,l}(r)\, \Omega_{j\,l\,m}(\theta, \varphi)\,. \tag{24,1}$$

Die Winkelanteile $\Omega_{j\,l\,m}$ sind dreidimensionale Spinoren, deren Komponenten (für die zu gegebenem l möglichen zwei Werte $j = l \pm 1/2$) durch die Formeln

$$\left.\begin{aligned} \Omega_{l+1/2,\,l,\,m} &= \begin{pmatrix} \sqrt{\dfrac{j+m}{2j}}\; Y_{l,\,m-1/2} \\ \sqrt{\dfrac{j-m}{2j}}\; Y_{l,\,m+1/2} \end{pmatrix}, \\ \Omega_{l-1/2,\,l,\,m} &= \begin{pmatrix} -\sqrt{\dfrac{j-m+1}{2j+2}}\; Y_{l,\,m-1/2} \\ \sqrt{\dfrac{j+m+1}{2j+2}}\; Y_{l,\,m+1/2} \end{pmatrix} \end{aligned}\right\} \tag{24,2}$$

gegeben werden (s. III, S. 425)[2]. Wir werden die $\Omega_{j\,l\,m}$ als *Spinorkugelfunktionen* oder *sphärische Spinoren* bezeichnen. Sie werden nach der Vorschrift

$$\int \Omega^*_{j\,l\,m}\, \Omega_{j'\,l'\,m'}\, do = \delta_{j\,j'}\, \delta_{l\,l'}\, \delta_{m\,m'} \tag{24,3}$$

normiert. Die Radialfunktionen $R_{p\,l}$ sind gemeinsame Faktoren beider Komponenten des Spinors ψ und werden durch die Formel III, (33,9) gegeben:

$$R_{p\,l} = \sqrt{\frac{p}{r}}\, J_{l+1/2}(p\,r)\,. \tag{24,4}$$

Sie sind nach folgender Vorschrift normiert:

$$\int_0^\infty r^2\, R_{p'\,l}\, R_{p\,l}\, dr = \delta\,(p' - p)\,. \tag{24,5}$$

Wir wenden uns nun dem relativistischen Fall zu und erinnern zunächst daran, daß für ein bewegtes Teilchen Spin und Bahndrehimpuls nicht einzeln

[1]) In diesem Paragraphen bedeutet p die Größe $|\boldsymbol{p}|$.

[2]) In der Lösung zur Aufgabe in III, § 106 ist das Vorzeichen der Funktion $\Psi_{l-1/2,\,m}$ falsch und muß durch das entgegengesetzte Vorzeichen ersetzt werden.

erhalten bleiben: Die Operatoren s und l kommutieren nicht einzeln mit dem HAMILTON-Operator. Wie früher bleibt jedoch (für ein freies Teilchen) die Parität eines Zustandes erhalten. Die Quantenzahl l verliert daher ihren Sinn zur Angabe eines bestimmten Wertes für den Bahndrehimpuls, aber sie bestimmt (s. u.) die Parität eines Zustandes.

Wir wollen die gesuchte Wellenfunktion (Bispinor) in der Standarddarstellung betrachten: $\psi = \begin{pmatrix}\varphi\\ \chi\end{pmatrix}$. Bei Drehungen verhalten sich φ und χ wie dreidimensionale Spinoren. Die Winkelabhängigkeit wird demnach durch dieselben spinoriellen Kugelfunktionen Ω_{jlm} gegeben. Es sei $\varphi \propto \Omega_{jlm}$, wobei l einer (ein bestimmter) der beiden Werte $j + 1/2$ oder $j - 1/2$ sei. Bei einer Spiegelung gilt $\varphi(\boldsymbol{r}) \to i\,\varphi(-\boldsymbol{r})$ (s. (21,18)); wegen $\Omega_{jlm}(-\boldsymbol{n}) = (-1)^l\, \Omega_{jlm}(\boldsymbol{n})$ wird dann gelten

$$\varphi(\boldsymbol{r}) \to i\,(-1)^l\, \varphi(\boldsymbol{r})\,.$$

Die Komponenten χ verhalten sich bei einer Spiegelung so: $\chi(\boldsymbol{r}) \to -i\,\chi(-\boldsymbol{r})$. Damit ein Zustand eine bestimmte Parität hat (d. h., damit alle Komponenten bei einer Spiegelung mit dem gleichen Faktor multipliziert werden), muß demzufolge die Winkelabhängigkeit von χ durch die Spinorkugelfunktion $\Omega_{jl'm}$ mit dem anderen (der beiden möglichen) l-Wert bestimmt sein; da sich diese Werte um 1 unterscheiden, ist $(-1)^{l'} = -(-1)^l$.

Die r-Abhängigkeit von φ und χ wird durch die gleichen Funktionen R_{pl} und $R_{pl'}$ bestimmt (mit den Werten l und l', die der Ordnung der Kugelfunktionen in Ω_{jlm} entsprechen). Das ist klar, weil jede Komponente von ψ die Gleichung zweiter Ordnung $(\mathrm{p}^2 - m^2)\,\psi = 0$ erfüllt, die für gegebenes $|\mathbf{p}|$ die Gestalt

$$(\Delta + \mathbf{p}^2)\,\psi = 0$$

hat und formal mit der nichtrelativistischen SCHRÖDINGER-Gleichung für ein freies Teilchen übereinstimmt.

Auf diese Weise bekommen wir

$$\varphi = A\, R_{pl}\, \Omega_{jlm}\,, \qquad \chi = B\, R_{pl'}\, \Omega_{jl'm}\,, \tag{24,6}$$

und es sind noch die konstanten Koeffizienten A und B zu bestimmen. Dazu betrachten wir einen weit entfernten Bereich, in dem man die Kugelwelle als eine ebene Welle ansehen kann. Nach der asymptotischen Formel III, (33,10) ist

$$R_{pl} \approx \sqrt{\frac{2}{\pi}}\, \frac{1}{2\,i\,r} \left\{ e^{i\left(pr - \frac{\pi l}{2}\right)} - e^{-i\left(pr - \frac{\pi l}{2}\right)} \right\}, \tag{24,7}$$

so daß φ die Differenz zweier ebener Wellen ist, die sich in den Richtungen $\pm\,\boldsymbol{n}$ $(\boldsymbol{n} = \boldsymbol{r}/r)$ fortpflanzen. Für jede Welle haben wir nach (23,8)

$$\chi = \frac{p}{\varepsilon + m}\,(\pm\,\boldsymbol{n}\,\vec{\sigma})\,\varphi\,.$$

Aus dem oben Gesagten (Formeln (24,6)) wird sofort klar, daß $(\boldsymbol{n}\vec{\sigma})\,\Omega_{jlm} = a\,\Omega_{jl'm}$ mit einer Konstanten a ist. Diese Konstante kann leicht bestimmt werden, indem man die Werte der beiden Seiten der Gleichung für $m = 1/2$ und für $\boldsymbol{n}$-Richtung in z-Richtung miteinander vergleicht. Unter Verwendung von (7,2a) finden wir

$$(\boldsymbol{n}\vec{\sigma})\,\Omega_{jlm} = i^{l'-l}\,\Omega_{jl'm}\,. \tag{24,8}$$

Wir stellen die aufgeschriebenen Formeln zusammen, vergleichen sie mit (24,6) und bekommen

$$B = -\frac{p}{\varepsilon + m}\,A\,.$$

Schließlich wird der Koeffizient A durch die Normierung von ψ bestimmt. Wir normieren ψ nach der Vorschrift

$$\int \psi^*_{pjlm}\,\psi_{p'j'l'm'}\,d^3x = \delta_{jj'}\,\delta_{ll'}\,\delta_{mm'}\,\delta\,(p - p') \tag{24,9}$$

und finden endgültig

$$\psi_{pjlm} = \frac{[1]}{\sqrt{2\,\varepsilon}}\begin{pmatrix} \sqrt{\varepsilon + m}\;R_{pl}\,\Omega_{jlm} \\ -\sqrt{\varepsilon - m}\;R_{pl'}\,\Omega_{jl'm}\end{pmatrix}, \qquad l' = 2\,j - l\,. \tag{24,10}$$

Zu gegebenen Werten j und m (und gegebener Energie ε) gibt es also zwei Zustände, die sich in ihrer Parität unterscheiden. Die Parität wird eindeutig durch die Zahl l festgelegt, l nimmt die Werte $j \pm 1/2$ an: Bei einer Spiegelung wird der Bispinor (24,10) mit $i\,(-l)^l$ multipliziert. Die Komponenten dieses Bispinors enthalten aber Kugelfunktionen der beiden Ordnungen l und l'; darin spiegelt sich das Fehlen eines bestimmten Wertes für den Bahndrehimpuls wieder.

Für $r \to \infty$ kann man die Kugelwellen (24,7) in einem beliebigen kleinen Raumgebiet als ebene Wellen mit dem Impuls $\boldsymbol{p} = \pm\,p\,\boldsymbol{n}$ ansehen. Die Wellenfunktionen in der Impulsdarstellung unterscheiden sich daher von (24,10) in der Hauptsache durch das Fehlen der r-abhängigen Faktoren und dadurch, daß $\boldsymbol{n}$ die Bedeutung der Impulsrichtung erhält.

Um direkt zur Impulsdarstellung überzugehen, muß die Fourier-Transformation

$$\psi(\boldsymbol{p}') = \int \psi(\boldsymbol{r})\,e^{-i\boldsymbol{p}'\boldsymbol{r}}\,d^3x \tag{24,11}$$

vorgenommen werden. Das Integral wird mit Hilfe der Formel für die Entwicklung einer ebenen Welle nach Kugelwellen ausgerechnet:[1])

$$e^{i\boldsymbol{p}\boldsymbol{r}} = \frac{(2\,\pi)^{3/2}}{p}\sum_{l=0}^{\infty}\sum_{m=-l}^{l} i^l\,R_{pl}(r)\,Y^*_{lm}\left(\frac{\boldsymbol{p}}{p}\right)Y_{lm}\left(\frac{\boldsymbol{r}}{r}\right). \tag{24,12}$$

Wir verwenden für den Faktor $e^{-i\boldsymbol{p}'\boldsymbol{r}}$ in (24,11) diese Entwicklung und berücksichtigen (24,5), um für die Fourier-Komponenten der Funktion

$$\psi(\boldsymbol{r}) = R_{pl}(r)\,\Omega_{jlm}\left(\frac{\boldsymbol{r}}{r}\right)$$

[1]) Diese Formel ist eine Verallgemeinerung von Formel III, (34,1), bei der keine bestimmte Wahl der z-Achse angenommen wird. S. a. (46,3) und (46,4).

den Ausdruck

$$\psi(\boldsymbol{p}') = \frac{(2\,\pi)^{3/2}}{p}\,\delta\,(p' - p)\,i^{-l}\,Y_{lm'}\left(\frac{\boldsymbol{p}'}{p'}\right)\int \Omega_{jlm}\left(\frac{\boldsymbol{r}}{r}\right) Y^{*}_{lm'}\left(\frac{\boldsymbol{r}}{r}\right) do$$

zu finden. Das Integral auf der rechten Seite ist gleich den Koeffizienten der Kugelfunktionen in der Definition der Spinorkugelfunktionen (24,2). Zusammen mit dem Faktor $Y_{lm'}(\boldsymbol{p}'/p')$ bildet es wiederum dieselbe Spinorkugelfunktion aber mit dem Argument $\boldsymbol{p}'/p'$:

$$\psi(\boldsymbol{p}') = \frac{(2\,\pi)^{3/2}}{p}\,\delta\,(p' - p)\,i^{-l}\,\Omega_{jlm}\left(\frac{\boldsymbol{p}'}{p'}\right).$$

Wir wenden dieses Ergebnis auf die bispinorielle Wellenfunktion (24,10) an und erhalten so deren Impulsdarstellung

$$\psi_{pjlm}(\boldsymbol{p}') = \delta\,(p' - p)\,\frac{(2\,\pi)^{3/2}}{p\sqrt{2\,\varepsilon}}\begin{pmatrix}\sqrt{\varepsilon + m}\;i^{-l}\,\Omega_{jlm}(\boldsymbol{p}'/p')\\ \sqrt{\varepsilon - m}\;i^{-l'}\,\Omega_{jl'm}(\boldsymbol{p}'/p')\end{pmatrix}. \qquad (24{,}13)$$

Die Zustände $|p\,j\,l\,m\rangle$ stimmen mit den in § 16 betrachteten Zuständen $|p\,j\,m\,|\lambda|\rangle$ (mit $|\lambda| = 1/2$) überein: Beide Arten von Zuständen haben bestimmte Werte $p\,j\,m$ und eine bestimmte Parität. Die Spinorkugelfunktion Ω_{jlm} hängen deshalb in bestimmter Weise mit den Funktionen $D^{(j)}_{\lambda m}$ zusammen (beide hängen vom Argument $\boldsymbol{p}/p$ ab). Für $p \to 0$ reduzieren sich die Wellenfunktionen (24,13) auf die dreidimensionalen Spinoren Ω_{jlm} mit der Parität $P = \eta\,(-1)^l$ (wobei $\eta = i$ die „innere Parität" des Spinors ist). Der Vergleich mit den Resultaten von § 16 ergibt folgende Formel:

$$\Omega_{jlm} = i^l\sqrt{\frac{2j+1}{8\,\pi}}\,(w^{(-1/2)}\,D^{(j)}_{-1/2\,m} \pm w^{(1/2)}(D^{(j)}_{1/2\,m}) \qquad (24{,}14)$$

für $l = j \mp 1/2$), wobei $w^{(\lambda)}$ die dreidimensionalen Spinoren (23,14) sind.

§ 25. Zusammenhang zwischen Spin und Statistik

Die Feldquantisierung (zweite Quantisierung) für Teilchen mit dem Spin 1/2 (Spinorfeld) erfolgt genauso wie in § 11 für ein skalares Feld.

Wir wiederholen nicht alle Überlegungen von neuem und schreiben sofort die Ausdrücke für die Feldoperatoren auf analog zu den Formeln (11,2):

$$\left.\begin{aligned}\boldsymbol{\psi} &= \sum_{\boldsymbol{p}\sigma}\frac{1}{\sqrt{2\,\varepsilon}}\,(\mathrm{a}_{\boldsymbol{p}\sigma}\,u_{p\sigma}\,e^{-ipx} + \mathrm{b}^{+}_{\boldsymbol{p}\sigma}\,u_{-p-\sigma}\,e^{ipx})\,,\\ \overline{\boldsymbol{\psi}} \equiv \boldsymbol{\psi}^{+}\gamma^0 &= \sum_{\boldsymbol{p}\sigma}\frac{1}{\sqrt{2\,\varepsilon}}\,(\mathrm{a}^{+}_{\boldsymbol{p}\sigma}\,u_{p\sigma}\,e^{ipx} + \mathrm{b}_{\boldsymbol{p}\sigma}\,\overline{u}_{-p-\sigma}\,e^{-ipx})\,,\end{aligned}\right\} \qquad (25{,}1)$$

Die Summation erfolgt über alle Werte des Impulses $\boldsymbol{p}$ und über $\sigma = \pm\,1/2$. Die Vernichtungsoperatoren für Antiteilchen $\mathrm{b}_{\boldsymbol{p}\sigma}$ (wie auch die Vernichtungsoperatoren für Teilchen $a_{p\sigma}$) stehen als Koeffizienten an den Funktionen, die in ihrer Ortsabhängigkeit ($e^{i\boldsymbol{p}\boldsymbol{r}}$) einem Zustand mit dem Impuls $\boldsymbol{p}$ entsprechen.[1])

Zur Berechnung des HAMILTON-Operators für ein Spinorfeld muß man nicht den zugehörigen Energie–Impuls-Tensor berechnen (wie wir es für ein skalares Feld getan haben), da in diesem Fall der HAMILTON-Operator für ein Teilchen existiert und mit dessen Hilfe die Wellengleichung (DIRAC-Gleichung) (21,12) aufgeschrieben werden kann. Die mittlere Energie eines Teilchens im Zustand mit der Wellenfunktion ψ ist das Integral

$$\int \psi^* \mathrm{H} \, \psi \, d^3x = i \int \psi^* \frac{\partial \psi}{\partial t} d^3x = i \int \overline{\psi} \, \gamma^0 \frac{\partial \psi}{\partial t} d^3x \, . \tag{25,2}$$

Wir machen darauf aufmerksam, daß die „Energiedichte" (der Integrand) hier keine positiv definite Größe ist.

Wir ersetzen in (25,2) die Funktionen ψ und $\overline{\psi}$ durch die ψ-Operatoren, beachten die Orthogonalität der Wellenfunktionen zu verschiedenen $\boldsymbol{p}$ oder σ, benutzen die Beziehung $\overline{u}_{\pm p\sigma} \gamma^0 u_{\pm p\sigma} = 2\,\varepsilon$ für die Amplituden der Wellen und erhalten den HAMILTON-Operator in der Gestalt

$$\mathrm{H} = \sum_{p\sigma} \varepsilon \, (\mathrm{a}^+_{p\sigma} \mathrm{a}_{p\sigma} - \mathrm{b}_{p\sigma} \mathrm{b}^+_{p\sigma}) \, . \tag{25,3}$$

Hieraus ist zu ersehen, daß die Quantisierung im vorliegenden Fall mit FERMI-Vertauschungsregeln erfolgen muß:

$$\{\mathrm{a}_{p\sigma}, \mathrm{a}^+_{p\sigma}\} = 1 \, , \qquad \{\mathrm{b}_{p\sigma}, \mathrm{b}^+_{p\sigma}\}_+ = 1 \, , \tag{25,4}$$

alle anderen Operatorpaare aus a, a^+, b und b^+ antikommutieren (s. III, § 65). Tatsächlich kann der HAMILTON-Operator (25,3) in die Gestalt

$$\mathrm{H} = \sum_{p\sigma} \varepsilon \, (\mathrm{a}^+_{p\sigma} \mathrm{a}_{p\sigma} + \mathrm{b}^+_{p\sigma} \mathrm{b}_{p\sigma} - 1)$$

gebracht werden, und die Energieeigenwerte sind (wie immer nach Subtraktion einer unendlichen additiven Konstante)

$$E = \sum_{p\sigma} \varepsilon \, (N_{p\sigma} + \overline{N}_{p\sigma}) \, , \tag{25,5}$$

sie sind positiv definit, wie es sein muß. Bei der Quantisierung mit BOSE-Vertauschungsregeln hätten wir aus (25,3) sinnlose, nicht positiv definite Eigenwerte bekommen:

$$\sum \varepsilon \, (N_{p\sigma} - \overline{N}_{p\sigma}) \, .$$

Ein zu (25,5) analoger Ausdruck

$$\boldsymbol{P} = \sum_{p\sigma} \boldsymbol{p} \, (N_{p\sigma} + \overline{N}_{p\sigma}) \tag{25,6}$$

ergibt sich auch für den Impuls des Systems, für die Eigenwerte des Operators $\int \boldsymbol{\psi}^+ \mathbf{p} \, \boldsymbol{\psi} \, d^3x$.

[1]) Diese Funktionen entsprechen auch gleichen Werten der Spinprojektion σ im Ruhsystem; für die Funktionen $\overline{\psi}_{-p-\sigma}$ wird das in § 26 gezeigt werden, s. (26,10).

Der Operator für den 4-Strom ist

$$j^\mu = \overline{\psi}\,\gamma^\mu\,\psi\,, \tag{25,7}$$

und für den „Ladungs“-Operator erhalten wir

$$Q = \int \overline{\psi}\,\gamma^0\,\psi\,d^3x = \sum_{p\sigma} (a^+_{p\sigma}\,a_{p\sigma} + b_{p\sigma}\,b^+_{p\sigma}) = \sum_{p\sigma} (a^+_{p\sigma}\,a_{p\sigma} - b^+_{p\sigma}\,b_{p\sigma} + 1)\,, \tag{25,8}$$

die zugehörigen Eigenwerte sind

$$Q = \sum_{p\sigma} (N_{p\sigma} - \overline{N}_{p\sigma})\,. \tag{25,9}$$

Wir sind auf diese Weise erneut zur Vorstellung von Teilchen und Antiteilchen gelangt, und alles in § 11 über Teilchen und Antiteilchen Gesagte trifft auch hier zu.

Während aber Teilchen mit dem Spin 0 Bosonen sind, sind Teilchen mit dem Spin 1/2 Fermionen. Formal entsteht dieser Unterschied aus den verschiedenartigen Ausdrücken für die „Energiedichte“ eines skalaren und eines Spinorfeldes. Für ein skalares Feld ist dieser Ausdruck positiv definit, und die beiden Summanden ($a^+\,a$ und $b^+\,b$) sind deshalb im Hamilton-Operator (11.3) mit positivem Vorzeichen enthalten. Um die Positivität der Energieeigenwerte zu gewährleisten, darf sich das Vorzeichen nicht ändern, wenn man $b\,b^+$ durch $b^+\,b$ ersetzt, d. h., man hat Bose-Vertauschungsregeln zu verwenden. Für ein Spinorfeld ist die „Energiedichte“ keine positiv definite Größe, und der Summand $b^+\,b$ erscheint im Hamilton-Operator (25,3) mit negativem Vorzeichen. Beim Ersetzen von $b\,b^+$ durch $b^+\,b$ muß sich also das Vorzeichen ändern, damit sich positive Eigenwerte ergeben, d. h. es sind Fermi-Vertauschungsregeln zu benutzen.

Andererseits hängt die Gestalt der Energiedichte unmittelbar mit den Transformationseigenschaften der Wellenfunktion und mit der Forderung nach relativistischer Invarianz zusammen. In diesem Sinne kann man sagen, daß auch der Zusammenhang zwischen Spin und Statistik für die betreffenden Teilchen eine direkte Folge aus diesen Forderungen ist.

Aus der Tatsache, daß Teilchen mit dem Spin 1/2 Fermionen sind, folgt auch die allgemeine Behauptung: Alle Teilchen mit halbzahligem Spin sind Fermionen und alle Teilchen mit ganzzahligem Spin sind Bosonen (darin ist auch die in § 11 bewiesene Aussage für Teilchen mit dem Spin 0 enthalten.[1])

Diese Feststellung wird unmittelbar evident, wenn man daran denkt, daß man sich ein Teilchen mit dem Spin s „zusammengesetzt“ aus $2\,s$ Teilchen mit dem Spin 1/2 vorstellen kann. Für halbzahliges s ist die Zahl $2\,s$ ungerade, für ganzzahliges s gerade. Ein „kompliziertes“ Teilchen aus einer geraden An-

---

[1]) Der Ursprung des Zusammenhanges zwischen dem Spin eines Teilchens und der Statistik, der das Teilchen unterworfen ist, ist erstmalig von Pauli (1940) geklärt worden.

zahl von Fermionen ist also ein Boson, während ein Teilchen aus einer ungeraden Anzahl von Fermionen ein Fermion ist.[1])

Besteht ein System aus verschiedenartigen Teilchen, dann müssen für jede Teilchensorte eigene Erzeugungs- und Vernichtungsoperatoren eingeführt werden. Operatoren für verschiedene Bosonen und für Fermionen und Bosonen kommutieren miteinander. Operatoren für verschiedene Fermionen kann man in der nichtrelativistischen Theorie als kommutativ oder antikommutativ annehmen (III, § 65). In der relativistischen Theorie, die Umwandlungen von Teilchen ineinander zuläßt, muß man Erzeugungs- und Vernichtungsoperatoren für verschiedene Fermionen als antikommutativ ansehen, wie die Operatoren zu verschiedenen Zuständen gleicher Fermionen.

Aufgabe

Man berechne den LAGRANGE-Operator für ein Spinorfeld!

Lösung. Die LAGRANGE-Funktion, die der DIRAC-Gleichung entspricht, ist der reelle skalare Ausdruck

$$L = \frac{i}{2}(\bar{\psi}\,\gamma^\mu\,\partial_\mu\psi - \partial_\mu\bar{\psi}\cdot\gamma^\mu\,\psi) - m\,\bar{\psi}\,\psi\,. \tag{1}$$

Versteht man unter den „verallgemeinerten Koordinaten" q die Komponenten von ψ und $\bar{\psi}$ so kann man sich leicht davon überzeugen, daß die entsprechenden LAGRANGEschen Gleichungen (10,10) mit den DIRAC-Gleichungen für $\bar{\psi}$ und ψ übereinstimmen. Das Vorzeichen (sowie der Vorfaktor) der LAGRANGE-Funktion sind im vorliegenden Fall frei wählbar. Da L die Ableitungen von ψ und $\bar{\psi}$ linear enthält, kann die Wirkung $S = \int L\, d^4x$ sowieso weder ein Minimum noch ein Maximum haben. Die Bedingung $\delta S = 0$ bestimmt in diesem Fall nur einen stationären Punkt, aber kein Extremum des Integrals.

Der LAGRANGE-Operator für ein Spinorfeld ergibt sich, indem man in (1) ψ durch den Operator $\boldsymbol{\psi}$ ersetzt. Wenden wir auf diesen LAGRANGE-Operator die Formel (12,12) an, dann erhalten wir den Stromoperator (25,7).

§ 26. Ladungskonjugation und Zeitumkehr für Spinoren

Die Faktoren $\psi_{p\sigma} = u_{p\sigma}\, e^{-ipx}$, die in (25,1) bei den Operatoren $\mathrm{a}_{\boldsymbol{p}\sigma}$ stehen, sind die Wellenfunktionen der freien Teilchen (wir werden Elektronen dazu sagen) mit den Impulsen $\boldsymbol{p}$ und den Polarisationen σ:

$$\psi^{(e)}_{p\sigma} = \psi_{p\sigma}\,.$$

Die Faktoren $\bar{\psi}_{-p-\sigma}$ an den Operatoren $\mathrm{b}_{\boldsymbol{p}\sigma}$ hat man als Wellenfunktionen der Positronen mit denselben Werten für $\boldsymbol{p}$ und σ aufzufassen. Die Elektronen- und die Positronenfunktionen werden aber in verschiedenen Bispinordarstellun-

[1]) In diesen Überlegungen wird angenommen, daß alle Teilchen mit dem gleichen Spin der gleichen Statistik zu gehorchen haben (unabhängig von der Art ihrer „Zusammensetzung"). Würde es zum Beispiel Fermionen mit dem Spin 0 geben, dann könnte man aus einem Fermion mit dem Spin 0 und einem Fermion mit dem Spin 1/2 ein Teilchen mit dem Spin 1/2 zusammensetzen, das ein Boson sein müßte — im Gegensatz zu dem für Spin 1/2 allgemein bewiesenen Ergebnis.

gen ausgedrückt. Das ist klar, weil ψ und $\overline{\psi}$ verschiedene Transformationseigenschaften haben und ihre Komponenten verschiedene Gleichungssysteme erfüllen. Um diesen Nachteil zu beseitigen, muß man eine bestimmte unitäre Transformation der Komponenten $\overline{\psi}_{-p-\sigma}$ ausführen, so daß die neue vierkomponentige Funktion derselben Gleichung wie $\psi_{p\sigma}$ genügt.[1]) Diese Funktion werden wir als Wellenfunktion eines Positrons bezeichnen (mit dem Impuls $\boldsymbol{p}$ und der Polarisation σ). Wir bezeichnen die Matrix für die erforderliche unitäre Transformation mit U_C und schreiben

$$\psi^{(\mathrm{p})}_{p\sigma} = \mathrm{U}_C\, \overline{\psi}_{-p-\sigma}\,. \tag{26,1}$$

Die Operation C, durch die diese Funktion aus $\psi_{-p-\sigma}$ gebildet wird, heißt *Ladungskonjugation* der Wellenfunktion (H. Kramers, 1937). Dieser Begriff ist natürlich nicht auf die Anwendung auf ebene Wellen beschränkt. Für eine beliebige Funktion ψ existiert die „ladungskonjugierte" Funktion

$$\mathrm{C}\,\psi(t, \boldsymbol{r}) = \mathrm{U}_C\, \overline{\psi}(t, \boldsymbol{r})\,, \tag{26,2}$$

die sich wie ψ transformiert und derselben Gleichung wie ψ genügt.

Die Eigenschaften der Matrix U_C folgen aus dieser Definition. Wenn ψ eine Lösung der Dirac-Gleichung $(\gamma\, \mathrm{p} - m)\,\psi = 0$ ist, dann erfüllt $\overline{\psi}$ die Gleichung

$$\overline{\psi}\,(\gamma\, \mathrm{p} + m) = 0 \qquad \text{oder} \qquad (\tilde{\gamma}\, \mathrm{p} + m)\,\overline{\psi} = 0\,.$$

Wir multiplizieren diese Gleichung von links mit U_C:

$$\mathrm{U}_C\, \tilde{\gamma}\, \mathrm{p}\, \overline{\psi} + m\, \mathrm{U}_C\, \overline{\psi} = 0$$

und fordern, daß die Funktion $\mathrm{U}_C\,\overline{\psi}$ derselben Gleichung wie ψ genügt:

$$(\gamma\, \mathrm{p} - m)\, \mathrm{U}_C\, \overline{\psi} = 0\,.$$

Aus dem Vergleich der beiden Gleichungen finden wir die folgende „Vertauschungsregel" für die Matrix U_C und die Matrizen γ^μ:[2])

$$\mathrm{U}_C\, \tilde{\gamma}^\mu = -\,\gamma^\mu\, \mathrm{U}_C\,. \tag{26,3}$$

Weiter werden wir voraussetzen, daß die Wellenfunktionen in der Spinor- oder in der Standarddarstellung gegeben sind (erst am Schluß dieses Paragraphen werden wir uns dem allgemeinen Fall einer beliebigen Darstellung wieder zuwenden). In diesen Darstellungen sind

$$\left.\begin{aligned} \gamma^{0,2} &= \tilde{\gamma}^{0,2}\,, & \gamma^{1,3} &= -\,\tilde{\gamma}^{1,3}\,,\\ (\gamma^{0,1,3})^* &= \gamma^{0,1,3}\,, & \gamma^{2*} &= -\,\gamma^2\,. \end{aligned}\right\} \tag{26,4}$$

Die Matrix $\mathrm{U}_C = \eta_C\, \gamma^2\, \gamma^0$ mit einer beliebigen Konstanten η_C erfüllt dann die Bedingungen (26,3). Aus der Forderung $\mathrm{C}^2 = 1$ folgt $|\eta_C|^2 = 1$, so daß die Matrix U_C bis auf einen Phasenfaktor bestimmt ist. Im folgenden wählen wir

---

[1]) Für Teilchen mit dem Spin 0 ist dieses Problem überhaupt nicht aufgetreten, weil die skalaren Funktionen ψ und ψ^* dieselbe Gleichung erfüllen und ψ^*_{-p} einfach gleich ψ_p ist.

[2]) Wir vermerken auch die daraus folgende Gleichung

$$\mathrm{U}_C\, \tilde{\gamma}^5 = \gamma^5\, \mathrm{U}_C\,. \tag{26,3a}$$

$\eta_C = 1$ und haben

$$\mathrm{U}_C = \gamma^2 \gamma^0 = -\alpha_y \,. \tag{26,5}$$

Beachten wir ferner die Beziehungen $\overline{\psi} = \psi^* \gamma^0 = \tilde{\gamma}^0 \psi^* = \gamma^0 \psi^*$, so können wir die Wirkung des Operators C folgendermaßen schreiben:

$$\mathrm{C}\,\psi = \gamma^2 \gamma^0 \overline{\psi} = \gamma^2 \psi^* \,. \tag{26,6}$$

Explizit lautet die Transformation (26,6) in der Spinordarstellung

$$C:\quad \xi^\alpha \to -i\,\eta^{\dot\alpha *}\,, \qquad \eta_{\dot\alpha} \to -i\,\xi^*_\alpha \tag{26,7a}$$

oder, was dasselbe ist,

$$C:\quad \xi_\alpha \to -i\,\eta^*_{\dot\alpha}\,, \qquad \eta^{\dot\alpha} \to -i\,\xi^{\alpha *} \,. \tag{26,7b}$$

Die Ladungskonjugation kann für die ebenen Wellen $\psi_{\pm p \sigma}$ leicht ausgeführt werden, wenn man die expliziten Ausdrücke (23,9) und die Matrix U_C in der Standarddarstellung verwendet:

$$\mathrm{U}_C = \begin{pmatrix} 0 & -\sigma_y \\ -\sigma_y & 0 \end{pmatrix}. \tag{26,8}$$

Unter Beachtung von

$$\sigma_y \vec{\sigma}^* = -\vec{\sigma}\,\sigma_y$$

erhalten wir bei der Berechnung von $w^{(\sigma)'}$ nach (23,16)

$$\mathrm{U}_C\, \overline{u}_{-p-\sigma} = u_{p\sigma}\,, \qquad \mathrm{U}_C\, u_{-p-\sigma} = \overline{u}_{p\sigma} \,. \tag{26,9}$$

Somit wird

$$\mathrm{C}\,\psi_{-p-\sigma} = \psi_{p\sigma}\,, \tag{26,10}$$

so daß die Funktionen $\psi_{-p-\sigma}$, die in den ψ-Operatoren (25,1) zusammen mit den Operatoren $\mathrm{b}_{p\sigma}$ vorkommen, tatsächlich Zuständen von Teilchen mit dem Impuls $\boldsymbol{p}$ und der Polarisation σ entsprechen. Wir sehen ferner, daß Elektronen- und Positronenzustände durch die gleichen Funktionen beschrieben werden:

$$\psi^{(\mathrm{e})}_{p\sigma} = \psi^{(\mathrm{p})}_{p\sigma} = \psi_{p\sigma} \,.$$

Das ist ganz natürlich, weil die Funktionen $\psi_{p\sigma}$ nur Informationen über Impuls und Polarisation eines Teilchens enthalten.

Analog kann man auch die Operation der Zeitumkehr behandeln. Bei einer Vorzeichenänderung der Zeit muß das konjugierte Komplexe der Wellenfunktion gebildet werden. Um die „zeitumgekehrte" Wellenfunktion ($\mathrm{T}\,\psi$) in derselben Darstellung wie das ursprüngliche ψ zu erhalten, müssen die Komponenten von ψ^* (oder von $\overline{\psi}$) noch einer unitären Transformation unterworfen werden. Analog zu (26,2) beschreiben wir die Anwendung des T-Operators auf ψ in der Form

$$\mathrm{T}\,\psi(t, \boldsymbol{r}) = \mathrm{U}_T\, \overline{\psi}(-t, \boldsymbol{r})\,, \tag{26,11}$$

wobei U_T eine unitäre Matrix ist.

Wir schreiben wieder die Dirac-Gleichung für ψ

$$\left(i\,\gamma^0 \frac{\partial}{\partial t} + i\,\vec{\gamma}\,\nabla - m\right)\psi(t, \boldsymbol{r}) = 0$$

und die Gleichung für $\overline{\psi}$ auf:

$$\left(i\,\tilde{\gamma}^0 \frac{\partial}{\partial t} + i\,\vec{\tilde{\gamma}}\,\nabla + m\right)\overline{\psi}(t, \boldsymbol{r}) = 0 .$$

In der letzten Gleichung ersetzen wir t durch $-t$ und multiplizieren von links mit $-\mathrm{U}_T$:

$$\left(i\,\mathrm{U}_T\,\tilde{\gamma}^0 \frac{\partial}{\partial t} - i\,\mathrm{U}_T\,\vec{\tilde{\gamma}}\,\nabla\right)\overline{\psi}(-t, \boldsymbol{r}) - m\,\mathrm{U}_T\,\overline{\psi}(-t, \boldsymbol{r}) = 0 .$$

Wir wollen, daß die Funktion $\mathrm{U}_T\,\overline{\psi}(-t, \boldsymbol{r})$ dieselbe Gleichung wie $\psi(t, \boldsymbol{r})$ erfüllt:

$$\left(i\,\gamma^0 \frac{\partial}{\partial t} + i\,\vec{\gamma}\,\nabla\right)\mathrm{U}_T\,\overline{\psi}(-t, \boldsymbol{r}) - m\,\mathrm{U}_T\,\overline{\psi}(-t, \boldsymbol{r}) = 0 .$$

Der Vergleich dieser beiden Gleichungen ergibt für die Matrix U_T die Bedingungen

$$\mathrm{U}_T\,\tilde{\gamma}^0 = \gamma^0\,\mathrm{U}_T\,, \qquad \mathrm{U}_T\,\vec{\tilde{\gamma}} = -\vec{\gamma}\,\mathrm{U}_T\,. \tag{26,12}$$

Diese Bedingungen werden in der Spinor- und in der Standarddarstellung von folgender Matrix erfüllt:[1])

$$\mathrm{U}_T = i\,\gamma^3\,\gamma^1\,\gamma^0\,. \tag{26,13}$$

Die Anwendung des Operators T wird also durch folgende Formel beschrieben:

$$\mathrm{T}\,\psi(t, \boldsymbol{r}) = i\,\gamma^3\,\gamma^1\,\gamma^0\,\overline{\psi}(-t, \boldsymbol{r}) = i\,\gamma^3\,\gamma^1\,\psi^*(-t, \boldsymbol{r})\,. \tag{26,14}$$

Explizit lautet diese Transformation in der Spinordarstellung

$$T\colon\quad \xi^\alpha \to -i\,\xi^*_\alpha\,, \qquad \eta_{\dot\alpha} \to i\,\eta^{\dot\alpha *} \tag{26,15a}$$

oder

$$T\colon\quad \xi_\alpha \to i\,\xi^{\alpha *}\,, \qquad \eta^{\dot\alpha} \to -i\eta^*_{\dot\alpha}\,. \tag{26,15b}$$

In der Standarddarstellung ist

$$\mathrm{U}_T = \begin{pmatrix} \sigma_y & 0 \\ 0 & -\sigma_y \end{pmatrix}. \tag{26,16}$$

Wir wollen alle drei Operationen P, T und C auf ψ anwenden. Dazu schreiben wir nacheinander

$$\mathrm{T}\,\psi(t, \boldsymbol{r}) = -i\,\gamma^1\,\gamma^3\,\psi^*(-t, \boldsymbol{r})\,,$$
$$\mathrm{PT}\,\psi(t, \boldsymbol{r}) = i\,\gamma^0\,(\mathrm{T}\,\psi) = \gamma^0\,\gamma^1\,\gamma^3\,\psi^*(-t, -\boldsymbol{r})\,,$$
$$\mathrm{CPT}\,\psi(t, \boldsymbol{r}) = \gamma^2\,(\gamma^0\,\gamma^1\,\gamma^3\,\psi^*)^* = \gamma^2\,\gamma^0\,\gamma^1\,\gamma^3\,\psi(-t, -\boldsymbol{r})$$

oder

$$\mathrm{CPT}\,\psi(t, \boldsymbol{r}) = i\,\gamma^5\,\psi(-t, -\boldsymbol{r})\,. \tag{26,17}$$

In der Spinordarstellung bedeutet

$$CPT\colon\quad \xi_\alpha \to -i\,\xi_\alpha\,, \qquad \eta_{\dot\alpha} \to i\,\eta_{\dot\alpha}\,. \tag{26,18}$$

---

[1]) Die Wahl des Phasenfaktors in (26,13) hängt mit der Wahl in (26,5) nach den Überlegungen zusammen, die in der Fußnote auf S. 105 angestellt werden.

(Davon kann man sich auch direkt anhand der Transformationsvorschriften (20,4), (26,7) und (26,15) überzeugen.)[1])

Die oben angegebenen Ausdrücke für die Matrizen U_C und U_T galten in der Spinor- oder in der Standarddarstellung für ψ. Wir wollen zum Schluß noch klären, welche Eigenschaften dieser Ausdrücke auch in einer beliebigen Darstellung für ψ gelten.

Wenn ψ einer unitären Transformation unterworfen wird,

$$\psi' = U\psi\,, \quad \gamma' = U\gamma U^{-1}\,, \quad \overline{\psi}' = \psi'^*\gamma^{0\prime} = \overline{\psi}U^+ = \overline{\psi}U^{-1}\,, \qquad (26,19)$$

dann gilt in der neuen Darstellung

$$(C\psi)' = U(C\psi) = U U_C \overline{\psi} = U U_C (\overline{\psi}' U) = U U_C \tilde{U} \overline{\psi}'\,.$$

Aus dem Vergleich mit der Definition der Matrix U'_C in der neuen Darstellung $\big((C\psi)' = U'_C \overline{\psi}'\big)$ finden wir

$$U'_C = U U_C \tilde{U}\,. \qquad (26,20)$$

Die Transformation (26,20) stimmt mit der Transformation der γ-Matrizen nur für reelle U überein. Daher ist der Ausdruck (26,5) nur in solchen Darstellungen richtig, die aus der Spinor- oder der Standarddarstellung durch eine reelle Transformation hervorgehen.

Die Matrix (26,5) ist unitär, und beim Transponieren wird das Vorzeichen gewechselt:

$$U_C U_C^+ = 1\,, \qquad \tilde{U}_C = -U_C\,. \qquad (26,21)$$

Diese Eigenschaften sind gegenüber der Transformation (26,20) invariant und treffen daher in einer beliebigen Darstellung zu. Die Matrix (26,5) ist auch hermitesch ($U_C = U_C^+$), aber diese Eigenschaft wird im allgemeinen durch die Transformation (26,20) zerstört.

Alles Gesagte (darunter auch (26,21)) gilt auch für die Eigenschaften der Matrix U_T.

Im Apparat der zweiten Quantisierung müssen die Transformationen C, P und T für die ψ-Operatoren als Transformationsvorschriften für die Erzeugungs- und Vernichtungsoperatoren formuliert werden. Diese Vorschriften können gefunden werden (ähnlich wie in § 13 für Teilchen mit dem Spin 0), indem man von der Forderung ausgeht, daß die transformierten ψ-Operatoren in der Gestalt

$$\left.\begin{aligned} \boldsymbol{\psi}^C(t,\boldsymbol{r}) &= U_C\overline{\boldsymbol{\psi}}(t,\boldsymbol{r})\,,\\ \boldsymbol{\psi}^P(t,\boldsymbol{r}) &= i\gamma^0\boldsymbol{\psi}(t,-\boldsymbol{r})\,,\\ \boldsymbol{\psi}^T(t,\boldsymbol{r}) &= U_T\overline{\boldsymbol{\psi}}(-t,\boldsymbol{r}) \end{aligned}\right\} \qquad (26,22)$$

---

[1]) Die Schreibweise CPT bedeutet die Anwendung der Operatoren in der Reihenfolge von rechts nach links. Das Vorzeichen in (26,17) und (26,18) hängt von dieser Reihenfolge ab, weil T nicht mit C und P (bei der Anwendung auf einen Bispinor) kommutiert.

dargestellt werden können. Die Rechnungen mit Hilfe der abgeleiteten Formeln zeigen, daß folgende Transformationen diese Bedingungen erfüllen:

$$\left.\begin{aligned} \mathrm{a}^C_{\boldsymbol{p}\sigma} &= \mathrm{b}_{\boldsymbol{p}\sigma}\,, & \mathrm{b}^C_{\boldsymbol{p}\sigma} &= \mathrm{a}_{\boldsymbol{p}\sigma}\,; \\ \mathrm{a}^P_{-\boldsymbol{p}\sigma} &= i\,\mathrm{a}_{\boldsymbol{p}\sigma}\,, & \mathrm{b}^P_{-\boldsymbol{p}\sigma} &= i\,\mathrm{b}_{\boldsymbol{p}\sigma}\,; \\ \mathrm{a}^T_{-\boldsymbol{p}-\sigma} &= 2\,\sigma\,i\,\mathrm{a}^+_{\boldsymbol{p}\sigma}\,, & \mathrm{b}^T_{-\boldsymbol{p}-\sigma} &= 2\,\sigma\,i\,\mathrm{b}^+_{\boldsymbol{p}\sigma}\,. \end{aligned}\right\} \tag{26,23}$$

Aufgabe

Man berechne den Operator für die Ladungskonjugation in der MAJORANA-Darstellung (I. § 21, Aufgabe 2)!

Lösung. Die Matrix U'_C in der MAJORANA-Darstellung ergibt sich aus der Matrix U_C in der Standarddarstellung durch die Transformation (26,20) mit $\mathrm{U} = (\alpha_y + \beta)/\sqrt{2}$ und ist $\mathrm{U}'_C = \alpha_y$ (α_y und β bedeuten die Matrizen in der Standarddarstellung). Wir versehen die Größen in der MAJORANA-Darstellung mit einem Strich und haben $\mathrm{C}\,\psi' = \mathrm{U}'_C(\psi'^*\,\beta')$ und wegen $\beta' = \alpha_y$

$$\mathrm{C}\,\psi' = \alpha_y(\psi'^*\,\alpha_y) = \alpha_y\,\tilde{\alpha}_y\,\psi'^* = \psi'^*\,,$$

d. h., die Ladungskonjugation ist der komplexen Konjugation äquivalent.

§ 27. Innere Symmetrie von Teilchen und Antiteilchen

Die Wellenfunktion eines Teilchens mit dem Spin 1/2 reduziert sich im Ruhsystem des Teilchens auf einen dreidimensionalen Spinor (den wir mit Φ^α bezeichnen werden). Der Begriff der inneren Parität des Teilchens hängt mit dem Verhalten dieses Spinors bei räumlichen Spiegelungen zusammen. Obwohl (wie schon in § 19 erwähnt wurde) die beiden möglichen Transformationsgesetze für die dreidimensionalen Spinoren ($\Phi^\alpha \to \pm\, i\,\Phi^\alpha$) nicht äquivalent zueinander sind, hat die Zuordnung einer bestimmten Parität für einen Spinor keine absolute Bedeutung. Es hat daher keinen Sinn, von der inneren Parität eines Teilchens mit dem Spin 1/2 für sich allein zu sprechen. Man kann aber von der relativen inneren Parität zweier solcher Teilchen reden.

Aus den beiden (dreidimensionalen) Spinoren $\Phi^{(1)}$ und $\Phi^{(2)}$ kann der Skalar $\Phi^{(1)}_\alpha\,\Phi^{(2)\alpha}$ gebildet werden. Wenn das ein echter Skalar ist, sagt man, die durch die betreffenden Spinoren beschriebenen Teilchen haben die gleiche Parität; falls diese Größe ein Pseudoskalar ist, spricht man von entgegengesetzter innerer Parität der Teilchen.

Wir wollen zeigen, daß Teilchen und Antiteilchen (mit Spin 1/2) entgegengesetzte innere Paritäten haben (W. B. BERESTEZKI 1948).

Wenn wir nämlich auf beide Seiten der P-Transformation (19,5) (in der Spinordarstellung)

$$P:\quad \xi^\alpha \to i\,\eta_{\dot\alpha}\,, \qquad \eta_{\dot\alpha} \to i\,\xi^\alpha \tag{27,1}$$

die Operation C (26,7) anwenden, dann erhalten wir

$$\eta^{c\dot\alpha *} \to i\,\xi^{c*}_\alpha\,, \qquad \xi^{c*}_\alpha \to i\,\eta^{c\dot\alpha *}\,.$$

Mit dem Index c sind die Komponenten des Bispinors $\psi^c = \begin{pmatrix} \xi^c \\ \eta^c \end{pmatrix}$ versehen, der zum Bispinor $\psi = \begin{pmatrix} \xi \\ \eta \end{pmatrix}$ ladungskonjugiert ist. Wir bilden das konjugiert Komplexe, vertauschen die Indizes und finden

$$P: \quad \eta^c_{\dot\alpha} \to i\, \xi^{c\alpha}\,, \qquad \xi^{c\alpha} \to i\, \eta^c_{\dot\alpha}\,. \tag{27,2}$$

Die ladungskonjugierten Bispinoren transformieren sich demnach bei einer räumlichen Spiegelung nach der gleichen Vorschrift.

$\psi^{(e)}$ sei die Wellenfunktion des Teilchens (Elektrons), $\psi^{(p)}$ die Wellenfunktion des Antiteilchens (Positron). Letztere ist ein Bispinor, der zu einer Lösung der Dirac-Gleichung mit „negativer Frequenz" ladungskonjugiert ist. Im Ruhsystem reduzieren sich beide Funktionen auf dreidimensionale Spinoren:

$$\xi^{(e)\alpha} = \eta^{(e)}_{\dot\alpha} = \Phi^{(e)\alpha}\,, \qquad \xi^{(p)\alpha} = \eta^{(p)}_{\dot\alpha} = \Phi^{(p)\alpha}\,.$$

Gemäß (27,1) und (27,2) transformieren sich diese Spinoren bei einer räumlichen Spiegelung nach der Vorschrift

$$\Phi^\alpha \to i\, \Phi^\alpha\,, \tag{27,3}$$

die für $\Phi^{(e)}$ und $\Phi^{(p)}$ gleich ist. Das Produkt $\Phi^{(e)}\,\Phi^{(p)}$ ändert sein Vorzeichen, und die obige Behauptung ist bewiesen.

Im Apparat der zweiten Quantisierung äußert sich die entgegengesetzte Parität von Teilchen und Antiteilchen in einem Vorzeichenwechsel bei der Spiegelung von Operatorprodukten: $a_{\boldsymbol{p}\sigma}\, b_{\boldsymbol{p}\sigma} \to -\, a_{\boldsymbol{p}\sigma}\, b_{\boldsymbol{p}\sigma}$ (s. (26,23)).

Ein Teilchen, das mit seinem Antiteilchen „übereinstimmt", wird als streng neutrales Teilchen bezeichnet (§ 12). Der ψ-Operator für das Feld derartiger Teilchen erfüllt die Bedingung

$$\boldsymbol{\psi}(t, \boldsymbol{r}) = \boldsymbol{\psi}^C(t, \boldsymbol{r})\,.$$

Für Teilchen mit dem Spin 1/2 bedeutet das die Bedingung (in der Spinordarstellung

$$\xi^\alpha = -\, i\, \eta^{\dot\alpha *}\,, \qquad \eta_{\dot\alpha} = -\, i\, \xi^*_\alpha\,. \tag{27,4}$$

Wie alle Beziehungen, die irgendwelche physikalischen Eigenschaften wiedergeben, sind diese Bedingungen gegenüber der CPT-Transformation invariant.[1]) Man kann leicht nachprüfen, daß sie tatsächlich nicht nur gegenüber CPT invariant sind, sondern auch gegenüber jeder einzelnen der drei Transformationen.

Wir haben in § 19 vereinbart, die Spiegelung von Spinoren als Transformation mit $P^2 = -1$ zu definieren, und haben uns bisher an diese Festlegung gehalten. Man kann leicht erkennen, daß das obige Ergebnis über die relative Parität von

[1]) Genauer muß die Transformation CPT im vorliegenden Fall so definiert werden, daß Beziehungen von der Art (27,4) invariant bleiben. Das wird durch entsprechende Wahl des Phasenfaktors in der Definition der Matrix U_T erreicht (s. die Fußnote auf S. 102).

Teilchen und Antiteilchen nicht von der Art der Definition einer Spiegelung abhängt, wie es auch sein muß.

Wenn die Spiegelung durch die Bedingung $P^2 = 1$ definiert ist, dann gilt statt (27,1)

$$P: \quad \xi^{\alpha} \to \eta_{\dot{\alpha}}, \qquad \eta_{\dot{\alpha}} \to \xi^{\alpha}. \tag{27,5}$$

Die ladungskonjugierte Funktion transformiert sich dabei nach dem Gesetz

$$\xi^{c\alpha} \to -\eta^{c}_{\dot{\alpha}}, \qquad \eta^{c}_{\dot{\alpha}} \to -\xi^{c\alpha},$$

das im Vorzeichen von (27,5) abweicht. Dementsprechend werden sich die dreidimensionalen Spinoren nach

$$\Phi^{(e)\alpha} \to \Phi^{(e)\alpha}, \qquad \Phi^{(p)\alpha} \to -\Phi^{(p)\alpha}$$

transformieren, so daß das Produkt $\Phi^{(e)}\Phi^{(p)}$ wie vorher ein Pseudoskalar ist.

Der einzige mögliche Unterschied in den physikalischen Folgerungen aus den beiden Konzeptionen für die Spiegelung besteht darin, daß die Bedingung für die strenge Neutralität eines Feldes bei der Definition (27,5) gegenüber dieser Transformation (oder der Transformation CP) nicht invariant wäre: Diese Transformation würde das relative Vorzeichen der beiden Seiten von Gleichung (27,4) ändern. Streng neutrale Teilchen mit dem Spin 1/2 sind in der Natur unbekannt und man kann gegenwärtig nicht sagen, ob der erwähnte Unterschied in den beiden Definitionen für die Spiegelung eine reale physikalische Bedeutung hat.[1])

Aufgabe

Es ist die Ladungsparität des Positroniums zu bestimmen (Positronium ist ein wasserstoffähnliches System aus einem Elektron und einem Positron).

Lösung. Die Wellenfunktion zweier Fermionen muß bei einer gleichzeitigen Vertauschung der Orte, der Spins und der Ladungsvariablen der Teilchen antisymmetrisch sein (s. die Aufgabe zu § 13). Bei Vertauschung der Orte wird die Funktion mit $(-1)^l$ multipliziert, bei Vertauschung der Spins mit $(-1)^{1+S}$ (wobei $S = 0$ oder 1 der Gesamtspin des Systems ist), bei Vertauschung der Ladungsvariablen wird mit C multipliziert. Aus der Bedingung $(-1)^l(-1)^{1+S}C = -1$ finden wir

$$C = (-1)^{l+S}.$$

Da die inneren Paritäten von Elektron und Positron entgegengesetzt sind, ist die räumliche Parität des Systems $P = (-1)^{l+1}$. Die kombinierte Parität ist $CP = (-1)^{S+1}$.

§ 28. Bilineare Formen

Wir wollen die Transformationseigenschaften der verschiedenen bilinearen Formen untersuchen, die man aus den Komponenten der Funktionen ψ und ψ^* bilden kann. Diese Formen haben allgemein eine große Bedeutung in der Quantenmechanik; auch der 4-Vektor für die Stromdichte (21,11) gehört zu diesen bilinearen Formen.

---

[1]) Die unvollkommene Äquivalenz der beiden Definitionen für die Spiegelung ist von Racah (1937) bemerkt worden.

Da ψ und ψ^* je vier Komponenten haben, kann man aus ihnen $4 \cdot 4 = 16$ unabhängige bilineare Kombinationen bilden. Die Klassifizierung dieser Größen nach ihren Transformationseigenschaften ist aus den in § 19 aufgezählten Multiplikationsarten für zwei Bispinoren (hier für ψ und ψ^*) unmittelbar evident. Man kann nämlich bilden: einen Skalar (wir bezeichnen ihn mit S), einen Pseudoskalar (P), einen gemischten Spinor zweiter Stufe, der einem echten 4-Vektor V^μ (vier unabhängige Größen) äquivalent ist, einen gemischten Spinor zweiter Stufe, der einem 4-Pseudovektor A^μ (vier Größen) äquivalent ist, und einen Bispinor zweiter Stufe, der einem antisymmetrischen 4-Tensor $T^{\mu\nu}$ (sechs Größen) äquivalent ist.

In symmetrischer Form (für eine beliebige Darstellung von ψ) werden diese Größen folgendermaßen geschrieben:

$$\left.\begin{aligned} S = \overline{\psi}\psi\,, \qquad P = i\,\overline{\psi}\gamma^5\psi\,, \\ V^\mu = \overline{\psi}\gamma^\mu\psi\,, \quad A^\mu = \overline{\psi}\gamma^\mu\gamma^5\psi\,, \quad T^{\mu\nu} = i\,\overline{\psi}\,\sigma^{\mu\nu}\psi \end{aligned}\right\} \tag{28,1}$$

mit

$$\sigma^{\mu\nu} = \frac{1}{2}(\gamma^\mu\gamma^\nu - \gamma^\nu\gamma^\mu) = (\vec{\alpha}, i\,\vec{\Sigma}) \tag{28,2}$$

(die Angabe der Komponenten erfolgt in (28,2) wie in (19,15)).[1] Alle aufgeschriebenen Ausdrücke sind reell.

Der skalare bzw. pseudoskalare Charakter der Größen S und P ist aus deren Spinordarstellung sofort zu ersehen:

$$S = \xi^*\eta + \eta^*\xi\,, \qquad P = i\,(\xi^*\eta - \eta^*\xi)\,,$$

das entspricht gerade den Ausdrücken (19,7) und (19,8). Der Vektorcharakter der Größen V^μ ist nunmehr aus der Dirac-Gleichung zu erkennen; nachdem wir die Gleichung $\mathrm{p}_\mu\gamma^\mu\psi = m\,\psi$ von links mit ψ multipliziert haben, bekommen wir

$$(\overline{\psi}\,\mathrm{p}_\mu\gamma^\mu\psi) = m\,\overline{\psi}\psi\,.$$

Da rechts ein Skalar steht, muß auch der Ausdruck auf der linken Seite ein Skalar sein.

Die Regel zur Bildung der Größen (28,1) liegt auf der Hand: Sie werden so aufgebaut, als bildeten die Matrizen γ^μ einen 4-Vektor, als wäre γ^5 ein Pseudoskalar und als bildeten $\overline{\psi}$ und ψ auf beiden Seiten einen Skalar.[2] Das Fehlen von bilinearen Formen mit den Eigenschaften eines symmetrischen 4-Tensors ist aus der Spinordarstellung unmittelbar evident und auch mit dieser Regel sofort einzusehen: Da die symmetrische Kombination der γ-Matrizen $\gamma^\mu\gamma^\nu + \gamma^\nu\gamma^\mu = 2\,g^{\mu\nu}$ ist, reduziert sich diese Form auf einen Skalar.

[1]) Bei einer unitären Transformation von ψ (Änderung der Darstellung) haben wir: $\psi \to \mathrm{U}\psi$, $\gamma \to \mathrm{U}\gamma\mathrm{U}^{-1}$, $\overline{\psi} \to \overline{\psi}\,\mathrm{U}^{-1}$, und die Invarianz von Bilinearformen bei diesen Transformationen ist offensichtlich.

[2]) Der „pseudoskalare" Charakter von γ^5 entspricht selbst diesen Regeln wegen

$$\gamma^5 = \frac{i}{24}\,e_{\lambda\mu\nu\varrho}\,\gamma^\lambda\gamma^\mu\gamma^\nu\gamma^\varrho\,.$$

Die der zweiten Quantisierung entsprechenden Bilinearformen ergeben sich, indem man in (28,1) die ψ-Funktion durch die ψ-Operatoren ersetzt. Der größeren Allgemeinheit wegen werden wir zwei ψ-Operatoren zu Feldern verschiedener Teilchen verwenden und sie mit Indizes a und b versehen. Wir wollen feststellen, wie sich diese Operatorformen bei Ladungskonjugation transformieren. Wegen[1])

$$\boldsymbol{\psi}^C = \mathrm{U}_C \overline{\boldsymbol{\psi}}\,, \qquad \overline{\boldsymbol{\psi}}^C = \mathrm{U}_C^+ \boldsymbol{\psi} \tag{28,3}$$

haben wir unter Verwendung von (26,3) und (26,21)

$$\overline{\boldsymbol{\psi}}_a^C \boldsymbol{\psi}_b^C = (\mathrm{U}_C^+ \boldsymbol{\psi}_a)(\mathrm{U}_C \overline{\boldsymbol{\psi}}_b) = \boldsymbol{\psi}_a \mathrm{U}_C^* \mathrm{U}_C \overline{\boldsymbol{\psi}}_b = -\boldsymbol{\psi}_a \mathrm{U}_C^+ \mathrm{U}_C \overline{\boldsymbol{\psi}}_b = -\boldsymbol{\psi}_a \overline{\boldsymbol{\psi}}_b\,,$$

$$\overline{\boldsymbol{\psi}}_a^C \gamma^\mu \boldsymbol{\psi}_b^C = \boldsymbol{\psi}_a \mathrm{U}_C^* \gamma^\mu \mathrm{U}_C \overline{\boldsymbol{\psi}}_b = -\boldsymbol{\psi}_a \mathrm{U}_C^+ \gamma^\mu \mathrm{U}_C \overline{\boldsymbol{\psi}}_b = \boldsymbol{\psi}_a \tilde{\gamma}^\mu \overline{\boldsymbol{\psi}}_b\,.$$

Vertauschen wir die Operatoren wieder in die ursprüngliche Reihenfolge ($\overline{\boldsymbol{\psi}}$ links von $\boldsymbol{\psi}$) zurück, so ändert sich auf Grund der FERMI-Vertauschungsregeln (25,4) das Vorzeichen des Produktes (außerdem treten Terme auf, die nicht vom Zustand des Feldes abhängen und die wir wie bei den analogen Überlegungen in § 13 weglassen). Auf diese Weise erhalten wir

$$\overline{\boldsymbol{\psi}}_a^C \boldsymbol{\psi}_b^C = \overline{\boldsymbol{\psi}}_b \boldsymbol{\psi}_a\,, \qquad \overline{\boldsymbol{\psi}}_a^C \gamma^\mu \boldsymbol{\psi}_b^C = -\overline{\boldsymbol{\psi}}_b \gamma^\mu \boldsymbol{\psi}_a\,.$$

Analog formen wir auch die anderen Bilinearformen um und finden für eine Ladungskonjugation[2])

$$\mathrm{C}:\quad \mathrm{S}_{ab} \to \mathrm{S}_{ba}\,,\ \mathrm{P}_{ab} \to \mathrm{P}_{ba}\,,\ \mathrm{V}_{ab}^\mu \to -\mathrm{V}_{ba}^\mu\,,\ \mathrm{A}_{ab}^\mu \to \mathrm{A}_{ba}^\mu\,,\ \mathrm{T}_{ab}^{\mu\nu} \to -\mathrm{T}_{ba}^{\mu\nu}\,. \tag{28,4}$$

Ähnlich wird auch das Verhalten dieser Formen bei einer Zeitumkehr untersucht. Dabei muß man daran denken (s. § 13), daß diese Operation auch die Reihenfolge der Operatoren verändert; deshalb haben wir zum Beispiel

$$(\overline{\boldsymbol{\psi}}_a \boldsymbol{\psi}_b)^T = \boldsymbol{\psi}_b^T \overline{\boldsymbol{\psi}}_a^T\,.$$

Wir setzen hier

$$\boldsymbol{\psi}^T = \mathrm{U}_T \overline{\boldsymbol{\psi}}\,, \qquad \overline{\boldsymbol{\psi}}^T = -\mathrm{U}_T^+ \boldsymbol{\psi} \tag{28,5}$$

ein und bekommen

$$(\boldsymbol{\psi}_a \boldsymbol{\psi}_b)^T = -(\mathrm{U}_T \overline{\boldsymbol{\psi}}_b)(\mathrm{U}_T^+ \boldsymbol{\psi}_a) = -\overline{\boldsymbol{\psi}}_b \tilde{\mathrm{U}}_T \mathrm{U}_T^+ \boldsymbol{\psi}_a = \overline{\boldsymbol{\psi}}_b \mathrm{U}_T \mathrm{U}_T^+ \boldsymbol{\psi}_a = \overline{\boldsymbol{\psi}}_b \boldsymbol{\psi}_a\,.$$

Genauso verfahren wir mit den übrigen Formen und finden

$$\mathrm{T}:\ \left.\begin{matrix} \mathrm{S}_{ab} \to \mathrm{S}_{ba}\,, & \mathrm{P}_{ab} \to -\mathrm{P}_{ba}\,, & (\mathrm{V}^0, \mathbf{V})_{ab} \to (\mathrm{V}^0, -\mathbf{V})_{ba}\,, \\ (\mathrm{A}^0, \mathbf{A})_{ab} \to (\mathrm{A}^0, -\mathbf{A})_{ba}\,, & & \mathrm{T}_{ab}^{\gamma\nu} = (\mathbf{p}, \mathbf{a})_{ab} \to (\mathbf{p}, -\mathbf{a})_{ba}\,. \end{matrix}\right\} \tag{28,6}$$

($\mathbf{p}$ und $\mathbf{a}$ sind dreidimensionale Vektoren, die nach (19,15) den Komponenten von $\mathrm{T}^{\mu\nu}$ äquivalent sind.)

---

[1]) Zur Ableitung der zweiten Gleichung aus der ersten schreiben wir

$$\overline{\psi}^C = [\mathrm{U}_C^*(\psi\,\gamma^{0*})]\,\gamma^0 = \tilde{\gamma}^0\,\mathrm{U}_C^*\,\gamma^0\,\psi = -\tilde{\gamma}^0\,\mathrm{U}_C^+\,\gamma^0\,\psi = \tilde{\gamma}^0\,\gamma^{0*}\,\mathrm{U}_C^+\,\psi = \mathrm{U}_C^+\,\psi$$

(dabei sind (26,3), (26,21) und die Hermitezität von γ_0 verwendet worden).

[2]) Wir machen darauf aufmerksam, daß die Transformationen (28,4) für Bilinearformen aus ψ-Funktionen (und nicht aus ψ-Operatoren) das umgekehrte Vorzeichen hätten, weil die Rückkehr zur ursprünglichen Reihenfolge der Faktoren $\overline{\psi}$ und ψ nicht von einem Vorzeichenwechsel begleitet wäre.

Bei einer räumlichen Spiegelung gilt entsprechend dem Tensorcharakter der betreffenden Größen

$$\text{P}: \left.\begin{array}{lll} \text{S}_{ab} \to \text{S}_{ab}\,, & \text{P}_{ab} \to -\,\text{P}_{ab}\,, & (\text{V}^0, \mathbf{V})_{ab} \to (\text{V}^0, -\,\mathbf{V})_{ab}\,, \\ (\text{A}^0, \mathbf{A})_{ab} \to (-\,\text{A}^0, \mathbf{A})_{ab}\,, & \text{T}^{\mu\nu}_{ab} = (\mathbf{p}, \mathbf{a})_{ab} \to (-\,\mathbf{p}, \mathbf{a})_{ab}\,. & \end{array}\right\} \quad (28{,}7)$$

Schließlich ergibt die gleichzeitige Anwendung aller dreier Operationen[1])

$$\text{CPT}: \text{S}_{ab} \to \text{S}_{ab}\,, \; \text{P}_{ab} \to \text{P}_{ab}\,, \; \text{V}^{\mu}_{ab} \to -\,\text{V}^{\mu}_{ab}\,, \; \text{A}^{\mu}_{ab} \to -\,\text{A}^{\mu}_{ab}\,, \; \text{T}^{\mu\nu}_{ab} \to \text{T}^{\mu\nu}_{ab}\,, \quad (28{,}8)$$

was genau der Bedeutung dieser Transformation als 4-Spiegelung entspricht: Da die 4-Spiegelung einer Drehung des vierdimensionalen Koordinatensystems äquivalent ist, darf es bezüglich dieser Spiegelung keinerlei Unterschiede zwischen echten und Pseudotensoren beliebiger Stufe geben.

Wir befassen uns nun mit paarweisen Produkten aus bilinearen Formen und benutzen dazu vier verschiedene Funktionen ψ^a, ψ^b, ψ^c und ψ^d. Es entstehen verschiedene Ergebnisse, je nachdem, welche Paare dieser Funktionen mit sich selbst multipliziert werden. Es ist aber möglich, ein beliebiges Produkt auf Produkte von Bilinearformen mit festen Paaren von Faktoren zurückzuführen (W. Pauli, M. Fierz, 1936). Wir wollen die Beziehung ableiten, die dieser Reduktion zugrunde liegt.

Dazu betrachten wir den Satz der vierreihigen Matrizen

$$1, \quad \gamma^5, \quad \gamma^{\mu}, \quad i\,\gamma^{\mu}_{\mathbf{d}}\gamma^5, \quad i\,\sigma^{\mu\nu} \qquad (28{,}9)$$

(1 ist die Einheitsmatrix). Wir numerieren dieser 16 ($= 1 + 1 + 4 + 4 + 6$) Matrizen in irgendeiner bestimmten Reihenfolge und bezeichnen sie mit γ^A ($A = 1, \ldots, 16$); dieselben Matrizen mit unteren 4-Tensorindizes (μ, ν) bezeichnen wir mit γ_A. Sie haben folgende Eigenschaften

$$\left.\begin{array}{ll} \operatorname{Sp}\gamma^A = 0 & (\gamma^A \neq 1)\,, \\ \gamma^A\,\gamma_A = 1\,, & \frac{1}{4}\operatorname{Sp}\gamma^A\,\gamma_B = \delta^A_B\,. \end{array}\right\} \qquad (28{,}10)$$

Auf Grund der letzten Eigenschaft sind die Matrizen γ^A linear unabhängig. Da die Zahl der unabhängigen Matrizen gleich der Zahl $(4 \cdot 4)$ der Elemente einer vierreihigen Matrix ist, bilden die Matrizen γ^A ein vollständiges System, nach dem eine beliebige vierreihige Matrix Γ entwickelt werden kann:

$$\Gamma = \sum_A c_A\,\gamma^A\,, \qquad c_A = \frac{1}{4}\operatorname{Sp}\gamma_A\,\Gamma. \qquad (28{,}11)$$

Mit Matrixindizes haben wir explizit ($i, k = 1, 2, 3, 4$)

$$\Gamma_{ik} - \frac{1}{4}\sum_A \Gamma_{lm}\,\gamma^A_{ml}\,\gamma_{A\,ik}\,.$$

[1]) Um Mißverständnisse zu vermeiden, erinnern wir daran, daß die Transformationen T und P auch Änderungen in den Argumenten der Funktionen verlangen; die rechten Seiten (die transformierten Formen) in (22,6) bis (22,8) sind dementsprechend die Funktionen

$$x^T = (-\,t, \boldsymbol{r})\,, \qquad x^P = (t, -\,\boldsymbol{r})\,, \qquad x^{CPT} = (-\,t, -\,\boldsymbol{r})\,,$$

wenn die linken Seiten Funktionen von $x = (t, \boldsymbol{r})$ sind.

Nehmen wir speziell an, daß die Matrix Γ insgesamt nur ein von Null verschiedenes Element (Γ_{lm}) hat, dann erhalten wir die gesuchte Beziehung („Vollständigkeitsrelation")

$$\delta_{il}\,\delta_{km} = \frac{1}{4}\sum_A \gamma_{A\,ik}\,\gamma^A_{ml}\,. \tag{28,12}$$

Diese Gleichung multiplizieren wir auf beiden Seiten mit $\bar{\psi}^a_i\,\psi^b_k\,\bar{\psi}^c_m\,\psi^d_l$ und gelangen zu

$$(\bar{\psi}^a\,\psi^d)\,(\bar{\psi}^c\,\psi^b) = \frac{1}{4}\sum_A (\bar{\psi}^a\,\gamma_A\,\psi^b)\,(\bar{\psi}^c\,\gamma^A\,\psi^d)\,. \tag{28,13}$$

Das ist eine Gleichung von der oben erwähnten Art: Sie führt das Produkt zweier skalarer Bilinearformen auf Produkte von Formen aus anderen Paaren von Faktoren zurück.[1])

Andere Gleichungen dieser Art ergeben sich aus (28,13), indem man

$$\psi^d \to \gamma^B\,\psi^d\,, \qquad \psi^b \to \psi^C\,\gamma^b$$

ersetzt und die Zerlegung

$$\gamma^A\,\gamma^B = \sum_A c_R\,\gamma^R\,, \qquad c_R = \frac{1}{4}\,\mathrm{Sp}\,\gamma^A\,\gamma^B\,\gamma_R$$

verwendet (s. die Aufgaben).

Um später darauf verweisen zu können, geben wir noch die zu (28,12) analoge Beziehung für zweireihige Matrizen an. Das vollständige System linear unabhängiger Matrizen σ^A ($A = 1, \ldots, 4$) besteht aus

$$1,\ \sigma_x,\ \sigma_y,\ \sigma_z\,. \tag{28,14}$$

Für sie gelten

$$\left.\begin{aligned} \mathrm{Sp}\,\sigma^A &= 0 \qquad (\sigma^A \neq 1)\,,\\ \frac{1}{2}\,\mathrm{Sp}\,\sigma^A\,\sigma^B &= \delta_{AB}\,. \end{aligned}\right\} \tag{28,15}$$

Die Vollständigkeitsrelation ist

$$\delta_{\alpha\gamma}\,\delta_{\beta\delta} = \frac{1}{2}\sum_A \sigma^A_{\alpha\beta}\,\sigma^A_{\delta\gamma} = \frac{1}{2}\,\vec{\sigma}_{\alpha\beta}\,\vec{\sigma}_{\delta\gamma} + \frac{1}{2}\,\delta_{\alpha\beta}\,\delta_{\delta\gamma} \tag{28,16}$$

($\alpha, \beta, \ldots = 1, 2$) oder anders

$$\vec{\sigma}_{\alpha\beta}\,\vec{\sigma}_{\delta\gamma} = -\frac{1}{2}\,\vec{\sigma}_{\alpha\gamma}\,\vec{\sigma}_{\delta\beta} + \frac{3}{2}\,\delta_{\alpha\gamma}\,\delta_{\beta\delta}\,. \tag{28,17}$$

---

[1]) Zur Vermeidung von Mißverständnissen erinnern wir daran, daß es sich hier um Formen aus ψ-Funktionen handelt. Für Formen aus antikommutierenden ψ-Operatoren hätten die Transformationen das entgegengesetzte Vorzeichen.

Aufgaben

1. Es sind die zu (28,13) analogen Formeln für die Skalarprodukte zweier Bilinearformen P, V, A und T herzuleiten.

Lösung. Wir führen die Bezeichnungen

$$J_S = (\bar{\psi}^a \psi^b)(\bar{\psi}^c \psi^d), \qquad J_P = (\bar{\psi}^a \gamma^5 \psi^b)(\bar{\psi}^c \gamma^5 \psi^d),$$
$$J_V = (\bar{\psi}^a \gamma^\mu \psi^b)(\bar{\psi}^c \gamma_\mu \psi^d), \qquad J_A = (\bar{\psi}^a i \gamma^\mu \gamma^5 \psi^b)(\bar{\psi}^c i \gamma_\mu \gamma^5 \psi^d),$$
$$J_T = (\bar{\psi}^a i \sigma^{\mu\nu} \psi^b)(\bar{\psi}^c i \sigma_{\mu\nu} \psi^d)$$

ein. Mit den gleichen Buchstaben und Strichen bezeichnen wir die Produkte mit vertauschten Faktoren ψ^c und ψ^d. Auf dieselbe Weise wie im Text erhalten wir

$$\begin{aligned}
4 J_S' &= J_S + J_V + J_T + J_A + J_P, \\
4 J_V' &= 4 J_S - 2 J_V + 2 J_A - 4 J_P, \\
4 J_T' &= 6 J_S - 2 J_T + 6 J_P, \\
4 J_A' &= 4 J_S + 2 J_V - 2 J_A - 4 J_P, \\
4 J_P' &= J_S - J_V + J_T - J_A + J_P
\end{aligned}$$

(die erste Zeile entspricht Formel (28,13)).

2. Man beweise

$$J^{ab,cd} = - J^{ad,cb}$$

mit

$$J^{ab,cd} = (\bar{\psi}^a \gamma^\mu (1 + \gamma^5) \psi^b)(\bar{\psi}^c \gamma_\mu (1 + \gamma^5) \psi^d).$$

Lösung. Die betrachteten Größen J sind Skalare bei einer 4-Drehung, aber sie haben keine bestimmte Parität bei einer Spiegelung. Die erforderliche Gleichung ergibt sich am einfachsten in der Spinordarstellung. Mit Hilfe von

$$\gamma^\mu (1 + \gamma^5) = \frac{1}{2} (1 - \gamma^5) \gamma^\mu (1 + \gamma^5)$$

und

$$\frac{1}{2} (1 + \gamma^5) \psi = \begin{pmatrix} 0 \\ \eta_{\dot\alpha} \end{pmatrix}, \qquad \frac{1}{2} \psi (1 - \gamma^5) = \begin{pmatrix} \eta^*_{\dot\alpha} \\ 0 \end{pmatrix}$$

sehen wir, daß der „Skalar" $J^{ab,cd}$ durch Spinoren zweiter Stufe ausgedrückt werden muß:

$$\zeta^{(ab)}_{\alpha\dot\beta} = \eta^{a*}_{\dot\alpha} \eta^b_{\dot\beta}, \qquad \zeta^{(cd)}_{\alpha\dot\beta} = \eta^{c*}_{\dot\alpha} \eta^d_{\dot\beta}$$

und daher die Gestalt hat:

$$J^{ab,cd} \propto \zeta^{(ab)}_{\alpha\dot\beta} \zeta^{(cd)\alpha\dot\beta} = \eta^{a*}_{\dot\alpha} \eta^{c\dot\alpha *} \eta^b_{\dot\beta} \eta^{d\dot\beta}.$$

Wir vertauschen die Indizes b und d, benutzen

$$\eta^b_{\dot\beta} \eta^{d\dot\beta} = - \eta^{b\dot\beta} \eta^d_{\dot\beta}$$

und erhalten das erforderliche Ergebnis.

§ 29. Die Polarisationsmatrix

Die Ortsabhängigkeit der Wellenfunktion ψ für die freie Bewegung mit dem Impuls $\boldsymbol{p}$ (ebene Welle) ist im Faktor $e^{i\boldsymbol{pr}}$ enthalten, und die Amplitude u_p spielt die Rolle der Spinfunktion. In diesem (reinen) Zustand ist das Teilchen vollständig polarisiert (s. III, § 59). In der nichtrelativistischen Theorie bedeutet das, daß der Spin des Teilchens eine bestimmte Richtung im Raum hat (genauer, es existiert eine Richtung, für die die Spinprojektion den bestimmten Wert $+1/2$ hat). In der relativistischen Theorie ist eine solche Festlegung eines Zustandes in einem beliebigen Bezugssystem unmöglich, weil (wie schon in § 23 bemerkt wurde) der Spinvektor nicht erhalten bleibt. Das Vorliegen eines reinen Zustandes bedeutet nur, daß der Spin im Ruhsystem des Teilchens eine bestimmte Richtung hat.

In einem Zustand mit teilweiser Polarisation gibt es keine bestimmte Amplitude, sondern nur die *Polarisationsmatrix* ϱ_{ik} ($i, k = 1, 2, 3, 4$ sind Bispinorindizes). Wir definieren diese Matrix so, daß sie für einen reinen Zustand in das Produkt

$$\varrho_{ik} = u_{pi}\, \bar{u}_{pk} \tag{29,1}$$

zerfällt. Dementsprechend wird die Matrix ϱ nach der Vorschrift

$$\mathrm{Sp}\, \varrho = 2\, m \tag{29,2}$$

normiert (vgl. 23,4)).

Für einen reinen Zustand wird der Mittelwert des Spins durch die Größe

$$\bar{\mathbf{s}} = \frac{1}{2} \int \psi^* \vec{\boldsymbol{\Sigma}}\, \psi\, d^3x = \frac{1}{4\,\varepsilon}\, u_p^* \vec{\boldsymbol{\Sigma}}\, u_p = \frac{1}{4\,\varepsilon}\, \bar{u}_p\, \gamma^0 \vec{\boldsymbol{\Sigma}}\, u_p \tag{29,3}$$

gegeben. Der entsprechende Ausdruck für einen Zustand mit teilweiser Polarisation ist

$$\bar{\mathbf{s}} = \frac{1}{4\,\varepsilon}\, \mathrm{Sp}\, (\varrho\, \gamma^0\, \vec{\Sigma}) = \frac{1}{4\,\varepsilon}\, \mathrm{Sp}\, (\varrho\, \gamma^5\, \vec{\gamma})\,. \tag{29,4}$$

Die Amplituden u_p und $\bar{u}_p$ genügen dem algebraischen Gleichungssystem $(\hat{p} - m)\, u_p = 0$, $\bar{u}_p\, (\hat{p} - m) = 0$. Deshalb erfüllt die Matrix (29,1) die Gleichungen

$$(\hat{p} - m)\, \varrho = \varrho\, (\hat{p} - m) = 0\,. \tag{29,5}$$

Dieselben linearen Gleichungen muß die Polarisationsmatrix auch im allgemeinen Fall eines (bezüglich des Spins) gemischten Zustandes befriedigen (vgl. die analogen Überlegungen in III, § 14).

Behandelt man ein freies Teilchen in seinem Ruhsystem, so kann man die nichtrelativistische Theorie anwenden. In dieser Theorie wird ein teilweise polarisierter Zustand vollständig durch drei Parameter bestimmt, durch die Komponenten des gemittelten Spinvektors $\bar{\mathbf{s}}$ (s. III, § 59). Es ist daher klar, daß dieselben Parameter auch nach einer beliebigen Lorentz-Transformation den Polarisationszustand beschreiben werden, d. h. für ein bewegtes Teilchen.

Wir bezeichnen den mit 2 multiplizierten Mittelwert des Spinvektors im Ruhsystem mit $\vec{\zeta}$ (in einem reinen Zustand ist $|\vec{\zeta}| = 1$, in einem gemischten Zustand ist $|\vec{\zeta}| < 1$). Zur vierdimensionalen Beschreibung des Polarisationszustandes ist es zweckmäßig, den 4-Vektor a^μ einzuführen, der im Ruhsystem mit dem dreidimensionalen Vektor $\vec{\zeta}$ übereinstimmt; da $\vec{\zeta}$ ein Axialvektor ist, wird a^μ ein Pseudovektor sein. Dieser 4-Vektor ist im Ruhsystem (wo $a^\mu = (0, \vec{\zeta})$

und $p^\mu = (m, 0)$ sind) orthogonal zum 4-Impuls; deshalb gilt auch in einem beliebigen Bezugssystem

$$a^\mu p_\mu = 0 . \tag{29,6}$$

In einem beliebigen Bezugssystem haben wir ferner

$$a_\mu a^\mu = -\zeta^2 . \tag{29,7}$$

Die Komponenten des 4-Vektors a^μ in dem Bezugssystem, in dem sich das Teilchen mit der Geschwindigkeit $\boldsymbol{v} = \boldsymbol{p}/\varepsilon$ bewegt, ergeben sich durch LORENTZ-Transformation aus dem Ruhsystem und sind

$$a^0 = \frac{|\boldsymbol{p}|}{m}\zeta_{||}, \qquad \boldsymbol{a}_\perp = \vec{\zeta}_\perp, \qquad a_{||} = \frac{\varepsilon}{m}\zeta_{||}, \tag{29,8}$$

die Indizes $||$ und $\perp$ bedeuten dabei die Komponenten der Vektoren $\vec{\zeta}$ und $\boldsymbol{a}$ parallel und senkrecht zur $\boldsymbol{p}$-Richtung.[1]) Diese Formeln können auch in Vektorform geschrieben werden:

$$\left.\begin{aligned} \boldsymbol{a} = \vec{\zeta} + \frac{\boldsymbol{p}(\vec{\zeta}\boldsymbol{p})}{m(\varepsilon+m)}, \qquad a^0 = \frac{\boldsymbol{a}\boldsymbol{p}}{\varepsilon} = \frac{\boldsymbol{p}\vec{\zeta}}{m}, \\ \boldsymbol{a}^2 = \vec{\zeta}^2 + \frac{(\boldsymbol{p}\vec{\zeta})^2}{m^2}. \end{aligned}\right\} \tag{29,9}$$

Sehen wir uns zuerst den unpolarisierten Zustand ($\vec{\zeta} = 0$) an. Die Polarisationsmatrix kann in diesem Fall nur den 4-Impuls als Parameter enthalten. Die einzige Gestalt dieser Matrix, die die Gleichungen (29,5) erfüllt, ist

$$\varrho = \frac{1}{2}(\hat{p} + m) \tag{29,10}$$

(I. JE. TAMM, 1930; H. B. G. CASIMIR, 1933). Der konstante Faktor ist aus der Normierungsvorschrift (29,2) bestimmt worden.

Im allgemeinen Fall teilweiser Polarisation ($\vec{\zeta} \neq 0$) setzen wir die Polarisationsmatrix in der Gestalt

$$\varrho = \frac{1}{4m}(\hat{p} + m)\,\varrho'\,(\hat{p} + m) \tag{29,11}$$

---

[1]) Nach ihren Transformationseigenschaften sind die Komponenten des mittleren Spinvektors $\bar{\boldsymbol{s}}$ (wie eines jeglichen Drehimpulses) auch in der relativistischen Mechanik die räumlichen Komponenten eines antisymmetrischen Tensors $S^{\lambda\mu}$. Der 4-Vektor a^λ hängt mit diesem Tensor folgendermaßen zusammen:

$$S^{\lambda\mu} = \frac{1}{2m} e^{\lambda\mu\nu\varrho} a_\nu p_\varrho, \qquad a^\lambda = -\frac{2}{m} e^{\lambda\mu\nu\varrho} S_{\mu\nu} p_\varrho .$$

Wir unterstreichen, daß in einem beliebigen Bezugssystem der räumliche Teil $\boldsymbol{a}$ des 4-Vektors a_λ keinesfalls mit dem Vektor $2\,\bar{\boldsymbol{s}}$ übereinstimmt. Man sieht leicht folgende Beziehungen ein:

$$2\,\bar{s}_{||} = \frac{1}{m}(a_{||}\varepsilon - a^0|\boldsymbol{p}|) = \zeta_{||}, \qquad 2\,\bar{\boldsymbol{s}}_\perp = \frac{\varepsilon}{m}\boldsymbol{a}_\perp = \frac{\varepsilon}{m}\vec{\zeta}_\perp .$$

an, wobei die Gleichungen (29,5) automatisch erfüllt werden. Für $\vec{\zeta} = 0$ muß die Hilfsmatrix ϱ' gleich der Einheitsmatrix sein: denn wegen $(\hat{p} + m)^2 = 2m(\hat{p} + m)$ stimmt dann (29,11) mit dem Ausdruck (29,10) überein. Ferner muß sie als Parameter den 4-Vektor a linear enthalten, d. h., sie muß die Gestalt

$$\varrho' = 1 - A\,\gamma^5\,\hat{a} \tag{29,12}$$

haben; im zweiten Summanden kommt das „Skalar"-Produkt aus dem Pseudovektor a und dem „Matrix-4-Pseudovektor" $\gamma^5\gamma$ vor. Zur Berechnung des Faktors A schreiben wir die Polarisationsmatrix im Ruhsystem auf:

$$\varrho = \frac{m}{4}(1 + \gamma^0)(1 + A\,\gamma^5\,\vec{\gamma}\,\vec{\zeta})(1 + \gamma^0) = \frac{m}{2}(1 + \gamma^0)(1 + A\,\gamma^5\,\vec{\gamma}\,\vec{\zeta})$$

und berechnen nach (29,4) den Mittelwert des Spins. Unter Verwendung der in § 22 angegebenen Regeln finden wir leicht als einzigen von Null verschiedenen Term in der gesuchten Spur den Ausdruck

$$2\,\bar{\mathbf{s}} = \frac{1}{2m}\,\mathrm{Sp}\,(\varrho\,\gamma^5\,\vec{\gamma}) = -\frac{A}{4}\,\mathrm{Sp}\,((\vec{\gamma}\,\vec{\zeta})\,\vec{\gamma}) = A\,\vec{\zeta}\,.$$

Diesen Ausdruck setzen wir gleich $\vec{\zeta}$ und erhalten $A = 1$. Den endgültigen Ausdruck für ϱ bekommen wir, indem wir (29,12) in (29,11) einsetzen und die Faktoren ϱ' und $(\hat{p} + m)$ vertauschen; wegen der Orthogonalität von a und p sind die Produkte $\gamma\,p$ und $\gamma\,a$ antikommutativ:

$$\hat{a}\,\hat{p} = 2\,a\,p - \hat{p}\,\hat{a} = -\,\hat{p}\,\hat{a}\,,$$

daher kommutiert $\gamma\,p$ mit $\gamma^5\,\hat{a}$.

Die Polarisationsmatrix für ein teilweise polarisiertes Elektron wird durch den Ausdruck

$$\varrho = \frac{1}{2}(\hat{p} + m)(1 - \gamma^5\,\hat{a}) \tag{29,13}$$

gegeben (L. Michel, A. S. Wigthman, 1955). Bei bekannter Matrix ϱ kann der für einen Zustand charakteristische 4-Vektor a (und damit auch der Vektor $\vec{\zeta}$) nach der Formel

$$a^\mu = \frac{1}{2m}\,\mathrm{Sp}\,(\varrho\,\gamma^5\,\gamma^\mu) \tag{29,14}$$

gefunden werden.

Die Formeln für die Polarisationsmatrix eines Positrons sind den Formeln für ein Elektron ganz analog. Würde man ein Positron (mit dem 4-Impuls p) durch die Positronenamplitude $u_p^{(\mathrm{pos})}$ und die dazugehörige Polarisationsmatrix $\varrho^{(\mathrm{pos})}$ beschreiben, dann hätte man überhaupt keinen Unterschied zum Fall eines Elektrons, und die Matrix $\varrho^{(\mathrm{pos})}$ würde ebenfalls durch Formel (28,13) gegeben. Bei wirklichen Berechnungen von Querschnitten für Streuprozesse unter Beteiligung von Positronen hat man es aber nicht (wie wir später nach sehen werden) mit $u_p^{(\mathrm{pos})}$, sondern mit den Amplituden zu „negativen Frequenzen" u_{-p} zu tun. Dementsprechend muß auch die Polarisationsmatrix (die wir mit $\varrho^{(-)}$ bezeichnen werden) so definiert werden, daß sie sich für einen reinen Zustand auf das Produkt $u_{-p\,i}\,\bar{u}_{-p\,k}$ reduziert.

Nach (26,1) ist die Positronenamplitude $u_p^{(\mathrm{pos})} = \mathrm{U}_C\,\bar{u}_{-p}$ und umgekehrt

$$u_{-p} = \mathrm{U}_C\,\bar{u}_p^{(\mathrm{pos})}\,, \qquad \bar{u}_{-p} = \mathrm{U}_C^{+}\,u_p^{(\mathrm{pos})} = u_p^{(\mathrm{pos})}\,\mathrm{U}_C^{*}$$

(vgl. (28,3)). Mit

$$\varrho_{ik}^{(-)} = u_{-p\,i}\,\bar{u}_{-p\,k}\,, \qquad \varrho_{ik}^{(\mathrm{pos})} = u_{p\,i}^{(\mathrm{pos})}\,\bar{u}_{p\,k}^{(\mathrm{pos})}$$

und unter Verwendung dieser Formeln erhalten wir

$$\varrho^{(-)} = \mathrm{U}_C\,\tilde{\varrho}^{(\mathrm{pos})}\,\mathrm{U}_C^{*}\,. \tag{29,15}$$

Hier setzen wir für $\varrho^{(\mathrm{pos})}$ den Ausdruck (29,13) ein und bekommen nach einfachen Umformungen (mit Hilfe von (26,3) und (26,21))

$$\varrho^{(-)} = \frac{1}{2}\,(\hat{p} - m)\,(1 - \gamma^5\,\hat{a})\,. \tag{29,16}$$

Speziell für einen unpolarisierten Zustand ist

$$\varrho^{(-)} = \frac{1}{2}\,(\hat{p} - m)\,. \tag{29,17}$$

Wenn wir im folgenden von der Polarisationsmatrix eines Positrons sprechen, werden wir immer die Matrix $\varrho^{(-)}$ meinen und den Index $(-)$ weglassen (die Matrix $\varrho^{(\mathrm{pos})}$ wird praktisch nicht verwendet).

Bei verschiedenen Rechnungen werden wir häufig Ausdrücke der Gestalt $\bar{u}\,\mathrm{F}\,u$ $(\equiv \bar{u}_i\,F_{ik}\,u_k)$ über die Spinzustände mitteln müssen; F ist dabei eine vierreihige Matrix, und u ist eine Bispinoramplitude für einen Zustand mit einem bestimmten 4-Impuls p. Diese Mittelung ist äquivalent, die Produkte $u_k\,\bar{u}_i$ durch die Dichtematrix ϱ_{ki} für einen teilweise polarisierten Zustand zu ersetzen.

Insbesondere ist die vollständige Mittelung über zwei unabhängige Spinzustände dem Übergang zum unpolarisierten Zustand äquivalent; dabei haben wir gemäß (29,10)

$$\frac{1}{2}\sum_{\mathrm{polar}} \bar{u}_p\,\mathrm{F}\,u_p = \frac{1}{2}\,\mathrm{Sp}\,(\hat{p} + m)\,\mathrm{F}\,. \tag{29,18}$$

Analog ist für Wellenfunktionen mit negativen Frequenzen

$$\frac{1}{2}\sum_{\mathrm{polar}} \bar{u}_{-p}\,\mathrm{F}\,u_{-p} = \frac{1}{2}\,\mathrm{Sp}\,(\hat{p} - m)\,\mathrm{F}\,. \tag{29,19}$$

Falls es sich nicht um die Mittelung, sondern um die Summation über die Spinzustände handelt, ist das Ergebnis mit einem Faktor 2 zu versehen.

Wir wollen jetzt verfolgen, wie die Polarisationsmatrix (29,13) in den entsprechenden nichtrelativistischen Ausdruck übergeht. Dazu verwenden wir das Ruhsystem des Elektrons. In der Standarddarstellung für die Wellenfunktionen sind die Amplituden u_p in diesem System zweikomponentig; damit muß auch die Polarisationsmatrix zweireihig werden. Tatsächlich haben wir im Ruhsystem

$$\varrho = \frac{m}{2} (\gamma^0 + 1) (1 - \gamma^5 \vec{\gamma} \vec{\zeta})$$

und mit Hilfe der Ausdrücke für die γ-Matrixen (21,20) und (22,18) finden wir

$$\varrho = \begin{pmatrix} \varrho_{\mathrm{nr}} & 0 \\ 0 & 0 \end{pmatrix}, \qquad \varrho_{\mathrm{nr}} = m (1 + \vec{\sigma} \vec{\zeta}) \tag{29,20}$$

(die Nullen bedeuten zweireihige Nullmatrizen). Verwendet man die in der nichtrelativistischen Theorie übliche Normierung auf 1 ($\mathrm{Sp}\, \varrho_{\mathrm{nr}} = 1$) statt der Normierung auf $2\, m$, so ist dieser Ausdruck durch $2\, m$ zu dividieren, und es ergibt sich

$$\frac{1}{2} (1 + \vec{\sigma} \vec{\zeta})$$

in Übereinstimmung mit III, (59,4) und (59,5).

Die Polarisationsmatrix für ein Positron ist im nichtrelativistischen Grenzfall

$$\varrho = \begin{pmatrix} 0 & 0 \\ 0 & \varrho_{\mathrm{nr}} \end{pmatrix}, \qquad \varrho_{\mathrm{nr}} = - m (1 + \vec{\sigma} \vec{\zeta}) \,.$$

Schließlich wollen wir noch den vereinfachten Ausdruck für die Polarisationsmatrix mit ultrarelativistischem Fall aufschreiben. Wir setzen in (29,8) $|\boldsymbol{p}| \approx \varepsilon$ (damit vernachlässigen wir Größen der Ordnung $(m/\varepsilon)^2$), führen diese Ausdrücke in (29,13) oder (29,16) ein, wählen die $\boldsymbol{p}$-Richtung als x-Achse und schreiben

$$\varrho = \frac{1}{2} [\varepsilon (\gamma^0 - \gamma^1) \pm m] \left[1 - \gamma^5 \left(\frac{\varepsilon}{m} (\gamma^0 - \gamma^1) \zeta_{\parallel} + \vec{\zeta}_{\perp} \vec{\gamma}_{\perp}\right)\right],$$

das obere Vorzeichen gilt für den Fall eines Elektrons, das untere für den Fall eines Positrons. Beim Ausrechnen der Produkte fallen die Hauptterme weg, und die Glieder der nächsten Ordnung ergeben

$$\varrho = \frac{1}{2} \varepsilon (\gamma^0 - \gamma^1) [1 - \gamma^5 (\pm \zeta_{\parallel} + \vec{\zeta}_{\perp} \vec{\gamma}_{\perp})]$$

oder, wenn wir $\varepsilon (\gamma^0 - \gamma^1)$ wieder als $\hat{p}$ schreiben

$$\varrho = \frac{1}{2} \hat{p} [1 - \gamma^5 (\pm \zeta_{\parallel} + \vec{\zeta}_{\perp} \vec{\gamma}_{\perp})] \,. \tag{29,21}$$

Das ist der gesuchte Ausdruck für die Polarisationsmatrix im ultrarelativistischen Fall. Wir machen darauf aufmerksam, daß alle Komponenten des Polarisationsvektors $\vec{\zeta}$ darin gleichberechtigt als Glieder erster Ordnung enthalten sind. $\zeta_{\parallel}$ ist die Komponente dieses Vektors parallel (für $\zeta_{\parallel} > 0$) oder antiparallel (für $\zeta_{\parallel} < 0$) zum Impuls des Teilchens. Für einen Zustand des Teilchens mit einer bestimmten Spiralität ist insbesondere $\zeta_{\parallel} = 2\lambda = \pm 1$; dabei hat die Polarisationsmatrix die besonders einfache Gestalt[1])

$$\varrho = \frac{1}{2} \hat{p} (1 \pm 2 \lambda \gamma^5) \,. \tag{29,22}$$

---

[1]) In Übereinstimmung mit der Gestalt der Polarisationsmatrix für Neutrino oder Antineutrino – Teilchen mit der Masse Null und bestimmter Spiralität (s. u. § 30) –, wie es auch sein muß.

§ 30. Das Neutrino

Wir haben in § 20 gesehen, daß die Notwendigkeit, ein Teilchen mit dem Spin 1/2 mit zwei Spinoren (ξ und η) beschreiben zu müssen, mit der Masse des Teilchens zusammenhängt. Dieser Grund entfällt, wenn die Masse Null ist. Die Wellengleichung für ein solches Teilchen kann mit nur einem Spinor aufgestellt werden, sagen wir mit dem punktierten Spinor η:

$$\mathrm{p}^{\alpha\dot{\beta}}\, \eta_{\dot{\beta}} = 0 \tag{30,1}$$

oder, was dasselbe ist,

$$(\mathrm{p}_0 + \mathrm{p}\,\vec{\sigma})\, \eta = 0\,. \tag{30,2}$$

In § 20 ist auch bemerkt worden, daß die Wellengleichung, die die Masse m enthält, bezüglich einer Spiegelung (Transformation $\xi \leftrightarrow \eta$) von sich aus symmetrisch ist. Bei der Beschreibung eines Teilchens mit nur einem Spinor geht diese Symmetrie verloren. Diese Symmetrie ist aber auch nicht unbedingt erforderlich; denn die Spiegelsymmetrie ist keine universelle Eigenschaft der Natur.

Energie und Impuls eines Teilchens mit $m = 0$ hängen über die Beziehung $\varepsilon = |\boldsymbol{p}|$ miteinander zusammen. Deshalb ergibt die Gleichung (30,2) für eine ebene Welle ($\eta_p \propto e^{-ipx}$)

$$(\boldsymbol{n}\,\vec{\sigma})\, \eta_p = -\,\eta_p\,, \tag{30,3}$$

wobei $\boldsymbol{n}$ der Einheitsvektor in $\boldsymbol{p}$-Richtung ist. Dieselbe Gleichung

$$(\boldsymbol{n}\,\vec{\sigma})\, \eta_{-p} = -\,\eta_{-p} \tag{30,4}$$

gilt auch für eine Welle mit „negativer Frequenz“ ($\eta_{-p} \propto e^{ipx}$).

Der η-Operator gemäß der zweiten Quantisierung ist

$$\left.\begin{aligned} \boldsymbol{\eta} &= \sum_p (\eta_p\, \mathrm{a}_p + \eta_{-p}\, \mathrm{b}_p^+)\,, \\ \boldsymbol{\eta}^+ &= \sum_p (\eta_p^*\, \mathrm{a}_p^+ + \eta_{-p}^*\, \mathrm{b}_p)\,. \end{aligned}\right\} \tag{30,5}$$

Hieraus folgt wie üblich, daß η_{-p}^* die Wellenfunktionen des Antiteilchens sind.

Aus der Definition der Operatoren $\mathrm{p}^{\alpha\dot{\beta}}$ (20,1) folgt $\mathrm{p}^{\dot{\alpha}\beta *} = -\,\mathrm{p}^{\dot{\alpha}\beta}$. Demnach erfüllt der konjugiert komplexe Spinor η^* die Gleichung $\mathrm{p}^{\alpha\dot{\beta}}\, \eta_{\dot{\beta}}^* = 0$ oder, was dasselbe ist,

$$\mathrm{p}_{\dot{\alpha}\beta}\, \eta^{\dot{\beta}*} = 0\,.$$

Wir bezeichnen $\eta^{\dot{\beta}*}$ mit ξ^β und drücken damit den Umstand aus, daß ein konjugiert komplexer, punktierter Spinor ein Spinor ohne Punkt ist. Die Wellenfunktionen für das Antiteilchen befriedigen also die Gleichung

$$\mathrm{p}_{\dot{\alpha}\beta}\, \xi^\beta = 0 \tag{30,6}$$

oder

$$(\mathrm{p}_0 - \mathrm{p}\,\vec{\sigma})\, \xi = 0\,. \tag{30,7}$$

Für eine ebene Welle bekommen wir hieraus

$$(\boldsymbol{n}\,\vec{\sigma})\, \xi_p = \xi_p\,. \tag{30,8}$$

$\boldsymbol{n}\,\vec{\sigma}/2$ ist aber der Operator für die Spinprojektion auf die Bewegungsrichtung. Die Gleichungen (30,3) und (30,8) besagen daher, daß die Zustände eines Teilchens mit einem bestimmten Impuls gleichzeitig auch Zustände mit bestimmter Spiralität sind, — die Spinprojektion auf die Bewegungsrichtung hat für diese Zustände einen bestimmten Wert. Falls der Spin des Teilchens dem Impuls entgegengesetzt gerichtet ist (Spiralität $-1/2$), zeigt der Spin des Antiteilchens in Impulsrichtung (Spiralität $+1/2$).

Die in der Natur vorkommenden *Neutrinos* sind offensichtlich Teilchen mit derartigen Eigenschaften. Das Teilchen mit der Spiralität $-1/2$ wird als Neutrino bezeichnet, das Teilchen mit der Spiralität $+1/2$ als Antineutrino.[1])

Die Zustände des Neutrinos sind in den Spinrichtungen nicht entartet; wir erinnern in diesem Zusammenhang an die Bemerkung in § 8, daß ein Teilchen mit der Masse 0 nur eine axiale Symmetrie bezüglich der Impulsrichtung aufweist. Für ein streng neutrales Teilchen — ein Photon — umfaßt diese Symmetrie sowohl die Drehungen um die Achse als auch die Spiegelungen an Ebenen, die diese Achse enthalten. Im Fall des Neutrinos fehlt die Spiegelsymmetrie, und wir haben es allein mit der Gruppe der Drehungen um die Achse zu tun. Bei diesen Drehungen bleibt die Projektion des Drehimpulses auf die Achse erhalten, und sein Vorzeichen bleibt unverändert. Spiegelsymmetrie ist nur unter der Bedingung vorhanden, daß man gleichzeitig das Teilchen durch das Antiteilchen ersetzt.

Die zwangsläufige longitudinale Polarisation bedeutet, daß wir bei einem Neutrino den Spin vom Bahndrehimpuls überhaupt nicht trennen können (wie bei einem Photon mit der zwangsläufigen transversalen Polarisation; s. § 6).

Mit Hilfe des einen Spinors η (oder ξ) kann man insgesamt vier bilineare Kombinationen bilden, die zusammen einen 4-Vektor ergeben:

$$j^\mu = (\eta^* \eta, \eta^* \vec{\sigma} \eta)\,. \tag{30,9}$$

Wie man leicht nachprüfen kann, gilt auf Grund der Gleichungen

$$(\mathrm{p}_0 + \mathbf{p}\,\vec{\sigma})\,\eta = 0\,, \qquad \eta^*\,(\mathrm{p}_0 - \mathbf{p}\,\vec{\sigma}) = 0$$

die Kontinuitätsgleichung $\partial_\mu j^\mu = 0$, d. h., j^μ spielt die Rolle des 4-Vektors für die Teilchenstromdichte.

Die ebenen Wellen für ein Neutrino normiert man zweckmäßig ähnlich wie in § 23 für Teilchen mit endlicher Masse:

$$\eta_p = \frac{1}{\sqrt{2\,\varepsilon}}\, u_p\, e^{-ipx}\,, \qquad \eta_{-p} = \frac{1}{\sqrt{2\,\varepsilon}}\, u_{-p}\, e^{ipx}\,. \tag{30,10}$$

Die Spinoramplituden sind dabei nach der invarianten Vorschrift

$$u^*_{\pm p}(1, \vec{\sigma})\, u_{\pm p} = 2(\varepsilon, \boldsymbol{p}) \tag{30,11}$$

---

[1]) Die Existenz des Neutrinos ist von PAULI (1931) bei der Erklärung der Eigenschaften des β-Zerfalls theoretisch vorausgesagt worden. H. WEYL (1929) hat als erster die Gleichung (30,1) betrachtet. Die auf der Grundlage dieser Gleichung formulierte Theorie des Neutrinos stammt von L. D. LANDAU, T. D. LEE und C. N. YANG sowie von A. SALAM (1957).

normiert. Teilchendichte und Teilchenstromdichte sind dabei $j^{\circ} = 1$ und $\boldsymbol{j} = \boldsymbol{p}/\varepsilon = \boldsymbol{n}$.

Ein freies Neutrino mit gegebenem Impuls ist immer vollständig polarisiert; deshalb ist der Begriff eines (hinsichtlich des Spins) gemischten Zustandes hier unzutreffend. Trotzdem kann es nützlich sein, die einfach als Spinor zweiter Stufe definierte zweireihige Polarisations-„Dichtematrix"

$$\varrho_{\dot{\alpha}\beta} = u_{\dot{\alpha}}\, u_{\beta}^{*} \tag{30,12}$$

einzuführen (dabei ist $\mathrm{Sp}\,\varrho = 2\,\varepsilon$). Die Gestalt dieser Matrix kann gefunden werden, indem man daran denkt, daß diese die Gleichungen

$$(\varepsilon + \boldsymbol{p}\,\vec{\sigma})\,\varrho = \varrho\,(\varepsilon + \boldsymbol{p}\,\vec{\sigma}) = 0$$

erfüllen muß; hieraus entnimmt man

$$\varrho = \varepsilon - \boldsymbol{p}\,\vec{\sigma}\,. \tag{30,13}$$

Bei der Behandlung verschiedener Wechselwirkungen können Neutrinos zusammen mit anderen Teilchen (mit dem Spin 1/2) vorkommen, die eine endliche Masse besitzen und daher durch vierkomponentige Wellenfunktionen beschrieben werden. Um in solchen Fällen eine einheitliche Bezeichnung zu haben, ist es zweckmäßig, auch für das Neutrino formal eine „bispinorielle" Wellenfunktion einzuführen; zwei Komponenten dieser Funktion sind aber immer Null: $\psi = \begin{pmatrix} 0 \\ \eta \end{pmatrix}$. Diese Form für ψ wird im allgemeinen beim Übergang zu einer anderen Darstellung (als der Spinordarstellung) verletzt. Diese Komplikation kann umgangen werden, wenn man daran denkt, daß in der Spinordarstellung identisch folgende Beziehungen gelten:

$$\frac{1+\gamma^5}{2}\begin{pmatrix} \xi \\ \eta \end{pmatrix} = \begin{pmatrix} 0 \\ \eta \end{pmatrix}, \qquad (\eta^*\,\xi^*)\,\frac{1-\gamma^5}{2} = (\eta^*\;0)\,,$$

dabei ist ξ ein beliebiger „Ballast"-Spinor, der schließlich aus den physikalisch interessanten Ausdrücken herausfällt (die Matrix γ^5 ist (22,18) zu entnehmen). Die Bedingung eines echten „zweikomponentigen" Neutrinos wird daher bei der Beschreibung durch ein vierkomponentiges ψ in jeder Darstellung erfüllt, wenn man unter ψ die Lösung der Dirac-Gleichung mit $m = 0$,

$$\hat{p}\,\psi = 0\,, \tag{30,14}$$

versteht, die die Nebenbedingung $\frac{1}{2}(1+\gamma^5)\,\psi = \psi$ oder

$$\gamma^5\,\psi = \psi \tag{30,15}$$

befriedigt.

Diese Bedingung kann berücksichtigt werden, indem man vereinbart, ψ und $\overline{\psi}$ überall nach folgender Vorschrift zu ersetzen:

$$\psi \to \frac{1+\gamma^5}{2}\,\psi\,, \qquad \overline{\psi} \to \overline{\psi}\,\frac{1-\gamma^5}{2}\,. \tag{30,16}$$

Der 4-Vektor für die Stromdichte erhält so (nach der Substitution (30,16) im Ausdruck $\bar{\psi}\gamma^\mu\psi$) die Gestalt

$$j^\mu = \frac{1}{4}\bar{\psi}(1-\gamma^5)\gamma^\mu(1+\gamma^5)\psi = \frac{1}{2}\bar{\psi}\gamma^\mu(1+\gamma^5)\psi\,. \tag{30,17}$$

Nach derselben Regel ist die vierreihige Dichtematrix für ein Neutrino folgendermaßen zu schreiben:

$$\varrho = \frac{1}{4}(1+\gamma^5)\hat{p}(1-\gamma^5) = \frac{1}{2}(1+\gamma^5)\hat{p}\,. \tag{30,18}$$

In der Spinordarstellung reduziert sie sich, wie es sein muß, auf die zweireihige Matrix (30,13)

$$\varrho = \begin{pmatrix} 0 & 0 \\ \varepsilon - \vec{\sigma}\boldsymbol{p} & 0 \end{pmatrix}.$$

Die entsprechenden Formeln für ein Antineutrino unterscheiden sich von den aufgeschriebenen Formeln im Vorzeichen von γ^5.

Das Neutrino ist ein elektrisch neutrales Teilchen. Das Neutrino mit den oben beschriebenen Eigenschaften ist aber kein streng neutrales Teilchen. In diesem Zusammenhang ist folgende Bemerkung am Platze: Das durch einen zweikomponentigen Spinor beschriebene „Neutrinofeld" ist nach der Anzahl der möglichen Zustände der Teilchen (aber selbstverständlich nicht in seinen anderen physikalischen Eigenschaften) einem durch einen vierkomponentigen Bispinor beschriebenen streng neutralen Feld äquivalent. Statt der Teilchen- und Antiteilchenzustände mit bestimmten Spiralitäten würde es hier gleich viele Zustände eines Teilchens mit zwei möglichen Werten für die Spiralität geben, und die Spiegelsymmetrie wäre von selbst erfüllt. Das Verschwinden der Masse eines „vierkomponentigen" Neutrinos wäre aber dann „zufällig", weil es nicht mit Symmetrieeigenschaften der zugehörigen Wellengleichung zusammenhängt (die Wellengleichung läßt auch eine von Null verschiedene Masse zu). Die Berücksichtigung der verschiedenen Wechselwirkungen eines solchen Teilchens würde zwangsläufig zu einer zwar kleinen, aber doch nicht streng verschwindenden Ruhmasse führen.

§ 31. Die Wellengleichung für ein Teilchen mit dem Spin 3/2

Ein Teilchen mit dem Spin 3/2 wird in seinem Ruhsystem durch einen dreidimensionalen symmetrischen Spinor dritter Stufe (mit $2s+1=4$ unabhängigen Komponenten) beschrieben. Dementsprechend können an der Beschreibung in einem beliebigen Bezugssystem die 4-Spinoren $\xi^{\alpha\beta\dot{\gamma}}$, $\eta_{\dot{\alpha}\beta\gamma}$ und $\zeta^{\alpha\beta\gamma}$ sowie $\chi_{\dot{\alpha}\dot{\beta}\dot{\gamma}}$ beteiligt sein. Alle diese Spinoren sind in allen gleichartigen Indizes (mit oder ohne Punkt) symmetrisch; bei einer Spiegelung gehen die Spinoren des ersten und des zweiten Paares ineinander über.

Damit die 4-Spinoren $\xi^{\alpha\dot{\beta}\dot{\gamma}}$ und $\eta_{\dot{\alpha}\beta\gamma}$ im Ruhsystem in 3-Spinoren, die in allen Indizes symmetrisch sind, übergehen, müssen sie die Bedingungen

$$p^{\dot{\alpha}\beta}\eta_{\dot{\alpha}\beta\gamma} = 0\,, \qquad p_{\alpha\dot{\beta}}\,\xi^{\alpha\dot{\beta}\dot{\gamma}} = 0 \tag{31,1}$$

erfüllen. Tatsächlich gilt im Ruhsystem

$$p^{\dot{\alpha}\beta} \to p_0\,\delta^{\beta}_{\alpha} = m\,\delta^{\beta}_{\alpha}$$

(wie aus (20,1) zu ersehen ist). Die Bedingungen (31,1) ergeben daher die Gleichungen

$$\delta^{\beta}_{\alpha}\,\eta'^{\alpha}{}_{\beta\gamma} = 0\,, \qquad \delta^{\beta}_{\alpha}\,\xi'^{\alpha}{}_{\beta\gamma} = 0\,,$$

die mit einem Strich versehenen Buchstaben bezeichnen die entsprechenden dreidimensionalen Spinoren. Mit anderen Worten, diese Spinoren verschwinden bei der Verjüngung in den Indizes α und β; das bedeutet, daß sie in diesen Indizes symmetrisch sind, und damit sind sie in allen drei Indizes symmetrisch.

Der differentielle Zusammenhang zwischen den Spinoren ξ und η wird durch die Beziehungen

$$\left.\begin{aligned} p^{\delta\dot{\gamma}}\,\eta^{\dot{\beta}}_{\alpha\delta} &= m\,\xi^{\dot{\beta}\dot{\gamma}}_{\alpha}\,,\\ p_{\delta\dot{\gamma}}\,\xi^{\dot{\beta}\dot{\gamma}}_{\alpha} &= m\,\eta^{\dot{\beta}}_{\alpha\delta} \end{aligned}\right\} \tag{31,2}$$

vermittelt. Die Symmetrie der linken Seiten dieser Gleichungen (in den Indizes $\dot{\beta}$ und $\dot{\gamma}$ oder α und δ) wird durch die Bedingungen (31,1) gewährleistet; auf Grund dieser Bedingungen verschwinden die Spinoren bei einer Verjüngung in einem beliebigen Indexpaar. Im Ruhsystem stimmen die Spinoren ξ' und η' infolge der Gleichungen (31,2) überein, wie es auch sein muß. Wir eliminieren η oder ξ aus den Gleichungen (31,2) und finden, daß jede Komponente der Spinoren ξ und η eine Gleichung zweiter Ordnung erfüllt:

$$(p^2 - m^2)\,\xi^{\alpha\dot{\beta}\dot{\gamma}} = 0\,. \tag{31,3}$$

Die Gleichungen (31,1) und (31,2) zusammen bilden das vollständige System von Wellengleichungen für ein Teilchen mit dem Spin 3/2.[1]) Die Hinzunahme der Spinoren ζ und χ würde nichts Neues ergeben. Diese Spinoren werden folgendermaßen gebildet:

$$m\,\zeta^{\alpha\beta\gamma} = p^{\alpha\dot{\delta}}\,\eta^{\beta\gamma}_{\dot{\delta}}\,,$$

$$m\,\chi_{\dot{\alpha}\dot{\beta}\dot{\gamma}} = p_{\dot{\alpha}\delta}\,\delta^{\delta}_{\dot{\beta}\dot{\gamma}}\,.$$

Die Gleichungen für Teilchen mit Spin 3/2 können auch in einer anderen Gestalt formuliert werden, indem die Vektoraspekte der Spinoreigenschaften ausgenutzt werden (W. Rarita, J. Schwinger, 1941; A. S. Dawydow, I. E. Tamm, 1942). Einem Paar von Spinorindizes $\alpha\dot{\beta}$ wird ein vierdimensionaler Vektorindex μ zugeordnet. Den Komponenten eines Spinors dritter Stufe $\xi^{\alpha\dot{\beta}\dot{\gamma}}$

---

[1]) Wegen der Lagrangeschen Formulierung dieser Gleichungen s. den auf S. 59 zitierten Artikel von Fierz und Pauli.

können daher die Komponenten der „gemischten" Größen $\psi^{\dot{\gamma}}_{\mu}$ mit einem Vektor- und einem Spinorindex zugeordnet werden. Analog entspricht dem Spinor $\eta^{\dot{\beta}\alpha\gamma}$ die Größe ψ^{μ}_{γ}, den beiden Spinoren zusammen entspricht der „vektorielle" Bispinor ψ_{μ} (die Bispinorindizes haben wir nicht aufgeschrieben). Die Wellengleichung wird dann als „DIRAC-Gleichung" für jede Vektorkomponente von ψ_{μ} geschrieben:

$$(\hat{\mathrm{p}} - m)\,\psi_{\mu} = 0 \tag{31,4}$$

mit der Nebenbedingung

$$\gamma^{\mu}\,\psi_{\mu} = 0\,. \tag{31,5}$$

Benutzt man die Ausdrücke für die γ-Matrizen in der Spinordarstellung und die Formeln für den Zusammenhang zwischen den Spinor- und Vektorkomponenten (18,6) und (18,7), dann kann man sich einfach davon überzeugen, daß die Gleichungen (31,2) in (31,4) enthalten sind und daß die Bedingung (31,5) der Symmetriebedingung für die Spinoren $\xi^{\alpha\dot{\beta}\dot{\gamma}}$ und $\eta^{\dot{\alpha}\beta\gamma}$ in den Indizes $\dot{\beta}\,\dot{\gamma}$ oder $\beta\,\gamma$ äquivalent ist. Wir multiplizieren die Gleichung (31,4) mit γ^{μ} und erhalten infolge von (31,5)

$$\gamma^{\mu}\,\gamma^{\nu}\,\mathrm{p}_{\nu}\,\psi_{\mu} = 0$$

oder, unter Verwendung der Vertauschungsregeln für die γ^{μ}-Matrizen,

$$2\,g^{\mu\nu}\,\mathrm{p}_{\nu}\,\psi_{\mu} - \gamma^{\nu}\,\mathrm{p}_{\nu}\,\gamma^{\mu}\,\psi_{\mu} = 0\,. \tag{31,6}$$

Der zweite Summand verschwindet wieder wegen (31,5), und der erste ergibt

$$\mathrm{p}^{\mu}\,\psi_{\mu} = 0\,. \tag{31,7}$$

Diese automatisch aus (31,4) und (31,5) folgende Bedingung ist den Bedingungen (31,1) äquivalent, wie man leicht einsieht.

Bei einer weiteren Art, die Wellengleichung zu formulieren, werden schließlich die Größen ψ_{ikl} ($i, k, l = 1, 2, 3, 4$) mit drei Bispinorindizes, in denen ψ_{ikl} symmetrisch ist, eingeführt (V. BARGMANN, E. P. WIGNER, 1948). Diese Größen entsprechen den Komponenten aller vier Spinoren ξ, η, ζ und χ. Die Wellengleichung ist ein System von „DIRAC-Gleichungen"

$$\mathrm{p}_{\mu}\,\gamma^{\mu}_{im}\,\psi_{mkl} = m\,\psi_{ikl}\,. \tag{31,8}$$

Diese Gleichungen ergeben bereits die benötigte Anzahl (vier) von unabhängigen Komponenten von ψ_{ikl}, daher brauchen keine Nebenbedingungen mehr gestellt zu werden. Tatsächlich reduzieren sich die Gleichungen (31,8) im Ruhsystem auf die Gleichungen

$$\gamma^{0}_{im}\,\psi_{mkl} = \psi_{ikl}\,.$$

Auf Grund dieser Gleichungen verschwinden (in der Standarddarstellung) alle Komponenten $i, k, l = 3, 4$, d. h., ψ_{ikl} reduziert sich auf die Komponenten eines dreidimensionalen Spinors dritter Stufe.

Die Verallgemeinerung der dargestellten Ergebnisse für Teilchen mit beliebigem halbzahligem Spin s liegt auf der Hand. Bei der Beschreibung mit Gleichungen der Gestalt (31,4), (31,5) wird die Wellenfunktion ein symmetrischer 4-Tensor der Stufe $(2s - 1)/2$ mit einem Bispinorindex sein. Benutzt man Gleichungen der Gestalt (31,8), dann wird die Wellenfunktion $2s$ Bispinorindizes haben und in diesen symmetrisch sein.

KAPITEL IV

EIN TEILCHEN IN EINEM ÄUSSEREN FELD

§ 32. Die DIRAC-Gleichung für ein Elektron in einem äußeren Feld

Die Wellengleichungen für freie Teilchen drücken nur die Eigenschaften aus, die mit den allgemeinen Forderungen nach Symmetrie von Raum und Zeit zusammenhängen. Die physikalischen Vorgänge unter Beteiligung von Teilchen hängen von den Eigenschaften der Wechselwirkungen zwischen den betreffenden Teilchen ab.

In der relativistischen Theorie ist eine Beschreibung, die auf einer einfachen Verallgemeinerung der Wellengleichungen beruht, für Teilchen mit starken Wechselwirkungen unmöglich, — eine Beschreibung, die über den Rahmen der in den Gleichungen für freie Teilchen enthaltenen Informationen hinausgeht.

Die Methode der Wellengleichungen ist dagegen zur Beschreibung der elektromagnetischen Wechselwirkungen von Teilchen, die keinen starken Wechselwirkungen fähig sind, brauchbar. Hierher gehören die Elektronen (und Positronen), und auf diese Weise ist der ganze große Bereich der Quantenelektrodynamik der Elektronen für die vorhandene Theorie zugänglich. Auch die instabilen Müonen zeigen keine starken Wechselwirkungen; sie werden durch die gleiche Quantenelektrodynamik beschrieben, solange es sich um Erscheinungen handelt, die in kurzen Zeiten verglichen mit der Lebensdauer ablaufen (der Zerfall der Müonen wird durch schwache Wechselwirkungen verursacht).

In diesem Kapitel behandeln wir den Problemkreis der Quantenelektrodynamik im Rahmen einer Einteilchen-Theorie. Dabei handelt es sich um Probleme, bei denen sich die Teilchenzahl nicht ändert, und die Wechselwirkung kann über den Begriff des äußeren elektromagnetischen Feldes eingeführt werden. Der Anwendungsbereich dieser Theorie wird nicht nur durch die Bedingungen eingeschränkt, unter denen man das äußere Feld als gegeben ansehen kann, sondern auch durch die Bedingungen im Zusammenhang mit den sogenannten Strahlungskorrekturen (diese werden im zweiten Teil dieses Buches behandelt).

Die Wellengleichungen für ein Elektron in einem gegebenen äußeren Feld können, wie in der nichtrelativistischen Theorie (III, § 110), abgeleitet werden. $A^\mu = (\Phi, \boldsymbol{A})$ sei das 4-Potential des äußeren elektromagnetischen Feldes ($\boldsymbol{A}$ ist das Vektorpotential, Φ das skalare Potential). Wir erhalten die gesuchte Gleichung, indem wir in der DIRAC-Gleichung den Operator für den 4-Impuls p durch die Differenz $\mathrm{p} - eA$ ersetzen, wenn e die Ladung des Teilchens ist:[1])

$$[\gamma (\mathrm{p} - eA) - m]\,\psi = 0\,. \tag{32,1}$$

[1]) Unter der Ladung wird auch deren Vorzeichen mit verstanden, so daß für ein Elektron $e = -|e|$ gilt.

Der zu dieser Gleichung gehörige HAMILTON-Operator ergibt sich durch dieselbe Substitution aus (21,13):

$$\mathrm{H} = \vec{\alpha}\,(\mathbf{p} - e\,\boldsymbol{A}) + \beta\, m + e\,\Phi\,. \tag{32,2}$$

Die Invarianz der DIRAC-Gleichung bei einer Eichtransformation der Potentiale des elektromagnetischen Feldes beinhaltet folgendes: Die Gestalt der DIRAC-Gleichung bleibt unverändert, wenn man gleichzeitig mit der Transformation $A \to A + i\,\mathrm{p}\,\chi$ (mit einer beliebigen Funktion χ) die Wellenfunktion nach der Vorschrift

$$\psi \to \psi\, e^{i e \chi} \tag{32,3}$$

transformiert (vgl. die analoge Transformation für die SCHRÖDINGER-Gleichung III, § 110).

Die Stromdichte, ausgedrückt durch die Wellenfunktion, wird durch dieselbe Formel (21,11)

$$j = \overline{\psi}\,\gamma\,\psi$$

gegeben wie ohne äußeres Feld. Geht man von der Gleichung (32,1) (und der unten angegebenen Gleichung (32,4)) aus und wiederholt dieselben Schritte, die bei der Ableitung von (21,11) getan worden sind, dann sieht man, daß das äußere Feld herausfällt, und die Kontinuitätsgleichung ergibt sich wieder für den schon früher gefundenen Ausdruck des Stromes.

Wir unterwerfen die Gleichung (32,1) einer Ladungskonjugation. Dazu schreiben wir die zu (32,1) konjugiert komplexe Gleichung

$$\overline{\psi}\,[\gamma\,(\mathrm{p} + e\,A) + m] = 0 \tag{32,4}$$

in der Form, wie oben die Gleichung (21,9) abgeleitet worden ist (dabei ist zu beachten, daß der 4-Vektor A reell ist). Wir formen diese Gleichung um in

$$[\tilde{\gamma}\,(\mathrm{p} + e\,A) + m]\,\overline{\psi} = 0\,,$$

multiplizieren sie von links mit der Matrix U_C, benutzen die Beziehungen (26,3) und finden

$$[\gamma\,(\mathrm{p} + e\,A) - m]\,(\mathrm{C}\,\psi) = 0\,. \tag{32,5}$$

Die ladungskonjugierte Wellenfunktion erfüllt demnach eine Gleichung, die sich von der Ausgangsgleichung durch einen Vorzeichenwechsel vor der Ladung unterscheidet. Andererseits bedeutet die Ladungskonjugation den Übergang von Teilchen zu Antiteilchen. Falls die Teilchen eine elektrische Ladung haben, dann sind die Vorzeichen der Ladung von Elektron und Positron als Größen, die deren Wechselwirkung mit dem elektromagnetischen Feld bestimmen, zwangsläufig entgegengesetzt, wie wir sehen.

Die Gleichungen erster Ordnung (32,1) können in Gleichungen zweiter Ordnung überführt werden, indem man den Operator $\gamma\,(\mathrm{p} - e\,A) + m$ auf (32,1) anwendet:

$$[\gamma^\mu\,\gamma^\nu\,(\mathrm{p}_\mu - e\,A_\mu)\,(\mathrm{p}_\nu - e\,A_\nu) - m^2]\,\psi = 0\,.$$

Das Produkt $\gamma^\mu \gamma^\nu$ ersetzen wir durch

$$\gamma^\mu \gamma^\nu = \frac{1}{2}(\gamma^\mu \gamma^\nu + \gamma^\nu \gamma^\mu) + \frac{1}{2}(\gamma^\mu \gamma^\nu - \gamma^\nu \gamma^\mu) = g^{\mu\nu} + \sigma^{\mu\nu},$$

wobei $\sigma^{\mu\nu}$ der antisymmetrische „Matrix-4-Tensor" (28,2) ist. Bei der Multiplikation mit $\sigma^{\mu\nu}$ kann man antisymmetrisieren, d. h. folgenden Übergang vornehmen:

$$(\mathrm{p}_\mu - e A_\mu)(\mathrm{p}_\nu - e A_\nu) \to \frac{1}{2}\{(\mathrm{p}_\mu - e A_\mu)(\mathrm{p}_\nu - e A_\nu)\}_-$$

$$= \frac{1}{2} e(-A_\mu \mathrm{p}_\nu + \mathrm{p}_\nu A_\mu - \mathrm{p}_\mu A_\nu + A_\nu \mathrm{p}_\mu) = \frac{1}{2} i e (\partial_\nu A_\mu - \partial_\mu A_\nu) = -\frac{i e}{2} F_{\mu\nu}$$

($F_{\mu\nu} = \partial_\mu A_\nu - \partial_\nu A_\mu$ ist der elektromagnetische Feldstärketensor). Als Ergebnis erhalten wir die Gleichung zweiter Ordnung in der Gestalt

$$\left[(\mathrm{p} - e A)^2 - m^2 - \frac{i}{2} e F_{\mu\nu} \sigma^{\mu\nu}\right]\psi = 0. \tag{32,6}$$

Das Produkt $F_{\mu\nu}\sigma^{\mu\nu}$ kann in dreidimensionaler Form geschrieben werden, indem man es durch die Komponenten

$$\sigma^{\mu\nu} = (\vec{\alpha}, i\vec{\Sigma}), \qquad F^{\mu\nu} = (-\boldsymbol{E}, \boldsymbol{H})$$

ausdrückt. Dann wird

$$[(\mathrm{p} - e A)^2 - m^2 + e\vec{\Sigma}\boldsymbol{H} - i e \vec{\alpha}\boldsymbol{E}]\psi = 0 \tag{32,7}$$

oder in den üblichen Einheiten

$$\left[\left(i\hbar\frac{\partial}{\partial t} - \frac{e}{c}\Phi\right)^2 - \left(i\hbar\nabla + \frac{e}{c}\boldsymbol{A}\right)^2 - m^2c^2 + \frac{e\hbar}{c}\vec{\Sigma}\boldsymbol{H} - i\frac{e\hbar}{c}\vec{\alpha}\boldsymbol{E}\right]\psi = 0. \tag{32,7a}$$

In diesen Gleichungen treten Glieder mit den Feldern $\boldsymbol{E}$ und $\boldsymbol{H}$ auf, weil das Teilchen einen Spin hat; wir werden diese Glieder im folgenden Paragraphen besprechen.

Unter den Lösungen der Gleichung zweiter Ordnung gibt es natürlich auch „überflüssige" Lösungen, die die Ausgangsgleichung erster Ordnung (32,1) nicht erfüllen (diese sind Lösungen der Gleichung $[\gamma(\mathrm{p} - e A) + m]\psi = 0$ mit dem anderen Vorzeichen von m). Die Auswahl der erforderlichen Lösungen ist in konkreten Fällen normalerweise unmittelbar evident und bereitet keine Schwierigkeiten. Meist sondert man die benötigten Lösungen so aus: Wenn φ eine beliebige Lösung der Gleichung zweiter Ordnung ist, dann ist

$$\psi = [\gamma(\mathrm{p} - e A) + m]\varphi \tag{32,8}$$

eine Lösung der richtigen Gleichung erster Ordnung. Tatsächlich, wenn wir diese Gleichung mit $\gamma(\mathrm{p} - e A) - m$ multiplizieren, dann sehen wir, daß die rechte Seite verschwindet, falls φ die Gleichung (32,6) erfüllt.

Es muß betont werden, daß die Einführung eines äußeren Feldes in eine relativistische Wellengleichung vermöge der Substitution von p durch $\mathrm{p} - e A$

nicht selbstverständlich ist. Bei dieser Art, das äußere Feld einzuführen, haben wir uns zusätzlich auf folgendes Prinzip gestützt: Die betreffende Substitution muß in der Gleichung erster Ordnung erfolgen. Gerade deshalb traten in der Gleichung (32,6) Zusatzglieder auf, die nicht entstanden wären, wenn wir diese Substitution direkt in der Gleichung zweiter Ordnung ausgeführt hätten.[1])

Unter den stationären Lösungen der DIRAC-Gleichung mit äußerem Feld können Zustände eines kontinuierlichen oder eines diskreten Spektrums vorkommen. Wie in der nichtrelativistischen Theorie entsprechen die Zustände des kontinuierlichen Spektrums einer unbeschränkten Bewegung, bei der sich das Teilchen auch im Unendlichen befinden kann und als freies Teilchen angesehen werden kann. Da die Eigenwerte des HAMILTON-Operators eines freien Teilchens $\pm \sqrt{\boldsymbol{p}^2 + m^2}$ sind, ist klar, daß das kontinuierliche Spektrum der Energieeigenwerte bei $\varepsilon \geqq m$ und bei $\varepsilon \leqq -m$ liegt. Für $-m < \varepsilon < m$ kann sich das Teilchen nicht im Unendlichen befinden, so daß die Bewegung in einem endlichen Bereich verläuft, und der Zustand gehört zum diskreten Spektrum.

Wie auch für freie Teilchen gehen die Wellenfunktionen mit „positiver Frequenz" ($\varepsilon > 0$) und mit „negativer Frequenz" ($\varepsilon < 0$) in bestimmter Weise in das Schema der zweiten Quantisierung ein. Für Teilchen in einem äußeren Feld wird dieses Schema natürlicherweise verallgemeinert, indem die ebenen Wellen in den Formeln (25,1) entsprechend durch die normierten Eigenfunktionen der DIRAC-Gleichung $\psi_n^{(+)}$ und $\psi_n^{(-)}$ zu positiven ($\varepsilon_n^{(+)}$) und zu negativen ($-\varepsilon_n^{(-)}$) Frequenzen ersetzt werden:

$$\left.\begin{aligned} \psi &= \sum_n \{\mathrm{a}_n \psi_n^{(+)} e^{-i\varepsilon_n^{(+)} t} + \mathrm{b}_n^+ \psi_n^{(-)} e^{i\varepsilon_n^{(-)} t}\}\,, \\ \overline{\psi} &= \sum_n \{\mathrm{a}_n^+ \overline{\psi}_n^{(+)} \mathrm{b}^{i\varepsilon_n^{(+)} t} e_n + \overline{\psi}_n^{(-)} e^{-i\varepsilon_n^{(-)} t}\}\,. \end{aligned}\right\} \tag{32,9}$$

Dieses Quantisierungsschema kann jedoch zu folgenden Schwierigkeiten führen. Mit zunehmender Tiefe eines Potentialtopfes können die Energieniveaus die Grenze $\varepsilon = 0$ überschreiten, d. h., aus positiven können negative Lösungen werden (oder für ein Potential entgegengesetzten Vorzeichens — aus negativen positive). Trotzdem müssen wir aus Stetigkeitsgründen diese Niveaus weiterhin als Elektronenniveaus ansehen (und nicht als Positronenniveaus). Deshalb

[1]) Nach diesem Prinzip müßte ein äußeres Feld auch in die Wellengleichungen für Teilchen mit anderen Spins eingeführt werden; die Gleichungen müßten dabei in der Gestalt verwendet werden, in der sie aus dem Variationsprinzip ohne Benutzung der Nebenbedingungen folgen. So müßte der Übergang $\mathrm{p} \to \mathrm{p} - eA$ für Spin 1 in den Gleichungen (14,1) und (14,2) erfolgen. Diese Substitution (für den Fall Spin 1) in der Gleichung zweiter Ordnung (14,4) und der Nebenbedingung (14,3) würde kein konsistentes Gleichungssystem ergeben (für den Fall Spin 2/3 würde schon die Verwendung der Gleichungen erster Ordnung (31,2) mit den Nebenbedingungen (31,1) ein inkonsistentes System ergeben).

Für den Fall Spin 0 ist die Substitution $\mathrm{p} \to \mathrm{p} - eA$ in den Gleichungen erster Ordnung (10,4) der Substitution in der Gleichung zweiter Ordnung (10,5) äquivalent.

Wir werden uns mit diesen Fragen nicht näher befassen, da sie keine direkte physikalische Bedeutung haben — die elektromagnetische Wechselwirkung realer Teilchen mit von 1/2 verschiedenem Spin kann nicht mit Wellengleichungen beschrieben werden.

wird man strenger zu den Elektronenzuständen alle Zustände zählen, die bei unendlich langsamen Ausschalten des Feldes zur positiven Grenze des kontinuierlichen Spektrums ($\varepsilon = m$) streben. Dabei kann aber die Energie eines Elektrons negativ sein, so daß das Vakuum nicht der niedrigste Zustand ist; bei geeigneter Feldbeschaffenheit kann das zur Entstehung von Elektron-Positron-Paaren führen.[1]) Schlimmer noch, bei weiterer Vertiefung des Potentialtopfes kann ein Elektroneniveau die negative Grenze des kontinuierlichen Spektrums erreichen. Dabei wird die minimale, zur Paarerzeugung notwendige Energie ($m + \varepsilon_{\text{el}}$) gleich Null, d. h., es beginnt eine spontane Paarerzeugung — ein Prozeß, der auf jeden Fall nicht im Rahmen einer Einteilchen-Theorie behandelt werden kann.

All das weist darauf hin, daß der Begriff des äußeren Feldes in der relativistischen Theorie nur begrenzt anwendbar ist. Insbesondere darf man keine zu tiefen Potentialtöpfe behandeln. Im Rahmen einer Mehrteilchen-Theorie ist dieses Problem noch unerforscht.

Aufgabe

Man berechne die Energieniveaus eines Elektrons in einem konstanten Magnetfeld!

Lösung. Das Vektorpotential ist $A_x = A_z = 0$, $A_y = H\,x$ (H-Feld in z-Richtung). Die Komponenten p_y und p_z des verallgemeinerten Impulses bleiben (neben der Energie) erhalten.

Wir benutzen die Gleichung zweiter Ordnung für die Hilfsfunktion φ (s. (32,8)) und die Eigenschaft, daß φ eine Eigenfunktion des Operators Σ_z (mit den Eigenwerten $\sigma = \pm 1$) und auch der Operatoren p_y und p_z ist. Die Gleichung für φ hat die Gestalt

$$\left\{-\frac{d^2}{dx^2} + (e\,H\,x - p_y)^2 - e\,H\,\sigma\right\}\varphi = (\varepsilon^2 - m^2 - p_z^2)\,\varphi\,.$$

Diese Gleichung hat die Gestalt der SCHRÖDINGER-Gleichung für einen linearen Oszillator. Die Eigenwerte ε werden durch die Formel

$$\varepsilon^2 - m^2 - p_z^2 = |e|\,H\,(2\,n + 1) - e\,H\,\sigma\,, \qquad n = 0, 1, 2, \ldots$$

gegeben (vgl. III, § 111). Die aus φ nach der Formel (32,8) zu bestimmende Wellenfunktion ψ ist keine Eigenfunktion des Operators Σ_z, weil für ein bewegtes Teilchen der Spin keine Erhaltungsgröße ist.

§ 33. Entwicklung nach Potenzen von $1/c$ [2])

Wir haben gesehen (§ 21), daß im nichtrelativistischen Grenzfall ($v \to 0$) zwei Komponenten (χ) des Bispinors $\psi = \begin{pmatrix}\varphi\\ \chi\end{pmatrix}$ verschwinden. Für kleine Geschwindigkeiten des Elektrons ist daher $\chi \ll \varphi$. Diese Ungleichung ermöglicht, eine Näherungsgleichung abzuleiten, die nur die zweikomponentige Größe φ enthält, indem man die Wellenfunktion formal nach Potenzen von $1/c$ entwickelt.

---

[1]) Das geschieht insbesondere, wenn zwei tiefe Potentialtöpfe entgegengesetzten Vorzeichens vorhanden sind.

[2]) In diesem Paragraphen verwenden wir normale Maßeinheiten.

Unser Ausgangspunkt ist die DIRAC-Gleichung für ein Elektron in einem äußeren Feld:

$$i\hbar\frac{\partial\psi}{\partial t}=\left\{c\,\vec{\alpha}\left(\mathbf{p}-\frac{e}{c}\boldsymbol{A}\right)+\beta\, m\, c^2+e\,\Phi\right\}\psi\,. \tag{33,1}$$

In der relativistischen Energie des Teilchens ist auch dessen Ruhenergie $m\,c^2$ enthalten. Beim Übergang zur nichtrelativistischen Näherung muß diese abgetrennt werden; dazu führen wir statt ψ gemäß

$$\psi=\psi'\,e^{-i m c^2 t/\hbar}$$

die Funktion ψ' ein. Für ψ' gilt

$$\left(i\hbar\frac{\partial}{\partial t}+m\,c^2\right)\psi'=\left\{c\,\vec{\alpha}\left(\mathbf{p}-\frac{e}{c}\boldsymbol{A}\right)+\beta\, m\, c^2+e\,\Phi\right\}\psi'\,.$$

Wir setzen ψ' in der Form $\psi'=\begin{pmatrix}\varphi'\\ \chi'\end{pmatrix}$ an und erhalten folgendes Gleichungssystem:

$$\left(i\hbar\frac{\partial}{\partial t}-e\,\Phi\right)\varphi'=c\,\vec{\sigma}\left(\mathbf{p}-\frac{e}{c}\boldsymbol{A}\right)\chi'\,, \tag{33,2}$$

$$\left(i\hbar\frac{\partial}{\partial t}-e\,\Phi+2\,m\,c^2\right)\chi'=c\,\vec{\sigma}\left(\mathbf{p}-\frac{e}{c}\boldsymbol{A}\right)\varphi' \tag{33,3}$$

(im folgenden werden wir die Striche an φ und χ weglassen; das kann zu keinerlei Mißverständnissen Anlaß geben, weil wir in diesem Paragraphen ausschließlich die transformierte Funktion ψ' verwenden).

In erster Näherung bleibt auf der linken Seite der Gleichung (33,3) nur das Glied $2\,m\,c^2\,\chi$ mitzunehmen, und wir erhalten

$$\chi=\frac{1}{2\,m\,c}\vec{\sigma}\left(\mathbf{p}-\frac{e}{c}\boldsymbol{A}\right)\varphi \tag{33,4}$$

(wir bemerken, daß $\chi\sim\varphi/c$ ist). Einsetzen dieses Ausdruckes in (33,2) ergibt

$$\left(i\hbar\frac{\partial}{\partial t}-e\,\Phi\right)\varphi=\frac{1}{2\,m}\left(\vec{\sigma}\left(\mathbf{p}-\frac{e}{c}\boldsymbol{A}\right)\right)^2\varphi\,.$$

Für die PAULI-Matrizen gilt die Beziehung

$$(\vec{\sigma}\,\boldsymbol{a})\,(\vec{\sigma}\,\boldsymbol{b})=\boldsymbol{a}\,\boldsymbol{b}+i\,\vec{\sigma}[\boldsymbol{a}\,\boldsymbol{b}] \tag{33,5}$$

mit beliebigen Vektoren $\boldsymbol{a}$ und $\boldsymbol{b}$ (s. (20,9)). Im vorliegenden Fall ist $\boldsymbol{a}=\boldsymbol{b}=\mathbf{p}-\frac{e}{c}\boldsymbol{A}$, aber das Vektorprodukt $[\boldsymbol{a}\,\boldsymbol{b}]$ verschwindet nicht, weil $\mathbf{p}$ und $\boldsymbol{A}$ nicht miteinander vertauschbar sind:

$$\left[\left(\mathbf{p}-\frac{e}{c}\boldsymbol{A}\right)\left(\mathbf{p}-\frac{e}{c}\boldsymbol{A}\right)\right]\varphi=i\frac{e\,\hbar}{c}\{[\boldsymbol{A}\,\nabla]+[\nabla\,\boldsymbol{A}]\}\,\varphi=i\frac{e\,\hbar}{c}\operatorname{rot}\boldsymbol{A}\cdot\varphi\,.$$

Auf diese Weise erhalten wir

$$\left(\vec{\sigma}\left(\mathbf{p}-\frac{e}{c}\boldsymbol{A}\right)\right)^2=\left(\mathbf{p}-\frac{e}{c}\boldsymbol{A}\right)^2-\frac{e\,\hbar}{c}\vec{\sigma}\,\boldsymbol{H} \tag{33,6}$$

(wobei $\boldsymbol{H} = \operatorname{rot} \boldsymbol{A}$ das Magnetfeld ist), und für φ ergibt sich die Gleichung

$$i\hbar \frac{\partial \psi}{\partial t} = \mathrm{H}\,\varphi = \left[\frac{1}{2m}\left(\mathfrak{p} - \frac{e}{c}\boldsymbol{A}\right)^2 + e\,\Phi - \frac{e\hbar}{2mc}\vec{\sigma}\,\boldsymbol{H}\right]\varphi\,. \tag{33,7}$$

Das ist die sogenannte PAULI-*Gleichung*. Sie unterscheidet sich von der nichtrelativistischen SCHRÖDINGER-Gleichung durch den letzten Summanden im HAMILTON-Operator; dieser Zusatzterm hat die Gestalt der potentiellen Energie eines magnetischen Dipols in einem äußeren Feld (vgl. III, § 110). In erster Näherung (bezüglich $1/c$) verhält sich ein Elektron demnach wie ein Teilchen, das neben seiner Ladung auch das magnetische Moment

$$\vec{\mu} = \frac{e\hbar}{2mc}\vec{\sigma} = \frac{e}{mc}\hbar\,\mathfrak{s} \tag{33,8}$$

hat. Dabei ist das gyromagnetische Verhältnis $(e/m\,c)$ doppelt so groß wie für das magnetische Moment infolge der Bahnbewegung.[1])

Die Dichte ist $\varrho = \psi^*\psi = \varphi^*\varphi + \chi^*\chi$. In erster Näherung ist der zweite Summand wegzulassen, und es ist $\varrho = |\varphi^2|$, wie es auch für die SCHRÖDINGER-Gleichung sein muß.

Die Stromdichte ist

$$\boldsymbol{j} = c\,\psi^*\vec{\alpha}\,\psi = c\,(\varphi^*\vec{\sigma}\chi + \chi^*\vec{\sigma}\varphi)\,.$$

Gemäß (33,4) setzen wir hier

$$\chi = \frac{1}{2mc}\vec{\sigma}\left(-i\hbar\nabla - \frac{e}{c}\boldsymbol{A}\right)\varphi\,, \qquad \chi^* = \frac{1}{2mc}\left(i\hbar\nabla - \frac{e}{c}\boldsymbol{A}\right)\varphi^*\cdot\vec{\sigma}$$

ein; die Produkte mit zwei Faktoren $\vec{\sigma}$ werden umgeformt mit Hilfe der Formel (33,5), die in die Form

$$(\vec{\sigma}\,\boldsymbol{a})\,\vec{\sigma} = \boldsymbol{a} + i\,[\vec{\sigma}\,\boldsymbol{a}]\,, \qquad \vec{\sigma}(\vec{\sigma}\,\boldsymbol{a}) = \boldsymbol{a} + i\,[\boldsymbol{a}\,\vec{\sigma}] \tag{33,9}$$

gebracht wird. Als Resultat ergibt sich

$$\boldsymbol{j} = \frac{i\hbar}{2m}(\varphi\nabla\varphi^* - \varphi^*\nabla\varphi) - \frac{e}{mc}\boldsymbol{A}\,\varphi^*\varphi + \frac{\hbar}{2m}\operatorname{rot}(\varphi^*\vec{\sigma}\varphi) \tag{33,10}$$

in Übereinstimmung mit dem Ausdruck III, (114,4) aus der nichtrelativistischen Theorie.

Wir berechnen jetzt die zweite Näherung, indem wir die Glieder $\propto 1/c^2$ in der Entwicklung noch mitnehmen.[2]) Dabei werden wir annehmen, es sei nur ein äußeres elektrisches Feld vorhanden ($\boldsymbol{A} = 0$).

Zuerst stellen wir fest, daß die Dichte bei Berücksichtigung der Glieder $\propto 1/c^2$

$$\varrho = |\varphi|^2 + |\chi^2| = |\varphi|^2 + \frac{\hbar^2}{4m^2c^2}|\vec{\sigma}\nabla\varphi|^2$$

---

[1]) Dieses bemerkenswerte Ergebnis stammt von DIRAC (1928). Die zweikomponentige Wellenfunktion, die der Gleichung (33,7) genügt, ist von W. PAULI (1927) eingeführt worden, noch bevor DIRAC seine Gleichung entdeckt hatte.

[2]) Wir folgen der Methode von A. I. ACHIESER und W. B. BERESTEZKI (1953).

ist. Dieser Ausdruck ist anders als der entsprechende Ausdruck für die SCHRÖDINGER-Gleichung. Wenn wir (in zweiter Näherung) eine der SCHRÖDINGER-Gleichung analoge Wellengleichung finden wollen, dann müssen wir statt φ eine andere (zweikomponentige) Funktion φ_{Schr} einführen, für die das zeitlich erhaltene Integral die Gestalt $\int |\varphi_{\text{Schr}}|^2 \, dV$ hat, wie es für die SCHRÖDINGER-Gleichung sein muß.

Um die erforderliche Transformation herauszufinden, schreiben wir die Bedingung

$$\int \varphi_{\text{Schr}}^* \varphi_{\text{Schr}} \, dV = \int \left\{ \varphi^* \varphi + \frac{\hbar^2}{4 m^2 c^2} (\nabla \varphi^* \cdot \vec{\sigma}) (\vec{\sigma} \nabla \varphi) \right\} dV$$

auf und integrieren partiell:

$$\int (\nabla \varphi^* \cdot \vec{\sigma}) (\vec{\sigma} \nabla \varphi) \, dV = - \int \varphi^* (\vec{\sigma} \nabla) (\vec{\sigma} \nabla) \varphi \, dV = - \int \varphi^* \triangle \varphi \, dV$$

(oder dasselbe mit φ und φ^* vertauscht). Auf diese Weise bekommen wir

$$\int \varphi_{\text{Schr}}^* \varphi_{\text{Schr}} \, dV = \int \left\{ \varphi^* \varphi - \frac{\hbar^2}{8 m^2 c^2} (\varphi^* \triangle \varphi + \varphi \triangle \varphi^*) \right\} dV$$

und entnehmen daraus

$$\varphi_{\text{Schr}} = \left(1 + \frac{\mathbf{p}^2}{8 m^2 c^2}\right) \varphi \,, \qquad \varphi = \left(1 - \frac{\mathbf{p}^2}{8 m^2 c^2}\right) \varphi_{\text{Schr}} \,. \qquad (33,11)$$

Zur Vereinfachung der Schreibweise werden wir annehmen, der Zustand sei stationär, d. h., wir ersetzen den Operator $- i \hbar \, \partial / \partial t$ durch die Energie ε (von der die Ruhenergie subtrahiert worden ist). In der nächsten Näherung (nach (33,4)) bekommen wir aus (33,3)

$$\chi = \frac{1}{2 m c} \left(1 - \frac{\varepsilon - e \Phi}{2 m c^2}\right) (\vec{\sigma} \mathbf{p}) \varphi \,.$$

Das ist in (33,2) einzusetzen; dann ist φ entsprechend (33,11) durch φ_{Schr} zu ersetzen, und Glieder höherer Ordnung als $1/c^2$ sind immer wegzulassen. Nach einer einfachen Rechnung erhalten wir die Gleichung für φ_{Schr} in der Gestalt $\varepsilon \varphi_{\text{Schr}} = \mathrm{H} \varphi_{\text{Schr}}$ mit dem HAMILTON-Operator

$$\mathrm{H} = \frac{\mathbf{p}^2}{2 m} + e \Phi - \frac{\mathbf{p}^4}{8 m^3 c^2} + \frac{e}{4 m^2 c^2} \left\{ (\vec{\sigma} \mathbf{p}) \Phi (\vec{\sigma} \mathbf{p}) - \frac{1}{2} (\mathbf{p}^2 \Phi + \Phi \mathbf{p}^2) \right\}.$$

Der Ausdruck in der geschweiften Klammer wird mit Hilfe der Formeln

$$(\vec{\sigma} \mathbf{p}) \Phi (\vec{\sigma} \mathbf{p}) = \Phi \mathbf{p}^2 + (\vec{\sigma} \mathbf{p} \Phi) (\vec{\sigma} \mathbf{p}) = \Phi \mathbf{p}^2 + i \hbar (\vec{\sigma} \boldsymbol{E}) (\vec{\sigma} \mathbf{p}) \,,$$

$$\mathbf{p}^2 \Phi - \Phi \mathbf{p}^2 = - \hbar^2 \triangle \Phi + 2 i \hbar \boldsymbol{E} \mathbf{p}$$

umgeformt ($\boldsymbol{E} = - \nabla \Phi$ ist dabei das elektrische Feld). Der endgültige Ausdruck für den HAMILTON-Operator ist

$$\mathrm{H} = \frac{\mathbf{p}^2}{2 m} + e \Phi - \frac{\mathbf{p}^4}{8 m^3 c^2} - \frac{e \hbar}{4 m^2 c^2} \vec{\sigma} [\boldsymbol{E} \mathbf{p}] - \frac{e \hbar^2}{8 m^2 c^2} \operatorname{div} \boldsymbol{E} \,. \qquad (33,12)$$

Die letzten drei Glieder sind die gesuchten Korrekturen der Ordnung $1/c^2$. Das erste davon ist eine Folge des relativistischen Zusammenhangs zwischen

Energie und Impuls (Entwicklung der Differenz $c\sqrt{p^2 + m^2 c^2} - m c^2$). Das zweite Glied, das als Energie der *Spin–Bahn-Wechselwirkung* bezeichnet werden kann, ist die Energie der Wechselwirkung eines bewegten magnetischen Momentes mit einem elektrischen Feld.[1]) Der letzte Term ist nur in den Punkten von Null verschieden, in denen sich die das äußere Feld erzeugenden Ladungen befinden (z. B. für das COULOMB-Feld einer Punktladung Ze: $\Delta\Phi = -4\pi Ze\delta(r)$) (C. G. DARWIN, 1928).

Für ein kugelsymmetrisches elektrisches Feld gilt

$$\boldsymbol{E} = -\frac{\boldsymbol{r}}{r}\frac{d\Phi}{dr},$$

und der Operator für die Spin–Bahn-Wechselwirkung kann in der Form

$$\frac{e\hbar}{4m^2c^2r}\vec{\sigma}[\boldsymbol{r}\,\mathfrak{p}]\frac{d\Phi}{dr} = \frac{\hbar^2}{2m^2c^2r}\frac{dU}{dr}\boldsymbol{l}\,\boldsymbol{s} \tag{33,13}$$

dargestellt werden. Hier sind $\boldsymbol{l}$ der Operator für den Bahndrehimpuls, $\boldsymbol{s} = \frac{1}{2}\vec{\sigma}$ der Operator für den Elektronenspin und $U = e\,\Phi$ die potentielle Energie des Elektrons im Feld.[2])

§ 34. Feinstrukturniveaus des Wasserstoffatoms

Wir wollen die relativistischen Korrekturen zu den Energieniveaus eines Wasserstoffatoms berechnen — für ein Elektron im COULOMB-Feld eines festgehaltenen Kerns[3]). Die Geschwindigkeit des Elektrons im Wasserstoffatom ist klein gegenüber der Lichtgeschwindigkeit: $v/c \sim \alpha \ll 1$. Deshalb können die gesuchten Korrekturen mit Hilfe der Störungstheorie als Mittelwerte der relativistischen Terme im genäherten HAMILTON-Operator (33,12) für den ungestörten Zustand berechnet werden (d. h., die Mittelwerte werden mit der nicht-

---

[1]) Führen wir das magnetische Moment (33,8) und die Geschwindigkeit $\boldsymbol{v} = \boldsymbol{p}/m$ ein, dann erhalten wir diese Energie in der Gestalt $-\frac{1}{2c}\vec{\mu}\,[\boldsymbol{E}\,\boldsymbol{v}]$. Auf den ersten Blick kann dieses Ergebnis unnatürlich erscheinen; denn beim Übergang zu dem mit dem Teilchen mitbewegten Bezugssystem tritt das Magnetfeld $\boldsymbol{H} = \frac{1}{c}[\boldsymbol{E}\,\boldsymbol{v}]$ auf, in dem das magnetische Moment die Energie $-\vec{\mu}\,\boldsymbol{H}$ haben müßte. Eine solche Überlegung berücksichtigt aber in Wirklichkeit nicht in gebührender Weise, daß das mit dem Teilchen mitbewegte Bezugssystem kein Inertialsystem ist. Der Faktor 1/2 („THOMAS-Faktor", L. THOMAS, 1926) entspricht den allgemeinen Forderungen nach relativistischer Invarianz und den spezifischen Eigenschaften des Elektrons als „Spinor"-Teilchen mit dem entsprechenden Wert für das gyromagnetische Verhältnis (s. § 41).

[2]) Die Formel (33,13) ist in III, § 72 verwendet worden (in Formel III, (72,3) ist das Gesamtvorzeichen nicht richtig angegeben).

[3]) Der Einfluß der Mitbewegung des Kerns auf diese Korrekturen ist ein Effekt höherer Ordnung, für den wir uns hier nicht interessieren.

relativistischen Wellenfunktion gebildet). Um etwas allgemeiner zu rechnen, setzen wir die Kernladung gleich Ze, nehmen dabei aber $Z\alpha \ll 1$ an.

Die Feldstärke des Kernfeldes $\boldsymbol{E} = Ze\,\boldsymbol{r}/r^3$, und das zugehörige Potential erfüllt die Gleichung $\Delta\Phi = -4\pi Ze\,\delta(\boldsymbol{r})$. Das setzen wir in (33,12) (in die letzten drei Glieder davon) ein, beachten, daß die Ladung des Elektrons negativ ist, und erhalten für den Störoperator

$$\mathrm{V} = -\frac{\mathbf{p}^4}{8\,m^3} + \frac{Z\alpha}{2\,r^3\,m^2}\mathbf{l\,s} + \frac{Z\alpha\pi}{2\,m^2}\delta(\boldsymbol{r})\,. \tag{34,1}$$

Da nach der nichtrelativistischen Schrödinger-Gleichung

$$\mathbf{p}^2\,\psi = 2\,m\left(\varepsilon_0 + \frac{Z\alpha}{r}\right)\psi$$

ist (mit dem ungestörten Niveau $\varepsilon_0 = -m\,Z^2\alpha^2/2\,n^2$ und der Hauptquantenzahl n), ist der Mittelwert

$$\bar{\mathbf{p}}^4 = 4\,m^2\,\overline{\left(\varepsilon_0 + \frac{Z\alpha}{r}\right)^2}\,.$$

Diese Größe wird, wie auch der Mittelwert des zweiten Terms in (34,1), mit Hilfe der Formeln (s. III, § 36)

$$\left.\begin{aligned} \overline{r^{-1}} &= \frac{m\alpha Z}{n^2}\,, \qquad \overline{r^{-2}} = \frac{(m\alpha Z)^2}{n^3\,(l+{}^1/_2)}\,,\\ \overline{r^{-3}} &= \frac{(m\alpha Z)^3}{n^3\,l(l+{}^1/_2)\,(l+1)} \end{aligned}\right\} \tag{34,2}$$

ausgerechnet (die letzte Beziehung gilt für $l \neq 0$). Die Eigenwerte von $\mathbf{l\,s}$ sind

$$\boldsymbol{l\,s} = \frac{1}{2}\left[j\,(j+1) - l\,(l+1) - \frac{3}{4}\right] \quad \text{für} \quad l \neq 0\,,$$

$$\boldsymbol{l\,s} = 0 \qquad \text{für} \qquad l = 0\,.$$

Die Mittelung des dritten Terms erfolgt schließlich mit Hilfe der Formeln

$$\psi(0) = \frac{1}{\sqrt{\pi}}\left(\frac{Z\alpha m}{n}\right)^{3/2}, \quad l = 0; \qquad \psi(0) = 0\,, \qquad l \neq 0\,. \tag{34,3}$$

Das Ergebnis der einfachen Rechnung unter Verwendung der angegebenen Formeln kann für alle Fälle (für alle j und l) in der Form

$$\Delta\varepsilon = -\frac{m(Z\alpha)^4}{2\,n^3}\left(\frac{1}{j+{}^1/_2} - \frac{3}{4\,n}\right) \tag{34,4}$$

dargestellt werden.

Die Formel (34,4) gibt die gesuchte relativistische Korrektur zur Energie der Wasserstoffniveaus — die Feinstrukturenergie — an.[1]) Wir erinnern daran,

[1]) Diese Formel (sowie die genauere Formel (36,10)) ist zuerst von A. Sommerfeld aus der alten Bohrschen Theorie noch vor der Schaffung der Quantenmechanik abgeleitet worden.

daß in der nichtrelativistischen Theorie eine Entartung in den Spinrichtungen und die COULOMB-Entartung in l vorhanden sind. Die Feinstruktur (Spin–Bahn-Wechselwirkung) hebt diese Entartung auf, aber nicht vollständig; es verbleiben zweifach entartete Niveaus mit gleichen n und j aber verschiedenen $l = j \pm 1/2$ (dabei sind nur die Niveaus mit dem bei gegebenem n größtmöglichen Wert $j = j_{\max} = l_{\max} + 1/2 = n - 1/2$ nicht entartet[1])). Auf diese Weise ergibt sich unter Berücksichtigung der Feinstruktur folgende Reihenfolge der Wasserstoffniveaus:

$$1\, s_{1/2}\ ;$$

$$\underbrace{2\, s_{1/2},\ 2\, p_{1/2}},\ 2\, p_{3/2}\,;$$

$$\underbrace{3\, s_{1/2},\ 3\, p_{1/2}},\ \underbrace{3\, p_{3/2},\ 3\, d_{3/2}},\ 3\, d_{5/2}\ .$$

$$\cdot\ \cdot\ \cdot\ \cdot\ \cdot$$

Ein Niveau mit der Hauptquantenzahl n spaltet in n Feinstrukturkomponenten auf.

Wir werden später noch sehen, daß die hier verbleibende Entartung durch die sogenannten Strahlungskorrekturen aufgehoben wird (LAMB-*Verschiebung* oder LAMB-*shift*), die in der DIRAC-Gleichung für das Einelektronenproblem nicht berücksichtigt werden.

Vorgreifend geben wir schon hier an, daß die Größenordnung dieser Korrekturen $\sim m\, Z^4 \alpha^5 \ln(1/\alpha)$ ist. Die Korrektur zweiter Ordnung in der Spin–Bahn-Wechselwirkung wäre $\sim m(Z\alpha)^6$, so daß ihr Verhältnis zu den Strahlungskorrekturen $\sim Z^2 \alpha/\ln(1/\alpha)$ ist. Für Wasserstoff ($Z = 1$) ist dieses Verhältnis bekanntlich klein, und deshalb hat die Frage nach einer exakten Lösung der DIRAC-Gleichung in diesem Fall keinen Sinn. Dieses Problem kann aber für die Energieniveaus eines Elektrons im Feld eines Kerns mit großem Z sinnvoll sein (§ 36).

---

[1]) Diese Entartung hängt mit einem für das COULOMB-Feld spezifischen zusätzlichen Erhaltungssatz zusammen: Der HAMILTON-Operator der DIRAC-Gleichung $\mathrm{H} = \vec{\alpha}\,\mathbf{p} + \beta m - e^2/r$ kommutiert mit dem Operator

$$\mathrm{I} = \frac{\mathbf{r}}{r}\vec{\Sigma} + \frac{i}{m\,e^2}\beta\,(\vec{\Sigma}\,\mathbf{l} + 1)\,\gamma^5\,(\mathrm{H} - m\,\beta)$$

(M. H. JOHNSON, B. A. LIPPMANN, 1950). Im nichtrelativistischen Grenzfall ist $\mathrm{I} \to \vec{\Sigma}\,\mathbf{A}$, wobei

$$\mathbf{A} = \frac{\mathbf{r}}{r} + \frac{1}{2\,m\,e^2}\{[\mathbf{l}\,\mathbf{p}] - [\mathbf{p}\,\mathbf{l}]\}$$

der dem klassischen COULOMBschen Bewegungsintegral entsprechende Operator ist (s. I, § 15). Die nichtrelativistische zufällige Entartung im COULOMB-Feld hängt mit dem Erhaltungssatz für die Größe $\mathbf{A}$ zusammen.

§ 35. Bewegung im kugelsymmetrischen Feld

Nun behandeln wir die Bewegung eines Elektrons in einem kugelsymmetrischen elektrischen Feld.

Da bei der Bewegung in einem kugelsymmetrischen Feld Drehimpuls und Parität erhalten bleiben (bezüglich des Feldzentrums, das als Koordinatenursprung gewählt wird), gilt für die Winkelabhängigkeit der Wellenfunktionen zu einer solchen Bewegung alles in § 24 Gesagte über die Kugelwelle für freie Teilchen. Es ändern sich nur die radialen Funktionen. Dementsprechend werden wir die Wellenfunktionen für die stationären Zustände (in der Standarddarstellung) in der Form

$$\psi = \begin{pmatrix} \varphi \\ \chi \end{pmatrix} = \begin{pmatrix} f(r)\, \Omega_{jlm} \\ (-1)^{\frac{1+l-l'}{2}} g(r)\, \Omega_{jl'm} \end{pmatrix} \tag{35,1}$$

ansetzen; dabei ist $l = j \pm 1/2$ und $l' = 2j - l$, die hier eingeführte Potenz von -1 wird für das folgende zweckmäßig sein.

Die Dirac-Gleichung in der Standarddarstellung ergibt für φ und χ folgendes Gleichungssystem:

$$\left.\begin{aligned} (\varepsilon - m - U)\,\varphi &= \vec{\sigma}\,\mathbf{p}\,\chi\,, \\ (\varepsilon + m - U)\,\chi &= \vec{\sigma}\,\mathbf{p}\,\varphi\,. \end{aligned}\right\} \tag{35,2}$$

$U(r) = e\,\Phi(r)$ ist darin die potentielle Energie des Elektrons im Feld. Hier sind die Ausdrücke (35,1) einzusetzen und dann die rechten Seiten der entstehenden Gleichungen auszurechnen.

Wir drücken die spinorielle Kugelfunktion $\Omega_{jl'm}$ gemäß

$$\Omega_{jl'm} = i^{l-l'}\left(\vec{\sigma}\,\frac{\boldsymbol{r}}{r}\right)\Omega_{jlm}$$

(s. (24,8)) durch Ω_{jlm} aus und schreiben

$$(\vec{\sigma}\,\mathbf{p})\,\chi = -\,i(\vec{\sigma}\,\mathbf{p})\,(\vec{\sigma}\,\boldsymbol{r})\,\frac{g}{r}\,\Omega_{jlm}\,.$$

Jetzt formen wir das Produkt $(\vec{\sigma}\,\mathbf{p})\,(\vec{\sigma}\,\boldsymbol{r})$ mit Hilfe der Formel (33,5) um und finden nach Ausführung der Vektoroperationen

$$\begin{aligned}(\vec{\sigma}\,\mathbf{p})\,\chi &= -\,i\,\{\mathbf{p}\,\boldsymbol{r} + i\,\vec{\sigma}\,[\mathbf{p}\,\boldsymbol{r}]\}\,\frac{g}{r}\,\Omega_{jlm} = \{-\operatorname{div}\boldsymbol{r} - (\boldsymbol{r}\,\nabla) - \vec{\sigma}\,[\boldsymbol{r}\,\mathbf{p}]\}\,\frac{g}{r}\,\Omega_{jlm} \\ &= -\left\{g' + \frac{2}{r}\,g + \frac{g}{r}\,\vec{\sigma}\,\mathbf{l}\right\}\Omega_{jlm}\,;\end{aligned}$$

darin ist $\mathbf{l} = [\boldsymbol{r}\,\mathbf{p}]$ der Operator für den Bahndrehimpuls; der Strich bedeutet die Ableitung nach r. Die Eigenwerte des Produktes $\vec{\sigma}\,\mathbf{l} = 2\,\mathbf{l}\,\mathbf{s}$ sind

$$\vec{\sigma}\,\boldsymbol{l} = \boldsymbol{j}^2 - \boldsymbol{l}^2 - \mathbf{s}^2 = j\,(j+1) - l\,(l+1) - \frac{3}{4} = \begin{cases} j - {}^1/_2 & \text{für} \quad l = j - {}^1/_2\,, \\ -j - {}^3/_2 & \text{für} \quad l = j + {}^1/_2\,. \end{cases}$$

Die Bezeichnung

$$\varkappa = \begin{cases} -(j + {}^1/_2) = -(l+1) & \text{für} \quad j = l + {}^1/_2\,, \\ +(j + {}^1/_2) = l & \text{für} \quad j = l - {}^1/_2 \end{cases} \tag{35,3}$$

ist zweckmäßig, um eine einheitliche Schreibweise der Formeln in den beiden Fällen ($l = j \pm 1/2$) zu erreichen. Die Zahl $\varkappa$ durchläuft alle ganzen Zahlen außer der Null (positive Zahlen entsprechen dabei dem Fall $j = l - 1/2$, negative dem Fall $j = l + 1/2$). Nunmehr wird $\boldsymbol{l}\,\vec{\sigma} = -(1 + \varkappa)$, und es gilt

$$(\vec{\sigma}\,\mathbf{p})\,\chi = -\left(g' + \frac{1-\varkappa}{r}\,g\right)\Omega_{jlm}\,.$$

Setzt man diesen Ausdruck in die erste Gleichung von (35,2) ein, dann fällt die spinorielle Kugelfunktion Ω_{jlm} auf beiden Seiten der Gleichung weg. Analog verfahren wir auch mit der zweiten Gleichung[1]) und erhalten als Ergebnis folgendes Gleichungssystem für die radialen Funktionen:

$$\left.\begin{aligned} f' + \frac{1+\varkappa}{r}\,f - (\varepsilon + m - U)\,g = 0\,, \\ g' + \frac{1-\varkappa}{r}\,g + (\varepsilon - m - U)\,f = 0 \end{aligned}\right\} \tag{35,4}$$

oder

$$\left.\begin{aligned} (f\,r)' + \frac{\varkappa}{r}\,(f\,r) - (\varepsilon + m - U)\,g\,r = 0\,, \\ (g\,r)' - \frac{\varkappa}{r}\,(g\,r) + (\varepsilon - m - U)\,f\,r = 0\,. \end{aligned}\right\} \tag{35,5}$$

Wir wollen das Verhalten von f und g für kleine Abstände untersuchen und setzen dabei voraus, daß das Feld $U(r)$ für $r \to 0$ schneller als $1/r$ wächst. Die Gleichungen (35,4) erhalten dann im Bereich kleiner r die Gestalt

$$f' + U\,g = 0\,, \qquad g' - U\,f = 0\,.$$

Sie haben reelle Lösungen der Gestalt

$$f = \text{const} \cdot \sin\left(\int U\,dr + \delta\right)\,, \qquad g = \text{const} \cdot \cos\left(\int U\,dr + \delta\right) \tag{35,6}$$

mit einer beliebigen Konstanten δ. Diese Funktionen oszillieren für $r \to 0$ und streben keinen Grenzwert an. Wie man leicht erkennen kann, entspricht dieser Sachverhalt dem „Sturz" des Teilchens in das Zentrum.

---

[1]) Es ist nicht nötig, diese Rechnungen zu wiederholen. Man braucht nur zu bemerken, daß man durch die Substitution

$$f \to g\,, \quad g \to -f\,, \quad m \to -m\,, \quad l \to l'\,, \quad \varkappa \to -\varkappa$$

von der ersten Gleichung zur zweiten gelangt (wie aus (35,1) und (35,2) zu ersehen ist).

Vor allen müssen wir feststellen, daß die Wellengleichung im vorliegenden Fall für beliebige ε, sogar für $|\varepsilon| < m$, ein kontinuierliches Spektrum hat. Tatsächlich wird durch den Bereich kleiner Abstände die Wahl der Lösung in diesem Fall keineswegs beschränkt. Für eine oszillierende Funktion gibt es bei $r = 0$ keine Randbedingung, so daß die Wahl der Konstante δ willkürlich bleibt. Das richtige Verhalten der Wellenfunktion im Bereich großer r („Anschluß" an die Funktion (35,8)) kann bei beliebigem ε durch geeignete Wahl von δ erreicht werden.

Der beschriebene Sachverhalt ist aber in der relativistischen Theorie vollkommen unzulässig; denn wegen des kontinuierlichen Spektrums für $|\varepsilon| > m$ sind die Zustände mit negativen und positiven Frequenzen nicht mehr voneinander zu trennen. Dadurch wird jegliche vernünftige Beschreibung des Systems unmöglich. Insbesondere wäre eine solche Situation absolut instabil: Eine beliebige Störung würde zur Erzeugung von unendlich vielen Paaren Anlaß geben. Daher darf man ein Feld mit einem für $r \to 0$ schneller als $1/r$ anwachsenden Potential in der Dirac-Theorie überhaupt nicht behandeln. Das bezieht sich auf Potentiale beiderlei Vorzeichens; da das Vorzeichen von $U = e\,\Phi$ auch vom Vorzeichen der Ladung e abhängt, verhalten sich in einem Fall die Elektronen- im anderen Fall die Positronenniveaus anomal.

Ferner betrachten wir das Verhalten der Wellenfunktionen für große Abstände. Wenn das Feld $U(r)$ für $r \to \infty$ hinreichend rasch abfällt, kann man bei der Bestimmung der asymptotischen Gestalt der Wellenfunktion für große Abstände, das Feld in den Gleichungen ganz vernachlässigen. Für $\varepsilon > m$, d. h. für das kontinuierliche Spektrum, kehren wir dann zur Gleichung für die freie Bewegung zurück; die asymptotische Form der Wellenfunktionen (Kugelwellen) unterscheidet sich dabei von derjenigen für ein freies Teilchen nur durch das Auftreten zusätzlicher „Phasenverschiebungen", deren Werte durch die Gestalt des Feldes bei kleineren Abständen bestimmt wird.[1]) Diese Phasenverschiebungen hängen von den Werten von j und l ab oder, was dasselbe ist, von der oben eingeführten Zahl $\varkappa$ (und selbstverständlich auch von der Energie ε). Wir bezeichnen sie mit $\delta_\varkappa$, benutzen den Ausdruck für eine freie Kugelwelle (24,7) und können die gesuchte asymptotische Formel sofort aufschreiben:

$$\psi \approx \sqrt{\frac{2}{\pi}}\,\frac{1}{r}\,\frac{1}{\sqrt{2\,\varepsilon}}\begin{pmatrix}\sqrt{\varepsilon + m}\;\Omega_{j\,l\,m}\sin\left(p\,r - \frac{\pi\,l}{2} + \delta_\varkappa\right)\\ -\sqrt{\varepsilon - m}\;\Omega_{j\,l'\,m}\sin\left(p\,r - \frac{\pi\,l'}{2} + \delta_\varkappa\right)\end{pmatrix} \tag{35,7}$$

(mit $p = \sqrt{\varepsilon^2 - m^2}$). Der Vorfaktor entspricht hier der Normierung der radialen Funktionen nach (24,5).

---

[1]) Vgl. III, § 33. Wie in der nichtrelativistischen Theorie muß $U(r)$ schneller als $1/r$ verschwinden. Der Fall $U \propto 1/r$ wird in § 36 besonders behandelt.

Die Wellenfunktionen zum diskreten Spektrum ($\varepsilon < m$) klingen für $r \to \infty$ nach der Formel

$$f = -\sqrt{\frac{m+\varepsilon}{m-\varepsilon}}\, g = \frac{A_0}{r} \exp\{-r\sqrt{m^2-\varepsilon^2}\} \tag{35,8}$$

exponentiell ab; A_0 ist dabei eine Konstante.

Wie auch in der nichtrelativistischen Theorie bestimmen die Phasenverschiebungen $\delta_\varkappa$ (genauer: die Größen $e^{2i\delta_\varkappa} - 1$) die Streuamplitude in einem gegebenen Feld (darüber wird ausführlicher in § 37 gesprochen werden). Wir werden die analytischen Eigenschaften dieser Größen hier nicht untersuchen, sondern bemerken nur, daß $e^{2i\delta_\varkappa}$ als Funktion der Energie wie früher Pole in denjenigen Punkten hat, die den Niveaus der gebundenen Zustände des Teilchens entsprechen (vgl. III, § 128). Das Residuum der Funktion $e^{2i\delta_\varkappa}$ in einem solchen Pol hängt in bestimmter Weise mit dem Koeffizienten im asymptotischen Ausdruck für die Wellenfunktion zum diskreten Spektrum zusammen. Wir wollen diesen Zusammenhang herstellen und damit die nichtrelativistische Formel III, (128,16) verallgemeinern. Die notwendigen Rechnungen sind ganz ähnlich wie die Rechnungen in III, § 128.

Wir differenzieren die Gleichungen (35,5) nach der Energie:

$$\left(\frac{\partial r f}{\partial \varepsilon}\right)' + \frac{\varkappa}{r}\frac{\partial r f}{\partial \varepsilon} - (\varepsilon + m - U)\frac{\partial r g}{\partial \varepsilon} = r g\,,$$

$$\left(\frac{\partial r g}{\partial \varepsilon}\right)' - \frac{\varkappa}{r}\frac{\partial r g}{\partial \varepsilon} + (\varepsilon - m - U)\frac{\partial r f}{\partial \varepsilon} = -r f\,.$$

Diese beiden Gleichungen multiplizieren wir mit $r g$ bzw. mit $-r f$, und die beiden Gleichungen (35,5) multiplizieren wir mit $-r g$ bzw. mit $r f$; anschließend addieren wir alle vier Gleichungen. Nach allen möglichen Vereinfachungen erhalten wir

$$\frac{\partial}{\partial r}\left[r^2\left(g\frac{\partial f}{\partial \varepsilon} - f\frac{\partial g}{\partial \varepsilon}\right)\right] = r^2 (f^2 + g^2)\,.$$

Wir integrieren diese Gleichung über r:

$$r^2\left(g\frac{\partial f}{\partial \varepsilon} - f\frac{\partial g}{\partial \varepsilon}\right) = \int_0^r (f^2 + g^2)\, r^2\, dr$$

und gehen dann zur Grenze $r \to \infty$ über. Auf Grund der Normierungsvorschrift ist das Integral auf der rechten Seite gleich 1. Auf der linken Seite berücksichtigen wir, daß die Funktionen f und g im asymptotischen Bereich über die Gleichung

$$r g = \frac{(r f)'}{\varepsilon + m}$$

miteinander zusammenhängen (diese Gleichung entsteht aus (35,5), wenn man die Glieder mit U und mit $1/r$ vernachlässigt). Als Ergebnis erhalten wir

$$\frac{1}{\varepsilon + m}\left[(r\,f)'\,\frac{\partial r f}{\partial \varepsilon} - r\,f\left(\frac{\partial r f}{\partial \varepsilon}\right)'\right] = 1\,. \tag{35,9}$$

Diese Formel unterscheidet sich nur im Vorfaktor ($\varepsilon + m$ statt $2\,m$) von der entsprechenden nichtrelativistischen Formel (für die Funktion χ). Daher brauchen wir nicht alle weiteren Rechnungen zu wiederholen, und wir geben sofort die in der Nähe des Punktes $\varepsilon + \varepsilon_0$ (ε_0 ist das Energieniveau) gültige Endformel an:

$$e^{2 i \delta_\varkappa} = (-1)^l \frac{2 A_0^2}{\varepsilon - \varepsilon_0} \sqrt{\frac{m - \varepsilon_0}{m + \varepsilon_0}}\,. \tag{35,10}$$

A_0 ist dabei der Koeffizient im asymptotischen Ausdruck (35,8).

Aufgabe

Man bestimme die Gestalt der Wellenfunktion in der Grenze kleiner r für das Feld $U \propto r^{-s}$, $s < 1$!

Lösung. Für ein freies Teilchen haben wir für kleine r: $f \propto r^l$ und $g \propto r^{l'}$, so daß $f \gg g$ für $l < l'$ gilt, und für $l > l'$ gilt $f \ll g$. Wir setzen voraus (und das Ergebnis wird diese Voraussetzung rechtfertigen), daß diese Beziehung auch in dem betrachteten Feld Gültigkeit hat. Für $l < l'$ (d. h. $l = j - 1/2$, $\varkappa = -l - 1$) kann das Glied mit g in der ersten Gleichung (35,4) weggelassen werden, so daß wie früher $f \propto rl$ ist. Aus der zweiten Gleichung bekommen wir dann $g \propto r f U$, d. h. $g \propto r^{l+1-s} = r^{l'-s}$. Der Fall $l > l'$ wird analog behandelt, und das Ergebnis ist

$$\text{für} \quad l < l'\colon \quad f \propto r^l\,, \qquad g \propto r^{l'-s}\,;$$

$$\text{für} \quad l > l'\colon \quad f \propto r^{l-s}\,, \qquad g' \propto r^{l'}\,.$$

§ 36. Bewegung im COULOMB-Feld

Wir beginnen das Studium der Eigenschaften der Bewegung in dem äußerst wichtigen Fall des COULOMB-Feldes mit der Untersuchung des Verhaltens der Wellenfunktionen bei kleinen Abständen. Der Bestimmtheit halber werden wir von einem anziehenden Feld sprechen: $U = -Z\alpha/r$.[1])

Für kleine r kann man in den Gleichungen (35,5) die Glieder mit $\varepsilon \pm m$ weglassen, und es wird

$$(f\,r)' + \frac{\varkappa}{r} f\,r - \frac{Z\alpha}{r} g\,r = 0\,,$$

$$(g\,r)' - \frac{\varkappa}{r} g\,r + \frac{Z\alpha}{r} f\,r = 0\,.$$

---

[1]) In normalen Einheiten ist $U = -Z\,e^2/r$. Beim Übergang zu relativistischen Einheiten wird e^2 durch das dimensionslose α ersetzt.

Beide Funktionen $f r$ und $g r$ sind in jeder dieser Gleichungen gleichberechtigt enthalten. Wir setzen daher für beide gleiche Potenzen von r an: $f r = a r^\gamma$, $g r = b r^\gamma$. Damit gehen wir in die Gleichungen ein und finden

$$a(\gamma + \varkappa) - b Z\alpha = 0\,, \qquad a Z\alpha + b(\gamma - \varkappa) = 0\,,$$

und weiter

$$\gamma^2 = \varkappa^2 - (Z\alpha)^2\,. \tag{36,1}$$

Es sei $(Z\alpha)^2 < \varkappa^2$; dann ist γ reell, und von den beiden Werten ist der positive zu nehmen: Die zugehörige Lösung ist bei $r = 0$ entweder nicht divergent, oder sie divergiert langsamer als die andere.[1]) Auf diese Weise bekommen wir

$$\left.\begin{aligned} f &= \frac{Z\alpha}{\gamma + \varkappa}\, g = \text{const} \cdot r^{-1+\gamma}\,, \\ \gamma &= \sqrt{\varkappa^2 - Z^2\alpha^2} = \sqrt{(j + 1/2)^2 - Z^2\alpha^2}\,. \end{aligned}\right\} \tag{36,2}$$

Obwohl die Wellenfunktion bei $r = 0$ auch unendlich werden kann (für $\gamma < 1$), bleibt das Integral über $|\psi|^2$ selbstverständlich konvergent.

Für $(Z\alpha)^2 > \varkappa^2$ sind beide γ-Werte aus (36,2) imaginär. Die zugehörigen Lösungen oszillieren für $r \to 0$ (wie $r^{-1} \cos(|\gamma| \ln r)$); das entspricht wiederum, wie schon oben erklärt wurde, der in der relativistischen Theorie unzulässigen Situation. Wegen $\varkappa^2 \geqq 1$ bedeutet das, daß man ein reines Coulomb-Feld in der Dirac-Theorie nur für $Z\alpha < 1$, d. h. für $Z < 137$, behandeln kann.

Im realen Fall einer Bewegung im Kernfeld verläuft das Potential für kleine Abstände anders als das Coulomb-Potential, weil der Kern eine endliche Ausdehnung hat. Das ermöglicht prinzipiell die Existenz von Kernen mit größeren Z.[2])

Es muß auch bemerkt werden, daß der Potentialverlauf selbst im Fall einer Punktladung infolge der Strahlungskorrekturen verzerrt wird, was ebenfalls das Resultat verändern kann. Die Rolle dieser Korrekturen für Werte von $Z\alpha$ in der Nähe von 1 ist gegenwärtig jedoch noch unerforscht.

Wir wenden uns jetzt wieder der exakten Lösung der Wellengleichung zu (G. Darwin, 1928; W. Gordon, 1928).

a) *Diskretes Spektrum* ($\varepsilon < m$). Wir setzen die Funktionen f und g in der Form an:

$$\left.\begin{aligned} f &= \sqrt{m + \varepsilon}\, e^{-\varrho/2} \varrho^{\gamma-1} (Q_1 + Q_2)\,, \\ g &= -\sqrt{m - \varepsilon}\, e^{-\varrho/2} \varrho^{\gamma-1} (Q_1 - Q_2) \end{aligned}\right\} \tag{36,3}$$

mit den Bezeichnungen

$$\varrho = 2\lambda r\,, \qquad \lambda = \sqrt{m^2 - \varepsilon^2}\,, \qquad \gamma = \sqrt{\varkappa^2 - Z^2\alpha^2}\,. \tag{36,4}$$

---

[1]) Man kann die Wahl einer langsamer divergierenden Lösung begründen, indem man ein bei einem bestimmten Radius r_0 „abgeschnittenes" Potential betrachtet und anschließend zur Grenze $r_0 \to 0$ übergeht, ähnlich wie in III, § 35.

[2]) Wegen der Untersuchung dieses Problems für „abgeschnittene" Potentiale s. W. S. Popow, Ядерная физика (Kernphysik), **12** (1970) 429; ЖЭТФ (J. exp. theor. Physik), **59** (1970) 965.

Diese Form bietet sich ganz natürlich an, weil uns das Verhalten der Funktionen für $\varrho \to 0$ (36,2) und ihr exponentielles Abklingen für $\varrho \to \infty$ ($\propto e^{-\varrho/2}$) schon bekannt sind. Da die Funktionen f und g für $\varrho \to \infty$ das gleiche asymptotische Verhalten zeigen müssen, ist zu erwarten, daß $Q_1 \gg Q_2$ für $\varrho \to \infty$ wird.

Durch Einsetzen von (36,6) in (36,4) erhalten wir die Gleichungen

$$\varrho\,(Q_1 + Q_2)' + (\gamma + \varkappa)\,(Q_1 + Q_2) - \varrho\,Q_2 + Z\,\alpha \sqrt{\frac{m-\varepsilon}{m+\varepsilon}}\,(Q_1 - Q_2) = 0\,,$$

$$\varrho\,(Q_1 - Q_2)' + (\gamma - \varkappa)\,(Q_1 - Q_2) + \varrho\,Q_2 - Z\,\alpha \sqrt{\frac{m+\varepsilon}{m-\varepsilon}}\,(Q_1 + Q_2) = 0$$

(der Strich bedeutet die Ableitung nach ϱ). Summe und Differenz ergeben

$$\left.\begin{aligned} \varrho\,Q_1' + \left(\gamma - \frac{Z\,\alpha\,\varepsilon}{\lambda}\right) Q_1 + \left(\varkappa - \frac{Z\,\alpha\,m}{\lambda}\right) Q_2 &= 0\,,\\ \varrho\,Q_2' + \left(\gamma + \frac{Z\,\alpha\,\varepsilon}{\lambda} - \varrho\right) Q_2 + \left(\varkappa + \frac{Z\,\alpha\,m}{\lambda}\right) Q_1 &= 0 \end{aligned}\right\} \qquad (36,5)$$

oder nach Eliminieren von Q_1 oder Q_2

$$\varrho\,Q_1'' + (2\,\gamma + 1 - \varrho)\,Q_1' - \left(\gamma - \frac{Z\,\alpha\,\varepsilon}{\lambda}\right) Q_1 = 0\,,$$

$$\varrho\,Q_2'' + (2\,\gamma + 1 - \varrho)\,Q_2' - \left(\gamma + 1 - \frac{Z\,\alpha\,\varepsilon}{\lambda}\right) Q_2 = 0$$

(es ist $\gamma^2 - (Z\,\alpha\,\varepsilon/\lambda)^2 = \varkappa^2 - (Z\,\alpha\,m/\lambda)^2$ zu beachten). Die für $\varrho = 0$ endliche Lösung dieser Gleichungen ist

$$\left.\begin{aligned} Q_1 &= A\,F\left(\gamma - \frac{Z\,\alpha\,\varepsilon}{\lambda},\ 2\,\gamma + 1, \varrho\right),\\ Q_2 &= B\,F\left(\gamma + 1 - \frac{Z\,\alpha\,\varepsilon}{\lambda},\ 2\,\gamma + 1, \varrho\right), \end{aligned}\right\} \qquad (36,6)$$

darin ist $F(\alpha, \beta, z)$ eine konfluente hypergeometrische Funktion. Wir setzen in einer Gleichung von (36,5) $\varrho = 0$ und finden so den Zusammenhang zwischen den Konstanten A und B:

$$B = -\frac{\gamma - \dfrac{Z\,\alpha\,\varepsilon}{\lambda}}{\varkappa - \dfrac{Z\,\alpha\,m}{\lambda}}\,A\,. \qquad (36,7)$$

Die beiden hypergeometrischen Funktionen in (36,6) müssen sich auf Polynome reduzieren (anderenfalls würden sie für $\varrho \to \infty$ wie e^{ϱ} anwachsen, und damit würde auch die ganze Wellenfunktion — wie $e^{\varrho/2}$ — anwachsen). Die Funktion $F(\alpha, \beta, z)$ wird zu einem Polynom, wenn der Parameter α eine negative ganze Zahl oder Null ist. Wir führen die Bezeichnung

$$\gamma - \frac{Z\,\alpha\,\varepsilon}{\lambda} = -\,n \qquad (36,8)$$

ein. Für $n_r = 1, 2, \ldots$ werden beide hypergeometrischen Funktionen zu Polynomen, für $n_r = 0$ wird nur eine davon zu einem Polynom. Die Gleichung $n_r = 0$ besagt aber $\gamma = Z\alpha\, \varepsilon/\lambda$, und daher ist $Z\alpha\, m/\lambda = |\varkappa|$, wie man leicht verifizieren kann. Für $\varkappa < 0$ verschwindet der Koeffizient B in (36,7), so daß $Q_2 = 0$ wird, und die notwendige Bedingung wird nicht verletzt. Dagegen ist für $\varkappa > 0$ $B = -A$, und Q_2 bleibt für $n_r = 0$ eine divergente Funktion. Es sind also folgende Werte für die Quantenzahl n_r zugelassen:

$$n_r = \begin{cases} 0, 1, 2, \ldots & \text{für} \quad \varkappa < 0\,; \\ 1, 2, 3, \ldots & \text{für} \quad \varkappa > 0\,. \end{cases} \tag{36,9}$$

Aus der Definition (36,8) finden wir jetzt folgenden Ausdruck für die diskreten Energieniveaus:

$$\frac{\varepsilon}{m} = \left[1 + \frac{(Z\alpha)^2}{(\sqrt{\varkappa^2 - (Z\alpha)^2} + n_r)^2}\right]^{-1/2}. \tag{36,10}$$

Für $Z\alpha \ll 1$ ergeben die ersten Glieder in der Entwicklung dieser Formel

$$\frac{\varepsilon}{m} - 1 = -\frac{(Z\alpha)^2}{2\,(|\varkappa| + n_r)^2}\left\{1 + \frac{(Z\alpha)^2}{|\varkappa| + n_r}\left[\frac{1}{|\varkappa|} - \frac{3}{4\,(|\varkappa| + n)}\right]\right\}.$$

Mit der Bezeichnung $n_r + |\varkappa| = n \ (= 1, 2, \ldots)$ und unter Beachtung von $|\varkappa| = j + 1/2$ gelangen wir wieder zur Formel (34,4), die wir früher mit Hilfe der Störungstheorie abgeleitet hatten. Wie schon am Schluß von § 34 erwähnt wurde, haben die weiteren Glieder dieser Entwicklung keinen Sinn, weil sie sich bekanntlich mit den Strahlungskorrekturen überdecken. Die Formel (36,10) hat dagegen in ihrer exakten Form einen Sinn für $Z\alpha \sim 1$. Die an der Näherungsformel (34,4) festgestellte zweifache Entartung der Niveaus bleibt auch in der exakten Formel erhalten: Da darin nur $|\varkappa|$ eingeht, fallen die Niveaus mit verschiedenen l bei gleichem j nach wie vor zusammen.

Wir müssen noch den Normierungsfaktor A in der Wellenfunktion berechnen. Wie immer muß die Wellenfunktion zum diskreten Spektrum nach der Vorschrift $\int |\psi|^2\, dV = 1$ normiert werden; für die Funktionen f und g bedeutet das die Vorschrift

$$\int_0^\infty (f^2 + g^2)\, r^2\, dr = 1\,.$$

Die Berechnung von A geschieht am einfachsten mit Hilfe der asymptotischen Form der Funktionen für $r \to \infty$. Unter Verwendung der asymptotischen Formel

$$F(-n_r, 2\gamma + 1, \varrho) \approx \frac{\Gamma(2\gamma + 1)}{\Gamma(n_r + 2\gamma + 1)}(-\varrho)^{n_r}$$

(s. III, (d, 14)) finden wir

$$f \approx (-1)^{n_r} A \sqrt{m + \varepsilon}\, \frac{\Gamma(2\gamma + 1)}{\Gamma(n_r + 2\gamma + 1)}\, e^{-\lambda r}\, (2\lambda r)^{\gamma + n_r - 1}\,.$$

Diese Formel vergleichen wir mit dem später noch abzuleitenden Ausdruck (36,22) und erhalten

$$A = \frac{\lambda^2}{\Gamma(2\gamma+1)}\left[\frac{2\,\Gamma(2\gamma+1+n_r)\left(\frac{Z\alpha m}{\lambda}-\varkappa\right)}{Z\alpha m^2\cdot n_r!}\right]^{1/2}$$

Die erhaltenen Formeln stellen wir zusammen, um die endgültigen Ausdrücke für die normierten Wellenfunktionen vollständig aufzuschreiben:

$$\left.\begin{matrix} f \\ g \end{matrix}\right\} = \frac{\pm(2\lambda)^{3/2}}{\Gamma(2\gamma+1)}\left[\frac{(m\pm\varepsilon)\,\Gamma(2\gamma+n_r+1)}{4m\frac{Z\alpha m}{\lambda}\left(\frac{Z\alpha m}{\lambda}-\varkappa\right)n_r!}\right]^{1/2}(2\lambda r)^{\gamma-1}\,e^{-\lambda r}$$

$$\times\left\{\left(\frac{Z\alpha m}{\lambda}-\varkappa\right)F(-n_r, 2\gamma+1, 2\lambda r) \mp n_r F(1-n_r, 2\gamma+1, 2\lambda r)\right\} \quad (36,11)$$

(die oberen Vorzeichen gehören zu f, die unteren zu g).

b) *Kontinuierliches Spektrum* ($\varepsilon > m$). Es ist nicht notwendig, die Wellengleichung für die Zustände des kontinuierlichen Spektrums neu zu lösen. Die Wellenfunktionen für diesen Fall ergeben sich aus den Funktionen zum diskreten Spektrum durch die Substitution[1])

$$\sqrt{m-\varepsilon} \to -i\sqrt{\varepsilon-m}\,, \qquad \lambda \to -i p\,, \qquad -n_r \to \gamma - i\,\frac{Z\alpha\varepsilon}{p} \quad (36,12)$$

(wegen der Vorzeichenwahl bei der analytischen Fortsetzung der Wurzel $\sqrt{m-\varepsilon}$ s. III, § 128). Die Normierung der Funktionen muß jedoch erneut vorgenommen werden.

Wir führen in (36,11) die angegebene Substitution aus und stellen die Funktionen f und g in der Gestalt

$$\left.\begin{matrix} f \\ g \end{matrix}\right\} = \left.\begin{matrix} \sqrt{\varepsilon+m} \\ i\sqrt{\varepsilon-m} \end{matrix}\right\}\cdot A'\,e^{ipr}\,(2pr)^{\gamma-1}$$

$$\times\left[e^{i\xi}F(\gamma-i\nu, 2\gamma+1, -2ipr) \mp e^{-i\xi}F(\gamma+1-i\nu, 2\gamma+1, -2ipr)\right]$$

dar; A' ist der neue Normierungsfaktor, und es sind die Bezeichnungen

$$\nu = \frac{Z\alpha\varepsilon}{p}\,, \qquad e^{-2i\xi} = \frac{\gamma - i\nu}{\varkappa - i\nu\frac{m}{\varepsilon}} \quad (36,13)$$

eingeführt worden (die Größe ξ ist reell, weil $\gamma^2 + (Z\alpha\,\varepsilon/p)^2 = \varkappa^2 + (Z\alpha\, m/p)^2$ ist).

Nach der bekannten Formel

$$F(\alpha, \beta, z) = e^z F(\beta-\alpha, \beta, -z)$$

(s. III, (d, 10)) haben wir

$$F(\gamma+1-i\nu, 2\gamma+1, -2ipr) = e^{-2ipr}F(\gamma+i\nu, 2\gamma+1, 2ipr)$$
$$= e^{-2ipr}F^*(\gamma-i\nu, 2\gamma+1, -2ipr)\,,$$

[1]) Weiter bedeutet p in diesem Paragraphen $|\boldsymbol{p}| = \sqrt{\varepsilon^2 - m^2}$.

demnach sind

$$\left.\begin{matrix} f \\ g \end{matrix}\right\} = 2\,i\,A'\,\sqrt{\varepsilon \pm m}\,(2\,p\,r)^{\gamma-1}\,\begin{matrix}\mathrm{Im}\\ \mathrm{Re}\end{matrix}\left\{e^{i(pr+\xi)}\,F\,(\gamma - i\,\nu,\, 2\,\gamma + 1,\, -\,2\,i\,p\,r)\right\}. \tag{36,14}$$

Der asymptotische Ausdruck für die Funktionen wird mit Hilfe der Formel III (d, 14) gefunden, in der für den vorliegenden Fall nur das erste Glied ausschlaggebend ist (das zweite verschwindet mit einer höheren Potenz von $1/r$)[1]:

$$\left.\begin{matrix} f \\ g \end{matrix}\right\} = 2\,i\,A'\,\sqrt{\varepsilon \pm m}\,\Gamma\,(2\,\gamma + 1)\,(2\,p\,r)^{\gamma-1}\,\begin{matrix}\mathrm{Im}\\ \mathrm{Re}\end{matrix}\left\{\frac{(2\,i\,p\,r)^{-\gamma+i\nu}\,e^{i(pr+\xi)}}{\Gamma\,(\gamma + 1 + i\,\nu)}\right\}$$

$$= \frac{i\,A'\,\sqrt{\varepsilon + m}}{p\,r}\,e^{-\frac{\pi\nu}{2}}\,\frac{\Gamma\,(2\,\gamma + 1)}{|\Gamma\,(\gamma + 1 + i\,\nu)|}\,\begin{matrix}\sin\\ \cos\end{matrix}\left(p\,r + \delta_\varkappa + \nu \ln 2\,p\,r - \frac{\pi\,l}{2}\right) \tag{36,15}$$

mit

$$\delta_\varkappa = \xi - \arg \Gamma\,(\gamma + 1 + i\,\nu) - \frac{\pi\,\gamma}{2} + \frac{\pi\,l}{2} \tag{36,16}$$

oder

$$e^{2\,i\,\delta_\varkappa} = \frac{\varkappa - i\,\nu\,m/\varepsilon}{\gamma - i\,\nu}\,\frac{\Gamma\,(\gamma + 1 - i\,\nu)}{\Gamma\,(\gamma + 1 + i\,\nu)}\,e^{i\pi(l-\gamma)}\,. \tag{36,17}$$

Um später darauf verweisen zu können, geben wir noch den Ausdruck für die Phasen im extrem relativistischen Fall ($\varepsilon \gg m$, $\nu \approx Z\alpha$) an:

$$e^{2\,i\,\delta_\varkappa} = \frac{\varkappa}{\gamma - i\,Z\,\alpha}\,\frac{\Gamma\,(\gamma + 1 - i\,Z\,\alpha)}{\Gamma\,(\gamma + 1 + i\,Z\,\alpha)}\,e^{i\pi(l-\gamma)}\,. \tag{36,18}$$

Aus dem Vergleich von (36,15) mit der allgemeinen Formel (35,7) für die normierten Kugelwellen (und unter Berücksichtigung der Definition der Funktionen f und g entsprechend (35,1)) kann der Normierungsfaktor A' bestimmt werden:

$$\frac{i\,A'}{p}\,e^{-\frac{\pi\nu}{2}}\,\frac{\Gamma\,(2\,\gamma + 1)}{|\Gamma\,(\gamma + 1 + i\,\nu)|} = \frac{1}{\sqrt{\pi\,\varepsilon}}\,.$$

Auf diese Weise erhalten wir folgenden endgültigen Ausdruck für die Wellenfunktionen des kontinuierlichen Spektrums:[2])

$$\left.\begin{matrix} f \\ g \end{matrix}\right\} = 2\,\sqrt{\frac{m \pm \varepsilon}{\pi\,\varepsilon}}\,e^{\frac{\pi\nu}{2}}\,\frac{|\Gamma\,(\gamma + 1 + i\,\nu)|}{\Gamma\,(2\,\gamma + 1)}\,\frac{(2\,p\,r)^{\gamma}}{r}$$

$$\times \begin{matrix}\mathrm{Im}\\ \mathrm{Re}\end{matrix}\left\{e^{i(pr+\xi)}\,F\,(\gamma - i\,\nu,\, 2\,\gamma + 1,\, -\,2\,i\,p\,r)\right\}. \tag{36,19}$$

---

[1]) Wie im Fall der SCHRÖDINGER-Gleichung führt das langsame Verschwinden des COULOMB-Potentials zu einer Verzerrung der Phase der Welle, die eine langsam veränderliche Funktion von r wird.

[2]) Die Wellenfunktionen für ein abstoßendes Feld ergeben sich durch Vorzeichenänderung von $Z\,\alpha$, d. h. durch Vorzeichenänderung von ν.

Bei der analytischen Fortsetzung in den Bereich $\varepsilon < m$ erhält der Ausdruck (36,17) die Gestalt

$$e^{2i\xi_\varkappa} = \frac{\varkappa - Z\alpha\, m/\lambda}{\gamma - Z\alpha\,\varepsilon/\lambda}\,\frac{\Gamma(\gamma + 1 - Z\alpha\,\varepsilon/\lambda)}{\Gamma(\gamma + 1 + Z\alpha\,\varepsilon/\lambda)}\, e^{i\pi(l-\gamma)}\,. \tag{36,20}$$

Er hat Pole in den Punkten $\gamma + 1 - Z\alpha\,\varepsilon/\lambda = 1 - n_r$, $n_r = 1, 2, \ldots$ (Pole der Γ-Funktion im Zähler) und auch im Punkt $\gamma - Z\alpha\,\varepsilon = -n_r = 0$ (wenn dabei $\varkappa < 0$ ist); wie es auch sein muß, stimmen diese Punkte mit den diskreten Energieniveaus überein.

In der Nähe eines beliebigen Poles mit $n_r \neq 0$ haben wir

$$e^{2i\xi_\varkappa} \approx \frac{\left(\frac{Z\alpha\, m}{\lambda} - \varkappa\right) e^{i\pi(l-\gamma)}}{n_r\,\Gamma(2\gamma + 1 + n_r)}\,\Gamma\left(\gamma + 1 - \frac{Z\alpha\,\varepsilon}{\lambda}\right).$$

Die Gestalt der Γ-Funktion in der Nähe eines Poles wird mit Hilfe der bekannten Formel $\Gamma(z)\,\Gamma(1-z) = \pi/\sin\pi z$ gefunden:

$$\Gamma\left(\gamma + 1 - \frac{Z\alpha\,\varepsilon}{\lambda}\right) \approx \frac{\pi}{\Gamma(n_r)\sin\pi(\gamma + 1 - Z\alpha\,\varepsilon/\lambda)}\,,$$

$$\sin\pi\left(\gamma + 1 - \frac{Z\alpha\,\varepsilon}{\lambda}\right) \approx \pi\cos\pi n_r\cdot\frac{d}{d\varepsilon}\left(\frac{Z\alpha\,\varepsilon}{\lambda}\right)\cdot(\varepsilon - \varepsilon_0) = (-1)^{n_r}\frac{\pi Z\alpha\, m^2}{\lambda^3}(\varepsilon - \varepsilon_0)$$

(ε_0 ist das Energieniveau). So bekommen wir[1])

$$e^{2i\delta_\varkappa} \approx (-1)^{l+n_r}\frac{e^{-i\pi\gamma}\left(\frac{Z\alpha\, m}{\lambda} - \varkappa\right)}{n_r!\,\Gamma(2\gamma + 1 + n_r)}\,\frac{\lambda^3}{Z\alpha\, m^2}\,\frac{1}{\varepsilon - \varepsilon_0}\,. \tag{36,21}$$

Am Schluß des vorigen Paragraphen ist eine Formel abgeleitet worden, die das Residuum der Funktion $e^{2i\delta_\varkappa}$ mit dem Koeffizienten im asymptotischen Ausdruck für die Wellenfunktion des betreffenden gebundenen Zustandes verknüpft. Für den Fall des COULOMB-Feldes muß diese Formel (35,10) jedoch etwas abgeändert werden, weil in (36,15) statt der konstanten Phasenverschiebung $\delta_\varkappa$ (wie in (35,7)) die Summe $\delta_\varkappa + \nu\ln(2\,p\,r)$ steht. Auf der linken Seite von (35,10) hat man daher nicht $e^{2i\delta_\varkappa}$, sondern

$$\exp\{2\,i\,\delta_\varkappa + 2\,i\,\nu\ln 2\,p\,r\} \to e^{2i\delta_\varkappa}(2\,i\,\lambda\, r)^{2(n_r+\gamma)}$$

zu schreiben. Wir benutzen (36,21) und bestimmen den Koeffizienten A_0 (der jetzt eine Funktion von r sein wird) aus (35,10); so finden wir die asymptotische Gestalt der normierten Wellenfunktion zum diskreten Spektrum:

$$f = \left[\frac{(Z\alpha\, m/\lambda - \varkappa)(m + \varepsilon)\,\lambda^2}{2\,n_r!\,Z\alpha\, m^2\,\Gamma(2\gamma + 1 + n_r)}\right]^{1/2}(2\,\lambda\, r)^{n_r+\gamma}\,\frac{e^{-\lambda r}}{r}\,. \tag{36,22}$$

Diese Formel haben wir schon zur Berechnung des Koeffizienten in (36,11) verwendet.

[1]) Man kann sich leicht davon überzeugen, daß diese Formel auch für den Fall $n_r = 0$ gilt.

§ 37. Streuung an einem kugelsymmetrischen Feld

Wir schreiben den asymptotischen Ausdruck für die Wellenfunktion, die die Streuung von Teilchen an einen festen Kraftzentrum beschreibt, in der Form[1])

$$\psi = u_{\varepsilon \boldsymbol{p}}\, e^{ipz} + u'_{\varepsilon \boldsymbol{p}'} \frac{e^{ipr}}{r} . \tag{37,1}$$

Hier ist $u_{\varepsilon p}$ der Bispinor für die Amplitude der einfallenden ebenen Welle. Der Bispinor $u'_{\varepsilon p'}$ ist eine Funktion der Streurichtung $\boldsymbol{n}'$, und für jeden gegebenen Wert von $\boldsymbol{n}'$ hat er die Gestalt (aber natürlich nicht die Normierung) der Bispinoramplitude für eine in $\boldsymbol{n}'$-Richtung fortschreitende ebene Welle.

In § 24 haben wir gesehen, daß die Bispinoramplitude für eine ebene Welle durch die Angabe einer zweikomponentigen Größe vollständig bestimmt wird, — durch Angabe des dreidimensionalen Spinors w, der nichtrelativistischen Wellenfunktion im Ruhsystem des Teilchens. Auch die Stromdichte wird durch diesen Spinor ausgedrückt: Sie ist proportional zu $w^* w$ (mit einem nur von der Energie ε abhängigen Proportionalitätsfaktor, der für die einlaufenden und die gestreuten Teilchen gleich ist). Der Streuquerschnitt ist daher $d\sigma = (w'^* w' / w^* w)\, do$ oder, wenn wir (wie in § 24) die einfallende Welle nach der Vorschrift $w^* w = 1$ normieren,

$$d\sigma = w'^* w' \, do .$$

Wir führen den Operator f durch die Definition

$$w' = \mathrm{f}\, w \tag{37,2}$$

ein. Da die Größen w und w' zwei Komponenten haben, ist der so definierte Operator ganz analog dem Operator für die Streuamplitude in der nichtrelativistischen Streutheorie bei Berücksichtigung des Spins (III, § 138). Die dort abgeleiteten Formeln, die diesem Operator mit den Phasenverschiebungen der Wellenfunktionen im streuenden Feld verknüpfen, können deshalb direkt hierher übernommen werden. Man muß diese Phasen nur umbenennen und die in III, § 138 eingeführten Phasenverschiebungen δ_l^+ und δ_l^- durch die Phasenverschiebung $\delta_\varkappa$ in der relativistischen Formel (35,7) ausdrücken. Die Phasen δ_l^+ und δ_l^- gehörten zu Zuständen mit dem Bahndrehimpuls l und dem Gesamtdrehimpuls $j = l + 1/2$ und $j = l - 1/2$. Nach der Definition (35,3) ist $\varkappa = -l - 1$ für $j = l + 1/2$ und $\varkappa = l$ für $j = l - 1/2$. Wir müssen also folgendermaßen umbenennen:

$$\delta_l^+ \to \delta_{-(l+1)} , \qquad \delta_l^- \to \delta_l$$

(und daran denken, daß der Index von δ jetzt den $\varkappa$-Wert bedeutet). Auf diese Weise erhalten wir folgende Formeln:

$$\mathrm{f} = A + B \vec{\nu} \vec{\sigma} , \tag{37,3}$$

[1]) p bedeutet in § 37 und 38 $|\boldsymbol{p}|$; als Indizes der Amplituden schreiben wir ε und $\boldsymbol{p}$ getrennt.

$$A = \frac{1}{2\,i\,p} \sum_{l=0}^{\infty} [(l+1)\,(e^{2i\delta_{-l-1}} - 1) + l\,(e^{2i\delta_l} - 1)]\, P_l(\cos\theta)\,, \tag{37,4}$$

$$B = \frac{1}{2\,p} \sum_{l=1}^{\infty} (e^{2i\delta_{-l-1}} - e^{2i\delta_l})\; P_l^1(\cos\theta) \tag{37,5}$$

mit $\vec{\nu} = [\boldsymbol{n}\,\boldsymbol{n}']$.

Da w die spinorielle Wellenfunktion im Ruhsystem ist, werden auch die Polarisationseigenschaften mit Hilfe von f durch dieselben Formeln wie in III, § 138 beschrieben.

Für das COULOMB-Feld kann man beide Funktionen $A(\theta)$ und $B(\theta)$ durch eine Funktion ausdrücken. Wir wollen den Gang der Rechnungen kurz andeuten.[1])

Die Phasen $\delta_\varkappa$ werden für das COULOMB-Feld durch die Formel (36,17) gegeben, die wir in der Form

$$\left.\begin{aligned} e^{2i\delta_\varkappa} &= -\left(\varkappa - i\,\frac{Z e^2 m}{p}\right)\frac{\varkappa}{|\varkappa|}\,C_\varkappa\,, \\ C_\varkappa &= -\,\frac{\Gamma(\gamma - i\nu)}{\Gamma(\gamma + 1 + i\nu)}\,e^{i\pi(|\varkappa| - \gamma)} \end{aligned}\right\} \tag{37,6}$$

schreiben (es ist $e^{i\pi l} = e^{i\pi\varkappa}$ für $\varkappa > 0$, $e^{i\pi l} = -\,e^{i\pi\varkappa}$ für $\varkappa < 0$). Mit Hilfe der so eingeführten Größen können die Reihen (37,4) und (37,5) in folgende Form gebracht werden:

$$\left.\begin{aligned} A(\theta) &= \frac{1}{p}\,G(\theta) - i\,\frac{Z e^2 m}{p^2}\,F(\theta)\,, \\ B(\theta) &= -\,\frac{i}{p}\,\mathrm{tg}\,\frac{\theta}{2}\cdot G(\theta) + \frac{Z e^2 m}{p^2}\,\mathrm{ctg}\,\frac{\theta}{2}\cdot F(\theta) \end{aligned}\right\} \tag{37,7}$$

mit

$$G(\theta) = \frac{i}{2} \sum_{l=1}^{\infty} l^2\,C_l\,(P_l + P_{l-1})\,, \qquad F(\theta) = \frac{i}{2} \sum_{l=1}^{\infty} l\,C_l\,(P_l - P_{l-1})\,. \tag{37,8}$$

Bei der Umformung der Reihe für $B(\theta)$ sind folgende Rekursionsformeln für die LEGENDREschen Polynome verwendet worden:

$$P_l^1 + P_{l-1}^1 = -\,\mathrm{ctg}\,\frac{\theta}{2}\cdot l\,(P_l - P_{l-1})\,, \tag{37,9}$$

$$P_l^1 - P_{l-1}^1 = \mathrm{tg}\,\frac{\theta}{2}\cdot l\,(P_l + P_{l-1})\,. \tag{37,10}$$

Wegen der Identität

$$(1 + \cos\theta)\,\frac{d}{d\cos\theta}\,[P_l(\cos\theta) - P_{l-1}(\cos\theta)] = l\,[P_l(\cos\theta) + P_{l-1}(\cos\theta)] \tag{37,11}$$

---

[1]) R. L. GLUCKSTERN und S. R. LIN, J. Math. Phys. 5 (1964) 1594.

hängen die Funktionen $F(\theta)$ und $G(\theta)$ andererseits über die Beziehung

$$G = (1 - \cos\theta)\frac{dF}{d\cos\theta} = -\operatorname{ctg}\frac{\theta}{2}\frac{dF}{d\theta} \tag{37,12}$$

miteinander zusammen. Damit werden $A(\theta)$ und $B(\theta)$ durch eine Funktion $F(\theta)$ ausgedrückt.[1])

§ 38. Streuung im ultrarelativistischen Feld

Wir wollen die Streuung im ultrarelativistischen Fall ($\varepsilon \gg m$) besonders behandeln. In erster Näherung vernachlässigen wir die Masse m in der Wellengleichung ganz. Dabei ist es zweckmäßig, für ψ die Spinordarstellung zu benutzen. $\psi = \begin{pmatrix}\xi\\ \eta\end{pmatrix}$, weil die Gleichungen für ξ und η für $m = 0$ entkoppelt sind:

$$\left.\begin{aligned} -i\vec{\sigma}\,\nabla\xi &= (\varepsilon - U)\,\xi\,,\\ -i\vec{\sigma}\,\nabla\eta &= -(\varepsilon - U)\,\eta \end{aligned}\right\} \tag{38,1}$$

(in „Neutrino“-Form, § 30).

Zum Zustand eines in $\boldsymbol{p}$-Richtung polarisierten Elektrons gehört die Wellenfunktion $\psi = \begin{pmatrix}\xi\\ 0\end{pmatrix}$, zum entgegengesetzt zu $\boldsymbol{p}$ polarisierten Zustand $\psi = \begin{pmatrix}0\\ \eta\end{pmatrix}$. Da die Gleichungen für ξ und η entkoppelt sind, ist offensichtlich, daß diese Eigenschaft bei der Streuung nicht verändert wird. Mit anderen Worten, bei der Streuung von ultrarelativistischen Elektronen bleibt die Spiralität erhalten. Aus Symmetrieüberlegungen (longitudinale Polarisation) ist klar, daß bei der Streuung von Teilchen mit bestimmter Spiralität keine azimutale Asymmetrie vorhanden ist. Ferner kann man feststellen, daß der Streuquerschnitt für Elektronen bestimmter Spiralität nicht vom Vorzeichen der Spiralität abhängt; denn ein kugelsymmetrisches Feld ist bei einer Spiegelung invariant, während das Vorzeichen der Spiralität bei einer Spiegelung umgekehrt wird.

Im ultrarelativistischen Fall können die Formeln (37,3) bis (37,5) wesentlich vereinfacht werden (D. R. Yennie, D. G. Ravenhall, R. N. Wilson, 1954).

Das einlaufende Elektron sei in der Bewegungsrichtung $\boldsymbol{n}$ polarisiert. Für eine ebene Welle mit einem bestimmten Wert von $\boldsymbol{n}\vec{\sigma}$ ist der Spinor ξ $\left(= (\varphi + \chi)/\sqrt{2}\right)$ dem gleichen dreidimensionalen Spinor w proportional, der in der Standarddarstellung der Welle vorkam. Der Zusammenhang zwischen den Spinoramplituden der einfallenden und der gestreuten Welle wird daher in der neuen Darstellung wie vorher durch den gleichen Operator $\mathfrak{f}$ vermittelt.

Im Ergebnis der Streuung wird die Polarisation zusammen mit dem Impuls in die Richtung $\boldsymbol{n}'$ gedreht. Die Anwendung des Operators $\mathfrak{f}$ auf die spinorielle

[1]) Die Funktion $F(\theta)$ kann nicht in geschlossener Form durch elementare Funktionen ausgedrückt werden. Man kann sie aber als ein bestimmtes Doppelintegral schreiben (s. den oben zitierten Artikel).

Wellenfunktion des Elektrons bewirkt eine Drehung des Spins um den Winkel θ (Winkel zwischen $\boldsymbol{n}$ und $\boldsymbol{n}'$) um die $\vec{\nu}$-Richtung, $\vec{\nu} = [\boldsymbol{n}\,\boldsymbol{n}']$. Diese Drehung ist ihrerseits einer Drehung des Koordinatensystems um die gleiche Achse in entgegengesetztem Sinn, d. h. um den Winkel $-\theta$, äquivalent. Der Operator $\mathfrak{f}$ muß demzufolge (bis auf einen Faktor) gleich dem Operator für die Transformation der Wellenfunktion bei der angegebenen Änderung des Koordinatensystems sein, d. h. gleich dem Operator (18,17) nach der Substitution $\theta \to -\theta$. Aus dem Vergleich von (37,3) und (18,17) entnehmen wir

$$\frac{B}{A} = -i \operatorname{tg} \frac{\theta}{2}. \tag{38,2}$$

Im ultrarelativistischen Grenzfall gilt also

$$f = A(\theta)\left[1 - i \operatorname{tg} \frac{\theta}{2} \cdot \vec{\nu}\vec{\sigma}\right]. \tag{38,3}$$

Der Ausdruck (37,4) für $A(\theta)$ kann ebenfalls vereinfacht werden, wenn man die in diesem Fall gültige Beziehung zwischen den Phasen $\delta_\varkappa$ und $\delta_{-\varkappa}$ ausnutzt. Wir wollen diese Beziehung ableiten und stellen dazu fest, daß die Gleichungen (35,4) für die Funktionen f und g nach dem Weglassen der Glieder mit m invariant gegenüber der Substitution

$$\varkappa \to -\varkappa, \qquad f \to g, \qquad g \to -f$$

sind, die die Parameter des Teilchens selbst oder des Feldes nicht berührt. Es muß deshalb $f_\varkappa/g_\varkappa = -g_{-\varkappa}/f_{-\varkappa}$ sein, und durch Einsetzen der asymptotischen Ausdrücke finden wir

$$\operatorname{tg}\left(p\,r - \frac{l\pi}{2} + \delta_\varkappa\right) = -\operatorname{ctg}\left(p\,r - \frac{l'\pi}{2} + \delta_{-\varkappa}\right),$$

$$\delta_\varkappa = \delta_{-\varkappa} - (l' - l)\,\frac{\pi}{2} + \left(n + \frac{1}{2}\right)\pi$$

und hieraus

$$e^{2i\delta_\varkappa} = e^{2i\delta_{-\varkappa}}. \tag{38,4}$$

Wir verwenden diese Beziehung (und ersetzen im ersten Glied der Summe in (37,4) den Summationsindex l durch $l-1$) und bekommen[1])

$$A(\theta) = \frac{1}{2ip}\sum_{l=1}^{\infty} l\,(e^{2i\delta_l} - 1)\,[P_l(\cos\theta) + P_{l-1}(\cos\theta)]. \tag{38,5}$$

Aus (38,2) folgt $\mathrm{Re}\,(AB^*) = 0$. Das bedeutet, daß der Querschnitt in der betrachteten Näherung nicht von der ursprünglichen Polarisation abhängt, und ein unpolarisierter Strahl bleibt auch nach der Streuung unpolarisiert (s. III, (138,7) bis (138,9)). Ferner bemerken wir, daß der Ausdruck (38,5) für

---

[1]) Durch eine ähnliche Umformung der Formel (37,5) kann man wieder die Beziehung (38,2) ableiten. Dabei hat man die Rekursionsformel (37,10) für die LEGENDREschen Polynome zu benutzen.

$A(\theta)$ bei $\theta \to \pi$ wie $(\pi - \theta)^2$ gegen Null geht (wir erinnern an $P_l(-1) = (-1)^l$). Damit strebt auch der Streuquerschnitt

$$\frac{d\sigma}{do} = |A|^2 + |B|^2 = \frac{|A(\theta)|^2}{\cos^2\frac{\theta}{2}} \tag{38,6}$$

gegen Null. Die aufgezählten Eigenschaften gehen selbstverständlich in den nächsten Näherungen bezüglich der kleinen Größe m/ε verloren. Insbesondere ergibt sich, daß der Streuquerschnitt für $\theta \to \pi$ gegen einen zu $(m/\varepsilon)^2$ proportionalen Grenzwert strebt.

Für das Coulomb-Feld hängen die Phasen $\delta_\varkappa$ im ultrarelativistischen Fall nicht von der Energie ab, wie aus (36,18) zu ersehen ist.[1]) Deshalb hat der Streuquerschnitt für ein reines Coulomb-Feld bei $\varepsilon \gg m$ die Gestalt

$$d\sigma = \frac{\tau(\theta)}{\varepsilon^2}\, do\,, \tag{38,7}$$

wobei τ nur vom Winkel abhängt.

§ 39. Das System der Wellenfunktion zum kontinuierlichen Spektrum für die Streuung am Coulomb-Feld

Später (§ 93) werden wir verschiedene inelastische Prozesse bei der Streuung ultrarelativistischer Elektronen im Feld eines schweren ($Z\alpha \sim 1$) Kerns behandeln. Zur Berechnung der betreffenden Matrixelemente werden wir Wellenfunktionen benötigen, deren asymptotische Gestalt (für $r \to \infty$) eine ebene und eine Kugelwelle enthält.

Wir werden sehen, daß im ultrarelativistischen Fall (Elektronenenergie $\varepsilon \gg m$) Impulsübertragungen (vom Elektron zum Kern) $q = |\boldsymbol{p}' - \boldsymbol{p}| \sim m$ die Hauptrolle bei der Streuung spielen. Zu diesen q-Werten gehört der Streuparameter $\varrho \sim 1/q \sim 1/m$, und das Elektron wird um den Winkel[2])

$$\theta \sim \frac{q}{p} \sim \frac{m}{\varepsilon} \tag{39,1}$$

abgelenkt. In den Koordinaten r (Abstand vom Zentrum) und $z = r\cos\theta$ bedeutet das den Bereich

$$\varrho \equiv r\sin\theta \sim \frac{1}{m}\,, \qquad p\,(r - z) = p\,r\,(1 - \cos\theta) \sim 1\,. \tag{39,2}$$

Dabei ist $r \sim \varepsilon/m^2$, d. h., wir haben es mit dem Bereich großer Abstände zu tun.

Die Dirac-Gleichung schreiben wir in der Gestalt

$$(\varepsilon - U - m\beta + i\vec{\alpha}\nabla)\,\psi = 0\,, \qquad U = -\frac{Z\alpha}{r}\,, \tag{39,3}$$

---

[1]) Das ist auch unmittelbar aus den Gleichungen (38,1) zu ersehen, da man für das Coulomb-Feld durch die Substitution $\boldsymbol{r} \to \boldsymbol{r}'/\varepsilon$ die Energie ε aus den Gleichungen eliminieren kann.

[2]) In diesem Paragraphen bezeichnen wir $|\boldsymbol{p}|$ mit p.

und formen sie in eine Gleichung zweiter Ordnung um. Dazu wenden wir auf (39,3) den Operator $(\varepsilon - U + m\beta - i\vec{\alpha}\nabla)$ an:

$$(\Delta + p^2 - 2\,\varepsilon\,U)\,\psi = (-\,i\vec{\alpha}\,\nabla U - U^2)\,\psi\,. \tag{39,4}$$

In dem betrachteten Bereich ist $r \gg Z\alpha/\varepsilon$ und daher $U \ll \varepsilon$. In erster Näherung kann man in (39,4) die rechte Seite vernachlässigen. Die verbleibende Gleichung

$$\left(+\,p^2 + \Delta\,\frac{2\,\varepsilon\,Z\,\alpha}{r}\right)\psi = 0 \tag{39,5}$$

hat die Gestalt der nichtrelativistischen SCHRÖDINGER-Gleichung zum COULOMB-Feld

$$\left(\frac{1}{2\,m}\Delta + \frac{p^2}{2\,m} + \frac{Z\,\alpha}{r}\right)\psi = 0\ ; \tag{39,5a}$$

diese beiden Gleichungen unterscheiden sich lediglich in der Bezeichnung der Parameter (in der „potentiellen Energie" nur um den Faktor ε/m). Daher können wir die Lösung dieser Gleichung mit dem benötigten asymptotischen Verhalten sofort aufschreiben (s. III, § 134).

Die Wellenfunktion, die asymptotisch eine ebene Welle ($\propto e^{i\boldsymbol{p}\boldsymbol{r}}$) und eine auslaufende Kugelwelle enthält, ist somit

$$\left.\begin{aligned} \psi_{\varepsilon\boldsymbol{p}}^{(+)} &= C\,\frac{u_{\varepsilon\boldsymbol{p}}}{\sqrt{2\,\varepsilon}}\,e^{i\boldsymbol{p}\boldsymbol{r}}\,F\left(\frac{i\,Z\,\alpha\,\varepsilon}{p},\,1,\,i\,(p\,r - \boldsymbol{p}\,\boldsymbol{r})\right), \\ C &= e^{\pi Z\alpha\varepsilon/2p}\,\Gamma\left(1 - i\,\frac{Z\,\alpha\,\varepsilon}{p}\right); \end{aligned}\right\} \tag{39,6}$$

F ist darin die konfluente hypergeometrische Funktion, $u_{\varepsilon\boldsymbol{p}}$ ist die konstante Bispinoramplitude der nach der Vorschrift (23,4) normierten ebenen Welle

$$\bar{u}_{\varepsilon\boldsymbol{p}}\,u_{\varepsilon\boldsymbol{p}} = 2\,m\,. \tag{39,7}$$

Die Wellenfunktion (39,6) ist so normiert, daß die ebene Welle im zugehörigen asymptotischen Ausdruck die übliche Gestalt hat:

$$\frac{u_{\varepsilon\boldsymbol{p}}}{\sqrt{2\,\varepsilon}}\,e^{i\boldsymbol{p}\boldsymbol{r}}$$

und „einem Teilchen pro Volumeneinheit" entspricht. Da im ultrarelativistischen Fall $p \approx \varepsilon$ ist, kann man in (39,6) $Z\alpha\,\varepsilon/p \approx Z\alpha$ setzen:

$$\left.\begin{aligned} \psi_{\varepsilon\boldsymbol{p}}^{(+)} &= C\,\frac{u_{\varepsilon\boldsymbol{p}}}{\sqrt{2\,\varepsilon}}\,e^{i\boldsymbol{p}\boldsymbol{r}}\,F\,(i\,Z\,\alpha,\,1,\,i\,(p\,r - \boldsymbol{p}\,\boldsymbol{r})\,, \\ C &= e^{Z\alpha\pi/2}\,\Gamma\,(1 - i\,Z\,\alpha)\,. \end{aligned}\right\} \tag{39,8}$$

Wir machen auf folgenden Umstand aufmerksam: Obwohl wir große Abstände betrachten, so daß $p\,r \gg 1$ ist, darf man die hypergeometrische Funktion in (39,8) nicht durch ihren asymptotischen Ausdruck ersetzen; denn das Argument der Funktion F ist nicht $p\,r$, sondern die Größe $p\,r\,(1 - \cos\theta)$, die wir nicht als groß voraussetzen.[1])

Bei den Anwendungen benötigt man auch die nächste Näherung in ψ; diese hat Spinorstruktur und unterscheidet sich von der Struktur (39,8) (die auf den Faktor $u_{\varepsilon \boldsymbol{p}}$ führt). Um sie zu betrachten, setzen wir ψ in der Form

$$\psi = \frac{C}{\sqrt{2\,\varepsilon}}\, e^{i \boldsymbol{p} \boldsymbol{r}}\,(u_{\varepsilon \boldsymbol{p}}\, F + \varphi)$$

an. Wir nehmen auf der rechten Seite der Gleichung (39,4) jetzt das Glied mit der ersten Potenz von U mit und erhalten für die Funktion φ die Gleichung

$$(\Delta + 2\,i\,\boldsymbol{p}\,\nabla - 2\,\varepsilon\,U)\,\varphi = -\,i\,u_{\varepsilon \boldsymbol{p}}\,\vec{\alpha}\,\nabla U\,. \tag{39,9}$$

Die Lösung dieser Gleichung kann man finden, wenn man daran denkt, daß die Funktion F die Gleichung

$$(\Delta + 2\,i\,\boldsymbol{p}\,\nabla - 2\,\varepsilon\,U)\,F = 0$$

erfüllt (davon kann man sich überzeugen, indem man (39,6) in (39,5) einsetzt). Auf diese Gleichung wenden wir die Operation ∇ an und bekommen

$$(\Delta + 2\,i\,\boldsymbol{p}\,\nabla - 2\,\varepsilon\,U)\,\nabla F = 2\,\varepsilon\,F\,\nabla U\,.$$

Aus dem Vergleich mit (39,9) finden wir

$$\varphi = -\,\frac{i}{2\,\varepsilon}\,(\vec{\alpha}\,\nabla)\,u_{\varepsilon \boldsymbol{p}}\,F\,.$$

Wir schreiben nunmehr den endgültigen Ausdruck für $\psi^{(+)}$ und für die Funktion $\psi^{(-)}$ auf, die im asymptotischen Ausdruck eine einlaufende Kugelwelle enthält:

$$\left.\begin{aligned} \psi^{(+)}_{\varepsilon \boldsymbol{p}} &= \frac{C}{\sqrt{2\,\varepsilon}}\,e^{i \boldsymbol{p} \boldsymbol{r}}\left(1 - \frac{i\,\vec{\alpha}}{2\,\varepsilon}\,\nabla\right) F\,(i\,Z\,\alpha,\,1,\,i\,(p\,r - \boldsymbol{p}\,\boldsymbol{r}))\;u_{\varepsilon \boldsymbol{p}}\,,\\ \psi^{(-)}_{\varepsilon \boldsymbol{p}} &= \frac{C^*}{\sqrt{2\,\varepsilon}}\,e^{i \boldsymbol{p} \boldsymbol{r}}\left(1 - \frac{i\,\vec{\alpha}}{2\,\varepsilon}\,\nabla\right) F\,(-\,i\,Z\,\alpha,\,1,\,-\,i\,(p\,r + \boldsymbol{p}\,\boldsymbol{r}))\;u_{\varepsilon \boldsymbol{p}}\,,\\ C &= e^{\pi Z \alpha/2}\,\Gamma\,(1 - i\,Z\,\alpha) \end{aligned}\right\} \tag{39,10}$$

(W. H. Furry, 1934). Weiter geben wir die analogen Funktionen $(\psi_{-\varepsilon - \boldsymbol{p}})$ mit „negativer Frequenz" an, die bei der Behandlung von Prozessen unter Beteiligung von Positronen benötigt werden. Man kann sie aus den Funktionen $\psi_{\varepsilon \boldsymbol{p}}$ durch die Substitution $\boldsymbol{p} \to -\,\boldsymbol{p}$, $\varepsilon \to -\,\varepsilon$ erhalten, wobei $p = |\boldsymbol{p}|$ unverändert bleibt (wegen des letzten Umstandes wechselt der Parameter $i\,Z\,\alpha$ in der hypergeometrischen Funktion das Vorzeichen; das ist an dem ursprünglichen Ausdruck (39,6) zu erkennen, in dem der Parameter in der Form $i\,Z\,\alpha\,\varepsilon/p$ enthalten

[1]) In III, § 133 haben wir uns für sehr große r interessiert; deshalb war diese Substitution für beliebige Winkel θ möglich.

ist). Auf diese Weise erhalten wir

$$\left.\begin{aligned} \psi^{(+)}_{-\varepsilon-\boldsymbol{p}} &= \frac{C}{\sqrt{2\,\varepsilon}}\, e^{-i\boldsymbol{p}\boldsymbol{r}}\left(1+\frac{i\vec{\alpha}}{2\,\varepsilon}\nabla\right) F\left(-\,i\,Z\alpha,\,1,\,i\,(p\,r+\boldsymbol{p}\,\boldsymbol{r})\right) u_{-\varepsilon-\boldsymbol{p}}\,, \\ \psi^{(-)}_{-\varepsilon-\boldsymbol{p}} &= \frac{C^*}{\sqrt{2\,\varepsilon}}\, e^{-i\boldsymbol{p}\boldsymbol{r}}\left(1+\frac{i\vec{\alpha}}{2\,\varepsilon}\nabla\right) F\left(i\,Z\alpha,\,1,\,-\,i\,(p\,r-\boldsymbol{p}\,\boldsymbol{r})\right) u_{-\varepsilon-\boldsymbol{p}}\,, \\ C &= e^{-\pi Z\alpha/2}\,\Gamma\,(1+i\,Z\alpha)\,. \end{aligned}\right\} \quad (39{,}11)$$

Im Zusammenhang mit den durchgeführten Rechnungen muß noch folgende Bemerkung angebracht werden. Die gestellte Asymptotenbedingung reicht keineswegs aus, um die Lösung der Wellengleichung eindeutig auszuwählen (denn man kann zu ψ immer eine beliebige auslaufende COULOMB-Kugelwelle addieren, ohne diese Bedingung zu verletzen). Als wir die Lösung der Gleichung (39,5) in der Form (39,6) aufgeschrieben haben, haben wir stillschweigend die Lösung so gewählt, daß sie für $r = 0$ endlich ist. Diese Forderung war notwendig in III, § 133 und 134, wo im ganzen Raum gültige Lösungen der exakten SCHRÖDINGER-Gleichung betrachtet worden sind.[1]) Im vorliegenden Fall gilt die Gleichung (39,5) nur für große Abstände, und die getroffene Wahl der Lösung bedarf einer zusätzlichen Begründung.

Diese wird durch die Tatsache gegeben, daß zu großen Stoßparametern $\varrho = r \sin\theta$ große Bahndrehimpulse l und kleine Streuwinkel θ gehören: Für $\varrho \sim 1/m$ haben wir

$$l \sim \varrho\, p \sim \varrho\, \varepsilon \sim \frac{\varepsilon}{m} \gg 1$$

und der Winkel θ kann quasiklassisch abgeschätzt werden:

$$\theta \sim \frac{1}{p}\int \frac{dU}{dr}\,dt \sim \frac{U'(\varrho)\,\varrho}{p} \sim \frac{m}{\varepsilon} \ll 1\,.$$

In der Entwicklung von ψ nach Kugelwellen werden demnach (in dem betrachteten Bereich von r und θ) hauptsächlich Wellen mit den angegebenen großen l-Werten vorkommen. Eine Kugelwelle mit großem l nimmt aber bei Annäherung an den Koordinatenursprung auf „klassisch unerlaubte" Abstände $r \ll l/\varepsilon$ (wegen der Zentrifugalbarriere) stark ab. Will man nun die Lösung der Gleichung (39,5) mit der Lösung der exakten Gleichung (39,4) bei kleinen Abständen für $r \sim r_1$ mit $l/\varepsilon \gg r_1 \gg Z\alpha/\varepsilon$ „verheften", dann muß man als Randbedingung für die Lösung der Gleichung (39,5) fordern, daß diese klein ist; damit ist unsere obige Wahl gerechtfertigt.

Aufgabe

Für ein anziehendes COULOMB-Feld mit $Z\alpha \ll 1$ ist die Korrektur (der relativen Ordnung $\sim Z\alpha$) zur nichtrelativistischen Wellenfunktion des diskreten Spektrums zu berechnen.

[1]) Bei dem in III, § 133 dargestellten Lösungsweg ist diese Bedingung durch die Wahl des speziellen Integrals der Gestalt (133,1) statt der allgemeinen Summe der Integrale mit verschiedenen Werten β_1 und β_2 gewährleistet worden.

Lösung. Die Geschwindigkeit des Elektrons in einem gebundenen Zustand ist $v \sim Z\alpha$, so daß die Wellenfunktion für $Z\alpha \ll 1$ in nullter Näherung die nichtrelativistische Wellenfunktion ist, d. h.

$$\psi = u\,\psi_{\mathrm{nr}}\,;$$

darin ist ψ_{nr} die SCHRÖDINGERsche Wellenfunktion; u ist ein Bispinor der Gestalt $u = \begin{pmatrix} w \\ 0 \end{pmatrix}$, der Spinor w beschreibt den Polarisationszustand des Elektrons. In der nächsten Näherung haben wir $\psi = u\,\psi_{\mathrm{nr}} + \psi^{(1)}$; mit diesem Ansatz gehen wir in (39,4) ein und finden für $\psi^{(1)}$ die Gleichung

$$\left(\frac{1}{2m}\Delta - |\varepsilon_n| + \frac{Z\alpha}{r}\right)\psi^{(1)} = i\frac{Z\alpha}{2m}\left(\nabla\frac{1}{r}\right)(\vec{\alpha}\,u)\,\psi_{\mathrm{nr}}\,;$$

ε_n ist das nichtrelativistische diskrete Energieniveau. Hier sind Glieder der Größenordnung $(Z\alpha)^2$ weggelassen (es ist zu beachten, daß im nichtrelativistischen Fall die wichtigsten Abstände von der Größenordnung des BOHRschen Radius sind: $r \sim 1/m\,Z\alpha$). Die Lösung dieser Gleichung ist $\psi^{(1)} = -\frac{i}{2m}\vec{\alpha}\,u\,\nabla\,\psi_{\mathrm{nr}}$, und damit wird

$$\psi = \left(1 - \frac{i}{2m}\vec{\alpha}\nabla\right)u\,\psi_{\mathrm{nr}}\,.$$

§ 40. Ein Elektron im Feld einer ebenen elektromagnetischen Welle

Die DIRAC-Gleichung kann für ein Elektron in einer ebenen elektromagnetischen Welle exakt gelöst werden (D. M. WOLKOW, 1937).

Das Feld einer ebenen Welle mit dem 4-Wellenzahl-Vektor k ($k^2 = 0$) hängt von Raum und Zeit nur über die Kombination $\varphi = k\,x$ ab, so daß das 4-Potential

$$A^\mu = A^\mu(\varphi) \tag{40,1}$$

ist und die LORENTZ-Konvention

$$\partial_\mu A^\mu = k_\mu A^{\mu\prime} = 0$$

erfüllt (der Strich bedeutet die Ableitung nach φ). Da ein konstanter Term in A unwesentlich ist, kann man in dieser Bedingung den Strich weglassen und sie in der folgenden Form schreiben:

$$k\,A = 0\,. \tag{40,2}$$

Wir gehen von der Gleichung zweiter Ordnung (32,6) aus, und der Feldstärketensor ist

$$F_{\mu\nu} = k_\mu A'_\nu - k_\nu A'_\mu\,. \tag{40,3}$$

Bei der Berechnung des Quadrates $(i\,\partial - e\,A)^2$ hat man zu beachten, daß wegen (40,2) $\partial_\mu(A^\mu\psi) = A^\mu\,\partial_\mu\psi$ ist. Als Ergebnis erhalten wir die Gleichung

$$[-\partial^2 - 2\,i\,e\,(A\,\partial) + e^2A^2 - m^2 - i\,e\,\hat{k}\,\hat{A}']\,\psi = 0 \tag{40,4}$$

($\partial^2 = \partial_\mu\partial^\mu$).

Wir setzen die Lösung dieser Gleichung in der Form

$$\psi = e^{-ipx}\,F(\varphi) \tag{40,5}$$

mit einem konstanten 4-Vektor p an. Die Addition eines beliebigen Vektors der Gestalt const $\cdot\, k$ zu p läßt diese Gestalt der Funktion ψ unverändert (es ist nur eine entsprechende Umdefinition der Funktion $F(\varphi)$ erforderlich). Ohne Beschränkung der Allgemeinheit kann daher p noch einer zusätzlichen Bedingung unterworfen werden; es sei

$$p^2 = m^2 . \tag{40,6}$$

Beim Ausschalten des Feldes gehen dann die Quantenzahlen p^μ in die Komponenten des 4-Impulses eines freien Teilchens über. Die Bedeutung der Komponenten des 4-Vektors p in Anwesenheit des Feldes wird in dem speziellen Bezugssystem mit $A_0 = 0$ besonders anschaulich. In diesem Bezugssystem habe der Vektor $\boldsymbol{A}$ die x^1-Richtung, $\boldsymbol{k}$ zeige in x^3-Richtung (d. h., das elektrische Feld der Welle zeigt in x^1-Richtung, das magnetische in x^2-Richtung, und die Welle selbst pflanzt sich in x^3-Richtung fort). (40,5) wird dann eine Eigenfunktion der Operatoren

$$\mathrm{p}_1 = i\frac{\partial}{\partial x^1}, \qquad \mathrm{p}_2 = i\frac{\partial}{\partial x^2}, \qquad \mathrm{p}_0 - \mathrm{p}_3 = i\left(\frac{\partial}{\partial x^0} - \frac{\partial}{\partial x^3}\right)$$

mit den Eigenwerten p_1, p_2 und $p_0 - p_3$ (diese Operatoren sind, wie man leicht sieht, mit dem Hamilton-Operator der Dirac-Gleichung vertauschbar). In dem speziellen Bezugssystem sind demzufolge p^1 und p^2 die Komponenten des verallgemeinerten Impulses in x^1- bzw. x^2-Richtung; $p^0 - p^3$ ist die Differenz zwischen der Gesamtenergie und der Komponente des verallgemeinerten Impulses in x^3-Richtung.

Beim Einsetzen von (40,5) in (40,4) beachten wir

$$\partial^\mu F = k^\mu F', \qquad \partial_\mu \partial^\mu F = k^2 F'' = 0$$

und finden für $F(\varphi)$ die Gleichung

$$2\, i\, (k\, p)\, F' + [-\, 2\, e\, (p\, A) + e^2 A^2 - i\, e\, \hat{k}\, \hat{A}']\, F = 0 .$$

Das Integral dieser Gleichung ist

$$F = \exp\left\{-\, i \int\limits_0^{k x} \left[\frac{e}{(k\, p)}(p\, A) - \frac{e^2}{2\,(k\, p)} A^2\right] d\varphi + \frac{e\, \hat{k}\, \hat{A}}{2\,(k\, p)}\right\} \frac{u}{\sqrt{2\, p_0}}$$

mit einem willkürlichen Bispinor $u/\sqrt{2\, p_0}$ (wegen dieser Schreibweise s. u.).

Alle Potenzen von $\hat{k}\, \hat{A}$ außer der ersten sind Null, denn es gilt

$$\hat{k}\, \hat{A}\, \hat{k}\, \hat{A} = -\, \hat{k}\, \hat{k}\, \hat{A}\, \hat{A} + 2\,(k\, A)\, \hat{k}\, \hat{A} = -\, k^2 A^2 = 0 .$$

Auf Grund dessen wird

$$\exp\left\{\frac{e\, \hat{k}\, \hat{A}}{2\,(k\, p)}\right\} = 1 + \frac{e}{2\,(k\, p)}\, \hat{k}\, \hat{A} ,$$

so daß ψ die folgende Gestalt annimmt:

$$\psi_p = \left[1 + \frac{e}{2\,(p\, k)}\, \hat{k}\, \hat{A}\right] \frac{u}{\sqrt{2\, p_0}}\, e^{i S} \tag{40,7}$$

mit[1])

$$S = -p\,x - \int_0^{kx} \left[\frac{e}{(k\,p)}(p\,A) - \frac{e^2}{2\,(k\,p)} A^2\right] d\varphi\,. \tag{40,8}$$

Um die Bedingungen für den konstanten Bispinor u zu finden, nehmen wir an, die Welle sei ein klein wenig gedämpft. Dann geht $A \to 0$ für $x \to \infty$, und ψ muß in eine Lösung der freien DIRAC-Gleichung übergehen. Dazu muß $u = u(p)$ die Gleichung

$$(\hat{p} - m)\,u = 0 \tag{40,9}$$

erfüllen. Durch diese Bedingung werden „überflüssige" Lösungen der Gleichung zweiter Ordnung verworfen. Da u nicht von Raum und Zeit abhängt, muß diese Bedingung auch für endliche x gelten, für die sich die schwache Dämpfung nicht auf die Gestalt von ψ auswirkt. $u(p)$ ist also die Bispinoramplitude einer freien ebenen Welle; als Normierungsvorschrift werden wir (23,4) wählen: $\bar{u}\,u = 2\,m$.

Die angestellten Überlegungen ergeben sofort auch die Normierung für die Wellenfunktionen (40,7). Für die Wellenfunktionen zum kontinuierlichen Spektrum wird als Normierungsintegral in entfernten Raumbereichen gebildet. Führt man wieder eine schwache Dämpfung ein, dann stimmen die Wellenfunktionen in diesen Bereichen mit den Funktionen für eine freie Bewegung überein. Daraus folgt, daß die Funktionen (40,7) dieselbe Normierungsvorschrift erfüllen,

$$\frac{1}{(2\,\pi)^3}\int \psi^*_{p'}\,\psi_p\,d^3x = \frac{1}{(2\,\pi)^3}\int \bar{\psi}_{p'}\,\gamma^0\,\psi_p\,d^3x = \delta\,(\mathbf{p}' - \mathbf{p}) \tag{40,10}$$

wie die ebenen Wellen.

Wir wollen die den Funktionen (40,7) entsprechende Stromdichte berechnen. Unter Beachtung von

$$\bar{\psi}_p = \frac{\bar{u}}{\sqrt{2\,p_0}}\left[1 + \frac{e}{2\,(p\,k)}\,\hat{A}\,\hat{k}\right] e^{iS}$$

erhalten wir einfach durch Multiplikation

$$j^\mu = \bar{\psi}_p\,\gamma^\mu\,\psi_p = \frac{1}{p_0}\left\{p^\mu - e\,A^\mu + k^\mu\left(\frac{e\,(p\,A)}{(k\,p)} - \frac{e^2\,A^2}{2\,(k\,p)}\right)\right\}. \tag{40,11}$$

Für periodische Funktionen $A^\mu(\varphi)$ sind die (zeitlichen) Mittelwerte Null, und der Mittelwert der Stromdichte ist

$$\overline{j^\mu} = \frac{1}{p_0}\left(p^\mu - \frac{e^2}{2\,(k\,p)}\,\overline{A^2}\,k^\mu\right). \tag{40,12}$$

Weiter wollen wir die Dichte des kinetischen Impulses im Zustand ψ_p berechnen. Der Operator für den kinetischen Impuls ist die Differenz $\mathbf{p} - e\,A$

---

[1]) S stimmt mit der klassischen Wirkung für ein Teilchen im Feld einer Welle überein; vgl. II, § 47, Aufgabe 2.

$= i\,\partial - e\,A$. Eine direkte Rechnung ergibt

$$\psi_p^* (\mathrm{p}^\mu - e\,A^\mu)\,\psi_p = \overline{\psi}_p\,\gamma^0\,(\mathrm{p}^\mu - e\,A^\mu)\,\psi_p = p^\mu - e\,A^\mu + k^\mu \left(\frac{e\,(p\,A)}{(k\,p)} - \frac{e^2\,A^2}{2\,(k\,p)}\right)$$
$$+ k^\mu \frac{i\,e}{8\,(k\,p)\,p_0} F_{\lambda\nu} (u^*\,\sigma^{\lambda\nu}\,u)\,. \tag{40,13}$$

Der zeitliche Mittelwert dieses 4-Vektors, den wir mit q^μ bezeichnen werden, ist

$$q^\mu = p^\mu - \frac{e^2\,\overline{A^2}}{2\,(k\,p)}\,k^\mu\,, \tag{40,14}$$

sein Quadrat ist

$$q^2 = m_*^2\,, \qquad m_* = m\sqrt{1 + \frac{e^2}{m^2}\,\overline{A^2}}\,; \tag{40,15}$$

m_* spielt die Rolle einer „effektiven Masse" des Elektrons im Feld. Dem Vergleich von (40,14) und (40,12) entnehmen wir

$$\overline{j^\mu} = \frac{q^\mu}{p_0}\,. \tag{40,16}$$

Die Normierungsvorschrift (40,10) lautet, mit Hilfe des Vektors $\boldsymbol{q}$ geschrieben,

$$\frac{1}{(2\,\pi)^3} \int \psi_{p'}^*\,\psi_p\,d^3x = \frac{q_0}{p_0}\,\delta\,(\boldsymbol{q}' - \boldsymbol{q}) \tag{40,17}$$

der Übergang von (40,10) zu (40,17) erfolgt am einfachsten in dem oben angegebenen speziellen Bezugssystem).

§ 41. Bewegung eines Spins in einem äußeren Feld

Man kann in der Dirac-Gleichung genau wie in der nichtrelativistischen Theorie zum quasiklassischen Grenzfall übergehen. In der Gleichung zweiter Ordnung (32,7a) setzen wir ψ in der folgenden Gestalt an:[1])

$$\psi = u\,e^{\frac{i}{\hbar}S}$$

(S ist ein Skalar, u ein langsam veränderlicher Bispinor). Dabei wird vorausgesetzt, daß die übliche Bedingung für quasiklassisches Verhalten erfüllt ist: Der Impuls des Teilchens darf sich auf Strecken von der Größenordnung der Wellenlänge $\hbar/|\boldsymbol{p}|$ nur wenig ändern.

In der nullten Näherung in $\hbar$ ergibt sich die übliche klassische relativistische Hamilton-Jacobische Gleichung für die Wirkung S. Dabei fallen alle Glieder, die den Spin enthalten (und proportional zu $\hbar$ sind), aus den Bewegungsgleichungen heraus. Der Spin würde erst in der nächsten Ordnung in $\hbar$ in Erscheinung treten. Der Einfluß des magnetischen Momentes des Elektrons

[1]) Wir verwenden zunächst normale Maßeinheiten.

auf seine Bewegung ist, mit anderen Worten, immer von der gleichen Größenordnung wie die quantenmechanischen Korrekturen. Das ist ganz natürlich, weil der Spin rein quantenmechanischer Natur ist und sein Betrag proportional zu $\hbar$ ist.

In diesem Zusammenhang ist folgende Fragestellung sinnvoll: Wie verhält sich der Spin eines Elektrons, das sich in einem äußeren Feld in bestimmter Weise quasiklassisch bewegt? Die Lösung dieses Problems ist in der nächsten Näherung bezüglich $\hbar$ in der DIRAC-Gleichung enthalten. Wir werden jedoch ein anderes Verfahren anwenden, das anschaulicher ist und nicht unmittelbar mit der DIRAC-Gleichung zusammenhängt. Dieses hat den Vorzug, daß man damit die Bewegung eines beliebigen Teilchens behandeln kann, auch wenn das Teilchen ein „anomales" gyromagnetisches Verhältnis hat und nicht durch die DIRAC-Gleichung beschrieben wird.

Unser Ziel ist, die „Bewegungsgleichungen" für den Spin bei einer beliebigen (vorgegebenen) Bewegung eines Teilchens aufzustellen. Wir beginnen mit dem nichtrelativistischen Fall.

Der nichtrelativistische HAMILTON-Operator für ein Teilchen in einem äußeren Feld ist

$$\mathrm{H} = \mathrm{H}' - \mu\, \vec{\sigma} \boldsymbol{H}, \tag{41,1}$$

wobei in H' alle Terme einbezogen sind, die den Spin nicht enthalten (s. III, § 110); μ ist das magnetische Moment des Teilchens. Diese Gestalt des HAMILTON-Operators ist nicht an eine bestimmte Teilchensorte geknüpft. Für Elektronen ist $\mu = e\hbar/2mc$ (die Ladung des Elektrons ist $e = -|e|$!), für Nukleonen enthält μ auch noch den „anomalen" Anteil[1])

$$\mu' = \mu - \frac{e\hbar}{2mc}. \tag{41,2}$$

Nach den allgemeinen Regeln der Quantenmechanik ergibt sich die Bewegungsgleichung für den Spinoperator aus der Formel

$$\dot{\mathrm{s}} = \frac{i}{\hbar}(\mathrm{H\,s} - \mathrm{s\,H}) = \frac{i}{2\hbar}(\mathrm{H}\vec{\sigma} - \vec{\sigma}\mathrm{H}). \tag{41,3}$$

Hier setzen wir (41,1) ein und finden

$$\dot{\mathrm{s}}_i = -\frac{i\mu}{2\hbar} H_k (\sigma_k \sigma_i - \sigma_i \sigma_k) = -\frac{\mu}{\hbar} e_{ikl} H_k \sigma_l$$

oder

$$\dot{\mathrm{s}} = \frac{2\mu}{\hbar}[\mathrm{s}\,\boldsymbol{H}]. \tag{41,4}$$

Diese Operatorgleichung mitteln wir für einen Zustand eines quasiklassischen Wellenpaketes, das sich auf einer vorgeschriebenen Bahn bewegt. Bei dieser Operation wird einfach der Spinoperator durch seinen Mittelwert $\overline{\mathrm{s}}$ ersetzt, der

---

1) Bei Berücksichtigung der sogenannten Strahlungskorrekturen ist auch im magnetischen Moment des Elektrons ein sehr kleiner „anomaler Anteil" enthalten.

Vektor $\boldsymbol{H}$ wird durch die Funktion $\boldsymbol{H}(t)$ ersetzt, die die Änderung des Magnetfeldes am Ort des Teilchens (des Wellenpaketes) bei dessen Bewegung auf der vorgeschriebenen Bahn angibt. In nichtrelativistischer Näherung (d. h. im Rahmen der PAULI-Gleichung) ist $\boldsymbol{s} = \vec{\sigma}/2$ der Spinoperator für ein Teilchen im Ruhsystem, und den zugehörigen Mittelwert haben wir in § 29 mit $\vec{\zeta}/2$ bezeichnet. Auf diese Weise gelangen wir zu der Gleichung

$$\frac{d\vec{\zeta}}{dt} = \frac{2\,\mu}{\hbar}\,[\vec{\zeta}\,\boldsymbol{H}(t)]\,. \tag{41,5}$$

In dieser Form hat die Gleichung rein klassischen Charakter. Das bedeutet, daß der Vektor für das magnetische Moment mit der Winkelgeschwindigkeit $-2\,\mu\,\boldsymbol{H}/\hbar$ um die Feldrichtung präzediert und sein Betrag unverändert bleibt.[1])

In dem gleichen nichtrelativistischen Fall wird die Änderung der Teilchengeschwindigkeit $\boldsymbol{v}$ durch die Gleichung

$$\frac{d\boldsymbol{v}}{dt} = \frac{e}{m\,c}\,[\boldsymbol{v}\,\boldsymbol{H}]$$

beschrieben, d. h., der Vektor $\boldsymbol{v}$ rotiert mit der Winkelgeschwindigkeit $-e\,\boldsymbol{H}/m\,c$ um die Richtung von $\boldsymbol{H}$. Für $\mu' = 0$ ist $\mu = e\,\hbar/2\,m\,c$, und diese Winkelgeschwindigkeit ist gleich der Geschwindigkeit $-2\,\mu\,\boldsymbol{H}/\hbar$ bei der Rotation des Vektor $\vec{\zeta}$; der Polarisationsvektor bildet, mit anderen Worten, einen konstanten Winkel mit der Bewegungsrichtung (wir werden später sehen, daß dieses Ergebnis auch für den relativistischen Fall zutrifft).

Jetzt wollen wir die Gleichung (41,5) relativistisch verallgemeinern. Zur kovarianten Beschreibung der Polarisation verwenden wir dabei den in § 29 eingeführten 4-Vektor a, und die Bewegungsgleichung für den Spin muß die Ableitung $da/d\tau$ nach der Eigenzeit τ festlegen.[2])

Die mögliche Gestalt dieser Gleichung kann allein durch Überlegungen über die relativistische Invarianz festgestellt werden, wenn man folgendes beachtet: Die rechte Seite muß linear und homogen im elektromagnetischen Feldstärketensor $F^{\mu\nu}$ und im 4-Vektor a^μ sein; außer diesen beiden Größen kann nur noch die 4-Geschwindigkeit vorkommen, $u^\mu = p^\mu/m$. Nur eine Gleichung der Gestalt

$$\frac{da^\mu}{d\tau} = \alpha\,F^{\mu\nu}\,a_\nu + \beta\,u^\mu\,F^{\nu\lambda}\,u_\nu\,a_\lambda \tag{41,6}$$

---

[1]) Klassisch ergibt sich die Gleichung (41,5) direkt aus der Gleichung

$$\frac{d\boldsymbol{M}}{dt} = [\vec{\mu}\,\boldsymbol{H}]$$

in der $\boldsymbol{M}$ der Drehimpuls des Systems und $\vec{\mu}$ das magnetische Moment sind; $[\vec{\mu}\,\boldsymbol{H}]$ ist das auf das System wirkende Drehmoment. Wir setzen $\boldsymbol{M} = \frac{1}{2}\,\hbar\,\vec{\zeta}$, $\vec{\mu} = \frac{\mu}{2\,s}\vec{\zeta} = \mu\,\vec{\zeta}$ und erhalten (41,5).

[2]) Jetzt setzen wir wieder $c = 1$ und $\hbar = 1$.

mit konstanten Koeffizienten α und β erfüllt diese Forderungen. Wie leicht einzusehen ist, kann man keine anderen Ausdrücke der benötigten Struktur bilden, weil die Bedingung $a_\mu u^\mu = 0$ gilt und weil der Tensor $F^{\mu\nu}$ antisymmetrisch ist (so daß $F^{\mu\nu} u_\mu u_\nu = 0$ ist).

Für $v \to 0$ muß diese Gleichung mit (41,5) übereinstimmen. Wir setzen $a^\mu = (0, \vec{\zeta})$, $u^\mu = (1, 0)$ und $\tau = t$ und erhalten

$$\frac{d\vec{\zeta}}{dt} = \alpha\, [\vec{\zeta}\, \boldsymbol{H}]\,.$$

Aus dem Vergleich mit (41,5) finden wir $\alpha = 2\mu$.

Bei der Berechnung von β beachten wir $a^i u_i = 0$. Wir differenzieren diese Gleichung nach τ und verwenden die klassische Bewegungsgleichung für eine Ladung in einem Feld

$$m \frac{du^\mu}{d\tau} = e\, F^{\mu\nu} u_\nu$$

(s. II, § 23); so bekommen wir

$$u_\mu \frac{da^\mu}{d\tau} = -\, a_\mu \frac{du^\mu}{d\tau} = -\, a_\mu \frac{e}{m} F^{\mu\nu} u_\nu = \frac{e}{m} F^{\mu\nu} u_\mu a_\nu\,.$$

Die Gleichung (41,6) multiplizieren wir auf beiden Seiten mit u_μ, dabei benutzen wir die Gleichung $u_\mu u^\mu = 1$, kürzen den gemeinsamen Faktor $F^{\mu\nu} u_\mu a_\nu$ und erhalten

$$\beta = -\,2\left(\mu - \frac{e}{2m}\right) = -\,2\mu'\,.$$

Auf diese Weise finden wir endgültig als relativistische Bewegungsgleichung für einen Spin

$$\frac{da^\mu}{d\tau} = 2\,\mu\, F^{\mu\nu} a_\nu - 2\,\mu'\, u^\mu F^{\nu\lambda} u_\nu a_\lambda \tag{41,7}$$

(V. Bargmann, L. Michel, V. Telegdi, 1959).[1])

Wir gehen vom 4-Vektor a zur Größe $\vec{\zeta}$ über, die unmittelbar die Polarisation des Teilchens im „augenblicklichen" Ruhsystem beschreibt. Der Zusammenhang zwischen a und $\vec{\zeta}$ wird durch die Formeln (29,7) bis (29,9) vermittelt. Wir bemerken sofort, daß aus (41,7) direkt $a_\mu\, da^\mu/d\tau = 0$ folgt, so daß $a_\mu a^\mu = \text{const}$ ist. Wegen $a_\mu a^\mu = -\,\vec{\zeta}^2$ beinhaltet das das natürliche Ergebnis: Bei der Bewegung des Teilchens bleibt die Polarisation $\vec{\zeta}$ betragsmäßig unverändert.

Die Gleichung für die Änderung der Polarisationsrichtung erhalten wir, indem wir in (41,7) zu dreidimensionalen Bezeichnungen übergehen. Wir berechnen die räumlichen Komponenten dieser Gleichung und finden

$$\frac{d\boldsymbol{a}}{dt} = \frac{2\,\mu\, m}{\varepsilon} [\boldsymbol{a}\, \boldsymbol{H}] + \frac{2\,\mu\, m}{\varepsilon} (\boldsymbol{a}\, \boldsymbol{v})\, \boldsymbol{E} - \frac{2\,\mu'\, \varepsilon}{m} \boldsymbol{v}\, (\boldsymbol{a}\, \boldsymbol{E})$$
$$+ \frac{2\,\mu'\, \varepsilon}{m} \boldsymbol{v}\, (\boldsymbol{v}\, [\boldsymbol{a}\, \boldsymbol{H}]) + \frac{2\,\mu'\, \varepsilon}{m} \boldsymbol{v}\, (\boldsymbol{a}\, \boldsymbol{v})\, (\boldsymbol{v}\, \boldsymbol{E})\,.$$

[1]) In einer anderen Form ist eine ähnliche Gleichung erstmalig von Ja. I. Frenkel (1926) aufgestellt worden.

Hier müssen wir (29,9) einsetzen und bei der Differentiation die Gleichungen $\boldsymbol{p} = \varepsilon \boldsymbol{v}$, $\varepsilon^2 = \boldsymbol{p}^2 + m^2$ und die Bewegungsgleichung

$$\frac{d\boldsymbol{p}}{dt} = e\boldsymbol{E} + e[\boldsymbol{v}\boldsymbol{H}], \quad \frac{d\varepsilon}{dt} = e(\boldsymbol{v}\boldsymbol{E}) \tag{41,8}$$

beachten. Eine elementare, aber recht langwierige Rechnung führt zu folgender Gleichung:[1])

$$\frac{d\vec{\zeta}}{dt} = \frac{2\mu m + 2\mu'(\varepsilon - m)}{\varepsilon}[\vec{\zeta}\boldsymbol{H}] + \frac{2\mu'\varepsilon}{\varepsilon + m}(\boldsymbol{v}\boldsymbol{H})[\boldsymbol{v}\vec{\zeta}] + \frac{2\mu m + 2\mu'\varepsilon}{\varepsilon + m}[\vec{\zeta}[\boldsymbol{E}\boldsymbol{v}]]. \tag{41,9}$$

Nicht nur die Änderung der absoluten Polarisationsrichtung im Raum, sondern auch die Änderung der Polarisationsrichtung bezüglich der Bewegungsrichtung ist besonders interessant. Wir setzen ζ in der Gestalt

$$\vec{\zeta} = \boldsymbol{n}\zeta_{||} + \vec{\zeta}_{\perp} \tag{41,10}$$

(mit $\boldsymbol{n} = \boldsymbol{v}/v$) an und schreiben die Bewegungsgleichung für die Projektion $\zeta_{||}$ der Polarisation auf die Bewegungsrichtung auf. Die Rechnung mit Hilfe von (41,8) und (41,9) ergibt folgendes Resultat:[2])

$$\frac{d\zeta_{||}}{dt} = 2\mu'(\vec{\zeta}_{\perp}[\boldsymbol{H}\boldsymbol{n}]) + \frac{2}{v}\left(\frac{\mu m^2}{\varepsilon^2} - \mu'\right)(\vec{\zeta}_{\perp}\boldsymbol{E}). \tag{41,11}$$

Eine Reihe von Anwendungsbeispielen für diese Gleichungen wird in den Aufgaben zu diesem Paragraphen behandelt. Hier bemerken wir nur, daß die Polarisation eines Teilchens ohne anomales magnetisches Moment bei der Bewegung in einem reinen Magnetfeld mit der Geschwindigkeit einen konstanten Winkel einschließt ($\zeta_{||}$ = const). Dieses schon oben für den nichtrelativistischen Fall angegebene Ergebnis ist also tatsächlich von allgemeiner Natur.

Wir wollen die Bedingungen für die Anwendbarkeit der abgeleiteten Gleichungen genauer fassen. Die eingangs erwähnte Forderung nach genügend langsamer Änderung des Teilchensimpulses führt zu einer bestimmten Bedingung kleiner Feldstärken $\boldsymbol{E}$ und $\boldsymbol{H}$; insbesondere muß der Larmor-Radius im Magnetfeld ($\sim p/eH$) groß gegenüber der Wellenlänge des Teilchens sein. Außerdem muß streng genommen noch die Bedingung erfüllt sein, daß sich die Felder räumlich nicht zu rasch ändern: Das Feld darf sich im Bereich des quasiklassischen Wellenpaketes nur wenig ändern. Gleichzeitig darf sich das

---

[1]) Führt man, wie es oft getan wird, für geladene Teilchen den gyromagnetischen Faktor (Landé-Faktor) g gemäß $\mu = g\frac{e}{2m}\frac{1}{2}\left(= g\frac{e}{2mc}\frac{\hbar}{2}\right)$ ein, dann lautet diese Gleichung

$$\frac{d\vec{\zeta}}{dt} = \frac{e}{2m}\left(g - 2 + 2\frac{m}{\varepsilon}\right)[\vec{\zeta}\boldsymbol{H}] + \frac{e}{2m}(g-2)\frac{\varepsilon}{\varepsilon + m}(\boldsymbol{v}\boldsymbol{H})[\boldsymbol{v}\vec{\zeta}]$$
$$+ \frac{e}{2m}\left(g - \frac{2\varepsilon}{\varepsilon + m}\right)[\vec{\zeta}[\boldsymbol{E}\boldsymbol{v}]]. \tag{41,9a}$$

[2]) Man kann diese Gleichung etwas kürzer ableiten, indem man die zeitliche Komponente von Gleichung (41,7) berechnet.

Feld auf Strecken von der Größenordnung der Wellenlänge des Teilchens ($1/p$) und auf einer COMPTON-Wellenlänge ($1/m$) nur wenig ändern.[1])

Bei praktischen Problemen der Bewegung im makroskopischen Feldern ist übrigens die Forderung nach langsamer Änderung bekanntlich erfüllt, so daß faktisch nur gefordert wird, daß die Felder genügend schwach sein sollen.

In § 33 haben wir die ersten relativistischen Korrekturen zum HAMILTON-Operator eines Elektrons in einem äußeren Feld gefunden. Für ein Elektron in einem elektrischen Feld lautet der genäherte HAMILTON-Operator (s. (33,12))

$$\mathrm{H} = \mathrm{H}' - \frac{e}{4m}\left(\vec{\sigma}\left[\boldsymbol{E}\frac{\mathbf{p}}{m}\right]\right) \qquad (\mathbf{p} = -i\nabla), \tag{41,12}$$

wobei in H′ alle Glieder einbezogen sind, die den Spin nicht enthalten. Da sich das Feld in H′ nur langsam ändert, kann in unserem Fall das Glied mit den Ableitungen von $\boldsymbol{E}$ (d. h. mit $\operatorname{div}\boldsymbol{E}$) vernachlässigt werden; ferner kann das kleine Glied mit $\mathbf{p}^4$ weggelassen werden, das die hier interessierenden Wirkungen des Feldes nicht beeinflußt. H′ reduziert sich also (ohne Magnetfeld) auf den nichtrelativistischen HAMILTON-Operator $\mathrm{H}' = \frac{\boldsymbol{p}^2}{2m} + e\,\Phi$.

Die Formel (41,12) kann auch abgeleitet werden, indem man von der Gleichung (41,9) ausgeht und nicht direkt auf die DIRAC-Gleichung Bezug nimmt. Dadurch wird eine Verallgemeinerung (im quasiklassischen Fall) für Teilchen mit anomalem magnetischen Moment erreicht.

Bis zu Gliedern erster Ordnung in der Geschwindigkeit v ergibt sich aus (41,9) die Bewegungsgleichung für einen Spin in einem elektrischen Feld in der Form

$$\frac{d\vec{\zeta}}{dt} = (\mu + \mu')\,[\vec{\zeta}\,[\boldsymbol{E}\,\boldsymbol{v}]] = \left(\frac{e}{2m} + 2\mu'\right)[\vec{\zeta}[\boldsymbol{E}\,\boldsymbol{v}]].$$

Soll diese Gleichung quantenmechanisch durch Vertauschung des Spinoperators mit dem HAMILTON-Operator (nach (41,3)) folgen, dann muß man, wie man leicht nachprüfen kann,

$$\mathrm{H} = \mathrm{H}' - \left(\mu' + \frac{e}{4m}\right)\left(\vec{\sigma}\left[\boldsymbol{E}\frac{\boldsymbol{p}}{m}\right]\right) \tag{41,13}$$

setzen. Das ist der gesuchte Ausdruck. Für $\mu' = 0$ gelangen wir wieder zu (41,12) zurück. Wir machen darauf aufmerksam, daß das „normale“ magnetische Moment $e/2m$ gegenüber dem anomalen Moment μ' mit einem zusätzlichen Faktor 1/2 eingeht.[2])

[1]) Die letztere Forderung resultiert aus der Bedingung, daß die Streuung der Geschwindigkeiten im Wellenpaket im Ruhsystem klein gegenüber der Lichtgeschwindigkeit sei; anderenfalls darf man in diesem System keine nichtrelativistischen Formeln verwenden. Wenn sich das Feld sehr schnell ändert, können in den Gleichungen Zusatzterme mit den Ortsableitungen des Feldes ausschlaggebend werden.

[2]) Das ist derselbe „THOMAS-Faktor“, der in der Fußnote[1]) auf S. 132 erwähnt wurde. Die hier wiedergegebene Herleitung zeigt deutlich den Ursprung dieses Faktors.

Aufgaben

1. Man berechne die Richtungsänderung der Polarisation eines Teilchens, das sich in einer Ebene senkrecht zu einem homogenen Magnetfeld bewegt ($\boldsymbol{v} \perp \boldsymbol{H}$)!

Lösung. Auf der rechten Seite von Gleichung (41,9) bleibt nur das erste Glied übrig, d. h., der Vektor $\vec{\zeta}$ präzediert mit der Winkelgeschwindigkeit

$$-\frac{2\,\mu\,m + 2\,\mu'\,(\varepsilon - m)}{\varepsilon}\,\boldsymbol{H} = -\left(\frac{e}{\varepsilon} + 2\,\mu'\right)\boldsymbol{H}$$

um die $\boldsymbol{H}$-Richtung (z-Achse). Mit derselben Winkelgeschwindigkeit rotiert die Projektion von $\vec{\zeta}$ auf die xy-Ebene (die wir mit $\vec{\zeta}_1$ bezeichnen werden) in dieser Ebene. Der Vektor $\boldsymbol{v}$ rotiert in derselben Ebene mit der Winkelgeschwindigkeit $-\,e\,\boldsymbol{H}/\varepsilon$ (wie aus der Bewegungsgleichung $\dot{\boldsymbol{p}} = \varepsilon\,\dot{\boldsymbol{v}} = e\,[\boldsymbol{v}\,\boldsymbol{H}]$ zu ersehen ist). Daraus ist zu entnehmen, daß die Projektion $\vec{\zeta}_1$ mit der Winkelgeschwindigkeit $-\,2\,\mu'\,\boldsymbol{H}$ um die $\boldsymbol{v}$-Richtung rotiert.

2. Wie Aufgabe 1 für die Bewegung in Richtung des Magnetfeldes.

Lösung. Wenn die Richtungen von $\boldsymbol{v}$ und $\boldsymbol{H}$ übereinstimmen, lautet die Gleichung (41,9)

$$\frac{d\vec{\zeta}}{dt} = \frac{2\,\mu\,m}{\varepsilon}\,[\vec{\zeta}\,\boldsymbol{H}]\,,$$

d. h., $\vec{\zeta}$ präzediert um die gemeinsame $\boldsymbol{v}$- und $\boldsymbol{H}$-Richtung mit der Winkelgeschwindigkeit $-\,2\,\mu\,m\,\boldsymbol{H}/\varepsilon$.

3. Wie Aufgabe 1 für die Bewegung in einem homogenen elektrischen Feld.

Lösung. Das $\boldsymbol{E}$-Feld zeige in x-Richtung, und die Bewegung verlaufe in der xy-Ebene (dabei ist $p_y = \text{const}$). Aus (41,9) ist zu ersehen, daß der Vektor $\vec{\zeta}$ um die z-Achse präzediert mit der momentanen Winkelgeschwindigkeit

$$-\left(\frac{e}{\varepsilon + m} + 2\,\mu'\right) E\,\frac{p_y}{\varepsilon}\,.$$

Wir zerlegen $\vec{\zeta}$ wieder in die Komponenten ζ_2 und $\vec{\zeta}_1$ (in der xy-Ebene) und haben

$$\zeta_{||} = \zeta_1 \cos\varphi\,, \qquad \vec{\zeta}_\perp\,\boldsymbol{E} = -\,\zeta_1 \sin\varphi \cdot \frac{v_y}{v}\,.$$

Aus (41,11) finden wir, daß $\vec{\zeta}_1$ um die $\boldsymbol{v}$-Richtung mit der momentanen Winkelgeschwindigkeit

$$\dot{\varphi} = \frac{2\,v_y}{v^2}\left(\frac{\mu\,m^2}{\varepsilon^2} - \mu'\right) = \frac{p_y}{\varepsilon}\left(\frac{e\,m}{p^2} - 2\,\mu'\right)$$

präzediert.

§ 42. Neutronenstreuung an einem elektrischen Feld

Bei Stößen von Neutronen mit Kernen wird die Streuung in große Winkel durch die Hauptwechselwirkung — die Kernkräfte — bestimmt. Bei der Streuung in kleine Winkel wird, wie wir sehen werden, die Wechelwirkung des magnetischen Momentes des Neutrons mit dem elektrischen Feld des Kerns von Bedeutung (J. Schwinger, 1948).

Wir werden das Neutron als nichtrelativistisch annehmen, so daß die betrachtete Wechselwirkung durch den genäherten Hamilton-Operator (41,13) beschrieben wird. Das gesamte magnetische Moment eines elektrisch neutralen Teilchens ist „anomal“, und der Operator H' vereinfacht sich in diesem Fall auf den Operator für die kinetische Energie[1])

$$\mathrm{H} = -\frac{\hbar^2}{2m}\Delta + i\frac{\mu\,\hbar}{m\,c}\vec{\sigma}[\boldsymbol{E}\,\nabla]\,. \tag{42,1}$$

Da die elektromagnetische Wechselwirkung des Neutrons klein ist, kann die entsprechende Streuamplitude $\mathfrak{f}_{e\,m}$ in BORNscher Näherung berechnet werden:

$$\mathfrak{f}_{e\,m} = -\frac{m}{2\,\pi\,\hbar^2}\int e^{-i\boldsymbol{p}'\boldsymbol{r}/\hbar}\left(i\frac{\mu\,\hbar}{m\,c}\vec{\sigma}\,[\boldsymbol{E}\,\nabla]\right)e^{i\boldsymbol{p}\boldsymbol{r}/\hbar}\,d^3x$$

(s. III, § 125) oder

$$\mathfrak{f}_{e\,m} = \frac{\mu}{2\,\pi\,c\,\hbar^2}\vec{\sigma}\,[\boldsymbol{E}_{\boldsymbol{q}}\,\boldsymbol{p}]\,,\qquad \boldsymbol{E}_{\boldsymbol{q}} = \int \boldsymbol{E}(\boldsymbol{r})\,e^{-i\boldsymbol{q}\boldsymbol{r}}\,d^3x \tag{42,2}$$

($\boldsymbol{p}$ und $\boldsymbol{p}'$ sind die Impulse des Neutrons vor und nach der Streuung, $\hbar\,\boldsymbol{q} = \boldsymbol{p}' - \boldsymbol{p}$). In der angegebenen Form ist $\mathfrak{f}_{e\,m}$ ein Operator bezüglich der Spinvariablen.

Bevor wir uns mit den weiteren Rechnungen befassen, bemerken wir folgendes: Die Formel (42,1) ist in § 41 für langsam veränderliche Felder hergeleitet worden (was faktisch bedeutet, daß im HAMILTON-Operator die Glieder mit Ableitungen des Feldes nach dem Ort vernachlässigt worden sind). Bei der Anwendung auf das COULOMB-Feld des Kerns bedeutet das, daß die Wellenlänge $\hbar/p$ gegenüber den im Integral $\boldsymbol{E}_{\boldsymbol{q}}$ ausschlaggebenden Abständen $r \sim 1/q$ klein sein muß. Daraus folgt $\hbar\,q \ll p$, so daß der Streuwinkel $\theta \sim \hbar\,q/p \ll 1$ sein muß. Die geforderte Bedingung ist also gerade für die Streuung in kleine Winkel erfüllt.

Für das COULOMB-Feld mit dem Potential $\Phi = Z\,e/r$ ist die FOURIER-Komponente der Feldstärke

$$\boldsymbol{E}_{\boldsymbol{p}} = -\,i\,\boldsymbol{q}\,\Phi_{\boldsymbol{q}} = -\,i\,\boldsymbol{q}\,\frac{4\,\pi\,Z\,e}{q^2}$$

(s. II, (51,5)). Einsetzen in (42,2) ergibt

$$\mathfrak{f}_{e\,m} = i\frac{2\,Z\,e\,\mu}{q^2\,c\,\hbar^3}\,(\vec{\sigma}\,[\boldsymbol{p}\,\boldsymbol{p}'])\,.$$

Für kleine Streuwinkel ist $\hbar\,q \approx p\,\theta$ und $[\boldsymbol{p}\,\boldsymbol{p}'] \approx p^2\,\theta\,\vec{\nu}$, wenn $\vec{\nu}$ der Einheitsvektor in Richtung von $[\boldsymbol{p}\,\boldsymbol{p}']$ ist. Auf diese Weise bekommen wir

$$\mathfrak{f}_{e\,m} = i\frac{2\,Z\,e\,\mu}{\theta\,\hbar\,c}\vec{\sigma}\,\vec{\nu}\,.$$

Zu diesem Ausdruck ist noch die Amplitude für die Kernstreuung zu addieren. Wegen der raschen Abnahme der Kernkräfte mit wachsendem Abstand strebt diese Amplitude bei kleinen Winkeln gegen einen endlichen (energieabhängigen) komplexen Wert, den wir mit a bezeichnen. Die gesamte Streuamplitude ist dann

$$\mathfrak{f} = a + i\frac{b}{\theta}\vec{\sigma}\,\vec{\nu}\,,\qquad b = \frac{2\,Z\,e\,\mu}{c\,\hbar} = 2\,Z\,\alpha\,\frac{\mu}{e}\,. \tag{42,3}$$

[1]) In diesem Paragraphen verwenden wir normale Maßeinheiten, und der Buchstabe m bezeichnet die Neutronenmasse.

Wir sehen, daß die elektromagnetische Streuung bei genügend kleinen Winkeln tatsächlich vorherrschend ist.

Die Form des Ausdrucks (42,3) stimmt mit der in III, § 138 betrachteten überein. Daher können wir die dort abgeleiteten Formeln direkt übernehmen. Der über alle möglichen Polarisationszustände nach der Streuung summierte Streuquerschnitt ist

$$\frac{d\sigma}{do} = |a|^2 + \frac{b^2}{\theta^2} + 2\, b \operatorname{Im} a \cdot \vec{\nu}\vec{\zeta}\,, \tag{42,4}$$

wobei $\vec{\zeta}$ die Anfangspolarisation des Neutronenstrahls ist (***P*** in III, § 138). Falls der Anfangszustand unpolarisiert ist ($\vec{\zeta} = 0$), ist die Polarisation nach der Streuung

$$\vec{\zeta}' = \frac{2\, b \operatorname{Im} a \cdot \theta}{|a|^2\, \theta^2 + b^2}\, \vec{\nu}\,. \tag{42,5}$$

Diese Polarisation hat für $\theta = b/|a|$ ein Maximum, und es ist $\zeta'_{\max} = \operatorname{Im} a/|a|$.

KAPITEL V

STRAHLUNG

§ 43. Der Operator für die elektromagnetische Wechselwirkung

Die Wechselwirkung von Elektronen mit einem elektromagnetischen Feld kann in der Regel mit Hilfe der Störungstheorie behandelt werden. Dieser Umstand resultiert aus der relativ geringen Stärke der elektromagnetischen Wechselwirkung, die in dem kleinen Wert der zugehörigen dimensionslosen „Kopplungskonstante" – der Feinstrukturkonstante $\alpha = e^2/\hbar c = 1/137$ – zum Ausdruck kommt. Dieser kleine Wert spielt eine fundamentale Rolle in der Quantenelektrodynamik.

In der klassischen Elektrodynamik (s. II, § 28) wird die elektromagnetische Wechselwirkung durch das Glied

$$- e\, j^\mu A_\mu \tag{43,1}$$

in der LAGRANGE-Dichte des Systems „Feld + Ladungen" beschrieben (A ist das 4-Potential des Feldes, j ist der 4-Vektor für die Teilchenstromdichte). Dabei erfüllt die Stromdichte die Kontinuitätsgleichung

$$\partial_\mu j^\mu = 0\,, \tag{43,2}$$

die den Erhaltungssatz für die Ladung enthält. Wir erinnern daran (s. II, § 29), daß die Eichvarianz der Theorie mit diesem Gesetz eng verknüpft ist. Tatsächlich wird beim Übergang $A_\mu \to A_\mu + \partial_\mu \chi$ (4,1) zur LAGRANGE-Dichte (43,1) die Größe $- e\, j^\mu\, \partial_\mu \chi$ hinzugefügt, die auf Grund von (43,2) als 4-Divergenz

$$- e\, \partial_\mu (\chi\, j^\mu)$$

geschrieben werden kann und daher in der Wirkung $S = \int L\, d^4x$ bei der Integration über d^4x wegfällt.

In der Quantenelektrodynamik werden die 4-Vektoren j und A durch die entsprechenden Operatoren gemäß der zweiten Quantisierung ersetzt. Dabei wird der Stromoperator als $\mathrm{j} = \bar{\psi}\, \gamma\, \psi$ durch die ψ-Operatoren ausgedrückt. Die Werte von $\bar{\psi}$, ψ und A in jedem Raumpunkt spielen die Rolle der verallgemeinerten „Koordinaten" q im LAGRANGE-Operator

$$\int L_w\, d^3x = - e \int (\mathrm{j}\, \mathrm{A})\, d^3x\,.$$

Da die zugehörige Dichte nur von den „Koordinaten" q selbst abhängt (und nicht von deren Ableitungen nach x), bedeutet der Übergang zur HAMILTON-Dichte nach der Formel (10,11) lediglich einen Vorzeichenwechsel der LAGRANGE-

Dichte.[1]) Der Operator für die elektromagnetische Wechselwirkung (das über den ganzen Raum erstreckte Integral über die HAMILTON-Dichte für die Wechselwirkung) hat also die Gestalt

$$\mathrm{V} = e \int (\mathrm{j}\,\mathrm{A})\, d^3x\,. \tag{43,3}$$

Der Operator für das freie elektromagnetische Feld ist die Summe

$$\mathrm{A} = \sum_n \left[\mathrm{c}_n A_n(x) + \mathrm{c}_n^+ A_n^*(x)\right], \tag{43,4}$$

die Erzeugungs- und Vernichtungsoperatoren für Photonen in verschiedenen Zuständen enthält (die mit dem Index n versehen werden). Jeder solche Operator hat nichtverschwindende Matrixelemente nur bei Vergrößerung oder Verkleinerung der entsprechenden Besetzungszahl N_n um 1 (alle anderen Besetzungszahlen bleiben unverändert). Daher hat auch der Operator A von Null verschiedene Matrixelemente nur für Übergänge, bei denen sich die Photonenzahl um 1 ändert. In erster Näherung der Störungstheorie treten, mit anderen Worten, nur Prozesse mit einer einmaligen Emission oder Absorption eines Photons in Erscheinung.

Nach (2,15) sind die betreffenden Matrixelemente

$$\langle N_n - 1\,|\mathrm{c}_n|\,N_n\rangle = \langle N_n\,|\mathrm{c}_n^+|\,N_n - 1\rangle = \sqrt{N_n}\,. \tag{43,5}$$

Wenn im Anfangszustand des Feldes keine Photonen (der Sorte n) vorhanden sind, dann ist $\langle 1\,|\mathrm{c}_n^+|\,0\rangle = 1$. Für die Emission eines Photons ist das Matrixelement des Operator (43,3)

$$V_{fi}(t) = e\,(j_{fi}\,A_n^*)\, d^3x\,, \tag{43,6}$$

wobei $A_n(x)$ die Wellenfunktion des emittierten Photons und j_{fi} das Matrixelement des Operators j für den Übergang des Strahlers aus dem Anfangszustand i in den Endzustand f ist.[2]) Der 4-Vektor $j_{fi}^{\mu} = (\varrho_{fi}, \boldsymbol{j}_{fi})$ wird als Matrixelement des Stromes zu diesem Übergang bezeichnet.

Analog ergibt sich das Matrixelement für die Absorption eines Photons:

$$V_{fi}(t) = e \int (j_{fi}\,A_n)\, d^3x\,. \tag{43,7}$$

Es unterscheidet sich von (43,6) nur dadurch, daß statt $A_n^*(x)$ jetzt $A_n(x)$ steht.

Durch die Angabe des Argumentes t von V_{fi} heben wir hervor, daß es sich um ein zeitabhängiges Matrixelement handelt. Man kann in der üblichen Weise zu zeitunabhängigen Matrixelementen übergehen, indem man die Zeitfaktoren in der Wellenfunktion abspaltet:

$$V_{fi}(t) = V_{fi}\, e^{-i(E_i - E_f \mp \omega)t} \tag{43,8}$$

---

[1]) Unabhängig von diesen Überlegungen erwähnen wir, daß jede kleine Korrektur zur LAGRANGE-Dichte lediglich mit geändertem Vorzeichen in der HAMILTON-Dichte erscheint, wenn es sich nur um die Korrektur erster Ordnung handelt (s, I, § 40).

[2]) Die Bezeichnungen in (43,6) enthalten eine gewisse Inkonsequenz: Die Indizes von V_{fi} beziehen sich auf die Zustände des ganzen Systems „Strahler + Feld", während die Indizes von j_{fi} die Zustände des Strahlers allein bedeuten.

(E_i und E_f sind die Energien von Anfangs- bzw. Endzustand des strahlenden Systems, $\mp\omega$ entspricht der Emission bzw. Absorption eines Photons ω).

Die Wellenfunktion eines Photons mit einem bestimmten Impuls $\boldsymbol{k}$ und einer bestimmten Polarisation ist

$$A^\mu = \sqrt{4\pi}\,\frac{e^\mu}{\sqrt{2\,\omega}}\,e^{i\boldsymbol{k}\boldsymbol{r}} \tag{43,9}$$

(s. (4,3); der Zeitfaktor ist weggelassen). Durch Einsetzen in (43,6) erhalten wir das Matrixelement für die Emission eines solchen Photons in der Gestalt

$$V_{fi} = e\sqrt{4\pi}\,\frac{1}{\sqrt{2\,\omega}}\,e^*_\mu\, j^\mu_{fi}(\boldsymbol{k})\,, \tag{43,10}$$

wobei $j_{fi}(\boldsymbol{k})$ der zugehörige Strom in der Impulsdarstellung ist, d. h., das sind die FOURIER-Komponenten

$$j_{fi}(\boldsymbol{k}) = \int j_{fi}(\boldsymbol{r})\, e^{-i\boldsymbol{k}\boldsymbol{r}}\, d^3x\,. \tag{43,11}$$

Die entsprechende Formel für die Absorption eines Photons ist

$$V_{fi} = e\sqrt{4\pi}\,\frac{1}{\sqrt{2\,\omega}}\,e_\mu\, j^\mu_{fi}\,(-\boldsymbol{k})\,. \tag{43,12}$$

Die Gleichung für die Stromerhaltung besagt in der Impulsdarstellung, daß die Ströme zu den Übergängen 4-transversal sind:

$$k_\mu\, j^\mu_{fi} = \omega\,\varrho_{fi}(\boldsymbol{k}) - \boldsymbol{k}\,\boldsymbol{j}_{fi}(\boldsymbol{k}) = 0\,. \tag{43,13}$$

Die in diesem Paragraphen aufgeschriebenen Formeln sind ganz allgemein und gelten für elektromagnetische Prozesse unter Beteiligung beliebiger geladener Teilchen, solange keine bestimmte Gestalt für den Stromoperator angenommen worden ist. Die gegenwärtig vorhandene Theorie erlaubt nur, die Gestalt des Stromoperators für Elektronen anzugeben (und damit im Prinzip auch dessen Matrixelemente zu berechnen). Bei der Anwendung auf Systeme von Teilchen mit starker Wechselwirkung (unter anderem auch auf Kerne) muß man sich auf eine halbphänomenologische Theorie beschränken, in der die Ströme als Erfahrungsgrößen fungieren, die lediglich den allgemeinen Symmetrieforderungen für Raum und Zeit und der Kontinuitätsgleichung genügen.

§ 44. Emission und Absorption

Die Übergangswahrscheinlichkeit infolge einer Störung V wird in erster Näherung durch die bekannten Formeln der Störungstheorie gegeben (III, § 42). Anfangs- und Endzustand des strahlenden Systems mögen dem diskreten Spektrum angehören.[1]) Dann ist die Übergangswahrscheinlichkeit (pro

[1]) Damit werden auf jeden Fall auch die Rückstöße vernachlässigt; der ganze Strahler bleibt festgehalten.

Sekunde) für den Übergang $i \to f$ unter Emission eines Photons

$$dw = 2\pi \, |V_{fi}|^2 \, \delta\,(E_i - E_f - \omega)\, d\nu \; ; \qquad (44,1)$$

$d\boldsymbol{\nu}$ soll darin alle für den Zustand des Photons charakteristischen Größen bedeuten und einen stetigen Wertevorrat haben (dabei soll die Wellenfunktion des Photons auf eine δ-Funktion bezüglich $\boldsymbol{\nu}$ normiert sein).

Falls das Photon mit einem bestimmten Drehimpuls emittiert wird, ist die Frequenz ω die einzige stetige Größe. Die Integration über $d\nu \equiv d\omega$ beseitigt die δ-Funktion in der Formel (44,1) (indem ω durch den bestimmten Wert $\omega = E_i - E_f$ ersetzt wird), und die Übergangswahrscheinlichkeit ist dann

$$w = 2\pi \, |V_{fi}|^2 \, . \qquad (44,2)$$

Betrachtet man dagegen die Emission eines Photons mit einem gegebenen Impuls $\boldsymbol{k}$, dann ist $d\nu \equiv d^3k = \omega^2\, d\omega\, do$. Dabei wäre in Formel (44,1) anzunehmen, daß die Wellenfunktion des Photons auf $\delta(\boldsymbol{k})$ normiert ist. In diesem Buch normieren wir aber alle ebenen Wellen auf „ein Teilchen pro Volumeneinheit". Bei dieser Normierung fehlt der Faktor $(2\pi)^{-3/2}$ gegenüber der Normierung auf $\delta(\boldsymbol{k})$. Deshalb wird bei unserer Normierung der ebenen Welle für das Photon die Wahrscheinlichkeit für die Emission eines Photons mit einem gegebenen Impuls[1])

$$dw = 2\pi \, |V_{fi}|^2 \, \delta\,(E_i - E_f - \omega) \frac{d^3k}{(2\pi)^3} \qquad (44,3)$$

oder nach der Integration über $d\omega$

$$dw = \frac{1}{4\pi^2} \, |V_{fi}|^2 \, \omega^2 \, do \, . \qquad (44,4)$$

Hier muß das Matrixelement V_{fi} aus (43,10) eingesetzt werden.

In den folgenden Paragraphen werden wir diese Formeln zur Berechnung der Emissionswahrscheinlichkeit in verschiedenen konkreten Fällen anwenden. Hier befassen wir uns mit einigen allgemeinen Beziehungen zwischen den verschiedenartigen Strahlungsprozessen.

Wenn das Feld im Anfangszustand bereits eine von Null verschiedene Zahl N_n bestimmter Photonen enthält, dann ist das Matrixelement für den Übergang noch mit

$$\langle N_n + 1 \, | c_n^+ | \, N_n \rangle = \sqrt{N_n + 1} \qquad (44,5)$$

zu multiplizieren, d. h., die Übergangswahrscheinlichkeit wird mit $N_n + 1$ multipliziert. Der Summand 1 in diesem Faktor entspricht der *spontanen Emission*, die auch bei $N_n = 0$ vorkommt. Der Summand N_n entspricht der *induzierten Emission*. Wir sehen, daß die Existenz von Photonen im Anfangszustand des Feldes eine zusätzliche Emission dieser Photonen stimuliert.

---

[1]) Diese Schreibweise entspricht der Normierung auf „ein Photon im Volumen $V = 1$"; in (44,1) ist dann statt $d\nu = d^3k$ die Zahl der Zustände im Phasenvolumen $V\,d^3k$ einzusetzen, diese ist $d^3k/(2\pi)^3$.

Das Matrixelement V_{if} für den umgekehrten Übergang des Systems ($f \to i$) unterscheidet sich vom Element V_{fi} nur dadurch, daß (44,5) durch

$$\langle N_n - 1 | c_n | N_n \rangle = \sqrt{N_n}$$

ersetzt ist (die anderen Größen werden durch die konjugiert komplexen Größen ersetzt). Dieser umgekehrte Übergang ist die Absorption eines Photons von einem System, das aus dem Niveau E_f in das Niveau E_i übergeht. Zwischen den Wahrscheinlichkeiten für Emission und Absorption eines Photons (zu einem gegebenen Paar von Zuständen i und f) besteht daher die Beziehung[1])

$$\frac{w_{em}}{w_{ab}} = \frac{N_n + 1}{N_n} \tag{44,6}$$

(sie wurde erstmalig von A. EINSTEIN 1916 angegeben).

Wir wollen die Zahl der Photonen mit der Intensität der von außen auf das System einfallenden Strahlung in Verbindung bringen. Es sei

$$I_{ke}\, d\omega\, do \tag{44,7}$$

die Strahlungsenergie, die in 1 s auf die Fläche 1 cm² auftrifft und die Polarisation $\boldsymbol{e}$, die Frequenz im Intervall $d\omega$ und die Richtung des Wellenzahlvektors im Raumwinkel do hat. Den angegebenen Intervallen entsprechend $k^2\, dk\, do/(2\pi)^3$ Feldoszillatoren. Auf jeden Oszillator entfallen N_{ke} Photonen mit einer bestimmten Polarisation. Wir würden daher dieselbe Energie wie in (44,7) erhalten, wenn wir das Produkt

$$c \frac{k^2\, dk\, do}{(2\pi)^3} N_{ke} \cdot \hbar\omega = \frac{\hbar\omega^3}{8\pi^3 c^2} N_{ke}\, d\omega\, do$$

bilden. Hieraus finden wir die gesuchte Beziehung

$$N_{ke} = \frac{8\pi^3 c^2}{\hbar\omega^3} I_{ke}\,. \tag{44,8}$$

$dw_{ke}^{(sp)}$ sei die Wahrscheinlichkeit für die spontane Emission eines Photons mit der Polarisation $\boldsymbol{e}$ in den Raumwinkel do; die Indizes (in) und (ab) werden den entsprechenden Wahrscheinlichkeiten für induzierte Emission und Absorption angehängt. Nach (44,6) und (44,8) sind diese Wahrscheinlichkeiten durch die folgenden Beziehungen miteinander verknüpft:

$$dw_{ke}^{(ab)} = dw_{ke}^{(in)} = dw_{ke}^{(sp)} \frac{8\pi^3 c^2}{\hbar\omega^2} I_{ke}\,. \tag{44,9}$$

Wenn die einfallende Strahlung isotrop und unpolarisiert ist (I_{ke} hängt nicht von den Richtungen von $\boldsymbol{k}$ und $\boldsymbol{e}$ ab), dann ergeben die Integration von (44,9) über do und die Summation über $\boldsymbol{e}$ analoge Beziehungen zwischen den Gesamtwahrscheinlichkeiten für Strahlungsübergänge (zwischen gegebenen Zuständen i und f des Systems)

$$w^{(ab)} = w^{(in)} = w^{(sp)} \frac{\pi^2 c^2}{\hbar\omega^3} I\,, \tag{44,10}$$

[1]) Weiter werden wir in diesem Paragraphen gewöhnliche Maßeinheiten verwenden.

wenn $I = 2 \cdot 4\pi\, I_{ke}$ die gesamte spektrale Intensität der einfallenden Strahlung ist.

Falls die Zustände i und f des emittierenden (oder absorbierenden) Systems entartet sind, ergibt sich die gesamte Emissions- (oder Absorptions-) Wahrscheinlichkeit für bestimmte Photonen durch Summation über alle entarteten Endzustände und durch Mittelung über alle möglichen Anfangszustände. Wir bezeichnen die Entartungsgrade (die statistischen Gewichte) der Zustände i und f mit g_i bzw. g_f. Für die spontane und die induzierte Emission sind die Zustände i die Anfangszustände, für die Absorption die Zustände f. Unter der Voraussetzung, daß in jedem Fall alle g_i oder g_f Anfangszustände gleichwahrscheinlich sind, erhalten wir statt (44,10) offensichtlich die folgenden Beziehungen:[1])

$$g_f\, w^{(ab)} = g_i\, w^{(in)} = g_i\, w^{(sp)} \frac{\pi^2 c^2}{\hbar\, \omega^3} I\,. \qquad (44,11)$$

§ 45. Dipolstrahlung

Wir wenden die erhaltenen Formeln auf die Emission eines Photons von einem Elektron (im allgemeinen von einem relativistischen) in einem gegebenen äußeren Feld an. Der Strom ist in diesem Fall der Operator

$$\mathrm{j} = \bar{\boldsymbol{\psi}}\, \gamma\, \boldsymbol{\psi}\,.$$

Darin denkt man sich die ψ-Operatoren entwickelt nach dem System der Wellenfunktionen der stationären Zustände des Elektrons in dem betreffenden Feld (§ 32). Der Übergang des Elektrons aus dem Zustand i in den Zustand f wird durch das Matrixelement $\langle 0_i\, 1_f \,|\, \mathrm{j} \,|\, 1_i\, 0_f \rangle$ beschrieben. Diese Änderung der Besetzungszahlen wird durch den Operator $\mathrm{a}_f^+\, \mathrm{a}_i$ bewirkt, und wir erhalten für den Strom

$$j_{fi}^{\mu} = \bar{\psi}_f\, \gamma^\mu\, \psi_i = (\psi_f^*\, \psi_i,\, \psi_f^*\, \vec{\alpha}\, \psi_i)\,, \qquad (45,1)$$

wenn ψ_i und ψ_f die Wellenfunktionen für Anfangs- bzw. Endzustand des Elektrons sind.

Wir wählen die Wellenfunktion des Photons in der dreidimensional transversalen Eichung (der 4-Vektor der Polarisation ist $e = (0, \boldsymbol{e})$). Dann ist das Produkt in (43,10) $j_{fi}\, e^* = -\boldsymbol{j}_{fi}\, \boldsymbol{e}^*$. Durch Einsetzen von V_{fi} in (44,4) erhalten wir die folgende Formel für die Wahrscheinlichkeit, daß ein Photon

---

[1]) In der Literatur werden häufig die sogenannten EINSTEINschen Koeffizienten verwendet, die als $A_{if} = w^{(sp)}$, $B_{if} = w^{(in)}\, c/I$ und $B_{fi} = w^{(ab)}\, c/I$ definiert werden (die Größe I/c ist die räumliche Spektraldichte der Strahlungsenergie). Sie sind durch folgende Beziehungen miteinander verknüpft:

$$g_f\, B_{fi} = g_i\, B_{if} = g_i\, A_{if} \frac{\pi^2 c^3}{\hbar\, \omega^3}\,. \qquad (44,11\,a)$$

(pro Sekunde) mit der Polarisation $\boldsymbol{e}$ in das Raumwinkelelement do emittiert wird:

$$dw_{\boldsymbol{en}} = e^2 \frac{\omega}{2\pi} |\boldsymbol{e}^* \boldsymbol{j}_{fi}(\boldsymbol{k})|^2 \, do \tag{45,2}$$

mit

$$\boldsymbol{j}_{fi}(\boldsymbol{k}) = \int \psi_f^* \vec{\alpha} \, \psi_i \cdot e^{-i\boldsymbol{k}\boldsymbol{r}} \, d^3x \,. \tag{45,3}$$

Die Summation über die Polarisationen des Photons wird durch Mittelung über die $\boldsymbol{e}$-Richtungen (in der zur gegebenen $\boldsymbol{n}$-Richtung, $\boldsymbol{n} = \boldsymbol{k}/\omega$, senkrechten Ebene) ausgeführt. Anschließend wird das Ergebnis mit 2 multipliziert, weil es zwei unabhängige transversale Polarisationen eines Photons gibt.[1]) So ergibt sich die Formel

$$dw_{\boldsymbol{n}} = e^2 \frac{\omega}{2\pi} |[\boldsymbol{n} \, \boldsymbol{j}_{fi}(\boldsymbol{k})]|^2 \, do \,. \tag{45,4}$$

Ein sehr wichtiger Fall liegt dann vor, wenn die Wellenlänge des Photons λ groß gegenüber den Abmessungen a des strahlenden Systems ist. Dieser Fall wird normalerweise dadurch bedingt, daß die Geschwindigkeiten der Teilchen klein gegenüber der Lichtgeschwindigkeit sind. In erster Näherung bezüglich a/λ (die der Dipolstrahlung entspricht; vgl. II, § 67) kann man im Strom (54,3) den Faktor $e^{-i\boldsymbol{k}\boldsymbol{r}}$ durch 1 ersetzen; denn dieser ändert sich in dem Gebiet, in dem ψ_i oder ψ_f merklich von Null verschieden sind, nur wenig. Diese Näherung bedeutet, mit anderen Worten, die Vernachlässigung des Photonenimpulses gegenüber den Impulsen der Teilchen im System.

In derselben Näherung kann das Integral $\boldsymbol{j}_{fi}(0)$ durch den entsprechenden nichtrelativistischen Ausdruck ersetzt werden, d. h. einfach durch das Matrixelement $\boldsymbol{v}_{fi}$ der Geschwindigkeit des Elektrons, gebildet mit den SCHRÖDINGERschen Wellenfunktionen. Dieses Element ist seinerseits $\boldsymbol{v}_{fi} = -i\omega \boldsymbol{r}_{fi}$ und $e\,\boldsymbol{r}_{fi} = \boldsymbol{d}_{fi}$; $\boldsymbol{d}$ ist das Dipolmoment des Elektrons (infolge seiner Bahnbewegung). Auf diese Weise finden wir folgende Formel für die Wahrscheinlichkeit der Dipolstrahlung:

$$dw_{\boldsymbol{en}} = \frac{\omega^3}{2\pi} |\boldsymbol{e}^* \boldsymbol{d}_{fi}|^2 \, do \,. \tag{45,5}$$

(Die $\boldsymbol{n}$-Richtung kommt hier implizit vor: Der Vektor $\boldsymbol{e}$ muß senkrecht auf $\boldsymbol{n}$ stehen.) Durch Summation über die verschiedenen Polarisationen bekommen wir

$$dw_{\boldsymbol{n}} = \frac{\omega^3}{2\pi} |[\boldsymbol{n} \, \boldsymbol{d}_{fi}]|^2 \, do \,. \tag{45,6}$$

---

[1]) Zur Mittelung wird die Formel

$$\overline{e_i e_k^*} = \frac{1}{2} (\delta_{ik} - n_i n_k) \tag{45,4a}$$

oder

$$\overline{(\boldsymbol{a}\,\boldsymbol{e})\,(\boldsymbol{b}\,\boldsymbol{e}^*)} = \frac{1}{2} \{\boldsymbol{a}\,\boldsymbol{b} - (\boldsymbol{a}\,\boldsymbol{n})\,(\boldsymbol{b}\,\boldsymbol{n})\} = \frac{1}{2} [\boldsymbol{a}\boldsymbol{n}]\,[\boldsymbol{b}\boldsymbol{n}] \tag{45,4b}$$

verwendet; $\boldsymbol{a}$ und $\boldsymbol{b}$ sind konstante Vektoren (vgl. II, (78,6)).

Wegen der nichtrelativistischen Natur (hinsichtlich des Elektrons) dieser Formeln ist die Verallgemeinerung für beliebige Elektronensysteme unmittelbar evident; unter $\boldsymbol{d}_{fi}$ hat man das Matrixelement für die gesamte Dipolmoment des Systems zu verstehen.

Wir integrieren die Formel (45,6) über alle Richtungen und finden für die gesamte Emissionswahrscheinlichkeit

$$w = \frac{4\,\omega^3}{3}\,|\boldsymbol{d}_{fi}|^2 \tag{45,7}$$

oder in gewöhnlichen Einheiten

$$w = \frac{4\,\omega^3}{3\,\hbar\,c^3}\,|\boldsymbol{d}_{fi}|^2\,. \tag{45,7a}$$

Die Intensität I der Strahlung ergibt sich durch Multiplikation der Wahrscheinlichkeit mit $\hbar\,\omega$:

$$I = \frac{4\,\omega^4}{3\,c^3}\,|\boldsymbol{d}_{fi}|^2\,. \tag{45,8}$$

Diese Formel ist ganz analog zur klassischen Formel (s. II, (67,11)) für die Intensität der Dipolstrahlung eines Systems periodisch bewegter Teilchen: Die Strahlungsintensität zur Frequenz $\omega_s = s\,\omega$ (ω ist die Frequenz der Teilchenbewegung, s eine ganze Zahl) ist

$$I_s = \frac{4\,\omega_s^4}{3\,c^3}\,|\boldsymbol{d}_s|^2\,, \tag{45,9}$$

wobei $\boldsymbol{d}_s$ die Fourier-Komponenten des Dipolmomentes sind, d. h. die Entwicklungskoeffizienten in

$$\boldsymbol{d}(t) = \sum_{s=-\infty}^{\infty} \boldsymbol{d}_s\,e^{-is\omega t}\,. \tag{45,10}$$

Die quantentheoretische Formel (45,8) ergibt sich aus (45,9), indem man diese Fourier-Komponenten durch die Matrixelemente für die betreffenden Übergänge ersetzt. Diese Regel (die ein Ausdruck für das Bohrsche *Korrespondenzprinzip* ist) ist ein Spezialfall der allgemeinen Korrespondenz zwischen den Fourier-Komponenten der klassischen Größen und den quantentheoretischen Matrixelementen im quasiklassischen Fall (s. III, § 48). Die Strahlung ist quasiklassisch für Übergänge zwischen Zuständen mit großen Quantenzahlen; dabei ist die Frequenz des Überganges $\hbar\,\omega = E_i - E_f$ klein gegenüber den Energien E_i und E_f des Strahlers. Dieser Umstand würde aber keinerlei Änderungen in der Gestalt der Formel (45,8) ergeben, die für beliebige Übergänge gilt. Dadurch wird die (im bekannten Sinne zufällige) Tatsache erklärt, daß das Korrespondenzprinzip für die Strahlungsintensität nicht nur im quasiklassischen, sondern im allgemeinen quantenmechanischen Fall gilt.

§ 46. Elektrische Multipolstrahlung

Statt die Emission eines Photons in eine gegebene Richtung (d. h. mit einem gegebenen Impuls) zu betrachten, behandeln wir jetzt die Emission eines Photons mit einem bestimmten Drehimpuls j und einer bestimmten Projektion m des Drehimpulses auf eine gewisse ausgezeichnete z-Richtung. Wir haben in § 6 gesehen, daß es zwei Sorten solcher Photonen gibt — elektrische und magnetische; wir beginnen mit der Emission von Photonen des elektrischen Typs. Dabei werden wir wieder die Abmessungen des strahlenden Systems als klein gegenüber der Wellenlänge ansehen.

Die Rechnungen werden zweckmäßig mit Hilfe der Wellenfunktionen des Photons in der Impulsdarstellung durchgeführt, d. h., indem man den 4-Vektor $A^\mu(\boldsymbol{r})$ als FOURIER-Integral darstellt. Dann ist das interessierende Matrixelement

$$V_{fi} = e\int j^\mu_{fi}(\boldsymbol{r})\, A^*_\mu(\boldsymbol{r})\, d^3x = e\int d^3x \cdot j^\mu_{fi}(\boldsymbol{r}) \int \frac{d^3k}{(2\,\pi)^3}\, A^*_\mu(\boldsymbol{k})\, e^{-i\boldsymbol{k}\boldsymbol{r}} \qquad (46{,}1)$$

(zur Vereinfachung der Schreibweise lassen wir in den Formeln die Indizes $\omega\, j\, m$ an den Wellenfunktionen des Photons weg).

Für Ej-Photonen entnehmen wir die Wellenfunktion aus (7,10) und wählen die willkürliche Konstante C als

$$C = -\sqrt{\frac{j+1}{j}}\,.$$

Das Ziel dieser Wahl der Wellenfunktion ist, in den räumlichen Komponenten der Wellenfunktion ($\boldsymbol{A}$) die Glieder mit Kugelfunktionen der Ordnung $j - 1$ zum Wegfall zu bringen (wie aus den Formeln (7,16) zu ersehen ist). $\boldsymbol{A}$ wird dann nur Kugelfunktionen der Ordnung $j + 1$ enthalten, und infolgedessen ist der entsprechende Beitrag zu V_{fi} (wie in den folgenden Rechnungen offenbar wird) von höherer Ordnung (in a/λ) als der Beitrag von der Komponente $A^0 \equiv \Phi$, die Kugelfunktionen der niedrigeren Ordnung j enthält.

Wir setzen also

$$A^\mu = (\Phi, 0)\,, \qquad \Phi = -\sqrt{\frac{j+1}{j}}\,\frac{4\,\pi^2}{\omega^{3/2}}\,\delta\,(|\boldsymbol{k}| - \omega)\; Y_{jm}(\boldsymbol{n})$$

($\boldsymbol{n} = \boldsymbol{k}/\omega$). Diesen Ausdruck setzen wir in (46,1) ein, integrieren über $d|\boldsymbol{k}|$ und bekommen

$$V_{fi} = -\,e\sqrt{\frac{j+1}{j}}\,\frac{\sqrt{\omega}}{2\,\pi}\int d^3x \cdot \varrho_{fi}(\boldsymbol{r}) \int do_{\boldsymbol{n}}\, e^{-i\boldsymbol{k}\boldsymbol{r}}\, Y^*_{jm}(\boldsymbol{n})\,. \qquad (46{,}2)$$

Zur Berechnung des inneren Integrals benutzen wir die Entwicklung (24,12) in der Form

$$e^{i\boldsymbol{k}\boldsymbol{r}} = 4\,\pi \sum_{l=0}^{\infty}\sum_{m=-l}^{l} i^l\, g_l(k\,r)\; Y^*_{lm}\left(\frac{\boldsymbol{k}}{k}\right) Y_{lm}\left(\frac{\boldsymbol{r}}{r}\right) \qquad (46{,}3)$$

mit[1])

$$g_l(k\,r) = \sqrt{\frac{\pi}{2\,k\,r}}\, J_{l+1/2}(k\,r)\,. \tag{46,4}$$

Durch Einsetzen dieser Entwicklung in (46,2) erhalten wir

$$\int e^{-i\boldsymbol{k}\boldsymbol{r}}\, Y^*_{jm}(\boldsymbol{n})\, do_{\boldsymbol{n}} = 4\,\pi\, i^{-j}\, g_j(k\,r)\, Y^*_{jm}\left(\frac{\boldsymbol{r}}{r}\right)$$

(die anderen Glieder verschwinden infolge der Orthogonalität der Kugelfunktionen). Wegen der Bedingung $a/\lambda \ll 1$ werden im Integral über d^3x nur Abstände mit $k\,r \ll 1$ eine Rolle spielen. Deshalb können wir die Funktionen $g_j(k\,r)$ durch die ersten Glieder in den Entwicklungen nach $k\,r$ ersetzen:[2])

$$g_j(k\,r) \approx \frac{(k\,r)^j}{(2\,j+1)!!}\,. \tag{46,5}$$

Als Ergebnis erhalten wir

$$V_{fi} = (-1)^{m+1}\, i^j \sqrt{\frac{(2\,j+1)\,(j+1)}{\pi\, j}}\, \frac{\omega^{j+1/2}}{(2j+1)!!}\, e(Q^{(e)}_{j,-m})_{fi} \tag{46,6}$$

mit den Größen

$$(Q^{(e)}_{jm})_{fi} = \sqrt{\frac{4\,\pi}{2\,j+1}} \int \varrho_{fi}(\boldsymbol{r})\, r^j\, Y_{jm}\left(\frac{\boldsymbol{r}}{r}\right) d^3x \tag{46,7}$$

(wir erinnern an die Beziehung $Y_{j,-m} = (-1)^{j-m}\, Y^*_{jm}$). Die Größen (46,7) werden als *elektrische 2j-Polmomente zu einem Übergang* des Systems bezeichnet in Analogie zu den entsprechenden klassischen Größen (II, § 41).[3])

Für ein Elektron in einem äußeren Feld ist $\varrho_{fi} = \psi^*_f\, \psi_i$, und die Größen (46,7) werden als Matrixelemente der klassischen Größe

$$Q^{(e)}_{jm} = \sqrt{\frac{4\,\pi}{2\,j+1}}\, r^j\, Y_{jm}$$

berechnet.

---

[1]) Die Funktionen $g_l(k\,r)$ hängen nur von den Produkten $k\,r$ ab, und daher ist die Symmetrie der Formel in den Vektoren $\boldsymbol{r}$ und $\boldsymbol{k}$ klar zu erkennen. Welche der beiden Kugelfunktionen mit dem Symbol für das konjugiert Komplexe versehen wird, ist gleich.

Die Funktionen g_l werden so normiert, daß sie folgende asymptotische Gestalt für $k\,r \to \infty$ haben:

$$g_l(k\,r) \approx \frac{\sin\left(k\,r - \frac{\pi\, l}{2}\right)}{k\,r}\,. \tag{46,4a}$$

[2]) Die Potenz von $k\,r$ ist die Ordnung der Funktion Y_{jm}, mit der g_j multipliziert wird. Dadurch wird die Vernachlässigung der Glieder in $\boldsymbol{A}$, die Kugelfunktionen höherer Ordnung enthalten, gerechtfertigt.

[3]) Wir definieren die Multipolmomente ohne den Faktor e, weil auch die Ströme in diesem Buch ohne den Ladungsfaktor definiert worden sind.

Im (hinsichtlich der Teilchengeschwindigkeiten) nichtrelativistischen Fall kann das Matrixelement eines Multipolmomentes im Prinzip ähnlich auch für ein beliebiges System aus N miteinander wechselwirkenden Teilchen berechnet werden. Dabei wird die Dichte folgendermaßen durch die Wellenfunktionen des Systems ausgedrückt:

$$\varrho_{fi}(\boldsymbol{r}) = \int \psi_f^*(\boldsymbol{r}_1, \ldots, \boldsymbol{r}_N)\, \psi_i(\boldsymbol{r}_1, \ldots, \boldsymbol{r}_N) \sum_{n=1}^{N}{}' \delta(\boldsymbol{r} - \boldsymbol{r}_n) \cdot d^3x_1 \ldots d^3x_N\,, \tag{46,8}$$

wobei das Integral über den ganzen Konfigurationsraum zu erstrecken ist.[1])

Die von uns verwendete Wellenfunktion für das Photon entspricht (in der Ortsdarstellung) der Normierung auf eine δ-Funktion in ω, wie es auch in Formel (44,2) vorausgesetzt wurde. Setzen wir dort (46,6) ein, dann erhalten wir für eine Ej-Emission[2]) die Wahrscheinlichkeit

$$w_{jm}^{(e)} = \frac{2\,(2j+1)\,(j+1)}{j\,[(2j+1)!!]^2}\, \omega^{2j+1}\, |(Q_{j,-m}^{(e)})_{fi}|^2\,. \tag{46,9}$$

Speziell für $j = 1$ haben wir

$$w_{1m}^{(e)} = \frac{4\,\omega^3}{3}\, e^2\, |(Q_{1,-m}^{(e)})_{fi}|^2\,. \tag{46,10}$$

Die Größen $Q_{1m}^{(e)}$ sind durch die Formeln

$$e\,Q_{10}^{(e)} = i\,d_z\,, \qquad e\,Q_{1,\pm 1}^{(e)} = \mp \frac{i}{\sqrt{2}}\,(d_x \pm i\,d_y) \tag{46,11}$$

mit den Vektorkomponenten für das elektrische Dipolmoment verknüpft. Summieren wir (46,10) über alle möglichen m-Werte, so gelangen wir, wie es sein muß, zu der uns schon bekannten Formel (45,7) für die Gesamtwahrscheinlichkeit der Dipolstrahlung.

Die Winkelverteilung der Multipolstrahlung wird durch die Formel (7,11) gegeben. Wir normieren sie auf die gesamte Emissionswahrscheinlichkeit w_{jm} und haben

$$dw_{jm} = |\boldsymbol{Y}_{jm}^{(e)}(\boldsymbol{n})|^2\, w_{jm}\, do = \frac{w_{jm}}{j\,(j+1)}\, |\nabla_{\boldsymbol{n}}\, Y_{jm}|^2\, do\,. \tag{46,12}$$

Für $j = 1$ ist speziell

$$Y_{10} = i\sqrt{\frac{3}{4\pi}}\cos\theta\,, \qquad Y_{1,\pm 1} = \mp\, i\sqrt{\frac{3}{8\pi}}\sin\theta \cdot e^{\pm i\varphi}\,,$$

---

[1]) Die Voraussetzung, daß die Geschwindigkeiten der Elektronen im System klein seien, dient nur dazu, das System mit einer Wellenfunktion beschreiben zu können, und ist nicht von prinzipieller Natur. Es kann sein, daß die Übergangswahrscheinlichkeit auf Grund der genäherten Auswahlregeln verschwindet, die nur unter Vernachlässigung der Spin-Bahn-Wechselwirkung der Elektronen gelten. In diesem Fall muß man die Wellenfunktionen mit der relativistischen Korrektur verwenden, die diese Wechselwirkung berücksichtigt, um ein von Null verschiedenes Ergebnis zu erhalten.

[2]) Auf den ersten Blick könnte es scheinen, daß die gesamte Emissionswahrscheinlichkeit für ein Photon wegen der Isotropie des Raumes nicht von m abhängen darf. Das ist aber nicht richtig, was man leicht versteht, wenn man bedenkt, daß bei der Emission von Photonen mit verschiedenen m-Werten die Endzustände des Systems verschieden sein müssen (bei gegebenem Anfangszustand); vgl. die Regel (46,16).

wenn θ und φ Polarwinkel und Azimut der $\boldsymbol{n}$-Richtung bezüglich der z-Achse sind. Wir berechnen den Gradienten und finden für die Winkelverteilung der Dipolstrahlung mit bestimmten m-Werten die Ausdrücke

$$dw_{10} = w_{10} \frac{3}{8\pi} \sin^2 \theta \, do \,, \qquad dw_{1,\pm 1} = w_{1,\pm 1} \frac{3}{8\pi} \frac{1 + \cos^2 \theta}{2} do \,. \tag{46,13}$$

Diese kann man selbstverständlich auch aus der Formel (45,6) erhalten, indem man darin einmal (für $m = 0$) $d_x = d_y = 0$, $d_z = d$ und zum anderen ($m = \pm 1$) $d_y = \pm i \, d_x = d/\sqrt{2}$, $d_z = 0$ setzt.

Falls die Größenordnung der Ausdehnungen des Systems (Atom oder Kern) a ist, dann ist die Größenordnung der elektrischen Multipolmomente im allgemeinen $Q^{(e)}_{jm} \sim a^j$. Die Wahrscheinlichkeit für die Multipolstrahlung ist

$$w^{(e)}_{jm} \sim \alpha \, k \, (k \, a)^{2j} \,. \tag{46,14}$$

Geht man zu einem um 1 höheren Multipol über, so verringert sich die Emissionswahrscheinlichkeit um einen Faktor $\sim (k \, a)^2$.

Die Erhaltungssätze für Drehimpuls und Parität führen zu gewissen Auswahlregeln, die die möglichen Zustandsänderungen des strahlenden Systems einschränken. Der Anfangsdrehimpuls des Systems sei J_i; nach der Emission eines Photons mit dem Drehimpuls j kann der Drehimpuls des Systems nur Werte J_f annehmen, die durch die Regel für die Addition von Drehimpulsen bestimmt werden ($\boldsymbol{J}_i - \boldsymbol{J}_f = \boldsymbol{j}$):

$$|J_i - J_f| \leqq j \leqq J_i + J_f \,. \tag{46,15}$$

Zu vorgegebenen Werten J_i und J_f werden durch dieselbe Regel (46,15) die möglichen Werte für den Drehimpuls j des Photons festgelegt. Da aber die Emissionswahrscheinlichkeit mit zunehmendem j rasch kleiner wird, erfolgt die Emission hauptsächlich in der niedrigsten zugelassenen Strahlungsart.

Die Projektionen M_i und M_f der Drehimpulse $\boldsymbol{J}_i$ und $\boldsymbol{J}_f$ gehorchen zusammen mit der Projektion m des Photonendrehimpulses der (aus der Vorschrift für die Addition von Drehimpulsen) unmittelbar evidenten Regel

$$M_i - M_f = m \,. \tag{46,16}$$

Die Paritäten P_i und P_f von Anfangs- bzw. Endzustand des strahlenden Systems müssen die Bedingung $P_f \, P_{\text{ph}} = P_i$ erfüllen, wenn P_{ph} die Parität des emittierten Photons ist; da die Paritäten nur die beiden Werte ± 1 annehmen können, kann diese Bedingung auch in der Form

$$P_i \, P_f = P_{\text{ph}} \tag{46,17}$$

geschrieben werden. Für ein Photon vom elektrischen Typ ist $P_{\text{ph}} = (-1)^j$, so daß die Auswahlregel für die Parität bei elektrischer Multipolstrahlung lautet

$$P_i \, P_f = (-1)^j \,. \tag{46,18}$$

Die Auswahlregeln bezüglich des Gesamtdrehimpulses und der Parität gelten ganz streng und müssen für die Strahlung beliebiger Systeme erfüllt sein. Außer diesen Regeln kann es noch andere Auswahlregeln geben, die mit gewissen Besonderheiten in der Struktur konkreter strahlender Systeme zusammenhängen und nur beschränkt gültig sind. Diese Regeln sind unvermeidlich nur mehr oder weniger näherungsweise gültig; wir werden sie in den folgenden Paragraphen dieses Kapitels behandeln.

Die Abhängigkeit der Emissionswahrscheinlichkeit von den Quantenzahlen m, M_i und M_f wird allein durch den Tensorcharakter der Multipolmomente bestimmt. Die Größen Q_{jm} mit gegebenem j bilden eine tensorielle Kugelfunktion der Stufe j. Ihre Matrixelemente hängen von den angegebenen Quantenzahlen folgendermaßen ab:

$$|\langle n_f\, J_f\, M_f\, |Q_{j,\,-m}|\; n_i\, J_i\, M_i\rangle|^2 = \begin{pmatrix} J_f & j & J_i \\ M_f & m & -M_i \end{pmatrix}^2 |\langle n_f\, J_f\, ||Q_j||\; n_i\, J_i\rangle|^2 \qquad (46{,}19)$$

(s. III, (107,6)); der Buchstabe n steht für alle anderen Quantenzahlen eines Zustandes des Systems außer J und M. Die reduzierten Matrixelemente auf der rechten Seite von Gleichung (46,19) hängen nicht von den Zahlen m, M_i und M_f ab. Diese Formel wird in (46,9) eingesetzt und bestimmt die gesuchte Abhängigkeit, die sich als proportional zu

$$\begin{pmatrix} J_f & j & J_i \\ M_f & m & -M_i \end{pmatrix}^2$$

erweist (dabei ist natürlich vorausgesetzt, daß sich der Strahler nicht in einem äußeren Feld befindet; dann hängt die Frequenz ω bei einem Übergang nicht von den Zahlen M_i und M_f ab).

Wir summieren die Wahrscheinlichkeit über alle Werte von M_f (bei gegebenem M_i) und erhalten die gesamte Emissionswahrscheinlichkeit für ein Photon der betreffenden Frequenz aus dem Anfangsniveau $n_i\, J_i$ des Systems. Wegen der Isotropie des Raumes ist von vornherein klar, daß diese Größe auch von dem Anfangswert M_i nicht abhängen wird. Die Summation erfolgt mit Hilfe der Formel

$$\sum_{M_f} |\langle n_f\, J_f\, M_f\, |Q_{j,\,-m}|\; n_i\, J_i\, M_i\rangle|^2 = \frac{1}{2\,J_i+1}\, |\langle n_f\, J_f\, ||Q_j||\; n_i\, J_i\rangle|^2 \qquad (46{,}20)$$

(s. III, (107,11)).

§ 47. Magnetische Multipolstrahlung

Die Wellenfunktion eines Photons der magnetischen Strahlung ist $A^\mu = (0, \boldsymbol{A})$ und $\boldsymbol{A}$ wird durch die Formel (7,6) gegeben. Wir setzen sie in (46,1) ein und erhalten für das Matrixelement zu einem Übergang

$$V_{fi} = -\, e\frac{\sqrt{\omega}}{2\,\pi}\int d^3x \cdot \boldsymbol{j}_{fi}(\boldsymbol{r}) \int do_{\boldsymbol{n}} \cdot e^{-i\boldsymbol{k}\boldsymbol{r}}\, \boldsymbol{Y}^{(\mathrm{m})*}_{jm}(\boldsymbol{n})\,. \qquad (47{,}1)$$

Die Komponenten des Vektors $\boldsymbol{Y}^{(\mathrm{m})}_{jm}$ werden gemäß (7,16) durch die Kugelfunktionen j-ter Ordnung ausgedrückt. Indem wir wieder die Entwicklung

(46,3) benutzen, bekommen wir für das innere Integral

$$\int e^{-i k r} \boldsymbol{Y}_{jm}^{(\mathrm{m})*}(\boldsymbol{n})\, do_{\boldsymbol{n}} = 4\pi\, i^{-j}\, g_j(k\,r)\, \boldsymbol{Y}_{jm}^{(\mathrm{m})*}\left(\frac{\boldsymbol{r}}{r}\right),$$

und nach Einsetzen von g_j aus (46,5)[1])

$$V_{fi} = -\,e\, i^{-j} \frac{2\,\omega^{j+\frac{1}{2}}}{(2j+1)!!} \int \boldsymbol{j}_{fi}(\boldsymbol{r})\, r^j\, \boldsymbol{Y}_{jm}^{(\mathrm{m})*}\left(\frac{\boldsymbol{r}}{r}\right) d^3x\,.$$

Hier müssen wir nach der Definition (7,4) einsetzen:

$$\boldsymbol{Y}_{jm}^{(\mathrm{m})}\left(\frac{\boldsymbol{r}}{r}\right) = \frac{1}{\sqrt{j\,(j+1)}}\,[\boldsymbol{r} \bigtriangledown Y_{jm}]\,.$$

Danach formen wir den Integranden um,

$$r^j\, \boldsymbol{j}_{fi}[\boldsymbol{r} \bigtriangledown Y_{jm}^*] = -\,[\boldsymbol{r}\, \boldsymbol{j}_{fi}] \bigtriangledown (r^j\, Y_{jm}^*)\,,$$

und erhalten

$$V_{fi} = (-1)^m\, i^j \sqrt{\frac{(2j+1)(j+1)}{\pi j}}\, \frac{\omega^{j+\frac{1}{2}}}{(2j+1)!!}\, e(Q_{j,-m}^{(\mathrm{m})})_{fi} \tag{47,2}$$

mit den Größen

$$(Q_{jm}^{(\mathrm{m})})_{fi} = \frac{1}{j+1}\sqrt{\frac{4\pi}{2j+1}} \int [\boldsymbol{r}\, \boldsymbol{j}_{fi}] \bigtriangledown (r^j\, Y_{jm})\, d^3x\,. \tag{47,3}$$

Die Größen werden als *magnetische $2j$-Polmomente zu einem Übergang* bezeichnet.

Auf Grund der Analogie der Ausdrücke (47,2) und (46,6) ergibt sich für die Emissionswahrscheinlichkeit eine Formel, in der gegenüber (46,10) nur die elektrischen Momente durch die magnetischen ersetzt werden. Auch die Formel (46,12) für die Winkelverteilung bleibt gültig (wie schon in Verbindung mit (7,11) bemerkt worden ist).

Wir wollen uns die Struktur des Ausdrucks (47,3) für $j = 1$ näher anschauen. In diesem Fall sind die Funktionen

$$\sqrt{\frac{4\pi}{3}}\, r\, Y_{10} = i\, z\,, \qquad \sqrt{\frac{4\pi}{3}}\, r\, Y_{1,\pm 1} = \mp \frac{i}{\sqrt{2}}\,(x \pm i\, y)$$

und ihre Gradienten einfach gleich den Einheitsvektoren der zirkularen Polarisation $\boldsymbol{e}^{(0)}$, $\boldsymbol{e}^{(\pm 1)}$ (7,14). Daher sind die Größen $e(Q_{1m}^{(\mathrm{m})})_{fi}$ die sphärischen Komponenten des Vektors

$$\vec{\mu}_{fi} = \frac{e}{2}\int [\boldsymbol{r}\, \boldsymbol{j}_{fi}]\, d^3x\,, \tag{47,4}$$

der eine ähnliche Struktur wie das klassische magnetische Moment hat (s. II, § 44). Wir wollen zeigen, wie die Formel (47,4) mit dem üblichen quantenmechanischen nichtrelativistischen Ausdruck für den Operator des magnetischen Momentes zusammenhängt.

---

[1]) Man darf nicht den Strom $\boldsymbol{j}$ mit dem Drehimpuls j verwechseln!

Der nichtrelativistische Ausdruck für das Matrixelement des Stromes ist (s. III, § 114)

$$\boldsymbol{j}_{fi} = -\frac{i}{2m}(\psi_f^* \nabla \psi_i - \psi_i \nabla \psi_f^*) + \frac{\mu}{e s}\operatorname{rot}(\psi_f^* \mathrm{s}\, \psi_i)\,, \tag{47,5}$$

wenn μ das magnetische Moment des Teilchens und s sein Spin sind. Demnach ist

$$\vec{\mu}_{fi} = -\frac{ie}{4m}\int \psi_f^* [\boldsymbol{r}\nabla]\psi_i\, d^3x + \frac{ie}{4m}\int \psi_i [\boldsymbol{r}\nabla]\psi_f^*\, d^3x$$
$$+ \frac{\mu}{2s}\int [\boldsymbol{r} \operatorname{rot}(\psi_f^* \mathrm{s}\,\psi_i)]\, d^3x\,. \tag{47,6}$$

Im zweiten Summanden schreiben wir

$$\int \psi_i [\boldsymbol{r}\nabla]\psi_f^*\, d^3x = -\int \psi_f^* [\boldsymbol{r}\nabla]\psi_i\, d^3x + \int \operatorname{rot}(\boldsymbol{r}\,\psi_f^*\,\psi_i)\, d^3x\,.$$

Das letzte Integral wird in ein Oberflächenintegral über eine weit entfernte Fläche umgeformt und verschwindet. Die ersten beiden Summanden in (47,6) sind also gleich. Im dritten Summanden formen wir das Integral folgendermaßen um (vorübergehend führen wir die Bezeichnung $\boldsymbol{F} = \psi_f^* \mathrm{s}\,\psi_i$ ein):

$$\int [\boldsymbol{r}[\nabla \boldsymbol{F}]]\, d^3x = \oint [\boldsymbol{r}[d_f \cdot \boldsymbol{F}]] - \int [[\boldsymbol{F}\nabla]\boldsymbol{r}]\, d^3x\,.$$

Das Oberflächenintegral verschwindet, und im letzten Integral haben wir $[[\boldsymbol{F}\nabla]\boldsymbol{r}] = -\boldsymbol{F}\operatorname{div}\boldsymbol{r} + \boldsymbol{F} = -2\boldsymbol{F}$, also wird

$$\int [\boldsymbol{r} \operatorname{rot} \boldsymbol{F}]\, d^3x = 2\int \boldsymbol{F}\, d^3x\,.$$

Schließlich erhält der Ausdruck für $\vec{\mu}_{fi}$ die Gestalt

$$\vec{\mu}_{fi} = \int \psi_f^* \left(\frac{e}{2m}\mathbf{L} + \frac{\mu}{s}\mathrm{s}\right)\psi_i\, d^3x\,, \tag{47,7}$$

wobei $\mathbf{L} = -i[\boldsymbol{r}\nabla]$ der Bahndrehimpulsoperator für das Teilchen ist. Wie es sein muß, ist $\vec{\mu}_{fi}$ das Matrixelement des Operators

$$\vec{\mu} = \frac{e}{2m}\mathbf{L} + \frac{\mu}{s}\mathrm{s}\,, \tag{47,8}$$

der sich aus den Operatoren für das magnetische Bahnmoment und das magnetische Eigenmoment des Teilchens zusammensetzt.

Die Auswahlregeln für die magnetische Multipolstrahlung entsprechen den Regeln für die elektrische Strahlung: Für den Gesamtdrehimpuls gelten dieselben Regeln (46,15) und (46,16), und für die Parität gilt die Regel

$$P_i P_f = (-1)^{j+1}\,, \tag{47,9}$$

die sich durch Einsetzen der Parität eines Mj-Photons $P_\varphi = (-1)^{j+1}$ in (46,17) ergibt.

§ 48. Winkelverteilung und Polarisation der Strahlung

Die in § 46 und 47 abgeleiteten Formeln gelten für die Emission eines Photons mit bestimmten Werten für den Drehimpuls j und dessen Projektion m. Dementsprechend wurde vorausgesetzt, daß auch das strahlende System (sagen wir der Kern) vor und nach der Emission nicht nur bestimmte Werte für den Drehimpuls J, sondern auch bestimmte Polarisation hat, d. h. bestimmte Werte für M.

Jetzt wollen wir allgemeiner die Strahlung eines teilweise polarisierten Kerns betrachten (die Ausdehnungen des Kerns werden wieder als klein gegenüber der Wellenlänge angenommen). Das emittierte Photon hat wie früher einen bestimmten Drehimpuls j, aber es kann teilweise polarisiert sein. Wir wollen die Emissionswahrscheinlichkeit als Funktion der Richtung $\boldsymbol{n}$ des Photons berechnen. Sie muß durch die Dichtematrizen, die die Polarisationszustände von Kern und Photon beschreiben, ausgedrückt werden.

Dazu schreiben wir zunächst die Emissionswahrscheinlichkeit als Funktion der Richtung $\boldsymbol{n}$ und der Spiralität λ des Photons ($\lambda = \pm 1$) für den Fall auf, daß Anfangs- und Endzustand des Kerns bestimmte Werte $J_i\,M_i$ und $J_f\,M_f$ haben.

Das Matrixelement für die Emission eines Photons mit bestimmten $j\,m$ ist proportional zum Matrixelement des (elektrischen oder magnetischen) 2^j-Polmomentes des Kerns:

$$\langle J_f\,M_f;\,j\,m\,|V|\,J_i\,M_i\rangle \propto (-1)^m \langle J_f\,M_f\,|Q_{j,\,-m}|\,J_i\,M_i\rangle\,. \tag{48,1}$$

Die Wellenfunktion des emittierten Photons ist (in der Impulsdarstellung) proportional zu $\boldsymbol{Y}^{(e)}_{jm}(\boldsymbol{n})$ oder $\boldsymbol{Y}^{(m)}_{jm}(\boldsymbol{n})$. Die Wellenfunktion eines Photons mit dem Impuls in $\boldsymbol{n}$-Richtung und mit der Spiralität λ ist proportional zum Polarisationsvektor $\boldsymbol{e}^{(\lambda)}$. Das Matrixelement für die Emission eines Photons $\boldsymbol{n}\,\lambda$ ergibt sich durch Multiplikation von (48,1) mit der Projektion der Wellenfunktion für den Zustand $|j\,m\rangle$ auf die Wellenfunktion für den Zustand $|\boldsymbol{n}\,\lambda\rangle$:

$$\langle J_f\,M_f;\,\boldsymbol{n}\,\lambda\,|V|\,J_i\,M_i\rangle \propto (-1)^m \langle J_f\,M_f\,|Q_{j,\,-m}|\,J_i\,M_i\rangle\,(\boldsymbol{e}^{(\lambda)*}\,\boldsymbol{Y}_{jm})\,.$$

Nach (16,23) gilt für Photonen beider Arten

$$\boldsymbol{e}^{(\lambda)*}\,\boldsymbol{Y}_{jm}(\boldsymbol{n}) \propto D^{(j)}_{\lambda m}(\boldsymbol{n})\,. \tag{48,2}$$

Das Matrixelement des Multipolmomentes drücken wir in der üblichen Weise durch das reduzierte Element aus. Als Ergebnis erhalten wir die Wahrscheinlichkeitsamplitude für den Übergang in der Form

$$\langle J_f\,M_f;\,\boldsymbol{n}\,\lambda\,|V|\,J_i\,M_i\rangle \propto (-1)^{J_f-M_f+m}\begin{pmatrix} J_f & j & J_i \\ -M_f & -m & M_i \end{pmatrix} Q\,D^{(j)}_{\lambda m}(\boldsymbol{n})\,, \tag{48,3}$$

worin Q das Element $\langle J_f\,||Q||\,J_i\rangle$ bedeutet.

Nunmehr können wir zum allgemeinen Fall gemischter Polarisationszustände übergehen. Nach den allgemeinen Regeln der Quantenmechanik wird die Übergangswahrscheinlichkeit dem Ausdruck[1])

$$\sum_{(m)} \langle J_f\, M_f;\, \boldsymbol{n}\, \lambda\, |V|\, J_i\, M_i\rangle\, \langle J_f\, M_f';\, \boldsymbol{n}\, \lambda'\, |V|\, J_i\, M_i'\rangle^* \times \langle M_i\, |\varrho^{(i)}|\, M_i'\rangle\, \langle M_f'\, |\varrho^{(f)}|\, M_f\rangle\, \langle \lambda'\, |\varrho^{(\gamma)}|\, \lambda\rangle \tag{48,4}$$

proportional sein, in dem $\varrho^{(i)}$, $\varrho^{(f)}$ und $\varrho^{(\gamma)}$ die Polarisationsmatrizen für Anfangskern, Endkern bzw. das emittierte Photon sind; das Symbol (m) unter dem Summenzeichen bedeutet, daß die Summation über alle doppelt auftretenden m-Indizes $(M_i\, M_i'\, M_f\, M_f'\, \lambda\, \lambda')$ erfolgt. In (48,4) ist (48,3) einzusetzen.

Wir bezeichnen die Wahrscheinlichkeit für die Emission eines Photons in den Raumwinkel do mit $w(\boldsymbol{n})\, do$. Die Gesamtwahrscheinlichkeit für die Emission in alle möglichen Richtungen und zu allen möglichen Polarisationen des Photons und des Sekundärkerns hängt offensichtlich nicht von dem anfänglichen Polarisationszustand des Kerns ab. Sie wird durch die bereits bekannten Formeln gegeben und interessiert uns hier nicht. Deshalb vereinbaren wir, die Wahrscheinlichkeit $w(\boldsymbol{n})$ auf 1 zu normieren. Es ergibt sich[2])

$$w(\boldsymbol{n}) = \frac{(2j+1)(2J_i+1)}{8\pi} \sum_{(m)} (-1)^{2J_i - M_i - M_i'}\, D^{(j)}_{\lambda m}\, D^{(j)*}_{\lambda' m'} \times$$
$$\times \begin{pmatrix} J_f & j & J_i \\ -M_f & -m & M_i \end{pmatrix} \begin{pmatrix} J_f & j & J_i \\ -M_j' & -m' & M_i' \end{pmatrix} \langle M_i\, |\varrho^{(i)}|\, M_i'\rangle\, \langle M_f'\, |\varrho^{(f)}|\, M_f\rangle\, \langle \lambda'\, |\varrho^{(\gamma)}|\, \lambda\rangle$$

(von der Richtigkeit der Normierung werden wir uns später überzeugen). Wir formen diese Formel um, indem wir das Produkt der beiden D-Funktionen in

---

[1]) Wenn Anfangs- und Endzustand des Systems durch die Superpositionen

$$\psi^{(i)} = \sum_n a_n\, \psi_n^{(i)}, \qquad \psi^{(f)} = \sum_m b_m\, \psi_m^{(f)}$$

beschrieben werden, dann ist das Matrixelement

$$\langle f|\, V\, |i\rangle = \sum_{m\,n} b_m^*\, a_n\, V_{m\,n}$$

und sein Quadrat

$$|\langle f|\, V\, |i\rangle|^2 = \sum_{n\,n'\,m\,m'} V_{m\,n}\, V^*_{m'\,n'}\, a_n\, a^*_{n'}\, b_{m'}\, b^*_m\,.$$

Der Übergang zum Fall gemischter Zustände geschieht durch die Substitution

$$a_n\, a_n^* \to \varrho^{(i)}_{n\,n'}, \qquad b_{m'}\, b_m^* \to \varrho^{(f)}_{m'\,m},$$

und es gilt

$$|\langle f|\, V\, |i\rangle|^2 = \sum_{n\,n'\,m\,m'} V_{m\,n}\, V^*_{m'\,n'}\, \varrho^{(i)}_{n\,n'}\, \varrho^{(f)}_{m'\,m}\,.$$

[2]) Bei den Umformungen des Vorzeichenfaktors kann man ausnutzen, daß die Zahlen $2\,J_i$, $2\,J_f$, $2\,M_i$ und $2\,M_f$ alle gerade oder alle ungerade sind. Wir erinnern ferner daran, daß j und m ganzzahlig sind und daß $\lambda = \pm 1$ ist.

die Reihe (b. 2) entwickeln:

$$D^{(j)}_{\lambda m} D^{(j)*}_{\lambda' m'} = (-1)^{\lambda'+m'} D^{(j)}_{\lambda m} D^{(j)}_{-\lambda' -m'}$$
$$= (-1)^{\lambda+m} \sum_L (2L+1) \begin{pmatrix} j & j & L \\ \lambda & -\lambda' & -\Lambda \end{pmatrix} \begin{pmatrix} j & j & L \\ m & -m' & -\mu \end{pmatrix} D^{(L)}_{\Lambda \mu}$$

(die Indizes bedeuten $\Lambda = \lambda - \lambda'$, $\mu = m - m'$; L ist eine ganze Zahl, $L \geqq 2j$). Auf diese Weise erhalten wir endgültig

$$w(\boldsymbol{n}) = \frac{(2j+1)(2J_i+1)}{8\pi} \sum_L \sum_{(m)} (-1)^{2J_i - M_i - M_i' + m + 1} (2L+1)$$
$$\times \begin{pmatrix} j & j & L \\ \lambda & -\lambda' & -\Lambda \end{pmatrix} \begin{pmatrix} j & j & L \\ m & -m' & -\mu \end{pmatrix} \begin{pmatrix} J_f & j & J_i \\ -M_f & -m & M_i \end{pmatrix} \begin{pmatrix} J_f & j & J_i \\ -M_f' & -m' & -M_i' \end{pmatrix}$$
$$\times D^{(L)}_{\Lambda\mu}(\boldsymbol{n}) \langle M_i | \varrho^{(i)} | M_i' \rangle \langle M_f' | \varrho^{(f)} | M_f \rangle \langle \lambda' | \varrho^{(\gamma)} | \lambda \rangle . \tag{48,5}$$

Wie oben bedeutet $\sum_{(m)}$ die Summe über alle (doppelt auftretenden) m-Indizes. Dabei ist der Unterschied zwischen den Indizes λ, λ' und den anderen m-Indizes zu beachten: Sie werden nicht über alle möglichen $2j+1$ Indizes (bei gegebenem j-Index) summiert, sondern nur über die beiden Werte $\lambda, \lambda' = \pm 1$, entsprechend den beiden Polarisationen eines Photons.

Formel (48,5) beinhaltet die ganze erforderliche Information über die Winkelverteilung der emittierten Photonen und deren Polarisation sowie über die Polarisation der Sekundärkerne (die die Photonen emittiert haben). Dabei versteht es sich, daß die Polarisationsmatrix für den Anfangszustand gegeben ist.

Winkelverteilung

Die Winkelverteilung der Photonen ergibt sich durch Summation über alle Polarisation des Photons und des Sekundärkernes. Die Mittelung über die Polarisationen geschieht durch Einsetzen der Polarisationsmatrizen für die unpolarisierten Zustände:

$$\langle \lambda | \varrho^{(\gamma)} | \lambda' \rangle = \frac{1}{2} \delta_{\lambda\lambda'}, \qquad \langle M_f | \varrho^{(f)} | M_f' \rangle = \frac{1}{2J_f+1} \delta_{M_f M_f'} . \tag{48,6}$$

Die Summation verlangt nun einfach die Multiplikation mit 2 (für das Photon) oder mit $2J_f + 1$ (für den Kern). Mit anderen Worten, die Summation erfolgt einfach durch die Substitution

$$\langle \lambda | \varrho^{(\gamma)} | \lambda' \rangle \to \delta_{\lambda\lambda'}, \qquad \langle M_f | \varrho^{(f)} | M_f' \rangle \to \delta_{M_f M_f'} . \tag{48,7}$$

So ergibt sich die Winkelverteilung

$$\overline{w}(\boldsymbol{n}) = \frac{(2j+1)(2J_i+1)}{8\pi} \sum_L \sum_{(m)} (-1)^{m'+1} (2L+1) D^{(L)}_{0\mu}(\boldsymbol{n})$$
$$\times \begin{pmatrix} j & j & L \\ \lambda & -\lambda & 0 \end{pmatrix} \begin{pmatrix} j & j & L \\ m & -m' & -\mu \end{pmatrix} \begin{pmatrix} J_f & j & J_i \\ -M_f & -m & M_i \end{pmatrix} \begin{pmatrix} J_f & j & J_i \\ -M_f & -m' & M_i' \end{pmatrix} \langle M_i | \varrho^{(i)} | M_i' \rangle .$$

Diese Formel kann durch Summation über die m-Indizes wesentlich vereinfacht werden.

Zuerst vermerken wir

$$\begin{pmatrix} j & j & L \\ \lambda & -\lambda & 0 \end{pmatrix} = (-1)^L \begin{pmatrix} j & j & L \\ -\lambda & \lambda & 0 \end{pmatrix}, \tag{48,8}$$

daher wird die Summe

$$\sum_{\lambda=\pm 1} \begin{pmatrix} j & j & L \\ \lambda & -\lambda & 0 \end{pmatrix} = \begin{cases} 2 \begin{pmatrix} j & j & L \\ 1 & -1 & 0 \end{pmatrix} & \text{für gerades } L, \\ 0 & \text{für ungerades } L\,. \end{cases}$$

In der Summe über L bleiben deshalb nur die Glieder mit geraden L stehen, d. h., es sind darin nur Kugelfunktionen ($D^{(L)}_{0\mu}$) gerader Ordnungen enthalten. Dieses Ergebnis konnte man bereits vorher erkennen: Wegen der Paritätserhaltung muß die Wahrscheinlichkeit gegenüber einer Spiegelung invariant sein, d. h. gegenüber dem Übergang $\boldsymbol{n} \to -\boldsymbol{n}$.

Auf diese Weise wird

$$\overline{w}(\boldsymbol{n}) = \frac{(2j+1)(2J_i+1)}{4\pi} \sum_L (2L+1) \begin{pmatrix} j & j & L \\ 1 & -1 & 0 \end{pmatrix} D^{(L)}_{0\mu}(\boldsymbol{n}) \sum_{(m)} (-1)^{m'+1}$$
$$\times \begin{pmatrix} j & j & L \\ m & -m' & -\mu \end{pmatrix} \begin{pmatrix} J_f & j & J_i \\ -M_f & -m & M_i \end{pmatrix} \begin{pmatrix} J_f & j & J_i \\ -M_f & -m' & M_i' \end{pmatrix} \langle M_i |\varrho^{(i)}| M_i' \rangle\,.$$

An dieser Stelle läßt sich die Normierung leicht überprüfen: Auf Grund der Formel

$$\int D^{(L)}_{0\mu}(\boldsymbol{n}) \frac{do}{4\pi} = \delta_{L0}\,\delta_{\mu 0}$$

behalten wir nach der Integration über die Richtungen nur das Glied mit $L = \mu = 0$ übrig; mit Hilfe der Formeln

$$\begin{pmatrix} j & j & 0 \\ m & -m & 0 \end{pmatrix} = (-1)^{j-m} \frac{1}{\sqrt{2j+1}},$$

$$\sum_{M_f m} \begin{pmatrix} J_f & j & J_i \\ -M_f & -m & M_i \end{pmatrix}^2 = \frac{1}{2J_i+1}, \qquad \operatorname{Sp} \varrho^{(i)} = 1$$

überzeugen wir uns, daß dieses Glied gleich 1 ist.

Die weitere Summation über $m\,m'\,M$ in der inneren Summe in $\overline{w}(\boldsymbol{n})$ erfolgt mit Hilfe der Formel III, (108,4). Als Ergebnis erhalten wir für die Winkelverteilung der Photonen folgende Endformel:

$$\overline{w}(\boldsymbol{n}) = (-1)^{1+J_i+J_f} \frac{(2j+1)\sqrt{2J_i+1}}{4\pi}$$
$$\times \sum_{\text{gerade } L} (-i)^L \sqrt{(2L+1)} \begin{pmatrix} j & j & L \\ 1 & -1 & 0 \end{pmatrix} \begin{Bmatrix} J_i & J_i & L \\ j & j & J_f \end{Bmatrix} \sum_\mu \mathscr{P}^{(i)*}_{L\mu} D^{(L)}_{0\mu}(\boldsymbol{n}) \tag{48,9}$$

mit den Bezeichnungen

$$\left.\begin{aligned} \mathscr{P}^{(i)}_{L\mu} &= i^L \sqrt{(2L+1)(2J_i+1)} \sum_{M_i M_i'} (-1)^{J_i - M_i'} \\ &\qquad \times \begin{pmatrix} J_i & L & J_i \\ -M_i' & \mu & M_i \end{pmatrix} \langle M_i | \varrho^{(i)} | M_i' \rangle , \\ \mathscr{P}^{(i)*}_{L\mu} &= (-1)^{L-\mu} \mathscr{P}^{(i)}_{L,-\mu} . \end{aligned}\right\} \tag{48,10}$$

Die innere Summe in (48,9) ist über alle $|\mu| \leqq L$ zu erstrecken, die äußere über alle geraden Werte von L, die die Bedingungen

$$L \leqq 2j , \qquad L \geqq 2J_i \tag{48,11}$$

erfüllen (diese Bedingungen folgen aus den Dreiecksungleichungen, denen die j-Indizes in den 3 j-Symbolen in (48,9) und (48,10) genügen müssen). Infolge dieser Bedingungen ist die Anzahl der Summanden normalerweise nicht sehr groß. Für $J_i = 0$ oder 1/2 bleibt nur der Summand mit $L = 0$ übrig, d. h., die Strahlung ist isotrop (man überzeugt sich einfach, daß der Summand mit $L = 0$ gleich 1/4 ist, wie es nach der Normierungsvorschrift sein muß). Für $J_i = 1$, 3/2 oder für $j = 1$ bleiben in der Summe über L zwei Summanden stehen: zu $L = 0$ und 2. Wenn die Polarisationsmatrix $\varrho^{(i)}$ diagonal ist ($M_i = M_i'$), dann ist $\mu = 0$, und die Verteilungsfunktion (48,9) wird zu einer Entwicklung nach LEGENDREschen Polynomen (nach (16,5) und (a, 17) reduzieren sich die Funktionen $D^{(L)}_{00}$ auf die Funktionen $P_L(\cos\theta)$). Falls schließlich

$$\langle M_i | \varrho^{(i)} | M_i' \rangle = \frac{1}{2J_i+1} \delta_{M_i M_i'}$$

ist, d. h., der Anfangskern ist unpolarisiert, dann sind alle $\mathscr{P}^{(i)}_{L\mu} = 0$ bis auf $\mathscr{P}^{(i)}_{00} = 1$.[1])

Die Größen $\mathscr{P}_{L\mu}$ sind gut geeignet zur Angabe des Polarisationszustandes des Kerns; wir werden sie Polarisationsmomente nennen. Die Formel (48,10) drückt diese Größen durch die Polarisationsmatrix $\varrho_{MM'}$ aus. Die Gültigkeit

---

[1]) Unter Beachtung von

$$\begin{pmatrix} J & 0 & J \\ -M' & 0 & M \end{pmatrix} = (-1)^{J-M} \frac{1}{\sqrt{2J+1}} \delta_{MM'}$$

haben wir tatsächlich

$$\sum_{MM'} (-1)^{J-M'} \begin{pmatrix} J & L & J \\ -M' & \mu & M \end{pmatrix} \delta_{MM'} = \sqrt{2J+1} \times$$

$$\times \sum_{MM'} \begin{pmatrix} J & L & J \\ -M' & \mu & M \end{pmatrix} \begin{pmatrix} J & 0 & J \\ -M' & 0 & M \end{pmatrix} = \sqrt{2J+1}\, \delta_{L0}\, \delta_{\mu 0} ,$$

und nun finden wir aus der Definition (48,10) das angegebene Resultat.

der inversen Formel, die diese Matrix durch die Polarisationsmomente ausdrückt, kann leicht direkt nachgeprüft werden:

$$\varrho_{M M'} = \sum_{L \mu} \sqrt{\frac{2\,L+1}{2\,J+1}}\; i^{-L}\,(-1)^{J-M'} \begin{pmatrix} J & L & J \\ -M' & \mu & M \end{pmatrix} \mathcal{P}_{L\mu}\,. \tag{48,12}$$

$f_{L\mu}$ sei eine tensorielle Kugelfunktion, die nur vom Polarisationszustand des Kerns abhängt. Nach den allgemeinen Regeln (s. III, (14,8)) ist ihr Mittelwert für den Zustand mit der Dichtematrix $\varrho_{M M'}$ gleich

$$\bar{f}_{L\mu} = \sum_{M M'} \varrho_{M M'}\, \langle J\, M' \,| f_{L\mu} |\, J\, M \rangle\,. \tag{48,13}$$

Wir drücken die Matrixelemente der Größen $f_{L\mu}$ gemäß

$$\langle J\, M' \,| f_{L\mu} |\, J\, M \rangle = i^{L}\,(-1)^{J-M'} \begin{pmatrix} J & L & J \\ -M' & \mu & M \end{pmatrix} \langle J \,\|f_L\|\, J \rangle$$

durch das reduzierte Element $\langle J \,\|f_L\|\, J \rangle$ aus, führen nach der Definition (48,10) die Polarisationsmomente ein und bekommen

$$\bar{f}_{L\mu} = \frac{\langle J\|f_L\|J \rangle}{\sqrt{(2\,L+1)\,(2\,J+1)}}\, \mathcal{P}_{L\mu}\,. \tag{48,14}$$

Die Polarisation des Photons

Sind (neben $\varrho^{(i)}$) die Matrizen $\varrho^{(\gamma)}$ und $\varrho^{(f)}$ gegeben, dann gibt die Formel (48,5) die Übergangswahrscheinlichkeit bei Emission eines Photons und unveränderten bestimmten Polarisationszuständen des Kerns an. Diese Zustände sind eigentlich nicht für den Emissionsvorgang an sich charakteristisch, sondern für die Detektoren von Photon und Rückstoßkern, die die bestimmten Polarisationen feststellen. Eine andere Fragestellung ist natürlicher: Der Endzustand des Systems „Kern + Photon" wird nicht von vornherein fixiert, und es ist die Polarisationsmatrix für diesen Zustand zu berechnen, wenn nur die Richtung für die Emission des Photons bekannt ist.

Die Antwort auf diese Frage wird von Formel (48,5) gegeben. Wir bringen diese in die Form

$$w = \overline{w}(\boldsymbol{n}) \sum_{(m)} \langle M_f;\, \boldsymbol{n}\,\lambda \,|\varrho|\, M_f';\, \boldsymbol{n}\,\lambda' \rangle\, \langle \lambda' \,|\varrho^{(\gamma)}|\, \lambda \rangle\, \langle M_f' \,|\varrho^{(f)}|\, M_f \rangle\,. \tag{48,15}$$

Der Ausdruck $\langle M_f;\, \boldsymbol{n}\,\lambda \,|\varrho|\, M_f';\, \boldsymbol{n}\,\lambda' \rangle$ ist dann die gesuchte Polarisationsmatrix, weil nach den allgemeinen Regeln der Quantenmechanik die Übergangswahrscheinlichkeit w in einen vorbestimmten Zustand durch die „Projektion" auf die gegebenen $\varrho^{(\gamma)}$ und $\varrho^{(f)}$ bestimmt wird. Der Faktor $\overline{w}(\boldsymbol{n})$ ist in (48,15) herausgezogen worden, damit diese Matrix nach der üblichen Vorschrift normiert ist:

$$\sum_{\lambda M_f} \langle M_f;\, \boldsymbol{n}\,\lambda \,|\varrho|\, M_f;\, \boldsymbol{n}\,\lambda \rangle = 1\,.$$

Wenn wir uns nur für die Polarisation des Photons interessieren, müssen wir über $M_f = M'_f$ summieren:

$$\langle \boldsymbol{n}\,\lambda\,|\varrho|\,\boldsymbol{n}\,\lambda'\rangle = \sum_{M_f} \langle M_f;\,\boldsymbol{n}\,\lambda\,|\varrho|\,M_f;\,\boldsymbol{n}\,\lambda'\rangle\,.$$

Ganz analog zur Herleitung der Formel (48,9) erhalten wir

$$\langle \boldsymbol{n}\,\lambda\,|\varrho|\,\boldsymbol{n}\,\lambda'\rangle = (-1)^{1+J_i+J_f}\,\frac{(2j+1)\sqrt{2J_i+1}}{8\pi\,\overline{w}(\boldsymbol{n})}\sum_L (-1)^L\sqrt{2L+1}$$
$$\times\begin{pmatrix} j & j & L\\ \lambda & -\lambda' & -\Lambda\end{pmatrix}\begin{Bmatrix} J_i & J_i & L\\ j & j & J_f\end{Bmatrix}\sum_\mu \mathscr{P}^{(i)*}_{L\mu}\,D^{(L)}_{\Lambda\mu}(\boldsymbol{n}) \qquad (48{,}16)$$

($\Lambda = \lambda - \lambda'$); die Summation erfolgt über alle ganzzahligen Werte von L, die die Bedingungen (48,11) erfüllen.

Insbesondere wird die zirkulare Polarisation durch den STOKESschen Parameter

$$\xi_2 = \langle \boldsymbol{n}\,1\,|\varrho|\,\boldsymbol{n}\,1\rangle - \langle \boldsymbol{n},\,-1\,|\varrho|\,\boldsymbol{n},\,-1\rangle$$

bestimmt (s. die Aufgabe zu § 8). Auf Grund der Beziehung (48,8) fallen in dieser Differenz alle Summanden mit geradzahligem L heraus, und die entstehende Formel für ξ_2 unterscheidet sich von dem Ausdruck (48,9) nur dadurch, daß über die ungeradzahligen (statt geradzahligen) L-Werte summiert wird.

Die Polarisation der Sekundärkerne

Wenn wir uns schließlich nur für die Polarisation der Kerne im Endzustand interessieren, haben wir $\varrho^{(\gamma)} \to \delta$ zu setzen. Falls wir dabei auch über die Richtungen des Photons integrieren, wird die Polarisationsmatrix für den Sekundärkern

$$\langle M_f\,|\varrho|\,M'_f\rangle = \int \overline{w}(\boldsymbol{n})\,\langle M_f\,\boldsymbol{n}\,|\varrho|\,M'_f\,\boldsymbol{n}\rangle\,do$$
$$= (2J_i+1)\sum_{m\,M_i\,M'_i}(-1)^{2J_i-M_i-M'_i}\begin{pmatrix} J_f & j & J_i\\ -M_f & -m & M_i\end{pmatrix}$$
$$\times\begin{pmatrix} J_f & j & J_i\\ -M'_f & -m & M'_i\end{pmatrix}\langle M_i\,|\varrho^{(i)}|\,M'_i\rangle\,.$$

Die nach dieser Formel berechneten Polarisationsmomente sind

$$\mathscr{P}^{(f)}_{L\mu} = (-1)^{J_i+J_f+L+j}\sqrt{(2J_i+1)(2J_f+1)}\begin{Bmatrix} J_i & J_i & L\\ J_f & J_f & j\end{Bmatrix}\mathscr{P}^{(i)}_{L\mu}\,. \qquad (48{,}17)$$

Für einen unpolarisierten Anfangskern wird auch der Endkern unpolarisiert sein. Dabei wird es jedoch eine Korrelationspolarisation geben, d. h. eine Polarisation des Kerns nach der Emission in eine gegebene Richtung. Wir setzen $\varrho^{(i)} \to \delta/(2J_i+1)$ (und entsprechend $\overline{w}(\boldsymbol{n}) = 1/4\pi$) und erhalten nach einer

Rechnung ähnlich der Herleitung von (48,9) als Dichtematrix zur Beschreibung dieser Polarisation

$$\langle M_f; \boldsymbol{n} |\varrho| M_f'; \boldsymbol{n}\rangle = (2\,j+1)\,(-1)^{J_i+M_f'+1} \sum_{\text{gerade } L} (2\,L+1)$$

$$\times \begin{pmatrix} j & j & L \\ 1 & -1 & 0 \end{pmatrix} \begin{pmatrix} J_f & L & J_f \\ -M_f' & \mu & M_f \end{pmatrix} \begin{Bmatrix} J_f & J_f & L \\ j & j & J_i \end{Bmatrix} D^{(L)}_{0\mu}(\boldsymbol{n}) \,. \qquad (48,18)$$

Die zu dieser Matrix gehörigen Polarisationsmomente sind

$$\mathscr{P}^{(f)}_{L\mu} = i^L\,(-1)^{1+J_i+J_f}\,(2\,j+1)\,\sqrt{(2\,L+1)\,(2\,J_f+1)}$$

$$\times \begin{pmatrix} j & j & L \\ 1 & -1 & 0 \end{pmatrix} \begin{Bmatrix} J_f & J_f & L \\ j & j & J_i \end{Bmatrix} D^{(L)}_{0\mu}(\boldsymbol{n}) \,. \qquad (48,19)$$

Es treten nur Momente gerader Ordnung auf (das ist ebenfalls eine Folge der schon erwähnten Paritätserhaltung).

Wenn der Sekundärkern seinerseits Strahlung emittiert, dann entsteht eine anisotrope Verteilung der Photonen, weil dieser Kern polarisiert ist. Da die Polarisationsmomente (48,19) von der Richtung $\boldsymbol{n}$ des beim ersten Zerfall emittierten Photons abhängen, ergibt sich eine bestimmte Korrelation zwischen den Richtungen der nacheinander emittierten Photonen (bei unpolarisiertem Primärkern). Analog können auch andere Korrelationserscheinungen bei aufeinanderfolgenden Emissionen (Korrelation der Polarisationen u. ä.) behandelt werden.[1])

Aufgabe

Es ist der Zusammenhang zwischen den Polarisationsmomenten $\mathscr{P}_{1\mu}$ und $\mathscr{P}_{2\mu}$ und den Mittelwerten des Drehimpulsvektors $\boldsymbol{J}$ und des Tensors für das Quadrupolmoment Q_{ik} herzustellen.

Lösung. Die reduzierten Elemente des Vektors $\boldsymbol{J}$ und des Tensors Q_{ik} werden aus folgenden Gleichungen berechnet:

$$\overline{\boldsymbol{J}^2} = \frac{\langle J\,||J||\,J\rangle^2}{2\,J+1}\,, \qquad \overline{Q^2_{ik}} = \frac{\langle J\,||Q||\,J\rangle^2}{2\,J+1}$$

(vgl. III, (107,10)). Der Operator Q_{ik} wird mit Hilfe der Formel III, (75,2)

$$\mathrm{Q}_{ik} = \frac{3\,Q}{2\,J\,(2\,J-1)}\left(\boldsymbol{J}_i\boldsymbol{J}_k + \boldsymbol{J}_k\boldsymbol{J}_i - \frac{2}{3}\boldsymbol{J}^2\,\delta_{ik}\right)$$

durch die Drehimpulsoperatoren ausgedrückt. Hieraus finden wir den Mittelwert

$$\overline{Q^2_{ik}} = \frac{3\,Q^2}{2\,J^2\,(2\,J-1)^2}\,\boldsymbol{J}^2\,(4\boldsymbol{J}^2-3) = Q^2\,\frac{3\,(2\,J+1)\,(J+1)\,(2\,J+3)}{2\,J(2\,J-1)}\,.$$

---

[1]) Eine ausführliche Darstellung dieser Probleme findet man im Artikel von A. S. Dolginow im Buch „Gammastrahlen“, Verlag der Akademie der Wissenschaften der UdSSR, Moskau 1961.

Die reduzierten Matrixelemente sind

$$\langle J \| J \| J \rangle = \sqrt{J(J+1)(2J+1)},$$

$$\langle J \| Q \| J \rangle = Q \sqrt{\frac{3(2J+1)(J+1)(2J+3)}{2J(2J-1)}}.$$

Aus (48,14) ist jetzt zu erkennen, daß die Polarisationsmomente $\mathcal{P}_{1\mu}$ gleich den sphärischen Komponenten des Vektors

$$\sqrt{\frac{3}{J(J+1)}}\,\bar{J}$$

sind, und die Momente $\mathcal{P}_{2\mu}$ sind gleich den sphärischen Komponenten des Tensors

$$\frac{\bar{Q}_{ik}}{Q}\sqrt{\frac{10\,J(2J-1)}{3(J+1)(2J+3)}}.$$

§ 49. Strahlung von Atomen. Elektrische Strahlung[1])

Die Energien der äußeren Elektronen eines Atoms (die an optischen Übergängen beteiligt sind) sind nach einer groben Abschätzung von der Größenordnung $E \sim m\,e^4/\hbar^2$, so daß die emittierten Wellenlängen $\lambda \sim \hbar\, c/E \sim \hbar^2/\alpha\, m\, e^2$ sind. Die Atomdurchmesser sind $a \sim \hbar^2/m\,e^2$. Deshalb ist für optische Atomspektren die Ungleichung $a/\lambda \sim \alpha \ll 1$ in der Regel erfüllt. Dieselbe Größenordnung hat das Verhältnis $v/c \sim \alpha$, wenn v die Geschwindigkeit der optischen Elektronen ist.

Für optische Atomspektren ist also die Bedingung erfüllt, unter der die Wahrscheinlichkeit für die elektrische Dipolstrahlung (wenn sie nicht durch Auswahlregeln verboten wird) viel größer ist als die Wahrscheinlichkeiten für Multipolübergänge.[2]) Auf Grund dessen spielen gerade die elektrischen Dipolübergänge die wichtigste Rolle in der Atomspektroskopie.

Wie schon erwähnt wurde, gehorchen diese Übergänge strengen Auswahlregeln bezüglich des Gesamtdrehimpulses des Atoms J und bezüglich der Parität P:[3])

$$|J' - J| \leqq 1 \leqq J + J', \tag{49,1}$$

$$P\,P' = -1. \tag{49,2}$$

Die Ungleichung $|J' - J| \leqq 1$ besagt, daß sich der Drehimpuls J nur um 0 oder ± 1 ändern kann; durch die Ungleichung $J + J' \geqq 1$ wird zusätzlich der Über-

---

[1]) In § 49–51, 53–55 benutzen wir gewöhnliche Maßeinheiten.

[2]) Typische Werte für die Wahrscheinlichkeit von Dipolübergängen im optischen Bereich der Atomspektren haben die Größenordnung $10^8\,\mathrm{s}^{-1}$.

[3]) Wir werden jetzt die Quantenzahlen von Anfangs- und Endzustand mit Buchstaben ohne bzw. mit Strich bezeichnen. Die Buchstaben n und n' stehen für alle anderen (außer den explizit angegebenen) Quantenzahlen, die den Zustand des Systems kennzeichnen.

gang $0 \to 0$ verboten. Die Paritäten von Anfangs- und Endzustand müssen entgegengesetzt sein.[1])

Die Emissionswahrscheinlichkeit beim Übergang $n\,J\,M \to n'\,J'\,M'$ wird durch das betreffende Matrixelement des Atomdipolmomentes bestimmt:

$$\left.\begin{aligned} w\,(n\,J\,M \to n'\,J'\,M') &= \frac{4\,\omega^3}{3\,\hbar\,c^3}\,|\langle n'\,J'\,M'\;|d_{-m}|\;n\,JM\rangle|^2\,, \\ \omega &= \omega\,(n\,J \to n'\,J')\,. \end{aligned}\right\} \tag{49,3}$$

Wir summieren (49,3) über alle Werte $M' = M - m$ (bei gegebenem M) und erhalten die Gesamtwahrscheinlichkeit für die Emission der gegebenen Frequenz vom Atomniveau $n\,J$ aus. Die Summation erfolgt mit Hilfe von (46,2) und ergibt[2])

$$w\,(n\,J \to n'\,J') = \frac{4\,\omega^3}{3\,\hbar\,c^3}\,\frac{1}{2\,J+1}\,|\langle n'\,J'\;||d||\;n\,J\rangle|^2\,. \tag{49,4}$$

Das hier auftretende Betragsquadrat des reduzierten Matrixelementes wird manchmal als *Oszillatorstärke* bezeichnet; diese Größe ist in Anfangs- und Endzustand symmetrisch.

Weitere Aussagen über die Übergangswahrscheinlichkeiten in den Atomspektren können nur gemacht werden, wenn die Atomzustände in dieser oder jener Weise konkreter angegeben werden. Wir werden uns hier nicht mit Rechenverfahren für die Matrixelemente aufhalten, bei denen man den Grad der Näherung nicht streng theoretisch fassen kann. Wir werden nur einige Beziehungen für eine recht große Kategorie von Zuständen (insbesondere bei leichten Atomen) herleiten, die nach der Art der LS-Kopplung aufgebaut sind (s. III, § 72). Diese Zustände werden außer durch den Gesamtdrehimpuls noch durch bestimmte Werte für den in diesem Fall erhaltenen Bahndrehimpuls L und den Spin S gekennzeichnet.

Der Operator für das Dipolmoment kommutiert mit dem Spinoperator, d. h., die zugehörige Matrix ist in der Zahl S diagonal, weil das Dipolmoment eine reine Bahngröße ist. Bezüglich L gelten für das Dipolmoment die gleichen Auswahlregeln wie für einen beliebigen Bahnvektor (s. III, § 29). Übergänge zwischen den nach der Art der LS-Kopplung aufgebauten Zuständen sind also (außer (49,1) und (49,2)) zusätzlich noch den Auswahlregeln

$$S' - S = 0\,, \tag{49,5}$$

$$|L' - L| \leqq 1 \leqq L + L' \tag{49,6}$$

---

[1]) Die Auswahlregel bezüglich der Parität ist zuerst von O. Laporte (1924) aufgestellt worden.

[2]) Die beobachtete Intensität der Strahlung ergibt sich durch Multiplikation von w mit $\hbar\,\omega$ und der Zahl der Atome in der Strahlungsquelle, die sich in dem betreffenden angeregten Niveau befinden (N_{nJ}). In einem Gas mit der Temperatur T ist diese Zahl $N_{nJ} \propto (2\,J+1)\exp\{-E_{nJ}/T\}$; der Faktor $2\,J+1$ ist das statistische Gewicht des Niveaus mit dem Drehimpuls J.

unterworfen. Wir betonen noch einmal, daß diese Regeln nur näherungsweise gelten und bei Berücksichtigung der Spin–Bahn-Wechselwirkung verletzt werden.

Die Regel (49,5) (Verbot von Übergängen zwischen Termen mit verschiedener Multiplizität) gilt nicht nur für Dipolübergänge sondern überhaupt für alle elektrischen Übergänge; denn die elektrischen Multipolmomente aller Ordnungen sind Bahntensoren, so daß die zugehörigen Matrizen im Spin diagonal sind. Für elektrische Quadrupolübergänge gelten somit neben den allgemeinen Regeln

$$|J' - J| \leqq 2 \leqq J + J', \qquad P P' = 1 \tag{49,7}$$

im Fall der LS-Kopplung ferner die Auswahlregeln

$$S' - S = 0, \qquad |L' - L| \leqq 2 \leqq L + L'. \tag{49,8}$$

Die Abhängigkeit der Emissionswahrscheinlichkeit von den Zahlen S, L und J' kann explizit berechnet werden. Dieses Problem wird unmittelbar mit Hilfe der allgemeinen Formeln für die Matrixelemente der sphärischen Tensoren und für die Addition von Drehimpulsen gelöst. Nach Formel III, (109,3) haben wir[1])

$$|\langle n' L' S J' \| d \| n L S J\rangle|^2 = (2J+1)(2J'+1)\begin{Bmatrix} L' & J' & S \\ J & L & 1 \end{Bmatrix}^2 |\langle n' L' \| d \| n L\rangle|^2. \tag{49,9}$$

Das setzen wir in (49,4) ein und erhalten

$$w(n L S J \to n' L' S J') = \frac{4\omega^3}{3\hbar c^3}(2J'+1)\begin{Bmatrix} L' & J' & S \\ J & L & 1 \end{Bmatrix}^1 |\langle n' L' \| d \| n L\rangle|^2 \tag{49,10}$$

mit $\omega = \omega(n L S \to n' L' S)$.[2])

Für diese Wahrscheinlichkeiten kann eine bestimmte Summenregel aufgestellt werden. Für die Quadrate der $6j$-Symbole gilt die Summenregel (s. III, (108,7))

$$\sum_{J'} (2J'+1)\begin{Bmatrix} L' & J' & S \\ J & L & 1 \end{Bmatrix}^2 = \frac{1}{2L+1}, \tag{49,11}$$

und mit deren Hilfe finden wir aus (49,10)

$$\sum_{J'} w(n L S J \to n' L' S J') = \frac{4\omega^3}{3\hbar c^3}\,\frac{1}{2L+1}|\langle n' L' \| d \| n L\rangle|^2. \tag{49,12}$$

Diese Größe hängt nicht vom Anfangswert J ab.

---

[1]) In den Formeln von III, § 109 hat man jetzt unter den „Drehimpulsen der Teilsysteme 1 und 2" Bahndrehimpuls und Spin des Atoms zu verstehen, zwischen denen wir die Wechselwirkung vernachlässigen. Der Bahnvektor d_q spielt die Rolle der Größen f_{1q}.

[2]) Wenn wir bei der Berechnung der Matrixelemente die Spin–Bahn-Wechselwirkung vernachlässigen, dann vernachlässigen wir auch die Abhängigkeit der Frequenzen von J und J', d. h. die Feinstruktur vom Anfangs- und Endniveau des Atoms.

Wenn es sich um die Strahlung eines Gases mit einer Temperatur, die viel größer ist als die Abstände zwischen den Feinstrukturniveaus des Atomterms $n\,S\,L$, handelt, dann sind die Zustände mit verschiedenen J gleichmäßig besetzt, d. h., alle Werte von J sind gleich wahrscheinlich. Die Wahrscheinlichkeit, das Atom in einem Niveau mit einem bestimmten J-Wert zu finden, ist in diesem Fall

$$\frac{2\,J+1}{(2\,L+1)\,(2\,S+1)}\,, \tag{49,13}$$

d. h. gleich dem Verhältnis des statistischen Gewichtes dieses Niveaus zum statistischen Gesamtgewicht des Terms $n\,S\,L$. Bei der Mittelung der Ausdrücke (49,10) oder ihrer Summen (49,12) mit diesen Wahrscheinlichkeiten ist einfach mit dem Faktor (49,13) zu multiplizieren; wir vermerken diese Mittelung durch einen Querstrich über dem betreffenden Buchstaben. Die gesamte Emissionswahrscheinlichkeit für alle Linien eines Multipletts (das durch alle möglichen Übergänge zwischen den Feinstrukturkomponenten der beiden Terme $n\,S\,L$ und $n'\,S\,L'$ gebildet wird) ist die Summe

$$\overline{w}\,(n\,L\,S \to n'\,L'\,S) = \sum_J \sum_{J'} \overline{w}\,(n\,L\,S\,J \to n'\,L'\,S\,J')\,. \tag{49,14}$$

Natürlich ist $\sum_J (2\,J+1) = (2\,S+1)\,(2\,L+1)$, und für die Gesamtwahrscheinlichkeit ergibt sich ein mit (49,12) übereinstimmender Ausdruck. Deshalb erhalten wir für die relative Wahrscheinlichkeit (oder, was dasselbe ist, für die relative Intensität) einer einzelnen Linie

$$\frac{\overline{w}(n\,L\,S\,J \to n'\,L'\,S\,J')}{\overline{w}(n\,L\,S \to n'\,L'\,S)} = \frac{(2\,J+1)\,(2\,J'+1)}{(2\,S+1)} \begin{Bmatrix} L' & J' & S \\ J & L & 1 \end{Bmatrix}^2. \tag{49,15}$$

Die Betrachtung der aus diesen Formeln ermittelten Zahlenwerten zeigt, daß die Linien mit $\Delta J = \Delta L$ die intensivsten Linien eines Multipletts sind (sie werden als *Hauptlinien* bezeichnet, die anderen Komponenten eines Multipletts heißen *Satelliten*). Dabei ist die Intensität der Hauptlinien um so größer, je größer der Anfangswert von J ist.

Die Summation der Größen (49,15) über J und J' liefert

$$\left.\begin{aligned} \frac{\sum_{J'} \overline{w}(n\,L\,S\,J \to n'\,L'\,S\,J')}{\overline{w}\,(n\,L\,S \to n'\,L'\,S)} &= \frac{2\,J+1}{(2\,L+1)\,(2\,S+1)}\,, \\ \frac{\sum_{J} \overline{w}(n\,L\,S\,J \to n'\,L'\,S\,J')}{\overline{w}(n\,L\,S \to n'\,L'\,S)} &= \frac{2\,J'+1}{(2\,L+1)\,(2\,S+1)}\,. \end{aligned}\right\} \tag{49,16}$$

Die Summe der Intensitäten aller Linien eines Multipletts zu dem gleichen Anfangs-(oder End-)Niveau ist also dem statistischen Gewicht des Anfangs-(oder End-)Niveaus proportional.

Wir wollen uns noch mit der Hyperfeinstruktur der Spektrallinien eines Atoms befassen. Wir erinnern daran, daß die Hyperfeinstrukturaufspaltung der Atomniveaus von der Wechselwirkung der Elektronen mit dem Kernspin verursacht wird, wenn der letztere von Null verschieden ist (s. III, § 120). Der Gesamtdrehimpuls des Atoms (einschließlich des Kerns) $\boldsymbol{F}$ setzt sich aus dem Gesamtdrehimpuls der Elektronen $\boldsymbol{J}$ und dem Kerndrehimpuls $\boldsymbol{I}$ zusammen. Jede Hyperfeinstrukturkomponente eines Niveaus $n\,J$ wird durch den zugehörigen Wert der Quantenzahl F bestimmt.

Der strenge Drehimpulserhaltungssatz ergibt jetzt eine strenge Auswahlregel für den Gesamtdrehimpuls F; für elektrische Dipolstrahlung gilt

$$|F' - F| \leqq 1 \leqq F + F' . \tag{49,17}$$

Da die Wechselwirkung der Elektronen mit dem Kernspin außerordentlich schwach ist, kann man sie bei der Berechnung der Matrixelemente der elektrischen (oder magnetischen) Momente für die Elektronenhülle des Atoms vernachlässigen. Deshalb gelten nach wie vor die Auswahlregeln bezüglich des Elektronendrehimpulses J und der Elektronenparität. Insbesondere verbietet letztere elektrische Dipolübergänge zwischen Hyperfeinstrukturkomponenten des gleichen Terms; denn alle diese Niveaus haben die gleiche Parität, während elektrische Dipolübergänge nur zwischen Zuständen verschiedener Parität möglich sind.

Da der Operator für das Dipolmoment mit dem Kernspin kommutiert, kann die Abhängigkeit der Matrixelemente von den Zahlen I und F explizit angegeben werden; die notwendigen Rechnungen unterscheiden sich von den obigen Rechnungen für die LS-Kopplung nur durch eine auf der Hand liegende Veränderung der Bezeichnungen. Die über die Endwerte der Projektion des Gesamtdrehimpulses $\boldsymbol{F}$ summierte Emissionswahrscheinlichkeit ist

$$\left.\begin{aligned} w\,(n\,J\,I\,F \to n'\,J'\,I\,F') &= \frac{4\,\omega^3}{3\,\hbar\,c^3}\,\frac{1}{2\,F+1}\,|\langle n'\,J'\,I\,F'\,||d||\,n\,J\,I\,F\rangle|^2 ,\\ \omega &= \omega\,(n\,J \to n'\,J') , \end{aligned}\right\} \tag{49,18}$$

das Quadrat des reduzierten Matrixelementes ist

$$\langle n'\,J'\,I\,F'\,||d||\,n\,J\,I\,F\rangle|^2 = (2\,F+1)\,(2\,F'+1) \begin{Bmatrix} J' & F' & I \\ F & J & 1 \end{Bmatrix}^2 |\langle n'\,J'\,||d||\,n\,J\rangle|^2 . \tag{49,19}$$

Aufgabe

Die Mehrzahl der Linien in den Spektren der Alkalimetalle kann als Ergebnis von Übergängen eines äußeren (optischen) Elektrons im selbstkonsistenten Feld des Atomrumpfes mit abgeschlossener Konfiguration beschrieben werden. Der Zustand eines Atoms wird nach der Art der LS-Kopplung aufgebaut. Unter diesen Voraussetzungen sind die relativen Intensitäten für die Feinstrukturkomponenten der Spektrallinien zu berechnen.

Lösung. Die resultierenden Drehimpulse L und $S = 1/2$ des Atoms sind gleich dem Bahndrehimpuls und dem Spin des optischen Elektrons. Deshalb ist die Parität eines Zustandes $(-1)^L$ (die Parität der abgeschlossenen Konfiguration des Atomrumpfes ist positiv). Die Auswahlregeln bezüglich der Parität verbieten folglich den Dipolübergang mit $L' = L$, so daß nur Übergänge mit $L' = L = \pm 1$ möglich sind. Die Übergänge zwischen den Dublettkomponenten der Niveaus n, L und n', $L - 1$ ergeben infolge der Auswahlregel bezüglich J insgesamt drei Linien (Abb. 1). Die relativen Intensitäten dieser Linien (die wir mit a, b und c bezeichnen werden) lassen sich am einfachsten aus den Regeln (49,16) berechnen (ohne direkt auf die Formel (49,15) Bezug zu nehmen). Wir bilden die Verhältnisse der Gesamtintensitäten der Linien mit dem einen oder dem anderen Anfangs- (oder End-) Niveau und erhalten die beiden Gleichungen

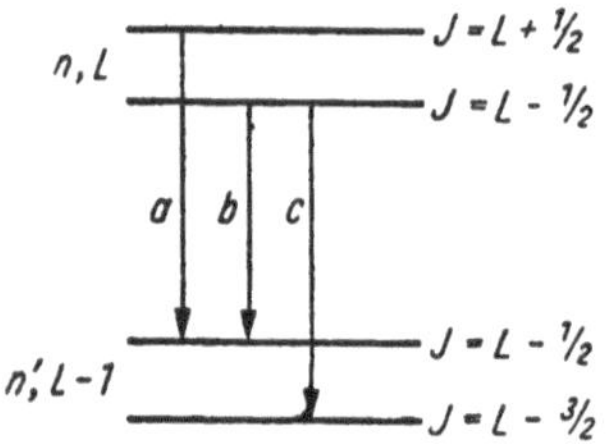

Abb. 1

$$\frac{b + c}{a} = \frac{2\,L}{2\,L + 2}, \qquad \frac{a + b}{c} = \frac{2\,L}{2\,L - 2}$$

und daraus

$$a:b:c = [(L + 1)\,(2\,L - 1)]:1:[(L - 1)\,(2\,L + 1)]\,.$$

Für $L = 1$ ist die untere Linie nicht aufgespalten, die Linie c fehlt, und es ist $a/b = 2$.

§ 50. Strahlung von Atomen. Magnetische Strahlung

Das magnetische Moment eines Atoms ist größenordnungsmäßig gleich einem Bohrschen Magneton $\mu \sim e\,\hbar/m\,c$. Diese Abschätzung unterscheidet sich um den Faktor α von der Größenordnung des elektrischen Dipolmomentes $d \sim e\,a \sim \hbar^2/m\,e$ (wegen $v/c \sim \alpha$ ist $\mu \sim dv/c$, wie zu erwarten war). Daraus folgt, daß die Wahrscheinlichkeit für die magnetische Dipolstrahlung ($M1$) eines Atoms ungefährt α^2-mal kleiner als die Wahrscheinlichkeit für die elektrische Dipolstrahlung (der gleichen Frequenz). Deshalb spielt die magnetische Strahlung praktisch nur für Übergänge, für die elektrische Strahlung durch Auswahlregeln verboten ist, eine Rolle.

Das Verhältnis der Wahrscheinlichkeit für elektrische Quadrupolstrahlung ($E2$) zur Wahrscheinlichkeit der $M1$-Strahlung ist größenordnungsmäßig

$$\frac{E\,2}{M\,1} \sim \frac{(e\,a^2)^2\,\omega^2/c^2}{\mu^2} \sim \frac{a^4\,m^2\,\omega^2}{\hbar^2} \sim \left(\frac{\Delta E}{E}\right)^2 \tag{50,1}$$

(das Quadrupolmoment ist $\sim e\,a^2$, $E \sim \hbar^2/m\,a^2$ ist die Energie des Atoms, ΔE ist die Energieänderung bei einem Übergang). Für die mittleren Atomfrequenzen (d. h. für $\Delta E \sim E$) sind demzufolge die Wahrscheinlichkeiten für $E2$- und $M1$-Strahlung von der gleichen Größenordnung (selbstverständlich unter der Bedingung, daß beide von den Auswahlregeln zugelassen sind). Dagegen ist für $\Delta E \ll E$ (zum Beispiel für Übergänge zwischen Feinstrukturkomponenten eines Terms) die $M1$-Strahlung wahrscheinlicher als die $E2$-Strahlung.

Die magnetischen Dipolübergänge gehorchen den strengen Auswahlregeln

$$|J' - J| \leqq 1 \leqq J + J'\,, \tag{50,2}$$

$$P\,P' = 1\,. \tag{50,3}$$

Im Fall der LS-Kopplung ergeben sich zusätzliche Auswahlregeln, die sogar noch größere Einschränkungen verlangen als für die elektrische Strahlung.

Dieser Umstand basiert auf einer spezifischen Eigenschaft des magnetischen Momentes eines Atoms, die aus der Gleichheit aller Teilchen (Elektronen) im System resultiert. Der Operator für das magnetische Moment eines Atoms wird nämlich folgendermaßen durch die Operatoren für den resultierenden Bahn- und Spindrehimpuls ausgedrückt:

$$\vec{\mu} = -\mu_0 (\mathbf{L} + 2\,\mathbf{S}) = -\mu_0 (\mathbf{J} + \mathbf{S}) \;; \tag{50,4}$$

$\mu_0 = |e|\,\hbar/2\,m\,c$ ist darin das BOHRsche Magneton (s. III, § 112). Wegen der Erhaltung des Gesamtdrehimpulses hat der Operator $\mathbf{J}$ überhaupt keine hinsichtlich der Energie nichtdiagonalen Matrixelemente, so daß man bei der Behandlung von Strahlungsübergängen $\vec{\mu} = -\mu_0\,\mathbf{S}$ setzen kann.[1])

Bei Vernachlässigung der Spin–Bahn-Wechselwirkung bleiben die Drehimpulse $\boldsymbol{L}$ und $\boldsymbol{S}$ einzeln erhalten. Daher ist der Operator $\mathbf{S}$ in allen Quantenzahlen $n\,S\,L$ diagonal, die einen aufgespalteten Term kennzeichnen. Damit es überhaupt irgendeinen Übergang gibt, muß sich unbedingt die Zahl J ändern. Auf diese Weise gelangen wir zu den Auswahlregeln

$$n' = n\,, \qquad S' = S\,, \qquad L' = L\,, \qquad J' - J = \pm 1\,, \tag{50,5}$$

d. h., es sind nur Übergänge zwischen den Feinstrukturkomponenten eines Terms möglich.

Die Emissionswahrscheinlichkeiten können in diesem Fall explizit berechnet werden. Wir ändern die Bezeichnungen in Formel (49,10) entsprechend ab und haben

$$w\,(n\,L\,S\,J \to n\,L\,S\,J') = \frac{4\,\omega^3\,\mu_0^2}{3\,\hbar\,c^3}\,(2\,J' + 1) \begin{Bmatrix} S & J' & L \\ J & S & 1 \end{Bmatrix}^2 |\langle S\,||S||\,S\rangle|^2\,.$$

Das hier enthaltene reduzierte Matrixelement des Spins mit seinen eigenen Eigenfunktionen wird durch die Formel

$$\langle S\,||S||\,S\rangle = \sqrt{S\,(S+1)\,(2\,S+1)} \tag{50,6}$$

gegeben (s. III, Fußnote auf S. 99). Wir brauchen das 6 j-Symbol

$$\begin{Bmatrix} S & J-1 & L \\ J & S & 1 \end{Bmatrix}^2 = \frac{(L+S+J+1)\,(L+S-J+1)\,(L-S+J)\,(S-L+J)}{S\,(2\,S+1)\,(2\,S+2)\,(2\,J-1)\,2\,J\,(2\,J+1)} \tag{50,7}$$

(s. die Tabelle in III, § 108). Als Ergebnis erhalten wir

$$w\,(n\,L\,S\,J \to n\,L\,S,\,J-1) = \frac{2\,J+1}{2\,J-1}\,w\,(n\,L\,S,\,J-1 \to n\,L\,S\,J)$$

$$= \frac{\omega^3\,\mu_0^2}{3\,\hbar\,c^3\,(2\,J+1)\,J}\,(L+S+J+1)\,(L+S-J+1)\,(J+S-L)\,(J+L-S)\,. \tag{50,8}$$

[1]) Eine Ausnahme bilden die Fälle, in denen der Elektronendrehimpuls $\boldsymbol{J}$ im Atom nicht erhalten bleibt: bei Berücksichtigung der Hyperfeinstruktur, in Anwesenheit eines äußeren Feldes u. ä. (s. die Aufgaben.)

Elektrische Dipolübergänge zwischen den Hyperfeinstrukturkomponenten eines Niveaus (die zugehörigen Frequenzen liegen im Hochfrequenzbereich) sind völlig verboten, weil diese Komponenten alle die gleiche Parität haben. Die Übergänge $E2$ und $M1$ erfolgen ohne Paritätsänderung. Wegen der relativ sehr kleinen Abstände zwischen den Hyperfeinstrukturniveaus ist die $E2$-Strahlung gegenüber der $M1$-Strahlung wenig wahrscheinlich (vgl. (50,1)), so daß diese Übergänge als magnetische Dipolübergänge realisiert werden.

Aufgabe

1. Man berechne die Wahrscheinlichkeit des $M1$-Überganges zwischen den Hyperfeinstrukturkomponenten eines Niveaus!

Lösung. Die Übergangswahrscheinlichkeit wird durch die Formeln (49,18) und (49,19) gegeben, in denen jetzt das reduzierte Diagonalelement für das magnetische Moment steht: $\langle n\,J\,||\mu||\,n\,J\rangle$. Der Ausdruck dafür kann sofort aufgeschrieben werden, wenn man daran denkt, daß das vollständige (nicht reduzierte) Matrixelement $\langle n\,J\,M\,|\mu_z|\,n\,J\,M\rangle$ gerade die Aufspaltung des betreffenden Niveaus beim ZEEMAN-Effekt bestimmt (s. III, § 112) und gleich $-\mu_0\,g\,M$ ist; g ist der LANDÉ-Faktor. Das reduzierte Matrixelement ist (s. III, (26,7))

$$\begin{aligned}\langle n\,J\,||\mu||\,n\,J\rangle &= \frac{1}{M}\sqrt{J\,(J+1)\,(2\,J+1)}\,\langle n\,J\,M\,|\mu_z|\,n\,J\,M\rangle\\ &= -\mu_0\,g\sqrt{J\,(J+1)\,(2\,J+1)}\,.\end{aligned}$$

Als Ergebnis erhalten wir für die gesuchte Wahrscheinlichkeit[1])

$$\begin{aligned}w\,(n\,J\,I\,F\to n\,J\,I,\,F-1) &= \frac{2\,F+1}{2\,F-1}\,w\,(n\,J\,I,\,F-1\to n\,J\,I\,F)\\ &= \frac{\omega^3\,\mu_0^2\,g^2}{3\,\hbar\,c^3\,(2\,F+1)\,F}\,(J+I+F+1)\,(J+I-F+1)\,(F+J-1)\,(F-J+I)\,.\end{aligned}$$

Dieser Ausdruck unterscheidet sich von (50,8) nur durch eine offensichtliche Änderung der Bezeichnungen und durch den zusätzlichen Faktor g^2.

2. Man berechne die Wahrscheinlichkeit des $M1$-Überganges zwischen den ZEEMAN-Komponenten eines Atomniveaus!

Lösung. Es handelt sich um den Übergang $M\to M-1$ bei unveränderten Werten für n und J. Die Frequenz des Überganges ist (s. u. (51,3)) $\hbar\,\omega=\mu_0\,g\,H$ (g ist der LANDÉ-Faktor). Das Matrixelement für die sphärische Komponente μ_{-1} des Vektors $\vec{\mu}$ ist

$$\begin{aligned}|\langle n\,J,\,M-1\,|\mu_{-1}|\,n\,J,\,M\rangle| &= \sqrt{\frac{(J-M+1)\,(J+M)}{2\,J\,(J+1)\,(2\,J+1)}}\,|\langle n\,J||\,n\,J\rangle|\\ &= -\mu_0\,g\sqrt{\frac{1}{2}\,(J-M+1)\,(J+M)}\end{aligned}$$

---

[1]) Ein interessantes Beispiel ist der Übergang zwischen den Hyperfeinstrukturkomponenten des Grundzustandes vom Wasserstoffatom ($1\,s^{1/2}$), der nicht nur als $E1$, sondern auch als $E2$ streng verboten ist (letzteres wegen des Verbotes eines Quadrupolüberganges mit $J+J'=1$). Diesem Übergang entspricht die Frequenz $\omega=2\,\pi\cdot 1{,}42\cdot 10^9\,\mathrm{s}^{-1}$ (Wellenlänge $\lambda=21$ cm). Wir setzen $g=2$, $I=1/2$, $J=1/2$, $F=1$ und $F'=0$ und bekommen

$$w=\frac{4\,\omega^3\,\mu_0^2}{3\,\hbar\,c^3}=2{,}85\cdot 10^{-15}\,\mathrm{s}^{-1}\,.$$

(s. III, (27,12) und die vorstehende Aufgabe). Die Übergangswahrscheinlichkeit ist

$$w = \frac{4\,\omega^3}{3\,\hbar\,c^3}\,|\langle n\,J,\,M-1\,|\mu_{-1}|\,n\,J\,M\rangle|^2 = \frac{2\,\mu_0^5\,H^3}{3\,\hbar^4\,c^3}\,(J-M+1)\,(J+M)\,.$$

§ 51. Strahlung von Atomen. ZEEMAN- und STARK-Effekt

In einem äußeren Magnetfeld H (das wir als schwach voraussetzen) spaltet jedes Atomniveau mit dem Gesamtdrehimpuls J in $2\,J+1$ Niveaus auf:

$$E_M = E^{(0)} + \mu_0\,g\,M\,H\,; \tag{51,1}$$

dabei sind $E^{(0)}$ das ungestörte Niveau, μ_0 das BOHRsche Magneton, g der LANDÉ-Faktor und M die Projektion des Drehimpulses J auf die Feldrichtung (s. III, § 112). Die Entartung in den Richtungen des Drehimpulses wird auf diese Weise vollständig aufgehoben.

Dementsprechend spalten auch die Spektrallinien zu den Übergängen zwischen zwei aufgespaltenen Niveaus auf. Die Zahl der Komponenten einer Linie wird von der Auswahlregel für die Zahl M bestimmt, derzufolge bei Dipolstrahlung

$$m = M - M' = 0,\ \pm 1 \tag{51,2}$$

sein muß.[1]) Die Komponenten von den Übergängen mit $m = 0$ und $m = \pm 1$ heißen π-Komponenten bzw. σ-Komponenten. Ihre Frequenzen sind

$$\left.\begin{aligned} \hbar\,\omega_\pi &= \hbar\,\omega^{(0)} + \mu_0\,H\,(g-g')\,M\,,\\ \hbar\,\omega_\sigma &= \hbar\,\omega^{(0)} + \mu_0\,H\,[g\,M - g'\,(M\pm 1)]\,. \end{aligned}\right\} \tag{51,3}$$

Im Spezialfall $g = g'$ haben wir

$$\hbar\,\omega_\pi = \hbar\,\omega^{(0)}\,, \qquad \hbar\,\omega_\sigma = \hbar\,\omega^{(0)} \mp \mu_0\,g\,H \tag{51,4}$$

unabhängig vom M-Wert. In diesem Fall spaltet eine Linie in ein Triplett auf; die π-Komponente ist unverschoben, und die σ-Komponenten liegen symmetrisch dazu auf beiden Seiten (sogenannter *normaler* ZEEMAN-Effekt).

Die gesamte Emissionswahrscheinlichkeit (für alle Richtungen) ist proportional zum Betragsquadrat $|\langle n'\,J'\,M'\,|d_{-m}|\,n\,J\,M\rangle|^2$. Auf Grund von Formel (46,19) mit $j = 1$ ist daher die relative Emissionswahrscheinlichkeit für jede ZEEMAN-Komponente einer Spektrallinie

$$\begin{pmatrix} J' & 1 & J \\ M' & m & -M \end{pmatrix}^2. \tag{51,5}$$

Im Spezialfall des normalen ZEEMAN-Effektes gibt es insgesamt drei Komponenten; jede Komponente resultiert aus Übergängen mit allen möglichen

---

[1]) Zusätzlich zu dieser Regel sind die Übergänge mit $M = M' = 0$ verboten, wenn dabei $J' = J$ ist. Das ist direkt aus den allgemeinen Ausdrücken III, (29,7) für die Matrixelemente eines beliebigen Vektors zu ersehen.

Anfangswerten für M und mit gegebenem m. Wegen

$$\sum_{MM'} \begin{pmatrix} J' & 1 & J \\ M' & m & -M \end{pmatrix}^2 = \frac{1}{3} \tag{51,6}$$

(s. III, (106,12)) ist in diesem Fall die Emission aller drei Komponenten gleich wahrscheinlich.

Sehr interessant ist die relative Intensität der ZEEMAN-Komponenten bei der Beobachtung in einer bestimmten Richtung (bezüglich der Richtung des angelegten Magnetfeldes). Nach (45,5) ist die Emissionswahrscheinlichkeit (und damit die Intensität einer Linie) in einer gegebenen Richtung $\boldsymbol{n}$ proportional zu $\sum |\boldsymbol{e}^* \boldsymbol{d}_{fi}|^2$, wobei über die beiden zu gegebenem $\boldsymbol{n}$ möglichen unabhängigen Polarisationen zu summieren ist.

Bei Beobachtung in Feldrichtung (z-Achse) ist dieser Ausdruck

$$|(d_x)_{fi}|^2 + |(d_y)_{fi}|^2$$

oder nach dem Übergang zu sphärischen Komponenten

$$|(d_1)_{fi}|^2 + |(d_{-1})_{fi}|^2 .$$

Das bedeutet, daß in Feldrichtung nur die beiden σ-Komponenten beobachtet werden ($m = \pm 1$). Ihre Intensität ist proportional zu

$$\begin{pmatrix} J' & 1 & J \\ M \pm 1 & \pm 1 & -M \end{pmatrix}^2 . \tag{51,7}$$

Diese Linien entsprechen bestimmten Werten für die Drehimpulsprojektion m in Fortpflanzungsrichtung und sind rechts- ($m = 1$) bzw. linkszirkular ($m = -1$) polarisiert (s. § 8).

Bei Beobachtung senkrecht zur Feldrichtung (etwa in x-Richtung) ist die Intensität proportional zur Summe

$$|(d_z)_{fi}|^2 + |(d_y)_{fi}|^2 = |(d_0)_{fi}|^2 + \frac{1}{2}\{|(d_1)_{fi}|^2 + |(d_{-1})_{fi}|^2\} .$$

Senkrecht zur Feldrichtung werden also die beiden σ-Komponenten und die π-Komponente mit Intensitäten proportional zu

$$\frac{1}{2}\begin{pmatrix} J' & 1 & J \\ M \mp 1 & \pm 1 & -M \end{pmatrix}^2 \quad \text{und} \quad \begin{pmatrix} J' & 1 & J \\ M & 0 & -M \end{pmatrix}^2 \tag{51,8}$$

beobachtet (die Intensitäten der σ-Komponenten sind halb so groß wie bei Beobachtung in Feldrichtung). Die π-Komponente ist dabei in z-Richtung linear polarisiert, die σ-Komponenten sind in y-Richtung linear polarisiert.

Die relativen Intensitäten der ZEEMAN-Komponenten werden allein durch Anfangs- und Endwerte von J und M bestimmt und hängen nicht von anderen charakteristischen Größen der Niveaus ab.

Die Auswahlregeln verbieten elektrische Dipolübergänge zwischen den ZEEMAN-Komponenten eines Niveaus, weil diese alle die gleiche Parität haben.

Aus demselben Grund, der am Schluß des vorigen Paragraphen für die Übergänge zwischen den Hyperfeinstrukturkomponenten eines Niveaus angegeben worden ist, werden diese Übergänge als magnetische Dipolübergänge realisiert. Wegen der Auswahlregeln bezüglich der Zahl M erfolgen Übergänge nur zwischen benachbarten Komponenten ($M' - M = \pm 1$).[1])

Die Aufspaltung der Atomniveaus in einem schwachen elektrischen Feld (STARK-*Effekt*) hebt die Entartung in den Richtungen des Drehimpulses nicht vollständig auf, anders als die Aufspaltung im Magnetfeld. Alle Niveaus außer dem Niveau mit $M = 0$ bleiben zweifach entartet: Zu jedem Niveau gehören zwei Zustände mit den Drehimpulsprojektionen M und $-M$.

Die Berechnung der relativen Intensitäten der STARK-Komponenten einer Spektrallinie geschieht ganz analog wie oben für den ZEEMAN-Effekt.[2]) Dabei ist zu beachten, daß die Übergänge $M \to M$ und $-M \to -M$ (für $M \neq 0$) einen Beitrag zur Intensität der π-Komponenten und die Übergänge $M \to M \pm 1$ sowie $-M \to -(M \pm 1)$ einen Beitrag zur Intensität der σ-Komponenten liefern. Deshalb sind zum Beispiel bei Beobachtung senkrecht zur Feldrichtung die Intensitäten der π-Komponenten proportional zu

$$2\begin{pmatrix} J' & 1 & J \\ M & 0 & -M \end{pmatrix}^2,$$

und die Intensitäten der σ-Komponenten sind proportional zu den Summen

$$\frac{1}{2}\begin{pmatrix} J' & 1 & J \\ M \pm 1 & \mp 1 & -M \end{pmatrix}^2 + \frac{1}{2}\begin{pmatrix} J' & 1 & J \\ -M \mp 1 & \pm 1 & M \end{pmatrix}^2 = \begin{pmatrix} J' & 1 & J \\ M \pm 1 & \mp 1 & -M \end{pmatrix}^2$$

(wir erinnern daran, daß bei einer Vorzeichenänderung aller Zahlen in der zweiten Zeile die 3 j-Symbole nur ihr Vorzeichen ändern können, so daß ihre Quadrate unverändert bleiben).

Selbst in einem beliebig schwachen, äußeren Feld ist der Gesamtdrehimpuls $\boldsymbol{J}$ streng genommen keine Erhaltungsgröße mehr; in einem homogenen Feld wird nur die Drehimpulsprojektion M erhalten. Deshalb ist auch bei Strahlungsübergängen in einem schwachen Feld die Drehimpulserhaltung nicht mehr streng erfüllt, und in den Atomspektren können Linien auftreten, die von den üblichen Auswahlregeln verboten werden.

Die Berechnung der Intensitäten dieser Linien führt auf die Berechnung der Korrekturen zur Matrix für das Dipolmoment, was seinerseits die Berechnung der Korrekturen zu den Wellenfunktionen der stationären Zustände erfordert.

---

[1]) Die Frequenzen dieser Übergänge liegen normalerweise im Zentimeterbereich und werden in Absorption und induzierter Emission beobachtet (paramagnetische Elektronenresonanz); die absorbierenden Atome befinden sich dabei in einem starken konstanten Magnetfeld (das die ZEEMAN-Aufspaltung bewirkt) und in einem schwachen hochfrequenten Feld mit der Resonanzfrequenz.

[2]) Wir denken hier an den quadratischen STARK-Effekt, den alle Atome außer dem Wasserstoffatom zeigen (s. III, § 76). Das Feld wird als so schwach vorausgesetzt, daß die resultierende Niveauaufspaltung sogar gegenüber den Abständen zwischen den Feinstrukturniveaus klein ist.

In erster Ordnung der Störungstheorie (bezüglich des schwachen äußeren Feldes) erscheinen in der Wellenfunktion „Beimischungen" von Zuständen, die mit dem Ausgangszustand durch nicht verschwindende Matrixelemente der Störung ($-\boldsymbol{E}\,\boldsymbol{d}$ im elektrischen Feld) verknüpft sind: Der Zusatz vom Zustand ψ_2 zum Zustand ψ_1 ist

$$\frac{-\boldsymbol{E}\,\boldsymbol{d}_{21}}{E_1-E_2}\psi_2\,.$$

Als Ergebnis tritt im Matrixelement für einen „verbotenen" Übergang der Term

$$\frac{-(\boldsymbol{E}\boldsymbol{d}_{21})\,\boldsymbol{d}_{32}}{E_1-E_2}$$

auf; dieser ist von Null verschieden, wenn die Übergänge aus dem „Zwischenzustand" 2 in Anfangs- und Endzustand 1 bzw. 3 erlaubt sind.

§ 52. Strahlung von Atomen. Das Wasserstoffatom

Das Wasserstoffatom ist das einzige System, für das die Berechnung der Übergangsmatrixelemente explizit analytisch durchgeführt werden kann (W. Gordon, 1929).

Die Parität eines Zustandes des Wasserstoffatoms ist $(-1)^l$, d. h., sie wird durch den Bahndrehimpuls des Elektrons eindeutig bestimmt (wir erinnern daran, daß die Zahl l als Größe zur Angabe der Parität eines Zustandes auch für die exakten relativistischen Wellenfunktionen ihren Sinn behält, d. h. unter Berücksichtigung der Spin-Bahn-Wechselwirkung). Die Auswahlregel bezüglich der Parität verbietet daher streng elektrische Dipolübergänge ohne Änderung von l; es sind nur Übergänge mit $l \to l \pm 1$ erlaubt. Die Änderungen der Hauptquantenzahl n sind nicht eingeschränkt.

Das Dipolmoment des Wasserstoffatoms wird vom Ortsvektor des Elektrons bestimmt: $\boldsymbol{d} = e\,\boldsymbol{r}$. Die Wellenfunktion des Elektrons im Wasserstoffatom ist ein Produkt aus Winkelanteil und Radialfunktion R_{nl}; die reduzierten Matrixelemente des Ortsvektors können daher ebenfalls als Produkt dargestellt werden:

$$\langle n', l-1\,||r||\,n\,l\rangle = \langle l-1\,||\nu||\,l\rangle \int_0^\infty R_{n',l-1}\, r\, R_{nl}\, r^2\, dr\,,$$

$\langle l-1\,||\nu||\,l\rangle$ sind dabei die reduzierten Matrixelemente des Einheitsvektors $\vec{\nu}$ in $\boldsymbol{r}$-Richtung. Letztere sind

$$\langle l-1\,||\nu||\,l\rangle = \langle l\,||\nu||\,l-1\rangle^* = i\sqrt{l}$$

(s. die Aufgabe 1 in III, § 29). Auf diese Weise wird

$$\langle n', l-1\,||r||\,n\,l\rangle = -\,\langle n\,l\,||r||\,n', l-1\rangle = i\sqrt{l}\int_0^\infty R_{n',l-1}\, R_{nl}\, r^3\, dr\,. \quad (52{,}1)$$

Die nichtrelativistischen Radialfunktionen zum diskreten Spektrum des Wasserstoffatoms werden durch die Formel III, (36,13) gegeben:[1])

$$R_{nl} = \frac{2}{n^{l+2}(2l+1)!}\sqrt{\frac{(n+l)!}{(n-l-1)!}}\,(2r)^l e^{-r/n} F\left(-n+l+1, 2l+2, \frac{2r}{n}\right). \tag{52,2}$$

Das Integral (52,1) mit dem Produkt zweier konfluenter hypergeometrischer Funktionen wird mit Hilfe der Formeln in III, § f berechnet,[2]) und wir gelangen zu dem Ergebnis

$$\begin{aligned}\langle n', l-1\,||r||\,n\,l\rangle &= i\sqrt{l}\,\frac{(-1)^{n'-1}}{4(2l-1)!}\sqrt{\frac{(n+l)!\,(n'+l-1)!}{(n-l-1)!\,(n'-l)!}}\,\frac{(4nn')^{l+1}(n-n')^{n+n'-2l-2}}{(n+n')^{n+n'}}\\ &\times\left\{F\left(-n+l+1, -n'+l, 2l, -\frac{4nn'}{(n-n')^2}\right)\right.\\ &\left.-\left(\frac{n-n'}{n+n'}\right)^2\times F\left(-n+l-1, -n'+l, 2l, -\frac{4nn'}{(n-n')^2}\right)\right\},\end{aligned} \tag{52,3}$$

worin $F(\alpha, \beta, \gamma, z)$ die hypergeometrischen Funktionen sind. Da die Parameter α und β im vorliegenden Fall negative ganze Zahlen (oder Null) sind, reduzieren sich diese Funktionen auf Polynome.[3])

Zum Nachschlagen geben wir die aus (52,3) folgenden Ausdrücke für einige Spezialfälle an (für den Wert von l verwenden wir dabei die spektroskopischen Symbole $s, p, d, \ldots$):

$$\left.\begin{aligned}|\langle 1s\,||r||\,np\rangle|^2 &= \frac{2^8 n^7 (n-1)^{2n-5}}{(n+1)^{2n+5}},\\ |\langle 2s\,||r||\,np\rangle|^2 &= \frac{2^{17} n^7 (n^2-1)(n-2)^{2n-6}}{(n+2)^{2n+6}},\\ |\langle 2p\,||r||\,nd\rangle|^2 &= \frac{2^{19} n^9 (n^2-1)(n-2)^{2n-7}}{3(n+2)^{2n+7}},\\ |\langle 2p\,||r||\,ns\rangle|^2 &= \frac{2^{15} n^9 (n-2)^{2n-6}}{3(n+2)^{2n+6}}.\end{aligned}\right\} \tag{52,4}$$

Die Formel (52,3) ist ungeeignet für Übergänge ohne Änderung der Hauptquantenzahl n (Übergänge zwischen den Feinstrukturkomponenten eines Niveaus). In diesem Fall ($n = n'$) benutzen wir zur Integration die Darstellung der

---

[1]) In diesem Paragraphen verwenden wir atomare Einheiten. In gewöhnlichen Maßeinheiten sind die unten aufgeschriebenen Ausdrücke für die Matrixelemente von r mit $\hbar^2/m e^2$ zu multiplizieren (wenn es sich um ein wasserstoffähnliches Ion mit der Ordnungszahl Z handelt, dann ist mit $\hbar^2/m Z e^2$ zu multiplizieren).

[2]) In den dort eingeführten Bezeichnungen handelt es sich um die Berechnung des Integrals $J^{12}_{2l+2}(-n+l+1, -n'+l)$. Sie erfolgt mit Hilfe der Formeln (f, 12) bis (f, 16).

[3]) Numerische Tabellen für die Matrixelemente und die Übergangswahrscheinlichkeiten findet man bei H. Bethe und E. Salpeter: Quantum mechanics of one- and two-electron systems, in: Handbuch d. Physik, Bd. 35, Berlin/Göttingen/Heidelberg 1958.

Radialfunktionen durch verallgemeinerte LAGUERREsche Polynome:

$$R_{nl} = -\frac{2}{n^2}\sqrt{\frac{(n-l-1)!}{[(n+l)!]^3}}\, e^{-r/n}\left(\frac{2\,r}{n}\right)^l L_{n+l}^{2\,l+1}\left(\frac{2\,r}{n}\right). \tag{52,5}$$

Im Integral

$$\int_0^\infty R_{n,\,l-1}\, R_{nl}\, r^3\, dr \propto \int_0^\infty e^{-\varrho}\, \varrho^{2\,l+2}\, L_{n+l}^{2\,l+1}(\varrho)\, L_{n+l-1}^{2l-1}(\varrho)\, d\varrho$$

ersetzen wir ein Polynom durch den entsprechenden Ausdruck mit Hilfe der erzeugenden Funktion (s. III, § d):

$$L_{n+l}^{2l+1}(\varrho) = -\frac{(n+l)!}{(n-l-1)!}\, e^{\varrho}\, \varrho^{-2l-1}\left(\frac{d}{d\varrho}\right)^{n-l-1} e^{-\varrho}\, \varrho^{n+l}.$$

Nach $(n-l-1)$-maliger partieller Integration erhalten wir ein Integral der Gestalt

$$\int_0^\infty e^{-\varrho}\, \varrho^{n+l}\left(\frac{d}{d\varrho}\right)^{n-l-1} \varrho\, L_{n+l-1}^{2\,l-1}(\varrho)\, d\varrho\,.$$

Darin benutzen wir für das LAGUERREsche Polynom den expliziten Ausdruck entsprechend

$$L_n^m(\varrho) = (-1)^m\, n!\sum_{k=0}^{n-m}\binom{n}{m+k}\frac{(-\varrho)^k}{k!}\,.$$

Nach der Differentiation bleiben in der Summe nur drei Summanden stehen, und die Integration ist elementar. Die Rechnung führt zu dem einfachen Ergebnis

$$\langle n,\, l-1\, ||r||\, n\,l\rangle = i\sqrt{l}\cdot\frac{3}{2}\, n\sqrt{n^2-l^2}\,. \tag{52,6}$$

Das Integral

$$\int_0^\infty R_{n',\,l-1}\, R_{nl}\, r^3\, dr = \int_0^\infty \chi_{n',\,l-1}(r\,\chi_{nl})\, dr$$

(mit $\chi_{nl} = r\,R_{nl}$) ist der Koeffizient in der Entwicklung der Funktion $r\,\chi_{nl}$ nach den orthogonalen Funktionen $\chi_{n',\,l-1}$ ($n' = 1, 2, \ldots$). Die Summe der Betragsquadrate dieser Koeffizienten ist gleich dem Integral über das Quadrat der entwickelten Funktion,[1]) deshalb gilt

$$\sum_{n'} |\langle n',\, l-1\, ||r||\, n\,l\rangle|^2 = l\int_0^\infty r^2\,\chi_{nl}^2\, dr\,. \tag{52,7}$$

Unter Verwendung des bekannten Ausdrucks für den Mittelwert von r^2 im Zustand $n\,l$ (s. III, (36,16)) finden wir folgende Summenregel:

$$\sum_{n'} |\langle n',\, l-1\, ||r||\, n\,l\rangle|^2 = l\,\frac{n^2}{2}\,[5\,n^2+1-3\,l\,(l+1)]\,. \tag{52,8}$$

---

[1]) Es wird über die Zustände des diskreten und des kontinuierlichen Spektrums summiert.

Für gegebene Werte von n und l und für große Werte von n' nimmt das Matrixelement für den Übergang $n\,l \to n'\,l'$ nach dem Gesetz ab:

$$|\langle n'\,l'\,||r||\,n\,l\rangle|^2 \propto \frac{3}{n'^3}\,; \tag{52,9}$$

davon kann man sich sowohl an den speziellen Ausdrücken (52,4) als auch an der allgemeinen Formel (52,3) überzeugen. Dieses Ergebnis ist ganz natürlich: Die COULOMBschen Energieniveaus $E' = -1/(2\,n'^2)$ sind für große n' quasikontinuierlich, und die Übergangswahrscheinlichkeit in ein Niveau im Intervall dE' ist zur Dichte dieser Niveaus proportional; diese Dichte ist $\propto n'^{-3}$.

Der STARK-Effekt hat bekanntlich für Wasserstoff eine charakteristische Eigenart (III, § 77) — die Aufspaltung ist zur ersten Potenz des elektrischen Feldes proportional. Dabei wird das Feld zwar nicht als stark vorausgesetzt (Bedingung für die Anwendbarkeit der Störungstheorie), aber es soll doch so sein, daß die Aufspaltung der Niveaus groß gegenüber ihrer Feinstruktur ist. Unter diesen Bedingungen wird der Betrag des Drehimpulses überhaupt nicht erhalten, und die Niveaus müssen nach den parabolischen Quantenzahlen n_1, n_2 und m klassifiziert werden. Die letzte Quantenzahl — die magnetische Quantenzahl m — gibt nach wie vor die Projektion des Bahndrehimpulses auf die z-Achse (Feldrichtung) an und bleibt unter den gegebenen Verhältnissen (Vernachlässigung der Spin–Bahn-Wechselwirkung) erhalten. Deshalb gilt für m die übliche Auswahlregel

$$m' - m = 0,\ \pm 1\,. \tag{52,10}$$

Die Änderungen der Zahlen n_1 und n_2 sind keinen Einschränkungen unterworfen.

Die Matrixelemente für das Dipolmoment können auch in parabolischen Koordinaten analytisch berechnet werden. Die entstehenden Formeln sind jedoch sehr umfangreich, und wir werden sie hier nicht anführen.[1])

Aufgabe

Man berechne die STARK-Aufspaltung der Wasserstoffniveaus für den Fall, daß die Aufspaltung klein gegenüber den Abständen zwischen den Feinstrukturniveaus (aber groß gegenüber der LAMB-Verschiebung) ist!

Lösung. Unter den angegebenen Bedingungen bleiben die ungestörten Niveaus mit $l = j \pm 1/2$ zweifach entartet, und die STARK-Aufspaltung ist daher wieder linear im Feld. Die Größe Δ der Aufspaltung wird aus der Säkulargleichung

$$\begin{vmatrix} -\Delta & -E(d_z)_{12} \\ -E(d_z)_{21} & -\Delta \end{vmatrix} = 0\,, \quad \Delta = \pm E|(d_z)_{12}|$$

berechnet (die Indizes 1 und 2 entsprechen den Zuständen mit $l = j \pm 1/2$ und gegebener magnetischer Quantenzahl m; die Störung $V = -E\,d_z$ ist in m diagonal und hat keine Diagonalelemente bezüglich l). Das Matrixelement, der Bahngröße d_z wird mit Hilfe der

[1]) Diese Formeln und die entsprechenden numerischen Tabellen findet man bei H. BETHE und E. SALPETER (s. die Fußnote 3 auf S. 201).

Formeln III, (29,7) und III, (109,3) berechnet; nach diesen Formeln ist

$$\langle j, l-1, m\,|d_z|\,j\,l\,m\rangle = \frac{m}{\sqrt{j\,(j+1)\,(2j+1)}}\,\langle j, l-1\,||d||\,j\,l\rangle\,,$$

$$\langle j, l-1\,||d||\,j\,l\rangle = -\,(2j+1)\begin{Bmatrix} l-1 & j & 1/2 \\ j & l & 1 \end{Bmatrix}\langle l-1\,||d||\,l\rangle\,,$$

worin $l = j + 1/2$ zu setzen ist; die Größe $\langle l-1\,||d||\,l\rangle$ wird aus (52,6) entnommen. Als Ergebnis erhalten wir

$$\Delta = \pm\,\frac{3}{4}\sqrt{n^2 - (j + 1/2)^2}\,\frac{n\,m}{j\,(j+1)}\,E\,.$$

§ 53. Strahlung zweiatomiger Moleküle. Elektronenspektren

Die Besonderheit der Molekülspektren hängt in erster Linie mit der Zerlegung der Energie eines Moleküls in Elektronen-, Schwingungs- und Rotationsanteil zusammen. In der genannten Reihenfolge ist jeder Anteil jeweils klein gegenüber dem vorhergehenden. Die Struktur der Niveaus zweiatomiger Moleküle ist in III, Kap. XI eingehend untersucht worden. Hier beschäftigen wir uns mit der Erklärung des auftretenden Spektrums und mit der Berechnung der Intensität der Spektrallinien.[1])

Wir beginnen mit dem allgemeinen Fall, daß sich bei einem Übergang der Elektronenzustand des Moleküls ändert (gleichzeitig ändern sich im allgemeinen auch Schwingungs- und Rotationszustand). Die Frequenzen zu diesen Übergängen liegen im sichtbaren und im ultravioletten Spektralbereich. Man bezeichnet die zugehörigen Linien als *Elektronenspektrum* eines Moleküls. Wir werden dabei immer an elektrische Dipolübergänge denken; andere Übergänge sind im allgemeinen in der Molekülspektroskopie unwesentlich.

Wie für die Dipolübergänge in einem beliebigen System gilt die Auswahlregel für den Gesamtdrehimpuls J des Moleküls:

$$|J' - J| \leqq 1 \leqq J + J'\,. \tag{53,1}$$

Der strengen Auswahlregel für die Parität eines Systems entspricht im vorliegenden Fall die Auswahlregel für das *Vorzeichen* eines Niveaus; wir erinnern daran, daß nach der in der Molekülspektroskopie üblichen Terminologie Zustände mit Wellenfunktionen, die bei einer Spiegelung (Vorzeichenwechsel der Koordinaten von Elektronen und Kernen) ihr Vorzeichen beibehalten oder wechseln, als *positive* oder *negative* Zustände bezeichnet werden. Wir haben somit die strenge Regel

$$+ \rightarrow -\,, \qquad - \rightarrow +\,. \tag{53,2}$$

Moleküle aus gleichartigen Atome (mit Kernen des gleichen Isotops) gestatten eine Klassifizierung der Niveaus bezüglich der Vertauschung der Kern-

[1]) Die weitere Darstellung basiert auf dem Stoff von III, § 78, 82 bis 88. Um den Text nicht aufzublähen, werden wir dauernde Hinweise auf diese Paragraphen vermeiden.

orte: *symmetrische* (s) Niveaus mit Wellenfunktionen, die bei dieser Transformation ihr Vorzeichen nicht ändern, und *antisymmetrische* (a) Niveaus mit Funktionen, die ihr Vorzeichen ändern. Da der Operator für das Dipolmoment der Elektronen von dieser Transformation überhaupt nicht berührt wird, sind seine Matrixelemente nur für Übergänge ohne Änderung dieser Symmetrie von Null verschieden:[1])

$$s \to s\,, \qquad a \to a\,. \tag{53,3}$$

Diese Regel ist aber nicht absolut streng; denn ob ein Niveau eine derartige Symmetrie hat, hängt davon ab, ob das Molekül diesen oder jenen bestimmten Wert für den resultierenden Kernspin I hat. Wegen der außerordentlich schwachen Wechselwirkung der Kernspins mit den Elektronen bleibt der Spin I mit großer Genauigkeit, aber doch nicht streng, erhalten. Bei Berücksichtigung dieser Wechselwirkung hat I keinen bestimmten Wert, die Symmetrieeigenschaft (s oder a) bleibt nicht erhalten, und die Auswahlregel (53,3) wird außer Kraft gesetzt.

Die Elektronenterme eines Moleküls aus gleichartigen Atomen werden auch durch ihre *Parität* (g oder u) gekennzeichnet — durch das Verhalten der Wellenfunktionen bei einem Vorzeichenwechsel der Elektronenkoordinaten (die auf das Molekülzentrum bezogen werden) bei unveränderten Kernorten. Es besteht ein enger Zusammenhang zwischen dieser Eigenschaft eines Elektronenterms einerseits sowie der Kernsymmetrie und dem Vorzeichen der Rotationsniveaus zu diesem Term andererseits. Niveaus zu einem geraden Elektronenterm (g) können die Eigenschaften $s+$ oder $a-$ haben, Niveaus zu einem ungeraden Term können $s-$ oder $a+$ haben. Aus den Regeln (53,2) und (53,3) folgt daher auch die Regel

$$g \to u\,, \qquad u \to g\,. \tag{53,4}$$

Genähert gilt die Regel (53,4) auch für Moleküle aus verschiedenen Isotopen eines Elementes. Da die Kernladungen gleich sind, werden wir es bei der Behandlung des Elektronenterms für festgehaltene Kerne mit einem Elektronensystem in einem elektrischen Feld mit einem Symmetriezentrum (im Halbierungspunkt der Strecke zwischen den beiden Kurven) zu tun haben. Die Symmetrie der Elektronenwellenfunktion bei einer Spiegelung an diesem Punkt bestimmt auch die Parität eines Terms; da der Vektor für das elektrische Dipolmoment bei dieser Transformation sein Vorzeichen wechselt, gelangen wir zur Regel (53,4). Die nur näherungsweise Gültigkeit der auf diesem Wege abgeleiteten Regel hängt damit zusammen, daß die Kerne als festgehalten angesehen werden müssen. Daher wird sie bei der Berücksichtigung der Wechselwirkung zwischen dem Elektronenzustand und der Molekülrotation verletzt.

Weitere Auswahlregeln hängen mit bestimmten konkreten Voraussetzungen über die relative Größe der verschiedenen Wechselwirkungen im Molekül zusammen (d. h. über den Kopplungstyp). Deshalb können diese Regeln nur näherungsweise gelten.

[1]) Diese Regel gilt natürlich auch für beliebige Multipolübergänge.

Die meisten Elektronenterme eines zweiatomigen Moleküls gehören zu den Kopplungstypen *a* oder *b*. Beide Kopplungsarten haben die Eigenschaft, daß die Kopplung des Bahndrehimpulses mit der Achse (elektrische Wechselwirkung der beiden Atome im Molekül) groß gegenüber allen anderen Wechselwirkungen ist. Auf Grund dessen existieren die Quantenzahlen Λ und S (Projektion des Bahndrehimpulses der Elektronen auf die Molekülachse und resultierender Elektronenspin). Der Operator für die Bahngröße — für den Bahndrehimpuls der Elektronen — kommutiert mit dem Spinoperator, so daß

$$S' - S = 0 \qquad (\text{Fälle } a, b) \tag{53,5}$$

ist. Die Änderung der Zahl Λ gehorcht der Auswahlregel

$$\Lambda' - \Lambda = 0\,,\ \pm 1 \qquad (\text{Fälle } a, b)\,, \tag{53,6}$$

und für Übergänge zwischen den Zuständen mit $\Lambda = 0$ (Σ-Terme) gilt die zusätzliche Regel

$$\Sigma^+ \to \Sigma^+\,, \qquad \Sigma^- \to \Sigma^- \qquad (\text{Fälle } a, b) \tag{53,7}$$

(wir erinnern daran, daß sich die Zustände Σ^+ und Σ^- in ihrem Verhalten bei einer Spiegelung an einer Ebene, die die Molekülachse enthält, unterscheiden). Die Regeln (53,6) und (53,7) ergeben sich bei der Behandlung des Moleküls in einem mit den Kernen starr verbundenen Koordinatensystem (s. III; § 87); die Regel (53,6) ist der Auswahlregel für die magnetische Quantenzahl bei Atomen analog.

Die Kopplungsarten *a* und *b* unterscheiden sich voneinander in dem Verhältnis zwischen der Wechselwirkungsenergie „Spin-Achse" und der Rotationsenergie (Differenzen zwischen den Rotationsniveaus). Im Fall *a* ist die erstgenannte Energie größer als die zweite, im Fall *b* viel kleiner. Im folgenden betrachten wir diese Fälle getrennt.

Fall a. In diesem Fall existiert die Quantenzahl Σ — die Projektion des Gesamtspins auf die Molekülachse (und damit auch die Zahl $\Omega = \Sigma + \Lambda$ — die Projektion des Gesamtdrehimpulses). Wenn beide Zustände (Anfangs- und Endzustand) zum Fall *a* gehören, gilt die Regel

$$\Sigma' - \Sigma = 0 \qquad (\text{Fall } a) \tag{53,8}$$

(die aus der schon erwähnten Kommutativität von Dipolmoment und Spin resultiert). Aus (53,6) und (53,8) folgt[1])

$$\Omega' - \Omega = 0,\ \pm 1\,. \tag{53,9}$$

[1]) Diese Regel gilt auch für den Fall *c* (die Kopplung des Bahndrehimpulses mit der Achse ist klein gegenüber der Kopplung „Spin-Bahn"), wenn die Zahlen Λ und Σ einzeln nicht existieren.

Für $\Omega = \Omega' = 0$ sind zusätzlich zur allgemeinen Regel (53,1) die Übergänge mit $J' = J$ verboten:[1])

$$J' - J = \pm 1 \quad \text{für} \quad \Omega = \Omega' = 0 \qquad (\text{Fall } a)\,. \tag{53,10}$$

Wir betrachten jetzt Übergänge zwischen zwei bestimmten Schwingungsniveaus, die zu zwei verschiedenen Elektronentermen (vom Typ a) gehören. Bei Beachtung der Feinstruktur des Elektronenterms zerfallen beide Niveaus in mehrere Komponenten; auf Grund der Regel (53,5) muß die Zahl dieser Komponenten $(2\,S + 1)$ für beide Niveaus gleich sein. Nach der Regel (53,8) kombiniert jede Komponente eines Niveaus nur mit derjenigen Komponente des anderen Niveaus, die den gleichen Σ-Wert hat.

Ferner greifen wir ein Paar von Niveaus mit gleichem Σ heraus; die Werte für Ω und Ω' können sich (wie Λ und Λ') um 0 oder ± 1 unterscheiden. Bei Berücksichtigung der Rotation zerfällt jedes Niveau in eine Folge von Niveaus, die sich in den Zahlen J und J' mit den Werten $J \geqq |\Omega|$ und $J' \geqq |\Omega'|$ unterscheiden. Die Abhängigkeit der Übergangswahrscheinlichkeiten von diesen Zahlen kann in allgemeiner Form angegeben werden (H. Hönl, F. London, 1925).

Das Matrixelement für den Übergang $n\,\Lambda\,\Omega\,J\,M_J \to n'\,\Lambda'\,\Omega'\,J'\,M'_J$ (n bedeutet die übrigen Quantenzahlen für den Elektronenterm, außer Ω und Λ) ist

$$\begin{aligned} &|\langle n'\,\Lambda'\,\Omega'\,J'\,M'_J|d_q|\,n\,\Lambda\,\Omega\,J\,M_J\rangle| \\ &= \sqrt{(2\,J+1)\,(2\,J'+1)}\begin{pmatrix} J' & 1 & J \\ -\Omega' & q' & \Omega \end{pmatrix}\begin{pmatrix} J' & 1 & J \\ -M'_J & q & M_J \end{pmatrix}|\langle n'\,\Lambda'|\overline{d_{q'}}|\,n\,\Lambda\rangle|\,, \end{aligned} \tag{53,11}$$

d_q und $\overline{d_{q'}}$ sind darin die sphärischen Komponenten des Vektors für das Dipolmoment im raumfesten Koordinatensystem xyz bzw. im „bewegten" System $\xi\eta\zeta$ mit der ζ-Achse in Richtung der Molekülachse (diese Formel wird mit Hilfe von (b, 6) hergeleitet und ist den Formeln III, (87,3) und (87,4) äquivalent). Die Matrixelemente $\langle n'\,\Lambda'|\overline{d_{q'}}|\,n\,\Lambda\rangle$ sind unabhängig von den Quantenzahlen J und J' und hängen nur von den Kenngrößen der Elektronenterme ab (im vorliegenden Fall sind sie von der Zahl Σ unabhängig[2])). In der Bezeichnung

---

[1]) Diese Regel ist analog zum Verbot der Übergänge mit $J = J'$ für $M = M' = 0$ für Atome (s. die Fußnote auf S. 197), für die sie jedoch nur in Anwesenheit eines äußeren Feldes interessant war. Im vorliegenden Fall folgt die Regel unmittelbar aus der unten angegebenen Formel (53,12); das $3\,j$-Symbol $\begin{pmatrix} J' & 1 & J \\ 0 & 0 & 0 \end{pmatrix}$ verschwindet für $J' = J$, wenn die Summe $J' + J + 1$ ungeradzahlig ist.

[2]) Davon kann man sich ähnlich überzeugen wie am Anfang von III, § 24 für die skalare Größe f. Im vorliegenden Fall kommutiert der Operator für die Vektorgröße $\boldsymbol{d}$ mit dem Operator für den (in nullter Näherung) erhaltenen Vektor $\boldsymbol{S}$, und Σ ist die Projektion von $\boldsymbol{S}$ auf die ζ-Achse im rotierenden Koordinatensystem, in dem man die Kommutatorbedingung für $\boldsymbol{d}$ und $\boldsymbol{S}$ betrachten muß.

für das Matrixelement sind daher die Indizes $\Omega' = \Lambda' + \Sigma$ und $\Omega = \Lambda + \Sigma$ weggelassen.

Die Übergangswahrscheinlichkeit für $n\ \Lambda\ \Omega\ J \to n'\ \Lambda'\ \Omega'\ J'$ ist zu dem über M'_J summierten Quadrat des Matrixelementes (53,11) proportional. Auf Grund von Formel III, (106,12)

$$\sum_{M'_J} \begin{pmatrix} J' & 1 & J \\ -M'_J & q & M_J \end{pmatrix}^2 = \frac{1}{2J+1}$$

erhalten wir

$$w\,(n\ \Lambda\ \Omega\ J \to n'\ \Lambda'\ \Omega'\ J') = (2J'+1) \begin{pmatrix} J' & 1 & J \\ -\Omega' & \Omega' - \Omega & \Omega \end{pmatrix}^2 B(n', n; \Lambda', \Lambda)\,, \tag{53,12}$$

wobei die Koeffizienten B nicht von J und J' abhängen (wir vernachlässigen natürlich die relativ sehr kleine Differenz in den Frequenzen zu den Übergängen mit verschiedenen J und J').[1])

Summieren wir (53,12) über J', dann bekommen wir (infolge der Orthogonalitätseigenschaften der $3j$-Symbole (s. III, (106,13)) einfach $B(n', n; \Lambda', \Lambda)$. Mit anderen Worten, die gesamte Übergangswahrscheinlichkeit aus dem Rotationsniveau J des Zustandes Ω in alle Niveaus J' des Zustandes Ω' hängt nicht von J ab.

Fall b. In diesem Fall gibt es neben dem Gesamtdrehimpuls J noch die Quantenzahl K — den Drehimpuls des Moleküls ohne Berücksichtigung des Spins. Die Auswahlregeln für diese Zahl sind die Auswahlregeln für eine beliebige vektorielle Bahngröße (wie zum Beispiel das elektrische Dipolmoment):

$$|K' - K| \leqq 1 \leqq K + K' \qquad (\text{Fall } b) \tag{53,13}$$

mit dem zusätzlichen Verbot des Überganges mit $K = K'$ für $\Lambda = \Lambda' = 0$ (analog zu (53,10))

$$K' - K = \pm 1 \qquad \text{für} \qquad \Lambda = \Lambda' = 0\,. \tag{53,14}$$

Wir betrachten jetzt die Übergänge zwischen den Rotationskomponenten bestimmter Schwingungsniveaus zweier Elektronenzustände vom Typ b. Die Übergangswahrscheinlichkeiten dafür werden durch die gleichen Formeln (53,12) gegeben, in denen jetzt K und Λ statt J und Ω zu schreiben sind. Bei Beachtung der Feinstruktur (für $S \neq 0$) spaltet jedes Rotationsniveau K in $2S + 1$ Komponenten mit $J = |K - S|, \ldots, K + S$ auf, und statt einer Linie $J \to J'$ entsteht ein Multiplett. Im vorliegenden Fall addieren wir freie (nicht mit der Molekülachse gekoppelte) Drehimpulse $\boldsymbol{K}$ und $\boldsymbol{S}$; deshalb stimmen die Formeln für die relativen Übergangswahrscheinlichkeiten für die verschiedenen Linien

---

[1]) Alle betrachteten Rotationsniveaus J spalten bei Berücksichtigung der Λ-Verdoppelung noch in zwei Niveaus auf, von denen eines positiv und das andere negativ ist. Deshalb werden wir statt des einen Übergangs $J \to J'$ unter Beachtung der Auswahlregel (53,2) zwei Übergänge haben: von der positiven (negativen) Komponente des Niveaus J zur negativen (positiven) Komponente des Niveaus J'. Die Wahrscheinlichkeiten für diese Übergänge sind gleich.

eines Multipletts mit den analogen Formeln (49,15) für die Feinstrukturkomponenten der Atomspektren überein; dort haben (im Fall der LS-Kopplung) die Drehimpulse $\boldsymbol{L}$ und $\boldsymbol{S}$ dieselbe Rolle gespielt.

Wir haben somit alle Auswahlregeln für alle möglichen Spektrallinien in den wichtigsten Fällen, die in zweiatomigen Molekülen realisiert sein können, behandelt.

Die Gesamtheit aller Linien von Übergängen zwischen den Rotationskomponenten zweier gegebener Elektronen-Schwingungs-Niveaus bildet, wie man in der Spektroskopie sagt, eine Bande. Wegen der kleinen Abstände zwischen den Rotationsniveaus liegen die Linien in einer Bande sehr dicht. Die Frequenzen dieser Linien werden durch die Differenzen

$$\hbar\,\omega_{JJ'} = \text{const} + B\,J\,(J+1) - B'\,J'\,(J'+1) \qquad (53,15)$$

bestimmt, in denen B und B' die Rotationskonstanten zu den beiden Elektronenzuständen sind (um überflüssige Komplikationen zu vermeiden, setzen wir die Elektronenterme als Singuletterme voraus). Für $J' = J,\, J \pm 1$ wird die Formel (53,15) graphisch durch drei Zweige (Parabeln) dargestellt (Abb. 2), deren Punkte für halbzahlige J die Frequenzen festlegen (die Anordnung der Zweige in Abb. 2 entspricht dem Fall $B' < B$; für $B' > B$ sind sie nach kleinen ω hin geöffnet, und der obere Zweig ist die Kurve für $J' = J - 1$).[1]) Die Krümmung der Zweige führt, wie der Abbildung zu entnehmen ist, zu einer Verdichtung der Linien nach einer bestimmten Grenzlage hin (*Bandkante*).

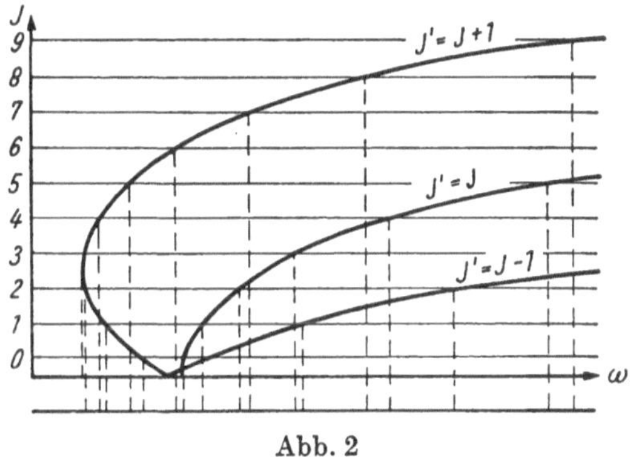

Abb. 2

Die Intensitäten der Linien in einigen Banden des Elektronenspektrums von Molekülen aus Atomen eines Isotops zeigen einen eigenartigen *Wechsel in den Intensitäten* (W. HEISENBERG, F. HUND, 1927). Die Symmetrieforderungen bezüglich der Kernspins verlangen, daß für Σ-Elektronenterme die Rotationskomponenten mit geradzahligen und ungeradzahligen Werten für K die entgegengesetzte Symmetrie bezüglich der Kerne haben; dementsprechend haben

---

[1]) Die Linienserien zu den Übergängen mit $J' = J + 1,\, J,\, J - 1$ werden als P-, Q- bzw. R-Zweig bezeichnet.

sie verschiedene statistische Gewichte g_s und g_a (s. III, § 86). Nach der Regel (53,14) sind bei Übergängen zwischen zwei verschiedenen Σ-Termen nur $J' = J \pm 1$ zulässig; entsprechend der Regel (53,4) muß dabei ein Σ-Term gerade und der andere ungerade sein. Daraus resultiert, daß zu gegebenem Wert für $J' - J$ die Übergänge mit aufeinanderfolgenden J-Werten abwechselnd zwischen Paaren symmetrischer und Paaren antisymmetrischer Niveaus erfolgen (wie es im Schema der Abb. 3 am Beispiel der Zustände Σ_g^+ und Σ_u^+ erläutert wird). Andererseits ist die beobachtete Intensität einer Linie der Zahl der Moleküle in dem betreffenden Anfangszustand und damit dem statistischen Gewicht proportional. Die Intensität aufeinanderfolgender Linien ($J = 0, 1, 2, \ldots$) wird daher abwechselnd groß und klein sein, abwechselnd proportional zu g_s und g_a (abgesehen von dem monotonen Gang, der von den Formeln (53,12) verlangt wird)[1]).

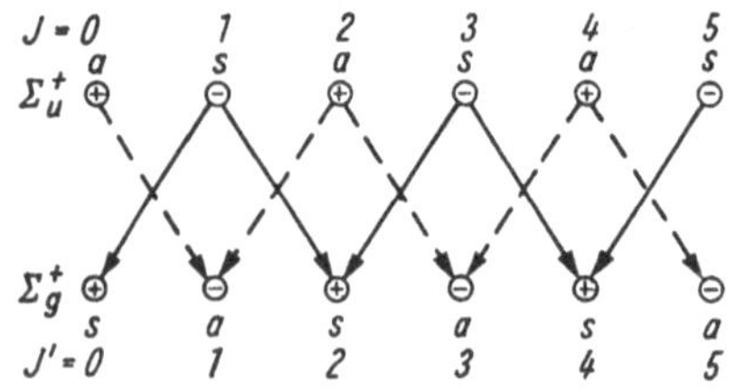

Abb. 3

Für die Änderung der Schwingungsquantenzahl bei Übergängen zwischen zwei verschiedenen Elektronentermen gibt es keinerlei strenge Auswahlregeln. Es gibt aber eine Regel (das FRANK-CONDON-Prinzip), die die wahrscheinlichste Änderung des Schwingungszustandes vorauszusagen gestattet. Sie basiert auf der quasiklassischen Bewegung der Kerne infolge der großen Kernmassen (vgl. den Abschnitt über Prädissoziation in III, § 90).[2])

Im Integral für das Matrixelement zum Übergang zwischen den Schwingungszuständen E und E' der Elektronenterme $U(r)$ und $U'(r)$ spielt die Umgebung des Punktes $r = r_0$, in dem

$$U(r_0) - U'(r_0) = E - E' \tag{53,16}$$

ist, die Hauptrolle (d. h., die Impulse der Relativbewegung der Kerne sind in beiden Zuständen gleich: $p = p'$). Zu gegebenem E ist die Übergangswahrscheinlichkeit (als Funktion der Endenergie E') umso größer, je kleiner die Differenz $E - U$ und $E' - U'$ sind. Die Übergangswahrscheinlichkeit ist am größten für

$$E - U(r_0) = E' - U'(r_0) = 0\,, \tag{53,17}$$

d. h., wenn der „Übergangspunkt" r_0 (die Wurzel der Gleichung (53,16)) mit dem klassischen Umkehrpunkt der Kerne übereinstimmt (Abb. 4 illustriert diesen Zusammenhang zwischen E und dem wahrscheinlichsten E'). Zur Veranschau-

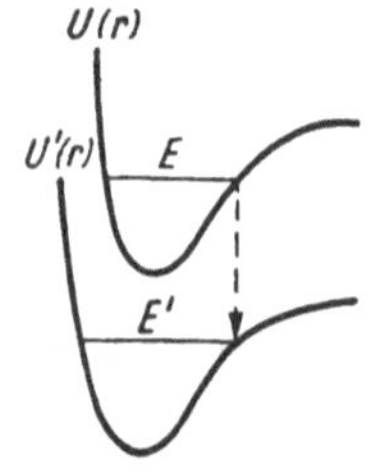

Abb. 4

[1]) Dabei wird vorausgesetzt, daß alle Zustände mit verschiedenen Werten des resultierenden Kernspins gleichmäßig besetzt sind.

[2]) Streng genommen ist es auch notwendig, daß die Schwingungsquantenzahl genügend groß ist.

lichung kann man sagen, daß der Übergang in der Nähe des Punktes, in dem die Kerne zur Ruhe kommen und in dessen Umgebung sie sich folglich relativ lange Zeit aufhalten, am wahrscheinlichsten ist.[1])

§ 54. Strahlung zweiatomiger Moleküle. Schwingungs- und Rotationsspektren

Die im vorstehenden Paragraphen aufgezählten Auswahlregeln und Formeln für die Übergangswahrscheinlichkeiten bleiben auch für Übergänge, bei denen sich der Elektronenzustand des Moleküls nicht ändert, in Kraft.[2]) Wir werden uns hier nur mit einigen spezifischen Besonderheiten dieser Übergänge befassen.

Vor allem werden von der Auswahlregel (53,4) (Dipol-) Übergänge ohne Änderung des Elektronenzustandes in Molekülen aus gleichartigen Atomen generell verboten, da bei einem solchen Übergang die Parität des Elektronenterms unverändert bliebe. Wie aus § 53 folgt, kann dieses Verbot nur bei Berücksichtigung der Wechselwirkung zwischen den Kernspins und den Elektronen verletzt werden, sowie für Moleküle aus verschiedenen Isotopen eines Elementes schon wegen des Einflusses der Rotation auf den Elektronenzustand.

Die Berechnung der Matrixelemente für das Dipolmoment wird (mit Hilfe der Formeln aus III, § 87) auf die Berechnung im mit dem Molekül rotierenden Koordinatensystem zurückgeführt. Die Wellenfunktion des Moleküls ist in diesem System ein Produkt aus der Wellenfunktion der Elektronen zu gegebenem Kernabstand r und der Wellenfunktion der Kernschwingung im effektiven Feld $U(r)$ von Elektronen und Kernen. Wird der Einfluß der Kernbewegung auf den Elektronenzustand völlig vernachlässigt, dann sind die Elektronenwellenfunktionen zum Anfangs- und Endzustand bei den betrachteten Übergängen gleich. Die Integration über die Orte der Elektronen ergibt daher im Matrixelement einfach das mittlere Dipolmoment des Moleküls $\overline{d}$ (das offensichtlich die Richtung der Molekülachse hat) als Funktion des Abstandes r. Da die Schwingungen klein sind, kann man die Funktion $\overline{d}(r)$ nach Potenzen der Schwingungskoordinate $q = r - r_0$ entwickeln. Für Übergänge mit einer Änderung des Schwingungszustandes fällt im Matrixelement der nullte Term in der Entwicklung weg, weil die Wellenfunktionen der Schwingungen im gleichen Feld $U(q)$ orthogonal zueinander sind, so daß nur ein zu q proportionales Glied übrigbleibt. Sieht man die Schwingungen als harmonisch an, dann sind auf Grund der bekannten Eigenschaften eines linearen Oszillators (III, § 23) nur die Matrixelemente für Übergänge zwischen benachbarten Schwingungszustän-

---

[1]) Das Problem, (in der quasiklassischen Näherung) die Verteilung der Wahrscheinlichkeiten für die verschiedenen Übergänge in der Nähe des Maximums zu finden, ist identisch mit Aufgabe 3 in III, § 90; es sind lediglich einige Umbezeichnungen vorzunehmen.

[2]) Die Übergänge unter Änderung des Schwingungszustandes (und damit auch des Rotationszustandes) bilden das sogenannte Schwingungsspektrum eines Moleküls; es liegt im nahen Infrarot (Wellenlänge $<20\ \mu$m). Die Übergänge unter alleiniger Änderung des Rotationszustandes bilden das Rotationsspektrum, das im fernen Ultrarot liegt (Wellenlängen $> 20\ \mu$m).

den von Null verschieden. Für die Schwingungsquantenzahl v gilt mit anderen Worten die Auswahlregel

$$v' - v = \pm 1 . \tag{54,1}$$

Diese Regel wird jedoch bei Berücksichtigung der Anharmonizität der Schwingungen oder der nächsten Glieder in der Entwicklung der Funktion $\bar{d}(q)$ verletzt.

Bei einem reinen Rotationsübergang (bei dem auch der Schwingungszustand unverändert bleibt) ist das Matrixelement für die Projektion des Dipolmomentes auf die bewegte ζ-Achse einfach gleich dem mittleren Dipolmoment des Moleküls $\bar{d} = \bar{d}(0)$ zu setzen.[1]) Für die Übergangswahrscheinlichkeit zu $J \to J - 1$ ergibt sich die Formel

$$w\,(n\,J \to n, J - 1) = \frac{4\,\omega^3}{3\hbar\,c^3}\,\bar{d}^2\,\frac{J^2 - \Omega^2}{J\,(2J + 1)}\,, \tag{54,2}$$

mit der man nicht nur die relativen (wie (53,12)), sondern auch die absoluten Wahrscheinlichkeiten berechnen kann. (Formel (54,2) ist für den Fall a aufgeschrieben worden; für den Fall b hat man K und Λ statt J und Ω zu schreiben.)

Die Frequenzen reiner Rotationsübergänge werden durch die Differenzen zwischen den Rotationsenergien $B\,J\,(J + 1)$ bestimmt und sind

$$\hbar\,\omega_{J,\,J-1} = 2\,B\,J\,. \tag{54,3}$$

Die Linien folgen in gleichen Abständen ($2\,B$) aufeinander.

§ 55. Strahlung von Kernen

Für die γ-Strahlung von Kernen ist in der Regel die Bedingung erfüllt, daß Ausdehnungen des Systems (Kernradius R) klein gegenüber der Wellenlänge des Photons sind. Aber der Abstand zwischen den Kernniveaus (und damit die Energie der γ-Quanten) ist normalerweise klein gegenüber der Energie eines Nukleons im Kern. Daher hängt die Größe R/λ nicht unmittelbar mit der Geschwindigkeit v/c der Nukleonen im Kern zusammen und ist im allgemeinen wesentlich kleiner als diese. Dementsprechend ist auch die Wahrscheinlichkeit der Ml-Strahlung in der Regel größer als die Wahrscheinlichkeit der $E\,(l + 1)$-Strahlung (vgl. den Anfang von § 50).

Die allgemeinen Auswahlregeln für den Gesamtdrehimpuls („Spin") der Kerne und für die Parität sind die gleichen wie für die Strahlung eines beliebigen Systems. Eine charakteristische Besonderheit der Kernstrahlung ist die Verteilung der höheren Multipolübergänge. Anders als bei Atomen, die normalerweise elektrische Dipolstrahlung emittieren, sind für Kerne elektrische Dipolübergänge bei kleinen Energien relativ selten und von Auswahlregeln verboten.

---

[1]) In einem Molekül aus gleichartigen Atomen ist $\bar{d} = 0$, wie aus Symmetrieüberlegungen klar wird.

Wenn man einen Strahlungsübergang in einem Kern als Einteilchen-Übergang ansehen kann — als Zustandsänderung eines Nukleons bei unverändertem Zustand des Kern-„Rumpfes" —, dann kommen Auswahlregeln für den Drehimpuls dieses Nukleons hinzu. Diese „Einteilchen"-Auswahlregeln sind aber nicht sehr genau erfüllt.

Für einen Kern sind die Auswahlregeln bezüglich des Isospins charakteristisch. Wir erinnern daran, daß die Projektion T_3 des Isospins durch Massen- und Ordnungszahl des Kerns bestimmt ist:

$$T_3 = \frac{1}{2}(Z - N) = Z - \frac{A}{2}.$$

Bei gegebenem Wert für T_3 kann der Betrag des Isospins beliebige Werte $T \geqq |T_3|$ haben. Die Auswahlregel für die Zahl T bei Strahlungsübergängen ergibt sich aus der Tatsache, daß die Operatoren für die elektrischen und magnetischen Kernmomente, ausgedrückt durch die Isospinoperatoren der Nukleonen, Summen aus einem Skalar und einer x_3-Komponente eines Vektors im Isospinraum sind (s. III, § 115). Deshalb sind die betreffenden Matrixelemente nur unter der Bedingung

$$T' - T = 0, \ \pm 1 \tag{55,1}$$

von Null verschieden. Diese Regeln stellen aber an sich keine besonderen Beschränkungen für die Übergänge in leichten Kernen dar (und nur für diese kann man mit genügender Genauigkeit von der Erhaltung des Isospins sprechen); das liegt daran, daß es unter den niedrigen Niveaus dieser Kerne praktisch überhaupt keine Niveaus mit $T > 1$ gibt.

Für $E1$-Übergänge besteht aber noch eine zusätzliche Regel, weil für das elektrische Dipolmoment der isoskalare Anteil wegfällt, und der zugehörige Operator ist die x_3-Komponente eines Isospinvektors (s. III, § 115). Für $T_3 = 0$ sind deshalb zusätzlich Übergänge mit $\Delta T = 0$ verboten. Mit anderen Worten, in Kernen mit gleicher Neutronen- und Protonenzahl ($N = Z$, $A = 2Z$) sind $E1$-Übergänge nur für

$$T' - T = \pm 1 \quad (T_3 = 0) \tag{55,2}$$

möglich. Natürlich hängt der Grad, indem diese Auswahlregel eingehalten wird, davon ab, mit welcher Genauigkeit der Isospin des Kerns erhalten bleibt.

Auch der Rückstoß des Kernrumpfes bei der Bewegung einzelner Nukleonen beeinflußt die Wahrscheinlichkeit der $E1$-Übergänge im Kern. Wegen dieses Effektes sind die Protonen mit der effektiven Ladung $e\,(1 - Z/A)$ statt e und die Neutronen mit der Ladung $-e\,Z/A$ statt 0 an der Bildung des Dipolmomentes beteiligt (s. III, § 117). Die Verkleinerung der effektiven Protonenladung verursacht eine gewisse Verminderung der Wahrscheinlichkeit für $E1$-Übergänge.

Die Energieniveaus nicht kugelförmiger Kerne haben Rotationsstruktur, und das γ-Spektrum solcher Kerne hat eine charakteristische Rotationsstruktur.

Die Symmetrie des Feldes, in dem sich die Nukleonen in einem „starren" nicht kugelförmigen (axialsymmetrischen) Kern bewegen, ist die Symmetrie des Feldes, in dem sich die Elektronen in einem starren zweiatomigen Molekül aus gleichen Atomen bewegen (die Punktgruppe $C_{\infty h}$). Die Symmetrieeigenschaften der Niveaus nicht kugelförmiger Kerne (und damit auch die Auswahlregeln für die Matrixelemente) sind ähnlich wie für die Niveaus eines zweiatomigen Moleküls (s. III, § 118). Insbesondere sind wie für ein zweiatomiges Molekül aus gleichen Atomen elektrische Dipolübergänge in einer Rotationsbande verboten (d. h. Übergänge ohne Änderung des inneren Kernzustandes) — vgl. § 54. Solche Übergänge werden als $E2$- oder $M1$-Übergänge realisiert. Im ersten Fall kann sich der Gesamtdrehimpuls des Kerns um 2 oder 1 ändern, im zweiten um 1.

Nach (46,9) ist die über die Projektion M' des Gesamtdrehimpulses des Kerns im Endzustand summierte Wahrscheinlichkeit für einen Quadrupolübergang

$$w_{E2} = \frac{\omega^5}{15\,\hbar\, c^5} \sum_{M'} |\langle J'\ \Omega\ M'|Q^{(e)}_{2,-m}|\ J\ \Omega\ M\rangle|^2$$

(J ist der Gesamtdrehimpuls des Kerns, Ω dessen Projektion auf die Kernachse; $m = M - M'$). Mit Hilfe von (6,7) wird diese Summe durch die Quadrate der gegebenen Größen ausgedrückt — durch die (bezüglich des inneren Zustandes des Kerns) diagonalen Quadrupolmomente $\overline{Q}_{2\lambda}$ bezogen auf die mit dem Kern verknüpften Koordinatenachsen $\xi\eta\zeta$. Dabei ist $\lambda = \Omega - \Omega'$, so daß im vorliegenden Fall ($\Omega' = \Omega$) nur die Komponente $\overline{Q}_{20}$ auftritt. Laut Definition ist die Größe

$$e\,Q_0 = e \int \varrho_{ii}\,(2\,\zeta^2 - \xi^2 - \eta^2)\,d\xi\,d\eta\,d\zeta = -\,2\,e(\overline{Q}_{20})_{ii}$$

das Quadrupolmoment des Kerns. Wir erhalten daher

$$w_{E2}\,(\Omega\,J \to \Omega\,J') = \frac{\omega^5}{60\,\hbar\,c^5} Q_0^2\,(2\,J' + 1) \begin{pmatrix} J' & 2 & J \\ -\Omega & 0 & \Omega \end{pmatrix}^2 \qquad (55,3)$$

und explizit

$$w_{E2}\,(\Omega\,J \to \Omega,\,J-1) = \frac{\omega^5}{20\,\hbar\,c^5} Q_0^2 \frac{\Omega^2\,(J^2 - \Omega^2)}{(J-1)\,J\,(J+1)\,(2\,J+1)}\,,$$

$$w_{E2}\,(\Omega\,J \to \Omega,\,J-2) = \frac{\omega^5}{40\,\hbar\,c^5} Q_0^2 \frac{(J^2 - \Omega^2)\,[(J-1)^2 - \Omega^2]}{(J-1)\,J\,(2\,J-1)\,(2\,J+1)}\,.$$

Im Zusammenhang mit diesen Formeln muß jedoch folgende Bemerkung angebracht werden. In diesen Formeln sind Matrixelemente verwendet worden, die mit Wellenfunktionen der Gestalt

$$\psi_{J\,\Omega\,M} = \mathrm{const} \cdot \chi_\Omega\, D^{(J)}_{\Omega M}(\boldsymbol{n})$$

berechnet worden sind (χ_Ω ist die Wellenfunktion für den inneren Zustand des Kerns). Diese Funktionen entsprechen bestimmten (in Betrag und Vorzeichen) Werten für die Projektion des Drehimpulses auf die ζ-Achse. In Kernen haben wir es mit Zuständen zu tun, für die die Parität und nur der Betrag der Drehimpulsprojektion bestimmte Werte haben (letzteren versteht man normalerweise unter Ω). Man müßte daher für $\Omega \neq 0$ als Wellenfunktionen für Anfangs- und Endzustand Kombinationen der Gestalt

$$\frac{1}{\sqrt{2}}(\psi_{J\,\Omega\,M} \pm \psi_{J,\,-\Omega,\,M}),$$

$$\frac{1}{\sqrt{2}}(\psi_{J'\,\Omega\,M'} \pm \psi_{J',\,-\Omega,\,M'})$$

nehmen. Die Produkte jeweils der ersten und zweiten Summanden ergeben den obigen Wert des Matrixelementes für das Quadrupolmoment. Die gemischten Produkte liefern für $2\,\Omega \leqq 2$ von Null verschiedene Integrale.[1]) Die Formel (55,3) ist deshalb streng genommen für $\Omega = 1/2$, 1 ungeeignet; in diesen Fällen ist in der Übergangswahrscheinlichkeit ein Zusatzterm enthalten, der sich nicht durch den Mittelwert des Quadrupolmomentes ausdrücken läßt.[2])

Ähnlich wie die Formel (55,3) ergibt sich für die Wahrscheinlichkeit eines $M1$-Übergangs

$$w_{M1}(\Omega\, J \to \Omega, J-1) = \frac{4\,\omega^3}{3\,\hbar\, c^3}\mu^2\,(2\,J-1)\begin{pmatrix} J-1 & 1 & J \\ -\Omega & 0 & \Omega \end{pmatrix}^2$$
$$= \frac{4\,\omega^3}{3\,\hbar\, c^3}\mu^2\,\frac{J^2-\Omega^2}{J\,(2\,J+1)}, \qquad (55,4)$$

worin μ das magnetische Kernmoment ist (diese Formel ist für $\Omega = 1/2$ ungeeignet).

§ 56. Photoeffekt. Nichrelativistischer Fall

In § 49 bis 52 haben wir uns mit Strahlungsübergängen (Emission oder Absorption eines Photons) zwischen Atomniveaus des diskreten Spektrums befaßt. Der Photoeffekt unterscheidet sich von einem derartigen Absorptionsprozeß eines Photons nur dadurch, daß der Endzustand zum kontinuierlichen Spektrum gehört.

Der Wirkungsquerschnitt für den Photoeffekt kann für das Wasserstoffatom und für ein wasserstoffähnliches Ion (mit einer Kernladung $Z \ll 137$) bis zu Ende analytisch berechnet werden.

Im Anfangszustand haben wir ein Elektron im diskreten Niveau $\varepsilon_i \equiv -I$ (I ist die Ionisierungsenergie des Atoms) und ein Photon mit einem bestimmten Impuls $\boldsymbol{k}$. Im Endzustand hat das Elektron den Impuls $\boldsymbol{p}$ (und die Energie

---

[1]) Für die Matrixelemente der $2l$-Polmomente enthalten die Integranden die Produkte

$$D^{(J')*}_{-\Omega\,M'}\, D^{(l)}_{q'q}\, D^{(J)}_{\Omega\,M}\,.$$

Das Integral über die Winkel wird für $q' = -2\,\Omega$ von Null verschieden, während q' nur Werte zwischen $-l$ und $+l$ annimmt; deshalb muß $2\,\Omega \leqq l$ sein.

[2]) Dieses Glied liefert praktisch nur für den Fall $\Omega = 1/2$ einen wesentlichen Beitrag, wenn die Kopplung zwischen Rotation und innerem Zustand des Kerns besonders groß ist (s. dazu III, § 118).

$\varepsilon_f = \varepsilon$). Da $\boldsymbol{p}$ kontinuierliche Werte annehmen kann, wird der Wirkungsquerschnitt für den Photoeffekt durch die Formel

$$d\sigma = 2\pi\,|V_{fi}|^2\,\delta\,(-I + \omega - \varepsilon)\,\frac{d^3p}{(2\pi)^3} \tag{56,1}$$

gegeben (vgl. (44,3)); die Wellenfunktion zum Endzustand des Elektrons sei dabei „auf ein Teilchen im Volumen $V = 1$" normiert. In gleicher Weise sei auch die Wellenfunktion des Photons normiert; beim Übergang zum Wirkungsquerschnitt $d\sigma$ muß die Wahrscheinlichkeit dw dann noch durch die Photonenstromdichte ($c/V = c$) dividiert werden, was sich aber in relativistischen Einheiten nicht auf die Gestalt der Formel (56,1) auswirkt.

Wir benutzen die dreidimensional transversale Eichung für das Photon (wie in (45,2)). Dann ist

$$V_{fi} = -\,e\,\boldsymbol{A}\,\boldsymbol{j}_{fi} = -\,e\sqrt{4\pi}\,\frac{1}{\sqrt{2\omega}}\,M_{fi}$$

mit der Bezeichnung

$$M_{fi} = \int \psi'^*(\vec{\alpha}\,\boldsymbol{e})\,e^{i\boldsymbol{k}\boldsymbol{r}}\,\psi\,d^3x \tag{56,2}$$

($\psi \equiv \psi_i$ und $\psi' \equiv \psi_f$ sind die Wellenfunktionen zu Anfangs- und Endzustand des Elektrons). Wir ersetzen in (56,1) $d^3p \to \boldsymbol{p}^2\,d|\boldsymbol{p}|\,do = \varepsilon\,|\boldsymbol{p}|\,d\varepsilon\,do$, integrieren die δ-Funktion über $d\varepsilon$ und formen diese Formel um in

$$d\sigma = e^2\,\frac{\varepsilon\,|\boldsymbol{p}|}{2\pi\omega}\,|M_{fi}|^2\,do\,. \tag{56,3}$$

Wir führen die Rechnungen für zwei verschiedene Beziehungen für die Photonenenergie durch: für $\omega \gg I$ und für $\omega \ll m$. Wegen $I \sim m\,e^4\,Z^2 \ll m$ überlappen sich diese beiden Bereiche teilweise, so daß die Behandlung dieser Fälle praktisch den ganzen Photoeffekt umfaßt.

Zuerst sehen wir uns den Fall

$$\omega \ll m \tag{56,4}$$

an. Die Geschwindigkeit des Elektrons ist dabei im Anfangs- und im Endzustand klein, so daß das Elektronenproblem nichtrelativistisch ist. Dementsprechend ersetzen wir in (56,2) $\vec{\alpha}$ durch den nichtrelativistischen Geschwindigkeitsoperator $\boldsymbol{v} = -\,i\,\nabla/m$ (vgl. § 45). Außerdem können wir zur Dipolnäherung übergehen und $e^{i\boldsymbol{k}\boldsymbol{r}} \approx 1$ setzen, d. h., wir vernachlässigen den Photonenimpuls gegenüber dem Elektronenimpuls und haben

$$d\sigma = e^2\,\frac{m\,|\boldsymbol{p}|}{2\pi\omega}\,|\boldsymbol{e}\,\boldsymbol{v}_{fi}|^2\,do\,, \qquad \boldsymbol{v}_{fi} = -\frac{i}{m}\int \psi'^*\,\nabla\psi\cdot d^3x\,. \tag{56,5}$$

Wir werden den Photoeffekt vom Grundzustand des Wasserstoffatoms (oder eines wasserstoffähnlichen Ions) aus betrachten. Dann ist

$$\psi = \frac{(Z\,e^2\,m)^{3/2}}{\sqrt{\pi}}\,e^{-Z e^2 m r} \tag{56,6}$$

(in gewöhnlichen Maßeinheiten gilt $m\,e^2 \to 1/a_0$ mit dem Bohrschen Radius $a_0 = \hbar/m\,e^2$).

Als ψ' müssen wir eine Wellenfunktion verwenden, die asymptotisch eine ebene Welle ($e^{i\boldsymbol{p}\boldsymbol{r}}$) und eine einlaufende Kugelwelle enthält (s. III, § 134; dort ist diese Funktion mit $\psi_{\boldsymbol{p}}^{-}$ bezeichnet worden). Wegen der Auswahlregel für l ist ein Übergang aus dem s-Zustand nur in einen p-Zustand möglich (Dipolfall). Daher brauchen wir in der Entwicklung[1])

$$\psi_{\boldsymbol{p}} = \frac{1}{p}\sqrt{\frac{\pi}{2}}\sum_{l=0}^{\infty} i^l (2\,l + 1)\, e^{-i\delta_l}\, R_{pl}(r)\, P_l(\boldsymbol{n}\,\boldsymbol{n}_1) \tag{56,7}$$

($\boldsymbol{n} = \boldsymbol{p}/p$, $\boldsymbol{n}_1 = \boldsymbol{r}/r$) nur das Glied mit $l = 1$ mitzunehmen.[2]) Wir lassen unwesentliche Phasenfaktoren weg und haben

$$\psi' = \frac{3}{p}\sqrt{\frac{\pi}{2}}\,(\boldsymbol{n}\,\boldsymbol{n}_1)\, R_{p1}(r)\,. \tag{56,8}$$

Mit den Funktionen ψ und ψ' aus (56,6) und (56,8) bekommen wir

$$\boldsymbol{e}\,\boldsymbol{v}_{fi} = \frac{3\,(Z\,e^2\,m)^{5/2}}{\sqrt{2}\,m\,p}\int\!\!\int (\boldsymbol{n}\,\boldsymbol{n}_1)\,(\boldsymbol{n}_1\,\boldsymbol{e})\, e^{-Ze^2mr}\, R_{p1}(r)\, do_1\cdot r^2\, dr$$

$$= \frac{2^{3/2}\,\pi\,(Z\,e^2\,m)^{5/2}}{p\,m}\,(\boldsymbol{n}\,\boldsymbol{e})\int_0^\infty r^2\, e^{-Ze^2mr} R_{p1}(r)\, dr\,.$$

Nach III, (36,18) und III, (36,24) ist die Radialfunktion (in den hier verwendeten Maßeinheiten)

$$R_{p1} = \frac{2\,Z\,e^2\,m}{3}\sqrt{\frac{1+\nu^2}{\nu\,(1-e^{-2\pi\nu})}}\, p\, r\, e^{-ipr}\, F\,(2 + i\,\nu,\, 4,\, 2\,i\,p\,r)$$

mit der Bezeichnung

$$\nu = \frac{Z\,e^2\,m}{p}\left(= \frac{Z\,e^2}{\hbar\,v}\right). \tag{56,9}$$

Das benötigte Integral wird mit Hilfe der Formel

$$\int_0^\infty e^{-\lambda z}\, z^{\gamma-1}\, F\,(\alpha, \gamma, k\,z)\, dz = \Gamma(\gamma)\,\lambda^{\alpha-\gamma}\,(\lambda - k)^{-\alpha}$$

berechnet (s. III, (f, 3)). Ferner beachten wir

$$\left(\frac{\nu + i}{\nu - i}\right)^{i\nu} = e^{-2\nu\,\mathrm{arc\,ctg}\,\nu}$$

und erhalten

$$\boldsymbol{e}\,\boldsymbol{v}_{fi} = \frac{2^{7/2}\,\pi\,\nu^3\,(\boldsymbol{n}\,\boldsymbol{e})}{\sqrt{p}\,m\,(1+\nu^2)^{3/2}}\,\frac{e^{-2\nu\,\mathrm{arc\,ctg}\,\nu}}{\sqrt{1 - e^{-2\pi\nu}}}\,.$$

---

[1]) p bedeutet weiter in diesem Paragraphen $|\boldsymbol{p}|$.

[2]) Der Vorfaktor in der angegebenen Entwicklung unterscheidet sich um den Faktor $(2\,\pi)^{3/2}$ vom Faktor in III, (134,5), weil die ebene Welle auf „ein Teilchen pro Volumeneinheit“ und nicht auf $\delta(\boldsymbol{p})$ normiert ist.

Die Ionisierungsenergie vom Grundzustand des Wasserstoffatoms (oder eines wasserstoffähnlichen Ions) aus ist $I = Z^2 e^4 m/2$, und deshalb ist

$$\omega = \frac{p^2}{2m} + I = \frac{p^2}{2m}(1 + \nu^2). \tag{56,10}$$

Unter Verwendung dieser Beziehung schreiben wir den endgültigen Ausdruck für den Wirkungsquerschnitt des Photoeffektes mit Emission eines Elektrons in den Raumwinkel do auf:

$$d\sigma = 2^7 \pi \alpha a^2 \left(\frac{I}{\hbar\omega}\right)^4 \frac{e^{-4\nu \operatorname{arc\,ctg} \nu}}{1 - e^{-2\pi\nu}} (\boldsymbol{n}\boldsymbol{e})^2 do, \tag{56,11}$$

darin ist $a = \hbar^2/m Z e^2 = a_0/Z$ (hier und im folgenden werden normale Maßeinheiten verwendet). Die Winkelverteilung der Photoelektronen wird durch den Faktor $(\boldsymbol{n}\boldsymbol{e})^2$ bestimmt. Parallel zur Polarisationsrichtung der einlaufenden Photonen hat dieser Faktor ein Maximum; für Richtungen senkrecht zu $\boldsymbol{e}$ und damit auch für die Einfallsrichtung verschwindet er. Für unpolarisierte Photonen ist Formel (56,11) über die Richtungen von $\boldsymbol{e}$ zu mitteln; das wird durch die Substitution

$$(\boldsymbol{n}\boldsymbol{e})^2 \to \frac{1}{2}[\boldsymbol{n}_0 \boldsymbol{n}]^2$$

mit $\boldsymbol{n}_0 = \boldsymbol{k}/k$ erreicht (s. (45,4b)).

Die Integration der Formel (56,11) über die Winkel ergibt den totalen Wirkungsquerschnitt für den Photoeffekt:

$$\sigma = \frac{2^9 \pi^2}{3} \alpha a^2 \left(\frac{I}{\hbar\omega}\right)^4 \frac{e^{-4\nu \operatorname{arc\,ctg} \nu}}{1 - e^{-2\pi\nu}} \tag{56,12}$$

(M. Stobbe, 1930).

Der Grenzwert von σ für $\hbar\omega \to I$ (d. h. für $\nu \to \infty$) ist

$$\sigma = \frac{2^9 \pi^2}{3 e^4} \alpha a^2 = \frac{2^9 \pi^2 \alpha a_0^2}{3 e^4 \; Z^2} \tag{56,13}$$

(im Nenner ist $e = 2{,}71\ldots!$). Wie es für eine Reaktion mit Erzeugung geladener Teilchen sein muß (s. III, § 144), strebt der Wirkungsquerschnitt für den Photoeffekt in der Nähe der Schwelle gegen einen konstanten Grenzwert.

Der Fall $\hbar\omega \gg I$ (wobei, wie früher, $\hbar\omega \ll mc^2$ ist) entspricht der Bornschen Näherung ($\nu = Z e^2/\hbar v \ll 1$). Die Formel (56,12) erhält die Gestalt

$$\sigma = \frac{2^8 \pi}{3} \alpha a_0^2 Z^5 \left(\frac{I_0}{\hbar\omega}\right)^{7/2} \tag{56,14}$$

($I_0 = e^4 m/2\hbar^2$ ist die Ionisierungsenergie des Wasserstoffatoms).

Der zum Photoeffekt inverse Prozeß ist die Strahlungsrekombination eines Elektrons mit einem festgehaltenen Ion. Der Wirkungsquerschnitt für diesen Prozeß (σ_{rek}) kann mit Hilfe des Prinzips des detaillierten Gleichgewichtes (III, § 141) aus dem Wirkungsquerschnitt für den Photoeffekt (σ_{ph}) berechnet werden. Dieses Prinzip verknüpft die Wirkungsquerschnitte für die Prozesse $i \to f$ und $f \to i$ (mit zwei Teilchen in den Zuständen i und f) durch die Beziehung

$$g_i\, p_i^2\, \sigma_{i\to f} = g_f\, p_f^2\, \sigma_{f\to i}\ ;$$

p_i und p_f sind dabei die Impulse der Relativbewegung der Teilchen, g_i und g_f sind die statistischen Gewichte der Zustände i und f (hinsichtlich des Spins). Da für das Photon $g = 2$ ist (zwei Polarisationsrichtungen), erhalten wir

$$\sigma_{\text{rek}} = \sigma_{\text{ph}} \frac{2\,\boldsymbol{k}^2}{\boldsymbol{p}^2} \tag{56,15}$$

($\boldsymbol{p} = m\,\boldsymbol{v}$ ist der Impuls der einlaufenden Elektrons, $\boldsymbol{k}$ ist der Impuls des emittierten Photons).

Aufgabe

Man berechne den totalen Wirkungsquerschnitt für die Strahlungsrekombination eines schnellen nichtrelativistischen Elektrons ($I \ll m\,v^2 \ll m\,c^2$) mit einem Kern (Ladung $Z \ll 137$)!

Lösung. Der Querschnitt für den Einfang in die K-Schale (mit der Hauptquantenzahl $n = 1$) ergibt sich durch Einsetzen von (56,14) in (56,15):

$$\sigma_1^{\text{rek}} = \frac{2^7\,\pi}{3} Z^5\,\alpha^3\,a_0^2 \left(\frac{I_0}{\varepsilon}\right)^{5/2}$$

($\varepsilon = m\,v^2/2$ ist die Energie des einfallenden Elektrons, $\hbar\,\omega \approx \varepsilon$). Von den anderen Zuständen des gebildeten Atoms sind nur die s-Zustände wesentlich; denn bei der Berechnung des Matrixelementes in Bornscher Näherung sind nur die Werte der Wellenfunktion des gebundenen Zustandes für kleine r wesentlich (was aus den Rechnungen in § 57 zu ersehen ist), und für $l > 0$ sind diese Werte klein gegenüber den Werten der Funktionen mit $l = 0$. Dabei braucht man nur die ersten beiden Glieder in der Entwicklung von ψ nach Potenzen von r mitzunehmen. Für die Zustände mit $l = 0$ und beliebigem n sind diese Glieder

$$\psi = \frac{1}{\sqrt{\pi}\,a^{3/2}\,n^{3/2}} \left(1 - \frac{r}{a}\right),$$

d. h., sie enthalten n nur als Faktor $n^{-3/2}$ (der aufgeschriebene Ausdruck entsteht durch Entwicklung der Funktion III, (36,13)). Der totale Wirkungsquerschnitt für die Rekombination ist demnach

$$\sigma^{\text{rek}} = \sum_{n=1}^{\infty} \sigma_n^{\text{rek}} = \sigma_1^{\text{rek}} \sum_{n=1}^{\infty} \frac{1}{n^3} = \zeta(3)\,\sigma_1^{\text{rek}}$$

(der Wert der ζ-Funktion ist $\zeta(3) = 1{,}202$).

§ 57. Photoeffekt. Relativistischer Fall

Wir wenden uns jetzt dem Fall

$$\omega \gg I \tag{57,1}$$

zu. Auch hierbei ist $\varepsilon = \omega - I \gg I$, und der Einfluß des Coulomb-Feldes des Kerns auf die Wellenfunktion des Photoelektrons (ψ') kann mit Hilfe der

Störungstheorie erfaßt werden. Wir schreiben ψ' in der Form

$$\psi' = \frac{1}{\sqrt{2\varepsilon}} \left(u' e^{i\boldsymbol{p}\boldsymbol{r}} + \psi^{(1)}\right) . \tag{57,2}$$

Das Photoelektron kann relativistisch sein; deshalb ist die ungestörte Funktion (57,2) als relativistische ebene Welle (23,1) aufgeschrieben worden.

Obwohl das Elektron im Anfangszustand nichtrelativistisch ist, muß in der zugehörigen Wellenfunktion ψ (aus später zu klärenden Gründen) die relativistische Korrektur ($\sim Z e^2$) mitgenommen werden. Diese Funktion wird durch die Formel (s. die Aufgabe zu § 39)

$$\psi = \left(1 - \frac{i}{2m} \gamma^0 \vec{\gamma} \nabla\right) \frac{u}{\sqrt{2m}} \psi_{\text{nr}} \tag{57,3}$$

gegeben, in der ψ_{nr} die nichtrelativistische Funktion des gebundenen Zustandes (56,6) und u die nach unserer Vorschrift $\bar{u} u = 2m$ normierte Bispinoramplitude des ruhenden Elektrons sind.

Die Funktionen (57,2) und (57,3) setzen wir in das Matrixelement (56,2) ein:[1])

$$M_{fi} = \frac{1}{2\sqrt{m\varepsilon}} \int \left\{ \bar{u}' (\vec{\gamma} \boldsymbol{e}) \left[\left(1 - \frac{i}{2m} \gamma^0 \vec{\gamma} \nabla\right) u \psi_{\text{nr}} \right] e^{-i(\boldsymbol{p}-\boldsymbol{k})\boldsymbol{r}} + \bar{\psi}^{(1)} (\vec{\gamma} \boldsymbol{e}) e^{i\boldsymbol{k}\boldsymbol{r}} u \psi_{\text{nr}} \right\} d^3x . \tag{57,4}$$

Da wir das erste Glied in der Entwicklung dieser Größe nach $Z e^2$ berechnen wollen, können wir im zweiten Glied in der geschweiften Klammer ψ_{nr} einfach durch die Konstante $(Z e^2 m)^{3/2}/\sqrt{\pi}$ ersetzen. Das erste Glied würde im Ergebnis dieser Substitution (für $\boldsymbol{p} - \boldsymbol{k} \neq 0$) verschwinden (gerade deshalb muß man in ψ unbedingt auch die erste relativistische Korrektur proportional zu $Z e^2$ mitnehmen; für $v \sim 1$ liefert diese Korrektur zum Querschnitt einen Beitrag von derselben Größenordnung wie das nächste Glied in der Entwicklung von ψ_{nr} nach $Z e^2$).

Im ersten Term von (57,4) integrieren wir partiell und wälzen den Operator ∇ von ψ_{nr} auf den Exponentialfaktor über. Als Ergebnis erhalten wir

$$M_{fi} = \frac{(Z e^2 m)^{3/2}}{2 (\pi m \varepsilon)^{1/2}} \left\{ \bar{u}' (\vec{\gamma} \boldsymbol{e}) \left[1 + \frac{1}{2m} \gamma^0 \vec{\gamma} (\boldsymbol{p} - \boldsymbol{k}) \right] u (e^{-Z e^2 m r})_{\boldsymbol{p}-\boldsymbol{k}} + \bar{\psi}^{(1)}_{\boldsymbol{k}} (\vec{\gamma} \boldsymbol{e}) u \right\} , \tag{57,5}$$

---

[1]) Die Funktion (57,3) ist für Abstände $r \sim 1/m Z e^2$ abgeleitet worden, für die der Korrekturterm die relative Größenordnung $Z e^2$ hat. Für den Grundzustand (und überhaupt für alle s-Zustände) ist aber die Formel (57,3) für beliebige r brauchbar, weil die Ableitung der reinen Exponentialfunktion (56,6) (und damit auch der Korrekturterm zu (57,3)) immer proportional zu $Z e^2$ ist. Wegen dieses Umstandes kann man die Formel (57,3) in dem betrachteten Problem verwenden, für das (wie wir später sehen werden) kleine r wesentlich sind.

der Vektorindex bezeichnet die räumliche FOURIER-Komponente. Bis zu Gliedern einschließlich $\sim Z e^2$ bekommen wir[1])

$$(e^{-Z e^2 m r})_{p-k} = \frac{8 \pi Z e^2 m}{(p-k)^4}. \tag{57,6}$$

Zur Berechnung der FOURIER-Komponente $\psi_k^{(1)}$ schreiben wir die Gleichung für die Funktion $\psi^{(1)}$ auf:

$$(\gamma^0 \varepsilon + i \vec{\gamma} \nabla - m)\, \psi^{(1)} = e(\gamma^\mu A_\mu)\, u'\, e^{ipr} = -\frac{Z e^2}{r} \gamma^0\, u'\, e^{ipr}$$

(sie ergibt sich durch Einsetzen von (57,2) in (32,1)). Auf beide Seiten dieser Gleichung wenden wir den Operator $(\gamma^0 \varepsilon + i \vec{\gamma} \nabla + m)$ an und erhalten

$$(\Delta + p^2)\, \psi^{(1)} = -Z e^2 (\gamma^0 \varepsilon + i \vec{\gamma} \nabla + m)(\gamma^0 u') \frac{1}{r} e^{ipr}.$$

Diese Gleichung multiplizieren wir mit e^{-ikr} und integrieren sie über d^3x; dabei führen wir in den Gliedern mit Δ und ∇ die übliche partielle Integration aus:

$$\begin{aligned}(p^2 - k^2)\, \psi_k^{(1)} &= -Z e^2 (\gamma^0 \varepsilon - \vec{\gamma} k + m)(\gamma^0 u') \left(\frac{1}{r}\right)_{k-p} \\ &= -Z e^2 \left(2 \varepsilon \gamma^0 - \vec{\gamma} (k-p)\right)(\gamma^0 u') \frac{4\pi}{(k-p)^2}.\end{aligned}$$

In der letzten Zeile ist benutzt worden, daß die Amplitude u' die Gleichung

$$(\varepsilon \gamma^0 - p \vec{\gamma} - m)\, u' = 0 \qquad \text{oder} \qquad (\varepsilon \gamma^0 + p \vec{\gamma} - m)\, \gamma^0 u' = 0$$

erfüllt; hieraus finden wir

$$\bar{\psi}_k^{(1)} = \psi_k^{(1)*} \gamma^0 = 4 \pi Z e^2\, \bar{u}' \frac{2 \varepsilon \gamma^0 + \vec{\gamma}(k-p)}{(k^2 - p^2)(k-p)^2} \gamma^0. \tag{57,7}$$

Wir setzen (57,6) und (57,7) in das Matrixelement (57,5) ein und bringen dieses in die Gestalt

$$M_{fi} = \frac{4 \pi^{1/2} (Z e^2 m)^{5/2}}{(\varepsilon m)^{1/2} (k-p)^2} \bar{u}' A u$$

mit

$$A = a (\vec{\gamma} e) + (\vec{\gamma} e) \gamma^0 (\vec{\gamma} b) + (\vec{\gamma} c) \gamma^0 (\vec{\gamma} e),$$

$$a = \frac{1}{(k-p)^2} + \frac{\varepsilon}{m} \frac{1}{k^2 - p^2}, \qquad b = -\frac{k-p}{2m(k-p)^2}, \qquad c = \frac{k-p}{2m(k^2-p^2)}.$$

---

[1]) Wir bilden die FOURIER-Transformierte von beiden Seiten der Gleichung

$$(\Delta - \lambda^2) \frac{e^{-\lambda r}}{r} = -4 \pi \delta(r)$$

und erhalten

$$\left(\frac{e^{-\lambda r}}{r}\right)_q = \frac{4\pi}{q^2 + \lambda^2}. \tag{57,6a}$$

Diesen Ausdruck differenzieren wir nach dem Parameter λ und finden

$$(e^{-\lambda r})_q = \frac{8 \pi \lambda}{(q^2 + \lambda^2)^2}. \tag{57,6b}$$

Der Wirkungsquerschnitt ist

$$d\sigma = \frac{8\,e^2\,(Z\,e^2\,m)^5\,|\boldsymbol{p}|}{\omega\,(\boldsymbol{k}-\boldsymbol{p})^4\,m}\,(\overline{u'}\,A\,u)\,(\overline{u}\,\overline{A}\,u')\,do$$

mit $\overline{A} = \gamma^0\,A^+\,\gamma^0$ (s. § 66). Dieser Ausdruck muß noch über die Spinrichtungen des Elektrons im Endzustand summiert und über die Anfangsrichtungen des Elektronenspins gemittelt werden. Diese Operationen werden nach den später in § 66 beschriebenen Regeln mit Hilfe der Polarisationsmatrizen für Anfangs- und Endzustand ausgeführt,

$$\varrho = \frac{m}{2}\,(\gamma^0 + 1)\,, \qquad \varrho' = \frac{1}{2}\,(\gamma^0\,\varepsilon - \vec{\gamma}\,\boldsymbol{p} + m)$$

(im Anfangszustand sind $\boldsymbol{p} = 0$ und $\varepsilon = m$). Wir gelangen zu dem Ausdruck

$$d\sigma = \frac{16\,e^2\,(Z\,e^2\,m)^5\,|\boldsymbol{p}|}{m\,\omega\,(\boldsymbol{k}-\boldsymbol{p})^4}\,\mathrm{Sp}\,(\varrho'\,A\,\varrho\,\overline{A})\,do\,.$$

Die Berechnung der Spur ist ein rein algebraisches Problem und führt zu folgendem Ergebnis:[1])

$$\mathrm{Sp}\,(\varrho'\,A\,\varrho\,\overline{A}) = \frac{m}{\varepsilon+m}\,[a\boldsymbol{p} - (\boldsymbol{b}-\boldsymbol{c})\,(\varepsilon+m)]^2 + 4m\,(\boldsymbol{b}\,\boldsymbol{e})\,[(\varepsilon+m)\,(\boldsymbol{c}\,\boldsymbol{e}) + a(\boldsymbol{p}\,\boldsymbol{e})]$$

(der Vektor $\boldsymbol{e}$ wird reell angenommen — linear polarisiertes Photon).

Wir bringen die Formel für den Wirkungsquerschnitt des Photoeffektes in die endgültige Gestalt, indem wir den Polarwinkel θ und das Azimut φ der $\boldsymbol{p}$-Richtung bezüglich der $\boldsymbol{k}$-Richtung einführen; die $\boldsymbol{k}$-Richtung wählen wir als z-Achse, die von $\boldsymbol{k}$ und $\boldsymbol{e}$ aufgespannte Ebene als xz-Ebene (so daß $\boldsymbol{p}\,\boldsymbol{e} = |\boldsymbol{p}| \times \cos\varphi\,\sin\theta$ ist). Für $\omega \gg I$ kann man den Energiesatz in der Form $\varepsilon - m = \omega$ (statt $\varepsilon - m = \omega - I$) schreiben. Dann ist, wie man leicht verifizieren kann,

$$\boldsymbol{k}^2 - \boldsymbol{p}^2 = -\,2\,m\,(\varepsilon - m)\,, \qquad (\boldsymbol{k}-\boldsymbol{p})^2 = 2\,\varepsilon\,(\varepsilon - m)\,(1 - v\cos\theta)$$

mit der Geschwindigkeit des Photoelektrons $\boldsymbol{v} = \boldsymbol{p}/\varepsilon$. Nach einfachen Umformungen finden wir endgültig

$$d\sigma = Z^5\,\alpha^4\,r_e^2\,\frac{v^3\,(1-v^2)^3\,\sin^2\theta}{(1-\sqrt{1-v^2})^5\,(1-v\cos\theta)^4}$$
$$\times \left\{\frac{(1-\sqrt{1-v^2})^2}{2\,(1-v^2)^{3/2}}\,(1 - v\cos\theta) + \left[2 - \frac{(1-\sqrt{1-v^2})\,(1-v\cos\theta)}{1-v^2}\right]\cos^2\varphi\right\}do \qquad (57{,}8)$$

mit $r_e = e^2/m$.

---

[1]) Die dreidimensionalen Formeln zur Berechnung von Spuren sind den in § 22 angegebenen vierdimensionalen Formeln analog. Nur die Spuren von Produkten mit einer geraden Anzahl von Faktoren γ^0 und $\vec{\gamma}$ sind von Null verschieden. Dabei ergeben alle Faktoren $\gamma^0 \to 1$, und die Spuren der Produkte aus zwei und vier Faktoren $\vec{\gamma}$ sind

$$\frac{1}{4}\,\mathrm{Sp}\,(\boldsymbol{a}\,\vec{\gamma})\,(\boldsymbol{b}\,\vec{\gamma}) = -\,\boldsymbol{a}\,\boldsymbol{b}\,,$$

$$\frac{1}{4}\,\mathrm{Sp}\,(\boldsymbol{a}\,\vec{\gamma})\,(\boldsymbol{b}\,\vec{\gamma})\,(\boldsymbol{c}\,\vec{\gamma})\,(\boldsymbol{d}\,\vec{\gamma}) = (\boldsymbol{a}\,\boldsymbol{b})\,(\boldsymbol{c}\,\boldsymbol{d}) - (\boldsymbol{a}\,\boldsymbol{c})\,(\boldsymbol{b}\,\boldsymbol{d}) + (\boldsymbol{a}\,\boldsymbol{d})\,(\boldsymbol{b}\,\boldsymbol{c})\,.$$

Im ultrarelativistischen Fall ($\varepsilon \gg m$) hat der Wirkungsquerschnitt für den Photoeffekt ein scharf ausgeprägtes Maximum bei kleinen Winkeln ($\theta \sim \sqrt{1 - v^2}$), d. h., die Elektronen werden vorwiegend in Einfallsrichtung des Photons emittiert. In der Nähe des Maximums schreiben wir

$$1 - v \cos \theta \approx \frac{1}{2} [(1 - v^2) + \theta^2],$$

und die Hauptterme in (57,8) ergeben

$$d\sigma \approx 4 Z^5 \alpha^4 r_e^2 \frac{(1 - v^2)^{2/3} \theta^3}{(1 - v^2 + \theta^2)^3} d\theta \, d\varphi . \qquad (57,9)$$

Eine elementare, aber recht langwierige Integration des Ausdrucks (57,8) über die Winkel führt zu folgender Formel für den totalen Wirkungsquerschnitt (F. SAUTER, 1931):

$$\sigma = 2\pi Z^5 \alpha^4 r_e^2 \frac{(\gamma^2 - 1)^{3/2}}{(\gamma - 1)^5} \left\{ \frac{4}{3} + \frac{\gamma (\gamma - 2)}{\gamma + 1} \left(1 - \frac{1}{2\gamma \sqrt{\gamma^2 - 1}} \ln \frac{\gamma + \sqrt{\gamma^2 - 1}}{\gamma - \sqrt{\gamma^2 - 1}} \right) \right\}, \qquad (57,10)$$

in der wir zur Abkürzung den „LORENTZ-Faktor"

$$\gamma = \frac{1}{\sqrt{1 - v^2}} = \frac{\varepsilon}{m} \approx \frac{m + \omega}{m} \qquad (57,11)$$

eingeführt haben. Im ultrarelativistischen Fall reduziert sich diese Formel auf den einfachen Ausdruck

$$\sigma = 2\pi Z^5 \alpha^4 r_e^2 \frac{1}{\gamma}. \qquad (57,12)$$

Im Fall $I \ll \omega \ll m$ gelangen wir zu dem uns schon bekannten Resultat (56,14), wenn wir in (57,10) zur Grenze kleiner $\gamma - 1$ übergehen.

§ 58. Photodesintegration des Deuterons

Die (gegenüber der Tiefe des Potentialtopfes) kleine Bindungsenergie ist eine besondere Eigenart des Deuterons. Wegen dieses Sachverhaltes kann man Reaktionen mit dem Deuteron ohne detaillierte Kenntnis des Verlaufes der Kernkräfte allein mit Hilfe der Bindungsenergie beschreiben (s. III, § 131). Dabei wird vorausgesetzt, daß die Wellenlängen der stoßenden Teilchen groß gegenüber dem Wirkungsradius a der Kernkräfte sind.

Das bezieht sich auch auf die Spaltung des Deuterons durch γ-Quanten mit $k a \ll 1$. Weiter wird $p a \ll 1$ vorausgesetzt, wenn $\mathbf{p}$ der Impuls der Relativbewegung von Neutron und Proton im Endzustand ist (diese Bedingung ist schärfer als die vorhergehende[1])).

[1]) Die Photonenenergie, für die $p a \approx 1$ ist ($a = 1{,}5 \cdot 10^{-13}$ cm), ist 15 MeV.

Wir gehen von der nichtrelativistischen Formel für den Wirkungsquerschnitt des Photoeffektes (56,5) aus und integrieren sie über die Richtungen:

$$\sigma = \frac{e^2 p}{2\pi\omega} \frac{M}{2} \frac{4\pi}{3} |(\boldsymbol{v}_p)_{fi}|^2 .$$

Hier ist $\boldsymbol{p}$ der Impuls der Relativbewegung von Proton und Neutron[1]), und m in (56,5) ist durch die reduzierte Masse $M/2$ ersetzt (M ist die Nukleonenmasse). Das Matrixelement wird hinsichtlich der Protonengeschwindigkeit $\boldsymbol{v}_p$ gebildet, weil nur das Proton mit dem Photon wechselwirkt. Wir drücken $\boldsymbol{v}_p$ durch den Impuls $\boldsymbol{p}$ aus ($\boldsymbol{v}_p = \boldsymbol{v}/2 = \boldsymbol{p}/M$) und haben

$$\sigma^{(e)} = \frac{e^2 p}{3 M \omega} |\boldsymbol{p}_{fi}|^2 . \tag{58,1}$$

Der Index (e) weist darauf hin, daß diese Formel elektrischen Dipolübergängen entspricht: $e\,\boldsymbol{p}/M = e\,\boldsymbol{v}_p = \boldsymbol{d}$, so daß $e\,\boldsymbol{p}_{fi}/M = i\,\omega\,\boldsymbol{d}_{fi}$ ist.

Die normierte Wellenfunktion für den Anfangszustand (Grundzustand) des Deuterons ist

$$\psi = \sqrt{\frac{\varkappa}{2\pi}} \frac{e^{-\varkappa r}}{r}, \qquad \varkappa = \sqrt{M I}, \tag{58,2}$$

wobei $I = 2{,}23$ MeV die Bindungsenergie ist (s. III, § 131).[2]) Als Wellenfunktion für den Endzustand kann man die Funktion für die freie Bewegung wählen, d. h. die ebene Welle

$$\psi' = e^{i\boldsymbol{p}\boldsymbol{r}} . \tag{58,3}$$

Die Ursache dafür ist, daß in der betrachteten Theorie die „Deuteronenausdehnung" $1/\varkappa$ als groß gegenüber dem effektiven Wechselwirkungsradius a angesehen wird. Deshalb muß man die Wechselwirkung zwischen Proton und Neutron nur in S-Zuständen berücksichtigen und kann sie in Zuständen mit $l \neq 0$, deren Wellenfunktionen für kleine Abstände klein sind, vernachlässigen. Außerdem sind nach den Auswahlregeln elektrische Dipolübergänge zwischen zwei S-Zuständen (dem Grundzustand und einem S-Zustand des kontinuierlichen Spektrums) verboten. Dieser Umstand ermöglicht, im vorliegenden Fall die Wechselwirkung der Nukleonen im Endzustand zu vernachlässigen.

---

[1]) p bedeutet in diesem Paragraphen $|\boldsymbol{p}|$.

[2]) Diese Funktion kann verbessert werden, indem man die Korrekturen infolge des endlichen a einführt. Dazu ist der Normierungsfaktor in (58,2) durch

$$\sqrt{\frac{\varkappa}{2\pi(1 - a\varkappa)}}$$

zu ersetzen (s. III, § 131, Aufgabe 1). Dementsprechend erscheint ein Faktor $1/(1 - a\varkappa)$ auch in den Formeln für den Wirkungsquerschnitt. Es muß gesagt werden, daß diese Korrektur nicht sehr klein ist: Für den Grundzustand des Deuterons ist $a\varkappa \approx 0{,}4$.

Der Grundzustand des Deuterons ist ein $^3S_1$-Zustand mit einer kleinen „Beimischung" des Zustandes $^3D_1$, die mit der Wirkung von tensoriellen Kernkräften zusammenhängt (s. III, § 116). Diese Beimischung und damit auch die Tensorkräfte selbst werden wir vernachlässigen.

Durch partielle Integration finden wir für das Matrixelement

$$\boldsymbol{p}_{fi} = -i\sqrt{\frac{\varkappa}{2\pi}}\int e^{-i\boldsymbol{p}\boldsymbol{r}}\,\nabla\,\frac{e^{-\varkappa r}}{r}\,d^3x = \sqrt{\frac{\varkappa}{2\pi}}\,\boldsymbol{p}\left(\frac{e^{-\varkappa r}}{r}\right)_{\boldsymbol{p}} = \sqrt{\frac{\varkappa}{2\pi}}\,\frac{4\pi\boldsymbol{p}}{p^2+\varkappa^2}$$

(s. die Fußnote auf S. 221).

Ferner vermerken wir die Gleichung

$$\frac{1}{M}(\varkappa^2+\boldsymbol{p}^2) = I + \frac{\boldsymbol{p}^2}{M} = \omega\,,$$

die den Energiesatz beinhaltet, und erhalten endgültig den Wirkungsquerschnitt für die Photodesintegration in der Gestalt (in gewöhnlichen Maßeinheiten)

$$\sigma^{(e)} = \frac{8\pi}{3}\alpha\,\frac{\hbar^2}{M}\,\frac{\sqrt{I}\,(\hbar\,\omega - I)^{3/2}}{(\hbar\,\omega)^3} \tag{58,4}$$

(H. A. Bethe, R. Peierls, 1935). Er hat ein Maximum für $\hbar\,\omega = 2\,I$ und verschwindet für $\hbar\,\omega \to I$ und für $\hbar\,\omega \to \infty$.

Die durch Formel (58,4) beschriebene Absorption eines Photons durch elektrische Dipolwechselwirkung liefert jedoch in der Nähe der Schwelle des Photoeffektes nicht den Hauptbeitrag zum Wirkungsquerschnitt (für $\hbar\,\omega$ in der Nähe von I); denn in diesem Bereich muß der Haupteffekt von Übergängen in den S-Zustand stammen, die es bei elektrischer Dipolabsorption nicht gibt. Auch in elektrischer Quadrupolabsorption kommen sie nicht vor; zwar widersprechen diese nicht der Auswahlregel für die Parität, doch sind sie von der Auswahlregel für den Bahndrehimpuls verboten (wir erinnern daran, daß wir Tensorkräfte vernachlässigen, ohne die $\boldsymbol{L}$ und $\boldsymbol{S}$ einzeln erhalten bleiben). Zur Berechnung des Wirkungsquerschnitts für die Photodesintegration in der Nähe der Schwelle hat man daher die magnetische Dipolabsorption zu betrachten, für die die Auswahlregeln Übergänge zwischen S-Zuständen zulassen (E. Fermi, 1935).

Wir ersetzen in Formel (58,1) das elektrische Moment durch das magnetische und haben

$$\sigma^{(m)} = \frac{1}{3}\,\omega\,M\,p\,|\vec{\mu}_{fi}|^2\,. \tag{58,5}$$

Das magnetische Moment der Bahnbewegung liefert keinen Beitrag zu $\vec{\mu}_{fi}$, weil der Bahndrehimpuls $\boldsymbol{L}$ keine von Null verschiedenen Matrixelemente für Übergänge zwischen S-Zuständen hat. Das magnetische Moment der Spins ist

$$\vec{\mu} = 2\,\mu_p\,\boldsymbol{s}_p + 2\,\mu_n\,\boldsymbol{s}_n = 2\,(\mu_p - \mu_n)\,\boldsymbol{s}_p + 2\,\mu_n\,\boldsymbol{S}$$

mit $\boldsymbol{S} = \boldsymbol{s}_p + \boldsymbol{s}_n$; μ_p und μ_n sind die magnetischen Momente von Proton und Neutron. Unter Vernachlässigung der tensoriellen Kernkräfte bleibt der Gesamtspin erhalten, so daß der zugehörige Operator keine Übergänge vermittelt. Deshalb ist

$$\vec{\mu}_{fi} = 2\,(\boldsymbol{s}_p)_{fi}\,(\mu_p - \mu_n)\,.$$

In dieser Näherung (ohne Tensorkräfte) können Spin- und Bahnvariable separiert werden. Wie die Wellenfunktionen ist auch das Matrixelement ein Produkt aus Spin- und Bahnanteil:

$$\vec{\mu}_{fi} = 2\,(\mu_p - \mu_n)\,\langle s_p\, S'\, M'\, |\mathbf{s}_p|\, s_p\, S\, M\rangle \int \psi'^*(r)\, \psi(r)\, d^3x\,.$$

Die wirkenden Spin–Spin-Kernkräfte führen dazu, daß die Wellengleichung für die Bahnfunktionen $\psi(r)$ den Wert des Spins S als Parameter enthält. Für $S' = S$ sind $\psi'(r)$ und $\psi(r)$ Eigenfunktionen des gleichen Operators und deshalb orthogonal zueinander. Aus dem Anfangszustand ^3S erfolgt die Photodesintegration deshalb nur in den Zustand ^1S des kontinuierlichen Spektrums.

Das Quadrat $|\vec{\mu}_{fi}|^2$ in (58,5) muß natürlich über die Projektionen M des Spins $\mathbf{S}$ im Anfangszustand gemittelt werden. Somit ist unser Problem auf die Berechnung folgender Größe zurückgeführt:

$$\frac{1}{2\,S+1} \sum_M |\langle s_p\, S'\, M'\, |\mathbf{s}_p|\, s_p\, S\, M\rangle|^2$$

mit $s_p = s_n = 1/2$, $S = 1$, $S' = 0$. Nach den allgemeinen Formeln für die Matrixelemente bei der Addition von Drehimpulsen ist diese Größe

$$\frac{1}{(2\,S+1)\,(2\,S'+1)}\,|\langle s_p\, S'\, ||s_p||\, s_p\, S\rangle|^2 = \begin{Bmatrix} s_p & S' & s_n \\ S & s_p & 1 \end{Bmatrix}^2 |\langle n'\ s_p\, ||\, s_p||\ n\ s_p\rangle|^2$$
$$= \frac{1}{6}\,|\langle s_p\, ||s_p||\, s_p\rangle|^2$$

(es sind die Formeln III, (107,11) und (109,3) benutzt worden). Das reduzierte Matrixelement ist

$$\langle s_p\, ||s_p||\, s_p\rangle = \sqrt{s_p\,(s_p+1)\,(2\,s_p+1)} = \sqrt{\frac{3}{2}}\,.$$

Die Formel (58,5) erhält schließlich die Gestalt

$$\sigma^{(\mathrm{m})} = \frac{1}{3}\,\omega\, M\, p\,(\mu_p - \mu_n)^2\, |\textstyle\int \psi'^*\, \psi\, d^3x|^2\,. \qquad (58,6)$$

Die Anfangsfunktion ψ wird durch (58,2) gegeben, die Endfunktion ist

$$\psi' = \frac{1}{p}\sqrt{\frac{\pi}{2}}\, R_{p0}(r)\,.$$

Das ist das erste Glied ($l = 0$) in der Entwicklung (56,7) der Funktion, die asymptotisch eine ebene und eine einlaufende Kugelwelle enthält. Da über den ganzen Raum außerhalb des Wirkungsbereichs der Kernkräfte integriert wird, ist die Radialfunktion

$$R_{p0}(r) = \sqrt{\frac{2}{\pi}}\,\frac{\sin(p\,r+\delta)}{r}\,.$$

Die Phase δ hängt mit dem virtuellen Niveau ($I_1 = 0{,}067$ MeV) des Systems „Proton + Neutron" für $S = 0$ zusammen:

$$\operatorname{ctg}\delta = \frac{\varkappa_1}{p}\,, \qquad \varkappa_1 = \sqrt{M\, I_1}$$

(s. III, § 131). Jetzt ist

$$\int \psi'^* \psi \, d^3x = (2\pi)^{3/2} \frac{\sqrt{\varkappa}}{p\pi} \operatorname{Im} \int e^{-\varkappa r + i p r} e^{i\delta} \, dr = (2\pi)^{3/2} \frac{\sqrt{\varkappa}}{p\pi} \operatorname{Im} \frac{e^{i\delta}}{\varkappa - i p} .$$

Nach einfachen algebraischen Umformungen erhalten wir folgenden Ausdruck für den Wirkungsquerschnitt der Photodesintegration (in gewöhnlichen Einheiten):

$$\sigma^{(\mathrm{m})} = \frac{8\pi}{3\hbar c} (\mu_p - \mu_n)^2 \frac{\sqrt{I(\hbar\omega - I)}\,(\sqrt{I} + \sqrt{I_1})^2}{\hbar\omega\,(\hbar\omega - I + I_1)} . \tag{58,7}$$

Für $\hbar\omega \to I$ verschwindet dieser Querschnitt wie $\sqrt{\hbar\omega - I}$ entsprechend den allgemeinen Eigenschaften für das Verhalten von Reaktionsquerschnitten in der Nähe der Reaktionsschwelle (III, § 144).

Der zur Photodesintegration inverse Prozeß ist der Strahlungseinfang eines Protons von einem Neutron. Der Wirkungsquerschnitt für diesen Einfang (σ_e) ergibt sich aus dem Wirkungsquerschnitt für den Photoeffekt (σ_{ph}) mit Hilfe des Prinzips des detaillierten Gleichgewichts (vgl. die Herleitung von (56,15)). Das statistische Gewicht (bezüglich des Spins) von Neutron und Proton ist $2 \cdot 2 = 4$. Das statistische Gewicht des Deuterons (im Zustand mit $S = 1$) und des Photons ist $3 \cdot 2 = 6$; demzufolge ist

$$\sigma_{\mathrm{e}} = \frac{3}{2} \frac{(\hbar\omega)^2}{c^2 p^2} \sigma_{\mathrm{ph}} = \frac{3(\hbar\omega)^2}{2Mc^2(\hbar\omega - I)} \sigma_{\mathrm{ph}} . \tag{58,8}$$

§ 59. Bremsstrahlung im Magnetfeld[1])

Nach der klassischen Theorie (II, § 74) emittiert ein ultrarelativistisches Elektron bei der Bewegung in einem konstanten Magnetfeld $\boldsymbol{H}$ ein quasikontinuierliches Spektrum mit einem Maximum bei der Frequenz

$$\omega \sim \omega_0 \left(\frac{\varepsilon}{m}\right)^3 , \tag{59,1}$$

wobei

$$\omega_0 = \frac{v e H}{|\boldsymbol{p}|} \approx \frac{e H}{\varepsilon} \tag{59,2}$$

die Rotationsfrequenz eines Elektrons mit der Energie ε bei der Bewegung auf einer Kreisbahn (in einer Ebene senkrecht zum Feld) ist.[2])

Die Quanteneffekte bei der Bremsstrahlung im Magnetfeld haben zwei Ursachen: die quantenmechanische Bewegung des Elektrons und der quantenmechanische Rückstoß bei der Emission des Photons. Letzterer wird durch das Verhältnis $\hbar\omega/\varepsilon$ bestimmt, und die Bedingung für die Anwendbarkeit der klassischen Theorie verlangt, daß dieses klein ist. In diesem Zusammenhang

---

[1]) Dieser Paragraph ist zusammen mit W. N. Baier geschrieben worden.

[2]) In diesem Paragraphen setzen wir $c = 1$, behalten aber den Faktor $\hbar$ bei.

ist es zweckmäßig, den Parameter

$$\chi = \frac{H}{H_0}\frac{|\mathbf{p}|}{m} \approx \frac{H\varepsilon}{H_0 m} \approx \frac{\hbar\,\omega_0}{\varepsilon}\left(\frac{\varepsilon}{m}\right)^3 \tag{59,3}$$

mit $H_0 = m^2/e\,\hbar$ $(= m^2\,c^3/e\,\hbar) = 4{,}4\cdot 10^{13}$ Gauß einzuführen. Im klassischen Bereich ist $\chi \sim \hbar\,\omega/\varepsilon \ll 1$. Im entgegengesetzten Fall ($\chi \gg 1$) ist die Energie des emittierten Photons $\hbar\,\omega \sim \varepsilon$, wobei sich (wie wir später sehen werden) der wesentliche Bereich des Spektrums bis zur Frequenzen erstreckt, für die die Energie des Elektrons nach der Emission

$$\varepsilon' \sim m\frac{H_0}{H} \tag{59,4}$$

ist. Damit das Elektron ultrarelativistisch bleibt, muß das Feld folgende Bedingung erfüllen:

$$\frac{H}{H_0} \ll 1\,. \tag{59,5}$$

Die quantenmechanische Bewegung des Elektrons selbst wird durch das Verhältnis $\hbar\,\omega_0/\varepsilon$ charakterisiert; $\hbar\,\omega_0$ ist der Abstand zwischen benachbarten Energieniveaus bei der Bewegung im Magnetfeld. Wegen

$$\frac{\hbar\,\omega_0}{\varepsilon} = \frac{H}{H_0}\left(\frac{m}{\varepsilon}\right)^2$$

ist auf Grund von (59,5) $\hbar\,\omega_0 \ll \varepsilon$, d. h., die Bewegung des Elektrons ist bi auf die Abhängigkeit von χ quasiklassisch. Mit anderen Worten, man kann die Nichtvertauschbarkeit der dynamischen Variablen des Elektrons vernachlässigen (von der Größenordnung $\sim \hbar\,\omega_0/\varepsilon$) und gleichzeitig berücksichtigen, daß sie sich mit den Operatoren für das Photonenfeld nicht vertauschen (Größenordnung $\sim \hbar\,\omega/\varepsilon$).[1])

Die quasiklassischen Wellenfunktionen für die stationären Zustände des Elektrons im äußeren Feld können in symbolischer Form als

$$\psi = \frac{1}{\sqrt{2\,\mathrm{H}}}\,u(\mathbf{p})\,e^{-\frac{i}{\hbar}\mathrm{H}t}\,\varphi(\boldsymbol{r}) \tag{59,6}$$

dargestellt werden; darin sind $\varphi(\boldsymbol{r}) \propto \exp\{i\,S/\hbar\}$ die quasiklassischen Wellenfunktionen eines Teilchens ohne Spin ($S(\boldsymbol{r})$ ist die entsprechende klassische Wirkung); $u(\mathbf{p})$ ist dieser Bispinoroperator

$$u(\mathbf{p}) = \begin{pmatrix} \sqrt{\mathrm{H} + m}\,w \\ \dfrac{1}{\sqrt{\mathrm{H} + m}}\,(\vec{\sigma}\mathbf{p})\,w \end{pmatrix}$$

[1]) N. P. Klepikow (1954) hat als erster das quantenmechanische Problem der Bremsstrahlung im Magnetfeld vollständig gelöst; die erste quantenmechanische Korrektur zur klassischen Formel stammt von A. A. Sokolow, N. P. Klepikow und I. M. Ternow (1952).

Die in diesem Paragraphen wiedergegebene Ableitung der Formeln (59,23) und (59,30), bei der der quasiklassische Charakter der Bewegung explizit ausgenutzt wird, ist von W. N. Baier und W. M. Katkow (1967) angegeben worden. Eine ähnliche Methode ist früher von J. Schwinger (1954) benutzt worden, um die erste quantenmechanische Korrektur zur Strahlungsintensität zu finden.

der sich aus der Bispinoramplitude der ebenen Welle $u(p)$ (23,9) ergibt, indem man $\boldsymbol{p}$ und ε durch Operatoren ersetzt:[1])

$$\mathrm{p} = \mathrm{P} - e\boldsymbol{A} = -i\hbar\nabla - e\boldsymbol{A}, \qquad \mathrm{H} = \sqrt{\mathrm{p}^2 + m^2};$$

$\boldsymbol{P}$ ist der verallgemeinerte Impuls des Teilchens im äußeren Feld mit dem Vektorpotential $\boldsymbol{A}(\boldsymbol{r})$. Die Reihenfolge der Operatoren in ψ ist unwesentlich, weil wir vernachlässigen, daß sie nicht miteinander vertauschbar sind. Der Spinzustand des Elektrons wird durch den dreidimensionalen Spinor w festgelegt.

Bei der Berechnung der Wahrscheinlichkeit für die Emission eines Photons im quasiklassischen Fall geht man zweckmäßiger nicht von der Endformel (44,3) der Störungstheorie aus, sondern von derjenigen Formel, in der noch nicht über die Zeit integriert worden ist. Für die gesamte differentielle Wahrscheinlichkeit (nach der ganzen Zeit) haben wir [2])

$$dw = \sum_f |a_{fi}|^2 \frac{d^3k}{(2\pi)^3}, \qquad a_{fi} = \int_{-\infty}^{\infty} V_{fi}(t)\, dt \tag{59,7}$$

(vgl. z. B. III, (41,2); es wird über die Endzustände des Elektrons summiert.

Unter Verwendung von (59,6) kann man das Matrixelement $V_{fi}(t)$ für die Emission eines Photons ω, $\boldsymbol{k}$ folgendermaßen in Operatorform schreiben:

$$V_{fi}(t) = -\frac{e\sqrt{4\pi}}{\sqrt{2\hbar\omega}} \int d^3x \cdot \left[\varphi_f^* e^{\frac{i}{\hbar}\mathrm{H}t} \frac{u(\mathrm{p})}{\sqrt{2\,\mathrm{H}}}\right] e^{i\omega t - i\boldsymbol{k}\boldsymbol{r}} (\boldsymbol{e}^* \vec{\alpha}) \frac{u(\mathrm{p})}{\sqrt{2\,\mathrm{H}}} e^{-\frac{i}{\hbar}\mathrm{H}t} \varphi_i,$$

die Operatoren in der Klammer [. . .] wirken nach links; das Photonenfeld ist in dreidimensional transversaler Eichung gewählt worden. Die Faktoren $\exp\{\pm i\,\mathrm{H}\,t/\hbar)\}$ führen die dazwischen stehenden SCHRÖDINGER-Operatoren in explizit zeitabhängigen Operatoren des HEISENBERG-Bildes über. Wir schreiben V_{fi} in der Form

$$V_{fi}(t) = \frac{e\sqrt{2\pi}}{\sqrt{\hbar\omega}} \langle f|\mathrm{Q}(t)|i\rangle\, e^{i\omega t} \tag{59,8}$$

mit dem Operator $\mathrm{Q}(t)$ im HEISENBERG-Bild

$$\mathrm{Q}(t) = \frac{u_f^\dagger(\mathrm{p})}{\sqrt{2\,\mathrm{H}}} (\vec{\alpha}\,\boldsymbol{e}^*)\, e^{-i\boldsymbol{k}\boldsymbol{r}(t)} \cdot \frac{u_i(\mathrm{p})}{\sqrt{2\,\mathrm{H}}}, \tag{59,8a}$$

das Matrixelement $\langle f|\ldots|i\rangle$ wird mit den Funktionen φ_f und φ_i gebildet.

---

[1]) In diesem Paragraphen wird der verallgemeinerte Impuls (anders als in Kap. IV) mit dem Buchstaben $\boldsymbol{P}$ bezeichnet; die Bezeichnung $\boldsymbol{p}$ wird für den gewöhnlichen (kinetischen) Impuls verwendet.

[2]) Wir setzen

$$V_{fi}(t) = V_{fi}\, e^{i\omega_{fi} t}$$

und erhalten $a_{fi} = 2\pi\, V_{fi}\, \delta(\omega_{fi})$. Das Quadrat der δ-Funktion haben wir als (s. S. 269)

$$[\delta(\omega_{fi})]^2 \to t\, 2\pi\, \delta(\omega_{fi})$$

aufzufassen (wenn t die gesamte Beobachtungsdauer ist); mit Hilfe dieser Vorschrift erhalten wir aus (59,7) die Formel (44,3) für die Wahrscheinlichkeit pro Zeiteinheit.

In (59,7) wird über alle Wellenfunktionen φ_f des Endzustandes summiert. Diese Summation erfolgt mit Hilfe der Gleichung

$$\sum_f \varphi_f^*(\boldsymbol{r}')\,\varphi_f(\boldsymbol{r}) = \delta\,(\boldsymbol{r}' - \boldsymbol{r})\,,$$

der Vollständigkeitsrelation für das Funktionensystem φ_f.[1]) Als Ergebnis finden wir

$$dw = \frac{e^2}{\hbar\omega}\frac{d^3k}{4\,\pi^2}\int dt_1 \int dt_2 \cdot e^{i\omega(t_1 - t_2)}\,\langle i\,|\mathrm{Q}^+(t_2)\,\mathrm{Q}(t_1)|\,i\rangle\,. \tag{59,9}$$

Wenn man über ein genügend großes Zeitintervall integriert, kann man statt t_1 und t_2 die neuen Veränderlichen

$$\tau = t_2 - t_1\,, \qquad t = \frac{t_1 + t_2}{2}$$

einführen und den Integranden im Integral über dt als Emissionswahrscheinlichkeit pro Zeiteinheit ansehen. Wir multiplizieren diese mit $\hbar\,\omega$ und erhalten die Intensität

$$dI = \frac{e^2}{4\,\pi^2}d^3k \int e^{-i\omega\tau}\left\langle i\left|\mathrm{Q}^+\left(t + \frac{\tau}{2}\right)\mathrm{Q}\left(t - \frac{\tau}{2}\right)\right|i\right\rangle d\tau\,. \tag{59,10}$$

Das ultrarelativistische Elektron strahlt in einen spitzen Kegel im Winkel $\theta \sim m/\varepsilon$ zur Geschwindigkeit $\boldsymbol{v}$. Die Strahlung in eine gegebene Richtung $\boldsymbol{n} = \boldsymbol{k}/\omega$ stammt daher von einem Stück der Bahnkurve, auf dem sich $\boldsymbol{v}$ um den Winkel $\sim m/\varepsilon$ dreht. Dieser Bahnabschnitt wird in einer Zeit τ durchlaufen, für die $\tau|\dot{\boldsymbol{v}}| \approx \tau\,\omega_0 \sim m/\varepsilon \ll 1$ gilt. Gerade dieser Bereich liefert den Hauptbeitrag zum Integral über τ. Bei den weiteren Rechnungen werden wir daher systematisch alle Größen nach Potenzen von $\omega_0\,\tau$ entwickeln. Dabei kann es aber erforderlich sein, mehr als das erste Glied in der Entwicklung mitzunehmen, weil sich Glieder wegen $1 - \boldsymbol{n}\,\boldsymbol{v} \sim \theta^2 - (m/\varepsilon)^2$ gegeneinander wegheben können.

Wird der Operator $\mathrm{Q}^+\,\mathrm{Q}$ als Produkt (mit der erforderlichen Genauigkeit) kommutativer Operatoren geschrieben, dann kann man bei der Berechnung des Diagonalelementes $\langle i\,|\ldots|\,i\rangle$ diese Operatoren einfach durch die klassischen Werte (Zeitfunktionen) der entsprechenden Größen ersetzen. Dieses Ziel wird folgendermaßen erreicht.

Nach dem oben Gesagten braucht man im Ausdruck für $\mathrm{Q}(t)$ nur zu beachten, daß die Elektronenoperatoren lediglich mit dem Operator $\exp\{-\,i\,\boldsymbol{k}\,\boldsymbol{r}(t)\}$ für das Photonenfeld nicht vertauschbar sind. Wir haben demnach

$$\mathrm{p}\,e^{-i\boldsymbol{k}\boldsymbol{r}} = e^{-i\boldsymbol{k}\boldsymbol{r}}\,(\mathrm{p} - \hbar\,\boldsymbol{k})\,, \tag{59,11}$$

$$\mathrm{H}(\mathrm{p})\,e^{-i\boldsymbol{k}\boldsymbol{r}} = e^{-i\boldsymbol{k}\boldsymbol{r}}\,\mathrm{H}\,(\mathrm{p} - \hbar\,\boldsymbol{k})\,. \tag{59,12}$$

---

[1]) Wir erinnern daran, daß die Zeitintegration in (59,7) noch nicht ausgeführt ist, so daß die Energieerhaltung nicht hervorgehoben wird und die Summe über φ_f durch keinerlei Bedingungen eingeschränkt ist.

Diese Formeln folgen daraus, daß $e^{-i\boldsymbol{k}\boldsymbol{r}}$ der Operator für eine Verschiebung im Impulsraum ist.

Mit Hilfe von (59,11) und (59,12) bringen wir in (59,8a) den Operator $e^{-i\boldsymbol{k}\boldsymbol{r}(t)}$ nach links und schreiben $\mathrm{Q}(t)$ in der Form

$$\mathrm{Q}(t) = e^{-i\boldsymbol{k}\boldsymbol{r}(t)}\,\mathrm{R}(t)\,, \qquad \mathrm{R}(t) = \frac{u_f^+(\mathrm{p}')}{\sqrt{2\,\mathrm{H}'}}\,(\vec{\alpha}\,\boldsymbol{e}^*)\,\frac{u_i(\mathrm{p})}{\sqrt{2\,\mathrm{H}}} \tag{59,13}$$

mit $\mathrm{H}' = \mathrm{H}\,(\mathrm{p} - \hbar\,\boldsymbol{k})$, $\mathrm{p}' = \mathrm{p} - \hbar\,\boldsymbol{k}$.

Jetzt ist

$$\mathrm{Q}_2^+\,\mathrm{Q}_1 = \mathrm{R}_2\,e^{i\boldsymbol{k}\boldsymbol{r}_2}\,e^{-i\boldsymbol{k}\boldsymbol{r}_1}\,\mathrm{R}_1 \tag{59,14}$$

(hier und im folgenden versehen wir die Werte der Größen zu den Zeitpunkten $t_1 = t - \tau/2$ und $t_2 = t + \tau/2$ mit den Indizes 1 und 2). Es ist noch das Produkt der beiden nicht kommutativen Operatoren $e^{i\boldsymbol{k}\boldsymbol{r}_2}$ und $e^{-i\boldsymbol{k}\boldsymbol{r}_1}$ zu berechnen. Das Produkt selbst kann dann als vertauschbar mit allen anderen Faktoren angesehen werden.

Wir führen die Bezeichnung

$$\mathrm{L}(\xi) = e^{-i\omega\tau(\xi-1)}\,e^{i\xi\boldsymbol{k}\boldsymbol{r}_2}\,e^{-i\xi\boldsymbol{k}\boldsymbol{r}_1} \tag{59,15}$$

mit dem Hilfsparameter ξ ein; der uns interessierende Operator ist L(1). Wir differenzieren die Definition (59,15) nach ξ und erhalten die Differentialgleichung

$$\frac{d\mathrm{L}}{d\xi} = \mathrm{L}(\xi)\,e^{i\xi\boldsymbol{k}\boldsymbol{r}_1}\,\mathrm{b}\,e^{-i\xi\boldsymbol{k}\boldsymbol{r}_1} \tag{59,16}$$

mit der Abkürzung

$$\mathrm{b} = i\,\boldsymbol{k}\,(\mathrm{r}_2 - \mathrm{r}_1) - i\,\omega\,\tau\,.$$

Die Größe b kann mit Hilfe der klassischen Bewegungsgleichung in der zu $\boldsymbol{H}$ senkrechten Ebene durch $\boldsymbol{p}_1 = \boldsymbol{p}(t_1)$ ausgedrückt werden:[1])

$$\boldsymbol{r}_2 - \boldsymbol{r}_1 = \frac{\boldsymbol{p}_1}{e\,H}\sin\frac{e\,H\,\tau}{\varepsilon} + \frac{[\boldsymbol{p}_1\,\boldsymbol{H}]}{e\,H^2}\left(1 - \cos\frac{e\,H\,\tau}{\varepsilon}\right)$$

(s. II, § 21). Wir entwickeln diese Differenz nach Potenzen von τ:

$$\boldsymbol{r}_2 - \boldsymbol{r}_1 \approx \boldsymbol{v}_1\left(\tau - \frac{e^2\,\boldsymbol{H}^2}{6\,\varepsilon^2}\,\tau^3\right) + [\boldsymbol{v}_1\,\boldsymbol{H}]\,\frac{e}{2\,\varepsilon}\,\tau^2\,. \tag{59,17}$$

Damit erhalten wir für $b(\boldsymbol{p}_1)$

$$b(\boldsymbol{p}_1) \approx i\,\omega\,\tau\left\{(\boldsymbol{v}_1\,\boldsymbol{n} - 1) + \tau\,\frac{e\,\boldsymbol{n}\,[\boldsymbol{p}_1\,\boldsymbol{H}]}{2\,\varepsilon^2} - \tau^2\,\frac{e^2\,\boldsymbol{H}^2}{6\,\varepsilon^2}\right\} \tag{59,17a}$$

(im letzten Summanden ist $\boldsymbol{n}\,\boldsymbol{v}_1 \approx 1$ gesetzt worden). Indem wir wiederum die Bedeutung von $e^{-i\boldsymbol{k}\boldsymbol{r}_1}$ als Operator für eine Verschiebung im p-Raum beachten, gelangen wir zu

$$e^{i\xi\boldsymbol{k}\boldsymbol{r}_1}\,b(\boldsymbol{p}_1)\,e^{-i\xi\boldsymbol{k}\boldsymbol{r}_1} = b\,(\boldsymbol{p}_1 - \xi\,\hbar\,\boldsymbol{k}) \equiv b_-\,;$$

---

[1]) Das kann man tun, weil die Nichtvertauschbarkeit der Geschwindigkeitskomponenten im Magnetfeld zu Gliedern der relativen Ordnung $\hbar\,\omega_0/\varepsilon$ Anlaß gibt und daher unwesentlich ist.

das Minuszeichen als Index bedeutet hier und im folgenden, daß die betreffende Größe als Funktion des Argumentes $\boldsymbol{p}_1 - \xi\,\hbar\,\boldsymbol{k}$ zu nehmen ist. Wir formen b_- um, indem wir die Funktion $b(\boldsymbol{p})$ aus (59,17a) entnehmen. Im ersten Summanden schreiben wir

$$\boldsymbol{v}_-\boldsymbol{n} - 1 \approx \frac{1}{2}\,[(\boldsymbol{v}_-\boldsymbol{n})^2 - 1] = \frac{1}{2\varepsilon^2}\{(\boldsymbol{p}_1\boldsymbol{n} - \xi\,\hbar\,\omega)^2 - (\boldsymbol{p}_1 - \xi\,\hbar\,\boldsymbol{k})^2 - m^2\}$$
$$= \frac{(\boldsymbol{p}_1\boldsymbol{n})^2 - \varepsilon^2}{2\,\varepsilon_-^2} \approx \frac{\varepsilon^2}{\varepsilon_-^2}\,(\boldsymbol{v}_1\boldsymbol{n} - 1)\,.$$

Bei der Umformung der restlichen Glieder in (59,17a) ist lediglich ε im Nenner durch ε_- zu ersetzen. Auf diese Weise wird $b_- = (\varepsilon/\varepsilon_-)^2\,b$. Jetzt beachten wir, daß die Richtungen von $\boldsymbol{p}$ und $\boldsymbol{n}$ ungefähr gleich sind und daß $\varepsilon \approx p$ ist, und wir können mit der erforderlichen Genauigkeit $\varepsilon_- \approx \varepsilon - \xi\,\hbar\,\omega$ setzen.

Endgültig erhalten wir die Gleichung (59,16) in der Form

$$\frac{dL}{d\xi} = L(\xi)\,\frac{\varepsilon^2\,b}{(\varepsilon - \hbar\,\xi\,\omega)^2}\,.$$

Hier ist die Reihenfolge der Faktoren unwesentlich, und alle Größen können als klassische Größen angesehen werden. Wir lösen diese Gleichung unter der Bedingung $L(0) = e^{i\omega\tau}$ und erhalten

$$L(\xi) = \exp\left\{b\,\frac{\xi\,\varepsilon}{\varepsilon - \hbar\,\omega\,\xi} + i\omega\,\tau\right\},$$

so daß

$$L(1) = \exp\left\{i\,\omega\,\tau + i\,\frac{\varepsilon}{\varepsilon'}\,(\boldsymbol{k}\,\boldsymbol{r}_2 - \boldsymbol{k}\,\boldsymbol{r}_1 - \omega\tau)\right\} \qquad (59{,}18)$$

wird mit $\varepsilon' = \varepsilon - \hbar\,\omega$.

Die anderen Faktoren in (59,14) werden noch umgeformt. Wir rechnen das Produkt in $R(t)$ (mit der Matrix $\vec{\alpha}$ aus (21,20)) aus und finden

$$\left.\begin{aligned} R(t) &= w_f^*\,\boldsymbol{e}^*\,(\boldsymbol{A} + i\,[\boldsymbol{B}\,\vec{\sigma}])\,w_i\,,\\ \boldsymbol{A} &= \frac{\boldsymbol{p}}{2}\left(\frac{1}{\varepsilon} + \frac{1}{\varepsilon'}\right) = \frac{\varepsilon + \varepsilon'}{2\,\varepsilon'}\,\boldsymbol{v}\,,\\ \boldsymbol{B} &= \frac{1}{2}\left(\frac{\boldsymbol{p}}{\varepsilon + m} - \frac{\boldsymbol{p}'}{\varepsilon' + m}\right) \approx \frac{\hbar\,\omega}{2\,\varepsilon'}\left(\boldsymbol{n} - \boldsymbol{v} + \boldsymbol{v}\,\frac{m}{\varepsilon}\right) \end{aligned}\right\} \qquad (59{,}19)$$

mit $\varepsilon' = \varepsilon - \hbar\,\omega$, $\boldsymbol{p}'(t) = \boldsymbol{p}(t) - \hbar\,\boldsymbol{k}$ und $\boldsymbol{n} = \boldsymbol{k}/\omega$; die Glieder höherer Ordnungen in m/ε sind weggelassen worden. Auf diese Weise erhalten wir endgültig

$$\left.\begin{aligned} \langle i\,|Q_2^+\,Q_1|\,i\rangle &= R_2^*\,R_1\exp\left\{i\,\omega\,\tau + i\,\frac{\varepsilon}{\varepsilon'}\,(\boldsymbol{k}\,\boldsymbol{r}_2 - \boldsymbol{k}\,\boldsymbol{r}_1 - \omega\,\tau)\right\},\\ R_2^*\,R_1 &= \mathrm{Sp}\,\frac{1 + \vec{\zeta}_i\vec{\sigma}}{2}\,((\boldsymbol{A}_2 - i[\boldsymbol{B}_2\,\vec{\sigma}])\,\boldsymbol{e})\,\frac{1 + \vec{\zeta}_f\,\vec{\sigma}}{2}\,((\boldsymbol{A}_1 + i\,[\boldsymbol{B}_1\,\vec{\sigma}])\,\boldsymbol{e}^*)\,. \end{aligned}\right\} \qquad (59{,}20)$$

Die Faktoren $(1 + \vec{\zeta}\,\vec{\sigma})/2$ sind die zweireihigen Polarisationsmatrizen für Anfangs- und Endzustand des Elektrons.

Wir berechnen nun die Intensität der Strahlung, summieren dabei über die Polarisation des Photons und des Elektrons im Endzustand und mitteln über die Polarisationen des Elektrons im Anfangszustand. Als Ergebnis dieser Operationen erhalten wir nach einer einfachen Rechnung[1])

$$\frac{1}{2}\sum_{\text{polar}} R_2^* R_1 = \frac{\varepsilon^2 + \varepsilon'^2}{2\,\varepsilon'^2}(\boldsymbol{v}_1\boldsymbol{v}_2 - 1) + \frac{1}{2}\left(\frac{\hbar\,\omega}{\varepsilon'}\right)^2\left(\frac{m}{\varepsilon}\right)^2.$$

Mit der erforderlichen Genauigkeit ist

$$\boldsymbol{v}_1\boldsymbol{v}_2 = \boldsymbol{v}^2 - \frac{\tau^2}{4}\dot{\boldsymbol{v}}^2 + \frac{\tau^2}{4}\boldsymbol{v}\ddot{\boldsymbol{v}} = 1 - \frac{m^2}{\varepsilon^2} - \frac{1}{2}\omega_0^2\,\tau^2 .$$

Diese Ausdrücke setzen wir in (59,20) und anschließend in (59,10) ein und bekommen unter Beachtung von (59,17)

$$dI = -\frac{e^2}{4\,\pi^2}\omega^2\,d\omega\,do_n \times \int\limits_{-\infty}^{\infty}\left(\frac{m^2}{\varepsilon\,\varepsilon'} + \frac{\varepsilon^2 + \varepsilon'^2}{4\,\varepsilon'^2}\omega_0^2\,\tau^2\right)\exp\left\{-\frac{i\,\omega\,\tau\,\varepsilon}{\varepsilon'}\left(1 - \boldsymbol{n}\,\boldsymbol{v} + \frac{\tau^2}{24}\omega_0^2\right)\right\}d\tau\,. \tag{59,21}$$

Diese Formel stellt Spektral- und Winkelverteilung der Strahlungsintensität dar.

Weiter führen wir den Winkel ϑ zwischen $\boldsymbol{n}$ und der Bahnebene des Elektrons ein sowie den Winkel ψ zwischen der Projektion des Vektors $\boldsymbol{n}$ in diese Ebene und dem Vektor $\boldsymbol{v}$. Da kleine Winkel den Hauptbeitrag zum Integral liefern, können wir setzen

$$\boldsymbol{n}\,\boldsymbol{v} = v\cos\vartheta\cos\psi \approx v\left(1 - \frac{\vartheta^2 + \psi^2}{2}\right).$$

Zur Integration von Formel (59,21) ist es zweckmäßig, statt τ und ψ die neuen Veränderlichen x und y gemäß

$$\omega_0\tau = \left(\frac{2\,\omega_0\,\varepsilon'}{\varepsilon\,\omega}\right)^{1/3}(x + y)\,, \qquad \psi = \left(\frac{2\,\omega_0\,\varepsilon'}{\varepsilon\,\omega}\right)^{1/3}\frac{x - y}{2}$$

einzuführen. Damit erhält der Exponent in (59,21) die Form

$$-\,i\left(x\,\eta + \frac{x^3}{3} + y\,\eta + \frac{y^3}{3}\right)$$

---

[1]) Hier ist noch folgender Sachverhalt ausgenutzt worden. Bei der Summation über $\boldsymbol{e}$ ist

$$\sum_{\boldsymbol{e}}(\boldsymbol{v}_1\,\boldsymbol{e})(\boldsymbol{v}_2\,\boldsymbol{e}^*) = \boldsymbol{v}_1\boldsymbol{v}_2 - (\boldsymbol{v}_1\,\boldsymbol{n})(\boldsymbol{v}_2\,\boldsymbol{n})\,.$$

Beim Einsetzen von (59,20) in (59,9) kann man aber partiell integrieren und erhält

$$(\boldsymbol{v}_1\,\boldsymbol{n})\exp\left\{-\frac{i\,\varepsilon}{\varepsilon'}\,\boldsymbol{k}\,\boldsymbol{r}_1\right\} = \frac{i\,\varepsilon'}{\varepsilon\,\omega}\frac{d}{dt_1}\exp\left\{-\frac{i\,\varepsilon}{\varepsilon'}\boldsymbol{k}\,\boldsymbol{r}_1\right\}$$

und entsprechendes für $\boldsymbol{v}_2\,\boldsymbol{n}$. Als Ergebnis finden wir, daß bei der weiteren Integration $\boldsymbol{v}_1\,\boldsymbol{n}$ und $\boldsymbol{v}_2\,\boldsymbol{n}$ hier durch 1 ersetzt werden können.

mit den Bezeichnungen

$$\eta = \left(\frac{u}{2\,\chi}\right)^{2/3}(1+\delta^2)\,,\quad u = \frac{\hbar\,\omega}{\varepsilon'} = \frac{\hbar\,\omega}{\varepsilon - \hbar\,\omega}\,,\quad \delta = \frac{\vartheta\,\varepsilon}{m}\,. \tag{59,22}$$

Die Integrale über dx und dy ergeben die AIRYsche Funktion und deren Ableitung.[1]) Schließlich erhalten wir die Spektralverteilung als Integral

$$\frac{dI}{d\omega} = \frac{2\,e^2\,m^2}{\pi\,\hbar\,\varepsilon}\,\frac{u}{1+u}\left(\frac{u}{2\,\chi}\right)^{1/3}$$

$$\times \int\limits_{-\infty}^{\infty}\left\{-\,\Phi^2(\eta) + (1+\delta^2)\left(1+\frac{u^2}{2\,(1+u)}\right)\left[\Phi^2(\eta) + \frac{1}{\eta}\,\Phi'^2(\eta)\right]\right\}d\delta\,. \tag{59,23}$$

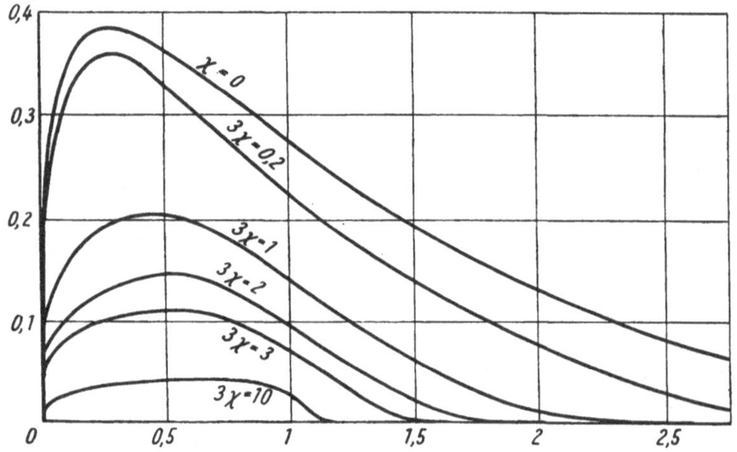

Abb. 5

Der Hauptbeitrag zum Integral stammt von Winkeln $\vartheta \sim m/\varepsilon$ ($\delta \sim 1$). Das Maximum der Verteilung liegt bei Frequenzen, für die $\eta \sim (\hbar\,\omega/\varepsilon'\,\chi)^{2/3} \sim 1$ gilt. Für $\chi \ll 1$ folgt daraus (59,1) und für $\chi \gg 1$ (59,4).

In Abb. 5 sind die Kurven für die Spektralverteilung zu verschiedenen χ-Werten dargestellt.[2]) Es ist die Größe

$$\frac{1}{3/2\,I_{\text{kl}}}\,\frac{dI}{d\,(\omega/\omega_c)}$$

als Funktion des Verhältnisses ω/ω_c aufgetragen; dabei ist

$$\hbar\,\omega_c = \frac{\varepsilon\,\chi}{2/3+\chi}\,,\qquad I_{\text{kl}} = \frac{2\,e^2\,m^2\,\chi^2}{3\,\hbar^2} = \frac{2\,e^4\,H^2\,\varepsilon^2}{3\,m^4}\,.$$

Die Größe I_{kl} ist die klassische Gesamtintensität der Strahlung (vgl. II, (74,2)).

---

[1]) Wegen der Definition der AIRYschen Funktion und des Zusammenhangs mit den MACDONALDschen Funktionen s. III, § b; II, S. 165, 223.

[2]) Die Kurven in Abb. 5 und 6 sind nach den Berechnungen von N. P. KLEPIKOW gezeichnet worden.

Wir benutzen die Beziehung

$$\Phi^2(\eta) + \frac{1}{\eta}\,\Phi'^2(\eta) = \frac{1}{2\,\eta}\frac{d^2}{d\eta^2}\,\Phi^2(\eta)\,,$$

substituieren die Variable δ gemäß $(u/2\,\chi)^{2/3}\,\delta^2 = t$ und bringen (59,23) in die Form

$$\frac{dI}{d\omega} = \frac{2\,e^2\,m^2}{\pi\,\hbar\,\varepsilon}\,\frac{u}{1+u}\left\{-1 + \frac{2}{x}\left(1 + \frac{u^2}{2\,(1+u)}\right)\frac{d^2}{dx^2}\right\}\int\limits_0^\infty \frac{dt}{\sqrt{t}}\,\Phi^2\,(2^{-2/3}\,x + t)$$

mit $x = (u/\chi)^{2/3}$. Weiter verwenden wir die Formel[1])

$$\int\limits_0^\infty \frac{dt}{\sqrt{t}}\,\Phi^2\,(2^{-2/3}x + t) = \frac{\sqrt{\pi}}{2}\int\limits_x^\infty \Phi(x)\,dx$$

und erhalten als Spektralverteilung

$$\frac{dI}{d\omega} = -\frac{e^2\,m^2}{\sqrt{\pi}\,\hbar\,\varepsilon}\,\frac{u}{1+u}\left\{\int\limits_x^\infty \Phi(x)\,dx + \frac{2}{x}\left(1 + \frac{u^2}{2\,(1+u)}\right)\Phi'(x)\right\}. \qquad (59,24)$$

Im klassischen Grenzfall haben wir $\hbar\,\omega \ll \varepsilon$, so daß $u \approx \hbar\,\omega/\varepsilon$, $x \approx (\omega/\omega_0)^{2/3}$ $\sim (m/\varepsilon)^2$ ist und (59,24) in die klassische Formel II, (74,13) übergeht.

Wir schreiben

$$dI = \frac{dI}{d\omega}\,d\omega = \frac{dI}{d\omega}\,\frac{\varepsilon}{(1+u)^2\,\hbar}\,du\,,$$

integrieren über du zwischen 0 und ∞ (wobei wir im ersten Glied in (59,24) zweimal integrieren) und gelangen zu

$$I = -\frac{e^2\,m^2\,\chi^2}{2\sqrt{\pi}\,\hbar^2}\int\limits_0^\infty \frac{4 + 5\,\chi\,x^{3/2} + 4\,\chi^2\,x^3}{(1 + \chi\,x^{3/2})^4}\,\Phi'(x)\,x\,dx\,. \qquad (59,25)$$

In Abb. 6 ist die Kurve für die Funktion $I(\chi)/I_{\mathrm{kl}}$ wiedergegeben.

Für $\chi \ll 1$ ist im Integral der Bereich $x \sim 1$ wesentlich. Wir entwickeln den Integranden nach χ und integrieren diese Entwicklung mit Hilfe der Formel

$$\int\limits_0^\infty x^\nu\,\Phi'(x)\,dx = -\frac{1}{2\sqrt{\pi}}\,3^{(4\nu-1)/6}\,\Gamma\left(\frac{\nu}{3}+1\right)\Gamma\left(\frac{\nu}{3}+\frac{1}{3}\right),$$

so ergibt sich

$$I = I_{\mathrm{kl}}\left(1 - \frac{55\sqrt{3}}{16}\,\chi + 48\,\chi^2 - \cdots\right). \qquad (59,26)$$

[1]) Die Ableitung dieser Formel findet man in dem Artikel: D. E. Aspnes, Phys. Rev. 147 (1966) 554.

Für $\chi \gg 1$ ist im Integral der Bereich zu $\chi\, x^{3/2} \sim 1$ ausschlaggebend, d. h. $x \ll 1$. In erster Näherung kann man daher $\Phi'(x)$ durch $\Phi'(0) = -3^{1/6} \times \Gamma(2/3)/2\sqrt{\pi}$ ersetzen; danach liefert die Integration das Ergebnis

$$I \approx \frac{32\, \Gamma(2/3)\, e^2 m^2}{243\, \hbar^2} (3\,\chi)^{2/3} = 0{,}82 \frac{e^2 m^2}{\hbar^2} \left(\frac{H\, \varepsilon}{H_0\, m}\right)^{2/3}. \tag{59,27}$$

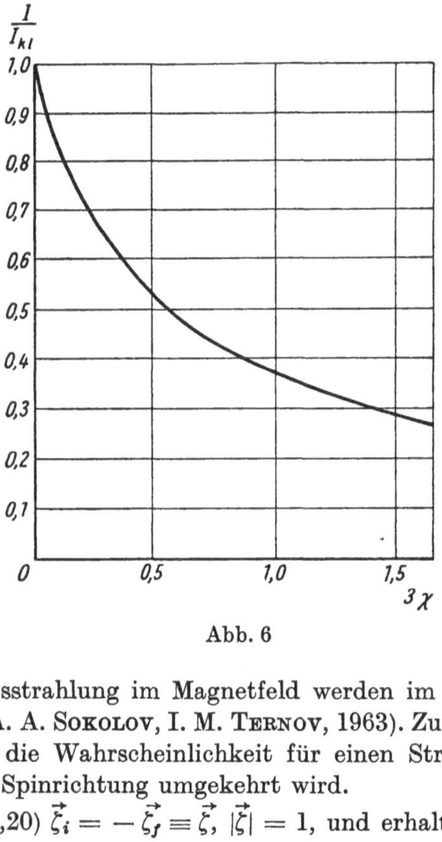

Abb. 6

Infolge der Bremsstrahlung im Magnetfeld werden im Feld bewegte Elektronen polarisiert (A. A. Sokolov, I. M. Ternov, 1963). Zur Behandlung dieses Problems hat man die Wahrscheinlichkeit für einen Strahlungsübergang zu finden, bei dem die Spinrichtung umgekehrt wird.

Wir setzen in (59,20) $\vec{\zeta}_i = -\vec{\zeta}_f \equiv \vec{\zeta}$, $|\vec{\zeta}| = 1$, und erhalten

$$R_2^* R_1 = (\boldsymbol{B}_1 \boldsymbol{B}_2) - (\boldsymbol{e}^* \boldsymbol{B}_1)(\boldsymbol{e} \boldsymbol{B}_2) - (\boldsymbol{e}^* [\boldsymbol{B}_1 \vec{\zeta}])(\boldsymbol{e} [\boldsymbol{B}_2 \vec{\zeta}]) - i(\vec{\zeta} \boldsymbol{e}^*)(\boldsymbol{e} [\boldsymbol{B}_1 \boldsymbol{B}_2)].$$

Die Summation über die Polarisationen des Photons ergibt nach einfachen Umformungen

$$\sum_e R_2^* R_1 = (\boldsymbol{B}_1 \boldsymbol{B}_2)(1 - (\vec{\zeta} \boldsymbol{n})^2) + (\vec{\zeta} \boldsymbol{n})(\boldsymbol{n} \boldsymbol{B}_1)(\vec{\zeta} \boldsymbol{B}_2) + (\vec{\zeta} \boldsymbol{n})(\boldsymbol{n} \boldsymbol{B}_2)(\vec{\zeta} \boldsymbol{B}_1)$$
$$- i(\vec{\zeta} - \boldsymbol{n}(\boldsymbol{n} \vec{\zeta}))[\boldsymbol{B}_1 \boldsymbol{B}_2]. \tag{59,28}$$

Wir werden $\chi \ll 1$ voraussetzen und nur den Hauptterm in der Entwicklung der Wahrscheinlichkeit nach Potenzen von $\hbar$ suchen. Da der Ausdruck (59,28) (mit $\boldsymbol{B}$ aus (59,19)) bereits $\hbar^2$ enthält, können alle übrigen Größen ε' durch ε ersetzt werden (auch im Exponenten von (59,20)).

Wir entwickeln

$$\boldsymbol{B}_1 = \frac{\omega}{2\varepsilon}\left(\boldsymbol{n} - \boldsymbol{v} + \frac{\tau}{2}\dot{\boldsymbol{v}} + \boldsymbol{v}\frac{m}{\varepsilon}\right),$$

$$\boldsymbol{B}_2 = \frac{\omega}{2\varepsilon}\left(\boldsymbol{n} - \boldsymbol{v} - \frac{\tau}{2}\dot{\boldsymbol{v}} + \boldsymbol{v}\frac{m}{\varepsilon}\right),$$

$$\boldsymbol{r}_2 - \boldsymbol{r}_1 = \tau\boldsymbol{v} + \frac{\tau^3}{24}\ddot{\boldsymbol{v}},$$

setzen (59,28) in (59,20) und anschließend in (59,10) ein und finden so die differentielle Übergangswahrscheinlichkeit pro Zeiteinheit ($dw = dI/\hbar\,\omega$). Die Integration über d^3k geschieht mit Hilfe der Formel

$$\int f(k_\mu)\, e^{-ikx}\frac{d^3k}{\omega} = -f(i\,\partial_\mu)\frac{4\pi}{(x_0 - i\,0)^2 - \boldsymbol{x}^2}, \qquad (59{,}29)$$

darin sind im vorliegenden Fall

$$x_0 = \tau, \qquad \boldsymbol{x} = \boldsymbol{r}_2 - \boldsymbol{r}_1, \qquad x^2 = x_0^2 - \boldsymbol{x}^2 = \tau^2\left(\frac{m^2}{\varepsilon^2} + \frac{\tau^2\omega_0^2}{12}\right).$$

Die Rechnung ergibt

$$w = \frac{\alpha}{\pi}\frac{\hbar^2}{m^2}\left(\frac{\varepsilon}{m}\right)^5\omega_0^3\oint\frac{dz}{(1+z^2/12)^3}\left[\frac{3}{z^4} - \frac{5}{12\,z^2} + \left(\frac{1}{z^4} + \frac{5}{12\,z^2}\right)(\vec{\zeta}\,\boldsymbol{v})^2 - \frac{2\,i}{z^3\,\omega_0}(\vec{\zeta}[\dot{\boldsymbol{v}}\boldsymbol{v}])\right]$$

mit $z = \tau\,\omega_0\,\varepsilon/m$; der Integrationsweg verläuft unterhalb der reellen Achse und wird in der unteren Halbebene geschlossen. Wir führen die letzte Integration aus und erhalten endgültig als Gesamtwahrscheinlichkeit für einen Strahlungsübergang mit Umklappen des Spins

$$w = \frac{5\sqrt{3}\,\alpha}{16}\frac{\hbar^2}{m^2}\left(\frac{\varepsilon}{m}\right)^5\omega_0^3\left(1 - \frac{2}{9}\zeta_{||}^2 - \frac{8\sqrt{3}}{15}\frac{e}{|e|}\zeta_\perp\right) \qquad (59{,}30)$$

mit $\zeta_{||} = \vec{\zeta}\,\boldsymbol{v}$ und $\zeta_\perp = \vec{\zeta}\,\boldsymbol{H}/H$. Diese Formel ist sowohl für Elektronen ($e < 0$) als auch Positronen ($e > 0$) anwendbar.

Die Wahrscheinlichkeit (59,30) ist unabhängig vom Vorzeichen der longitudinalen Polarisation $\zeta_{||}$, aber sie hängt vom Vorzeichen von $\zeta_\perp$ ab. Deshalb ist die infolge der Emission entstehende Polarisation transversal.[1]) Für Elektronen ist die Übergangswahrscheinlichkeit aus einem Zustand mit dem Spin „in Feldrichtung" ($\zeta_\perp = 1$) in einen Zustand mit dem Spin „gegen die Feldrichtung" größer als die Wahrscheinlichkeit des umgekehrten Übergangs. Deshalb ist die Strahlungspolarisation der Elektronen dem Feld entgegengerichtet; der Polarisationsgrad in einem stationären Zustand ist (für $\zeta_{||} = 0$)

$$\frac{\omega\,(\zeta_\perp = -1) - \omega\,(\zeta_\perp = 1)}{\omega\,(\zeta_\perp = -1) + \omega\,(\zeta_\perp = 1)} = \frac{8\sqrt{3}}{15} = 0{,}93\,.$$

Positronen werden (mit dem gleichen Polarisationsgrad) in Feldrichtung polarisiert.

---

[1]) Dieser Umstand ist übrigens von vornherein zu erkennen: Der Axialvektor für die entstehende Polarisation kann nur die Richtung des einzigen in dem Problem vorkommenden Axialvektors $\boldsymbol{H}$ haben.

KAPITEL VI

STREUUNG VON LICHT

§ 60. Der Streutensor

Man kann sich die Streuung eines Photons an einem Elektronensystem (der Bestimmtheit halber werden wir von einem Atom sprechen) als Absorption des anfänglich vorhandenen Photons $\boldsymbol{k}$ und gleichzeitige Emission eines anderen Photons $\boldsymbol{k}'$ vorstellen. Dabei kann das Atom entweder im Anfangszustand verbleiben oder in ein beliebiges anderes diskretes Energieniveau übergehen. Im ersten Fall bleibt die Frequenz des Photons unverändert (Rayleigh-*Streuung*), im zweiten ändert sie sich um

$$\omega' - \omega = E_1 - E_2 , \tag{60,1}$$

wenn E_1 und E_2 die Energien des Atoms im Anfangs- und Endzustand sind Raman-*Streuung*).[1])

Der Operator für die elektromagnetische Wechselwirkung hat keine von Null verschiedenen Matrixelemente für Übergänge, bei denen gleichzeitig zwei Photonenbesetzungszahlen geändert werden; infolgedessen tritt ein Streueffekt erst in zweiter Ordnung der Störungstheorie auf. Man hat sich vorzustellen, daß die Streuung über bestimmte Zwischenzustände verläuft. Es können zwei Arten von Zwischenzuständen vorkommen:

I. Das Photon $\boldsymbol{k}$ wird absorbiert, und das Atom geht in einen möglichen Zustand E_n über; beim anschließenden Übergang in den Endzustand wird das Photon $\boldsymbol{k}'$ emittiert.

II. Es wird das Photon $\boldsymbol{k}'$ emittiert, und das Atom geht in den Zustand E_n über; beim Übergang in den Endzustand wird das Photon $\boldsymbol{k}$ absorbiert.

Die Summe

$$V_{21} = \sum_n{}' \left(\frac{V'_{2n} V_{n1}}{\mathscr{E}_1 - \mathscr{E}_n^{\mathrm{I}}} + \frac{V_{2n} V'_{n1}}{\mathscr{E}_1 - \mathscr{E}_n^{\mathrm{II}}} \right) \tag{60,2}$$

spielt die Rolle des Matrixelementes für den betrachteten Prozeß (s. III, (43,6)). Die Anfangsenergie des Systems „Atom + Photonen" ist $\mathscr{E}_1 = E_1 + \omega$, und die Energien der Zwischenzustände sind

$$\mathscr{E}_n^I = E_n , \qquad \mathscr{E}_n^{II} = E_n + \omega + \omega' .$$

[1]) In diesem Kapitel werden die Größen für den Anfangs- und Endzustand des streuenden Systems mit den Indizes 1 und 2 versehen.

$V_{..}$ sind die Matrixelemente für die Absorption des Photons $\boldsymbol{k}$, $V'_{..}$ die Matrixelemente für die Emission des Photons $\boldsymbol{k}'$; der Anfangszustand wird aus der Summe über n ausgeschlossen (was durch den Strich am Summenzeichen vermerkt wird). Der Streuquerschnitt ist

$$d\sigma = 2\pi\, |V_{21}|^2 \frac{\omega'^2\, do'}{(2\pi)^3}, \tag{60,3}$$

do' ist darin das Raumwinkelelement in $\boldsymbol{k}'$-Richtung.[1])

Wir werden annehmen, daß die Wellenlängen der Photonen im Anfangs- und Endzustand groß gegenüber den Abmessungen a des streuenden Systems sind. Dementsprechend betrachten wir alle Übergänge in Dipolnäherung. Beschreibt man die Photonenzustände durch ebene Wellen, dann ist in dieser Näherung ein Faktor $e^{i\boldsymbol{kr}}$ jeweils durch 1 zu ersetzen. Die Wellenfunktionen der Photonen sind dann (in dreidimensional transversaler Eichung)

$$\boldsymbol{A}_{e\omega} = \sqrt{4\pi}\, \frac{\boldsymbol{e}}{\sqrt{2\omega}}\, e^{-i\omega t}, \qquad \boldsymbol{A}_{e'\omega'} = \sqrt{4\pi}\, \frac{\boldsymbol{e}'}{\sqrt{2\omega'}}\, e^{-i\omega' t}.$$

Unter den betrachteten Bedingungen kann der Operator für die elektromagnetische Wechselwirkung in der Form

$$\mathrm{V} = -\,\mathbf{dE} \tag{60,4}$$

geschrieben werden, wenn $\mathbf{E} = -\dot{\mathbf{A}}$ der Operator für die Feldstärke und $\mathbf{d}$ der Operator für das Dipolmoment des Atoms sind (entsprechend dem klassischen Ausdruck für die Energie eines Systems mit kleinen räumlichen Ausdehnungen in einem elektrischen Feld; s. II, § 42). Die zugehörigen Matrixelemente sind

$$V_{n1} = -\,i\sqrt{2\pi\omega}\, (\boldsymbol{e}\,\boldsymbol{d}_{n1}), \qquad V'_{2n} = i\sqrt{2\pi\omega'}\, (\boldsymbol{e}'^*\,\boldsymbol{d}_{2n}).$$

Diese Ausdrücke setzen wir in (60,2) und (60,3) ein und erhalten den Streuquerschnitt (in normalen Maßeinheiten)[2])

$$\left.\begin{aligned} d\sigma &= \left| \sum_n \left\{ \frac{(\boldsymbol{d}_{2n}\,\boldsymbol{e}'^*)\,(\boldsymbol{d}_{n1}\,\boldsymbol{e})}{\omega_{n1} - \omega} + \frac{(\boldsymbol{d}_{2n}\,\boldsymbol{e})\,(\boldsymbol{d}_{n1}\,\boldsymbol{e}'^*)}{\omega_{n2} + \omega} \right\} \right|^2 \frac{\omega\,\omega'^3}{\hbar^2 c^4}\, do', \\ \hbar\,\omega_{n1} &= E_n - E_1, \quad \hbar\,\omega_{n2} = E_n - E_2. \end{aligned}\right\} \tag{60,5}$$

Es wird über alle möglichen Atomzustände einschließlich der Zustände des kontinuierlichen Spektrums summiert (dabei fallen die Zustände 1 und 2 von selbst aus der Summe heraus, weil die Diagonalelemente $\boldsymbol{d}_{11} = \boldsymbol{d}_{22} = 0$ sind).

---

[1]) Die Energie des (in 1 s) in den Raumwinkel do' gestreuten Lichtes dI' wird folgendermaßen durch die Intensität I (Energiestromdichte) des einfallenden Lichtes ausgedrückt:

$$dI' = I\, \frac{\omega'}{\omega}\, d\sigma.$$

[2]) Diese Formel ist erstmalig von H. A. Kramers und W. Heisenberg (1925) abgeleitet worden.

Mit der Bezeichnung[1])

$$(c_{ik})_{21} = \sum_n \left[\frac{(d_i)_{2n}\,(d_k)_{n1}}{\omega_{n1} - \omega} + \frac{(d_k)_{2n}\,(d_i)_{n1}}{\omega_{n2} + \omega} \right] \tag{60,6}$$

($i, k = x, y, z$ sind dreidimensionale Vektorindizes) bringen wir (60,5) in die Form

$$d\sigma = \omega\,(\omega + \omega_{12})^3\,|(c_{ik})_{21}\,e_i^*\,e_k|^2\,do' \,. \tag{60,7}$$

Die Bezeichnung (60,6) wird dadurch gerechtfertigt, daß man diese Summe tatsächlich als Matrixelement eines Tensors darstellen kann. Davon kann man sich sehr einfach überzeugen, wenn man die Vektorgröße $\boldsymbol{b}$ einführt, so daß der zugehörige Operator die Gleichung

$$\left(i\frac{d}{dt} + \omega\right)\mathbf{b} = \mathbf{d}$$

erfüllt. Die entsprechenden Matrixelemente sind

$$\boldsymbol{b}_{n1} = \frac{\boldsymbol{d}_{n1}}{\omega - \omega_{n1}}\,, \qquad \boldsymbol{b}_{2n} = \frac{\boldsymbol{d}_{2n}}{\omega + \omega_{n2}}\,,$$

so daß

$$(c_{ik})_{21} = (b_k\,d_i - d_i\,b_k)_{21} \tag{60,8}$$

gilt. Die Matrixelemente $(c_{ik})_{21}$ werden wir als *Streutensor* bezeichnen.

Die Auswahlregeln für die Streuung stimmen nach dem Gesagten mit den Auswahlregeln für die Matrixelemente eines beliebigen Tensors zweiter Stufe überein. Wir stellen sofort folgendes fest: Wenn das System ein Symmetriezentrum hat (so daß seine Zustände nach der Parität klassifiziert werden können), dann sind nur Übergänge zwischen Zuständen gleicher Parität möglich (auch ohne Änderung des Zustandes). Diese Regel besagt das Gegenteil der Auswahlregel für die Parität bei der Emission (von elektrischer Dipolstrahlung), so daß ein anderes Verbot besteht: Bei Emission erlaubte Übergänge sind bei Streuung verboten, bei Streuung erlaubte Übergänge sind bei Emission verboten.

Wir zerlegen den Tensor c_{ik} in irreduzible Bestandteile:

$$c_{ik} = c^0\,\delta_{ik} + c^s_{ik} + c^a_{ik} \tag{60,9}$$

mit

$$\left.\begin{aligned} c^0 &= \frac{1}{3}\,c_{ii}\,, \\ c^s_{ik} &= \frac{1}{2}\,(c_{ik} + c_{ki}) - c^0\,\delta_{ik}\,, \\ c^a_{ik} &= \frac{1}{2}\,(c_{ik} - c_{ki}) \end{aligned}\right\} \tag{60,10}$$

---

[1]) Die Mehrzahl der weiteren Ergebnisse von § 60 bis 62 stammt hauptsächlich von G. PLACZEK (1931–1933).

— Skalar, symmetrischem Tensor (mit der Spur Null) bzw. antisymmetrischem Tensor. Die zugehörigen Matrixelemente sind

$$(c^0)_{21} = \frac{1}{2} \sum_n \frac{\omega_{n1} + \omega_{n2}}{(\omega_{n1} - \omega)(\omega_{n2} + \omega)} (d_i)_{2n} (d_i)_{n1}, \tag{60,11}$$

$$(c^s_{ik})_{21} = \frac{1}{2} \sum_n \frac{\omega_{n1} + \omega_{n2}}{(\omega_{n1} - \omega)(\omega_{n2} + \omega)} [(d_i)_{2n} (d_k)_{n1} + (d_k)_{2n} (d_i)_{n1}] - (c^0)_{21} \delta_{ik}, \tag{60,12}$$

$$(c^a_{ik})_{21} = \frac{2\omega + \omega_{12}}{2} \sum_n \frac{(d_i)_{2n} (d_k)_{n1} - (d_k)_{2n} (d_i)_{n1}}{(\omega_{n1} - \omega)(\omega_{n2} + \omega)}. \tag{60,13}$$

Wir wollen einige Eigenschaften des Streutensors in den Grenzfällen kleiner und großer Frequenzen des Photons betrachten.[1])

Für die Rayleigh-Streuung ($\omega_{12} = 0$) verschwindet der antisymmetrische Teil des Tensors für $\omega \to 0$ (wegen des Faktors ω vor der Summe in (60,13)). Der skalare und der symmetrische Anteil des Streutensors streben für $\omega \to 0$ gegen endliche Grenzwerte. Dementsprechend ist der Streuquerschnitt für kleine ω proportional zu ω^4.

Im entgegengesetzten Fall, wenn die Frequenz ω groß gegenüber allen in (60,6) wesentlichen Frequenzen ω_{n1} und ω_{n2} ist (aber nach wie vor ist natürlich die Wellenlänge $\gg a$), müssen wir zu den Formeln der klassischen Theorie zurückkehren. Das erste Glied in der Entwicklung des Streutensors nach Potenzen von $1/\omega$ ist

$$\frac{1}{\omega} \sum_n [(d_k)_{2n} (d_i)_{n1} - (d_i)_{2n} (d_k)_{n1}] = \frac{1}{\omega} (\mathrm{d}_k \mathrm{d}_i - \mathrm{d}_i \mathrm{d}_k)_{21}$$

und verschwindet, weil die Operatoren d_i und d_k miteinander vertauschbar sind. Das nächste Glied in der Entwicklung ist

$$(c_{ik})_{21} = \frac{1}{\omega^2} \left[\sum_n |\omega_{2n} (d_k)_{2n} (d_i)_{n1} - (d_i)_{2n} \omega_{n1} (d_k)_{n1} \right] = \frac{1}{i\omega^2} (\dot{\mathrm{d}}_k \mathrm{d}_i - \mathrm{d}_i \dot{\mathrm{d}}_k)_{21}.$$

Unter Verwendung der Definition $\boldsymbol{d} = \sum e \boldsymbol{r}$ (Summe über alle Elektronen im Atom) und der Vertauschungsregel für Ort und Impuls erhalten wir

$$(c_{ik})_{11} = -\frac{Z e^2}{m \omega^2} \delta_{ik}, \qquad (c_{ik})_{21} = 0, \tag{60,14}$$

wenn Z die Zahl aller Elektronen im Atom ist. Bei großen Frequenzen bleibt also im Streutensor nur der skalare Anteil übrig, und die Streuung erfolgt ohne Änderung des Zustandes des Systems (d. h., die Streuung ist völlig kohärent; s. u.). Der Streuquerschnitt ist in diesem Fall

$$d\sigma = r_e^2 Z^2 |\boldsymbol{e}'^* \boldsymbol{e}|^2 do' \tag{60,15}$$

[1]) Der Resonanzfall (daß ω in die Nähe einer Frequenz ω_{n1} oder ω_{n2} kommt) wird in § 64 behandelt.

mit $r_e = e^2/m$. Nach der Summation über die Polarisationen des Photons im Endzustand erhalten wir die Formel

$$d\sigma = r_e^2 Z^2 \{1 - (\boldsymbol{e}\,\boldsymbol{n}')^2\}\, do' = r_e^2 Z^2 \sin^2\theta \cdot do' \,, \tag{60,16}$$

die tatsächlich mit der klassischen THOMSONschen Formel übereinstimmt (II, (80,7); θ ist der Winkel zwischen Streurichtung und dem Polarisationsvektor des einlaufenden Photons).

Wir wollen nun die Streuung von Licht an N gleichartigen Atomen in einem Volumen behandeln, dessen Abmessungen klein gegenüber der Wellenlänge sind. Der Streutensor für das System aus N Atomen ist die Summe der Streutensoren der einzelnen Atome. Dabei hat man jedoch zu beachten, daß die Wellenfunktionen (mit denen die Matrixelemente für das Dipolmoment berechnet werden) für mehrere gleiche und gleichzeitig betrachtete Atome nicht einfach als gleich angenommen werden dürfen. Die Wellenfunktionen sind an sich nur bis auf einen beliebigen Phasenfaktor bestimmt, und diese Faktoren können für die einzelnen Atome verschieden sein. Der Streuquerschnitt muß über die Phasenfaktoren der einzelnen Atome unabhängig gemittelt werden.

Der Streutensor $(c_{ik})_{21}$ für ein einzelnes Atom enthält den Faktor $e_i^{(\varphi_1-\varphi_2)}$, wenn φ_1 und φ_2 die Phasen der Wellenfunktionen für Anfangs- und Endzustand sind. Für die RAMAN-Streuung sind die Zustände 1 und 2 verschieden, und dieser Faktor ist verschieden von 1. Im Betragsquadrat

$$|e_i'^{*}\, e_k \sum (c_{ik})_{21}|^2$$

(die Summe läuft über alle N Atome) werden die Produkte von Summanden zu verschiedenen Atomen Phasenfaktoren enthalten, die bei unabhängiger Mittelung über die Phasen der Atome verschwinden; es bleiben nur die Betragsquadrate der einzelnen Glieder stehen. Das bedeutet, daß sich der totale Streuquerschnitt für N Atome durch Multiplikation des Streuquerschnitts für ein Atom mit N ergibt (inkohärente Streuung).

Wenn Anfangs- und Endzustand des Atoms gleich sind, dann sind die Faktoren $e^{i(\varphi_1-\varphi_2)} = 1$. In diesem Fall ist die Streuamplitude für N Atome das N-fache der Streuamplitude für ein Atom; der Streuquerschnitt wird dementsprechend mit dem Faktor N^2 multipliziert (kohärente Streuung). Falls das Energieniveau eines Atoms nicht entartet ist, wird demnach die RAYLEIGH-Streuung völlig kohärent sein. Für ein entartetes Energieniveau wird es auch eine inkohärente RAMAN-Streuung infolge der Übergänge zwischen den verschiedenen entarteten Atomzuständen geben. Diese RAMAN-Streuung ist ein reiner Quanteneffekt; denn in der klassischen Theorie ist eine Streuung ohne Änderung der Frequenz zwangsläufig kohärent.

Der Tensor für die kohärente Streuung wird durch die Diagonalelemente $(c_{ik})_{11}$ gegeben, wir bezeichnen ihn mit α_{ik} (und lassen den Index zur Bezeichnung des Atomzustandes weg, um die Schreibweise zu vereinfachen). Nach (60,6) ist

$$\alpha_{ik}(\omega) \equiv (c_{ik})_{11} = \sum_n \left[\frac{(d_i)_{1n}\,(d_k)_{n1}}{\omega_{n1} - \omega} + \frac{(d_k)_{1n}\,(d_i)_{n1}}{\omega_{n1} + \omega}\right]. \tag{60,17}$$

Auf Grund von $(d_i)_{1n} = (d_i)^*_{n1}$ ist leicht zu erkennen, daß dieser Tensor hermitesch ist:[1])

$$\alpha_{ik} = \alpha^*_{ki}\,. \tag{60,18}$$

Demnach sind aber der skalare und der symmetrische Anteil reell und der antisymmetrische Anteil imaginär. Der antisymmetrische Anteil verschwindet offensichtlich, wenn sich das Atom in einem nicht entarteten Zustand befindet; die Wellenfunktion eines solchen Zustandes ist reell,[2]) und damit sind auch die Diagonalelemente reell.

Der Tensor α_{ik} hängt mit der Polarisierbarkeit eines Atoms im äußeren elektrischen Feld zusammen. Um diesen Zusammenhang herauszufinden, berechnen wir die Korrektur zum Mittelwert des Dipolmomentes eines Systems im äußeren elektrischen Feld

$$\frac{1}{2}\left(\boldsymbol{E}\, e^{-i\omega t} + \boldsymbol{E}^*\, e^{i\omega t}\right). \tag{60,19}$$

Zu dieser Rechnung ziehen wir eine aus der Störungstheorie bekannte Formel heran (s. III, § 40): Unter dem Einfluß der Störung

$$\mathrm{V} = \mathrm{F}\, e^{-i\omega t} + \mathrm{F}^+\, e^{i\omega t}$$

haben wir als Korrekturen erster Ordnung zu den Diagonalelementen einer Größe f

$$f^{(1)}_{11}(t) = -\sum_n \left\{\left[\frac{f^{(0)}_{1n} F_{n1}}{\omega_{n1} - \omega} + \frac{f^{(0)}_{n1} F_{1n}}{\omega_{n1} + \omega}\right] e^{-i\omega t} + \left[\frac{f^{(0)}_{1n} F^*_{1n}}{\omega_{n1} + \omega} + \frac{f^{(0)}_{n1} F^*_{n1}}{\omega_{n1} - \omega}\right] e^{i\omega t}\right\}.$$

Im vorliegenden Fall ist

$$\mathrm{F} = -\frac{1}{2}\,\mathbf{d}\boldsymbol{E}\,,$$

und die Korrektur zum Diagonalelement für das Dipolmoment ist

$$\boldsymbol{d}^{(1)}_{11} = \frac{1}{2}\left(\overline{\boldsymbol{d}}\, e^{-i\omega t} + \overline{\boldsymbol{d}}^*\, e^{i\omega t}\right), \tag{60,20}$$

darin ist $\boldsymbol{d}$ der Vektor mit den Komponenten

$$\overline{d}_i = \alpha_{ik} E_k\,. \tag{60,21}$$

---

[1]) Dieses Ergebnis hängt mit der Vernachlässigung der natürlichen Linienbreite zusammen und damit auch mit der Vernachlässigung der Möglichkeit, daß das einfallende Licht absorbiert werden kann; s. § 64.

[2]) Wir erinnern daran, daß dieser Sachverhalt mit der Symmetrie bei einem Vorzeichenwechsel der Zeit zusammenhängt (dabei versteht sich, daß kein äußeres Magnetfeld vorhanden ist). Beim Ersetzen von t durch $-t$ wird die Wellenfunktion eines stationären Zustandes ψ durch ψ^* ersetzt, d. h., ψ und ψ^* beschreiben mögliche Zustände mit der gleichen Energie. Daraus folgt, daß ψ und ψ^* für ein nicht entartetes Niveau (bis auf einen unwesentlichen Phasenfaktor) übereinstimmen müssen, so daß ψ immer als reelle Funktion definiert werden kann. Für ein entartetes Niveau werden die Wellenfunktionen zu dem betreffenden Niveau bei der Bildung des konjugiert Komplexen untereinander transformiert, und sie müssen daher nicht unbedingt reell sein.

Aus der letzten Formel ist zu ersehen, daß der Tensor für die kohärente RAYLEIGH-Streuung $\alpha_{ik}(\omega)$ gleichzeitig der *Tensor für die Polarisierbarkeit* des Atoms bei Frequenz ω ist. Für $\omega = 0$ geht die Formel (60,21) in die Formel III, (76,6) mit dem Tensor für die statische Polarisierbarkeit $\alpha_{ik}(0)$ in der Form über, die aus der üblichen Störungstheorie für konstantes Feld folgt.

Aufgabe[1])

1. Man berechne die Wahrscheinlichkeit für die gleichzeitige Emission zweier Photonen durch ein Atom (M. GÖPPERT-MAYER, 1931).[2])

Lösung. Die Emission zweier Quanten ist wie die Streuung ein Effekt zweiter Ordnung der Störungstheorie. Die gesuchte Wahrscheinlichkeit unterscheidet sich von (60,5) nur in folgendem: a) durch den Übergang $\omega \to -\omega$, $\boldsymbol{e} \to \boldsymbol{e}^*$ (Emission des Photons ω statt der Absorption); b) durch den zusätzlichen Faktor

$$\frac{d^3k}{(2\pi)^3} = \frac{\omega^2\, d\omega\, do}{(2\pi)^3}.$$

Auf diese Weise bekommen wir die Emissionswahrscheinlichkeit (pro Zeiteinheit)

$$dw = \left| \sum_n \left[\frac{(\boldsymbol{d}_{2n} \boldsymbol{e}'^*)(\boldsymbol{d}_{n1} \boldsymbol{e}^*)}{\omega_{1n} - \omega} + \frac{(\boldsymbol{d}_{2n} \boldsymbol{e}^*)(\boldsymbol{d}_{n1} \boldsymbol{e}'^*)}{\omega_{1n} - \omega'} \right] \right|^2 \frac{\omega^3 \omega'^3}{(2\pi)^3 c^6 \hbar^2}\, do\, do'\, d\omega \tag{1}$$

(die Summe der Frequenzen ist $\omega + \omega' = \omega_{12}$). Wir summieren diesen Ausdruck über die Polarisationen der Photonen, integrieren über die Emissionsrichtungen und erhalten

$$dw = \frac{8}{9\pi} \left| \sum_n \left[\frac{(d_i)_{2n} (d_k)_{n1}}{\omega_{1n} - \omega} + \frac{(d_i)_{2n} (d_k)_{n1}}{\omega_{1n} - \omega'} \right] \right|^2 \frac{\omega^3 \omega'^3}{\hbar^2 c^6}\, d\omega .$$

2. Man berechne den Wirkungsquerschnitt für die „induzierte Streuung": Das einlaufende Photon $\boldsymbol{k}$ bleibt unverändert, aber unter seinem Einfluß emittiert das Atom zwei Photonen — noch ein Photon $\boldsymbol{k}$ und das „gestreute" Photon $\boldsymbol{k}'$.

Lösung. Die Wahrscheinlichkeit für den betrachteten Prozeß ist die in Aufgabe 1 gefundene Wahrscheinlichkeit (1) für die Emission zweier Quanten, multipliziert mit $N_{\boldsymbol{k}\boldsymbol{e}}$, wenn $N_{\boldsymbol{k}\boldsymbol{e}}$ die Zahl der Photonen mit gegebenen $\boldsymbol{k}$ und $\boldsymbol{e}$ im einfallenden Licht sind. Die Stromdichte der einlaufenden Photonen ist

$$dI = c\, N_{\boldsymbol{k}\boldsymbol{e}} \frac{d^3k}{(2\pi)^3} = N_{\boldsymbol{k}\boldsymbol{e}} \frac{\omega^2}{8\pi^3 c^2}\, d\omega\, do .$$

---

[1]) In den Aufgaben verwenden wir normale Maßeinheiten.

[2]) Die Wahrscheinlichkeit für die Emission zweier Photonen ω und ω' ist normalerweise sehr klein gegenüber der Wahrscheinlichkeit für die Emission eines Photons mit der Frequenz $\omega + \omega'$. Ausnahmen bilden diejenigen Fälle, in denen die Auswahlregeln den zweiten Prozeß verbieten, aber den ersten erlauben. Beispiele dafür sind die Übergänge zwischen Zuständen mit $J = 0$, für die jegliche Emission eines Photons streng verboten ist. Ein anderes Beispiel ist der Übergang aus dem ersten angeregten Zustand des Wasserstoffatoms ($2\,S_{1/2}$) in den Grundzustand ($1\,S_{1/2}$). Für die $E1$-Strahlung ist dieser Übergang hinsichtlich der Parität streng verboten. Er ist (unter Vernachlässigung der sehr schwachen Spin–Bahn-Wechselwirkung) auch für $M1$-Strahlung verboten; das magnetische Moment ist in diesem Fall ($l = 0$) eine reine Spingröße, und das betreffende Matrixelement verschwindet, weil die Bahnfunktionen zu verschiedenen Hauptquantenzahlen orthogonal zueinander sind. Die Lebensdauer des $2\,S_{1/2}$-Niveaus, die durch die Emission zweier Photonen bestimmt wird, ist $\approx 1/7$ s.

Wir drücken $N_{k e}$ durch dI aus, dividieren die Wahrscheinlichkeiten für den Prozeß durch dI und erhalten als Querschnitt

$$d\sigma = \left| \sum_n \left[\frac{(\boldsymbol{d}_{2n}\, \boldsymbol{e}'^*)\,(\boldsymbol{d}_{n1}\, \boldsymbol{e}^*)}{\omega_{1n} - \omega} + \frac{(\boldsymbol{d}_{2n}\, \boldsymbol{e}^*)\,(\boldsymbol{d}_{n1}\, \boldsymbol{e}'^*)}{\omega_{1n} - \omega'} \right] \right|^2 \frac{\omega\, \omega'^3}{\hbar^2 c^4}\, do' .$$

Hier ist ω die Frequenz des einfallenden und des „induzierten" Photons, ω' ist die Frequenz des gestreuten Photons ($\omega + \omega' = \omega_{12}$).

3. Man berechne die Wahrscheinlichkeit für die elastische Streuung eines Elektrons (nichtrelativistisch) an einer fast monochromatischen stehenden Lichtwelle (P. L. Kapitza, P. A. M. Dirac, 1933)!

Lösung. Man kann die stehende Welle als ein System von Photonen mit den Impulsen $\boldsymbol{k}$ und $-\boldsymbol{k}$ (und mit gleichen Polarisationen) ansehen. Die Streuung des Elektrons fassen wir als Absorption des Photons $\boldsymbol{k}$ und induzierte Emission des Photons $-\boldsymbol{k}$ auf; der Impuls $\boldsymbol{p}$ des Elektrons erhält dabei den Zuwachs $2\,\hbar\,\boldsymbol{k}$ und wird (ohne Änderung des Betrages) um den Winkel θ gedreht, $|\boldsymbol{p}| \sin(\theta/2) = \hbar\,\omega/c$. Die Wahrschenlichkeit für diesen Prozeß ergibt sich aus dem Querschnitt für die Thomson-Streuung (60,15)

$$d\sigma = r_e^2 |\boldsymbol{e}'^*\, \boldsymbol{e}|^2\, do' = r_e^2\, do'$$

durch Multiplikation mit der Stromdichte der Photonen mit dem Impuls $\boldsymbol{k}$ und der Zahl der Photonen mit dem Impuls $-\boldsymbol{k}$.

Die Stromdichte der Photonen mit Frequenzen im Intervall $d\omega$ ist

$$\frac{c\, U_\omega\, d\omega}{2\,\hbar\,\omega},$$

wenn $U_\omega\, d\omega$ die Energiedichte in der stehenden Welle im Spektralbereich $d\omega$ ist (der Faktor 1/2 berücksichtigt, daß die Energie der Welle jeweils zur Hälfte auf die Photonen zu entgegengesetzten Richtungen entfällt). Die Impulse $\boldsymbol{k}$ aller Photonen in der stehenden Welle sind zu einer bestimmten Richtung n parallel („Richtung" der stehenden Welle). Die Energiedichte als Funktion von Frequenz und Photonenrichtung $\boldsymbol{n}'$ ist mit anderen Worten $U_{\omega \boldsymbol{n}'} = U_\omega\, \delta^{(2)}(\boldsymbol{n}' - \boldsymbol{n})$. Dementsprechend ist die Zahl der Photonen $-\boldsymbol{k}$

$$\int N_{-\boldsymbol{k}}\, do' = \frac{8\,\pi^3 c^3}{\hbar\,\omega^3}\, \frac{U_\omega}{2}$$

(vgl. (44,8)). Als Ergebnis erhalten wir für die Streuwahrscheinlichkeit (in 1 s)

$$w = \frac{2\,\pi^3 e^4}{m^2 \hbar^2 \omega^4} \int U_\omega^2\, d\omega .$$

Der Faktor ω^{-4} ist vor das Integral gezogen worden, weil die Abweichung von einer monochromatischen Welle $\Delta\omega$ als klein vorausgesetzt wird. Der Betrag des Integrals ist umgekehrt proportional zu $\Delta\omega$ (bei gegebener Gesamtintensität).

§ 61. Streuung an beliebig orientierten Systemen

Für ein nicht entartetes Energieniveau werden Polarisierbarkeit des Atoms und Intensität der kohärenten Streuung durch den gleichen Tensor $\alpha_{ik} \equiv (c_{ik})_{11}$ bestimmt. Falls das Niveau aber entartet ist, werden die beobachteten Werte für die angegebenen Größen durch Mittelung über alle Zustände zu dem betreffenden Niveau berechnet. Die Polarisierbarkeit muß als Mittelwert[1])

$$\alpha_{ik} = \overline{(c_{ik})_{11}}$$

definiert werden. Die beobachtete Streuintensität wird von den Werten der Produkte

$$\overline{(c_{ik})_{11}\,(c_{lm})_{11}}$$

bestimmt. Der Zusammenhang zwischen Polarisierbarkeit und Streuung ist deshalb nicht mehr so direkt.

Für freie Atome oder Moleküle (nicht in einem äußeren Feld) hängt die Entartung der Niveaus normalerweise mit dem im Raum beliebig orientierten Drehimpuls zusammen. Der Anfangszustand der Streuung möge den Drehimpuls J_1 haben, der Endzustand J_2. Wie üblich soll der Streuquerschnitt über alle Werte der Projektion M_1 gemittelt und über die Werte von M_2 summiert werden. Nach der ersten Mittelung hängt der Streuquerschnitt nicht mehr von M_2 ab, so daß die anschließende Summation einfach die Multiplikation mit $2\,J_2 + 1$ bedeutet. Der gemittelte Streuquerschnitt ist also

$$d\bar{\sigma} = \omega\,\omega'^3\, c^{(21)}_{iklm}\, e'^*_i\, e_k\, e'_l\, e^*_m\, do' \qquad (61,1)$$

mit

$$c^{(21)}_{iklm} = \frac{1}{2\,J_1 + 1} \sum_{M_1 M_2} (c_{ik})_{21}\,(c_{lm})^*_{21} = (2\,J_2 + 1)\,\overline{(c_{ik})_{21}\,(c_{lm})^*_{21}}^{\,1}\,, \qquad (61,2)$$

und der Strich mit dem Index 1 bedeutet die Mittelung über M_1.

Bei der RAYLEIGH-Streuung gehören die Zustände 1 und 2 zum gleichen Energieniveau ($\omega_{12} = 0$). Für kohärente Streuung müssen die Zustände 1 und 2 vollständig gleich sein, d. h., es muß $M_1 = M_2$ sein. Die Summe über M_2 und damit der Faktor $2\,J_2 + 1$ entfallen dabei in (61,2):

$$c^{\text{koh}}_{iklm} = \overline{(c_{ik})_{11}\,(c_{lm})^*_{11}}^{\,1}\,. \qquad (61,3)$$

Das Resultat der Mittelung kann ohne besondere Rechnungen aufgeschrieben werden, wenn man beachtet, daß die Mittelung über M_1 der Mittelung über alle Orientierungen des Systems äquivalent ist; der Mittelwert kann dann allein durch den Einheitstensor δ_{ik} ausgedrückt werden. Dabei können nur die Mittelwerte der Produkte aus den Komponenten des skalaren, des symmetrischen und des antisymmetrischen Anteils des Streutensors mit sich selbst von Null verschieden sein; denn mit Hilfe des Einheitstensors kann man keine Ausdrücke bilden, die in ihren Symmetrieeigenschaften gemischten Produkten entsprechen könnten. Auf diese Weise bekommen wir

$$c^{(21)}_{iklm} = G^0_{21}\,\delta_{ik}\,\delta_{lm} + c^{(21)s}_{iklm} + c^{(21)a}_{iklm} \qquad (61,4)$$

[1]) Obwohl jede Größe $(c_{ik})_{11}$ komplex sein kann, ist ihr Mittelwert (für Systeme, die sich nicht in einem äußeren Feld befinden) reell. Tatsächlich kann man bei der Mittelung die Gesamtheit der unabhängigen Wellenfunktionen (zu dem betreffenden entarteten Niveau) beliebig wählen und dadurch immer erreichen, daß alle Funktionen reell sind.

mit

$$\left.\begin{aligned} G^0_{21} &= (2\,J_2 + 1)\,\overline{|(c^0)_{21}|^2}^{\,1}\,, \\ c^{(21)s}_{iklm} &= (2\,J_2 + 1)\,\overline{(c^s_{ik})_{21}\,(c^s_{lm})^*_{21}}^{\,1}\,, \\ c^{(21)a}_{iklm} &= (2\,J_2 + 1)\,\overline{(c^a_{ik})_{21}\,(c^a_{lm})^*_{21}}^{\,1}\,. \end{aligned}\right\} \tag{61,5}$$

Der Streuquerschnitt (und damit die Intensität) für ein System mit beliebigen Orientierungen zerfällt demnach in eine Summe aus drei unabhängigen Anteilen, die wir als *skalare, symmetrische* und *antisymmetrische Streuung* bezeichnen werden.

Jeder Summand in (61,4) wird jeweils durch eine unabhängige Größe ausgedrückt. Die skalare Streuung enthält die Größe G^0_{21}, und für symmetrische und antisymmetrische Streuung haben wir

$$\left.\begin{aligned} c^{(21)}_{iklm} &= \frac{1}{10}\,G^s_{21}\left(\delta_{il}\,\delta_{km} + \delta_{im}\,\delta_{kl} - \frac{2}{3}\,\delta_{ik}\,\delta_{lm}\right), \\ G^s_{21} &= (2\,J_2 + 1)\,\overline{(c^s_{ik})_{21}\,(c^s_{ik})_{21}}^{\,1}\,; \\ c^{(21)a}_{iklm} &= \frac{1}{6}\,G^a_{21}\,(\delta_{il}\,\delta_{km} - \delta_{im}\,\delta_{kl})\,, \\ G^a_{21} &= (2\,J_2 + 1)\,\overline{(c^a_{ik})_{21}\,(c^a_{ik})_{21}}^{\,1} \end{aligned}\right\} \tag{61,6}$$

(die Kombination der Einheitstensoren ergibt sich aus den Symmetrieeigenschaften; der Vorfaktor wird aus der Verjüngung in den Indexpaaren $i\,l$ und $k\,m$ gefunden).

Einsetzen der Formeln (61,4) bis (61,6) in (61,1) ergibt folgenden Ausdruck für den Streuquerschnitt:

$$\begin{aligned} d\overline{\sigma} = \omega\,\omega'^3 \Big\{ & G^0_{21}\,|\mathbf{e}'^*\,\mathbf{e}|^2 + \frac{1}{10}\,G^s_{21}\left(1 + |\mathbf{e}'\,\mathbf{e}|^2 - \frac{2}{3}\,|\mathbf{e}'^*\,\mathbf{e}|^2\right) \\ & + \frac{1}{6}\,G^a_{21}\,(1 - |\mathbf{e}'\,\mathbf{e}|^2)\Big\}\,do\,. \end{aligned} \tag{61,7}$$

Diese Formel gibt die Winkelabhängigkeiten und die Polarisationseigenschaften der Streuung explizit an.

Der über die Polarisationen des Photons im Endzustand summierte und über die Polarisationen und Einfallsrichtungen des Photons im Anfangszustand gemittelte totale Streuquerschnitt für alle Richtungen kann leicht direkt aus (61,1) gewonnen werden. Dabei benutzen wir

$$\overline{e^*_i\,e_k} = \frac{1}{3}\,\delta_{ik}\,,$$

wenn sowohl über die Polarisationen als auch über die Fortpflanzungsrichtungen des Photons gemittelt wird (die Summe über diese Zustände ergibt das $2\cdot 4\,\pi$-fache Resultat). Als Ergebnis erhalten wir

$$\overline{\sigma} = \frac{8\,\pi}{9}\,\omega\,\omega'^3\,c^{(21)}_{ikik} = \frac{8\,\pi}{9}\,\omega\,\omega'^3\,(3\,G^0_{21} + G^s_{21} + G^a_{21})\,. \tag{61,8}$$

Oben ist bereits erwähnt worden, daß die Auswahlregeln für die Streuung mit den Auswahlregeln für die Matrixelemente eines beliebigen Tensors zweiter Stufe übereinstimmen. Da die Streuintensität in drei unabhängige Anteile zerlegt worden ist, ist es zweckmäßig, diese Regeln für jeden einzelnen Anteil gesondert zu formulieren.

Die Auswahlregeln für die symmetrische Streuung stimmen mit den Auswahlregeln für die elektrische Quadrupolstrahlung überein, weil letztere durch einen irreduziblen symmetrischen Tensor (den Tensor für die Quadrupolmomente) bestimmt wird. Für die antisymmetrische Streuung haben wir dieselben Auswahlregeln wie für die magnetische Dipolstrahlung, da beide durch einen Axialvektor bestimmt werden (wir erinnern daran, daß ein antisymmetrischer Tensor einem Axialvektor äquivalent (dual) ist).[1] Dabei besteht aber folgender Unterschied. Die Diagonalelemente, die im Fall der Strahlung die Mittelwerte der elektrischen oder magnetischen Momente angeben (und keinen Strahlungsübergängen entsprechen), sind im Fall der Streuung von Bedeutung — sie gehören zur kohärenten Streuung.

Bei der skalaren Streuung handelt es sich um die Auswahlregeln für die Matrixelemente einer skalaren Größe. Das bedeutet, daß Übergänge nur zwischen Zuständen der gleichen Symmetrie möglich sind. Insbesondere müssen die Werte für den Gesamtdrehimpuls J und dessen Projektion M gleich sein (wobei die in M diagonalen Matrixelemente nicht von der Zahl M abhängen; s. III, (29,2)). Bei der RAYLEIGH-Streuung müssen die Zustände 1 und 2 völlig gleich sein (nicht nur hinsichtlich der Energie, sondern auch bezüglich M), so daß die skalare RAYLEIGH-Streuung vollkommen kohärent ist. Umgekehrt, da bei der skalaren Streuung in jedem Fall alle Zustände mit sich selbst kombinieren, muß in der kohärenten Streuung immer ein skalarer Anteil enthalten sein.

Ähnlich wie oben der Streuquerschnitt gemittelt worden ist, muß auch der Tensor für die Polarisierbarkeit für ein System mit beliebigen Orientierungen im Raum über die Richtungen des Drehimpulses J_1 gemittelt werden. Die Mittelung ist ganz einfach. Offensichtlich ist

$$\alpha_{ik} \equiv \overline{(c_{ik})_{11}}^{1} = \overline{(c^0)_{11}}^{1} \delta_{ik} .$$

Symmetrischer und antisymmetrischer Anteil des Streutensors fallen bei der Mittelung weg; denn δ_{ik} ist der einzige isotrope Tensor zweiter Stufe.

Oben ist bemerkt worden, daß die Diagonalelemente eines Skalars nicht von der Zahl M_1 abhängen. Daher kann man das Zeichen für die Mittelung an $(c^0)_{11}$ überhaupt weglassen (und es für einen beliebigen Wert von M_1 berechnen),

[1]) Es handelt sich natürlich um diejenigen Auswahlregeln, die mit der Symmetrie zusammenhängen und nicht mit der konkreten Gestalt des Axialvektors im Fall der Strahlung; der Vektor für das magnetische Moment enthält einen Spinanteil im Fall der Strahlung, während es bei der Streuung um Matrixelemente von reinen Bahngrößen geht.

so daß die Polarisierbarkeit

$$\alpha_{ik} = (c^0)_{11}\,\delta_{ik} \tag{61,9}$$

ist. Aus demselben Grund kann das Zeichen für die Mittelung in der Größe G^0_{11}, die den skalaren Anteil in der kohärenten Streuung bestimmt, weggelassen werden:

$$G^0_{11} = \overline{|(c^0)_{11}|^2} = (c^0)^2_{11} \tag{61,10}$$

(der Faktor $2\,J_2 + 1$ ist entsprechend (61,3) weggelassen worden). Es besteht somit ein einfacher Zusammenhang zwischen der mittleren Polarisierbarkeit und dem skalaren Anteil an der kohärenten Streuung. Beide werden durch folgende Größe gegeben:

$$(c^0)_{11} = \frac{2}{3}\sum_n \frac{\omega_{n1}}{\omega^2_{n1} - \omega^2}\,|\boldsymbol{d}_{n1}|^2\,. \tag{61,11}$$

Aufgaben

1. Es sind die Winkelverteilung und der Depolarisationsgrad bei der Streuung von linear polarisiertem Licht zu berechnen.

Lösung. θ sei der Winkel zwischen der Streurichtung $\boldsymbol{n}'$ und der Polarisationsrichtung $\boldsymbol{e}$ des einfallenden Lichtes. Das gestreute Licht enthält zwei unabhängige Komponenten, die in der von $\boldsymbol{n}'$ und $\boldsymbol{e}$ aufgespannten Ebene (Intensität I_1) bzw. senkrecht dazu (Intensität I_2) polarisiert sind. Der Depolarisationsgrad wird durch das Verhältnis I_2/I_1 gegeben. Die Intensitäten I_1 und I_2 werden mit Formel (61,7) zu den entsprechenden $\boldsymbol{e}'$-Richtungen berechnet.

Bei der skalaren Streung bleibt das Licht in der ursprünglichen Ebene vollständig polarisiert ($I_2 = 0$), und die Winkelverteilung der Intensität ist

$$I = \frac{3}{2}\sin^2\theta\,.$$

(Hier und im folgenden sind die Ausdrücke für $I = I_1 + I_2$ so normiert, daß sie bei der Mittelung über die Richtungen 1 ergeben.) Für die symmetrische Streuung gilt

$$I = \frac{3}{20}\,(6 + \sin^2\theta)\,, \qquad \frac{I_2}{I_1} = \frac{3}{3 + \sin^2\theta}$$

und für die antisymmetrische Streuung

$$I = \frac{3}{4}\,(1 + \cos^2\theta)\,, \qquad \frac{I_2}{I_1} = \frac{1}{\cos^2\theta}\,.$$

2. Wie Aufgabe 1 für die Streuung von natürlichem Licht.

Lösung. Der Übergang zu natürlichem (unpolarisiertem) einfallenden Licht erfolgt in Formel (61,7) durch die Substitution

$$e_i\,e_k^* \to \frac{1}{2}\,(\delta_{ik} - n_i\,n_k)\,,$$

die der Mittelung über die Polarisationsrichtungen $\boldsymbol{e}$ bei gegebener Einfallsrichtung $\boldsymbol{n}$ entspricht. Das gestreute Licht wird teilweise polarisiert sein, und aus Symmetrieüberlegungen folgt, daß die beiden unabhängigen Komponenten in der Streuebene, die von $\boldsymbol{n}$ und $\boldsymbol{n}'$ aufgespannt wird, (Intensität $I_{||}$) und senkrecht dazu (Intensität $I_{\perp}$) linear polarisiert sein werden. Den Streuwinkel (den Winkel zwischen $\boldsymbol{n}$ und $\boldsymbol{n}'$) bezeichnen wir mit ϑ.

Für die skalare Streuung sind

$$I = I_\perp + I_{||} = \frac{3}{4}(1 + \cos^2\vartheta)\,, \qquad \frac{I_{||}}{I_\perp} = \cos^2\vartheta\,,$$

für die symmetrische Streuung

$$I = \frac{3}{40}(13 + \cos^2\vartheta)\,, \qquad \frac{I_{||}}{I_\perp} = \frac{6 + \cos^2\vartheta}{7}$$

und für die antisymmetrische Streuung

$$I = \frac{3}{8}(2 + \sin^2\vartheta)\,, \qquad \frac{I_{||}}{I_\perp} = 1 + \sin^2\vartheta\,.$$

3. Für die Streuung von zirkular polarisiertem Licht ist der Inversionskoeffizient zu berechnen (das Verhältnis der Intensität der in der „invertierten" Richtung zirkular polarisierten Komponente zur Intensität der in der „richtigen" Richtung polarisierten Komponente).

Lösung. Für zirkular polarisiertes einfallendes Licht sind Winkelverteilung und Depolarisationsgrad (Verhältnis $I_{||}/I_\perp$) gleich den entsprechenden Größen für die Streuung von natürlichem Licht.

Der Vektor $\boldsymbol{e}$ des einfallenden Lichtes habe die Komponenten $\boldsymbol{e} = \frac{1}{\sqrt{2}}(1, i, 0)$ (die Streuebene sei die xz-Ebene des Koordinatensystems, und die z-Achse zeige in $\boldsymbol{n}$-Richtung). Die Polarisationsvektoren für die „invertierte" und die „richtige" zirkular polarisierte Komponente des gestreuten Lichtes sind dann

$$\boldsymbol{e}' = \frac{1}{\sqrt{2}}(\cos\vartheta, -i, -\sin\vartheta) \quad \text{und} \quad \boldsymbol{e}' = \frac{1}{\sqrt{2}}(\cos\vartheta, i, -\sin\vartheta)\,.$$

Berechnen wir die Intensität mit Hilfe von (61,7), so finden wir die Inversionskoeffizienten P für die drei Streuarten

$$P^0 = \operatorname{tg}^4\frac{\vartheta}{2}\,, \qquad P^s = \frac{13 + \cos^2\vartheta + 10\cos\vartheta}{13 + \cos^2\vartheta - 10\cos\vartheta}\,,$$

$$P^a = \frac{1 - \cos^4\dfrac{\vartheta}{2}}{1 - \sin^4\dfrac{\vartheta}{2}}$$

(ϑ ist der Streuwinkel).

4. Man berechne den Streuquerschnitt für die elastische Streuung von γ-Strahlen an einem Deuteron (H. A. Bethe, R. Peierls, 1935)!

Lösung. Die Wellenfunktionen für den Grundzustand des Deuterons und für die Zustände des kontinuierlichen Spektrums (dissoziiertes Deuteron) sind

$$\psi_0 = \sqrt{\frac{\varkappa}{2\pi}}\, e^{-\varkappa r}\,, \quad \psi_{\boldsymbol{p}} = e^{i\boldsymbol{p}\boldsymbol{r}}\,, \quad \varkappa = \sqrt{M I}$$

(s. (58,2) und (58,3)). Das Dipolmoment ist $\boldsymbol{d} = e\,\boldsymbol{r}/2$ (nur das Proton mit dem Ortsvektor $\boldsymbol{r}/2$ hat eine Ladung). Das Matrixelement ist

$$\boldsymbol{d}_{\boldsymbol{p}0} = \int \psi_{\boldsymbol{p}}^*\, \boldsymbol{d}\psi_0\, d^3x = e\sqrt{\frac{\varkappa}{2\pi}}\,\frac{\partial}{i\,\partial\boldsymbol{p}}\int\frac{d^3x}{r}\,e^{-\varkappa r + i\boldsymbol{p}\boldsymbol{r}} = 8\pi i e\sqrt{\frac{\varkappa}{2\pi}}\,\frac{\boldsymbol{p}}{(\varkappa^2 + \boldsymbol{p}^2)^2}$$

(die Berechnung des Integrals erfolgt mit Hilfe von (57,6a)).

Der Tensor für die Polarisierbarkeit ist

$$\alpha_{ik} = \int \frac{2\,\omega_{p0}}{\omega_{p0}^2 - \omega^2} (d_i)_{p0} (d_k)_{0p} \frac{d^3p}{(2\,\pi)^3} - \frac{e^2}{2\,M\,\omega^2} \delta_{ik}$$

$$= \left\{ \frac{2}{3} \int \frac{\omega_{p0}}{\omega_{p0}^2 - \omega^2} |\boldsymbol{d}_{0p}|^2 \frac{d^3p}{(2\,\pi)^3} - \frac{e^2}{2\,M\,\omega^2} \right\} \delta_{ik} .$$

Das erste Glied hängt mit der virtuellen Anregung innerer Freiheitsgrade des Deuterons zusammen; es ist in der Gestalt (61,11) aufgeschrieben worden, wobei die Frequenzen $\omega_{p0} = (\boldsymbol{p}^2 + \varkappa^2)/M$ sind. Das zweite Glied stammt von der Wirkung des Wellenfeldes auf die Translation des ganzen Deuterons ab. Da diese Bewegung quasiklassisch ist, wird der zugehörige Teil des Streutensors durch Formel (60,14) gegeben (mit der Deuteronenmasse $2\,M$ als m).

Die Berechnung von α_{ik} führt zur Integration

$$J = \int\limits_{-\infty}^{\infty} \frac{z^4\,dz}{(z^2+1)^3\,[(z^2+1)^2 - \gamma^2]}\,, \qquad z = \frac{p}{\varkappa}\,, \qquad \gamma = \frac{M\,\omega}{\varkappa^2} = \frac{\omega}{I}\,.$$

Wir haben

$$J = \frac{1}{8} \frac{d}{d\lambda} \left(\frac{1}{\lambda} \frac{dJ_0}{d\lambda} \right) \bigg|_{\lambda=1}\,,$$

$$J_0 = \int\limits_{-\infty}^{\infty} \frac{z^4\,dz}{(z^2+\lambda^2)\,[(z^2+1)^2 - \gamma^2]}\,.$$

Für $\gamma < 1$ hat der Integrand Pole in den Punkten $i\,\lambda$, $i\sqrt{1+\gamma}$ und $i\sqrt{1-\gamma}$ in der oberen Halbebene der komplexen Veränderlichen z. Das Integral J_0 wird aus den Residuen zu diesen Polen berechnet. Als Ergebnis erhalten wir

$$J = \pi \left\{ \frac{(1+\gamma)^{3/2}}{2\,\gamma^4} + \frac{(1-\gamma)^{3/2}}{2\,\gamma^4} - \left(\frac{3}{8\,\gamma^2} + \frac{1}{\gamma^4} \right) \right\}.$$

Der totale Streuquerschnitt wird nach (61,8) durch α_{ik} ausgedrückt und ist (in gewöhnlichen Einheiten)

$$\sigma = \frac{8\,\pi}{3} \left(\frac{e^2}{M\,c^2} \right)^2 \left| -1 - \frac{4}{3\,\gamma^2} + \frac{2}{3\,\gamma^2} [(1+\gamma)^{3/2} + (1-\gamma)^{3/2}\,] \right|^2 \quad \text{für } \gamma = \frac{\hbar\,\omega}{I} < 1\,.$$

Die Streuamplitude für $\gamma > 1$ (oberhalb der Schwelle für die Dissoziation des Deuterons) ergibt sich aus der Amplitude für $\gamma < 1$ durch analytische Fortsetzung. Dabei erhält man einen Imaginärteil, der positiv sein muß:

$$\sigma = \frac{8\,\pi}{3} \left(\frac{e^2}{M\,c^2} \right)^2 \left| -1 - \frac{4}{3\,\gamma^2} + \frac{2}{3\,\gamma^2} (\gamma+1)^{3/2} + i\,\frac{2}{3\,\gamma^2} (\gamma-1)^{3/2} \right|^2 \quad \text{für} \quad \gamma > 1\,.$$

Für $\gamma \gg 1$ resultiert $\sigma = \frac{8\,\pi}{3} \left(\frac{e^2}{M\,c^2} \right)^2$, das, wie es sein muß, der (nichtrelativistischen) Streuung an einem freien Proton entspricht.

Die Winkelverteilung der Strahlung ist

$$d\sigma = \sigma\,\frac{3}{4}\,(1 + \cos^2\theta)\,\frac{do}{4\,\pi}\,;$$

θ ist darin der Streuwinkel. Definieren wir die Streuamplitude entsprechend $d\sigma = |f|^2\, do$, dann bekommen wir

$$\operatorname{Im} f(0) = \frac{2\, e^2}{3\, M\, c^2} \frac{(\gamma - 1)^{3/2}}{\gamma^2} \quad \text{für} \quad \gamma > 1\,.$$

Nach dem optischen Theorem muß diese Größe gleich $\omega\, \sigma_t/4\,\pi$ sein, wenn σ_t der totale Wirkungsquerschnitt der inelastischen (Photodissoziation) und der elastischen Streuung ist. In unserem Fall ist aber der Querschnitt für die elastische Streuung von höherer Ordnung ($\sim e^4$) als der Querschnitt für die Dissoziation ($\sim e^2$; s. (58,4)), so daß $\operatorname{Im} f(0) \approx \omega\, \sigma_{\text{diss}}/4\,\pi$ ist. Aus dem gleichen Grunde war die Streuamplitude für $\gamma < 1$ (d. d. unterhalb der Schwelle für die Dissoziation) in der betrachteten Näherung reell.

§ 62. Streuung an Molekülen

Die Eigenart der Streuung an Molekülen beruht auf denselben Moleküleigenschaften wir die Theorie der Molekülspektren, nämlich auf der Möglichkeit, den Elektronenzustand bei festgehaltenen Kernen und die Kernbewegung im gegebenen effektiven Feld der Elektronen jeweils für sich zu behandeln.

Die Frequenz des einfallendes Lichtes ω sei kleiner als die Energie ω_e der ersten Elektronenanregung. Die Elektronenterme können dann bei der Streuung nicht angeregt werden. Es können RAYLEIGH-Streuung oder RAMAN-Streuung infolge der Anregung von Schwingungen oder Rotationen vorkommen.

Ferner nehmen wir an, der tiefste Elektronenterm des Moleküls sei nicht entartet (und habe keine Feinstruktur). Mit anderen Worten, es wird vorausgesetzt, daß der resultierende Spin der Elektronen und die Projektion des resultierenden Bahndrehimpulses der Elektronen auf die Molekülachse (für Moleküle der Gestalt eines symmetrischen Kreisels) Null sind. Für zweiatomige Moleküle muß der tiefste Elektronenterm nach diesen Voraussetzungen ein $^1\Sigma$-Term sein. Bekanntlich sind diese Bedingungen für die Grundzustände der meisten Moleküle erfüllt.[1])

Schließlich werden wir voraussetzen, daß die Frequenz ω groß gegenüber den Abständen in der (Rotations- und Schwingungs-) Kernstruktur des Grundzustandsterms ist, und die Differenz $\omega_e - \omega$ soll groß gegenüber der Kernstruktur eines angeregten Elektronenterms sein. Mit anderen Worten, die Frequenz des einfallenden Lichtes soll von Resonanzen weit genug entfernt sein. Gerade diese Bedingungen ermöglichen, bei der Berechnung des Streutensors zunächst von der Kernbewegung abzusehen und das Problem für eine gegebene Kernkonfiguration zu behandeln.

---

[1]) Die unten angegebenen Resultate können aber auch in den Fällen (mit einer bestimmten Genauigkeit) gelten, in denen die Entartung des Elektronengrundterms mit einem von Null verschiedenen Spin zusammenhängt und in denen die Spin–Bahn-Wechselwirkung klein ist (so daß die Feinstruktur vernachlässigt werden kann). In dieser Näherung kombinieren Zustände mit verschiedenen Spinrichtungen nicht miteinander, und sie verhalten sich in diesem Sinne wie nicht entartet. Ein Beispiel dafür ist das O_2-Molekül mit dem Grundterm $^3\Sigma$.

Bei einem solchen Problem ist der Streutensor gleich dem Tensor für die Polarisierbarkeit $\alpha_{ik} \equiv (c_{ik})_{11}$, und er wird im Prinzip nach der allgemeinen Formel (60,17) berechnet, in der über alle angeregten Elektronenterme zu summieren ist. Die derart erhaltenen Größen α_{ik} werden Funktionen der Kernorte q sein (Energien und Wellenfunktionen der Elektronenterme enthalten die Kernorte als Parameter). Da der Zustand nicht entartet ist, wird der Tensor $\alpha_{ik}(q)$ reell sein und daher auch symmetrisch.

Der Tensor $\alpha_{ik}(q)$ gibt die Polarisierbarkeit der Elektronenhülle zu einer gegebenen Kernkonfiguration an. Zur Lösung des realen Streuproblems haben wir noch die Kernbewegung im Anfangs- und Endzustand zu berücksichtigen. $\psi_{s_1}(q)$ und $\psi_{s_2}(q)$ seien die Wellenfunktionen der Kerne zu diesen Zuständen (s_1 und s_2 sind die Sätze von Schwingungs- und Rotationsquantenzahlen). Der gesuchte Streutensor ist das Matrixelement des Tensors $\alpha_{ik}(q)$, berechnet mit diesen Funktionen:

$$\langle s_2 |\alpha_{ik}| s_1\rangle = \int \psi^*_{s_2}(q)\, \alpha_{ik}(q)\, \psi_{s_1}(q)\, dq\,. \qquad (62,1)$$

Da der Tensor $\alpha_{ik}(q)$ symmetrisch ist, wird auch der Tensor (62,1) symmetrisch sein (sowohl für gleiche als auch für verschiedene s_1 und s_2). Auf diese Weise gelangen wir zu dem Schluß, daß es unter den angenommenen Bedingungen weder bei der RAYLEIGH-Streuung noch bei der RAMAN-Streuung einen antisymmetrischen Anteil gibt. Die Streuung wird nur einen skalaren und einen symmetrischen Anteil enthalten.

Der skalare Anteil an der Polarisierbarkeit $\alpha^0(q)$ hängt nicht von der Orientierung des Moleküls, sondern nur von der inneren Atomanordnung im Molekül ab. Wir bezeichnen den Satz der Schwingungsquantenzahlen des Moleküls mit v, den Satz der Rotationsquantenzahlen mit r, die magnetische Quantenzahl m vermerken wir besonders. Dann sind die Matrixelemente

$$\langle v_2\, r_2\, m_2 |\alpha^0| v_1\, r_1\, m_1\rangle = \langle v_2 |\alpha^0| v_1\rangle\, \delta_{r_1 r_2}\, \delta_{m_1 m_2}\,. \qquad (62,2)$$

Die Diagonalität in den Zahlen r und m ist eine allgemeine Eigenschaft aller Skalare. Das Besondere an (62,2) ist, daß diese Elemente im vorliegenden Fall von diesen Zahlen überhaupt nicht abhängen. Skalare Streuung gibt es also nur für reine Schwingungsübergänge, und sie ist vom Rotationszustand unabhängig.

Die symmetrische Streuung wird durch die Matrixelemente des Tensors α^s_{ik} bestimmt. Zwischen den Komponenten im festen Koordinatsystem xyz und den Komponenten $\overline{\alpha}^s_{i'k'}$ im mit dem Molekühl bewegtem System besteht die Beziehung

$$\alpha^s_{ik} = \sum_{i'k'} \overline{\alpha}^s_{i'k'}\, D_{i'i}\, D_{k'k}\,. \qquad (62,3)$$

$D_{i'i}$ sind die Richtungskosinus der neuen Achsen, bezogen auf die alten. Die Größen $\overline{\alpha}^s_{i'k'}$ sind von der Orientierung des Moleküls unabhängig, und $D_{i'i}$ hängt nicht von den inneren Koordinaten ab; deshalb ist

$$\langle v_2\, r_2\, m_2 |\alpha^s_{ik}| v_1\, r_1\, m_1\rangle = \sum_{i'k'} \langle v_2 |\overline{\alpha}^s_{i'k'}| v_1\rangle\, \langle r_2\, m_2 |D_{i'i}| r_1\, m_1\rangle\, \langle r_2\, m_2 |D_{k'k}| r_1\, m_1\rangle\,.$$

Die Summe der Betragsquadrate dieser Größen, summiert über r_2 und m_2, ist, wie man sich leicht überzeugen kann,[1])

$$\sum_{m_2 r_2} \sum_{ik} |\langle v_2\, r_2\, m_2\, |\alpha^s_{ik}|\, v_1\, r_1\, m_1\rangle|^2 = \sum_{i'k'} |\langle v_2\, |\overline{\alpha}^s_{i'k'}|\, v_1\rangle|^2 . \tag{62,4}$$

Demzufolge hängt die Gesamtintensität der Streuung mit Übergängen von einem gegebenen Rotations-Schwingungsniveau $v_1\, r_1$ in alle Rotationsniveaus des Schwingungszustandes v_2 nicht von r_1 ab.

Für Moleküle von der Gestalt eines symmetrischen Kreisels kann man noch weiter gehen und die Abhängigkeit der Streuintensität von den Rotationsquantenzahlen für jeden Übergang $v_1\, r_1 \to v_2\, r_2$ feststellen. In den Zahlen r sind in diesem Fall der Drehimpuls J und dessen Projektion k auf die Molekülachse enthalten. Wir führen statt der kartesischen Komponenten α^s_{ik} den entsprechenden sphärischen Tensor zweiter Stufe mit den Komponenten α_λ ein ($\lambda = 0, \pm 1, \pm 2$). Nach (b, 6) sind die Betragsquadrate der zugehörigen Matrixelemente

$$|\langle v_2\, J_2\, k_2\, m_2\, |\alpha_\lambda|\, v_1\, J_1\, k_1\, m_1\rangle|^2$$
$$= (2\,J_1 + 1)\,(2\,J_2 + 1) \begin{pmatrix} J_2 & 2 & J_1 \\ -k_2 & \lambda' & k_1 \end{pmatrix}^2 \begin{pmatrix} J_2 & 2 & J_1 \\ -m_2 & \lambda & m_1 \end{pmatrix}^2 |\langle v_2\, |\overline{\alpha}_{\lambda'}|\, v_1\rangle|^2 ,$$

$\alpha_{\lambda'}(q)$ ist der sphärische Polarisationstensor, bezogen auf die mit dem Molekül mitbewegten Achsen, $\lambda' = k_2 - k_1$. Wir summieren über m_2 und $\lambda = m_2 - m_1$ (bei festem m) und erhalten (vgl. (b, 7))

$$\sum_{m_2 \lambda} |\langle v_2\, J_2\, k_2\, m_2\, |\alpha_\lambda|\, v_1\, J_1\, k_1\, m_1\rangle|^2$$
$$= (2\,J_2 + 1) \begin{pmatrix} J_2 & 2 & J_1 \\ -k_2 & \lambda' & k_1 \end{pmatrix}^2 |\langle v_2\, |\overline{\alpha}_{\lambda'}|\, v_1\rangle|^2 . \tag{62,5}$$

Diese Größe bestimmt die Streuintensität zu dem Rotations-Schwingungsübergang $v_1\, J_1\, k_1 \to v_2\, J_2\, k_2$. Da die Matrixelemente $\langle v_2\, |\overline{\alpha}_{\lambda'}|\, v_1\rangle$ von der Molekülrotation überhaupt nicht abhängen, wird damit auch die Abhängigkeit der Intensität von den Zahlen J_1, J_2 und von k_1, k_2 angegeben. Auf der rechten Seite von (62,5) ist nur eine sphärische Komponente des Polarisierbarkeitstensors enthalten.

Durch Summation der Gleichung (62,5) über J_2 und k_2 erhalten wir[2])

$$\sum_{\lambda} \sum_{J_2 k_2 m_2} |\langle v_2\, J_2\, k_2\, m_2\, |\alpha_\lambda|\, v_1\, J_1\, k_1\, m_1\rangle|^2 = \sum_{\lambda'} |\langle v_2\, |\overline{\alpha}_{\lambda'}|\, v_1\rangle|^2 ,$$

d. h., wir gelangen erneut zur Summenregel (62,4).

[1]) Zur Umformung der Summe wird folgende Gleichung benutzt:

$$\sum_{i} \sum_{r_2 m_2} \langle r_1\, m_1\, |D_{ii'}|\, r_2\, m_2\rangle \langle r_2\, m_2\, |D_{ik'}\, |\, r_1\, m_1\rangle$$
$$= \langle r_1\, m_1\, |\sum_i D_{ii'}\, D_{ik'}|\, r_1\, m_1\rangle = \langle r_1\, m_1\, |\delta_{i'k'}|\, r_1\, m_1\rangle = \delta_{i'k'} .$$

[2]) Bei der Summation über J_2 für gegebene k_1 und λ' (und daher auch gegebenes $k_2 = k_1 + \lambda'$) haben wir

$$\sum_{J_2} (2\,J_2 + 1) \begin{pmatrix} J_2 & 2 & J_1 \\ -k_2 & \lambda' & k_1 \end{pmatrix}^2 = 1$$

(infolge von III, (106,13)). Anschließend wird dann über k_2 (oder, was dasselbe ist, über $\lambda' = k_2 - k_1$) bei festem k_1 summiert.

Ein Spezialfall des symmetrischen Kreisels ist der Rotator — ein lineares Molekül (insbesondere ein zweiatomiges). Die Projektion des Drehimpulses auf die Achse eines solchen Moleküls ist Null (in einem nicht entarteten Elektronenzustand mit dem Elektronenbahndrehimpuls Null).[1] Deshalb hat man in diesem Fall in (62,5) $k_1 = k_2 = 0$ zu setzen.

Schließlich befassen wir uns noch mit dem Problem der Auswahlregeln für die Raman-Streuung mit Schwingungsübergängen und dem analogen Problem für die Schwingungsspektren in Emission (oder Absorption).[2]

Im Fall Streuung sind diejenigen Bedingungen zu finden, unter denen die Matrixelemente des Tensors $\alpha_{ik}(q)$ mit den Schwingungswellenfunktionen $\psi_v(q)$ von Null verschieden sind; dabei hat man den Skalar α^0 (für die skalare Streuung) und den irreduziblen symmetrischen Tensor α^s_{ik} (für die symmetrische Streuung) einzeln zu behandeln. Für die Emission (oder Absorption) spielen die Matrixelemente des Vektors $\boldsymbol{d}(q)$ die entsprechende Rolle; $\boldsymbol{d}(q)$ ist das bei festen Kernorten über den Elektronenzustand gemittelte Dipolmoment des Moleküls (für zweiatomige Moleküle ist das bereits in § 54 gesagt worden).

Die Schwingungen eines mehrartomigen Moleküls werden nach Symmetrietypen klassifiziert — nach den irreduziblen Darstellungen D_a der zugehörigen Punktgruppe, wenn a die Nummer der Darstellung ist (s. III, § 100). Nach diesen Darstellungen richtet sich auch die Symmetrie der Wellenfunktionen zu den Schwingungszuständen eines Moleküls (s. III, § 101). Die Symmetrie der Wellenfunktionen des ersten Schwingungszustandes (Quantenzahl $v_a = 1$) stimmt mit der Symmetrie D_a des Schwingungstyps überein. Die Symmetrie der höheren Zustände ($v_a > 1$) wird durch die Darstellung $[D_a^{v_a}]$ bestimmt; $[D_a^{v_a}]$ ist das v_a-fache symmetrische Produkt der Darstellung D_a mit sich selbst. Schließlich wird die Symmetrie von Zuständen mit gleichzeitig angeregten, verschiedenen Schwingungen a und b durch das direkte Produkt $[D_a^{v_a}] \times [D_b^{v_b}]$ gegeben.[3] Wie die Auswahlregeln für die verschiedenen Größen (Skalar, Vektor, Tensor) aus den Symmetrietypen zu finden sind, ist in III, § 97 dargestellt worden.

Die auf den Symmetrieeigenschaften eines Moleküls basierenden Auswahlregeln gelten streng. Daneben gibt es auch noch genäherte Regeln, die mit der Voraussetzung harmonischer Schwingungen und mit der Entwicklung der Funktionen $\alpha_{ik}(q)$ oder $\boldsymbol{d}(q)$ nach Potenzen der Schwingungskoordinaten q zusammenhängen. Sie ergeben sich als Folge der bekannten Auswahlregel für

[1]) Wir betrachten hier keine Effekte, die mit der Wechselwirkung von Molekülschwingungen und -rotation zusammenhängen (s. III, § 104).

[2]) Diese Spektren liegen im Infraroten und werden normalerweise in Absorption beobachtet.

[3]) Die Symmetrieeigenschaften der Schwingungswellenfunktionen hängen selbstverständlich nicht von der konkreten Gestalt des Schwingungspotentials ab; sie hängen insbesondere nicht von der in III, § 101 angenommenen Voraussetzung harmonischer Schwingungen ab.

einen harmonischen Oszillator; danach sind die Matrixelemente der Koordinate q nur dann von Null verschieden, wenn sich bei einem Übergang die Schwingungsquantenzahl um $\Delta v = \pm 1$ ändert.[1])

§ 63. Natürliche Breite von Spektrallinien

Bisher haben wir beim Studium von Emission und Streuung von Licht alle Niveaus des Systems (sagen wir, des Atoms) als streng diskrete Niveaus angesehen. Angeregte Niveaus haben aber eine Wahrscheinlichkeit zu strahlen und haben eine endliche Lebensdauer. Nach den allgemeinen Prinzipien der Quantenmechanik werden deshalb die Niveaus quasidiskret sein und eine (kleine) endliche Breite haben (s. III, § 132); sie werden in der Form $E - \frac{1}{2} i \Gamma$ geschrieben, wenn $\Gamma (= \Gamma/\hbar)$ die Gesamtwahrscheinlichkeit (pro Sekunde) für alle möglichen „Zerfalls"-Prozesse des betreffenden Zustandes ist.

Wir wollen verfolgen, wie sich dieser Sachverhalt auf den Emissionsprozeß auswirkt (V. Weisskopf, E. Wigner, 1930). Es ist von vornherein klar, daß das emittierte Licht wegen der endlichen Breite des Niveaus nicht streng monochromatisch ist; die Frequenzen werden in einem Intervall $\Delta\omega \sim \Gamma (= \Gamma/\hbar)$ liegen. Um aber die Verteilung der Photonen über die Frequenzen mit einer derartigen Genauigkeit messen zu können, wird eine Zeit $T \gg 1/\omega \sim \hbar/\Gamma$ benötigt. Deshalb muß man die Gesamtwahrscheinlichkeit für die Emission eines Photons der betreffenden Frequenz suchen und nicht die Wahrscheinlichkeit pro Zeiteinheit. Wir berechnen diese Wahrscheinlichkeit zuerst für den Übergang eines Atoms aus einem angeregten Niveau

$$E_1 - \frac{i}{2} \Gamma_1$$

in den Grundzustand E_2, dessen Lebensdauer unendlich ist und der daher diskret ist.

Ψ sei die Wellenfunktion des Atoms und des Photonenfeldes, $\mathrm{H} = \mathrm{H}^{(0)} + \mathrm{V}$ sei der Hamilton-Operator des Systems, wobei V der Operator für die Wechselwirkung zwischen Atom und Photonenfeld ist. Wir setzen die Lösung der Schrödinger-Gleichung

$$i \frac{\partial \Psi}{\partial t} = (\mathrm{H}^{(0)} + \mathrm{V}) \Psi \tag{63,1}$$

als Entwicklung nach den Wellenfunktionen der ungestörten Zustände des Systems an:

$$\Psi = \sum_\nu a_\nu(t) \Psi_\nu^{(0)} = \sum_\nu a_\nu(t) e^{-i \mathscr{E}_\nu t} \psi_\nu^{(0)}. \tag{63,2}$$

---

[1]) Eine ausführliche Darstellung der Theorie der in diesem Paragraphen aufgegriffenen Probleme findet man in den folgenden Büchern: G. Placzek: Rayleigh-Streuung und Raman-Effekt, Charkow 1935 (russ.); G. Herzberg: Molecular Spectra I und II, New York/London 1950; M. A. Eljaschewitsch: Atom- und Molekülspektroskopie, Moskau 1962 (russ.).

Für die Koeffizienten $a_\nu(t)$ erhalten wir das Gleichungssystem

$$i\frac{\partial a_\nu}{\partial t} = \sum_{\nu'} \langle \nu |V| \nu' \rangle a_{\nu'} \exp\{i(\mathcal{E}_\nu - \mathcal{E}_{\nu'})t\} . \qquad (63,3)$$

$|\nu\rangle$ sei der Zustand mit der Energie $\mathcal{E}_\nu = E_2 + \omega$; das Atom ist dabei im Grundzustand E_2, und es ist ein Photon mit der bestimmten Frequenz ω vorhanden; wir bezeichnen diesen Zustand mit dem Symbol $|\omega\, 2\rangle$. Zur Anfangszeit befindet sich das System im Zustand $|1\rangle$, in dem das Atom auf das Niveau E_1 angeregt ist und in dem keine Photonen vorhanden sind. Für $t = 0$ muß mit anderen Worten gelten

$$a_1 = 1 , \qquad a_{\nu'} = 0 \qquad \text{für} \qquad |\nu'\rangle \neq |1\rangle . \qquad (63,4)$$

Die mit dieser Anfangsbedingung gefundene Lösung der Gleichung (63,3) liefert (bei geeigneter Normierung der Wellenfunktionen) die Übergangswahrscheinlichkeit für den Übergang $1 \to 2$ des Atoms unter Emission eines Photons im Frequenzintervall $d\omega$ zur Zeit t:

$$|a_{\omega\, 2}(t)|^2\, d\omega .$$

Uns wird die endgültige Wahrscheinlichkeit für $t \to \infty$ interessieren:

$$dw = |a_{\omega\, 2}(\infty)|^2\, d\omega . \qquad (63,5)$$

Zur besseren Erklärung der Problemstellung erinnern wir an folgendes: Bei der Berechnung der üblichen Emissionswahrscheinlichkeit (pro Sekunde) zum Übergang $1 \to 2$ (ohne Berücksichtigung der Breite des Niveaus) hat man die Gleichung (63,3) zu lösen, indem man in erster Näherung auf der rechten Seite alle $a_{\nu'}(t)$ durch die Werte (63,4) ersetzt. Die erhaltene Lösung wird dann für große t betrachtet (vgl. III, § 42). Wir können jetzt den Sinn dieses Vorgehens genauer fassen: Große Zeiten bedeuten dabei Zeiten groß gegenüber der Periode $1/(E_1 - E_2)$, aber dennoch klein gegenüber $1/\Gamma_1$.

In unserem Fall, bei der Betrachtung von Zeiten vergleichbar mit $1/\Gamma_1$, nimmt die Funktion $a_0(t)$ zeitlich nach der Formel

$$a_1(t) = e^{-\frac{\Gamma_1}{2}t} \qquad (63,6)$$

ab. Die Funktionen $a_{\nu'}(t)$ für Zustände $|\nu'\rangle$, die bei der Strahlung des Atoms entstehen können, nehmen zeitlich zu. Ist Strahlungsemission aus dem gegebenen Niveau E_1 in verschiedene Atomniveaus (neben E_2) möglich, dann gibt es mehrere wachsende Funktionen $a_{\nu'}(t)$. Jede solche Funktion entspricht einem Zustand, in dem das Atom ein bestimmtes Niveau einnimmt und in dem es ein Photon entsprechender Energie gibt. Trotzdem bleibt auf der rechten Seite der Gleichung (63,3) nach wie vor nur insgesamt ein Glied stehen — für $|\nu'\rangle = |1\rangle$. Da die Matrixelemente nur für solche Übergänge von Null verschieden sind, bei denen sich die Zahl der Photonen einer bestimmten Energie um 1 ändert, sind sie offensichtlich für Übergänge zwischen Zuständen mit je einem Photon verschiedener Energien gleich Null.

Auf diese Weise bekommen wir für $a_{\omega 2}(t)$ die Gleichung

$$i \frac{da_{\omega 2}}{dt} = \langle \omega\, 2\, | V |\, 1 \rangle\, e^{i(E_2 + \omega - E_1)t}\, a_1$$

$$= \langle \omega\, 2\, | V |\, 1 \rangle \exp\left\{ i\,(\omega - \omega_{12})\, t - \frac{\Gamma_1}{2}\, t \right\} \tag{63,7}$$

(mit $\omega_{12} = E_1 - E_2$). Wir integrieren mit der Anfangsbedingung $a_{\omega 2}(0) = 0$ und finden

$$a_{\omega 2} = \langle \omega\, 2\, | V |\, 1 \rangle \frac{1 - \exp\left\{ i\,(\omega - \omega_{12})\, t - \frac{\Gamma_1}{2}\, t \right\}}{\omega - \omega_{12} + \frac{i}{2}\, \Gamma_1}\,. \tag{63,8}$$

Hieraus resultiert die Wahrscheinlichkeit dw (63,5):

$$dw = |\langle \omega\, 2\, | V |\, 1 \rangle|^2 \frac{d\omega}{(\omega - \omega_{12})^2 + \frac{1}{4}\, \Gamma_1^2}\,.$$

Da die Breite $\Gamma_1 \ll \omega_{12}$ ist, kann man im Faktor $|\langle \omega\, 2\, | V |\, 1 \rangle|^2$ $\omega = \omega_{12}$ setzen. Dann ist die Größe $2\pi\, |\langle \omega\, 2\, | V |\, 1 \rangle|^2$ die übliche Emissionswahrscheinlichkeit (pro Sekunde) für ein Photon mit der Frequenz ω_{12} und auch mit anderen (außer der Frequenz) bestimmten Eigenschaften (Bewegungsrichtung, Polarisation), von denen wir bisher wegen der kürzeren Schreibweise abgesehen haben. Die Abhängigkeit der Wahrscheinlichkeit von diesen anderen Größen ist vollständig im Faktor $|\langle \omega\, 2\, | V |\, 1 \rangle|^2$ enthalten. Mit anderen Worten, die Breite eines Niveaus ändert die Polarisationeigenschaften und die Winkelverteilung der Strahlung nicht.

Die Summe

$$\Gamma_{1 \to 2} = 2\pi \sum |\langle \omega\, 2\, | V |\, 1 \rangle|^2 \tag{63,9}$$

über die Polarisation und die Bewegungsrichtungen des Photons ist die totale übliche Emissionswahrscheinlichkeit. Das ist zu gleicher Zeit auch derjenige Teil der Breite des Niveaus E_1 (partielle Linienbreite), der mit dem Übergang $1 \to 2$ zusammenhängt; davon zu unterscheiden ist die vollständige Breite Γ_1, in die Beiträge von allen möglichen ,,Zufalls"-Arten des betreffenden quasistationären Niveaus eingehen.[1])

Nach der entsprechenden Summation der Wahrscheinlichkeit dw erhalten wir folgende Endformel für die Frequenzverteilung des emittierten Lichtes:

$$dw = w_g \frac{\Gamma_1}{2\pi} \frac{d\omega}{(\omega_{12} - \omega)^2 + \frac{\Gamma_1^2}{4}}\,, \tag{63,10}$$

[1]) Übergänge in Zustände des kontinuierlichen Spektrums, die eine endliche Niveaubreite hervorrufen, müssen nicht unbedingt von Photonenemission begleitet sein. Stark angeregte (Röntgen-) Niveaus können unter Emission eines Elektrons und unter Bildung eines positiven Ions im Grundzustand abgebaut werden (Auger-Effekt).

wobei $w_g = \Gamma_{1\to 2}/\Gamma_1$ die gesamte relative Wahrscheinlichkeit des Übergangs $1 \to 2$ ist. Das ist eine Verteilung mit LORENTZ-Form. Die durch (63,10) gegebene Form einer Spektrallinie trifft für ein isoliertes festgehaltenes Atom zu; sie wird als *natürliche*[1]) *Linienform* bezeichnet.

Das Atomniveau E_2 sei jetzt ebenfalls ein angeregtes Niveau mit der endlichen Breite Γ_2. Wir beachten diese endliche Breite und nehmen an, in Gleichung (63,1) seien im „ungestörten" HAMILTON-Operator $\mathrm{H}^{(0)}$ alle Terme enthalten (d. h. alle Matrixelemente), die zu einem Zerfall des Zustandes 1 Anlaß geben. Dann ist auf der rechten Seite von Gleichung (63,7) die Energie E_2 durch $E_2 - \frac{1}{2} i\,\Gamma_2$ zu ersetzen. Im Matrixelement $\langle \omega\, 2\,|V|\,1\rangle$ wirkt sich die (infolge des kleinen Γ_2) kleine Änderung von $\mathrm{H}^{(0)}$ in der erforderlichen Näherung nicht aus. Auf diese Weise erhalten wir statt (63,8)

$$a_{\omega 2}(t) = \langle \omega\, 2\,|V|\,1\rangle \frac{1 - \exp\left\{i\,(\omega - \omega_{12})\,t - \frac{1}{2}(\Gamma_1 - \Gamma_2)\,t\right\}}{\omega - \omega_{12} + \frac{i}{2}(\Gamma_1 - \Gamma_2)}\,. \tag{63,11}$$

Der Zustand 2 mit einer endlichen Lebensdauer wird selbst unter Emission eines Photons mit einer gewissen Frequenz ω' in einen anderen Zustand übergehen, und das Atom wird letzten Endes in den Grundzustand E_0 gelangen (dementsprechend wird die Wahrscheinlichkeit $|a_{\omega 2}(t) \exp\{-\Gamma_2\, t/2)\}|^2$, das Atom im Zustand 2 vorzufinden, für $t \to \infty$ gegen Null gehen).[2]) In diesem Endzustand ist das Atom demnach im Grundzustand E_0, und es gibt je ein Photon mit den Frequenzen ω und ω'. Die Amplitude für diesen Zustand, $a_{\omega\omega' 0}(t)$, genügt einer Gleichung, die bis auf die Bezeichnung (63,7) entspricht:

$$i\,\frac{da_{\omega\omega' 0}}{dt} = a_{\omega 2}\,\langle \omega\,\omega'\,0\,|V|\,\omega\,2\rangle \exp\left\{i\,(E_0 + \omega + \omega')\,t - i\,(E_2 + \omega)\,t - \frac{\Gamma_2}{2}\,t\right\}$$

$$= a_{\omega 2}\langle \omega\,\omega'\,0\,|V|\,\omega\,2\rangle \exp\left\{i\,(\omega' - \omega_{20})\,t - \frac{\Gamma_2}{2}\,t\right\}.$$

Auf der rechten Seite dieser Gleichung setzen wir $a_{\omega 2}(t)$ aus (63,11) ein, integrieren (mit der Anfangsbedingung $a_{\omega 2}(0) = 0$), lassen anschließend $t \to \infty$ gehen und erhalten

$$a_{\omega\omega' 0}(\infty) = \frac{\langle \omega\,2\,|V|\,1\rangle\,\langle \omega\,\omega'\,0\,|V|\,\omega 2\rangle}{\omega - \omega_{12} + \frac{i}{2}(\Gamma_1 - \Gamma_2)} \left\{\frac{1}{\omega' - \omega_{20} + \frac{i}{2}\Gamma_2} - \frac{1}{\omega + \omega' - \omega_{10} + \frac{i}{2}\Gamma_1}\right\}$$

$$= \frac{\langle \omega\,\omega'\,0\,|V|\,\omega\,2\rangle\,\langle \omega\,2\,|V|\,1\rangle}{\left(\omega' - \omega_{20} + \frac{i}{2}\Gamma_2\right)\left(\omega + \omega' - \omega_{10} + \frac{i}{2}\Gamma_1\right)}\,.$$

---

[1]) Im Unterschied zur Verbreiterung infolge der Wechselwirkung des Atoms mit anderen Atomen (Stoßverbreiterung) oder infolge verschieden schnell bewegter Atome in der Quelle (DOPPLER-Verbreiterung).

[2]) Der Einfachheit halber werden wir voraussetzen, daß der Übergang $2 \to 0$ direkt, ohne Zwischenstufen erfolgt. Diese Voraussetzung ist nicht von prinzipieller Natur und wirkt sich im Endergebnis (63,13) nicht aus.

Die Emissionswahrscheinlichkeit für die Photonen ω und ω' ist

$$dw = |a_{\omega\,\omega'\,0}(\infty)|^2\, d\omega\, d\omega'$$
$$= \frac{\Gamma_{1\to 2}}{2\pi}\,\frac{\Gamma_{2\to 0}}{2\pi}\,\frac{d\omega\, d\omega'}{\left[(\omega' - \omega_{20})^2 + \frac{1}{4}\Gamma_2^2\right]\left[(\omega + \omega' - \omega_{10})^2 + \frac{1}{4}\Gamma_1^2\right]}. \qquad (63{,}12)$$

Wie es sein muß, hat dieser Ausdruck scharfe Maxima bei $\omega' \approx \omega_{20}$ und $\omega \approx \omega_{12}$.

Die gesuchte Form der Spektrallinie zum Übergang $1 \to 2$ ergibt sich durch Integration von (63,12) über ω' (das irgendwo zwischen $-\infty$ und $+\infty$ liegen kann). Das Integral wird am einfachsten mit dem Residuensatz berechnet; als Ergebnis bekommen wir[1])

$$dw = w_g\,\frac{\Gamma_1 + \Gamma_2}{2\pi}\,\frac{d\omega}{(\omega - \omega_{12})^2 + \frac{1}{4}(\Gamma_1 + \Gamma_2)^2}, \qquad (63{,}13)$$

wobei $w_g = \frac{\Gamma_{1\to 2}\,\Gamma_{2\to 0}}{\Gamma_1\,\Gamma_2}$ die Gesamtwahrscheinlichkeit für den doppelten Übergang $1 \to 2 \to 0$ ist.[2])

Die Linienform (63,13) unterscheidet sich von (63,10) nur insofern, als Γ_1 durch $\Gamma_1 + \Gamma_2$ zu ersetzen ist; die Linienbreite ist die Summe der Breiten von Anfangs- und Endzustand.

Die Linienbreite ist im allgemeinen nicht gleich der Wahrscheinlichkeit $\Gamma_{1\to 2}$ für den Übergang $1 \to 2$ selbst, d. h. nicht proportional zur Intensität der Linie (wie es in der klassischen Theorie war). Wegen $\Gamma_1 + \Gamma_2 > \Gamma_{1\to 2}$ kann eine Linie sehr breit sein und eine relativ geringe Intensität haben.

§ 64. Resonanzfluoreszenz

Die endliche Linienbreite der Niveaus muß bei einem Streuproblem unbedingt dann beachtet werden, wenn die Frequenz ω des einfallenden Lichtes in die Nähe einer „Zwischen"-Frequenz ω_{n1} oder ω_{2n} kommt (sogenannte *Resonanzfluoreszenz*).[3])

Wir betrachten die Rayleigh-Streuung an einem System (sagen wir, an einem Atom) im Grundzustand, so daß Anfangs- und Endzustand gleich und streng diskret sind. Die Frequenz des Lichtes liege in der Nähe einer Frequenz ω_{n1}; das Niveau n sei ein angeregtes Niveau und damit quasidiskret.

---

[1]) Es wird längs der reellen ω'-Achse und auf einem großen Halbkreis in der oberen Halbebene integriert. Der Integrand hat in der oberen Halbebene zwei Pole:

$$\omega' = \omega_{20} + \frac{i}{2}\Gamma_2 \quad\text{und}\quad \omega' = \omega_{10} - \omega + \frac{i}{2}\Gamma_1$$

mit den Residuen

$$\frac{1}{i\,\Gamma_2}\left[\left(\omega - \omega_{12} + \frac{i}{2}\Gamma_2\right)^2 + \frac{\Gamma_1^2}{4}\right]^{-1} \quad\text{und}\quad \frac{1}{i\,\Gamma_1}\left[\left(\omega - \omega_{12} - \frac{i}{2}\Gamma_1\right)^2 + \frac{\Gamma_2^2}{4}\right]^{-1}.$$

[2]) In komplizierteren Fällen (vgl. die Fußnote[2]) auf S. 259) ist w_g die Gesamtwahrscheinlichkeit aller Kaskaden, die mit dem Übergang $1 \to 2$ beginnen und im Niveau 0 enden.

[3]) Dieses Problem ist erstmalig von V. Weisskopf (1931) behandelt worden.

Dieses Problem könnte mit der im vorangegangenen Paragraphen besprochenen Methode behandelt werden. Das ist aber nicht unbedingt erforderlich, weil das Problem dem in III, § 132 behandelten Problem der nichtrelativistischen Resonanzstreuung an einem quasidiskreten Niveau ganz analog ist. Nach den dort gewonnenen Ergebnissen muß die Streuamplitude den Polfaktor

$$\frac{1}{\omega - \left(E_n - i\frac{\Gamma_n}{2} - E_1\right)}$$

enthalten. Andererseits muß die Formel für $|\omega - \omega_{n1}| \gg \Gamma_n$ in die Formel (60,5) ohne Resonanz übergehen. Es ist daher klar, daß sich der gesuchte Streuquerschnitt ergibt, indem man in Formel (60,5) einfach E_n durch $E_n - \frac{i}{2}\Gamma_n$ ersetzt; in der Summe über n kann man sich dabei auf die Resonanzterme beschränken:

$$d\sigma = \frac{\left|\sum\limits_{M_n} (\boldsymbol{d}_{2n}\boldsymbol{e}'^*)(\boldsymbol{d}_{n1}\boldsymbol{e})\right|^2}{(\omega_{n1} - \omega)^2 + \frac{1}{4}\Gamma_n^2}\,\omega^4\, do'\,. \tag{64,1}$$

Es wird über alle Zustände (mit verschiedenen Drehimpulsprojektionen M_n) zum Resonanzniveau E_n summiert; die Zustände 1 und 2 gehören zum gleichen (tiefsten) Niveau und können sich nur in den Werten M_1 und M_2 unterscheiden.

Der Streuquerschnitt (64,1) hat für $\omega = \omega_{n1}$ ein Maximum. Größenordnungsmäßig ist der Maximalwert des Streuquerschnitts $\sigma_{\max} \sim \omega^4 d^4/\Gamma_n^2$. Da die Wahrscheinlichkeit für den spontanen Übergang $n \to 1$ und damit auch die Breite Γ_n größenordnungsmäßig $\omega^3 d^2$ sind, ist dieser Wert

$$\sigma_{\max} \sim \frac{1}{\omega^2} \sim \lambda^2\,, \tag{64,2}$$

d. h. von der Größenordnung des Quadrates der Lichtwellenlänge und unabhängig von der Feinstrukturkonstanten.

Da sich das Atom vor und nach der Streuung in einem streng diskreten (dem tiefsten) Niveau befindet, sind die Frequenzen des primären und des sekundären Photons streng gleich. Bei der Einstrahlung von monochromatischem Licht wird deshalb auch die Streulinie monochromatisch sein. Falls das einfallende Licht die spektrale Intensitätsverteilung $I(\omega)$ mit einer über die Breite Γ_n langsam veränderlichen Funktion $I(\omega)$ hat, dann wird die Intensität des Streulichtes proportional zu

$$\frac{I(\omega_{n1})\, d\omega}{(\omega - \omega_{n1})^2 + \frac{1}{4}\Gamma_n^2}\,. \tag{64,3}$$

Mit anderen Worten, die Form der Streulinie ist die natürliche Linienform bei spontaner Emission vom Niveau E_n aus.

Der Querschnitt (64,1) entspricht dem Streutensor

$$(c_{ik})_{21} = \frac{\sum\limits_{M_n} (d_i)_{2n}(d_k)_{n1}}{\omega_{n1} - \omega - \frac{i}{2}\Gamma_n}\,. \tag{64,4}$$

Insbesondere ist der Tensor für die Polarisierbarkeit

$$\alpha_{ik} = (c_{ik})_{11} = \frac{\sum\limits_{M_n} (d_i)_{1n}(d_k)_{n1}}{\omega_{n1} - \omega - \frac{i}{2}\Gamma_n} . \tag{64,5}$$

Die Addition eines Imaginärteils zu den Energieniveaus der angeregten Zwischenzuständen zerstört die Hermitezität des Polarisierbarkeitstensors. Es tritt ein antihermitescher Teil auf, der unmittelbar mit der Lichtabsorption zusammenhängt, wie wir gleich zeigen werden.

Nach der Absorption eines Quants geht das Atom früher oder später wieder in den Grundzustand über, indem es ein oder mehrere Photonen emittiert. Von diesem Standpunkt aus ist der Querschnitt für die Absorption einfach der totale Streuquerschnitt für alle möglichen Streuprozesse.[1]) Andererseits wird der Querschnitt nach dem optischen Theorem (§ 72) folgendermaßen durch den Imaginärteil der elastischen Streuamplitude $f(0)$ zum Winkel Null ausgedrückt:

$$\sigma_t = \frac{4\pi}{\omega} \operatorname{Im} f(0) .$$

Die elastische Streuamplitude für ein Photon ist, wie aus (60,7) zu ersehen ist, die Größe

$$f = \omega^2 \alpha_{ik} e_i'^* e_k .$$

Streuung „in den Winkel Null" bedeutet im vorliegenden Fall die Streuung ohne Änderung von Impuls und Polarisation des Photons, d. h. $\boldsymbol{e}' = \boldsymbol{e}$. Auf diese Weise wird der Absorptionsquerschnitt für ein Photon

$$\sigma_{\mathrm{ab}} = 4\pi\omega \operatorname{Im} (\alpha_{ik} e_i^* e_k) = 4\pi\omega e_i^* e_k \frac{\alpha_{ik} - \alpha_{ki}^*}{2i} , \tag{64,6}$$

womit auch der Zusammenhang mit dem antihermiteschen Teil des Polarisierbarkeitstensors hergestellt ist.

Die Formel (64,6) hat einen einfachen, klassischen Sinn. Das elektrische Feld $\boldsymbol{E}$ leistet (in 1 s) an einem System von Ladungen die Arbeit $\sum e\boldsymbol{v}\boldsymbol{E} = \boldsymbol{E}\dot{\boldsymbol{d}}$. Wir stellen das Feld in der Form (60,19) und das Dipolmoment in der Form (60,20), (60,21) dar, bilden das Zeitmittel dieser Arbeit und erhalten

$$\frac{1}{2}\omega |E|^2 e_i^* e_k \frac{\alpha_{ik} - \alpha_{ki}^*}{2i}$$

($\boldsymbol{E} = \boldsymbol{e} E$). Wenn $\boldsymbol{E}$ das Feld des einfallenden Lichtes ist, dann ist andererseits die mittlere Energiestromdichte $\frac{1}{8\pi}|E|^2$, und die vom Atom (pro Sekunde) absorbierte Energie ist

$$\frac{1}{8\pi}|E|^2 \sigma_{\mathrm{ab}} .$$

[1]) Wir betonen, daß es sich hier um ein absorbierendes System im stabilen Grundzustand handelt. Wegen der endlichen Versuchsdauer wäre die Problemstellung für ein angeregtes Niveau anders.

Setzen wir die beiden erhaltenen Ausdrücke einander gleich, dann erhalten wir wieder die Formel (64,6).

Wir setzen in (64,6) den Tensor für die Polarisierbarkeit aus (64,5) ein und finden folgende Formel für den Absorptionsquerschnitt für ein Photon mit der Frequenz ω in der Nähe von ω_{n1}:

$$\sigma_{\text{ab}} = 4\pi^2 \sum_{M_n} |\boldsymbol{d}_{1n}\,\boldsymbol{e}|^2\,\omega \frac{\Gamma_n/2}{\pi\left[(\omega-\omega_{n1})^2+\frac{1}{4}\Gamma_n^2\right]}\,. \tag{64,7}$$

Für $\Gamma_n \to 0$ strebt der letzte Faktor in dieser Formel gegen die δ-Funktion $\delta(\omega-\omega_{n1})$, weil in diesem Fall nur ein Photon mit einer streng bestimmten Frequenz absorbiert werden kann. Das auf das Atom einfallende Licht habe die Spektral- und Winkelverteilung $I_{\boldsymbol{k}\boldsymbol{e}}$ der Energiestromdichte (vgl. (44,7)). Die Stromdichte der Photonen ist dann $\frac{I_{\boldsymbol{k}\boldsymbol{e}}}{\omega}\,d\omega\,do$, und die Absorptionswahrscheinlichkeit ist

$$dw_{\text{ab}} = \sigma_{\text{ab}} \frac{I_{\boldsymbol{k}\boldsymbol{e}}}{\omega}\,dw\,d\sigma\,. \tag{64,8}$$

Wenn sich die Funktion $I_{\boldsymbol{k}\boldsymbol{e}}(\omega)$ über die Breite Γ_n nur langsam ändert, dann erhalten wir nach einer partiellen Integration

$$dw_{\text{ab}} = 4\pi^2 \sum_{M_n} |\boldsymbol{d}_{n1}\,\boldsymbol{e}|^2\, I_{\boldsymbol{k}\boldsymbol{e}}(\omega_{n1})\,do\,.$$

Da andererseits nach (45,5)

$$dw_{\text{sp}} = \frac{\omega^3}{2\pi}\sum_{M_n} |\boldsymbol{d}_{1n}\,\boldsymbol{e}^*|^2\,do = \frac{\omega^3}{2\pi}\sum_{M_n} |\boldsymbol{d}_{n1}\,\boldsymbol{e}|^2\,do$$

die Wahrscheinlichkeit für die spontane Emission eines Photons mit der Frequenz ω_{n1} ist, gelangen wir erneut zu Formel (44,9).

Aufgabe

Man berechne den totalen Streuquerschnitt für die Resonanzstreuung, der über alle Polarisationen und Richtungen des Photons im Endzustand sowie über die Projektionen M_2 des Drehimpulses des Atoms summiert ist (und über die Polarisationen des Photons im Anfangszustand und die Anfangswerte M_1 gemittelt ist)!

Lösung. Nach (61,8), (61,2) und (61,4) ist der gesuchte Streuquerschnitt

$$\sigma - \frac{8\pi\omega^4}{9}\,\frac{1}{(\omega-\omega_{n1})^2+\frac{1}{4}\Gamma_n^2}\left\{(2J_1+1)\,\overline{\left|\sum_{M_n}(d_i)_{2n}\,(d_k)_{n1}\right|^2}^{\,1}\right\} \tag{1}$$

(da sich die Zustände 1 und 2 nur in den Werten M_1 und M_2 unterscheiden, ist $J_2 = J_1$). Den Ausdruck in der geschweiften Klammer formen wir um in

$$\{\cdots\} = \frac{1}{2J_1+1}\sum_{M_1M_2}\;\sum_{M_nM_{n'}}(\boldsymbol{d}_{2n}\,\boldsymbol{d}_{n'2})\,(\boldsymbol{d}_{1n'}\,\boldsymbol{d}_{n1})$$

(das Quadrat der Summe über M_n schreiben wir als Doppelsumme über M_n und $M_{n'}$). Die Summen

$$\sum_{M_2} (\boldsymbol{d}_{n'2}\, \boldsymbol{d}_{2n}) = \sum_{M_1} (\boldsymbol{d}_{n1}\, \boldsymbol{d}_{1n'})$$

sind nur für $M_n = M_{n'}$ von Null verschieden und gleich der Größe $3\,\Gamma_{n\to 1}/4\,\omega^3$, wenn $\Gamma_{n\to 1}$ die Wahrscheinlichkeit für den Übergang $n \to 1$ ist (sie ist der Breite des Niveaus E_n proportional). Deshalb ist

$$\{\cdots\} = \frac{1}{2\,J_1 + 1}\,(2\,J_n + 1)\left(\frac{3}{4\,\omega^3}\,\Gamma_{n\to 1}\right)^2,$$

und der totale Streuquerschnitt wird[1])

$$\sigma = g\,\frac{\pi}{\omega^2}\,\frac{\Gamma_{n1}^2}{(\omega - \omega_{n1})^2 + \frac{1}{4}\,\Gamma_n^2} \tag{2}$$

mit

$$g = \frac{2\,J_n + 1}{2\,(2\,J_1 + 1)}\,.$$

Falls wir uns nur für den kohärenten Teil der Streuung interessieren (die Zustände 1 und 2 sind gleich, d. h. $M_1 = M_2$), dann ist in (1) der Faktor in der geschweiften Klammer durch

$$\left\{\overline{\left|\sum_{M_n} (d_i)_{1n}\,(d_k)_{n1}\right|^2}\right\} = \frac{1}{2\,J_1 + 1}\sum_{M_1}\sum_{M_n M_{n'}} (\boldsymbol{d}_{1n}\,\boldsymbol{d}_{n'1})\,(\boldsymbol{d}_{1n'}\,\boldsymbol{d}_{n1})$$

zu ersetzen (vgl. (61,3)). In sphärischen Vektorkomponenten ist das Skalarprodukt

$$\boldsymbol{d}_{1n}\,\boldsymbol{d}_{n'1} = \sum_{\lambda} (-1)^{1-\lambda}\,(d_\lambda)_{1n}\,(d_{-\lambda})_{n'1}\,;$$

es ist nur für $M_n = M_{n'}$ von Null verschieden. Wir drücken die Matrixelemente durch die reduzierten Elemente aus und führen wieder die partiellen Breiten

$$\Gamma_{n\to 1} = \frac{4\,\omega^3}{3}\,\frac{1}{2\,J_n + 1}\,|\langle n\,\|\,d\,\|\,1\rangle|^2$$

ein; so erhalten wir für σ_{koh} die Formel (2) mit

$$g = \frac{(2\,J_n + 1)^2}{2\,(2\,J_1 + 1)}\sum_{M_1 M_n}\begin{pmatrix} J_n & 1 & J_1 \\ -M_n & \lambda & M_1\end{pmatrix}^4.$$

Für die drei möglichen Fälle

$$J_n = J_1,\ J_1 \pm 1$$

ergibt die direkte Berechnung der Summe

$$g = \begin{cases} \dfrac{7\,J_1\,(J_1 + 1) + 1}{30\,J_1\,(J_1 + 1)}, & J_n = J_1 \neq 0\,; \\[2ex] \dfrac{(2\,J_1 + 3)\,[16\,(J_1 + 1)^2 - 1]}{30\,(2\,J_1 + 1)^2\,(J_1 + 1)}, & J_n = J_1 + 1\,; \\[2ex] \dfrac{(2\,J_1 - 1)\,(16\,J_1^2 - 1)}{30\,J_1(2\,J_1 + 1)^2}, & J_n = J_1 - 1\,,\ \ J_1 \geqq 1\,. \end{cases}$$

---

[1]) Wie (wegen der formalen Ähnlichkeit der Probleme) zu erwarten war, stimmt diese Formel mit der BREIT-WIGNER-Formel für die elastische Resonanzstreuung langsamer Neutronen an einem Kern überein (s. III, (142,16), (142,18)). Der Faktor g ist die Wahrscheinlichkeit, den gegebenen Wert J_n bei einer beliebigen Addition der Drehimpulse von Atom und Photon im Anfangszustand zu erhalten.

KAPITEL VII

DIE STREUMATRIX

§ 65. Die Streuamplitude

Bei Stoßproblemen hat man es normalerweise mit folgender, allgemeiner Problemstellung zu tun: Gegeben ist der Anfangszustand eines Systems (einiger freier Teilchen), und es sind die Wahrscheinlichkeiten für die verschiedenen möglichen Endzustände (andere freie Teilchen) zu berechnen. Das Symbol $|i\rangle$ bezeichne den Anfangszustand. Das Ergebnis eines Stoßes kann dann als Superposition

$$\sum_f |f\rangle \langle f\,|S|\,i\rangle \tag{65,1}$$

dargestellt werden, wobei über die verschiedenen möglichen Endzustände $|f\rangle$ zu summieren ist. Die Entwicklungskoeffizienten $\langle f\,|S|\,i\rangle$ (oder in kürzerer Schreibweise S_{fi}) bilden die *Streumatrix* oder *S-Matrix*.[1]) Die Quadrate $|S_{fi}|^2$ geben die Übergangswahrscheinlichkeiten in bestimmte Zustände $|f\rangle$ an.

Würde zwischen den Teilchen keine Wechselwirkung bestehen, dann würde sich der Zustand des Systems nicht ändern, die zugehörige S-Matrix wäre die Einheitsmatrix (es gibt keine Streuung). Es ist zweckmäßig, diese Einheitsmatrix immer abzutrennen und die Streumatrix in der Form

$$S_{fi} = \delta_{fi} + i\,(2\,\pi)^4\,\delta^{(4)}\,(P_f - P_i)\,T_{fi} \tag{65,2}$$

mit der neuen Matrix T_{fi} darzustellen. Im zweiten Term ist die vierdimensionale δ-Funktion herausgezogen worden, die den Erhaltungssatz für den 4-Impuls ausdrückt (P_i und P_f sind die Summen der 4-Impulse aller Teilchen in Anfangs- bzw. Endzustand). Die anderen Faktoren sind herausgezogen, weil das, wie wir später sehen werden, zweckmäßig ist. In den nichtdiagonalen Matrixelementen fällt der erste Term in (65,2) heraus, so daß die Matrixelemente von S und T für den Übergang $i \to f$ durch

$$S_{fi} = i(2\,\pi)^4\,\delta^{(4)}\,(P_f - P_i)\,T_{fi} \tag{65,3}$$

miteinander verknüpft sind. Die Matrixelemente T_{fi}, die nach der Abtrennung der δ-Funktion übrig bleiben, werden wir als *Streuamplituden* bezeichnen.

Beim Quadrieren der Beträge $|S_{fi}|$ tritt das Quadrat der δ-Funktion auf. Dieses ist folgendermaßen zu verstehen. Die δ-Funktion stammt von dem Integral

$$\delta^{(4)}\,(P_f - P_i) = \frac{1}{(2\,\pi)^4} \int e^{i\,(P_f - P_i)x}\,d^4x\,. \tag{65,4}$$

---

[1]) Vom Wort Streuung oder vom englischen scattering.

Berechnet man das andere gleiche Integral für $P_f = P_i$ (auf Grund der einen δ-Funktion) und erstreckt die Integration über ein großes, aber endliches Volumen V und Zeitintervall t, dann ergibt sich $V\,t/(2\pi)^4$.[1]) Daher kann man schreiben

$$|S_{fi}|^2 = (2\pi)^4\,\delta^{(4)}\,(P_f - P_i)\,|T_{fi}|^2\,V\,t\,.$$

Wir dividieren durch t und erhalten die Übergangswahrscheinlichkeit pro Zeiteinheit

$$w_{f\leftarrow i} = (2\pi)^4\,\delta^{(4)}\,(P_f - P_i)\,|T_{fi}|^2\,V\,. \tag{65,5}$$

Jedes freie Teilchen (im Anfangs- und Endzustand) wird durch seine Wellenfunktion beschrieben — durch eine ebene Welle mit einer gewissen Amplitude u (für ein Elektron ist das ein Bispinor, für ein Photon ein 4-Vektor usw.). Die Streuamplitude hat folgende Struktur

$$T_{fi} = u_2^*\,u_1^*\ldots Q\,u_1\,u_2\ldots, \tag{65,6}$$

links stehen die Amplituden der Wellenfunktionen für die Endzustände, rechts für die Anfangszustände der Teilchen. Q ist eine Matrix (bezüglich der Indizes) an den Komponenten der Wellenamplituden aller Teilchen).

In den wichtigsten Fällen hat man im Anfangszustand ein oder zwei Teilchen. Im ersten Fall spricht man von einem Zerfall, im zweiten vom Stoß zweier Teilchen.

Wir betrachten zunächst den Zerfall eines Teilchens in beliebig viele andere Teilchen mit den Impulsen $\boldsymbol{p}_a'$ im Element des Impulsraumes $\prod_a d^3p_a'$ (der Index a numeriert die Teilchen im Endzustand, so daß $\sum_a \boldsymbol{p}_a' = \boldsymbol{P}_f$ ist). Die Zahl der Zustände in diesem Element des Impulsraumes (und im Normierungsvolumen V)[2]) ist

$$\prod_a \frac{V\,d^3p_a'}{(2\pi)^3}\,.$$

Durch diese Größe ist der Ausdruck (65,5) zu dividieren:

$$dw = (2\pi)^4\,\delta^{(4)}\,(P_f - P_i)\,|T_{fi}|^2\,V \prod_a \frac{V\,d^3p_a'}{(2\pi)^3}\,. \tag{65,7}$$

Dabei müssen die Wellenfunktionen aller Teilchen zur Berechnung des Matrixelementes „auf ein Teilchen im Volumen V" normiert sein[3]). Für ein

[1]) Das kann man auch anders ausrechnen, indem man zuerst das Integral über die einzelnen Koordinaten in (65,4) zwischen endlichen Grenzen berechnet und dann diese Grenzen mit Hilfe der Formel III, (42,4) gegen ∞ gehen läßt:

$$\lim_{\xi\to\infty} \frac{\sin^2 \alpha\,\xi}{\xi\,\alpha^2} = \pi\,\delta(\alpha)\,.$$

[2]) Um die Rechnungen anschaulicher werden zu lassen, werden wir in diesem Paragraphen das Normierungsvolumen nicht gleich 1 setzen.

[3]) Wir erinnern daran (s. die Fußnote auf S. 169), daß diese Normierungsvorschrift der Vorschrift äquivalent ist, bei der die Wellenfunktion der Teilchen im Endzustand auf $\delta(\boldsymbol{p})$ normiert sind und sich die Wahrscheinlichkeit auf $d^3p_1'\ldots$ bezieht.

Elektron ist das die ebene Welle (23,1), für ein Teilchen mit dem Spin 1 die Funktion (14,12), für ein Photon (4,3). Alle diese Funktionen enthalten den Faktor $1/\sqrt{2\,\varepsilon\, V}$, wenn ε die Energie des Teilchens ist. Für das Folgende wird es jedoch zweckmäßig sein, bei allen Rechnungen die Wellenfunktionen der Teilchen ohne diese Faktoren zu schreiben (die wir in den Ausdruck für die Wahrscheinlichkeit einbeziehen). Die ebene Welle für ein Elektron wird also

$$\psi = u\, e^{-ipx}\,, \qquad \bar{u}\, u = 2\,m \tag{65,8}$$

und für ein Photon

$$A = \sqrt{4\pi}\, e\, e^{-ikx}\,, \qquad e\, e^* = -1\,, \qquad e\, k = 0\,. \tag{65,9}$$

Die mit diesen Funktionen berechnete Streuamplitude bezeichnen wir mit M_{fi} (im Unterschied zu T_{fi}). Offensichtlich gilt

$$T_{fi} = \frac{M_{fi}}{(2\,\varepsilon_1\, V \ldots 2\,\varepsilon_1'\, V \ldots)^{1/2}}\,. \tag{65,10}$$

Im Nenner steht je ein Faktor $\sqrt{2\,\varepsilon\, V}$ für jedes Teilchen im Anfangs- und Endzustand.

Insbesondere erhalten wir für die Zerfallswahrscheinlichkeit statt (65,7)

$$dw = (2\,\pi)^4\, \delta^{(4)}\, (P_f - P_i)\, |M_{fi}|^2 \frac{1}{2\,\varepsilon} \prod_a \frac{d^3 p_a'}{(2\,\pi)^3\, 2\,\varepsilon_a'}\,, \tag{65,11}$$

wenn ε die Energie des zerfallenden Teilchens ist; das Normierungsvolumen ist, wie es sein muß, in dieser Formel nicht mehr enthalten.[1])

Wir bringen die Formel (65,11) in eine weiter ausgewertete Form (indem wir die δ-Funktion wegschaffen) für den Fall, daß das Anfangsteilchen in zwei Teilchen zerfällt (mit den Impulsen $\boldsymbol{p}_1'$ und $\boldsymbol{p}_2'$ und den Energien ε_1' und ε_2'). Im Ruhsystem des zerfallenden Teilchens sind $\boldsymbol{p}_1' = -\boldsymbol{p}_2' \equiv \boldsymbol{p}'$, $\varepsilon_1' + \varepsilon_2' = m$, und wir haben

$$dw = \frac{1}{(2\,\pi)^2}\, |M_{fi}|^2 \frac{1}{2\,m} \frac{1}{4\,\varepsilon_1'\,\varepsilon_2'}\, \delta\, (\boldsymbol{p}_1' + \boldsymbol{p}_2')\, \delta\, (\varepsilon_1' + \varepsilon_2' - m)\, d^3 p_1'\, d^3 p_2'\,.$$

Die erste δ-Funktion wird bei der Integration über $d^3 p_2'$ verbraucht; das Differential $d^3 p_1'$ schreiben wir in der Form

$$d^3 p' = \boldsymbol{p}'^2\, d\, |\boldsymbol{p}'|\, do = |\boldsymbol{p}'|\, do \frac{\varepsilon_1'\, \varepsilon_2'\, d\, (\varepsilon_1' + \varepsilon_2')}{\varepsilon_1' + \varepsilon_2'} \tag{65,12}$$

(von der Richtigkeit dieser Schreibweise kann man sich leicht überzeuegn, wenn man $\varepsilon_1'^2 - m_1'^2 = \varepsilon_2'^2 - m_2'^2 = \boldsymbol{p}'^2$ beachtet). Bei der Integration über $d\, (\varepsilon_1' + \varepsilon_2')$ wird die zweite δ-Funktion ausgenutzt, und es ergibt sich

$$dw = \frac{1}{32\,\pi^2\, m^2}\, |M_{fi}|^2\, |\boldsymbol{p}'|\, do'\,. \tag{65,13}$$

---

[1]) Falls N Teilchen im Endzustand identisch sind, muß bei der Integration über deren Impulse (bei der Berechnung der integralen Wahrscheinlichkeit) der Faktor $1/N!$ eingeführt werden, der die Identität der Zustände bei Teilchenvertauschungen berücksichtigt.

Jetzt befassen wir uns mit dem Stoß zweier Teilchen (mit den Impulsen $\boldsymbol{p}_1$ und $\boldsymbol{p}_2$ und den Energien ε_1 und ε_2), bei dem diese in beliebig viele, andere Teilchen mit den Impulsen $\boldsymbol{p}'_a$ umgewandelt werden. Statt (65,11) erhalten wir jetzt

$$dw = (2\pi)^4 \, \delta^{(4)} (P_f - P_i) \, |M_{fi}|^2 \frac{1}{4 \varepsilon_1 \varepsilon_2 V} \prod_a \frac{d^3 p'_a}{(2\pi)^3 \, 2 \varepsilon'_a} .$$

Die für uns interessante Größe ist in diesem Fall aber nicht die Wahrscheinlichkeit, sondern der Streuquerschnitt $d\sigma$. Der (gegenüber LORENTZ-Transformationen) invariante Streuquerschnitt ergibt sich aus dw, indem wir durch die Größe

$$j = \frac{I}{V \varepsilon_1 \varepsilon_2} \tag{65,14}$$

dividieren; I ist dabei der 4-Skalar

$$I = \sqrt{(p_1 p_2)^2 - m_1^2 m_2^2} \tag{65,15}$$

(s. II, § 12).[1]) Im Massenmittelpunktsystem ($\boldsymbol{p}_1 = -\boldsymbol{p}_2 \equiv \boldsymbol{p}$) ist

$$I = |\boldsymbol{p}| \, (\varepsilon_1 + \varepsilon_2) , \tag{65,16}$$

so daß

$$j = \frac{|\boldsymbol{p}|}{V} \left(\frac{1}{\varepsilon_1} + \frac{1}{\varepsilon_2} \right) = \frac{v_1 + v_2}{V} \tag{65,17}$$

gilt, was mit der üblichen Definition der Stromdichte für stoßende Teilchen übereinstimmt (v_1 und v_2 sind die Geschwindigkeiten der Teilchen).[2]) Somit erhalten wir für den Streuquerschnitt die Formel

$$d\sigma = (2\pi)^4 \, \delta^{(4)} (P_f - P_i) \, |M_{fi}|^2 \frac{1}{4 I} \prod_a \frac{d^3 p'_a}{(2\pi)^3 \, 2 \varepsilon'_a} . \tag{65,18}$$

Wir werten diese Formel für den Fall aus, daß es auch im Endzustand zwei Teilchen gibt, und bringen dabei die δ-Funktionen weg. Wir werden den Prozeß im Massenmittelpunktsystem behandeln. $\varepsilon = \varepsilon_1 + \varepsilon_2 = \varepsilon'_1 + \varepsilon'_2$ sei die Gesamtenergie, $\boldsymbol{p}_1 = -\boldsymbol{p}_2 \equiv \boldsymbol{p}$ und $\boldsymbol{p}'_1 = -\boldsymbol{p}'_2 \equiv \boldsymbol{p}'$ seien die Impulse im Anfangs- bzw. Endzustand. Die δ-Funktionen werden wie bei der Ableitung von (65,13) aufgebraucht, und es ergibt sich

$$d\sigma = \frac{1}{64 \pi^2} \, |M_{fi}|^2 \frac{|\boldsymbol{p}'|}{|\boldsymbol{p}| \, \varepsilon^2} \, do' \tag{65,19}$$

---

[1]) Um später darauf verweisen zu können, schreiben wir den Ausdruck für I noch in der Form

$$I^2 = \frac{1}{4} [s - (m_1 + m_2)^2] \, [s - (m_1 - m_2)^2] \tag{65,15a}$$

mit $s = (p_1 + p_2)^2$.

[2]) In einem beliebigen Bezugssystem ist

$$j = \frac{1}{V} \sqrt{(\boldsymbol{v}_1 - \boldsymbol{v}_2)^2 - [\boldsymbol{v}_1 \boldsymbol{v}_2]^2} .$$

Dieser Ausdruck reduziert sich in denjenigen Fällen auf die übliche Stromdichte, in denen $\boldsymbol{v}_1 \parallel \boldsymbol{v}_2$ ist: $j = |\boldsymbol{v}_1 - \boldsymbol{v}_2| / V$.

(im Spezialfall der elastischen Streuung, wenn die Art der Teilchen beim Stoß nicht verändert wird, gilt $|\boldsymbol{p}'| = |\boldsymbol{p}|$).

Diesen Ausdruck formen wir noch weiter um, indem wir die invariante Größe

$$t \equiv (p_1 - p_1')^2 = m_1^2 + m_1'^2 - 2\,(p_1 p_1') = m_1^2 + m_1'^2 - 2\,\varepsilon_1 \varepsilon_1' + 2\,|\boldsymbol{p}_1|\,|\boldsymbol{p}_1'| \cos\theta \tag{65,20}$$

einführen; θ ist darin der Winkel zwischen $\boldsymbol{p}_1$ und $\boldsymbol{p}_1'$. Im Massenmittelpunktsystem werden die Impulse $|\boldsymbol{p}_1| \equiv |\boldsymbol{p}|$ und $|\boldsymbol{p}_1'| \equiv |\boldsymbol{p}'|$ allein durch die Gesamtenergie ε bestimmt, und für gegebenes ε ist

$$dt = 2\,|\boldsymbol{p}|\,|\boldsymbol{p}'|\,d\cos\theta\,. \tag{65,21}$$

Deshalb kann man in (65,19)

$$do' = -\,d\varphi\,d\cos\theta = \frac{d\varphi\,d(-t)}{2\,|\boldsymbol{p}|\,|\boldsymbol{p}'|}$$

schreiben;[1]) φ ist das Azimut von $\boldsymbol{p}_1'$ in bezug auf $\boldsymbol{p}_1$. Demnach wird

$$d\sigma = \frac{1}{64\,\pi}\,|M_{fi}|^2\,\frac{dt}{I^2}\,\frac{d\varphi}{2\,\pi} \tag{65,22}$$

(wir haben wiederum die Invariante I gemäß (65,16) eingeführt). Das Azimut φ und damit auch der Streuquerschnitt in der Form (65,22) sind invariant gegenüber LORENTZ-Transformationen, die die Richtung der Relativbewegung der Teilchen unverändert lassen. Falls der Streuquerschnitt nicht vom Azimut abhängt, erhält (65,22) die besonders einfache Form

$$d\sigma = \frac{1}{64\,\pi}\,|M_{fi}|^2\,\frac{dt}{I^2}\,. \tag{65,23}$$

Wenn eines der stoßenden Teilchen genügend schwer ist (und sein Zustand beim Stoß unverändert bleibt), dann übernimmt dieses die Rolle einer festen Quelle des konstanten Feldes, an dem das andere Teilchen gestreut wird. Da in einem konstanten Feld die Energie des Systems (aber nicht der Impuls!) erhalten bleibt, setzen wir bei einer derartigen Behandlung eines Stoßprozesses die S-Matrix in der folgenden Form an:

$$S_{fi} = i\,2\,\pi\,\delta\,(E_f - E_i)\,T_{fi}\,. \tag{65,24}$$

Im Ausdruck $|S_{fi}|^2$ ist das Quadrat der eindimensionalen δ-Funktion wie folgt zu verstehen:

$$[\delta\,(E_f - E_i)]^2 \to \frac{1}{2\,\pi}\,\delta\,(E_f - E_i)\,t\,.$$

Wir gehen dann (wie bei der Ableitung von (65,11)) zur Amplitude M_{fi} statt T_{fi} über und erhalten folgende Wahrscheinlichkeit für einen Prozeß, bei dem ein Teilchen an einem konstanten Feld gestreut wird und im Endzustand einige andere Teilchen erzeugt:

$$dw = 2\,\pi\,\delta\,(E_f - \varepsilon)\,|M_{fi}|^2\,\frac{1}{2\,\varepsilon\,V}\,\prod_a \frac{d^3 p_a'}{(2\,\pi)^3\,2\,\varepsilon_a'}\,.$$

---

[1]) Das richtige Vorzeichen des Differentials ist in ähnlichen Fällen offensichtlich; deshalb werden wir im folgenden der Einfachheit halber dt statt $d(-t)$ usw. schreiben.

Hier ist wieder ε ($= E_i$) die Anfangsenergie des Teilchens, $\boldsymbol{p}'_a$ und ε'_a sind Impulse und Energien der Teilchen im Endzustand. Der Streuquerschnitt ergibt sich, indem dw durch die Stromdichte $j = v/V$ dividiert wird; $v = |\boldsymbol{p}|/\varepsilon$ ist die Geschwindigkeit des Teilchens vor dem Stoß. Im Ergebnis fällt das Normierungsvolumen, wie es sein muß, heraus, und wir bekommen schließlich

$$d\sigma = 2\pi\,\delta\,(E_f - \varepsilon)\,|M_{fi}|^2 \frac{1}{2\,|\boldsymbol{p}|} \prod_a \frac{d^3p'_a}{(2\pi)^3\, 2\,\varepsilon'_a}\,. \tag{65,25}$$

Im Spezialfall elastischer Streuung ist auch im Endzustand ein Teilchen mit dem gleichen Impuls(-betrag) und der gleichen Energie vorhanden. Wir benutzen $d^3p' \to \boldsymbol{p}'^2\, d\,|\boldsymbol{p}|'\, do' = |\boldsymbol{p}'|\,\varepsilon'\, d\varepsilon'\, do'$, beseitigen die δ-Funktion $\delta\,(\varepsilon' - \varepsilon)$ durch Integration über $d\varepsilon'$ und erhalten den Streuquerschnitt in der Form

$$d\sigma = \frac{1}{16\,\pi^2}\,|M_{fi}|^2\, do'\,. \tag{65,26}$$

Wenn das äußere Feld schließlich zeitabhängig ist (sagen wir das Feld eines Systems schwerer Teilchen, die sich in bestimmter Weise bewegen), dann fehlt auch die δ-Funktion von der Energie in der S-Matrix. Es ist dann $S_{fi} = i\, T_{fi}$, und nach dem Übergang von T_{fi} zu M_{fi} gemäß (65,10) wird die Wahrscheinlichkeit für einen Prozeß, bei dem das Feld zum Beispiel eine bestimmte Zahl von Teilchen erzeugt, durch folgende Formel gegeben:

$$dw = |M_{fi}|^2 \prod_a \frac{d^3p'_a}{(2\pi)^3\, 2\,\varepsilon'_a}\,. \tag{65,27}$$

§ 66. Reaktionen mit polarisierten Teilchen

In diesem Paragraphen werden wir an einfachen Beispielen zeigen, wie man bei der Berechnung des Streuquerschnitts den Polarisationszustand der an der Reaktion beteiligten Teilchen berücksichtigen kann.

Im Anfangs- und Endzustand sei je ein Elektron vorhanden. Die Streuamplitude hat dann die Gestalt

$$M_{fi} = \bar{u}'\, A\, u\; (\equiv \bar{u}'_i\, A_{ik}\, u_k)\;; \tag{66,1}$$

u und u' sind die Bispinoramplituden der Elektronen im Anfangs- und Endzustand; A ist eine Matrix (die von Impulsen und Polarisationen der anderen an der Reaktion beteiligten Teilchen abhängt, wenn weitere Teilchen beteiligt sind).

Der Streuquerschnitt ist proportional zu $|M_{fi}|^2$, und wir haben

$$(\bar{u}'\, A\, u)^* = u'\, \gamma^{0*}\, A^*\, u^* = u^*\, A^+\, \gamma^{0+}\, u'$$

oder

$$(\bar{u}'\, A\, u)^* = \bar{u}\, \bar{A}\, u' \tag{66,2}$$

mit[1])

$$\bar{A} = \gamma^0 A^+ \gamma^0 .$$

Es wird also

$$|M_{fi}|^2 = (\bar{u}' A u) (\bar{u} \bar{A} u') \equiv u'_i \bar{u}'_k A_{kl} u_l \bar{u}_m \bar{A}_{mi} . \tag{66,3}$$

Falls sich das Elektron anfangs in einem gemischten (teilweise polarisierten) Zustand mit der Dichtematrix ϱ befindet und wenn uns der Wirkungsquerschnitt für die Bildung des entstehenden Elektrons in einem bestimmten vorgegebenen Polarisationszustand ϱ' interessiert, dann haben wir die Produkte aus den Komponenten der Bispinoramplituden folgendermaßen zu ersetzen:

$$u'_i \bar{u}'_k \to \varrho'_{ik} , \qquad u_l \bar{u}_m \to \varrho_{lm} .$$

Dann ist

$$|M_{fi}|^2 = \mathrm{Sp}\,(\varrho' A \varrho \bar{A}) . \tag{66,4}$$

Die Dichtematrizen ϱ und ϱ' für die Polarisation werden durch Formel (29,13) gegeben:

$$\varrho = \frac{1}{2} (\hat{p} + m) (1 - \gamma^5 \hat{a}) \tag{66,5}$$

(und entsprechend auch ϱ').

Für ein unpolarisiertes Elektron im Anfangszustand ist

$$\varrho = \frac{1}{2} (\hat{p} + m) . \tag{66,6}$$

Das Einsetzen dieses Ausdruckes ist der Mittelung über die Polarisationen des Elektrons äquivalent. Bei der Berechnung des Streuquerschnitts zu einer beliebigen Polarisation des Elektrons im Endzustand hat man auch $\varrho' = (\hat{p}' + m)/2$ zu setzen und das Ergebnis mit 2 zu multiplizieren. Diese Operation ist der Summation über die Polarisationen des Elektrons äquivalent. Auf diese Weise bekommen wir

$$\frac{1}{2} \sum_{\text{polar}} |M_{fi}|^2 = \frac{1}{2} \mathrm{Sp}\,\{(\hat{p}' + m) A (\hat{p} + m) \bar{A}\} , \tag{66,7}$$

wobei $\sum_{\text{polar}}$ die Summe über Anfangs- und Endpolarisationen bedeutet, und der Faktor 1/2 eine Summe zu einer Mittelung werden läßt.

Die Polarisationsmatrix ϱ' in (66,4) ist ein Hilfsbegriff zur Beschreibung der Eigenschaften des Detektors (der die eine oder die andere Polarisation des Elektrons im Endzustand aussondert), aber nicht zur Beschreibung des Streuprozesses selbst. Es erhebt sich die Frage nach dem Polarisationszustand des Elektrons selbst nach der Streuung. $\varrho^{(f)}$ sei die Polarisationsmatrix zu diesem Zustand. Die Wahrscheinlichkeit, das Elektron im Zustand ϱ' zu finden, ergibt

[1]) Da wir später die Matrix $\bar{A}$ bilden müssen, geben wir folgende leicht zu verifizierende Gleichungen an:

$$\overline{\gamma^\mu} = \gamma^\mu , \quad \overline{\gamma^\mu \gamma^\nu \cdots \gamma^\varrho} = \gamma^\varrho \cdots \gamma^\nu \gamma^\mu . \quad \overline{\gamma^5} = -\gamma^5 , \quad \overline{\gamma^5 \gamma^\mu} = \gamma^5 \gamma^\mu . \tag{66,2a}$$

sich dann als Projektion von $\varrho^{(f)}$ auf ϱ', d. h. durch Spurbildung Sp $(\varrho^{(f)}\varrho')$. Dieser Größe wird der entsprechende Querschnitt proportional sein, d. h. das Quadrat $|M_{fi}|^2$. Aus dem Vergleich mit (66,4) schließen wir

$$\varrho^{(f)} \sim A\,\varrho\,\bar{A}\,. \tag{66,8}$$

Da von vornherein bekannt ist, daß $\varrho^{(f)}$ die Form (66,5) mit einem gewissen 4-Vektor $a^{(f)}$ haben muß, reduziert sich unser Problem auf die Berechnung des letzteren. Diese Rechnung kann nach Formel (29,14) erfolgen, wir werden aber später noch einen einfacheren Weg kennenlernen.

Wir haben in § 29 gesehen, daß die Komponenten des 4-Vektors a durch die Komponenten des 3-Vektors $\vec{\zeta}$ — des (mit 2 multiplizierten) Mittelwertes des Elektronenspins im Ruhsystem — ausgedrückt werden können. Die Polarisationszustände der Elektronen werden durch diese Vektoren vollständig bestimmt, und es ist zweckmäßig, auch den Streuquerschnitt durch diese Vektoren auszudrücken. Offensichtlich ist das Quadrat $|M_{fi}|^2$ in jedem einzelnen Vektor $\vec{\zeta}$ und $\vec{\zeta}'$ linear; $\vec{\zeta}$ und $\vec{\zeta}'$ beziehen sich auf Anfangs- bzw. Endzustand des Elektrons. Als Funktion von $\vec{\zeta}'$ hat dieses Betragsquadrat die Gestalt

$$|M_{fi}|^2 = \alpha + \vec{\beta}\,\vec{\zeta}'\,, \tag{66,9}$$

worin α und $\vec{\beta}$ lineare Funktionen von $\vec{\zeta}$ sind.

Der Vektor $\vec{\zeta}'$ in (66,9) ist die gegebene Polarisation des Elektrons im Endzustand, die vom Detektor ausgesondert wird. Der zur Dichtematrix $\varrho^{(f)}$ gehörige Vektor $\vec{\zeta}^{(f)}$ wird ganz einfach folgendermaßen gefunden. Nach Obigem ist

$$|M_{fi}|^2 \propto \mathrm{Sp}\,(\varrho'\,\varrho^{(f)})\,.$$

Wegen der relativistischen Invarianz dieser Größe kann man sie in einem beliebigen Bezugssystem berechnen. Im Ruhsystem des Elektrons im Endzustand haben wir nach (29,20)

$$\varrho'\,\varrho^{(f)} \propto (1 + \vec{\sigma}\vec{\zeta}')\,(1 + \vec{\sigma}\vec{\zeta}^{(f)})\,.$$

Deshalb ist

$$|M_{fi}|^2 \propto 1 + \vec{\zeta}'\,\vec{\zeta}^{(f)}\,,$$

und aus dem Vergleich mit (66,9) finden wir

$$\vec{\zeta}^{(f)} = \frac{\vec{\beta}}{\alpha}\,. \tag{66,10}$$

Wenn wir den Wirkungsquerschnitt als Funktion des Parameters $\vec{\zeta}'$ berechnet haben, dann haben wir damit auch die Polarisation $\varrho^{(f)}$ berechnet.

In komplizierteren Fällen mit mehr als einem Elektron in Anfangs- und Endzustand läuft die Rechnung analog dem dargestellten Schema.

Falls in Anfangs- und Endzustand je zwei Elektronen vorhanden sind, hat die Streuamplitude die Gestalt

$$M_{fi} = (\bar{u}_1'\,A\,u_1)\,(\bar{u}_2'\,B\,u_2) + (\bar{u}_2'\,C\,u_1)\,(\bar{u}_1'\,D\,u_2)\,;$$

u_1 und u_2 sind die Bispinoramplituden der Elektronen im Anfangs-, u_1' und u_2' im Endzustand. Bei der Bildung des Quadrates $|M_{fi}|^2$ treten Glieder der Gestalt

$$|\bar{u}_1' A u_1|^2 \, |\bar{u}_2' B u_2|^2$$

und der Form

$$(\bar{u}_1' A u_1) (\bar{u}_2' B u_2) (\bar{u}_2' C u_1)^* (\bar{u}_1' D u_2)^*$$

auf. Erstere werden auf Produkte zweier Spuren der Gestalt (66,4) zurückgeführt, letztere auf Spuren der Art

$$\mathrm{Sp}\,(\varrho_1' A \varrho_1 \bar{C} \varrho_2' B \varrho_2 \bar{D}) \,.$$

Positronen werden von Amplituden mit „negativer Frequenz" $u(-p)$ beschrieben. Für Reaktionen unter Beteiligung von Positronen ändert sich an Obigem nur folgendes: Als Dichtematrizen hat man Ausdrücke zu verwenden, die bis auf das Vorzeichen von m mit (66,5) und (66,6) übereinstimmen (vgl. (29,16) und (29,17)).

Wir wenden uns jetzt den Polarisationszuständen der an der Reaktion beteiligten Photonen zu.

Die Polarisation eines Photons im Anfangszustand geht in die Streuamplitude linear als 4-Vektor e ein, die Polarisation eines Phonons im Endzustand als e^*. In beiden Fällen ist im Streuquerschnitt (d. h. im Quadrat $|M_{fi}|^2$) der 4-Tensor $e_\mu e_\nu^*$ enthalten. Beim Übergang zum Fall eines beliebig partiell polarisierten Zustandes muß dieser Tensor durch die vierdimensionale Dichtematrix — den 4-Tensor für die Polarisation $\varrho_{\mu\nu}$ — ersetzt werden:

$$e_\mu e_\nu^* \to \varrho_{\mu\nu} \,. \tag{66,11}$$

Speziell für ein unpolarisiertes Photon ist nach (8,15)

$$\varrho_{\mu\nu} = -\frac{1}{2} g_{\mu\nu} \,. \tag{66,12}$$

Die Mittelung über die Polarisationen eines Photons wird somit auf die Verjüngung des Tensors in $|M_{fi}|^2$ in den entsprechenden beiden Tensorindizes μ und ν zurückgeführt.[1])

Soll über die Polarisationen des Photons nicht gemittelt, sondern summiert werden, dann ist $e_\mu e_\nu^*$ durch den doppelt so großen Ausdruck zu ersetzen:

$$e_\mu e_\nu^* \to -g_{\mu\nu} \,. \tag{66,13}$$

Die Polarisationsmatrix für ein polarisiertes Photon wird durch Formel (8,17) gegeben. Die Wahl der 4-Vektoren $e^{(1)}$ und $e^{(2)}$ in diesem Ausdruck wird normalerweise durch die konkrete Problemstellung festgelegt. In einigen Fällen können diese Vektoren mit bestimmten Raumrichtungen in einem bestimmten Bezugssystem verknüpft werden. In anderen Fällen ist es zweckmäßiger, sie

[1]) Der Ausdruck (66,12) führt die Mittelung über die beiden real möglichen Polarisationen des Photons gewissermaßen auf die Mittelung über die vier unabhängigen Richtungen des 4-Vektors e zurück.

mit den in der Problemstellung enthaltenen charakteristischen 4-Vektoren — den 4-Impulsen — in Zusammenhang zu bringen.

In (8,17) wird die Polarisation eines Photons mit den STOKESschen Parametern, den Komponenten des „Vektors" $\vec{\xi} = (\xi_1, \xi_2, \xi_3)$ beschrieben. Wie auch für ein Elektron, muß man zwischen der Polarisation $\vec{\xi}^{(f)}$ des Photons selbst im Endzustand und der vom Detektor ausgewählten Polarisation $\vec{\xi}'$ unterscheiden. Falls das Quadrat der Streuamplitude als Funktion des Parameters $\vec{\xi}'$ bekannt ist:

$$|M_{fi}|^2 = \alpha + \vec{\beta}\vec{\xi}',$$

ist die Polarisation $\vec{\xi}^{(f)} = \vec{\beta}/\alpha$ ganz analog zur Formel (66,10).

§ 67. Kinematische Invarianten

Wir wollen einige kinematische Beziehungen für Streuprozesse behandeln, bei denen im Anfangs- und Endzustand jeweils zwei Teilchen vorhanden sind. Dabei denken wir an Beziehungen, die allein aus den allgemeinen Erhaltungssätzen folgen und die deshalb unabhängig von der Natur der Teilchen und von der Art der Wechselwirkung zwischen ihnen gelten.

Wir schreiben den Erhaltungssatz für den 4-Impuls ganz allgemein auf, ohne vorwegzunehmen, welche Impulse zum Anfangs- und Endzustand der Teilchen gehören:

$$q_1 + q_2 + q_3 + q_4 = 0. \tag{67,1}$$

Hier sind $\pm q_a$ die 4-Vektoren der Impulse; zwei davon gehören zu den einlaufenden Teilchen, zwei zu den gestreuten; für letztere sind die Impulse $-q_a$. Mit anderen Worten, zwei von den q_a haben Zeitkomponenten $q_a^0 > 0$ und zwei $q_a^0 < 0$.

Neben der Erhaltung des 4-Impulses muß auch für die Ladung ein Erhaltungssatz gelten. Unter Ladung braucht man dabei nicht nur die elektrische Ladung zu verstehen, sondern auch andere Erhaltungsgrößen mit verschiedenen Vorzeichen für Teilchen und Antiteilchen können darunter verstanden werden.

Sind die an einen Prozeß beteiligten Teilchenarten vorgegeben, dann sind die Quadrate der 4-Vektoren q_a gleich den gegebenen Quadraten der Teilchenmassen ($q_a^2 = m_a^2$). Je nach den Werten für die zeitlichen Komponenten q_a^0 und den Werten für die Ladungen erhalten wir drei verschiedene Reaktionen. Wir schreiben diese Prozesse folgendermaßen:

$$\left.\begin{aligned} \text{I)}\ & 1 + 2 \to 3 + 4\,, \\ \text{II)}\ & 1 + \bar{3} \to \bar{2} + 4\,, \\ \text{III)}\ & 1 + \bar{4} \to \bar{2} + 3\,. \end{aligned}\right\} \tag{67,2}$$

Die Ziffer bedeutet hier die Nummer des Teilchens, die Striche über den Ziffern unterscheiden die Antiteilchen von den Teilchen. Dem Übergang von einer Reaktion zu einer anderen, d. h., wenn man ein Teilchen von einer Seite einer

Formel auf die andere Seite bringt, entsprechen ein Vorzeichenwechsel der betreffenden zeitlichen Komponente q_a^0 und ein Vorzeichenwechsel der Ladung, d. h., das Teilchen wird durch das Antiteilchen ersetzt. (Neben den Prozessen (67,2) sind natürlich auch die Reaktionen in entgegengesetzter Richtung möglich.)

Die drei Prozesse (67,2) bezeichnet man als die drei *Crossing-Kanäle* einer (verallgemeinerten) Reaktion.

Wir wollen einige Beispiele anführen. Die Teilchen 1 und 3 seien Elektronen, 2 und 4 seien Photonen. Kanal 1 stellt dann die Streuung eines Photons an einem Elektron dar. Der Kanal III stimmt mit dem Kanal I überein, weil das Photon ein streng neutrales Teilchen ist. Der Kanal II ist die Umwandlung eines Elektron-Positron-Paares in zwei Photonen. Wenn alle vier Teilchen Elektronen sind, dann ist Kanal I die Elektron–Elektron-Streuung; die Kanäle II und III beinhalten die Elektron–Positron-Streuung. Falls die Teilchen 1 und 3 Elektronen und die Teilchen 2 und 4 Müonen sind, enthält Kanal I die Streuung von e an μ, Kanal III die Streuung von e an $\bar{\mu}$ und Kanal II die Umwandlung eines Paares $e\,\bar{e}$ in ein Paar $\mu\,\bar{\mu}$.

Bei der Behandlung von Streuprozessen spielen die invarianten Größen, die man aus den 4-Impulsen bilden kann, eine besondere Rolle. Die invarianten Streuamplituden (§ 71) sind Funktionen dieser invarianten Größen.

Aus vier 4-Impulsen kann man zwei unabhängige invariante Größen bilden. Tatsächlich sind auf Grund von (67,1) insgesamt drei 4-Vektoren q_a unabhängig voneinander; es seien dies q_1, q_2 und q_3. Aus ihnen können sechs Invarianten gebildet werden: die drei Quadrate q_1^2, q_2^2 und q_3^2 und die drei Produkte $q_1 q_2$, $q_1 q_3$ und $q_2 q_3$. Die ersten drei sind aber die gegebenen Massenquadrate; zwischen den letzten drei besteht eine Beziehung, die aus der Gleichung folgt:[1])

$$(q_1 + q_2 + q_3)^2 = q_4^2 = m_4^2 .$$

Für eine mehr symmetrische Schreibweise ist es aber zweckmäßig, nicht zwei, sondern drei Invarianten zu betrachten. Wir wählen als diese drei Invarianten

$$\left.\begin{aligned} s &= (q_1 + q_2)^2 = (q_3 + q_4)^2 , \\ t &= (q_1 + q_3)^2 = (q_2 + q_4)^2 , \\ u &= (q_1 + q_4)^2 = (q_2 + q_3)^2 . \end{aligned}\right\} \tag{67,3}$$

Zwischen diesen besteht, wie man leicht sehen kann, die Beziehung

$$s + t + u = h \tag{67,4}$$

[1]) Wenn an einer Reaktion $n \geqq 4$ Teilchen beteiligt sind, dann ist die Zahl der funktional unabhängigen invarianten Veränderlichen $3n - 10$. Tatsächlich gibt es insgesamt $4n$ Größen: die Komponenten der n 4-Impulse q_a. Zwischen ihnen bestehen aber die n funktionalen Abhängigkeiten $q_a^2 = m_a^2$ und weitere vier Beziehungen infolge des Erhaltungssatzes $\sum_{a=1}^{n} q_a = 0$. Entsprechend der Zahl der Parameter in einer allgemeinen Lorentz-Transformation (allgemeine vierdimensionale Drehung) können aber nur sechs Größen beliebig vorgegeben werden. Die Zahl der unabhängigen invarianten Veränderlichen ist daher $4n - n - 4 - 6 = 3n - 10$.

mit

$$h = m_1^2 + m_2^2 + m_3^2 + m_4^2 . \tag{67,5}$$

Im direkten Kanal (I) hat die Invariante s einen einfachen physikalischen Sinn. Sie ist das Quadrat der Gesamtenergie der stoßenden Teilchen (1 und 2) im Massenmittelpunktsystem (für $\boldsymbol{p}_1 + \boldsymbol{p}_2 = 0$ ist $s = (\varepsilon_1 + \varepsilon_2)^2$). Im Kanal II spielt die Invariante t die entsprechende Rolle und im Kanal III die Invariante u. Deshalb nennt man die Kanäle I, II und III häufig s-, t- und u-Kanal.

Es bereitet keine Schwierigkeiten, alle Invarianten s, t und u durch die Energien und Impulse der stoßenden Teilchen in den einzelnen Kanälen auszudrükken. Sehen wir uns den s-Kanal an. Im Massenmittelpunktsystem der Teilchen 1 und 2 werden zeitliche und räumliche Komponenten der 4-Vektoren q_a folgendermaßen gegeben:

$$\left.\begin{array}{ll} q_1 = p_1 = (\varepsilon_1, \boldsymbol{p}_s) , & q_2 = p_2 = (\varepsilon_2, -\boldsymbol{p}_s) , \\ q_3 = -p_3 = (-\varepsilon_3, -\boldsymbol{p}_s') , & q_4 = -p_4 = (-\varepsilon_4, \boldsymbol{p}_s') \end{array}\right\} \tag{67,6}$$

(der Index s an $\boldsymbol{p}_s$ und $\boldsymbol{p}_s'$ erinnert daran, daß diese Impulse zur Reaktion im s-Kanal gehören). Ferner gelten

$$s = \varepsilon_s^2 , \qquad \varepsilon = \varepsilon_1 + \varepsilon_2 = \varepsilon_3 + \varepsilon_4 ; \tag{67,7}$$

$$\left.\begin{array}{l} 4\, s\, \boldsymbol{p}_s^2 = [s - (m_1 + m_2)^2]\, [s - (m_1 - m_2)^2] , \\ 4\, s\, \boldsymbol{p}_s'^2 = [s - (m_3 + m_4)^2]\, [s - (m_3 - m_4)^2] ; \end{array}\right\} \tag{67,8}$$

$$\left.\begin{array}{l} 2\, t = h - s + 4\, \boldsymbol{p}_s \boldsymbol{p}_s' - \dfrac{1}{s}\, (m_1^2 - m_2^2)\, (m_3^2 - m_4^2) , \\ 2\, u = h - s - 4\, \boldsymbol{p}_s \boldsymbol{p}_s' + \dfrac{1}{s}\, (m_1^2 - m_2^2)\, (m_3^2 - m_4^2) . \end{array}\right\} \tag{67,9}$$

Im Fall elastischer Streuung ($m_1 = m_3$, $m_2 = m_4$) haben wir $|\boldsymbol{p}_s| = |\boldsymbol{p}_s'|$, so daß $\varepsilon_1 = \varepsilon_3$ und $\varepsilon_2 = \varepsilon_4$ sind. Statt (67,9) ergeben sich hierbei die einfacheren Formeln

$$\left.\begin{array}{l} t = -(\boldsymbol{p}_s - \boldsymbol{p}_s')^2 = -2\, \boldsymbol{p}_s^2\, (1 - \cos\theta_s) , \\ u = -2\, \boldsymbol{p}_s^2\, (1 + \cos\theta_s) + (\varepsilon_1 - \varepsilon_2)^2 . \end{array}\right\} \tag{67,10}$$

θ_s ist der Winkel zwischen $\boldsymbol{p}_s$ und $\boldsymbol{p}_s'$. Die Invariante $-t$ ist dabei das Quadrat des beim Stoß übertragenen (dreidimensionalen) Impulses.

Die entsprechenden Formeln für die anderen Kanäle ergeben sich einfach durch Änderung der Bezeichnungen. Beim Übergang zum t-Kanal hat man in (67,6) bis (67,10) $s \leftrightarrow t$ und $2 \leftrightarrow 3$ zu ersetzen, beim Übergang zum u-Kanal $s \leftrightarrow u$ und $2 \leftrightarrow 4$.

§ 68. Physikalische Bereiche

Betrachten wir die Streuamplituden als Funktionen der unabhängigen Veränderlichen s, t und u (die nur durch die Beziehung $s + t + u = h$ miteinander verknüpft sind), dann müssen wir die physikalisch zulässigen Bereiche von den unzulässigen Bereichen für diese Größen unterscheiden. Die Werte, die zu einem physikalischen Streuprozeß gehören können, müssen bestimmte Bedingungen erfüllen; diese Bedingungen folgen aus dem Erhaltungssatz für den 4-Impuls und dem Sachverhalt, daß das Quadrat eines jeden 4-Vektors q_a eine vorgegebene Größe ist: $q_a^2 = m_a^2$.

Das Produkt zweier 4-Impulse ist

$$p_a\, p_b \geqq m_a\, m_b\,, \tag{68,1}$$

deshalb gilt

$$(q_a + q_b)^2 = (p_a + p_b)^2 \geqq (m_a + m_b)^2$$

für $q_a = p_a$ und $q_b = p_b$ (oder $q_a = -q_a$, $q_b = -p_b$), oder es ist

$$(q_a + q_b)^2 = (p_a - p_b)^2 \leqq (m_a - m_b)^2$$

für $q_a = p_a$ und $q_b = -p_b$. Daraus folgt für eine Reaktion im s-Kanal

$$\left.\begin{aligned} (m_1 + m_2)^2 &\leqq s \geqq (m_3 + m_4)^2\,,\\ (m_1 - m_3)^2 &\geqq t \leqq (m_2 - m_4)^2\,,\\ (m_1 - m_4)^2 &\geqq u \leqq (m_2 - m_3)^2 \end{aligned}\right\} \tag{68,2}$$

(analoge Ungleichungen gelten für t- und u-Kanal).

Um die restlichen Bedingungen aufzufinden, bilden wir den 4-Vektor L dual zum Produkt dreier beliebiger 4-Vektoren q_a, sagen wir

$$L_\lambda = e_{\lambda\mu\nu\varrho}\, q_1^\mu\, q_2^\nu\, q_3^\varrho\,. \tag{68,3}$$

Im Ruhsystem eines Teilchens (zum Beispiel des Teilchens 1) ist $q_1 = (q_1^0, 0)$. L hat dabei nur räumliche Komponenten: $L_i = e_{i0kl}\, q_1^0\, q_2^k\, q_3^l$. L ist mit anderen Worten ein raumartiger Vektor, und in jedem Bezugssystem ist $L^2 \leqq 0$. Wir rechnen das Quadrat L^2 explizit aus und finden die Bedingung

$$\begin{vmatrix} q_1^2 & q_1 q_2 & q_1 q_3\\ q_2 q_1 & q_2^2 & q_2 q_3\\ q_3 q_1 & q_3 q_2 & q_3^2 \end{vmatrix} \geqq 0\,. \tag{68,4}$$

Sie kann für alle Kanäle einheitlich durch die Invarianten s, t und u ausgedrückt werden:

$$s\,t\,u \geqq a\,s + b\,t + c\,u \tag{68,5}$$

mit

$$\left.\begin{aligned} a\,h &= (m_1^2 m_2^2 - m_3^2 m_4^2)\,(m_1^2 + m_2^2 - m_3^2 - m_4^2)\,,\\ b\,h &= (m_1^2 m_3^2 - m_2^2 m_4^2)\,(m_1^2 + m_3^2 - m_2^2 - m_4^2)\,,\\ c\,h &= (m_1^2 m_4^2 - m_2^2 m_3^2)\,(m_1^2 + m_4^2 - m_2^2 - m_3^2) \end{aligned}\right\} \tag{68,6}$$

(T. W. B. Kibble 1960).

Zur graphischen Darstellung der Variabilitätsbereiche von s, t und u verwendet man zweckmäßig die sogenannten Dreieckskoordinaten in einer Ebene (Mandelstam-Ebene, S. Mandelstam, 1958). Die Koordinatenachsen sind drei Geraden, die sich in den Ecken eines gleichseitigen Dreiecks schneiden. Die Koordinaten s, t und u werden senkrecht zu diesen drei Geraden abgetragen (die positiven Richtungen zeigen dabei in das Dreiecksinnere, wie in Abb. 7 mit Pfeilen vermerkt ist). Die zu einem beliebigen Punkt der Ebene gehörigen Werte von s, t und u sind also die (mit den entsprechenden Vorzeichen versehenen) Längen der Lote von diesem Punkt auf die drei Geraden. Die Bedingung $s + t + u = h$ ist dabei auf Grund eines bekannten Satzes aus der Geometrie erfüllt (wenn die Höhe des gleichseitigen Dreiecks h ist).[1])

Nun wollen wir den wichtigen Fall behandeln, daß im direkten (s-) Kanal eine elastische Streuung abläuft. Die Massen der Teilchen sind dabei paarweise gleich:

$$m_1 = m_3 \equiv m\,, \qquad m_2 = m_4 \equiv \mu\,. \tag{68,7}$$

Es sei $m > \mu$. In der Bedingung (68,5) haben wir

$$h = 2\,(m^2 + \mu^2)\,, \qquad a = c = 0\,, \qquad b = (m^2 - \mu^2)^2\,,$$

so daß gilt

$$s\,u\,t \geqq (m^2 - \mu^2)^2\,t\,. \tag{68,8}$$

Der Rand des durch diese Ungleichung festgelegten Bereiches besteht aus der Geraden $t = 0$ und der Hyperbel

$$s\,u = (m^2 - \mu^2)^2\,. \tag{68,9}$$

Die beiden Äste dieser Hyperbel liegen in den Sektoren $u < 0$, $s < 0$ und $s > 0$, $u > 0$; die Achsen $s = 0$ und $u = 0$ sind die Asymptoten der Hyperbel. Statt (68,8) können wir schreiben

$$t > 0\,, \quad s\,u > (m^2 - \mu^2)^2 \quad \text{oder} \quad t < 0\,, \quad s\,u < (m^2 - \mu^2)^2\,.$$

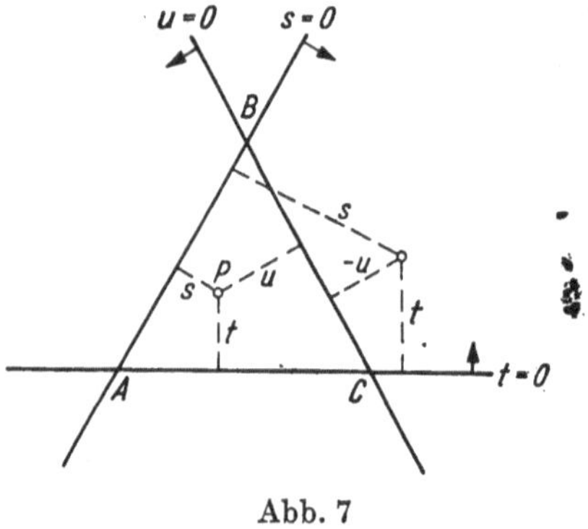

Abb. 7

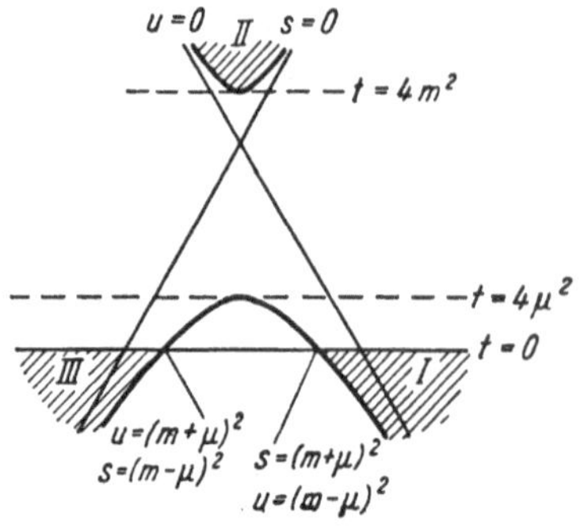

Abb. 8

Außerdem sind von den Bedingungen (68,2) zusätzlich noch die Ungleichungen $s > (m + \mu)^2$ im s-Kanal und $u > (m + \mu)^2$ im u-Kanal zu beachten. Die verbleibenden Ungleichungen sind dann von selbst erfüllt. Als Ergebnis finden wir zu den Kanälen I, II und III (s-, t- und u-Kanal) die in Abb. 8 schraffierten Flächen als *physikalische Bereiche*.

[1]) Verbinden wir zum Beispiel den Punkt P (Abb. 7) mit den drei Ecken des Dreiecks ABC, so teilen wir dieses in drei Dreiecke mit den Höhen s, t und u auf; die Summe der Flächen muß gleich der Fläche des Dreiecks ABC sein, daraus finden wir die benötigte Gleichung. Analog wird sie auch in dem Fall bewiesen, daß der Punkt P außerhalb des Dreiecks ABC liegt.

Für $\mu = 0$ (die Teilchen 2 und 4 sind Photonen) berührt der untere Hyperbelast die Achse $t = 0$, und die physikalischen Bereiche haben das in Abb. 9 wiedergegebene Aussehen.

Für $m = \mu$ fallen die Ränder des Bereiches (68,8) mit den Koordinatenachsen zusammen, und die physikalischen Bereiche sind die in Abb. 10 schraffierten drei Sektoren.

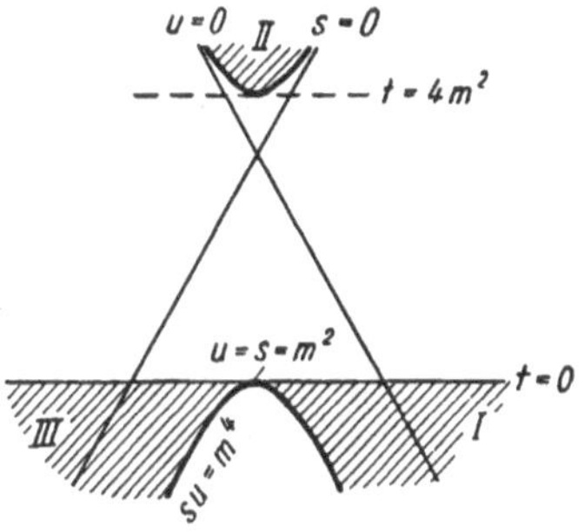

Abb. 9

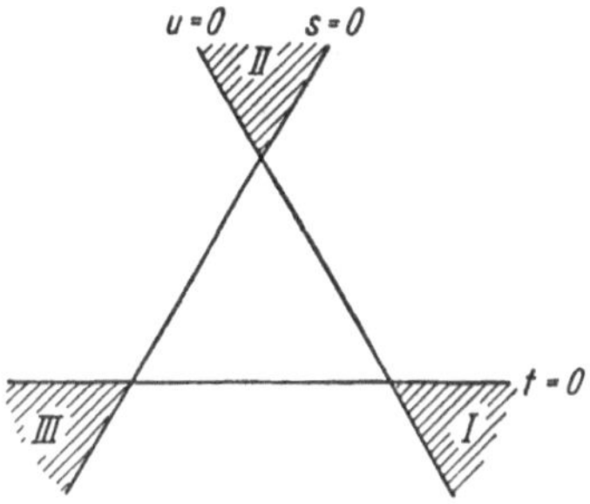

Abb. 10

Im allgemeinen Fall von vier verschiedenen Massen definiert die Gleichung

$$s\,t\,u = a\,s + b\,t + c\,u \tag{68,10}$$

eine Kurve dritter Ordnung, deren Zweige die physikalischen Bereiche für die drei Kanäle, wie in Abb. 11 dargestellt, begrenzen. Es sei

$$m_1 \geqq m_2 \geqq m_3 \geqq m_4\,,$$

dann ist

$$a \geqq b \geqq c\,, \quad a > 0\,, \quad b > 0\,.$$

Die Kurve (68,10) schneidet die Koordinatenachsen in Punkten auf der Geraden

$$a\,s + b\,t + c\,u = 0\,.$$

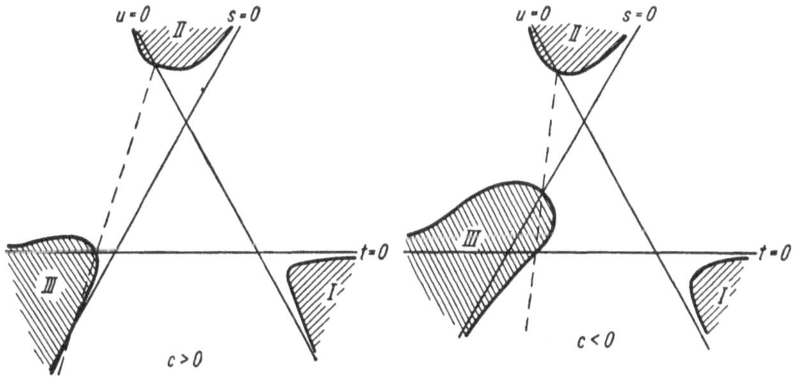

Abb. 11

Je nach dem Vorzeichen von c verläuft diese wie in Abb. 11a oder b. Für $c < 0$ umfaßt der physikalische Bereich zum u-Kanal einen Teil des Koordinatendreiecks; mit anderen Worten, in diesem Fall können die Größen s, t und u gleichzeitig positiv sein. Alle drei Zweige der Randkurve haben die entsprechenden Koordinatenachsen als Asymptoten (davon kann man sich leicht überzeugen, indem man aus der Gleichung (68,10) eine Variable mit Hilfe der Beziehung $s + t + u = h$ eliminiert und dann eine der beiden anderen Variablen gegen unendlich gehen läßt). Die Bedingungen (68,2) liefern im allgemeinen nichts Neues in bezug auf die durch die Gleichung (68,10) festgelegten Ränder. Die Geraden, die zu den Gleichheitszeichen in (68,2) gehören, schneiden die in Abb. 11*a* und *b* schraffierten physikalischen Bereiche nicht. Einige dieser Geraden tangieren an diese Bereichsgrenzen, was Extrema der Variablen s, t oder u in dem betreffenden Kanal entspricht.

Falls die Masse eines Teilchens größer als die Summe der Massen der drei anderen Teilchen ist ($m_1 > m_2 + m_3 + m_4$), dann ist neben den Kanälen I, II und III noch ein vierter Reaktionskanal mit dem Zerfall

$$\text{IV)}\quad 1 \rightarrow \bar{2} + 3 + 4 \tag{68,11}$$

möglich. Für diesen Kanal gilt im Ruhsystem des zerfallenden Teilchens

$$q_1 = (m_1, 0)\,, \quad q_2 = (-\varepsilon_2, -\boldsymbol{p}_2)\,, \quad q_3 = (-\varepsilon_3, -\boldsymbol{p}_3)\,, \quad q_4 = (-\varepsilon_4, -\boldsymbol{p}_4)\,,$$

$$\varepsilon_2 + \varepsilon_3 + \varepsilon_4 = m_1\,, \quad \boldsymbol{p}_2 + \boldsymbol{p}_3 + \boldsymbol{p}_4 = 0\,.$$

Die Invarianten sind

$$\left.\begin{aligned} s &= m_1^2 + m_2^2 - 2\,m_1\,\varepsilon_2\,,\\ t &= m_1^2 + m_3^2 - 2\,m_1\,\varepsilon_3\,,\\ u &= m_1^2 + m_4^2 - 2\,m_1\,\varepsilon_4\,. \end{aligned}\right\} \tag{68,12}$$

Aus (68,1) erhalten wir jetzt

$$\left.\begin{aligned} (m_3 + m_4)^2 &\leqq s \leqq (m_1 - m_2)^2\,,\\ (m_2 + m_4)^2 &\leqq t \leqq (m_1 - m_3)^2\,,\\ (m_2 + m_3)^2 &\leqq u \leqq (m_1 - m_4)^2\,. \end{aligned}\right\} \tag{68,13}$$

Alle drei Invarianten sind also positiv, d. h., der physikalische Bereich für diesen Zerfallskanal liegt innerhalb des Koordinatendreiecks. Es wird von der geschlossenen Kurve berandet, die sich aus (68,10) ergibt.

Aufgaben

1. Man bestimme die physikalischen Bereiche für den Fall dreier gleicher Massen: $m_1 \equiv m$, $m_2 = m_3 = m_4 \equiv \mu$ (zum Beispiel die Reaktion $K + \pi \rightarrow \pi + \pi$)!

Lösung. Die Gleichung (68,10) erhält die Gestalt

$$s\,t\,u = \mu^2\,(m^2 - \mu^2)^2 \tag{1}$$

mit

$$s + t + u = 3\,\mu^2 + m^2\,.$$

Die Bereiche I, II und III werden von Kurven gleicher Gestalt berandet (für I: $s > 0$ $t < 0$ und $u < 0$; analog für II und III). Für $m > 3\,\mu$ hat (1) auch einen Zweig (geschlossene Kurve) mit $s > 0, t > 0$ und $u > 0$ — das ist der Rand des Bereiches für Kanal IV (Abb.12).

2. Dasselbe wie Aufgabe 1 für den Fall $m_1 \equiv m$, $m_2 \equiv \mu$, $m_3 = m_4 = 0$, $m > \mu$ (zum Beispiel die Reaktion $\mu + \nu \rightarrow e + \nu$).

Lösung. Die Bedingung (68,5) erhält die Form

$$s\,t\,u \geqq m^2\,\mu^2\,s$$

mit $s + t + u = m^2 + \mu^2$. Die physikalischen Bereiche werden von der Achse $s = 0$ und den beiden Ästen der Hyperbel $t\,u = m^2\,\mu^2$ begrenzt (Abb. 13).

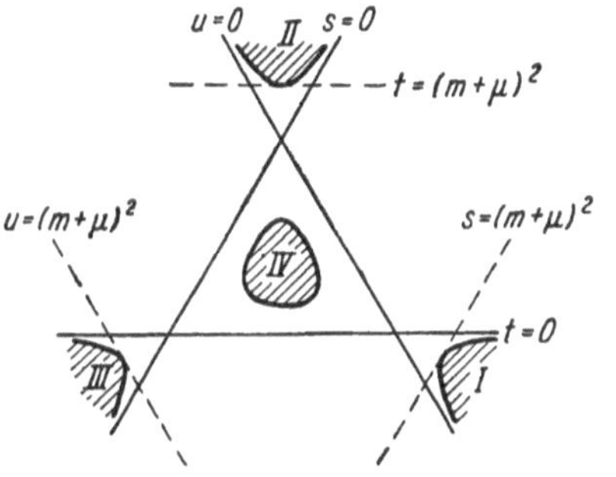

Abb. 12

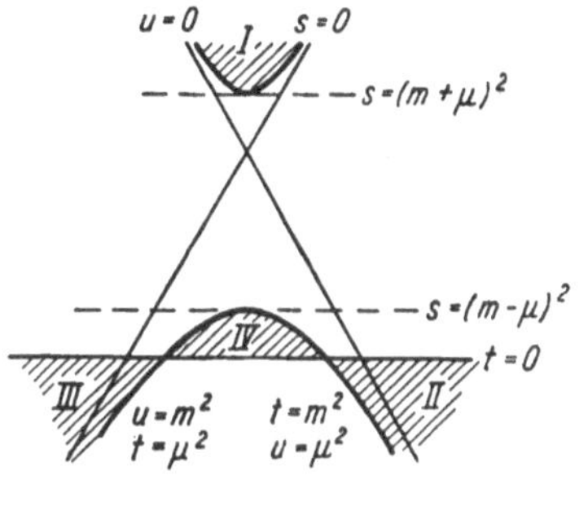

Abb. 13

3. Wie Aufgabe 1 für den Fall $m_1 = m_3 \equiv m$, $m_2 = 0$, $m_4 \equiv \mu$ mit $m > 2\,\mu$ (zum Beispiel die Reaktion $p + \gamma \rightarrow p + \pi^0$).

Lösung. Die Gleichung für die Ränder (68,10) hat die Gestalt

$$s\,t\,u = a\,(s + u) + b\,t\,,$$

$$a\,h = m^2\,\mu^4\,, \qquad b\,h = m^4\,(2\,m^2 - \mu^2)\,, \qquad h = 2\,m^2 + \mu^2\,.$$

Wir eliminieren u und finden

$$t^2 + \left(\frac{b - a}{s} + s - h\right)t + \frac{a\,h}{s} = 0\,.$$

Zu gegebenem s ist das eine quadratische Gleichung für t. Für $s > (m + \mu)^2$ (Bereich für den s-Kanal) gehören zu jedem s zwei negative t-Werte. Für $s = (m + \mu)^2$ fallen diese beiden Wurzeln der quadratischen Gleichung zusammen: $t = -\,m\,\mu^2/(m + \mu)$. Der Rand des Bereiches zum s-Kanal hat die in Abb. 14 dargestellte Form. Der untere Ast der

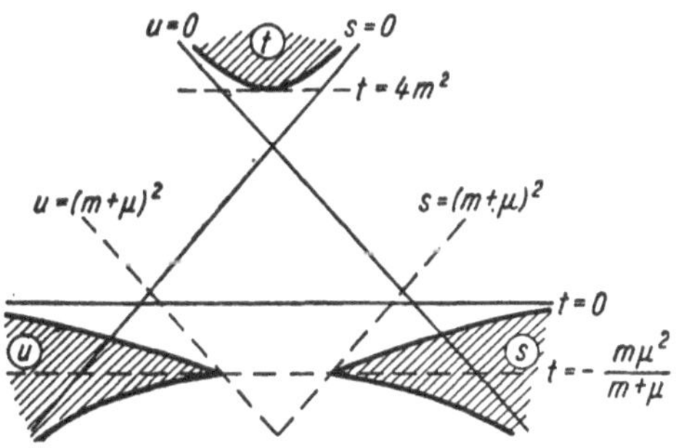

Abb. 14

Randkurve schmiegt sich asymptotisch an die Achse $u = 0$ an, der obere Ast schneidet diese Achse im Punkt $t = \mu^4/(\mu^2 - m^2)$.

Der Bereich zum u-Kanal ist symmetrisch zum Bereich für den s-Kanal, der Bereich für den t-Kanal liegt so, wie in der Abbildung angegeben.

§ 69. Partialwellenentwicklung

Ein wesentlicher Schritt bei der Analyse einer Reaktion der Art

$$a + b \to c + d \tag{69,1}$$

ist die Entwicklung der Streuamplitude nach Partialwellenamplituden mit jeweils einem bestimmten Wert für den Gesamtdrehimpuls J der Teilchen im Massenmittelpunktsystem (bei gegebener Gesamtenergie ε).[1])

Diese Partialwellenamplituden sind mit anderen Worten die Elemente der S-Matrix in der Drehimpulsdarstellung

$$\langle \varepsilon\, J'\, M'\, |S|\, \varepsilon\, J\, M\rangle\,.$$

Da der Drehimpuls J und seine Projektion M auf eine gegebene z-Achse erhalten bleiben, ist die S-Matrix in diesen Zahlen diagonal (wie auch in der Energie ε). Wegen der Isotropie des Raumes hängen die Diagonalelemente dabei nicht vom M-Wert ab. Für gegebene J, M und ε bleibt die Streumatrix noch eine Matrix bezüglich der Spinquantenzahlen; die Elemente dieser Matrix werden wir kürzer in folgender Form beschreiben:

$$\langle \varepsilon\, J\, M\, \lambda'\, |S|\, \varepsilon\, J\, M\, \lambda\rangle \equiv \langle \lambda'\, |S^J(\varepsilon)|\, \lambda\rangle\,; \tag{69,2}$$

λ und λ' sind die Sätze der Spinquantenzahlen. Es ist hier angebracht, die Spiralitäten der Teilchen als Spinquantenzahlen zu benutzen. Wir erinnern daran, daß die Spiralität (im Gegensatz zur Spinprojektion auf eine beliebige Raumachse) für ein freies Teilchen erhalten bleibt und daß sie auch mit Impuls und Drehimpuls des Teilchens kommutiert (§ 16). Man kann die Spiralitäten daher sowohl in der Impulsdarstellung als auch in der Drehimpulsdarstellung für die Streumatrix verwenden.

Die Elemente der S-Matrix mit den Spiralitäten als Indizes werden wir als *Spiralamplituden* der Streuung bezeichnen. Unter λ und λ' werden wir die Spiralitäten aller Teilchen in Anfangs- und Endzustand verstehen: $\lambda = (\lambda_a, \lambda_b)$ $\lambda' = (\lambda_c, \lambda_d)$.

In der Impulsdarstellung werden die Elemente der Streumatrix mit den Zuständen $|\varepsilon\, \boldsymbol{n}\, \lambda\rangle$ berechnet, ($\boldsymbol{n} = \boldsymbol{p}/|\boldsymbol{p}|$ ist die Richtung des Impulses der Relativbewegung im Massenmittelpunktsystem), in der Drehimpulsdarstellung werden sie mit den Zuständen $|\varepsilon\, J\, M\, \lambda\rangle$ berechnet. Diese Zustände gehen durch folgende Entwicklung auseinander hervor:

$$|J\, M\, \lambda\rangle = \int |\boldsymbol{n}\, \lambda\rangle\, \langle \boldsymbol{n}\, \lambda\, |\, J\, M\, \lambda\rangle\, do_{\boldsymbol{n}}\,, \tag{69,3}$$

[1]) Ein großer Teil der in § 69 und § 70 wiedergegebenen Ergebnisse stammt von M. Jacob und G. C. Wick (1959).

die Integration erfolgt über die Richtungen von $\boldsymbol{n}$ (in den Symbolen für die Zustände werden wir die Energie ε der Kürze halber weglassen). Wegen der Unitarität dieser Transformation (s. III, § 12) sind die Koeffizienten der inversen Transformation

$$\langle J\, M\, \lambda \mid \boldsymbol{n}\, \lambda\rangle = \langle \boldsymbol{n}\, \lambda \mid J\, M\, \lambda\rangle^* \,. \tag{69,4}$$

Nach der allgemeinen Transformationsvorschrift für Matrizen vermitteln dieselben Koeffizienten auch den Zusammenhang zwischen den Elementen der S-Matrix in den beiden Darstellungen:

$$\langle \boldsymbol{n}'\, \lambda' \,|S|\, \boldsymbol{n}\, \lambda\rangle = \sum_{JM} \langle \boldsymbol{n}'\, \lambda' \mid J\, M\, \lambda'\rangle \langle J\, M\, \lambda' \,|S|\, J\, M\, \lambda\rangle \langle J\, M\, \lambda \mid \boldsymbol{n}\, \lambda\rangle \,. \tag{69,5}$$

Die Entwicklungskoeffizienten (69,3) können mit Hilfe der Ergebnisse von § 16 leicht gefunden werden.

Die Wellenfunktionen aller Zustände seien in der Impulsdarstellung gegeben, d. h. als Funktionen der Impulsrichtung (bei gegebener Energie). Als unabhängige Variable bezeichnen wir diese Richtung mit $\vec{\nu}$, um sie von der Richtung $\boldsymbol{n}$ als Quantenzahl eines Zustandes zu unterscheiden. In dieser Darstellung hat die Wellenfunktion die Gestalt (16,2):

$$\psi_{\boldsymbol{n}\lambda}(\vec{\nu}) = u^{(\lambda)}\, \delta^{(2)}\,(\vec{\nu} - \boldsymbol{n}) \,. \tag{69,6}$$

Setzt man (69,6) in die Entwicklung (69,3) ein, dann behält man nur ein Glied übrig:

$$\psi_{JM\lambda} = \langle \vec{\nu}\, \lambda \mid J\, M\, \lambda\rangle\, u^{(\lambda)} \,. \tag{69,7}$$

Die Spiralitäten der beiden Teilchen λ_a und λ_b werden als Spinprojektionen auf die zugehörige Impulsrichtung definiert. Die Impulse der Teilchen seien $\boldsymbol{p}_a \equiv \boldsymbol{p}$ und $\boldsymbol{p}_b = -\boldsymbol{p}$; für das erste Teilchen ist dann die $\boldsymbol{n}$-Richtung die Impulsrichtung, für das zweite Teilchen die Richtung $-\boldsymbol{n}$. Betrachten wir jetzt das System als ein Teilchen mit der Spiralität Λ in der $\boldsymbol{n}$-Richtung, dann ist $\Lambda = \lambda_a - \lambda_b$. Die zugehörige Wellenfunktion (in der Impulsdarstellung) kann nach (16,4) in der Form

$$\varphi_{JM\lambda}(\vec{\nu}) = u^{(\lambda)}\, D^{(J)}_{\Lambda M}(\vec{\nu}) \sqrt{\frac{2\,J+1}{4\,\pi}} \tag{69,8}$$

dargestellt werden. Wir vergleichen die beiden Ausdrücke (69,7) und (69,8) (und ersetzen die Beziehungen für die Veränderliche $\vec{\nu}$ durch $\boldsymbol{n}$) und erhalten für die gesuchten Koeffizienten

$$\langle \boldsymbol{n}\, \lambda \mid J\, M\, \lambda\rangle = \sqrt{\frac{2\,J+1}{4\,\pi}}\; D^{(J)}_{\Lambda M}(\boldsymbol{n}) \,. \tag{69,9}$$

Diese Koeffizienten setzen wir in (69,5) ein und finden

$$\left.\begin{aligned} &\langle \boldsymbol{n}'\, \lambda' \,|S|\, \boldsymbol{n}\, \lambda\rangle = \sum_{JM} \frac{2\,J+1}{4\,\pi}\, D^{(J)}_{\Lambda' M}(\boldsymbol{n}')\, D^{(J)*}_{\Lambda M}(\boldsymbol{n})\, \langle \lambda' \,|S^J|\, \lambda\rangle \,, \\ &\Lambda = \lambda_a - \lambda_b \,, \qquad \Lambda' = \lambda_c - \lambda_d \,, \end{aligned}\right\} \tag{69,10}$$

wobei wir die Kurzbezeichnung (69,2) verwendet haben. Wir wählen die $\boldsymbol{n}$-Richtung als z-Achse und haben

$$D^{(J)}_{\Lambda M}(\boldsymbol{n}) = \delta_{\Lambda M}\,,$$

und (69,10) nimmt die folgende Gestalt an:

$$\langle \boldsymbol{n}'\,\lambda'\,|S|\,\boldsymbol{n}\,\lambda\rangle = \sum_J \frac{2\,J+1}{4\,\pi}\,D^{(J)}_{\Lambda'\Lambda}(\boldsymbol{n}')\,\langle\lambda'\,|S^J|\,\lambda\rangle\,. \tag{69,11}$$

Die Entwicklung nach Partialwellenamplituden wird also mit den Funktionen $D^{(J)}_{\Lambda'\Lambda}$ als Koeffizienten realisiert. Für eine Reaktion der Art (69,1) definiert man die Streuamplitude zweckmäßig so, daß der Streuquerschnitt (im Massenmittelpunktsystem) durch den Ausdruck

$$d\sigma = |\langle \boldsymbol{n}'\,\lambda'\,|f|\,\boldsymbol{n}\,\lambda\rangle|^2\,do' \tag{69,12}$$

gegeben wird (durch Vergleich mit (65,19) kann man diese Amplitude mit dem Matrixelement M_{fi} in Zusammenhang bringen). Die zugehörige Entwicklung nach Partialwellenamplituden schreiben wir in der Form

$$\langle \boldsymbol{n}'\,\lambda'\,|f|\,\boldsymbol{n}\,\lambda\rangle = \sum_{JM} (2\,J+1)\,D^{(J)}_{\Lambda' M}(\boldsymbol{n})\,D^{(J)*}_{\Lambda M}(\boldsymbol{n})\,\langle\lambda'\,|f^J|\,\lambda\rangle \tag{69,13}$$

oder, wenn wir die z-Achse in $\boldsymbol{n}$-Richtung legen,

$$\langle \boldsymbol{n}'\,\lambda'\,|f|\,\boldsymbol{n}\,\lambda\rangle = \sum_J (2\,J+1)\,D^{(J)}_{\Lambda'\Lambda}(\boldsymbol{n}')\,\langle\lambda'\,|f^J|\,\lambda\rangle\,. \tag{69,14}$$

Diese Formel ist die Verallgemeinerung der üblichen Entwicklung nach Partialwellenamplituden für die Streuung von Teilchen ohne Spin (s. III, (122,13)). Wegen $D^{(L)}_{0\,0} = P_L\,(\cos\theta)$ reduziert sich (69,14) für Spins Null auf die Entwicklung nach LEGENDREschen Polynomen:

$$f(\theta) = \sum_L (2\,L+1)\,f_L\,P_L\,(\cos\theta)\,.$$

Der Querschnitt (69,12) ist für den Fall berechnet worden, daß alle Teilchen bestimmte Spiralitäten haben. Befinden sich die Teilchen in gemischten Polarisationszuständen, dann ergibt sich der Streuquerschnitt durch Mittelung des Produktes

$$\langle\lambda_c\,\lambda_d\,|f|\,\lambda_a\,\lambda_b\rangle\,\langle\lambda_c'\,\lambda_d'\,|f|\,\lambda_a'\,\lambda_b'\rangle^*$$

über die Polarisationsmatrizen der Teilchen

$$\langle\lambda_a\,|\varrho^{(a)}|\,\lambda_a'\rangle\,\langle\lambda_b\,|\varrho^{(b)}|\,\lambda_b'\rangle\,\langle\lambda_c'\,|\varrho^{(c)}|\,\lambda_c\rangle\,\langle\lambda_d'\,|\varrho^{(d)}|\,\lambda_d\rangle$$

(s. die Fußnote[1]) auf S. 182). Für eine Reaktion unpolarisierter Teilchen a und b unter Bildung unpolarisierter Teilchen c und d erhalten wir

$$d\sigma = \frac{do}{(2\,s_a+1)\,(2\,s_b+1)} \sum_{(\lambda)} \sum_{JJ'} (2\,J+1)\,(2\,J'+1)\,\langle\lambda_c\,\lambda_d\,|f^J|\,\lambda_a\,\lambda_b\rangle$$

$$\times\,\langle\lambda_c\,\lambda_d\,|f^{J'}|\,\lambda_a\,\lambda_b\rangle^*\,D^{(J)}_{\Lambda'\Lambda}(\boldsymbol{n}')\,D^{(J')*}_{\Lambda'\Lambda}(\boldsymbol{n}') \tag{69,15}$$

(die z-Achse zeigt in $\boldsymbol{n}$-Richtung, das Symbol $\sum_{(\lambda)}$ bedeutet die Summe über $\lambda_a, \lambda_b, \lambda_c$ und λ_d). Wir verwenden für die Funktion $D_{\Lambda'\Lambda}^{(J')*}$ den Ausdruck (a, 12), benutzen dann die Entwicklung (b, 2) und erhalten endgültig

$$d\sigma = \frac{do}{(2\,s_a+1)\,(2\,s_b+1)} \sum_{(\lambda)\,J\,J'} (-1)^{\Lambda-\Lambda'}\,(2\,J+1)\,(2\,J'+1)\,\langle\lambda_c\,\lambda_d\,|f^J|\,\lambda_a\,\lambda_b\rangle$$
$$\times\,\langle\lambda_c\,\lambda_d\,|f^{J'}|\,\lambda_a\,\lambda_b\rangle^* \sum_L (2\,L+1) \begin{pmatrix} J & J' & L \\ \Lambda & -\Lambda & 0 \end{pmatrix} \begin{pmatrix} J & J' & L \\ \Lambda' & -\Lambda' & 0 \end{pmatrix} P_L(\cos\theta) \tag{69,16}$$

(θ ist der Winkel zwischen $\boldsymbol{n}'$ und der z-Achse); die Summe über L läuft über alle ganzen Zahlen, die sich bei der Vektoraddition von J und J' ergeben.

In der Entwicklung der Streuamplitude nach Partialwellenamplituden sind alle diejenigen Eigenschaften der Winkelverteilung der Streuung vollständig berücksichtigt, die mit der Symmetrie bei räumlichen Drehungen zusammenhängen. Die Symmetrie bei einer Raumspiegelung wird in den Eigenschaften der Streuamplitude dabei nicht explizit zum Ausdruck gebracht. Die P-Invarianz (wenn die Wechselwirkung diese aufweist) verknüpft verschiedene Spiralamplituden miteinander (s. § 70).

§ 70. Symmetrie der Streuamplituden zu bestimmten Spiralzuständen

Die aus der Symmetrie bezüglich der Transformationen P, T und C resultierenden Forderungen ziehen bestimmte Verknüpfungen zwischen den verschiedenen Spiralamplituden nach sich und verringern damit die Zahl der unabhängigen Amplituden (natürlich nur, wenn die betreffende Wechselwirkung zwischen den Teilchen diese Symmetrie hat).[1])

Um diese Verknüpfungen festzustellen, erläutern wir zunächst die Symmetrieeigenschaften der Spiralzustände eines Systems aus zwei Teilchen.

Wir betrachten die Teilchen in ihrem Massenmittelpunktsystem. Ein Teilchen hat den Impuls $\boldsymbol{p}_1 \equiv \boldsymbol{p}$ und die Spiralität λ_1 in bezug auf die $\boldsymbol{p}$-Richtung, das andere den Impuls $\boldsymbol{p}_2 = -\boldsymbol{p}$ und die Spiralität λ_2 in bezug auf die Richtung $-\boldsymbol{p}$. Definieren wir die Spiralität beider Teilchen bezüglich der $\boldsymbol{p}$-Richtung, dann sind diese λ_1 und $-\lambda_2$. Die Teilchen werden dementsprechend durch ebene Wellen mit den Amplituden $u_{\boldsymbol{p}}^{(\lambda_1)}$ und $u_{\boldsymbol{p}}^{(-\lambda_1)}$ beschrieben. Das System beider Teilchen wird durch die (mehrkomponentige) Funktion $u_{\boldsymbol{p}}^{(\lambda_1\lambda_2)}$ dargestellt, die aus Produkten der Amplituden $u_{\boldsymbol{p}}^{(\lambda_1)}$ und $u_{\boldsymbol{p}}^{(-\lambda_2)}$ zusammengesetzt ist.

Nun fassen wir das System als ein Teilchen mit der Spiralität $\Lambda = \lambda_1 - \lambda_2$ in der Richtung $\boldsymbol{n} = \boldsymbol{p}/|\boldsymbol{p}|$ auf und können die Wellenfunktion (in der Impulsdarstellung, d. h. als Funktion von $\boldsymbol{n}$) für einen Zustand mit bestimmten

[1]) Die Zahl der unabhängigen Amplituden hängt selbst natürlich nicht von der konkreten Darstellung der Matrix S^J ab und bleibt bei einer beliebigen Wahl der Spinvariablen gleich.

Werten von J, M, λ_1 und λ_2 (und auch der Gesamtenergie ε) als

$$\psi_{JM\lambda_1\lambda_2} = u_{\boldsymbol{p}}^{(\lambda_1\lambda_2)} D_{\Lambda M}^{(J)}(\boldsymbol{n}) \sqrt{\frac{2J+1}{4\pi}}, \quad \Lambda = \lambda_1 - \lambda_2 \tag{70,1}$$

schreiben (vgl. (69,8)). Da Λ die Projektion des Gesamtdrehimpulses auf $\boldsymbol{p}$ ist, muß gelten

$$|\Lambda| \leqq J\,. \tag{70,2}$$

Nach (16,14) haben wir bei einer Spiegelung

$$\mathrm{P}\, u^{(\lambda_1\lambda_2)}(\boldsymbol{n}) = \eta_1\,\eta_2\, u^{(\lambda_1\lambda_2)}(-\boldsymbol{n}) = \eta_1\,\eta_2(-1)^{s_1+s_2-\lambda_1+\lambda_2}\, u^{(-\lambda_1-\lambda_2)}(\boldsymbol{n})\,, \tag{70,3}$$

worin η_1 und η_2 die inneren Paritäten der Teilchen sind. Wir benutzen ferner (16,10) und finden als Transformationsvorschrift für die Funktionen (70,1)

$$\mathrm{P}\,\psi_{JM\lambda_1\lambda_2} = \eta_1\,\eta_2(-1)^{s_1+s_2-J}\,\psi_{JM-\lambda_1-\lambda_2}\,. \tag{70,4}$$

Sind die beiden Teilchen identisch, dann erhebt sich die Frage nach der Symmetrie bei einer Teilchenvertauschung. Eine Vertauschung der Teilchen bedeutet die Vertauschung von Impulsen und Spins. Um die Auswirkung dieser Operation auf die Funktion (70,1) herauszufinden, weisen wir auf die in ihrer Definition enthaltene Asymmetrie hin: Die Drehimpulse beider Teilchen werden auf die Richtung eines Vektors $\boldsymbol{p}_1 = \boldsymbol{p}$ — den Impuls des (ersten) Teilchens — projiziert. Nach der Vertauschung nimmt der Vektor $\boldsymbol{p}_2 \equiv -\boldsymbol{p}$ den Platz dieses Vektors ein; die Projektionen der Drehimpulse $\boldsymbol{j}_1$ und $\boldsymbol{j}_2$ auf diesen Vektor sind $-\lambda_1$ und λ_2 (statt der Projektionen λ_1 und $-\lambda_2$ auf $\boldsymbol{p}$). Deshalb kann man das Ergebnis einer Teilchenvertauschung (Operator P_{12}) in der Funktion (70,1) folgendermaßen schreiben:

$$\mathrm{P}_{12}\,\psi_{JM\lambda_1\lambda_2} = u^{(-\lambda_2-\lambda_1)}(-\boldsymbol{n})\, D_{\Lambda M}^{(J)}(-\boldsymbol{n}) \sqrt{\frac{2J+1}{4\pi}}$$

wie oben ist $\Lambda = \lambda_1 - \lambda_2$). Nun ziehen wir (70,3) und (16,10) heran und finden

$$\mathrm{P}_{12}\,\psi_{JM\lambda_1\lambda_2} = (-1)^{2s-J}\,\psi_{JM\lambda_2\lambda_1} \tag{70,5}$$

mit $s_1 = s_2 \equiv s$.

Für identische Teilchen sind nur symmetrische (für Bosonen) oder nur antisymmetrische (für Fermionen) Zustände hinsichtlich einer Vertauschung zulässig. Der erste Fall liegt für ganzzahligen Spin s der Teilchen vor, der zweite für halbzahligen Spin. In beiden Fällen können wir die zulässigen Spiralzustände eines Systems aus zwei Teilchen als Linearkombination

$$[1 + (-1)^{2s}\,\mathrm{P}_{12}]\,\psi_{JM\lambda_1\lambda_2}$$

schreiben, oder nach (70,5) als

$$\psi_{JM\lambda_1\lambda_2} + (-1)^J\,\psi_{JM\lambda_2\lambda_1}\,. \tag{70,6}$$

Es ist bemerkenswert, daß diese Kombination für Bosonen und Fermionen dieselbe Gestalt hat.

Für Systeme aus Teilchen und Antiteilchen wird das Ergebnis einer Vertauschung ebenfalls durch Formel (70,5) gegeben. Aber anders als im Fall identischer Teilchen sind jetzt Zustände beider Symmetrien bei Vertauschungen zugelassen, d. h. beide Kombinationen

$$\psi^{\pm} = \psi_{JM\lambda_1\lambda_2} \pm (-1)^J \psi_{JM\lambda_2\lambda_1} . \qquad (70,7)$$

Diese Zustände haben eine bestimmte Ladungsparität C. Eine Ladungskonjugation kann als Vertauschung aller Variablen (Spin- und Ladungsvariablen) der beiden Teilchen und anschließende Rückvertauschung der Spinvariablen (Spiralitäten) dargestellt werden. Das Ergebnis der ersten Operation muß mit dem Ergebnis der Vertauschung in einem System zweier identischer Teilchen übereinstimmen. Das System hat demnach zum oberen Vorzeichen in (70,7) (das gleich dem Vorzeichen des für identische Teilchen zugelassenen Zustandes (70,6) ist) positive Ladungsparität und zum unteren negative Ladungsparität:

$$\mathrm{C}\,\psi^{\pm} = \pm\,\psi^{\pm} .$$

Schließlich befassen wir uns noch mit der Zeitumkehr. Die Wellenfunktion eines ruhenden Teilchens mit dem Spin s und der Spinprojektion σ transformiert sich dabei entsprechend

$$\mathrm{T}\,\psi_{s\sigma} = (-1)^{s-\sigma}\,\psi_{s,\,-\sigma}$$

(s. III, (60,2)). Die Wellenfunktion zweier Teilchen im Massenmittelpunktsystem kann (hinsichtlich der Transformationseigenschaften) als Wellenfunktion eines „ruhenden Teilchens“ mit dem Drehimpuls J und der Drehimpulsprojektion M aufgefaßt werden. Die Spiralitäten λ_1 und λ_2 bleiben bei einer Zeitumkehr unverändert: Eine Zeitumkehr ändert das Vorzeichen des Impuls- und des Drehimpulsvektors, so daß das Produkt $\boldsymbol{j}\boldsymbol{p}$ unverändert bleibt. Wir bekommen also

$$\mathrm{T}\,\psi_{JM\lambda_1\lambda_2} = (-1)^{J-M}\,\psi_{JM\lambda_1\lambda_2} . \qquad (70,8)$$

Jetzt können wir sofort die Symmetrierelation für die Spiralamplituden aufschreiben.

Falls die Wechselwirkung P-invariant ist, müssen für die Reaktion

$$a + b \to c + d$$

(zu gegebenen J und ε) die Amplituden für die Übergänge

$$|\lambda_a \lambda_b\rangle \to |\lambda_c \lambda_d\rangle \qquad \text{und} \qquad \mathrm{P}\,|\lambda_a \lambda_b\rangle \to \mathrm{P}\,|\lambda_c \lambda_d\rangle$$

gleich sein. Unter Verwendung von (70,4) finden wir daher

$$\langle \lambda_c \lambda_d |S^J| \lambda_a \lambda_b\rangle = \frac{\eta_c \eta_d}{\eta_a \eta_b} (-1)^{s_c+s_d-s_a-s_b} \langle -\lambda_c, -\lambda_d |S^J| -\lambda_a, -\lambda_b\rangle . \qquad (70,9)$$

Wählen wir statt der Zustände mit bestimmten Spiralitäten Zustände mit bestimmten Paritäten, d. h. die Kombinationen

$$\frac{1}{\sqrt{2}} (\psi_{JM\lambda_1\lambda_2} \pm \mathrm{P}\,\psi_{JM\lambda_2\lambda_1})$$

(mit $\lambda_1 \lambda_2 = \lambda_a \lambda_b$ oder $\lambda_c \lambda_d$), dann verschwinden die Amplituden für Übergänge, die die Parität nicht erhalten.

Eine Zeitumkehr transformiert jeden Zustand gemäß (70,8) und vertauscht außerdem Anfangs- und Endzustände. Deshalb folgen aus der T-Invarianz die Beziehungen

$$\langle \lambda_c \lambda_d | S^J(\varepsilon) | \lambda_a \lambda_b \rangle = \langle \lambda_a \lambda_b | S^J(\varepsilon) | \lambda_c \lambda_d \rangle \,. \qquad (70{,}10)$$

Diese beiden Amplituden gehören aber zu verschiedenen Prozessen (direkte und inverse Reaktion). Nur im Fall der elastischen Streuung sind diese beiden Prozesse von gleicher Natur, und (70,10) stellt dann einen bestimmten Zusammenhang zwischen den Spiralamplituden einer Reaktion her.

Bei der elastischen Streuung zweier identischer Teilchen wird die Zahl der verschiedenen Amplituden noch infolge der Symmetrie bei Vertauschungen herabgesetzt. Wir haben gesehen, daß zu gegebenem J entweder nur symmetrische oder nur antisymmetrische Zustände bezüglich λ_1 und λ_2 realisiert werden. Die Drehimpulserhaltung bedeutet daher gleichzeitig auch die Erhaltung der Symmetrie bei der Vertauschung der Spiralitäten.

Eine analoge Situation liegt auch für die Streuung von Teilchen an Antiteilchen vor (oder bei der Umwandlung eines Teilchen–Antiteilchen-Paares in ein anderes Teilchen–Antiteilchen-Paar, d. h. bei Reaktionen der Art $a + \bar{a} \to b + \bar{b}$). Zu gegebenem J gibt es symmetrische und antisymmetrische Zustände bezüglich λ_1 und λ_2, aber zu diesen Zuständen gehören verschiedene Werte für die Ladungsparität des Systems. Wenn die Wechselwirkung zwischen den Teilchen C-invariant ist, so daß die Ladungsparität erhalten bleibt, dann sind Übergänge zwischen Zuständen verschiedener Symmetrie in λ_1 und λ_2 verboten.[1]) Wir weisen aber auf den Unterschied zum Fall identischer Teilchen hin, in dem zu jedem gegebenen J die Zustände einer bestimmten Symmetrie überhaupt fehlen. Im Fall „Teilchen–Antiteilchen" sind nur die Übergänge zwischen den Zuständen verschiedener Symmetrie verboten, aber diese Zustände selbst können (für jedes J) vorkommen.

Wegen der Universalität der CPT-Invarianz zieht die Existenz der T-Invarianz auch die CP-Invarianz nach sich. Die CP-Invarianz verlangt die Gleichheit der Amplituden der beiden Reaktionen, die auseinander hervorgehen, wenn man alle Teilchen durch Antiteilchen ersetzt (und das Vorzeichen der Spiralitäten ändert):

$$\langle \lambda_c \lambda_d | S^J | \lambda_a \lambda_b \rangle = \langle \lambda_{\bar{c}} \lambda_{\bar{d}} | S^J | \lambda_{\bar{a}} \lambda_{\bar{b}} \rangle \qquad (70{,}11)$$

mit $\lambda_{\bar{a}} = -\lambda_a, \ldots$[2]).

[1]) Ein analoges Verbot kann sich auch als Folge der Isoinvarianz der Wechselwirkung nicht identischer Teilchen ergeben. Im Rahmen dieser Invarianz sind Übergänge zwischen Zuständen verschiedener Symmetrien in λ_1 und λ_2 bei der Streuung eines Neutrons an einem Proton verboten.

[2]) Da diese beiden Amplituden zu verschiedenen Reaktionen gehören, die miteinander nicht interferieren können, hätte ein Phasenfaktor in (70,11) überhaupt keinen Sinn, und man kann ihn gleich 1 setzen. Eine reale Bedeutung hat nur die aus (70,11) folgende Gleichheit der Reaktionsquerschnitte.

Die Zahl der unabhängigen Amplituden ist für alle Crossing-Kanäle einer verallgemeinerten Reaktion gleich; man kann daher diese Zahl für einen beliebigen Kanal bestimmen. So werden die elastische Streuung $a + b \rightarrow a + b$ und die Vernichtung $a + \overline{a} \rightarrow b + \overline{b}$ durch gleich viele unabhängige Amplituden beschrieben. Die im ersten Fall aus der T-Invarianz folgenden Beschränkungen sind den Einschränkungen äquivalent, die im zweiten Fall aus der C-Invarianz folgen.

Wir verweilen noch bei Zerfallsreaktionen; ein Teilchen zerfalle in zwei: $a \rightarrow b + c$. Im Massenmittelpunktsystem (Ruhsystem des Teilchens a) haben wir $\boldsymbol{p}_b = -\boldsymbol{p}_c$. Wir multiplizieren die Gleichung $\boldsymbol{j}_a = \boldsymbol{j}_b + \boldsymbol{j}_c$ mit $\boldsymbol{p}_b$ und erhalten

$$\lambda_a = \lambda_b - \lambda_c \tag{70,12}$$

(die Spiralität λ_a des Primärteilchens wird als Spinprojektion auf die Impulsrichtung eines Sekundärteilchens definiert). Diese Beziehung ist, kann man sagen, eine Folge der zusätzlichen Symmetrie des betrachteten Prozesses: der Rotationssymmetrie um die Richtungen von $\boldsymbol{p}_b$ und $\boldsymbol{p}_c$. Falls der Spin des Primärteilchens $s_a < s_b + s_c$ ist, dann verringert die Beziehung (70,12) die Zahl der zulässigen Sätze von Werten für λ_a, λ_b und λ_c und damit auch die Zahl der unabhängigen Spiralamplituden des Zerfalls. Der Gesamtdrehimpuls J ist im vorliegenden Fall gleich dem Spin des Primärteilchens s_a und hat somit einen festen Wert.

Die P-Invarianz des Zerfalls führt zu der Beziehung

$$\langle \lambda_b \lambda_c | S^J | \lambda_a \rangle = \frac{\eta_b \eta_c}{\eta_a} (-1)^{s_a - s_b - s_c} \langle -\lambda_b, -\lambda_c | S^J | -\lambda_a \rangle \tag{70,13}$$

(hier ist neben (70,4) auch die Transformationsvorschrift für die Wellenfunktion eines Teilchens (16,16) benutzt worden).

Für ein streng neutrales Primärteilchen ergeben sich weitere Beschränkungen, falls die C-Parität erhalten bleibt. Hier sind zwei Fälle zu unterscheiden. Sind die Zerfallsprodukte ebenfalls streng neutrale Teilchen, dann muß $C_a = C_b C_c$ sein. Diese Bedingung verbietet den Zerfall entweder ganz, oder sie wird erfüllt, ohne zu neuen Einschränkungen Anlaß zu geben. Für verschiedene Teilchen b und c bedingt die C-Invarianz eine Beziehung zwischen den Amplituden der verschiedenen Prozesse $a \rightarrow b + c$ und $a \rightarrow \overline{b} + \overline{c}$. Schließlich ergibt sich für den Zerfall $a \rightarrow b + \overline{b}$ eine Beschränkung, weil sich das System bei gegebener Ladungsparität C und bei gegebenem Gesamtdrehimpuls $J = s_a$ nur in bezüglich der Spiralitäten symmetrischen oder antisymmetrischen Zuständen befinden kann, je nach dem Vorzeichen von C und je nachdem, ob die Zahl J gerade oder ungerade ist.

Die CP-Invarianz fordert die Gleichheit der Amplituden für die Zerfälle $a \rightarrow b + c$ und $\overline{a} \rightarrow \overline{b} + \overline{c}$:

$$\langle \lambda_b \lambda_c | S^J | \lambda_a \rangle = \langle \lambda_{\overline{b}} \lambda_{\overline{c}} | S^J | \lambda_{\overline{a}} \rangle \tag{70,14}$$

(mit $\lambda_{\bar{a}} = -\lambda_a, \ldots$), d. h. die Gleichheit der Zerfallswahrscheinlichkeiten für Teilchen und Antiteilchen. Wenn ein Teilchen auf verschiedene Arten zerfallen kann (in verschiedenen Kanälen), dann bezieht sich diese Gleichheit auf jeden einzelnen Kanal. Wir weisen aber darauf hin, daß dieses Ergebnis die Existenz der CP-Invarianz voraussetzt, die keine universelle Eigenschaft der Natur ist. Nur die CPT-Invarianz hat universellen Charakter; diese Forderung allein würde nur zu Gleichung

$$\langle \lambda_b \lambda_c | S^J | \lambda_a \rangle = \langle \lambda_{\bar{a}} | S^J | \lambda_{\bar{b}} \lambda_{\bar{c}} \rangle$$

führen. Die rechte Seite dieser Gleichung bezieht sich auf den zum Zerfall inversen Prozeß. Wir werden später sehen (§ 72), daß die Bedingung der CPT-Invarianz zusammen mit den Unitaritätsforderungen doch zu einer gewissen, wenn auch schwächeren Beziehung für die Zerfallswahrscheinlichkeiten von Teilchen und Antiteilchen führt.

Aufgaben

1. Mit Hilfe von (70,6) sind die möglichen Zustände eines Systems zweier Photonen zu klassifizieren!

Lösung. In diesem Fall sind $\lambda_1, \lambda_2 = \pm 1$. Für geradzahlige J ($J > 0$) sind nach (70,6) drei in λ_1 und λ_2 symmetrische Zustände zugelassen:

$$\text{a) } \psi_{JM11}, \quad \text{b) } \psi_{JM-1-1}, \quad \text{c) } \psi_{JM1-1} + \psi_{JM-11}.$$

Für ungeradzahlige J (mit $J > 1$) ist ein antisymmetrischer Zustand zulässig:

$$\text{d) } \psi_{JM1-1} - \psi_{JM-11}.$$

Die Zustände c) und d) haben gleichzeitig eine bestimmte Parität (+1); nach (70,4) ist

$$\mathrm{P}(\psi_{JM1-1} \pm \psi_{JM-11}) = \pm(-1)^J (\psi_{JM1-1} \pm \psi_{JM-11}).$$

Der Faktor $\pm(-1)^J = 1$ gilt, weil das obere Vorzeichen zu geradzahligen und das untere zu ungeradzahligen Werten für J gehören. Die Zustände a) und b) haben an sich keine bestimmte Parität, aber durch Bildung der Kombinationen

$$\text{a}') \ \psi_{JM11} + \psi_{JM-1-1}, \quad \text{b}') \ \psi_{JM11} - \psi_{JM-1-1}$$

erhalten wir gerade und ungerade Zustände. Für $J = 0$ ist (wegen der Bedingung $|\lambda_1 - \lambda_2| \leqq J$) nur $\lambda_1 = \lambda_2$ zugelassen, so daß der Zustand c) entfällt, und es bleiben nur ein gerader und ein ungerader Zustand a') bzw. b') übrig. Schließlich ist für $J = 1$ der einzige für ungeradzahlige J zugelassene Zustand d) verboten, weil für diesen $\lambda = 2 > J$ ist. Auf diese Weise gelangen wir zur Tabelle (9,5) für die zulässigen Zustände.

2. In nichtrelativistischer Näherung ist der Gesamtdrehimpuls J eines Systems das Ergebnis der Addition von Spin S und Bahndrehimpuls L. Für Systeme aus zwei Teilchen ist der Zusammenhang zwischen den Zuständen $|JLSM\rangle$ und $|JM\lambda_1\lambda_2\rangle$ herzustellen!

Lösung. Nach der Vorschrift für die Bildung von Wellenfunktionen bei der Addition von Drehimpulsen haben wir

$$\psi_{JLSM} = \Sigma \left\{ \psi_{s_1\sigma_1} \psi_{s_2\sigma_2} C^{S\,M_S}_{\sigma_1\sigma_2} \right\} \psi_{LM_L} C^{J\,M}_{M_L M_S}. \tag{1}$$

Hier sind $\psi_{s\sigma}$ die Eigenfunktionen zum Spin s mit der Projektion σ (auf eine feste z-Achse), ψ_{LM_L} sind die Eigenfunktionen zum Bahndrehimpuls L mit der Projektion M_L. Der Ausdruck in der Klammer entspricht der Addition von s_1 und s_2 zu S, anschließend werden

S und L zu J addiert; es wird über alle m-Indizes summiert. Wir stellen alle Funktionen in der Impulsdarstellung als Funktionen der Richtung $\boldsymbol{n}$ (des Impulses $\boldsymbol{p} \equiv \boldsymbol{p}_1$) dar und drücken die Funktionen $\psi_{s\sigma}$ mit Hilfe von (a, 1) durch die Funktionen für die Spiralzustände $\psi_{\boldsymbol{n}\lambda}$ aus:

$$\psi_{s_1\sigma_1} = \sum_{\lambda_1} D^{(s_1)}_{\lambda_1\sigma_1}(\boldsymbol{n})\, \psi_{\boldsymbol{n}\lambda_1},$$

$$\psi_{s_2\sigma_2} = \sum_{\lambda_2} D^{(s_2)}_{-\lambda_2\sigma_2}(\boldsymbol{n})\, \psi_{\boldsymbol{n},\,-\lambda_2}.$$

Für die Funktionen $\psi_{L M_L}$ haben wir

$$\Psi_{L M_L} = Y_{L M_L}(\boldsymbol{n}) = i^L \sqrt{\frac{2L+1}{4\pi}}\, D^{(L)}_{0 M_L}(\boldsymbol{n})$$

(dabei sind (a, 18) und die Definition (16,5) benutzt worden). Diese Funktionen setzen wir in (1) ein und benutzen zweimal die Zerlegung (b, 1) sowie die Orthogonalitätseigenschaft der CLEBSCH-GORDAN-Koeffizienten III, (106,13). Als Ergebnis erhalten wir für ψ_{JLSM} die Entwicklung

$$\Psi_{JLSM} = \sum_{\lambda_1\lambda_2} \Psi_{JM\lambda_1\lambda_2} \langle J\, M\, \lambda_1\, \lambda_2 \mid J\, L\, S\, M\rangle \tag{2}$$

mit

$$\Psi_{JM\lambda_1\lambda_2} = \psi_{\boldsymbol{n}\lambda_1}\, \psi_{\boldsymbol{n},\,-\lambda_2}\, D^{(J)}_{\Lambda M}(\boldsymbol{n}) \sqrt{\frac{2J+1}{3\pi}}, \qquad \Lambda = \lambda_1 - \lambda_2$$

und den Koeffizienten

$$\langle J\, M\, \lambda_1\, \lambda_2 \mid J\, L\, S\, M\rangle$$
$$= (-i)^L (-1)^{s_1 - s_2 + S} \sqrt{(2L+1)(2S+1)} \begin{pmatrix} s_1 & s_2 & S \\ \lambda_1 & -\lambda_2 & -\Lambda \end{pmatrix} \begin{pmatrix} L & S & J \\ 0 & \Lambda & -\Lambda \end{pmatrix}. \tag{3}$$

Wegen der Unitarität der Transformation (2) ist

$$\langle J\, L\, S\, M \mid J\, M\, \lambda_1\, \lambda_2\rangle = \langle J\, M\, \lambda_1\, \lambda_2 \mid J\, L\, S\, M\rangle^* .$$

3. Man berechne die Zahl der unabhängigen Partialwellenamplituden für folgende Streuprozesse: a) $\pi + N \to \pi + N$, b) $\gamma + \pi \to \gamma + \pi$, c) $\gamma + N \to \gamma + N$, d) $e + N \to e + N$, e) $\nu + e \to \nu + e$, f) $p + \gamma \to n + \pi^+$ und g) $N + N \to N + N$![1])

Lösung. Für a) und b) ist die Gesamtzahl der Matrixelemente von S^J (d. h. die Zahl der unabhängigen Sätze von Zahlen $\lambda_1, \lambda_2, \lambda_1'$ und λ_2') $N = 4$. Unter Berücksichtigung der P-Invarianz verringert sich die Zahl der unabhängigen Elemente auf $N_P = 2$, unter Berücksichtigung der T-Invarianz auf $N_T = 3$ und unter Berücksichtigung beider auf $N_{PT} = 2$.

c), d) $N = 16$, $N_P = 8$, $N_T = 10$, $N_{PT} = 6$.
e) $N = 4$, $N_T = 3$.
f) $N = 8$, $N_P = 4$.

g) Bei der Abzählung geht man zweckmäßig von folgenden Linearkombinationen der Spiralzustände aus:

$$\psi_{1g} = \psi_{++} + \psi_{--}, \quad \psi_{2g} = \psi_{++} - \psi_{--}, \quad \psi_{3g} = \psi_{-+} + \psi_{+-}, \quad \psi_u = \psi_{+-} - \psi_{-+};$$

die Indizes $\pm$ geben darin die Werte der Spiralitäten ($\pm 1/2$) der beiden Teilchen an. Die Zustände $1\,g$, $2\,g$ und $3\,g$ sind gerade und der Zustand u ist ungerade bei einer Teilchenvertauschung. Übergänge $g \leftrightarrow u$ sind deshalb verboten, so daß bei Beachtung der Vertauschungssymmetrie $N = 16 - 6 = 10$ verbleibt. Bezüglich der Spiegelung P haben die

[1]) In diesen Beispielen sind natürlich nur die Spins der Teilchen und die Symmetrie ihrer Wechselwirkungen von Bedeutung.

Funktionen ψ_{1g}, ψ_{3g} und ψ_{2g}, ψ_u entgegengesetzte Paritäten (entsprechend $(-1)^{J+1}$ und $(-1)^J$); das Verbot der Übergänge zwischen diesen Zuständen reduziert die Zahl der unabhängigen Amplituden auf $N_P = 6$. Schließlich verlangt die T-Invarianz die Gleichheit der Amplituden für $1\,g \to 3\,g$ und $3\,g \to 1\,g$, so daß $N_{PT} = 5$ wird.

§ 71. Invariante Amplituden

Bei den Spiralamplituden wird ein bestimmtes Bezugssystem — das Massenmittelpunktsystem — benutzt. Dagegen ist es bei der Berechnung der Streuamplituden mit Hilfe der invarianten Störungstheorie (und auch bei der Untersuchung der allgemeinen analytischen Eigenschaften) zweckmäßig, die Amplituden explizit invariant zu formulieren.

Falls die an einer Reaktion beteiligten Teilchen keinen Spin haben, hängt die Streuamplitude nur von den invarianten Produkten aus den 4-Impulsen der Teilchen ab. Für eine Reaktion der Art

$$a + b \to c + d \tag{71,1}$$

kann man zwei beliebige der in § 67 definierten Größen s, t und u als diese Invarianten wählen. Die Streuamplitude ist dann die Funktion $M_{fi} = f(s, t)$.

Für Teilchen mit Spins gibt es außer den kinematischen Invarianten s, t und u noch weitere Invarianten, die man aus den Wellenfunktionen der Teilchen (Bispinoren, 4-Tensoren usw.) bilden kann. Die Streuamplituden müssen dann die Form

$$M_{fi} = \sum_n f_n(s, t)\, F_n \tag{71,2}$$

haben; die F_n sind darin Invarianten, die von den Wellenamplituden aller beteiligten Teilchen (und auch von deren 4-Impulsen) linear abhängen. Die Koeffizienten $f_n(s, t)$ heißen *invariante Streuamplituden* oder einfach *invariante Amplituden.*

Wir wählen die Wellenamplituden so, daß sie Teilchen mit bestimmten Spiralitäten entsprechen, und erhalten bestimmte Werte für die Invarianten $F_n = F_n(\lambda_i, \lambda_f)$. Die Spiralamplituden sind dann homogene Linearkombinationen der invarianten Amplituden f_n. Die Zahl der unabhängigen Funktionen $f_n(s, t)$ ist daher gleich der Zahl der unabhängigen Spiralamplituden. Da letztere einfach zu bestimmen ist (wie in § 70 erklärt wurde), wird dadurch auch die Konstruktion der Invarianten F_n erleichtert; wir wissen schon vorher, wieviel Invarianten es geben muß.

Sehen wir uns einige Beispiele an. Bei allen Beispielen werden wir annehmen, daß die Wechselwirkung T-invariant und P-invariant ist. Die P-Invarianz verlangt, daß alle Invarianten F_n echte Skalare (und keine Pseudoskalare) sein müssen.

1. Streuung eines Teilchens mit dem Spin 0 an einem Teilchen mit dem Spin 1/2. Die Zahl der Invarianten ist 2 (s. § 70, Aufgabe 3). Als solche wählen wir

$$F_1 = \bar{u}'\, u\,, \qquad F_2 = \bar{u}'\, \hat{K}\, u \tag{71,3}$$

mit den Bispinoramplituden $u = u(p)$ und $u' = u'(p')$ für das Fermion in Anfangs- und Endzustand; $K = k + k'$, k und k' sind die 4-Impulse des Bosons in Anfangs- und Endzustand.[1])

Die T-Invarianz der Größen (71,3) kann leicht nachgeprüft werden. Eine Zeitumkehr vertauscht Anfangs- und Endzustand und ersetzt die Amplituden $u(p)$ durch die „zeitumgekehrten" Amplituden

$$u^T = \mathrm{U}_T \bar{u}\,, \qquad \bar{u}^T = -\,\mathrm{U}_T^+ u$$

(s. (28,5)). Daher haben wir

$$\bar{u}'\, u \to \bar{u}^T\, u'^T = -\,(\mathrm{U}_T^+ u)\,(\mathrm{U}_T\, \bar{u}') = -\,\bar{u}'\, \tilde{\mathrm{U}}_T\, \mathrm{U}_T^+ u = \bar{u}'\, \mathrm{U}_T\, \mathrm{U}_T^+ u = \bar{u}'\, u\,,$$

womit die T-Invarianz von F_1 bewiesen ist. Analog bekommen wir

$$\bar{u}'\, \gamma^\mu\, u \to \bar{u}^T\, \gamma^\mu\, u'^T = -\,(\mathrm{U}_T^+ u)\; \gamma^\mu (\mathrm{U}_T\, \bar{u}') = \bar{u}'\, \mathrm{U}_T\, \tilde{\gamma}^\mu\, \mathrm{U}_T^+ u$$

oder wegen (26,12)[2])

$$\bar{u}'\, \gamma^0\, u \to \bar{u}'\, \gamma^0\, u\,, \qquad \bar{u}'\, \vec{\gamma}\, u \to -\,\bar{u}'\, \vec{\gamma}\, u\,.$$

Genauso werden 4-Impulse transformiert: $(K^0, \boldsymbol{K}) \to (K^0, -\boldsymbol{K})$, und das Skalarprodukt $F_2 = K_\mu(\bar{u}'\, \gamma^\mu\, u)$ ist folglich invariant.

2. Elastische Streuung zweier identischer Teilchen mit dem Spin 1/2. Es gibt fünf unabhängige Invarianten, die wir folgendermaßen wählen können:

$$\left.\begin{aligned} F_1 &= (\bar{u}_1'\, u_1)\, (\bar{u}_2'\, u_2)\,, & F_2 &= (\bar{u}_1'\, \gamma^5\, u_1)\, (\bar{u}_2'\, \gamma^5\, u_2)\,, \\ F_3 &= (\bar{u}_1'\, \gamma^\mu\, u_1)\, (\bar{u}_2'\, \gamma_\mu\, u_2)\,, & F_4 &= (\bar{u}_1'\, \gamma^\mu\, \gamma^5\, u_1)\, (\bar{u}_2'\, \gamma_\mu\, \gamma^5\, u_2)\,, \\ F_5 &= (\bar{u}_1'\, \sigma^{\mu\nu}\, u_1)\, (\bar{u}_2'\, \sigma_{\mu\nu}\, u_2)\,; & & \end{aligned}\right\} \quad (71{,}4)$$

u_1 und u_2 sind die Bispinoramplituden der Teilchen im Anfangszustand, u_1' und u_2' im Endzustand. Die Vertauschung der Teilchen im Anfangszustand (oder Endzustand) führt zu keinen neuen Invarianten, denn die neuen Invarianten werden durch die alten ausgedrückt (§ 28, Aufgabe 1). Der Ausdruck (71,2) mit F_n aus (71,4) berücksichtigt aber noch nicht explizit die Forderung, nach der die Vertauschung zweier identischer Fermionen das Vorzeichen der Streuamplitude ändern muß. Den Ausdruck, der diese Forderung erfüllt, kann man in der Form

$$M_{fi} = [(\bar{u}_1'\, u_1)\, (\bar{u}_2'\, u_2)\, f_1(t, u) - (\bar{u}_2'\, u_1)\, (\bar{u}_1'\, u_2)\, f_1(u, t)] + \cdots \qquad (71{,}5)$$

---

[1]) Auf den ersten Blick könnte man noch die Invariante

$$\bar{u}'\, \sigma_{\mu\nu}\, k^\mu\, k'^\nu\, u$$

bilden. Man überzeugt sich jedoch leicht davon, daß diese auf die Invarianten (71,3) zurückgeführt werden kann, wenn man den Impulssatz $k' = p + k - p'$ und die Gleichungen $\hat{p}\, u = m\, u$ und $\bar{u}'\, \hat{p}' = m\, \bar{u}'$ für die Bispinoramplituden beachtet.

[2]) Diese Transformationsvorschriften folgen natürlich auch aus dem in § 28 untersuchten Verhalten der Operatoren $\bar{\psi}\, \psi$ und $\bar{\psi}\, \gamma^\mu\, \psi$ bei einer Zeitumkehr; die Produkte $\bar{u}'\, u$ und $\bar{u}'\, \gamma^\mu\, u$ sind die Matrixelemente dieser Operatoren.

schreiben. Bei der Vertauschung von p_1' und p_2' (oder von p_1 und p_2) tauschen sich die kinematischen Invarianten untereinander aus: $s \to s$, $t \to u$, $u \to t$, so daß die gestellte Forderung von selbst erfüllt ist.

Wir betrachten noch zwei Beispiele — die elastische Streuung eines Photons an Teilchen mit dem Spin 0 oder 1/2. Man stellt die Amplitude für diesen Prozeß zweckmäßig mit Hilfe der raumartigen 4-Einheitsvektoren $e^{(1)}$ und $e^{(2)}$ dar, die die Bedingungen

$$\left.\begin{aligned} &e^{(1)2} = e^{(2)2} = -1\,, && e^{(1)}\,e^{(2)} = 0\,,\\ &e^{(1)}\,k = e^{(2)}k = 0\,, && e^{(1)}\,k' = e^{(2)}\,k' = 0 \end{aligned}\right\} \tag{71,6}$$

erfüllen (für jedes Photon können diese 4-Vektoren als 4-Einheitsvektoren zur invarianten Beschreibung der Polarisationseigenschaften dienen; s. § 8).

Es seien k und k' die 4-Impulse des Photons vor und nach der Streuung; p und p' seien die entsprechenden Impulse des streuenden Teilchens. Wir betrachten die 4-Vektoren

$$\left.\begin{aligned} &P^\lambda = p^\lambda + p'^\lambda - K^\lambda \frac{p\,K + p'\,K}{K^2}\,,\\ &N^\lambda = e^{\lambda\mu\nu\varrho}\,P_\mu\,q_\nu\,K_\varrho \end{aligned}\right\} \tag{71,7}$$

mit

$$K = k + k'\,, \qquad q = p - p' = k' - k\,.$$

Sie sind offensichtlich orthogonal zueinander. Sie sind auch zu den 4-Vektoren K und q orthogonal, und daher auch zu k und k'. Da sie zum zeitartigen 4-Vektor K ($K^2 = 2\,k\,k' > 0$) orthogonal sind, sind sie selbst raumartig (tatsächlich, in dem Bezugssystem, in dem $\boldsymbol{K} = 0$ ist, folgt $P_0 = 0$ aus $K\,P = 0$, und somit ist $P^2 < 0$). Wir normieren P und N, d. h., wir bilden

$$e^{(1)\lambda} = \frac{N^\lambda}{\sqrt{-N^2}}\,, \qquad e^{(2)\lambda} = \frac{P^\lambda}{\sqrt{-P^2}} \tag{71,8}$$

und erhalten ein Paar von 4-Vektoren mit allen erforderlichen Eigenschaften. $e^{(2)}$ in ein echter, $e^{(1)}$ ein Pseudovektor.

Die Streuamplitude für das Photon setzen wir in der Form

$$M_{fi} = F^{\lambda\mu}\,e_\lambda'^{*}\,e_\mu \tag{71,9}$$

an, in der wir die 4-Polarisationsvektoren e und e' des Photons vor und nach der Streuung herausgezogen haben.

3. Streuung eines Photons an einem Teilchen mit dem Spin 0. Der Tensor $F^{\lambda\mu}$ in (71,9) darf nur aus den 4-Impulsen der Teilchen gebildet werden. Er kann in der Form

$$F^{\lambda\mu} = f_1\,e^{(1)\lambda}\,e^{(1)\mu} + f_2\,e^{(2)\lambda}\,e^{(2)\mu} \tag{71,10}$$

dargestellt werden; f_1 und f_2 sind die invarianten Amplituden, im vorliegenden Fall gibt es zwei invariante Amplituden. Wir machen darauf aufmerksam, daß ein Glied mit dem Produkt $e^{(1)\lambda}\,e^{(2)\mu}$ in $F^{\lambda\mu}$ nicht vorkommen kann, weil dieses Produkt ein Pseudotensor ist und beim Einsetzen in (71,9) einen Pseudoskalar ergeben würde.

4. Streuung eines Photons an einem Teilchen mit dem Spin 1/2. Wir setzen den Tensor $F_{\lambda\mu}$ in der Form

$$F_{\lambda\mu} = G_0\,(e_\lambda^{(1)}\,e_\mu^{(1)} + e_\lambda^{(2)}\,e_\mu^{(2)}) + G_1\,(e_\lambda^{(1)}\,e_\mu^{(2)} + e_\lambda^{(2)}\,e_\mu^{(1)}) + G_2\,(e_\lambda^{(1)}\,e_\mu^{(2)} - e_\lambda^{(2)}\,e_\mu^{(1)}) + G_3\,(e_\lambda^{(1)}\,e_\mu^{(1)} - e_\lambda^{(2)}\,e_\mu^{(2)}) \qquad (71{,}11)$$

an mit den echten Skalaren G_0 und G_3 und den Pseudoskalaren G_1 und G_2. Alle sind in den Bispinoramplituden der Fermionen $\overline{u}(p')$ und $u(p)$ bilinear, d. h., sie haben die Gestalt

$$G_n = \overline{u}(p')\,Q_n\,u(p)\,. \qquad (71{,}12)$$

Die allgemeine Form der Matrix Q_n (Bispinorindizes als Matrixindizes) ist

$$\left.\begin{aligned} Q_0 &= f_1 + f_2\,\hat{K}\,, & Q_1 &= \gamma^5\,(f_3 + f_4\,\hat{K})\,,\\ Q_2 &= \gamma^5\,(f_5 + f_6\,\hat{K})\,, & Q_3 &= f_7 + f_8\,\hat{K} \end{aligned}\right\} \qquad (71{,}13)$$

mit $K = k + k'$. Die Koeffizienten $f_1, \ldots, f_8$ sind die invarianten Amplituden; wir haben hier acht (statt der erforderlichen sechs) invarianten Amplituden, weil wir die Forderung nach T-Invarianz noch nicht eingebaut haben.

Eine Zeitumkehr vertauscht die 4-Impulse der Teilchen vor und nach der Streuung und ändert auch die Vorzeichen der räumlichen Komponenten:

$$(k_0, \boldsymbol{k}) \leftrightarrow (k_0', -\boldsymbol{k}')\,, \qquad (p_0, \boldsymbol{p}) \leftrightarrow (p_0', -\boldsymbol{p}')\,. \qquad (71{,}14)$$

Die 4-Vektoren für die Polarisation der Photonen transformieren sich gemäß

$$(e_0, \boldsymbol{e}) \leftrightarrow (e_0'^{*}, -\boldsymbol{e}_0'^{*}) \qquad (71{,}15)$$

(vgl. (8,11a)), so daß

$$(e_0'^{*}\,e_0,\; e_i'^{*}\,e_0,\; e_i'^{*}\,e_k) \to (e_0'^{*}\,e_0,\; -e_0'^{*}\,e_i,\; e_k'^{*}\,e_i)$$

gilt. Wegen der letzten Transformation ist die Invarianzbedingung für die Streuamplitude (71,9) der Forderung

$$(F_{00}, F_{i0}, F_{ik}) \to (F_{00}, -F_{0i}, F_{ki})$$

äquivalent. Andererseits haben wir als Folge der Substitution (71,14)

$$(K_0, \boldsymbol{K}) \to (K_0, -\boldsymbol{K})\,, \qquad (q_0, \boldsymbol{q}) \to (-q_0, \boldsymbol{q})\,,$$

$$(P_0, \boldsymbol{P}) \to (P_0, -\boldsymbol{P})\,, \qquad (N_0, \boldsymbol{N}) \to (N_0, -\boldsymbol{N})$$

und somit

$$(e_0^{(1,2)}, \boldsymbol{e}^{(1,2)}) \to (e_0^{(1,2)}, -\boldsymbol{e}^{(1,2)})\,. \qquad (71{,}16)$$

Aus dem Ausdruck (71,11) folgt deshalb

$$G_{0,1,3} \to G_{0,1,3}\,, \qquad G_2 \to -G_2\,.$$

Wir haben oben gesehen, daß bei einer Zeitumkehr folgendes gilt:

$$\overline{u}'\,u \to \overline{u}'\,u\,, \qquad \overline{u}'\,\hat{K}\,u \to \overline{u}'\,\hat{K}\,u\,. \qquad (71{,}17)$$

Analog findet man

$$\overline{u}'\,\gamma^5\,u \to -\overline{u}'\,\gamma^5\,u\,, \qquad \overline{u}'\,\gamma^5\hat{K}\,u \to \overline{u}'\,\gamma^5\hat{K}\,u\,. \qquad (71{,}18)$$

Den Ausdrücken (71,12) und (71,13) ist nun zu entnehmen, daß auf Grund der T-Invarianz der Streuamplitude

$$f_3 = f_6 = 0 \tag{71,19}$$

sein muß.

§ 72. Unitaritätsbedingung

Die Streumatrix muß unitär sein: $S\,S^+ = 1$ oder, mit Matrixelementen geschrieben,

$$(S\,S^+)_{fi} = \sum_n S_{fn}\, S^*_{in} = \delta_{fi}\,, \tag{72,1}$$

der Index n numeriert alle möglichen Zwischenzustände.[1]) Die Unitarität ist die allgemeinste Eigenschaft der S-Matrix, sie gewährleistet die Erhaltung der Normierung und der Orthogonalität bei einer Reaktion (vgl. III, § 124, § 141). Insbesondere drücken die Diagonalelemente der Gleichung (72,1) einfach die Tatsache aus, daß die Summe der Übergangswahrscheinlichkeiten aus einem gegebenen Anfangszustand in einen beliebigen Endzustand gleich 1 ist:

$$\sum_n |S_{ni}|^2 = 1\,.$$

Wir setzen in (72,1) die Matrixelemente in der Form (65,2) ein und bekommen[2])

$$T_{fi} - T^*_{if} = i(2\pi)^4 \sum_n \delta^{(4)}(P_f - P_n)\, T_{fn}\, T^*_{in}\,. \tag{72,2}$$

Die linke Seite dieser Gleichung ist linear und die rechte quadratisch in den Matrixelementen von T. Wenn die Wechselwirkung (wie zum Beispiel die elektromagnetische) einen kleinen Parameter enthält, dann ist die linke Seite von erster und die rechte von zweiter Ordnung. In erster Näherung kann man die rechte Seite demnach vernachlässigen, und es ist

$$T_{fi} = T^*_{if}\,, \tag{72,3}$$

d. h., die T-Matrix ist hermitesch.

Um der Unitaritätsbedingung (72,2) eine konkretere Gestalt zu geben, muß man genauer festlegen, was man unter der Summe über n zu verstehen hat. Wir wollen das für den Stoß zweier Teilchen tun und dabei annehmen, daß die Erhaltungssätze nur elastische Streuung zulassen; alle Zwischenzustände in (72,2) sind dann ebenfalls „Zweiteilchen"-Zustände. Die Summe über diese

---

[1]) Die konkrete Bedeutung des Symbols δ_{fi} in (72,1) hängt natürlich von der konkreten Wahl der Quantenzahlen und von der Normierung der Wellenfunktionen des Systems ab. Es muß so definiert werden, daß $\sum_f \delta_{if} = 1$ gilt.

[2]) Wenn man die Unitaritätsbedingung in der Form $S^+\,S = 1$ (mit der anderen Reihenfolge der Faktoren S^+ und S) schreibt, dann erhält (72,2) die äquivalente Form

$$T_{fi} - T^*_{if} = i(2\pi)^4 \sum_n \delta^{(4)}(P_f - P_n)\, T^*_{fn}\, T_{ni}\,. \tag{72,2a}$$

Zustände bedeutet die Integration über die Impulse p_1'' und p_2'' und die Summe über die Spinquantenzahlen (zum Beispiel über die Spiralitäten) der Teilchen in den Zwischenzuständen; wir bezeichnen die Spinquantenzahlen mit λ'' und haben

$$\sum_n = \int \frac{V^2\, d^3p_1''\, d^3p_2''}{(2\pi)^6} \sum_{\lambda''} .$$

Wir beseitigen die δ-Funktionen genauso wie in § 65 und erhalten die „Zweiteilchen"-Unitaritätsbedingung in der Form

$$T_{fi} - T_{fi}^* = \frac{i\, V^2}{(2\pi)^2} \sum_{\lambda''} \frac{|\boldsymbol{p}|}{\varepsilon} \int T_{fn}\, T_{in}^*\, \varepsilon_1''\, \varepsilon_2''\, do'' \; ;$$

$\boldsymbol{p}$ ist der Impuls und ε die Gesamtenergie im Massenmittelpunktsystem. Das Normierungsvolumen fällt aus dieser Beziehung heraus, wenn man gemäß (65,10) von den Amplituden T_{fi} zu den Amplituden M_{fi} übergeht:

$$M_{fi} - M_{if}^* = \frac{i}{(4\pi)^2} \sum_{\lambda''} \frac{|\boldsymbol{p}|}{\varepsilon} \int M_{fn}\, M_{in}^*\, do'' \, . \tag{73,4}$$

Wir definieren die Amplitude der elastischen Streuung so, daß

$$d\sigma = |\langle \boldsymbol{n}'\, \lambda'\, |f|\, \boldsymbol{n}\, \lambda \rangle|^2\, do' \tag{72,5}$$

gilt ($\boldsymbol{n}$ und $\boldsymbol{n}'$ sind die Impulsrichtungen vor und nach der Streuung, λ und λ' sind die Spinquantenzahlen von Anfangs- und Endzustand). Der Vergleich mit (65,19) lehrt

$$|\langle \boldsymbol{n}'\, \lambda'\, |f|\, \boldsymbol{n}\, \lambda \rangle| = \frac{1}{8\pi\varepsilon} M_{fi} , \tag{72,6}$$

und die Unitaritätsbedingung (72,4) erhält die Gestalt

$$\langle \boldsymbol{n}'\, \lambda'\, |f|\, \boldsymbol{n}\, \lambda \rangle - \langle \boldsymbol{n}\, \lambda\, |f|\, \boldsymbol{n}'\, \lambda' \rangle^* = \frac{i\, |\boldsymbol{p}|}{2\pi} \sum_{\lambda''} \int \langle \boldsymbol{n}'\, \lambda'\, |f|\, \boldsymbol{n}''\, \lambda'' \rangle \langle \boldsymbol{n}\, \lambda\, |f|\, \boldsymbol{n}''\, \lambda'' \rangle^*\, do'' \, . \tag{72,7}$$

Das ist die Verallgemeinerung der aus der nichtrelativistischen Theorie bekannten Formel III, (124,8).

Als Amplitude der elastischen Streuung in den Winkel Null (Vorwärtsstreuung) bezeichnet man das Diagonalelement T_{ii}, in dem Anfangs- und Endzustand der Teilchen gleich sind.[1]) Für diese Amplitude lautet die Unitaritätsbedingung (72,2)

$$2\, \mathrm{Im}\, T_{ii} = (2\pi)^4 \sum_n |T_{in}|^2\, \delta^{(4)}\, (P_i - P_n) \, . \tag{72,8}$$

Die rechte Seite dieser Gleichung ist bis auf einen Faktor gleich dem totalen Querschnitt aller möglichen Streuprozesse mit dem gegebenen Anfangszu-

[1]) Wir weisen darauf hin, daß es sich hier gerade um die Elemente der T-Matrix und nicht um die der S-Matrix handelt, d. h., ein Diagonalelement ist erst zu bilden, nachdem aus der S-Matrix die Einheitsmatrix herausgezogen wurde.

stand i; wir bezeichnen diesen Querschnitt mit σ_t. Summieren wir die Wahrscheinlichkeit (65,5) über die Zustände f und dividieren wir durch die Stromdichte j, dann finden wir tatsächlich

$$\sigma_t = \frac{(2\pi)^4 V}{j} \sum_n |T_{in}|^2 \, \delta^{(4)}(P_i - P_n) ,$$

so daß

$$\frac{2V}{j} \operatorname{Im} T_{ii} = \sigma_t$$

ist. Das Normierungsvolumen ist nach der Substitution $T_{ii} = M_{ii}/(2\varepsilon_1 V \times 2\varepsilon_2 V)$ (ε_1 und ε_2 sind die Energien der Teilchen im Massenmittelpunktsystem) und dem Einsetzen von j aus (65,17) nicht mehr enthalten:

$$\operatorname{Im} M_{ii} = 2\,|\boldsymbol{p}|\,\varepsilon\,\sigma_t . \qquad (72,9)$$

Diese Formel ist der Inhalt des sogenannten *optischen Theorems*. Wenn wir die Amplitude der elastischen Streuung (72,6) einführen, nimmt es die übliche Form an:

$$\operatorname{Im} \langle \boldsymbol{n}\lambda\,|f|\,\boldsymbol{n}\lambda\rangle = \frac{|\boldsymbol{p}|}{4\pi}\sigma_t \qquad (72,10)$$

(vgl. III, (139,10)).

Ist die S-Matrix in der Drehimpulsdarstellung (Partialwellenamplituden) gegeben, dann wird die Unitaritätsbedingung für jeden J-Wert einzeln aufgeschrieben, weil die S-Matrix in J diagonal ist.

Falls nur elastische Streuung möglich ist, lautet die Unitaritätsbedingung

$$\sum_{\lambda''} \langle\lambda'\,|S^J|\,\lambda''\rangle \langle\lambda\,|S|^J\,\lambda''\rangle^* = \delta_{\lambda\lambda'} . \qquad (72,11)$$

Wegen der T-Invarianz ist die Matrix für die elastische Streuung symmetrisch (vgl. (70,10)) und kann daher diagonalisiert werden. Nach der Diagonalisierung verlangt die Unitaritätsbedingung, daß die Diagonalelemente den Betrag 1 haben; man schreibt sie in diesem Fall in der Form

$$S^J_n = \exp\{2\,i\,\delta_{Jn}\} , \qquad (72,12)$$

wobei die δ_{Jn} reelle Konstanten — Funktionen der Energie — sind (der Index n numeriert die Diagonalelemente zu gegebenem J). Im allgemeinen, wenn die Zahl N der unabhängigen Amplituden größer als die Anzahl der Reihen in der (quadratischen) Matrix S^J ist, hängen die Koeffizienten der Transformation, durch die S^J diagonalisiert wird, von J und E ab (in diesen Koeffizienten sind dann außer den Eigenwerten der Matrix die unabhängigen Größen enthalten, die den ursprünglichen N Größen äquivalent sind). Wenn aber die Zahl N gleich der Zahl der Reihen in der Matrix S^J ist (und damit auch gleich der Zahl ihrer Eigenwerte), dann sind die Koeffizienten zur Diagonalisierung universell. Dabei haben die diagonalisierenden Zustände bestimmte Paritäten (aber natürlich keine bestimmten Spiralitäten).

Die Bedingung (72,11) besagt für die Partialwellenamplituden

$$\langle \lambda' | f^J | \lambda \rangle - \langle \lambda | f^J | \lambda' \rangle^* = 2\, i\, |\boldsymbol{p}| \sum_{\lambda''} \langle \lambda' | f^J | \lambda'' \rangle \langle \lambda | f^J | \lambda'' \rangle^* . \qquad (72,13)$$

Davon kann man sich einfach überzeugen, indem man in (72,7) die Entwicklung (69,13) einsetzt und die Orthogonalitäts- und Normierungsbedingungen für die D-Funktionen beachtet. Bei Gültigkeit der T-Invarianz ist die Matrix $\langle \lambda' | f^J | \lambda \rangle$ symmetrisch, und (72,13) erhält die Gestalt

$$\operatorname{Im} \langle \lambda' | f^J | \lambda \rangle = |\boldsymbol{p}| \langle \lambda' | f^J f^{J+} | \lambda \rangle . \qquad (72,14)$$

Falls diese Matrix diagonalisiert ist, sind ihre Diagonalelemente

$$f_n^J = \frac{1}{2\, i\, |\boldsymbol{p}|} (e^{2 i \delta_{Jn}} - 1) = \frac{1}{|\boldsymbol{p}|} e^{i \delta_{J_n}} \sin \delta_{J_n} . \qquad (72,15)$$

Schließlich erwähnen wir noch einige Folgerungen aus der Unitaritätsbedingung und der Forderung nach CPT-Invarianz. Infolge dieser Invarianz gilt

$$T_{fi} = T_{\bar{i}\bar{f}} ; \qquad (72,16)$$

$\bar{i}$ und $\bar{f}$ sind Zustände, in denen gegenüber i und f alle Teilchen durch Antiteilchen ersetzt sind (und das Vorzeichen der Drehimpulsvektoren bei unveränderten Impulsen umgekehrt worden ist). Speziell gilt für die Diagonalelemente

$$T_{ii} = T_{\bar{i}\bar{i}} .$$

Aus (72,8) und (72,9) folgt demnach, daß der totale Querschnitt für alle möglichen Prozesse (zu gegebenem Anfangszustand) für Reaktionen zwischen Teilchen und Antiteilchen gleich ist.

Insbesondere sind die totalen Zerfallswahrscheinlichkeiten (d. h. die Lebensdauer) für Teilchen und Antiteilchen gleich. Diese Ergebnisse sind (neben der Gleichheit der Massen von Teilchen und Antiteilchen; s. § 11) die wichtigsten Folgerungen aus der CPT-Invarianz von Wechselwirkungen. Wir erinnern daran (s. den Schluß von § 70), daß diese Aussage für jeden möglichen Zerfallskanal einzeln auch die Existenz der CP-Invarianz verlangen würde.

Aufgabe

Ausgehend von der Unitaritätsbedingung ist der Zusammenhang zwischen den Phasen der Partialwellenamplituden für die Photoerzeugung von Pionen an Nukleonen ($\gamma + N \to \pi + N$) und für die elastische Streuung von Pionen an Nukleonen ($\pi + N \to \pi + N$) herzustellen. Dabei ist zu beachten, daß bei πN-Streuung die starke Wechselwirkung und bei der Photoerzeugung sowie der γN-Streuung die elektromagnetische Wechselwirkung eine Rolle spielen.

Lösung. Wir führen folgende Bezeichnungen für die Partialwellenamplitude ein:

$$\langle \pi N | S | \gamma N \rangle = S_{\pi\gamma} , \qquad \langle \gamma N | S | \gamma N \rangle = S_{\gamma\gamma} , \qquad \langle \pi N | S | \pi N \rangle = S_{\pi\pi}$$

(die Indizes für J und für die Spiralitäten sind weggelassen). Die Photoerzeugung ist ein Prozeß erster, die γN-Streuung ein Prozeß zweiter Ordnung in der Ladung e, deshalb ist

$S_{\pi\gamma} \sim e$ und $S_{\gamma\gamma} - 1 \sim e^2$. Die Amplitude $S_{\pi\pi}$ hat keine Größenordnung in e. Bis zu Gliedern $\sim e$ liefern die Bedingungen (72,1)

$$S_{\pi\gamma}\, S^*_{\gamma\gamma} + S_{\pi\pi}\, S^*_{\gamma\pi} \approx S_{\pi\gamma} + S_{\pi\pi}\, S^*_{\gamma\pi} = 0\,, \tag{1}$$

$$S_{\pi\gamma}\, S^*_{\pi\gamma} + S_{\pi\pi}\, S^*_{\pi\pi} \approx S_{\pi\pi}\, S^*_{\pi\pi} = 1 \tag{2}$$

(auf der rechten Seite der Gleichung (2) hat man die 1 als Einheitsmatrix in den Spinvariablen zu verstehen). Infolge der T-Invarianz ist die Matrix $S_{\pi\pi}$ symmetrisch, und es ist $S_{\gamma\pi} = S_{\pi\gamma}$. Wir wählen die Matrix $S_{\pi\pi}$ in Diagonalform, d. h., wir bilden sie mit Pionenzuständen bestimmter Paritäten. Aus (2) folgt dann, daß die Diagonalelemente die Gestalt $e^{2i\delta_\pi}$ mit verschiedenen Konstanten δ_π haben. Danach finden wir aus (1) für jedes Element der Matrix $S_{\pi\gamma}$

$$\frac{S_{\pi\gamma}}{S^*_{\pi\gamma}} = -\, e^{2i\delta_\pi}\,,$$

und daraus

$$S_{\pi\gamma} = \pm\, |S_{\pi\gamma}|\, i\, e^{i\delta_\pi}\,.$$

Die Phase der Partialwellenamplitude der Photoerzeugung (in einen Zustand mit bestimmter Parität) wird also durch die Phase der elastischen πN-Streuung bestimmt.

KAPITEL VIII

INVARIANTE STÖRUNGSTHEORIE

§ 73. Zeitgeordnetes Produkt

Die Wahrscheinlichkeiten der verschiedenen Prozesse bei Stößen werden mit Hilfe der Störungstheorie berechnet, wenn die Wechelwirkung zwischen den Teilchen als schwach angesehen werden kann. In der üblichen Form (für die nichtrelativistische Quantenmechanik) hat aber der Apparat der Störungstheorie den Nachteil, daß die Forderung nach relativistischer Invarianz nicht explizit in Erscheinung tritt. Obwohl das Endergebnis bei der Anwendung dieses Apparates auf relativistische Probleme auch die Forderung nach relativistischer Invarianz erfüllen wird, erschwert die nicht invariante Form der Zwischenformeln die Rechnungen wesentlich. In diesem Kapitel werden wir eine von diesem Nachteil freie, konsequente, relativistische Störungstheorie entwickeln; diese ist von R. P. FEYNMAN (1948–1949) geschaffen worden.

Wir wollen ein System im Rahmen der zweiten Quantisierung beschreiben. Φ sei die Wellenfunktion im „Raum" der Besetzungszahlen der verschiedenen Zustände für die freien Teilchen. Der HAMILTON-Operator des Systems ist $\mathrm{H} = \mathrm{H}_0 + \mathrm{V}$, V ist der Operator für die Wechselwirkung. Φ_n seien die Eigenfunktionen des ungestörten HAMILTON-Operators; jede solche Eigenfunktion gehört zu bestimmten Werten aller Besetzungszahlen. Eine beliebige Funktion Φ wird als Entwicklung $\Phi = \sum C_n \Phi_n$ dargestellt. Aus der exakten Wellengleichung

$$i \frac{\partial \Phi}{\partial t} = (\mathrm{H}_0 + \mathrm{V}) \Phi \tag{73,1}$$

wird dann ein Gleichungssystem für die Koeffizienten C_n:

$$i \dot{C}_n = \sum_m V_{nm} e^{i(E_n - E_m)t} C_m . \tag{73,2}$$

Die V_{nm} sind darin die zeitunabhängigen Matrixelemente des Operators V, die E_n sind die Energieniveaus des ungestörten Systems (vgl. III, § 40).

Definitionsgemäß hängt der Operator V nicht explizit von der Zeit ab. Die Größen

$$V_{nm}(t) = V_{nm} e^{i(E_n - E_m)t} \tag{73,3}$$

kann man als Matrixelemente des zeitabhängigen Operators

$$\mathrm{V}(t) = e^{i \mathrm{H}_0 t} \mathrm{V} e^{-i \mathrm{H}_0 t} \tag{73,4}$$

auffassen. Diesen Operator bezeichnet man als Operator im *Wechselwirkungsbild* (im Unterschied zum ursprünglichen Operator V im SCHRÖDINGER-Bild[1]), der zeitunabhängig ist). Wir bezeichnen die Wellenfunktion in der neuen Darstellung wieder mit dem Buchstaben Φ und schreiben die Gleichungen (73,2) symbolisch als

$$i\,\dot{\Phi} = \mathrm{V}(t)\,\Phi\,. \tag{73,5}$$

Die ganze Änderung der Wellenfunktion im Wechselwirkungsbild wird allein durch die Störung bestimmt, d. h., sie entspricht den Prozessen infolge der Wechselwirkung zwischen den Teilchen.

$\Phi(t)$ und $\Phi\,(t + \delta t)$ seien die Werte von Φ in zwei infinitesimal benachbarten Zeitpunkten. Auf Grund von (73,5) sind sie folgendermaßen miteinander verknüpft:

$$\Phi\,(t + \delta t) = [1 - i\,\delta t \cdot \mathrm{V}(t)]\,\Phi(t) = e^{-i\delta t\cdot \mathrm{V}(t)}\,\Phi(t)\,.$$

Dementsprechend kann der Wert von Φ in einem beliebigen Zeitpunkt t_f durch den Wert zu einer gewissen Anfangszeit t_i $(t_f > t_i)$ ausgedrückt werden:

$$\Phi(t_f) = \left(\prod_i^f e^{-i\delta t_\alpha \mathrm{V}(t_\alpha)}\right)\Phi(t_i)\,; \tag{73,6}$$

das Symbol Φ bedeutet hierin den Grenzwert des Produktes zu allen infinitesimalen Intervallen δt zwischen t_i und t_f. Falls $V(t)$ eine gewöhnliche Funktion ist, reduziert sich dieser Grenzwert einfach auf

$$\exp\left\{-i\int_{t_i}^{t_f} V(t)\,dt\right\}.$$

Diese Vereinfachung beruht aber auf der Vertauschbarkeit der Faktoren zu verschiedenen Zeitpunkten, die beim Übergang vom Produkt in (73,6) zur Summe im Exponenten vorauszusetzen ist. Für den Operator $\mathrm{V}(t)$ ist diese Vertauschbarkeit nicht gewährleistet, und das Produkt kann nicht auf ein gewöhnliches Integral zurückgeführt werden.

Wir schreiben (73,6) jetzt in der symbolischen Form

$$\Phi(t_f) = \mathrm{T}\exp\left\{-i\int_{t_i}^{t_f}\mathrm{V}(t)\,dt\right\}\Phi(t_i) \tag{73,7}$$

mit dem *chronologischen Operator*[2]) T, der eine bestimmte („chronologische") Zeitordnung in der Reihenfolge der Faktoren des Produktes (73,6) herstellt. Lassen wir speziell $t_i \to -\infty$ und $t_f \to +\infty$ gehen, so haben wir

$$\Phi(+\infty) = \mathrm{S}\,\Phi(-\infty) \tag{73,8}$$

---

[1]) Wir betonen, daß in der Definition (73,4) der ungestörte HAMILTON-Operator H_0 vorkommt. Dadurch unterscheidet sie sich vom sogenannten HEISENBERG-*Bild* für die Operatoren, in dem

$$\mathrm{V}^H(t) = e^{i\mathrm{H}t}\,\mathrm{V}\,e^{-i\mathrm{H}t}$$

gilt (s. III, § 13).

[2]) Nicht mit dem Operator für die Zeitumkehr zu verwechseln!

mit

$$S = T \exp \left\{ -i \int_{-\infty}^{\infty} V(t)\, dt \right\} . \tag{73,9}$$

Der Sinn der Schreibweise (73,7) bis (73,9) für die formal exakte Lösung der Wellengleichung ist, daß man mit ihr leicht diejenige Reihe aufschreiben kann, die die Entwicklung nach Potenzen der Störung darstellt:

$$S = \sum_{k=0}^{\infty} \frac{(-i)^k}{k!} \int_{-\infty}^{\infty} dt_1 \int_{-\infty}^{\infty} dt_2 \ldots \int_{-\infty}^{\infty} dt_k \cdot T \{V(t_1)\, V(t_2) \cdots V(t_k)\} . \tag{73,10}$$

Hier ist in jedem Glied die k-te Potenz des Integrals als k-faches Integral geschrieben, und der Operator T verlangt, daß in jedem Wertebereich der Veränderlichen $t_1, t_2, \ldots, t_k$ die zugehörigen Operatoren in chronologischer oder zeitgeordneter Reihenfolge anzuordnen sind: Die t-Werte dürfen von rechts nach links nicht abnehmen.[1])

Aus der Definition (73,8) ist folgendes offensichtlich: Wenn sich ein System vor dem Stoß im Zustand Φ_i befunden hat (einige freie Teilchen), dann ist die Wahrscheinlichkeitsamplitude für den Übergang in den Zustand Φ_f (wiederum freie Teilchen) das Matrixelement S_{fi}. Diese Elemente bilden mit anderen Worten die S-Matrix.

Der Operator für die elektromagnetische Wechselwirkung ist bereits in § 43 aufgeschrieben worden:

$$V = e \int (\mathrm{j}\, \mathrm{A})\, d^3x . \tag{73,11}$$

Wir setzen ihn in (73,9) ein und erhalten

$$S = T \exp \{ -i\, e \int (\mathrm{j}\, \mathrm{A})\, d^4x \} . \tag{73,12}$$

Es ist wesentlich, daß der Operator (73,12) relativistisch invariant ist. Das ist sofort zu erkennen, weil der Integrand (j A) ein Skalar ist und weil die Integration über d^4x und die Einstellung der Zeitordnung invariante Operationen sind. Die letzte Behauptung muß jedoch noch erläutert werden.

Bekanntlich hängt die Reihenfolge zweier Zeitpunkte t_1 und t_2 (das Vorzeichen der Differenz $t_2 - t_1$) nicht von der Wahl des Bezugssystems ab, wenn diese Zeitpunkte zu Weltpunkten x_1 und x_2 gehören, die zeitartig zueinander liegen: $(x_2 - x_1)^2 > 0$. In diesem Fall ist die Einstellung der Zeitordnung von selbst invariant. Für $(x_2 - x_1)^2 > 0$ (raumartiger Abstand) kann in verschiedenen Bezugssystemen sowohl $t_2 > t_1$ als auch $t_2 < t_1$ gelten.[2]) Zwei solche Punkte gehören aber zu Ereignissen, zwischen denen kein kausaler Zusammen-

---

[1]) Die Regeln für die relativistische Störungstheorie sind von F. Dyson (1949) mit Hilfe der Entwicklung (73,10) abgeleitet worden.

[2]) Man spricht häufig der Kürze halber nicht von zeitartigen und raumartigen Abständen, sondern von Bereichen innerhalb bzw. außerhalb des Lichtkegels: Alle Punkte x mit einem Abstand $(x - x')^2 > 0$ vom Punkt x' befinden sich innerhalb des Doppelkegels mit der Spitze im Punkt x'; Punkte in einem Abstand mit $(x - x')^2 < 0$ liegen außerhalb dieses Kegels.

hang bestehen kann. Deshalb ist offensichtlich, daß die Operatoren für zwei physikalische Größen zu diesen Punkten miteinander vertauschbar sein müssen; denn nichtvertauschbare Operatoren bedeuten physikalisch, daß die zugehörigen Größen nicht gemeinsam gemessen werden können, was einen physikalischen Zusammenhang zwischen den beiden Messungen voraussetzt. Folglich bleibt die Zeitordnung auch in diesem Fall invariant; denn obwohl eine LORENTZ-Transformation die Zeitordnung eines Produktes verletzten kann, können die Faktoren in die Zeitordnung zurück vertauscht werden, weil die Faktoren miteinander vertauschbar sind.[1])

Es ist leicht einzusehen, daß die in diesem Paragraphen gegebene Definition der S-Matrix von selbst die Unitaritätsbedingung erfüllt. Wir stellen dazu als zeitgeordnetes Produkt wie in (73,6) dar, benutzen die Hermitezität von V und finden, daß S^+ als Produkt derselben Faktoren $\exp \{i\, \delta t_\alpha \cdot V(t_\alpha)\}$ (mit dem entgegengesetzten Vorzeichen im Exponenten) in der entgegengesetzt zeitgeordneten Reihenfolge ausgedrückt wird. Bei der Multiplikation von S und S^+ heben sich daher alle Faktoren paarweise auf.

Die Unitarität des S-Operators wird demzufolge im vorliegenden Fall durch die Hermitezität des HAMILTON-Operators gewährleistet. Die Unitaritätsforderung ist aber in Wirklichkeit viel allgemeiner als die Voraussetzungen der hier wiedergegebenen Theorie. Sie müßte auch bei einer quantenmechanischen Beschreibung erfüllt sein, bei der die Begriffe HAMILTON-Operator und Wellenfunktionen nicht verwendet werden.

§ 74. FEYNMAN-Diagramme für die Streuung von Elektronen

Wir wollen an konkreten Beispielen zeigen, wie die Elemente der Streumatrix tatsächlich berechnet werden. Diese Beispiele werden die spätere Formulierung der allgemeinen Regeln für die invariante Störungstheorie erleichtern.

Der Stromoperator j enthält das Produkt zweier Elektronenoperatoren. In erster Ordnung der Störungstheorie könnten daher Prozesse auftreten, an denen insgesamt (im Anfangs- und Endzustand) drei Teilchen beteiligt sind — zwei Elektronen (Operator j) und ein Photon (Operator A). Man sieht aber leicht ein, daß solche Prozesse zwischen freien Teilchen unmöglich sind — sie werden vom Energie- und Impulssatz verboten. p_1 und p_2 seien die 4-Im-

---

[1]) Bei der Anwendung auf das Produkt $V(t_1)\, V(t_2) \ldots$ hat man diese Aussage zu präzisieren, um Mißverständnisse zu vermeiden. Da der Operator V selbst nicht eichinvariant ist (er ändert sich zusammen mit A), können die bei einer Eichung des Potentials vertauschbaren Faktoren $V(t_1), V(t_2), \ldots$ bei einer anderen Eichung nicht vertauschbar sein. Die oben formulierte Aussage muß daher so abgefaßt werden, daß eine Wahl der Eichung für die Potentiale möglich ist, bei der $V(t_1)$ und $V(t_2)$ außerhalb des Lichtkegels vertauschbar werden. Diese Absprache wirkt sich offenbar in keiner Weise auf die Invarianz der S-Matrix aus; denn die Streuamplituden können als reale physikalische Größen von der Eichung des Potentials überhaupt nicht abhängen (formal folgt diese Unabhängigkeit aus der in § 43 erwähnten Eichvarianz des Wirkungsintegrals).

pulse der Elektronen, k der 4-Impuls des Photons; die Gleichung $k = p_2 - p_1$ oder $k = p_2 + p_1$ bedeutet die Erhaltung des 4-Impulses. Diese Gleichungen können aber nicht bestehen, weil für das Photon $k^2 = 0$ ist, während das Quadrat $(p_2 \pm p_1)^2$ bekanntermaßen von Null verschieden ist. Tatsächlich ergibt die Berechnung der Invarianten $(p_2 \pm p_1)^2$ im Ruhsystem eines Elektrons

$$(p_2 \pm p_1)^2 = 2\,(m^2 \pm p_1\,p_2) = 2\,(m^2 \pm \varepsilon_1\,\varepsilon_2 \mp \boldsymbol{p}_1\,\boldsymbol{p}_2) = 2\,m\,(m \pm \varepsilon_2)\,.$$

Wegen $\varepsilon_2 > m$ ist

$$(p_2 + p_1)^2 > 0\,, \qquad (p_2 - p_1)^2 < 0\,. \tag{74,1}$$

Die ersten nicht verschwindenden Elemente (außerhalb der Hauptdiagonale) der S-Matrix können also frühestens in zweiter Ordnung der Störungstheorie auftreten. Alle hierher gehörigen Prozesse sind im Operator zweiter Ordnung in der Entwicklung des Ausdrucks (73,12) enthalten

$$\mathrm{S}^{(2)} = -\frac{e^2}{2!}\iint d^4x\,d^4x' \cdot \mathrm{T}\big(\mathrm{j}^{\mu}(x)\,\mathrm{A}_{\mu}(x)\,\mathrm{j}^{\nu}(x')\,\mathrm{A}_{\nu}(x')\big)\,.$$

Da Elektronen- und Photonenoperatoren miteinander vertauschbar sind, kann das T-Produkt in diesem Operator in zwei T-Produkte zerlegt werden:

$$\mathrm{S}^{(2)} = -\frac{e^2}{2!}\iint d^4x\,d^4x' \cdot \mathrm{T}\big(\mathrm{j}^{\mu}(x)\,\mathrm{j}^{\nu}(x')\big)\,\mathrm{T}\big(\mathrm{A}_{\mu}(x)\,\mathrm{A}_{\nu}(x')\big)\,. \tag{74,2}$$

Als erstes Beispiel behandeln wir die elastische Streuung zweier Elektronen: Im Anfangszustand sind zwei Elektronen mit den 4-Impulsen p_1 und p_2 vorhanden, im Endzustand zwei Elektronen mit anderen 4-Impulsen p_3 und p_4. Es versteht sich auch, daß alle Elektronen bestimmte Spinzustände haben; die Indizes für die Spinvariablen lassen wir der Kürze halber fort.

In beiden Zuständen sind überhaupt keine Photonen vorhanden. Wir benötigen daher als Matrixelement für das T-Produkt der Photonenoperatoren das Diagonalelement $\langle 0|\ldots|0\rangle$; das Symbol $|0\rangle$ bedeutet den Vakuumzustand der Photonen. Dieser Vakuumerwartungswert des T-Produktes ist (für jedes Indexpaar $\mu\nu$) eine bestimmte Funktion der beiden Punkte x und x'. Wegen der Homogenität des 4-Raumes können dabei die Koordinaten nur als Differenzen $x - x'$ eingehen. Der Tensor

$$D_{\mu\nu}\,(x - x') = i\,\langle 0\,|\,\mathrm{T}\,\mathrm{A}_{\mu}(x)\,\mathrm{A}_{\nu}(x')\,|\,0\rangle \tag{74,3}$$

wird als *Photonenausbreitungsfunktion* (oder *Photonenpropagator*) bezeichnet. Er wird in § 77 explizit berechnet werden.

Für das T-Produkt der Elektronenoperatoren haben wir das Matrixelement

$$\langle 34\,|\,\mathrm{T}\,\mathrm{j}^{\mu}(x)\,\mathrm{j}^{\nu}(x')\,|\,12\rangle \tag{74,4}$$

auszurechnen; die Symbole $|12\rangle$, $|34\rangle$ bedeuten dabei die Zustände der Elektronenpaare mit bestimmten Impulsen. Dieses Element kann mit Hilfe der unmittelbar evidenten Gleichung

$$\langle 2\,|\mathrm{F}|\,1\rangle = \langle 0\,|\mathrm{a}_2\,\mathrm{F}\,\mathrm{a}_1^+|\,0\rangle$$

ebenfalls als Vakuumerwartungswert dargestellt werden; F ist dabei ein beliebiger Operator, a_1^+ und a_2 sind der Erzeugungsoperator des ersten bzw. der Vernichtungsoperator des zweiten Elektrons. Deshalb können wir statt (74,4) die Größe

$$\langle 0 \mid a_3\, a_4\, T\big(j^\mu(x)\; j^\nu(x')\big)\; a_2^+\; a_1^+ \mid 0\rangle \tag{74,5}$$

berechnen (die Indizes 1, 2, ... sind Abkürzungen für $p_1, p_2, \ldots$).

Jeder Stromoperator ist das Produkt $j = \bar{\psi}\,\gamma\,\psi$, und jeder ψ-Operator wird als Summe

$$\psi = \sum_p (a_p\, \psi_p + b_p^+\, \psi_{-p})\,, \qquad \bar{\psi} = \sum_p (a_p^+\, \bar{\psi}_p + b_p\, \bar{\psi}_{-p}) \tag{74,6}$$

dargestellt (die zweiten Glieder enthalten die Positronenoperatoren, die im vorliegenen Fall nicht wirksam sind). Das Produkt $j^\mu(x)\, j^\nu(x')$ kann demzufolge als Summe von Gliedern mit jeweils einem Produkt aus zwei Operatoren a_p und zwei Operatoren a_p^+ geschrieben werden. Diese Operatoren müssen die Elektronen 1 und 2 vernichten und die Elektronen 3 und 4 erzeugen. Das müssen mit anderen Worten die Operatoren a_1, a_2, a_3^+ und a_4^+ sein, die, wie man sagt, mit den „inneren" Operatoren a_1^+, a_2^+, a_3 und a_4 in (74,5) *kontrahiert* werden und sich entsprechend den Gleichungen

$$\langle 0 \mid a_p\, a_p^+ \mid 0\rangle = 1 \tag{74,7}$$

gegenseitig wegheben.

Je nachdem, aus welchen ψ-Operatoren a_1, a_2, a_3^+ und a_4^+ in (74,5) entnommen werden, entstehen vier Glieder:

$$\begin{aligned}(74{,}5) = {} & a_3\, a_4\, (\bar{\psi}\,\gamma^\mu\,\psi)\,(\bar{\psi}'\,\gamma^\nu\,\psi')\, a_2^+\, a_1^+ + a_3\, a_4\, (\bar{\psi}\,\gamma^\mu\,\psi)\,\bar{\psi}'\,\gamma^\nu\,\psi')\, a_2^+\, a_1^+ \\ & + a_3\, a_4\, (\bar{\psi}\,\gamma^\mu\,\psi)\,(\bar{\psi}'\,\gamma^\nu\,\psi')\, a_2^+\, a_1^+ + a_3\, a_4\, (\bar{\psi}\,\gamma\,\psi)\,(\bar{\psi}'\,\gamma^\nu\,\psi')\, a_2^+\, a_1^+ \end{aligned} \tag{74,8}$$

mit $\psi = \psi(x)$ und $\psi' = \psi(x')$. Die Bögen verbinden die zu kontrahierenden Operatoren miteinander, d. h. diejenigen Operatoren, denen das Operatorpaar a, a^+, das sich nach (74,7) aufhebt, zu entnehmen ist. In jedem Glied bringen wir durch wiederholte Vertauschungen der Operatoren $a_1, a_2, \ldots$ zueinander adjungierte Operatoren nebeneinander ($a_1\, a_1^+$ usw.), danach wird der Erwartungswert des Produktes durch das Produkt der Erwartungswerte (74,7) ersetzt. Wir beachten, daß alle diese Operatoren antikommutativ sind (1, 2, 3 und 4 sind verschiedene Zustände),[1]) und finden, daß das Matrixelement (74,4) gleich

$$\begin{aligned}\langle 34 \mid T\, j^\mu(x)\, j^\nu(x') \mid 12\rangle = {} & (\bar{\psi}_4\,\gamma^\mu\,\psi_2)\,(\bar{\psi}_3'\,\gamma^\nu\,\psi_1') + (\bar{\psi}_3\,\gamma^\mu\,\psi_1)\,(\bar{\psi}_4'\,\gamma^\nu\,\psi_2') \\ & - (\bar{\psi}_3\,\gamma^\mu\,\psi_2)\,(\bar{\psi}_4'\,\gamma^\nu\,\psi_1') - (\bar{\psi}_4\,\gamma^\mu\,\psi_1)\,(\bar{\psi}_3'\,\gamma^\nu\,\psi_2')\end{aligned} \tag{74,9}$$

---

[1]) Wegen dieser Antikommutativität kann man die Operatoren $j(x)$ und $j(x')$ im vorliegenden Fall (bei der Berechnung des Matrixelementes) als vertauschbar ansehen, und daher kann das Symbol für das T-Produkt weggelassen werden.

ist. Das Vorzeichen vor dieser Summe ist willkürlich und hängt von der Reihenfolge ab, in der wir die „inneren" Elektronenoperatoren in (74,5) angeordnet haben. Dieser Sachverhalt weist darauf hin, daß das Vorzeichen eines Matrixelementes für die Streuung identischer Fermionen ganz willkürlich ist. Das relative Vorzeichen der verschiedenen Glieder in (74,9) ist natürlich von der angenommenen Reihenfolge der inneren Operatoren unabhängig.

Die beiden Glieder in der ersten und in der zweiten Zeile von (74,9) unterscheiden sich voneinander nur durch die gleichzeitige Vertauschung der Indizes μ und ν sowie der Argumente x und x'. Diese Vertauschung läßt offensichtlich auch das Matrixelement (74,3) unverändert (in dem die Reihenfolge der Faktoren sowieso durch den T-Operator bestimmt wird). Nach der Multiplikation von (74,3) und (74,9) und der Integration übr $d^4x\, d^4x'$ liefern daher die vier Glieder in (74,9) paarweise gleiche Ergebnisse, und das Matrixelement wird

$$S_{fi} = i\, e^2 \int\int d^4x\, d^4x' \cdot D_{\mu\nu}\,(x - x')\,\{(\overline{\psi}_4\, \gamma^\mu\, \psi_2)\,(\overline{\psi}_3'\, \gamma^\nu\, \psi_1') - (\overline{\psi}_4\, \gamma^\mu\, \psi_1)\,(\overline{\psi}_1'\, \gamma^\nu\, \psi_2') \tag{74,10}$$

(wir machen darauf aufmerksam, daß der Faktor 1/2! gekürzt wurde).

Die Wellenfunktionen der Elektronen sind ebene Wellen (65,8). Der Ausdruck in der geschweiften Klammer wird damit zu

$$\begin{aligned}\{\ldots\} &= (\overline{u}_4\, \gamma^\mu\, u_2)\,(\overline{u}_3\, \gamma^\nu\, u_1)\, e^{-i(p_2-p_4)x-i(p_1-p_3)x'}\\ &\quad - (\overline{u}_4\, \gamma^\mu\, u_1)\,(\overline{u}_3\, \gamma^\nu\, u_2)\, e^{-i(p_1-p_4)x-i(p_2-p_3)x'}\\ &= \{(\overline{u}_4\, \gamma^\mu\, u_2)\,(\overline{u}_3\, \gamma^\nu\, u_1)\, e^{-i[(p_2-p_4)+(p_3-p_1)]\xi/2}\\ &\quad - (\overline{u}_4\, \gamma^\mu\, u_1)\,(\overline{u}_3\, \gamma^\nu\, u_2)\, e^{-i[(p_1-p_4)+(p_3-p_2)]\xi/2}\}\, e^{-i(p_1+p_2-p_3-p_4)X}\end{aligned}$$

mit $X = (x + x')/2$ und $\xi = x - x'$. Die Integration über $d^4x\, d^4x'$ wird durch die Integration über $d^4\xi\, d^4X$ ersetzt. Das Integral über d^4X ergibt eine δ-Funktion (die $p_1 + p_2 = p_3 + p_4$) verlangt. Nun gehen wir von der S-Matrix zur M-Matrix über (§ 65) und erhalten für die Streuamplitude endgültig

$$\begin{aligned}M_{fi} = e^2\, \{&(\overline{u}_4\, \gamma^\mu\, u_2)\, D_{\mu\nu}\,(p_4 - p_2)\,(\overline{u}_3\, \gamma^\nu\, u_1)\\ &- (\overline{u}_4\, \gamma^\mu\, u_1)\, D_{\mu\nu}\,(p_4 - p_1)\,(\overline{u}_3\, \gamma^\nu\, u_2)\}\,.\end{aligned} \tag{74,11}$$

Hier ist die Ausbreitungsfunktion für das Photon in der Impulsdarstellung eingeführt worden:

$$D_{\mu\nu}(k) = \int D_{\mu\nu}(\xi)\, e^{ik\xi}\, d^4\xi\,. \tag{74,12}$$

Die beiden Glieder der Amplitude (74,11) können symbolisch durch sogenannte Feynman-*Diagramme* oder Feynman*sche Graphen* dargestellt werden.

Dem ersten Glied wird das Diagramm

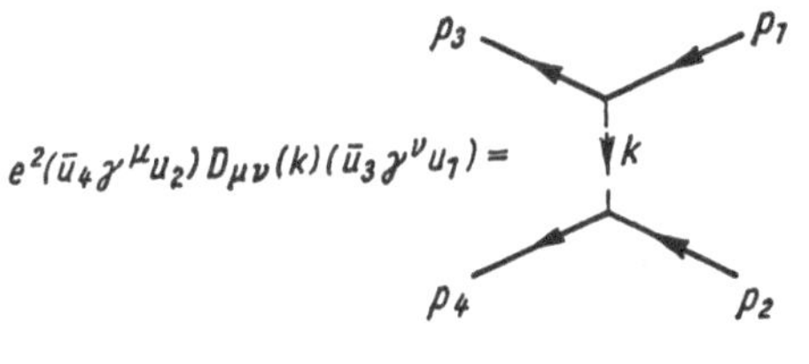

(74,13)

zugeordnet. Zu jedem Schnittpunkt von Linien (*Eckpunkt* oder *Vertex* des Graphen) gehört ein Faktor γ. „Einlaufende" ausgezogene Linien mit dem Pfeil zum Eckteil hin entsprechen den Elektronen im Anfangszustand; ihnen werden Faktoren u — die Bispinoramplituden der betreffenden Elektronenzustände — zugeordnet. „Auslaufende" ausgezogene Linien mit Pfeilen vom Eckpunkt weg bedeuten die Elektronen im Endzustand; zu diesen Linien gehören die Faktoren $\bar{u}$. Beim „Lesen" eines Diagramms werden die angegebenen Faktoren von links nach rechts in derjenigen Reihenfolge aufgeschrieben, die dem Durchlaufen der ausgezogenen Linien gegen die Pfeilrichtung entspricht. Die beiden Eckpunkte werden durch eine gestrichelte Linie miteinander verbunden, die einem *virtuellen* (Zwischen-) Photon entspricht, das in einem Eckpunkt „emittiert" und im anderen „absorbiert" wird. Dieser Linie entspricht der Faktor $-i\,D_{\mu\nu}(k)$. Der 4-Impuls des virtuellen Photons k wird durch die „Erhaltung des 4-Impulses im Eckteil" bestimmt: Die resultierenden Impulse der einlaufenden und der auslaufenden Linien müssen gleich sein. Im vorliegenden Fall gilt $k = p_1 - p_3 = p_4 - p_2$.[1]) Außer allen aufgezählten Faktoren wird dem ganzen Diagramm noch der Faktor $(-i\,e)^2$ zugeschrieben (der Exponent ist die Zahl der Eckpunkte im Graphen), und in dieser Form ist es als Summand in $i\,M_{fi}$ enthalten. Entsprechend wird das zweite Glied in (74,11) durch folgenden Graphen dargestellt:

$$e^2(\bar{u}_4\gamma^\mu u_1)D_{\mu\nu}(k')(\bar{u}_3\gamma^\nu u_2) = \qquad (74,14)$$

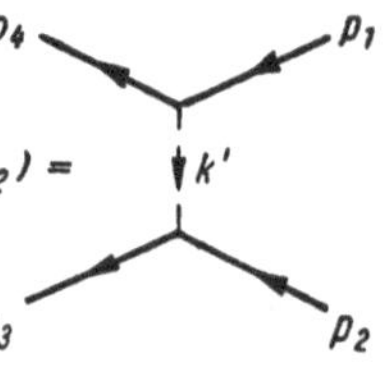

mit $k' = p_1 - p_4 = p_3 - p_2$).[2])

Die Linien für die Teilchen in Anfangs- und Endzustand werden als *äußere Linie* oder als *freie Enden* eines Diagramms bezeichnet. Die Graphen (74,13) und (74,14) unterscheiden sich voneinander nur durch den Austausch der beiden freien Elektronenenden (p_3 und p_4). Eine solche Vertauschung zweier Fermionen ändert das Vorzeichen des Graphen; diese Regel trägt dem Um-

---

[1]) Es ist gleichgültig, ob man beim Lesen des Diagramms mit dem Ende p_3 oder mit p_4 beginnt; denn wegen der Symmetrie des Tensors $D_{\mu\nu}$ sind die dabei entstehenden Ausdrücke einander gleich. Auch die Wahl der Richtung der Linie für das virtuelle Photon ist gleichgültig. Eine Änderung dieser Richtung bewirkt lediglich eine Vorzeichenänderung von k, die aber unwesentlich ist, weil $D_{\mu\nu}(k)$ eine gerade Funktion von k ist (s. § 77).

[2]) Die FEYMAN-Diagramme können den Gliedern der Streuamplitude nicht nur in der Impulsdarstellung, sondern auch in der Ortsdarstellung (Integrale (74,10)) zugeordnet werden. Die Rolle der Elektronenamplitude übernehmen dabei die entsprechenden ortsabhängigen Wellenfunktionen, und die Propagatoren werden in der Ortsdarstellung genommen. Zu jedem Eckteil gehört eine Integrationsvariable (x oder x' in (74,10)); die Faktoren zu den in einem Eckteil zusammenstoßenden Linien werden als Funktionen dieser Veränderlichen gewählt.

stand Rechnung, daß die beiden Glieder mit verschiedenen Vorzeichen in die Amplitude (74,11) eingehen.

Jetzt wollen wir uns mit der Elektron–Positron-Streuung befassen. Die Anfangsimpulse bezeichnen wir mit p_- und p_+, die Endimpulse mit p'_- und p'_+. Die Erzeugungs- und Vernichtungsoperatoren für die Positronen sind in den ψ-Operatoren (74,6) zusammen mit den Erzeugungs- und Vernichtungsoperatoren für die Elektronen enthalten. Während im vorhin besprochenen Fall beide Anfangsteilchen vom Operator ψ vernichtet worden sind und die Erzeugung beider Endteilchen durch den Operator $\overline{\psi}$ erfolgte, sind hier die Rollen dieser Operatoren für Elektronen und Positronen vertauscht. Die adjungierte Funktion $\overline{\psi}(-p_+)$ wird jetzt ein Positron im Anfangszustand und die Funktion $\psi(-p'_+)$ ein Positron im Endzustand beschreiben (beide Funktionen hängen vom 4-Impuls mit negativem Vorzeichen ab). Unter Beachtung dieses Unterschiedes erhalten wir schließlich folgende Streuamplitude[1]):

$$M_{fi} = -e^2 \left(\bar{u}(p'_-)\,\gamma^\mu\, u(p_-)\right) D_{\mu\nu}\,(p_- - p'_-) \left(\bar{u}(-p_+)\,\gamma^\nu\, u(-p'_+)\right)$$
$$+ e^2 \left(\bar{u}(-p_+)\,\gamma^\mu\, u(p_-)\right) D_{\mu\nu}\,(p_- + p_+) \left(\bar{u}(p'_-)\,\gamma^\nu\, u(-p'_+)\right) . \qquad (74,15)$$

Die beiden Glieder in diesem Ausdruck werden durch folgende Diagramme dargestellt:

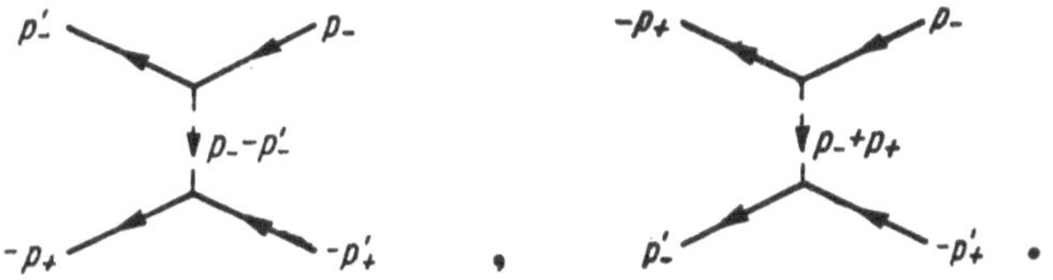

(74,16)

Die Regeln für die Zuordnung der Diagramme ändert sich nur in den Teilen, die die Positronen betreffen. Nach wie vor entspricht einer einlaufenden ausgezogenen Linie ein Faktor u und einer auslaufenden Linie ein Faktor $\bar{u}$. Einlaufende Linien entsprechen aber jetzt Positronen im Endzustand, auslaufende Linien Positronen im Anfangszustand; die Impulse der beiden Positronen sind mit dem entgegengesetzten Vorzeichen zu nehmen.

Wir lenken die Aufmerksamkeit des Lesers auf den verschiedenartigen Charakter der beiden Diagramme in (74,16). Im ersten Diagramm schneiden sich in einem Eckpunkt die beiden Elektronenlinien (für Anfangs- und End-

---

[1]) Für die Streuung nicht identischer Teilchen ist das Vorzeichen der Streuamplitude eindeutig. In (74,5) müssen die „inneren" Operatoren so angeordnet sein, daß die beiden Elektronenoperatoren ganz außen stehen:

$$\langle 0\, |a'\, b' \cdots b^+\, a^+|\, 0\rangle$$

(oder beide in der Mitte stehen). Durch diese Bedingung wird „das gleiche Vorzeichen" für Anfangs- und Endvakuumzustand gesichert. Man kann das Vorzeichen der Streuamplitude auch am nichtrelativistischen Grenzfall prüfen: Wir werden später (§ 82) sehen, daß das zweite Glied in (74,15) in diesem Grenzfall gegen Null strebt, während das erste zur BORNschen Amplitude der RUTHERFORD-Streuung wird.

zustand) und im anderen Eckpunkt die Positronenlinien. Im zweiten Diagramm stoßen in jedem Eckpunkt jeweils eine Elektronen- und eine Positronenlinie zusammen — immer ein Teilchen im Anfangs- und eines im Endzustand. Im oberen Eckpunkt wird gewissermaßen ein Elektron–Positron-Paar vernichtet und ein Photon emittiert, und im unteren wird ein Paar aus einem Photon erzeugt.

Dieser Unterschied spiegelt sich auch in den Eigenschaften der virtuellen Photonen in den beiden Diagrammen wieder. Im ersten Diagramm („Streu"-Diagramm) ist der 4-Impuls des virtuellen Photons gleich der Differenz der 4-Impulse der beiden Elektronen (oder Positronen), daher ist $k^2 \leqq 0$ (vgl. (74,1)). Im zweiten Diagramm („Vernichtungs"-Diagramm) ist $k' = p_- + p_+$, und es ist $k'^2 > 0$. Wir bemerken in diesem Zusammenhang, daß für ein virtuelles Photon immer $k^2 \neq 0$ ist, anders als für ein reales Photon, für das $k^2 = 0$ ist.

Falls die stoßenden Teilchen nicht identisch sind und nicht Teilchen und Antiteilchen sind (sondern, sagen wir, Elektron und Müon), dann wird die Streuamplitude durch ein einziges Diagramm dargestellt:

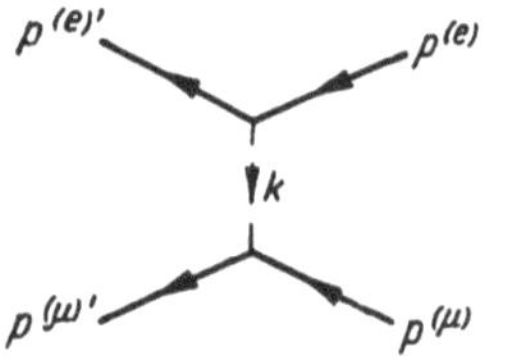

(74,17)

Vernichtungs- und Austauschdiagramme sind in diesem Fall nicht möglich. Wir erhalten dieses Ergebnis analytisch, indem wir den Stromoperator als Summe von Elektronen- und Müonenstrom schreiben:

$$\mathrm{j} = \mathrm{j}^{(e)} + \mathrm{j}^{(\mu)} = (\bar{\boldsymbol{\psi}}^{(e)} \gamma \boldsymbol{\psi}^{(e)}) + (\bar{\boldsymbol{\psi}}^{(\mu)} \gamma \boldsymbol{\psi}^{(\mu)})$$

und im Produkt $\mathrm{j}^{(\mu)}(x)\, \mathrm{j}^{(e)}(x')$ die Matrixelemente von den Gliedern bilden, die die erforderlichen Teilchenvernichtungen und -erzeugungen enthalten.

Wir wenden uns jetzt wieder den Prozessen erster Ordnung zu. Wie am Anfang dieses Paragraphen erwähnt wurde, sind diese wegen des Erhaltungssatzes für den 4-Impuls verboten. Die Matrixelemente des Operators

$$\mathrm{S}^{(1)} = -\, i\, e \int \mathrm{j}(x)\, \mathrm{A}(x)\, d^4x \tag{74,18}$$

für solche Übergänge entsprechen der Erzeugung oder Vernichtung von drei realen Teilchen „in einem Punkt x": zwei Elektronen und ein Photon. Sie entstehen durch Kontraktion der Operatoren $\boldsymbol{\psi}(x)$ und $\bar{\boldsymbol{\psi}}(x)$ in einem Punkt x und werden (zum Beispiel für die Emission eines Photons) durch Integrale der Gestalt

$$S_{fi} = -\, i\, e \int \bar{\psi}_2(x)\, \psi_1(x)\, \hat{A}^*(x)\, d^4x$$

gegeben, die wegen des Faktors $\exp\{-\, i\, (p_1 - p_2 - k)\, x\}$ (mit von Null verschiedenem Exponenten) im Integranden verschwinden. In der Graphensprache bedeutet das, daß Graphen mit drei freien Enden gleich Null sind:

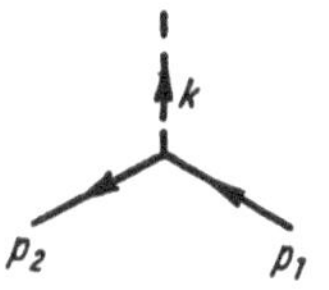

. (74,19)

Aus demselben Grunde sind solche Prozesse zweiter Ordnung unmöglich, an denen (im Anfangs- und Endzustand) sechs Teilchen beteiligt wären. Im Matrixelement S_{fi} für die betreffenden Übergänge würde das Integral über $d^4x\, d^4x'$ in das Produkt zweier verschwindender Integrale über d^4x und d^4x' über Produkte aus drei Wellenfunktionen im gleichen Punkt zerfallen. Mit anderen Worten, die zugehörigen Diagramme würden in zwei unabhängige Diagramme der Gestalt (74,19) zerfallen.

§ 75. FEYNMAN-Diagramme für die Streuung eines Photons

Wir kommen nun zu einem anderen Effekt zweiter Ordnung — zur Streuung eines Photons an einem Elektron (COMPTON-*Effekt*). Photon und Elektron sollen im Anfangszustand die 4-Impulse k_1 und p_1 und im Endzustand k_2 und p_2 haben (sowie bestimmte Polarisationen, die wir der Kürze halber nicht angeben).

Das Photonenmatrixelement ist

$$\langle 2\,|\mathrm{T}(\mathrm{A}_\mu(x)\,\mathrm{A}_\nu(x'))|\,1\rangle = \langle 0\,|\mathrm{c}_2\,\mathrm{T}(\mathrm{A}_\mu(x)\,\mathrm{A}_\nu(x'))\,\mathrm{c}_1^+|\,0\rangle \tag{75,1}$$

mit

$$\mathrm{A} = \sum_k (\mathrm{c}_k\,\mathrm{A}_k + \mathrm{c}_k^+\,\mathrm{A}_k^*)\,.$$

Wir kontrahieren innere und äußere Operatoren und bekommen

$$(75{,}1) = \underbrace{\mathrm{c}_2\,\mathrm{A}_\mu}\,\underbrace{\mathrm{A}'_\nu\,\mathrm{c}_1^+} + \mathrm{c}_2\,\mathrm{A}_\mu\,\mathrm{A}'_\nu\,\mathrm{c}_1^+ = A_{2\mu}^*\,A'_{1\nu} + A_{1\mu}\,A_{2\nu}^{*\prime} \tag{75,2}$$

(dabei ist verwendet worden, daß die Operatoren c_1 und c_2^+ miteinander vertauschbar sind; aus diesem Grunde kann auch das Symbol T in diesem Fall weggelassen werden).

Das Elektronenmatrixelement ist

$$\langle 2\,|\mathrm{T}(\mathrm{j}^\mu(x)\,\mathrm{j}^\nu(x'))|\,1\rangle = \langle 0\,|\mathrm{a}_2\,\mathrm{T}[(\overline{\boldsymbol{\psi}}\,\gamma^\mu\,\boldsymbol{\psi})\,(\overline{\boldsymbol{\psi}}'\,\gamma^\nu\,\boldsymbol{\psi}')]\,\mathrm{a}_1^+|\,0\rangle\,. \tag{75,3}$$

Darin sind vier ψ-Operatoren enthalten. Nur zwei davon werden zur Vernichtung des Elektrons 1 und zur Erzeugung des Elektrons 2 benötigt, d. h. mit den Operatoren a_1^+ und a_2 kontrahiert. Das können die Operatoren $\overline{\boldsymbol{\psi}}'$ und $\boldsymbol{\psi}$ oder $\boldsymbol{\psi}'$ und $\overline{\boldsymbol{\psi}}$ sein (aber nicht $\boldsymbol{\psi}$ und $\overline{\boldsymbol{\psi}}$ oder $\boldsymbol{\psi}'$ und $\overline{\boldsymbol{\psi}}'$; denn die Erzeugung und Vernichtung zweier realer Elektronen und eines realen Photons in einem Punkt x oder x' ergeben einen verschwindenden Ausdruck). Wir kontrahieren auf zwei Arten und erhalten zwei Glieder im Matrixelement

(75,3). Diese schreiben wir zuerst unter der Voraussetzung $t > t'$ auf:

$$(75{,}3) = \mathrm{a}_2\, (\bar{\boldsymbol{\psi}}\, \gamma^\mu\, \boldsymbol{\psi})\, (\bar{\boldsymbol{\psi}}'\, \gamma^\nu\, \boldsymbol{\psi}')\, \mathrm{a}_1^+ + \mathrm{a}_2\, (\bar{\boldsymbol{\psi}}\, \gamma^\mu\, \boldsymbol{\psi})\, (\bar{\boldsymbol{\psi}}'\, \gamma^\nu\, \boldsymbol{\psi}')\, \mathrm{a}_1^+ \,. \tag{75,4}$$

Im ersten Glied werden die Operatoren

$$\mathrm{a}_2\, \bar{\boldsymbol{\psi}} \to \mathrm{a}_2\, \mathrm{a}_2^+\, \psi_2\,, \qquad \boldsymbol{\psi}'\, \mathrm{a}_1^+ \to \mathrm{a}_1\, \mathrm{a}_1^+\, \psi_1'$$

miteinander kontrahiert. Da die Operatoren $\mathrm{a}_2\, \mathrm{a}_2^+$ und $\mathrm{a}_1\, \mathrm{a}_1^+$ diagonal sind und am Rande des Produktes stehen, werden sie durch ihre Vakuumserwartungswerte, d. h. durch 1, ersetzt. Um das zweite Glied in (75,4) analog umzuformen, muß man zuerst den Operator a_2^+ nach links und den Operator a_1 nach rechts schaffen. Das geschieht mit Hilfe der Vertauschungsregeln für die Operatoren $\mathrm{a}_{\boldsymbol{p}}$ und $\mathrm{a}_{\boldsymbol{p}}^+$, die besagen

$$\left.\begin{aligned} \{\mathrm{a}_{\boldsymbol{p}}, \boldsymbol{\psi}\}_+ &= \{\mathrm{a}_{\boldsymbol{p}}^+, \bar{\boldsymbol{\psi}}\}_+ = 0\,, \\ \{\mathrm{a}_{\boldsymbol{p}}, \bar{\boldsymbol{\psi}}\}_+ = \bar{\psi}_{\boldsymbol{p}}\,, &\qquad \{\mathrm{a}_{\boldsymbol{p}}^+, \boldsymbol{\psi}\}_+ = \psi_{\boldsymbol{p}}\,. \end{aligned}\right\} \tag{75,5}$$

Der Ausdruck (75,4) wird schließlich in die Form

$$\langle 0 \mid (\bar{\psi}_2\, \gamma^\mu\, \boldsymbol{\psi})\, (\bar{\boldsymbol{\psi}}'\, \gamma^\nu\, \psi_1') - (\bar{\boldsymbol{\psi}}\, \gamma^\mu\, \psi_1)\, (\bar{\psi}_2'\, \gamma^\nu\, \boldsymbol{\psi}') \mid 0 \rangle\,, \qquad t > t' \tag{75,6}$$

gebracht (selbstverständlich werden nur die Operatorfaktoren in die Erwartungswerte einbezogen). Analog erhalten wir für $t < t'$ einen Ausdruck, in dem lediglich die Striche und die Indizes μ und ν anders sind:

$$\langle 0 \mid -(\bar{\boldsymbol{\psi}}'\, \gamma^\nu\, \psi_1')\, (\bar{\psi}_2\, \gamma^\mu\, \boldsymbol{\psi}) + (\bar{\psi}_2'\, \gamma^\nu\, \boldsymbol{\psi}')\, (\bar{\boldsymbol{\psi}}\, \gamma^\mu\, \psi_1) \mid 0 \rangle\,, \qquad t < t'\,. \tag{75,7}$$

Man kann die beiden Ausdrücke (75,6) und (75,7) zusammenfassen, indem man das zeitgeordnete Produkt der ψ-Operatoren nach der Definition

$$\mathrm{T}\, \boldsymbol{\psi}_i(x)\, \bar{\boldsymbol{\psi}}_k(x') = \begin{cases} \boldsymbol{\psi}_i(x)\, \bar{\boldsymbol{\psi}}_k(x')\,, & t' < t\,, \\ -\, \bar{\boldsymbol{\psi}}_k(x')\, \boldsymbol{\psi}_i(x)\,, & t' > t \end{cases} \tag{75,8}$$

einführt (i und k sind Bispinorindizes). Die jeweils ersten und zweiten Glieder in (75,6) und (75,7) werden dann in einheitlicher Schreibweise zusammengefaßt zu

$$\bar{\psi}_2\, \gamma^\mu\, \langle 0 \mid \mathrm{T}\, \boldsymbol{\psi} \cdot \bar{\boldsymbol{\psi}}' \mid 0 \rangle\, \gamma^\nu\, \psi_1' + \bar{\psi}_2'\, \gamma^\nu\, \langle 0 \mid \mathrm{T}\, \boldsymbol{\psi}' \cdot \bar{\boldsymbol{\psi}} \mid 0 \rangle\, \gamma^\mu\, \psi_1 \tag{75,9}$$

($\psi \cdot \bar{\psi}$ bedeutet die Matrix $\psi_i\, \bar{\psi}_k$).

In der sich ganz natürlich ergebenden Definition (75,8) werden die Operatorprodukte für $t < t'$ und $t > t'$ mit verschiedenen Vorzeichen versehen. Darin unterscheidet sie sich von der Definition des T-Produktes, die wir für die Operatoren A und j verwendet haben. Dieser Unterschied resultiert daraus, daß die Fermionenoperatoren $\boldsymbol{\psi}$ und $\bar{\boldsymbol{\psi}}$ außerhalb des Lichtkegels antikommutieren (während die Bosonenoperatoren A und auch die bilinearen Operatoren $\mathrm{j} = \bar{\boldsymbol{\psi}}\, \gamma\, \boldsymbol{\psi}$ miteinander kommutieren).[1] Dadurch wird die relativistische In-

[1] Die ψ-Operatoren selbst entsprechen keinen meßbaren physikalischen Größen und müssen daher außerhalb des Lichtkegels nicht unbedingt vertauschbar sein.

varianz der Definition (75,8) gewährleistet (der formale Beweis für die Vertauschungsregeln der ψ-Operatoren wird in § 76 gegeben werden).[1])

Wir führen die *Elektronenausbreitungsfunktion* (oder den *Elektronenpropagator*) — den Bispinor zweiter Stufe $G_{ik}(x - x')$ — nach der Definition ein:

$$G_{ik}(x - x') = -i \langle 0 \mid \mathrm{T}\, \psi_i(x)\, \overline{\psi}_k(x') \mid 0 \rangle\,. \tag{75,10}$$

Das Elektronenmatrixelement lautet dann

$$\langle 2 \mid \mathrm{T}\, \mathrm{j}^\mu(x)\, \mathrm{j}^\nu(x') \mid 1 \rangle = i\, \overline{\psi}_2 \gamma^\mu G \gamma^\nu \psi_1' + i\, \overline{\psi}_2' \gamma^\nu G \gamma^\mu \psi_1\,. \tag{75,11}$$

Nach der Multiplikation mit dem Photonenmatrixelement (75,1) und nach der Integration über $d^4x\, d^4x'$ ergeben die beiden Glieder in (75,11) das gleiche Resultat, und es wird

$$S_{fi} = -i e^2 \int\int d^4x\, d^4x'\, \overline{\psi}_2(x) \gamma^\mu G(x - x') \gamma^\nu \psi_1(x') \times \{A_{2\mu}^*(x)\, A_{1\nu}(x') + A_{2\nu}^*(x')\, A_{1\mu}(x)\}\,. \tag{75,12}$$

Wir setzen für die Elektronen- und die Photonenwellenfunktionen die ebenen Wellen (65,8—9) ein, ziehen wie für (74,10) die δ-Funktion heraus und erhalten für die Streuamplitude endgültig

$$M_{fi} = -4\pi e^2 \overline{u}_2 \{\hat{e}_2^* G(p_1 + k_1) \hat{e}_1 + \hat{e}_1 G(p_1 - k_2) \hat{e}_2^*\} u_1\,; \tag{75,13}$$

darin sind e_1 und e_2 die 4-Vektoren für die Polarisation der Photonen, und $G(p)$ ist der Elektronenpropagator in der Impulsdarstellung.

Die beiden Glieder in diesem Ausdruck werden durch folgende FEYNMAN-Diagramme dargestellt:

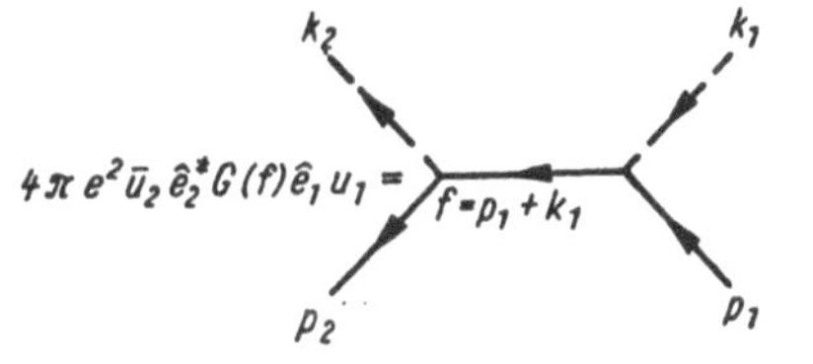

,

(75,14)

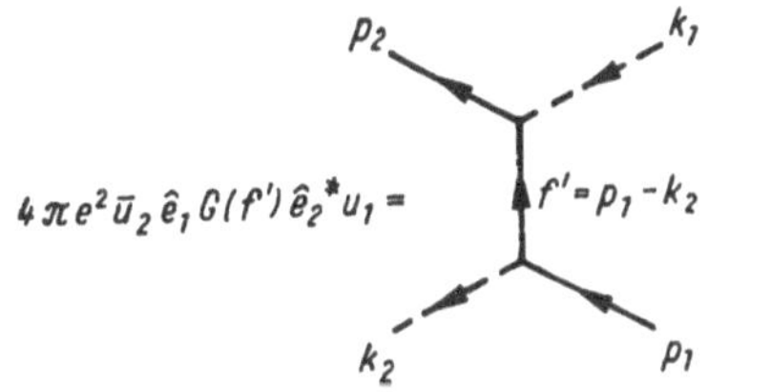

.

---

[1]) Analog kann man das T-Produkt einer beliebigen Zahl von ψ-Operatoren definieren. Es ist das Produkt aller dieser Operatoren in der Reihenfolge, in der die Zeit von rechts nach links nicht abnimmt. Das Vorzeichen wird durch die Anzahl der Vertauschungen bestimmt, die notwendig sind, um diese Reihenfolge aus der unter dem Symbol für das T-Produkt stehenden Anordnung herzustellen. Nach dieser Definition ändert sich das Vorzeichen des T-Produktes beim Vertauschen zweier beliebiger ψ-Operatoren, zum Beispiel

$$\mathrm{T}\, \psi_i(x)\, \overline{\psi}_k(x') = -\mathrm{T}\, \overline{\psi}_k(x')\, \psi_i(x)\,.$$

Die gestrichelten freien Enden der Diagramme entsprechen den realen Photonen. Einer einlaufenden Linie (Photon im Anfangszustand) entspricht der Faktor $\sqrt{4\pi}\, e$ und einer auslaufenden Linie (Photon im Endzustand) der Faktor $\sqrt{4\pi}\, e^*$, wenn e der 4-Polarisationsvektor ist. Im ersten Diagramm werden das Photon und das Elektron im Anfangszustand gemeinsam absorbiert, und das Photon und das Elektron im Endzustand werden gemeinsam emittiert. Im zweiten Diagramm erfolgen Emission des Photons im Endzustand und Vernichtung des Anfangselektrons gemeinsam sowie die Absorption des Photons im Anfangszustand und die Erzeugung des Elektrons im Endzustand.

Die ausgezogene innere Linie (die die beiden Eckpunkte miteinander verbindet) entspricht einem virtuellen Elektron, dessen 4-Impuls aus der Erhaltung des 4-Impulses in den Eckpunkten bestimmt wird. Zu dieser Linie gehört der Faktor $i\, G(f)$. Anders als beim 4-Impuls eines realen Teilchens ist das Quadrat des 4-Impulses eines virtuellen Elektrons nicht gleich m^2. Betrachtet man die Invariante f^2 zum Beispiel im Ruhsystem des Elektrons, so findet man leicht

$$f^2 = (p_1 + k_1)^2 > m^2\,, \qquad f'^2 = (p_1 - k_2)^2 < m^2\,. \tag{75,15}$$

§ 76. Der Elektronenpropagator

Der in den vorangegangenen Paragraphen eingeführte Begriff der Ausbreitungsfunktionen oder Propagatoren spielt eine fundamentale Rolle im Apparat der Quantenelektrodynamik. Der Photonenpropagator $D_{\mu\nu}$ wird die Grundgröße zur Beschreibung der Wechselwirkung zwischen zwei Elektronen sein. Diese Rolle von $D_{\mu\nu}$ äußert sich anschaulich in der Stellung, die es in der Streuamplitude für die Elektronenstreuung einnimmt; dort ist $D_{\mu\nu}$, multipliziert mit den Strömen der beiden Teilchen, enthalten. Eine ähnliche Rolle spielt der Elektronenpropagator für die Wechselwirkung zwischen Elektron und Photon.

Wir wollen die Propagatoren jetzt wirklich ausrechnen und beginnen mit dem Elektronenpropagator

$$G_{ik}(x - x') = -\,i\,\langle 0 \mid \mathrm{T}\, \psi_i(x)\, \overline{\psi}_k(x') \mid 0\rangle \tag{76,1}$$

(i und k sind Bispinorindizes); werden wir den Operator $\hat{\mathrm{p}} - m$ mit $\mathrm{p}_\mu = i\,\partial_\mu$ an. Da $\psi(x)$ die Dirac-Gleichung $(\hat{\mathrm{p}} - m)\,\psi(x) = 0$ erfüllt, erhalten wir in allen Punkten x Null bis auf diejenigen Punkte, für die $t = t'$ ist. $G\,(x - x')$ strebt nämlich für $t \to t' + 0$ und für $t \to t' - 0$ gegen verschiedene Grenzwerte. Nach der Definition (75,8) sind diese Grenzwerte

$$-\,i\,\langle 0 \mid \psi_i(\boldsymbol{r}, t)\, \overline{\psi}_k(\boldsymbol{r}', t) \mid 0\rangle \qquad \text{bzw.} \qquad +\,i\,\langle 0 \mid \overline{\psi}_k(\boldsymbol{r}', t)\, \psi_i(\boldsymbol{r}, t) \mid 0\rangle$$

und sind auf dem Lichtkegel nicht gleich, wie wir sehen. Das ergibt in der Ableitung $\partial G/\partial t$ ein Zusatzglied mit einer δ-Funktion:

$$\frac{\partial G}{\partial t} = -\,i\,\langle 0 \mid \mathrm{T}\,\frac{\partial \psi_i(x)}{\partial t}\,\overline{\psi}_k(x') \mid 0\rangle + \delta\,(t - t')\,(G|_{t\to t'+0} - G|_{t\to t'-0})\,. \tag{76,2}$$

Der Operator $\hat{p} - m$ enthält die Ableitung nach t in der Form $i\gamma^0\,\partial/\partial t$, und daher ist

$$(\hat{p} - m)_{ik}\, G_{kl}\,(x - x') = \delta\,(t - t')\,\gamma^0_{ik}\,\langle 0 \mid \{\boldsymbol{\psi}_k(\boldsymbol{r}, t), \bar{\boldsymbol{\psi}}_l(\boldsymbol{r}', t)\}_+ \mid 0\rangle\,. \qquad (76,3)$$

Wir berechnen den Antikommutator auf der rechten Seite. Bei der Multiplikation der Operatoren $\boldsymbol{\psi}(\boldsymbol{r}, t)$ und $\bar{\boldsymbol{\psi}}(\boldsymbol{r}', t)$ (s. (74,6)) beachten wir die Vertauschungsregeln für die Fermionenoperatoren a_p und b_p und finden

$$\{\boldsymbol{\psi}_i(\boldsymbol{r}, t), \bar{\boldsymbol{\psi}}_k(\boldsymbol{r}', t)\}_+ = \sum_p [\psi_{p\,i}(\boldsymbol{r})\,\bar{\psi}_{pk}(\boldsymbol{r}') + \psi_{-pk}(\boldsymbol{r})\,\psi_{-pk}(\boldsymbol{r}')]\,; \qquad (76,4)$$

hierin sind die $\psi_{\pm p}(\boldsymbol{r})$ die Wellenfunktionen ohne die Zeitfaktoren (wie schon in § 74 und 75 schreiben wir der Kürze halber die Polarisationsindizes nicht mit). Die Menge aller Funktionen $\psi_{\pm p}(\boldsymbol{r})$ — der Eigenfunktionen des HAMILTON-Operators für das Elektron — ist ein vollständiges System normierter Funktionen, und auf Grund der allgemeinen Eigenschaften solcher Systeme gilt (vgl. III, (5,12)):

$$\sum_p [\psi_{p\,i}(\boldsymbol{r})\,\psi^*_{pk}(\boldsymbol{r}') + \psi_{-p\,i}(\boldsymbol{r})\,\psi^*_{-p\,k}(\boldsymbol{r}')] = \delta_{ik}\,\delta\,(\boldsymbol{r} - \boldsymbol{r}')\,. \qquad (76,5)$$

Die Summe auf der rechten Seite der Gleichung (76,4) unterscheidet sich hiervon nur darin, daß $(\psi^*\gamma^0)_k$ statt ψ^*_k steht, und ist gleich $\gamma^0_{ik}\,\delta\,(\boldsymbol{r} - \boldsymbol{r}')$. Es ist also

$$\{\boldsymbol{\psi}_i(\boldsymbol{r}, t), \bar{\boldsymbol{\psi}}_k(\boldsymbol{r}', t)\}_+ = \delta\,(\boldsymbol{r} - \boldsymbol{r}')\,\gamma^0_{ik}\,. \qquad (76,6)$$

Aus dieser Formel folgt insbesondere die schon in § 75 erwähnte Antikommutativität der Operatoren $\boldsymbol{\psi}$ und $\bar{\boldsymbol{\psi}}$ außerhalb des Lichtkegels. Für $(x - x')^2 < 0$ gibt es immer ein Bezugssystem, in dem $t = t'$ ist; wenn dabei $\boldsymbol{r} \neq \boldsymbol{r}'$ ist, dann ist der Antikommutator (76,6) tatsächlich gleich Null.

Wir gehen mit (76,6) in (76,3) ein (lassen die Bispinorindizes fort) und finden endgültig[1])

$$(\hat{p} - m)\,G\,(x - x') = \delta^{(4)}\,(x - x')\,. \qquad (76,7)$$

Der Elektronenpropagator genügt also einer DIRAC-Gleichung mit einer δ-Funktion auf der rechten Seite. Aus mathematischer Sicht ist das die GREEN*sche Funktion* für die DIRAC-Gleichung.

Später werden wir es nicht mit der Funktion $G(\xi)$ $(\xi = x - x')$ selbst zu tun haben, sondern mit der FOURIER-Transformierten

$$G(p) = \int G(\xi)\,e^{ip\xi}\,d^4\xi \qquad (76,8)$$

(Propagator in der Impulsdarstellung). Wir bilden die FOURIER-Transformierten von beiden Seiten (76,7) und finden für $G(p)$ das algebraische Gleichungssystem

$$(\hat{p} - m)\,G(p) = 1\,. \qquad (76,9)$$

[1]) In ausführlicher Schreibweise mit Bispinorindizes

$$(\hat{p} - m)_{il}\,G_{lk}\,(x - x') = \delta^{(4)}\,(x - x')\,\delta_{ik}\,. \qquad (76,7a)$$

Die Lösung dieses Systems ist

$$G(p) = \frac{\hat{p} + m}{p^2 - m^2}\,. \tag{76,10}$$

Die vier Komponenten des 4-Vektors p sind in $G(p)$ die unabhängigen Veränderlichen (sie sind nicht durch die Beziehung $p^2 \equiv p_0^2 - \boldsymbol{p}^2 = m^2$ miteinander verknüpft). Wir schreiben den Nenner in (76,10) in der Form $p_0^2 - (\boldsymbol{p}^2 + m^2)$ und sehen, daß $G(p)$ als Funktion von p_0 zu gegebenem $\boldsymbol{p}^2$ zwei Pole hat: bei $p_0 = \pm\,\varepsilon$ mit $\varepsilon = \sqrt{\boldsymbol{p}^2 + m^2}$. Bei der Integration über dp_0 im Integral

$$G(\xi) = \frac{1}{(2\,\pi)^4}\int e^{-ip\xi}\,G(p)\,d^4p = \frac{1}{(2\,\pi)^4}\int d^3p\cdot e^{i\boldsymbol{p}\boldsymbol{r}}\int dp_0\cdot e^{-ip_0\tau}\,G(p) \tag{76,11}$$

($\tau = t - t'$) erhebt sich daher die Frage, wie die Pole zu umgehen sind. Ohne die Vorschrift für die Umgehung der Pole ist der Ausdruck (76,10) noch ganz unbestimmt.

Zur Klärung dieser Frage wenden wir uns wieder der ursprünglichen Definition (76,1) zu. Wir stellen die ψ-Operatoren als Summe (74,6) dar und beachten, daß die Vakuumerwartungswerte nur von folgenden Produkten aus Erzeugungs- und Vernichtungsoperatoren von Null verschieden sind:

$$\langle 0 \mid \mathrm{a}_{\boldsymbol{p}}\,\mathrm{a}_{\boldsymbol{p}}^{+} \mid 0\rangle = 1\,, \qquad \langle 0 \mid \mathrm{b}_{\boldsymbol{p}}\,\mathrm{b}_{\boldsymbol{p}}^{+} \mid 0\rangle = 1\,.$$

(Da im Vakuumzustand keinerlei Teilchen vorhanden sind, muß man erst ein Teilchen mit einem Operator $\mathrm{a}_{\boldsymbol{p}}^{+}$ oder $\mathrm{b}_{\boldsymbol{p}}^{+}$ „erzeugen", bevor man es „vernichten" kann mit einem Operator $\mathrm{a}_{\boldsymbol{p}}$ oder $\mathrm{b}_{\boldsymbol{p}}$.) Wir erhalten

$$\left.\begin{aligned} G_{ik}(x - x') &= -\,i\sum_{\boldsymbol{p}} \psi_{\boldsymbol{p}i}(\boldsymbol{r}, t)\,\overline{\psi}_{\boldsymbol{p}k}(\boldsymbol{r}', t') \\ &= -\,i\sum_{\boldsymbol{p}} e^{-i\varepsilon(t-t')}\,\psi_{\boldsymbol{p}i}(\boldsymbol{r})\,\overline{\psi}_{\boldsymbol{p}k}(\boldsymbol{r}') \qquad \text{für} \quad t - t' > 0; \\ G_{ik}(x - x') &= i\sum_{\boldsymbol{p}} \overline{\psi}_{-\boldsymbol{p}k}(\boldsymbol{r}', t')\,\psi_{-\boldsymbol{p}i}(\boldsymbol{r}, t) \\ &= i\sum_{\boldsymbol{p}} e^{i\varepsilon(t-t')}\,\psi_{-\boldsymbol{p}i}(\boldsymbol{r})\,\psi_{-\boldsymbol{p}k}(\boldsymbol{r}') \qquad \text{für} \quad t - t' < 0 \end{aligned}\right\} \tag{76,12}$$

(für $t > t'$ liefern nur die Elektronenterme einen Beitrag zu G, für $t < t'$, nur die Positronenterme).

Wir stellen uns die Summe über $\boldsymbol{p}$ als Integration über d^3p vor, vergleichen (76,12) mit (76,11) und sehen, daß das Integral

$$\int e^{-ip_0\tau}\,G(p)\,dp_0 \tag{76,13}$$

den Phasenfaktor $e^{-i\varepsilon\tau}$ für $\tau > 0$ und $e^{i\varepsilon\tau}$ für $\tau < 0$ haben muß. Wir erfüllen diese Forderung, indem wir vereinbaren, die Pole $p_0 = \varepsilon$ und $p_0 = -\,\varepsilon$ oben bzw. unten zu umgehen (in der Ebene der komplexen Veränderlichen p_0):

(76,14)

Tatsächlich schließen wir den Integrationsweg für $\tau > 0$ mit einem großen Halbkreis in der unteren Halbebene, so daß der Wert des Integrals (76,13) durch das Residuum im Pol $p_0 = + \varepsilon$ gegeben wird; für $\tau < 0$ schließen wir den Integrationsweg in der oberen Halbebene, und das Integral wird durch das Residuum im Pol $p_0 = - \varepsilon$ bestimmt. In beiden Fällen ergibt sich das erforderliche Resultat.

Diese Regel für die Umgebung der Pole (FEYNMAN-*Regel*) kann man auch anders formulieren: Es wird überall entlang der reellen Achse integriert, aber der Teilchenmasse m wird ein infinitesimaler, negativer Imaginärteil zugefügt:

$$m \to m - i\,0\,. \tag{76,15}$$

Tatsächlich haben wir dann

$$\varepsilon \to \sqrt{\boldsymbol{p}^2 + (m - i\,0)^2} = \sqrt{\boldsymbol{p}^2 + m^2 - i\,0} = \varepsilon - i\,0\,.$$

Die Pole $p_0 = \pm\,\varepsilon$ verschieben sich also nach oben bzw. nach unten von der reellen Achse weg:

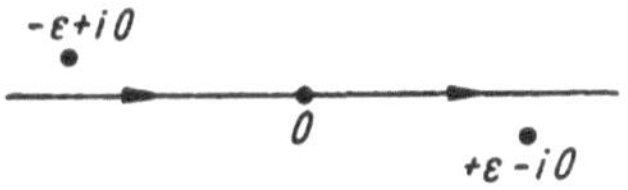

(76,16)

so daß die Integration entlang der reellen Achse der Integration über den Weg (76,14) äquivalent wird.[1] Unter Beachtung der Regel (76,15) kann man den Propagator (76,10) in folgender Form schreiben:

$$G(p) = \frac{\hat{p} + m}{p^2 - m^2 + i\,0}\,. \tag{76,17}$$

Die Regel für die Integration bei Verschiebung des Pols ist in folgender Beziehung enthalten:

$$\frac{1}{x + i\,0} = P\,\frac{1}{x} - i\,\pi\,\delta(x)\,. \tag{76,18}$$

Diese Regel ist so zu verstehen, daß bei Multiplikation mit einer beliebigen Funktion $f(x)$ und anschließender Integration die Formel gilt

$$\int\limits_{-\infty}^{\infty} \frac{f(x)}{x + i\,0}\,dx = \fint\limits_{-\infty}^{\infty} \frac{f(x)}{x}\,dx - i\,\pi\,f(0) \tag{76,19}$$

(das Integralzeichen mit dem Querstrich oder das Symbol P vor dem Integralzeichen bedeuten den Hauptwert).

Die GREENsche Funktion (76,10) ist das Produkt aus dem Bispinorfaktor $\hat{p} + m$ und dem Skalar

$$G^{(0)}(p) = \frac{1}{p^2 - m^2}\,. \tag{76,20}$$

Die zugehörige Funktion $G^{(0)}(\xi)$ ist offensichtlich eine Lösung der Gleichung

$$(\mathrm{p}^2 - m^2)\,G^{(0)}\,(x - x') = \delta^{(4)}\,(x - x')\,, \tag{76,21}$$

[1]) Es ist nützlich zu vermerken, daß $G\,(x - x')$ nach der Regel für die Verschiebung der Pole eine infinitesimale Dämpfung in $|t - t'|$ erhält.

d. h. die GREENsche Funktion der Gleichung $(p^2 - m^2)\,\psi = 0$. In diesem Sinne kann man sagen, daß die Funktion $G^{(0)}(x - x')$ der Propagator skalarer Teilchen ist. Durch Rechnung (ähnlich wie oben) überzeugt man sich leicht davon, daß die Ausbreitungsfunktion eines skalaren Feldes gemäß

$$G^{(0)}(x - x') = -i \langle 0 \mid \mathrm{T}\, \boldsymbol{\psi}(x)\, \boldsymbol{\psi}^+(x') \mid 0 \rangle \tag{76,22}$$

durch die ψ-Operatoren (11,2) ausgedrückt wird; Formel (76,22) ist der Definition (76,1) analog. Dabei wird das zeitgeordnete Produkt (wie für alle Besonenoperatoren) folgendermaßen definiert:

$$\mathrm{T}\, \boldsymbol{\psi}(x)\, \boldsymbol{\psi}^+(x') = \begin{cases} \boldsymbol{\psi}(x)\, \boldsymbol{\psi}^+(x'), & t > t'; \\ \boldsymbol{\psi}^+(x')\, \boldsymbol{\psi}(x), & t < t' \end{cases}$$

(mit gleichen Vorzeichen für $t > t'$ und $t < t'$).

§ 77. Der Photonenpropagator

Bisher haben wir (in § 43 und 75) die explizite Gestalt der Operatoren für das elektromagnetische Feld A zur Berechnung von Matrixelementen nur bei einer Änderung der Zahl der realen Photonen benötigt. Zu diesem Zweck war die in § 2 angegebene Darstellung der Potentiale eines freien Feldes als Entwicklung nach transversalen ebenen Wellen ausreichend.

Diese Darstellung liefert aber an sich keine vollständige Beschreibung eines beliebigen Feldes. Das wird bereits aus der analogen Sachlage in der klassischen Elektrodynamik klar: Ein beliebiges Feld (bei Anwesenheit von Ladungen) kann nicht nach transversalen Wellen entwickelt werden; außer dem transversalen Feldanteil (der durch das Vektorpotential mit der Bedingung $\operatorname{div} \boldsymbol{A} = 0$ beschrieben wird) gibt es noch die statische COULOMB-Wechselwirkung, die durch das skalare Potential Φ beschrieben wird.[1])

Wir haben auf diese Weise eigentlich noch keine vollständige Definition des Operators A; ohne diese ist aber die direkte Berechnung des Photonenpropagators nach der Formel

$$D_{\mu\nu}(x - x') = i \langle 0 \mid \mathrm{T}\, \mathrm{A}_\mu(x)\, \mathrm{A}_\nu(x') \mid 0 \rangle \tag{77,1}$$

unmöglich. Andererseits würden die Operatoren, die man zu einer erschöpfenden Quantisierung des elektromagnetischen Feldes einführen müßte, weitgehend ihren physikalischen Sinn verlieren, weil die Potentiale wegen der Eichwillkür nicht eindeutig sind.

---

[1]) Unter der Bedingung $\operatorname{div} \boldsymbol{A} = 0$ ergeben die MAXWELLschen Gleichungen folgende Gleichungen für $\boldsymbol{A}$ und Φ:

$$\Box \boldsymbol{A} = -4\pi \boldsymbol{j} + \nabla \frac{\partial \Phi}{\partial t}, \qquad \Delta \Phi = -4\pi \varrho .$$

Dabei kann $\boldsymbol{A}$ nach transversalen Wellen entwickelt werden (Lösungen der homogenen Gleichung $\Box \boldsymbol{A} = 0$). Das Potential Φ gehorcht der statischen POISSON-Gleichung.

Diese Komplikationen sind aber nur formaler, nicht physikalischer Natur, und man kann sie umgehen, indem man einige allgemeine Eigenschaften des Propagators ausnutzt, die von vornherein aus den Forderungen nach relativistischer und nach Eichinvarianz offenkundig sind.

Die allgemeinste Gestalt eines nur vom 4-Vektor $\xi = x - x'$ abhängigen 4-Tensor zweiter Stufe ist

$$D_{\mu\nu}(\xi) = g_{\mu\nu}\, D(\xi^2) - \partial_\mu\, \partial_\nu D^{(l)}(\xi^2)\,; \qquad (77{,}2)$$

D und $D^{(l)}$ sind dabei skalare Funktionen der Invarianten ξ^2.[1]) Dieser Tensor ist von selbst symmetrisch.

Dementsprechend haben wir in der Impulsdarstellung

$$D_{\mu\nu}(k) = D(k^2)\, g_{\mu\nu} + k_\mu\, k_\nu\, D(k^2)\,, \qquad (77{,}3)$$

wobei $D(k^2)$ und $D^{(l)}(k^2)$ die FOURIER-Transformierten der Funktionen $D(\xi^2)$ bzw. $D^{(l)}(\xi^2)$ sind.

In physikalischen Größen — Streuamplituden — kommt die Photonenausbreitungsfunktion multipliziert mit Elektronenströmen vor, d. h. in Kombinationen der Art $j^\mu_{21}\, D_{\mu\nu}\, j^\nu_{43}$ (s. z. B. (74,13)). Wegen der Stromerhaltung ($\partial_\mu j^\mu = 0$) erfüllen die Matrixelemente des Stromes $j_{21} = \overline{\psi}_2\, \gamma\, \psi_1$ die Bedingung der 4-Transversalität:

$$k_\mu (j^\mu)_{21} = 0 \qquad (77{,}4)$$

mit $k = p_2 - p_1$ (vgl. (43,13)). Es ist daher klar, daß sich die physikalischen Ergebnisse der Substitution

$$D_{\mu\nu} \to D_{\mu\nu} + \chi_\mu\, k_\nu + \chi_\nu\, k_\mu \qquad (77{,}5)$$

mit beliebigen Funktionen χ_μ von $\boldsymbol{k}$ und k_0 nicht ändern. Diese Willkür in der Wahl von $D_{\mu\nu}$ entspricht der Willkür bei der Eichung der Potentiale des Feldes.

Eine willkürliche Eichtransformation (77,5) kann die in (77,3) angenommene, relativistisch invariante Gestalt von $D_{\mu\nu}$ verletzen (falls die Größen χ_μ keinen 4-Vektor bilden). Aber auch im Rahmen relativistisch invarianter Formen des Propagators sehen wir, daß die Wahl der Funktion $D^{(l)}(k^2)$ in (77,3) ganz willkürlich ist; sie wirkt sich nicht auf die physikalischen Ergebnisse aus und kann aus Überlegungen der Zweckmäßigkeit gewählt werden.[2])

Die Berechnung der Ausbreitungsfunktion ist somit allein auf die Berechnung der eichinvarianten Funktion $D(k^2)$ zurückgeführt. Betrachtet man einen gegebenen Wert für k^2 und legt die z-Achse in $\boldsymbol{k}$-Richtung, dann bleiben die Komponenten $D_{xx} = D_{yy} = -D(k^2)$ von den Transformationen (77,5) unberührt. Man braucht deshalb insgesamt nur die eine Komponente D_{xx} auszurechnen und kann dabei eine beliebige Eichung der Potentiale verwenden.

---

[1]) Diese Funktionen sind in den drei Bereichen des Argumentes verschieden, die nicht durch LORENTZ-Transformationen ineinander überführt werden können: außerhalb des Lichtkegels ($\xi^2 < 0$), im Vorwärtskegel ($\xi^2 > 0$, $\xi_0 > 0$) und im Rückwärtskegel ($\xi^2 > 0$, $\xi_0 < 0$).

[2]) Dieser Sachverhalt ist von L. D. LANDAU, A. A. ABRIKOSSOW und I. M. KHALATNIKOW (1954) bemerkt worden.

Wir benutzen die Eichung, in der div $\mathbf{A} = 0$ ist und in der der Operator $\mathbf{A}$ durch die Entwicklung (2,17), (2,18)

$$\mathbf{A} = \sum_{k\alpha} \sqrt{\frac{2\pi}{\omega}} \left(c_{k\alpha} \boldsymbol{e}^{(\alpha)} e^{-ikx} + c^*_{k\alpha} \boldsymbol{e}^{(\alpha)*} e^{ikx} \right), \qquad \omega = |\boldsymbol{k}| \tag{77,6}$$

gegeben wird (der Index $\alpha = 1, 2$ unterscheidet die Polarisationen). Von allen Vakuumerwartungswerten der Produkte aus den Operatoren c und c^+ sind nur $\langle 0 \mid c_{\boldsymbol{k}} c^+_{\boldsymbol{k}} \mid 0 \rangle = 1$ von Null verschieden. Nach der Definition (77,1) erhalten wir deshalb

$$D_{ik}(\xi) = \frac{1}{(2\pi)^3} \int \frac{2\pi i\, d^3k}{\omega} \left(\sum_\alpha e_i^{(\alpha)} e_k^{(\alpha)*} \right) e^{-i\omega|\tau| + i\boldsymbol{k}\vec{\xi}} \tag{77,7}$$

($i, k = x, y, z$ sind dreidimensionale Vektorindizes; wir sind von der Summe über $\boldsymbol{k}$ zum Integral über $d^3k/(2\pi)^3$ übergegangen).

Aus (77,7) ist zu ersehen, daß der Integrand ohne den Faktor $e^{i\boldsymbol{k}\vec{\xi}}$ die dreidimensionale FOURIER-Transformierte der Funktion $D_{ik}(\boldsymbol{r}, t)$ ist. Für $D_{xx} = -D$ ist sie

$$\frac{2\pi i}{\omega} e^{-i\omega|\tau|}$$

(die Summe über die Polarisationen ist $\sum |e_x^{(\alpha)2}| = 1$). Zur Berechnung von $D_{xx}(k^2)$ ist diese Funktion noch hinsichtlich der Zeit als FOURIER-Integral darzustellen. Diese FOURIER-Transformation wird durch die Formel

$$\frac{2\pi i}{\omega} e^{-i\omega|\tau|} = -\frac{1}{2\pi} \int_{-\infty}^{\infty} \frac{4\pi}{k_0^2 - \boldsymbol{k}^2 + i0} e^{-ik_0\tau}\, dk_0$$

vermittelt. Wie im vorangegangenen Paragraphen erklärt worden ist, sind bei dieser Integration die Pole $k_0 = \pm |\boldsymbol{k}| = \pm \omega$ oben bzw. unten zu umgehen; für $\tau > 0$ wird das Integral durch das Residuum zum Pol $k_0 = +\omega$ und für $\tau < 0$ durch das Residuum zum Pol $k_0 = -\omega$ bestimmt.

Auf diese Weise finden wir endgültig

$$D(k^2) = \frac{4\pi}{k^2 + i0}. \tag{77,8}$$

Das Auftreten von $+ i0$ im Nenner, das sich bei unserer Ableitung von selbst ergeben hat, stimmt mit der Regel (76,15) überein: Von der Photonenmasse (Null) ist $i0$ zu subtrahieren. Aus (77,8) ist abzulesen, daß die zugehörige Orts- und Zeitfunktion $D(\xi^2)$ die Gleichung

$$-\partial_\mu \partial^\mu D(x - x') = 4\pi \delta^{(4)}(x - x') \tag{77,9}$$

erfüllt, d. h. die GREENsche Funktion der Wellengleichung ist.

Wir werden normalerweise $D^{(l)} = 0$ voraussetzen, d. h. die Ausbreitungsfunktion in der Form

$$D_{\mu\nu} = g_{\mu\nu} D(k^2) = \frac{4\pi}{k^2 + i0} g_{\mu\nu} \tag{77,10}$$

verwenden.

Andere Eichungen können bei bestimmten Anwendungen gewisse Vorzüge haben; deshalb wollen wir noch andere Eichungen angeben.

Setzen wir $D^{(l)} = -D/k^2$, dann erhalten wir den Propagator in der Form

$$D_{\mu\nu} = \frac{4\pi}{k^2}\left(g_{\mu\nu} - \frac{k_\mu k_\nu}{k^2}\right) \tag{77,11}$$

(LANDAU-*Eichung*). Dabei ist $D_{\mu\nu} k^\nu = 0$. Diese Eichung entspricht der LORENTZ-Eichung der Potentiale ($A_\mu k^\mu = 0$).[1])

Die Eichung der Potentiale durch die dreidimensionale Bedingung $\operatorname{div} \boldsymbol{A} = 0$ findet ihr Gegenstück in der Eichung des Propagators unter den Bedingungen $D_{il} k^l = 0$ und $D_{0l} k^l = 0$. Zusammen mit der Gleichung $D_{xx} = -D = -4\pi/k^2$ ergeben diese Bedingungen

$$D_{il} = -\frac{4\pi}{\omega^2 - \boldsymbol{k}^2}\left(\delta_{il} - \frac{k_i k_l}{\boldsymbol{k}^2}\right). \tag{77,12}$$

Um ein solches D_{il} zu erhalten, hat man den Propagator (77,10) einer Transformation (77,5) mit

$$\chi_0 = -\frac{4\pi\omega}{(\omega^2 - \boldsymbol{k}^2)\boldsymbol{k}^2}, \qquad \chi_i = \frac{4\pi k_i}{(\omega^2 - \boldsymbol{k}^2)\boldsymbol{k}^2}$$

zu unterwerfen. Für die anderen Komponenten von $D_{\mu\nu}$ ergibt sich dabei

$$D_{00} = -\frac{4\pi}{\boldsymbol{k}^2}, \qquad D_{0i} = 0. \tag{77,13}$$

Diese Eichung wird als COULOMB-Eichung bezeichnet (E. SALPETER, 1952); D_{00} ist hier die FOURIER-Transformierte des COULOMB-Potentials.

Schließlich entspricht der Eichung der Potentiale mit der Bedingung $\Phi = 0$ die Eichung des Propagators mit

$$D_{il} = -\frac{4\pi}{\omega^2 - \boldsymbol{k}^2}\left(\delta_{il} - \frac{k_i k_l}{\omega^2}\right), \qquad D_{0i} = D_{00} = 0. \tag{77,14}$$

Diese Form ist für die Anwendungen in nichtrelativistischen Problemen zweckmäßig (I. E. DSJALOSCHINSKI, L. P. PITAJEWSKII, 1959).

§ 78. Allgemeine Regeln zur Diagrammtechnik

Die in § 74 und 75 für einige einfache Fälle wiedergegebene Berechnung der Streumatrixelemente weist bereits alle prinzipiellen Züge der allgemeinen Methode auf. Es ist nicht besonders schwer, durch entsprechende Verallgemei-

[1]) Durch eine ähnliche Formel

$$D_{\mu\nu} = \frac{1}{k^2 - m^2}\left(g_{\mu\nu} - \frac{k_\mu k_\nu}{m^2}\right) \tag{77,11a}$$

wird der Propagator für Teilchen mit dem Spin 1 und einer endlichen Masse gegeben. In diesem Fall gibt es keine Eichwillkür, und die Wahl des Propagators ist eindeutig. Wie es sich gehört, stimmt die Tensorstruktur des Propagators (77,11a) mit der Struktur der Dichtematrix für unpolarisierte Vektorteilchen überein.

nerungen die Regeln zur Berechnung der Matrixelemente in einer beliebigen Ordnung der Störungstheorie aufzustellen.

Wie bereits erwähnt wurde, ist das Matrixelement des Streuoperators S für den Übergang zwischen beliebigen Anfangs- und Endzuständen gleich dem Vakuumerwartungswert des Operators, der sich ergibt, wenn man S von rechts mit den Erzeugungsoperatoren aller Teilchen im Anfangszustand und von links mit den Vernichtungsoperatoren aller Teilchen im Endzustand multipliziert.

Im Ergebnis dieser Reduktion erhält das S-Matrixelement in n-ter Ordnung der Störungstheorie die Gestalt

$$\langle f\, |S^{(n)}|\, i\rangle = \frac{(-i\,e)^n}{n!}\langle 0\, |\ldots \mathrm{b}_{2f}\, \mathrm{b}_{1f}\ldots \mathrm{a}_{1f}\ldots \mathrm{c}_{1f}\int d^4x_1\ldots d^4x_n$$

$$\times\, \mathrm{T}\,\{(\overline{\psi}_1\, \hat{\mathrm{A}}_1\, \psi)\ldots(\overline{\psi}_n\, \hat{\mathrm{A}}_n\, \psi_n)\}\, \mathrm{c}_{1i}^+\ldots \mathrm{a}_{1i}^+\ldots \mathrm{b}_{1i}^+\ldots\, |\, 0\rangle \qquad (78{,}1)$$

(die Indizes $1\,i$, $2\,i$, ... numerieren die Teilchen im Anfangszustand (Positronen, Elektronen und Photonen einzeln) und die Indizes $1\,f$, $2\,f$, ... die Teilchen im Endzustand; die Indizes 1, 2, ... an den Operatoren ψ und A bedeuten $\psi_1 = \psi(x_1), \ldots$). Die hier enthaltenen Operatoren ψ und A sind Linearkombinationen der Erzeugungs- und Vernichtungsoperatoren der betreffenden Teilchen in verschiedenen Zuständen. Auf diese Weise erhalten wir für die Matrixelemente Ausdrücke als Vakuumserwartungswerte von Produkten aus Erzeugungs- und Vernichtungsoperatoren der Teilchen und von Linearkombinationen solcher Produkte. Derartige Vakuumerwartungswerte werden mit Hilfe folgender Aussagen berechnet; diese Aussagen sind der Inhalt des WICK-*Theorems* (G. C. WICK, 1950).

1. Der Vakuumerwartungswert eines Produktes aus beliebig vielen Bosonenoperatoren c^+, c ist gleich der Summe der Produkte aller möglichen Vakuumerwartungswerte von Operatorpaaren (Kontraktionen). Dabei müssen die Faktoren in einem Paar in derselben Reihenfolge stehen wie im Ausgangsprodukt.

2. Für Fermionenoperatoren a^+, a, b^+, b (für gleiche oder verschiedene Teilchen) wird diese Regel nur folgendermaßen abgeändert: Jeder Summand erhält das Vorzeichen + oder −, je nachdem, ob eine gerade oder eine ungerade Anzahl von Vertauschungen von Fermionenoperatoren nötig war, um alle paarweise gemittelten Operatoren nebeneinander zu bringen.

Es ist klar, daß ein Vakuumerwartungswert nur dann von Null verschieden ist, wenn in dem Produkt neben jedem Faktor a, b, c auch je ein Faktor a^+, b^+, c^+ vorkommt. Dabei hat man nur Operatorpaare miteinander zu kontrahieren $(\mathrm{a}, \mathrm{a}^+), \ldots$, die zu gleichen Zuständen gehören, und dabei wieder nur diejenigen, bei denen $\mathrm{a}^+, \ldots$ rechts von $\mathrm{a}, \ldots$ steht; denn ein Teilchen muß erst erzeugt werden, bevor es vernichtet werden kann (die Erwartungswerte $\langle 0\, |\mathrm{a}^+\, \mathrm{a}|\, 0\rangle = 0, \ldots$ verschwinden).

Falls jedes Paar $(\mathrm{a}, \mathrm{a}^+), \ldots$ nur einmal in dem Produkt vorkommt, dann ist das WICK- Theorem unmittelbar evident (der Erwartungswert reduziert sich dabei auf ein Produkt von paarweisen Kontraktionen). Es ist auch in dem Fall sofort einzusehen, in dem alle Vernichtungsoperatoren a, b, c in dem Produkt rechts von den Erzeugungsoperatoren a^+, b^+, c^+ stehen (ein solches Produkt wird als *Normalprodukt* bezeichnet). Der Vakuumerwartungswert eines derartigen Produktes ist Null. Davon ausgehend kann man das WICK-Theorem durch vollständige Induktion leicht für den allgemeinen Fall beweisen, daß ein Operatorpaar in dem Produkt mehrfach (k-fach) vorkommt.

Wir betrachten den Erwartungswert $\langle 0 | \ldots c\, c^+ \ldots | 0\rangle$, in dem das Bosonenoperatorpaar c und c^+ k-mal auftritt (für Fermionenoperatoren verlaufen die folgenden Überlegungen ganz ähnlich). Wir vertauschen die Faktoren c und c^+ in einem Paar und erhalten auf Grund der Vertauschungsregeln

$$\langle 0 | \ldots c\, c^+ \ldots | 0\rangle = \langle 0 | \ldots c^+ c \ldots | 0\rangle + \langle 0 | \ldots 1 \ldots | 0\rangle . \qquad (78,2)$$

Der Erwartungswert $\langle 0 | \ldots 1 \ldots | 0\rangle$ enthält $k - 1$ Paare, und dafür gilt das WICKsche Theorem nach Voraussetzung. Wenn man andererseits den Erwartungswert $\langle 0 | \ldots c\, c^+ \ldots | 0\rangle$ nach dem WICK-Theorem auseinandernimmt, dann unterscheidet er sich vom Erwartungswert $\langle 0 | \ldots c^+ c \ldots | 0\rangle$ gerade in dem Glied

$$\langle 0 | \ldots 1 \ldots | 0\rangle \langle 0 | c\, c^+ | 0\rangle = \langle 0 | \ldots 1 \ldots | 0\rangle$$

(bei der Berechnung von $\langle 0 | \ldots c^+ c \ldots | 0\rangle$ ist das entsprechende Glied $\langle 0 | \ldots 1 \ldots | 0\rangle \langle 0 | c^+ c | 0\rangle = 0$). Aus (78,2) folgt deshalb: Falls das WICK-Theorem für das Matrixelement $\langle 0 | \ldots c\, c^+ \ldots | 0\rangle$ gilt, dann gilt es auch nach der Vertauschung von c und c^+. Da für eine bestimmte Ordnung der Faktoren (Normalordnung) das WICK-Theorem laut Voraussetzung gilt, ist es auch für einen beliebigen Fall richtig.[1])

Wenn das WICK-Theorem für Operatorprodukte aus a, b, ... richtig ist, dann gilt es auch für beliebige Produkte, die außer den Operatoren a, b, ...

---

[1]) Als Beispiele schreiben wir die Vakuumerwartungswerte für Produkte aus vier Operatoren auf (zwei gleiche Paare). Für Bosonenoperatoren haben wir

$$\langle 0 | c\, c^+ c\, c^+ | 0\rangle = \overbrace{c\, c^+}\, \overbrace{c\, c^+} = 1 ,$$

$$\langle 0 | c\, c\, c^+ c^+ | 0\rangle = \underbrace{c\, \overbrace{c\, c^+}\, c^+} + \overbrace{c\, c\, c^+}\, c^+ = 2;$$

die Bögen bezeichnen die Kontraktionen. Dieses Ergebnis würde sich, wie man leicht verifizieren kann, auch bei direkter Berechnung über die Matrixelemente ergeben. So ist

$$\langle 0 | c\, c\, c^+ c^+ | 0\rangle = \langle 0 | c | 1\rangle \langle 1 | c\, c^+ | 1\rangle \langle 1 | c^+ | 0\rangle = 1 \cdot 2 \cdot 1 .$$

Für Fermionenoperatoren resultiert aus einer solchen Kontraktion

$$\langle 0 | a\, a^+ a\, a^+ | 0\rangle = 1 ,$$

$$\langle 0 | a\, a\, a^+ a^+ | 0\rangle = 1 - 1 = 0 .$$

(Die letzte Gleichung ist natürlich von vornherein auf Grund des PAULI-Prinzips klar: Die Erzeugung von zwei Fermionen im gleichen Zustand ist unmöglich.)

selbst auch die Linearkombinationen $\boldsymbol{\psi}$, $\overline{\boldsymbol{\psi}}$ und A enthalten. Wir wenden dieses Theorem auf das Matrixelement (78,1) an und formen es um in eine Summe von Gliedern, von denen jedes ein Produkt aus einigen Erwartungswerten von Operatorpaaren ist. Dabei werden auch Kontraktionen der Operatoren $\boldsymbol{\psi}$, $\overline{\boldsymbol{\psi}}$ und A mit „äußeren" Operatoren vorkommen — mit den Erzeugungsoperatoren für die Teilchen im Anfangszustand oder mit den Vernichtungsoperatoren für die Teilchen im Endzustand. Diese Kontraktionen werden nach den Formeln

$$\left.\begin{aligned} &\langle 0\,|\,\mathrm{A}\,\mathrm{c}_{\boldsymbol{p}}^{+}\,|\,0\rangle = A_p\,, && \langle 0\,|\mathrm{c}_{\boldsymbol{p}}\,\mathrm{A}|\,0\rangle = A_p^{*}\,,\\ &\langle 0\,|\boldsymbol{\psi}\,\mathrm{a}_{\boldsymbol{p}}^{+}|\,0\rangle = \psi_p\,, && \langle 0\,|\mathrm{a}_{\boldsymbol{p}}\,\overline{\boldsymbol{\psi}}|\,0\rangle = \overline{\psi}_p\,,\\ &\langle 0\,|\mathrm{b}_{\boldsymbol{p}}\,\boldsymbol{\psi}|\,0\rangle = \psi_{-p}\,, && \langle 0\,|\overline{\boldsymbol{\psi}}\,\mathrm{b}_{\boldsymbol{p}}^{+}|\,0\rangle = \overline{\psi}_{-p} \end{aligned}\right\} \tag{78,3}$$

durch die Wellenfunktionen der Teilchen in Anfangs- und Endzustand ausgedrückt; A_p und ψ_p sind die Wellenfunktionen von Photonen und Elektronen mit den Impulsen $\boldsymbol{p}$ (die Polarisationsindizes schreiben wir wie in § 74 und 75 der Kürze halber nicht mit auf). Es werden auch Kontraktionen mit „inneren" Operatoren vorkommen, die hinter dem Zeichen für das T-Produkt stehen. Da bei der Anwendung des Wick-Theorems die Reihenfolge der Faktoren in jedem kontrahierten Paar erhalten bleibt, bleibt in diesen Kontraktionen die Zeitordnung der Operatoren unangetastet, so daß sie durch die entsprechenden Propagatoren ersetzt werden.[1])

Jeder Summand in der Summe, in die ein Matrixelement mit Hilfe des Wick-Theorems zerlegt wird, wird durch ein bestimmtes Feynman-Diagramm dargestellt. In einem Diagramm der n-ten Näherung sind n Eckpunkte enthalten, zu jedem Eckpunkt gehört eine Integrationsvariable — ein 4-Vektor $x_1, x_2, \ldots$ In jedem Eckpunkt stoßen drei Linien zusammen, zwei ausgezogene (Elektronenlinien) und eine gestrichelte (Photonenlinie). Diesen Linien entsprechen Elektronen- ($\boldsymbol{\psi}$ und $\overline{\boldsymbol{\psi}}$) und Photonenoperatoren (A) als Funktionen der gleichen Variablen x. Dem Operator $\boldsymbol{\psi}$ entspricht eine in einen Eckpunkt einlaufende, dem Operator $\overline{\boldsymbol{\psi}}$ eine auslaufende Linie.

Zur Illustration geben wir einige Beispiele dafür an, wie die Glieder des Matrixelementes in dritter Näherung den betreffenden Diagrammen zugeordnet sind. Wir lassen das Integralzeichen und das Symbol T sowie die Argumente

---

[1]) Im Zusammenhang mit der letzten Behauptung muß folgende Bemerkung angebracht werden. Beim Beweis des Wick-Theorems haben wir die Vertauschungsregeln für die Operatoren c und c^+ verwendet, die nur für reale („transversale") Photonen einen Sinn haben. Die „äußeren" Operatoren c_i^+ und c_f entsprechen selbstverständlich gerade solchen Photonen (im Anfangs- und Endzustand). Die Operatoren A (im T-Produkt) beschreiben, wie in § 77 erwähnt wurde, nicht nur transversale elektromagnetische Felder. Hier haben wir dieselbe Situation wie bei der Berechnung von $D_{\mu\nu}$ in § 77. Wegen der relativistischen und der Eichinvarianz braucht man das Theorem nur für diejenigen Produkte (d. h. für die Tensorkomponenten $\langle 0\,|\mathrm{T}\,\mathrm{A}_\mu\,\mathrm{A}_\nu \ldots|\,0\rangle$) zu beweisen, die durch die transversalen Anteile der Potentiale bestimmt sind. Damit gilt es auch für beliebige Produkte.

der Operatoren weg und schreiben diese Glieder symbolisch in der Form

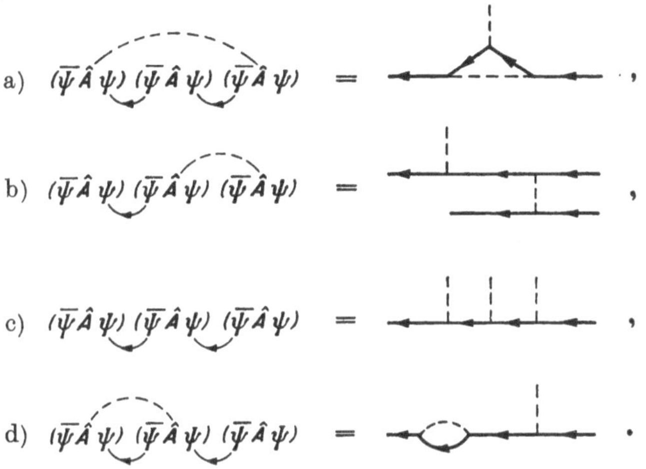

(78,4)

Der Anschaulichkeit halber sind die Kontraktionen der Elektronen- und der Photonenoperatoren wie in den Diagrammen durch ausgezogene und durch gestrichelte Bögen vermerkt worden. Die Pfeilrichtung der Elektronenkontraktionen (von $\bar{\psi}$ nach ψ) entspricht der Richtung in den Diagrammen. Für die inneren Photonenkontraktionen ist die Richtung gleichgültig (das äußert sich auch darin, daß der Photonenpropagator eine gerade Funktion von $x - x'$ ist).

Einige von den derart erhaltenen Gliedern sind äquivalent, sie unterscheiden sich nur durch eine Vertauschung der Eckteilindizes — durch die Zuordnung von Eckpunkten und Indizes der Variablen $x_1, x_2, \ldots$, d. h., einfach in der Benennung der Integrationsvariablen. Die Zahl dieser Vertauschungen ist $n!$. Sie kürzt sich gegen den Faktor $1/n!$ in (78,1), und es sind nur noch Diagramme zu berücksichtigen, bei denen die Eckpunkte nicht vertauscht worden sind. Auf diesen Sachverhalt sind wir bereits in § 74 und 75 gestoßen. So sind zum Beispiel die beiden folgenden Diagramme äquivalent:

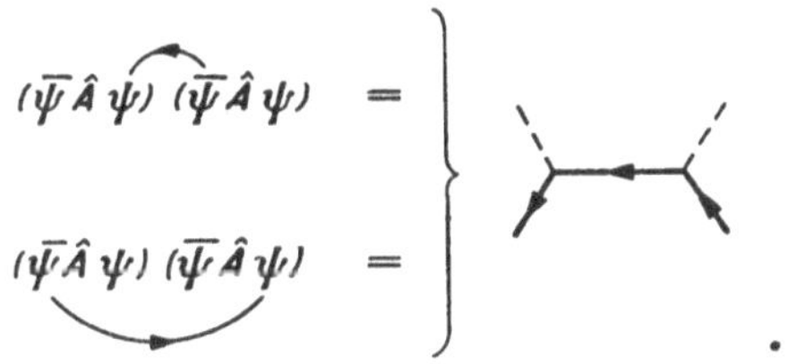

(78,5)

In (78,4) und (78,5) sind nur die inneren Kontraktionen dargestellt, denen innere Linien in den Diagrammen entsprechen (virtuelle Elektronen und Photonen). Die frei gebliebenen Operatoren werden mit äußeren Operatoren kontrahiert. Als Ergebnis wird die Korrespondenz zwischen den freien Enden der Diagramme und den Linien für die Teilchen im Anfangs- und Endzustand hergestellt. Dabei gehört zu $\overline{\psi}$ (wenn es mit den Operatoren a_f oder b_i^+ kontrahiert wird) eine Linie für ein Elektron im Endzustand oder ein Positron im Anfangszustand, zu ψ (kontrahiert mit a_i^+ oder b_f) ein Elektron im Anfangszustand oder ein Positron im Endzustand. Ein freier Operator A (kontrahiert mit c_i^+ oder c_f) kann einem Photon im Anfangs- oder Endzustand entsprechen. Auf diese Weise ergeben sich jeweils einige topologisch eindeutige (d. h. aus der gleichen Zahl gleichartig angeordneter Linien bestehende) Diagramme, die sich nur durch Vertauschungen der Teilchen im Anfangs- und Endzustand hinsichtlich der ein- und auslaufenden freien Enden unterscheiden.

Jede solche Vertauschung ist offensichtlich einer bestimmten Vertauschung der äußeren Operatoren a, b, . . . in (78,1) äquivalent. Falls im Anfangs- oder Endzustand identische Fermionen vorhanden sind, müssen die relativen Vorzeichen der Diagramme, die sich durch eine ungerade Anzahl von Vertauschungen freier Enden unterscheiden, entgegengesetzt sein.

Längs einer unterbrochenen Folge von Elektronenlinien, zeigen die Pfeile immer in dieselbe Richtung. Ein solcher Linienzug kann entweder zwei freie Enden haben oder eine geschlossene Schleife bilden. So enthält der Graph

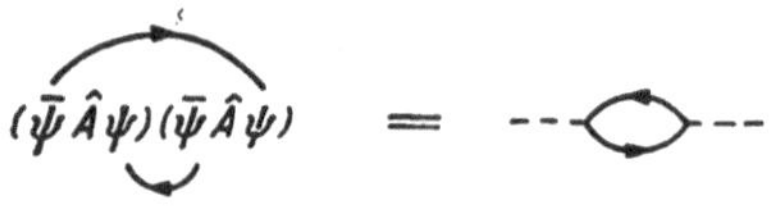

eine Schleife mit zwei Eckpunkten. Die Erhaltung der Richtung längs einer Elektronenlinie ist der graphische Ausdruck für die Ladungserhaltung: Die in einen Eckpunkt „einlaufende“ Ladung ist gleich der daraus „auslaufenden“ Ladung.

Die Bispinorindizes entlang einer stetigen Elektronenlinie sind so angeordnet, daß die Matrizen von links nach rechts beim Durchlaufen gegen die Pfeilrichtung aufgeschrieben werden. Bispinorindizes zu verschiedenen Elektronenlinien werden nie miteinander vermengt. Auf einer fortlaufenden Linie (nicht geschlossen) endet die Folge der Indizes an den freien Enden mit den Elektronen- (oder Positronen-) Wellenfunktionen. Auf einer geschlossenen Linie schließt sich auch die Folge der Indizes, d. h., einer Schleife entspricht die Spur des Produktes der zugehörigen Matrizen. Es ist leicht zu erkennen, daß diese Spur mit dem negativen Vorzeichen zu nehmen ist.

Tatsächlich entspricht einer Schleife mit k Eckteilen ein Satz von k Kontraktionen

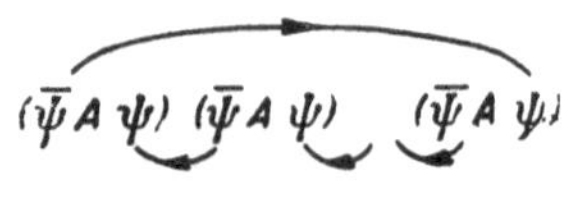

(oder anderen äquivalenten Kontraktionen, bei denen nur die Eckpunkte vertauscht sind). In der $(k - 1)$-ten Kontraktion stehen die Operatoren ψ und $\overline{\psi}$

bereits nebeneinander, und zwar in der Reihenfolge ($\overline{\psi}$ rechts von ψ), in der sie im Elektronenpropagator stehen müssen. Die Operatoren an den Rändern werden durch eine gerade Anzahl von Vertauschungen mit anderen ψ-Operatoren nebeneinander gebracht und sind dann in der Reihenfolge $\overline{\psi}\,\psi$.

Infolge von

$$\langle 0\,|\mathrm{T}\,\overline{\psi}'\,\psi|\,0\rangle = -\,\langle 0\,|\mathrm{T}\,\psi\,\overline{\psi}'|\,0\rangle$$

(vgl. die Fußnote auf S. 313) ändert sich das Vorzeichen vor dem ganzen Ausdruck, wenn diese Kontraktion durch den entsprechenden Propagator ersetzt wird.

Der Übergang zur Impulsdarstellung wird im allgemeinen Fall ganz ähnlich wie in § 74 und 75 vollzogen. Neben dem allgemeinen Erhaltungssatz für den 4-Impuls müssen auch in jedem Eckpunkt „Erhaltungssätze" erfüllt sein. Alle diese Erhaltungssätze brauchen aber zur eindeutigen Bestimmung der Impulse aller inneren Linien eines Graphen nicht auszureichen. In diesen Fällen ist über alle verbleibenden unbestimmten inneren Impulse (über $d^4p/(2\pi)^4$ zu integrieren, die Integration ist über den ganzen p-Raum zu erstrecken (darunter auch über dp_0 von $-\infty$ bis $+\infty$).

In den angestellten Überlegungen ist vorausgesetzt worden, daß die Wechselwirkung zwischen den Teilchen selbst, die „aktiv" an der Reaktion beteiligt sind, die Rolle der Störung spielt (d. h. zwischen den Teilchen, deren Zustand sich infolge des Prozesses ändert). Analog wird auch der Fall behandelt, daß in dem Problem ein äußeres elektromagnetisches Feld vorkommt, d. h. ein Feld, das von „passiven" Teilchen, deren Zustand bei dem betrachteten Prozeß unverändert bleibt, erzeugt wird.

$A^{(e)}(x)$ sei das 4-Potential des äußeren Feldes. Es geht in den LAGRANGE-Operator für die Wechselwirkung zusammen mit dem Photonenoperator als Summe $\mathrm{A} + A^{(e)}$ ein (die ebenfalls mit dem Stromoperator j multipliziert wird). Da $A^{(e)}$ keine Operatoren enthält, kann es auch keine Kontraktionen mit anderen Operatoren eingehen. Anders gesagt, dem äußeren Feld werden in den FEYNMAN-Diagrammen nur äußere Linien entsprechen.

Wir stellen $A^{(e)}$ als FOURIER-Integral dar:

$$\left.\begin{aligned} A^{(e)}(x) &= \int A^{(e)}(q)\, e^{-iqx}\,\frac{d^4q}{(2\pi)^4}\,, \\ A^{(e)}(q) &= \int A^{(e)}(x)\, e^{iqx}\, d^4x\,. \end{aligned}\right\} \qquad (78,6)$$

In den Ausdrücken für die Matrixelemente in der Impulsdarstellung wird der 4-Vektor q neben den 4-Impulsen der anderen äußeren Linien für die realen Teilchen vorkommen. Zu jeder solchen Linie für das äußere Feld gehört der Faktor $A^{(e)}(q)$. Eine solche Linie wird als „einlaufende" Linie angesehen, weil das Vorzeichen des Exponenten im Faktor e^{-iqx}, mit dem $A^{(e)}(q)$ im FOURIER-Integral vorkommt, negativ ist (einer „auslaufenden" Linie müßte der Faktor $A^{(e)*}(q)$ zugeordnet werden). Falls der Erhaltungssatz für den 4-Impuls (bei gegebenen 4-Impulsen aller realen Teilchen) die 4-Impulse aller Linien für das äußere Feld nicht eindeutig festlegt, dann ist über die verbleibenden „freien“ q zu integrieren (über $d^4q/(2\pi)^4$), wie auch über alle anderen nicht fixierten 4-Impulse der Linien eines Graphen.

Falls das äußere Feld zeitunabhängig ist, gilt

$$A^{(e)}(q) = 2\pi\,\delta(q^0)\,A^{(e)}(\boldsymbol{q})\,, \tag{78,7}$$

wobei $A^{(e)}(\boldsymbol{q})$ die dreidimensionale FOURIER-Transformation ist:

$$A^{(e)}(\boldsymbol{q}) = \int A^{(e)}(\boldsymbol{r})\,e^{-i\boldsymbol{q}\boldsymbol{r}}\,d^3x\,. \tag{78,8}$$

Einer Linie für das äußere Feld wird in diesem Fall $A^{(e)}(\boldsymbol{q})$ zugeordnet, und ihr wird der 4-Impuls $q^\mu = (0, \boldsymbol{q})$ zugeschrieben; dabei werden die Energien der Elektronenlinien, die (zusammen mit der Linie für das Feld) in dem betreffenden Eckteil zusammenlaufen, infolge des Erhaltungssatzes gleich sein. Über die verbleibenden „freien“ dreidimensionalen Impulse $\boldsymbol{p}$ der inneren Linien muß dabei über $d^3p/(2\pi)^3$ integriert werden. Die so berechnete Amplitude M_{fi} bestimmt zum Beispiel den Streuquerschnitt entsprechend (65,25).

Wir wollen die endgültigen Regeln der Diagrammtechnik zusammenstellen, nach denen der Ausdruck für die Streuamplitude in der Impulsdarstellung aufgebaut wird.

1. Der n-ten Näherung der Störungstheorie entsprechen Diagramme mit n Eckpunkten; in jedem Eckpunkt stoßen eine einlaufende und eine auslaufende Elektronenlinie (ausgezogene Linien) und eine (gestrichelte) Photonenlinie zusammen. In der Streuamplitude sind alle Diagramme enthalten, die eine der Zahl der Teilchen im Anfangs- und Endzustand entsprechende Anzahl von freien Enden (äußeren Linien) haben.

2. Jeder äußeren, einlaufenden, ausgezogenen Linie wird die Amplitude $u(p)$ eines Elektrons im Anfangszustand oder $u(-p)$ eines Positrons im Endzustand zugeordnet (p ist der 4-Impuls des Teilchens). Jeder auslaufenden, ausgezogenen Linie entspricht die Amplitude $\bar{u}(p)$ eines Elektrons im Endzustand oder $\bar{u}(-p)$ eines Positrons im Anfangszustand.

3. Zu jedem Eckpunkt gehört der 4-Vektor $-i\gamma^\mu$.

4. Jeder äußeren, einlaufenden, gestrichelten Linie wird die Amplitude $\sqrt{4\pi}\,e_\mu$ eines Photons im Anfangszustand und jeder auslaufenden Linie die Amplitude $\sqrt{4\pi}\,e_\mu^*$ eines Photons im Endzustand zugeordnet (e ist der 4-Polarisationsvektor). Der Vektorindex μ ist gleich dem Index der Matrix γ^μ in dem betreffenden Eckpunkt (so daß das Skalarprodukt $\hat{e} \equiv e\gamma$ oder $\hat{e}^*$ entsteht).

5. Jeder ausgezogenen, inneren Linie entspricht der Faktor $i\,G(p)$, jeder gestrichelten, inneren Linie der Faktor $-i\,D_{\mu\nu}(p)$. Die Tensorindizes $\mu\,\nu$ sind gleich den Indizes der Matrizen γ^μ und γ^ν in den Eckteilen, zwischen denen die Linie verläuft.

6. Längs einer ununterbrochenen Folge von Elektronenlinien haben die Pfeile immer die gleiche Richtung; die Bispinorindizes sind entlang einer

solchen Linie so angeordnet, daß die Matrizen von links nach rechts beim Durchlaufen gegen die Pfeilrichtung aufgeschrieben werden. Einer geschlossenen Elektronenschleife entspricht die Spur des Produktes der betreffenden Matrizen.

7. In jedem Eckpunkt erfüllen die 4-Impulse der dort zusammenstoßenden Linien einen Erhaltungssatz, d. h., die Summe der Impulse der einlaufenden Linien ist gleich der Summe der Impulse der auslaufenden Linien. Die Impulse der freien Enden sind (unter Beachtung des allgemeinen Erhaltungssatzes) vorgegebene Größen, einer Positronenlinie wird der Impuls $-p$ zugeordnet. Über die unter Beachtung der Erhaltungssätze in allen Eckpunkten noch nicht fixierten Impulse der inneren Linien ist $\left(\text{über } d^4p/(2\pi)^4\right)$ zu integrieren.

8. Einem einlaufenden freien Ende für ein äußeres Feld entspricht der Faktor $A^{(e)}(q)$; der 4-Vektor q ist durch den Erhaltungssatz zu dem betreffenden Eckteil mit den 4-Impulsen der anderen Linien verknüpft.

Für ein konstantes Feld wird der äußeren Linie der 4-Impuls $q^\mu = (0, \boldsymbol{q})$ zugeordnet, und sie bedeutet die dreidimensionale Fourier-Transformierte des Feldes $A^{(e)}(\boldsymbol{q})$ (die in diesem Fall mit der vierdimensionalen Fourier-Transformierten über die Beziehung $A^{(e)}(q) = 2\pi\,\delta(q^0)\,A^{(e)}(\boldsymbol{q})$ zusammenhängt); über die restlichen, nicht festgelegten dreidimensionalen Impulse der inneren Linien ist über $d^3p/(2\pi)^3$ zu integrieren.

9. Der Vorfaktor des Diagramms, mit dem es in $i\,M_{fi}$ eingeht, ist e^n. Außerdem stammt ein zusätzlicher Faktor -1 von jeder geschlossenen Elektronenschleife im Diagramm und von jedem Paar äußerer Positronenenden, wenn diese Enden Anfang und Ende eines zusammenhängenden ausgezogenen Linienzuges sind. Falls es im Anfangs- oder Endzustand einige Elektronen oder Positronen gibt, muß das relative Vorzeichen der Diagramme, die sich durch eine ungerade Anzahl von Vertauschungen identischer Teilchen voneinander unterscheiden (d. h. Vertauschungen der zugehörigen freien Enden), entgegengesetzt sein.[1])

§ 79. Crossing-Invarianz

Die Darstellung der Streuamplituden M_{fi} durch Feynman-Integrale bringt eine bemerkenswerte Symmetrie zum Ausdruck, die in folgendem besteht.

Eine beliebige, einlaufende, äußere Linie eines Feynman-Diagramms kann (ohne Änderung der Pfeilrichtung) als Teilchen im Anfangszustand oder als Antiteilchen im Endzustand aufgefaßt werden, jede auslaufende Linie repräsentiert ein Teilchen im Endzustand oder ein Antiteilchen im Anfangszustand. Gleichzeitig mit dem Übergang von Teilchen zu Antiteilchen ändert sich auch die Bedeutung des einer Linie zugeschriebenen 4-Impulses p: Für ein Teilchen ist $p = p_e$ (sagen wir, für ein Elektron), und für ein Positron ist $p = -p_p$. Ein

[1]) Zur Präzisierung der letzten Regeln fügen wir hinzu, daß auf jeden Fall Diagramme mit gleichen ausgezogenen Linien gleiche Werte haben müssen, d. h. Diagramme, die nach der Entfernung aller Photonenlinien identisch wären.

Wir erinnern auch daran, daß das Vorzeichen der Amplitude unbestimmt ist, wenn identische Fermionen vorhanden sind.

Photon ist ein streng neutrales Teilchen; daher bedeutet dieser Übergang einfach den Übergang von der Emission eines Photons zur Absorption desselben oder umgekehrt: Eine äußere Photonenlinie mit dem Impuls k entspricht entweder der Absorption eines Photons mit dem Impuls $k_{ab} = k$ oder der Emission eines Photons mit dem Impuls $k_{em} = -k$.

Diese Änderung der Bedeutung der äußeren Linien ist dem Übergang von einem Kanal zu einem Crossing-Kanal äquivalent. Eine Amplitude beschreibt also als Funktion der Impulse der freien Enden der Diagramme alle Reaktionskanäle.[1]) Je nach dem Kanal richtet sich auch die Bedeutung der Argumente der Funktion: Beim Übergang von Teilchen zu Antiteilchen ändert sich $p_i \to -p_f$, wenn p_i der 4-Impuls eines Teilchens im Anfangszustand (in einem Kanal) und p_f der 4-Impuls eines Teilchens im Endzustand (in einem anderen Kanal) sind. Diese Eigenschaft der Streuamplitude bezeichnet man als *Crossing-Symmetrie* oder *Crossing-Invarianz.*

Mit Hilfe der in § 71 eingeführten invarianten Amplituden-Funktionen — der kinematischen Invarianten — kann man diese Eigenschaft so formulieren: Diese Funktionen sind für alle Kanäle dieselben, aber für jeden Kanal nehmen ihre Argumente Werte aus dem zugehörigen physikalischen Bereich an. Die FEYNMAN-Integrale definieren mit anderen Worten die invarianten Amplituden als analytische Funktionen. Die Werte dieser Funktionen in den verschiedenen physikalischen Bereichen sind die analytische Fortsetzung der in einem Bereich gegebenen Funktionen. Da die Integranden der FEYNMAN-Integrale Singularitäten enthalten, werden auch die invarianten Amplituden Singularitäten aufweisen, die aus den Ausdrücken für diese Integrale bestimmt werden (unter Beachtung der Regel für die Umgehung der Pole). Wenn die invarianten Amplituden für einen beliebigen Kanal aus den FEYNMAN-Integralen berechnet worden sind, dann wird auch deren analytische Fortsetzung zu anderen Kanälen diese Singularitäten von selbst berücksichtigen.

Es sei betont, daß die Crossing-Invarianz etwas mehr bedeutet als eine Eigenschaft der Streumatrix, die aus den allgemeinen Symmetrieforderungen für Raum und Zeit folgt. Letztere verlangen, daß die Amplituden für diejenigen Prozesse gleich sind, die durch Vertauschung von Anfangs- und Endzustand und durch Ersetzen aller Teilchen durch Antiteilchen (bei unveränderten Impulsen $\boldsymbol{p}$ aller Teilchen und Vorzeichenwechsel der Drehimpulsprojektionen) auseinander hervorgehen. Das ist die Forderung der CPT-Invarianz.[2]) Die Crossing-Invarianz erlaubt, diese Transformation nicht nur für alle Teilchen gemeinsam, sondern auch für ein beliebiges Teilchen einzeln auszuführen.

---

[1]) Wenn irgendein Kanal aus Gründen der 4-Impulserhaltung verboten ist, dann wird die Übergangswahrscheinlichkeit wegen der δ-Funktion, die in (65,5) als Faktor steht, von selbst Null.

[2]) Wir machen auf folgendes aufmerksam: Die formale Beschreibung des Überganges von einer der erwähnten Reaktionen zu einer anderen durch Vorzeichenwechsel bei allen 4-Impulsen in den FEYNMAN-Diagrammen entspricht dem Sinn der CPT-Operation als 4-Spiegelung.

§ 80. Virtuelle Teilchen

Die inneren Linien der FEYNMAN-Diagramme spielen in der invarianten Störungstheorie eine ähnliche Rolle wie die Zwischenzustände in der „gewöhnlichen“ Theorie. Die Natur dieser Zustände ist aber in den beiden Theorien anders. In der gewöhnlichen Theorie wird in Zwischenzuständen der (dreidimensionale) Impuls erhalten, aber die Energie bleibt nicht erhalten; in diesem Sinne spricht man von den Zwischenzuständen als *virtuellen Zuständen.* In der invarianten Theorie sind Impuls und Energie gleichberechtigt enthalten: In Zwischenzuständen wird der ganze 4-Impuls erhalten (weil in den S-Matrixelementen über Ort und Zeit integriert wird, wodurch die Invarianz der Theorie erreicht wird). Dabei wird aber in Zwischenzuständen der Zusammenhang von Energie und Impuls realer Teilchen verletzt (der in der Gleichung $p^2 = m^2$ zum Ausdruck kommt). In diesem Sinne spricht man von *virtuellen Teilchen.* Der Zusammenhang zwischen Impuls und Energie eines virtuellen Teilchens ist beliebig, — er wird durch die Erhaltung des 4-Impulses in den Eckpunkten bestimmt.

Wir wollen uns nun mit einem Diagramm aus zwei Teilen (I und II), die nur durch eine Linie miteinander verbunden sind, beschäftigen. Die innere Struktur dieser Teile interessiert uns nicht. Wir stellen dieses Diagramm schematisch in der Form

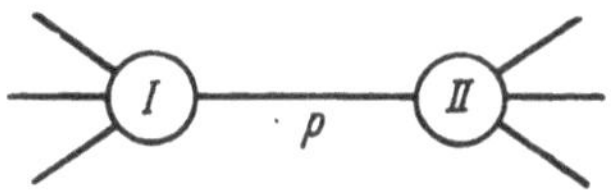

(80,1)

dar (die gezeichneten Linien können ausgezogene oder gestrichelte Linien sein). Auf Grund des allgemeinen Impulssatzes sind die Summen der 4-Impulse der äußeren Linien der Teile I und II gleich. Da der Impuls in jedem Eckteil erhalten bleibt, ist auch der 4-Impuls p der inneren Linie zwischen den beiden Teilen I und II gleich dieser Summe. Dieser Impuls ist also eindeutig bestimmt, so daß im Matrixelement nicht darüber integriert wird.

Je nach dem Reaktionskanal kann das Quadrat p^2 positiv oder negativ sein. Es gibt immer einen Kanal, in dem $p^2 > 0$ ist.[1]) Das virtuelle Teilchen wird dann in seinen formalen Eigenschaften einem realen Teilchen mit der reellen Masse $M = \sqrt{p^2}$ sehr ähnlich. Man kann dafür ein Ruhsystem einführen, den Spin definieren usw.

Der Photonenpropagator (77,11) hat dieselbe Tensorstruktur wie die Polarisationsmatrix eines polarisierten Teilchens mit dem Spin 1 und von Null verschiedener Masse:

$$\varrho_{\mu\nu} = -\frac{1}{3}\left(g_{\mu\nu} - \frac{p_\mu p_\nu}{m^2}\right)$$

[1]) So ist zum Beispiel ein Kanal beschaffen (wenn er energetisch zugelassen ist), in dem alle freien Enden von Teil I Teilchen im Anfangszustand und von Teil II Teilchen im Endzustand entsprechen. Dann ist $p = P_i$ (Summe der 4-Impulse aller Teilchen im Anfangszustand), und im Massenmittelpunktsystem ist $p = (P_i^0, 0)$, so daß $p^2 > 0$ ist.

(S. (14, 15)). Andererseits spielt der Propagator (als quadratische Größe in den Feldoperatoren) für ein virtuelles Teilchen eine ähnliche Rolle wie die Polarisationsmatrix für ein reales Teilchen. Deshalb hat man einem virtuellen Photon wie einem realen den Spin 1 zuzuschreiben. Aber anders als ein reales Photon mit zwei unabhängigen Polarisationen hat ein virtuelles Photon als „Teilchen" mit endlicher Masse insgesamt drei Polarisationen.

Die Ausbreitungsfunktion für ein Elektron ist

$$G \propto \hat{p} + m\,.$$

Hier ist m die Masse eines realen Elektrons, während die Masse eines virtuellen Teilchens $M = \sqrt{p^2}$ ist. Wir schreiben

$$\hat{p} + m = \frac{M+m}{2\,M}(\hat{p} + M) + \frac{M-m}{2\,M}(\hat{p} - M) \tag{80,2}$$

und sehen, daß das erste Glied der Polarisationsmatrix eines Teilchens mit der Masse M und dem Spin 1/2 entspricht und das zweite der Polarisationsmatrix des entsprechenden „Antiteilchens" (vgl. (29,10) und (29,17)). Teilchen und Antiteilchen haben verschiedene innere Paritäten (§ 27). Wir kommen daher zu dem Schluß, daß man einem virtuellen Elektron den Spin 1/2 zuordnen muß, ihm aber keine bestimmte Parität zuschreiben darf.

Das Diagramm (80,1) hat die charakteristische Besonderheit, daß man es in zwei nicht miteinander zusammenhängende Teile zerlegen kann, indem man nur eine innere Linie aufschneidet.[1]) Diese Linie entspricht in diesem Fall einem *Einteilchen-Zwischenzustand* — einem Zustand mit nur einem virtuellen Teilchen. Die Streuamplitude zu diesem Diagramm enthält den charakteristischen Faktor (über den nicht integriert wird)

$$\frac{1}{p^2 - m^2 + i\,0}\,,$$

von der inneren Linie p (m ist die Elektronenmasse für eine Elektronenlinie, $m = 0$ für eine Photonenlinie). Die Streuamplitude hat mit anderen Worten einen Pol bei denjenigen Werten von p, für die das virtuelle Teilchen ein physikalisches Teilchen würde ($p^2 = m^2$). Dieser Sachverhalt ist ähnlich wie in der nichtrelativistischen Quantenmechanik; dort hat die Streuamplitude Pole bei den Energiewerten, die gebundenen Zustände des Systems der stoßenden Teilchen entsprechen (III, § 128).

Wir betrachten das Diagramm (80,1) für den Reaktionskanal, in dem alle rechten, freien Enden Teilchen im Anfangszustand und alle linken, freien Enden Teilchen im Endzustand entsprechen, dabei ist $p^2 > 0$. Man kann dann sagen, das System der Teilchen im Anfangszustand wandle sich im Zwischenzustand in ein virtuelles Teilchen um. Das ist nur möglich, wenn eine solche Umwand-

---

[1]) Die Diagramme fast aller Prozesse haben diese Eigenschaft in der ersten nicht verschwindenden Ordnung.

lung nicht den bestehenden Erhaltungssätzen widerspricht (ohne Beachtung der Erhaltung des 4-Impulses): Erhaltung des Drehimpulses, der Ladung, der Ladungsparität u. a. Das ist die Bedingung für das Auftreten von *Poldiagrammen,* wie man diese nennt. Existieren solche Diagramme für einen Kanal, dann werden sie wegen der Crossing-Invarianz auch für die anderen Kanäle vorhanden sein.

Die erwähnten Erhaltungssätze lassen zum Beispiel die Entstehung eines virtuellen Elektrons gemäß $e + \gamma \to e$ zu. Diese Möglichkeit entspricht einem Pol in der Amplitude für den COMPTON-Effekt (und damit auch für den anderen Kanal dieser Reaktion — für die Vernichtung eines Elektronenpaares in zwei Photonen). Das entsprechend $e^- + e^+ \to \gamma$ entstehende virtuelle Photon bedingt einen Pol in der Amplitude für die Streuung eines Elektrons an einem Positron und damit auch für die Elektron–Elektron-Streuung. Aus zwei Photonen kann man weder ein virtuelles Elektron noch ein virtuelles Photon erhalten (die Umwandlung $\gamma + \gamma \to e$ wird von Ladungs- und Impulserhaltung verboten, die Umwandlung $\gamma + \gamma \to \gamma$ von der Erhaltung der Ladungsparität). Dementsprechend kann die Amplitude für die Photon–Photon-Streuung keine Poldiagramme enthalten.

Der Ursprung der polartigen Singularitäten in den Streuamplituden ist von uns, ausgehend von den FEYNMAN-Integralen, verfolgt worden; in Wirklichkeit ist dieser Ursprung aber von allgemeinerer Natur und hängt nicht mit der Störungstheorie zusammen. Wir werden zeigen, daß diese Singularitäten bereits als Folge der Unitaritätsbedingung (72,2) auftreten.

Nehmen wir an, unter den in (72,2) enthaltenen Zwischenzuständen sei n ein Einteilchen-Zustand. Der Beitrag von diesem Zustand ist

$$(T_{fi} - T_{if}^*)^{(\text{Eint})} = i\,(2\,\pi)^4 \sum_\lambda \int \delta^{(4)}\,(P_f - p)\; T_{fn}\, T_{in}^+ \frac{V\,d^3p}{(2\,\pi)^3}\,;$$

p und λ sind darin 4-Impuls und Spiralität des Zwischenteilchens. Wir gehen von der Integration über d^3p gemäß

$$d^3p \to 2\,\varepsilon\,\delta\,(p^2 - M^2)\,d^4p$$

(M ist die Masse des Zwischenteilchens) zur Integration über d^4p (über den Bereich $p^0 \equiv \varepsilon > 0$) über. Bei der Integration wird die δ-Funktion $\delta^{(4)}\,(P_f - p)$ aufgebraucht. Anschließend gehen wir nach (65,10) von den Amplituden T_{fi} und den Amplituden M_{fi} über und erhalten

$$(M_{fi} - M_{if}^*)^{(\text{Eint})} = 2\,\pi\,i\,\delta\,(p^2 - M^2) \sum_\lambda M_{fn}\,M_{in}^*\,. \tag{80,3}$$

Wir nehmen T- und P-Invarianz an und haben (bis auf einen Phasenfaktor) $M_{if} = M_{f'i'}$, wenn sich die Zustände i' und f' nur im Vorzeichen der Spiralitäten der Teilchen von i und f unterscheiden (bei gleichen Impulsen). Nun bilden wir die Summe von Gleichung (80,3) und der entsprechenden Gleichung für $M_{f'i'} - M_{i'f'}^*$ und bekommen

$$\operatorname{Im} \overline{M}_{fi}^{\text{Eint})} = -\,\pi\,\delta\,(p^2 - M^2)\,R \tag{80,4}$$

mit der Bezeichnung

$$\overline{M}_{fi} = M_{fi} + M_{f'i'}\,,$$

$$R = -\sum_{\lambda} (M_{fn}\, M_{in}^* + M_{f'n}\, M_{i'n}^*)\,.$$

Hieraus folgt, daß $\overline{M}_{fi}$ als analytische Funktion von $p^2 = P_i^2 = P_f^2$ einen Pol bei $p^2 = M^2$ hat. Nach (76,18) haben wir für den Polteil

$$\overline{M}_{fi}^{(\mathrm{Eint})} = \frac{R}{p^2 - M^2 + i\,0}\,. \tag{80,5}$$

Reale Übergänge in einen Einteilchen-Zustand sind nur für einen Wert von $P_i^2 = P_f^2$, gleich M^2, möglich. Wir haben auf diese Weise tatsächlich die Struktur für die Streuamplitude erhalten, die einem Diagramm der Form (80,1) entspricht.

Schließlich wollen wir uns noch mit einer wichtigen Eigenschaft von Diagrammen mit geschlossenen Elektronenschleifen beschäftigen. Diese Eigenschaft kann man einfach erkennen, indem man den Begriff der Ladungsparität auf ein virtuelles Photon anwendet: Einem virtuellen Photon ist, wie einem realen Photon, eine bestimmte (negative) Ladungsparität zuzuschreiben.[1])

Ein bestimmtes Diagramm enthalte eine geschlossene Schleife (mit $N > 2$ Eckpunkten). Zusammen mit diesem Diagramm muß in der Amplitude für den betrachteten Prozeß auch ein Diagramm vorkommen, das sich vom erstgenannten nur im Umlaufssinn der Schleife unterscheidet (für $N = 2$ ist der Begriff des Umlaufssinns offensichtlich fehl am Platze). Wir wollen diese Schleifen mit den einlaufenden gestrichelten Linien „herausschneiden" und erhalten die beiden Schleifen Π_{I} und Π_{II}:

(80,6)

Diese Schleifen kann man als Diagramme für die Amplitude eines Prozesses auffassen, bei dem ein Satz von (realen oder virtuellen) Photonen in einem anderen Satz umgewandelt wird; N ist dabei die Zahl der Photonen im Anfangs- und Endzustand. Die Erhaltung der Ladungsparität verbietet aber die Umwandlung einer geraden Zahl von Photonen in eine ungerade. Daher muß die Summe der Ausdrücke für die Schleifen (80,6) für ungerades N verschwinden. Folglich verschwindet auch der resultierende Beitrag zur Streuamplitude von zwei Diagrammen, die diese Schleifen als Bestandteile enthalten (sogenanntes FURRY-*Theorem*; W. H. FURRY, 1937).

[1]) Das folgt aus denselben Überlegungen über den in jedem Eckpunkt angewandten Operator für die elektromagnetische Wechselwirkung, wie sie am Schluß von § 13 für ein reales Photon angestellt worden sind.

Bei der Berechnung der Amplitude für einen beliebigen Prozeß braucht man also solche Diagramme, die Schleifen mit einer ungeraden Anzahl von Eckpunkten enthalten, überhaupt nicht zu berücksichtigen.

Wir wollen die besprochene, gegenseitige Kompensation von Diagrammen noch weiter verfolgen. Einer geschlossenen Elektronenschleife entspricht der Ausdruck (zu gegebenen Impulsen der Photonenlinien $k_1, k_2, \ldots, k_N$)

$$\int d^4p \cdot \mathrm{Sp}\,[\hat{e}_1\, G(p)\, \hat{e}_2\, G\,(p + k_1) \ldots]\,, \tag{80,7}$$

wobei $p, p + k_1, \ldots$ die Impulse der Elektronenlinien sind (die nach Beachtung der Erhaltungssätze in den Eckpunkten nicht vollständig bestimmt sind). Wir führen an allen Matrizen γ^μ und G die Operation der Ladungskonjugation aus, d. h., wir ersetzen sie durch $\mathrm{U}_C^{-1}\,\gamma^\mu\,\mathrm{U}_C$ und $\mathrm{U}_C^{-1}\,G\,\mathrm{U}_C$. Der Ausdruck (80,7) ändert sich dabei nicht, da die Spur einer Matrix gegenüber einer solchen Transformation invariant ist. Andererseits ist nach (26,3)

$$\mathrm{U}_C^{-1}\,\gamma^\mu\,\mathrm{U}_C = -\,\tilde{\gamma}^\mu\,. \tag{80,8}$$

und deshalb

$$\mathrm{U}_C^{-1}\,G(p)\,\mathrm{U}_C = \frac{-\,p\,\tilde{\gamma} + m}{p^2 - m^2} = \tilde{G}\,(-\,p)\,. \tag{80,9}$$

Geht man aber von $G(p)$ zur transponierten Matrix über und ändert das Vorzeichen von p, so bedeutet das offenbar die Umkehr des Umlaufsinns der Schleife; die Richtungen aller Pfeile in der Schleife werden umgekehrt. Die angestellte Transformation überführt also eine Schleife in die andere, und der Faktor $(-1)^N$ entsteht infolge der Substitution (80,8) in jedem Eckpunkt. Auf diese Weise wird

$$\Pi_{\mathrm{I}} = (-1)^N\,\Pi_{\mathrm{II}}\,, \tag{80,10}$$

d. h., die Beiträge von diesen beiden Schleifen sind für gerade Anzahl von Eckpunkten gleich und unterscheiden sich für ungerade Anzahl von Eckpunkten im Vorzeichen.

KAPITEL IX

WECHSELWIRKUNG VON ELEKTRONEN

§ 81. Streuung eines Elektrons an einem äußeren Feld

Die Streuung eines Elektrons an einem konstanten äußeren Feld ist der einfachste Prozeß, der bereits in der ersten Ordnung der Störungstheorie (erste BORNsche Näherung) vorkommt. Das zugehörige Diagramm hat einen Eckpunkt:

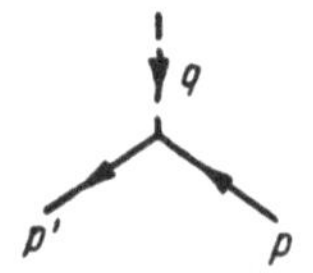

(81,1)

p und p' sind die 4-Impulse des Elektrons vor und nach der Streuung, $q = p' - p$. Da die Energie des Elektrons bei der Streuung an einem konstanten Feld erhalten bleibt ($\varepsilon = \varepsilon'$), ist $q = (0, \boldsymbol{q})$.[1])

Die zugehörige Streuamplitude ist

$$M_{fi} = - e\, \overline{u}(p')\, \hat{A}^{(e)}(\boldsymbol{q})\, u(p)\,, \tag{81,2}$$

wenn $A^{(e)}(\boldsymbol{q})$ die FOURIER-Transformierte des äußeren Feldes bei einer räumlichen FOURIER-Transformation ist. Der Streuquerschnitt ist (nach (65,26))

$$d\sigma = \frac{1}{16\,\pi^2}\, |M_{fi}|^2\, do'\,. \tag{81,3}$$

Für ein elektrostatisches Feld ist $A^{(e)} = (A_0^{(e)}, 0)$, und es wird

$$M_{fi} = - e\, \overline{u}(p')\, \gamma^0\, u(p)\, A_0^{(e)}(\boldsymbol{q}) = - e\, u^*(p')\, u(p)\, A_0^{(e)}(\boldsymbol{q})\,. \tag{81,4}$$

Im nichtrelativistischen Fall gehen die Bispinoramplituden $u(p)$ in die nichtrelativistischen (zweikomponentigen) Amplituden über. Für ein unpolarisiertes Elektron handelt es sich dabei um eine von p unabhängige Größe, und nach unserer Normierungsvorschrift ist $u^*\, u = 2\, m$. Wir benutzen das und bekommen

$$d\sigma = \left| - \frac{m}{2\pi}\, U(\boldsymbol{q}) \right|^2 do'\,.$$

---

[1]) Im Fall eines äußeren Feldes ist dieses Diagramm natürlich nicht vom 4-Impulserhaltungssatz verboten (wie es für das Diagramm (74,19) mit einem realen Photon war); denn das Quadrat q^2 muß nicht wie das Quadrat des 4-Impulses eines realen Photons gleich Null sein. Aus dem FOURIER-Integral für das äußere Feld wird automatisch die Komponente mit dem erforderlichen q herausgegriffen.

$U(\boldsymbol{q}) = e\, A_0^{(e)}(\boldsymbol{q})$ ist hierin die FOURIER-Transformierte der potentiellen Energie des Elektrons im Feld; dieser Ausdruck stimmt mit der bekannten BORNschen Formel überein (III, (125,4)).

Im allgemeinen relativistischen Fall ergibt sich der Streuquerschnitt für unpolarisierte Elektronen, indem man das Quadrat $|M_{fi}|^2$ über die Anfangspolarisationen mittelt und über die Endpolarisationen summiert, d. h., indem man die Größe

$$\frac{1}{2} \sum_{\text{Polar}} |M_{fi}|^2$$

bildet; dabei wird über die Spinrichtungen des Elektrons im Anfangs- und Endzustand summiert. Der Faktor 1/2 macht aus einer Summation eine Mittelung. Nach den Regeln von § 66 erhalten wir

$$\frac{1}{2} \sum_{\text{Polar}} |M_{fi}|^2 = 2 \operatorname{Sp} \varrho\, \hat{A}^{(e)*} \varrho'\, \hat{A}^{(e)} = \frac{1}{2} |A_0^{(e)}(\boldsymbol{q})|^2 \operatorname{Sp} (m + \hat{p})\, \gamma^0 (m + \hat{p}')\, \gamma^0 .$$

Zur Berechnung der Spur benutzen wir $\gamma^0\, \hat{p}'\, \gamma^0 = \hat{\bar{p}}'$ mit $\bar{p}' = (\varepsilon', -\boldsymbol{p}')$, und somit wird

$$\frac{1}{4} \operatorname{Sp} (m + \hat{p})\, \gamma^0 (m + \hat{p}')\, \gamma^0 = \frac{1}{4} \operatorname{Sp} (m + \hat{p})\, (m + \hat{\bar{p}}')$$

$$= m^2 + p\, \bar{p}' = \varepsilon^2 + m^2 + \boldsymbol{p}\, \boldsymbol{p}' = 2\, \varepsilon^2 - \frac{\boldsymbol{q}^2}{2} .$$

Hieraus ergibt sich der Streuquerschnitt

$$d\sigma = \frac{e^2\, |A_0^{(e)}(\boldsymbol{q})|^2}{4\, \pi^2}\, \varepsilon^2 \left(1 - \frac{\boldsymbol{q}^2}{4\, \varepsilon^2}\right) do' . \tag{81,5}$$

Für das Feld einer statischen Ladungsverteilung mit der Dichte $\varrho(\boldsymbol{r})$ haben wir

$$A_0^{(e)}(\boldsymbol{q}) = \frac{4\, \pi\, \varrho(\boldsymbol{q})}{\boldsymbol{q}^2} . \tag{81,6}$$

wobei $\varrho(\boldsymbol{q})$ die FOURIER-Transformierteder Verteilung $\varrho(\boldsymbol{r})$ ist (Formfaktor). Speziell haben wir für das COULOMB-Feld einer Punktladung $Z\, e$: $\varrho(\boldsymbol{q}) = Z\, e$. Dann ist der Streuquerschnitt

$$d\sigma = do' \frac{4\, (Z\, e^2)^2\, \varepsilon^2}{\boldsymbol{q}^4} \left(1 - \frac{\boldsymbol{q}^2}{4\, \varepsilon^2}\right) \tag{81,7}$$

(N. F. MOTT, 1929). Das Quadrat $\boldsymbol{q}^2 = 4\, \boldsymbol{p}^2 \sin^2 (\theta/2)$ enthält den Streuwinkel θ. Der Ausdruck vor der Klammer kann daher nach seiner Winkelabhängigkeit als RUTHERFORDscher Streuquerschnitt bezeichnet werden:

$$d\sigma_{\mathrm{R}} = do \frac{4\, (Z\, e^2)^2\, \varepsilon^2}{\boldsymbol{q}^4} = do \frac{(Z\, e^2)^2\, \varepsilon^2}{4\, \boldsymbol{p}^4} \sin^{-4} \frac{\theta}{2} \tag{81,8}$$

(im nichtrelativistischen Grenzfall ist der Faktor $\varepsilon^2/\boldsymbol{p}^4 \to 1/m^2 v^4$). Somit wird[1])

$$d\sigma = d\sigma_{\mathrm{R}}\left(1 - v^2 \sin^2\frac{\theta}{2}\right). \tag{81,9}$$

Im ultrarelativistischen Fall wird in der Winkelverteilung gegenüber dem nichtrelativistischen Fall die Rückwärtsstreuung unterdrückt (für $\theta \to \pi$ geht $d\sigma/d\sigma_{\mathrm{R}} \to m^2/\varepsilon^2$).

Im ultrarelativistischen Fall ergibt (81,7) für die Streuung in kleine Winkel

$$d\sigma = \frac{4(Z\,e^2)^2}{\varepsilon^2\,\theta^4}\,do'\,. \tag{81,10}$$

Obwohl wir diese Formel in BORNscher Näherung (d. h. unter der Voraussetzung $Ze^2 \ll 1$) abgeleitet haben, gilt sie auch (für Winkel $\theta \lesssim m/\varepsilon$) für $Ze^2 \sim 1$. Davon kann man sich mit Hilfe der (in Ze^2) exakten, ultrarelativistischen Wellenfunktion $\psi^+_{\varepsilon q}$ (39,10) überzeugen. Diese im Bereich (39,2) gültige Lösung gilt natürlich auch für den asymptotischen Bereich beliebig großer r. Dort ist

$$F \sim 1 + \mathrm{const}\cdot e^{i(pr - \boldsymbol{p}\boldsymbol{r})}\,, \qquad \frac{\vec{\alpha}\,\nabla F}{\varepsilon} \sim 1 - \cos\theta \sim \theta^2 \ll 1\,,$$

so daß der Korrekturterm, wie es sein muß, klein bleibt. Die Wellenfunktion der Gestalt $e^{i\boldsymbol{p}\boldsymbol{r}}F$ hat dieselbe Form wie die nichtrelativistische Funktion (mit entsprechend abgeänderten Parametern) und dieselbe asymptotische Gestalt; deshalb ergibt sich auch für den Streuquerschnitt der RUTHERFORDsche Ausdruck.

Zur Berechnung des Streuquerschnitts beliebig polarisierter Elektronen könnte man die Polarisationsmatrix (29,13) entsprechend den allgemeinen Regeln benutzen. In unserem Fall kann man das Ergebnis aber mit einem geringeren Aufwand erhalten, indem man die Bispinoramplituden $u(p')$ und $u(p)$ in der Form (23,9) darstellt; wir multiplizieren sie miteinander und bekommen

$$u^*(p')\,u(p) = w'^*\,\{\varepsilon + m + (\varepsilon - m)\,(\boldsymbol{n}'\vec{\sigma})\,(\boldsymbol{n}\,\vec{\sigma})\}\,w$$

oder, unter Benutzung der Formel (33,5)

$$u^*(p')\,u(p) = w'^*\,\mathrm{f}\,w \tag{81,11}$$

mit[2])

$$\left.\begin{aligned} &\mathrm{f} = A + B\,\vec{\nu}\,\vec{\sigma}\,,\\ &A = (\varepsilon + m) + (\varepsilon - m)\cos\theta\,, \qquad B = -\,i\,(\varepsilon - m)\sin\theta\,,\\ &\vec{\nu} = \frac{[\boldsymbol{n}\,\boldsymbol{n}']}{\sin\theta}\,. \end{aligned}\right\} \tag{81,12}$$

---

[1]) Der in dieser Formel ausgedrückte Unterschied zwischen $d\sigma$ und $d\sigma_{\mathrm{R}}$ ist spezifisch für Teilchen mit dem Spin 1/2. Für die Streuung von Teilchen mit dem Spin 0 (wenn ihre Bewegung im elektromagnetischen Feld von einer Wellengleichung beschrieben würde) ergäbe sich $d\sigma = d\sigma_{\mathrm{R}}$. Auf den ersten Blick könnte unverständlich sein, daß der Faktor für diesen rein quantenmechanischen Effekt kein $\hbar$ enthält. Man muß aber daran denken, daß die Bedingung für die Anwendbarkeit der BORNschen Näherung ($e^2/\hbar\,v \ll 1$) der Bedingung für quasiklassische Bewegung im COULOMB-Feld gerade entgegengerichtet ist, und man kann daher in Formel (81,9) nicht zum klassischen Fall übergehen.

[2]) Die Definitionen von f hier und in § 38 unterscheiden sich um einen Faktor.

Die zweikomponentige Größe (der dreidimensionale Spinor) w ist die nichtrelativistische Spinfunktion des Elektrons. Der Übergang zu teilweise polarisierten Zuständen geschieht, indem man die Produkte $w_\alpha w_\beta^*$ (α und β sind Spinorindizes) durch die nichtrelativistische, zweireihige Polarisationsmatrix $\varrho_{\alpha\beta}$ ersetzt. Man hat also zu ersetzen

$$|M_{fi}|^2 \to e^2 \, |A_0^{(e)}(\boldsymbol{q})|^2 \operatorname{Sp} \varrho \, (A - B \vec{\nu} \vec{\sigma}) \, \varrho' \, (A + B \vec{\nu} \vec{\sigma})$$

mit

$$\varrho = \frac{1}{2}(1 + \vec{\sigma}\vec{\zeta}), \qquad \varrho' = \frac{1}{2}(1 + \vec{\sigma}\vec{\zeta}');$$

$\vec{\zeta}$ und $\vec{\zeta}'$ sind die Vektoren für die vom Detektor ausgesonderten Polarisationen im Anfangs- und Endzustand. Wir rechnen die Spur aus und finden als Ergebnis

$$d\sigma = d\sigma_0 \left\{ 1 + \frac{(A^2 - |B|^2)\vec{\zeta}\vec{\zeta}' + 2\,|B|^2 (\vec{\nu}\zeta)(\vec{\nu}\vec{\zeta}') + 2\,A\,|B|\,\vec{\nu}\,[\vec{\zeta}\vec{\zeta}']}{A^2 + |B|^2} \right\}, \qquad (81,13)$$

worin $d\sigma_0$ der Streuquerschnitt für unpolarisierte Elektronen ist.

Wir bringen die geschweifte Klammer in (8,13) in die Form $\{1 + \vec{\zeta}^{(f)}\vec{\zeta}'\}$ und finden für die Polarisation $\vec{\zeta}^{(f)}$ des Elektrons im Endzustand (im Unterschied zu der vom Detektor festgestellten Polarisation ζ'; s. § 66)[1])

$$\zeta^{(f)} = \frac{(A^2 - |B|^2)\vec{\zeta} + 2\,|B|^2 (\vec{\nu}\vec{\zeta})\,\vec{\nu} + 2\,A\,|B|\,[\vec{\nu}\vec{\zeta}]}{A^2 + |B|^2}. \qquad (81,14)$$

Wie wir sehen, sind die gestreuten Elektronen nur dann polarisiert, wenn die einlaufenden Elektronen polarisiert sind. Dieser Sachverhalt ist eine allgemeine Eigenschaft der ersten Bornschen Näherung (vgl. III, § 138).

Im nichtrelativistischen Fall ($\varepsilon \to m$) ergibt sich aus (81,14) $\vec{\zeta}^{(f)} = \vec{\zeta}$, d. h., das Elektron behält bei der Streuung seine Polarisation bei (das ist eine natürliche Folge der Vernachlässigung der Spin–Bahn-Wechselwirkung).

Im ultrarelativistischen Fall dagegen haben wir

$$A = \varepsilon\,(1 + \cos\theta), \qquad B = -\,i\,\varepsilon \sin\theta$$

(entsprechend der allgemeinen Formel (38,2)).

Für ein einlaufendes Elektron mit einer bestimmten Spiralität ($\vec{\zeta} = 2\lambda\,\boldsymbol{n}$, $\lambda = \pm\,1/2$) folgt aus (81,14) nach einer einfachen Umformung

$$\vec{\zeta}^{(f)} = 2\lambda\,\boldsymbol{n}'.$$

Das Elektron hat mit anderen Worten nach der Streuung denselben Wert (λ) für die Spiralität.

Wie schon in § 38 erklärt worden ist, hängt diese Eigenschaft damit zusammen, daß die Dirac-Gleichung in der Spinordarstellung bei Vernachlässigung der Masse in zwei unabhängige Gleichungen für die Funktionen ξ und η zerfällt. Dieses Ergebnis hat allgemeinere Bedeutung, weil der Strom

$$j = (\xi^*\,\xi + \eta^*\,\eta,\ \xi^*\,\vec{\sigma}\,\xi - \eta^*\,\vec{\sigma}\,\eta)$$

[1]) Die Formel (81,14) entspricht der in III, § 138, Aufgabe 1 abgeleiteten Formel und ergibt sich daraus für reelles A und imaginäres B.

und damit auch der Operator für eine elektromagnetische Störung $V = e\, j\, A$ keine in ξ und η gemischten Glieder enthalten und daher auch keine von Null verschiedenen Matrixelemente für Übergänge zwischen ξ- und η-Zuständen haben. Falls ein ultrarelativistisches Elektron eine bestimmte Spiralität hat (d. h., es ist entweder ξ oder η von Null verschieden), dann bleibt demnach diese Spiralität erhalten, solange die Masse des Elektrons völlig vernachlässigt wird.

§ 82. Streuung von Elektronen und Positronen an einem Elektron

Wir wollen die Streuung eines Elektrons an einem Elektron behandeln. Zwei Elektronen mit den 4-Impulsen p_1 und p_2 stoßen miteinander zusammen und erhalten die 4-Impulse p_1' und p_2'. Die Gleichung

$$p_1 + p_2 = p_1' + p_2' \tag{82,1}$$

ist der Erhaltungssatz für den 4-Impuls. Im folgenden werden wir die in § 67 eingeführten, kinematischen Invarianten benutzen, die folgendermaßen definiert sind:

$$\left.\begin{aligned} s &= (p_1 + p_2)^2 = 2\,(m^2 + p_1 p_2)\,, \\ t &= (p_1 - p_1')^2 = 2\,(m^2 - p_1 p_1')\,, \\ u &= (p_1 - p_2')^2 = 2\,(m^2 - p_1 p_2')\,, \\ s &+ t + u = 4\,m^2\,. \end{aligned}\right\} \tag{82,2}$$

Der betrachtete Prozeß wird durch die beiden FEYNMAN-Diagramme (74,13), (74,14) dargestellt, und die zugehörige Amplitude ist[1])

$$M_{fi} = 4\pi e^2 \left\{\frac{1}{t}\,(\bar{u}_2'\gamma^\mu u_2)\,(\bar{u}_1'\gamma_\mu u_1) - \frac{1}{u}\,(\bar{u}_1'\gamma^\nu u_2)\,(\bar{u}_2'\gamma_\nu u_1)\right\}. \tag{82,3}$$

Nach den Regeln von § 66 für Anfangs- und Endzustände von Teilchen, die mit den Polarisationsmatrizen $\varrho_1, \varrho_1', \ldots$ beschrieben werden, nehmen wir folgende Substitution vor:

$$\begin{aligned} |M_{fi}|^2 \to 16\pi^2 e^4 \Big\{ &\frac{1}{t^2}\,\mathrm{Sp}\,(\varrho_2'\gamma^\mu\varrho_2\gamma^\nu)\,\mathrm{Sp}\,(\varrho_1'\gamma_\mu\varrho_1\gamma_\nu) + \frac{1}{u^2}\,\mathrm{Sp}\,(\varrho_1'\gamma^\mu\varrho_2\gamma^\nu)\,\mathrm{Sp}\,(\varrho_2'\gamma_\mu\varrho_1\gamma_\nu) \\ &- \frac{1}{t\,u}\,\mathrm{Sp}\,(\varrho_2'\gamma^\mu\varrho_2\gamma^\nu\varrho_1'\gamma_\mu\varrho_1\gamma_\nu) - \frac{1}{t\,u}\,\mathrm{Sp}\,(\varrho_1'\gamma^\mu\varrho_2\gamma^\nu\varrho_2'\gamma_\mu\varrho_1\gamma_\nu)\,.\Big\} \end{aligned} \tag{82,4}$$

Bei der Streuung unpolarisierter Elektronen (wenn wir uns nicht für die Polarisationen nach der Streuung interessieren) müssen wir für alle Polarisationsmatrizen $\varrho = \frac{1}{2}\,(\hat{p} + m)$ setzen und das Ergebnis mit $2 \cdot 2 = 4$ multiplizieren (Mittelung über die Polarisationen der beiden Elektronen im Anfangszustand und Summation über die Polarisationen der beiden Elektronen im

[1]) Diese Form von M_{fi} entspricht dem allgemeinen Ausdruck (71,5). In den ersten nicht verschwindenden Näherung der Störungstheorie ist von den fünf invarianten Amplituden nur eine von Null verschieden: $f_3(t, u) = 4\pi e^2/t$.

Endzustand). Der Streuquerschnitt wird durch Formel (65,23) gegeben, in der nach (65,15a) $I^2 = \frac{1}{4} s\,(s - 4\,m^2)$ zu setzen ist. Wir bringen den Querschnitt in die Form

$$\left.\begin{aligned} d\sigma &= dt \frac{4\,\pi\,e^4}{s\,(s - 4\,m^2)} \{f(t, u) + g(t, u) + f(u, t) + g(u, t)\}\,, \\ f(t, u) &= \frac{1}{16\,t^2} \operatorname{Sp}\,[(\hat{p}_2' + m)\,\gamma^\mu\,(\hat{p}_2 + m)\,\gamma^\nu] \operatorname{Sp}\,[(\hat{p}_1' + m)\,\gamma_\mu\,(\hat{p}_1 + m)\,\gamma_\nu]\,, \\ g(t, u) &= -\frac{1}{16\,t\,u} \operatorname{Sp}\,[(\hat{p}_2' + m)\,\gamma^\mu\,(\hat{p}_2 + m)\,\gamma^\nu\,(\hat{p}_1' + m)\,\gamma_\mu\,(\hat{p}_1 + m)\,\gamma_\nu]\,. \end{aligned}\right\} \quad (82,5)$$

In $f(t, u)$ werden zuerst (mit Hilfe von (22,9—10)) die Spuren ausgerechnet, und danach wird über μ und ν summiert;[1]) in $g(t, u)$ wird zuerst (mit Hilfe der Formeln (22,6)) über μ und ν summiert. Das Ergebnis ist

$$f(t, u) = \frac{2}{t^2} [(p_1\,p_2)^2 + (p_1\,p_2')^2 + 2\,m^2\,(m^2 - p_1\,p_1')]\,,$$

$$g(t, u) = \frac{2}{tu} (p_1\,p_2 - 2\,m^2)\,(p_1\,p_2)$$

oder, mit Hilfe der Invarianten (82,2) geschrieben,

$$\left.\begin{aligned} f(t, u) &= \frac{1}{t^2}\left[\frac{s^2 + u^2}{2} + 4\,m^2\,(t - m^2)\right], \\ g(t, u) &= g(u, t) = \frac{2}{t\,u}\left(\frac{s}{2} - m^2\right)\left(\frac{s}{2} - 3\,m^2\right). \end{aligned}\right\} \quad (82,6)$$

Somit ergibt sich für den Streuquerschnitt

$$\begin{aligned} d\sigma = r_e^2 \frac{4\,\pi\,m^2\,dt}{s\,(s - 4\,m^2)} &\left\{\frac{1}{t^2}\left[\frac{s^2 + u^2}{2} + 4\,m^2\,(t - m^2)\right]\right. \\ &\left. + \frac{1}{u^2}\left[\frac{s^2 + t^2}{2} + 4\,m^2\,(u - m^2)\right] + \frac{4}{t\,u}\left(\frac{s}{2} - m^2\right)\left(\frac{s}{2} - 3\,m^2\right)\right\} \end{aligned} \quad (82,7)$$

(mit $r_e = e^2/m$).

Wir verwenden diese Formel im Massenmittelpunktsystem, dort sind

$$\left.\begin{aligned} s = 4\,\varepsilon^2\,, \qquad t = -4\,\boldsymbol{p}^2 \sin^2\frac{\theta}{2}\,, \qquad u = -4\,\boldsymbol{p}^2 \cos^2\frac{\theta}{2}\,, \\ -dt = -2\,\boldsymbol{p}^2\,d\cos\theta = \frac{\boldsymbol{p}^2}{\pi}\,do \end{aligned}\right\} \quad (82,8)$$

($|\boldsymbol{p}|$ und ε sind Impulsbetrag und Energie der Elektronen, die sich bei der Streuung nicht ändern; θ ist der Streuwinkel). Im nichtrelativistischen Fall ($\varepsilon \approx m$)[2])

---

[1]) Um später darauf verweisen zu können, vermerken wir die Formel

$$\frac{1}{4} \operatorname{Sp}\,(\hat{p}_1 + m)\,\gamma^\mu\,(\hat{p}_2 + m)\,\gamma^\nu = g^{\mu\nu}\,(m^2 - p_1\,p_2) + p_1^\mu\,p_2^\nu + p_1^\nu\,p_2^\mu\,.$$

[2]) Die Geschwindigkeit v wird als klein vorausgesetzt ($v \ll 1$), aber trotzdem soll die Bedingung für die Anwendbarkeit der Störungstheorie erfüllt sein: $e^2/v\ (= e^2/\hbar\,v) \ll 1$.

bekommen wir .

$$d\sigma = r_e^2 \frac{\pi m^4\, dt}{\boldsymbol{p}^2}\left(\frac{1}{t^2}+\frac{1}{u^2}-\frac{1}{t\,u}\right) = \left(\frac{e^2}{m\,v^2}\right)\left(\frac{1}{\sin^4\frac{\theta}{2}}+\frac{1}{\cos^4\frac{\theta}{2}}-\frac{1}{\sin^2\frac{\theta}{2}\cos^2\frac{\theta}{2}}\right) do$$

$$= \left(\frac{e^2}{m\,v^2}\right)^2 \frac{4\,(1+3\cos^2\theta)}{\sin^4\theta}\, do \qquad \text{(nichtrel.)} \qquad (82,9)$$

($\boldsymbol{v} = 2\,\boldsymbol{p}/m$ ist die Relativgeschwindigkeit der Elektronen) in Übereinstimmung mit der nichtrelativistischen Theorie (s. III, § 135). Im allgemeinen Fall beliebiger Geschwindigkeiten erhält die Formel (82,7) nach dem Einsetzen von (82,8) und nach einigen einfachen Umformungen die Gestalt

$$d\sigma = r_e^2 \frac{m^2\,(\varepsilon^2+\boldsymbol{p}^2)^2}{4\,\boldsymbol{p}^4\,\varepsilon^2}\left[\frac{4}{\sin^4\theta}-\frac{3}{\sin^2\theta}+\left(\frac{\boldsymbol{p}^2}{\varepsilon^2+\boldsymbol{p}^2}\right)^2\left(1+\frac{4}{\sin^2\theta}\right)\right] do \qquad (82,10)$$

(Ch. Moeller, 1932). Im ultrarelativistischen Fall ($\boldsymbol{p}^2 \approx \varepsilon^2$) ist

$$d\sigma = r_e^2 \frac{m^2}{\varepsilon^2}\,\frac{(3+\cos^2\theta)^2}{4\sin^4\theta}\, do \qquad \text{(ultrarel.)}\,. \qquad (82,11)$$

Im Laborsystem, in dem ein Elektron (sagen wir, das zweite) vor dem Stoß ruht, drücken wir den Streuquerschnitt durch die Größe

$$\varDelta = \frac{\varepsilon_1-\varepsilon_1'}{m} = \frac{\varepsilon_2'-m}{m} \qquad (82,12)$$

aus. Das ist die vom einlaufenden Elektron auf das ruhende übertragene Energie (in Einheiten m).[1] Die Invarianten sind

$$\left.\begin{aligned} s &= 2\,m\,(m+\varepsilon_1)\,, \qquad t = -\,2\,m^2\varDelta\,, \\ u &= -\,2\,m\,(\varepsilon_1-m-m\,\varDelta)\,. \end{aligned}\right\} \qquad (82,13)$$

Wir setzen diese Ausdrücke in (82,7) ein und erhalten folgende Formel für die Energieverteilung der Sekundärelektronen (oder, wie man sagt, der *δ-Elektronen*), die bei der Streuung schneller Primärelektronen auftreten:

$$d\sigma = 2\,\pi\,r_e^2\frac{d\varDelta}{\gamma^2-1}\left\{\frac{(\gamma-1)^2\,\gamma^2}{\varDelta^2(\gamma-1-\varDelta)^2}-\frac{2\,\gamma^2+2\,\gamma-1}{\varDelta(\gamma-1-\varDelta)}+1\right\} \qquad (82,14)$$

mit $\gamma = \varepsilon_1/m$; $m\,\varDelta$ und $m\,(\gamma-1-\varDelta)$ sind die kinetischen Energien der beiden Elektronen nach dem Stoß; die Identität der beiden Teilchen äußert sich hier in der Symmetrie der Formel in diesen Größen. Wenn man das Elektron mit der kleineren Energie als Rückstoßelektron bezeichnet, dann nimmt $\varDelta$ Werte zwischen 0 und $(\gamma-1)/2$ an. Für kleine $\varDelta$ erhält die Formel (82,14) die Gestalt

$$d\sigma = 2\,\pi\,r_e^2\,\frac{\gamma^2}{\gamma^2-1}\,\frac{d\varDelta}{\varDelta^2} = \frac{2\,\pi\,r_e^2}{v_1^2}\,\frac{d\varDelta}{\varDelta^2}\,, \qquad \varDelta \ll \gamma-1\,. \qquad (82,15)$$

Diese Formel, mit der Geschwindigkeit des einlaufenden Elektrons ($v_1 = |\boldsymbol{p}_1|/\varepsilon_1$) geschrieben, behält ihre Form auch beim Übergang zum nichtrelativistischen Fall. Es ist daher ganz natürlich, daß sie dieselbe Form hat wie das Ergebnis der nichtrelativistischen Theorie (vgl. III, (145,17)).

[1]) Wegen der kinematischen Beziehungen für die elastischen Stöße in verschiedenen Bezugssystemen s. II, § 13.

Nun befassen wir uns mit der Streuung eines Positrons an einem Elektron (H. BHABHA, 1936). Das ist ein anderer Crossing-Kanal derselben verallgemeinerten Reaktion, zu der die Elektron–Elektron-Streuung gehört. Die Impulse von Elektron und Positron seien p_- und p_+ im Anfangszustand und p'_- und p'_+ im Endzustand. Der Übergang von einem Kanal zum anderen erfolgt durch die Substitution

$$p_1 \to -p'_+ \,, \quad p_2 \to p_- \,, \quad p'_1 \to -p_+ \,, \quad p'_2 \to p'_- \,.$$

Die kinematischen Invarianten (82,2) erhalten dabei folgende Bedeutung:

$$s = (p_- - p'_+)^2 \,, \quad t = (p_+ - p'_+)^2 \,, \quad u = (p_- + p_+)^2 \,. \tag{82,16}$$

Nimmt man die ee-Streuung als s-Kanal, dann ist die $\bar{e}e$-Streuung der u-Kanal der Reaktion. Das Quadrat der Streuamplitude, ausgedrückt durch s, t und u, bleibt wie oben, und im Nenner von Formel (82,5) ist $s \to u$ zu ersetzen. Auf diese Weise erhalten wir für den Querschnitt der Streuung eines Positrons an einem Elektron statt (82,7)

$$d\sigma = r_e^2 \frac{4\pi m^2\, dt}{u(u - 4m^2)} \left\{ \frac{1}{t^2} \left[\frac{s^2 + u^2}{2} + 4m^2 (t - m^2) \right] \right.$$
$$\left. + \frac{1}{u^2} \left[\frac{s^2 + t^2}{2} + 4m^2 (u - m^2) \right] + \frac{4}{tu} \left(\frac{s}{2} - m^2 \right) \left(\frac{s}{2} - 3m^2 \right) \right\} . \tag{82,17}$$

Im Massenmittelpunktsystem sind bei den Invarianten s, t und u gegenüber (82,8) s und u vertauscht:

$$s = -4\boldsymbol{p}^2 \cos^2 \frac{\theta}{2} \,, \qquad t = -4\boldsymbol{p}^2 \sin^2 \frac{\theta}{2} \,, \qquad u = 4\varepsilon^2 \,. \tag{82,18}$$

Im nichtrelativistischen Grenzfall wird aus Formel (82,17) die RUTHERFORDsche Streuformel

$$d\sigma = \left(\frac{e^2}{m v^2} \right)^2 \frac{do}{\sin^4 \frac{\theta}{2}} \qquad \text{(nichtrel.)} \tag{82,19}$$

(mit $\boldsymbol{v} = 2\boldsymbol{p}/m$). Sie ergibt sich aus dem ersten Glied in der geschweiften Klammer in (82,17), das aus einem „Streu"-Diagramm hervorgeht (s. § 74). Die Beiträge von dem „Vernichtungs"-Diagramm (dem zweiten Glied in (82,17)) und von dessen Interferenz mit dem Streudiagramm (drittes Glied) verschwinden im nichtrelativistischen Grenzfall.[1])

[1]) Im nichtrelativistischen Grenzfall wird die Amplitude u zweikomponentig; s. (23,12). Dabei ist der 4-Vektor für das Elektron $\bar{u}'_- \gamma^\mu u_- = (2m\, w'^*_- w_-, 0)$, dasselbe gilt für das Positron. Der Streuterm in der Amplitude (74,15) erhält die Gestalt

$$-(2m)^2 (w'^*_- w_-)(w'^*_- w_+)\, U_{\boldsymbol{q}}$$

mit

$$U_{\boldsymbol{q}} = \frac{4\pi e^2}{\cdot\, q^2} = -\frac{4\pi e^2}{\boldsymbol{q}^2}$$

(für ein virtuelles Photon ist im Streudiagramm $q^0 = 0$ im Massenmittelpunktsystem); $U_{\boldsymbol{q}}$ ist die FOURIER-Transformierte der COULOMB-Energie für die Wechselwirkung ungleichnamiger Ladungen ($-e^2/r$). Für ein virtuelles Photon im Vernichtungsdiagramm ist $q^0 = 2m$ ($= 2mc$), deshalb verschwindet dieser Term in der Grenze.

Im allgemeinen Fall beliebiger Geschwindigkeiten haben die Beiträge von allen drei Gliedern in (82,17) die gleiche Größenordnung $\left(\text{nur im Bereich kleiner Winkel überwiegt das erste Glied wegen des Faktors } t^{-2} \propto \sin^{-4}\frac{\theta}{2}\right)$. Nach der Zusammenfassung ähnlicher Ausdrücke kann man den Querschnitt für die Streuung eines Positrons an einem Elektron (im Massenmittelpunktsystem) in die Form bringen:

$$d\sigma = d\sigma \frac{r_e^2}{16} \frac{m^2}{\varepsilon^2} \left\{ \frac{(\varepsilon^2 + \boldsymbol{p}^2)^2}{\boldsymbol{p}^4} \frac{1}{\sin^4 \frac{\theta}{2}} - \frac{8\,\varepsilon^4 - m^4}{\boldsymbol{p}^2 \varepsilon^2} \frac{1}{\sin^2 \frac{\theta}{2}} \right.$$
$$\left. + \frac{12\,\varepsilon^4 + m^4}{\varepsilon^4} - \frac{4\,\boldsymbol{p}^2 (\varepsilon^2 + \boldsymbol{p}^2)}{\varepsilon^4} \sin^2 \frac{\theta}{2} + \frac{4\,\boldsymbol{p}^4}{\varepsilon^4} \sin^4 \frac{\theta}{2} \right\}. \tag{82,20}$$

Die Symmetrie gegenüber der Substitution $\theta \to \pi - \theta$ ist charakteristisch für die Streuung identischer Teilchen und ist natürlich für die Streuung eines Positrons an einem Elektron nicht vorhanden. Im ultrarelativistischen Grenzfall unterscheidet sich der Ausdruck (82,20) vom Elektron–Elektron-Streuquerschnitt nur um den Faktor $\cos^4 \frac{\theta}{2}$:

$$d\sigma_{e\bar{e}} = \cos^4 \frac{\theta}{2}\, d\sigma_{ee} \quad \text{(ultrarel.)}\,. \tag{82,21}$$

Im Laborsystem, in dem ein Teilchen (sagen wir, das Elektron) vor dem Stoß ruht, führen wir wieder die Größe

$$\Delta = \frac{\varepsilon_+ - \varepsilon'_+}{m} = \frac{\varepsilon'_- - m}{m} \tag{82,22}$$

ein, d. h. die vom Positron auf das Elektron übertragene Energie. Analog zu (82,13) haben wir jetzt

$$s = -\,2\,m\,(\varepsilon_+ - m - m\,\Delta)\,, \qquad t = -\,2\,m^2\,\Delta\,, \qquad u = 2\,m\,(m + \varepsilon_+)\,.$$

Diese Ausdrücke setzen wir in (82,17) ein und erhalten nach einfachen Umformungen folgende Formel für die Energieverteilung der Sekundärelektronen:

$$d\sigma = 2\,\pi\,r_e^2 \frac{d\Delta}{\gamma^2 - 1} \left\{ \frac{\gamma^2}{\Delta^2} - \frac{2\,\gamma^2 + 4\,\gamma + 1}{\gamma + 1} \frac{1}{\Delta} \right.$$
$$\left. + \frac{3\,\gamma^2 + 6\,\gamma + 4}{(\gamma + 1)^2} - \frac{2\,\gamma}{(\gamma + 1)^2} \Delta + \frac{1}{(\gamma + 1)^2} \Delta^2 \right\} \tag{82,23}$$

mit $\gamma = \varepsilon_+/m$; Δ durchläuft die Werte von 0 bis $\gamma - 1$. Für $\Delta \ll \gamma - 1$ entsteht aus (82,23) dieselbe Formel (82,15) wie für die Streuung von Elektronen.

Die Polarisationseffekte bei der Streuung von Elektronen oder Positronen werden nach den allgemeinen Regeln von § 66 berechnet. In genügend allgemeinen Fällen führen die Rechnungen zu umfangreichen Formeln, derentwegen wir auf die Originalarbeiten oder auf spezielle Übersichtsartikel verweisen.[1]) Hier beschränken wir uns lediglich auf einige Bemerkungen.

In der betrachteten (ersten nicht verschwindenden) Ordnung der Störungstheorie treten im Streuquerschnitt keine Glieder auf, die in den Polarisationsvektoren der Teilchen im Anfangs- und Endzustand linear sind. Wie schon in der nichtrelativistischen Theorie (III, § 138) sind solche Glieder durch die Forderungen verboten, die aus der Hermitezität der Streumatrix folgen. Der Streuquerschnitt ändert sich daher nicht, wenn nur eines der stoßenden Teilchen polarisiert ist, und bei der Streuung unpolarisierter Teilchen werden diese nicht polarisiert.

Diese Forderungen verbieten auch Korrelationsterme im Streuquerschnitt mit Produkten aus den Polarisationen dreier an einem Prozeß beteiligter Teilchen (im Anfangs- und Endzustand). Der Streuquerschnitt enthält aber Zweier- und Viererkorrelationsterme. Bei der Streuung nicht gleichartiger Teilchen (Elektron und Positron, Elektron und Müon) verschwinden diese Glieder im nichtrelativistischen Grenzfall, weil keine Spin-Bahn-Wechselwirkung vorhanden ist. Beim Stoß gleichartiger Teilchen sind die Korrelationsterme infolge der Austauscheffekte bereits im nichtrelativistischen Fall vorhanden.

Aufgaben

1. Man berechne den Streuquerschnitt für polarisierte Elektronen im nichtrelativistischen Fall!

Lösung. Im nichtrelativistischen Fall werden aus den Bispinoramplituden in der Standarddarstellung zweikomponentige Größen, und die Polarisationsmatrizen sind die zweireihigen Matrizen (29,20). In der Streuamplitude (82,3) bleiben nur die Glieder mit $\mu = \nu = 0$ von Null verschieden; diese Glieder enthalten die (in der Standarddarstellung) diagonalen Matrizen γ^0. Statt (82,4) haben wir

$$\sum_{\text{polar}} |M_{fi}|^2 = 16\,\pi^2 e^4 \cdot 4\,m^4 \left\{\left(\frac{1}{t^2} + \frac{1}{u^2}\right) \operatorname{Sp}(1 + \vec{\sigma}\vec{\zeta}_1) \operatorname{Sp}(1 + \vec{\sigma}\vec{\zeta}_2) - \frac{2}{tu} \operatorname{Sp}(1 + \vec{\sigma}\vec{\zeta}_1)(1 + \vec{\sigma}\vec{\zeta}_2)\right\} = 16\,\pi^2 e^4 \cdot 4\,m^4 \cdot 4 \left[\frac{1}{t^2} + \frac{1}{u^2} - \frac{1}{tu}(1 + \vec{\zeta}_1\vec{\zeta}_2)\right]$$

(Summe über die Polarisation der Elektronen im Endzustand). Von hier ergibt sich der Streuquerschnitt

$$d\sigma = d\sigma_0 \left(1 - \frac{\sin^2\theta}{1 + 3\cos^2\theta}\vec{\zeta}_1\vec{\zeta}_2\right).$$

θ ist der Streuwinkel im Massenmittelpunktsystem, $d\sigma_0$ ist der Streuquerschnitt für unpolarisierte Teilchen (82,9).[2])

---

[1]) A. M. Bincer, Phys. Rev. **107** (1957) 1434; G. W. Ford und C. J. Mullin, Phys. Rev. **108** (1957) 477 (Erratum: Phys. Rev. **110** (1958) 1485); A. Raczka und R. Raczka, Phys. Rev. **110** (1958) 1469; W. H. McMaster, Rev. Mod. Phys. **33** (1961) 8.

[2]) Für vollständig polarisierte Elektronen stimmt diese Formel mit dem Ergebnis der Aufgabe in III, § 135 überein (dabei ist $|\vec{\zeta}_1| = |\vec{\zeta}_2| = 1$, $\vec{\zeta}_1\vec{\zeta}_2 = \cos\alpha$; α ist der Winkel zwischen den Polarisationsrichtungen der Elektronen).

Die Streuung von Positronen an Elektronen ist in dieser Näherung von der Polarisation unabhängig ($d\sigma = d\sigma_0$); davon kann man sich einfach überzeugen, wenn man bedenkt, daß im nichtrelativistischen Grenzfall in den Elektronen- und Positronenamplituden u_p und u_{-p} verschiedene Komponentenpaare von Null verschieden sind.

2. Man berechne die Polarisation der gestreuten Elektronen bei der Streuung eines unpolarisierten Strahls an einem polarisierten Target im nichtrelativistischen Fall!

Lösung. Wir berechnen den Streuquerschnitt zu gegebener Anfangspolarisation $\vec{\zeta}_2$ und zu gegebener, vom Detektor registrierter Endpolarisation $\vec{\zeta}_1'$ (es wird nur die Polarisation eines Elektrons im Endzustand registriert). Nach demselben Verfahren wie in Aufgabe 1 erhalten wir

$$d\sigma = \frac{1}{2} d\sigma_0 \left[1 - \vec{\zeta}_1' \vec{\zeta}_2 \frac{2 \cos\theta\,(1 - \cos\theta)}{1 + 3\cos^2\theta}\right].$$

Hieraus finden wir für den Polarisationsvektor des gestreuten Elektrons

$$\vec{\zeta}_1^{(f)} = -\vec{\zeta}_2 \frac{2\cos\theta\,(1-\cos\theta)}{1 + 3\cos^2\theta}.$$

3. Man berechne die Wahrscheinlichkeit für das Umklappen des Spins eines total polarisierten Elektrons bei der Streuung an einem unpolarisierten Elektron im nichtrelativistischen Fall!

Lösung. Ähnlich wie oben finden wir den Streuquerschnitt zu gegebenen Polarisationen $\vec{\zeta}_1$ und $\vec{\zeta}_1'$:

$$d\sigma = \frac{1}{2} d\sigma_0 \left[1 + \vec{\zeta}_1 \vec{\zeta}_1' \frac{2\cos\theta\,(1+\cos\theta)}{1 + 3\cos^2\theta}\right].$$

Wir setzen $\vec{\zeta}_1 \vec{\zeta}_1' = -1$ und finden daraus die Wahrscheinlichkeit für die Umkehr der Spinrichtung:

$$\frac{d\sigma}{d\sigma_0} = \frac{(1-\cos\theta)^2}{2\,(1 + 3\cos^2\theta)}.$$

4. Es ist das Verhältnis der Streuquerschnitte für Elektronen mit parallelen und antiparallelen Spins im ultrarelativistischen Fall zu berechnen.

Lösung. In (82,4) haben wir gemäß (29,22)

$$\varrho_1 = \frac{1}{2}\hat{p}_1 (1 - 2\lambda_1\gamma^5), \quad \varrho_2 = \frac{1}{2}\hat{p}_2(1 - 2\lambda_2\gamma^5), \quad \varrho_1' = \frac{1}{2}\hat{p}_1', \quad \varrho_2' = \frac{1}{2}\hat{p}_2'$$

mit $\lambda_1, \lambda_2 = \pm 1/2$ zu setzen. Die Spuren werden mit den Formeln aus § 22 berechnet, insbesondere

$$\begin{aligned} \mathrm{Sp}\,(\gamma^5 \hat{a}\gamma^\mu \hat{b}\gamma^\nu)\,\mathrm{Sp}\,(\gamma^5 \hat{c}\gamma_\mu \hat{d}\gamma_\nu) &= i^2 (e^{\varrho\mu\lambda\nu} a_\varrho b_\lambda)(e_{\sigma\mu\tau\nu} c^\sigma d^\tau) \\ &= 2\,(\delta^\varrho_\sigma \delta^\lambda_\tau - \delta^\varrho_\tau \delta^\lambda_\sigma)\, a_\varrho b_\lambda c^\sigma d^\tau = 2\,(a c)(b d) - 2\,(a d)(b c). \end{aligned}$$

Als Ergebnis erhalten wir

$$\frac{d\sigma}{dt} \propto \left(\frac{s^2+u^2}{t^2} + \frac{s^2+t^2}{u^2} + \frac{2s^2}{tu}\right) + 4\lambda_1\lambda_2 \left(\frac{s^2-u^2}{t^2} + \frac{s^2-t^2}{u^2} + \frac{2s^2}{tu}\right).$$

Da die Impulse der stoßenden Elektronen (im Massenmittelpunktsystem) einander entgegengerichtet sind, entsprechen gleichen Spiralitäten ($\lambda_1 = \lambda_2$) antiparallele Spins und verschiedenen Spiralitäten ($\lambda_1 = -\lambda_2$) parallele Spins. Wir setzen s, t und u aus (82,8) (mit $\boldsymbol{p}^2 \approx \varepsilon^2$) ein und finden für das gesuchte Verhältnis

$$\frac{d\sigma_{\uparrow\uparrow}}{d\sigma_{\uparrow\downarrow}} = \frac{1}{8}(1 + 6\cos^2\theta + \cos^4\theta). \tag{1}$$

Dieses Verhältnis hat für $\theta = \pi/2$ ein Minimum (1/8).

5. Wie Aufgabe 4 für die Streuung von Positronen an Elektronen.

Lösung. In diesem Fall haben wir statt (82,4)

$$|M_{fi}|^2 \to 16\,\pi^2 e^4 \left\{\frac{1}{t^2}\,\mathrm{Sp}\,(\varrho_-'\,\gamma^\mu\,\varrho_-\,\gamma^\nu)\,\mathrm{Sp}\,(\varrho_+\,\gamma_\mu\,\varrho_+'\,\gamma_\nu) - \frac{1}{t\,u}\,\mathrm{Sp}\,(\varrho_-'\,\gamma^\mu\,\varrho_-\,\gamma^\nu\,\varrho_+\,\gamma_\mu\,\varrho_+'\,\gamma_\nu) + \cdots\right\}$$

zu berechnen (die übrigen Glieder ergeben sich aus den aufgeschriebenen durch Vertauschung von ϱ_+ und ϱ_-'). Die Polarisationsmatrizen sind

$$\varrho_- = \frac{1}{2}\,\hat{p}_-\,(1 - 2\,\lambda_-\,\gamma^5)\,, \qquad \varrho_+ = \frac{1}{2}\,\hat{p}_+\,(1 + 2\,\lambda_+\,\gamma^5)\,, \qquad \varrho_-' = \frac{1}{2}\,\hat{p}_-'\,, \qquad \varrho_+' = \frac{1}{2}\,\hat{p}'$$

mit $\lambda_+, \lambda_- = \pm\,1/2$ ($\lambda_+ = 1/2$ bedeutet für Positron wie für Elektron den Spin in Impulsrichtung). Die Rechnung liefert

$$\frac{d\sigma}{dt} \propto \left(\frac{s^2 + u^2}{t^2} + \frac{s^2 + t^2}{u^2} + \frac{2\,s^2}{t\,u}\right) - 4\,\lambda_+\,\lambda_-\left(\frac{s^2 - u^2}{t^2} + \frac{s^2 - t^2}{u^2} + \frac{2\,s^2}{t\,u}\right).$$

Hieraus ergibt sich für das Verhältnis der Streuquerschnitte Formel (1) von Aufgabe 4 als Ergebnis.

6. Man berechne den Streuquerschnitt für die Streuung von Müonen an Elektronen!

Lösung. Der Prozeß wird allein durch das Diagramm (74,17) beschrieben. Statt (82,5) haben wir

$$\left.\begin{aligned} d\sigma &= \frac{\pi\,e^4\,dt}{(p_e\,p_\mu)^2 - m^2\,\mu^2}\,f(t, u) = \frac{4\,\pi\,e^4\,dt}{[s - (m + \mu)^2]\,[s - (m - \mu)^2]}\,f(t, u)\,,\\ f(t, u) &= \frac{1}{16\,t^2}\,\mathrm{Sp}\,[(\hat{p}_\mu' + \mu)\,\gamma^\lambda\,(\hat{p}_\mu + \mu)\,\gamma^\nu]\,\mathrm{Sp}\,[(\hat{p}_e' + m)\,\gamma_\lambda\,(\hat{p}_e + m)\,\gamma_\nu] \end{aligned}\right\} \qquad (1)$$

p_e und p_μ bzw. p_e' und p_μ' sind die 4-Impulse von Elektron und Müon im Anfangs- und Endzustand, m und μ sind die entsprechenden Massen). Die Invarianten sind

$$\begin{aligned} s &= (p_e + p_\mu)^2 = m^2 + \mu^2 + 2\,p_e\,p_\mu\,,\\ t &= (p_e - p_e')^2 = 2\,(m^2 - p_e\,p_e') = 2\,(\mu^2 - p_\mu\,p_\mu')\,,\\ u &= (p_e - p_\mu')^2 = m^2 + \mu^2 - 2\,p_e\,p_\mu'\,,\\ s + t + u &= 2\,(m^2 + \mu^2)\,. \end{aligned}$$

Die Rechnung führt zu dem Ergebnis

$$f = \frac{2}{t^2}\left\{(p_e\,p_\mu)^2 + (p_e\,p_\mu')^2 + \frac{1}{2}\,(m^2 + \mu^2)\,t\right\} = \frac{1}{t^2}\left\{\frac{s^2 + u^2}{2} + (m^2 + \mu^2)\,(2\,t - m^2 - \mu^2)\right\}. \qquad (2)$$

Die Formeln (1) und (2) lösen das gestellte Problem. Im Massenmittelpunkt ist

$$d\sigma = \frac{e^4\,do}{8\,(\varepsilon_e + \varepsilon_\mu)^2\,\boldsymbol{p}^4\,\sin^4\dfrac{\theta}{2}}\left[(\varepsilon_e\,\varepsilon_\mu + \boldsymbol{p}^2)^2 + (\varepsilon_e\,\varepsilon_\mu + \boldsymbol{p}^2\cos\theta)^2 - 2\,(m^2 + \mu^2)\,\boldsymbol{p}^2\sin^2\frac{\theta}{2}\right]$$

mit $do = 2\,\pi\sin\theta\,d\theta$; ε_e und ε_μ sind die Energien von Elektron und Müon, $\boldsymbol{p}^2 = \varepsilon_e^2 - m^2 = \varepsilon_\mu^2 - \mu^2$. Für $\boldsymbol{p}^2 \ll \mu^2$ gelangen wir wieder zu Formel (8,19) für die Coulomb-Streuung an einem festen Zentrum. Im ultrarelativistischen Fall ($\boldsymbol{p}^2 \gg \mu^2$) ist

$$d\sigma = \frac{e^4}{8\,\boldsymbol{p}^4}\,\frac{1 + \cos^4\dfrac{\theta}{2}}{\sin^4\dfrac{\theta}{2}}\,do\,.$$

Im Laborsystem (in dem das Elektron vor dem Stoß ruht) haben wir

$$d\sigma = 2\pi \left(\frac{e^2}{m}\right)^2 \frac{d\Delta}{v_\mu^2 \Delta^2} \left(1 - v_\mu^2 \frac{\Delta}{\Delta_{\max}} + \frac{m^2}{2\varepsilon_\mu^2} \Delta^2\right).$$

Hier sind ε_μ die Energie und $\boldsymbol{v}_\mu = \boldsymbol{p}_\mu/\varepsilon_\mu$ die Geschwindigkeit des einlaufenden Müons; $m\Delta = \varepsilon_e' - m = \varepsilon_\mu - \varepsilon_\mu'$ ist die Rückstoßenergie und

$$\Delta_{\max} = \frac{2\boldsymbol{p}_\mu^2}{m^2 + \mu^2 + 2m\varepsilon_\mu}$$

ist der Maximalwert von Δ.

7. Man berechne das Verhältnis der Streuquerschnitte für die Streuung von Elektronen und Müonen (in bestimmten Spiralzuständen) mit parallelen und antiparallelen Spins im ultrarelativistischen Fall ($\varepsilon_\mu \gg \mu$, $\varepsilon_e \gg m$)!

Lösung. Ähnlich wie in Aufgabe 4 finden wir

$$\frac{d\sigma_{\uparrow\uparrow}}{d\sigma_{\uparrow\downarrow}} = \cos^4\frac{\theta}{2}$$

(θ ist der Streuwinkel im Massenmittelpunktsystem).

8. Man berechne den Wirkungsquerschnitt für die Umwandlung eines Elektronenpaares in ein Müonenpaar (W. B. Berestezki, I. Ja. Pomerantschuk, 1955)!

Lösung. Das ist ein anderer Crossing-Kanal der Reaktion, zu der auch die μe-Streuung gehört. In diesem Kanal sind

$$s = (p_e - \bar{p}_\mu)^2, \qquad t = (p_e + \bar{p}_e)^2, \qquad u = (p_e - p_\mu)^2;$$

p_e und $\bar{p}_e$ sind die 4-Impulse von Elektron und Positron, p_μ und $\bar{p}_\mu$ die Impulse von Müon und Antimüon. Die Reaktionsschwelle liegt bei 2μ für die Energie des Elektronenpaares (im Massenmittelpunktsystem), so daß $t > 4\mu^2$ sein muß. Im Laborsystem, in dem das Elektron vor dem Stoß ruht, hat das Positron die Energie ε_+, und es ist

$$t = 2m(\varepsilon_+ + m) \approx 2m\varepsilon_+,$$

so daß $\varepsilon_+ > \varepsilon_{\text{schw}}$ sein muß, wenn $\varepsilon_{\text{schw}} = 2\mu^2/m$ die Schwellenenergie ist (hier und im folgenden werden alle auf Grund der Ungleichung $\mu \gg m$ möglichen Vernachlässigungen vorgenommen).

Der differentielle Wirkungsquerschnitt ist (statt (1) und (2) von Aufgabe 6)

$$d\sigma = \frac{4\pi e^4\, ds}{(t - 4m^2)\,t} f(t, u) \approx 4\pi e^4 \frac{ds}{t^4}\left[\frac{s^2 + u^2}{2} + 2\mu^2 t - \mu^4\right].$$

Zu gegebenem t nimmt die Größe s Werte zwischen den durch die Gleichungen $su \approx \mu^4$ und $s + t + u \approx 2\mu^2$ bestimmten Grenzen an, d. h.

$$\mu^2 - \frac{t}{2} - \frac{1}{2}\sqrt{t(t - 4\mu^2)} \leqq s \leqq \mu^2 - \frac{t}{2} + \frac{1}{2}\sqrt{t(t - 4\mu^2)}.$$

Eine elementare Integration ergibt

$$\sigma = \frac{4\pi}{3} r_e^2 \frac{m^2}{t} \sqrt{1 - \frac{4\mu^2}{t}} \left(1 + \frac{2\mu^2}{t}\right), \qquad r_e = \frac{e^2}{m}$$

(im Laborsystem ist $t = 2m\varepsilon_+$).[1] Diese Formel ist in unmittelbarer Nähe der Schwelle unbrauchbar; denn für $\varepsilon_+ - \varepsilon_{\text{schw}} \sim \mu e^4$ darf man die entstehenden Müonen nicht als

[1]) Dieser Wirkungsquerschnitt hat für $\varepsilon_+ \sim 1{,}7\,\varepsilon_{\text{schw}}$ ein Maximum. Der Maximalwert ist ungefähr 20-mal kleiner als der Querschnitt für die Zweiphotonen-Vernichtung bei der gleichen Energie.

freie Teilchen ansehen (berücksichtigt man die COULOMB-Wechselwirkung zwischen den Müonen, dann strebt der Wirkungsquerschnitt für $\varepsilon_+ \to \varepsilon_{\text{schw}}$ nicht gegen Null, sondern gegen eine Konstante, s. III, § 144).

§ 83. Die BREITsche Gleichung

Bekanntlich kann man in der klassischen Elektrodynamik ein System von wechselwirkenden Teilchen, mit der LAGRANGE-Funktion beschreiben, die nur von den Koordinaten und Geschwindigkeiten der Teilchen selbst abhängt und bis zu Gliedern $\sim 1/c^2$ gültig ist (II, § 65). Dieser Umstand hängt damit zusammen, daß die Strahlung erst als Effekt der Ordnung $1/c^3$ in Erscheinung tritt.

In der Quantentheorie wirkt sich dieser Sachverhalt so aus, daß man ein System mit einer SCHRÖDINGER-Gleichung beschreiben kann, in der nur Effekte zweiter Ordnung mitgenommen werden. Für ein Elektron in einem äußeren, elektromagnetischen Feld ist diese Gleichung in § 33 aufgestellt worden. Jetzt wollen wir die entsprechende Gleichung für ein System von miteinander wechselwirkenden Teilchen herleiten.

Wir werden vom relativistischen Ausdruck für die Streuamplitude zweier Teilchen ausgehen. In nichtrelativistischer Näherung geht diese in die übliche BORNsche Amplitude über und ist zur FOURIER-Transformierten des Potentials für die elektrostatische Wechselwirkung zweier Ladungen proportional. Berechnen wir die Amplitude bis zu Gliedern zweiter Ordnung, so können wir die Gestalt des zugehörigen Potentials bis zu Gliedern $\sim 1/c^2$ feststellen.

Zunächst setzen wir voraus, es handle sich um zwei verschiedene Teilchen mit den Massen m_1 und m_2 (sagen wir, um Elektron und Müon). Die Streuung wird dann durch ein Diagramm dargestellt:

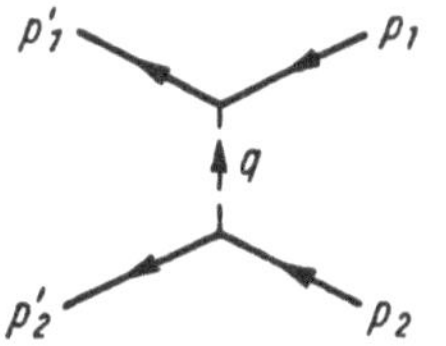

Die zugehörige Amplitude ist

$$\left.\begin{aligned} M_{fi} &= e^2(\bar{u}_1' \gamma^\mu u_1)\, D_{\mu\nu}(q)\, (\bar{u}_2' \gamma^\nu u_2)\,, \\ q &= p_1' - p_1 = p_2 - p_2' \end{aligned}\right\} \qquad (83,1)$$

(hier sind gleichnamige Ladungen für die beiden Teilchen vorausgesetzt worden; anderenfalls ist e^2 durch $-e^2$ zu ersetzen).

Die weitere Rechnung wird merklich vereinfacht, wenn man den Photonenpropagator $D_{\mu\nu}$ nicht in der üblichen, sondern in der COULOMB-Eichung (77,12),

(77,13) verwendet:[1])

$$D_{00} = -\frac{4\pi}{\boldsymbol{q}^2}, \quad D_{0i} = 0, \quad D_{ik} = \frac{4\pi}{\boldsymbol{q}^2 - \frac{\omega^2}{c^2}}\left(\delta_{ik} - \frac{q_i q_k}{\boldsymbol{q}^2}\right). \tag{83,2}$$

Die Streuamplitude ist dann

$$M_{fi} = e^2 \{(\bar{u}_1' \gamma^0 u_1)(\bar{u}_2' \gamma^0 u_2) D_{00} + (\bar{u}_1' \gamma^i u_1)(\bar{u}_2' \gamma^k u_2) D_{ik}\}. \tag{83,3}$$

Vernachlässigen wir alle Glieder mit $1/c$, dann fällt das zweite Glied in der geschweiften Klammer ganz weg, und das erste ergibt

$$M_{fi} = -2m_1 \cdot 2m_2 (w_1^{(0)\prime *} w_1^{(0)})(w_2^{(0)\prime *} w_2^{(0)}) U(\boldsymbol{q}) \tag{83,4}$$

mit

$$U(\boldsymbol{q}) = \frac{4\pi e^2}{\boldsymbol{q}^2}. \tag{83,5}$$

$w_1^{(0)}, w_2^{(0)}, \ldots$ sind hier die in § 23 eingeführten (zweikomponentigen (Spinor-amplituden der nichtrelativistischen, ebenen Wellen. Die Funktion $U(\boldsymbol{q})$ ist die Fourier-Transformierte der potentiellen Energie der Coulomb-Wechselwirkung: $U(r) = e^2/r$.

In der nächsten Näherung (in $1/c$) erfüllt die „Schrödingersche" Wellenfunktion φ_{Schr} für ein freies Teilchen die Gleichung (die Normierung erfolgt dabei mit dem Integral $\int |\varphi_{\text{Schr}}|^2 d^3x$)

$$\left.\begin{aligned} \mathrm{H}^{(0)} \varphi_{\text{Schr}} &= (\varepsilon - mc^2)\varphi_{\text{Schr}}, \\ \mathrm{H}^{(0)} &= \frac{\mathbf{p}^2}{2m} - \frac{\mathbf{p}^4}{8m^3c^2}, \quad \mathbf{p} = -i\nabla, \end{aligned}\right\} \tag{83,6}$$

in der das nächste Glied in der Entwicklung des relativistischen Ausdrucks für die kinetische Energie mitgenommen worden ist. Die (Spinor-)Amplitude dieser ebenen Welle bezeichnen wir mit w (für $1/c \to 0$ geht sie in $w^{(0)}$ über). Die gesuchte Streuamplitude muß gerade durch diese Amplituden ausgedrückt werden, damit man aus ihrer Gestalt das „Schrödingersche" Wechselwirkungspotential für die Teilchen in der betrachteten Näherung bestimmen kann.

Entsprechend Formel (33,11) wird die Bispinoramplitude u eines freien Teilchens folgendermaßen durch die „Schrödingersche" Amplitude w — mit der erforderlichen Genauigkeit — ausgedrückt:

$$u = \sqrt{2m}\begin{pmatrix} \left(1 - \frac{\boldsymbol{p}^2}{8m^2c^2}\right) w \\ \frac{\vec{\sigma}\boldsymbol{p}}{2mc} w \end{pmatrix}. \tag{83,7}$$

[1]) In diesem Paragraphen schreiben wir in allen Zwischenformeln die Faktoren c mit und in den Endformeln auch $\hbar$.

Mit Hilfe dieser Formel finden wir

$$\bar{u}_1' \gamma^0 u_1 = u_1'^* u_1 = 2 m_1 \left(1 - \frac{\boldsymbol{p}_1'^2 + \boldsymbol{p}_1^2}{8 m_1^2 c^2}\right) w_1'^* w_1 + \frac{1}{2 m_1 c^2} w_1'^* (\vec{\sigma} \boldsymbol{p}_1') (\vec{\sigma} \boldsymbol{p}_1) w_1$$

$$= 2 m_1 w_1'^* \left\{1 - \frac{\boldsymbol{q}^2}{8 m_1^2 c^2} + \frac{i \vec{\sigma} [\boldsymbol{q} \boldsymbol{p}_1]}{4 m_1^2 c^2}\right\} w_1 ,$$

$$\bar{u}_1' \vec{\gamma} u_1 = u_1'^* \vec{\alpha} u_1 = \frac{1}{c} w_1'^* \{\vec{\sigma}(\vec{\sigma} \boldsymbol{p}_1) + (\vec{\sigma} \boldsymbol{p}_1') \vec{\sigma}\} w_1$$

$$= \frac{1}{c} w_1'^* \{i [\vec{\sigma} \boldsymbol{q}] + 2 \boldsymbol{p}_1 + \boldsymbol{q}\} w_1$$

(mit $\boldsymbol{q} = \boldsymbol{p}_1' - \boldsymbol{p}_1 = \boldsymbol{p}_2 - \boldsymbol{p}_2'$). In den analogen Ausdrücken für $(\bar{u}_2' \gamma^0 u_2)$ und $(\bar{u}_2' \vec{\gamma} u_2)$ sind nur die Indizes 1 durch 2 ersetzt, und statt $\boldsymbol{q}$ steht $-\boldsymbol{q}$.

Wir setzen diese Ausdrücke in (83,3) ein. Da das Produkt $(\bar{u}_1' \vec{\gamma} u_1) (\bar{u}_2' \vec{\gamma} u_2)$ bereits einen Faktor $1/c^2$ enthält, kann man in D_{ik} den Summanden ω^2/c^2 im Nenner vernachlässigen. Als Ergebnis bekommen wir die Streuamplitude in der Form

$$M_{fi} = - 2 m_1 \cdot 2 m_2 \left(w_1'^* w_2'^* U(\boldsymbol{p}_1, \boldsymbol{p}_2, \boldsymbol{q}) w_1 w_2\right) \tag{83,8}$$

mit

$$U(\boldsymbol{p}_1, \boldsymbol{p}_2, \boldsymbol{q}) = 4 \pi e^2 \left\{\frac{1}{\boldsymbol{q}^2} - \frac{1}{8 m_1^2 c^2} - \frac{1}{8 m_2^2 c^2} + \frac{(\boldsymbol{q} \boldsymbol{p}_1)(\boldsymbol{q} \boldsymbol{p}_2)}{m_1 m_2 \boldsymbol{q}^4} - \frac{\boldsymbol{p}_1 \boldsymbol{p}_2}{m_1 m_2 \boldsymbol{q}^2}\right.$$

$$+ \frac{i \vec{\sigma}_1 [\boldsymbol{q} \boldsymbol{p}_1]}{4 m_1^2 c^2 \boldsymbol{q}^2} - \frac{i \vec{\sigma}_1 [\boldsymbol{q} \boldsymbol{p}_2]}{2 m_1 m_2 c^2 \boldsymbol{q}^2} - \frac{i \vec{\sigma}_2 [\boldsymbol{q} \boldsymbol{p}_2]}{4 m_2^2 c^2 \boldsymbol{q}^2} + \frac{i \vec{\sigma}_2 [\boldsymbol{q} \boldsymbol{p}_1]}{2 m_1 m_2 c^2 \boldsymbol{q}^2}$$

$$\left. + \frac{(\vec{\sigma}_1 \boldsymbol{q})(\vec{\sigma}_2 \boldsymbol{q})}{4 m_1 m_2 c^2 \boldsymbol{q}^2} - \frac{\vec{\sigma}_1 \vec{\sigma}_2}{4 m_1 m_2 c^2}\right\} \tag{83,9}$$

(die Indizes 1 und 2 an den PAULI-Matrizen geben an, auf welche Spinordindizes diese wirken: $\vec{\sigma}_1$ wirkt auf w_1, $\vec{\sigma}_2$ auf w_2).

Die Funktion $U(\boldsymbol{p}_1, \boldsymbol{p}_2, \boldsymbol{q})$ ist der Wechselwirkungsoperator für die Teilchen in der Impulsdarstellung. Er ist mit dem Operator $\mathrm{U}(\mathfrak{p}_1, \mathfrak{p}_2, \boldsymbol{r})$ in der Ortsdarstellung über die Formel

$$\int e^{-i(\boldsymbol{p}_1' \boldsymbol{r}_1 + \boldsymbol{p}_2' \boldsymbol{r}_2)} \mathrm{U}(\mathfrak{p}_1, \mathfrak{p}_2, \boldsymbol{r}) e^{i(\boldsymbol{p}_1 \boldsymbol{r}_1 + \boldsymbol{p}_2 \boldsymbol{r}_2)} d^3x_1 d^3x_2$$

$$= (2\pi)^3 \delta (\boldsymbol{p}_1 + \boldsymbol{p}_2 - \boldsymbol{p}_1' - \boldsymbol{p}_2') U(\boldsymbol{p}_1, \boldsymbol{p}_2, \boldsymbol{q}) \tag{83,10}$$

verknüpft. Falls der Operator U einfach eine Funktion $U(\boldsymbol{r})$ ist ($\boldsymbol{r} = \boldsymbol{r}_1 - \boldsymbol{r}_2$), dann hängt $U(\boldsymbol{p}_1, \boldsymbol{p}_2, \boldsymbol{q})$ nicht von $\boldsymbol{p}_1$ und $\boldsymbol{p}_2$ ab, und aus Formel (83,10) wird die übliche Definition der FOURIER-Transformierten:

$$\int e^{-i\boldsymbol{q}\boldsymbol{r}} U(\boldsymbol{r}) d^3x = U(\boldsymbol{q}) .$$

Hieraus ist zu ersehen, daß man zur Berechnung von $\mathrm{U}(\mathfrak{p}_1, \mathfrak{p}_2, \boldsymbol{r})$ das Integral

$$\int e^{i\boldsymbol{q}\boldsymbol{r}} U(\boldsymbol{p}_1, \boldsymbol{p}_2, \boldsymbol{q}) \frac{d^3q}{(2\pi)^3}$$

ausrechnen und anschließend $\boldsymbol{p}_1$ und $\boldsymbol{p}_2$ durch die Operatoren $\mathfrak{p}_1 = - i \nabla_1$ und $\mathfrak{p}_2 = - i \nabla_2$ ersetzen muß; diese Operatoren stehen rechts von allen anderen Faktoren.

Die benötigten Integrale ergeben sich durch Ableitung der Formel

$$\int e^{i\boldsymbol{q}\boldsymbol{r}} \frac{4\pi}{\boldsymbol{q}^2} \frac{d^3q}{(2\pi)^3} = \frac{1}{r}. \qquad (83{,}11)$$

Durch Bildung des Gradienten finden wir

$$\int e^{i\boldsymbol{q}\boldsymbol{r}} \frac{4\pi\boldsymbol{q}}{\boldsymbol{q}^2} \frac{d^3q}{(2\pi)^3} = -i\nabla\frac{1}{r} = \frac{i\boldsymbol{r}}{r^3}. \qquad (83{,}12)$$

Weiter ist ($\boldsymbol{a}$ und $\boldsymbol{b}$ sind konstante Vektoren)

$$\int \frac{4\pi(\boldsymbol{a}\boldsymbol{q})(\boldsymbol{b}\boldsymbol{q})}{\boldsymbol{q}^4} e^{i\boldsymbol{q}\boldsymbol{r}} \frac{d^3q}{(2\pi)^2} = \frac{i}{2}\left(\boldsymbol{a}\frac{\partial}{\partial\boldsymbol{r}}\right)\int e^{i\boldsymbol{q}\boldsymbol{r}}\left(\boldsymbol{b}\frac{\partial}{\partial\boldsymbol{q}}\right)\frac{1}{\boldsymbol{q}^2}\frac{d^3q}{(2\pi)^3}.$$

Das entstandene Integral wird nach einer partiellen Integration zu (83,12) und liefert

$$\int \frac{4\pi(\boldsymbol{a}\boldsymbol{q})(\boldsymbol{b}\boldsymbol{q})}{\boldsymbol{q}^4} e^{i\boldsymbol{q}\boldsymbol{r}} \frac{d^3q}{(2\pi)^3} = \frac{1}{2}(\boldsymbol{a}\nabla)\frac{\boldsymbol{b}\boldsymbol{r}}{r} = \frac{1}{2r}\left[\boldsymbol{a}\boldsymbol{b} - \frac{(\boldsymbol{a}\boldsymbol{r})(\boldsymbol{b}\boldsymbol{r})}{r^2}\right]. \qquad (83{,}13)$$

Schließlich ist

$$\int \frac{4\pi(\boldsymbol{a}\boldsymbol{q})(\boldsymbol{b}\boldsymbol{q})}{\boldsymbol{q}^2} e^{i\boldsymbol{q}\boldsymbol{r}} \frac{d^3q}{(2\pi)^3} = -(\boldsymbol{a}\nabla)(\boldsymbol{b}\nabla)\frac{1}{r}.$$

Bei der Ausführung der Ableitungen hat man zu beachten, daß dieser Ausdruck die δ-Funktion $\delta(\boldsymbol{r})$ enthält. Wir wollen diese als Faktor herausziehen und haben nach der Mittelung über die Richtungen von $\boldsymbol{r}$

$$-\overline{(\boldsymbol{a}\nabla)(\boldsymbol{b}\nabla)\frac{1}{r}} = -\frac{1}{3}(\boldsymbol{a}\boldsymbol{b})\nabla\frac{1}{r} = \frac{4\pi}{3}(\boldsymbol{a}\boldsymbol{b})\,\delta(\boldsymbol{r}).$$

Jetzt bilden wir die Ableitungen in der üblichen Weise und bekommen

$$\int \frac{4\pi(\boldsymbol{a}\boldsymbol{q})(\boldsymbol{b}\boldsymbol{q})}{\boldsymbol{q}^2} e^{i\boldsymbol{q}\boldsymbol{r}} \frac{d^3q}{(2\pi)^3} = \frac{1}{r^3}\left\{\boldsymbol{a}\boldsymbol{b} - 3\frac{(\boldsymbol{a}\boldsymbol{r})(\boldsymbol{b}\boldsymbol{r})}{r^2}\right\} + \frac{4\pi}{3}\boldsymbol{a}\boldsymbol{b}\,\delta(\boldsymbol{r}) \qquad (83{,}14)$$

(bei der Mittelung über die Richtungen von $\boldsymbol{r}$ verschwindet das erste Glied, und es bleibt, wie es sein muß, nur das Glied mit der δ-Funktion übrig).

Mit Hilfe dieser Formeln erhalten wir folgenden endgültigen Ausdruck für den Wechselwirkungsoperator der Teilchen:

$$\begin{aligned}
\mathrm{U}(\mathfrak{p}_1, \mathfrak{p}_2, \boldsymbol{r}) = {} & \frac{e^2}{r} - \frac{\pi e^2 \hbar}{2c^2}\left(\frac{1}{m_1^2} + \frac{1}{m_2^2}\right)\delta(\boldsymbol{r}) \\
& - \frac{e^2}{2m_1 m_2 c^2 r}\left[\mathfrak{p}_1\mathfrak{p}_2 + \frac{\boldsymbol{r}(\boldsymbol{r}\mathfrak{p}_1)\mathfrak{p}_2}{r^2}\right] - \frac{e^2\hbar}{4m_1^2c^2r^3}[\boldsymbol{r}\mathfrak{p}_1]\vec{\sigma}_1 + \frac{e^2\hbar}{4m_2^2c^2r^3}[\boldsymbol{r}\mathfrak{p}_2]\vec{\sigma}_2 \\
& - \frac{e^2\hbar}{2m_1m_2c^2r^3}\{[\boldsymbol{r}\mathfrak{p}_1]\vec{\sigma}_2 - [\boldsymbol{r}\mathfrak{p}_2]\vec{\sigma}_1\} + \frac{e^2\hbar^2}{4m_1m_2c^2} \\
& \times\left\{\frac{\vec{\sigma}_1\vec{\sigma}_2}{r^3} - 3\frac{(\vec{\sigma}_1\boldsymbol{r})(\vec{\sigma}_2\boldsymbol{r})}{r^5} - \frac{8\pi}{3}\vec{\sigma}_1\vec{\sigma}_2\,\delta(\boldsymbol{r})\right\}.
\end{aligned} \qquad (83{,}15)$$

Der vollständige Hamilton-Operator für ein System aus zwei Teilchen ist in dieser Näherung

$$\mathrm{H} = \mathrm{H}_1^{(0)} + \mathrm{H}_2^{(0)} + \mathrm{U}\,; \qquad (83{,}16)$$

$\mathrm{H}^{(0)}$ sind dabei die Hamilton-Operatoren für die freien Teilchen aus (83,6).

Zwei Elektronen

Für zwei identische Teilchen (zwei Elektronen) erscheint in der Streuamplitude ein zweiter Term, der durch das ,,Austausch"-Diagramm

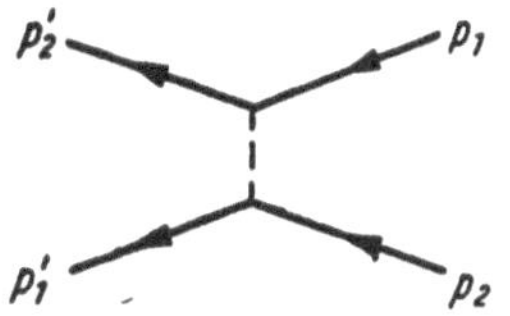

dargestellt wird. Wir brauchen aber den Beitrag von diesem Diagramm zum Wechselwirkungsoperator nicht zu berechnen; denn man kann ein System identischer Teilchen mit der SCHRÖDINGER-Gleichung und mit demselben Wechselwirkungsoperator wie für nicht identische Teilchen beschreiben, wenn man vereinbart, die Lösungen der Gleichung in der erforderlichen Weise zu symmetrisieren. Speziell bei der Behandlung der Streuung von Teilchen schließt diese Symmetrisierung automatisch die Beiträge zur Amplitude von beiden FEYNMAN-Diagrammen ein.

Der HAMILTON-Operator für zwei Elektronen ergibt sich also aus den Formeln (83,15) und (83,16), indem man darin einfach $m_1 = m_2$ setzt:[1])

$$\mathrm{H} = \frac{1}{2m}(\mathbf{p}_1^2 + \mathbf{p}_2^2) - \frac{1}{8m^3c^2}(\mathbf{p}_1^4 + \mathbf{p}_2^4) + \mathrm{U}(\mathbf{p}_1, \mathbf{p}_2, \boldsymbol{r}),$$

$$\mathrm{U}(\mathbf{p}_1, \mathbf{p}_2, \boldsymbol{r}) = \frac{e^2}{r} - \pi\left(\frac{e\hbar}{mc}\right)^2\delta(\boldsymbol{r}) - \frac{e^2}{2m^2c^2r}\left(\mathbf{p}_1\mathbf{p}_2 + \frac{\boldsymbol{r}(\boldsymbol{r}\mathbf{p}_1)\mathbf{p}_2}{r^2}\right)$$

$$+ \frac{e^2\hbar}{4m^2c^2r^3}\{-(\vec{\sigma}_1 + 2\vec{\sigma}_2)[\boldsymbol{r}\,\mathbf{p}_1] + (\vec{\sigma}_2 + 2\vec{\sigma}_1)[\boldsymbol{r}\,\mathbf{p}_2]\}$$

$$+ \frac{1}{4}\left(\frac{e\hbar}{mc}\right)^2\left\{\frac{\vec{\sigma}_1\vec{\sigma}_2}{r^3} - \frac{3(\vec{\sigma}_1\boldsymbol{r})(\vec{\sigma}_2\boldsymbol{r})}{r^5} - \frac{8\pi}{3}\vec{\sigma}_1\vec{\sigma}_2\delta(\boldsymbol{r})\right\}. \qquad (83,17)$$

Das Auftreten von Gliedern mit $\delta(\boldsymbol{r})$ bedeutet natürlich nicht, daß es sich um eine besonders starke Wechselwirkung handelt. Die integrale Größenordnung aller Korrekturterme ist gleich, und im Sinne der angestellten Entwicklung müssen sie alle als klein gegenüber dem ersten Glied — der COULOMB-Wechselwirkung — angesehen werden.

Die verschiedenen Gruppen von Gliedern im Wechselwirkungsoperator (83,15) sind verschiedener Natur. Die Glieder der ersten Zeile sind reine Bahngrößen. In der zweiten Zeile stehen Glieder linear in den Spinoperatoren der Teilchen,

[1]) Die Wellengleichung mit dem HAMILTON-Operator (83,17) ist erstmalig von G. BREIT (1929) aufgestellt worden, die konsequente quantenmechanische Ableitung stammt von L. D. LANDAU (1932).

sie entsprechen der Spin–Bahn-Wechselwirkung. Schließlich beschreiben die in den Spinoperatoren quadratischen Glieder der dritten Zeile die Spin–Spin-Wechselwirkung[1]).

Elektron und Positron

Das System aus einem Elektron und einem Positron erfordert eine besondere Behandlung. Die Streuamplitude setzt sich in diesem Fall aus zwei Gliedern zusammen:

$$M_{fi} = -e^2 [\bar{u}(p'_-)\gamma^\mu u(p_-)] D_{\mu\nu}(p_- - p'_-) [\bar{u}(-p_+)\gamma^\nu u(-p'_+)]$$
$$+ e^2 [\bar{u}(-p_+)\gamma^\mu u(p_-)] D_{\mu\nu}(p_- + p_+) [\bar{u}(p'_-)\gamma^\nu u(-p'_+)] \qquad (83,18)$$

(das erste Glied entspricht einem Streudiagramm, das zweite einem Vernichtungsdiagramm). Da die Wellenfunktion des Systems „Elektron + Positron“ nicht antisymmetrisch zu sein braucht, ergeben diese beiden Glieder unabhängige Beiträge zum Wechselwirkungsoperator.

Das erste Glied (dessen Struktur mit der Struktur der Amplitude (83,1) übereinstimmt) führt natürlich zu einem Operator, der sich von (83,17) nur im Vorzeichen unterscheidet. Wir wollen uns jetzt mit der Umformung des zweiten Gliedes beschäftigen.

Hier benutzen wir den Photonenpropagator in der üblichen Eichung

$$D_{\mu\nu} = \frac{4\pi}{k^2} g_{\mu\nu} = \frac{4\pi}{\frac{\omega^2}{c^2} - \boldsymbol{k}^2} g_{\mu\nu} .$$

Im vorliegenden Fall ist $k = p_+ + p_-$, und da die Teilchen „beinahe nichtrelativistisch“ sind, haben wir

$$\frac{\omega^2}{c^2} \equiv \frac{(\varepsilon_+ + \varepsilon_-)^2}{c^2} \approx 4\, m^2 c^2 \gg (\boldsymbol{p}_+ + \boldsymbol{p}_-)^2 \equiv \boldsymbol{k}^2 . \qquad (83,19)$$

Wir können daher folgenden Ausdruck für den Photonenpropagator verwenden:

$$D_{\mu\nu} \approx \frac{\pi}{m^2 c^2} g_{\mu\nu} .$$

Hier ist bereits ein Faktor $1/c^2$ enthalten. Deshalb darf man die Amplituden $u(p)$ in nullter Näherung benutzen:

$$u(p_-) = \sqrt{2m} \begin{pmatrix} w_-^{(0)} \\ 0 \end{pmatrix}, \quad u(-p_+) = \sqrt{2m} \begin{pmatrix} 0 \\ w^{(0)} \end{pmatrix}.$$

[1]) Diese Wechselwirkung ist in III, § 72 im Zusammenhang mit der Feinstruktur der Atomniveaus erwähnt worden, die Spin–Spin-Wechselwirkung der Elektronen mit dem Kern ist in III, § 120 im Zusammenhang mit der Hyperfeinstruktur der Niveaus behandelt worden. Insbesondere entspricht die Formel III, (120,9) dem Glied mit der δ-Funktion im Operator für die Spin–Spin-Wechselwirkung.

$w_-^{(0)}$ und $w^{(0)}$ sind darin die in (23,12) vorkommenden dreidimensionalen Spinoren (im folgenden werden wir die Indizes (0) weglassen). Mit diesen Amplituden haben wir

$$\bar{u}\,(-\,p_+)\,\gamma^0\,u(p_-) = u^*\,(-\,p_+)\,u(p_-) = 0\,,$$
$$\bar{u}\,(-\,p_+)\,\vec{\gamma}\,u(p_-) = u^*\,(-\,p_+)\,\vec{\alpha}\,u(p_-) = 2\,m\,(w^*\,\vec{\sigma}\,w_-)\,.$$

Nachdem wir diese Ausdrücke für das „Vernichtungs"-Glied eingesetzt haben, erhält die Streuamplitude die Gestalt

$$M_{fi}^{(V)} = -\,e^2\,\frac{\pi}{m^2\,c^2}\,(2\,m)^2\,(w^*\,\vec{\sigma}\,w_-)\,(w_-'^*\,\vec{\sigma}\,w')\,. \tag{83,20}$$

Hieraus darf man aber nicht direkt Schlüsse über die Gestalt des Wechselwirkungsoperators ziehen. Erstens sind die Spinoren w, durch die die Amplituden $u\,(-\,p_+)$ ausgedrückt werden, eigentlich noch keine Positronenfunktionen. Die Positronenamplituden ergeben sich aus $u\,(-\,p_+)$ durch eine Ladungskonjugation; nach (26,6) hängen die zugehörigen Spinoren (die wir mit w_+ bezeichnen wollen) mit w über die Beziehung $w_+ = \sigma_y\,w^*$ zusammen, und wir haben

$$w^* = \sigma_y\,w_+ = -\,w_+\,\sigma_y\,, \qquad w = -\,\sigma_y\,w_+^*\,. \tag{83,21}$$

Zweitens muß die Streuamplitude in eine Form gebracht werden, in der Elektronen- (w_- und w'_-) und Positronenspinoren (w_+ und w'_+) beieinander stehen. Das wird mit Hilfe der Formel

$$(w^*\,\vec{\sigma}\,w'_-)\,(w_-'^*\,\vec{\sigma}\,w') = \frac{3}{2}\,(w_-'^*\,w_-)\,(w^*\,w') - \frac{1}{2}\,(w_-'^*\,\vec{\sigma}\,w_-)\,(w^*\,\vec{\sigma}\,w') \tag{83,22}$$

erreicht, die aus (28,17) folgt.

Schließlich drücken wir w und w' durch w_+ und w'_+ nach (83,21) aus und finden, wie man leicht nachprüfen kann,

$$\left.\begin{aligned}(w^*\,w') &= (w_+'^*\,w_+)\,,\\ (w^*\,\vec{\sigma}\,w') &= -\,(w_+'^*\,\vec{\sigma}\,w_+)\,.\end{aligned}\right\} \tag{83,23}$$

Mit (83,23) gehen wir in (83,22) und anschließend in (83,20) ein und erhalten als endgültigen Ausdruck für den Vernichtungsteil der Streuamplitude

$$M_{fi}^{(V)} = -\,4\,m^2\left(w_-'^*\,w_+'^*\left[\frac{\pi\,e^2}{2\,m^2\,c^2}\,(3 + \vec{\sigma}_+\,\vec{\sigma}_-)\right]w_-\,w_+\right)$$

(die Matrizen $\vec{\sigma}_-$ und $\vec{\sigma}_+$ wirken auf w_- bzw. auf w_+). Der Ausdruck in der eckigen Klammer ist der Wechselwirkungsoperator in der Impulsdarstellung. Der entsprechende Operator in der Ortsdarstellung ist

$$\mathrm{U}^{(V)}(\boldsymbol{r}) = \frac{\pi\,\hbar^2\,e^2}{2\,m^2\,c^2}\,(3 + \vec{\sigma}_+\,\vec{\sigma}_-)\,\delta(\boldsymbol{r})\,, \qquad \boldsymbol{r} = \boldsymbol{r}_- - \boldsymbol{r}_+ \tag{83,24}$$

(J. PIRENNE, 1947; W. B. BERESTEZKI und L. D. LANDAU, 1949). Der vollständige Operator für die Wechselwirkung zwischen Elektron und Positron ist

$$-\,\mathrm{U} + \mathrm{U}^{(V)}$$

mit U aus (83,17).

§ 84. Positronium

Die im vorangegangenen Paragraphen abgeleiteten Formeln können auf das Positronium angewendet werden — auf das wasserstoffähnliche System aus einem Elektron und einem Positron.

Im Massenmittelpunktsystem sind die Impulsoperatoren von Elektron und Positron im Positronium $\mathfrak{p}_- = -\mathfrak{p}_+ \equiv \mathfrak{p}$; $\mathfrak{p} = -i\hbar\nabla$ ist der Impulsoperator der Relativbewegung und wirkt auf die Relativkoordinate $\boldsymbol{r} = \boldsymbol{r}_- - \boldsymbol{r}_+$. Der vollständige HAMILTON-Operator für das Positronium ist[1])

$$\left.\begin{aligned} \mathrm{H} &= \frac{\mathfrak{p}^2}{m} - \frac{e^2}{r} + \mathrm{V}_1 + \mathrm{V}_2 + \mathrm{V}_3\,, \\ \mathrm{V}_1 &= -\frac{\mathfrak{p}^4}{4\,m^3\,c^2} + 4\pi\,\mu_0^2\,\delta(\boldsymbol{r}) - \frac{e^2}{2\,m^2\,c^2\,r}\left\{\mathfrak{p}^2 + \frac{\boldsymbol{r}(\boldsymbol{r}\,\mathfrak{p})\,\mathfrak{p}}{r^2}\right\}, \\ \mathrm{V}_2 &= 6\,\mu_0^2\,\frac{1}{r^3}\,\mathfrak{l}\,\mathfrak{S}\,, \\ \mathrm{V}_3 &= 6\,\mu_0^2\,\frac{1}{r^3}\left\{\frac{(\mathfrak{S}\,\boldsymbol{r})\,(\mathfrak{S}\,\boldsymbol{r})}{r^2} - \frac{1}{3}\,\mathfrak{S}^2\right\} + 4\pi\,\mu_0^2\left(\frac{7}{3}\,\mathfrak{S}^2 - 2\right)\delta(\boldsymbol{r})\,. \end{aligned}\right\} \qquad (84,1)$$

Hier sind $\mu_0 = e\hbar/2\,m\,c$ das BOHRsche Magneton, $\hbar\,\mathfrak{l} = [\boldsymbol{r}\,\mathfrak{p}]$ der Operator für den Bahndrehimpuls, $\mathfrak{S} = (\vec{\sigma}_+ + \vec{\sigma}_-)/2$ der Operator für den resultierenden Spin des Systems $\left(\text{das Quadrat davon ist } \mathfrak{S}^2 = \frac{1}{2}\,(3 + \vec{\sigma}_1\,\vec{\sigma}_2)\right)$. In V_1 sind alle Korrekturterme mit reinen Bahngrößen einbezogen, V_2 ist die Spin–Bahn-Wechselwirkung, und V_3 enthält die Spin–Spin- und die „Vernichtungs"-Wechselwirkung.

Der „ungestörte" HAMILTON-Operator ist

$$\mathrm{H} = \frac{\mathfrak{p}^2}{m} - \frac{e^2}{r}\,.$$

Gegenüber dem HAMILTON-Operator für das Wasserstoffatom ist hier natürlich nur die Elektronenmasse durch die reduzierte Masse $m/2$ ersetzt. Die Energieniveaus des Positroniums sind daher (betragsmäßig) um einen Faktor 2 kleiner als die Wasserstoffniveaus:

$$E = -\frac{m\,e^4}{4\,\hbar^2\,n^2} \qquad (84,2)$$

(n ist die Hauptquantenzahl).

Die anderen Glieder in (84,1) verursachen eine Aufspaltung der Niveaus (84,2) — das Auftreten einer Feinstruktur. Die entstehenden Niveaus werden vor allem nach den Werten des Gesamtdrehimpulses j klassifiziert. Wir sehen auch, daß die Spinoperatoren für die einzelnen Teilchen im HAMILTON-Operator (84,1) nur als Summe $\mathfrak{S}$ enthalten sind. Der HAMILTON-Operator kommutiert daher mit dem Quadrat des resultierenden Spins $\mathfrak{S}^2$, d. h., der Betrag des resul-

---

[1]) In üblichen Einheiten.

tierenden Spins bleibt auch in der betrachteten Näherung (der zweiten in $1/c$) erhalten. Deshalb kann man die Energieniveaus des Positroniums auch nach dem Gesamtspin klassifizieren, der die Werte $S = 0$ und $S = 1$ haben kann. Die Niveaus mit dem Spin 0 werden als Niveaus des *Parapositroniums* und die Niveaus mit dem Spin 1 als Niveaus des *Orthopositroniums* bezeichnet.

Die Erhaltung des Gesamtspins im Positronium ist in Wirklichkeit ein exaktes Gesetz und hängt nicht mit einer bestimmten Näherung in $1/c$ zusammen; sie folgt direkt aus der CP-Invarianz der elektromagnetischen Wechselwirkungen. Das Positronium ist ein streng neutrales System, seine Zustände werden daher durch bestimmte Werte für Ladungsparität und kombinierte Parität gekennzeichnet. Die kombinierte Parität ist $(-1)^{S+1}$ (s. Aufgabe zu § 27). Da S nur die beiden Werte 0 und 1 annehmen kann, ist die Erhaltung der kombinierten Parität der Erhaltung des Gesamtspins äquivalent.

Für $S = 0$ ist der Gesamtdrehimpuls gleich dem Bahndrehimpuls. Für den Spin $S = 1$ und für gegebenes j nimmt die Zahl l die Werte $j, j \pm 1$ an; dementsprechend spaltet jedes Niveau (n, j) des Orthopositroniums im allgemeinen in drei Niveaus auf. Die Werte $l = j$ und $l = j \pm 1$ gehören zu verschiedenen Paritäten; deswegen hat der HAMILTON-Operator keine von Null verschiedenen Matrixelemente zwischen diesen Zuständen. Dagegen hat der Störoperator (das erste Glied in V_3) im allgemeinen nichtdiagonale Elemente zwischen den Zuständen mit $l = j + 1$ und $l = j - 1$; die Zahl l verliert dabei selbstverständlich ihre strenge Bedeutung als Bahndrehimpuls.

Der ZEEMAN-Effekt im Positronium hat ganz besondere Eigenschaften (W. B. BERESTEZKI, I. JA. POMERANTSCHUK, 1949).

Das magnetische Bahnmoment des Positroniums ist immer Null; denn für das Positronium gilt $[\boldsymbol{r}_+ \boldsymbol{p}_+] = [\boldsymbol{r}_- \boldsymbol{p}_-]$, und der Operator

$$\vec{\mu}_l = \mu_0 ([\boldsymbol{r}_+ \mathbf{p}_+] - [\boldsymbol{r}_- \mathbf{p}_-]) = 0$$

verschwindet. Der Operator für das magnetische Spinmoment ist

$$\vec{\mu}_s = \mu_0 (\vec{\sigma}_+ - \vec{\sigma}_-) \tag{84,3}$$

und ist nicht dem Operator für den Gesamtspin $\mathbf{S} = \frac{1}{2} (\vec{\sigma}_+ + \vec{\sigma}_-)$ proportional; die Operatoren $\mathbf{S}^2$ und $\vec{\mu}^2$ sind nicht miteinander vertauschbar. Zustände mit bestimmten Werten für den Gesamtspin S und dessen Projektion S_z sind demnach im allgemeinen keine Eigenzustände des magnetischen Momentes.

Zustände zu gegebenen S und S_z werden durch die Spinfunktionen χ_{SS_z} beschrieben:

$$\left.\begin{aligned} \chi_{11} &= \alpha_+ \alpha_- , \qquad \chi_{1-1} = \beta_+ \beta_- , \\ \chi_{10} &= \frac{1}{\sqrt{2}} (\alpha_+ \beta_- + \alpha_- \beta_+) , \\ \chi_{00} &= \frac{1}{\sqrt{2}} (\alpha_+ \beta_- - \alpha_- \beta_+) ; \end{aligned}\right\} \tag{84,4}$$

α und β sind darin die Spinfunktionen eines Teilchens zu den Spinprojektionen $+1/2$ und $-1/2$ (die Indizes + und − geben an, daß die betreffende Funktion zum Positron bzw. zum Elektron gehört). Die ersten beiden Funktionen (χ_{11} und χ_{1-1}) sind gleichzeitig auch Eigenfunktionen des Operators $\boldsymbol{\mu}_z$ zum Eigenwert $\mu_z = 0$. Die Funktionen χ_{10} und χ_{00} sind keine Eigenfunktionen von $\boldsymbol{\mu}_z$. Eigenfunktionen von $\boldsymbol{\mu}_z$ sind die Kombinationen

$$\frac{1}{\sqrt{2}}(\chi_{10} + \chi_{00}) = \alpha_+ \beta_- , \qquad \frac{1}{\sqrt{2}}(\chi_{10} - \chi_{00}) = \alpha_- \beta_+ . \tag{84,5}$$

Die einzigen mit den Funktionen (84,4) berechneten und von Null verschiedenen Matrixelemente $\langle S' S_z' |\boldsymbol{\mu}_z| S S_z\rangle$ sind, wie man leicht sehen kann, die Elemente

$$\langle 00 |\boldsymbol{\mu}_z| 10\rangle = \langle 10 |\boldsymbol{\mu}_z| 00\rangle = 2\mu_0 . \tag{84,6}$$

Für schwache Magnetfelder ($\mu_0 H \ll \Delta$, Δ ist die Differenz zwischen den Energieniveaus zu $S = 0$ und $S = 1$) sind die Zustände mit bestimmten Werten für den Gesamtspin die Näherung, von der man bei der Berechnung der ZEEMAN-Aufspaltung ausgeht. In erster Näherung wird diese Aufspaltung durch den Mittelwert des Operators für die Störenergie gegeben:

$$V_H = -\boldsymbol{\mu}_z H .$$

Alle mit den Funktionen (84,4) berechneten Diagonalelemente des Operators $\boldsymbol{\mu}_z$ (und damit auch von V_H) sind aber Null. In schwachen Feldern gibt es also keinen linearen ZEEMAN-Effekt des Positroniums.

Im entgegengesetzten Grenzfall starker Felder ($\mu_0 H \gg \Delta$) kann man die Wechselwirkung zwischen den Spins vernachlässigen, die zur Einstellung bestimmter Werte von S führt. Die Komponenten des aufgespaltetenen Niveaus werden in diesem Fall Zuständen mit bestimmten Werten $\mu_z = \pm 2\mu_0$ entsprechen (beschrieben durch die Funktionen (84,5)), und die Verschiebung beträgt $\pm 2\mu_0 H$.

Aufgaben

1. Man berechne die Feinstrukturniveaus des Parapositroniums (B. W. BERESTEZKI, 1949)![1])

Lösung. Die gesuchte Energie der Niveauaufspaltung wird durch die Mittelwerte der Korrekturterme im HAMILTON-Operator (84,1) gegeben, die mit den Wellenfunktionen der ungestörten Zustände zu verschiedenen Werten von $j = l$ (gleich $0, 1, \ldots, n-1$) zu berechnen sind. Für $S = 0$ ergeben sich nur von V_1 und vom zweiten Glied in V_3 von Null verschiedene Beiträge.

Die ungestörten Wellenfunktionen (mit ψ bezeichnet) erfüllen die SCHRÖDINGER-Gleichung[2])

$$\mathbf{p}^2 \psi = -\Delta\psi = \left(E + \frac{1}{r}\right)\psi , \quad E = -\frac{1}{4n^2} .$$

---

[1]) Wegen der Berechnung der Feinstruktur von Orthopositronium s. W. B. BERESTEZKI, ЖЭТФ **19** (1949) 1130; R. FERRELL, Phys. Rev. **84** (1951) 858; A. A. SOKOLOW und W. N. ZYTOWITSCH, ЖЭТФ **24** (1953) 253.

[2]) Bei der Rechnung ist es zweckmäßig, atomare Einheiten zu verwenden.

Daher ist

$$\mathbf{p}^4 \psi = \mathbf{p}^2 \left(E + \frac{1}{r}\right) \psi = \left(E + \frac{1}{r}\right)^2 \psi - \psi \Delta \frac{1}{r} - 2 \left(\nabla \frac{1}{r}\right) (\nabla \psi)$$

$$= \left(E + \frac{1}{r}\right)^2 \psi + 4\pi\, \delta(\boldsymbol{r})\, \psi + \frac{2}{r^2} \frac{\partial \psi}{\partial r},$$

und der Mittelwert wird

$$\overline{\mathbf{p}^4} = \overline{\left(E + \frac{1}{r}\right)^2} + 4\,\pi\, |\psi(0)|^2 + \int \int_0^\infty \frac{\partial |\psi|^2}{\partial r}\, dr\, do\,.$$

Das letzte Integral ist $-\int |\psi(0)|^2\, do$. Da $\psi(0)$ nur für $l = 0$ von Null verschieden ist und die Wellenfunktion der S-Zustände kugelsymmetrisch sind, ist das Integral gleich $-4\,\pi\, |\psi(0)|^2$, und es hebt sich gegen den zweiten Summanden auf.

Mit dem Operator für den Bahndrehimpuls $\mathbf{l} = [\boldsymbol{r}\, \mathbf{p}]$ schreiben wir

$$-\mathbf{p}^2 \psi = \frac{\partial^2 \psi}{\partial r^2} + \frac{2}{r} \frac{\partial \psi}{\partial r} - \frac{\mathbf{l}^2 \psi}{r^2} = -\left(E + \frac{1}{r}\right) \psi\,.$$

Hieraus finden wir für den anderen, benötigten Mittelwert

$$\int \psi^* \frac{\boldsymbol{r}}{r^3} (\boldsymbol{r}\, \mathbf{p})\, \mathbf{p}\, \psi\, d^3x = -\int \psi^* \frac{1}{r} \frac{\partial^2 \psi}{\partial r^2}\, d^3x = \overline{\frac{1}{r}\left(E + \frac{1}{r}\right)} - 4\,\pi\, |\psi(0)|^2 - l\,(l+1)\overline{r^{-3}}$$

(für $l = 0$ fehlt der letzte Summand).

Nach den aus der Theorie des Wasserstoffatoms bekannten Formeln (s. III, (36,14), (36,16)) haben wir, nachdem wir die Elektronenmasse m durch $m/2$ ersetzt haben,

$$|\psi(0)|^2 = \frac{1}{8\,\pi\, n^3}\, \delta_{l0}\,, \qquad \overline{r^{-1}} = \frac{1}{2\, n^2}\,, \qquad \overline{r^{-2}} = \frac{1}{2\, n^3\, (2\,l + 1)}\,,$$

$$\overline{r^{-3}} = \frac{1}{4\, n^3\, l\, (l+1)\, (2\, l + 1)} \qquad (l \neq 0)\,.$$

Mit Hilfe der aufgeschriebenen Formeln erhalten wir für die gesuchten Energieniveaus des Parapositroniums

$$E_{nl} = -\frac{1}{4\, n^2} - \alpha^2 \frac{m\, e^4}{\hbar^2} \frac{1}{2\, n^3} \left(\frac{1}{2\,l + 1} - \frac{11}{32\, n}\right).$$

2. Man berechne die Energiedifferenz zwischen den Grundzuständen ($n = 1$, $l = 0$) von Ortho- und Parapositronium!

Lösung. Die Abhängigkeit der Energie vom Gesamtspin S ist für $l = 0$ allein im Mittelwert des zweiten Gliedes in V_3 enthalten (das erste Glied verschwindet bei der Mittelung über die Winkel[1]) für einen kugelsymmetrischen S-Zustand). Der Grundzustand des Orthopositronium ($^3S_1$) liegt höher als der Grundzustand des Parapositroniums ($^1S_0$) der Abstand zwischen beiden ist

$$E(^3S_1) - E(^1S_0) = \frac{7}{12}\, \alpha^2 \frac{m\, e^4}{\hbar^2} = 8{,}2 \cdot 10^{-4}\, \mathrm{eV}\,.$$

[1]) Die Mittelung über die Winkel muß vor der Integration über r ausgeführt werden, wie aus der Art der Berechnung des Integrals (83,14) für das erste Glied in V_3 ersichtlich ist.

§ 85. Die Wechselwirkung von Atomen über große Entfernungen

Zwischen zwei neutralen Atomen wirken über (gegenüber den Abmessungen der Atome selbst) große Entfernungen r Anziehungskräfte. Die übliche, quantenmechanische Berechnung dieser Kräfte (s. III, § 89) ist aber für sehr große Abstände unbrauchbar, weil bei dieser Rechnung nur die elektrostatische Wechselwirkung betrachtet wird, d. h., weil keine Retardierungseffekte beachtet werden. Diese Betrachtungsweise ist nur solange richtig, solange der Abstand r gegenüber den charakteristischen Wellenlängen λ_0 in den Spektren der Atome mit Wechselwirkung klein bleibt. In diesem Paragraphen werden wir uns von dieser Einschränkung frei machen.

Wir gehen dabei etwa so vor wie in § 83, d. h., wir werden die Amplitude der elastischen Streuung (ohne Änderung des inneren Zustandes) zweier verschiedener Atome in der ersten nicht verschwindenden Näherung berechnen. Den erhaltenen Ausdruck vergleichen wir mit der Amplitude, die sich bei der Beschreibung der Wechselwirkung zwischen den Atomen mit einer potentiellen Energie $U(r)$ ergeben würde.

Im letzteren Fall wäre das erste nicht verschwindende S-Matrixelement für den betrachteten Prozeß ein Element erster Ordnung:

$$S_{fi} = -i \int \psi_1'^*(\boldsymbol{r}_1)\, \psi_2'^*(\boldsymbol{r}_2)\, U(r)\, \psi_1(\boldsymbol{r}_1)\, \psi_2(\boldsymbol{r}_2)\, d^3x_1\, d^3x_2$$
$$\times \int \exp\{-i(\varepsilon_1 + \varepsilon_2 - \varepsilon_1' - \varepsilon_2')\, t\}\, dt\,. \tag{85,1}$$

Hier sind ψ_1, ψ_2 und ψ_1', ψ_2' die zeitunabhängigen Anteile der Wellenfunktionen (ebenen Wellen) zur Beschreibung der Translation der beiden Atome mit den entsprechenden Impulsen im Anfangs- bzw. Endzustand; ε_1, ε_2 und ε_1', ε_2' sind die kinetischen Energien dieser Bewegung. Die Ortsvektoren $\boldsymbol{r}_1$ und $\boldsymbol{r}_2$ der ganzen Atome kann man als Ortsvektoren der Kerne verstehen, der Abstand ist $r = |\boldsymbol{r}_1 - \boldsymbol{r}_2|$. Das Integral über die Zeit in (85,1) ergibt wie üblich die δ-Funktion für den Energieerhaltungssatz. Um später besser vergleichen zu können, wird es jedoch zweckmäßig sein, formal den Grenzfall unendlich großer Atommassen zu betrachten; bei gegebenen Impulsen entsprechen diesem Grenzfall verschwindende Energien ε. Anders kann man sagen, daß gegenüber den Perioden $1/\varepsilon$ kleine Zeiten betrachtet werden. (85,1) erhält dann die Gestalt

$$S_{fi} = -i\, t \iint \psi_1'^*\, \psi_2'^*\, U(r)\, \psi_1\, \psi_2\, d^3x_1\, d^3x_2\,; \tag{85,2}$$

t ist das Integrationsintervall bei der Zeitintegration.

Die tatsächliche Berechnung der Amplitude für die elastische Streuung kann unter den angenommenen Voraussetzungen in zwei Etappen aufgeteilt werden. Zuerst mitteln wir den S-Operator mit den Wellenfunktionen der unveränderten (Grund-) Zustände der beiden Atome (zu gegebenen Kernorten $\boldsymbol{r}_1$ und $\boldsymbol{r}_2$), und wir mitteln über das Photonenvakuum — vor und nach dem Prozeß sind keine Photonen vorhanden. Als Ergebnis erhalten wir eine Funktion vom Abstand zwischen den Kernen, wir bezeichnen sie mit $\langle S(r)\rangle$[1]. Zur Berechnung des

[1]) Statt einer aufgeblähteren Bezeichnung des Diagonalelementes — unter Angabe der Zustände von Atom und Photonenfeld.

gesuchten Übergangsmatrixelementes haben wir noch das Integral

$$S_{fi} = \iint \psi_1'^* \, \psi_2'^* \, \langle S(r) \rangle \, \psi_1 \, \psi_2 \, d^3x_1 \, d^3x_2 \tag{85,3}$$

auszurechnen. Aus dem Vergleich mit (85,2) ersehen wir: Wenn wir den Ausdruck für $\langle S(r) \rangle$ in der Form

$$\langle S(r) \rangle = - i \, t \, U(r)$$

erhalten, dann wird die Funktion $U(r)$ die gesuchte Wechselwirkungsenergie der Atome sein.

Wir haben es in unserem Fall mit dem Stoß nicht elementarer Teilchen, sondern komplizierter Systeme (von Atomen, die in Zwischenzuständen angeregt sein können) zu tun. Die üblichen formalen Regeln der Diagrammtechnik sind hier nicht unmittelbar zu verwenden. Wir müssen mit dem ursprünglichen Ausdruck für den S-Operator in Form der Entwicklung (73,10) beginnen.

Für die Wechselwirkung zwischen den Atomen sind nur die Feldkomponenten mit Frequenzen von der Größenordnung der Atomfrequenzen (und kleiner) ausschlaggebend. Die entsprechenden Wellenlängen sind groß gegenüber den Atomausdehnungen. Der Operator für die elektromagnetische Wechselwirkung kann daher in der Form

$$\mathrm{V} = - \mathbf{E}(\boldsymbol{r}_1) \, \mathbf{d}_1 - \mathbf{E}(\boldsymbol{r}_2) \, \mathbf{d}_2 \tag{85,4}$$

genommen werden; $\mathbf{d}_1$ und $\mathbf{d}_2$ sind die Operatoren für die Dipolmomente der Atome (wir denken an zeitabhängige — HEISENBERG- — Operatoren); $\mathbf{E}(\boldsymbol{r})$ ist der Operator für das elektrische Feld an den Orten der betreffenden Atome.

Bekanntlich sind die Mittelwerte des Dipolmomentes eines Atoms für stationäre Zustände gleich Null (s. III, § 75). Hieraus folgt, daß eine von Null verschiedene Streuamplitude erst in vierter Ordnung der Störungstheorie auftritt, d. h. als Matrixelement des Operators

$$\mathrm{S}^{(4)} = \frac{(-i)^4}{4!} \int dt_1 \ldots \int dt_4 \cdot \mathrm{T} \, \{\mathrm{V}(t_1) \, \mathrm{V}(t_2) \, \mathrm{V}(t_3) \, \mathrm{V}(t_4)\} \, . \tag{85,5}$$

Tatsächlich wird jedes Glied in den Produkten der Operatoren V in niedrigeren Ordnungen wenigstens einen Operator $\mathbf{d}_1$ oder $\mathbf{d}_2$ in erster Potenz enthalten, und bei der Mittelung über den Zustand des betreffenden Atoms ergibt sich Null.

Wir wollen den Operator (85,5) über das Photonenvakuum mitteln. Nach dem WICKschen Theorem wird aus dem Vakuumerwartungswert des Produktes aus vier Feldoperatoren $\mathbf{E}$ eine Summe von Produkten aus Erwartungswerten von zwei Operatoren (Kontraktionen). Die Zerlegung in Paare kann auf drei Arten vorgenommen werden, die man durch folgende Diagramme darstellen kann:

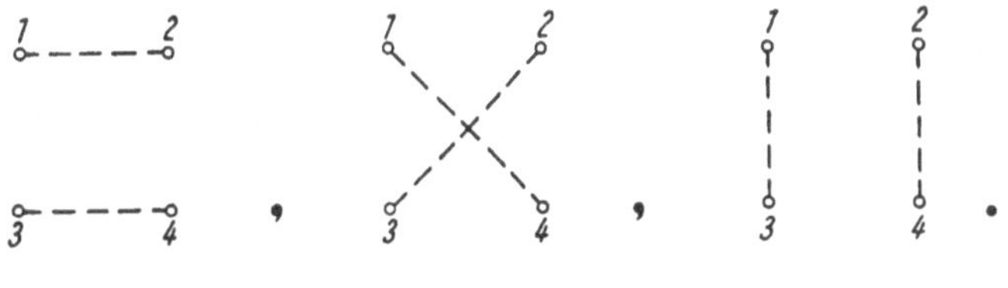

(85,6)

Die gestrichelten Linien stellen die Kontraktionen dar, und die Ziffern geben die Argumente t_1, t_2, t_3 und t_4 an. Außerdem können jedem Punkt die Ortsvektoren $\boldsymbol{r}_1$ und $\boldsymbol{r}_2$ zugeordnet werden (zwei Punkten ist $\boldsymbol{r}_1$ und zwei Punkten $\boldsymbol{r}_2$ zuzuordnen; anderenfalls geht ein Operator $\mathbf{d}_1$ oder $\mathbf{d}_2$ in erster Potenz ein, und der betreffende Summand verschwindet bei der Mittelung über den Atomzustand). Offensichtlich müssen in durch Linien verbundenen Punkten verschiedene Ortsvektoren $\boldsymbol{r}_1$ und $\boldsymbol{r}_2$ stehen. Anderenfalls wäre das Diagramm (d. h. der entsprechende Summand im Matrixelement) ein Produkt unabhängiger Funktionen von $\boldsymbol{r}_1$ und $\boldsymbol{r}_2$, statt eine Funktion der Differenz $\boldsymbol{r}_1 - \boldsymbol{r}_2$ zu sein; solche Glieder haben keine Beziehung zur Streuung.[1]) Diesen Bedingungen entsprechend kann man die Argumente $\boldsymbol{r}_1$ und $\boldsymbol{r}_2$ auf vier Arten über die vier Punkte des Diagramms verteilen. Weiter beachten wir die Kommutativität der Operatoren $\mathbf{d}_1$ und $\mathbf{d}_2$, mitteln über den Zustand jedes Atoms und finden, daß alle auf diese Weise entstehenden $3 \cdot 4 = 12$ Glieder gleich sind (sie unterscheiden sich nur in den Bezeichnungen der Integrationsvariablen). Als Ergebnis erhalten wir

$$\langle S(r)\rangle = \frac{1}{2}\int dt_1 \ldots \int dt_4 \cdot \langle \mathrm{T}\left(\mathrm{E}_i(\boldsymbol{r}_1, t_1)\, \mathrm{E}_k(\boldsymbol{r}_2, t_2)\right)\rangle$$
$$\times \langle \mathrm{T}\left(\mathrm{E}_l(\boldsymbol{r}_2, t_3)\, \mathrm{E}_m(\boldsymbol{r}_1, t_4)\right)\rangle \langle \mathrm{T}\left(\mathrm{d}_{1i}(t_1)\, \mathrm{d}_{1m}(t_4)\right)\rangle \langle \mathrm{T}\left(\mathrm{d}_{2k}(t_2)\, \mathrm{d}_{2l}(t_3)\right)\rangle; \quad (85,7)$$

i, k, l sind hierin dreidimensionale Vektorindizes.

Bei der Berechnung der Größen

$$D^E_{ik}\,(x_1 - x_2) = \langle \mathrm{T}\left(\mathrm{E}_i(x_1)\, \mathrm{E}_k(x_2)\right)\rangle \quad (85,8)$$

benutzen wir die Eichung der Potentiale, in der das skalare Potential $\Phi = 0$ ist. Dann ist $\mathbf{E} = -\,\partial \mathbf{A}/\partial t$, und wir haben

$$D^E_{ik}\,(x_1 - x_2) = \frac{\partial^2}{\partial t_1\, \partial t_2} \langle \mathrm{T}\left(\mathrm{A}_i(x_1)\, \mathrm{A}_k(x_2)\right)\rangle = i\,\frac{\partial^2}{\partial t^2}\, D_{ik}(x)$$

mit $x = x_1 - x_2$; $D_{ik}(x)$ ist der Photonenpropagator in der gewählten Eichung.[2]) Deshalb ist

$$D^E_{ik}(x) = -\,i \int \omega^2\, D_{ik}(k)\, e^{-ikx}\, \frac{d^4k}{(2\,\pi)^4} \quad (85,9)$$

mit dem Photonenoperator $D_{ik}(k)$ in der Impulsdarstellung; nach (77,14) ist

$$D_{ik}(k) = -\,\frac{4\,\pi}{\omega^2 - \boldsymbol{k}^2 + i\,0}\left(\delta_{ik} - \frac{k_i\, k_k}{\omega^2}\right). \quad (85,10)$$

Wir stellen die Größen

$$\alpha_{ik}\,(t_1 - t_2) = i\,\langle \mathrm{T}\left(\mathrm{d}_i(t_1)\, \mathrm{d}_k(t_2)\right)\rangle \quad (85,11)$$

---

[1]) Sie liefern keine uns hier interessierende Korrekturen zu den Eigenenergien der einzelnen Atome.

[2]) Die erste Ableitung $\frac{\partial}{\partial t} D_{ik}(t)$ hat einen endlichen Sprung bei $t = 0$. Deshalb enthält die zweite Ableitung, d. h. die Funktion $D^E_{ik}(t)$ auch eine δ-Funktion $\left(\delta^{(4)}\,(x_2 - x_1)\right)$. Das Glied mit der δ-Funktion ist aber für alle $\boldsymbol{r}_1 \neq \boldsymbol{r}_2$ gleich Null und interessiert uns hier nicht.

als FOURIER-Integrale dar:

$$\alpha_{ik}(t) = \int_{-\infty}^{\infty} e^{-i\omega t} \alpha_{ik}(\omega) \frac{d\omega}{2\pi} .$$

Der Bequemlichkeit halber setzen wir $t_2 = 0$ und $t_1 = t$ und schreiben entsprechend der Definition des T-Produktes

$$\alpha_{ik}(\omega) = \int_{-\infty}^{\infty} e^{i\omega t} \alpha_{ik}(t)\, dt = i \int_{-\infty}^{0} e^{i\omega t} \langle \mathrm{d}_k(0)\, \mathrm{d}_i(t)\rangle\, dt + i \int_{0}^{\infty} e^{i\omega t} \langle \mathrm{d}_i(t)\, \mathrm{d}_k(0)\rangle\, dt . \tag{85,12}$$

Die hier erhaltenen Mittelwerte (für den Grundzustand des Atoms) werden durch die Matrixelemente des Dipolmomentes ausgedrückt:

$$\langle \mathrm{d}_k(0)\, \mathrm{d}_i(t)\rangle = \sum_n (d_k)_{0n} (d_i)_{n0}\, e^{i\omega_{n0} t} ,$$

$$\langle \mathrm{d}_i(t)\, \mathrm{d}_k(0)\rangle = \sum_n (d_i)_{0n} (d_k)_{n0}\, e^{-i\omega_{n0} t} .$$

Diese Ausdrücke setzen wir in (85,12) ein, integrieren und erhalten[1])

$$\alpha_{ik}(\omega) = \sum_n \left\{ \frac{(d_i)_{0n} (d_k)_{0n}}{\omega_{n0} - \omega} + \frac{(d_k)_{0n} (d_i)_{0n}}{\omega_{n0} + \omega} \right\} . \tag{85,13}$$

Falls der Grundzustand des Atoms ein S-Zustand ist, wird aus diesem Tensor ein Skalar: $\alpha_{ik}(\omega) = \alpha(\omega)\, \delta_{ik}$. Für ein Atom mit einem von Null verschiedenen Drehimpuls ergibt sich dasselbe Resultat nach der Mittelung über die Drehimpulsrichtungen, was wir im folgenden stets benutzen werden (uns interessiert natürlich die über die gegenseitigen Orientierungen gemittelte Wechselwirkung zwischen den Atomen). Aus (85,13) entnehmen wir

$$\alpha(-\omega) = \alpha(\omega) .$$

Die Größe $\alpha(\omega)$ ist (für $\omega > 0$) gerade die Polarisierbarkeit des Atoms (vgl. (60,17)).

Wir gehen mit den erhaltenen Ausdrücken in (85,7) ein und finden

$$\langle S(r)\rangle = \frac{1}{2} \int dt_1 \ldots dt_4 \cdot \frac{d\Omega_1}{2\pi} \frac{d\Omega_2}{2\pi} \frac{d^4k_1}{(2\pi)^4} \frac{d^4k_2}{(2\pi)^4} \alpha_1(\Omega_1)\, \alpha_2(\Omega_2)\, \omega_1^2 D_{ik}(k_1)\, \omega_2^2 D_{ik}(k_2)$$
$$\times \exp\{i(\boldsymbol{k}_1 - \boldsymbol{k}_2)(\boldsymbol{r}_1 - \boldsymbol{r}_2) - i\omega_1(t_1 - t_2) - i\omega_2(t_3 - t_4)$$
$$- i\Omega_1(t_1 - t_4) - i\Omega_2(t_2 - t_3)\} .$$

Die Integration über drei Zeiten ergibt δ-Funktionen (nach denen $-\Omega_1 = \Omega_2 = \omega_2 = \omega_1 \equiv \omega$ ist), und die vierte liefert den Faktor t:

$$\langle S(r)\rangle = -i\, t\, U(|\boldsymbol{r}_1 - \boldsymbol{r}_2|)$$

---

[1]) Damit die Integrale in (85,12) konvergieren, hat man unter ω im ersten Integral $\omega - i\,0$ zu verstehen und im zweiten $\omega + i\,0$. Damit ist auch erklärt, in welchem Sinne man den Ausdruck (85,13) in der Nähe der Pole zu verstehen hat.

mit

$$U(r) = \frac{i}{2(2\pi)^7} \int d^3k_1\, d^3k_2\, d\omega \cdot \omega^4 \alpha_1(\omega) \alpha_2(\omega) D_{ik}(\boldsymbol{k}_1, \omega) D_{ik}(\boldsymbol{k}_2, \omega) \exp\{i \boldsymbol{r} (\boldsymbol{k}_1 - \boldsymbol{k}_2)\}$$

oder, nach Einsetzen von (85,10)

$$U(r) = \frac{i}{16\pi^5} \int d^3k_1\, d^3k_2\, d\omega \cdot \alpha_1(\omega) \alpha_2(\omega) \frac{3\omega^4 - \omega^2(\boldsymbol{k}_1^2 + \boldsymbol{k}_2^2) + (\boldsymbol{k}_1 \boldsymbol{k}_2)^2}{(\omega^2 - \boldsymbol{k}_1^2 + i0)(\omega^2 - \boldsymbol{k}_2^2 + i0)} e^{i\boldsymbol{r}(\boldsymbol{k}_1 - \boldsymbol{k}_2)} . \tag{85,14}$$

Diese Formel gibt die Wechselwirkungsenergie zweier Atome in beliebigen Entfernungen voneinander an, falls diese Entfernungen groß gegenüber den Atomabmessungen a sind. Das Integral kann vereinfacht und explizit ausgerechnet werden, wenn man die Grenzfälle „kleiner" ($a \ll r \ll \lambda_0$) und „großer" ($r \gg \lambda_0$) Abstände betrachtet.

Für einen gegebenen Abstand r ist der Bereich der Wellenzahlvektoren mit $|\boldsymbol{k}| \sim 1/r$ im Integral ausschlaggebend. Für $r \ll \lambda_0$ haben wir $|\boldsymbol{k}| \gg \omega_0$ (ω_0 sind Atomfrequenzen), und im Integranden von (85,14) können überall (außer den Funktionen $\alpha(\omega)$) die Glieder mit ω^2 gegenüber $\boldsymbol{k}^2$ vernachlässigt werden. Danach kann man $U(r)$ unschwer in die übliche LONDONsche Formel überführen (III, § 89).

Betrachten wir nun den entgegengesetzten Fall $r \gg \lambda_0$. Zuerst integrieren wir in (85,14) über $d\omega$. Wir schließen den Integrationsweg in der oberen Halbebene der komplexen Variablen ω und rechnen das Integral über die Residuen des Integranden zu den Polen in dieser Halbebene aus. Dabei brauchen wir nur die Nullstellen des Nenners für

$$\omega \sim |\boldsymbol{k}| \sim \frac{1}{r} \ll \omega_0$$

zu beachten. Die Pole der Funktionen $\alpha(\omega)$ liegen bei $\omega \sim \omega_0$ und sind im vorliegenden Fall unwesentlich. Auf diese Weise berechnen wir das Integral über $d\omega$. Anschließend ersetzen wir die Integrationen über $\boldsymbol{k}_1$ und $\boldsymbol{k}_2$ durch Integrationen über $\boldsymbol{q} = \boldsymbol{k}_1 - \boldsymbol{k}_2$ und $\boldsymbol{k} \equiv \boldsymbol{k}_2$. So bringen wir $U(r)$ in die Form eines FOURIER-Integrals:

$$U(r) = \int U(q)\, e^{i\boldsymbol{q}\boldsymbol{r}} \frac{d^3q}{(2\pi)^3} \tag{85,15}$$

mit

$$U(q) = -\frac{\alpha_1(0)\,\alpha_2(0)}{2\pi} \int \frac{d^3k}{k k_1} \frac{(\boldsymbol{k}\boldsymbol{k}_1)^2 - k^2 k_1 (2k_1^2 + 2k^2 + 3kk_1)}{k + k_1} \tag{85,16}$$

(hier und später sind $\boldsymbol{k}_1 = \boldsymbol{k} + \boldsymbol{q}$, $k_1 = |\boldsymbol{k}_1|$, $k = |\boldsymbol{k}|$). In den Funktionen $\alpha_1(\omega)$ und $\alpha_2(\omega)$, die in den Punkten $\omega \sim k$ zu nehmen sind, haben wir die kleinen Argumente ($\omega \ll \omega_0$) durch Null ersetzt, d. h., wir haben diese Funktionen durch die statischen Polarisierbarkeiten ersetzt.

Das Integral (85,16) divergiert für $k \to \infty$; das hängt mit der Unbrauchbarkeit der benutzten Dipolnäherung für $k \gtrsim 1/a$ zusammen. Diese Divergenz ist aber unwesentlich; denn zur Berechnung des asymptotischen Verhaltens von $U(r)$ für $r \to \infty$ sind nur diejenigen Glieder in $U(q)$ von Bedeutung, die bei $q = 0$ eine Singularität haben. Gerade diese singulären Glieder liefern Potenzen (von $1/r$) als Beiträge zu $U(r)$. Der singuläre Term in $U(q)$ wird aber, wie wir sehen, durch den konvergenten Teil des Integrals (85,16) bestimmt.

Wir gehen vom Integrationselement d^3k in (85,16) zu $2\pi k^2\, dk d \cos\theta$ (θ ist der Winkel zwischen $\boldsymbol{k}$ und $\boldsymbol{q}$) über und schreiben das Differential $d \cos\theta$ als

$$d \cos\theta = \frac{k_1\, dk_1}{q\, k}$$

mit

$$k_1 = \sqrt{k^2 + q^2 + 2\, k\, q \cos\theta}\,, \quad \boldsymbol{k}\, \boldsymbol{k}_1 = \frac{1}{2}\,(k_1^2 + k^2 - q^2)\,.$$

Wir substituieren also in (85,16)

$$\frac{d^3k}{k\, k_1} \to \frac{2\pi}{q}\, dk\, dk_1\,,$$

dabei wird über dk_1 von $|k - q|$ bis $k + q$ integriert. Aus der Form des Integranden schließen wir, daß eine Singularität nur von der Integration des Nenners entstehen kann. Falls wir uns nur für den singulären Term interessieren, können wir das Integral sofort vereinfachen, indem wir den Zähler nach Potenzen von $k + k_1$ entwickeln und uns dabei auf das nullte Glied beschränken (mit anderen Worten, wir setzen im Zähler einfach $k_1 = -k$). So erhalten wir

$$U(q) = \frac{\alpha_1(0)\, \alpha_2(0)}{4\, q} \int\limits_0^\infty (8\, k^4 - 4\, k^2\, q^2 + q^4) \ln \frac{2\, k + q}{k + |k - q|}\, dk\,. \qquad (85{,}17)$$

Der singuläre Term (für $q \to 0$) hat in diesem Integral die Gestalt $q^5 \ln q$. Wir trennen ihn ab und erhalten für die FOURIER-Transformierte der Wechselwirkungsenergie[1])

$$U(q) = \frac{23\, \alpha_1(0)\, \alpha_2(0)}{120}\, q^4 \ln q\,. \qquad (85{,}18)$$

[1]) Das Integral (85,17) läßt sich, wenn auch mit einiger Mühe, elementar berechnen. Führt man als obere Grenze die große Zahl N statt ∞ ein und trennt die Glieder mit $\ln q$ ab, dann entsteht das Ergebnis (85,18). Dieses Ergebnis erhält man jedoch wesentlich einfacher, wenn man folgendes ausnutzt: Da der uns interessierende Teil des Integrals für $q \to 0$ eine logarithmische Singularität hat, wird dieser Teil durch den Integrationsbereich mit $k \gg q$ bestimmt. Wir entwickeln den Logarithmus nach Potenzen von $q/2\,k$,

$$\ln \frac{2\, k + q}{2\, k - q} \approx 2 \left[\frac{q}{2\, k} + \frac{1}{3}\left(\frac{q}{2\, k}\right)^3 + \frac{1}{5}\left(\frac{q}{2\, k}\right)^5\right],$$

und trennen die divergenten Integrale der Gestalt $\int dk/k$ ab, die unten bei $k \sim q$ abgeschnitten werden müssen (die obere Grenze ist unwesentlich).

Die inverse FOURIER-Transformation erfolgt mit Hilfe der Formel[1])

$$\int e^{i\mathbf{q}\mathbf{r}}\, q^4 \ln q \,\frac{d^3q}{(2\,\pi)^3} = -\frac{30}{\pi\, r^7}\,. \tag{85,19}$$

Auf diese Weise erhalten wir endgültig

$$U(r) = -\frac{23\,\hbar c}{4\,\pi}\,\frac{\alpha_1(0)\,\alpha_2(0)}{r^7}\,, \tag{85,20}$$

hierdurch ist die Wechselwirkungsenergie zweier Atome in großen ($r \gg \lambda_0$) Entfernungen voneinander gegeben.[2])

---

[1]) Durch direkte Integration in Kugelkoordinaten im q-Raum kann man

$$\lim_{\delta\to+0}\int e^{i\mathbf{q}\mathbf{r}-q\delta}\, q^{\nu}\,\frac{d^3q}{(2\pi)^3} = -\frac{\Gamma(\nu+2)\sin\dfrac{\pi\nu}{2}}{2\,\pi^2\, r^{\nu+3}}$$

erhalten. Wir differenzieren diese Formel nach dem Parameter ν, setzen anschließend $\nu = 4$ und erhalten das Ergebnis (85,19).

[2]) Diese Formel ist zuerst von H. B. CASIMIR und D. POLDER (1948) abgeleitet worden. Die hier dargestellte Ableitung lehnt sich an die von I. E. DSJALOSCHINSKI an.

KAPITEL X

WECHSELWIRKUNG VON ELEKTRONEN MIT PHOTONEN

§ 86. Streuung eines Photons an einem Elektron

Der 4-Impulserhaltungssatz für die Streuung eines Photons an einem freien Elektron (Compton-*Effekt*) lautet

$$p + k = p' + k' \; ; \tag{86,1}$$

hierin sind p und k die 4-Impulse von Elektron und Photon vor dem Stoß, p' und k' sind die 4-Impulse nach dem Stoß. Die in § 67 eingeführten kinematischen Invarianten sind

$$\left.\begin{aligned} s &= (p+k)^2 = (p'+k')^2 = m^2 + 2\,p\,k = m^2 + 2\,p'\,k' \,, \\ t &= (p-p')^2 = (k'-k)^2 = 2\,(m^2 - p\,p') = -\,2\,k\,k' \,, \\ u &= (p-k')^2 = (p'-k)^2 = m^2 - 2\,p\,k' = m^2 - 2\,p'\,k \,, \\ & \qquad s + t + u = 2\,m^2 \,. \end{aligned}\right\} \tag{86,2}$$

Der betrachtete Prozeß wird durch die beiden Feynman-Diagramme (75,14) dargestellt, und die zugehörige Amplitude ist

$$M_{fi} = -\,4\,\pi\,e^2\,e'^*_\mu\,e_\nu(\bar{u}'\,Q^{\mu\nu}\,u) \tag{86,3}$$

mit

$$Q^{\mu\nu} = \frac{1}{s-m^2}\,\gamma^\mu\,(\hat{p} + \hat{k} + m)\,\gamma^\nu + \frac{1}{u-m^2}\,\gamma^\nu\,(\hat{p} - \hat{k}' + m)\,\gamma^\mu \,. \tag{86,4}$$

Hier sind e und e' die 4-Polarisationsvektoren des Photons vor und nach dem Stoß und u und u' die Bispinoramplituden des Elektrons vor und nach dem Stoß.

Nach den Regeln von § 66 ist das Quadrat $|M_{fi}|^2$ für beliebige Polarisationszustände der Teilchen durch

$$|M_{fi}|^2 \to 16\,\pi^2\,e^4\,\mathrm{Sp}\,\{\varrho^{(e)\prime}\,\varrho^{(\gamma)\prime}_{\lambda\mu}\,Q^{\mu\nu}\,\varrho^{(e)}\,\varrho^{(\gamma)}_{\lambda\sigma}\,\overline{Q}^{\lambda\sigma}\} \tag{86,5}$$

zu ersetzen. Hier sind $\varrho^{(e)}$ und $\varrho^{(e)\prime}$ die Polarisationsmatrizen für das Elektron im Anfangs- bzw. Endzustand; $\varrho^{(\gamma)}$ und $\varrho^{(\gamma)\prime}$ sind die entsprechenden Matrizen für das Photon. Die Photonen- (Tensor-) Indizes werden explizit angegeben, die Elektronen- (Bispinor-) Indizes sind nicht mitgeschrieben; die Spur ist in den Elektronenindizes zu bilden. Auf diese Indizes bezieht sich auch das Zeichen $^+$ in der Definition $\overline{Q}_{\mu\nu} = \gamma^0\,Q^+_{\mu\nu}\,\gamma^0$.

Wir wollen die Streuung eines unpolarisierten Photons an einem unpolarisierten Elektron behandeln und interessieren uns dabei nicht für die Polarisationen nach der Streuung. Die Mittelung über die Polariationen aller Teilchen erfolgt mit Hilfe der Dichtematrizen

$$\varrho^{(\gamma)}_{\lambda\mu} = \varrho^{(\gamma)'}_{\lambda\mu} = -\frac{1}{2} g_{\lambda\mu}, \qquad \varrho^{(e)} = \frac{1}{2}(\hat{p} + m), \qquad \varrho^{(e)'} = \frac{1}{2}(\hat{p}' + m).$$

Die Summe über die Polarisationen der Teilchen im Endzustand verursacht noch einen zusätzlichen Faktor $2 \cdot 2 = 4$.

Entsprechend Formel (65,23) (in der jetzt $I^2 = \frac{1}{4}(s - m^2)^2$ zu setzen ist; s. (65,15a)) bekommen wir für den Streuquerschnitt

$$d\sigma = \frac{\pi e^4}{4} \frac{dt}{(s - m^2)^2} \operatorname{Sp} \{(\hat{p}' + m) Q^{\lambda\mu} (\hat{p} + m) \overline{Q}_{\lambda\mu}\}.$$

Mit Hilfe der Formeln (66,2a) finden wir $\overline{Q}_{\mu\lambda} = Q_{\lambda\mu}$. Wir trennen die Glieder ab, die bei den Substitution $k \leftrightarrow -k'$ ineinander übergehen (und entsprechend bei $s \leftrightarrow u$), und bringen den Streuquerschnitt in die Form

$$d\sigma = dt \frac{\pi e^4}{(s - m^2)^2} [f(s, u) + g(s, u) + f(u, s) + g(u, s)]$$

mit den Bezeichnungen

$$f(s, u) = \frac{1}{4(s - m^2)^2} \operatorname{Sp} \{(\hat{p}' + m) \gamma^\mu (\hat{p} + \hat{k} + m) \gamma^\nu (\hat{p} + m) \gamma_\nu (\hat{p} + \hat{k} + m) \gamma_\mu\},$$

$$g(s, u) = \frac{1}{4(s - m^2)(u - m^2)} \operatorname{Sp} \{(\hat{p}' + m) \gamma^\mu (\hat{p} + \hat{k} + m) \gamma^\nu \times (\hat{p} + m) \gamma_\mu (\hat{p} - \hat{k}' + m) \gamma_\nu\}$$

(bei diesen Bezeichnungen haben wir von vornherein im Auge, daß das Ergebnis nur von invarianten Größen abhängen wird).

Die Summe über μ und ν wird mit Hilfe der Formel (22,6) ausgeführt. Wir lassen dann die Glieder mit einer ungeraden Anzahl von Faktoren γ fort und bekommen

$$f(s, u) = \frac{1}{(s - m^2)^2} \operatorname{Sp} \{\hat{p}' (\hat{p} + \hat{k}) \hat{p} (\hat{p} + \hat{k}) + 4 m^2 (\hat{p} + \hat{k}) (\hat{k} - \hat{p}') + m^2 \hat{p} \hat{p}' + 4 m^4\}.$$

Diese Spur berechnen wir mit den Formeln (22,13). Drücken wir alle Größen durch die Invarianten s und u aus, dann finden wir nach einigen einfachen Umformungen

$$f(s, u) = \frac{2}{(s - m^2)^2} \{4 m^4 - (s - m^2)(u - m^2) + 2 m^2 (s - m^2)\}.$$

Analog wird g ausgerechnet:

$$g(s, u) = \frac{2 m^2}{(s - m^2)(u - m^2)} \{4 m^2 + (s - m^2) + (u - m^2)\}.$$

Als Ergebnis erhalten wir für den Streuquerschnitt

$$d\sigma = 8\pi r_e^2 \frac{m^2\,dt}{(s-m^2)^2}\left\{\left(\frac{m^2}{s-m^2}+\frac{m^2}{u-m^2}\right)^2 + \left(\frac{m^2}{s-m^2}+\frac{m^2}{u-m^2}\right) - \frac{1}{4}\left(\frac{s-m^2}{u-m^2}+\frac{u-m^2}{s-m^2}\right)\right\} \tag{86,6}$$

mit $r_e = e^2/m$. Diese Formel gibt den Streuquerschnitt als Funktion der invarianten Größen an. Mit dieser Formel kann man den Streuquerschnitt ganz einfach durch die Stoßparameter in einem beliebigen, konkreten Bezugssystem ausdrücken.

Wir wollen dies für das Laborsystem tun, in dem das Elektron vor dem Stoß ruht: $p = (m, 0)$. Hier sind

$$s - m^2 = 2\,m\,\omega\,, \qquad u - m^2 = -\,2\,m\,\omega'\,. \tag{86,7}$$

Wir schreiben den 4-Impulssatz in der Form $p + k - k' = p'$, quadrieren ihn und bekommen

$$p\,k - p\,k' - k\,k' = 0;$$

hieraus erhalten wir (im Laborsystem)

$$m\,(\omega - \omega') - \omega\,\omega'\,(1 - \cos\vartheta) = 0;$$

ϑ ist der Streuwinkel für das Photon. Diese Gleichung gibt den Zusammenhang zwischen der Änderung der Photonenenergie und dem Streuwinkel wieder:

$$\frac{1}{\omega'} - \frac{1}{\omega} = \frac{1}{m}(1 - \cos\vartheta)\,. \tag{86,8}$$

Die Invariante t ist

$$t = -\,2\,k\,k' = -\,2\,\omega\,\omega'\,(1 - \cos\vartheta)\,.$$

Zu gegebener Energie ω finden wir (mit Hilfe von (86,8))

$$dt = 2\,\omega'^2\,d\cos\vartheta = \frac{1}{\pi}\,\omega'^2\,do' \qquad (do' = 2\,\pi\sin\vartheta\,d\vartheta)\,.$$

Die aufgeschriebenen Ausdrücke setzen wir in (86,6) ein und gelangen zu folgender Formel für den Streuquerschnitt im Laborsystem:

$$d\sigma = \frac{r_e^2}{2}\left(\frac{\omega'}{\omega}\right)^2\left(\frac{\omega}{\omega'} + \frac{\omega'}{\omega} - \sin^2\vartheta\right)do' \tag{86,9}$$

(O. Klein, Y. Nishina, 1929; I. E. Tamm, 1930).

Da der Streuwinkel ϑ durch die Beziehung (86,8) eindeutig mit ω' verknüpft ist, kann man den Streuquerschnitt durch die Energie des gestreuten Photons ω' ausdrücken:

$$d\sigma = \pi\,r_e^2\,\frac{m\,d\omega'}{\omega^2}\left[\frac{\omega}{\omega'} + \frac{\omega'}{\omega} + \left(\frac{m}{\omega'} - \frac{m}{\omega}\right)^2 - 2\,m\left(\frac{1}{\omega'} - \frac{1}{\omega}\right)\right], \tag{86,10}$$

ω' variiert dabei im Intervall

$$\frac{\omega}{1 + 2\,\dfrac{\omega}{m}} \leqq \omega' \leqq \omega\,. \tag{86,11}$$

Für $\omega \ll m$ kann man in (86,9) $\omega' \approx \omega$ setzen, und es ergibt sich, wie es sich gehört, die klassische, nichtrelativistische THOMSON-Formel

$$d\sigma = \frac{1}{2} r_e^2 (1 + \cos^2 \vartheta)\, d\sigma' \tag{86,12}$$

(s. II, (78,7)).

Zur Berechnung des totalen Streuquerschnitts wenden wir uns wieder Formel (86,6) zu. Die darin vorkommenden Invarianten s, t und u haben folgende Variabilitätsbereiche:

$$s \geqq m^2\,, \qquad t \leqq 0\,, \qquad u\, s \leqq m^4\,. \tag{86,13}$$

Wir haben sie bereits in § 68 festgestellt (der zugehörige physikalische Bereich ist der Bereich I in Abb. 9). Man überzeugt sich auch unmittelbar von der Gültigkeit von (86,13), indem man die Ausdrücke für die Invarianten im Massenmittelpunktsystem aufschreibt. In diesem System ist $\boldsymbol{p} + \boldsymbol{k} = 0$, und die Energien ε von Elektron und ω von Photon hängen über $\varepsilon = \sqrt{\omega^2 + m^2}$ miteinander zusammen. Die Invarianten sind

$$\left.\begin{aligned} s &= (\varepsilon + \omega)^2 = m^2 + 2\,\omega\,(\omega + \varepsilon)\,, \\ u &= m^2 - 2\,\omega\,(\varepsilon + \omega \cos\theta)\,, \\ t &= -\,2\,\omega^2\,(1 - \cos\theta) \end{aligned}\right\} \tag{86,14}$$

mit dem Streuwinkel θ (dem Winkel zwischen $\boldsymbol{p}$ und $\boldsymbol{p}'$ oder zwischen $\boldsymbol{k}$ und $\boldsymbol{k}'$). Die drei Ungleichungen (86,13) ergeben sich aus den Bedingungen $\omega \geqq 0$ und $-1 \leqq \cos\theta \leqq 1$.

Bei festgehaltenem s (d. h. zu gegebener Energie der Teilchen) kann man statt über t auch über $u = 2\,m^2 - s - t$ in folgendem Intervall integrieren:

$$\frac{m^4}{s} \leqq u \leqq 2\,m^2 - s\,.$$

Führen wir statt s und u die Größen

$$x = \frac{s - m^2}{m^2}\,, \qquad y = \frac{m^2 - u}{m^2} \tag{86,15}$$

ein, so erhalten wir

$$\sigma = \frac{8\,\pi\,r_e^2}{x^2} \int\limits_{x/(x+1)}^{x} \left[\left(\frac{1}{x} - \frac{1}{y}\right)^2 + \frac{1}{x} - \frac{1}{y} + \frac{1}{4}\left(\frac{x}{y} + \frac{y}{x}\right)\right] dy$$

und nach einer elementaren Integration

$$\sigma = 2\,\pi\,r_e^2\,\frac{1}{x}\left\{\left(1 - \frac{4}{x} - \frac{8}{x^2}\right)\ln\,(1 + x) + \frac{1}{2} + \frac{8}{x} - \frac{1}{2\,(1 + x)^2}\right\}. \tag{86,16}$$

Die ersten Glieder in der Entwicklung für $x \ll 1$(nichtrelativistischer Fall) ergeben

$$\sigma = \frac{8\,\pi\,r_e^2}{3}\,(1 - x)\,. \tag{86,17}$$

Der erste Summand ist der klassische THOMSONsche Querschnitt. Im entgegengesetzten, ultrarelativistischen Fall $x \gg 1$ liefert Formel (86,16) nach Entwicklung

$$\sigma = 2\pi r_e^2 \frac{1}{x}\left(\ln x + \frac{1}{2}\right). \tag{86,18}$$

Im Laborsystem ist

$$x = \frac{2\omega}{m}, \tag{86,19}$$

und die Formeln (86,16—18) geben den Streuquerschnitt für die Streuung an einem ruhenden Elektron direkt als Funktion der Photonenenergie an. In Abb. 15 ist σ in Abhängigkeit von ω/m dargestellt.

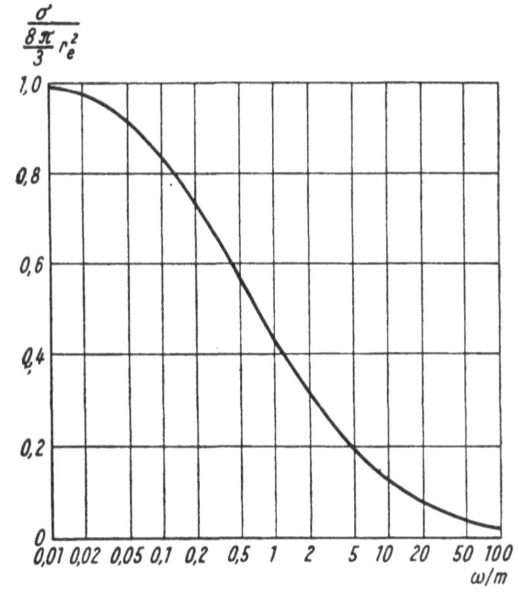

Abb. 15

Im ultrarelativistischen Fall nimmt der Streuquerschnitt mit wachsender Energie sowohl im Laborsystem ($\sigma \propto \omega^{-1} \ln \omega$) als auch im Massenmittelpunktsystem ($x \approx 4\omega^2/m^2$, $\sigma \propto \omega^{-2} \ln \omega$) ab. Die Winkelverteilung sieht in diesen beiden Bezugssystemen für den ultrarelativistischen Fall sehr unterschiedlich aus.

Im Laborsystem hat der differentielle Streuquerschnitt ein scharfes Maximum in Vorwärtsrichtung. In dem spitzen Kegel $\vartheta \lesssim \sqrt{m/\omega}$ haben wir $\omega' \sim \omega$, und der Streuquerschnitt ist $d\sigma/do' \sim r_e^2$ (er erreicht den Wert r_e^2 für $\vartheta \to 0$). Außerhalb dieses Kegels wird der Streuquerschnitt kleiner, und im Bereich $\vartheta^2 \gg m/\omega$ (mit $\omega' \approx m/(1 - \cos\vartheta)$) haben wir

$$\frac{d\sigma}{d\sigma'} = \frac{r_e^2}{2} \frac{m}{\omega(1 - \cos\vartheta)},$$

d. h., der Streuquerschnitt ist $\sim \omega/m$-mal kleiner.

Im Massenmittelpunktsystem hat der differentielle Streuquerschnitt ein Maximum in Rückwärtsrichtung. Für $\pi - \theta \ll 1$ bekommen wir aus (86,14)

$$\frac{s - m^2}{m^2} \approx \frac{4\,\omega^2}{m^2}, \qquad \frac{m^2 - u}{m^2} \approx 1 + \frac{\omega^2}{m^2}(\pi - \theta)^2 .$$

Der größte Summand im Streuquerschnitt (86,6) ist

$$d\sigma \approx 8\,\pi\,r_e^2 \frac{m^2\,dt}{4\,(s - m^2)\,(m^2 - u)},$$

und daher wird

$$d\sigma = \frac{r_e^2}{2} \frac{do'}{1 + (\pi - \theta)^2\,\omega^2/m^2}.$$

Der Streuquerschnitt ist $d\sigma/do' \sim r_e^2$ in dem spitzen Kegel $\pi - \theta \lesssim m/\omega$, und außerhalb ist er $\sim \omega^2/m^2$-mal kleiner.

§ 87. Streuung eines Photons an einem Elektron. Polarisationseffekte

Wir kehren nun zu den Ausgangsformeln des vorigen Paragraphen zurück und zeigen, wie man zu rechnen hat, wenn die Polarisationen von Photon und Elektron im Anfangs- und Endzustand berücksichtigt werden sollen.

Die Polarisationsmatrix für das Photon wird gemäß (8,17) durch ein Paar von 4-Einheitsvektoren $e^{(1)}$ und $e^{(2)}$ ausgedrückt, die die Bedingungen (8,16) erfüllen. In unserem Fall können wir diese Vektoren für beide Photonen in gleicher Weise wählen; das sind die in § 17 eingeführten 4-Vektoren[1])

$$e^{(1)} = \frac{N}{\sqrt{-N^2}}, \qquad e^{(2)} = \frac{P}{\sqrt{-P^2}} \tag{87,1}$$

mit

$$\left.\begin{aligned} P^\lambda &= (p^\lambda + p'^\lambda) - K^\lambda \frac{p\,K + p'\,K}{K^2}, \\ N^\lambda &= e^{\lambda\mu\nu\varrho}\,P_\mu\,q_\nu\,K_\varrho, \\ K^\lambda &= k^\lambda + k'^\lambda, \qquad q^\lambda = k'^\lambda - k^\lambda = p^\lambda - p'^\lambda . \end{aligned}\right\} \tag{87,2}$$

Die Ausdrücke für $Q^{\mu\nu}$ in (86,5) sind Formel (86,4) zu entnehmen. Man kann sie als Komponenten eines 4-Tensors ansehen (in dem Sinne, daß sie nach der

---

[1]) Ein anderes Rechenverfahren läuft so ab: Man betrachtet von Anfang an ein bestimmtes Bezugssystem (sagen wir, das Laborsystem) und wählt als $e^{(1)}$ und $e^{(2)}$ rein räumliche Einheitsvektoren ($e = (0, \boldsymbol{e})$) transversal zu den Photonenimpulsen:

$$\boldsymbol{e}^{(1)} = \frac{[\boldsymbol{k}\,\boldsymbol{k}']}{|[\boldsymbol{k}\,\boldsymbol{k}']|}, \qquad \boldsymbol{e}^{(2)} = \frac{1}{\omega}[\boldsymbol{k}\,\boldsymbol{e}^{(1)}]$$

für das Photon $\boldsymbol{k}$ und

$$\boldsymbol{e}^{(1)} = \frac{[\boldsymbol{k}\,\boldsymbol{k}']}{|[\boldsymbol{k}\,\boldsymbol{k}']|}, \qquad \boldsymbol{e}^{(2)} = \frac{1}{\omega'}[\boldsymbol{k}'\,\boldsymbol{e}^{(1)}]$$

für das Photon $\boldsymbol{k}'$. Dabei werden aber alle Rechnungen in dreidimensionaler Form ausgeführt, und das Ergebnis wird keine invariante Form haben.

Bildung der Größen $\bar{u}' Q^{\mu\nu} u$ einen 4-Tensor darstellen). Alle Komponenten eines 4-Tensors können erfaßt werden, indem man ihn auf vier zueinander orthogonale 4-Vektoren projiziert, zum Beispiel auf die oben definierten Vektoren P, N, q und K. Die Tensoren $\varrho^{(\gamma)'}_{\mu\nu}$ und $\varrho^{(\gamma)}_{\mu\nu}$ enthalten nur Komponenten zu P und N, daher benötigen wir tatsächlich die Komponenten von $Q_{\mu\nu}$ auch nur zu diesen 4-Vektoren. Mit anderen Worten reicht es aus, in $Q_{\mu\nu}$ nur Glieder der Gestalt

$$Q_{\mu\nu} = Q\,(e^{(1)}_\mu e^{(1)}_\nu + e^{(2)}_\mu e^{(2)}_\nu) + Q_1\,(e^{(1)}_\mu e^{(2)}_\nu + e^{(2)}_\mu e^{(1)}_\nu)$$
$$- i\,Q_2\,(e^{(1)}_\mu e^{(2)}_\nu - e^{(2)}_\mu e^{(1)}_\nu) + Q_3\,(e^{(1)}_\mu e^{(1)}_\nu - e^{(2)}_\mu e^{(2)}_\nu) \qquad (87,3)$$

anzusetzen; alle anderen Glieder würden beim Einsetzen in (86,5) sowieso herausfallen. Die Größen Q_0 und Q_3 sind Skalare in demselben Sinne, in dem $Q_{\mu\nu}$ ein 4-Tensor ist. Sie enthalten die Matrizen γ daher nur in den „invarianten" Kombinationen K usw. In diesem Sinne sind Q_1 und Q_2 Pseudoskalare (N ist ein Pseudovektor) und müssen deshalb die Matrix γ^5 enthalten.

Durch unmittelbare Projektion des Tensors $Q_{\mu\nu}$ finden wir

$$Q_0 = \frac{1}{2} Q^{\mu\nu}\,(e^{(1)}_\mu e^{(1)}_\nu + e^{(2)}_\mu e^{(2)}_\nu)$$

usw. Für die Rechnung ist es zweckmäßig, erst $Q_{\mu\nu}$ durch die zueinander orthogonalen 4-Vektoren P, N, q und K auszudrücken:

$$Q^{\mu\nu} = \gamma^\mu \frac{\frac{1}{2}\hat{P} + m}{s - m^2} \gamma^\nu + \gamma^\nu \frac{\frac{1}{2}\hat{P} + m}{u - m^2} \gamma^\mu - \frac{1}{t}(\gamma^\mu \hat{K} \gamma^\nu - \gamma^\nu \hat{K} \gamma^\mu)\,.$$

Die weitere Rechnung reduziert sich auf rein algebraische Umformungen mit Hilfe der Formeln aus § 22. Außerdem kann man in $Q^{\mu\nu}$ Veränderungen vornehmen, die sich später nach der Bildung des Produktes $\bar{u}' Q^{\mu\nu} u$ nicht mehr auf das Ergebnis auswirken. Zum Beispiel kann man wegen

$$\bar{u}'\,(\hat{p} + \hat{p}')\,u = 2\,m\,\bar{u}'\,u\,,$$
$$\bar{u}'\,\gamma^5 \hat{q}\,u = \bar{u}'\,(\gamma^5 \hat{p} + \hat{p}'\,\gamma^5)\,u = 2\,m\,\bar{u}'\,\gamma^5\,u$$

in $Q^{\mu\nu}$ folgende Substitutionen vornehmen:

$$\hat{p} + \hat{p}' \to 2\,m\,, \qquad \gamma^5 \hat{q} \to 2\,m\,\gamma^5\,. \qquad (87,4)$$

Wir lassen die Einzelheiten der Rechnung weg und geben das Resultat an:[1])

$$\left.\begin{aligned} Q_0 &= -\,m\,a_+\,, & Q_1 &= \frac{i}{2}\,a_+\,\gamma^5\,\hat{K}\,,\\ Q_2 &= -\,m\,a_+\,\gamma^5\,, & Q_3 &= m\,a_+ + \frac{1}{2}\,a_-\,\hat{K} \end{aligned}\right\} \qquad (87,5)$$

[1]) Der Ausdruck (87,3) mit den Werten (87,5) entspricht der aus allgemeinen Überlegungen folgenden Gestalt (71,11) bis (71,13). Außer den aus der T-Invarianz folgenden Gleichungen $f_3 = f_6 = 0$ ist hier noch eine invariante Amplitude (f_2) Null. Das ist eine Eigenschaft der betrachteten Näherung der Störungstheorie, sie wäre in höheren Näherungen nicht mehr vorhanden.

mit

$$a_{\pm} = \frac{1}{s - m^2} \pm \frac{1}{u - m^2} \,.$$

In den weiteren Rechnungen ist es zweckmäßig, auf $Q_{\mu\nu}$ dasselbe formale Verfahren anzuwenden, das in § 8 für die Polarisationsmatrix eines Photons beschrieben worden ist: Wir fassen die vier Komponenten des Tensors (87,3) in den Richtungen von $e^{(1)}$ und $e^{(2)}$ zu einer zweireihigen Matrix Q zusammen, die wir anschließend durch die PAULI-Matrizen darstellen. Analog zur Formel (8,18) erhalten wir

$$\mathrm{Q} = Q_0 \cdot 1 + \boldsymbol{Q}\,\vec{\sigma}\,, \qquad \boldsymbol{Q} = (Q_1, Q_2, Q_3)\,. \tag{87,6}$$

Die Komponenten des in (87,6) auftretenden Tensors $\overline{Q}_{\mu\nu} = \gamma^0 Q^+_{\mu\nu} \gamma^0$ ergeben sich, wie man sich anhand von (87,3) und (87,5) leicht (mit Hilfe der Regeln (66,2a)) überzeugen kann, aus den Komponenten von Q, indem man die Größen $Q_0, Q_1, \ldots$ durch $\overline{Q}_0, \overline{Q}_1, \ldots$ mit

$$\overline{Q}_0 = Q_0\,, \quad \overline{Q}_1 = -Q_1\,, \quad \overline{Q}_2 = -Q_2\,, \quad \overline{Q}_3 = Q_3 \tag{87,7}$$

ersetzt und gleichzeitig die Indizes μ und ν vertauscht.[1] In Matrixschreibweise bedeutet das

$$\overline{\mathrm{Q}} = \overline{Q}_0 \cdot 1 + \overline{\boldsymbol{Q}}\,\vec{\sigma}\,. \tag{87,8}$$

Jetzt wollen wir die Bedeutung der 4-Vektoren $e^{(1)}$ und $e^{(2)}$ für die Polarisation der Photonen genauer festlegen. Für jedes Photon werden die unabhängigen Polarisationsrichtungen durch die (in bezug auf den Photonenimpuls $\boldsymbol{k}$) transversalen Komponenten der 3-Vektoren $\boldsymbol{e}^{(1)}$ und $\boldsymbol{e}^{(2)}$ bestimmt.[2]) Sowohl im Massenmittelpunktsystem als auch im Laborsystem (Ruhsystem des Elektrons vor dem Stoß) liegt der Vektor $\boldsymbol{P}$ in der von $\boldsymbol{k}$ und $\boldsymbol{k}'$ aufgespannten Ebene, und der Vektor $\boldsymbol{N}$ steht senkrecht auf dieser Ebene; das kann man leicht einsehen. Die Richtung $\boldsymbol{e}^{(1)}$ bedeutet daher die Polarisation senkrecht zur Streuebene, die Richtung $\boldsymbol{e}^{(2)}$ die Polarisation in der Streuebene. Es muß noch beachtet werden, daß die STOKESschen Parameter ξ_1, ξ_2 und ξ_3 bezüglich der Achsen xyz definiert sind, die ein Rechtssystem bilden (mit der z-Achse in $\boldsymbol{k}$-Richtung). Für das Photon im Anfangszustand bilden die Vektoren $\boldsymbol{N}$, $\boldsymbol{P}_\perp$ und $\boldsymbol{k}$ ein solches System, für das Photon im Endzustand die Vektoren $\boldsymbol{N}$, $-\boldsymbol{P}'_\perp$ und $\boldsymbol{k}'$ ($\boldsymbol{P}_\perp$ und $\boldsymbol{P}'_\perp$ sind die Komponenten von $\boldsymbol{P}$ senkrecht zu $\boldsymbol{k}$ bzw. $\boldsymbol{k}'$). Der Vorzeichenwechsel von $e^{(2)}$ in der Polarisationsmatrix für das Photon (8,17) ist einer Vorzeichenänderung von ξ_1 und ξ_2 äquivalent. Die auf die 4-Einheitsvektoren $e^{(1)}$ und $e^{(2)}$ bezogenen Polarisationsmatrizen des Photons

[1]) Für die Matrix $Q_{\mu\nu}$ in der ursprünglichen Form (86,4) hätten wir einfach $\overline{Q}_{\mu\nu} = Q_{\nu\mu}$. Diese Eigenschaft geht aber bei den Umformungen, wie Substitutionen der Art (87,4) usw., verloren.

[2]) Die longitudinalen Komponenten von $\boldsymbol{e}$ (wie auch die zeitlichen Komponenten der 4-Vektoren e) kann man dabei einfach ignorieren, sie sind wegen der Eichinvarianz unwesentlich.

im Anfangs- und Endzustand sind demnach

$$\left.\begin{aligned} \varrho^{(\gamma)} &= \frac{1}{2}(1+\vec{\xi}\,\vec{\sigma})\,, & \vec{\xi} &= (\xi_1, \xi_2, \xi_3)\,, \\ \varrho^{(\gamma)'} &= \frac{1}{2}(1+\vec{\xi}'\,\vec{\sigma})\,, & \vec{\xi}' &= (-\xi_1', -\xi_2', \xi_3')\,. \end{aligned}\right\} \tag{87,9}$$

Jetzt wird die Tensorspur

$$\varrho^{(\gamma)'}_{\lambda\mu}\, Q^{\mu\nu}\, \varrho^{(\lambda)}_{\nu\varrho}\, \tilde{\overline{Q}}^{\varrho\lambda}$$

als Spur des Matrixproduktes der Matrizen (87,6) bis (87,9) mit Hilfe von (33,5) ausgerechnet.

Als Ergebnis bekommen wir

$$\begin{aligned} |M_{fi}|^2 = 8\pi^2 e^4 \operatorname{Sp}\{&(\varrho^{(e)'} Q_0\, \varrho^{(e)}\, \overline{Q}_0 + \varrho^{(e)'}\, \boldsymbol{Q}\, \varrho^{(e)}\, \overline{\boldsymbol{Q}}) \\ &+ (\vec{\xi}+\vec{\xi}')\,(\varrho^{(e)'} Q_0\, \varrho^{(e)}\, \overline{\boldsymbol{Q}} + \varrho^{(e)'}\, \boldsymbol{Q}\, \varrho^{(e)}\, \overline{Q}_0) - i\,(\vec{\xi}-\vec{\xi}')\,[\varrho^{(e)'}\, \boldsymbol{Q}\cdot \varrho^{(e)}\, \overline{\boldsymbol{Q}}] \\ &+ (\vec{\xi}\,\vec{\xi}')\,(\varrho^{(e)'} Q_0\, \varrho^{(e)}\, \overline{Q}_0 - \varrho^{(e)'}\, \boldsymbol{Q}\, \varrho^{(e)'}\, \overline{\boldsymbol{Q}}) + \varrho^{(e)'}\,(\vec{\xi}'\,\boldsymbol{Q})\,\varrho^{(e)}\,(\vec{\xi}\,\overline{\boldsymbol{Q}}) \\ &+ \varrho^{(e)'}\,(\vec{\xi}\,\overline{\boldsymbol{Q}})\,\varrho^{(e)}\,(\vec{\xi}'\,\overline{\boldsymbol{Q}}) - i\,[\vec{\xi}\,\vec{\xi}']\,(\varrho^{(e)'} Q_0\, \varrho^{(e)}\, \overline{\boldsymbol{Q}} - \varrho^{(e)'}\, \boldsymbol{Q}\, \varrho^{(e)}\, \overline{Q}_0)\}\,. \end{aligned} \tag{87,10}$$

Streuung an unpolarisierten Elektronen

Wir berechnen den Streuquerschnitt für die Streuung polarisierter Photonen an einem unpolarisierten Elektron, indem wir über die Polarisationen des Elektrons im Anfangszustand summieren. Dazu haben wir in (87,10)

$$\varrho^{(e)} = \frac{1}{2}(\hat{p}+m)\,, \qquad \varrho^{(e)'} = \frac{1}{2}(\hat{p}'+m)$$

zu setzen und das Ergebnis mit 2 zu multiplizieren, das statt $|M_{fi}|^2$ in die Formel für den Streuquerschnitt (65,22)

$$d\sigma = \frac{1}{32\pi^2}\frac{dt\, d\varphi}{(s-m^2)^2}\,|M_{fi}|^2$$

einzusetzen ist (φ ist das Azimut im Massenmittelpunktsystem oder im Laborsystem). Eine ganze Reihe von Gliedern in (87,10) verschwindet identisch (die Glieder in der dritten und in der sechtsen Zeile sowie teilweise diejenigen in der zweiten und in der fünften Zeile). Die Berechnung der verbleibenden Summanden führt zu folgendem Endergebnis (mit den Bezeichnungen (86,15)):

$$\begin{aligned} d\sigma = \frac{1}{2}\,d\bar{\sigma} + 2\,r_e^2\,\frac{dy\,d\varphi}{x^2}\Big\{&(\xi_3+\xi_3')\left[-\left(\frac{1}{x}-\frac{1}{y}\right)^2 - \left(\frac{1}{x}-\frac{1}{y}\right)\right] \\ &+ \xi_1\,\xi_1'\left(\frac{1}{x}-\frac{1}{y}+\frac{1}{2}\right) + \xi_2\,\xi_2'\,\frac{1}{4}\left(\frac{x}{y}+\frac{y}{x}\right)\left(1+\frac{2}{x}-\frac{2}{y}\right) \\ &+ \xi_3\,\xi_3'\left[\left(\frac{1}{x}-\frac{1}{y}\right)^2 + \left(\frac{1}{x}-\frac{1}{y}\right) + \frac{1}{2}\right]\Big\}\,. \end{aligned} \tag{87,11}$$

$d\bar{\sigma}$ ist der Streuquerschnitt für die Streuung unpolarisierter Photonen (86,9); der Faktor 1/2 tritt auf, weil in (87,11) nicht über die Polarisationen des Photons im Endzustand summiert wird.

Im Laborsystem erhält Formel (87,11) die Gestalt

$$d\sigma = \frac{r_e^2}{4}\left(\frac{\omega'}{\omega}\right)^2 do' \{F_0 + F_3(\xi_3 + \xi_3') + F_{11}\xi_1\xi_1' + F_{22}\xi_2\xi_2' + F_{33}\xi_3\xi_3'\}, \qquad do' = \sin\vartheta\, d\vartheta\, d\varphi \tag{87,12}$$

mit

$$\left.\begin{aligned} F_0 &= \frac{\omega}{\omega'} + \frac{\omega'}{\omega} - \sin^2\vartheta, \qquad F_3 = \sin^2\vartheta, \\ F_{11} &= 2\cos\vartheta, \qquad F_{22} = \left(\frac{\omega}{\omega'} + \frac{\omega'}{\omega}\right)\cos\vartheta, \qquad F_{33} = 1 + \cos^2\vartheta \end{aligned}\right\} \tag{87,13}$$

(U. Fano, 1949). Obwohl der Ausdruck (87,12) nicht explizit vom Azimut der Streuebene φ abhängt, ist doch eine implizite Abhängigkeit vorhanden, weil die Parameter ξ_1, ξ_2 und ξ_3 in bezug auf die Achsen xyz definiert sind und diese Achsen mit der Streuebene verknüpft sind. Wir erinnern daran, daß die x-Achse für beide Photonen gleich ist und senkrecht auf der Streuebene steht:

$$x \parallel [\boldsymbol{k}\,\boldsymbol{k}'],$$

die y-Achsen liegen in der Streuebene:

$$y \parallel [\boldsymbol{k}[\boldsymbol{k}\,\boldsymbol{k}']], \qquad y' \parallel [\boldsymbol{k}'[\boldsymbol{k}\,\boldsymbol{k}']].$$

Wir bilden die Summe der Streuquerschnitte, die sich im Vorzeichen von ξ' unterscheiden (d. h., wir setzen $\vec{\xi}' = 0$ und multiplizieren das Ergebnis mit 2), und erhalten den totalen (über die Polarisationen des Photons im Endzustand summierten) Streuquerschnitt für die Streuung eines polarisierten Photons an einem unpolarisierten Elektron. Mit der Bezeichnung $d\sigma(\vec{\xi})$ für diesen Streuquerschnitt haben wir

$$d\sigma(\vec{\xi}) = \frac{1}{2} r_e^2 \left(\frac{\omega'}{\omega}\right)^2 F\, do' \tag{87,14}$$

mit

$$F = F_0 + \xi_3 F_3 = \frac{\omega}{\omega'} + \frac{\omega'}{\omega} - (1 - \xi_3)\sin^2\vartheta. \tag{87,15}$$

Der Streuquerschnitt für zur Streuebene senkrecht polarisierte Photonen ($\xi_3 = 1$) ist größer als für in der Streuebene polarisierte Photonen ($\xi_3 = -1$). Der Streuquerschnitt ist von der zirkularen Polarisation unabhängig, auch vom Parameter ξ_1 hängt er nicht ab. Deshalb ist der Streuquerschnitt gleich dem Streuquerschnitt für unpolarisierte Photonen, wenn keine lineare Polarisation in x- oder y-Richtung vorhanden ist ($\xi_3 = 0$) und sogar wenn lineare Polarisation im Winkel von 45° zu diesen Achsen vorliegt.

Ähnliche Eigenschaften hat der Streuquerschnitt für unpolarisierte Photonen, wenn die Polarisation des Photons mit einem Detektor festgestellt wird. Dieser Streuquerschnitt (mit $d\sigma(\vec{\xi}')$ bezeichnet) ergibt sich aus Formel (87,12), indem $\vec{\xi} = 0$ gesetzt wird:

$$d\sigma(\vec{\xi}') = \frac{1}{4} r_e^2 \left(\frac{\omega'}{\omega}\right)^2 F' \, do' , \qquad F' = F_0 + \xi_3' F_3 . \tag{87,16}$$

Aus Formel (87,12) kann man noch leicht die Polarisation des Sekundärphotons selbst finden. Die Parameter für die Polarisation bezeichnen wir mit $\vec{\xi}^{(f)}$ in Unterschied zur mit einem Detektor festgestellten Polarisation $\vec{\xi}'$. Nach den Regeln von § 66 sind die Größen $\xi_i^{(f)}$ gleich den Verhältnissen der Koeffizienten der $\vec{\xi}_i'$ zu dem $\vec{\xi}'$-freien Glied:

$$\xi_1^{(f)} = \frac{F_{11}}{F} \xi_1 , \qquad \xi_2^{(f)} = \frac{F_{22}}{F} \xi_2 , \qquad \xi_3^{(f)} = \frac{F_3 + F_{33} \xi_3}{F} . \tag{87,17}$$

Für die Streuung eines unpolarisierten Photons ist speziell

$$\xi_1^{(f)} = \xi_2^{(f)} = 0 , \qquad \xi_3^{(f)} = \frac{\sin^2 \vartheta}{\omega/\omega' + \omega'/\omega - \sin^2 \vartheta} . \tag{87,18}$$

Dabei ist $\xi_3^{(f)} > 0$, d. h., das sekundäre Photon ist senkrecht zur Streuebene polarisiert. Ein zirkular polarisiertes Sekundärphoton entsteht, wenn das primäre Photon zirkular polarisiert war: $\xi_2^{(f)} \neq 0$ nur für $\xi_2 \neq 0$.

Nun behandeln wir den Fall, daß das einlaufende Photon vollständig linear polarisiert ist ($\xi_2 = 0$, $\xi_1^2 + \xi_3^2 = 1$), und suchen den Streuquerschnitt dafür, daß auch die lineare Polarisation des Sekundärphotons mit einem Detektor festgestellt wird. Wir drücken die Parameter ξ_i und ξ_i' durch die Komponenten der Polarisationsvektoren der Photonen $\boldsymbol{e}$ und $\boldsymbol{e}'$ aus und bekommen folgenden Ausdruck für den Streuquerschnitt:

$$d\sigma = \frac{r_e^2}{4} \left(\frac{\omega'}{\omega}\right)^2 \left(\frac{\omega}{\omega'} + \frac{\omega'}{\omega} - 2 + 4 \cos^2 \Theta\right) do' ; \tag{87,19}$$

Θ ist der Winkel zwischen den Polarisationsrichtungen des einlaufenden und des gestreuten Photons.[1])

Dieser Formel entsprechend verhält sich der Querschnitt wesentlich anders, je nachdem, ob die Polarisationen $\boldsymbol{e}$ und $\boldsymbol{e}'$ aufeinander senkrecht stehen oder nicht. Wir unterscheiden diese beiden Fälle mit den Indizes $\perp$ und $||$ und haben im nichtrelativistischen Grenzfall ($\omega \ll m$, $\omega' \approx \omega$)

$$d\sigma_{\perp} = 0 , \qquad d\sigma_{||} = r_e^2 \cos^2 \Theta \, do' \tag{87,20}$$

[1]) Die Formel (87,19) selbst wäre einfacher abzuleiten, wenn man von Anfang an in der Streuamplitude (86,3) $e = (0, \boldsymbol{e})$ und $e' = (0, \boldsymbol{e}')$ setzt und die weitere Berechnung des Amplitudenquadrates in dreidimensionaler Form durchführt (d. h., wenn man räumliche und zeitliche Komponenten der 4-Vektoren trennt).

Wenn wir $\cos^2 \Theta = (\boldsymbol{e}\,\boldsymbol{e}')^2$ über die Richtungen von $\boldsymbol{e}$ und $\boldsymbol{e}'$ (mit Hilfe von (45,4a)) mitteln und den Querschnitt mit 2 multiplizieren (Übergang zur Summe über $\boldsymbol{e}'$), dann gelangen wir natürlich wieder zu (86,9).

in Übereinstimmung mit den klassischen Formeln. Im ultrarelativistischen Fall dagegen haben wir $\omega \gg m$ und $\omega' \approx m/(1 - \cos\vartheta)$. Hier muß man die Bereiche großer und kleiner Winkel voneinander unterscheiden (ω/ω' groß oder klein):

$$\left.\begin{aligned} d\sigma_\perp &= d\sigma_{\|} = \frac{1}{4} r_e^2 \frac{\omega'}{\omega} do' = \frac{1}{4} r_e^2 \frac{m\, do'}{\omega\,(1 - \cos\vartheta)} \quad \text{für} \quad \vartheta^2 \gg \frac{m}{\omega}\,; \\ d\sigma_\perp &= 0\,, \qquad d\sigma_{\|} = r_e^2 \cos^2\Theta\, do' \qquad \text{für} \qquad \vartheta^2 \ll \frac{m}{\omega}\,. \end{aligned}\right\} \quad (87{,}21)$$

Wir sehen, daß der Streuquerschnitt für sehr kleine Winkel mit dem klassischen Ausdruck übereinstimmt. Die Gleichheit $d_\perp \approx d\sigma_{\|}$ für nicht zu kleine Winkel bedeutet, daß in diesem Bereich die gestreute Strahlung im ultrarelativistischen Fall nicht polarisiert ist. Dieser Schluß bezieht sich aber nur auf ein linear polarisiertes einfallendes Photon; denn aus (87,17) ist zu ersehen, daß für ein zirkular polarisiertes Photon im ultrarelativistischen Fall $\xi_2^{(f)} \approx \cos\vartheta \cdot \xi_2$ gilt.

Streuung an polarisierten Elektronen

Für polarisierte Elektronen wird die Berechnung der Spuren in Formel (87,10) sehr umfangreich, obwohl es keine prinzipiellen Komplikationen gibt. Wir geben hier nur einige Endergebnisse dieser Rechnung an.[1])

Im allgemeinen Fall hängt der Streuquerschnitt sowohl von den Polarisationsparametern des Photons $\vec{\xi}$ und $\vec{\xi}'$ in Anfangs- und Endzustand ab als auch von den durch die Vektoren $\vec{\zeta}$ und $\vec{\zeta}'$ bestimmten Polarisationen des Elektrons in Anfangs- und Endzustand. Von allen diesen Parametern hängt der Streuquerschnitt linear ab. Der Streuquerschnitt hat die Gestalt

$$d\sigma = \frac{1}{2} d\sigma\,(\vec{\xi}, \vec{\xi}') + \frac{r_e^2}{8}\left(\frac{\omega'}{\omega}\right)^2 do' \times$$
$$\times \{\boldsymbol{f}\vec{\zeta}\,\xi_2 + \boldsymbol{f}'\vec{\zeta}\,\xi_2' + \boldsymbol{g}\vec{\zeta}'\,\xi_2 + \boldsymbol{g}'\vec{\zeta}'\,\xi_2' + G_{ik}\zeta_i\zeta_k' + \ldots\}\,. \qquad (87{,}22)$$

Hier ist $d\sigma(\vec{\xi}, \vec{\xi}')$ der Streuquerschnitt (87,12). Es sind alle Glieder aufgeschrieben worden, die Produkte zweier Polarisationsparameter enthalten. Glieder mit Produkten aus drei oder vier Parametern sind weggelassen worden. Diese Glieder sind unwesentlich, wenn wir uns nur für die Korrelation zwischen den Polarisationen zweier Teilchen interessieren; denn sie fallen heraus, wenn die Polarisationsparameter der beiden anderen Teilchen Null gesetzt

---

[1]) Wegen der vollständigen Angabe der Ergebnisse s. die Originalarbeiten: F. Lipps und H. A. Tolhoek, Physica **20** (1954) 85, 395; s. a. die Übersichtsartikel: H. A. Tolhoek, Rev. Mod. Phys. **28** (1956) 277; W. H. McMaster, Rev. Mod. Phys. **33** (1961) 8.

werden. Wir geben die Werte für einige solche Koeffizienten im Laborsystem an:

$$\boldsymbol{f} = -\frac{1}{m}(1 - \cos\vartheta)\,(\boldsymbol{k}\cos\vartheta + \boldsymbol{k}')\,,$$

$$\boldsymbol{f}' = -\frac{1}{m}(1 - \cos\vartheta)\,(\boldsymbol{k} + \boldsymbol{k}'\cos\vartheta)\,,$$

$$\boldsymbol{g} = -\frac{1}{m}(1 - \cos\vartheta)\left[(\boldsymbol{k}\cos\vartheta + \boldsymbol{k}') - (1 + \cos\vartheta)\frac{\omega + \omega'}{\omega - \omega' + 2m}(\boldsymbol{k} - \boldsymbol{k}')\right],$$

$$\boldsymbol{g}' = -\frac{1}{m}(1 - \cos\vartheta)\left[(\boldsymbol{k} + \boldsymbol{k}'\cos\vartheta) - (1 + \cos\vartheta)\frac{\omega + \omega'}{\omega - \omega' + 2m}(\boldsymbol{k} - \boldsymbol{k}')\right]. \tag{87,23}$$

Im Streuquerschnitt (87,22) fehlt ein Glied der Gestalt $\boldsymbol{G}\vec{\zeta}$. Das bedeutet, daß die Polarisation des Elektrons den totalen (über $\vec{\xi}'$ und $\vec{\zeta}'$ summierten) Streuquerschnitt für unpolarisierte Photonen nicht beeinflußt. Es tritt auch kein Glied der Gestalt $\boldsymbol{G}'\vec{\zeta}'$ auf; demnach wird das Rückstoßelektron bei der Streuung unpolarisierter Photonen nicht polarisiert.

Die in den Polarisationen von Elektron und Photon bilinearen Terme enthalten nur die Parameter ξ_2 und ξ_2' für zirkulare Polarisation des Photons. Die Polarisationsvektoren der Elektronen $\vec{\zeta}$ und $\vec{\zeta}'$ gehen nur als Skalarprodukte $\boldsymbol{f}\vec{\zeta}, \ldots$ ein; in diesen Skalarprodukten stehen nur die Projektionen dieser Vektoren auf die Streuebene. Der Streuquerschnitt für ein polarisiertes Photon und ein polarisiertes Elektron

$$d\sigma(\vec{\xi}, \vec{\zeta}) = d\sigma(\vec{\xi}) + \frac{1}{2} r_e^2 \left(\frac{\omega'}{\omega}\right)^2 \xi_2 \boldsymbol{f}\vec{\zeta}\, do' \tag{87,24}$$

weicht daher nur dann von $d\sigma(\vec{\xi})$ ab, wenn das Photon zirkular polarisiert ist und das Elektron eine von Null verschiedene Projektion des mittleren Spins auf die Streuebene hat. Aus demselben Grund wird das Rückstoßelektron nur dann polarisiert, wenn das Photon zirkular polarisiert ist. Der Vektor für die entstehende Polarisation des Elektrons liegt dabei in der Streuebene:

$$\vec{\zeta}^{(f)} = \frac{1}{F}\xi_2 \boldsymbol{g}\,. \tag{87,25}$$

Symmetrierelationen

Zum Schluß weisen wir noch darauf hin, daß die qualitativen Eigenschaften der Polarisationseffekte bei der Streuung von Photonen an Elektronen bereits aus allgemeinen Symmetrieforderungen folgen.

Der Parameter ξ_2 für die zirkulare Polarisation ist ein Pseudoskalar (s. § 8). Fordern wir P-Invarianz, so können Glieder $\propto \xi_2$ (oder $\propto \xi_2'$) im Streuquerschnitt nur als Produkte von ξ_2 mit einem Pseudoskalar auftreten, der aus den uns zur Verfügung stehenden Vektoren $\boldsymbol{k}$ und $\boldsymbol{k}'$ gebildet wird.[1]) Aus zwei polaren Vektoren kann man aber keinen Pseudoskalar bilden. Daraus folgt, daß derartige Terme im Querschnitt nicht vorkommen können.

Die Parameter für lineare Polarisation ξ_1 und ξ_3 hängen mit den Komponenten eines zweidimensionalen (in einer zu $\boldsymbol{k}$ senkrechten Ebene), symmetrischen Tensors zusammen:

$$S_{\alpha\beta} = \frac{1}{2}(\varrho^{(\gamma)}_{\alpha\beta} + \varrho^{(\gamma)}_{\beta\alpha}) = \frac{1}{2}\begin{pmatrix} 1+\xi_3 & \xi_1 \\ \xi_1 & 1-\xi_3 \end{pmatrix}.$$

Im vorliegenden Fall wird eine Polarisationsrichtung durch den Vektor $\vec{\nu} = [\boldsymbol{k}\,\boldsymbol{k}']$ bestimmt, die andere liegt in der von $\boldsymbol{k}$ und $\boldsymbol{k}'$ aufgespannten Ebene (in Richtung von $[\boldsymbol{k}\,\vec{\nu}]$ oder $[\boldsymbol{k}'\,\vec{\nu}]$ für das eine oder das andere Photon). Glieder $\propto \xi_1$ können im Streuquerschnitt nur als Produkte $S_{\alpha\beta}\,\nu_\alpha[\boldsymbol{k}'\,\vec{\nu}]_\beta$ (oder $S_{\alpha\beta}\,\nu_\alpha\,k'_\beta$, was dasselbe ist) auftreten usw. Da aber $\vec{\nu}$ ein axialer, $\boldsymbol{k}$ ein polarer Vektor und $S_{\alpha\beta}$ ein echter Tensor sind, sind solche Produkte bei einer Spiegelung nicht invariant. Deshalb können auch Glieder $\propto \xi_1$ (oder $\propto \xi'_1$) nicht im Streuquerschnitt vorkommen. Glieder $\propto \xi_3$ (oder $\propto \xi'_3$) treten als Produkte $S_{\alpha\beta}\,\nu_\alpha\,\nu_\beta$ u. ä. auf und sind aus Symmetrieüberlegungen nicht verboten.

Die zur Elektronenpolarisation $\vec{\zeta}$ proportionalen Glieder im Streuquerschnitt widersprechen der Paritätserhaltung nicht; denn solche Glieder können als Produkte zweier Axialvektoren, $\vec{\zeta}\,\vec{\nu}$, gebildet werden. Sie dürfen aber in der betrachteten, ersten nicht verschwindenden Näherung der Störungstheorie nicht vorkommen, weil die Streumatrix in dieser Näherung hermitesch sein muß (§ 72).

Wegen dieser Hermitezität ändert sich das Quadrat der Streuamplitude (und damit auch der Streuquerschnitt) nicht, wenn Anfangs- und Endzustand vertauscht werden. Gleichzeitig muß der Streuquerschnitt invariant gegenüber einer Zeitumkehr sein — gegenüber der Vertauschung von Anfangs- und Endzustand und gleichzeitigem Vorzeichenwechsel der Impuls- und Drehimpulsvektoren aller Teilchen (die Stokesschen Parameter ξ_1, ξ_2 und ξ_3 bleiben dabei unverändert; s. § 8). Wir kombinieren diese Forderungen und gelangen zu dem Schluß, daß sich der Streuquerschnitt in der betrachteten Näherung nicht ändern darf, wenn gleichzeitig die Vorzeichen aller Impulse und Drehimpulse ohne Vertauschung von Anfangs- und Endzustand umgekehrt werden, d. h. bei der Transformation

$$\boldsymbol{k} \to -\boldsymbol{k}_1, \qquad \boldsymbol{k}' \to -\boldsymbol{k}', \qquad \vec{\zeta} \to -\vec{\zeta}, \qquad \vec{\zeta}' \to -\vec{\zeta}' \tag{87,26}$$

und unveränderten Parametern $\vec{\xi}$ und $\vec{\xi}'$.

Die Transformation (87,26) verändert das Vorzeichen des Produktes $\vec{\zeta}\,\vec{\nu}$, und solche Glieder dürfen demnach nicht im Streuquerschnitt vorkommen.

---

[1]) Wir betrachten den Prozeß im Laborsystem, wo $\boldsymbol{p} = 0$ und $\boldsymbol{p}' = \boldsymbol{k} - \boldsymbol{k}'$ ist. Offensichtlich hängen die uns interessierenden Folgerungen aus den Symmetrieforderungen (das Vorhandensein oder das Fehlen gewisser Glieder im Streuquerschnitt) nicht von der Wahl des Bezugssystems ab.

Dieses Verbot ist aber keine Folge strenger Symmetrieforderungen und kann daher in den nächsten Näherungen der Störungstheorie verletzt werden.

Die Symmetrie bezüglich der Parität verbietet von den Gliedern mit doppelter Korrelation zwischen den Photonenpolarisationen nur die Glieder der Gestalt $\xi_1 \xi_3$ und $\xi_2 \xi_3$, für die Korrelation zwischen Photonen und Elektronen bestehen in dieser Hinsicht keine Verbote. Aber alle Glieder der Gestalt $\xi_1 \xi_2$, $\xi_1 \vec{\zeta}$ und $\xi_3 \vec{\zeta}$ sind in erster Näherung von der Forderung nach Invarianz gegenüber der Transformation (87,26) verboten. Glieder der Form $\xi_1 \xi_2'$ und $\xi_1 \vec{\zeta}$ könnten (hinsichtlich der Paritätserhaltung) nur als Skalare gebildet werden, zum Beispiel als $\xi_2' \, S_{\alpha\beta} \, k_\alpha' \, \nu_\beta$ und $(S_{\alpha\beta} \, k_\alpha' \, \nu_\beta) \, (\vec{\zeta} \, \boldsymbol{k})$; diese Kombinationen wechseln aber bei der Transformation (87,26) ihr Vorzeichen.

Die erlaubten Korrelationsterme der Gestalt $\xi_2 \vec{\zeta}$ können als Produkte der Art $\xi_2 (\vec{\zeta} \, \boldsymbol{k})$ gebildet werden. Die Polarisationsvektoren der Elektronen gehen darin nur mit den Projektionen auf die Streuebene ein.

Schließlich ergibt sich eine ganze Reihe von Beziehungen zwischen den Koeffizienten in den erlaubten Termen aus den Forderungen nach Crossing-Universalität. Die Reaktionskanäle, die sich durch Vertauschung der Photonen im Anfangs- und Endzustand voneinander unterscheiden, gehören zum gleichen Prozeß — zur Streuung eines Photons an einem Elektron. Das Betragsquadrat der Amplitude und damit auch der Streuquerschnitt müssen demnach bei einer Transformation invariant sein, die diese Kanäle ineinander überführt:

$$k \leftrightarrow -k', \qquad e \leftrightarrow e'^*$$

bei unveränderten Impulsen und Polarisationen der Elektronen. In dreidimensionaler Form bedeutet diese Transformation die Substitutionen

$$\left.\begin{aligned} \omega \leftrightarrow -\omega', \qquad \boldsymbol{k} \leftrightarrow -\boldsymbol{k}', \\ \xi_1 \leftrightarrow \xi_1', \qquad \xi_2 \leftrightarrow -\xi_2', \qquad \xi_3 \leftrightarrow \xi_3'. \end{aligned}\right\} \tag{87,27}$$

Der Vorzeichenwechsel des Parameters ξ_2 ist aus dem Ausdruck $\xi_2 = i[\boldsymbol{e}\,\boldsymbol{e}^*]\,\boldsymbol{n}$ zu ersehen, in dem der Vektor $[\boldsymbol{e}\,\boldsymbol{e}^*]$ beim Vertauschen $\boldsymbol{e} \leftrightarrow \boldsymbol{e}^*$ das Vorzeichen wechselt und der Vektor $\boldsymbol{n} = \boldsymbol{k}/\omega$ bei den Vertauschungen $\boldsymbol{k} \leftrightarrow -\boldsymbol{k}$ und $\omega \leftrightarrow -\omega$ unverändert bleibt. Die Transformation (87,27) berührt die Elektronenimpulse nicht und beläßt das Laborsystem als Laborsystem. Der Streuquerschnitt (87,22) darf daher seine Gestalt bei dieser Transformation nicht ändern; die Formeln (87,12), (87,22) und (87,23) erfüllen tatsächlich diese Bedingung.

§ 88. Vernichtung eines Elektronenpaares unter Erzeugung zweier Photonen

Die Vernichtung eines Elektrons und eines Positrons (mit den 4-Impulsen p_- und p_+) unter Bildung zweier Photonen (k_1 und k_2) wird durch die beiden Diagramme

(88,1)

dargestellt. Sie gehen aus den Diagrammen für die Streuung eines Photons an einem Elektron durch die Substitution

$$p \to p_- , \qquad p' \to -p_+ ; \qquad k \to -k_1 , \qquad k' \to k_2 \tag{88,2}$$

hervor. Diese beiden Prozesse sind zwei Crossing-Kanäle der gleichen (verallgemeinerten) Reaktion. Nach der Substitution (88,2) erhalten die kinematischen Invarianten (86,2) folgende Bedeutung:

$$\left.\begin{aligned} s &= (p_- - k_1)^2 , \\ t &= (p_- + p_+)^2 = (k_1 + k_2)^2 , \\ u &= (p_- - k_2)^2 . \end{aligned}\right\} \tag{88,3}$$

Wenn die Photonenstreuung als s-Kanal angesehen wird, dann ist die Paarvernichtung der t-Kanal.

Das Quadrat $|M_{fi}|^2$ für die Paarvernichtung (gemittelt über die Polarisationen der Elektronen und summiert über die Polarisationen der Photonen) stimmt als Funktion der Invarianten s und u mit der analogen Größe für die Streuung überein, sobald die Bedeutung der Invarianten abgeändert wird.[1]) In der Formel für den Querschnitt (65,23) hat man in den Faktoren von $|M_{fi}|^2$ $s \leftrightarrow t$ zu ersetzen; für die Größe I haben wir jetzt nach (65,15a) $I^2 = (1/4)\, t\,(t - 4\,m^2)$. Wir nehmen die entsprechenden Änderungen in Formel (86,6) vor und erhalten als Ergebnis den Wirkungsquerschnitt für die Paarvernichtung:

$$d\sigma = 8\,\pi\, r_e^2 \frac{m^2\, ds}{t\,(t - 4\,m^2)} \left\{ \left(\frac{m^2}{s - m^2} + \frac{m^2}{u - m^2} \right)^2 + \left(\frac{m^2}{s - m^2} + \frac{m^2}{u - m^2} \right) - \frac{1}{4} \left(\frac{s - m^2}{u - m^2} + \frac{u - m^2}{s - m^2} \right) \right\} . \tag{88,4}$$

Der physikalische Bereich für den Paarvernichtungskanal ist der Bereich II in Abb. 9. Bei festgehaltenem t (gegebene Energie im Massenmittelpunktsystem) wird der Variabilitätsbereich von s durch die Gleichung $s\,u = m^4$ bestimmt. Zusammen mit der Beziehung $s + t + u = 2\,m^2$ ergibt das

$$-\frac{t}{2} - \frac{1}{2}\sqrt{t\,(t - 4\,m^2)} \leqq s - m^2 \leqq -\frac{t}{2} + \frac{1}{2}\sqrt{t\,(t - 4\,m^2)} . \tag{88,5}$$

Die Integration des Ausdrucks (88,4) ist elementar; das Ergebnis ist durch 2 zu teilen, weil die beiden Teilchen (Photonen) im Endzustand identisch sind. Auf diese Weise erhalten wir

$$\sigma = \frac{2\,\pi\, r_e^2}{\tau^2\,(\tau - 4)} \left[(\tau^2 + 4\,\tau - 8) \ln \frac{\sqrt{\tau} + \sqrt{\tau - 4}}{\sqrt{\tau} - \sqrt{\tau - 4}} - (\tau + 4) \sqrt{\tau\,(\tau - 4)} \right] \tag{88,6}$$

mit $\tau = t/m^2$ (P. A. M. Dirac, 1930).

---

[1]) Dabei ist berücksichtigt, daß Photonen und Elektronen je zwei unabhängige Polarisationen haben; es ist deshalb unwesentlich, über wessen Polarisationen $|M_{fi}|^2$ gemittelt und über wessen Polarisationen summiert wird.

Im nichtrelativistischen Grenzfall ($\tau \to 4$) finden wir hieraus

$$\sigma = \frac{\pi r_e^2}{\sqrt{\tau - 4}}. \tag{88,7}$$

Im ultrarelativistischen Fall ($\tau \to \infty$) ist

$$\sigma = \frac{2 \pi r_e^2}{\tau} (\ln \tau - 1) . \tag{88,8}$$

Im Laborsystem, in dem ein Teilchen (sagen wir, das Elektron) vor dem Stoß ruht, ist die Invariante τ:

$$\tau = 2 (1 + \gamma) , \qquad \gamma = \frac{\varepsilon_+}{m}. \tag{88,9}$$

Die Formeln (88,6) bis (88,8) geben den totalen Wirkungsquerschnitt in Abhängigkeit von der Energie des einlaufenden Positrons an:

$$\sigma = \frac{\pi r_e^2}{\gamma + 1} \left[\frac{\gamma^2 + 4\gamma + 1}{\gamma^2 - 1} \ln (\gamma + \sqrt{\gamma^2 - 1}) - \frac{\gamma + 3}{\sqrt{\gamma^2 - 1}} \right]. \tag{88,10}$$

Insbesondere ist im nichtrelativistischen Grenzfall[1])

$$\sigma = \frac{\pi r_e^2}{v_+} \qquad \text{(nichtrel.)} , \tag{88,11}$$

wenn v_+ die Geschwindigkeit des Positrons ist.

Im Massenmittelpunktsystem haben Elektron, Positron und die beiden Photonen gleiche Energien $\varepsilon = \omega$. Die Invarianten sind

$$\left. \begin{aligned} m^2 - s = 2 \varepsilon (\varepsilon - |\boldsymbol{p}| \cos \theta) , \qquad m^2 - u = 2 \varepsilon (\varepsilon + |\boldsymbol{p}| \cos \theta) , \\ t = 4 \varepsilon^2 ; \end{aligned} \right\} \tag{88,12}$$

θ ist der Winkel zwischen dem Elektronenimpuls und dem Impuls eines Photons. Damit gehen wir in (88,4) ein und erhalten für die Winkelverteilung der Photonen

$$d\sigma = \frac{r_e^2 m^2}{4 \varepsilon |\boldsymbol{p}|} \left[\frac{\varepsilon^2 + \boldsymbol{p}^2 (1 + \sin^2 \theta)}{\varepsilon^2 - \boldsymbol{p}^2 \cos^2 \theta} - \frac{2 \boldsymbol{p}^4 \sin^4 \theta}{(\varepsilon^2 - \boldsymbol{p}^2 \cos^2 \theta)^2} \right] do . \tag{88,13}$$

Im ultrarelativistischen Fall hat sie symmetrische Maxima zu den Richtungen $\theta = 0$ und $\theta = \pi$. In der Nähe von $\theta = 0$ ist

$$d\sigma \approx \frac{r_e^2 m^2 \, do}{2 \varepsilon^2 (\theta^2 + m^2/\varepsilon^2)} \qquad \text{(ultrarel.)} . \tag{88,14}$$

Der totale Wirkungsquerschnitt folgt aus (88,6):

$$\sigma = \pi r_e^2 \frac{1 - v^2}{4 v} \left[\frac{3 - v^4}{v} \ln \frac{1 + v}{1 - v} - 2 (2 - v^2) \right] \tag{88,15}$$

mit der Geschwindigkeit der stoßenden Teilchen $v = |\boldsymbol{p}|/\varepsilon = \sqrt{\varepsilon^2 - m^2}/\varepsilon$.

---

[1]) Diese Formel wird aber für $v_+ \lesssim \alpha$ unbrauchbar, und man darf die COULOMB-Wechselwirkung zwischen den Komponenten des Paares nicht vernachlässigen (vgl. den Schluß von § 92).

Wir werden hier die Details der Polarisationseffekte bei der Paarvernichtung nicht behandeln;[1]) wir werden uns nur mit einigen qualitativen Besonderheiten dieser Effekte in den Grenzfällen großer und kleiner Geschwindigkeiten v der stoßenden Teilchen beschäftigen. Dabei werden wir den Prozeß im Massenmittelpunktsystem betrachten.

Im Grenzfall $v \to 0$ liefert nur der Zustand mit dem Bahndrehimpuls der Relativbewegung $l = 0$ einen von Null verschiedenen Beitrag zum Wirkungsquerschnitt. S-Zustände des Systems „Elektron + Positron" haben aber negative Parität (s. die Aufgabe zu § 27). In Zuständen mit negativer Parität haben zwei Photonen aufeinander senkrechte Polarisationen (§ 9). Im nichtrelativistischen Fall müssen die Photonen aus einer Paarvernichtung diese Eigenschaft aufweisen.

Sind Elektron und Positron polarisiert, dann kann man für den nichtrelativistischen Fall behaupten, daß eine Paarvernichtung nur für antipartielle Spins möglich ist. Da die Paarvernichtung aus einem S-Zustand heraus erfolgt, ist tatsächlich der Gesamtdrehimpuls des Systems gleich dem Gesamtspin der Teilchen, gleich 1 für parallele Spins. Ein System aus zwei Photonen hat aber überhaupt keinen Zustand mit dem Gesamtdrehimpuls 1 (§ 9).

Im ultrarelativistischen Grenzfall ($v \to 1$) ist die Vernichtung longitudinal polarisierter Teilchen (Elektron und Positron) nur möglich, wenn die Spiralitäten von Elektron und Positron entgegengesetzte Vorzeichen haben.[2]) In diesem Grenzfall verhalten sich die Teilchen mit bestimmten Spiralzuständen wie Neutrinos (s. den Schluß von § 81); deshalb müssen sich Elektron und Positron ähnlich wie Neutrino und Antineutrino verhalten, woraus sich obige Behauptung ergibt.

Eine Vernichtung von Elektron und Positron mit gleichen Spiralitäten kommt im ultrarelativistischen Fall nur dann vor, wenn man die Glieder mit m berücksichtigt. Die Amplitude für diesen Prozeß unterscheidet sich größenordnungsmäßig um einen Faktor m/ε von der Amplitude für die Vernichtung eines Paares mit parallelen Spins; der Wirkungsquerschnitt ist dementsprechend um einen Faktor $(m/\varepsilon)^2$ kleiner.

Aufgabe

Man berechne den Wirkungsquerschnitt für die Bildung eines Elektronen-Positronpaares beim Stoß zweier Photonen (G. Breit, J. A. Wheeler, 1934)!

Lösung: Das ist der inverse Prozeß zur Vernichtung eines Elektron–Positron-Paares unter Bildung zweier Photonen. Die Quadrate der Amplituden für beide Prozesse sind gleich; ihr Zusammenhang mit dem Wirkungsquerschnitt ist anders, weil jetzt $I^2 = (k_1 k_2)^2 = t^2/4$ ist. Demnach ist

$$d\sigma_B = d\sigma_V \frac{t - 4m^2}{t}.$$

[1]) S. L. A. Page, Phys. Rev. **106** (1957) 394; W. H. McMaster, Rev. Mod. Phys. **33** (1961) 8.

[2]) Da gleichzeitig die Impulse der Teilchen (im Massenmittelpunktsystem) entgegengesetzt gerichtet sind, entsprechen Spiralitäten verschiedenen Vorzeichens parallele Spins.

Im Massenmittelpunktsystem ist ($t = 4\,\varepsilon^2 = 4\,\omega^2$)

$$d\sigma_B = v^2\, d\sigma_V;$$

v ist die Geschwindigkeit der Komponenten des Paares. Bei der Integration zur Berechnung des totalen Wirkungsquerschnitts ist zu beachten, daß das Ergebnis hier nicht wie bei der Paarvernichtung durch 2 zu dividieren ist; denn die beiden Teilchen im Endzustand (Elektron und Positron) sind nicht identisch. Deshalb haben wir (im Massenmittelpunktsystem)

$$\sigma_B = 2\,v^2\,\sigma_V = \frac{\pi\, r_e^2}{2}(1 - v^2)\left\{(3 - v^4)\ln\frac{1+v}{1-v} - 2\,v\,(2 - v^2)\right\}. \tag{1}$$

In einem beliebigen Bezugssystem K, in dem die beiden Photonen k_1 und k_2 einander entgegenfliegen, ist (wegen der Invarianz von $k_1 k_2$)

$$\omega_1\,\omega_2 = \omega^2;$$

ω ist die Energie der Photonen im Massenmittelpunktsystem. Da die Energien der Photonen und der Komponenten des Paares im Massenmittelpunktsystem gleich sind, ist $\omega = \varepsilon = m/\sqrt{1 - v^2}$. Beim Übergang zum System K hat man daher in (1)

$$v = \sqrt{1 - \frac{m^2}{\omega_1\,\omega_2}}$$

zu setzen.

§ 89. Vernichtung von Positronium

Aus Gründen der Impulserhaltung muß die Vernichtung des Elektrons und des Positrons im Positronium von der Emission mindestens zweier Photonen begleitet sein. Ein solcher Zerfall (aus dem Grundzustand heraus) ist aber nur für Parapositronium möglich. In § 9 ist gezeigt worden, daß der Gesamtdrehimpuls eines Systems von zwei Photonen nicht gleich 1 sein kann. Deswegen kann das Orthopositronium, das sich in einem $^3S_1$-Zustand befindet, nicht in zwei Photonen zerfallen. Das Positronium hat im $^3S_1$-Zustand negative Ladungsparität (s. die Aufgabe zu § 27); auf Grund des Furry-Theorems (§ 80) kann das Positronium aus diesem Zustand heraus überhaupt nicht in eine gerade Anzahl von Photonen zerfallen. Dagegen hat das Positronium im $^1S_0$-Zustand positive Ladungsparität, und deshalb ist der Zufall des Parapositroniums in eine beliebige ungerade Anzahl von Photonen verboten.

Der wesentliche Prozeß, der die Lebensdauer des Positroniums bestimmt, ist also die Vernichtung des Parapositroniums unter Emission von zwei Photonen und die Vernichtung des Orthopositroniums unter Emission von drei Photonen (I. Ja. Pomerantschuk, 1948). Die Zerfallswahrscheinlichkeit kann mit dem Wirkungsquerschnitt für die Vernichtung eines freien Paares in Zusammenhang gebracht werden.

Die Impulse von Elektron und Positron im Positronium sind $\sim m\,e^2/\hbar$, d. h. klein gegenüber $m\,c$. Bei der Berechnung der Wahrscheinlichkeit für die Vernichtung kann man daher zur Grenze zweier im Koordinatenursprung ruhender Teilchen übergehen. $\bar{\sigma}_{2\gamma}$ sei der Wirkungsquerschnitt für die Vernichtung eines freien Paares unter Bildung von zwei Photonen; dieser Querschnitt sei über die Spinrichtungen der beiden Teilchen gemittelt. Im nichtrelativistischen Grenzfall haben wir gemäß (88,11)[1])

$$\bar{\sigma}_{2\gamma} = \pi \left(\frac{e^2}{m c^2}\right)^2 \frac{c}{v} \tag{89,1}$$

mit v als Relativgeschwindigkeit der Teilchen. Wir erhalten die Wahrscheinlichkeit $\bar{w}_{2\gamma}$ für die Vernichtung, indem wir $\bar{\sigma}_{2\gamma}$ mit der Stromdichte $v|\psi(0)|^2$ multiplizieren. Hier ist $\psi(r)$ die auf 1 normierte Wellenfunktion des Positroniumgrundzustandes:

$$\psi(r) = \frac{1}{\sqrt{\pi a^3}} e^{-\frac{r}{a}}, \qquad a = \frac{2 \hbar^2}{m e^2} \tag{89,2}$$

(der Bohrsche Radius des Positroniums a ist doppelt so groß wie der Radius des Wasserstoffatoms, weil die reduzierte Masse nur halb so groß ist). Diese Wahrscheinlichkeit entspricht einem über die Spins gemittelten Anfangszustand. Im Positronium kann aber von den vier möglichen Spinzuständen eines Systems aus zwei Teilchen nur einer in zwei Photonen zerfallen (derjenige mit dem Gesamtspin 0). Daher hängt die mittlere Zerfallswahrscheinlichkeit $\bar{w}_{2\gamma}$ über die Beziehung $\bar{w}_{2\gamma} = w_0/4$ mit der Zerfallswahrscheinlichkeit w_0 für das Parapositronium zusammen. Auf diese Weise wird

$$w_0 = 4\, |\psi(0)|^2\, (v\, \bar{\sigma}_{2\gamma})_{v \to 0}\,. \tag{89,3}$$

Wir setzen die Werte aus (89,1) und (89,2) ein und bekommen für die Lebensdauer des Parapositroniums

$$\tau_0 = \frac{2 \hbar}{m c^2 \alpha^5} = 1{,}23 \cdot 10^{-10}\,\mathrm{s}\,. \tag{89,4}$$

Wir machen darauf aufmerksam, daß die Niveaubreite $\Gamma_0 = \hbar/\tau_0$ klein gegenüber der Energie des Niveaus ist:

$$|E_{\mathrm{gr}}| = \frac{m e^4}{4 \hbar^2} = m c^2 \frac{\alpha^2}{4}\,.$$

Gerade aus diesem Grunde darf man das Positronium als quasistationäres System ansehen.

Analog finden wir die Zerfallswahrscheinlichkeit für Orthopositronium, die mit dem über die Spins gemittelten Wirkungsquerschnitt für die Vernichtung eines freien Paares unter Bildung dreier Photonen über die Beziehung

$$w_1 = \frac{4}{3} \bar{w}_{3\gamma} = \frac{4}{3} |\psi(0)|^2\, (v\, \bar{\sigma}_{3\gamma})_{v \to 0} \tag{89,5}$$

zusammenhängt (3/4 ist das statistische Gewicht eines Zustandes mit dem Spin 1). Wir greifen vor und benutzen

$$\bar{\sigma}_{3\gamma} = \frac{4(\pi^2 - 9)\, c}{3 v} \alpha \left(\frac{e^2}{m c^2}\right)^2. \tag{89,6}$$

[1]) Die Formeln (89,1) bis (89,7) werden in normalen Einheiten aufgeschrieben.

Demnach ist die Lebensdauer des Orthopositroniums

$$\tau_1 = \frac{9\pi}{2(\pi^2 - 9)} \frac{\hbar}{m c^2 \alpha^6} = 1{,}4 \cdot 10^{-7}\,\mathrm{s}\,. \tag{89,7}$$

Die Ungleichung $\Gamma_1 \ll |E_{gr}|$ ist in diesem Fall selbstverständlich noch besser als für Parapositronium erfüllt.

Jetzt berechnen wir den Wirkungsquerschnitt für die Vernichtung eines freien Paares unter Bildung dreier Photonen (A. ORE, J. L. POWELL, 1949).[1]

Nach (65,18) wird der Wirkungsquerschnitt des betrachteten Prozesses im Massenmittelpunktsystem folgendermaßen durch das Quadrat der Amplitude ausgedrückt:

$$d\sigma_{3\gamma} = \frac{(2\pi)^4 |M_{fi}|^2}{4I} \delta(\boldsymbol{k}_1 + \boldsymbol{k}_2 + \boldsymbol{k}_3)\, \delta(\omega_1 + \omega_2 + \omega_3 - 2m) \frac{d^3k_1\, d^3k_2\, d^3k_3}{(2\pi)^9\, 2\omega_1 \cdot 2\omega_2 \cdot 2\omega_3}. \tag{89,8}$$

Dabei haben wir nach (65,16) $I = 2m \cdot \frac{m}{2} v = m^2 v$; v ist die Relativgeschwindigkeit von Positron und Elektron (die wir als klein voraussetzen); $\boldsymbol{k}_1$, $\boldsymbol{k}_2$, $\boldsymbol{k}_3$ und ω_1, ω_2, ω_3 sind die Wellenzahlvektoren und die Frequenzen der entstehenden Photonen; die δ-Funktion beinhaltet die Erhaltungssätze für Energie und Impuls. Auf Grund dieser Erhaltungssätze müssen die drei Frequenzen ω_1, ω_2, ω_3 durch die Seitenlängen eines Dreiecks mit dem Umfang $2m$ dargestellt werden. Mit anderen Worten, die Beträge der Impulse $\boldsymbol{k}_1$, $\boldsymbol{k}_2$ und $\boldsymbol{k}_3$ und die Winkel zwischen ihnen sind durch die Vorgabe zweier Frequenzen vollständig bestimmt.

Zur Paarvernichtung unter Bildung dreier Photonen gehört das Diagramm

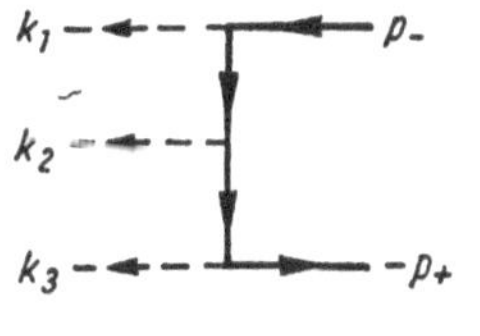

sowie fünf weitere Diagramme, die sich durch Vertauschung der Photonen k_1, k_2 und k_3 ergeben. Die zugehörige Amplitude schreiben wir in der Form

$$M_{fi} = (4\pi)^{3/2}\, e_\lambda^{(3)*}\, e_\mu^{(2)*}\, e_\nu^{(1)*}\, \bar{u}(-p_+)\, Q^{\lambda\mu\nu}\, u(p_-) \tag{89,9}$$

mit

$$Q^{\lambda\mu\nu} = \sum_{\mathrm{P}} \gamma^\lambda G(k_3 - p_+) \gamma^\mu G(p_- - k_1) \gamma^\nu\,, \tag{89,10}$$

es wird über alle Permutationen der Photonennummern 1, 2 und 3 summiert; gleichzeitig sind die entsprechenden Tensorindizes λ, μ und ν zu permutieren. Das Betragsquadrat der über die Polarisationen von Elektron und Positron

---

[1]) Ein anderer Kanal derselben Reaktion ist der doppelte COMPTON-Effekt: $e + \gamma \to$ $\to e + \gamma + \gamma$ (wegen des Wirkungsquerschnitte dieses Prozesses s. F. MANDL und T. H. R. SQUIRME, Proc. Roy. Soc. A **215** (1952) 497.

gemittelten und über die Photonenpolarisationen summierten Amplitude ist

$$\frac{1}{4}\sum_{\text{polar}} |M_{fi}|^2 = (4\pi)^3 \,\mathrm{Sp}\,\{\varrho_+ Q^{\lambda\mu\nu} \varrho_- \overline{Q}_{\lambda\mu\nu}\} \qquad (89{,}11)$$

mit

$$\varrho_- = \frac{1}{2}(\hat{p}_- + m)\,, \qquad \varrho_+ = \frac{1}{2}(\hat{p}_+ - m)\,.$$

In den Matrizen $\overline{Q}^{\lambda\mu\nu}$ ist gegenüber den Matrizen $Q^{\lambda\mu\nu}$ die Reihenfolge der Faktoren in den einzelnen Summanden umgekehrt. Im uns interessierenden Grenzfall kleiner Geschwindigkeiten von Elektron und Positron kann man deren 3-Impulse $\boldsymbol{p}_-$ und $\boldsymbol{p}_+$ gleich Null setzen, d. h. $p_- = p_+ = (m, 0)$. Dann sind die GREENschen Funktionen für das Elektron

$$G(p_- - k_1) = \frac{\hat{p} - \hat{k}_1 + m}{(p - k_1)^2 - m^2} \approx \frac{-k_1 + m(\gamma^0 + 1)}{-2m\omega_1}$$

u. ä.; die Polarisationsmatrizen werden zu

$$\varrho_\mp = \frac{m}{2}(\gamma^0 \pm 1)\,.$$

Beim Ausmultiplizieren in (89,11) entsteht eine Vielzahl von Gliedern. Man kann die Zahl der für die Rechnung erforderlichen Glieder stark herabsetzen, indem man die Symmetrie bei Vertauschung der Photonen in vollem Umfang ausnutzt. Man braucht dann die sechs Summanden in $Q^{\lambda\mu\nu}$ (89,10) nur mit einem beliebigen Summanden in $\overline{Q}^{\lambda\mu\nu}$ zu multiplizieren. Von den auf diese Weise verbleibenden sechs Spuren kann man noch einige Teile herausziehen, die bei verschiedenen Vertauschungen von Photonen ineinander übergehen. Die beim Ausrechnen der Spuren auftretenden Produkte der 4-Vektoren p, k_1, k_2 und k_3 werden alle durch die Frequenzen ω_1, ω_2 und ω_3 ausgedrückt. Wegen $p = (m, 0)$ ist $p\,k_1 = m\,\omega_1, \ldots$ Die Produkte $k_1 k_2, \ldots$ werden aus der Gleichung für die Impulserhaltung $2p = k_1 + k_2 + k_3$ berechnet; wir formen diese Gleichung um in $2p - k_3 = k_1 + k_2$, quadrieren diese und bekommen

$$k_1 k_2 = 2m(m - \omega_3), \ldots \qquad (89{,}12)$$

Als Resultat einer recht langen Rechnung ergibt sich

$$\frac{1}{4}\sum_{\text{polar}} |M_{fi}|^2 = (4\pi)^3 e^6 \cdot 16 \left[\left(\frac{m-\omega_1}{\omega_2\omega_3}\right)^2 + \left(\frac{m-\omega_2}{\omega_1\omega_3}\right)^2 + \left(\frac{m-\omega_3}{\omega_1\omega_2}\right)^2\right].$$

Diesen Ausdruck setzen wir in (89,8) ein und erhalten für den differentiellen Wirkungsquerschnitt der Dreiphotonen-Paarvernichtung

$$d\bar{\sigma}_{3\gamma} = \frac{e^6}{\pi^2 m^2 v}\left[\left(\frac{m-\omega_1}{\omega_2\omega_3}\right)^2 + \left(\frac{m-\omega_2}{\omega_1\omega_3}\right)^2 + \left(\frac{m-\omega_3}{\omega_1\omega_2}\right)^2\right]$$
$$\times\, \delta(\boldsymbol{k}_1 + \boldsymbol{k}_2 + \boldsymbol{k}_3)\,\delta(\omega_1 + \omega_2 + \omega_3 - 2m)\,\frac{d^3k_1\,d^3k_2\,d^3k_3}{\omega_1\omega_2\omega_3}\,. \qquad (89{,}13)$$

Hier muß noch die δ-Funktion eliminiert werden. Die erste δ-Funktion wird bei der Integration über d^3k_3 aufgebraucht; danach substituieren wir die verbleibenden Differentiale

$$d^3k_1\, d^3k_2 \to 4\pi\,\omega_1^2\, d\omega_1 \cdot 2\pi\,\omega_2^2\, d\,(\cos\theta_{12})\, d\omega_2;$$

θ_{12} ist der Winkel zwischen $\boldsymbol{k}_1$ und $\boldsymbol{k}_2$. Es versteht sich, daß bereits über die Richtungen von $\boldsymbol{k}_1$ und über das Azimut von $\boldsymbol{k}_2$ bezüglich $\boldsymbol{k}_1$ integriert worden ist. Wir differenzieren die Gleichung

$$\omega_3 = \sqrt{\omega_1^2 + \omega_2^2 + 2\,\omega_1\,\omega_2 \cos\theta_{12}}$$

und finden

$$d\cos\theta_{12} = \frac{\omega^3}{\omega_1\,\omega_2}\, d\omega_3\,.$$

Bei der Integration über ω_3 fällt die zweite δ-Funktion heraus. Als Ergebnis erhalten wir den Wirkungsquerschnitt für die Paarvernichtung unter Bildung von Photonen mit gegebenen Energien in der Form

$$d\bar{\sigma}_{3\gamma} = \frac{1}{6}\,\frac{8\,e^6}{v\,m^2}\left\{\left(\frac{m-\omega_3}{\omega_1\,\omega_2}\right)^2 + \left(\frac{m-\omega_2}{\omega_1\,\omega_3}\right)^2 + \left(\frac{m-\omega_1}{\omega_2\,\omega_3}\right)^2\right\} d\omega_1\, d\omega_2 \qquad (89{,}14)$$

(da wir die weitere Integration über die Frequenzen im Auge haben, ist hier der Faktor 1/6 eingeführt worden, der die Identität der Photonen berücksichtigt; vgl. die Fußnote auf S. 267).

Die Frequenzen ω_1, ω_2 und ω_3 können Werte zwischen 0 und m annehmen (der Wert m wird von zwei Frequenzen erreicht, wenn die dritte Null ist). Zu gegebenem ω_1 liegt die Frequenz ω_2 zwischen $m - \omega_1$ und m. Wir integrieren (89,14) zwischen diesen Grenzen über ω_2 und erhalten als Spektralverteilung für die Photonen

$$d\bar{\sigma}_{3\gamma} = \frac{8\,e^6}{3\,v\,m^3}\, F(\omega_1)\, d\omega_1\,,$$

$$F(\omega_1) = \frac{\omega_1\,(m-\omega_1)}{(2\,m-\omega_1)^2} + \frac{2\,m-\omega_1}{\omega_1} + \left[\frac{2\,m\,(m-\omega_1)}{\omega_1^2} - \frac{2\,m\,(m-\omega_1)^2}{(2\,m-\omega_1)^3}\right] \ln\frac{m-\omega_1}{m}\,.$$

Die Funktion $F(\omega_1)$ wächst monoton von Null bei $\omega_1 = 0$ bis 1 bei $\omega_1 = m$; in Abb. 16 ist die Kurve für $F(\omega_1)$ dargestellt.

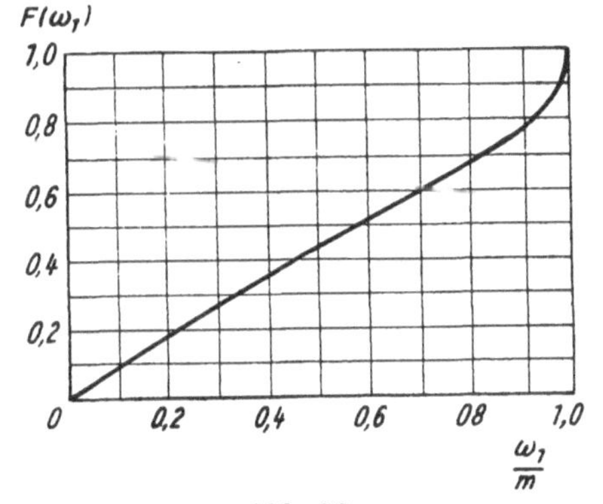

Abb. 16

Der totale Wirkungsquerschnitt für die Paarvernichtung ergibt sich aus (89,14) durch Integration über die beiden Frequenzen:

$$\bar{\sigma}_{3\gamma} = \frac{4\,e^6}{3\,v\,m^2}\,3\int\limits_0^m\int\limits_{m-\omega_1}^m \frac{(\omega_1+\omega_2-m)^2}{\omega_1^2\,\omega_2^2}\,d\omega_1\,d\omega_2\,.$$

Das Integral ist $(\pi^2 - 9)/3$, und wir gelangen zu der schon vorweggenommenen Formel (89,6).

§ 90. Bremsstrahlung eines Elektrons beim Stoß mit einem Kern, Nichtrelativistischer Fall

Dieser und einige der folgenden Paragraphen sind der wichtigen Erscheinung der *Bremsstrahlung* gewidmet — der Strahlung, von der Stöße zwischen Teilchen begleitet sind. Wir beginnen mit dem nichtrelativistischen Stoß eines Elektrons mit einem Kern. Dabei nehmen wir an, daß der Kern fest bleibt, d. h., wir betrachten die Strahlung bei der Streuung eines Elektrons am Coulomb-Feld eines fixen Zentrums (A. Sommerfeld, 1931).

Unserer Ausgangspunkt ist die Formel (45,5) für die Emissionswahrscheinlichkeit von Dipolstrahlung

$$dw = \frac{\omega^3}{2\pi}\,|\boldsymbol{e}^*\,\boldsymbol{d}_{fi}|^2\,do_{\boldsymbol{k}}\,. \tag{90,1}$$

In unserem Fall gehören Anfangs- und Endzustand des Elektrons zum kontinuierlichen Spektrum, und die Frequenz des Photons ist

$$\omega = \frac{1}{2m}\,(\boldsymbol{p}^2 - \boldsymbol{p}'^2)\,; \tag{90,2}$$

$\boldsymbol{p} = m\boldsymbol{v}$ und $\boldsymbol{p}' = m\boldsymbol{v}'$ sind die Impulse des Elektrons vor und nach der Streuung. Falls die Wellenfunktionen des Elektrons in Anfangs- und Endzustand „auf ein Teilchen im Volumen $V = 1$" normiert sind, stellt der mit $d^3p'(2\pi)^3$ multiplizierte und durch die Stromdichte $v/V = v$ der einlaufenden Teilchen dividierte Ausdruck (90,1) den Wirkungsquerschnitt $d\sigma_{\boldsymbol{k}\boldsymbol{p}'}$ für die Emission eines Photons $\boldsymbol{k}$ in den Raumwinkel $do_{\boldsymbol{k}}$ und die Streuung des Elektrons in einen Zustand im Intervall d^3p' dar. Wir ersetzen das Matrixelement des Dipolmomentes $\boldsymbol{d} = e\,\boldsymbol{r}$ gemäß

$$\boldsymbol{d}_{fi} = -\frac{1}{i\,\omega}\,\frac{e}{m}\,\boldsymbol{p}_{fi}$$

durch das Matrixelement des Impulses und bringen den Ausdruck für den Wirkungsquerschnitt in die Form[1])

$$d\sigma_{\boldsymbol{k}\boldsymbol{p}'} = \frac{\omega\,e^2}{(2\pi)^4\,m\,p}\,|\boldsymbol{e}^*\,\boldsymbol{p}_{fi}|^2\,do_{\boldsymbol{k}}\,d^3p' \tag{90,3}$$

[1]) In diesem Paragraphen verwenden wir die Bezeichnungen $p = |\boldsymbol{p}|$ und $p' = |\boldsymbol{p}'|$.

mit

$$\boldsymbol{p}_{fi} = \int \psi_f^* \,\mathbf{p}\, \psi_i \, d^3x = -\, i \int \psi_f^* \,\nabla\, \psi_i \, d^3x \,.$$

Als ψ_i und ψ_f haben wir die exakten Wellenfunktionen im anziehenden Coulomb-Feld zu benutzen und zwar diejenigen Funktionen, die asymptotisch eine ebene und eine Kugelwelle enthalten; ψ_f muß eine einlaufende, ψ_i eine auslaufende Kugelwelle enthalten (s. III, § 134). Diese Funktionen haben die Gestalt

$$\left.\begin{aligned} \psi_i &= A_i \, e^{i\boldsymbol{p}\boldsymbol{r}} F\big(i\nu, 1, i(p\,r - \boldsymbol{p}\,\boldsymbol{r})\big)\,, \quad \nu = \frac{Z e^2 m}{p}\,; \\ \psi_f &= A_f \, e^{i\boldsymbol{p}'\boldsymbol{r}} F\big(-i\nu', 1, -i(p'\,r + \boldsymbol{p}'\,\boldsymbol{r})\big)\,, \quad \nu' = \frac{Z e^2 m}{p'} \end{aligned}\right\} \tag{90,4}$$

mit den Normierungsfaktoren[1])

$$A_i = e^{\pi\nu/2}\, \Gamma(1 - i\nu)\,, \qquad A_f = e^{\pi\nu'/2}\, \Gamma(1 + i\nu')\,. \tag{90,5}$$

Mit Hilfe von

$$\nabla F\big(i\nu, 1, i(p\,r - \boldsymbol{p}\,\boldsymbol{r})\big) = i\left(p\,\frac{\boldsymbol{r}}{r} - \boldsymbol{p}\right) F' = -\,\frac{p}{r}\left(\frac{\partial F}{\partial \boldsymbol{p}}\right)_{\nu}$$

formen wir den Gradienten $\nabla\psi_i$ um in

$$\nabla\psi_i = i\,\boldsymbol{p}\,\psi_i - A_i\, e^{i\boldsymbol{p}\boldsymbol{r}}\, \frac{p}{r}\left(\frac{\partial F}{\partial \boldsymbol{p}}\right)_{\nu}.$$

Das erste Glied verschwindet wegen der Orthogonalität von ψ_i und ψ_f, wenn wir mit ψ_f^* multiplizieren und integrieren. Daher bekommen wir für das Matrixelement $\boldsymbol{p}_{fi}$

$$\boldsymbol{p}_{fi} = i\, A_i\, A_f\, p\, \frac{\partial J}{\partial \boldsymbol{p}}\,, \tag{90,6}$$

worin J folgendes Integral bedeutet:

$$\left.\begin{aligned} J &= \int \frac{e^{-i\boldsymbol{q}\boldsymbol{r}}}{r} F\big(i\nu', 1, i(p'\,r + \boldsymbol{p}'\,\boldsymbol{r})\big)\, F\big(i\nu, 1, i(p\,r - \boldsymbol{p}\,\boldsymbol{r})\big)\, d^3x\,, \\ \boldsymbol{q} &= \boldsymbol{p}' - \boldsymbol{p}\,. \end{aligned}\right\} \tag{90,7}$$

Wir haben $\partial/\partial\boldsymbol{p}$ aus dem Integral herausgezogen, weil bei der Differentiation von J die Größen ν, ν' und $\boldsymbol{q}$ als unabhängige Parameter angesehen werden sollen, und erst nach der Differentiation sind ν und $\boldsymbol{q}$ durch $\boldsymbol{p}$ auszudrücken.

Zur Integration werden die konfluenten, hypergeometrischen Funktionen als Kurvenintegrale geschrieben. Wir geben hier nur das Ergebnis an:[2])

$$\left.\begin{aligned} J &= B\, F(i\nu', i\nu, 1, z)\,, \\ B &= 4\pi\, e^{-\pi\nu}\, (-\boldsymbol{q}^2 - 2\,\boldsymbol{q}\,\boldsymbol{p})^{-i\nu}\, (\boldsymbol{q}^2 - 2\,\boldsymbol{q}\,\boldsymbol{p}')^{-i\nu'}\, (\boldsymbol{q}^2)^{i\nu + i\nu' - 1}\,, \\ z &= 2\,\frac{\boldsymbol{q}^2\,(p\,p' + \boldsymbol{p}\,\boldsymbol{p}') - 2\,(\boldsymbol{q}\,\boldsymbol{p})\,(\boldsymbol{q}\,\boldsymbol{p}')}{(\boldsymbol{q}^2 - 2\,\boldsymbol{q}\,\boldsymbol{p}')\,(\boldsymbol{q}^2 + 2\,\boldsymbol{q}\,\boldsymbol{p})}\,. \end{aligned}\right\} \tag{90,8}$$

Hier ist $F(i\nu', i\nu, 1, z)$ die vollständige, hypergeometrische Funktion.

---

[1]) Normierung auf die Stromdichte 1 statt auf $\delta(\boldsymbol{p})$ in III, § 134!

[2]) Wegen der Durchführung der Rechnungen s. A. Nordsieck, Phys. Rev. **93** (1954) 785.

Nach der Ableitung in (90,6) kann man $\boldsymbol{q} = \boldsymbol{p}' - \boldsymbol{p}$ setzen, dabei ist

$$z = -2\frac{p\,p' - \boldsymbol{p}\,\boldsymbol{p}'}{(p-p')^2}, \qquad \boldsymbol{q}^2 = (p-p')^2\,(1-z) \tag{90,9}$$

($z < 0$). Ferner halten wir fest:

$$-\boldsymbol{q}^2 - 2\,\boldsymbol{q}\,\boldsymbol{p} = \boldsymbol{q}^2 - 2\,\boldsymbol{q}\,\boldsymbol{p}' = \boldsymbol{p}^2 - \boldsymbol{p}'^2 > 0\,.$$

Als Resultat finden wir folgenden endgültigen Ausdruck für das Matrixelement

$$\boldsymbol{p}_{fi} = A_i A_f \frac{8\pi i\, e^{-\pi\nu}}{(p-p')^3\,(p+p')}\left(\frac{p+p'}{p-p'}\right)^{-i(\nu+\nu')} (1-z)^{i(\nu+\nu')-1}$$
$$\times \left[i\,\nu\,p\,\boldsymbol{q}\,F(z) + (1-z)\,F'(z)\,(p'\,\boldsymbol{p} - p\,\boldsymbol{p}')\right], \tag{90,10}$$

der Kürze halber ist die Bezeichnung eingeführt worden:

$$F(z) = F(i\,\nu', i\,\nu, 1, z)\,. \tag{90,11}$$

Der Wirkungsquerschnitt ergibt sich durch Einsetzen von (90,10) in (90,3), aber die allgemeine Formel ist sehr umfangreich und schwer zu überschauen. Deshalb gehen wir gleich zur Berechnung der Spektralverteilung der Strahlung über, d. h., wir integrieren den Wirkungsquerschnitt über die Richtungen des Photons und des Elektrons im Endzustand.

Die Integration über $do_{\boldsymbol{k}}$ und die Summation über die Photonenpolarisationen wird auf die Mittelung über alle Richtungen von $\boldsymbol{e}$ und die Multiplikation mit $2 \cdot 4$ zurückgeführt, d. h. auf die Substitution

$$e_i\,e_k^*\,do_{\boldsymbol{k}} \to \frac{8\pi}{3}\,\delta_{ik}\,.$$

Danach wird der Wirkungsquerschnitt zu

$$d\sigma_{\boldsymbol{p}'} = \frac{4\,\omega\,e^2}{3\,p\,m}\,|\boldsymbol{p}_{fi}|^2\,\frac{d^3p'}{(2\pi)^3} = \frac{\omega\,e^2\,p'}{6\,\pi^3\,p}\,|\boldsymbol{p}_{fi}|^2\,d\omega\,do_{\boldsymbol{p}'}\,. \tag{90,12}$$

Das Quadrat $|\boldsymbol{p}_{fi}|^2$ berechnen wir mit Hilfe von (90,9) bis (90,11) und unter Beachtung von

$$|\Gamma\,(1 - i\,\nu)|^2 = \frac{\pi\,\nu}{\operatorname{sh}\pi\,\nu},$$

und wir erhalten

$$|\boldsymbol{p}_{fi}|^2 = \frac{32\,\pi\,(Z\,e^2)^2\,m^3}{p\,(p+p')^2\,(p-p')^4\,(1-e^{-2\pi\nu'})\,(e^{2\pi\nu}-1)}$$
$$\times \left\{\frac{\nu\,\nu'}{1-z}\,|F|^2 - z\,|F'|^2 + i\,\frac{\nu+\nu'}{2}\,\frac{z}{1-z}\,(F\,F'^* - F^*\,F')\right\}. \tag{90,13}$$

Bei der Integration des Wirkungsquerschnitts (90,12) über $do_{\boldsymbol{p}'} = 2\pi\sin\vartheta\,d\vartheta$ gehen wir von der Variablen ϑ (Streuwinkel) zur Variablen

$$z = -\frac{2\,p\,p'}{(p-p')^2}\,(1-\cos\vartheta)\,, \qquad do_{\boldsymbol{p}'} \to \frac{\pi\,(p-p')^2}{p\,p'}\,dz$$

über. Zur Integration über z formen wir den Ausdruck in der geschweiften Klammer in (90,13) um. Auf Grund der Differentialgleichung für die hypergeometrischen Funktionen (s. III, (e, 2)) haben wir

$$z(1-z)F'' + [1-(1+i\nu+i\nu')z]F' + \nu\nu' F = 0\,,$$

$$z(1-z)F''^* + [1-(1-i\nu-i\nu')z]F'^* + \nu\nu' F^* = 0\,.$$

Wir multiplizieren diese beiden Gleichungen mit F^* bzw. F, addieren sie und bekommen

$$(1-z)\left[\frac{d}{dz}z(F'F^* + F'^*F) - 2z|F'|^2 + \frac{i(\nu+\nu')z}{1-z}(F'^*F - F'F^*) + \frac{2\nu\nu'}{1-z}|F|^2\right] = 0\,.$$

Hieraus finden wir für den Ausdruck in der geschweiften Klammer in (90,13)

$$\{\cdots\} = -\frac{1}{2}\frac{d}{dz}z(F'F^* + FF'^*)\,, \tag{90,14}$$

was sofort zu integrieren ist.

Wir fassen die erhaltenen Formeln zusammen und haben als endgültigen Ausdruck für den Wirkungsquerschnitt der Bremsstrahlung im Frequenzintervall $d\omega$[1])

$$d\sigma_\omega = \frac{64\pi^2}{3}Z^2\alpha\, r_e^2\frac{m^2c^2}{(p-p')^2}\frac{p'}{p}\frac{1}{(1-e^{-2\pi\nu'})(e^{2\pi\nu}-1)}\left(-\frac{d}{d\xi}|F(\xi)|^2\right)\frac{d\omega}{\omega} \tag{90,15}$$

mit

$$\nu = \frac{Z\alpha mc}{p} = \frac{Ze^2}{\hbar v}\,, \qquad \nu' = \frac{Ze^2}{\hbar v'}\,, \qquad p' = \sqrt{p^2 - 2m\hbar\omega}\,,$$

$$F(\xi) = F(i\nu', i\nu, 1, \xi)\,, \qquad \xi = -\frac{4pp'}{(p-p')^2}\,.$$

Die quantenmechanische Formel (90,15) muß im Grenzfall $\nu \gg 1$ und $\hbar\omega \ll p^2/2m$ (die erste Ungleichung ist die Bedingung für quasiklassische Bewegung im Coulomb-Feld, die zweite ist die Bedingung für quasiklassisches Verhalten des Matrixelementes für den Übergang) in das Ergebnis der klassischen Theorie übergehen (s. II, § 70). Um diesen Grenzübergang auszuführen, benötigen wir die asymptotischen Ausdrücke für die hypergeometrische Funktionen für große Werte von Argument und Parametern; wir werden uns hier nicht mit diesem Grenzübergang aufhalten.

Hier beschäftigen wir uns mit dem Grenzfall, daß beide Geschwindigkeiten v und v' so groß sind, daß $\nu \ll 1$ und $\nu' \ll 1$ gelten (aber selbstverständlich ist nach wie vor $v \ll 1$, so daß $Z\alpha \ll v \ll 1$ ist; das ist nur für kleines Z zu erfüllen). In diesem Fall verwenden wir zur Berechnung der Ableitung $F'(\xi)$ die Formel

$$\frac{d}{dz}F(\alpha,\beta,\gamma,z) = \frac{\alpha\beta}{\gamma}F(\alpha+1,\beta+1,\gamma+1,z)\,,$$

[1]) Die Formeln (90,15) bis (90,19) schreiben wir in normalen Einheiten.

die sich einfach durch Differenzieren der hypergeometrischen Reihe ergibt. Es ist

$$F'(\xi) \approx i\nu \cdot i\nu' F(1, 1, 2, \xi) = \frac{\nu\nu'}{\xi} \ln(1-\xi)$$

(die letzte Gleichung ist aus dem direkten Vergleich der entsprechenden Reihen unmittelbar evident). Für die Funktion $F(\xi)$ selbst haben wir einfach

$$F(\xi) \approx F(0, 0, 1, \xi) = 1 .$$

Als Ergebnis finden wir aus (90,15)

$$\left.\begin{aligned} d\sigma_\omega &= \frac{16}{3} Z^2 \alpha\, r_e^2 \frac{c^2}{v^2} \ln \frac{v+v'}{v-v'} \frac{d\omega}{\omega}, \\ &\frac{Z e^2}{\hbar v} \ll 1, \quad \frac{Z e^2}{\hbar v'} \ll 1 . \end{aligned}\right\} \tag{90,16}$$

Kleine ν und ν' sind gerade die Bedingung für die Anwendbarkeit der BORNschen Näherung im Fall der COULOMB-Wechselwirkung. Die Formel (90,16) selbst ergibt sich daher einfacher unmittelbar mit Hilfe der Störungstheorie (s. Aufgabe 1).

Das schnelle Elektron ($\nu \ll 1$) verliere jetzt einen beträchtlichen Teil seiner Energie an Strahlung, so daß $v' \ll v$ und ν' nicht klein zu sein braucht. Dann sind

$$-\xi \approx \frac{4p'}{p} = \frac{4\nu}{\nu} \ll 1, \qquad F(\xi) \approx F(i\nu', 0, 1, \xi) = 1,$$

$$F'(\xi) \approx -\nu\nu' F(1 + i\nu', 1, 2, \xi) \approx -\nu\nu',$$

und der Wirkungsquerschnitt ist

$$\left.\begin{aligned} d\sigma_\omega &= \frac{64\pi}{3} Z^3 \alpha^2 r_e^2 \left(\frac{c}{v}\right)^3 \frac{1}{1-\exp(-2\pi Z e^2/\hbar v')} \frac{d\omega}{\omega}, \\ &\frac{Z e^2}{\hbar v} \ll 1, \quad \frac{Z e^2}{\hbar v'} \gtrsim 1 . \end{aligned}\right\} \tag{90,17}$$

Für $\nu' \ll 1$ liefert diese Formel denselben Ausdruck

$$d\sigma_\omega = \frac{32}{3} Z^2 \alpha\, r_e^2 \frac{c^2 v'}{v^3} \frac{d\omega}{\omega}$$

wie die Formel (90,16) für $v' \ll v$. Die Formeln (90,16—17) überdecken daher zusammen (für $\nu \ll 1$) den ganzen Wertebereich von ν'.

Für $\omega \to \omega_0$ (mit $\hbar\omega_0 = m v^2/2$) geht die Geschwindigkeit $v' \to 0$ und $\nu' \to \infty$. In diesem Grenzfall ergibt (90,17)

$$d\sigma_\omega = \frac{128\pi}{3} Z^3 \alpha^2 r_e^2 \left(\frac{c}{v}\right)^3 \frac{\hbar\, d\omega}{m v^2} . \tag{90,18}$$

$d\sigma_\omega/d\omega$ strebt also für $\omega \to \omega_0$ gegen einen endlichen Grenzwert. Dieser Sachverhalt kann in allgemeiner Form durch ähnliche Überlegungen wie in II, § 144 begründet werden. Physikalisch hängt er damit zusammen, daß die

Frequenz $\omega = \omega_0$ nur für die kontinuierliche Bremsstrahlung eine Grenze ist. Das Elektron kann auch eine Frequenz $\omega > \omega_0$ emittieren und dabei in einem gebundenen Zustand übergehen. Stark angeregte, gebundene Zustände im COULOMB-Feld unterscheiden sich in ihren Eigenschaften aber nur wenig von den freien Zuständen in der Nähe der gebundenen Zustände. Die Grenze zwischen dem kontinuierlichen und dem diskreten Spektrum ist daher kein physikalisch ausgezeichneter Punkt.

Alle aufgeschriebenen Formeln gelten für ein anziehendes COULOMB-Feld. Der Wirkungsquerschnitt für die Strahlung in einem abstoßenden Feld ergibt sich aus (90,15) durch die Ersetzungen $\nu \to -\nu$ und $\nu' \to -\nu'$. Dabei ändert sich die BORNsche Formel (90,16) überhaupt nicht. Im Grenzfall $\nu \ll 1$ und $\nu' \to \infty$ erhalten wir statt (90,18)

$$d\sigma_\omega = \frac{128\,\pi}{3} Z^3 \alpha^2 r_e^2 \left(\frac{c}{v}\right)^3 \exp\left(-\frac{\sqrt{2\,m c^2}\,\pi Z \alpha}{\sqrt{\hbar\,(\omega_0 - \omega)}}\right) \frac{\hbar\, d\omega}{m v^2}, \tag{90,19}$$

d. h., der differentielle Wirkungsquerschnitt strebt für $\omega \to \omega_0$ exponentiell gegen Null. Dieses Ergebnis ist wieder ganz natürlich: In einem abstoßenden Feld gibt es keine gebundenen Zustände, und die Frequenz $\omega = \omega_0$ ist eine echte Grenze des Emissionsspektrums.

Aufgaben

1. Man berechne den Wirkungsquerschnitt für die Bremsstrahlung bei einem nichtrelativistischen Stoß zweier Teilchen mit verschiedenen Verhältnissen e/m in BORNscher Näherung!

Lösung. Das Dipolmoment zweier Teilchen mit den Ladungen e_1 und e_2 und den Massen m_1 und m_2 ist im Massenmittelpunktsystem

$$\boldsymbol{d} = \mu \left(\frac{e_1}{m_1} - \frac{e_2}{m_2}\right) \boldsymbol{r}$$

mit $\mu = \dfrac{m_1 m_2}{m_1 + m_2}$ und $\boldsymbol{r} = \boldsymbol{r}_1 - \boldsymbol{r}_2$. Hieraus folgt

$$\ddot{\boldsymbol{d}} = \left(\frac{e_1}{m_1} - \frac{e_2}{m_2}\right) \mu\, \ddot{\boldsymbol{r}} = -\left(\frac{e_1}{m_1} - \frac{e_2}{m_2}\right) \nabla \frac{e_1 e_2}{r}.$$

Das Matrixelement ist

$$\boldsymbol{d}_{\boldsymbol{p}'\boldsymbol{p}} = -\frac{1}{\omega_2} (\ddot{\boldsymbol{d}})_{\boldsymbol{p}'\boldsymbol{p}}, \qquad \omega = \frac{p^2 - p'^2}{2\mu}$$

($\boldsymbol{p} = \mu \boldsymbol{v}$ und $\boldsymbol{p}' = \mu \boldsymbol{v}'$ sind die Impulse der Relativbewegung). Es wird mit den ebenen Wellen[1])

$$\psi_{\boldsymbol{p}} = e^{i \boldsymbol{p} \boldsymbol{r}}, \qquad \psi_{\boldsymbol{p}'} = e^{i \boldsymbol{p}' \boldsymbol{r}}$$

und mit Hilfe der Formel

$$\left(\nabla \frac{1}{r}\right)_{\boldsymbol{p}'\boldsymbol{p}} = \frac{4\pi i \boldsymbol{q}}{q^2}, \qquad \boldsymbol{q} = \boldsymbol{p}' - \boldsymbol{p}$$

[1]) Das Ersetzen der beiden Teilchen durch ein Teilchen mit der reduzierten Masse ist natürlich nur im nichtrelativistischen Fall zulässig.

berechnet, das Ergebnis ist

$$d\sigma_{\boldsymbol{k}\,\boldsymbol{p}'} = \frac{e_1^2\,e_2^2}{\pi^2}\left(\frac{e_1}{m_1} - \frac{e_2}{m_2}\right)^2 \frac{v'}{v}\,\frac{\mu^2}{q^4}\,(\boldsymbol{e}\,\boldsymbol{q})\,(\boldsymbol{e}^*\,\boldsymbol{q})\,\frac{d\omega}{\omega}\,do_{\boldsymbol{p}'}\,do_{\boldsymbol{k}}\,.$$

Nach der Summation über die Polarisationen wird die Winkelverteilung der Strahlung durch den Faktor $\sin^2\theta$ bestimmt, θ ist der Winkel zwischen der Richtung des Photons $\boldsymbol{k}$ und dem Vektor $\boldsymbol{q}$ in der Streuebene (s. (45,4a)).

Nach der Integration über die Richtungen des Photons ist

$$d\sigma_{\omega\,\vartheta} = \frac{16}{3}\,e_1^2\,e_2^2\left(\frac{e_1}{m_1} - \frac{e_2}{m^2}\right)^2 \frac{v'}{v}\,\frac{d\omega}{\omega}\,\frac{\sin\vartheta\,d\vartheta}{v^2 + v'^2 - 2\,v\,v'\cos\vartheta}\,;$$

ϑ ist der Streuwinkel. Schließlich integrieren wir über ϑ und finden

$$d\sigma_\omega = \frac{16}{3}\,e_1^2\,e_2^2\left(\frac{e_1}{m_1} - \frac{e_2}{m_2}\right)^2 \frac{1}{v^2}\ln\frac{v+v'}{v-v'}\,\frac{d\omega}{\omega}\,.$$

Für die Streuung am Feld eines festen Coulomb-Zentrums stimmt diese Formel mit (90,16) überein.

2. Es ist in Bornscher Näherung der Wirkungsquerschnitt für die Bremsstrahlung beim nichtrelativistischen Stoß zweier Elektronen zu berechnen.[1])

Lösung. In diesem Fall gibt es keine Dipolstrahlung, so daß man die Quadrupolstrahlung zu betrachten hat. In der klassischen Theorie wird die Gesamtintensität der Quadrupolstrahlung durch die Formel

$$I_\omega = \frac{1}{90}\,|(\dddot{D}_{i\,k})_\omega|^2$$

gegeben, in der $D_{i\,k} = \sum e\,(3\,x_i\,x_k - r^2\,\delta_{i\,k})$ der Tensor für das Quadrupolmoment des Ladungssystems ist.[2]) Für zwei Elektronen ist im Massenmittelpunktsystem

$$D_{i\,k} = \frac{e}{2}\,(3\,x_i\,x_k - r^2\,\delta_{i\,k})\,, \qquad \boldsymbol{r} = \boldsymbol{r}_1 - \boldsymbol{r}_2\,.$$

Beim Übergang zur Quantentheorie hat man die Fourier-Komponenten durch die Matrixelemente zu ersetzen (vgl. die Ausführungen in § 45 über die Dipolstrahlung), und bei geeigneter Normierung der Wellenfunktionen (ebenen Wellen) ergibt sich — nach Division durch die Photonenenergie ω — der Wirkungsquerschnitt für die Strahlung und die Streuung der Elektronen in Zuständen im Intervall d^3p' als

$$d\sigma_{\boldsymbol{p}'} = \frac{1}{90\,\omega}\,|(\dddot{D}_{i\,k})_{\boldsymbol{p}'\,\boldsymbol{p}}|^2\,\frac{d^3p'}{v(2\,\pi)^3}\,;$$

$v = 2\,p/m$ ist die Geschwindigkeit der Relativbewegung vor dem Stoß; die emittierte Frequenz ist $\omega = (p^2 - p'^2)/m$.

Der Operator $\dddot{\mathrm{D}}_{i\,k}$ wird durch dreifache Vertauschung des Operators $\mathrm{D}_{i\,k}$ mit dem Hamilton-Operator

$$\mathrm{H} = \frac{\mathbf{p}^2}{m} + \frac{e^2}{r}$$

---

[1]) Die Stoßgeschwindidgkeit v genügt den Bedingungen $\alpha \ll e^2/\hbar\,v \ll 1$. Der klassische Fall ($e^2/\hbar\,v \ll 1$) ist in der Aufgabe zu II, § 71 behandelt worden.

[2]) Diese Formel ergibt sich aus II, (71,5) genauso, wie II, (76,11) aus II, (67,8) folgt.

berechnet und ist[1])

$$\dddot{\mathrm{D}}_{ik} = \frac{2e^3}{m}\left[6\left(\frac{x_i}{r^3}\mathrm{p}_k + \mathrm{p}_k\frac{x_i}{r^3}\right) + 6\left(\frac{x_k}{r^3}\mathrm{p}_i + \mathrm{p}_i\frac{x_k}{r^3}\right)\right.$$
$$\left. - 9\left(\frac{x_i x_k x_l}{r^5}\mathrm{p}_l + \mathrm{p}_l\frac{x_i x_k x_l}{r^5}\right) - \delta_{ik}\left(\frac{x_l}{r^3}\mathrm{p}_l + \mathrm{p}_l\frac{x_l}{r^3}\right)\right].$$

Wir beachten die Identität der beiden Teilchen (Elektronen) und berechnen die Matrixelemente mit den Wellenfunktionen

$$\psi_{\boldsymbol{p}} = \frac{1}{\sqrt{2}}\left(e^{i\boldsymbol{p}\boldsymbol{r}} \pm e^{-i\boldsymbol{p}\boldsymbol{r}}\right), \qquad \psi_{\boldsymbol{p}'} = \frac{1}{\sqrt{2}}\left(e^{i\boldsymbol{p}'\boldsymbol{r}} \pm e^{-i\boldsymbol{p}'\boldsymbol{r}}\right),$$

die Indizes + und − entsprechen den Gesamtspins 0 bzw. 1 (einer Vertauschung der Elektronen entspricht der Übergang $\boldsymbol{r} \to -\boldsymbol{r}$).

Umfangreiche Rechnungen[2]) führen zu folgender Formel für die Spektralverteilung der Strahlung:

$$d\sigma_\omega = \frac{4}{15}\alpha r_e^2\left\{17 - \frac{3x^2}{(2-x)^2} + \frac{12(2-x)^4 - 7(2-x)^2x^2 - 3x^4}{(2-x)^3\sqrt{1-x}}\operatorname{Arch}\frac{1}{\sqrt{x}}\right\}\frac{\sqrt{1-x}}{x}\,dx$$

mit $x = \omega/\varepsilon$ und $\varepsilon = p^2/m$ — der Energie der Relativbewegung der Elektronen im Anfangszustand; der Querschnitt ist über die Werte des Gesamtspins der Elektronen gemittelt worden. Der Querschnitt für den Energieverlust durch Strahlung ist

$$\frac{1}{\varepsilon}\int_0^\varepsilon \omega\, d\sigma_\omega = 8{,}1\,\alpha r_e^2 .$$

3. Man berechne die Energie der Strahlung infolge der Emission eines nichtrelativistischen Elektrons im S-Zustand von einem Kern!

Lösung. Die Wellenfunktion des emittierten Elektrons ist eine auslaufende s-Kugelwelle normiert auf den Gesamtstrom 1:

$$\psi_i = \frac{1}{\sqrt{4\pi v}}\,\frac{e^{ipr}}{r}$$

(s. III, (33,12)). Als Wellenfunktion des Endzustandes des Elektrons (nach der Emission des Photons) wählen wir die ebene Welle

$$\psi_f = e^{i\boldsymbol{p}'\boldsymbol{r}} .$$

[1]) Dieser Ausdruck ist analog der klassischen Formel

$$\dddot{D}_{ik} = \frac{4e^2}{m^2}\left[6\frac{x_i}{r^3}p_k + 6\frac{x_k}{r^3}p_i - 9\frac{x_i x_k}{r^5}\boldsymbol{p}\boldsymbol{r} - \frac{1}{r^3}\delta_{ik}\boldsymbol{p}\boldsymbol{r}\right],$$

die sich bei der Differentiation von D_{ik} unter Beachtung der klassischen Bewegungsgleichung

$$\frac{m}{2}\ddot{\boldsymbol{r}} = \frac{e^2\boldsymbol{r}}{r^3}$$

ergeben würde.

[2]) Wegen der Durchführung der Rechnungen s. B. K. Fedjuschin, ЖЭТФ 22 (1952) 140.

Das Matrixelement für den Übergang ist

$$\boldsymbol{p}_{fi} = (\boldsymbol{p}_{if})^* = \left(\int \psi_i^* \boldsymbol{p}\, \psi_f\, d^3x\right)^* = \frac{\boldsymbol{p}'}{\sqrt{4\pi v}} \int e^{-i\boldsymbol{p}'\boldsymbol{r}+i\boldsymbol{p}\boldsymbol{r}} \frac{d^3x}{r} = \sqrt{\frac{4\pi}{v}} \frac{\boldsymbol{p}'}{\boldsymbol{p}'^2 - \boldsymbol{p}^2} = -\sqrt{\frac{\pi}{v}} \frac{\boldsymbol{v}'}{\omega}$$

(das Integral wird nach (57,6a) berechnet). Die Energie der Strahlung ergibt sich aus Formel (45,8), die mit $d^3p'/(2\pi)^3$ zu multiplizieren ist und über die Richtungen von $\boldsymbol{p}'$ integriert werden muß (was zur Multiplikation mit 4π Anlaß gibt). Das Ergebnis für die spektrale Energieverteilung der Strahlung ist

$$dE_\omega = \frac{2 e^2 v'^3}{3\pi v} d\omega .$$

Für $\omega \to 0$ geht die Geschwindigkeit des Elektrons im Endzustand $v' \to v$, und diese Formel stimmt, wie es sein muß, mit dem nichtrelativistischen Grenzfall des klassischen Ergebnisses überein (s. die Aufgabe zu II, § 69). Die gesamte emittierte Energie ist (in normalen Einheiten)

$$E = \frac{4}{15\pi} \alpha \left(\frac{v}{c}\right)^2 \varepsilon$$

mit $\varepsilon = m v^2/2$, der Anfangsenergie des Elektrons.

4. Man berechne die Energie der Strahlung bei der Reflexion eines nichtrelativistischen Elektrons an einer unendlich hohen „Potentialwand“!

Lösung. Das Elektron bewege sich senkrecht zur Wand. Obgleich ein Photon in beliebiger Richtung emittiert werden kann, kann man annehmen, daß sich auch das reflektierte Elektron senkrecht zur Wand bewegen wird; denn im nichtrelativistischen Grenzfall ist der Impuls des Photons klein gegenüber dem Impuls des Elektrons. Die Wand befinde sich bei $x = 0$, das Elektron bewege sich bei $x > 0$. Die Wellenfunktionen der stationären Zustände einer eindimensionalen Bewegung mit Normierung auf $\delta(p)$ $(p = p_x)$ sind stehende Wellen (s. III, § 21):

$$\psi_i = \sqrt{\frac{2}{\pi}} \sin p\, x\,, \qquad \psi_f = \sqrt{\frac{2}{\pi}} \sin p'\, x\,.$$

Das Matrixelement für den Operator $\mathrm{p} = \mathrm{p}_x$ ist[1])

$$p_{fi} = -\frac{2i}{\pi} \int_0^\infty \sin p' x \frac{d}{dx} \sin p\, x\, dx = -\frac{2ip}{\pi} \int_0^\infty \sin p' x \cos p\, x\, dx = -\frac{2i}{\pi} \frac{p\, p'}{p^2 - p'^2}\,.$$

Die bei einmaliger Reflexion des Elektrons emittierte Energie ergibt sich aus (45,8), indem man mit $dp' = d\omega/v'$ multipliziert und durch $v/2\pi$ dividiert (durch die Stromdichte der zur Wand hinlaufenden Welle mit der Funktion ψ_i im Anfangszustand):

$$dE_\omega = \frac{4\omega^2 e^2}{3 m^2} |p_{fi}|^2 \frac{2\pi\, d\omega}{v\, v'} = \frac{8}{3\pi} e^2 v\, v'\, d\omega\,. \tag{1}$$

Für kleine Frequenzen ($\omega \ll \varepsilon = m v^2/2$) haben wir $v' \approx v$, und (1) geht in die klassische Formel II, (69,5) über (die über die Winkel zu integrieren ist und in der man $v = \Delta v/2$ zu beachten hat; Δv ist die Geschwindigkeitsänderung des Elektrons bei der Reflexion). Das muß auch so sein; denn bei der Reflexion an der Wand ist die Bedingung II, (69,1) auf jeden Fall erfüllt, daß die Stoßzeit klein ist. Mit Hilfe der quantenmechanischen Formel (1) kann man aber auch die emittierte Gesamtenergie berechnen:

$$E = \int_0^\varepsilon \frac{dE_\omega}{d\omega} d\omega = \frac{16}{9\pi} \alpha\, \varepsilon \frac{v^2}{c^2}$$

(in normalen Maßeinheiten).

[1]) Integrale dieser Art hat man als Grenzwert für $\delta \to 0$ von dem Wert zu verstehen, der sich durch Einführung des Faktor $e^{-\delta x}$ in den Integranden ergibt.

§ 91. Bremsstrahlung eines Elektrons beim Stoß mit einem Kern. Relativistischer Fall

Jetzt kommen wir zur Bremsstrahlung eines Elektrons beim Stoß mit einem Kern für den Fall relativistischer Elektronengeschwindigkeiten.[1]) Dabei werden wir voraussetzen, daß die Bedingung für die Brauchbarkeit der Bornschen Näherung erfüllt ist, d. h., für Anfangs- (v) und Endgeschwindigkeit (v') des Elektrons sollen gelten $Z e^2/\hbar v \ll 1$ und $Z e^2/\hbar v' \ll 1$. Dabei darf die Kernladung auf keinen Fall zu groß sein: $Z\alpha \ll 1$.

Wie im vorigen Paragraphen werden wir die Rückstöße des Kerns vernachlässigen, so daß der Kern lediglich die Rolle der Quelle des äußeren Feldes spielt (wegen der Berechtigung dieser Vernachlässigung s. § 94).

Nach (65,25) ist der Wirkungsquerschnitt des Prozesses

$$d\sigma = |M_{fi}|^2 \frac{1}{8\,|\boldsymbol{p}|\,\varepsilon'\,\omega}\,\delta\,(\varepsilon - \varepsilon' - \omega)\,\frac{d^3p'\,d^3k}{(2\,\pi)^5}\,. \tag{91,1}$$

Hier sind $\boldsymbol{p}$, ε und $\boldsymbol{p}'$, ε' Impulse und Energien des Elektrons im Anfangs- und Endzustand, $\boldsymbol{k}$ und ω sind Impuls und Energie des Photons. Die δ-Funktion wird bei der Integration über ε' aufgebraucht; da $\boldsymbol{p}'$ und $\boldsymbol{k}$ unabhängige Veränderliche sind, läßt sich das ganz einfach erledigen. Unter Beachtung von

$$d^3p' = |\boldsymbol{p}'|\,\varepsilon'\,d\varepsilon'\,do'\,, \qquad d^3k = \omega^2\,d\omega\,do_{\boldsymbol{k}}$$

kann man einfach substituieren:

$$\delta\,(\varepsilon - \varepsilon' - \omega)\,d^3p'\,d^3k \to \omega^2\,|\boldsymbol{p}'|\,\varepsilon'\,do_{\boldsymbol{k}}\,do'\,d\omega\,,$$

danach ist

$$d\sigma = \frac{1}{(2\,\pi)^5}\,|M_{fi}|^2\,\frac{\omega\,|\boldsymbol{p}'|}{|\boldsymbol{p}|}\,do_{\boldsymbol{k}}\,do'\,d\omega\,. \tag{91,2}$$

In der ersten nicht verschwindenden Näherung gehören zum Matrixelement M_{fi} die beiden Diagramme

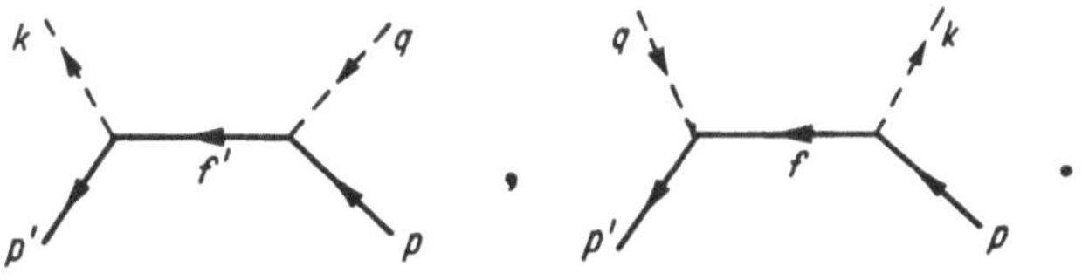

(91,3)

Das freie Ende q entspricht dem äußeren Feld, so daß $q = p' - p + k$ der 4-Vektor für die Impulsübertragung an den Kern ist. Die Vernachlässigung der Rückstöße bedeutet, daß die nullte Komponente $q^0 = 0$ ist.

Den Diagrammen (91,3) entsprechend haben wir

$$M_{fi} = -\,e^2\,A_0^{(e)}(\boldsymbol{q})\,\sqrt{4\,\pi}\,e_\mu^*\,\bar{u}'\left(\gamma^\mu\,\frac{\hat{f}' + m}{f'^2 - m^2}\,\gamma^0 + \gamma^0\,\frac{\hat{f} + m}{f^2 - m^2}\,\gamma^\mu\right)u\,. \tag{91,4}$$

---

[1]) Der größte Teil der hier wiedergegebenen Resultate ist zuerst von H. A. Bethe und W. Heitler (1934) und unabhängig davon von F. Sauter (1934) gefunden worden.

Die 4-Impulse in den Zwischenzuständen sind $f = p - k$ und $f' = p' + k$. Wir führen die Bezeichnungen

$$f^2 - m^2 = -2\,k\,p \equiv -2\,\varkappa\,\omega\,, \qquad f'^2 - m^2 = 2\,k\,p' \equiv 2\,\varkappa'\,\omega \tag{91,5}$$

ein. $A_0^{(e)}$ sei das skalare Potential des äußeren Feldes; für ein reines Coulomb-Feld ist

$$A_0^{(e)}(\boldsymbol{q}) = \frac{4\,\pi\,Z\,e}{\boldsymbol{q}^2}\,. \tag{91,6}$$

Damit gehen wir in (91,2) ein und bekommen für den Querschnitt

$$d\sigma = \frac{Z^2\,e^6}{4\,\pi^2}\,\frac{|\boldsymbol{p}'|\,\omega}{|\boldsymbol{p}|\,\boldsymbol{q}^4}\,e_\mu^*\,e_\nu\,(\bar{u}'\,Q^\mu\,u)\,(\bar{u}\,\bar{Q}^\nu\,u')\,do_{\boldsymbol{k}}\,do'\,d\omega$$

mit

$$Q^\mu = \gamma^\mu\,\frac{\hat{f}' + m}{2\,\omega\,\varkappa'}\,\gamma^0 - \gamma^0\,\frac{\hat{f} + m}{2\,\omega\,\varkappa}\,\gamma^\mu\,,$$

$$\bar{Q}^\nu = \gamma^0\,Q^{\nu +}\,\gamma^0 = \gamma^0\,\frac{\hat{f}' + m}{2\,\omega\,\varkappa'}\,\gamma - \gamma\,\frac{\hat{f} + m}{2\,\omega\,\varkappa}\,\gamma^0\,.$$

Wir sehen von Polarisationseffekten ab, mitteln den Querschnitt über die Spinrichtungen des Elektrons im Anfangszustand und summieren ihn über die Polarisationen von Elektron und Photon im Endzustand. Diese Operationen bedeuten

$$e_\mu^*\,e_\nu\,(\bar{u}'\,Q^\mu\,u)\,(\bar{u}\,\bar{Q}^\nu\,u') \to -\frac{1}{2}\,\mathrm{Sp}\,Q_\mu\,(\hat{p} + m)\,\bar{Q}^\mu\,(\hat{p}' + m)\,.$$

Die Spur wird mit Hilfe der Standardformeln (§ 22) berechnet. Eine gewisse Vereinfachung der Rechnungen wird unter Verwendung der Gleichung

$$\gamma^0\,\hat{p}\,\gamma^0 = \hat{\tilde{p}}$$

mit $\tilde{p} = (\varepsilon, -\boldsymbol{p})$ erreicht, wenn $p = (\varepsilon, \boldsymbol{p})$ ist. Außerdem kann man die Zahl der in den Rechnungen vorkommenden Glieder verringern, wenn man die Symmetrie beim Ersetzen $p \leftrightarrow p'$, $k \to -k$ und $q \to -q$ berücksichtigt (dieses Ersetzen bewirkt nur eine zyklische Vertauschung der Faktoren im Produkt von Matrizen und läßt daher die Spur unverändert).

Als Ergebnis erhalten wir folgenden Ausdruck für den differentiellen Wirkungsquerschnitt der Bremsstrahlung für den Fall, daß das Photon mit gegebener Frequenz und Richtung emittiert wird und das Sekundärelektron in einer gegebenen Richtung herausfliegt:[1])

$$d\sigma = \frac{Z^2\,\alpha\,r_e^2}{4\,\pi^2}\,\frac{p'\,m^4}{p\,q^4}\,\frac{d\omega}{\omega}\,do_{\boldsymbol{k}}\,do'\left\{\frac{q^2}{\varkappa\,\varkappa'\,m^2}\,(2\,\varepsilon^2 + 2\,\varepsilon'^2 - q^2) + q^2\left(\frac{1}{\varkappa} - \frac{1}{\varkappa'}\right)^2 \right.$$
$$\left. - 4\left(\frac{\varepsilon}{\varkappa'} - \frac{\varepsilon'}{\varkappa}\right)^2 + \frac{2\,\omega\,q^2}{m^2}\left(\frac{1}{\varkappa'} - \frac{1}{\varkappa}\right) - \frac{2\,\omega^2}{m^2}\left(\frac{\varkappa'}{\varkappa} + \frac{\varkappa}{\varkappa'}\right)\right\} \tag{91,7}$$

[1]) Hier und später in diesem Paragraphen bezeichnen p, p' und q die Beträge der dreidimensionalen Vektoren: $p = |\boldsymbol{p}|$, $p' = |\boldsymbol{p}'|$ und $q = |\boldsymbol{q}|$.

mit

$$\varkappa = \varepsilon - \boldsymbol{n}\boldsymbol{p}\,, \qquad \varkappa' = \varepsilon' - \boldsymbol{n}\boldsymbol{p}' \quad (\boldsymbol{n} = \boldsymbol{k}/\omega)\,, \qquad \boldsymbol{q} = \boldsymbol{p}' + \boldsymbol{k} - \boldsymbol{p}\,.$$

Durch einfache Umformungen bringt man diese Formel auf die leichter zu untersuchende Gestalt

$$d\sigma = \frac{Z^2 \alpha r_e^2}{2\pi} \frac{d\omega}{\omega} \frac{p' m^2}{p q^4} \sin\theta\, d\theta \sin\theta'\, d\theta'\, d\varphi \left\{ \frac{p'^2}{\varkappa'^2} (4\varepsilon^2 - q^2) \sin^2\theta' + \frac{p^2}{\varkappa^2} (4\varepsilon'^2 - q^2) \sin^2\theta + \frac{2\omega^2}{\varkappa\varkappa'} (p^2 \sin^2\theta + p'^2 \sin^2\theta') - \frac{2pp'}{\varkappa\varkappa'} (2\varepsilon^2 + 2\varepsilon'^2 - q^2) \sin\theta \sin\theta' \cos\varphi \right\} \tag{91,8}$$

mit

$$\varkappa = \varepsilon - p\cos\theta\,, \qquad \varkappa' = \varepsilon' - p'\cos\theta'$$

$$q^2 = p^2 + p'^2 + \omega^2 - 2p\omega\cos\theta + 2p'\omega\cos\theta' - 2pp'(\cos\theta\cos\theta' + \sin\theta\sin\theta'\cos\varphi)\,;$$

θ und θ' sind die Winkel zwischen $\boldsymbol{k}$ und $\boldsymbol{p}$ bzw. $\boldsymbol{p}'$, φ ist der Winkel zwischen den von $\boldsymbol{k}$ und $\boldsymbol{p}$ bzw. von $\boldsymbol{k}$ und $\boldsymbol{p}'$ aufgespannten Ebenen.

Die Integration von (91,8) über die Richtungen des Photons und des Sekundärelektrons sind recht umfangreich. Es ergibt sich folgende Formel für die Spektralverteilung der Strahlung:[1])

$$d\sigma_\omega = Z^2 \alpha r_e^2 \frac{d\omega}{\omega} \frac{p'}{p} \left\{ \frac{3}{4} - 2\varepsilon\varepsilon' \frac{p^2 + p'^2}{p^2 p'^2} + m^2 \left(l \frac{\varepsilon'}{p^3} + l' \frac{\varepsilon}{p'^3} - \frac{l l'}{p p'} \right) + L \left[\frac{8\varepsilon\varepsilon'}{3pp'} + \frac{\omega^2}{p^3 p'^3} (\varepsilon^2 \varepsilon'^2 + p^2 p'^2 + m^2 \varepsilon\varepsilon') + \frac{m^2 \omega}{2pp'} \left(l \frac{\varepsilon\varepsilon' + p^2}{p^3} - l' \frac{\varepsilon\varepsilon' + p'^2}{p'^3} \right) \right] \right\} \tag{91,9}$$

mit

$$L = \ln \frac{\varepsilon\varepsilon' + pp' - m^2}{\varepsilon\varepsilon' - pp' - m^2}\,,$$

$$l = \ln \frac{\varepsilon + p}{\varepsilon - p}\,, \qquad l' = \ln \frac{\varepsilon' + p'}{\varepsilon' - p'}\,.$$

Die für die Frequenzen zulässigen Werte sind in den erhaltenen Formeln nur durch die Bedingung an die Geschwindigkeit des Elektrons im Endzustand eingeschränkt ($Z e^2/v' \ll 1$), das Elektron darf nicht seine Energie fast ganz verlieren. Für $\omega \to 0$ divergiert der Wirkungsquerschnitt für die Strahlung wie $d\omega/\omega$; hierin äußert sich ein in § 95 zu besprechender allgemeiner Sachverhalt.

---

[1]) Die Integration über die Richtungen eines Sekundärelektrons kann in geschlossener Form ausgeführt werden; s. R. L. GLUCKSTEIN und M. H. HULL, Phys. Rev. **90** (1953) 1030.

Wir weisen auch auf den Übersichtsartikel von H. W. KOCH und J. W. MOTZ, Rev. Mod. Phys. **31** (1959) 920, hin, in dem die Kurven zu den Formeln für die Bremsstrahlung zu finden sind.

Im nichtrelativistischen Grenzfall ($p \ll m$) ist der Photonenimpuls klein gegenüber dem Elektronenimpuls, da

$$\omega = \frac{p'^2 - p^2}{2\,m} \ll p$$

gilt; deshalb ist $q^2 \approx (\boldsymbol{p}' - \boldsymbol{p})^2$. Wir setzen in (91,8) $\varepsilon = \varepsilon' = m$, vernachlässigen alle p, p' und ω gegenüber m und bekommen

$$d\sigma = \frac{2}{\pi} Z^2 \alpha\, r_e^2 \frac{d\omega}{\omega} \frac{p'\, m^2}{p\, q^4} \sin\theta\, d\theta \sin\theta'\, d\theta'\, d\varphi$$
$$\times\, (p^2 \sin^2\theta + p'^2 \sin^2\theta' - 2\, p\, p' \sin\theta \sin\theta' \cos\varphi)$$

oder

$$d\sigma = \frac{Z^2 \alpha^3}{\pi^2} \frac{p'}{p} [\boldsymbol{n}\, \boldsymbol{q}]^2 \frac{do_{\boldsymbol{k}}\, do'}{q^4} \frac{d\omega}{\omega} \qquad (91,10)$$

in Übereinstimmung mit der in Aufgabe 1 zu § 90 in Bornscher Näherung abgeleiteten Formel. Entsprechend ergibt sich auch für die Spektralverteilung der Strahlung das uns schon bekannte Ergebnis (90,16) [1]).

Im ultrarelativistischen Fall, wenn die Elektronenenergie in Anfangs- und Endzustand groß ist (ε, $\varepsilon' \gg m$), hat die Winkelverteilung der Photonen und der Sekundärelektronen einen ganz eigenartigen Charakter. Für kleine Winkel θ und θ' sind die Größen $\varkappa$ und $\varkappa'$ in den Nennern von Formel (91,8)

$$\varkappa \approx \frac{\varepsilon}{2}\left(\frac{m^2}{\varepsilon^2} + \theta^2\right), \qquad \varkappa' \approx \frac{\varepsilon'}{2}\left(\frac{m^2}{\varepsilon'^2} + \theta'^2\right), \qquad (91,11)$$

und sie werden im Bereich $\theta \lesssim m/\varepsilon$ sehr klein. In diesem Bereich ist auch der Betrag des Vektors $\boldsymbol{q}$ klein ($q \sim m$). Im ultrarelativistischen Fall fliegen also Photon und Sekundärelektron in einem sehr engen Kegel mit dem Öffnungswinkel $\sim m/\varepsilon$ nach vorn.

Die quantitative Formel für die Winkelverteilung im ultrarelativistischen Fall ergibt sich ganz einfach aus (91,8), indem man $\varkappa$ und $\varkappa'$ aus (91,11) einsetzt, an allen anderen Stellen p und p' durch ε und ε' ersetzt und q^2 gegenüber ε^2 vernachlässigt. Mit den zweckmäßigeren Bezeichnungen

$$\delta = \frac{\varepsilon}{m}\theta\,, \qquad \delta' = \frac{\varepsilon'}{m}\theta' \qquad (91,12)$$

bringen wir diese Formel in die Gestalt

$$d\sigma = \frac{8}{\pi} Z^2 \alpha\, r_e^2 \frac{\varepsilon'\, m^4}{\varepsilon\, q^4} \delta\, d\delta \cdot \delta'\, d\delta'\, d\varphi$$
$$\times \left\{\frac{\delta^2}{(1+\delta^2)^2} + \frac{\delta'^2}{(1+\delta'^2)^2} + \frac{\omega^2}{2\,\varepsilon\,\varepsilon'} \frac{\delta^2 + \delta'^2}{(1+\delta^2)(1+\delta'^2)} - \left(\frac{\varepsilon'}{\varepsilon} + \frac{\varepsilon}{\varepsilon'}\right) \frac{\delta\,\delta' \cos\varphi}{(1+\delta^2)(1+\delta'^2)}\right\}. \qquad (91,13)$$

---

[1]) Die Ableitung dieser Formel durch Grenzübergang in (91,9) ist jedoch recht mühsam, weil sich viele Glieder gegenseitig aufheben.

Schreibt man $\boldsymbol{q}^2 = [\boldsymbol{n}\,\boldsymbol{q}]^2 + (\boldsymbol{n}\,\boldsymbol{q})^2$ $(\boldsymbol{n} = \boldsymbol{k}/\omega)$, so findet man für kleine Winkel leicht

$$\frac{q^2}{m^2} = (\delta^2 + \delta'^2 - 2\,\delta\,\delta'\cos\varphi) + m^2\left(\frac{1+\delta^2}{2\,\varepsilon} - \frac{1+\delta'^2}{2\,\varepsilon'}\right)^2. \tag{91,14}$$

Für $\delta \sim \delta' \sim 1$ ist hier das zweite Glied klein gegenüber dem ersten. Beide Glieder werden im Bereich noch kleinerer Winkel, für $\delta \sim m/\varepsilon$, miteinander vergleichbar. Obwohl hier q besonders klein wird $(q \sim m^2/\varepsilon \ll m)$, ist der integrale Beitrag zum Wirkungsquerschnitt von diesem Bereich klein gegenüber dem Beitrag vom ganzen Bereich $\delta \gtrsim 1$(wie man leicht sehen kann – um einen Faktor m^2/ε^2). q kann aber Werte $q \sim m^2/\varepsilon$ auch für $\delta \sim \delta' \sim 1$ erreichen, wenn dabei

$$|\delta - \delta'| \lesssim \frac{m}{\varepsilon}, \qquad \varphi \lesssim \frac{m}{\varepsilon} \tag{91,15}$$

ist. Der Beitrag von diesem Bereich ist von derselben Größenordnung wie der ganze integrale Wirkungsquerschnitt (oder ist sogar der Hauptbeitrag dazu; s. u.).

Die Integration der Formel (91,13) über φ und über δ' liefert die Winkelverteilung der Photonen (gegebener Frequenz) ohne Bezug auf die Richtungen der Sekundärelektronen:[1])

$$d\sigma = 8\,Z^2\,\alpha\,r_e^2\,\frac{d\omega}{\omega}\,\frac{\varepsilon'}{\varepsilon}\,\frac{\delta\cdot d\delta}{(1+\delta^2)^2}$$
$$\times\left\{\left[\frac{\varepsilon}{\varepsilon'} + \frac{\varepsilon'}{\varepsilon} - \frac{4\,\delta^2}{(1+\delta^2)^2}\right]\ln\frac{2\,\varepsilon\,\varepsilon'}{m\,\omega} - \frac{1}{2}\left[\frac{\varepsilon}{\varepsilon'} + \frac{\varepsilon'}{\varepsilon} + 2 - \frac{16\,\delta^2}{(1+\delta^2)^2}\right]\right\}. \tag{91,16}$$

Wir integrieren über δ und finden als Spektralverteilung der Strahlung im ultrarelativistischen Fall

$$d\sigma_\omega = 4\,Z^2\,\alpha\,r_e^2\,\frac{d\omega}{\omega}\,\frac{\varepsilon'}{\varepsilon}\left(\frac{\varepsilon}{\varepsilon'} + \frac{\varepsilon'}{\varepsilon} - \frac{2}{3}\right)\left(\ln\frac{2\,\varepsilon\,\varepsilon'}{m\,\omega} - \frac{1}{2}\right) \tag{91,17}$$

(diese Formel kann man natürlich auch unmittelbar aus (91,9) erhalten).

Wir lenken die Aufmerksamkeit auf das Auftreten eines Logarithmus von einer großen Größe $\left(\text{sogar für } \omega \sim \varepsilon \text{ ist das Verhältnis } \frac{\varepsilon\,\varepsilon'}{m\,\omega} \sim \frac{\varepsilon'}{m} \gg 1\right)$ in (91,16) und (91,17). Falls die Argumente in den Logarithmen so groß werden, daß auch der Logarithmus selbst groß ist, dann stellen die Glieder mit den Logarithmen in den betreffenden Formeln die Hauptbeiträge dar. Dieser Log-

[1]) Zuerst wird über φ (von 0 bis $2\,\pi$) integriert. Statt über δ' integriert man zweckmäßig über die Differenz $|\Delta| = |\delta' - \delta|$ und zerlegt das Integrationsintervall in zwei Teile: von 0 bis zu einem gewissen Δ_0 und von Δ_0 bis ∞, wobei Δ_0 die Bedingungen $m/\varepsilon \ll \Delta_0 \ll 1$ erfüllt. In jedem Intervall kann man im Integranden entsprechende Vernachlässigungen vornehmen.

arithmen entsteht bei der Integration über den Breich (91,15).[1]) In „logarithmischer Näherung" (d. h. unter Vernachlässigung aller Glieder ohne einen großen Logarithmus) fliegt das Sekundärteilchen im Winkel $\sim(m/\varepsilon)^2$ zur Einfallsrichtung weg.

Schließlich geben wir noch die Formel für den Bereich in der Nähe der kurzwelligen Grenze des Spektrums an; dann emittiert das ultrarelativistische Elektron fast seine ganze Energie: $\omega \approx \varepsilon \gg \varepsilon'$. Aus (91,9) finden wir leicht

$$d\sigma_\omega = 2 Z^2 \alpha r_e^2 \frac{d\omega}{\varepsilon} \left\{ \frac{\varepsilon'^2}{p'^2} \ln \frac{\varepsilon' + p'}{\varepsilon' - p'} - \frac{m^2 \varepsilon'}{4 p'^3} \ln^2 \frac{\varepsilon' + p'}{\varepsilon' - p'} - \frac{\varepsilon'}{p'} \right\}. \quad (91,18)$$

Die Formeln (91,17) und (91,18) überdecken den ganzen Wertebereich von ω für ein ultrarelativistisches Elektron im Anfangszustand; für $\omega \approx \varepsilon \gg \varepsilon' \gg m$ stimmen die beiden Formeln überein. Für ein nichtrelativistisches Sekundärelektron ($p' \ll m$) gilt

$$d\sigma_\omega = 2 Z^2 \alpha r_e^2 \frac{\sqrt{2 m (\varepsilon - \omega)}}{m} \frac{d\omega}{\varepsilon}. \quad (91,19)$$

Polarisationseffekte

Die Polarisationseffekte bei der Bremsstrahlung können mit derselben allgemeinen Methode wie in § 66 behandelt werden. Die Frage nach der Wahl der 4-Vektoren $e^{(1)}$ und $e^{(2)}$ ist im vorliegenden Fall besonders einfach. Da man den Prozeß zweckmäßig nur in einem bestimmten Bezugssystem (dem Ruhsystem des Kerns) betrachten wird, braucht man nur $e^{(1)} = (0, \mathbf{e}^{(1)})$ und $e^{(2)} = (0, \mathbf{e}^{(2)})$ zu setzen; $\mathbf{e}^{(1)}$ und $\mathbf{e}^{(2)}$ sind auf $\mathbf{k}$ senkrechte Einheitsvektoren, einer davon liegt in der von $\mathbf{k}$ und $\mathbf{p}$ aufgespannten Ebene, der andere steht senkrecht darauf.

Wir werden hier weder die sehr langwierigen Rechnungen noch die quantitativen Ergebnisse wiedergeben.[2]) Nur einige qualitative Eigenschaften der Polarisationseffekte wollen wir vermerken. Diese Eigenschaften können mit

---

[1]) Davon kann man sich leicht überzeugen, indem man denjenigen Integrationsbereich betrachtet, in dem φ und $\Delta = \delta' - \delta$ die Bedingung $m/\varepsilon \ll \Delta$, $\varphi \ll 1$ erfüllen. In diesem Bereich ist $q^2/m^2 \approx \Delta^2 + \varphi^2 \delta^2$, und die geschweifte Klammer in (91,13) enthält Glieder proportional zu φ^2 oder Δ^2 (für $\varphi = 0$ oder $\Delta = 0$ verschwindet diese Klammer). Die Integrale

$$\int \frac{\varphi^2 \, d\varphi \, d\Delta}{(\Delta^2 + \delta^2 \Delta^2)^2} \quad \text{oder} \quad \int \frac{\Delta^2 \, d\varphi \, d\Delta}{(\Delta^2 + \delta^2 \varphi^2)^2}$$

divergieren logarithmisch; sie werden an den Grenzen des angegebenen Integrationsbereiches „abgeschnitten".

[2]) S. aus diesem Anlaß die Originalarbeiten: R. L. Gluckstern, M. H. Hull und G. Breit, Phys. Rev. **90** (1953) 1026; G. L. Wyssozki, A. A. Kresnin und L. N. Rosenzweig, ЖЭТФ **32** (1957) 1078; K. McVoy, Phys. Rev. **106** (1957) 828; **111** (1958) 1333; C. Fronsdal und H. Überall, Phys. Rev. **111** (1958) 580. (In diesem Artikel werden weitere ausführliche Literaturhinweise gegeben.) S. a. den Übersichtsartikel von W. H. McMaster, Rev. Mod. Phys. **33** (1961) 8.

Hilfe verschiedener Symmetrierelationen gefunden werden, ähnlich wie es in § 87 für den COMPTON-Effekt geschehen ist.

Die hier dargestellte Theorie entspricht der ersten nichtverschwindenden Näherung der Störungstheorie. In dieser Näherung kann der Wirkungsquerschnitt kein Glied proportional zu nur einem Polarisationsvektor des Elektrons im Anfangs- ($\vec{\zeta}$) oder Endzustand ($\vec{\zeta}'$) enthalten. Das Fehlen eines Gliedes $\propto \vec{\zeta}$ bedeutet, daß der totale (über die Polarisationen des Photons und des Sekundärelektrons summierte) Wirkungsquerschnitt für die Strahlung nicht von der Polarisation des einlaufenden Elektrons abhängig ist.

Von den nur zu einem Polarisationsparameter des Photons (ξ_1', ξ_2', ξ_3') proportionalen Gliedern fehlt das Glied $\propto \xi_2'$. Demnach ist das Photon bei der Emission von einem unpolarisierten Elektron nicht zirkular polarisiert. Hier besteht aber ein Unterschied zu dem entsprechenden Ergebnis für den COMPTON-Effekt. Dort waren solche Glieder wegen der Erhaltung der räumlichen Parität verboten, weil man aus den einzigen zur Verfügung stehenden unabhängigen Vektoren $\boldsymbol{k}$ und $\boldsymbol{k}'$ keinen Pseudoskalar bilden konnte. Im Falle der Bremsstrahlung gibt es drei unabhängige Impulse ($\boldsymbol{p}$, $\boldsymbol{p}'$ und $\boldsymbol{k}$), daraus kann man den Pseudoskalar $(\boldsymbol{k}[\boldsymbol{p}\,\boldsymbol{p}'])$ bilden. Ein Glied der Gestalt $\xi_2'(\boldsymbol{k}[\boldsymbol{p}\,\boldsymbol{p}'])$ widerspricht der Erhaltung der räumlichen Parität nicht und ist daher, streng genommen, von Null verschieden. Es ist aber bei der Vorzeichenänderung aller Impulse nicht invariant (vgl. (87,26)) und tritt daher in der ersten BORNschen Näherung nicht auf.

Die Existenz des Pseudoskalars $(\boldsymbol{k}[\boldsymbol{p}\,\boldsymbol{p}'])$ läßt auch zu, daß neben dem Glied $\propto \xi_3'$ auch ein Glied $\propto \xi_1'$ im Querschnitt erlaubt ist (im Gegensatz zur Situation beim COMPTON-Effekt). Dieses Glied kommt als Produkt der Gestalt

$$S_{\alpha\beta}\, \nu_\alpha [\boldsymbol{k}\, \vec{\nu}]_\beta\, (\boldsymbol{k}[\boldsymbol{p}\,\boldsymbol{p}'])$$

vor (mit $\vec{\nu} = [\boldsymbol{k}\,\boldsymbol{p}]$). Dieses Produkt ist sowohl bei einer räumlichen Spiegelung als auch beim Vorzeichenwechsel aller Impulse invariant. Das emittierte Photon kann also auf zwei Arten linear polarisiert sein (sowohl in den Richtungen von $\boldsymbol{e}^{(1)}$ und $\boldsymbol{e}^{(2)}$ als auch in den „Diagonal"-Richtungen unter 45° zu diesen Richtungen). Das gilt aber nur dann, wenn auch die Flugrichtung des Sekundärelektrons registriert wird. Bei der Integration über alle Richtungen von $\boldsymbol{p}'$ verschwindet das Glied $\propto \xi_1'$ im Wirkungsquerschnitt. Das ist aus Symmetrieüberlegungen unmittelbar evident: Nach der Integration sind die beiden nicht zusammenfallenden „Diagonal"-Richtungen äquivalent, und es kann deshalb keine Vorzugspolarisation in einer solchen Richtung geben (was für $\xi_1' \neq 0$ der Fall wäre).

Der Grad der linearen Polarisation ist vom Polarisationszustand des einlaufenden Elektrons unabhängig; denn die Korrelationsterme der Gestalt $\xi_1' \vec{\zeta}$ und $\xi_3' \vec{\zeta}$ sind in erster BORNscher Näherung im Wirkungsquerschnitt verboten. Das Glied $\xi_2' \vec{\zeta}$ ist erlaubt, so daß das von einem polarisierten Elektron emittierte Photon zirkular polarisiert ist (JA. B. SELDOWITSCH, 1952).

Abschirmung

Die obigen Formeln sind für ein reines COULOMB-Feld abgeleitet worden. Die Behandlung der Strahlung bei Stößen mit einem Atom — statt mit einem „nackten“ Kern — muß die Abschirmung des Kernfeldes durch die Elektronen in Betracht ziehen. Diese Abschirmung wird den Querschnitt verkleinern. Zu diesem Zweck ist in das Potential des äußeren Feldes $A^{(e)}(q)$ der Atomformfaktor $F(q)$ einzuführen (s. III, § 137). Nach III, (137,2) geschieht das, indem man statt Z nunmehr $Z - F(q)$ schreibt. Wir wollen die Bedingungen ausfindig machen, unter denen die Abschirmung wesentlich ist.

Zu einem bestimmten Wert q im Formfaktor gehören Abstände $r \sim 1/q$ in der räumlichen Verteilung der Elektronenladungen im Atom. Der Formfaktor nähert sich dem Wert Z an (völlige Abschirmung) für $q \lesssim 1/a$, wenn a die Atomabmessungen sind.

Andererseits haben wir oben gesehen: Im ultrarelativistischen Fall ergibt sich der wesentliche Beitrag zum Emissionsquerschnitt bereits von q-Werten in der Nähe des kleinsten Wertes, den q bei gegebener Energie des Elektrons im Anfangs- und Endzustand überhaupt haben kann. Im ultrarelativistischen Fall ist

$$q_{\min} = p - p' - \omega = \sqrt{\varepsilon^2 - m^2} - \sqrt{\varepsilon'^2 - m^2} - (\varepsilon - \varepsilon') \approx \frac{m^2 \omega}{2 \varepsilon \varepsilon'} .$$

Die Abschirmung ist wesentlich für $q_{\min} \lesssim 1/a$ oder

$$\frac{\varepsilon \varepsilon'}{m \omega} \gtrsim \frac{a}{1/m} . \qquad (91,20)$$

Diese Bedingung ist auf jeden Fall für genügend große Energien des einlaufenden Elektrons erfüllt.

Für $q_{\min} \ll 1/a$ („völlige Abschirmung“) kann man die Spektralverteilung der Strahlung mit logarithmischer Genauigkeit sofort aufschreiben. Tatsächlich steht im Argument des Logarithmus in (91,17) gerade die linke Seite der Ungleichung $\varepsilon \varepsilon'/m \omega \gg m a$. Falls diese Ungleichung erfüllt ist, wird das zum Logarithmus führende Integral über dq bei Werten von der Größenordnung der rechten Seite der Ungleichung abgeschnitten. Nach dem THOMAS-FERMI-Verfahren ist $a \sim a_0 Z^{-1/3}$ mit dem BORNschen Radius $a_0 \sim 1/m e^2$ (s. III, § 70); dann ist $a m \sim 1/\alpha Z^{1/3}$. Bei völliger Abschirmung hat man also den Logarithmus in (91,17) durch $\ln (1/\alpha Z^{1/3})$ zu ersetzen.[1])

Der Energieverlust

Der Energieverlust des Elektrons bei der Strahlung wird durch das „effektive Abbremsen“ angegeben:

$$\varkappa_{\mathrm{str}} = \int_0^{\varepsilon - m} \omega \, d\sigma_\omega . \qquad (91,21)$$

---

[1]) Wegen einer ausführlicheren Behandlung des Problems s. H. A. BETHE und W. HEITLER, Proc. Roy. Soc. A **146** (1934) 83; H. A. BETHE, Proc. Camb. Phil. Soc. **30** (1934) 524.

Die Berechnung des Integrals mit $d\sigma_\omega$ aus (91,17) führt zu folgendem Ergebnis:[1])

$$\varkappa_{\text{str}} = Z^2 \alpha\, r_e^2\, \varepsilon \left\{ \frac{12\,\varepsilon^2 + 4\,m^2}{3\,\varepsilon\, p} \ln \frac{\varepsilon + p}{m} - \frac{(8\,\varepsilon + 6\,p)\, m^2}{3\,\varepsilon\, p^2} \ln^2 \frac{\varepsilon + p}{m} - \frac{4}{3} + \frac{2\,m^2}{\varepsilon\, p} F\left(\frac{2\,p\,(\varepsilon + p)}{m^2}\right) \right\}, \qquad (91{,}22)$$

wobei die Funktion $F(x)$ definiert ist als

$$F(x) = \int\limits_0^x \frac{\ln\,(1 + y)}{y}\, dy\,.$$

Für kleine x ist

$$F(x) = x - \frac{x^2}{4} + \frac{x^3}{9} - \frac{x^4}{16} + \cdots,$$

für große x kann man die exakte Formel verwenden:

$$F(x) = \frac{\pi^2}{6} + \frac{1}{2} \ln^2 x - F\left(\frac{1}{x}\right).$$

Im nichtrelativistischen Fall geht (91,22) in

$$\varkappa_{\text{str}} = \frac{16}{3} Z^2 \alpha\, r_e^2\, m \qquad (91{,}23)$$

über. Diese Formel kann man natürlich durch direkte Integration der nichtrelativistischen Bornschen Formel (90,16) gewinnen.

Im ultrarelativistischen Fall ist

$$\varkappa_{\text{str}} = 4\, Z^2 \alpha\, r_e^2\, \varepsilon \left(\ln \frac{2\,\varepsilon}{m} - \frac{1}{3} \right). \qquad (91{,}24)$$

Das Verhältnis $\varkappa_{\text{str}}/\varepsilon$ wird auch als Wirkungsquerschnitt für den Energieverlust bei Emission bezeichnet. Für große ε nimmt es logarithmisch zu. Dieses Anwachsen wird aber bei Beachtung der Abschirmung beseitigt. Bei vollständiger Abschirmung strebt $\varkappa_{\text{str}}/\varepsilon$ gegen den konstanten Grenzwert $\approx 4\, Z^2 \alpha\, r_e^2 \ln\,(1/\alpha\, Z^{1/3})$.

Beim Stoß mit einem Atom hat man auch daran zu denken, daß eine gewisse Strahlung nicht nur beim Abbremsen im Kernfeld, sondern auch beim Abbremsen an den anderen Elektronen erfolgt. Wir werden später (§ 94) sehen, daß der Emissionsquerschnitt beim Abbremsen eines Elektrons an einem Elektron bis auf den fehlenden Faktor Z^2 gleich dem Querschnitt beim Abbremsen im Kernfeld ist. Man kann daher die Anwesenheit von Z Atomelektronen näherungsweise berücksichtigen, indem man Z^2 durch $Z\,(Z + 1)$ ersetzt.

[1]) Obwohl die Formel (91,17) in der Nähe der oberen Grenze unbrauchbar ist, ist dieser Umstand wegen der Konvergenz des Integrals unwesentlich.

§ 92. Paarerzeugung durch ein Photon im Kernfeld

Die Erzeugung eines Elektron–Positron-Paares beim Stoß eines Photons mit einem Kern ($Z + \gamma \to Z + e^- + e^+$) ist ein anderer Crossing-Kanal der Reaktion, zu der auch die Bremsstrahlung eines Elektrons beim Stoß mit einem Kern gehört ($Z + e^- \to Z + e^- + \gamma$). Daher ergibt sich die Amplitude M_{fi} für diesen Prozeß aus der Amplitude für die Bremsstrahlung einfach durch die Substitutionen

$$\left.\begin{aligned} \varepsilon, \boldsymbol{p} \to -\varepsilon_+, -\boldsymbol{p}_+, \qquad \varepsilon', \boldsymbol{p}' \to \varepsilon_-, \boldsymbol{p}_-, \\ \omega, \boldsymbol{k} \to -\omega, -\boldsymbol{k} \end{aligned}\right\} \tag{92,1}$$

(die Indizes + und − beziehen sich auf Positron und Elektron). Mit den Beträgen und Winkeln geschrieben, lautet die Transformation der Vektoren

$$p \to p_+, \qquad p' \to p_-, \qquad \theta \to \pi - \theta_+, \qquad \theta' \to \theta_-, \qquad \varphi \to \varphi - \pi;$$

$\theta_\pm$ sind die Winkel zwischen $\boldsymbol{p}_\pm$ und $\boldsymbol{k}$; φ ist der Winkel zwischen den durch $\boldsymbol{k}$ und $\boldsymbol{p}_+$ bzw. $\boldsymbol{k}$ und $\boldsymbol{p}_-$ aufgespannten Ebenen.

Der Wirkungsquerschnitt wird jetzt folgendermaßen durch M_{fi} ausgedrückt:

$$d\sigma = |M_{fi}|^2 \frac{1}{8\omega\varepsilon_-\varepsilon_+} \delta(\omega - \varepsilon_+ - \varepsilon_-) \frac{d^3p_+ \, d^3p_-}{(2\pi)^5}$$

(anstelle von (91,1)) oder nach Eliminieren der δ-Funktion

$$d\sigma = \frac{p_+ p_-}{(2\pi)^5 \omega} |M_{fi}|^2 \, do_+ \, do_- \, d\varepsilon_+ . \tag{92,2}$$

(In diesem Paragraphen sind $p_\pm = |\boldsymbol{p}_\pm|$, $q = |\boldsymbol{q}|$). Dem Vergleich mit (91,2) entnehmen wir: Der Wirkungsquerschnitt für die Paarerzeugung ergibt sich aus dem Wirkungsquerschnitt für die Bremsstrahlung, indem man die Substitutionen (92,1) vornimmt, mit

$$\frac{p_+^2}{\omega^2} \frac{d\varepsilon_+}{d\omega}$$

multipliziert und $do' \, do_{\boldsymbol{k}}$ durch $do_+ \, do_-$ ersetzt.

Auf diese Weise erhalten wir aus (91,8) folgenden Ausdruck als differentiellen Wirkungsquerschnitt für die Paarerzeugung aus einem unpolarisierten Photon (der Wirkungsquerschnitt ist über die Polarisationen der Komponenten des Paares gemittelt):[1])

$$\begin{aligned} d\sigma = &- \frac{Z^2 \alpha r_e^2}{2\pi} \frac{m^2 p_+ p_- d\varepsilon_+}{\omega^3 q^4} \sin\theta_+ \, d\theta_+ \cdot \sin\theta_- \, d\theta_- \, d\varphi \\ &\times \left\{ \frac{p_+^2}{\varkappa_+^2} (4\varepsilon_-^2 - q^2) \sin^2\theta_+ + \frac{p_-^2}{\varkappa_-^2} (4\varepsilon_+^2 - q^2) \sin^2\theta_- - \frac{2\omega^2}{\varkappa_+\varkappa_-} (p_+^2 \sin^2\theta_+ + p_-^2 \sin^2\theta_-) \right. \\ &\left. - \frac{2 p_+ p_-}{\varkappa_+ \varkappa_-} (2\varepsilon_+^2 + 2\varepsilon_-^2 - q^2) \sin\theta_+ \sin\theta_- \cos\varphi \right\}, \end{aligned} \tag{92,3}$$

$$\varkappa_\pm = \varepsilon_\pm - p_\pm \cos\theta_\pm, \qquad q^2 = (\boldsymbol{p}_+ + \boldsymbol{p}_- - \boldsymbol{k})^2, \qquad \varepsilon_+ + \varepsilon_- = \omega$$

(H. A. Bethe, W. Heitler, 1934).

[1]) Wegen der Polarisationseffekte bei der Paarerzeugung aus einem Photon s. dieselbe Literatur, die in § 91 für die Bremsstrahlung angegeben worden ist.

Mit derselben Transformation erhalten wir aus (91,9) die Energieverteilung für die Komponenten des Paares:

$$d\sigma_{\varepsilon+} = Z^2 \alpha\, r_e^2 \frac{p_+ p_-}{\omega^3} d\varepsilon_+ \left\{ -\frac{4}{3} - 2\,\varepsilon_+ \varepsilon_- \frac{p_+^2 + p_-^2}{p_+^2 p_-^2} + m^2 \left(l_- \frac{\varepsilon_+}{p_-^3} + l_+ \frac{\varepsilon_-}{p_+^3} \right.\right.$$
$$\left. - l_+ l_- \frac{1}{p_+ p_-} \right) + L \left[-\frac{8\,\varepsilon_+ \varepsilon_-}{3\,p_+ p_-} + \frac{\omega^2}{p_+^3 p_-^3} (\varepsilon_+^2 \varepsilon_-^2 + p_+^2 p_-^2 - m^2 \varepsilon_+ \varepsilon_-) \right.$$
$$\left.\left. - \frac{m^2 \omega}{2\,p_+ p_-} \left(l_+ \frac{\varepsilon_+ \varepsilon_- - p_+^2}{p_+^3} + l_- \frac{\varepsilon_+ \varepsilon_- - p_-^2}{p_-^3} \right) \right] \right\},$$
$$L = \ln \frac{\varepsilon_+ \varepsilon_- + p_+ p_- + m^2}{\varepsilon_+ \varepsilon_- - p_+ p_- + m^2}, \qquad l_\pm = \ln \frac{\varepsilon_\pm + p_\pm}{\varepsilon_\pm - p_\pm}. \tag{92,4}$$

Da die erhaltenen Formeln auf die BORNsche Näherung gegründet sind, gelten sie nur unter den Bedingungen $Z\,e^2/v_\pm \ll 1$. Die Symmetrie der Formeln (92,3) und (92,4) in Elektron und Positron ist eine Folge eben der BORNschen Näherung; sie würde in höheren Näherungen verschwinden.

Im ultrarelativistischen Fall ($\varepsilon_\pm \gg m$) fliegen Elektron und Positron unter den Winkeln $\theta_\pm \sim m/\varepsilon_\pm$ bezüglich der Einfallsrichtung des Photons heraus. Die Winkelverteilung wird durch eine zu (91,13) analoge Formel gegeben:

$$d\sigma = \frac{8}{\pi} Z^2 \alpha\, r_e^2 \frac{m^4 \varepsilon_+ \varepsilon_-}{\omega^3 q^4} d\varepsilon_+ \left\{ -\frac{\delta_+^2}{(1+\delta_+^2)^2} - \frac{\delta_-^2}{(1+\delta_-^2)^2} + \frac{\omega^2}{2\,\varepsilon_+ \varepsilon_-} \frac{\delta_+^2 + \delta_-^2}{(1+\delta_+^2)(1+\delta_-^2)} \right.$$
$$\left. + \left(\frac{\varepsilon_+}{\varepsilon_-} + \frac{\varepsilon_-}{\varepsilon_+} \right) \frac{\delta_+ \delta_- \cos\varphi}{(1+\delta_+^2)(1+\delta_-^2)} \right\} \delta_+ \delta_- \cdot d\delta_+\, d\delta_- \cdot d\varphi \tag{92,5}$$

mit

$$\frac{q^2}{m^2} = \delta_+^2 + \delta_-^2 + 2\,\delta_+ \delta_- \cos\varphi + m^2 \left(\frac{1+\delta_+^2}{2\,\varepsilon_+} + \frac{1+\delta_-^2}{2\,\varepsilon_-} \right)^2. \tag{92,6}$$

Die Energieverteilung ist in diesem Fall

$$d\sigma = 4\,Z^2 \alpha\, r_e^2 \frac{d\varepsilon_+}{\omega^3} \left(\varepsilon_+^2 + \varepsilon_-^2 + \frac{2}{3} \varepsilon_+ \varepsilon_- \right) \left(\ln \frac{2\,\varepsilon_+ \varepsilon_-}{m\,\omega} - \frac{1}{2} \right) \quad \text{(ultrarel.)}. \tag{92,7}$$

Integriert man diesen Ausdruck über $d\varepsilon_+$ (von m bis ω), so ergibt sich der totale Wirkungsquerschnitt für die Paarerzeugung aus einem Photon vorgegebener Energie:[1])

$$\sigma = \frac{28}{9} Z^2 \alpha\, r_e^2 \left(\ln \frac{2\,\omega}{m} - \frac{109}{42} \right), \qquad \omega \gg m. \tag{92,8}$$

Wie schon bei der Bremsstrahlung resultiert das logarithmische Glied im Wirkungsquerschnitt im ultrarelativistischen Fall von q-Werten $q \sim m^2/\varepsilon$. Dem entsprechen jetzt Winkel mit

$$|\delta_+ - \delta_-| \lesssim \frac{m}{\varepsilon}, \qquad |\pi - \varphi| \lesssim \frac{m}{\varepsilon}$$

[1]) Wegen der Konvergenz des Integrals an beiden Grenzen ist es unwesentlich, daß die Formeln für kleine $\varepsilon_\pm - m$ unbrauchbar werden.

(statt $\varphi \lesssim m/\varepsilon$ in (91,15)). In der Näherung, in der man nur die Logarithmen mitnimmt, bilden also die Richtungen von Elektron und Positron mit der Photonenrichtung Winkel, die umgekehrt proportional zu den Energien der Teilchen sind; sie liegen beinahe in einer Ebene mit dieser, und zwar auf verschiedenen Seiten davon.

In der Nähe der Reaktionsschwelle ($\omega \to 2\,m$) ist die BORNsche Näherung unbrauchbar. Die Ableitung einer quantitativen Formel würde in diesem Fall die exakte Berücksichtigung der COULOMB-Wechselwirkung der drei geladenen Teilchen im Endzustand erfordern (zwischen dem Kern und dem Paar). Die Symmetrie bezüglich Elektron (das vom Kern angezogen wird) und Positron (das vom Kern abgestoßen wird) geht dabei natürlich verloren.

Für

$$Z\alpha \ll \sqrt{\frac{\omega - 2\,m}{\omega}} \ll 1 \tag{92,9}$$

ist die BORNsche Näherung noch brauchbar. Für nichtrelativistische Energien des Paares ist $\omega \approx 2\,m \gg p_\pm$, und daher ist $q \approx \omega$. In (92,3) kann man überall $\varepsilon_\pm = \varkappa_\pm = m$ und $\omega = 2\,m$ setzen, und danach wird aus dieser Formel

$$d\sigma = \frac{Z^2\,\alpha\,r_e^2}{64\,\pi^2}\,\frac{p_+\,p_-}{m^5}\,(p_+^2\,\sin^2\theta_+ + p_-^2\,\sin^2\theta_-)\,do_+\,do_-\,d\varepsilon_+\,. \tag{92,10}$$

Nach der Integration über die Winkel ist

$$d\sigma = \frac{1}{6}\,Z^2\,\alpha\,r_e^2\,\frac{p_+\,p_-\,(p_+^2 + p_-^2)}{m^5}\,d\varepsilon_+ = \frac{2\,Z^2\,\alpha\,r_e^2}{3\,m^3}\,(\omega - 2\,m)\sqrt{(\varepsilon_+ - m)\,(\varepsilon_- - m)}\,d\varepsilon_+ \tag{92,11}$$

Schließlich integrieren wir über $d\varepsilon^+$ (von m bis $\omega - m$) und erhalten für den totalen Wirkungsquerschnitt

$$\sigma = \frac{\pi}{12}\,Z^2\,\alpha\,r_e^2\left(\frac{\omega - 2\,m}{m}\right)^3. \tag{92,12}$$

Wenn die Relativgeschwindigkeit (v_0) der Komponenten des erzeugten Paares klein ist, dann muß man die COULOMB-Wechselwirkung zwischen diesen unbedingt berücksichtigen (A. D. SACHAROW, 1948). Diese Wechselwirkung wird wesentlich, wenn v_0 die Größenordnung der Geschwindigkeiten der Teilchen in einem gebundenen Zustand von Elektron und Positron (Positoinium) hat (oder kleiner ist):

$$v_0 \lesssim \alpha\,. \tag{92,13}$$

Wir behandeln den Prozeß im Massenmittelpunktsystem des Paares. In den Diagrammen für diesen Prozeß in dem genannten System sind die virtuellen Impulse $\sim m$ ausschlaggebend. Mit anderen Worten, es sind die Abstände $\sim 1/m$ zwischen Elektron und Positron wesentlich. Die Wellenfunktion für die Relativbewegung $\psi(r)$ ändert sich nur bei Abständen $r \sim 1/m\,v_0 \sim 1/m\,\alpha$ beträchtlich, d. h. bei Abständen groß gegenüber $1/m$. Die Beachtung der Wechselwirkung zwischen den Teilchen ergibt daher lediglich den Faktor $\psi^*(0)$

im Matrixelement. Dementsprechend wird der differentielle Querschnitt mit $|\psi(0)|^2$ multipliziert, d. h. mit

$$\frac{2\,\pi\,\alpha/v_0}{1 - e^{-2\pi\alpha/v_0}} \tag{92,14}$$

(s. III, (134,11)). Die Relativgeschwindigkeit zweier Teilchen ist die Geschwindigkeit eines Teilchens im Ruhsystem des anderen. Wir vergleichen die Werte für die Invariante $p_{+\mu}\,p^{\mu}_{-}$ in diesem System und im Laborsystem (Ruhsystem des Kerns) und erhalten

$$\frac{m^2}{\sqrt{1 - v_0^2}} = \varepsilon_+\,\varepsilon_- - \boldsymbol{p}_+\,\boldsymbol{p}_-\,,$$

hieraus kann man v_0 finden. Falls $\boldsymbol{p}_+$ und $\boldsymbol{p}_-$ ungefähr gleichen Betrag und ungefähr gleiche Richtung haben, resultiert für v_0 die Näherungsformel

$$v_0^2 = p^2\,\vartheta^2 + \frac{(p_+ - p_-)^2}{\varepsilon^2} \tag{92,15}$$

(brauchbar für $v_0 \ll 1$); hier sind $p = (p_+ + p_-)/2$, $\varepsilon = (\varepsilon_+ + \varepsilon_-)/2$, und ϑ ist der Winkel zwischen $\boldsymbol{p}_+$ und $\boldsymbol{p}_-$.

Die durch die Formeln (92,14) und (92,15) gegebene Korrektur zum Querschnitt führt zu einer Anomalie in der Korrelation zwischen den Impulsen von Elektron und Positron, zu einem scharfen Maximum bei $\boldsymbol{p}_+ \approx \boldsymbol{p}_-$.

§ 93. Exakte Theorie der Paarerzeugung und der Bremsstrahlung im ultrarelativistischen Fall

In den beiden vorangegangenen Paragraphen haben wir die Bremsstrahlung und die Paarerzeugung durch ein Photon im relativistischen Bereich auf der Grundlage der BORNschen Näherung behandelt; dabei mußte immer die Bedingung $Z\alpha \ll 1$ erfüllt sein. In diesem Paragraphen wird die Theorie dieser Prozesse ohne die angegebene Beschränkung entwickelt, d. h. eine Theorie auch für $Z\alpha \sim 1$ (H. A. BETHE, L. MAXIMON, 1954). Dabei werden wir voraussetzen, daß beide Teilchen (das Elektron im Anfangs- und Endzustand oder die Komponenten des Paares) ultrarelativistisch sind; ihre Energie ist $\varepsilon \gg m$.

Wie wir gesehen haben, fliegen die beiden Teilchen im ultrarelativistischen Fall unter kleinen Winkeln (θ und θ' oder θ_+ und θ_-) zur Photonenrichtung: $\theta \lesssim m/\varepsilon$. Diese Eigenschaft bleibt auch in der (in $Z\alpha$) exakten Theorie erhalten, und wir werden daher gerade diesen Winkelbereich betrachten.

Die Impulsübertragung an den Kern ist in diesem Bereich $q \sim m$. In den Wellenfunktionen sind also große Stoßparameter $\varrho \sim 1/q \sim 1/m$, d. h. „große“ Abstände, ausschlaggebend. Für diese Abstände kann man die in § 39 erhaltenen Winkelfunktionen benutzen.

Paarerzeugung

Der Wirkungsquerschnitt für die Paarerzeugung hat eine ähnliche Form wie der Querschnitt für den Photoeffekt (vgl. (56,1) und (56,2)):

$$d\sigma = 2\pi \left| e\sqrt{4\pi}\frac{1}{\sqrt{2\omega}} M_{fi}\right|^2 \delta(\omega - \varepsilon_+ - \varepsilon_-)\frac{d^3p_+ d^3p_-}{(2\pi)^6} \tag{93,1}$$

mit

$$M_{fi} = \int \psi^{(-)*}_{\varepsilon_- \boldsymbol{p}_-}(\vec{\alpha}\,\boldsymbol{e})\, e^{i\boldsymbol{k}\boldsymbol{r}}\, \psi^{(+)}_{-\varepsilon_+, -\boldsymbol{p}_+}\, d^3x\,. \tag{93,2}$$

Hier sind $\psi^{(-)}_{\varepsilon_- \boldsymbol{p}_-}$ die Wellenfunktion des Elektrons und $\psi^{(+)}_{-\varepsilon_+, -\boldsymbol{p}_+}$ die Wellenfunktion mit der negativen Energie $(-\varepsilon_+)$ und dem Impuls $-\boldsymbol{p}_+$.

Die Funktion $\psi^{(-)}_{\varepsilon_- \boldsymbol{p}_-}$ für ein Teilchen im Endzustand muß in ihrer asymptotischen Form (neben einer ebenen Welle) eine einlaufende Kugelwelle enthalten; dieser Sachverhalt wird durch den oberen Index $(-)$ an der Funktion vermerkt. Nach (39,10) ist diese Wellenfunktion[1])

$$\left.\begin{aligned} \psi^{(-)}_{\varepsilon_- \boldsymbol{p}_-} &= \frac{C^{(-)}}{\sqrt{2\varepsilon_-}} e^{i\boldsymbol{p}_-\boldsymbol{r}}\left(1 - \frac{i\vec{\alpha}\nabla}{2\varepsilon_-}\right) F\left(-i\nu, 1, -i(p_- r + \boldsymbol{p}_-\boldsymbol{r})\right) u(p_-)\,,\\ C^{(-)} &= e^{\pi\nu/2}\,\Gamma(1 + i\nu)\,, \quad \nu = Z\alpha\,. \end{aligned}\right\} \tag{93,3}$$

Die Funktion $\psi^{(+)}_{-\varepsilon_+, -\boldsymbol{p}_+}$ muß in ihrem asymptotischen Ausdruck eine auslaufende Kugelwelle enthalten (Index $(+)$ oben), da sie die Wellenfunktion für einen „Anfangszustand mit negativer Energie" ist. Die Wellenfunktion des Positrons (die aus $\psi^{(+)*}_{-\varepsilon_+ -\boldsymbol{p}_+}$ zu bilden ist) ergibt sich dabei mit einer einlaufenden Welle im asymptotischen Ausdruck, wie es für ein Teilchen im Endzustand erforderlich ist. Nach (39,11) ist diese Funktion

$$\left.\begin{aligned} \psi^{(+)}_{-\varepsilon_+, -\boldsymbol{p}_+} &= \frac{C^{(-)}}{\sqrt{2\varepsilon_+}} e^{-i\boldsymbol{p}_+\boldsymbol{r}}\left(1 + \frac{i\vec{\alpha}\nabla}{2\varepsilon_+}\right) F\left(-i\nu, 1, i(p_+ r + \boldsymbol{p}_+\boldsymbol{r})\right) u(-p_+)\,,\\ C^{(+)} &= e^{-\pi\nu/2}\,\Gamma(1 + i\nu)\,. \end{aligned}\right\} \tag{93,4}$$

Wegen der Matrixstruktur von M_{fi} (93,2) braucht man die Glieder $\sim 1/\varepsilon$ in, (93,3–4) nicht zu berücksichtigen. Das Matrixelement $(\vec{\alpha})_{fi}$ ist ein Vektor der ungefähr in $\boldsymbol{k}$-Richtung zeigt. Der Hauptterm in $(\vec{\alpha}\,\boldsymbol{e})_{fi}$ ist klein, und die Korrekturterme haben dieselbe Größenordnung wie dieser.

Wir setzen (93,3) und (99,4) in (93,2) ein, vernachlässigen die Glieder $\sim 1/\varepsilon_+\,\varepsilon_-$ und finden

$$M_{fi} = \frac{N}{2\sqrt{\varepsilon_+\,\varepsilon_-}} u^*(p_-)\left\{(\boldsymbol{e}\vec{\alpha})\, I + (\boldsymbol{e}\vec{\alpha})(\vec{\alpha}\boldsymbol{I}_+) + (\vec{\alpha}\boldsymbol{I}_-)(\boldsymbol{e}\vec{\alpha})\right\} u(-p_+) \tag{93,5}$$

mit

$$N = C^{(+)}C^{(-)} = \frac{\pi\nu}{\operatorname{sh}\pi\nu}, \tag{93,6}$$

$$\left.\begin{aligned} I &= \int e^{-i\boldsymbol{q}\boldsymbol{r}} F_-^* F_+\, d^3x\,,\\ \boldsymbol{I}_+ &= \frac{i}{2\varepsilon_+}\int e^{-i\boldsymbol{q}\boldsymbol{r}} F_-^* \nabla F_+\, d^3x\,, \quad \boldsymbol{I}_- = \frac{i}{2\varepsilon_-}\int e^{-i\boldsymbol{q}\boldsymbol{r}} (\nabla F_-)^* F_+\, d^3x\,,\\ \boldsymbol{q} &= \boldsymbol{p}_+ + \boldsymbol{p}_- - \boldsymbol{k} \end{aligned}\right\} \tag{93,7}$$

[1]) In diesem Paragraphen sind $p_\pm = |\boldsymbol{p}_\pm|$, $q = |\boldsymbol{q}|$.

(F_- und F_+ sind Kurzbezeichnungen für die hypergeometrischen Funktionen in (93,3) und (93,4)). Wir bemerken sofort, daß zwischen den Integralen I, $\boldsymbol{I}_+$ und $\boldsymbol{I}_-$ eine Identität besteht: aus

$$\int \nabla (e^{-i\boldsymbol{q}\boldsymbol{r}} F_-^* F_+) \, d^3x = 0$$

folgt

$$\boldsymbol{q} \, I + 2 \varepsilon_+ \boldsymbol{I}_+ + 2 \varepsilon_- \boldsymbol{I}_- = 0 \, . \tag{93,8}$$

Wir mitteln das Quadrat $|M_{fi}|^2$ über die Polarisationen des einlaufenden Photons und summieren über die Spinrichtungen von Elektron und Positron.[1]) Diese Operationen werden durch folgende Substitutionen realisiert: für den Tensor

$$e_i \, e_k^* \to \frac{1}{2} (\delta_{ik} - n_i \, n_k) \, , \qquad \boldsymbol{n} = \frac{\boldsymbol{k}}{\omega}$$

und für die Bispinorprodukte

$$u_\pm \cdot \overline{u}_\pm \to 2 \, \varrho_\pm = (\varepsilon_\pm \gamma^0 - \boldsymbol{p}_\pm \vec{\gamma} \mp m) \, .$$

Weiter setzen wir $\vec{\alpha} = \gamma^0 \vec{\gamma}$ und finden

$$|M_{fi}|^2 \to \frac{N^2}{2 \, \varepsilon_+ \, \varepsilon_-} \{ \mathrm{Sp} \, \varrho_- \, \boldsymbol{Q} \, \varrho_+ \, \overline{\boldsymbol{Q}} - \mathrm{Sp} \, \varrho_- \, (\boldsymbol{n} \boldsymbol{Q}) \, \varrho_+ \, (\boldsymbol{n} \, \overline{\boldsymbol{Q}}) \} \, ,$$

$$\boldsymbol{Q} = \vec{\gamma} \, I - \gamma^0 \, \vec{\gamma} (\vec{\gamma} \, \boldsymbol{I}_+) - \gamma^0 (\vec{\gamma} \, \boldsymbol{I}_-) \, \vec{\gamma} \, ,$$

$$\overline{\boldsymbol{Q}} = \vec{\gamma} \, I^* - \vec{\gamma}^0 (\vec{\gamma} \, \boldsymbol{I}_+^*) \, \vec{\gamma} - \gamma^0 \, \vec{\gamma} (\vec{\gamma} \, \boldsymbol{I}_-^*) \, .$$

Wir schreiben gleich das Ergebnis auf, das nach den entsprechenden Vernachlässigungen für den interessierenden, ultrarelativistischen Fall im Bereich kleiner Winkel

$$\theta_\pm \sim \frac{m}{\varepsilon} \ll 1 \tag{93,9}$$

entsteht. Mit den Hilfsvektoren

$$\vec{\delta}_\pm = \frac{1}{m} (\boldsymbol{p}_\pm)_\perp \, , \quad \delta_\pm = \frac{\varepsilon_\pm}{m} \theta_\pm \tag{93,10}$$

(der Index $\perp$ bezeichnet die Komponente senkrecht zur $\boldsymbol{k}$-Richtung) lautet die Antwort auf unsere Fragestellung

$$|M_{fi}|^2 \to \frac{N^2}{4} \left\{ \frac{m^2 \, \omega^2}{2 \, \varepsilon_+^2 \, \varepsilon_-^2} |I|^2 + 2 \left| I \frac{m \, \vec{\delta}_+}{2 \, \varepsilon_+} + \boldsymbol{I}^+ \right|^2 + 2 \left| I \frac{m \, \vec{\delta}_-}{2 \, \varepsilon_-} + \boldsymbol{I}_- \right|^2 \right\} . \tag{93,11}$$

Hier ist $I \sim \frac{\varepsilon}{q} I_\mp \sim \frac{\varepsilon}{m} I_\pm$ (was (93,8) zu entnehmen ist) benutzt worden, und die Glieder höherer Ordnung in m/ε sind fortgelassen.

Die Integrale $\boldsymbol{I}_\pm$ können in die Form

$$\left. \begin{aligned} \boldsymbol{I}_\pm &= i \, \frac{p_\pm}{2 \, \varepsilon_\pm} \frac{\partial J}{\partial \boldsymbol{p}_\pm} \, , \\ J &= \int \frac{e^{-i\boldsymbol{q}\boldsymbol{r}}}{r} F \left(-i \nu, 1, i (p_+ r + \boldsymbol{p}_+ \boldsymbol{r}) \right) F \left(i \nu, 1, i (p_- r + \boldsymbol{p}_- \boldsymbol{r}) \right) d^3x \end{aligned} \right\} \tag{93,12}$$

[1]) Die Rechnungen unter Beachtung der Polarisationen aller Teilchen findet man bei H. Olsen und L. Maximon, Phys. Rev. **114** (1959) 887.

gebracht werden. Das Integral J wird durch die vollständige hypergeometrische Funktion ausgedrückt:[1])

$$\left.\begin{aligned} J &= \frac{4\pi}{q^2}\left(\frac{q^2 - 2\,\boldsymbol{p}_+\,\boldsymbol{q}}{q^2 - 2\,\boldsymbol{p}_-\,\boldsymbol{q}}\right)^{i\nu} F(-\,i\,\nu,\, i\,\nu,\, 1,\, z)\;, \\ z &= 2\,\frac{q^2\,(p_+\,p_- - \boldsymbol{p}_+\,\boldsymbol{p}_-) + 2\,(\boldsymbol{p}_+\,\boldsymbol{q})\,(\boldsymbol{p}_-\,\boldsymbol{q})}{(q^2 - 2\,\boldsymbol{p}_+\,\boldsymbol{q})\,(q^2 - 2\,\boldsymbol{p}_-\,\boldsymbol{q})}\,. \end{aligned}\right\} \tag{93,13}$$

Die Ableitung nach $\boldsymbol{p}_+$ hat bei festgehaltenem Parameter $\boldsymbol{q}$ zu erfolgen, erst danach kann man $\boldsymbol{q} = \boldsymbol{p}_+ + \boldsymbol{p}_- - \boldsymbol{k}$ setzen. Wir geben das Resultat in einer Form an, in der die Vernachlässigungen für den ultrarelativistischen Fall und für den durch die Bedingungen (93,9) eingeschränkten Winkelbereich bereits vorgenommen worden sind:

$$\boldsymbol{I}_\pm = \frac{4\pi}{q^2}\,\frac{\varepsilon_\mp}{m^2\,\omega}\left(\frac{\varepsilon_+\,\xi_+}{\varepsilon_-\,\xi_-}\right)^{i\nu}\left\{\pm\,\nu\,\boldsymbol{q}\,\xi_\mp\,F(z) + i\,\frac{q^2}{m^2}\,F'(z)\,(\boldsymbol{q}\,\xi_\mp - m\,\vec{\delta}_\pm)\right\}. \tag{93,14}$$

Hier haben wir folgende Kurzbezeichnungen eingeführt:

$$\left.\begin{aligned} \xi_\pm &= \frac{1}{1+\delta_\pm^2}\,, \qquad z = 1 - \frac{q^2}{m^2}\,\xi_+\,\xi_-\,, \\ F(z) &= F(-\,i\,\nu,\, i\,\nu,\, 1,\, z) \end{aligned}\right\} \tag{93,15}$$

$\big(F(z)$ ist eine reelle Funktion$\big)$. Das Integral I wird nun direkt aus (93,8) berechnet.

Die Werte für die Integrale setzen wir erst in (93,11) und dann in (93,1) ein und erhalten so den gesuchten differentiellen Wirkungsquerschnitt. Die Endformel ist

$$\begin{aligned} d\sigma = {} & \frac{4}{\pi}\left(\frac{\pi\,\nu}{\operatorname{sh}\pi\,\nu}\right)^2 Z^2\,\alpha\,r_e^2\,\frac{m^4}{q^4\,\omega^3}\,\delta_+\,d\delta_+\cdot\delta_-\,d\delta_-\cdot d\varphi\,d\varepsilon_+ \\ & \times\Big\{F^2(z)\,[-\,2\,\varepsilon_+\,\varepsilon_-\,(\delta_+^2\,\xi_+^2 + \delta_-^2\,\xi_-^2) + \omega^2\,(\delta_+^2 + \delta_-^2)\,\xi_+\,\xi_- \\ & \quad + 2\,(\varepsilon_+^2 + \varepsilon_-^2)\,\delta_+\,\delta_-\,\xi_+\,\xi_-\,\cos\varphi] \\ & \quad + \frac{q^4}{m^4}\,\frac{\xi_+^2\,\xi_-^2}{\nu^2}\,F'^2(z)\times[-\,2\,\varepsilon_+\,\varepsilon_-\,(\xi_+^2\,\xi_+^2 + \delta_-^2\,\delta_-^2) + \omega^2\,(1 + \delta_+^2\,\delta_-^2)\,\xi_+\,\xi_- \\ & \quad - 2\,(\varepsilon_+^2 + \varepsilon_-^2)\,\delta_+\,\delta_-\,\xi_+\,\xi_-\,\cos\varphi]\Big\}\,. \end{aligned} \tag{93,16}$$

Für $\nu \to 0$ gilt

$$\frac{\pi\,\nu}{\operatorname{sh}\pi\,\nu} \to 1\,, \qquad F(z) \to 1\,, \qquad F'(z) \approx \nu^2 \to 0\,.$$

Der Ausdruck (93,16) wird dabei, wie es sein muß, zur BETHE-HEITLER-Formel (92,5) der BORNschen Näherung. Auch für beliebiges ν geht er in diese Formel über, wenn die Winkel, unter denen das Paar herausfliegt, die Bedingungen

$$|\delta_+ - \delta_-| \ll 1\,, \qquad |\pi - \varphi| \ll 1$$

[1]) Wegen der Durchführung der Rechnungen s. den auf S. 391 zitierten Artikel von NORDSIECK.

erfüllen. Tatsächlich ist dabei $q \ll m$, so daß das zweite Glied in der geschweiften Klammer in (93,16) weggelassen werden kann, weil es (gegenüber dem ersten Glied) einen zusätzlichen Faktor $(q/m)^4$ enthält. Im ersten Glied haben wir (unter Beachtung von $(1 - z) \sim q^2/m^2 \ll 1$)[1])

$$F(z) \to F(1) \equiv F(-i\nu, i\nu, 1, 1) = \frac{1}{\Gamma(1 - i\nu)\, \Gamma(1 + i\nu)} = \frac{\operatorname{sh} \pi\nu}{\pi\nu}. \quad (93{,}17)$$

Auf Grund dessen kürzt sich der entsprechende Faktor vor der geschweiften Klammer weg.

Jetzt kommen wir zur Integration des Wirkungsquerschnitts über die Flugrichtungen des Paares.

Die Winkelintegration zerlegen wir in die beiden Bereiche I und II, die folgendermaßen bestimmt werden:

$$\text{I)}\ 1 - z > 1 - z_1\,, \qquad \text{II)}\ 1 - z < 1 - z_1\,;$$

z_1 ist darin ein Wert, für den $1 \gg 1 - z_1 \gg (m/\varepsilon)^2$ ist. Im Bereich II sind $1 - z \ll 1$ und $q^2 \ll m^2$, und nach dem oben Gesagten ist hier $d\sigma \approx d\sigma_B = d\sigma|_{\nu=0}$, wenn $d\sigma_B$ der Wirkungsquerschnitt in der Bornschen Näherung ist. Daher wird das Integral über die Winkel

$$d\sigma_{\varepsilon_+} \equiv \int d\sigma = \int_{\mathrm{I}} d\sigma + \int_{\mathrm{II}} d\sigma|_{\nu\to 0} = (d\sigma_{\varepsilon_+})_B + \int_{\mathrm{I}} (d\sigma - d\sigma|_{\nu \to 0})\,. \quad (93{,}18)$$

$(d\sigma_{\varepsilon_+})_B$ ist der über die Winkel integrierte Wirkungsquerschnitt (92,7) in Bornscher Näherung.

Im Bereich I haben wir

$$\frac{q^2}{m^2} \equiv \delta_+^2 + \delta_-^2 + 2\,\delta_+\,\delta_- \cos\varphi\,.$$

Wir gehen von den Variablen δ_+, δ_- und φ zu den Variablen ξ_+, ξ_- und z über und erhalten durch direkte Berechnung der Funktionaldeterminante für diese Transformation

$$\delta_+\, d\delta_+ \cdot \delta_-\, d\delta_- \cdot \delta\varphi \to \frac{\varepsilon_+\,\varepsilon_-}{8\,m^2}\, \frac{d\xi_+\, d\xi_-\, d\varphi}{(\xi_+\,\xi_-)^3 \sin\varphi}$$

mit

$$1 - z = \frac{q^2}{m^2}\xi_+\,\xi_- = \xi_+ + \xi_- - 2\,\xi_+\,\xi_- + 2\sqrt{\xi_+\,\xi_-\,(1 - \xi_+)\,(1 - \xi_-)}\,\cos\varphi\,.$$

Hieraus eliminieren wir $\cos\varphi$ und $\sin\varphi$, setzen alles in (93,16) ein und erhalten nach einigen einfachen algebraischen Umformungen

$$d\sigma = A\, d\varepsilon_+ \frac{2\, d\xi_+\, d\xi_-\, dz}{[z\,(1 - z) - (1 - z)\,(\xi_+ + \xi_- - 1)^2 - z\,(\xi_+ - \xi_-)^2]^{1/2}}$$
$$\times \left\{ \frac{F^2(z)}{(1 - z)^2}[(\varepsilon_+^2 + \varepsilon_-^2)\,(1 - z) + 2\,\varepsilon_+\,\varepsilon_-\,(\xi_+ - \xi_-)^2] \right.$$
$$\left. + \frac{F'^2(z)}{\nu^2}[(\varepsilon_+^2 + \varepsilon_-^2)\,z + 2\,\varepsilon_+\,\varepsilon_-\,(\xi_+ + \xi_- - 1)^2] \right\},$$
$$A = \left(\frac{\pi\nu}{\operatorname{sh}\pi\nu}\right)^2 \frac{Z^2\,\alpha\, r_e^2}{2\,\pi\,\omega^3}\,.$$

[1]) Dieser Funktionswert kann auch aus Formel III, (e, 7) erhalten werden, die die hypergeometrischen Funktionen der Argumente z und $1 - z$ miteinander verknüpft.

Schließlich führen wir statt ξ_+ und ξ_- die neuen „Kugelkoordinaten" χ und ψ entsprechend

$$\xi_+ + \xi_- - 1 = \sqrt{z} \sin\chi \cos\psi\,,$$

$$\xi_+ - \xi_- = \sqrt{1-z} \sin\chi \sin\psi\,,$$

$$0 \leqq \chi \leqq \frac{\pi}{2}\,, \qquad 0 \leqq \psi \leqq 2\pi\,,$$

$$2\, d\xi_+\, d\xi_- \to \sqrt{z\,(1-z)} \sin\chi \cos\chi\, d\chi\, d\psi$$

ein. Die angegebenen Variabilitätsbereiche entsprechen der Änderung von ξ_+ und ξ_- von 0 bis 1, d. h., δ_+ und δ_- (oder θ_+ und θ_-, was dasselbe ist) laufen von 0 bis ∞. Die rasche Konvergenz des Integrals ermöglicht eine solche Ausdehnung des Variabilitätsbereiches der Winkel. Nach der angegebenen Substitution wird die Wurzel im Nenner zu $\sqrt{z\,(1-z)}\cos\chi$. Die Integration über χ und ψ ist elementar und ergibt

$$d\sigma = 2\,A \cdot 2\pi\, dz \left(\varepsilon_+^2 + \varepsilon_-^2 + \frac{2}{3}\varepsilon_+\,\varepsilon_-\right)\left[\frac{F^2(z)}{1-z} + \frac{z}{\nu^2} F'^2(z)\right] d\varepsilon_+\,.$$

Hier ist ein zusätzlicher Faktor 2 eingeführt worden; er berücksichtigt die Tatsache, daß über dz von 0 bis z_1 integriert wird; während jeder z-Wert zweimal angenommen wird, wenn sich der Winkel φ von 0 bis π und von π bis 2π ändert.

Die Integration über dz geschieht mit Hilfe der Formel (90,14), die für $\nu' = -\nu$ (und entsprechend reelles $F(z)$) die Gestalt

$$\frac{F^2}{1-z^2} + \frac{z}{\nu^2} F'^2 = \frac{1}{\nu^2}\frac{d}{dz}(z\,F\,F')$$

hat. Das Integral über diesen Ausdruck ist $z_1\,F(z_1)\,F'(z_1)/\nu^2$. Der Wert für $z_1\,F(z_1) \approx F(1)$ wird (93,17) entnommen, und der Ausdruck für F' $(z_1 \to 1)$ wird durch die folgende Formel gegeben:[1])

$$\frac{1}{\nu^2} F'(z) = F\,(1 - i\nu, 1 + i\nu, 2, z) \approx -\left[\ln\,(1-z) - 2\,f(\nu)\right]\frac{\operatorname{sh}\pi\nu}{\pi\nu}$$

mit

$$\left.\begin{aligned} f(\nu) &= \frac{1}{2}\left[\Psi\,(1+i\nu) + \Psi\,(1-i\nu) - 2\,\Psi(1)\right] = \nu^2 \sum_{n=1}^{\infty}\frac{1}{n\,(n^2+\nu^2)}\,,\\ \Psi(z) &= \Gamma'(z)/\Gamma(z)\,. \end{aligned}\right\} \tag{93,19}$$

---

[1]) Die Ableitung dieser Formeln kann man im Anhang der Arbeit von H. Davies, H. A. Bethe und L. C. Maximon, Phys. Rev. **93** (1954) 788 finden.

Mit allen gefundenen Ausdrücken gehen wir in (93,18) ein und bekommen folgende Endformel:

$$d\sigma_{\varepsilon_+} = 4\,Z^2\,\alpha\,r_e^2\left(\varepsilon_+^2 + \varepsilon_-^2 + \frac{2}{3}\,\varepsilon_+\,\varepsilon_-\right)\left[\ln\frac{2\,\varepsilon_+\,\varepsilon_-}{m\,\omega} - \frac{1}{2} - f(\alpha\,Z)\right]\frac{d\varepsilon_+}{\omega^3}\,. \qquad (93{,}20)$$

Der totale Wirkungsquerschnitt für die Paarerzeugung durch ein Photon mit der Frequenz ω ist

$$\sigma = \frac{28}{9}\,Z^2\,\alpha\,r_e^2\left[\ln\frac{2\,\omega}{m} - \frac{109}{42} - f(\alpha\,Z)\right]. \qquad (93{,}21)$$

Wir sehen, daß die Änderungen in diesen Formeln die Subtraktion der universellen Funktion von der Ordnungszahl $f(\alpha\,Z)$ vom Logarithmus verlangen. In Abb. 17 ist die Kurve für diese Funktion dargestellt; für $\nu \ll 1$ ist $f(\nu) \approx 1{,}2\,\nu^2$.

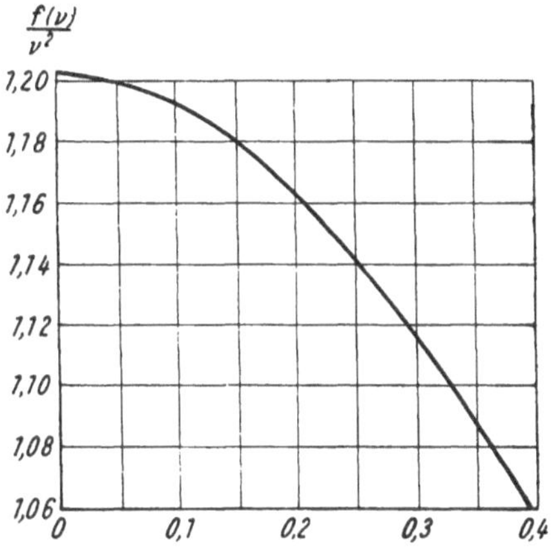

Abb. 17

Bremsstrahlung

Das Matrixelement für die Bremsstrahlung ist

$$M_{fi}^{\mathrm{Br}} = \int \psi_{\varepsilon' \boldsymbol{p}'}^{(-)*}\,(\vec{\alpha}\,\boldsymbol{e}^*)\,e^{-i\boldsymbol{k}\boldsymbol{r}}\,\psi_{\varepsilon\boldsymbol{p}}^{(+)}\,d^3x\;; \qquad (93{,}22)$$

die Wellenfunktion des Elektrons im Anfangs- $(\varepsilon, \boldsymbol{p})$ und Endzustand $(\varepsilon', \boldsymbol{p}')$ enthalten asymptotisch eine auslaufende bzw. eine einlaufende Kugelwelle. Dieses Integral wird ähnlich berechnet wie für das Matrixelement (93,2). Wir werden uns damit hier aber nicht befassen.

Stattdessen wollen wir hier eine andere Methode zur Berechnung des Wirkungsquerschnitts für die Bremsstrahlung wiedergeben; diese Methode basiert darauf, daß es sich um ein quasiklassisches Problem handelt, und benutzt die Wellenfunktionen des Elektrons im Kernfeld nicht explizit (und ist daher in diesem Sinne von der genauen Gestalt des Potentials unabhängig).[1]

[1]) Die im folgenden dargestellte Ableitung stammt von W. N. Baier und W. M. Katkow (1968). Ein anderes Vorgehen mit quasiklassischer Rechnung findet man bei H. Olsen, L. Maximon und H. Wergeland, Phys. Rev. **106** (1957) 27.

Bei einem Bremsstrahlungsprozeß wird der Impuls $\boldsymbol{q} = \boldsymbol{p}' + \boldsymbol{k} - \boldsymbol{p}$ vom Kern auf Elektron und Photon übertragen. Wie schon früher (beim Problem der Paarerzeugung) sind die folgenden beiden Wertebereiche für die (bezüglich $\boldsymbol{p}$) transversale Übertragung $\boldsymbol{q}_\perp$ zu unterscheiden:

$$\text{I)}\ m \gtrsim q_\perp \gg \frac{\omega\, m^2}{\varepsilon^2}\,, \qquad \text{II)}\ q_\perp \sim \frac{\omega\, m^2}{\varepsilon^2} \ll m\,. \tag{93,23}$$

Es ist von vornherein klar, daß der Emissionsquerschnitt im Bereich I gleich dem Querschnitt in Bornscher Näherung ist; denn für diese $\boldsymbol{q}_\perp$ ist der Rückstoß bei der Emission des Photons durch das Elektron unwesentlich (das wird in § 95 ausführlich gezeigt werden, s. die Ableitung von Gleichung (95,10)). Im Bereich I ist daher der Wirkungsquerschnitt das Produkt aus dem exakten Querschnitt für die Streuung des Elektrons am Kernfeld und aus der von der Gestalt des Feldes unabhängigen Emissionswahrscheinlichkeit. Da aber nach (81,10) der exakte Streuquerschnitt für das Coulomb-Feld zu kleinen Winkel gleich dem Streuquerschnitt in Bornscher Näherung ist, ist auch der gesamte Wirkungsquerschnitt im Bereich I gleich dem Wirkungsquerschnitt in Bornscher Näherung.

Es braucht also nur der Bereich II betrachtet werden. Bei kleinen Impulsübertragungen fliegt das Elektron mit großen Stoßparametern $\varrho \sim 1/q_\perp \sim \varepsilon/m^2$ am Kern vorbei. Bei den zugehörigen großen Entfernungen vom Kern ist aber die Bewegung des Elektrons wissentlich quasiklassisch (davon kann man sich auch leicht direkt überzeugen, indem man die übliche Bedingung für eine quasiklassische Bewegung III, (46,7) auf die ultrarelativistische Gleichung (39,5) anwendet).

Da die Bewegung quasiklassisch verläuft, können wir die bereits in § 59 auf die Bremsstrahlung im Magnetfeld angewandte Methode benutzen. Die Emissionswahrscheinlichkeit für ein Photon wird durch das Integral (59,9) (mit Q aus (59,13)) gegeben; in unserem Fall ist das die Emissionswahrscheinlichkeit, wenn ein Elektron einmal an einem Kern vorbeifliegt.

Wie in § 59 ist zuerst die durch (59,15) definierte Größe L auszurechnen. Hier ist lediglich die klassische Elektronenbahn $\boldsymbol{r} = \boldsymbol{r}(t)$ anders.

Für große Stoßparameter verläuft die Bewegung in Bereichen, in denen man das Kernfeld $U(r)$ bereits als schwach ansehen kann. In nullter Näherung ist die Bahnkurve eine Gerade im Abstand ϱ vom Zentrum; in der nächsten Näherung haben wir die Bewegungsgleichung (vgl. I, § 20)

$$\frac{d\boldsymbol{p}}{dt} = -\frac{\vec{\varrho}}{r}\frac{dU}{dr}\,;$$

$\vec{\varrho}$ ist dabei ein Vektor in der xy-Ebene senkrecht zum Anfangsimpuls des Elektrons; auf der rechten Seite der Gleichung hat man r als die Funktion der nullten Näherung aufzufassen:

$$r \approx \sqrt{\varrho^2 + v^2 t^2} \approx \sqrt{\varrho^2 + t^2}\,.$$

Hieraus folgt

$$\boldsymbol{p}(t_2) - \boldsymbol{p}(t_1) = -\vec{\varrho}\int_{t_1}^{t_2} \frac{dU}{dr}\frac{dt}{r}\,. \tag{93,24}$$

Die Geschwindigkeit ist $\boldsymbol{v}(t) = \boldsymbol{p}(t)/\varepsilon$, und die Energie ε (die nur vom Betrag aber nicht von der Richtung von $\boldsymbol{p}(t)$ abhängt) kann mit der erforderlichen Genauigkeit als konstant angesehen werden. Daher ergibt die weitere Integration

$$\boldsymbol{r}(t_2) - \boldsymbol{r}(t_1) = \boldsymbol{v}(t_1)\,(t_2 - t_1) - \frac{\vec{\varrho}}{\varepsilon}\int_{t_1}^{t_2} dt \int_{t_1}^{t} \frac{dU}{dr}\frac{dt'}{r(t')}\,. \tag{93,25}$$

Im weiteren lassen wir $t_1 \to -\infty$ gehen, so daß die Größen $\boldsymbol{p} = \boldsymbol{p}(-\infty)$ und $\boldsymbol{v} = \boldsymbol{v}(-\infty)$ Anfangsimpuls und -geschwindigkeit des Elektrons sind.

Diese Formel hat dieselbe Struktur wie (59,17): Der erste Summand ist parallel, der zweite ist senkrecht zu $\boldsymbol{v}$, und der Koeffizient im zweiten Summanden enthält $1/\varepsilon$. Es ergibt sich deshalb für L wieder der Ausdruck (59,18) mit $\boldsymbol{r}(t_2) - \boldsymbol{r}(t_1)$ aus (93,25).

Wir benutzen diesen Ausdruck und bringen die Wahrscheinlichkeit (59,9) in die Gestalt

$$dw = |a(\vec{\varrho})|^2 \frac{d^3k}{(2\pi)^3} \tag{93,26}$$

mit

$$\left.\begin{aligned} a(\vec{\varrho}) &= e\sqrt{\frac{2\pi}{\omega}}\int_{-\infty}^{\infty} R(t)\exp\left\{i\frac{\varepsilon}{\varepsilon'}\left(\omega t - \boldsymbol{k}\,\boldsymbol{r}(t)\right)\right\}dt\,,\\ R(t) &= \frac{\overset{*}{u}_{\varepsilon'\boldsymbol{p}'}}{\sqrt{2\varepsilon'}}\,\vec{\alpha}\,\boldsymbol{e}^*\frac{u_{\varepsilon\boldsymbol{p}}}{\sqrt{2\varepsilon}}\,. \end{aligned}\right\} \tag{93,27}$$

Alle Faktoren im Integranden können darin als klassische Größen angesehen werden, d. h., ihre Nichtvertauschbarkeit kann außer acht gelassen werden.[1])

In (93,27) sind

$$\varepsilon' = \varepsilon - \omega\,, \qquad \boldsymbol{p}'(t) = \boldsymbol{p}(t) - \boldsymbol{k}\,.$$

Die klassische Funktion $\boldsymbol{p}(t)$ wird durch (93,24) gegeben. Wir bezeichnen den Anfangsimpuls des Teilchens mit $\boldsymbol{p}$ und erhalten für das Coluomb-Feld ($U = -\nu/r$ $\nu = Z\alpha$)

$$\boldsymbol{p}(t) = \boldsymbol{p} - \frac{\nu\vec{\varrho}}{\varrho^2}\left[\frac{t}{\sqrt{\varrho^2 + t^2}} + 1\right].$$

[1]) Wie in § 59 kann man diese Vernachlässigungen auf Grund der Ungleichung $\omega \gg \omega_0$ vornehmen; ω_0 ist dabei eine charakteristische Frequenz der Bewegung. Im vorliegenden Fall sind $\omega_0 \sim v/\varrho \ll m$ und $\omega \sim \varepsilon$.

Dabei ist

$$\boldsymbol{r}(t) = \frac{\boldsymbol{p}}{\varepsilon} t - \frac{\vec{\varrho}}{\varrho^2}\frac{\nu}{\varepsilon}[\sqrt{\varrho^2 + t^2} + t] .$$

Wir führen die Impulsänderung $\vec{\Delta}$ bei klassischer Streuung ein,

$$\vec{\Delta} = \boldsymbol{p}(\infty) - \boldsymbol{p}(-\infty) = -\frac{2\nu\vec{\varrho}}{\varrho^2}, \tag{93,28}$$

und bringen diese Formeln in die Gestalt

$$\left.\begin{aligned} \boldsymbol{p}(t) &= \boldsymbol{p} + \frac{\vec{\Delta}}{2}\left[\frac{t}{\sqrt{t^2+\varrho^2}} + 1\right], \\ \boldsymbol{r}(t) &= \left(\boldsymbol{p} + \frac{\vec{\Delta}}{2}\right)\frac{t}{\varepsilon} + \frac{\vec{\Delta}}{2\varepsilon}\sqrt{t^2+\varrho^2} . \end{aligned}\right\} \tag{93,29}$$

Unter Verwendung der Formel (59,19) für $R(t)$ und der Ausdrücke (93,29) für $\boldsymbol{p}(t)$ und $\boldsymbol{r}(t)$ können wir jetzt das Integral über die Zeit in (93,27) ausrechnen. Bei der Integration führen wir für t die Substitution

$$\xi = -\frac{\varepsilon}{\varepsilon'}(\omega t - \boldsymbol{k}\,\boldsymbol{r}(t))$$

aus und benutzen die Formel

$$\int\limits_{-\infty}^{\infty} \frac{\xi e^{-i\xi} d\xi}{\sqrt{\chi^2+\xi^2}} = 2 i \chi K_1(\chi)$$

(K_1 ist die McDonaldsche Funktion). Man braucht aber diese Rechnungen faktisch nicht ganz ausführen; denn wir benötigen den Ausdruck für $a(\vec{\varrho})$ nur für kleine ($\Delta \ll m$) Werte von $\vec{\Delta}$ (das bei der Rechnung als unabhängiger Parameter angesehen wird). Es ergibt sich dann für $a(\vec{\varrho})$ ein Ausdruck der Gestalt

$$a(\vec{\varrho}) = w_f \boldsymbol{D} w_i \cdot \vec{\Delta}\, \chi K_1(\chi) \tag{93,30}$$

mit

$$\chi = \varrho \frac{\omega \varepsilon}{\varepsilon'}(1 - \boldsymbol{n}\boldsymbol{v}) ;$$

darin ist $\boldsymbol{n} = \boldsymbol{k}/\omega$, und D ist eine Funktion von $\boldsymbol{p}$, ε und $\boldsymbol{k}$ (aber nicht mehr von $\vec{\varrho}$); die Gestalt dieser Funktion benötigen wir nicht.[1]) Da ein Photon im ultrarelativistischen Fall unter einem kleinen Winkel θ zur Geschwindigkeit des Elektrons emittiert wird, ist

$$\chi \approx \varrho \frac{\varepsilon}{\varepsilon'}\omega\left(1 - v + \frac{\theta^2}{2}\right)$$

oder

$$\chi = \frac{\varrho\,\omega\, m^2}{2\,\varepsilon\,\varepsilon'}(1+\delta^2), \quad \delta = \frac{\theta\varepsilon}{m} \tag{93,31}$$

[1]) Man kann die Spinoren w_i und w_f bei der Integration als konstant ansehen, d. h., man kann die Änderung der Polarisation $\vec{\zeta}$ des Elektrons bei der klassischen ultrarelativistischen Bewegung vernachlässigen. Davon kann man sich auf Grund der in § 41 abgeleiteten Gleichungen überzeugen.

Es ist bereits erwähnt worden, daß (93,26) die Emissionswahrscheinlichkeit für den Fall ist, daß ein Elektron einmal mit dem Stoßparameter ϱ an einem Kern vorbeifliegt. Der Wirkungsquerschnitt für die Emission eines Photons mit gegebener Frequenz und gegebener Richtung entsteht durch Multiplikation mit $v^{-1}\, d\varrho_x\, d\varrho_y \approx d\varrho_x\, d\varrho_y = d^2\varrho$ und durch Integration über die Stoßparameter:

$$d\sigma = \frac{d^3k}{(2\,\pi)^3} \int |a(\vec{\varrho})|^2\, d^2\varrho\,. \tag{93,32}$$

Man darf nicht glauben, daß diese Formel ohne Integration über $d^2\varrho$ auch die Richtungsverteilung der Elektronen im Endzustand angeben würde; denn die Ablenkung eines Elektrons bei der Bewegung auf der klassischen Bahnkurve ist eindeutig durch das äußere Feld bestimmt und ist in keiner Weise gleich der unbestimmten quantenmechanischen Ablenkung (so daß auch der Grenzwert $\boldsymbol{p}'(\infty)$ der klassischen Funktion $\boldsymbol{p}'(t)$ nicht gleich dem Endimpuls $\boldsymbol{p}'$ des Elektron ist). Zur Berechnung der Winkelverteilung der Elektronen muß nach deren Wellenfunktion nach ebenen Wellen entwickeln ähnlich wie in III, § 127.

Aus (93,32) ist zu ersehen, daß $a(\vec{\varrho})$ die Amplitude für die Emission eines Photons ist, wenn ein Elektron mit dem Stoßparameter $\vec{\varrho}$ an einem Kern vorbeifliegt. Die Ausdrücke (93,26) und (93,27) bestimmten diese Amplitude aber nur bis auf einen Phasenfaktor. Man kann leicht einsehen, daß dieser Faktor $e^{-i\boldsymbol{k}\vec{\varrho}}$ ist. Da in $\boldsymbol{r}(t)$ der zeitunabhängige Anteil $\boldsymbol{r}_\perp(-\infty) = \vec{\varrho}$ vorkommt, würde dieser konstante Faktor bereits im Ausdruck für $V_{fi}(t)$ enthalten sein. Man kann ihn aus dem Integral über die Zeit herausziehen, und da er keinen Operatorcharakter hat, bleibt er von der Vertauschung der Operatoren unberührt. Die Amplitude für den Emissionsprozeß ist also

$$e^{-i\boldsymbol{k}\vec{\varrho}}\, a(\vec{\varrho})\,, \tag{93,33}$$

wobei $a(\vec{\varrho})$ durch (93,30) gegeben wird.

Das Elektron werde jetzt für $z \to -\infty$ durch eine ebene Welle mit dem Impuls $\boldsymbol{p}$ in z-Richtung beschrieben. Das bedeutet, daß sich die Wellenfunktion des Elektrons für $z \to -\infty$ in der xy-Ebene auf eine von ϱ unabhängige Konstante reduziert, die man gleich 1 setzen kann. (Wir werden der Einfachheit halber die für die folgenden Überlegungen unwesentlichen Bispinoramplituden weglassen.) Nach III, (127,2) ist dann die Wellenfunktion des Elektrons nach dem Durchgang durch das Feld für $z \to \infty$ mit einer Genauigkeit, die von $\boldsymbol{p}$ als dem Phasenfaktor abhängt,[1])

$$\psi(\infty) = \exp\left\{-\,i \int\limits_{-\infty}^{\infty} U(x,\, y,\, z)\, dz\right\} = S(\vec{\varrho})\,. \tag{93,34}$$

[1]) Wenn wir auf die Formel III (127,2) verweisen, dann denken wir an die Analogie zwischen der Gleichung (39,5) (in der wir $\boldsymbol{p}^2 \approx \varepsilon$ setzen) und der nichtrelativistischen SCHRÖDINGER-Gleichung (39,5a). Beachtet man den Unterschied in der Bedeutung der Koeffizienten in diesen Gleichungen, so wird man leicht erkennen, daß in unserem Fall tatsächlich die Bedingungen III, (127,1) für die Brauchbarkeit der Formel III, (172,2) erfüllt sind. Die Tatsache, daß diese Formel für sehr große z unbrauchbar ist, ist aus denselben Gründen wie in III, § 127 ohne Bedeutung.

Gemäß dem eigentlichen Sinn der Übergangsamplitude (93,33) wird die Wellenfunktion des Elektrons nach dem Durchgang durch das Feld und nach der Emission des Quants

$$e^{-i\boldsymbol{k}\vec{\varrho}}\, a(\vec{\varrho})\, S(\vec{\varrho})\,. \tag{93,35}$$

Die Emissionsamplitude für den Fall, daß das Elektron in einen Zustand mit dem bestimmten Impuls $\boldsymbol{p}'$ übergeht, wird dann durch die entsprechende FOURIER-Komponente von (93,35) gegeben, d. h. nach III, (127,3) und III, (127,4) durch den Ausdruck

$$a(\boldsymbol{q}_\perp) = \int e^{-i\boldsymbol{p}'\vec{\varrho}}\, e^{-i\boldsymbol{k}\vec{\varrho}}\, a(\vec{\varrho})\, S(\vec{\varrho})\, d^2\varrho = \int e^{-i\boldsymbol{q}_\perp\vec{\varrho}}\, a(\vec{\varrho})\, S(\vec{\varrho})\, d^2\vec{\varrho}\,, \tag{93,36}$$

wenn $\boldsymbol{q}_\perp$ die transversale Komponente der Impulsübertragung vom Kern ist. Der Streuquerschnitt mit einer gegebenen Übertragung $\boldsymbol{q}_\perp$ wird

$$d\sigma = |a(\boldsymbol{q}_\perp)|^2 \frac{d^3k}{(2\pi)^3} \frac{'d^2q_\perp}{(2\pi)^2}\,. \tag{93,37}$$

Wir wollen nun $S(\vec{\varrho})$ berechnen.

Im hier interessierenden Fall des COULOMB-Feldes divergiert das Integral im Exponenten (was ein Ausdruck für die Divergenz der Phasen bei der COULOMB-Streuung ist). Wir müssen das Integral daher zunächst mit endlichen Grenzen berechnen:

$$\int_{-R}^{R} U\, dz = -2\nu \int_0^R \frac{dz}{\sqrt{\varrho^2 + z^2}} = -2\nu\left[\ln\left(R + \sqrt{R^2 + \varrho^2}\right) - \ln\varrho\right]$$

$$\approx -2\nu \ln 2R + 2\nu \ln\varrho$$

($R \gg \varrho$). Der erste konstante Summand ist unwesentlich, und es wird

$$S(\varrho) = e^{-2i\nu\ln\varrho} = \varrho^{-2i\nu}\,. \tag{93,38}$$

Wir setzen (93,30) und (93,38) in (93,36) ein, integrieren über die Richtungen des Vektors $\vec{\varrho}$ in der xy-Ebene und bekommen

$$a(\boldsymbol{q}_\perp) \sim \nu \int_0^\infty \varrho^{-2i\nu}\, K_1(\chi)\, J_1(q_\perp \varrho)\, \varrho\, d\varrho \tag{93,39}$$

(J_1 ist eine BESSEL-Funktion). Hier sind Faktoren ohne $\nu = Z\alpha$ nicht mit aufgeschrieben worden.

Wir sehen, daß die ν-Abhängigkeit der Amplitude $a(\boldsymbol{q}_\perp)$ (und damit auch des Wirkungsquerschnittes (93,34)) in einem Faktor enthalten ist. Andererseits muß der Wirkungsquerschnitt für $\nu \to 0$ in den entsprechenden Ausdruck der BORNschen Näherung übergehen. Es ist deshalb von vornherein klar, daß der Wirkungsquerschnitt nur um einen Faktor anders sein wird als in BORNscher Näherung; dieser Faktor ist von der Polarisation des Elektrons unabhängig und beeinflußt daher Polarisationseffekte nicht.

Mit Hilfe der Formel

$$\int_0^\infty x^{-\lambda} K_1(a\,x)\, J_1(b\,x)\, x\, dx = \frac{b\,\Gamma\left(2-\frac{\lambda}{2}\right)\Gamma\left(1-\frac{\lambda}{2}\right)}{2^\lambda a^{3-\lambda}}\left(1+\frac{b^2}{a^2}\right)^{-1+\frac{\lambda}{2}} \times$$
$$\times F\left(\frac{\lambda}{2},\ 1-\frac{\lambda}{2},\ 2, \frac{b^2}{a^2+b^2}\right)$$

wird das Integral (93,39) durch eine hypergeometrische Funktion ausgedrückt, und wir erhalten

$$a(\boldsymbol{q}_\perp) \sim \nu\left(\frac{q}{2}\right)^{2i\nu} (1-i\nu)\,\Gamma^2(1-i\nu)\,F(i\nu, 1-i\nu, 2, z) \qquad (93,40)$$

mit

$$z = 1 - \frac{m^4\omega^2}{4\,q^2\varepsilon^2\varepsilon'^2}(1+\delta^2)^2\,, \qquad \delta = \frac{\varepsilon\,\theta}{m}\,. \qquad (93,41)$$

Hier ist verwendet worden, daß für die zum Vektor $\boldsymbol{p}$ parallele Komponente des Vektors $\boldsymbol{q}$ im Bereich II für die Werte von $\boldsymbol{q}_\perp$ folgende Beziehung gilt:

$$q_\parallel^2 = \boldsymbol{q}^2 - \boldsymbol{q}_\perp^2 \approx \frac{m^4\omega^2}{4\,\varepsilon^2\varepsilon'^2}(1+\delta^2)^2\,. \qquad (93,42)$$

Man kann sich von der Gültigkeit dieser Beziehung leicht überzeugen, wenn man beachtet, daß in diesem Bereich die Winkel zwischen den Impulsen $\boldsymbol{p}$, $\boldsymbol{p}'$ und $\boldsymbol{k}$ die Bedingungen (91,15) erfüllen.

Die hypergeometrische Funktion in (93,40) kann mit Hilfe der Formel

$$F(a, b+1, c+1, z) = \frac{c}{a-c}F(a, b, c, z) + \frac{c\,(1-z)}{b\,(a-c)}F'(a, b, c, z)$$

auf die Funktion $F(z)$ aus (93,15) zurückgeführt werden. Schließlich gelangen wir zu folgendem Endergebnis:

$$d\sigma = d\sigma_B \frac{1}{F^2(1)}\left[F^2(z) + \frac{(1-z)^2}{\nu^2}F'^2(z)\right]; \qquad (93,43)$$

hierin ist $d\sigma_B$ der Wirkungsquerschnitt (91,13) in Bornscher Näherung. Für $q \gg m^2/\varepsilon$ haben wir $z \approx 1$, und der ganze Faktor von $d\sigma_B$ wird zu 1 (in diesem Sinne ist die für den Bereich II abgeleitete Formel (93,43) auch für alle $q \lesssim m$ brauchbar). Der Korrekturfaktor in (93,43) ist nur für $q \lesssim m^2/\varepsilon$ verschieden von 1; in diesem Fall liegen die Vektoren $\boldsymbol{p}$, $\boldsymbol{p}'$ und $\boldsymbol{k}$ beinahe in einer Ebene, und die Größen δ und δ' sind annähernd gleich; dieser Sachverhalt ist bereits in (93,42) ausgenutzt worden. Unter Beachtung dessen kann das Quadrat q^2 im Ausdruck (93,41) für z folgendermaßen geschrieben werden:

$$\frac{q^2}{m^2} = \delta^2 + \delta'^2 - 2\,\delta\,\delta'\cos\varphi + \frac{m^2\omega^2}{4\,\varepsilon^2\varepsilon'^2}(1+\delta^2)^2\,, \qquad (93,44)$$

d. h., man kann im zweiten Summanden in (91,44) $\delta = \delta'$ setzen; das darf aber nicht im ersten Summanden getan werden, in dem der kleine Faktor ($\sim m^2/\varepsilon^2$) nicht enthalten ist.

Bei der Berechnung des (bezüglich der Winkel) integralen Wirkungsquerschnittes braucht die Integration nicht erneut ausgeführt werden. Man findet das Ergebnis ähnlich wie beim Problem der Paarerzeugung, indem man zum Matrixelement in der Gestalt (93,23) zurückkehrt und die folgenden Überlegungen anstellt (H. OLSEN, 1955).

Die verschiedenen Richtungen von $\boldsymbol{p}'$ entsprechen (bei gegebener Energie ε') einer Entartung des Endzustandes des Elektrons. Das Ergebnis der Summation über die Zustände zu einem entarteten Niveau hängt offensichtlich nicht davon ab, wie der vollständige Satz dieser Zustände gewählt wird. Wir können daher zur Summation über die Richtungen von $\boldsymbol{p}'$ das Funktionensystem $\psi^{(+)}_{\varepsilon'\boldsymbol{p}'}$ statt des Systems $\psi^{(-)}_{\varepsilon'\boldsymbol{p}'}$ benutzen (das zur Berechnung des differentiellen Wirkungsquerschnitts benötigt wird), d. h., wir definieren das Matrixelement für die Bremsstrahlung als

$$M^{\mathrm{Br}}_{fi} = \int \psi^{(+)*}_{\varepsilon'\boldsymbol{p}'}(\vec{\alpha}\,\boldsymbol{e}^*)\, e^{-i\boldsymbol{k}\boldsymbol{r}}\, \psi^{(+)}_{\varepsilon\boldsymbol{p}}\, d^3x\,.$$

Man kann sich leicht davon überzeugen, daß dieses Integral gleich dem Integral (M^{paar}_{fi}) ist, wenn in letzterem die Parameter der Wellenfunktionen in folgender Weise ausgetauscht werden:

$$\boldsymbol{p}_+, p_+, \varepsilon_+ \to -\boldsymbol{p}, -p, -\varepsilon; \qquad \boldsymbol{p}_-, p_-, \varepsilon_- \to \boldsymbol{p}', p', \varepsilon'; \qquad \boldsymbol{k} \to -\boldsymbol{k}$$

(auch die Integrationsvariable ist zu ersetzen: $\boldsymbol{r} \to -\boldsymbol{r}$).

Der (bezüglich der Winkel) integrale Wirkungsquerschnitt für die Bremsstrahlung kann demnach aus dem integralen Wirkungsquerschnitt für die Paarerzeugung (93,20) erhalten werden, indem man letzteren mit

$$\frac{\omega^2}{p_+^2}\frac{d\omega}{d\varepsilon_+} \approx \frac{\omega^2}{\varepsilon_+^2}\frac{d\omega}{d\varepsilon_+}$$

multipliziert (vgl (92,2)) und $\varepsilon_+ \to -\varepsilon$, $\varepsilon_- \to \varepsilon'$ ersetzt. Auf diese Weise finden wir

$$d\sigma = 4\,Z^2\alpha\, r_e^2\,\frac{\varepsilon'}{\varepsilon}\left(\frac{\varepsilon'}{\varepsilon} + \frac{\varepsilon}{\varepsilon'} - \frac{2}{3}\right)\left[\ln\frac{2\,\varepsilon\,\varepsilon'}{m\,\omega} - \frac{1}{2} - f(\alpha\,Z)\right]\frac{d\omega}{\omega}\,. \qquad (93,45)$$

Die Korrekturen zu den BORNschen Formeln für die integralen Wirkungsquerschnitte von Bremsstrahlung und Paarerzeugung werden demnach durch die gleiche Funktion $f(\alpha\,Z)$ gegeben.

§ 94. Bremsstrahlung bei einem Elektron–Elektron-Stoß im ultrarelativistischen Fall

Die Bremsstrahlung bei einem Elektron–Elektron-Stoß wird durch insgesamt acht FEYNMAN-Diagramme dargestellt: vier Diagramme und vier „Austausch“-Diagramme, die aus den aufgezeichneten Diagrammen durch Vertauschung von p_1' und p_2' auseinander hervorgehen. Wir geben hier die Ergebnisse der Rechnungen für den ultrarelativistischen Fall wieder.[1])

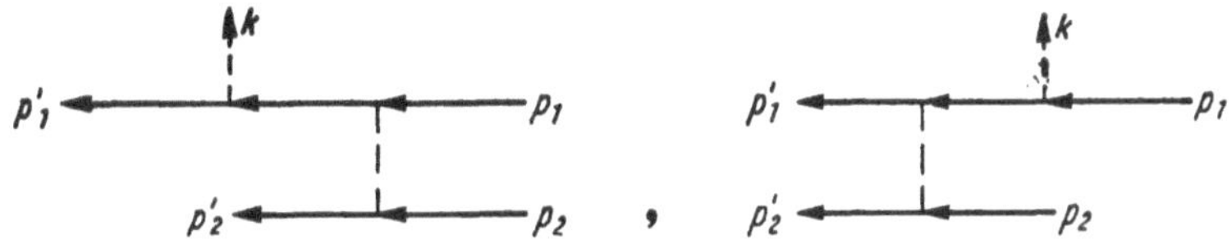

(94,1a)

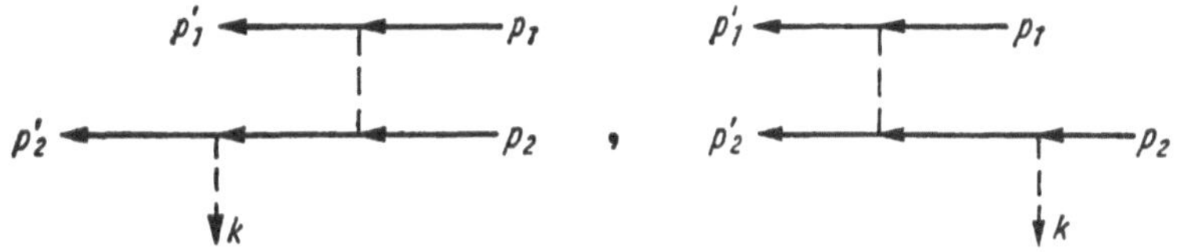

(94,1b)

Im Laborsystem (Ruhsystem eines Elektrons im Anfangszustand; sagen wir des zweiten) kann der über die Photonenrichtungen integrierte Emissionsquerschnitt als Summe $d\sigma = d\sigma^{(1)} + d\sigma^{(2)}$ geschrieben werden mit

$$d\sigma^{(1)} = 4\alpha\, r_e^2 \frac{d\omega}{\omega} \frac{\varepsilon-\omega}{\varepsilon} \left(\frac{\varepsilon}{\varepsilon-\omega} + \frac{\varepsilon-\omega}{\varepsilon} - \frac{2}{3}\right)\left(\ln\frac{2\,\varepsilon\,(\varepsilon-\omega)}{m\,\omega} - \frac{1}{2}\right), \qquad (94,2)$$

$$d\sigma^{(2)} = \frac{2}{3}\alpha\, r_e^2 \frac{m\,d\omega}{\omega^2}\left\{\left(4 - \frac{m}{\omega} + \frac{m^2}{4\,\omega^2}\right)\ln\frac{2\,\varepsilon}{m} - 2 + \frac{2\,m}{\omega} - \frac{5\,m^2}{8\,\omega^2}\right\} \text{ für } \omega \geqq \frac{m}{2}, \qquad (94,3)$$

$$\begin{aligned} d\sigma^{(2)} = \frac{2}{3}\alpha\, r_e^2 \frac{d\omega}{\omega}\Bigg\{&8\left(1 - \frac{\omega}{m} + \frac{\omega^2}{m^2}\right)\ln\frac{\varepsilon}{\omega} \\ &- \left(1 - \frac{2\,\omega}{m}\right)\ln\left(1 - \frac{2\,\omega}{m}\right)\left[\frac{m^3}{4\,\omega^3} - \frac{m^2}{2\,\omega^2} + \frac{3\,m}{\omega} - 2 + \frac{4\,\omega}{m}\right] \\ &- \frac{m^2}{2\,\omega^2} + \frac{3\,m}{2\,\omega} - 2 + \frac{2\,\omega}{m} - \frac{4\,\omega^2}{m^2}\Bigg\} \quad \text{für} \quad \omega \leqq \frac{m}{2} \end{aligned} \qquad (94,4)$$

(ε ist die Anfangsenergie des ersten Elektrons).

Diese Formeln gelten bis zu Gliedern der relativen Ordnung m/ε. Mit dieser Genauigkeit erweisen sich die Beiträge von den verschiedenen Diagrammen zum Emissionsquerschnitt als nicht miteinander interferierend, und in diesem Sinne entsprechen $d\sigma^{(1)}$ und $d\sigma^{(2)}$ der Strahlung von den einzelnen Elektronen — von dem schnellen Elektron bzw. vom Rückstoßelektron (Diagramm (94,1a) und (94,1b)).

Die Austauschdiagramme liefern denselben Beitrag zum Querschnitt wie die „direkten" Diagramme. Da die Elektronen identisch sind, muß der Gesamt-

---

[1]) Diese Ergebnisse sind in folgenden Arbeiten gewonnen worden: W. N. Baier und W. M. Galizki, ЖЭТФ **49** (1965) 661; W. N. Baier, W. S. Fadin und W. A. Chose, ЖЭТФ **51** (1966) 1135; **53** (1967) 2194. In diesen Arbeiten ist die Integrationsmethode für den differentiellen Wirkungsquerschnitt bemerkenswert, die sich auf die Einführung invarianter Veränderlicher stützt; diese Methode vereinfacht die Rechnungen ganz beträchtlich.

beitrag der direkten und der Austauschdiagramme durch 2 dividiert werden; aus diesem Grund braucht man nur die direkten Diagramme zu betrachten und kann die Identität der Teilchen außer acht lassen. Bei einem Elektron–Positron-Stoß treten statt der Austauschdiagramme Vernichtungsdiagramme auf. Ihr Beitrag ist aber von der relativen Ordnung m/ε, d. h., sie sind zu vernachlässigen. Im Rahmen der angegebenen Genauigkeit sind deshalb die Wirkungsquerschnitte für die Bremsstrahlung bei einem Elektron–Elektron-Stoß und bei einem Elektron–Positron-Stoß gleich.

Für $\omega \gg m$ ist das Verhältnis

$$\frac{d\sigma^{(2)}}{d\sigma^{(1)}} \sim \frac{m}{\omega} \ll 1\,,$$

d. h., die Strahlung vom Rückstoßelektron ist gering im Vergleich zu der Strahlung vom schnellen Elektron (wenn dieses Verhältnis die Größenordnung m/ν erreicht, verliert die Formel (94,3) selbstverständlich ihren Sinn). Umgekehrt sind für $\omega \ll m$ die beiden Teile des Wirkungsquerschnitts fast gleich:

$$d\sigma^{(1)} = \frac{16}{3}\alpha\, r_e^2 \frac{d\omega}{\omega} \ln\frac{2\,\varepsilon^2}{m\,\omega}\,, \qquad d\sigma^{(2)} = \frac{16}{3}\alpha\, r_e^2 \frac{d\omega}{\omega} \ln\frac{\varepsilon}{\omega}\,, \qquad \omega \ll m\,. \qquad (94,5)$$

Die Formeln (94,2) bis (94,5) gelten nur unter der Voraussetzung, daß ein Elektron nach der Emission ultrarelativistisch bleibt. Die Frequenz des Photons muß mit anderen Worten weit genug vom kurzwelligen Rand des Spektrums entfernt sein, d. h. von der maximalen Frequenz $\omega_{\max}$, die emittiert werden kann. Die Endenergie der Elektronen wird minimal und die Photonenenergie maximal sein, wenn sich beide Elektronen nach der Emission in der Richtung des Photons bewegen und gleiche Geschwindigkeiten haben. Dann folgt aus den Erhaltungssätzen

$$\varepsilon + m = \omega_{\max} + 2\,\varepsilon'\,, \qquad |\boldsymbol{p}| = \omega_{\max} + 2\,|\boldsymbol{p}'|\,.$$

Wir eliminieren hier ε' und $\boldsymbol{p}'$ und bekommen

$$(\varepsilon + m - \omega_{\max})^2 - (|\boldsymbol{p}| - \omega_{\max})^2 = 4\,m^2$$

und hieraus

$$\omega_{\max} = \frac{m\,(\varepsilon - m)}{m + \varepsilon - |\boldsymbol{p}|}\,. \qquad (94,6)$$

Für $\varepsilon \gg m$ haben wir $\omega_{\max} \approx \varepsilon$. Die Formeln (94,2) bis (94,4) gelten also unter der Bedingung

$$\omega_{\max} - \omega \sim \varepsilon - \omega \gg m\,. \qquad (94,7)$$

Der Wirkungsquerschnitt für die Strahlung vom schnellen Elektron (94,2) stimmt exakt mit dem Wirkungsquerschnitt für die Strahlung von einem Elektron bei einem Stoß mit einem Kern mit $Z = 1$ (Formel (91,17)) überein. Diese Übereinstimmung ist nicht zufällig, die Ursache dafür kann geklärt werden, indem man die Rolle des Rückstoßes beim Emissionsprozeß untersucht.

Bei der Ableitung der Formel (91,17) haben wir den Rückstoß des festen Teilchens (Kern) vernachlässigt, — wir haben das Teilchen durch ein konstantes, äußeres Feld ersetzt. Das führte zur Vernachlässigung der nullten

Komponente des 4-Vektors für die Impulsübertragung $q = p' - p + k$ (Rückstoßenergie). Wir werden zeigen, daß diese Vernachlässigung im ultrarelativistischen Fall nicht nur für die Strahlung bei einem Elektron–Kern-Stoß, sondern auch bei einem Elektron–Elektron-Stoß zulässig ist.

Wir schreiben q^2 in der Form

$$-q^2 = -(\varepsilon' + \omega - \varepsilon)^2 + (p'_{||} + \omega - p_{||})^2 + (\boldsymbol{p}'_\perp - \boldsymbol{p}_\perp)^2 . \qquad (94,8)$$

Die unteren Indizes unterscheiden die Komponenten der Vektoren $\boldsymbol{p}'$ und $\boldsymbol{p}$ (Elektronenimpuls vor und nach der Emission) parallel und senkrecht zur Photonenrichtung $\boldsymbol{k}$. Im ultrarelativistischen Fall sind die Winkel θ und θ' (zwischen $\boldsymbol{k}$ und $\boldsymbol{p}$ bzw. $\boldsymbol{p}'$) klein: $\theta \lesssim m/\varepsilon$, $\theta' \lesssim m/\varepsilon'$. Demnach sind

$$\left.\begin{aligned} |\boldsymbol{p}_\perp| &\sim |\boldsymbol{p}|\,\theta \sim m\,, \\ p_{||} &\approx |\boldsymbol{p}| - \frac{\boldsymbol{p}_\perp^2}{2\,|\boldsymbol{p}|} \approx \varepsilon - \frac{m^2}{2\,\varepsilon} - \frac{\boldsymbol{p}_\perp^2}{2\,\varepsilon} \end{aligned}\right\} \qquad (94,9)$$

und ähnliche Beziehungen gelten für $\boldsymbol{p}'_\perp$ und $p'_{||}$.

Ohne Beachtung des Rückstoßes haben wir $\varepsilon' + \omega - \varepsilon = 0$; die Differenz $p'_{||} + \omega - p_{||}$ ist $\sim m^2/\varepsilon$, und es wird

$$-q^2 \approx (\boldsymbol{p}'_\perp - \boldsymbol{p}_\perp)^2 \sim m^2 . \qquad (94,10)$$

Die Rückstoßenergie (am Elektron) ist

$$q_0 = \varepsilon' + \omega - \varepsilon \sim \frac{\boldsymbol{q}^2}{2\,m} \sim m . \qquad (94,11)$$

Die Änderung von $\boldsymbol{p}'_\perp$ infolge der Änderung von ε' kann vernachlässigt werden. Die ersten beiden Glieder in (94,8) ergeben daher die Änderung von q^2 unter Berücksichtigung des Rückstoßes, wir bezeichnen diese mit Δq^2. Unter Verwendung von (94,9) erhalten wir

$$\Delta q^2 \approx (\varepsilon' + \omega - \varepsilon)\left(-\frac{m^2}{\varepsilon'} - \frac{\boldsymbol{p}'^2_\perp}{\varepsilon'} + \frac{m^2}{\varepsilon} + \frac{\boldsymbol{p}_\perp^2}{\varepsilon}\right) \sim m^2\,\frac{m}{\varepsilon} .$$

Dem Vergleich mit (94,10) entnehmen wir $\Delta q^2 \ll |q^2|$. und hierdurch wird die Vernachlässigung des Rückstoßes gerechtfertigt.[1])

Da ein schnelles Teilchen in einen spitzen Kegel (mit dem Öffnungswinkel $\sim m/\varepsilon$) um seine Bewegungsrichtung emittiert, kann man den Emissionsquerschnitt im Massenmittelpunktsystem ganz einfach aus dem Emissionsquerschnitt (94,2) im Laborsystem erhalten.[2])

Im Massenmittelpunktsystem strahlen beide Elektronen gleich, jedes in seiner Bewegungsrichtung.[3]) Die Energie E eines ultrarelativistischen Elektrons

[1]) Dieser Schluß ist selbstverständlich noch besser für die Emission durch ein Elektron im Kernfeld zu ziehen, wenn die Rückstoßenergie $q_0 \sim \boldsymbol{q}^2/2\,M \approx m^2/M$ ist; M ist die Masse des Kerns.

[2]) Im allgemeinen Fall ist das unmöglich, weil zum Spektrum in einem gegebenen Frequenzintervall $d\omega$ Beiträge von Photonen stammen, die in ganz verschiedene Richtungen emittiert werden.

[3]) Dieser Umstand erklärt anschaulich den Grund, warum es keine Interferenz zwischen den Strahlungen der beiden Teilchen gibt.

im Massenmittelpunktsystem hängt mit der Energie ε im Laborsystem über die Beziehung $2 E^2 = m \varepsilon$ zusammen, und zwischen den Frequenzen Ω und ω in diesen beiden Systemen besteht die Beziehung $\omega/\varepsilon = \Omega/E$ (kann man diese Gleichungen einfach ableiten, indem man die Werte für die Invarianten $(p_1 p_2)$ und $(p_1 k)$ in den beiden Systemen vergleicht). Wir finden daher als Wirkungsquerschnitt für die Strahlung von einem Elektron im Massenmittelpunktsystem

$$d\sigma^{(1)} = d\sigma^{(2)} = 4 \alpha r_e^2 \frac{d\Omega}{\Omega} \frac{E - \Omega}{E} \left(\frac{E}{E - \Omega} + \frac{E - \Omega}{E} - \frac{2}{3} \right) \left(\ln \frac{4 E^2 (E - \Omega)}{m^2 \Omega} - \frac{1}{2} \right) \tag{94,12}$$

(G. Altarelli, F. Buccella, 1964).

Für die Anwendung von (94,12) ist es auch notwendig, daß die Frequenz des Photons nicht zu nahe am Rande des Spektrums liegt. Für ein ultrarelativistisches Teilchen ergibt obige Umformung direkt aus $\omega_{\max} \approx \varepsilon$

$$\Omega_{\max} \approx \omega_{\max} \frac{E}{\varepsilon} \approx E . \tag{94,13}$$

Im Massenmittelpunktsystem können also die Elektronen nur die Hälfte ihrer Gesamtenergie $2 E$ emittieren. Die direkte Berechnung von $\Omega_{\max}$ ist leicht durchzuführen, wenn man beachtet, daß sich die Elektronen nach der Emission eines solchen Photons (im gleichen System) mit gleichen Geschwindigkeiten entgegengesetzt zum Photon bewegen werden. Wir haben

$$2 E = 2 E' + \Omega_{\max} , \qquad 2 |\boldsymbol{p}'| = \Omega_{\max}$$

und hieraus

$$\Omega_{\max} = \frac{\boldsymbol{p}^2}{E} = E - \frac{m^2}{E} ; \tag{94,14}$$

im ultrarelativistischen Fall ist wiederum (94,13) gültig. Die Formel (94,12) ist also unter der Bedingung brauchbar:

$$\Omega_{\max} - \Omega \sim E - \Omega \gg m . \tag{94,15}$$

Wir geben jetzt die Formeln für die Strahlung im Massenmittelpunktsystem zum entgegengesetzten Grenzfall, nahe am Rande des Spektrums, an; dort gilt[1])

$$\Omega_{\max} - \Omega \ll m . \tag{94,16}$$

Da der Rückstoß in diesem Fall ganz wesentlich ist, weichen die Ergebnisse vom Fall der Streuung an einem festen Zentrum ab und sind verschieden für Elektron–Elektron- und Elektron–Positron-Streuung.

Für die Elektron–Elektron-Streuung liefern außer den Quadraten der Diagramme (94,1) am Rande des Spektrums auch die Produkte (Interferenzterme) der direkten und der Austauschdiagramme einen Beitrag zum Emissions-

---

[1]) Selbstverständlich ist das in Bornscher Näherung erhaltene Ergebnis wie üblich nur solange brauchbar, solange die Relativgeschwindigkeit der Elektronen im Endzustand groß gegenüber α ist. Anderenfalls hat man die Wechselwirkung zwischen den Teilchen im Endzustand in Betracht zu ziehen.

querschnitt. Solche Produkte sind aus Diagrammen zu bilden, bei denen das gleiche Anfangsteilchen strahlt, zum Beispiel das Produkt aus dem zweiten Diagramm in (94,1a) und dem Diagramm

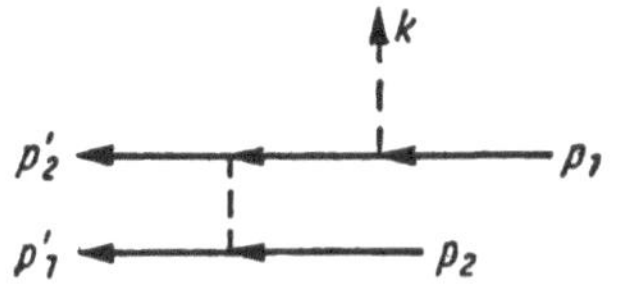

Das hängt damit zusammen, daß am Rande des Spektrums die Teilchen im Endzustand benachbarte Impulse haben und es keine Gründe dafür gibt, daß die Austauschterme klein sind. Der endgültige Ausdruck für den Wirkungsquerschnitt ist

$$d\sigma = 2\alpha r_e^2 \frac{[E(\Omega_{\max} - \Omega)]^{1/2}}{m} \frac{d\Omega}{\Omega_{\max}}. \tag{94,17}$$

Für die Elektron–Positron-Streuung resultiert ein logarithmisch großer Beitrag zum Emissionsquerschnitt von den Quadraten der Vernichtungsdiagramme, in denen die Teilchen im Anfangszustand strahlen:

(94,18)

Geht man in der Genauigkeit über die logarithmischen Glieder hinaus, dann werden auch die Quadrate anderer Diagramme wesentlich. Die Interferenzterme sind klein. Das Endergebnis ist

$$d\sigma = 2\alpha r_e^2 \frac{[E(\Omega_{\max} - \Omega)]^{1/2}}{m} \left(\ln \frac{2E}{m} + 1\right) \frac{d\Omega}{\Omega_{\max}}. \tag{94,19}$$

Die Strahlung bei der Elektron–Positron-Streuung ist logarithmisch groß im Vergleich zu der Strahlung bei der Elektron–Elektron-Streuung.

§ 95. Emission weicher Photonen bei Stößen

Es sei $d\sigma_0$ der Wirkungsquerschnitt für eine gewisse Streuung geladener Teilchen; der betreffende Streuprozeß kann von der Emission einer bestimmten Zahl von Photonen begleitet sein. Neben diesem Prozeß betrachten wir noch einen anderen, bei dem ein Photon mehr als bei dem ersten emittiert wird. Falls die Frequenz ω dieses Photons klein genug ist (die entsprechenden Bedingungen werden später formuliert werden), hängt der Wirkungsquerschnitt für den zweiten Prozeß in einfacher Weise mit $d\sigma_0$ zusammen.

Für kleine ω kann man tatsächlich die Rückwirkung der Emission dieses Quants auf den Streuprozeß vernachlässigen. Der Wirkungsquerschnitt $d\sigma$ wird mit anderen Worten ein Produkt aus zwei unabhängigen Faktoren sein: aus dem Wirkungsquerschnitt $d\sigma_0$ und der Wahrscheinlichkeit dw für die Emission eines Photons bei dem Stoß. Die Emission eines weichen Photons ist ein quasiklassischer Vorgang. Die Wahrscheinlichkeit dafür ist deshalb die klassisch berechnete Zahl der bei einem Stoß emittierten Quanten, d. h. gleich der klassischen Intensität (Gesamtenergie) der Strahlung dI dividiert durch ω ($= \hbar\,\omega$). Es ist demnach

$$d\sigma = d\sigma_0 \frac{dI}{\omega} \,. \tag{95,1}$$

Wir wollen zeigen, wie man diese Formel mit den allgemeinen Regeln der Diagrammtechnik ableiten kann (J. M. Jauch, F. Rohrlich, 1954).

Die Diagramme für den Prozeß mit einem zusätzlichen Photon ergeben sich aus den Diagrammen für den Grundprozeß, indem man eine äußere Photonenlinie hinzufügt, die von einer (inneren oder äußeren) Elektronenlinie „abzweigt", d. h. durch die Substitution

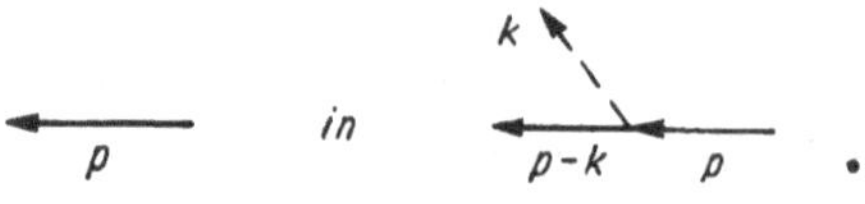

(95,2)

Die Hauptrolle werden dabei diejenigen Diagramme spielen, in denen eine äußere Elektronenlinie in der angegebenen Weise ausgetauscht worden ist. p sei der Impuls einer äußeren Linie ($p^2 = m^2$); für kleine k ist dann auch $(p - k)^2 \approx m^2$, d. h., der dem Diagramm zugefügte Faktor $G\,(p - k)$ ist in der Nähe seines Poles zu nehmen.

Nimmt man die Substitution (95,2) für die Linie eines Elektrons p im Anfangszustand vor, so bedeutet das für die Reaktionsamplitude

$$u(p) \to e\sqrt{4\pi}\,G\,(p-k)\,\hat{e}^*\,u(p) = e\sqrt{4\pi}\,\frac{\hat{p}-\hat{k}+m}{(p-k)^2-m^2}\,\hat{e}^*\,u(p)$$

$$\approx -\,e\sqrt{4\pi}\,\frac{\hat{p}+m}{2\,(p\,k)}\,\hat{e}^*\,u(p)$$

(der erste Faktor e ist die Ladung).

Wir benutzen $\hat{p}\,\hat{e}^* = 2\,p\,e^* - \hat{e}^*\,\hat{p}$ und $\hat{p}\,u(p) = m\,u(p)$ und erhalten die Substitutionsregel in der Form

$$u(p) \to -\,e\sqrt{4\pi}\,\frac{(p\,e^*)}{(p\,k)}\,u(p)\,. \tag{95,3}$$

Analog bedeutet die Substitution

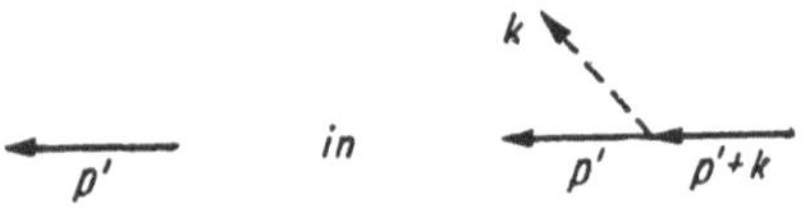

für eine Linie eines Elektrons p' im Endzustand die Substitution in der Amplitude

$$\bar{u}(p') \to e\sqrt{4\pi}\,\bar{u}(p')\,\frac{(p'\,e^*)}{(p'\,k)}\,. \tag{95,4}$$

In allen anderen Teilen des Diagramms kann man die Impulsänderungen in den Linien gänzlich vernachlässigen, von denen aus das Photon k emittiert wird. Dabei versteht es sich, daß die Energie des Photons ω auf jeden Fall klein gegenüber den Energien aller anderen, an der Reaktion beteiligten Teilchen sein muß (also auch klein gegenüber den Energien der emittierten harten Photonen, wenn solche auftreten).

Um etwas Konkretes vor Augen zu haben, soll der Wirkungsquerschnitt $d\sigma_0$ zur Streuung eines Elektrons an einem festen Kern gehören (wobei harte Photonen emittiert werden können). Die Amplitude für diesen Prozeß hat die Gestalt

$$M_{fi}^{(0)} = \bar{u}(p')\, M\, u(p)\,.$$

Wir führen darin einmal die Substitution (95,3) und zum anderen (95,4) aus, addieren die Ergebnisse und erhalten als Amplitude für die Emission der gleichen, harten Photonen und des weichen Photon k infolge Bremsstrahlung[1])

$$M_{fi} = M_{fi}^{(0)}\, e\sqrt{4\pi}\left(\frac{p' e^*}{p' k} - \frac{p e^*}{p k}\right). \tag{95,5}$$

Entsprechend ist der Wirkungsquerschnitt

$$d\sigma = d\sigma_0 \cdot 4\pi e^2 \left[\frac{p' e}{p' k} - \frac{p e}{p k}\right]^2 \frac{d^3k}{(2\pi)^3\, 2\omega}\,. \tag{95,6}$$

Wir summieren über die Polarisationen des Photons k und bekommen

$$d\sigma = -\, e^2 \left[\frac{p'}{(p' k)} - \frac{p}{(p k)}\right]^2 \frac{d^3k}{4\pi^2\omega}\, d\sigma_0\,. \tag{95,7}$$

Durch die dreidimensionalen Größen ausgedrückt, lautet diese Formel[2])

$$d\sigma = \alpha \left(\frac{[\boldsymbol{v}'\boldsymbol{n}]}{1 - \boldsymbol{v}'\boldsymbol{n}} - \frac{[\boldsymbol{v}\boldsymbol{n}]}{1 - \boldsymbol{v}\boldsymbol{n}}\right)^2 \frac{d\omega\, do_{\boldsymbol{k}}}{4\pi^2\omega}\, d\sigma_0 \tag{95,8}$$

mit $\boldsymbol{n} = \boldsymbol{k}/\omega$; $\boldsymbol{v}$ und $\boldsymbol{v}'$ sind die Geschwindigkeiten des Elektrons im Anfangs- und Endzustand. Der Ausdruck vor $d\sigma_0$ stimmt tatsächlich mit der (durch ω dividierten) klassischen Intensität der Strahlung überein (vgl. II, (69,4)), wie schon in Formel (95,1) behauptet worden ist.

Die abgeleiteten Formeln können unter der Bedingung angewandt werden, daß die Impulsübertragung an den Kern $\boldsymbol{q}$ groß gegenüber der Änderung der Impulsübertragung $\delta\boldsymbol{q}$ infolge der Emission des weichen Photons ist. Wir haben

$$\delta\boldsymbol{q} = (\boldsymbol{p}' - \boldsymbol{p} - \boldsymbol{k}) - (\boldsymbol{p}' - \boldsymbol{p})\,|_{\omega=0} = \delta\boldsymbol{p}' - \boldsymbol{k}$$

---

[1]) Das Auftreten der Differenz in dieser Formel ist ein natürliches Ergebnis der Eichvarianz; denn die Reaktionsamplitude darf sich bei der Substitution $e \to e + \text{const} \cdot k$ für den 4-Polarisationsvektor nicht ändern.

[2]) Um diese herzuleiten, ist es zweckmäßig, zu (95,6) zurückzukehren, $p = (\varepsilon, \varepsilon\boldsymbol{v})$, $p k = \varepsilon\omega(1 - \boldsymbol{v}\boldsymbol{n}), \ldots, e = (0, \boldsymbol{e})$ zu setzen und die Summe über die Polarisationen mit Hilfe von (45,4a) neu auszuführen.

mit $|\delta \boldsymbol{p}'| \sim \frac{\partial |\boldsymbol{p}'|}{\partial \varepsilon} \omega \sim \frac{\omega}{v}$ und $|\boldsymbol{k}| = \omega$. Im nichtrelativistischen Fall ($v \ll 1$) erhalten wir daher die Bedingung

$$\frac{\omega}{|\boldsymbol{q}|\, v} \ll 1\,. \tag{95,9}$$

Da andererseits $|\boldsymbol{q}| \sim 1/\varrho$ ist (ϱ ist der Stoßparameter), kann man diese Bedingung in die Form $\omega\,\tau \ll 1$ bringen; $\tau \sim \varrho/v$ ist darin die charakteristische Stoßzeit.

Im ultrarelativistischen Fall werden die Photonen hauptsächlich in Richtungen nahe bei $\boldsymbol{v}$ oder $\boldsymbol{v}'$ emittiert (was aus den Nennern in (95,8) zu ersehen ist). Für kleine Streuwinkel θ des Elektrons sind die Richtungen aller drei Vektoren $\boldsymbol{p}$, $\boldsymbol{p}'$ und $\boldsymbol{n}$ benachbart, dann ist

$$|\delta \boldsymbol{q}| = |\delta \boldsymbol{p}'| - |\boldsymbol{k}| = \omega \left(\frac{1}{v} - 1\right) \sim \frac{\omega\, m^2}{\varepsilon^2}\,,$$

und wegen $|\boldsymbol{q}| \sim \varepsilon\, \theta$ erhalten wir die Bedingung

$$\theta \gg \frac{\omega}{\varepsilon} \frac{m^2}{\varepsilon^2}\,. \tag{95,10}$$

Wegen der quasiklassischen Natur der Formeln (95,5) bis (95,8) gelten diese für die Strahlung beliebiger, geladener Teilchen (nicht nur für Elektronen, für die sie abgeleitet worden sind). Im allgemeinen Fall, wenn an der Reaktion mehrere Teilchen beteiligt sind, ist die Formel (95,5) in der Form

$$M_{fi} = M_{fi}^{(0)}\, e \sqrt{4\pi} \sum Z \left(\frac{p'\, e^*}{p'\, k} - \frac{p\, e^*}{p\, k}\right) \tag{95,11}$$

zu schreiben; es wird über alle Teilchen summiert (Teilchen mit den Ladungen $Z\,e$). Entsprechend werden auch die Formeln (95,6) bis (95,8) abgeändert.

Insbesondere ist im nichtrelativistischen Fall

$$M_{fi} = M_{fi}^{(0)} \frac{e\sqrt{4\pi}}{\omega} \sum Z\, (\boldsymbol{v}' - \boldsymbol{v})\, \boldsymbol{e}^*\,. \tag{95,12}$$

Für zwei Teilchen erhält diese Formel die Gestalt

$$\left.\begin{aligned} M_{fi} &= M_{fi}^{(0)} \frac{\sqrt{4\pi}}{\omega} \left(\frac{Z_1 e}{m_2} - \frac{Z_2 e}{m_2}\right) \boldsymbol{q}\, \boldsymbol{e}^*\,, \\ \boldsymbol{q} &= m\, (\boldsymbol{v}' - \boldsymbol{v})\,, \qquad m = \frac{m_1 m_2}{m_1 + m_2}\,; \end{aligned}\right\} \tag{95,13}$$

$\boldsymbol{v}$ und $\boldsymbol{v}'$ sind die Relativgeschwindigkeiten der Teilchen vor und nach dem Stoß.

Die erhaltenen Ergebnisse können für den Fall gleichzeitiger Emission mehrerer weicher Photonen verallgemeinert werden. Für jedes Photon wird in der Amplitude M_{fi} ein eigener Faktor der Gestalt wie in (95,5) bei $M_{fi}^{(0)}$ hinzugefügt. Davon kann man sich ganz einfach unmittelbar überzeugen, sagen wir, am Beispiel zweier Photonen. Die Linien der beiden emittierten Photonen müssen an die äußeren Linien angehängt werden, und zwar in zwei verschiedenen Reihenfolgen, d. h., ein Diagramm mit der äußeren Linie p wird durch zwei Diagramme mit den Linien

ersetzt. Jedes Diagramm enthält den Faktor (Nenner der Elektronenpropagatoren)

$$\frac{1}{2\,(p\,k_1 + p\,k_2)}\,\frac{1}{2\,p\,k_1} \quad \text{oder} \quad \frac{1}{2\,(p\,k_1 + p\,k_2)}\,\frac{1}{2\,p\,k_2}.$$

Ihre Summe ist

$$\frac{1}{2\,p\,k_1}\,\frac{1}{2\,p\,k_2},$$

d. h., sie enthält das Produkt zweier unabhängiger Faktoren, die zum ersten bzw. zweiten Photon gehören. Anschließend werden in der Summe aller Diagramme die Summanden (auf Grund der Eichinvarianz) zu einem Produkt von Differenzen zusammengefaßt:

$$\left(\frac{p'\,e_1^*}{p'\,k_1} - \frac{p\,e_1^*}{p\,k_1}\right)\left(\frac{p'\,e_2^*}{p'\,k_2} - \frac{p\,e_2^*}{p\,k_2}\right).$$

Entsprechend der Faktorisierung der Amplitude besteht auch der Wirkungsquerschnitt für den Prozeß aus verschiedenen Faktoren. Die weichen Photonen werden also unabhängig voneinander emittiert. Der Wirkungsquerschnitt für einen Prozeß, bei dem n weiche Photonen emittiert werden, kann in der Form

$$d\sigma = d\sigma_0\, dw_1 \ldots dw_n \tag{95,14}$$

geschrieben werden; $dw_1, dw_2, \ldots$ sind die Wahrscheinlichkeiten für die separate Emission der Photonen $k_1, k_2, \ldots$ Bei der Integration dieser Formel über die Variablen (Frequenzen und Richtungen) im Endzustand, die für alle Quanten gleiche Variabilitätsbereiche haben, muß wegen der Identität der Photonen der Faktor $1/n!$ eingeführt werden.

Integrieren wir den Emissionsquerschnitt (95,1) über die Frequenzen in einem endlichen Intervall von ω_1 bis ω_2, so erhalten wir einen Ausdruck der Gestalt

$$d\sigma \sim \alpha \ln \frac{\omega_2}{\omega_1}\, d\sigma_0 \tag{95,15}$$

(vgl. (95,8)). Dabei versteht es sich, daß beide Frequenzen nicht zu groß sind, so daß die möglichen Werte für ω_2 durch die Bedingung für die Brauchbarkeit der Methode festgelegt werden. Mit logarithmischer Genauigkeit kann man aber $\omega_2 \sim \varepsilon$ setzen, wenn ε die Anfangsenergie des strahlenden Teilchens ist. Die Werte von ω_1 sind durch nichts von unten beschränkt. Lassen wir aber

$\omega_1 \to 0$ gehen, dann sehen wir, daß der Emissionsquerschnitt für alle möglichen weichen Quanten unendlich wird. Wir wollen den Sinn dieses Sachverhaltes — der sogenannten *Infrarotkatastrophe* — ergründen (F. Bloch, A. Nordsieck, 1937).

Für

$$\alpha \ln \frac{\varepsilon}{\omega_1} \gtrsim 1 \tag{95,16}$$

wird $d\sigma \gtrsim d\sigma_0$. Das bedeutet aber, daß die Störungstheorie unbrauchbar wird — man kann $d\sigma$ nicht mehr als Größe höherer Ordnung in bezug auf $d\sigma_0$ berechnen. In diesem Fall muß man mit anderen Worten nicht α sondern $\alpha \ln (\varepsilon/\omega_1)$ als kleinen Parameter ansehen.

Die Ableitung der Formeln (95,5) bis (95,8) auf der Grundlage der Störungstheorie wird also für genügend kleine Frequenzen ungültig. Andererseits ist die klassische Formel für die Intensität dI (s. II, (69,4)) um so besser anwendbar, je kleiner ω ist. Daher bleibt die Formel (95,1) richtig, wenn man ihre Bedeutung ein wenig zum Klassischen hin verändert. In (95,1) ist angenommen worden, daß ein Photon emittiert wird. Die Energie, die das Teilchen bei der Emission verliert, ist dann gleich ω, und der „Querschnitt für den relativen Energieverlust" wird durch den Ausdruck $\omega\, d\sigma/\varepsilon$ oder

$$d\sigma_0 \frac{dI}{\varepsilon} \tag{95,17}$$

gegeben. In Wirklichkeit ist aber für genügend kleine ω die Emissionswahrscheinlichkeit nicht klein, und die Emissionswahrscheinlichkeit für zwei und mehr Photonen ist nicht kleiner als die Emissionswahrscheinlichkeit für ein Photon. Unter diesen Bedingungen bleibt der Ausdruck (95,17) richtig, aber die klassische Intensität dI wird nicht die Emissionswahrscheinlichkeit für ein Photon bestimmen. Die mittlere Zahl der emittierten Photonen wird

$$d\bar{n} = \frac{dI}{\omega} \tag{95,18}$$

oder im Frequenzintervall von ω_1 bis ω_2

$$\bar{n} = \int\limits_{\omega=\omega_1}^{\omega} \frac{dI}{\omega}. \tag{95,19}$$

Die weichen Photonen werden statistisch unabhängig emittiert (das gilt in allen Näherungen der Störungstheorie). Man kann daher für die Mehrfachemission die Poisson-Formel anwenden: Die Wahrscheinlichkeit $w(n)$ für die Emission von n Photonen wird folgendermaßen durch die mittlere Photonenzahl $\bar{n}$ ausgedrückt:

$$w(n) = \frac{\bar{n}^n}{n!} e^{-\bar{n}}. \tag{95,20}$$

Wir schreiben den Wirkungsquerschnitt für eine Streuung mit Emission von Photonen in der Form

$$d\sigma = d\sigma_0 \cdot w(n). \tag{95,21}$$

Wegen $\sum w(n) = 1$ ist $d\sigma_0$ der totale Querschnitt für eine Streuung, bei der auch eine beliebige weiche Strahlung auftritt. Dieser Sachverhalt ist aus der klassischen Behandlung unmittelbar evident; nach der Störungstheorie ist $d\sigma_0$ der Streuquerschnitt für die rein elastische Streuung. Aber die Störungstheorie ist hier unbrauchbar. Der mit der Störungstheorie für die elastische Streuung berechnete Streuquerschnitt $d\sigma_0$ enthält in Wirklichkeit auch die Emission beliebiger weicher Photonen. Der Streuquerschnitt für die elastische Streuung ist tatsächlich Null: Für $\omega_1 \to 0$ geht die mittlere Zahl $\bar{n} \to \infty$, und nach (95,20) verschwindet die Emissionswahrscheinlichkeit für eine beliebige endliche Photonenzahl.[1])

Aufgaben[2])

1. Man berechne die Spektralverteilung für die beim Abbremsen eines ultrarelativistischen Elektrons an einem Kern emittierten weichen Quanten!

Lösung. Die Integration der Formel (95,8) über do_k ergibt

$$d\sigma = \alpha\, K(\xi)\, \frac{d\omega}{\omega}\, d\sigma_0 \tag{1}$$

mit

$$K(\xi) = \frac{2}{\pi}\left[\frac{2\,\xi^2+1}{\xi\sqrt{\xi^2+1}}\ln\left(\xi+\sqrt{\xi^2+1}\right)-1\right], \qquad \xi = \frac{|\boldsymbol{p}|}{m}\sin\frac{\theta}{2} \tag{2}$$

($\boldsymbol{p}$ ist der Impuls, θ der Streuwinkel des Elektrons). Im ultrarelativistischen Fall spielt der Winkelbereich

$$\frac{m^2\,\omega}{\varepsilon^3} \ll \theta \ll \frac{m}{\varepsilon} \tag{3}$$

die Hauptrolle (die untere Grenze ist die Bedingung (95,10), wegen der oberen Grenze s. u.). Dabei ist $\xi \approx \varepsilon\,\theta/2\,m \ll 1$, so daß gilt

$$K(\xi) \approx \frac{8}{3\,\pi}\,\xi^2\,,$$

und der Streuquerschnitt für die elastische Streuung des Elektrons am Kern ist (s. (81,10))

$$d\sigma_0 \approx 4\,Z^2\,r_e^2\,\frac{m^2}{\varepsilon^2}\,\frac{do}{\theta^4}\,. \tag{4}$$

Das Integral

$$d\sigma_\omega = \frac{16}{3}\,Z^2\,\alpha\,r_e^2\,\frac{d\omega}{\omega}\int\frac{d\theta}{\theta}$$

ist logarithmisch divergent; es wird unten bei Winkeln $\theta \sim m^2\,\omega/c^2$ und oben bei $\xi \sim 1$ abgeschnitten, d. h. bei Winkeln $\theta \sim m/\varepsilon$ (für $\xi \to \infty$ ist

$$K \approx \frac{4}{\pi}\ln\xi\,,$$

---

[1]) Wir kommen im zweiten Teil dieses Buches im Zusammenhang mit der Untersuchung der Strahlungskorrekturen auf eine ausführlichere Besprechung dieser Situation zurück.

[2]) Die im folgenden wiedergegebenen Anwendungen der Formel (95,7) stammen von W. N. Baier und W. M. Galizki (1964).

so daß das Integral konvergiert). Mit logarithmischer Genauigkeit finden wir auf diese Weise

$$d\sigma_\omega = \frac{16}{3} Z^2 \alpha r_e^2 \frac{d\omega}{\omega} \ln \frac{\varepsilon^2}{m\omega} \tag{5}$$

in Übereinstimmung mit dem logarithmischen Teil in Formel (91,17) (in der $\varepsilon \approx \varepsilon'$ zu setzen ist). Man kann über die logarithmische Genauigkeit hinausgelangen, indem man über die Grenzen des quasiklassischen Bereiches hinausgeht.

2. Für den Stoß zweier ultrarelativistischer Elektronen ist (im Massenmittelpunktsystem) der Wirkungsquerschnitt für die gleichzeitige Emission zweier weicher Photonen in entgegengesetzten Richtungen unter kleinen Winkeln zu den Elektronenimpulsen zu berechnen.

Lösung. Die in entgegengesetzte Richtungen fliegenden Photonen werden von verschiedenen Elektronen emittiert, jeweils in der betreffenden Bewegungsrichtung. Der Wirkungsquerschnitt für die gleichzeitige Emission ist

$$d\sigma = d\sigma_0 \cdot \alpha K(\xi) \frac{d\omega_1}{\omega_1} \cdot \alpha K(\xi) \frac{d\omega_2}{\omega_2}, \qquad \xi = \frac{\varepsilon}{m} \sin\frac{\theta}{2}; \tag{6}$$

ε ist die Energie der einzelnen Elektronen, θ ist der Streuwinkel im Massenmittelpunktsystem, der für beide Elektronen gleich ist (da die Photonen bekanntlich in verschiedenen Richtungen emittiert werden, braucht kein Faktor 1/2 in den Querschnitt eingeführt zu werden). Der Streuquerschnitt für die elastische Streuung der Elektronen in kleine Winkel im Massenmittelpunktsystem stimmt im ultrarelativistischen Fall mit (4) überein (vgl. (82,11)). Anders als (1) verhält sich der Wirkungsquerschnitt (6) für $\theta \to 0$ wie $\theta\, d\theta$, so daß das Integral konvergiert. Einerseits erlaubt diese Eigenschaft, bis zu $\theta = 0$ zu integrieren (ohne wegen einer möglichen Verletzung der Bedingung für die Brauchbarkeit der Methode besorgt sein zu müssen). Andererseits stammt der Hauptbeitrag zum integralen Wirkungsquerschnitt jetzt vom Bereich $\theta \sim m/\varepsilon$ (und nicht von $\theta \ll m/\varepsilon$), so daß man den exakten Ausdruck (2) zu verwenden hat. Die Integration des Wirkungsquerschnittes über die Streuwinkel ergibt

$$d\sigma_{\omega_1\omega_2} = \frac{2}{\pi}\left[5 + \frac{7}{2}\zeta(3)\right] r_e^2 \alpha^2 \frac{d\omega_1}{\omega_1}\frac{d\omega_2}{\omega_2} = 5{,}9\, r_e^2 \alpha^2 \frac{d\omega_1}{\omega_1}\frac{d\omega_2}{\omega_2}$$

(ζ ist die Riemannsche ζ-Funktion, $\zeta(3) = 1{,}202$).

§ 96. Die Methode der äquivalenten Photonen

Wir vergleichen die beiden durch folgende Diagramme beschriebenen Prozesse:

a) b) (96,1)

(die Kreise sollen den ganzen inneren Teil des Diagramms darstellen). Das Diagramm a) stellt den Stoß eines Photons k ($k^2 = 0$) mit einem Teilchen mit dem 4-Impuls q (und der Masse m, $q^2 = m^2$) dar. Beim Stoß wird ein System (ein Teilchen oder eine Gruppe von Teilchen) mit dem resultierenden 4-Impuls Q gebildet. Der Graph b) bedeutet den Stoß desselben Teilchens q mit einem anderen Teilchen mit dem 4-Impuls p und der Masse M ($p^2 = M$). Beim Stoß erhält das letztere Teilchen den 4-Impuls p', und es entsteht dasselbe System Q. Den zweiten Prozeß kann man als Stoß des Teilchens q mit einem vom Teilchen p emittierten, virtuellen Photon mit dem Impuls $k = p - p'$ ($k^2 < 0$) auffassen. Wenn dabei $|k^2|$ klein ist, unterscheidet sich das virtuelle Photon nur wenig von einem realen. Offensichtlich kann man einen derartigen Sachverhalt beim Stoß sehr schneller Teilchen vorfinden; denn das elektromagnetische Feld eines mit der Geschwindigkeit $v \approx 1$ bewegten Elektrons ist fast transversal und hat daher ähnliche Eigenschaften wie das Feld einer Lichtwelle. Unter diesen Bedingungen kann man den Wirkungsquerschnitt für den Prozeß b) durch den Wirkungsquerschnitt für den Prozeß a) ausdrücken.[1])

Das Teilchen M wird also als ultrarelativistisch angesehen, seine Energie (im Ruhsystem des Teilchens m) sei $\varepsilon \gg M$. Falls die Massen der stoßenden Teilchen m und M verschieden sind, werden wir $m < M$ annehmen, um etwas Bestimmtes vor Augen zu haben.

Die Amplitude für den Prozeß a) (unter Beteiligung eines realen Photons) kann in der Form

$$M_{fi}^{(r)} = -e\sqrt{4\pi}\,(e_\mu J^\mu) \tag{96,2}$$

geschrieben werden; e_μ ist der 4-Polarisationsvektor des Photons, J^μ ist das Matrixelement des Stromes zum Eckteil (Kreis) des Graphen. Die Amplitude des Prozesses b) ist

$$M_{fi} = Z e^2 \frac{4\pi}{k^2}(j_\mu J^\mu)\,; \tag{96,3}$$

hier ist j_μ das Matrixelement des Stromes für das Teilchen m (unterer Eckteil des Diagramms), Ze ist die Ladung dieses Teilchens. Der Strom J ist eine Funktion von $k = Q - q$ und daher in den beiden Fällen verschieden: $k^2 = 0$ in (96,2) und $k^2 \neq 0$ in (96,3). Ist aber im zweiten Fall

$$|k^2| \ll m^2\,, \tag{96,4}$$

dann kann man auch hier J für $k^2 = 0$ nehmen.

Die Impulsänderung des Teilchens M bei der Emission des virtuellen Photons, $\boldsymbol{p} - \boldsymbol{p}' = \boldsymbol{k}$, ist klein gegenüber seinem ursprünglichen Impuls $|\boldsymbol{p}| \approx \varepsilon$, und man kann deshalb im Strom $j\,\boldsymbol{p} = \boldsymbol{p}'$ setzen. Wir betrachten die Bewegung des Teilchens M mit anderen Worten als geradlinig und gleichförmig. Da diese Bewegung quasiklassisch ist, ist der zugehörige Strom vom Spin des Teilchens

[1]) Die hier besprochene Methode ist von K. WEIZSÄCKER und E. J. WILLIAMS (1934) ausgearbeitet worden; die Grundidee dieser Methode ist bereits früher von E. FERMI (1924) ausgesprochen worden.

unabhängig:[1])

$$j^\mu = 2\,p^\mu\,. \tag{96,5}$$

Die Bedingung für die Transversalität des Stromes ($j\,k = 0$) ergibt jetzt $\varepsilon\,\omega - p_x\,k_x = 0$, wenn die x-Achse in $\boldsymbol{p}$-Richtung zeigt. Hieraus folgt

$$\omega = v\,k_x \tag{96,6}$$

mit $v = p_x/\varepsilon$, der Geschwindigkeit des Teilchens M. Wegen

$$-\,k^2 = -\,\omega^2 + k_x^2 + \boldsymbol{k}_\perp^2 \approx \omega^2\,(1 - v^2) + \boldsymbol{k}_\perp^2 \tag{96,7}$$

($\boldsymbol{k}_\perp$ ist die zur x-Achse senkrechte Komponente des Vektors $\boldsymbol{k}$) ist die Bedingung (94,6) der Ungleichung $|\boldsymbol{k}_\perp| \ll m$ und der wesentlich schwächeren Ungleichung für ω, $\omega \ll m/\sqrt{1 - v^2}$, äquivalent.

Weiter folgt aus der Transversalitätsbedingung für den Strom J ($J\,k = 0$) unter Verwendung von (96,6)

$$J_0 = \frac{J_x}{v} + \frac{\boldsymbol{J}_\perp\,\boldsymbol{k}_\perp}{\omega}\,.$$

Demnach erhalten wir für das Skalarprodukt $j\,J$:

$$j\,J = 2\,(J_0\,\varepsilon - J_x\,p_x) \approx 2\,\frac{\varepsilon}{\omega}\left(\boldsymbol{k}_\perp\,\boldsymbol{I}_\perp + \frac{\omega\,M^2}{\varepsilon^2}\,J_x\right). \tag{96,8}$$

Das Produkt $J\,e$ (96,2) rechnen wir aus, indem wir den 4-Polarisationsvektor für das reale Photon in der dreidimensional transversalen Eichung wählen: $e\,k = -\,\boldsymbol{e}\,\boldsymbol{k} = 0$. Daraus folgt $e_x \approx -\,\boldsymbol{e}_\perp\,\boldsymbol{k}_\perp/\omega$ und weiter

$$J\,e = -\,\boldsymbol{e}_\perp\left(\boldsymbol{I}_\perp - \frac{\boldsymbol{k}_\perp}{\omega}\,J_x\right). \tag{96,9}$$

Wir wollen die Ausdrücke (96,8) und (96,9) vergleichen. Sie sind proportional zueinander, wenn man die zweiten Summanden in den Klammern vernachlässigen kann. Der Strom J bezieht sich auf den oberen Eckteil des Diagramms (96,1b) und ist daher nicht mit der Richtung von $\boldsymbol{p}$ verknüpft; man kann daher J_x und $\boldsymbol{I}_\perp$ als Größen gleicher Ordnung ansehen. Die angegebenen Vernachlässigungen sind folglich dann zulässig, wenn die Bedingung $|\boldsymbol{k}_\perp| \ll \omega$ und $\omega \ll \varepsilon^2|\boldsymbol{k}_\perp|/M^2$ erfüllt sind; diese Bedingungen widersprechen den bereits an $\boldsymbol{k}_\perp$ und ω gestellten Bedingungen nicht.

In (96,9) sei das Photon in der $x\boldsymbol{k}$-Ebene polarisiert (so daß $\boldsymbol{e}_\perp \parallel \boldsymbol{k}_\perp$ ist). Wegen der angenommenen Bedingungen ist $\boldsymbol{e}_\perp \approx \boldsymbol{e}^2 = 1$, und wir bekommen jetzt

$$M_{fi} = M_{fi}^{(r)}\,\frac{Z\,e\,\sqrt{4\,\pi}}{-\,k^2}\,\frac{2\,\varepsilon}{\omega}\,|\boldsymbol{k}_\perp|\,. \tag{96,10}$$

[1]) Bei der Normierung der Wellenfunktionen auf ein Teilchen pro Volumeneinheit ist der Strom $j^\mu = (1, \boldsymbol{v})$, wenn $\boldsymbol{v}$ die Geschwindigkeit ist. Wir haben aber verabredet (§ 65), den Normierungsfaktor $1/\sqrt{2\,\varepsilon}$ in den Wellenfunktionen wegzulassen. Dementsprechend ist in j^μ ein zusätzlicher Faktor $2\,\varepsilon$ einzuführen, und wir gelangen zu Ausdruck (96,5).

Dabei sind die Bedingungen

$$|\boldsymbol{k}_\perp| \ll \omega \ll m\gamma\,, \tag{96,11}$$

$$\frac{\omega}{\gamma^2} \ll |\boldsymbol{k}_\perp| \ll m \tag{96,12}$$

vorausgesetzt, in denen folgende Abkürzung eingeführt worden ist:

$$\gamma = \frac{\varepsilon}{M} = \frac{1}{\sqrt{1-v^2}}.$$

Hieraus kann man den Zusammenhang zwischen den betreffenden Wirkungsquerschnitten finden. Nach der allgemeinen Formel (65,18) haben wir (im Ruhsystem des Teilchens m)

$$d\sigma_r = |M_{fi}^{(r)}|^2\,(2\pi)^4\,\delta^{(4)}\,(P_f - P_i)\,\frac{1}{4\,m\,\omega}\,d\varrho_Q\,,$$

$$d\sigma = |M_{fi}|^2\,(2\pi)^4\,\delta^{(4)}\,(P_f - P_i)\,\frac{1}{4\,m\,\varepsilon}\,\frac{d^3p'}{2\,\varepsilon\,(2\pi)^3}\,d\varrho_Q\,;$$

$d\varrho_Q$ sind die statistischen Gewichte der Teilchen Q. Unter Benutzung von (96,10) und (96,7) wird

$$d\sigma = d\sigma_r\,\alpha\cdot n(\boldsymbol{k})\,d^3p' \tag{96,13}$$

mit

$$n(\boldsymbol{k}) = \frac{Z^2e^2}{\pi^2}\,\frac{\boldsymbol{k}_\perp^2}{\omega\left(\boldsymbol{k}_\perp^2 + \dfrac{\omega^2}{\gamma^2}\right)^2}. \tag{96,14}$$

Wir erinnern daran, daß $d\sigma_r$ der Wirkungsquerschnitt für den Prozeß a) ist; bei diesem Prozeß stößt ein reales Photon auf ein ruhendes Teilchen, und es wird das System der Teilchen Q mit Impulsen in bestimmten Intervallen gebildet. Der Wirkungsquerschnitt $d\sigma$ bezieht sich auf den Prozeß b), bei dem dasselbe System Q durch Stoß des schnellen Teilchens (der Masse M) mit einem ruhenden Teilchen gebildet wird und das schnelle Teilchen den Impuls $\boldsymbol{p} - \boldsymbol{p}' = \boldsymbol{k}$ verliert; die Werte von $\boldsymbol{p}'$ liegen im Intervall d^3p'. Der Faktor $n(\boldsymbol{k})$ in (96,13) kann als Dichte der Photonenzahl (im k-Raum), der das elektromagnetische Feld des schnellen Teilchens äquivalent ist, interpretiert werden.

Die Integration über d^3p' ist gleichbedeutend mit der Integration über $d^3k = d\omega\,d^2k_\perp$. Durch Integration über $d^2k_\perp$ erhalten wir den Wirkungsquerschnitt für den Prozeß, bei dem die Gesamtenergie des Systems Q im gegebenen Intervall $dE = d\omega$ liegt ($E - m = \varepsilon - \varepsilon' = \omega$, ε und ε' sind die Energien des Teilchens M in Anfangs- und Endzustand). Die Integration über die Richtungen von $\boldsymbol{k}_\perp$ bedeutet die Mittelung über die Polarisationsrichtungen des einfallenden Photons (zusammen mit der Multiplikation mit 2π). Danach erhalten wir

$$d\sigma = n(\omega)\,d\sigma_r\,d\omega \tag{96,15}$$

mit

$$n(\omega) = \int n(\boldsymbol{k})\, 2\pi\, k_\perp\, dk_\perp = \frac{2\, Z^2\, e^2}{\pi\, \omega} \int \frac{k_\perp^3\, dk_\perp}{\left(k_\perp^2 + \frac{\omega^2}{\gamma^2}\right)^2}.$$

Das Integral über $dk_\perp$ diviergiert für große $k_\perp$. Die Divergenz ist aber nur logarithmisch. Infolgedessen kann man (in den Grenzen für die Anwendbarkeit der benutzten Methode) das Ergebnis im Rahmen der logarithmischen Näherung erhalten; es wird vorausgesetzt, daß nicht nur das Argument des Logarithmus, sondern auch der Logarithmus selbst groß ist. Mit dieser Genauigkeit kann man die obere Integrationsgrenze $k_{\perp\max} \sim m$ — obere Grenze der Ungleichung (96,12) — setzen. Wir integrieren und erhalten für die Spektralverteilung der äquivalenten Photonen (in normalen Maßeinheiten)

$$n(\omega)\, d\omega = \frac{2}{\pi} Z \alpha \ln \frac{\gamma\, m\, c^2}{\hbar\, \omega} \frac{d\omega}{\omega}. \tag{96,16}$$

Im Rahmen der benutzten Näherung bleibt ein Zahlenfaktor im Argument des Logarithmus unbestimmt; denn die Einführung eines solchen Faktors würde die Addition einer relativ kleinen Größe (~ 1) zu dem großen Logarithmus bedeuten und die zulässige Genauigkeit übersteigen.

Aufgaben

1. Man berechne den Wirkungsquerschnitt für die Bremsstrahlung beim Stoß eines schnellen Elektrons mit einem Kern und gehe dabei vom Wirkungsquerschnitt für die Photonenstreuung an einem Elektron aus!

Lösung. Im Bezugssystem K_1, in dem das Elektron vor dem Stoß ruht, kann man den Prozeß als Streuung äquivalenter Photonen des Kernfeldes am Elektron auffassen.[1]) Nach (86,10) ist der Streuquerschnitt für die Streuung eines Photons an einem Elektron im System K_1

$$d\sigma_{\text{streu}}(\omega_1, \omega_1') = \pi\, r_e^2\, \frac{m\, d\omega_1'}{\omega_1^2} \left[\frac{\omega_1}{\omega_1'} + \frac{\omega_1'}{\omega_1} + \left(\frac{m}{\omega_1'} - \frac{m}{\omega_1}\right)^2 - 2\, m \left(\frac{1}{\omega_1'} - \frac{1}{\omega_1}\right)\right]; \tag{1}$$

ω_1 und ω_1' sind die Energien des Photons in diesem System im Anfangs- und Endzustand. Der Wirkungsquerschnitt für die Bremsstrahlung im System K_1 ist

$$d\sigma_{\text{stra}}(\omega_1') = \int d\omega_1 \cdot n(\omega_1)\, d\sigma_{\text{streu}}(\omega_1, \omega_1'); \tag{2}$$

$n(\omega_1)$ ist darin die Funktion (96,16). Wegen der Invarianz des Wirkungsquerschnitts braucht man beim Übergang zum Bezugssystem K, in dem der Kern ruht, nur die Frequenz ω_1' zu transformieren. Die Frequenzen ω_1' und ω' in den Systemen K_1 und K sind durch die Doppler-Formel

$$\omega' = \gamma\, \omega_1' (1 - v \cos \theta_1), \qquad \gamma = \frac{1}{\sqrt{1 - v^2}} \tag{3}$$

---

[1]) Eine Streuung der virtuellen Photonen am Kern (im Ruhsystem des Kerns) findet wegen der großen Kernmasse nicht statt; denn der Streuquerschnitt geht mit zunehmender Masse des streuenden Teilchens gegen Null.

miteinander verknüpft; θ_1 ist der Streuwinkel im System K_1. Derselbe Winkel steht in der Beziehung zwischen ω_1' und ω_1 nach (86,8):

$$\frac{1}{\omega_1'} - \frac{1}{\omega_1} = \frac{1}{m}(1 - \cos\theta_1)\,. \tag{4}$$

Aus (3) und (4) finden wir

$$\omega_1' = \omega_1 \frac{\varepsilon'}{\varepsilon} \tag{5}$$

mit $\varepsilon = m\gamma$; ε und ε' sind die Energien des Elektrons im System K im Anfangs- und Endzustand ($\varepsilon - \varepsilon' = \omega'$). Einsetzen von (5) in (1) liefert

$$d\sigma_{\text{streu}} = \pi r_e^2 \frac{m\,d\omega'}{\varepsilon\,\omega_1}\left(\frac{\varepsilon'}{\varepsilon} + \frac{\varepsilon}{\varepsilon'} + \frac{m^2\omega'^2}{\varepsilon'^2\omega_1^2} - \frac{2\,m\,\omega'}{\omega_1\,\varepsilon'}\right).$$

Mit diesem Ausdruck müssen wir in (2) eingehen und über $d\omega_1$ bei festem ω' (d. h. bei gegebenem ε') zwischen den Grenzen

$$\omega_{1\,\text{max}} = \frac{2\,\varepsilon\,\omega'}{m}, \qquad \omega_{1\,\text{min}} = \frac{m\,\omega'}{2\,\varepsilon'}$$

integrieren (diese Werte ergeben sich aus (3) und (4) für $\theta_1 = 0$ und $\theta_1 = \pi$). Wegen der raschen Konvergenz des Integrals bei großen ω_1 liefert der Bereich an der unteren Grenze den Hauptbeitrag zum Integral (d. h., man kann $\omega_{1\,\text{max}} \to \infty$ gehen lassen). Wir berechnen das Integral mit logarithmischer Genauigkeit[1]) und erhalten

$$d\sigma_{\text{stra}} = 4\,r_e^2\,\alpha\,Z\,\frac{d\omega'}{\omega'}\,\frac{\varepsilon'}{\varepsilon}\left(\frac{\varepsilon}{\varepsilon'} + \frac{\varepsilon'}{\varepsilon} - \frac{2}{3}\right)\ln\frac{\varepsilon\,\varepsilon'}{m\,\omega'}\,.$$

Dieses Ergebnis ist nur dann richtig, wenn außer der Bedingung $\varepsilon \gg m$ (ultrarelativistisches Elektron) auch die Bedingung (96,11) erfüllt ist: Die bei der Integration wesentlichen Frequenzen $\omega_1 \approx \omega_{1\,\text{min}}$ müssen $\ll \varepsilon$ sein. Daraus folgt $\varepsilon - \varepsilon' = \omega' \ll \varepsilon\,\varepsilon'/m$. Unter diesen Bedingungen stimmt das erhaltene Ergebnis, wie es sein muß, mit logarithmischer Genauigkeit mit (91,17) überein.

2. Wie Aufgabe 1 für die Bremsstrahlung bei einem Elektron–Elektron-Stoß.

Lösung. In diesem Fall kann das virtuelle Photon entweder an dem schnellen Elektron oder am Rückstoßelektron gestreut werden; die dem Felde eines Elektrons äquivalenten Photonen werden am anderen Elektron gestreut. Die Streuung virtueller Photonen an dem schnellen Elektron ergibt den Wirkungsquerschnitt $d\sigma_{\text{stra}}^{(1)}$, der gleich dem Wirkungsquerschnitt für die Strahlung von einem Elektron beim Stoß mit einem Kern mit $Z = 1$ ist.

Die Streuung virtueller Photonen am Rückstoßelektron ergibt den Emissionsquerschnitt

$$d\sigma_{\text{stra}}^{(2)} = \int d\omega \cdot n(\omega)\, d\sigma_{\text{streu}}(\omega, \omega')$$

mit $d\sigma_{\text{streu}}(\omega, \omega')$ aus (1) (mit der entsprechenden Abänderung in den Beziehungen der Frequenzen). Für den Variabilitätsbereich von ω bei festem ω' haben wir (vgl. (4))

$$\omega' \leqq \omega \leqq \infty \qquad \text{für} \qquad \omega' > \frac{m}{2},$$

$$\omega' \leqq \omega \leqq \frac{\omega'}{m - 2\,\omega'} \qquad \text{für} \qquad \omega' < \frac{m}{2}\,.$$

[1]) Das bedeutet, daß durch eine einmalige partielle Integration das Glied mit dem großen Logarithmus abgetrennt wird und alle anderen Glieder vernachlässigt werden. Diese Operation führt einfach dazu, den Logarithmus $\ln(\varepsilon/\omega_1)$ für den Wert $\omega_1 = \omega_{1\,\text{min}}$ vor das Integral zu ziehen.

Für $\omega' > m/2$ ergibt die Integration über $d\omega$

$$d\sigma_{\text{stra}}^{(2)} = \frac{16}{3}\alpha r_e^2 \frac{d\omega'}{\omega'}\left(1 - \frac{\omega'}{m} + \frac{\omega'^2}{m^2}\right)\ln\frac{\varepsilon}{\omega'}$$

in Übereinstimmung mit (94,4). Für $\omega' > m/2$ hat man die beiden Fälle $\omega' \approx m$ und $\omega' \sim \varepsilon \gg m$ zu unterscheiden. Im ersten Fall erhalten wir

$$d\sigma_{\text{stra}}^{(2)} = \frac{2}{3}\alpha r_e^2 \frac{m\, d\omega'}{\omega'^2}\left(4 - \frac{m}{\omega'} + \frac{m^2}{4\,\omega'^2}\right)\ln\frac{\varepsilon}{m}$$

in Übereinstimmung mit (94,3) (im Argument des Logarithmus haben wir mit der erforderlichen Genauigkeit ε/ω' durch ε/m ersetzt.) Im Fall $\omega' \sim \varepsilon$ kann die Methode der äbuivalenten Elektronen zur Berechnung von $d\sigma_{\text{stra}}^{(2)}$ überhaupt nicht verwendet werden. Die Frequenz der virtuellen Photonen ω hat Werte von ω' an; für $\omega = \omega' \sim \varepsilon$ ist demnach die Bedingung (96,11) nicht erfüllt.

3. Man berechne den totalen Querschnitt für die Paarerzeugung beim Stoß eines Photons mit einem Kern, indem man vom Querschnitt für die Paarerzeugung beim Stoß zweier Elektronen ausgeht!

Lösung. Die Energie des Photons im Ruhsystem des Kerns (System K) ist $\omega = m\gamma$ mit $\gamma \gg 1$. Wir gehen zum Bezugssystem K_0 über, in dem sich der Kern mit der Geschwindigkeit v_0 dem Photon entgegen bewegt, so daß

$$\frac{1}{\sqrt{1 - v_0^2}} = \frac{\gamma}{2}$$

wird. In diesem System ist die Energie des Photons

$$\omega_0 = \omega\frac{1 - v_0}{\sqrt{1 - v_0^2}} \approx \frac{\omega}{2}\sqrt{1 - v_0^2} = m\,.$$

Wir berechnen den gesuchten Querschnitt σ im System K_0 als Wirkungsquerschnitt für die Paarerzeugung bei Stößen des einfallenden Photons ω_0 mit den äquivalenten Photonen des Kerns, deren Energie wir mit ω' bezeichnen:

$$\sigma = \int \sigma_{\gamma\gamma}\, n(\omega')\, d\omega'\,;$$

$\sigma_{\gamma\gamma}$ ist der Wirkungsquerschnitt für die Paarerzeugung durch zwei Photonen; er wird durch die in der Aufgabe zu § 88 abgeleiteten Formel (1) gegeben, in dieser Formel hat man

$$v = \sqrt{1 - \frac{m^2}{\omega_0\,\omega'}} = \sqrt{1 - \frac{m}{\omega'}}$$

zu setzen. Statt ω' führen wir die Variable v ein und haben

$$\sigma = 2\, r_e^2\, \alpha\, Z \int_0^1 v \ln[\gamma\,(1 - v^2)]\left\{(3 - v^4)\ln\frac{1 + v}{1 - v} - 2\, v\,(2 - v^2)\right\} dv\,.$$

Wegen der Konvergenz des Integrals an der oberen Grenze kann man die Integration über den ganzen Bereich von der Reaktionsschwelle $\omega' = m$ $(v = 0)$ bis $\omega' = \infty$ $(v = 1)$ ausdehnen und mit logarithmischer Genauigkeit ausführen (d. h., der Logarithmus $\ln[\gamma\,(1 - v^2)]$ wird durch seinen Wert für $v = 0$ ersetzt und aus dem Integral herausgezogen). Als Ergebnis erhalten wir

$$\sigma = \frac{28}{9}\alpha\, Z^2\, r_e^2 \ln\gamma$$

in Übereinstimmung mit (9,28); die Formel gilt für $\ln\gamma \gg 1$.

§ 97. Paarerzeugung bei Stößen

Die Erzeugung eines Elektronenpaares beim Stoß zweier geladener Teilchen wird durch zwei Arten von Diagrammen beschrieben:

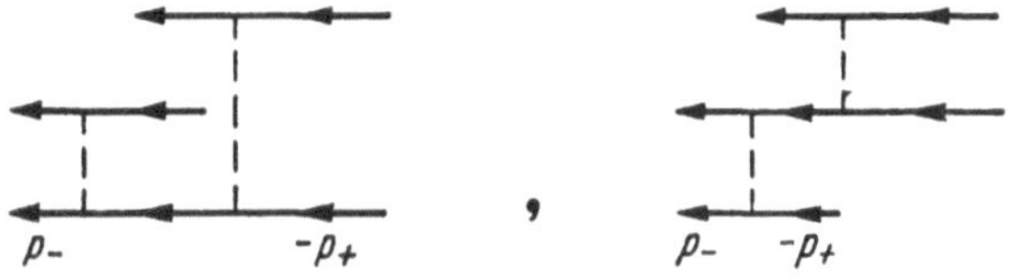

a) b) (97,1)

Die beiden oberen ausgezogenen Linien entsprechen den stoßenden Teilchen, die unteren dem erzeugten Paar.

Wir behandeln den Stoß zweier schwerer Teilchen (Kerne) im ultrarelativistischen Fall. Die Änderung der Bewegungszustände dieser Teilchen bei einem solchen Stoß kann vernachlässigt werden, d. h., man kann sie als Quellen eines äußeren Feldes betrachten. Dem entsprechen die beiden Diagramme

(97,2)

$q^{(1)}$ und $q^{(2)}$ sind die „Impulse“ in den Fourier-Komponenten der Felder der beiden Teilchen.

Der Wirkungsquerschnitt für die Paarerzeugung kann in diesem Fall mit der Methode der äquivalenten Photonen aus dem uns schon bekannten Wirkungsquerschnitt für die Paarerzeugung durch ein Photon beim Stoß mit einem Kern berechnet werden. Denkt man sich das Feld eines Teilchens (sagen wir, des ersten) durch das Spektrum der äquivalenten Photonen ersetzt, so bedeutet das, daß die Linien $q^{(1)}$ in den Diagrammen (97,2) als Linien realer Photonen betrachtet werden. Diese beiden Diagramme zusammen werden dann identisch mit den Diagrammen für die Paarerzeugung am Kern 2. Für $\varepsilon_+, \varepsilon_- \gg m$ wird der Wirkungsquerschnitt für den letzteren Prozeß durch Formel (92,7) gegeben. Wir multiplizieren diesen Ausdruck mit dem Spektrum (96,16) der äquivalenten Photonen des ersten Kerns und erhalten (mit logarithmischer Genauigkeit) den differentiellen Wirkungsquerschnitt für die Paarerzeugung bei einem Stoß von Teilchen:

$$d\sigma = \frac{8}{\pi} r_e^2 (Z_1 Z_2 \alpha)^2 \frac{d\varepsilon_+ \, d\varepsilon_-}{(\varepsilon_+ + \varepsilon_-)^4} \left(\varepsilon_+^2 + \varepsilon_-^2 + \frac{2}{3} \varepsilon_+ \varepsilon_- \right) \ln \frac{\varepsilon_+ \varepsilon_-}{m (\varepsilon_+ + \varepsilon_-)} \ln \frac{m \gamma}{\varepsilon_+ + \varepsilon_-} \quad (97,3)$$

mit $\gamma = 1/\sqrt{1 - v^2} \gg 1$.

Hier wird

$$m \ll \varepsilon_+ , \qquad \varepsilon_- \ll m \gamma \quad (97,4)$$

vorausgesetzt. Die Beschränkung nach oben ist die Bedingungen für die Anwendbarkeit der Methode der äquivalenten Photonen. Der von den Ungleichungen (97,4) festgelegte Bereich stimmt gleichzeitig mit dem bei der Integration des Ausdrucks (97,3) wesentlichen Energiebereich für Elektron und Positron überein. Für die Integration über $d\varepsilon_+$ oder $d\varepsilon_-$ bei fester Summe $\varepsilon \equiv \varepsilon_+ + \varepsilon_-$ ($\gg m$) ist der Bereich an der oberen Grenze wesentlich. Wir lassen die Glieder ohne einen großen Logarithmus weg und bekommen

$$d\sigma = \frac{56}{9\pi} r_e^2 (Z_1 Z_2 \alpha)^2 \ln\frac{\varepsilon}{m} \ln\frac{m\gamma}{\varepsilon} \frac{d\varepsilon}{\varepsilon}.$$

Das Integral über $d\varepsilon$ über den Bereich (97,4) divergiert wie die dritte Potenz des Logarithmus, aber an den Grenzen des Bereiches nur wie das Quadrat des Logarithmus. In logarithmischer Näherung ($\ln\gamma \gg 1$) ist demnach der Bereich (97,4) der Grundbereich, und das Integral kann von m bis γm erstreckt werden. Wir haben

$$\int_1^\gamma \ln\xi\,(\ln\gamma - \ln\xi)\,\frac{d\xi}{\xi} = \frac{1}{6}\ln^3\gamma\,,$$

und der totale Wirkungsquerschnitt für die Paarerzeugung wird

$$\sigma = \frac{28}{27\pi} r_e^2 (Z_1 Z_2 \alpha)^2 \ln^3 \frac{1}{\sqrt{1-v^2}} \qquad (97,5)$$

(L. D. LANDAU, M. LIFSCHITZ, 1934).

Nun befassen wir uns mit dem Fall nichtrelativistischer Geschwindigkeiten der stoßenden Kerne. In diesem Fall wird die Änderung der Bewegung der Kerne unter dem Einfluß der Wechselwirkung zwischen ihnen ausschlaggebend, und der Hauptbeitrag zum Wirkungsquerschnitt für die Paarerzeugung stammt von den Diagrammen der zweiten Art in (97,1). Es gibt vier derartige Diagramme: die beiden Diagramme

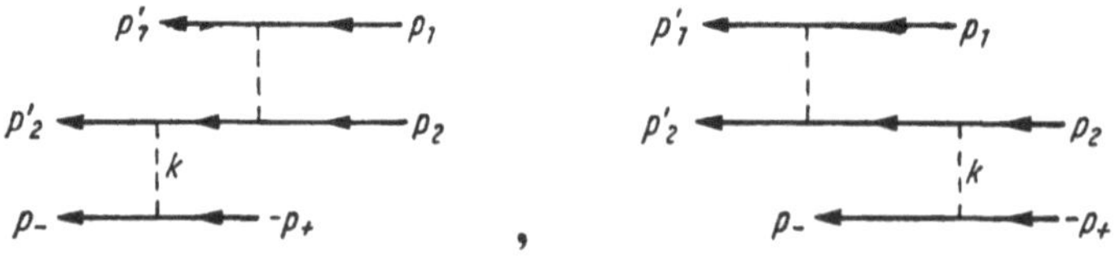

(97,6)

und noch zwei analoge Diagramme, in denen das virtuelle Photon k (das das Paar erzeugt) nicht vom ersten, sondern vom zweiten Kern emittiert wird.[1])

[1]) Der Paarerzeugung beim Stoß zweier Elektronen entsprechen insgesamt 36 Diagramme: $2!\cdot 3! = 12$ Diagramme der Art a), die durch Vertauschung der beiden Elektronen im Anfangszustand und der drei Elektronen im Endzustand auseinander hervorgehen, plus $2\cdot 2!\cdot 3! = 24$ Diagramme der Art b), die in gleicher Weise aus den beiden Diagrammen (97,6) entstehen.

Wir werden die Energie des Paares als klein gegenüber der kinetischen Energie der Relativbewegung der Kerne in deren Massenmittelpunktsystem ansehen:

$$\varepsilon_+ + \varepsilon_- \ll \frac{M\,\boldsymbol{v}^2}{2} \tag{97,7}$$

($\boldsymbol{v}$ ist die Relativgeschwindigkeit im Anfangszustand, $M = M_1\,M_2/(M_1 + M_2)$ ist die reduzierte Masse der Kerne). Man kann dann die Rückwirkung der Paarerzeugung auf die Bewegung der Kerne vernachlässigen. Entfernt man aus den Diagrammen (97,6) die Elektron–Positron-Linie, dann stellen die verbleibenden Restdiagramme die Emission eines virtuellen Photons mit kleiner Frequenz ($\omega = \varepsilon_+ + \varepsilon_-$) durch die stoßenden Teilchen dar. Wir gelangen auf diese Weise zu der in § 95 für die Emission eines realen, weichen Photons besprochenen Situation und können die dort für den nichtrelativistischen Fall abgeleitete Formel (95,13) benutzen (mit dem Unterschied, daß jetzt statt der Amplitude $\sqrt{4\,\pi}\,e^*$ des realen Photons der Propagator für das virtuelle Photon stehen wird).[1] Die Amplitude für den ganzen Paarerzeugungsprozeß wird also in der Form

$$M_{fi} = M_{fi}^{(0)}\,\frac{1}{\omega}\left(\frac{Z_1\,e}{M_1} - \frac{Z_2\,e}{M_2}\right) q^\lambda\,D_{\lambda\mu}(k)\,[-\,i\,e(\overline{u}_-\,\gamma^\mu\,u_+)] \tag{97,8}$$

mit $q = (0, \boldsymbol{q})$, $\boldsymbol{q} = M\,(\boldsymbol{v}' - \boldsymbol{v})$ geschrieben.

Wie üblich ist der Photonenpropagator im nichtrelativistischen Fall in der Eichungsform (77,14) zu nehmen. Aus der Amplitude (97,8) finden wir den Wirkungsquerschnitt

$$d\sigma = d\sigma_{\text{streu}}\cdot e^4\left(\frac{Z_1}{M_1} - \frac{Z_2}{M_2}\right)^2 \frac{d^3p_+\,d^3p_-}{2\,\varepsilon_+\,2\,\varepsilon_-\,(2\,\pi)^6\,\omega^2\,(\omega^2 - \boldsymbol{k}^2)^2}\,(4\,\pi)^2\,|\overline{u}_-\,\vec{\gamma}\,\boldsymbol{Q}\,u_+|^2 \tag{97,9}$$

mit

$$\omega = \varepsilon_+ + \varepsilon_-\,, \qquad \boldsymbol{k} = \boldsymbol{p}_+ + \boldsymbol{p}_-\,, \qquad \boldsymbol{Q} = \boldsymbol{q} - \frac{1}{\omega^2}\,\boldsymbol{k}(\boldsymbol{q}\,\boldsymbol{k});$$

$d\sigma_{\text{streu}}$ ist der Streuquerschnitt für die elastische Streuung der Kerne aneinander (im Massenmittelpunktsystem). Für ihn gilt die RUTHERFORD-Formel[2])

$$d\sigma_{\text{streu}} = 4\,(Z_1\,Z_2\,e^2)^2\,\frac{M^2\,do}{\boldsymbol{q}^4} \approx 4\,(Z_1\,Z_2\,e^2)^2\,\frac{dq_y\,dq_z}{v^2\,\boldsymbol{q}^4} \tag{97,10}$$

---

[1]) Im nichtrelativistischen Fall ist der Photonenimpuls klein gegenüber der Impulsänderung des emittierenden Teilchens ($|\delta\boldsymbol{p}| \approx \omega/v$), und deshalb kann man ihn (gegenüber $\delta\boldsymbol{p}$) sogar dort vernachlässigen, wo die Energie des Photons nicht vernachlässigt wird. Das trifft um so mehr auf das virtuelle Photon im vorliegenden Fall zu; denn für dieses Photon ist das vierdimensionale Quadrat $k^2 = (p_+ + p_-)^2 > 0$, so daß $|\boldsymbol{k}| < \omega$ ist. Unter diesen Bedingungen verliert sich der Unterschied zwischen realem und virtuellem Photon, und die Verwendung von Formel (95,13) ist gerechtfertigt.

[2]) Die Diagramme (97,6) sind unter der Voraussetzung der BORNschen Näherung für die Streuung der Kerne gezeichnet worden. Da aber die RUTHERFORDsche Formel (für die COULOMB-Wechselwirkung) exakt gilt, ist es für die Gültigkeit der erhaltenen Ergebnisse in Wirklichkeit nicht erforderlich, daß die Bedingung für die Brauchbarkeit der BORNschen Näherung erfüllt ist.

(bei der letzten Gleichung ist vorausgesetzt worden, daß die Kerne nur wenig von ihrer anfänglichen Bewegungsrichtung — der x-Achse — abweichen). Wir gehen mit diesem Ausdruck in (97,9) ein, summieren in der üblichen Weise über die Polarisation des Paares und erhalten

$$d\sigma = (Z_1 Z_2 e^2)^2 \frac{e^4}{v^2}\left(\frac{Z_1}{M_1} - \frac{Z_2}{M_2}\right)^2 \operatorname{Sp}\{(\hat{p}_- + m)(\vec{\gamma}\,\boldsymbol{Q})(\hat{p}_+ - m)(\vec{\gamma}\,\boldsymbol{Q})\}$$
$$\times \frac{d^3p_+\, d^3p_-\, dq_y\, dq_z}{4\pi^4 \varepsilon_+ \varepsilon_- \boldsymbol{q}^4 (\omega^2 - \boldsymbol{k}^2)^2 \omega^2}. \tag{97,11}$$

Die weitere Rechnung erfolgt unter der Voraussetzung, daß alle bei der Integration auftretenden Logarithmen als groß angesehen werden. Im Rahmen dieser Näherung spielen die Energien $\varepsilon_+, \varepsilon \gg m$ und die Winkel θ zwischen $\boldsymbol{p}_+$ und $\boldsymbol{p}_-$ im Bereich

$$\frac{m}{\varepsilon} \ll \theta \ll 1 \tag{97,12}$$

die Hauptrolle, wie man leicht erkennen kann. Mit den entsprechenden Vernachlässigungen ergibt die Berechnung der Spur in (97,11)

$$\operatorname{Sp}\{\ldots\} = 16\left[(\varepsilon_+ \varepsilon_- - \boldsymbol{p}_+ \boldsymbol{p}_-)\left(\boldsymbol{q}^2 - \frac{(\boldsymbol{q}\,\boldsymbol{k})^2}{\omega^2}\right) + 2(\boldsymbol{p}_+ \boldsymbol{q})(\boldsymbol{p}_- \boldsymbol{q})\right.$$
$$\left. + \frac{2\varepsilon_+ \varepsilon_-}{\omega^2}(\boldsymbol{q}\,\boldsymbol{k})^2 - \frac{2\,\boldsymbol{q}\,\boldsymbol{k}}{\omega}(\varepsilon_+ \boldsymbol{q}\,\boldsymbol{p}_- + \varepsilon_- \boldsymbol{q}\,\boldsymbol{p}_+)\right],$$

dabei kann man $|\boldsymbol{p}_+| = \varepsilon_+$, $|\boldsymbol{p}_-| = \varepsilon_-$ setzen. Im Nenner ist

$$\omega^2 - \boldsymbol{k}^2 \approx \varepsilon_+ \varepsilon_- \theta^2 + m^2 \frac{(\varepsilon_+ + \varepsilon_-)^2}{\varepsilon_+ \varepsilon_-}.$$

Wir integrieren über die Richtungen von $\boldsymbol{p}_+$ und $\boldsymbol{p}_-$ bei festgehaltenem Winkel zwischen ihnen und bekommen

$$d\sigma = \frac{32}{3\pi^2}(Z_1 Z_2 e^2)^2 \frac{e^1}{v^2}\left(\frac{Z_1}{M_1} - \frac{Z_2}{M_2}\right)^2 (\varepsilon_+^2 + \varepsilon_-^2)\, d\varepsilon_+\, d\varepsilon_-$$
$$\times \frac{\theta^3\, d\theta}{\left[\theta^2 + \frac{m^2(\varepsilon_+ + \varepsilon_-)^2}{\varepsilon_+^2 \varepsilon_-^2}\right]^2} \frac{dq_y\, dq_z}{\boldsymbol{q}^2}. \tag{97,13}$$

Die Art der θ-Abhängigkeit bestätigt die Voraussetzung (97,12), und die Integration über θ ergibt $\ln \frac{\varepsilon_+ \varepsilon_-}{m(\varepsilon_+ + \varepsilon_-)}$. Die Integration über den letzten Faktor in (97,13) erfolgt von $q_y = q_z = 0$ bis $\sqrt{q_y^2 + q_z^2} \sim 1/R$; R ist von der Größenordnung des Kernradius (dieser Wert entspricht dem kleinsten Stoßparameter — s. u.). Die Integration liefert

$$\pi \ln (q_x^2 + q_y^2 + q_z^2) \approx 2\pi \ln \frac{1}{R\, q_x}.$$

Andererseits ist die Gesamtenergie des Paares gleich der Energieänderung der Kerne und ist

$$\varepsilon \equiv (\varepsilon_+ + \varepsilon_-) = \frac{M}{2}(\boldsymbol{v}'^2 - \boldsymbol{v}^2) \approx M\, v\, (v_x' - v_x) = v\, q_x.$$

Hieraus folgt $q_x = \varepsilon/v$. Auf diese Weise finden wir

$$d\sigma = \frac{16}{3\pi}(Z_1 Z_2 e^2)^2 \frac{e^4 m^2}{v^2}\left(\frac{Z_2}{M_2} - \frac{Z_1}{M_1}\right)^2 \frac{\varepsilon_+^2 + \varepsilon_-^2}{\varepsilon^4} \ln\frac{v}{R\varepsilon} \ln\frac{\varepsilon_+ \varepsilon_-}{m\varepsilon} d\varepsilon_+ \, d\varepsilon_- ,$$

und nach der Integration über $d\varepsilon_+$ und $d\varepsilon_-$ bei fester Summe ε ist

$$d\sigma = \frac{2^7}{9\pi}(Z_1 Z_2 e^2)^2 \frac{e^4 m^2}{v^2}\left(\frac{Z_2}{M_2} - \frac{Z_1}{M_1}\right)^2 \ln\frac{v}{R\varepsilon} \ln\frac{\varepsilon}{m}\frac{d\varepsilon}{\varepsilon}. \tag{97,14}$$

Die Energie ε kann mit dem Stoßparameter $\varrho \sim v/\varepsilon$ in Zusammenhang gebracht werden (die Energie des Paares ist von der Größenordnung der Frequenz, die der Stoßzeit entspricht). Die logarithmische Divergenz bei der Integration über $d\varepsilon$ in (97,14) bedeutet daher dieselbe Divergenz in den Stoßparametern. Demzufolge sind große ϱ ausschlaggebend (hierdurch wird übrigens die Verwendung des Streuquerschnitts (97,10) für das reine COULOMB-Feld des Kerns gerechtfertigt). Dementsprechend ist der Energiebereich $m \ll \varepsilon \ll v/R$ ausschlaggebend. Die Integration von (97,14) ergibt den totalen Querschnitt für die Paarerzeugung, letzten Endes ist (in normalen Maßeinheiten)

$$\sigma = \frac{16}{27\pi}(Z_1 Z_2 \alpha)^2 r_e^2 \left(\frac{c}{v}\right)^2 \left(\frac{Z_2 m}{M_2} - \frac{Z_1 m}{M_1}\right)^2 \ln^3 \frac{\hbar v}{m c^2 R} \tag{97,15}$$

(E. M. LIFSCHITZ, 1935).

Aufgabe

Es ist der den Diagrammen (97,2) entsprechende Ausdruck des Wirkungsquerschnitts für die Paarerzeugung beim Stoß zweier schneller Kerne aufzuschreiben.

Lösung. Die Amplitude der Reaktion ist

$$M_{fi} = e^2 \int \frac{d^4 p}{(2\pi)^4} \bar{u}(p_-)\, \hat{A}^{(1)}(p_- - p)\, G(p)\, \hat{A}^{(2)}(p_+ + p)\, u(-p_+) + (1 \leftrightarrow 2) ;$$

$A^{(1)}(q)$ und $A^{(2)}(q)$ sind die äußeren Felder des ersten bzw. zweiten Kerns; das nicht aufgeschriebene Glied ergibt sich aus dem ersten, indem die Nummern der Kerne vertauscht werden.

Das Potential $A^\mu = (A_0, \boldsymbol{A})$ eines gleichförmig mit der Geschwindigkeit $\boldsymbol{v}$ bewegten klassischen Teilchens genügt den Gleichungen

$$\Box A_0 = -4\pi Z e \,\delta(\boldsymbol{r} - \boldsymbol{v} t - \boldsymbol{r}_0) ,$$
$$\Box \boldsymbol{A} = -4\pi Z e \boldsymbol{v}\, \delta(\boldsymbol{r} - \boldsymbol{v} t - \boldsymbol{r}_0) .$$

Die FOURIER-Transformierte ist

$$A_0(\boldsymbol{k}, \omega) = -\frac{8\pi^2 Z e}{\omega^2 - \boldsymbol{k}^2} e^{-i \boldsymbol{k} \boldsymbol{r}_0} \delta(\omega - \boldsymbol{k}\boldsymbol{v}) ,$$

entsprechendes gilt für $\boldsymbol{A}(\boldsymbol{k}, \omega)$. In vierdimensionaler Form ist

$$A^\mu(q) = -\frac{8\pi^2 Z e}{q^2} e^{i q x_0} U^\mu \delta(U q) ;$$

U ist darin die 4-Geschwindigkeit des Teilchens, der 4-Vektor x_0 ist $x_0 = (0, \boldsymbol{r}_0)$. Falls der Kern 1 im Koordinatenursprung ruht ($\boldsymbol{r}_0^{(1)} = 0$), ist $\vec{\varrho} \equiv \boldsymbol{r}_0^{(2)}$ der Vektor für den Stoßparameter (in der zur Bewegungsrichtung des Kerns 2 senkrechten Ebene).

Nun ist die Amplitude

$$M_{fi} = 4\,Z_1 Z_2 e^4\, \bar{u}(p_-)\, Q\, u(-\,p_+)\,,$$

$$Q = \hat{U}^{(1)} (\hat{I} + I_m)\, \hat{u}^{(2)} + \hat{U}^{(2)} (\hat{I}' + I'_m)\, \hat{U}^{(1)}\,,$$

$$\bar{Q} = \hat{U}^{(2)} (\hat{I}^* + I_m^*)\, \hat{u}^{(1)} + \hat{U}^{(1)} (\hat{I}'^* + I'^*_m)\, \hat{U}^{(2)}\,,$$

I und I' sind die 4-Vektorintegrale

$$I = \int p\, \frac{e^{-i(p_+ + p)\varrho}\, \delta\,[U^{(1)}(p_- - p)]\, \delta\,[U^{(2)}(p_+ + p)]}{(p_- - p)^2\,(p^2 + m^2)\,(p_+ + p)^2}\, d^4 p\,,$$

$$I' = \int p\, \frac{e^{-i(p_- - p)\varrho}\, \delta\,[U^{(1)}(p_+ + p)]\, \delta\,[U^{(2)}(p_- - p)]}{(p_- - p)^2\,(p^2 + m^2)\,(p_+ + p)^2}\, d^4 p\,,$$

I_m und I'_m ergeben sich, indem man im Integranden den Faktor p durch m ersetzt.

Die Wahrscheinlichkeit für die Paarerzeugung beim Stoß mit einem gegebenen Stoßparameter ist

$$dw = \frac{|M_{fi}|^2}{2\,\varepsilon_+\, 2\,\varepsilon_-}\, \frac{d^3 p_+}{(2\,\pi)^3}\, \frac{d^3 p_-}{(2\,\pi)^3}\,,$$

und nach der Summation über die Polarisationen des Paares wird

$$dw = \frac{(Z_1 Z_2 e^4)^2}{(2\,\pi)^4\, \varepsilon_+\, \varepsilon_-}\, \mathrm{Sp}\, \{(\hat{p}_- + m)\, Q\, (\hat{p}_+ - m)\, \bar{Q}\}\, d^3 p_+\, d^3 p_-\,.$$

Der Querschnitt ergibt sich durch Integration von dw über $d^2\varrho$.[1])

§ 98. Emission eines Photons durch ein Elektron im Feld einer intensiven elektromagnetischen Welle

Bei der Anwendung der Störungstheorie auf die Wechselwirkung eines Elektrons mit einem Strahlungsfeld wird (außer einer kleinen Kopplungskonstante α) auch vorausgesetzt, daß die Intensität dieses Feldes genügend gering ist. a sei die Amplitude des klassischen 4-Potentials der elektromagnetischen Welle. Eine charakteristische Größe für die Feldintensität ist das dimensionslose invariante Verhältnis

$$\xi = \frac{e\sqrt{-\,a^2}}{m}\,. \tag{98,1}$$

In diesem Paragraphen werden wir Strahlungsvorgänge bei der Wechselwirkung eines Elektrons mit dem Feld einer starken, elektromagnetischen Welle, für die ξ einen beliebigen Wert haben kann, behandeln. Die benutzte Methode basiert auf der exakten Berücksichtigung dieser Wechselwirkung; die

[1]) Wegen der weiteren Durchführung der Rechnungen s. L. D. LANDAU und E. M. LIFSCHITZ, Phys. Z. Sowjetunion 6 (1934) 244.

Wechselwirkung des Elektrons mit den neu emittierten Photonen kann nach wie vor als kleine Störung angesehen werden.[1])

Wir betrachten eine monochromatische ebene Welle, die zirkular polarisiert sei. Das zugehörige 4-Potential schreiben wir in der Form

$$A = a_1 \cos\varphi + a_2 \sin\varphi\,, \qquad \varphi = k\,x\,; \tag{98,2}$$

$k^\mu = (\omega, \boldsymbol{k})$ ist der 4-Wellenzahlvektor ($k^2 = 0$); die 4-Amplituden a_1 und a_2 haben den gleichen Betrag und stehen senkrecht aufeinander:

$$a_1^2 = a_2^2 \equiv a^2\,, \qquad a_1\,a_2 = 0\,.$$

Das Potential gehorche der LORENTZ-Konvention, so daß $a_1\,k = a_2\,k = 0$ gilt.

Die exakte Wellenfunktion für ein Elektron im Feld einer beliebigen ebenen elektromagnetischen Welle ist in § 40 gefunden worden und wird durch die Formeln (40,7) und (40,8) dargestellt. Wir wollen aber die Normierung abändern und verlangen, daß ψ_p der mittleren räumlichen Teilchenzahldichte 1 entspricht, — ähnlich wie wir die Wellenfunktionen freier Teilchen „auf ein Teilchen pro Volumeneinheit“ normieren. Da die mittlere Dichte für die Funktion (40,7) $\bar{j}_0 = q_0/p_0$ ist, hat man sie mit $\sqrt{p_0/q_0}$ zu multiplizieren, um die erforderliche Normierung zu erreichen, d. h., in (40,7) ist der Faktor $1/\sqrt{2\,p_0}$ durch $1/\sqrt{2\,q_0}$ zu ersetzen. Für die Welle mit dem 4-Potential (98,2) erhalten wir

$$\psi_p = \left[1 + \frac{e}{2\,(k\,p)}\,(\hat{k}\,\hat{a}_1\,\cos\varphi + \hat{k}\,\hat{a}_2\,\sin\varphi)\right]\frac{u(p)}{\sqrt{2\,q_0}}$$
$$\times \exp\left\{-\,i\,e\,\frac{(a_1\,p)}{(k\,p)}\sin\varphi + i\,e\,\frac{(a_2\,p)}{(k\,p)}\cos\varphi - i\,q\,x\right\} \tag{98,3}$$

mit

$$q^\mu = p^\mu - e^2\,\frac{a^2}{2\,(k\,p)}\,k^\mu\,. \tag{98,4}$$

Nach (40,14) ist der 4-Vektor q der mittlere kinetische 4-Impuls des Elektrons; wir werden ihn als Quasiimpuls bezeichnen.

Das S-Matrixelement für den Übergang des Elektrons aus dem Zustand ψ_p in den Zustand $\psi_{p'}$ unter Emission eines Photons mit dem 4-Impuls $k^{\mu'} = (\omega', \boldsymbol{k}')$ und mit dem 4-Polarisationsvektor e' ist

$$S_{fi} = -\,i\,e\int(\bar{\psi}_{p'}\,\hat{e}'\,\psi_p)\,\frac{e^{i\,k'\,x}}{\sqrt{2\,\omega'}}\,d^4x\,. \tag{98,5}$$

---

[1]) Eine systematische Untersuchung der verschiedenen Quantenprozesse im Feld einer starken ebenen elektromagnetischen Welle ist in folgenden Arbeiten vorgenommen worden: A. I. NIKISCHOW und W. I. RITUS, ЖЭТФ **46** (1964) 776, 1768; **47** (1964) 1130; **52** (1967) 1707; N. B. NAROSHNI, A. I. NIKISCHOW und W. I. RITUS, ЖЭТФ **47** (1964) 930. In diesen Arbeiten (an die wir uns im folgenden anlehnen) sind insbesondere die Emission eines Photons und die Paarerzeugung im Feld einer ebenen Welle mit verschiedenen Polarisationen untersucht worden.

Der Integrand in (98,5) ist eine Linearkombination der Größen

$$e^{-i\alpha_1 \sin\varphi + i\alpha_2 \cos\varphi}\,,$$
$$\cos\varphi\, e^{-i\alpha_1 \sin\varphi + i\alpha_2 \cos\varphi}\,,$$
$$\sin\varphi\, e^{-i\alpha_1 \sin\varphi + i\alpha_2 \cos\varphi}$$

mit

$$\alpha_1 = e\left(\frac{a_1 p}{k p} - \frac{a_1 p'}{k p'}\right), \qquad \alpha_2 = e\left(\frac{a_2 p}{k p} - \frac{a_2 p'}{k p'}\right). \tag{98,6}$$

Zusammen mit dem Faktor $\exp\{i(k' + p' - p)x\}$ enthalten diese Größen die ganze x-Abhängigkeit des Integranden.

Wir entwickeln diese Größen in FOURIER-Reihen und bezeichnen die Entwicklungskoeffizienten mit B_s, B_{1s} bzw. B_{2s}, zum Beispiel

$$e^{-i\alpha_1 \sin\varphi + i\alpha_2 \cos\varphi} = e^{-i\sqrt{\alpha_1^2+\alpha_2^2}\sin(\varphi-\varphi_0)} = \sum_{s=-\infty}^{\infty} B_s\, e^{-is\varphi}\,.$$

Diese Koeffizienten werden folgendermaßen durch BESSEL-Funktionen ausgedrückt:

$$\left.\begin{aligned} B_s &= J_s(z)\, e^{is\varphi_0}\,, \\ B_{1s} &= \frac{1}{2}\left[J_{s+1}(z)\, e^{i(s+1)\varphi_0} + J_{s-1}(z)\, e^{i(s-1)\varphi_0}\right], \\ B_{2s} &= \frac{1}{2i}\left[J_{s+1}(z)\, e^{i(s+1)\varphi_1} - J_{s-1}(z)\, e^{i(s-1)\varphi_0}\right] \end{aligned}\right\} \tag{98,7}$$

mit

$$z = \sqrt{\alpha_1^2 + \alpha_2^2}\,, \quad \cos\varphi_0 = \frac{\alpha_1}{z}\,, \quad \sin\varphi_0 = \frac{\alpha_2}{z}\,.$$

Die Funktionen B_s, B_{1s} und B_{2s} sind durch die Beziehung

$$\alpha_1 B_{1s} + \alpha_2 B_{2s} = s\, B_s \tag{98,8}$$

miteinander verknüpft, die aus der für die BESSEL-Funktionen bekannten Beziehung $J_{s-1}(z) + J_{s+1}(z) = 2s\, J_s(z)/z$ folgt.

Im Ergebnis nimmt das Matrixelement (98,5) die Gestalt

$$S_{fi} = \frac{1}{(2\omega'\, 2q_0\, 2q_0')^{1/2}} \sum_s M_{fi}^{(s)} (2\pi)^4\, i\, \delta^{(4)}(s k + q - q' - k') \tag{98,9}$$

an mit

$$\begin{aligned} M_{fi}^{(s)} = &- e\sqrt{4\pi}\, \bar{u}(p') \left\{ \left(e' - e^2 \frac{a^2 (k e')\, \hat{k}}{2(k p)\,(k p')} \right) B_s \right. \\ &\left. + e\left(\frac{\hat{a}_1 \hat{k} \hat{e}'}{2(k p')} + \frac{\hat{e}' \hat{k} \hat{a}_1}{2(k p)} \right) B_{1s} + e\left(\frac{\hat{a}_2 \hat{k} \hat{e}'}{2(k p')} + \frac{\hat{e}' \hat{k} \hat{a}_2}{2(k p)} \right) B_{2s} \right\} u(p)\,. \end{aligned} \tag{98,10}$$

Das Matrixelement S_{fi} ist also eine unendliche Reihe von Gliedern; zu jedem einzelnen Glied gehört der Erhaltungssatz

$$s k + q = q' + k'\,. \tag{98,11}$$

Wegen

$$q^2 = q'^2 = m^2 (1 + \xi^2) \equiv m_*^2 \tag{98,12}$$

(vgl. (40,15)) und $k^2 = k'^2 = 0$ ist die Gleichung (98,11) nur für $s \geqq 1$ möglich. Das s-te Glied der Reihe beschreibt die Emission eines Photons k' infolge der Absorption von s Photonen mit den 4-Impulsen k aus der Welle. Aus der Gestalt der Gleichung (98,11) ist zu erkennen, daß alle kinematischen Beziehungen für den COMPTON-Effekt auch für die betrachteten Prozesse gelten werden, wenn man die Elektronenimpulse durch die Quasiimpulse q und den Impuls des einfallenden Photons durch den 4-Vektor sk ersetzt. Speziell ergibt sich für die Frequenz des emittierten Photons in dem Bezugssystem, in dem das Elektron im Mittel ruht ($\boldsymbol{q} = 0$, $q_0 = m_*$):

$$\omega' = \frac{s\,\omega}{1 + \frac{s\,\omega}{m_*}(1 - \cos\theta)}. \tag{98,13}$$

θ ist der Winkel zwischen $\boldsymbol{k}$ und $\boldsymbol{k}'$ (vgl. (86,8)). Man kann sagen, daß die Frequenzen ω' die Harmonischen der Frequenz ω sind.

In unseren Bezeichnungen (§ 65) ist die Amplitude für die Emission der s-ten Harmonischen $M_{fi}^{(s)}$, und der Ausdruck

$$dW_s = |M_{fi}^{(s)}|^2 \frac{d^3k'\,d^3q'}{(2\pi)^6\, 2\,\omega'\, 2\,q_0\, 2\,q_0'} (2\pi)^4\, \delta^{(4)}(s\,k + q - q' - k') \tag{98,14}$$

stellt die entsprechende differentielle Wahrscheinlichkeit (pro Volumeneinheit und pro Zeiteinheit) dar.[1])

Die Amplituden (98,10) sind ähnlich aufgebaut wie die Streuamplituden mit ebenen Wellen. Auch die Summation über die Polarisationen der Teilchen erfolgt daher in üblicher Weise. Nach der Summation über die Polarisationen von Elektron und Photon im Endzustand und der Mittelung über die Polarisationen des Elektrons im Anfangszustand ergibt sich

$$\begin{aligned} dW_s = {} & \frac{e^2 m^2}{4\pi} \frac{d^3k'\,d^3q'}{q_0\,q_0'\,\omega'}\, \delta^{(4)}(s\,k + q - q' - k') \\ & \times \left\{ -2\,J_s^2(z) + \xi^2 \left(1 + \frac{(k\,k')^2}{2\,(k\,p)\,(k\,p')}\right)(J_{s+1}^2 + J_{s-1}^2 - 2\,J_s^2) \right\}. \end{aligned} \tag{98,15}$$

Zur Integration von (98,15) bemerken wir, daß infolge der Axialsymmetrie des Feldes der zirkular polarisierten Welle die differentielle Wahrscheinlichkeit nicht vom Winkel φ um die $\boldsymbol{k}$-Richtung abhängt. Dieser Umstand und die δ-Funktion ermöglichen, über alle Variablen — bis auf eine — zu integrieren.

[1]) Wir machen darauf aufmerksam, daß die Normierung der Funktionen ψ_p auf die Dichte 1 der Normierung auf eine δ-Funktion „in der $\boldsymbol{q}$-Skala" entspricht (vgl. (40,17); der Faktor q_0/p_0 auf der rechten Seite der Gleichung wird jetzt fehlen). Gerade deshalb muß die Zahl der Endzustände des Elektrons mit dem Element d^3q' gemessen werden.

Als Variable, über die nicht integriert wird, wählen wir die invariante Größe $u = (k\,k')/(k\,p')$. Nach der Integration über $d^3k\,d\varphi\,d\,(q_0 + \omega')$ haben wir dann

$$\delta^{(4)}\,(s\,k + q - q' - k')\,\frac{d^3q'\,d^3k'}{q_0'\,\omega'} \to \frac{2\,\pi\,du}{(1+u)^2}\,.$$

Tatsächlich liefert die angegebene Integration im Massenmittelpunktsystem (im System mit $s\,\boldsymbol{k} + \boldsymbol{q} = \boldsymbol{q} + \boldsymbol{k}' = 0$) $2\,\pi\,|\boldsymbol{q}'|\,d\cos\theta/E_s$ mit $E_s = s\,\omega + q_0 = \omega' + q_0$; θ ist der Winkel zwischen $\boldsymbol{k}$ und $\boldsymbol{q}'$ (vgl. die Transformation (65,12)). Andererseits ist in diesem System

$$u = \frac{E_s}{q_0' - |\boldsymbol{q}'|\cos\theta} - 1\,, \qquad d\cos\theta = \frac{E_s\,du}{|\boldsymbol{q}'|\,(1+u)^2}\,.$$

Dem Intervall $-1 \leqq \cos\theta \leqq 1$ entspricht das Intervall

$$0 \leqq u \leqq u_s \equiv \frac{E_s^2}{m_*^2} - 1 = \frac{2\,s\,(p\,k)}{m_*^2}$$

(bei den Umformungen hat man sich an $k\,p = k\,q$ zu erinnern).

Auf diese Weise wird die gesamte Emissionswahrscheinlichkeit pro Volumeneinheit und pro Zeiteinheit[1])

$$W = \sum_{s=1}^{\infty} W_s = \frac{e^2\,m^2}{4\,q_0} \sum_{s=1}^{\infty} \int_0^{u_s} \frac{du}{(1+u)^2} \times \left\{-4\,J_s^2(z) + \xi^2\left(2 + \frac{u^2}{1+u}\right)(J_{s+1}^2 + J_{s-1}^2 - 2\,J_s^2)\right\} \qquad (98{,}16)$$

mit[2])

$$u = \frac{(k\,k')}{(k\,p')}\,, \qquad u_s = 2\,s\,\frac{(k\,p)}{m_*^2}\,, \qquad z = 2\,s\,m^2\,\frac{\xi}{\sqrt{1+\xi^2}}\sqrt{\frac{u}{u_s}\left(1 - \frac{u}{u_s}\right)}\,. \qquad (98{,}17)$$

Für $\xi \ll 1$ (Bedingung für die Anwendbarkeit der Störungstheorie) kann der Integrand in (98,16) nach Potenzen von ξ entwickelt werden. So erhalten wir für das erste Glied der Entwicklung in W_1:

$$W_1 = \frac{e^2\,m^2}{4\,p_0}\,\xi^2 \int_0^{u_1} \left[2 + \frac{u^2}{1+u} - 4\,\frac{u}{u_1}\left(1 - \frac{u}{u_1}\right)\right] du$$
$$= \frac{e^2\,m^2}{4\,p_0}\,\xi^2 \left[\left(1 - \frac{4}{u_1} - \frac{8}{u_1^2}\right)\ln\,(1+u_1) + \frac{1}{2} + \frac{8}{u_1} - \frac{1}{2\,(1+u_1)^2}\right] \qquad (98{,}18)$$

mit $u_1 \approx 2(k\,p)/m^2$. Wie es sein muß, stimmt dieses Ergebnis mit der KLEIN-NISHINA-Formel für die Streuung eines Photons an einem Elektron überein;

---

[1]) Diese Formel ist auch von I. I. GOLDMAN (1964) abgeleitet worden.

[2]) Zur Berechnung von z müssen wir zuerst festhalten, daß

$$z^2 = (a_1\,Q)^2 + (a_2\,Q)^2 = a^2\,Q^2 \qquad \text{mit} \qquad Q = q/(k\,q) - q'/(k\,q')$$

ist. Davon kann man sich leicht überzeugen in dem Bezugssystem, in dem $(a_1)_0 = (a_2)_0 = 0$ sind und die Vektoren $\boldsymbol{a}_1$, $\boldsymbol{a}_2$ und $\boldsymbol{k}$ in x^1-, x^2- bzw. x^3-Richtung zeigen; auf Grund von $k\,Q = 0$ ist $Q_0 = Q_3$.

wir setzen in (98,18) $-a^2 = 4\pi/\omega$, $\xi^2 = 4\pi e^2/m^2\omega$, dividieren durch die Stromdichte (65,14) der einlaufenden Teilchen und gelangen wieder zu (86,16) (der integrale Streuquerschnitt ist unabhängig von der Anfangspolarisation des Photons).[1]

Wir geben noch den Ausdruck für die Emissionswahrscheinlichkeit der zweiten Harmonischen an (erstes Glied in der Entwicklung von W_2 für $\xi \ll 1$):

$$W_2 = \frac{e^2 m^2 \xi^4}{p_0} \int\limits_0^{u_2} \frac{du}{(1+u)^2} \frac{u}{u_2}\left(1 - \frac{u}{u_2}\right)\left[2 + \frac{u^2}{1+u} - 4\frac{u}{u_2}\left(1 - \frac{u}{u_2}\right)\right]$$
$$= \frac{e^2 m^2 \xi^4}{p_0}\left[\frac{1}{2} + \frac{1}{3u_1} - \frac{4}{u_1^2} - \frac{2}{u_1^3} - \frac{1}{2(1+2u_1)} - \left(\frac{1}{2u_1} - \frac{3}{2u_1^2} - \frac{3}{u_1^3} - \frac{1}{u_1^4}\right)\right.$$
$$\left.\times \ln(1+2u_1)\right]. \qquad (98{,}19)$$

Allgemein ist der Hauptbeitrag zu W_s (für nicht zu große s) proportional zu ξ^{2s}.

Nun beschäftigen wir uns mit dem entgegengesetzten Fall $\xi \gg 1$. Man kann den Parameter ξ groß werden lassen, indem man zum Beispiel die Frequenz ω bei festgehaltener Feldstärke kleiner werden läßt (offensichtlich ist $\xi = eF/m\omega$, wenn F die Amplitude der Feldstärke ist). Der Fall $\xi \gg 1$ führt also im wesentlichen zu den Prozessen in einem konstanten homogenen Feld, in dem die Feldstärken $\boldsymbol{E}$ und $\boldsymbol{H}$ betragsmäßig gleich und aufeinander senkrecht sind (wir wollen ein solches Feld als Kreuzfeld bezeichnen). Die Emissionswahrscheinlichkeit in diesem Feld kann durch den Grenzübergang $\xi \to \infty$ berechnet werden, es ist aber einfacher, die Rechnung sofort für ein konstantes Feld mit dem 4-Potential

$$A^\mu = a^\mu \varphi, \quad \varphi = kx, \quad (ak) = 0 \qquad (98{,}20)$$

auszuführen (so daß $F_{\mu\nu} = k_\mu a_\nu - k_\nu a_\mu = \text{const}$ ist). Die exakte Wellenfunktion des Elektrons in diesem Feld ergibt sich, indem man (98,20) in (40,7) und (40,8) einsetzt,

$$\psi_p = \left[1 + e\frac{\hat{k}\hat{a}}{2(kp)}\varphi\right]\frac{u(p)}{\sqrt{2p_0}} \exp\left\{-ie\frac{(ap)}{2(kp)}\varphi^2 + ie^2\frac{a^2}{6(kp)}\varphi^3 - ipx\right\}. \qquad (98{,}21)$$

Das mit Hilfe dieser Funktion gewonnene Ergebnis ist exakt für die Strahlung eines Elektrons in einem Kreuzfeld bei beliebiger Energie des Elektrons. Es ist bemerkenswert, daß dieses Ergebnis (in geeigneter Darstellung; s. u.) im ultrarelativistischen Fall für die Strahlung eines Elektrons in einem beliebigen konstanten homogenen elektromagnetischen Feld gilt, nicht nur für ein Elektron in einem Kreuzfeld. Unter anderem gilt dieses Resultat auch für ein konstantes Magnetfeld (das in § 59 betrachtet worden ist).

[1]) Der angegebene Wert für a^2 entspricht der Normierung des 4-Potentials „auf ein Teilchen pro Volumeneinheit“. Um a^2 zu berechnen, hat man ω der Energie des klassischen Feldes mit dem (reellen) 4-Potential (98,2) gleichzusetzen.

Zur Formulierung dieser Behauptung bemerken wir, daß der Zustand eines Teilchens in einem beliebigen konstanten homogenen Feld durch genau soviel Quantenzahlen beschrieben wird wie der Zustand eines freien Teilchens. Man kann diese Quantenzahlen immer so wählen, daß sie beim Ausschalten des Feldes in die Quantenzahlen eines freien Teilchens übergehen, d. h. in seinen 4-Impuls p^μ ($p^2 = m^2$). Auf diese Weise wird der Zustand eines Teilchens in einem konstanten Feld durch den konstanten 4-Vektor p beschrieben.

Die Gesamtintensität der Strahlung ist eine invariante Größe und hängt nur von den Invarianten ab, die man aus dem konstanten 4-Tensor $F_{\mu\nu}$ und dem konstanten 4-Vektor p^μ bilden kann.[1]) Ferner darf $F_{\mu\nu}$ nur zusammen mit der Ladung e in die Intensität eingehen. Unter Beachtung dessen erhalten wir die drei dimensionslosen Invarianten

$$\left.\begin{aligned} \chi^2 &= -\frac{e^2}{m^6}(F_{\mu\nu}p^\nu)^2 = -\frac{e^2}{m^6}a^2(kp)^2, \qquad f = \frac{e^2(F_{\mu\nu})^2}{m^4}, \\ g &= \frac{e^2}{m^4}e_{\lambda\mu\nu\varrho}F^{\lambda\mu}F^{\nu\varrho}. \end{aligned}\right\} \tag{98,22}$$

In einem Kreuzfeld ist $f = g \equiv 0$, während im allgemeinen Fall alle drei Invarianten von Null verschieden sind. Für ein ultrarelativistisches Elektron ($p_0 \gg m$) und für einen Vektor $\boldsymbol{p}$, der mit den Feldern $\boldsymbol{E}$ und $\boldsymbol{H}$ Winkel $\theta \gg m/p_0$ einschließt, ist aber $\chi^2 \gg f, g$ (mit anderen Worten, für ein ultrarelativistisches Teilchen sieht ein beliebiges Feld für fast alle $\boldsymbol{p}$-Richtungen wie ein Kreuzfeld aus). Wenn außerdem die Feldstärken $|\boldsymbol{E}|$, $|\boldsymbol{H}| \ll m^2/e$ $(= m^2c^3/e\hbar)$ sind, dann ist $|f|$, $|g| \ll 1$.[2]) Unter diesen Bedingungen ist die für ein Kreuzfeld berechnete und durch die Invariante χ ausgedrückte Intensität auch für die Strahlung in einem beliebigen konstanten Feld zutreffend.

Die Invariante χ wird folgendermaßen durch die Feldstärken $\boldsymbol{E}$ und $\boldsymbol{H}$ ausgedrückt:

$$\chi^2 = \frac{e^2}{m^6}\{([\boldsymbol{p}\boldsymbol{H}] + p_0\boldsymbol{E})^2 - (\boldsymbol{p}\boldsymbol{E})^2\}.$$

Für ein konstantes Magnetfeld stimmt χ mit der in § 59 eingeführten Größe (59,3) überein, so daß die hier angestellten Überlegungen auf einem anderen Wege zu den Ergebnissen von § 59 führen.[3])

---

[1]) Ähnliche Überlegungen können auch für die differentielle Intensität angestellt werden.

[2]) Mit derselben Genauigkeit kann man dabei p in der Größe $(F_{\mu\nu}p^\nu)^2$ als den gewöhnlichen kinetischen 4-Impuls des Teilchens ansehen.

[3]) Wegen der Durchführung der Rechnungen nach dieser Methode s. A. I. Nikischow und W. I. Ritus, ЖЭТФ **46** (1964) 1768.

ERGÄNZUNG

§ 82a. Ionisierungsverluste schneller Teilchen

Wir betrachten Stöße eines schnellen relativistischen Teilchens mit einem Atom, das dabei angeregt oder ionisiert wird. Für den nichtrelativistischen Fall sind solche inelastischen Stöße in III, §§ 145, 146 behandelt worden. Hier wird die relativistische Verallgemeinerung der dort abgeleiteten Formeln vorgenommen (H. A. Bethe, 1933).

Die Geschwindigkeit der auf das Atom auftreffenden Teilchen wird als groß gegenüber den Geschwindigkeiten der Atomelektronen angesehen (damit wird auf jeden Fall $Z\alpha \ll 1$ vorausgesetzt, d. h., die Ordnungszahl des Atoms darf nicht zu groß sein). Durch diese Bedingung wird gewährleistet, die Bornsche Näherung auf den betrachteten Prozeß anwenden zu können. Die Lösung dieses Problems hängt in gewissem Maße davon ab, ob das schnelle Teilchen leicht (Elektron, Positron) oder schwer (Meson, Proton, α-Teilchen usw.) ist. Wir behandeln hier den letzteren, einfacheren Fall.

$p = (\varepsilon, \boldsymbol{p})$ und $p' = (\varepsilon', \boldsymbol{p}')$ seien Anfangs- und Endimpuls des schnellen Teilchens im Laborsystem, in dem das Atom vor dem Stoß ruht. Die Differenz $q = p' - p$ gibt Energie- und Impulsübertragung vom Teilchen auf das Atom an. Wir teilen das Intervall aller möglichen Impulsübertragungen in zwei Bereiche ein:

$$\text{I)}\ \frac{\boldsymbol{q}^2}{m} \ll m, \qquad \text{II)}\ \frac{\boldsymbol{q}^2}{m} \gg I, \tag{82a, 1}$$

hier sind m die Elektronenmasse und I eine mittlere Atomenergie (Ionisierungsenergie des Atoms). Die beiden Bereiche überlappen sich für $I \ll \boldsymbol{q}^2/m \ll m$. Auf Grund dessen kann man die Ergebnisse für die einzelnen Bereiche exakt miteinander verheften. Wir werden die $\boldsymbol{q}$-Werte im ersten Bereich als kleine Impulsübertragungen und im zweiten Bereich als große Impulsübertragungen bezeichnen.

Kleine Impulsübertragungen

In diesem Bereich kann man die Atomelektronen in Anfangs- und Endzustand als nichtrelativistisch ansehen.

Die Prozeßamplitude wird durch den Ausdruck

$$M_{fi}^{(n)} = e^2 J^{\mu}_{n\,0}(-q)\, J^{\nu}_{p'p}(q)\, D_{\mu\nu}(q) \tag{82a, 2}$$

gegeben; J_{n0} ist der 4-Strom für den Übergang des Atomes aus dem Anfangszustand (0) in den Endzustand (n), $J_{p'p}$ ist der 4-Strom für den Übergang des schnellen Teilchens. Diese Ströme ersetzen hier die Ausdrücke $(\overline{u}'\,\gamma\,u)$, die zum Beispiel in der Streuamplitude für zwei „Elementar"-Teilchen stehen würden, für Elektron und Müon s. (74,17) (vgl. auch (140,3)). Die Ströme werden in der Impulsdarstellung benutzt (s. (43,11)). Der Wirkungsquerschnitt im Laborsystem ist

$$d\sigma_n = 2\,\pi\,\delta\,(\varepsilon - \varepsilon' - \omega_{n0})\,|M_{fi}^{(n)}|^2\,\frac{d^3p'}{2\,|\boldsymbol{p}|\,2\,\varepsilon'(2\,\pi)^3}, \qquad (82\,\mathrm{a},\,3)$$

$\omega_{n0} = E_n - E_0$ ist die Frequenz zum Übergang zwischen den beiden Atomzuständen. Der Endzustand kann im diskreten oder im kontinuierlichen Spektrum liegen; der erste Fall entspricht einer Anregung, der zweite der Ionisierung des Atoms. Im Energiesatz (der mit der δ-Funktion in (82a, 3) beachtet wird) ist die Rückstoßenergie des Atomes vernachlässigt, was für kleine Impulsübertragungen offensichtlich zulässig ist.

Der Photonenpropagator wird hier zweckmäßig in der Eichung (77,14) benutzt, und es sind nur die räumlichen Komponenten von Null verschieden

$$D_{ik}(q) = -\frac{4\,\pi}{\omega^2 - \boldsymbol{q}^2}\left(\delta_{ik} - \frac{q_i\,q_k}{\omega^2}\right). \qquad (82\,\mathrm{a},\,4)$$

Auch für die 4-Ströme in (82a, 2) werden jetzt nur die räumlichen Komponenten benötigt.

Der Strom $J_{n0}(q)$ für den Atomübergang ist im vorliegenden Fall die Fourier-Transformierte des üblichen nichtrelativistischen Ausdruckes

$$\boldsymbol{J}_{n0}(\boldsymbol{q}) = \frac{i}{2\,m}\int e^{-i\boldsymbol{q}\boldsymbol{r}}(\psi_0\,\nabla\psi_n^* - \psi_n^*\,\nabla\psi_0)\,d^3x \qquad (82\,\mathrm{a},\,5)$$

mit den Atomwellenfunktionen ψ_0 und ψ_n (zur Vereinfachung der Schreibweise lassen wir hier und im folgenden das Symbol für die Summation über die Atomelektronen weg, d. h., wir schreiben die Formel so, als sei nur ein einziges Elektron im Atom vorhanden). Wir integrieren im ersten Summanden partiell und bringen diesen Ausdruck in die Gestalt eines Matrixelementes

$$\boldsymbol{J}_{n0}(\boldsymbol{q}) = \frac{1}{2}\,(\mathrm{v}^{-i\boldsymbol{q}\boldsymbol{r}} + e^{-i\boldsymbol{q}\boldsymbol{r}}\,\mathrm{v})_{n0}, \qquad (82\,\mathrm{a},\,6)$$

$\mathrm{v} = -(i/m)\,\nabla$ ist der Geschwindigkeitsoperator für das Elektron.

Der vom einlaufenden Teilchen abgegebene Impuls ist relativ klein ($|\boldsymbol{q}| \ll |\boldsymbol{p}|$). Aus diesem Grunde kann man den Strom für dieses Teilchen einfach durch das Diagonalelement

$$\boldsymbol{J}_{pp}(0) = 2\,\boldsymbol{p}\,z \qquad (82\,\mathrm{a},\,7)$$

ersetzen; (82a, 7) entspricht einer klassischen geradlinigen Bewegung (vgl. (96,5)). Hier ist noch der Faktor z eingeführt worden, um einen möglichen Unterschied zwischen der Ladung des Teilchens $(z\,e)$ von der Ladung eines Elektrons zu erfassen.

Kleines $\boldsymbol{q}$ bedeutet auch einen kleinen Ablenkwinkel ϑ für das Teilchen. Dabei sind transversale und longitudinale (bezüglich $\boldsymbol{p}$) Komponente von $\boldsymbol{q}$ gleich

$$-q_{||} \approx \frac{dp}{\varepsilon}\,\omega_{n0} = \frac{\omega_{n0}}{v}, \qquad q_{\perp} \approx |\boldsymbol{p}|\,\vartheta, \tag{82a, 8}$$

so daß $\boldsymbol{q}\,\boldsymbol{p} \approx -\varepsilon\,\omega_{n0}$ ist.

Wir setzen (82a, 4—8) in (82a, 2) ein und finden

$$M_{fi}^{(n)} = -\frac{4\pi z e^2}{q^2}\langle n|\,\frac{\varepsilon}{\omega_{n0}}(\boldsymbol{q}\,\mathrm{v}\,e^{-i\boldsymbol{q}\boldsymbol{r}} + e^{-i\boldsymbol{q}\boldsymbol{r}}\,\boldsymbol{q}\,\mathrm{v}) + (\boldsymbol{p}\,\mathrm{v}\,e^{-i\boldsymbol{q}\boldsymbol{r}} + e^{-i\boldsymbol{q}\boldsymbol{r}}\,\boldsymbol{p}\,\mathrm{v})\,|0\rangle.$$

Im ersten Summanden beachten wir

$$\boldsymbol{q}\,\mathrm{v}\,f + f\,\boldsymbol{q}\,\mathrm{v} = 2\,i\,\dot{f}$$

mit $f \equiv e^{-i\boldsymbol{q}\boldsymbol{r}}$ (s. III, S. 605). Das Matrixelement dieses Operators ist daher gleich dem Matrixelement $2\,i(\dot{f})_{n0} = 2\,\omega_{n0}\,f_{n0}$. Im zweiten Summanden kann man für kleines $\boldsymbol{q}$ einfach $e^{-i\boldsymbol{q}\boldsymbol{r}}$ durch 1 ersetzen. Somit wird

$$M_{fi}^{(n)} = -\frac{8\pi z e^2}{q^2}\{\varepsilon(e^{-i\boldsymbol{q}\boldsymbol{r}})_{n0} - i\,\boldsymbol{p}\,\boldsymbol{r}_{n0}\,\omega_{n0}\}.$$

Das Betragsquadrat dieses Ausdruckes ist

$$|M_{fi}^{(n)}|^2 = \frac{64\pi^2 (z e^2)^2}{(q^2)^2}\{\varepsilon^2|(e^{-i\boldsymbol{q}\boldsymbol{r}})_{n0}|^2 + 2(\boldsymbol{q}\,\boldsymbol{r}_{n0})(\boldsymbol{p}\,\boldsymbol{r}_{n0})\,\varepsilon\,\omega_{n0} + (\boldsymbol{p}\,\boldsymbol{r}_{n0})^2\omega_{n0}^2\} \tag{82a, 9}$$

(im zweiten Summanden ist hier $e^{-i\boldsymbol{q}\boldsymbol{r}} \approx 1 - i\,\boldsymbol{q}\,\boldsymbol{r}$ gesetzt worden; im ersten Summanden ist das nicht erlaubt, den Grund dafür werden wir später erläutern, s. die Fußnote auf S. 255).

Die Energieverluste schneller Teilchen bei inelastischen Stößen mit Atomen[1]) sind

$$\varkappa = \sum_n \int \omega_{n0}\,d\sigma_n = \frac{1}{16\,\pi^2}\sum_n \int \omega_{n0}|M_{fi}^{(n)}|^2\,do'\,, \tag{82a, 10}$$

hier wird über alle möglichen Endzustände des Atoms summiert und über die Richtungen der gestreuten Teilchen integriert; wir werden diese Größe als *effektive Abbremsung* bezeichnen (sie wird auch als *Wirkungsquerschnitt für den Energieverlust* bezeichnet).

Die Integration in (82a, 10) kann in zwei Schritten ausgeführt werden: als Mittelung über das Azimut der Richung von $\boldsymbol{p}'$ bezogen auf $\boldsymbol{p}$ und anschließend als Integration über $do' \cong 2\pi\,\vartheta\,d\vartheta$, ϑ ist der kleine Streuwinkel. Im ersten Schritt wird $\boldsymbol{q}\,\boldsymbol{r}_{n0}$ ersetzt durch

$$\boldsymbol{q}\,\boldsymbol{r}_{n0} \to q_{||}\,x_{n0} = -\frac{\omega_{n0}}{v}\,x_{n0},$$

[1]) Diese Verluste werden oft als Ionisierungsverluste bezeichnet, obwohl sie nicht nur von der Ionisierung sondern auch von der Anregung von Atomen verursacht werden.

x_{n0} ist das Matrixelement einer kartesischen Koordinate der Atomelektronen[1]). Die Integration über $d\vartheta$ kann durch die Integration über q^2 ersetzt werden, weil

$$-q^2 = -\omega_{n0}^2 + \boldsymbol{q}^2 \approx -\omega_{n0}^2 + \frac{\omega_{n0}^2}{v^2} + \boldsymbol{p}^2\vartheta^2 = \frac{\omega_{n0}^2 M^2}{\boldsymbol{p}^2} + \boldsymbol{p}^2\vartheta^2 \quad (82\text{a}, 11)$$

gilt und somit $2\,\vartheta\, d\vartheta = d|q^2|/\boldsymbol{p}^2$ ist (M ist die Masse des schnellen Teilchens). Als Ergebnis erhalten wir

$$\varkappa = 4\,\pi (z\,e^2)^2 \sum_n \int \left\{ |(e^{-i\boldsymbol{q}\boldsymbol{r}})_{n0}|^2 \frac{\omega_{n0}}{v^2} - \omega_{n0}^3 |x_{n0}|^2 \left(\frac{M^2}{\boldsymbol{p}^2} + \frac{1}{v^2}\right)\right\} \frac{d|q^2|}{|q^2|^2}. \quad (82\text{a}, 12)$$

Die untere Grenze bei der Integration über q^2 ist

$$|q^2|_{\min} = \frac{M^2}{\boldsymbol{p}^2}\,\omega_{n0}^2\,. \quad (82\text{a}, 13)$$

Als obere Grenze wählen wir einen Wert $|q^2|_1$

$$I \ll \frac{|q^2|_1}{m} \ll m \quad (82\text{a}, 14)$$

im Überlappungsgebiet der Bereiche I und II von (82a, 1).

Integration und Summation in (82a, 12) erfolgen ähnlich wie in III, §146 für den nichtrelativistischen Fall. Wir zerlegen den Integrationsbereich noch in zwei Teile: a) von $|q^2|_{\min}$ bis $|q^2|_0$ und b) von $|q^2|_0$ bis $|q^2|_1$, und wählen $|q^2|_0$ folgendermaßen:

$$\frac{I\,M}{|\boldsymbol{p}|} \ll \sqrt{|q^2|_0} \ll m\,\alpha \quad (82\text{a}, 15)$$

(die Größe $m\,\alpha$ auf der rechten Seite ist von der Größenordnung der Impulse der Atomelektronen). Im Bereich a) kann man $e^{-i\boldsymbol{q}\boldsymbol{r}} \approx 1 - i\,\boldsymbol{q}\,\boldsymbol{r}$ setzen, und der Beitrag zu $\varkappa$ von diesem Bereich ist

$$4\,\pi(z\,e^2)^2 \sum_n \int_{|q^2|_{\min}}^{|q^2|_0} \left\{\frac{1}{v^2}\,\omega_{n0}|x_{n0}|^2 \frac{1}{|q^2|} - \frac{M^2}{\boldsymbol{p}^2}\,\omega_{n0}^3 |x_{n0}|^2 \frac{1}{|q^2|^2}\right\} d\,|q^2|$$

$$\approx \frac{4\,\pi\,(z\,e^2)^2}{v^2} \sum_n \omega_{n0}|x_{n0}|^2 \left[\ln \frac{|q^2|_0\,\boldsymbol{p}^2}{M^2\,\omega_{n0}^2} - v^2\right].$$

(Im zweiten Glied kann die Integration bis unendlich erstreckt werden.)

Die Summation geschieht mit Hilfe der Formel

$$\sum_n \omega_{n0}|x_{n0}|^2 = \frac{1}{2\,m} Z\,, \quad (82\text{a}, 16)$$

hier ist Z die Zahl der Elektronen im Atom (s. III (146,10)). Das Ergebnis schreiben wir in der Form

$$\frac{2\,\pi\,(z\,e^2)^2\,Z}{m\,v^2}\left[\ln\frac{|q^2|_0\,\boldsymbol{p}^2}{M^2\,I^2} - v^2\right], \quad (82\text{a}, 17)$$

[1]) Es ist gleichgültig welcher; denn nach der später vorzunehmenden Summation über die Richtungen des Atomdrehimpulses im Endzustand hängt das Matrixelement x_{n0} nicht mehr von der x-Richtung ab.

darin ist I eine mittlere Energie des Atoms und wird durch die folgende Formel festgelegt:

$$\ln I = \frac{\sum_n \omega_{n0}|x_{n0}|^2 \ln \omega_{n0}}{\sum_n \omega_{n0}|x_{n0}|^2} = \frac{2m}{Z} \sum_n \omega_{n0}|x_{n0}|^2 \ln \omega_{n0}\,. \qquad (82\,a,\ 18)$$

Im Bereich b) haben wir nach (82 a, 11) $|q^2| \approx \boldsymbol{p}^2 \vartheta^2$, d. h., $|q^2|$ ist unabhängig vom Endzustand n des Atoms; auch die Integrationsgrenzen sind unabhängig von n. Die Summe über n kann daher in (82 a, 12) unter dem Integral ausgeführt werden. Im ersten Summanden wird dazu die Formel

$$\sum_n |(e^{-i\boldsymbol{q}\boldsymbol{r}})_{n0}|^2 \omega_{n0} = \frac{Z}{2m} \boldsymbol{q}^2 \qquad (82\,a,\ 19)$$

benutzt (s. III (146,5)), und das Integral darüber ist[1])

$$\frac{2\pi Z (z e^2)^2}{m v^2} \ln \frac{|q^2|_1}{|q^2|_0}.$$

Das Integral über den zweiten Summanden in (82 a, 12) über diesen Bereich ergibt einen vernachlässigbar kleinen Beitrag zu $\varkappa$.

Wir addieren die letzte Formel zu (82 a, 17) und finden als Beitrag zu $\varkappa$ vom ganzen Bereich kleiner Impulsübertragungen

$$\frac{2\pi Z (z e^2)^2}{m v^2} \cdot \left[\ln \frac{|q^2|_1 \boldsymbol{p}^2}{M^2 I^2} - v^2\right]. \qquad (82\,a,\ 20)$$

Große Impulsübertragungen

Jetzt befassen wir uns mit Stößen, bei denen die Impulsübertragung groß gegenüber dem Impuls der Atomelektronen ist ($\boldsymbol{q}^2 \gg m I$). In diesem Bereich kann man offensichtlich die Bindung der Elektronen im Atom vernachlässigen, d. h. sie als frei ansehen. Dementsprechend wird der Stoß eines schnellen Teilchens mit dem Atom die elastische Streuung an jedem der Z Atomelektronen sein. Wegen der großen Geschwindigkeit des einlaufenden Teilchens kann man die Atomelektronen vor dem Stoß als ruhend ansehen.

Wir bezeichnen mit $m\,\Delta$ die von dem schnellen Teilchen an ein Atomelektron übertragene Energie und mit $d\sigma_\Delta$ den Streuquerschnitt für die elastische Streuung mit dieser Energieübertragung. Die differentielle effektive Abbremsung am ganzen Atom wird dann

$$d\varkappa = Z\, m\, \Delta\, d\sigma_\Delta. \qquad (82a,\ 21)$$

Die maximale Energie, die das stoßende Teilchen mit der Masse $M \gg m$ an ein ruhendes Elektron übertragen kann, ist

$$m\,\Delta_{\max} = \frac{2 m \boldsymbol{p}^2}{m^2 + M^2 + 2 m \varepsilon} \approx \frac{2 m \boldsymbol{p}^2}{M^2 + 2 m \varepsilon},$$

[1]) Die logarithmische Divergenz des Integrales an der oberen Grenze ist gerade der Grund, weshalb man im ersten Summanden von (82 a, 12) $e^{-i\boldsymbol{q}\boldsymbol{r}}$ nicht nach Potenzen von $\boldsymbol{q}$ entwickeln darf.

wenn ε und $\boldsymbol{p}$ Energie und Impuls des stoßenden Teilchens sind (2. II (13,13)). Weiter werden wir voraussetzen, daß für die Energie ε

$$\varepsilon \ll \frac{M^2}{m} \tag{82 a, 22}$$

gilt, obwohl diese Energie auch ultrarelativistisch ($\varepsilon \gg M$) sein kann. Die maximale übertragene Energie ist dann

$$m\, \Delta_{\max} \approx \frac{2\, m\, \boldsymbol{p}^2}{M^2} = 2\, m\, v^2\, \gamma^2 \qquad (\gamma = \varepsilon/M = 1/\sqrt{1-v^2}), \tag{82 a, 23}$$

sie bleibt noch klein gegenüber der kinetischen Energie des einlaufenden Teilchens ($m\, \Delta_{\max} \ll \varepsilon - M$). Dementsprechend bleibt auch die Impulsübertragung $\boldsymbol{q}$ immer klein gegenüber dem Impuls p des Teilchens vor dem Stoß. Dieser Sachverhalt erlaubt, die Bewegung des stoßenden Teilchens als unverändert nach dem Stoß anzusehen, d. h. das einlaufende Teilchen als unendlich schwer zu betrachten. Der Streuquerschnitt ergibt sich dann einfach durch Transformation des Streuquerschnittes für ein Elektron an einem festen Zentrum (81, 7) in das Laborsystem, in dem das Elektron vor dem Stoß ruht. Das ist leicht auszuführen, wenn man bedenkt, daß in der benutzten Näherung

$$-\, q^2 \approx \boldsymbol{q}^2 = 4\, \boldsymbol{p}^2 \sin^2 \frac{\vartheta}{2}, \qquad do' = \frac{\pi\, d|q^2|}{\boldsymbol{p}^2}$$

gilt und daß die Relativgeschwindigkeit in beiden Systemen gleich v ist. Die Formel (81,7) erhält die Gestalt

$$d\sigma = \frac{4\,\pi (z\, e^2)^2}{v^2} \left(1 - \frac{|q^2|}{4\, m^2\, \gamma^2}\right) \frac{d|q^2|}{|q^2|^2}.$$

Die Energieübertragung Δ läßt sich ebenfalls durch q^2 ausdrücken: $-q^2 = 2\, m^2 \Delta$, und wir bekommen somit[1])

$$d\sigma_\Delta = \frac{2\pi\, (z\, e^2)^2}{m^2\, v^2} \left(1 - v^2 \frac{\Delta}{\Delta_{\max}}\right) \frac{d\Delta}{\Delta^2}. \tag{82 a, 24}$$

Der Beitrag zur effektiven Abbremsung, der von dem betrachteten Bereich von Impulsübertragung geliefert wird, ergibt sich durch Integration von (82 a, 21) zwischen der oben eingeführten Grenze $|q^2|_1$ und $|q^2|_{\max} = 2\, m^2\, \Delta_{\max}$; er ist

$$\frac{2\,\pi (z\, e^2)^2\, Z}{m\, v^2} \left(\ln \frac{2\, \Delta_{\max}\, m^2}{|q^2|_1} - v^2\right). \tag{82 a, 25}$$

Schließlich addieren wir die Beiträge (82 a, 20) und (82 a, 25) und erhalten endgültig folgendes Ergebnis für die totalen Ionisierungsverluste eines schnellen schweren Teilchens

$$\varkappa = \frac{4\,\pi\, Z\, (z\, e^2)^2}{m\, v^2} \left(\ln \frac{2\, m\, v^2}{I\left(1 - \frac{v^2}{c^2}\right)} - \frac{v^2}{c^2}\right) \tag{82 a, 26}$$

---

[1]) In dieser Formel sind natürlich keine spezifischen Effekte der starken Wechselwirkungen berücksichtigt, falls das schwere Teilchen ein Hadron ist. Diese Effekte (Hadronenformfaktor) werden aber nur für $|q^2| \approx 1/M^2$ wesentlich; unter der Bedingung (82 a, 22) sind aber solche Impulsübertragungen ausgeschlossen.

(in normalen Einheiten). Im nichtrelativistischen Fall ergibt sich hieraus die frühere Formel III (147,10)

$$\varkappa = \frac{4\pi Z (z e^2)^2}{m v^2} \ln \frac{2 m v^2}{I}, \tag{82 a, 27}$$

und im ultrarelativistischen Fall ist

$$\varkappa = \frac{4\pi Z (z e^2)^2}{m c^2} \left(\ln \frac{2 m c^2}{I\left(1 - \frac{v^2}{c^2}\right)} - 1 \right). \tag{82 a, 28}$$

Die Abbremsung hängt nur von der Geschwindigkeit (aber nicht von der Masse) des schnellen Teilchens ab. Während die Abbremsung mit zunehmender Geschwindigkeit nach (82 a, 27) kleiner wird, nimmt sie im ultrarelativistischen Bereich langsam (logarithmisch) zu.

Aufgaben

1. Man berechne die effektive Abbremsung eines relativistischen Elektrons!

Lösung. Der Beitrag von kleinen Impulsübertragungen wird nach wie vor durch (82 a, 20) gegeben. Für große Impulsübertragungen hat man statt (82a, 24) die Formel (82, 14) zu verwenden und somit die Austauscheffekte zu berücksichtigen. Wir integrieren $\Delta d\sigma_\Delta$ über $d\Delta$ von $|q^2|_1/2\,m^2$ bis $(\gamma - 1)/2$, addieren (82 a, 20) und erhalten

$$\varkappa = \frac{2\pi Z e^4}{m v^2} \left[\ln \frac{m^2 (\gamma^2 - 1)(\gamma - 1) c^4}{2 I^2} - \left(\frac{2}{\gamma} - \frac{1}{\gamma^2} \right) \ln 2 + \frac{1}{\gamma^2} + \frac{(\gamma - 1)^2}{8 \gamma^2} \right] \tag{1}$$

$$\gamma = (1 - v^2/c^2)^{-1/2}.$$

Im nichtrelativistischen Fall erhalten wir die Formel aus der Aufgabe zu III, § 146, und im ultrarelativistischen Fall ($\gamma \gg 1$) ist

$$\varkappa = \frac{2\pi Z e^4}{m c^2} \left(\ln \frac{m^2 c^4 \gamma^3}{2 I^2} + \frac{1}{8} \right). \tag{2}$$

2. Wie Aufgabe 1 für ein Positron.

Lösung. Im Bereich großer Impulsübertragungen hat man für $d\sigma_\Delta$ die Formel (82,23) zu verwenden, wobei die obere Grenze bei der Integration über $d\Delta$ gleich $\gamma - 1$ ist. Im ultrarelativistischen Fall lautet die Lösung des Problemes

$$\varkappa = \frac{2\pi Z e^4}{m c^2} \left(\ln \frac{2 m^2 c^4 \gamma^3}{I^2} - \frac{23}{12} \right).$$

ANHANG[1]

§ a. Der Operator für endliche Drehungen

Die Operatoren $\mathbf{j}^2$ für das Quadrat des Drehimpulses und $\mathbf{j}_z$ für die Drehimpulsprojektion auf eine Koordinatenachse sind nicht nur miteinander, sondern auch mit dem Operator $\mathbf{j}_\zeta = \mathbf{j}\,\boldsymbol{n}$ für die Drehimpulsprojektion auf eine gewisse gegebene Raumrichtung $\boldsymbol{n}$ (ζ-Achse) vertauschbar. Diese Eigenschaft kann durch direkte Rechnung leicht nachgeprüft werden, aber sie ist auch von vornherein zu erkennen. Der Drehimpulsoperator hängt mit dem Operator für eine infinitesimale Drehung zusammen, und das Skalarprodukt zweier Vektoren $\boldsymbol{jn}$ ist invariant gegenüber einer beliebigen Drehung des Koordinatensystems.

Es sind also Zustände mit bestimmten Werten für die Zahlen j, $j_z = m$ und $j_\zeta = m'$ möglich, und es erhebt sich die Frage, wie man die zugehörigen Eigenfunktionen — die gemeinsamen Eigenfunktionen der Operatoren $\mathbf{j}^2$, $\mathbf{j}_z$ und $\mathbf{j}_\zeta$ — finden kann. Mit diesen Zuständen hatten wir es insbesondere bei der Quantisierung der Rotation eines axialsymmetrischen Systems zu tun, das wir als starren Körper angesehen haben (symmetrischer Kreisel); die $\boldsymbol{n}$-Richtung ist dabei die Kreiselachse (III, § 103).

Das Problem, die Eigenfunktionen $\psi_{jmm'}$ zu bestimmen, hängt mathematisch eng mit dem Problem zusammen, wie die Eigenfunktionen des Drehimpulses bei Drehungen um endliche Winkel zu transformieren sind.

Wir führen zwei (rechtshändige) Koordinatensysteme ein: das raumfeste System xyz und das „bewegte" System $\xi\eta\zeta$ mit der ζ-Achse in der beliebigen (veränderlichen) $\boldsymbol{n}$-Richtung. Wir geben die Drehung des Systems $\xi\eta\zeta$ gegenüber dem System xyz mit den drei EULERschen Winkeln α, β und γ an, die folgendermaßen definiert sind: 1. Drehung um den Winkel α $(0 \leqq \alpha \leqq 2\pi)$ und die z-Achse; 2. Drehung um den Winkel β $(0 \leqq \beta \leqq \pi)$ um die neue Lage (y') der y-Achse; 3. Drehung um den Winkel γ $(0 \leqq \gamma \leqq 2\pi)$ um die erhaltene endgültige Lage (ζ) der z-Achse.[2] Offensichtlich stimmen α und β mit den

---

[1]) Die beiden Paragraphen dieses Anhangs sind die Fortsetzung von Kapitel XIV der „Quantenmechanik" und schließen sich an III, § 109 an.

[2]) Diese Definition der EULERschen Winkel weicht von der in I, (§ 35) und III, (§ 58) gegebenen ab; die zweite Drehung erfolgt hier um die y'-Achse und nicht um die x'-Achse. Die Winkel α, β und γ hängen mit den Winkeln φ, θ und ψ in I und III (nicht mit den Kugelkoordinaten φ und θ zu verwechseln!) über die Beziehung

$$\varphi = \alpha + \frac{\pi}{2}, \qquad \theta = \beta, \qquad \psi = \gamma - \frac{\pi}{2}$$

zusammen. Mit dieser Definition von α, β und γ folgen wir A. R. EDMONDS, Drehimpulse der Quantenmechanik, Mannheim 1964.

Kugelkoordinaten (Polarwinkeln) φ und θ der neuen ζ-Achse bezüglich der Achsen xyz überein:

$$\alpha = \varphi\,, \qquad \beta = \theta\,.$$

Die Funktionen ψ_{jm} $(m = -j, \ldots, j)$ sollen in den Koordinaten xyz einen Zustand mit einem bestimmten j-Wert beschreiben, die Funktionen $\psi_{jm'}$ sollen denselben Zustand bezüglich der Achsen $\xi\eta\zeta$ beschreiben; im ersten Fall ist m der Wert von j_z, im zweiten ist $m' = j_\zeta$. Die beiden Arten von Funktionen sind durch lineare Beziehungen miteinander verknüft, wir schreiben diese in der Form

$$\psi_{jm} = \sum_{m'} D^{(j)}_{m'm}(\alpha, \beta, \gamma)\, \psi_{jm'}\,. \tag{a, 1}$$

Die Koeffizienten $D^{(j)}_{mm'}$ bilden (in den Indizes m' und m) eine $(2j+1)$-reihige Matrix — die *Matrix* $D^{(j)}$ *für endliche Drehungen.* Die Matrixelemente sind Funktionen der Winkel α, β und γ.

Stellt man sich die Achsen $\xi\eta\zeta$ „starr" mit einem physikalischen System verbunden vor, dann werden die Größen $\psi_{jm'}$ bestimmte, von der Orientierung des Systems unabhängige Werte haben (wir bezeichnen sie mit $\psi^{(0)}_{jm'}$). Die Formeln (a, 1) geben die Winkelabhängigkeit der Funktionen ψ_{jm} wieder. Der Zustand $j\,m$ habe jetzt auch einen bestimmten Wert m' für die Projektion des Drehimpulses auf die ζ-Achse. Von allen Größen $\psi^{(0)}_{jm'}$ wird dann nur eine — mit dem gegebenen Wert für m' — von Null verschieden sein. Von der Summe in (a, 1) bleibt dann nur ein Glied übrig:

$$\psi_{jmm'} = \psi^{(0)}_{jm'}\, D^{(j)}_{m'm}(\alpha, \beta, \gamma)\,. \tag{a, 2}$$

Die Matrixelemente $D^{(j)}_{m'm}$ geben demnach die Winkelabhängigkeit der Funktionen $\psi_{jmm'}$ wieder. Damit ist auch der oben erwähnte Zusammenhang zwischen der Matrix für endliche Drehungen und den Wellenfunktionen $\psi_{jmm'}$ hergestellt.

Die Matrix $D^{(j)}$ kann mit Hilfe der Spinordarstellung für die Funktionen ψ_{jm} konstruiert werden. Wir erinnern zu diesem Zweck an die Transformationsformel für die Spinoren (s. III, § 58) und schreiben diese mit der hier gegebenen Definition der Eulerschen Winkel auf. Zwischen den Komponenten des kontravarianten Spinors (ψ^1, ψ^2) im System xyz und den Komponenten $(\psi^{1'}, \psi^{2'})$ in dem gegenüber xyz um die Winkel α, β und γ gedrehten System $\xi\eta\zeta$ bestehen die Transformationsformeln

$$\left.\begin{aligned} \psi^1 &= \psi^{1'}\, e^{-\frac{i}{2}(\alpha+\gamma)} \cos\frac{\beta}{2} - \psi^{2'}\, e^{-\frac{i}{2}(\alpha-\gamma)} \sin\frac{\beta}{2}\,, \\ \psi^2 &= \psi^{1'}\, e^{\frac{i}{2}(\alpha-\gamma)} \sin\frac{\beta}{2} + \psi^{2'}\, e^{\frac{i}{2}(\alpha+\gamma)} \cos\frac{\beta}{2}\,. \end{aligned}\right\} \tag{a, 3}$$

Die Komponenten des kovarianten Spinors (ψ_1, ψ_2) transformieren sich mit der konjugiert komplexen Transformationsmatrix.

Für $j = 1/2$ bilden die beiden Funktionen $\psi_{\frac{1}{2}m}$ $(m = \pm 1/2)$ gerade einen kovarianten Spinor erster Stufe (s. III, § 58). Das ermöglicht uns, sofort die

Transformationsmatrix (a, 1) aufzuschreiben:

$$D^{(1/2)}_{m'm} = e^{im'\gamma}\, d^{(1/2)}_{m'm}(\beta)\, e^{im\alpha}$$

mit der Matrix

$$d^{(1/2)}_{m'm} = \left\{\begin{array}{c|cc} m' \diagdown m & 1/2 & -1/2 \\ \hline 1/2 & \cos\frac{\beta}{2} & \sin\frac{\beta}{2} \\ -1/2 & -\sin\frac{\beta}{2} & \cos\frac{\beta}{2} \end{array}\right. . \qquad \text{(a, 4)}$$

Für beliebiges j können die Funktionen ψ_{jm} $(m = j, j-1, \ldots, -j)$ entsprechend der Formel III, (58,1) den Komponenten eines symmetrischen Spinors der Stufe $2j$ zugeordnet werden:

$$\psi_{jm} = \frac{1}{\sqrt{(j+m)!\,(j-m)!}}\, \psi_{\underbrace{1/2\;1/2\ldots}_{j+m}\,\underbrace{-1/2\;-1/2\ldots}_{j-m}} .$$

Die Transformationsmatrix für die Komponenten eines Spinors der Stufe $2j$ ist das Produkt aus $2j$ Matrizen $D^{(1/2)}$, jede dieser Matrizen wirkt auf einen Spinorindex. Wir führen die Multiplikation aus, kehren wieder zu den Funktionen ψ_{jm} zurück und erhalten die Transformationsmatrix der letzteren in der Form

$$D^{(j)}_{m'm}(\alpha, \beta, \gamma) = e^{im'\gamma}\, d^{(j)}_{m'm}(\beta)\, e^{im\alpha} \qquad \text{(a, 5)}$$

mit bestimmten Funktionen $d^{(j)}_{m'm}(\beta)$.[1]) (Wir schreiben das auf diesem Weg erhaltene Ergebnis hier nicht auf, weil auf Grund anderer Überlegungen ein besser geeigneter Ausdruck für die Funktionen $d^{(j)}_{m'm}$ gefunden werden kann; s. u.).

Die Matrix $D^{(j)}_{m'm}$ ist als Transformationsmatrix für eine Drehung unitär. Damit ist auch die Matrix $d^{(j)}_{m'm}$ unitär. Außerdem ist letztere reell (das folgt aus (a, 4) und der weiteren Verallgemeinerung für beliebige j). Da für die inverse Transformation α, β, γ durch $-\gamma$, $-\beta$, $-\alpha$ zu ersetzen sind, lautet die Unitaritätsbedingung

$$d^{(j)}_{m'm}(-\beta) = d^{(j)}_{mm'}(\beta) . \qquad \text{(a, 6)}$$

Weiter gelten die folgenden Gleichungen

$$d^{(j)}_{m'm}(\beta) = d^{(j)}_{-m,\,-m'}(\beta) , \qquad \text{(a, 7)}$$

$$\left.\begin{array}{c} d^{(j)}_{m'm}(\pi) = (-1)^{j+m}\,\delta_{m',\,-m} , \qquad d^{(j)}_{m'm}(-\pi) = (-1)^{j-m}\,\delta_{m',\,-m} , \\ d^{(j)}_{m'm}(0) = \delta_{m'm} . \end{array}\right\} \qquad \text{(a, 8)}$$

Für $j = 1/2$ sind diese aus (a, 4) unmittelbar evident, ihre Verallgemeinerung für beliebige j ist aus dem oben beschriebenen Verfahren zur Konstruktion der Transformationsmatrix zu erkennen.

---

[1]) S. das angegebene Buch von Edmonds (unsere Definition der Funktionen $D^{(j)}_{m'm}(\alpha, \beta, \gamma)$ unterscheidet sich von der Edmondsschen Definition durch die Vertauschung von α und γ).

Wir führen die Drehung um den Winkel $\pi - \beta$ als zwei aufeinanderfolgende Drehungen um die Winkel π und $-\beta$ aus:

$$d^{(j)}_{m'm}(\pi - \beta) = \sum_{m''} d^{(j)}_{m'm''}(\pi)\, d^{(j)}_{m''m}(-\beta) = (-1)^{j-m'}\, d^{(j)}_{-m'm}(-\beta)$$

oder, unter Verwendung von (a, 6),

$$d^{(j)}_{m'm}(\pi - \beta) = (-1)^{j-m'}\, d_{m,\,-m'}(\beta)\,. \qquad \text{(a, 9)}$$

Das Ergebnis zweier Drehungen um dieselbe Achse hängt nicht von der Reihenfolge der Drehungen ab. Demzufolge müssen wir dasselbe Resultat erhalten, wenn wir die Drehungen um die Winkel $-\beta$ und π in der umgekehrten Reihenfolge ausführen. Wir tun das, setzen das Ergebnis gleich (a, 9) und bekommen die Beziehung

$$d^{(j)}_{m'm}(\beta) = (-1)^{m'-m}\, d^{(j)}_{-m',\,-m}(\beta)\,. \qquad \text{(a, 10)}$$

Aus (a, 10) und (a, 7) folgt

$$d^{(j)}_{m'm}(\beta) = (-1)^{m'-m}\, d^{(j)}_{mm'}(\beta)\,. \qquad \text{(a, 11)}$$

Auf Grund von (a, 6) bis (a, 11) können verschiedene Symmetrieeigenschaften der vollständigen Matrixelemente $D^{(j)}_{m'm}$ aufgeschrieben werden. Speziell geben wir den Ausdruck für das konjugiert komplexe Element an:

$$D^{(j)*}_{m'm}(\alpha, \beta, \gamma) = D^{(j)}_{m'm}(-\alpha, \beta, -\gamma) = (-1)^{m'-m}\, D^{(j)}_{-m',\,-m}(\alpha, \beta, \gamma)\,. \qquad \text{(a, 12)}$$

Aus mathematischer Sicht realisieren die Matrizen $\mathrm{D}^{(j)}$ die $(2j + 1)$-dimensionalen unitären irreduziblen Darstellungen der Drehgruppe. Hieraus folgen sofort die Orthogonalitäts- und Normierungsrelationen für diese Matrizen:

$$\int D^{(j_1)*}_{m'_1 m_1}(\alpha, \beta, \gamma)\, D^{(j_2)}_{m'_2 m_2}(\alpha, \beta, \gamma)\, \frac{d\omega}{8\pi^2} = \delta_{j_1 j_2}\, \delta_{m_1 m_2}\, \delta_{m'_1 m'_2}\, \frac{1}{2j_1 + 1} \qquad \text{(a, 13)}$$

mit $d\omega = \sin\beta\, d\alpha\, d\beta\, d\gamma$, so daß $\int d\omega = 8\pi^2$ ist.[1])

Die Orthogonalität der Funktionen in den Indizes m und m' wird durch den Faktor $e^{i(m\alpha + m'\gamma)}$ gewährleistet. Die Orthogonalität im Index j hängt mit den Funktionen $d^{(j)}_{m'm}$ zusammen; für diese haben wir

$$\int_0^\pi d^{(j_1)}_{m'm}\, d^{(j_2)}_{m'm}\, \frac{\sin\beta\, d\beta}{2} = \frac{1}{2j + 1}\, \delta_{j_1 j_2}\,. \qquad \text{(a, 14)}$$

[1]) Diese Beziehung für die Darstellung einer stetigen Gruppe ist eine unmittelbare Verallgemeinerung der Orthogonalitätsrelation für die Darstellungen endlicher Gruppen

$$\frac{1}{g} \sum_G G^{(\alpha)}_{ik}\, G^{(\beta)*}_{lm} = \frac{1}{f_\alpha}\, \delta_{il}\, \delta_{km}\, \delta_{\alpha\beta}$$

(s. III, (94,9); α und β sind die Indizes der Darstellungen, f_α ihre Dimensionen, g die Gruppenordnung).

Die Integration über $d\omega$ ist die sogenannte invariante Integration über die Gruppe; das Integrationselement wird so gewählt, daß sich bei Anwendung eines beliebigen Gruppenelementes wieder das Integrationselement ergibt.

Am Anfang dieses Paragraphen haben wir erwähnt, daß wir bei der Quantisierung eines symmetrischen Kreisels auf das Problem gestoßen sind, Zustände mit bestimmten Werten für j, m und m' zu betrachten. Die Winkelabhängigkeit der Wellenfunktionen dieser Zustände ist durch die Formel III, (103,10) gegeben worden. Wir benutzen dieses Ergebnis, ändern die Bezeichnungen der Veränderlichen und die Normierung der Funktionen in entsprechender Weise ab und bekommen

$$d^{(j)}_{m'm}(\beta) = (-1)^{j-m'} \left[\frac{(j+m')!}{2\,(j-m')!\,(j+m)!\,(j-m)!}\right]^{1/2} (1+\cos\beta)^{-\frac{m'+m}{2}}$$
$$\times\,(1-\cos\beta)^{-\frac{m'-m}{2}} \left(\frac{d}{d\cos\beta}\right)^{j-m'} \left[(1+\cos\beta)^{j+m}\,(1-\cos\beta)^{j-m}\right]. \tag{a, 15}$$

Obgleich wir bei der Ableitung dieser Formel für das Kreiselproblem an ganzzahlige j-Werte gedacht haben, gibt sie in Wirklichkeit allgemeine Eigenschaften der irreduziblen Darstellungen der Drehgruppe wieder und gilt auch für beliebige j.

Speziell für $j = 1$ erhalten wir

$$d^{(1)}_{11} = d^{(1)}_{-1-1} = \frac{1}{2}\,(1+\cos\beta)\,, \qquad d^{(1)}_{00} = \cos\beta\,,$$
$$d^{(1)}_{1-1} = d^{(1)}_{-11} = \frac{1}{2}\,(1-\cos\beta)\,, \quad d^{(1)}_{10} = -\,d^{(1)}_{01} = d^{(1)}_{0-1} = -\,d^{(1)}_{-10} = \frac{1}{\sqrt{2}}\sin\beta\,. \tag{a, 16}$$

Für ganzzahliges $j = l$ und $m' = 0$ geht Formel (a, 15) über in

$$d^{(l)}_{0m}(\beta) = (-1)^m \sqrt{\frac{(l-m)!}{(l+m)!}}\; P_l^m\,(\cos\beta)\,. \tag{a, 17}$$

Die Entstehung dieser Formel kann man leicht von der Ausgangsdefinition (a, 1) an verfolgen. ψ_{jm} sei eine Eigenfunktion des Bahndrehimpulses, d. h. eine Kugelfunktion $Y_{lm}(\beta,\alpha)$ (Funktion der Polarwinkel $\varphi \equiv \alpha$, $\theta \equiv \beta$). Die Werte von $Y_{lm'}$ auf der rechten Seite der Gleichung (a, 1) werden wir auf die ζ-Achse beziehen. Unter Verwendung von (7,2a) erhalten wir aus (a, 1)

$$Y_{lm}(\beta,\alpha) = i^l \sqrt{\frac{2\,l+1}{4\,\pi}}\; D^{(l)}_{0m}(\alpha,\beta,\gamma)\,, \tag{a, 18}$$

was äquivalent zu (a, 17) ist.

In § 16 haben wir einen einfachen Ausdruck (s. (16,24)) für die Funktionen $d^{(l)}_{\pm 1m}$ hergeleitet.

§ b. Die Matrixelemente für einen Kreisel

Der Drehoperator für Produkte aus zwei Eigenfunktionen des Drehimpulses $(\psi_{j_1m_1}\,\psi_{j_2m_2})$ ist das Matrixprodukt $\mathrm{D}^{(j_1)}\,\mathrm{D}^{(j_2)}$. Andererseits hängen diese Produkte nach der Additionsvorschrift für Drehimpulse

$$\psi_{j_1m_1}\,\psi_{j_2m_2} = \sum_j C^{jm}_{m_1m_2}\,\psi_{jm} \equiv \mathrm{C}\,\psi_{jm}$$

($C^{jm}_{m_1 m_2}$ sind Clebsch-Gordan-Koeffizienten, $m = m_1 + m_2$) über die unitäre Matrix C mit den Funktionen ψ_{jm} zusammen, die sich bei Drehungen mit der Matrix $\mathrm{D}^{(j)}$ transformieren. Hieraus folgt

$$\mathrm{D}^{(j_1)}\,\mathrm{D}^{(j_2)} = C^{+}\,\mathrm{D}^{(j)}\,\mathrm{C}\,,$$

oder, mit Indizes geschrieben,

$$D^{(j_1)}_{m'_1 m_1}(\omega)\, D^{(j_2)}_{m'_2 m_2}(\omega) = \sum_j C^{j\,m'}_{m'_1 m'_2}\, D^{(j)}_{m' m}(\omega)\, C^{j\,m}_{m_1 m_2} \tag{b, 1}$$

(mit $m = m_1 + m_2$ und $m' = m'_1 + m'_2$; ω ist die Abkürzung für alle drei Winkel α, β, und γ). Mit 3 j-Symbolen geschrieben lautet diese Formel

$$D^{(j_1)}_{m'_1 m_1}(\omega)\, D^{(j_2)}_{m'_2 m_2}(\omega) = \sum_j (2\,j+1) \begin{pmatrix} j_1 & j_2 & j \\ m'_1 & m'_2 & -m' \end{pmatrix} \begin{pmatrix} j_1 & j_2 & j \\ m_1 & m_2 & -m \end{pmatrix} D^{(j)*}_{-m',\,-m}(\omega) \tag{b, 2}$$

(hier ist auch (a, 12) benutzt worden).

Wir multiplizieren diese Beziehung von beiden Seiten mit $D^{(j)}_{-m',\,-m}(\omega)$, integrieren über $d\omega$ mit Hilfe der Formel (a, 13) und bekommen

$$\int D^{(j_1)}_{m'_1 m_1}(\omega)\, D^{(j_2)}_{m'_2 m_2}(\omega)\, D^{(j_3)}_{m'_3 m_3}(\omega)\, \frac{d\omega}{8\,\pi^2} = \begin{pmatrix} j_1 & j_2 & j_3 \\ m'_1 & m'_2 & m'_3 \end{pmatrix} \begin{pmatrix} j_1 & j_2 & j_3 \\ m_1 & m_2 & m_3 \end{pmatrix} \tag{b, 3}$$

(wegen der Symmetrie ist hier eine leicht zu erkennende Umbenennung der Indizes vorgenommen worden).[1])

Diese Formel ist die Grundlage für die Berechnung der Matrixelemente der physikalischen Größen, die für ein System von der Art eines symmetrischen Kreisels charakteristisch sind.

$\bar{f}_{kq'}$ sei ein sphärischer Tensor k-ter Stufe und beschreibe den Kreisel in dem mit ihm verbundenen Koordinatensystem $\xi\eta\zeta$ (die ζ-Achse sei die Kreiselachse). Ein solcher Tensor kann zum Beispiel der Tensor für ein elektrisches oder magnetisches Multipolmoment sein. f_{kq} seien die Komponenten desselben Tensors im raumfesten Koordinatensystem xyz. Die Größen $\bar{f}_{kq'}$ sind Konstanten unabhängig von der Rotation des Kreisels, die Größen f_{kq} sind Funktionen der Winkel α, β und γ, die die Orientierung des Kreisels festlegen. Der Zusammenhang zwischen beiden wird nach

$$f_{kq} = \sum_{q'} D^{(k)}_{q' q}(\omega)\, \bar{f}_{kq'} \tag{b, 4}$$

durch die Matrix für endliche Drehungen vermittelt.

Die Wellenfunktionen eines Kreisels unterscheiden sich von den Funktionen $D^{(J)}_{\Omega M}(\omega)$ nur in der Normierung (J ist der Gesamtdrehimpuls des Krei-

---

[1]) Für ganzzahlige Werte $j_1 = l_1$, $j_2 = l_2$, $j_3 = l_3$ und $m'_1 = m'_2 = m'_3 = 0$ reduzieren sich die Funktionen $D^{(l)}_{0m}$ nach (a, 18) auf die Kugelfunktionen, und Formel (b, 3) ist der Ausdruck für das Integral über das Produkt aus drei Kugelfunktionen und stimmt mit III, (107,13) bis (107,16) überein.

sels, Ω seine Projektion auf die Kreiselachse, M ist die Projektion auf die raumfeste z-Achse):[1])

$$\psi_{J M \Omega}(\omega) = i^J \sqrt{\frac{2J+1}{8\pi^2}}\, D^{(J)}_{\Omega M}(\omega)\,. \tag{b, 5}$$

Berechnen wir mit diesen Funktionen das Matrixelement der Größe (b, 4), so erhalten wir mit Hilfe der Formel (b, 3)

$$\langle J'\,\Omega'\,M'\,|f_{kq}|\,J\,\Omega\,M\rangle = i^{J+J'}(-1)^{\Omega'-M'}\sqrt{(2J+1)(2J'+1)}$$
$$\times\begin{pmatrix} J' & k & J\\ -\Omega' & q' & \Omega\end{pmatrix}\begin{pmatrix} J' & k & J\\ -M' & q & M\end{pmatrix}\bar{f}_{kq'} \tag{b, 6}$$

(mit $q' = \Omega' - \Omega$, $q = M' - M$).

Die Formel (b, 6) löst das gestellte Problem. Sie gibt die Abhängigkeit der Matrixelemente von den Drehimpulsen J und J' und deren Projektionen M und M' an. Die Abhängigkeit von den Quantenzahlen Ω und Ω' bleibt selbstverständlich unbestimmt; denn die Werte für diese Zahlen hängen mit dem „inneren" Zustand des Kreisels zusammen, und die Größen $\bar{f}_{kq'}$ hängen im allgemeinen davon ab. Die Matrixelemente hängen natürlich von den Zahlen M und M' genauso ab wie für jedes andere System mit gegebenem Gesamtdrehimpuls (vgl. III, (107,6)).

Das bei gegebenem M über alle Werte von M' (und über $q = M' - M$) summierte Betragsquadrat des Matrixelementes (b, 6) hängt nicht vom Wert für M ab und ist

$$\sum_{qM'} |\langle J'\,\Omega'\,M'\,|f_{kq}|\,J\,\Omega\,M\rangle|^2 = (2J'+1)\begin{pmatrix} J' & k & J\\ -\Omega' & q' & \Omega\end{pmatrix}^2 |\bar{f}_{kq'}|^2 \tag{b, 7}$$

(die Summation geschieht mit Hilfe der Regel III, (107,11)).

Die Formel (b, 6) ist (mit einer gewissen Änderung in der Bedeutung der Bezeichnungen) auch für solche axialsymmetrische Systeme, wie zweiatomige Moleküle oder nicht kugelförmige (axiale) Kerne, brauchbar. Anders als beim Kreisel wird die Rotation solcher Systeme durch insgesamt zwei Winkel ($\alpha \equiv \varphi$, $\beta \equiv \theta$) für die Achsenrichtung des Systems beschrieben. In der Wellenfunktion für diese Rotationszustände fehlt gegenüber (b, 5) der Faktor $e^{i\Omega\gamma}/\sqrt{2\pi}$. Diese Änderung wirkt sich aber nicht auf die Matrixelemente aus; denn die γ-Abhängigkeit der Funktionen $D^{(j)}_{m'm}(\alpha, \beta, \gamma)$ ist im Faktor $e^{jm'\gamma}$ enthalten, und man kann (b, 3) in die Form

$$\delta_{m'0}\int D^{(j_1)}_{m'_1 m_1}(\alpha,\beta,0)\, D^{(j_2)}_{m'_2 m_2}(\alpha,\beta,0)\, D^{(j_3)}_{m'_3 m_3}(\alpha,\beta,0)\,\frac{\sin\beta\, d\alpha\, d\beta}{4\pi} =$$
$$= \begin{pmatrix} j_1 & j_2 & j_3\\ m_1 & m_2 & m_3\end{pmatrix}\begin{pmatrix} j_1 & j_2 & j_3\\ m'_1 & m'_2 & m'_3\end{pmatrix}$$

---

[1]) Der Phasenfaktor ist so gewählt, daß die Funktion (b, 5) für $\Omega = 0$ in die Wellenfunktion für einen freien ganzzahligen Drehimpuls J mit der Projektion M übergeht (vgl. (a, 18)).

bringen (mit $m' = m_1' + m_2' + m_3'$); der Wert des Integrals bleibt unverändert. Die Auswahlregel für die Projektion des Drehimpulses auf die Achse gilt in der früheren Form ($\Omega' - \Omega = q'$), weil sie aus der Orthogonalität der Elektronen-Wellenfunktionen folgt. In Formel (b, 6) hat man jetzt unter $\bar{f}_{k\,q'}$ die Matrixelemente der Größe f in bezug auf den Elektronenzustand bei festen Kernen zu verstehen (in dem mit der Molekülachse verbundenen Koordinatensystem $\xi\eta\zeta$).

KORREKTUREN ZU TEIL IVb

S. 10, Zeile 13 v. u. muß heißen:

$$\mathcal{D}_{\mu\nu}^{-1} = \frac{1}{\mathcal{D}}\left(g_{\mu\nu} - \frac{k_\mu k_\nu}{k^2}\right) + \frac{1}{\mathcal{D}^{(l)}}\frac{k_\mu k_\nu}{k^2}$$

S. 10: Der Text in den Zeilen 10 bis 4 v. u. ist von „Für die Tensoren. . .“ bis „. . .der transversale Tensor.“ zu streichen.

S. 52, Zeile 4 v. u.: Statt $= \frac{1}{2\pi^2} \ldots$ lies $= \frac{1}{2\pi^2 r} \ldots$.

S. 94: In Formel (120, 10) muß es statt $\langle s|\nabla\Phi|s\rangle$ richtig $\langle s|\Delta\Phi|s\rangle$ heißen.

S. 239, Zeile 17 v. o.: Die Formel für den Koeffizienten C muß lauten

$$C = \frac{30\, m_e^5}{\Delta^5}\left[\frac{1}{60}\left(2\frac{\Delta^4}{m_e^4} - 9\frac{\Delta^2}{m_e^2} - 8\right)\sqrt{\frac{\Delta^2}{m_e^2} - 1} + \frac{\Delta}{4\, m_e}\ \mathrm{Arch}\ \frac{\Delta}{m_e}\right] = 0{,}47\,.$$

SACHVERZEICHNIS

MIX
Papier | Fördert gute Waldnutzung
FSC® C083411

Kolibri 360 GmbH
Ferdinand-Jühlke-Straße 7
99095 Erfurt, Deutschland
produktsicherheit@kolibri360.de